U0162121

动态数据驱动应用系统指南

Handbook of Dynamic Data Driven Applications Systems

[美] 埃里克·布拉舍(Erik Blasch)
赛·拉威尔(Sai Ravela) 主编
亚历克斯·阿韦德(Alex Aved)
裴忠民 曲光亮 译

国防工業出版社
·北京·

著作权合同登记 图字:01-2022-2932 号

图书在版编目(CIP)数据

动态数据驱动应用系统指南/(美)埃里克·布拉舍,(美)赛·拉威尔,(美)亚历克斯·阿韦德主编;裴忠民,曲光亮译.—北京:国防工业出版社,2023.2

书名原文:Handbook of Dynamic Data Driven Applications Systems

ISBN 978-7-118-12721-8

Ⅰ.①动… Ⅱ.①埃… ②赛… ③亚… ④裴… ⑤曲… Ⅲ.①数据处理—指南 Ⅳ.①TP274-62

中国国家版本馆 CIP 数据核字(2023)第 029649 号

※

国防工业出版社出版发行
(北京市海淀区紫竹院南路 23 号 邮政编码 100048)
北京虎彩文化传播有限公司印刷
新华书店经售

*

开本 787×1092 1/16 **插页** 4 **印张** 36 **字数** 680 千字
2023 年 2 月第 1 版第 1 次印刷 **印数** 1—1500 册 **定价** 248.00 元

(本书如有印装错误,我社负责调换)

国防书店:(010)88540777　　书店传真:(010)88540776
发行业务:(010)88540717　　发行传真:(010)88540762

译 者 序

随着数据技术(data technology,DT)时代的到来,物理世界数字化、虚拟化成为重要发展趋势。数据驱动是DT时代的内在机制,是指在完成经济、产业、业务数字化的基础上,通过对数据的挖掘、治理和运营,实现数据孤岛的整合、数据资产的沉淀和数据服务的能力生成。动态数据驱动应用系统(dynamic data driven applications systems,DDDAS)概念的提出始于1998年,其本质是一个结合模型和数据的协同框架,该框架可用于分析和预测物理现象,通过该框架可以更精确、迅速地开展数据建模并对系统行为进行高效分析。

然而,当前对于数据驱动的很多理解并不准确,特别是对DDDAS框架没有深刻认识,这也是我们要翻译此书的重要原因。业务数字化和海量数据并不代表数据驱动,数据中心也不是数据驱动,数据驱动的本质是通过数据治理驱动决策并形成数据价值(或数字效益)。DDDAS的核心是运用物理系统模型指导数据获取,同时采集的数据将改变模型的运行和仿真,实现数据的同化循环。该循环利用传感器实时数据来驱动物理系统仿真,从而使仿真轨迹更紧密地跟随物理系统的轨迹。基于DDDAS框架,可以实现更强大的能力,包括精确全面的决策支持系统、高效的数据采集、资源管理、数据挖掘等。《动态数据驱动应用系统指南》一书,以2016年在康涅狄格州哈特福德举行的DDDAS研讨会的研究成果为基础,分别从动态数据驱动应用系统介绍、测量感知(数据同化和不确定性量化)、信号感知(过程监控)、结构感知(健康建模)、环境感知(地球、生物和空间系统)、情景感知(追踪方法)、上下文感知(协调控制)、能源感知(能源系统)、过程感知(图像和视频编程)、网络感知(安全性和计算)、系统感知(设计方法)等方面,结合不同领域应用,详细阐述了DDDAS基本理论和数据汇聚、数据加工、数据服务可视化、数据价值变现等关键技术,为基于DDDAS研究复杂系统提供了参考。

本书主编埃里克·布拉舍是美国空军科学研究办公室项目负责人,也是陆、海、空多领域数据融合、目标追踪、模式识别和机器人等多个领域的技术专家,有大学教授、国防研发署交换科学家等经历,曾获得美国军事传感器学会Mignogna数据融合奖、IEEE航空航天和电子系统协会 Mimno 最佳杂志论文奖、IEEE Russ 生物工程奖等。非常感谢他同意本书中文版的出版。

本书作为一本专业性非常强的技术图书，是数据领域科研人员研究数据驱动和 DDDAS 框架技术，了解其发展前沿和热点应用的首选图书，也可作为高等院校相关专业辅助教材使用，更是相关领域工程开发者的重要参考资料。

当享受翻译著作的快乐并取得收获时，兴奋之余我要感恩很多东西：感恩团队成员的辛勤付出，感恩为本书出版提供多方指导和支持的各位同仁，感恩家人的支持……。诚然，由于译者知识和能力所限，如果本译著中存在不足，敬请各位专家及读者批评指正。

译　者

2022 年 1 月于北京怀柔

作 者 简 介

埃里克·布拉舍是美国空军科学研究办公室的项目负责人。他的研究领域包括多域(空间、空中、地面)数据融合、目标跟踪、模式识别和机器人技术等。截至本书出版,他已撰写750多篇科学论文、22项专利、30本教材和5本专著。他曾获得包括美国军事传感器学会Mignogna数据融合奖,IEEE航空航天和电子系统协会Mimno最佳杂志论文奖和IEEE Russ生物工程奖等多项荣誉和奖项。他还是国际信息融合协会(ISIF)的创始人。他先后被任命为莱特州立大学兼职助理教授、国防研发署和加拿大发展部交换科学家、空军研究实验室官员。埃里克·布拉舍博士还是美国航空航天学会(AIAA)的副研究员、国际光学工程学会(SPIE)会员以及电气与电子工程师协会(IEEE)研究员。

赛·拉威尔工作于麻省理工学院(MIT),研究兴趣和领域为动态数据驱动观测系统,并基于该方向领导地球信号与系统组工作。他为动态数据驱动的研究做出了重要贡献,包括基于动态数据驱动的地球物理流体、野生动植物、零售智能和微定位雷达的自主观测等。他率先提出了DDDAS概念,并组织召开了前三届DDDAS会议,相关研究成果构成了本书的基础内容。他拥有100多项出版物和专利,是WindRiskTech有限责任公司和E5航空航天有限责任公司的共同创始人,并因杰出研究和出色的工作获得MIT无限公里奖(Infinite Kilometer奖)。

亚历克斯·阿韦德是美国纽约州罗马信息局空军研究实验室的高级研究员。他的研究兴趣包括多媒体数据库、流处理(通过CPU、GPU或协同处理器)以及基于测量和误差数据反馈回路的高准确性动态执行模型。他已发表论文50余篇,并多次受邀做相关领域报告。他曾是美国中佛罗里达大学程序员和安德森大学的数据库管理员及程序员。

目 录

第二部分 信号感知:过程监控

第三部分　结构感知:健康建模

第四部分 环境感知:地球、生物和空间系统

第五部分 情景感知:追踪方法

第六部分　上下文感知:协调控制

第七部分 能源感知:能源系统

第八部分　过程感知：图像和视频编码

第九部分 网络感知:安全性和计算

第十部分 系统感知:设计方法

第1章　动态数据驱动应用系统介绍

Erik Blasch, Dennis Bernstein, Murali Rangaswamy

摘要:作为系统设计框架,动态数据驱动应用系统(DDDAS)着重开发高维物理模型、运行时间测量、统计方法和计算架构等。DDDAS已成功应用于自然灾难的环境评估中,如野火监测、火山烟探测。除了大气监测外,DDDAS还被应用到空间情景感知、无人驾驶飞行器(UAV)设计,生物医学等领域。随着信息管理步入数字时代,DDDAS在多媒体分析、电网控制、生物健康问题等领域的最新研究工作也印证着这一趋势。由于DDDAS成功的关键在于传感器设计、信号处理、滤波器和计算架构的研究与开发,因此本章将从这些方面为读者详细介绍,更多信息可访问DDDAS协会网站:www. ldddas. org。

1.1 引　言

本章将对DDDAS系统设计的关键方法进行研究,其中最著名的莫过于Frederica Darema博士设计的DDDAS框架,众多研究人员正是基于该框架不断推动工程与科学的进步。

正如DDDAS范式的先驱Derema博士所说:在DDDAS中,仪器数据和执行应用模型构成一个动态反馈控制环路,通过将测量数据动态地合并到系统的执行模型中,提高模型(或仿真)的精确度,或是加快仿真速度;反之,执行模型通过控制仪器指导测量过程。DDDAS带来的机遇包括:通过对复杂系统的行为更精确的理解、分析以及预测,创造新的能力(无论是自然的、工程的能力还是社会的能力);创造具有全面仿真能力的决策支持方法;创造更高效、更有用的仪器方法,如大数据智能管理、异构传感器和控制器的网络集合的动态及自适应管理。作为统一的范式,DDDAS把应用系统的计算和仪器两方面结合在一起,把大计算的概念拓展为从高端到实时数据的获取与控制,同时它也是管理并智能开发大数据的关键方法。

DDDAS的概念始于1998年,在该范式中,应用系统的计算和仪器两方面动态结合为一个反馈控制环路,也就是说,仪器数据被动态传递给执行模型,反之,执行模型又控制着仪器。通过该方法,可以更精确、迅速地建模,对系统特点和行为进行高效分析。基于DDDAS范式的方法通过对数据的智能处理,表现出更强大的能力,包括精确全面的决策支持系统,高效的数据采集、资源管理、数据挖掘等。

自2000年以来,由美国国家科学基金会(NSF)主导的一系列研讨会围绕DDDAS范式、DDDAS 应用中的机遇和挑战等主题进行了探讨。这些研讨会的报告确定了应用 DDDAS 范式或受其启发将产生的一些新型科技能力，包括方法建模、算法发展、系统软件、仪器方法以及这些领域之间的多学科协同研究。DDDAS 不仅吸引了该领域的从业者，也使不少数学、统计学、电子工程、计算机科学领域的研究人员、仪器系统和开发的设计者投身于此。在一系列研讨会后，研究工作开始着手应对挑战并扩展到新的领域。已有越来越多的工作表明 DDDAS 适用于下列很多领域。①工程：航空航天、生物医药、民用、电子、机械工程；②系统：制造业、交通、能源设计；③科学：环境、天气及气候科学；④决策支持：医疗诊断和治疗、多媒体分析、网络安全评估。本书通过案例展现了基于 DDDAS 开发的优势，希望对感兴趣的开发者有所帮助。

本章随后的部分将帮助读者更好地理解 DDDAS 范式。1.2 节从不同方面对 DDDAS 进行讨论；1.3 节着重介绍状态估计和数据同化；1.4 节是对 DDDAS 方法的概述；1.5 节回顾了过去 20 多年 DDDAS 的发展历程；1.6 节对本书进行了概述。

1.2 什么是 DDDAS

想象有一场即将到来的飓风。虽然我们能够创建一个风暴的气象学模型，但是，如果没有初始条件、边界条件、输入、参数和各种状态（如速度、加速度）等信息，模型的预测必然会受到限制。为了更精准地预测，我们需要通过一些数据来估计未知量。尽管卫星可以提供风暴的低分辨率图像，但使用高分辨率飞行器进行的测量价格昂贵且范围有限，因此，对风暴大范围的准确测量是不可能的。

面对这种情形，通过模型指导、重配置传感器来提升数据的信息和内容，实现对风暴路径和强度的预测便成为可能。同时，传感器收集的数据（初始条件、边界条件、输入、参数和状态数据）也进一步提高了模型的精度。这样，线上数据与线下模型的结合便构成了正反馈环，使模型能够准确地指导传感器数据的选择和采集，数据又进一步提高了模型的精度。

上述示例形象地揭示了 DDDAS 的本质。DDDAS 是一个结合模型和数据的协同框架，该框架可用于分析和预测物理现象。在更广泛的意义上，DDDAS 是自适应状态估计的一种变体，它使用如图 1.1 所示的传感器重新配置循环，该循环试图重新配置传感器以增强信息内容测量值。由于是通过模拟物理过程对传感器进行重新配置，因此，传感器重新配置是动态的、数据驱动的过程。

DDDAS 的核心是数据同化循环，该循环利用传感器数据错误来驱动物理系统仿真，从而使仿真轨迹更紧密地跟随物理系统的轨迹。对数据同化循环而言，如果输入传感器可用，则使用其输入数据。DDDAS 的创新之处在于附加的传感器重新配置循环，该循环可以通过引入物理传感器对收集的信息和内容进行增强。需要注意的是，数据同化和传感器重新配置，反馈回路是计算回路，而不是物理反馈回路。仿真可指导传感器重新配置和收集数据，进而提高物理系统仿真的准确性。这个“元”正反馈回路是 DDDAS 的本质。

DDDAS 的关键在于算法和统计方法，两者有效地将测量数据和高维建模及仿真数据结合。

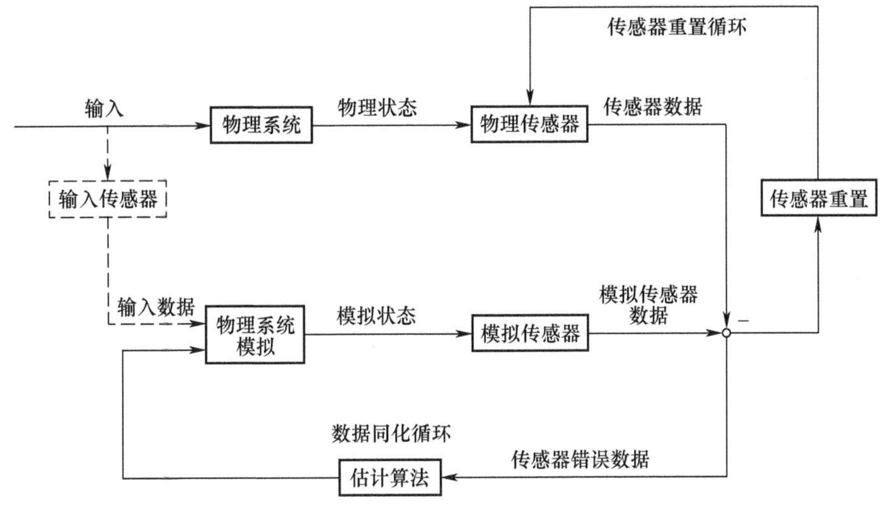

图 1.1　DDDAS 反馈回路

1.3　状态估计和数据同化

状态估计的目标是将模型与数据结合起来，以对未能直接测量的模型状态进行估计。状态估计是系统和控制研究的基础领域，相关技术可以追溯到 20 世纪 60 年代卡尔曼（Kalman）滤波器和龙伯格（Luenberger）观测器。其中，龙伯格观测器是一个物理系统动力学的模拟模型，由传感器数据驱动以接近未测量状态；卡尔曼滤波器是估计未测量状态的随机最优观察器。在大规模的物理应用中，例如涉及结构或流体的应用程序，状态估计又称数据同化。

卡尔曼滤波器是为线性系统开发的，然而大多数现实应用涉及非线性动力学，因此开发用于非线性系统的观测器和滤波器是一个具有挑战性的问题，至今仍没有很好的解决方法。一些退而求其次的技术，基于应用的、近似的方法被提出，例如扩展卡尔曼滤波器（EKF）、集成卡尔曼滤波器（EnKF）、整体调整卡尔曼滤波器（EAKF）、无迹卡尔曼滤波器（UKF）、随机积分滤波器（SIF）和粒子滤波器（PF）等，这些方法目前已被广泛应用。

1. DDDAS 和自适应状态估计

状态估计算法基于物理系统的先验信息，该信息通常包括物理系统的模型、相关初始状态、输入（如干扰）和传感器噪声等。此外，作为干扰或传感器噪声的统计描述，随机表示也是信息处理的一种方法。一个典型的自适应状态估计算法会尝试学习和更新信息、状态以及在线参数。

DDDAS 自适应具有广泛的意义，尤其是在操作期间对传感器的重新配置。通过传感器重新配置，模型增强了测量的信息和内容。传感器重新配置循环如图 1.1 所示。总之，数据同化循环和传感器重置回路的集成对 DDDAS 应用是至关重要的。

2. DDDAS 是否使用反馈控制？

DDDAS 使用计算反馈，而非物理反馈。如图 1.1 所示，状态估计是一个反馈过程，通过该过程,依赖模拟传感器误差对物理系统的仿真进行校正。数据同化反馈循环通过计算实现,对物理系统没有任何影响。

通过传感器错误数据重新配置传感器,DDDAS 获得一个附加的反馈环路。由于传感器重置反馈环路也通过计算实现,因此同样不会影响物理系统的响应;反之,反馈控制通过物理输入(如力和力矩)来影响物理系统的行为,例如飞行器自动驾驶仪驱动控制面板,从而修改飞行轨迹。所以,DDDAS 不局限于物理反馈控制,关键在于两个计算反馈循环。通过使用来自高维模型的模拟数据,DDDAS 增强了测量系统的能力,利用统计方法、模拟和计算体系结构进行系统设计。

1.4 DDDAS 方法

顾名思义,在工程和科学分析领域,DDDAS 框架已应用于许多建模和数据收集过程。DDDAS 的四个属性包括:①仪器检测方法;②现实世界应用;③建模和仿真;④系统软件,如图 1.2 所示。

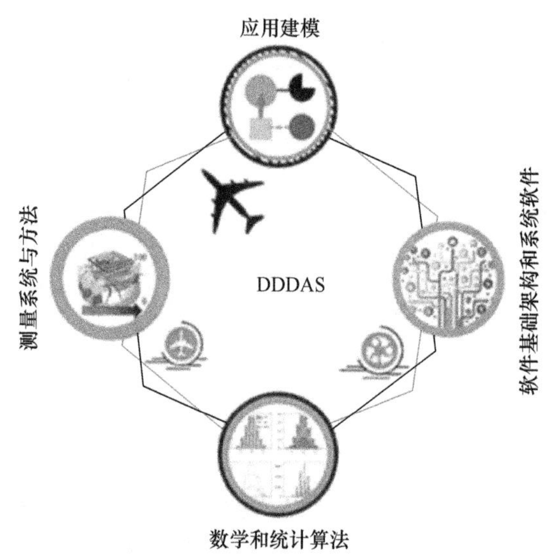

图 1.2　DDDAS 属性

仪器检测方法涉及现实情况中的多领域组件配合,例如空间传感器对大气的监控需要航空电子传感器检测空气流动、计算机视觉方法检测地形路网上的车辆以及海洋中的水质。作为应用程序的补充,高保真模拟模型也是必需的,例如全球电离层-热层空间(GITM)模型、国家气候大气参考(NCAR)模型、地面车辆交通模型和海洋雷达散射模型等。这就需要软件系统综合处理大规模数据和模型参数,从而实现对建模和数据采集的集成。同时,高端的实时计算要求在算法优化、数据流和体系结构方面采用新的硬件和软件方法,用于现实应用程序的建模和检测。

实现 DDDAS 开发的关键在于实现仪器检测、模型和软件的综合集成,包括理论、算法以及本书着力强调的计算。具体表现为先进的数学理论(如追溯成本模型和信息理论推论)、新算法(如集成卡尔曼滤波器、粒子滤波器、优化技术)、与不断发展的网络社会相吻合的计算能力(如非凸优化、数据流体系结构和系统设计)。

DDDAS 的挑战在于追求更先进的数据建模、上下文处理和内容应用。要把数据、上下文和内容有效集成在一起,需要解决模型保真度、分辨率和可用性等方面的问题,例如系统控制需要多少个参数。完成数据采集后,需要预处理以确定其与上下文的内在关联,例如车辆跟踪中的杂波消减、传感器校准以及干扰分析等。最后一个关键的挑战是采样,如图 1.3 所示。采样需要对状态监测、环境和网络上下文等的多分辨率分析工作,通过这些分析实现对业务需求的解释。

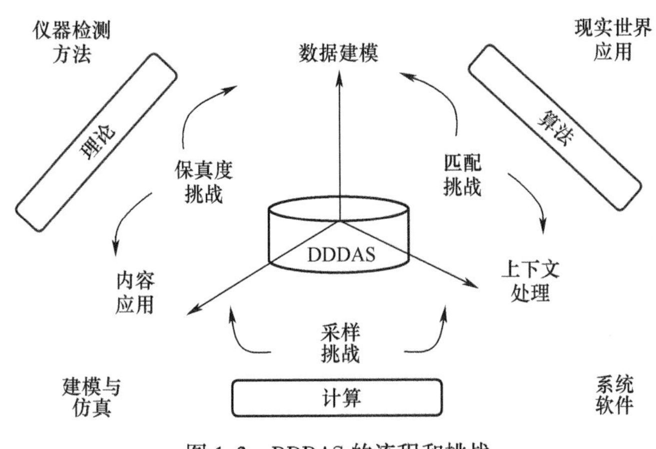

图 1.3　DDDAS 的流程和挑战

图 1.4 给出了三个示例,展示了基于 DDDAS 实现感知增强,具体涉及航天、太空和网络三个领域,包括仪器测量、建模和应用等内容均在实际平台中实现。左图是通过对无人机(UAV)飞行路线进行非线性跟踪,从而实现的天气建模。中图是通过分布式自主调控的过滤方法控制的空间和地面多域飞行器。右图是整合网络物理系统(CPS)与物联网(IoT)的电网性能实例。

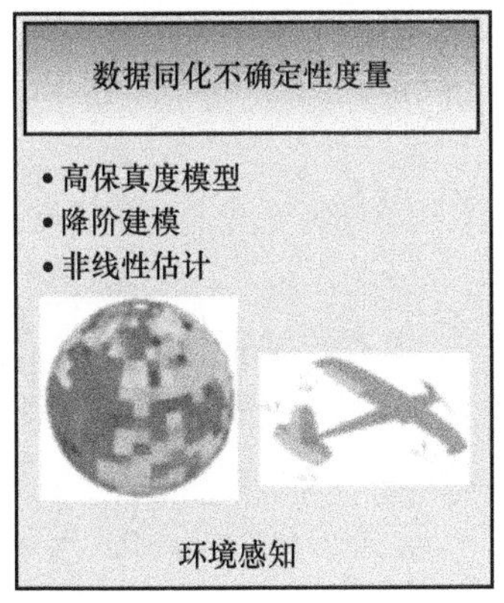

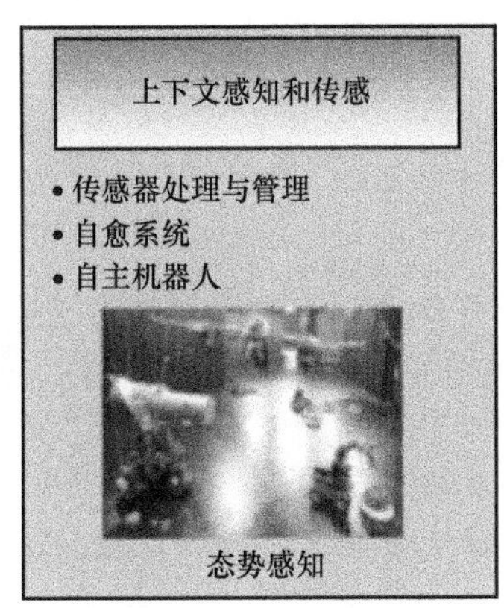

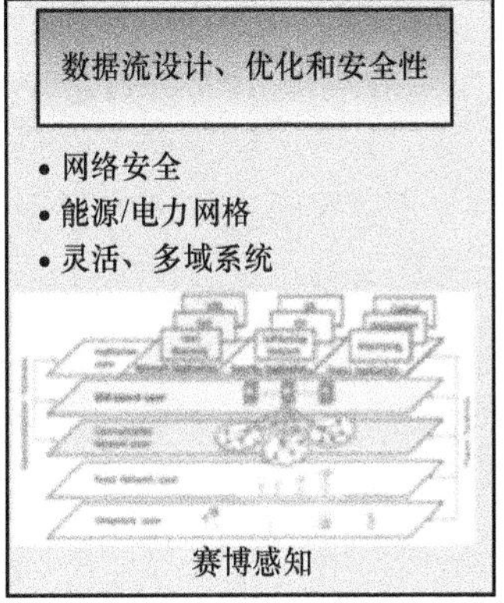

图 1.4　DDDAS 增强示例

1.5 DDDAS 发展历程

DDDAS 的发展起源于2000 年美国国家科学基金会首次举办的关于 DDDAS 的研讨会,众多研究人员、工程师、科学家和开发商齐聚一堂,至今已 20 多年。最初的研讨会聚焦于通过理论、建模、传感和硬件方面的增强促进实例系统级的升级优化。而后,DDDAS 引起广泛关注,从历年的相关论文数可窥见一二,如图 1.5 所示。图中的统计数据仅包含那些完全基于 DDDAS 展开研讨的论文,其他许多 DDDAS 相关的论文未包含在图中。DDDAS 的应用方法也越来越多,譬如 DDDAS 网站的建立。

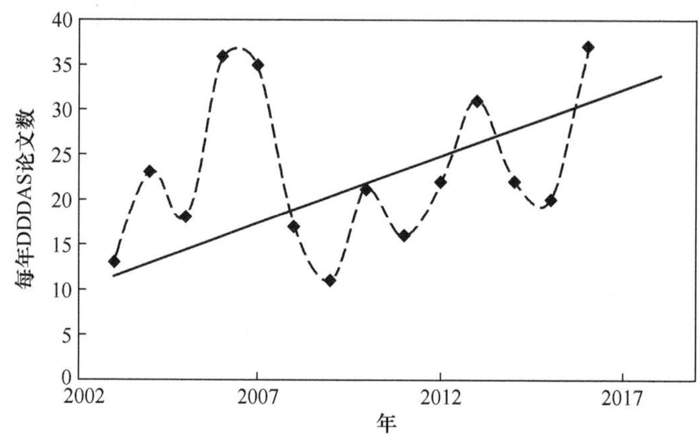

图 1.5　2002—2017 年 DDDAS 论文数

许多论坛提供了展示交流 DDDAS 先进性的机会,突出其重要性的主要会议包括:

(1) IEEE 国际并行和分布式处理研讨会(IPDPS);

(2) 国际计算科学会议(ICCS);

(3) 冬季模拟大会(WSC)。

DDDAS 发展机会也融入一些工程会议中,如:

(1) IEEE 美国控制会议(ACC);

(2) 信息融合国际会议(ISIF);

(3) 美国航空航天学会会议。

其他科学论坛还有数据流(STREAM)、美国地球物理联盟(AGU)以及工业与应用数学协会(SIAM)。

经过多次学术会议研讨积累,终于在 2014 年正式举办第一届动态数据驱动的环境系统科学会议(DyDESS)。DyDESS 专注于其中的科学问题和方法,例如:①海洋状态估计观点;②用主动和被动震源数据对地球内部进行成像;③非恒速数据中拉格朗日涡旋的客观检测;④多尺度、多维度大气数据的同化和控制。本书内容来源于 2016 年的 DDDAS/InfoSymbiotics 会议。

多年来,越来越多的研究人员接受了 DDDAS 概念,并开发出如图 1.6 所示的各种应用成果,包括数据同化、无人机群、决策支持、模拟、野火分析等。DDDAS 社区致力于探究复杂系统建模中的先进科学技术和检测方法。接下来的内容是对过去 20 多年许多论文的整理介绍,涵盖理论、方法和设计领域。

图 1.6　DDDAS 应用成果

资料来源:2010 年 8 月关于信息/共生/DDDAS 多代理研讨会:动态数据驱动应用系统的强大功能,AFOSR,2010

经过 20 余年的发展,DDDAS 的研究已包括方方面面,我们重点介绍三个领域:理论、方法和设计。理论的关键在于大规模数据收集和复杂模型的科学研究。方法包括 DDDAS 对太空、空中和地面各领域动态响应和控制系统的工程设计。最后给出了一些示例,包括支撑系统设计和计算体系结构所需的组件。鉴于 DDDAS 文献众多,各种分类方法繁杂,本组织将致力于为读者解读 DDDAS 对科学、开发和设计等方面产生的广泛影响。

1.5.1　理论:建模与分析

DDDAS 范式始于对科学模型现象学的增强,即通过信息测量增强效果模型。2003 年,已有对多物理场、海洋预报和大气模型中的测量信息、数据同化和自适应采样等关键属性的研究。油井部署系统便是典型的得益于 DDDAS 科学模型的应用。

DDDAS 方法为众多科学应用提供了新的可能,尤其是在天气预报中的应用。随后,研究人员对龙卷风预报、飓风数据同化、气候分析和化学运输模型进行估计,同时应用 DDDAS 解决理论不确定性以及量化最小化误差。不久,拉维尔(Ravela)等将天气预报的信息(如相干流体分析)用于改进无人机和飞机路线的程序控制。

野火监视是与天气预报相关的另一个应用领域,例如基于智能体仿真实现的火灾传播建模,直到今天依然发挥着作用。Coen 的研究团队至今还在研究应用 DDDAS 实现野火实时感知的高级物理模型。在 CAWFER®(大气-荒地火灾耦合环境)系统中,利用可见光红外成像辐射仪(VIIRS)等各种传感器实现对美国地区的尘埃检测。同时,野火估计方法可有效扩展到诸如欧洲等其他地理位置。此外,通过火灾检测与防控还可以为水分布和管理提供帮助。

Bursik 和 Singla 等最近提出对火山灰的检测，通过大气分析可以为商业航空运输提供指导。如冰岛爆发的火山，喷发到空气中的微粒可能对空中飞机的内燃机产生灾难性影响。同时，随着天气、风力和导航数据的改变，对这些信息的检测将更好地对空中交通管理网络进行协调。不确定性量化有助于减少复杂建模和估计中的误差，通过将不确定性量纳入灰烬运动建模，可以更好地估计可能发生的事件，据此做好准备，确保乘客安全。

DDDAS 科学的应用还包括医学应用领域的生物传感和分析等，例如使用图像识别来跟踪人类对压力和表情的反应，Metaxas 等就通过 DDDAS 方法进行图像识别和面部跟踪；还可以通过感应更新人类模型以支持神经外科手术；此外，奥登等还利用 DDDAS 对癌症进行激光治疗。在各种情况下，DDDAS 都可以通过高级建模改善医疗效果，本书后续会对 DDDAS 在诊断、化学治疗和流行病中的应用做进一步的介绍。

1.5.2 方法：领域应用

基于 DDDAS 科学理念，构建科学应用的影响还包括使数据同化分析转向控制和过滤。如前所述，大气环境科学模型被扩展到太空环境中进行空间感知。Bernstein 等使用 DDDAS 对全球电离层-热层模型（GITM）进行数据同化。虽然属于科学分析，但它促使 DDDAS 社区朝着自适应控制和感知方向发展。另外，通过模拟可以确定行星环流和大气元素运动。进一步地，还有对追溯成本模型细化（RCMR）的开发，包括建模、感知和控制。这些发展为卫星保护、轨道传感以及了解远地环境提供帮助。

防护平台（如卫星防护平台）也是 DDAS 应用的关键领域，即结构健康监测（SHM）。Farhat 等利用 DDDAS 对设备材料进行评估，从达到结构健康监测的目标。Chang 等关注的则是飞行器复合结构，这在之后会进一步介绍。有了准确的模型和嵌入感知，可以对动态变化的环境做出实时响应。另外还有降阶建模（ROM）方法，可以集合模型参数、不确定性估计和感知偏差来完善模型。奥登等提到 SHM 为损毁评估带来的好处，并着重强调能够说明材料损毁的模型更新。本书将通过诸如航空航天系统来介绍基于 DDDAS 的 SHM 最新进展。

最近，Wilcox 和 Allaire 等提出利用在线/离线建模支持具有自我感知的车辆，以此推动自动驾驶系统的开发，研究的主要内容聚焦于操作性能的建模维度。Mohseni 等将 DDDAS 用于控制和监测，并建造了各种各样的空气和水上自治系统。对环境变化的检测有助于改善该环境下车辆的健康状况，同样的原理也可以应用于对飞行器的控制中。此外，其在航空电子设备的故障检测中也有重要应用，Varela 带领团队融合电子健康评估数据到计算结果中，以辅助安全飞行。值得说明的是，正是基于 DDDAS 理论才实现了对车辆自我感知的估计。

为实现跨多个领域的分析工作，需要对多种技术进行协调与估计。通过集成卡尔曼滤波器，Sandu 等解决了大气中气溶胶数据同化的计算问题，Ravela 等设计了空中平台定位的方法，此外还有预测的其他研究。如果 DDDAS 方法能够预测运动，那么就可以使用场对准估计车辆位置，例如正交信息。同样，参数的保真度会影响对模型准确性的估计，从而实现整合。

估计方法是数据融合技术的要素之一。测量是数据、传感器和信息融合的综合集成。信息融合与 DDDAS 理念能够很好地契合，就像用于目标检测和分类的传感器。通过

DDDAS 可以改善模式识别或分类效果，尤其是在完成基于特征的数据分析后。最近的新方法结合了异构数据，支持通过信号和像素数据对运动对象进行非线性分类。

运动实体分析包括对象估计。Hoffman 等使用 DDDAS 分析高光谱数据收集运动物体的相关特征；Fujimoto 等也用类似的方法进行地面车辆分析；其他人也提出了用于支持飞行器监视的多维分配方法。

DDDAS 概念依赖诸如场景、道路或其他地形信息之类的模型。上下文感知方法、测量模型的学习都被深入研究。通过信息融合社区，这些方法又进一步对上下文增强信息进行融合，这表明 DDDAS 技术可以改善多数操作条件下的追踪效果，从而提高性能。

基于这些理论和方法，关于设计的研究成果丰硕。

1.5.3　设计：系统和架构

本部分的内容包括系统架构、能源网络、系统设计和赛博网络分析，以及最近在云计算方面的研究。早期的 DDDAS 方法需要对可伸缩的体系结构和基于智能体的系统进行评估。DDDAS 通过供货链分析来改善各部件的交互和流动。基于 Web 的方法也为计算机数据流的分布式仿真提供了方向，同时还提供了查询语言，用于 DDDAS 设计和分析。

分布式的网络分析被用于电力系统和能源分析。通过适当的能量分布模型，可实现对微电网的功率分析，可支持飞机所需的功率和能量。对于地面车辆系统而言，局部汽车能耗和全局交通能耗方面也会有所提高。

无论是电网还是其他类型的网络，都可以进行有效的全局分析，从而提高对灾害管控的态势感知能力。该系统方法同样适用于智慧城市和城市基础设施系统对气体排放的评估。应用系统分析方法对用于信号处理的嵌入式电子设备的设计也大有裨益。此外，这些方法还被应用于对自适应视频流的处理分析。

近年来，网络应用已被明确分为通信和网络两种类型。不同于过去，DDDAS 着眼于 Web 服务方法，通过修改网络上的信任监控、改变依赖信任分析的信任和隐私来实现感知控制和分配。最近，Blasch 和 Hariri 等对这些内容进行了扩展，通过对 DDDAS 的全面分析实现对协调信任机制的探索。

最后，DDDAS 与计算的集成运用可以有效提高系统与软件解决方案的能力。通过运用 DDDAS 来优化服务质量（QoS），使用基于云的系统从广域运动图像（WAMI）流数据中实时跟踪目标。另外，还可以将云计算用于网络物理系统（CPS），以管理 CPS 网络设备与边缘传感器之间的数据流。Darema 等对这些方法进行了总结，回顾了 DDDAS 在各种应用中的优势，尤其是认知物联网中的分布式编排模型。

1.6　本书概述

本书取材于 2016 年在康涅狄格州哈特福德举行的 DDDAS 研讨会的研究成果，DDDAS 网站上关于该研讨会的演示文稿为本书提供支持。该网站还托管一些支持 DDDAS 分析的软件方法和数据。为了概述这些内容，表 1.1 分别从理论、模拟、数据和应用方面列出了本书主要内容。读者可以根据表格选择感兴趣的理论研究和分析，重点阅读相应章节。

表 1.1　本书概述

章节名	理论	模拟	数据	应用
第一部分　测量感知:数据同化和不确定性量化				
动态数据驱动相干流体映射中的可伸缩非高斯表示	降维建模与整体过滤	大气羽流	无人机跟踪羽流探测	无人驾驶航空系统
多尺度系统数据同化中的动态数据驱动自适应观测	信息理论粒子滤波	洛伦兹 1963 年天气数据	天气增强非线性飞行	动态飞行中的传感器选择
基于多项式混沌动态数据驱动的不确定性量化空间态势感知	多项式混沌与高斯混合模型(GMM)不确定性	卫星跟踪	单球-热球模型	轨道意识
第二部分　信号感知:过程监控				
面向航空故障检测的学习时空数据流关系研究	声明数据评估和学习	飞机传感器数据	飞机重量,气流测量	航空传感器故障
燃烧不稳定性检测中基于光谱分析的时间序列马尔可夫建模	降阶马尔可夫模型的最大熵	燃烧时间序列建模	气体、压力、温度	内燃机诊断
基于粒子滤波器和狄利克雷过程的症状监测动态时空模型	粒子滤波器与狄利克雷过程	流行疾病爆发	印第安纳州公共卫生紧急系统	卫生防护
第三部分　结构感知:健康建模				
大型复合结构的驾驭式计算框架	变化的多尺度流体结构相互作用	等几何分析(IGA)、有限元建模	超声波传感器构建复合单元关系网络	气动飞行的复合机翼控制
基于 DDDAS 的智能可预测自修复复合结构	修正梁理论	结构裂缝与断裂修复	双臂梁断裂与修复实验	结构自愈
动态数据驱动的无人机系统和气动弹性响应分析	贝叶斯介体模型	不稳定涡流格子法的有限元模型	传感器应变测量	无人机机器分析
第四部分　环境感知:地球、生物和空间系统				
基于新型传感器与集成建模数据源改进野火检测和预警	集合卡尔曼滤波自适应仿真	大气-野火耦合建模工具	可见光红外成像辐射仪(VIIRS)	野火探测和预测
DDDAS 用于 DNA 甲基化生物标记物识别	降维层次聚类	基于点位得分信息的 DAA 测序	肺癌的地理数据集	DNA 甲基化中的生物标记物
面向空间物体 3D 重建的光度立体视觉	基于运用结构的光度立体成像方法	合成图像产生光线引擎	光探测和测距(LIDAR)	常驻空间物体检测
第五部分　情景感知:追踪方法				
辅助最优搜索:基于按需延迟二元观测的数据驱动目标追踪	具有混合整数规划的稀疏高斯混合模型	可视化最优的马尔可夫决策过程	用于物体估计的无人值守地面传感器	UAV/AGV 协调监控

续表

章节名	理论	模拟	数据	应用
基于引导信息聚类的传感器网络多目标跟踪优化	具有熵似然的信息驱动传感器	粒子滤波预测	用于物体估计的无人值守地面传感器	传感器网络管理
时间变化数据集中数据驱动的 EVAR 置信度预测	具有时变和模糊奖励的实时自适应预测的熵风险值	多人 N 臂老虎机的预测信息增益	欧洲研究区数据:温度、意外收获、降雨、臭氧	环保意识
第六部分　上下文感知:协调控制				
DDDAS 用于攻击检测和控制系统隔离	受 DDDAS 启发的异常隔离和响应	非线性三储罐系统	网格攻击建模	工业控制系统的网格攻击
面向协作传感器网络规划的势博弈方法近似本地效用设计	信息理论方法	博弈论邻居效用	洛伦兹 - 95 模型	传感器网格天气预报
威胁区域路径规划中的动态传感-执行器交互	费雪信息论方法	威胁区域的行为驱动传感器重构	基于网格的传感器区域	火灾、大气污染物
第七部分　能源感知:能源系统				
面向节能减排的能量感知动态数据驱动分布式交通仿真	使用元胞自动机对车辆进行动力学建模	EPA 汽车排放模拟器(MOVES)模型	联邦公路管理局下一代仿真(NGSIM)数据	车辆排放检测
用于微电网需求侧管理的动态数据驱动优化框架	风力涡轮机、柴油和太阳能优化的负载需求	终端负载管理(ILM)分析	佛罗里达州自动气象网络数据	微型智能电网的 CO_2 排放
基于学习方法的智能电网动态数据驱动划分	基于模糊逻辑的市场优化	GirdLAB - D 仿真	IEEE-13、IEEE-37 和 IEEE-123 总线测试馈线	可再生能源
第八部分　过程感知:图像和视频编码				
多光谱视频处理动态数据驱动系统设计	高斯混合模型像素高级融合	轻量数据流频谱实时系统模型	高光谱波段子集处理	多光谱处理
光场图像压缩	基于自相似的光场视频编码	双向运动估计和补偿	密集摄像机阵列图像	基于自相似和相机阵列的图像处理
面向多模态传感器数据融合的机器派生上下文集压缩	极大团枚举的图论问题	D-马尔可夫上下文集压缩	时间序列符号动态过滤数据	基于上下文传感器的监控数据
第九部分　网络感知:安全性和计算				
动态数据驱动应用系统基于仿真的优化服务	K 坐标贪婪算法	基于仿真的优化服务	动态交通灯控制	基于云的大规模离散变量决策

续表

章节名	理论	模拟	数据	应用
DDDAS 系统中的隐私和安全问题	拉普拉斯微扰分析差分隐私	隐私和安全增强动态信息收集和监控	多媒体数据流采集	智能数据采集
用于多媒体内容分析的 DDDAS	基于查询的数据流目标检测与跟踪	实时规模数据库管理系统(LVC-DBMS)	停车场图像和文本数据	多通道监测
第十部分　系统感知:设计方法				
PARZEN WINDOWS:简单的正则化算法	非参数最小二乘法	高斯传感器仿真	声纳传感,结构ID,金融交易,医疗虹膜检测,电离层	通用工程系统的一般分析
用于航天复合结构损毁预测的多尺度 DDDAS 框架	等几何分析(IGA)和有限元建模	梁位移的代理管理框架	结构健康检测数据	翼复合结构
一种用于下一代仿生飞行器的动态数据驱动的随机状态感知框架	传感器数据的自回归池	依赖向量的功能池模型	压电锆钛酸铅(PZT),应变片和温度传感器	感光飞行航天器
DDDAS 前进的道路	—	—	—	—

1.7　DDDAS 的未来

DDDAS 未来的发展方向和研究领域包括:①数据科学;②自适应实现自治;③具有智能感应的系统设计,如图 1.7 所示。

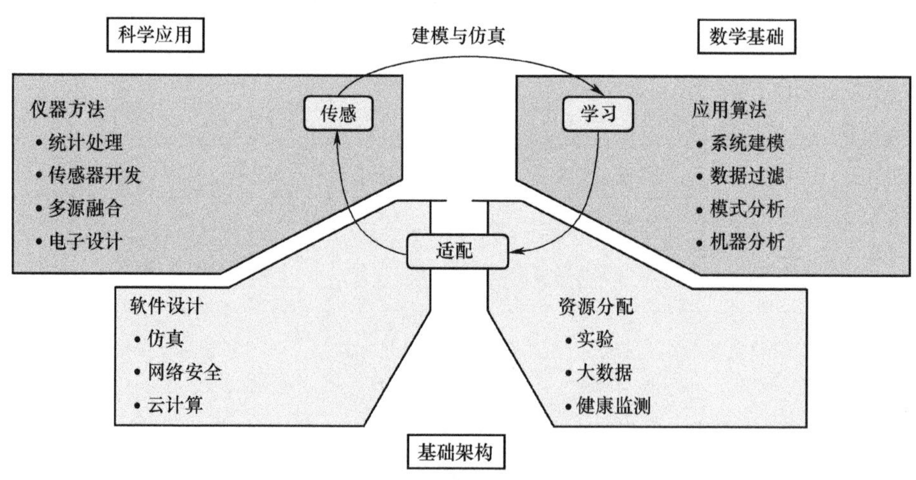

图 1.7　DDDAS 未来领域

随着人工智能(AI)、机器学习和深度网络的发展,数据迁移和数据科学是必然的发展方向。大数据领域的发展也推动着该领域的进步。原始 DDDAS 范式将大数据作为新兴主题,利用算法、模型和计算发挥数据的作用。其中,算法仍需动态地适应环境,例如,神经网络虽然可以通过建模实现插值,但不擅长对不断变化的环境进行外推或者解析决策。另外,如果能将捕获数据的仪器方法与情境上下文的高维建模集成,则可以通过 AI 实现此类构造,以完善设计工作。

自治包括传统工具以及最新的数据科学方法,如静止数据、运动数据和使用数据的概念。虽然软件社区极力提倡数据概念(静止、运动和使用中的数据),但这些标签主要用于数据的移动而不是数据的处理。只有通过数据处理来增强建模才有可能成为未来自治系统的关键。静止自主(AAR)利用数据科学合并/融合数据,而运动自主(AIM)支持诸如无人机之类的平台之间的交互。DDDAS 则专注使用自主权(AIU)。因此自治系统与环境动态交互不仅需要复杂的建模,还需要实时分布的方法感应更新模型。总之,建模、感知和数据移动是 DDDAS 的未来发展趋势,以实现自主决策。

DDDAS 第三个发展方向是通过各种传感器上的高性能计算来移动和处理数据,实现联网系统、软件或架构的智能感知。为实现社会模型、物联网、网络物理系统和电网间的协调,需要通过开发系统和软件管控动态数据。因此,DDDAS 需要在原有理论基础上进行扩展,同时推动自治和学习。另外,感知不仅是对数据的利用,还包括信息收集、处理、融合和分析。

对 DDDAS 的基础研究会涉及科学应用、数学基础和基础架构等多领域,同时 DDDAS 发展也会推动这些领域的进步。也就是说,从 DDDAS 基本原理到科学理论和工程应用,理论、方法和设计这 3 个方面均需着重发展。该书将重点介绍近期的研究成果,至于未来新兴的发展,在以后的会议中会进行讨论。

1.8 小　结

本书讨论了 DDDAS 方法(理论、方法和设计)在各个领域(见图 1.7)的突出发展与应用。其中,理论部分讨论了当前研究人员使用的一些基本方法,包括数据同化、过程建模以及对象评估;方法部分讨论了理论和实际用例间的关键交互,如用于系统健康监视的结构分析、用于组件处理的系统控制以及用于情况评估的图像计算;设计部分讨论了最新的应用领域,包括环境评估的态势感知、电网等能源感知以及赛博安全(见图 1.8)。

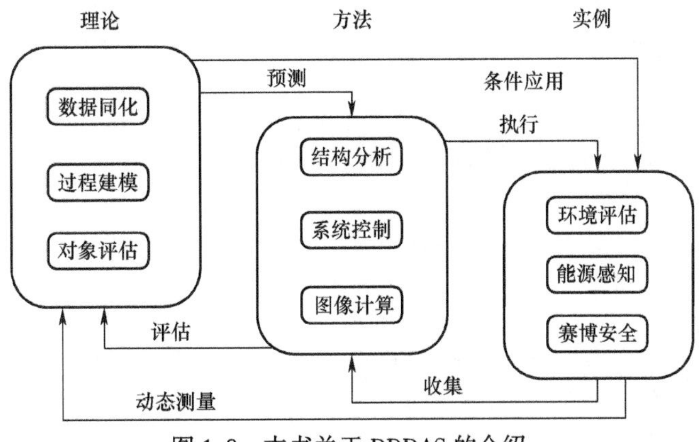

图 1.8　本书关于 DDDAS 的介绍

读者应对 DDDAS 的发展有所了解,如对象估计、信息融合和传感器管理相关理论。近来对无人机的研究提出了包括命令与控制、群分析和结构健康监视的结构。要知道,环境科学实例是应用的基础,如从 DDDAS 基础扩展到天气预报、火山灰评估和野火监控的大数据建模。过去 20 多年中,DDDAS 已被众多学者、研究人员、从业人员和企业家应用于不同系统。本书致力于帮助读者收集和整理这些内容。同时,DDDAS 社区欢迎大家通过以下网站进行讨论、反馈或是分享知识:www. 1dddas. org。

参 考 文 献

[1] A. Aved, E. Blasch, Dynamic Data Driven Applications Systems (DDDAS) (2014). Website, www. 1dddas. org

[2] F. Darema, Grid computing and beyond: the context of dynamic data driven applicationssystems. Proc. IEEE 93(3), 692-697 (2005)

[3] F. Darema, The Next Generation Program (1998), http://www. nsf. gov/pubs/1999/nsf998/nsf998. htm

[4] F. Darema, New software architecture for complex applications development and runtimesupport, Int. J. High-Performance Computation, Special Issue on Programming Environments, Clusters, and Computational Grids for Scientific Computing, Vol. 14, No. 3, (2000)

[5] F. Darema, The next generation software program. Int. J. Parallel Prog. 33(2-3), 73-79 (June2005). https://doi. org/10. 1007/s10766-005-4785-6

[6] D. S. Bernstein, A. Ridley, J. Cutler, A. Cohn, Transformative Advances in DDDAS with Application to Space Weather Monitoring, Project Report, Univ. Michigan, 2015

[7] C. Y ang, M. Bakich, et al., Pose Angular-Aiding for Maneuvering Target Tracking, in International Conference on Information Fusion, (2005)

[8] J. Dunık, O. Straka, et al., Random-point-based filters: analysis and comparison in target tracking. IEEE Trans. Aerosp. Electron. Syst. 51(2), 1403-1421 (2015)

[9] E. P . Blasch, E. Bosse, D. A. Lambert, High-Level Information Fusion Management and Systems Design Artech House, (2012)

[10] F. Darema, The next generation software workshop - IPDPS'07, in IEEE International Parallel and Distributed Processing Symposium (IPDPS) (2007)

[11] F. Darema, Cyber in frastructures of cyber-applications-systems. Procedia Comput. Sci. 1(1),1287-1296 (2010). https://doi. org/10. 1016/j. procs. 2010. 04. 143

[12] A. R. Chaturvedi, Society of simulation approach to dynamic integration of simulations, in IEEE Winter Simulation Conference (2006)

[13] S. Sarkar, P . Chattopdhyay, A. Ray, S. Phoha, M. Levi, Alphabet size selection for symbolization of dynamic data driven systems: an information-theoretic approach, in American Control Conference (ACC) (2015) pp. 5194-5199

[14] V . Maroulas, K. Kang, I. D. Schizas, M. W. Berry, A learning drift homotopy particle filter, in International Conference on Information Fusion (2015) pp. 1930-1937

[15] E. Blasch, Enhanced air operations using JView for an airground fused situation awareness udop, in IEEE/AIAA Digital Avionics Systems Conference (DASC), 2013. doi: https://doi. org/10. 1109/DASC. 2013. 6712597

[16] J. Michopoulos, Ddema: a data driven environment for multiphysics applications, in International

Conference Computational Science (2003)

[17] G. Carmichael, D. N. Daescu, A. Sandu, T. Chai, Computational aspects of chemical data assimilation into atmosphere models, in International Conference Computational Science(2003)

[18] C. Evangelinos, R. Chang, P . F. J. Lermusiaux, N. M. Patrikalakis, Rapid realtime interdisciplinary ocean forecasting using adaptive sampling and adaptive modeling and legacy codes: component ecapsulation using xml, in International Conference Computational Science (2003)

[19] M. Parashar, V . Matossian, W. Bangerth, H. Klie, B. Rutt, T. Kurc, U. Catalyurek, J. Saltz, M. F. Wheeler, Towards dynamic datadriven optimization of oil well placement, in International Conference Computational Science (2005)

[20] B. Plale, D. Gannon, D. Reed, S. Graves, K. Droegemeier, B. Wilhelmson, M. Ramamurthy, Towards dynamically adaptive weather analysis and forecasting in LEAD, in International Conference Computational Science (2005)

[21] T. B. Trafalis, I. Adrianto, M. B. Richman, Active learning with support vector machines for tornado prediction, in International Conference Computational Science (2007)

[22] L. Ramakrishnan, Y . Simmhan, B. Plale, Realization of dynamically adaptive weather analysis and forecasting in LEAD: four years down the road, in International Conference Computational Science (2007)

[23] L. Zhang, A. Sandu, Data assimilation in multiscale chemical transport models, in International Conference Computational Science (2007)

[24] N. Roy, H. -L. Choi, D. Gombos, J. Hansen, J. How, S. Park, Adaptive observation strategies for forecast error minimization, in International Conference Computational Science (2007)

[25] S. Ravela, Quantifying uncertainty for coherent structures. Procedia Comput. Sci. 9, 1187-1196 (2012)

[26] J. Michopoulos, P . Tsompanopoulou, E. Houstis, A. Joshi, Agentbased simulation of data driven fire propagation dynamics, in International Conference Computational Science (2004)

[27] J. Mandel, J. D. Beezley, L. S. Bennethum, S. Chakraborty, J. L. Coen, C. C. Douglas, J. Hatcher, M. Kim, A. V odacek, A dynamic data driven wildland fire model, in International Conference Computational Science (2007)

[28] J. D. Beezley, S. Chakraborty, J. L. Coen, C. C. Douglas, J. Mandel, A. V odacek, Z. Wang, Realtime data driven wildland fire modeling, in International Conference Computational Science (2008)

[29] R. Rodriguez-Aseretto, M. Di Leo, A. Cortés, J. S. Miguel-Ayanz, A data-driven model for big forest fires behavior prediction in Europe. Procedia Comput. Sci. 18, 186-1870 (2013)

[30] L. Wang, D. Chen, W. Liu, Y . Ma, Y . Wu, Z. Deng, DDDAS based parallel simulation of threat Management for Urban Water Distribution Systems. Comput. Sci. Eng. 16(1), 8-17 (2014). https://doi. org/10. 1109/MCSE. 2012. 89

[31] A. K. Patra, M. I. Bursik, J. Dehn, M. Jones, M. Pavolonis, E. B. Pitman, T. Singh, P . Singla, E. R. Stefanescu, S. Pouget, P . Webley, Challenges in developing DDDAS based methodology for volcanic ash hazard analysis-effect of numerical weather prediction variability and parameter estimation. Procedia Comput. Sci. 18, 1871-1880 (2013)

[32] A. K. Patra, E. R. Stefanescu, R. M. Madankan, M. I. Bursik, E. B. Pitman, P . Singla, T. Singh, P. Webley, Fast construction of surrogates for UQ central to DDDAS application to volcanic ashtransport. Procedia Comput. Sci. 29, 1227-1235 (2014)

[33] V . H. V . S. Rao, A. Sandu, A posteriori error estimates for DDDAS inference problems. Procedia

Comput. Sci. 29, 1256-1265 (2014)

[34] D. Metaxas, S. V enkataraman, C. Vogler, Image-based stress recognition using a model based dynamic face tracking system, International Conference Computational Science (2004)

[35] D. Metaxas, G. Tsechpenakis, Z. Li, Y . Huang, A. Kanaujia, Dynamically adaptive tracking of gestures and facial expressions, in International Conference Computational Science (2006)

[36] A. Majumdar, A. Birnbaum, D. Choi, A. Trivedi, S. K. Warfield, K. Baldridge, P. Krysl, Adynamic data driven grid system for intra-operative image guided neurosurgery, in International Conference Computational Science (2005)

[37] J. T. Oden, K. R. Diller, C. Bajaj, J. C. Browne, J. Hazle, I. Babuska, J. Bass, L. Demkowicz, Y . Feng, D. Fuentes, S. Prudhomme, M. N. Rylander, R. J. Stafford, Y . Zhang, Development of a computational paradigm for laser treatment of cancer, in International Conference Computational Science (2006)

[38] C. Bajaj, J. T. Oden, K. R. Diller, J. C. Browne, J. Hazle, I. Babuska, J. Bass, L. Bidaut, L. Demkowicz, A. Elliott, Y . Feng, D. Fuentes, B. Kwon, S. Prudhomme, R. J. Staord, Y . Zhang, Using cyber-infrastructure for dynamic data driven laser treatment of cancer, in International Conference Computational Science (2007)

[39] I. S. Kim, J. Chandrasekar, A. Ridley, D. S. Bernstein, Data assimilation using the global ionosphere-thermosphere model, in International Conference Computational Science (2006)

[40] S. Ravela, J. Marshall, C. Hill, A. Wong, S. Stransky, Realtime observatory for laboratory simulation of planetary circulation, in International Conference Computational Science pp. 1155-1162 (2007)

[41] A. V. Morozov, A. J. Ridley, D. S. Bernstein, N. Collins, T. J. Hoar, J. L. Anderson, Data assimilation and driver estimation for the global ionosphere-thermosphere model using the ensemble adjustment Kalman filter. J. Atmos. Sol. Terr. Phys. 104, 126-136 (2013)

[42] A. G. Burrell, A. Goel, A. J. Ridley, D. S. Bernstein, Correction of the photoelectron heating efficiency within the global ionosphere-thermosphere model using retrospective cost model refinement. J. Atmos. Sol. Terr. Phys. 104, pp. 1155-1162 (2015)

[43] C. Farhat, J. G. Michopoulos, F. K. Chang, L. J. Guibas, A. J. Lew, Towards a dynamic data driven system for structural and material health monitoring, in International Conference Computational Science (2006)

[44] J. Cortial, C. Farhat, L. J. Guibas, M. Rajashekhar, Time-parallel exploitation of reduced order modeling and sensor data reduction for structural and material health monitoring DDDAS, in International Conference Computational Science (2007)

[45] E. E. Prudencio, P . T. Bauman, D. Faghihi, J. T. Oden, K. Ravi-Chandar, S. V. Williams, Adynamic data driven application system for real-time monitoring of stochastic damage. Procedia Comput. Sci. 18, 2056-2065 (2013)

[46] E. E. Prudencio, P . T. Bauman, D. Faghihi, K. Ravi-Chandar, J. T. Oden, A computational framework for dynamic data driven material damage control, based on Bayesian inference and model selection. Int. J. Numer. Methods Eng. 102 (3 - 4), 379 - 403 (2015). https://doi.org/10.1002/nme.4669

[47] D. Allaire, J. Chambers, R. Cowlagi, D. Kordonowy, M. Lecerf, L. Mainini, F. Ulker, K. Willcox, A baseline offine/online DDDAS capability for selfaware aerospace vehicles. Procedia Comput. Sci. 18, 1959-1968 (2013)

[48] D. Allaire, D. Kordonowy, M. Lecerf, L. Mainini, K. Willcox, Multifidelity DDDAS methods with

application to a selfaware aerospace vehicle. Procedia Comput. Sci. 29, 1182–1192(2014)

[49] L. Peng, K. Mohseni, Sensor driven feedback for puff estimation using unmanned aerialvehicles, in International Conference on Unmanned Aircraft Systems (ICUAS) (2014) pp 562–569. doi:https://doi.org/10.1109/ICUAS.2014.6842298

[50] E. Blasch, P. Paces, P. Kostek, K. Kramer, Summary of avionics technologies. IEEE Aerosp. Electron. Syst. Mag. 30(9), 6–11 (2015)

[51] W. Silva, E. W. Frew, W. Shaw-Cortez, Implementing path planning and guidance layers for dynamic soaring and persistence missions, in International Conference on Unmanned Aircraft Systems (ICUAS) (2015) pp. 92–101. doi:https://doi.org/10.1109/ICUAS.2015.7152279

[52] S. Imai, E. Blasch, A. Galli, F. Lee, C. A. Varela, Airplane flight safety using errortolerant data stream processing. IEEE Aerosp. Electron. Syst. Mag. 32(4), 4–17 (2017)

[53] A. Sandu, W. Liao, G. R. Carmichael, D. Henze, J. H. Seinfeld, T. Chai, D. Daescu, Computational aspects of data assimilation for aerosol dynamics, in International Conference Computational Science (2004)

[54] S. Ravela, Amplitude-position formulation of data assimilation, in International Conference Computational Science (2006)

[55] B. Jia, K. D. Pham, E. Blasch, D. Shen, Z. Wang, G. Chen, Cooperative space object tracking using spacebased optical sensors via consensusbased filters. IEEE Trans. Aerosp. Electron. Syst. 52(3), 1908–1936 (2016)

[56] S. Ravela, Two extensions of data assimilation by field alignment, in International Conference Computational Science (2007)

[57] P. Tagade, S. Ravela, On a quadratic information measure for data assimilation, in American Control Conference (2014) pp. 598–603

[58] T. C. Henderson, N. Boonsirisumpun, The impact of parameter estimation on model accuracy assessment. Procedia Comput. Sci. 18, 1969–1978 (2013)

[59] P. Tagade, H. Seybold, S. Ravela, Mixture ensembles for data assimilation in dynamic data driven environmental systems. Procedia Comput. Sci. 29, 1266–1276 (2014)

[60] E. P. Blasch, Dynamic data driven applications system concept for information fusion. Procedia Comput. Sci. 18, 1999–2007 (2013)

[61] N. Virani, S. Marcks, S. Sarkar, K. Mukherjee, A. Ray, S. Phoha, Dynamic data driven sensor array fusion for target detection and classification. Procedia Comput. Sci. 18, 2046–2055(2013)

[62] E. Blasch, G. Seetharaman, F. Darema, Dynamic data driven applications systems (DDDAS) modeling for automatic target recognition. Proc. SPIE 8744 (2013)

[63] B. Smith, P. Chattopadhyay, A. Ray, T. R. Damarla, Performance robustness of feature extraction for target detection & classification, in IEEE American Control Conference (2014)

[64] T. Chin, K. Xiong, E. Blasch, Nonlinear target tracking for threat detection using RSSI and optical fusion, International Conference on Information Fusion (2015) pp. 1946–1953

[65] B. Uzkent, M. J. Hoffman, A. V odacek, J. P. Kerekes, B. Chen, Feature matching and adaptive prediction models in an object tracking DDDAS. Procedia Comput. Sci. 18, 1939–1948(2013)

[66] R. Fujimoto, A. Guin, M. Hunter, H. Park, R. Kannan, G. Kanitkar, M. Milholen, S. Neal, P. Pecher, A dynamic data driven application system for vehicle tracking. Procedia Comput. Sci. 29, 1203–1215 (2014)

[67] B. Uzkent, M. J. Hoffman, A. V odacek, Integrating hyperspectral likelihoods in a multidimensional

assignment algorithm for aerial vehicle tracking. IEEE J. Sel. Top. Appl. Earth Obs. Remote Sens. 9 (9), 4325-4333 (2016). https://doi.org/10.1109/JSTARS.2016.2560220

[68] N. Nguyen, M. H. H. Khan, Context aware data acquisition framework for dynamic data driven applications systems (DDDAS), in IEEE Military Communications Conference (2013) pp. 334-341. doi:https://doi.org/10.1109/MILCOM.2013.65

[69] N. Virani, J-W. Lee, S. Phoha, A. Ray, Learning contextaware measurement models, in American Control Conference (ACC) (2015) pp. 4491-4496. doi:https://doi.org/10.1109/ACC.2015.7172036

[70] L. Snidaro, J. Garcia Herrero, J. Llinas, E. Blasch, Context-Enhanced Information Fusion: Boosting Real World Performance with Domain Knowledge (Springer, Cham, 2016)

[71] A. Chaturvedi, J. Chi, S. Mehta, D. Dolk, SAMAS: scalable architecture for multiresolutionagent based simulation, in International Conference Computational Science (2004)

[72] N. Koyuncu, S. Lee, K. K. V asudevan, Y -J. Son, P . Sarfare, DDDAS-based multifidelity simulation for online preventive maintenance scheduling in semiconductor supply chain, in Winter Simulation Conference (2007) pp. 1915-1923. doi:https://doi.org/10.1109/WSC.2007.4419819

[73] A. Boukerche, F. M. Iwasaki, R. B. Araujo, E. B. Pizzolato, Web-Based Distributed Simulations Visualization and Control with HLA and Web Services, 12th IEEE/ACM International Symposium on Distributed Simulation and Real-Time Applications (2008) pp. 17-23. doi:https://doi.org/10.1109/DS-RT.2008.30

[74] A. J. Aved, E. Blasch, Multi-INT query language for DDDAS designs. Procedia Comput. Sci. 51, 2518-2523 (2015)

[75] E. Blasch, S. Phoha, Special issue: dynamic data-driven applications systems (DDDAS) concepts in signal processing. J. Signal Proces. Syst. 24 May (2017). doi:https://doi.org/10.1007/s11265-017-1253-7

[76] E. H. Abed, N. S. Namachchivaya, T. J. Overbye, M. A. Pai, P . W. Sauer, A. Sussman, Data driven power system operations, in International Conference Computational Science (2006)

[77] N. Celik, A. E. Thanos, J. P . Saenz, DDDAMS-based dispatch control in power networks. Procedia Comput. Sci. 18, 1899-1908 (2013)

[78] E. Frew, B. Argrow, A. Houston, C. Weiss, J. Elston, An energy-aware airborne dynamic data driven application system for persistent sampling and surveillance. Procedia Comput. Sci. 18, 2008-2017 (2013)

[79] S. Neal, R. Fujimoto, M. Hunter, Energy consumption of data driven traffic simulations, in Winter Simulation Conference (WSC) (2016) pp. 1119-1130. doi:https://doi.org/10.1109/WSC.2016.7822170

[80] G. R. Madey, A.-L. Barabsi, N. V . Chawla, M. Gonzalez, D. Hachen, B. Lantz, A. Pawling, T. Schoenharl, G. Szabo, P . Wang, P . Y an, Enhanced situational awareness: application of DDDAS concepts to emergency and disaster management, in International Conference Computational Science (2007)

[81] R. M. Fujimoto, N. Celik, H. Damgacioglu, M. Hunter, D. Jin, Y -J. Son, J. Xu, Dynamic data driven application systems for smart cities and urban infrastructures, in Winter Simulation Conference (WSC) (2016) pp. 1143-1157. doi:https://doi.org/10.1109/WSC.2016.7822172

[82] K. Sudusinghe, I. Cho, M. V an der Schaar, S. S. Bhattacharyya, Model based design environment for data driven embedded signal processing systems. Procedia Comput. Sci. 29, 1193-1202 (2014)

[83] S. Chakravarthy, A. Aved, S. Shirvani, M. Annappa, E. Blasch, Adapting stream processing

framework for video analysis. Procedia Comput. Sci. 51, 2648–2657 (2015)

[84] H. Li, K. Sudusinghe, Y . Liu, J. Y oon, M. V an Der Schaar, E. Blasch, S. S. Bhattacharyya, Dynamic, datadriven processing of multispectral video streams. IEEE Aerosp. Electron. Syst. Mag. 32, 50–57 (2017)

[85] P . Chew, N. Chrisochoides, S. Gopalsamy, G. Heber, T. Ingraffea, E. Luke, J. Neto, K. Pingali, A. Shih, B. Soni, P . Stodghill, D. Thompson, S. V avasis, P . Wawrzynek, Computational science simulations based on web services, in International Conference Computational Science (2003)

[86] O. Onolaja, R. Bahsoon, G. Theodoropoulos, Conceptual framework for dynamic trust monitoring and prediction. Procedia Comput. Sci. 1, 1241–1250 (2010)

[87] L. Pournajaf, L. Xiong, V . Sunderam, Dynamic data driven crowd sensing task assignment. Procedia Comput. Sci. 29, 1314–1323 (2014)

[88] E. Blasch, Y . Al-Nashif, S. Hariri, Static versus dynamic data information fusion analysis using DDDAS for cyber trust. Procedia Comput. Sci. 29, 1299–1313 (2014)

[89] Y . Badr, S. Hariri, Y . Al-Nashif, E. Blasch, Resilient and trustworthy dynamic data-driven application systems (DDDAS) Services for Crisis Management Environments. Procedia Comput. Sci. 51, 2623–2637 (2015)

[90] T. Chen, R. Bahsoon, G. Theodoropoulos, Dynamic qos optimization architecture for cloudbased DDDAS. Procedia Comput. Sci. 18, 1881–1890 (2013)

[91] R. Wu, B. Liu, Y . Chen, E. Blasch, H. Ling, G. Chen, A container-based elastic cloud architecture for Pseudo real-time exploitation of wide area motion imagery (W AMI) stream. J. Signal Proces. Syst. 88, 1–13 (2016). https://doi.org/10.1007/s11265-016-1206-6.

[92] S. Shekar, Dynamic data driven cloud Systems for Cloud-Hosted CPS, in IEEE International Conference on Cloud Engineering Workshop (IC2EW), (2016), pp. 195–197. https://doi.org/10.1109/IC2EW.2016.38

[93] C.-S. Li, F. Darema, V . Chang, Distributed behavior model orchestration in cognitive internet of things solution. Enterp. Inf. Syst. 12, 414–434 (2017). https://doi.org/10.1080/17517575.2017.1355984

[94] G. Seetharaman, A. Lakhotia, et al., Unmanned vehicles come of age: the DARPA grand challenge. IEEE Comput. Soc. Mag. 39(12), 26–29 (2006)

[95] Y. Zheng, E. Blasch, Z. Liu, Multispectral Image Fusion and Colorization SPIE, Bellingham, Washington (2018)

[96] S. Ravela, K. Emanuel, D. McLaughlin, Data assimilation by field alignment. Physica. D. 230(1), 127–145 (2007)

第一部分　测量感知:数据同化和不确定性量化

第 2 章　动态数据驱动相干流体映射中的可伸缩非高斯表示

Sai Ravela

摘要:本章主要讨论在使用自主小型无人机测绘连贯的环境流体背景下 DDDAS 的相关要素,提出应用程序的底层系统动力学和优化方法,并运用三个关键概念进行呈现:第一个概念是动态变形的简化模型,它可以通过解决与一致性流体相关联的非高斯问题来进行有效的预测;第二个概念是在非线性估计中使用集成学习,这可以减轻偏差形式的模型误差,降低估计中的采样负担,同时直接调整状态空间进行滤波和平滑,随后生成紧密集成;第三个概念是在估计中使用可追踪的变分信息理论进行推论,这种估计方法也需进行最小重采样,同时允许使用少量样本对非高斯高维问题进行梯度推论。

2.1 引　言

动态数据驱动应用系统中,模拟和观察之间存在的反馈是系统的关键特征,其中预测结果及其不确定性控制着观测仪器;反之,仪器测量也对模型进行约束。这种相互作用是多方面的:数据可以通过经验模型增强物理实体,还可以凭经验参数量化模型的不足之处,或是通过状态和参数估计同化数据;反过来,物理定律和数值模型仿真可以通过自适应信息收集、主动学习和经验模型等方式提供约束和先验。在 DDDAS 范式中,模拟和观测值之间的共生关系已经超越了模型和传感器的保真度,例如从高保真模型衍生而来的、用于实时操作的简化模型,以及从局部简化模型中发展的、用于动态规划和应对可变条件的复杂模型。

本章主要介绍在自主小型无人机/飞机系统(sUAS)上使用远程和原位传感器重建局部大气现象(如羽流、喷射流、涡流),以生成详细的包含物理、化学或生物学信息的一维、二维和三维地图。从安全但知之甚少的现象(如海风锋线)到危险的现象(如火山羽和旋风),该研究成果均可适用。我们的 DDDAS 成果率先用于对流和火山研究的自动“烟斗”,图 2.1 展示了对墨西哥波波卡特佩特火山的研究成果。

2.1.1　系统动力学及优化

通过新的“自主仪器”,DDDAS 能对从边界层到平流层的大气中知之甚少的诸多现象进行调查研究。通过对这些应用的研究,得到一个常见的系统动力学优化(SDO)流程,如图 2.2 所示。高保真模型通常在离线状态下运行,以提升实时预测和不确定性量化的

图 2.1　MIT 联合自动观测系统利用 sUAS 收集并生成用于定位和遥感的波波卡特佩特火山的 SO_2 地图
（图中包括飞机、传感器、飞行路径以及新闻报道等信息）

表现，同时对主要数据进行同化以补充数据，进一步从数据中学习模型参数，以便扩展模型。

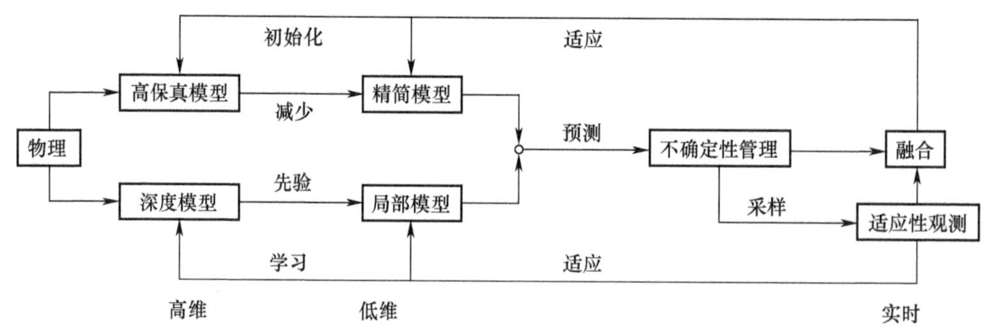

图 2.2　常见的系统动力学优化流程
（信息传输共生，传输涉及两种模型之间的传输：①提供实时预测、带不确定性量化的高保真模型；②反过来，从自适应采样数据，到利用 DDAS 框架从大数据背景中学习的模型）

本章将对 DDDAS 整个 SDO 周期所包含的组件进行介绍。在首次自主环境制图中我们使用的是 SkyWalker X8 飞行器，图 2.1 中的 Itzamna I9 系列飞机是前一代的升级版。该系列使用红外线/紫外线（IR/UV）摄像机进行尘埃成像，比如 SkyCandy——一种用于运行模型预估采样规划和控制（MESPAC）堆栈的嵌入式平台。此外，还开发了新算法来进行推理、简化建模、同化、相干流体的不确定性量化和平滑流、协作观察、非线性高维集成学习、易处理的信息理论学习以及流形学习。这些方法很容易扩展到诸如两点边值问题、视野后退问题以及最近流行的深度学习。在生物特征识别和风暴追踪中等应用领域，当前已有完善方法。

本章内容不会对以上所有算法进行详细描述，在这里，我们会着重介绍图 2.1 中火山尘埃的 DDDAS 研究，然后介绍两种可能影响 DDDAS 循环组件的推理程序，这两种推理方法分别源自相关文献。

2.1.2　动态变形精简模型

本应用系统中的 DDDAS 循环(图 2.3)是一个全新的简化模型,该模型可以结合远程和现场的 SO_2 测量来估算尘埃。本系统的主要贡献在于开发了快速动态可变形的简化模型,其中描述简化模型的平均状态和基数被视为可变形场。

精简模型中的成对互变形以自由通信的方式被边缘化,用于估计简化模型。在远程观察中,均值和基数也会动态变形。通过动态测量,简化后的模型能根据观测到的连贯流场,不断调整形状和结构实现动态适应。

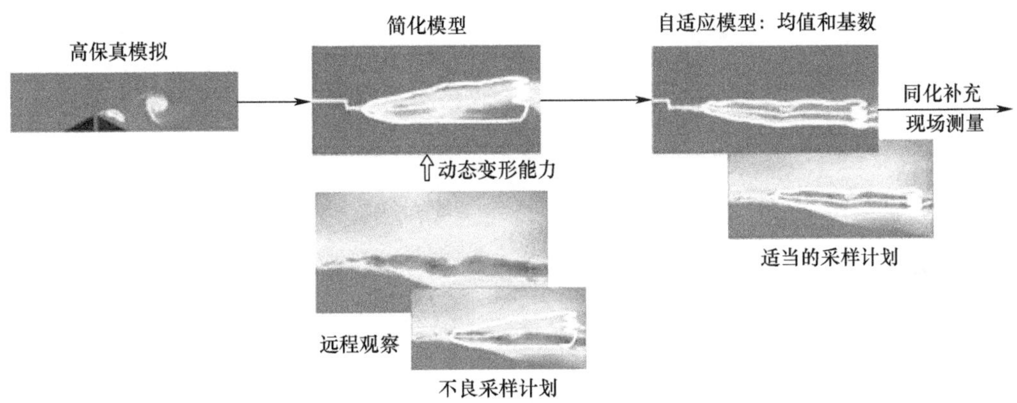

图 2.3　一种用于适应简化模型、高保真仿真(采样补充的现场观察并同步)规划的动态变形方法(这里远程紫外线观察二氧化硫,用于绘制变形性)

我们使用新的公式代替传统的 Karhunen-Loeve(KL)展开 $x_t = \bar{x} + \boldsymbol{u} \sum \eta_t$,对于其中的集合均值 $\bar{x}$,特征向量 $\boldsymbol{u}$,特征值 $\sum$ 和精简变量 η_t (随机变量),生成可变形展开式 $\hat{x}_t = \bar{x}oq + (uoq) \sum \eta_t$,其中变形场 q 通过模型预测和数据估算得到。还可以通过数据同化在线调整精简变量 η_t ,这就是简化模型中的位置-幅度同化问题。在具体应用中,通过远程示踪剂来估计变形场 q。另外,简化模型的不确定性量化预测可用于计划采样路径,以对现场测量进行补充,从而进一步预估精简随机变量 η_t ($\sum \eta_t$)。

图 2.3 中,高保真度仿真最初产生一个不太好的简化模型(仅显示平均场),并且在 SO_2 远程观测中,幅度和相位也不尽相同。因此,sUAS 使用两条独立采样路径的现场感知的结果一开始也不理想。由于采样计划是由变形场决定的,随着对变形空间的适应,采样计划也进行调整。反过来,这些计划又促进了现场信息更准确地收集,以将其纳入精简变量中。这样便能将实际现象和数据进行结合。不过,在接下来的讨论中可见,简化集成模型的非线性方法也是可行的。

2.1.3　非线性高维推理

对于具有非高斯不确定性的非线性高维系统,可以从概率推断的角度优化连续流体映射系统中 DDDAS 闭环及其回路的性能。为此,考虑一个动力系统 $x_{t+\Delta t} = f(x_t, u_t; \alpha)$,

其中 x_t , $x_{t+\Delta t} \in \mathbb{R}^n$ 是 n 维离散状态向量, $f(\cdot,\cdot)$ 是可能的非线性模型, u_t 为输入。为简单起见,假设该模型没有“过程噪声”,而且仅考虑初始条件下的认知不确定性作为系统不确定性的主要来源。假设测量 $y'_t \in \mathbb{R}^m$ 与线性观察方程 $y'_t = H\hat{x}_{t'} + v_{t'}$ 相关,其中 $\hat{x}_{t'}$ 是真实但未知的状态向量, H 是测量过程, $v_{t'} \sim \mathcal{N}(O,R)$ 是高斯测量不确定度。

一般来说,可以根据分布 $p(x_t \mid y_{0:t})$, $p(x_0 \mid y_{0:t})$ 、$p(x_{0:t} \mid y_{0:t})$ 来解决状态估计推理问题,使用 $p(\alpha \mid y_{0:t})$ 进行参数估计,但是未知的环境输入和观测系统的控制也是重要话题。类似地,可以将用于补充观测的自适应采样问题 $p(Z_{t:t+k\Delta t} \mid y_{0:t})$ 作为推理问题进行研究,正如 2.1.2 节中讨论的模型归约。在这里,我们将通过顺序贝叶斯状态估计对核心问题进行介绍。

顺序贝叶斯状态估计包括:①预测,取决于模型随时间的传播状态;②过滤,由现时的实验观测结果递归更新当前模型状态;③平滑处理,通过当前的观测值来更新以前的模型状态。比较经典的方法由卡尔曼滤波器和平滑器,集合卡尔曼滤波器(EnKF)和平滑器,粒子过滤器和平滑器以及一些变体。

然而,由于非线性中非高斯不确定性的存在,如多峰或重尾分布,在高维数值模型的状态空间中进行合理推理非常具有挑战性。更糟糕的是,对环境观测的不足使得数据和模型推论更加复杂。目前,广泛采用的是两种替代方法。一种是降阶的、局部的或多尺度的集成卡尔曼滤波器及其变体,这些方法缓解了线性化问题,并产生直接的状态更新方程。集中预测的生成和执行方法对于直接调整单个集合成员是有益的,因为一般来说可以并入平衡约束和其他动态采样程序。尽管如此,高斯假设对于局部现象还是存在问题的。另一种是粒子滤波器这样的非参数贝叶斯推断,这对于非高斯估计效果显著,但在更高维度上需要进一步发展。

DDDAS 社区已经认识到,在许多应用中高效的高维非高斯估计至关重要。如果可以进行非高斯变分推论,将推动高维 DDDAS 的应用,从而减轻对广泛重采样的需求,同时保留直接调整状态的优势。与此相应的新方法涵盖核、混合密度表示、信息理论以及经典公式。

在本章接下来的讨论中,我们将以贝叶斯顺序状态估计为例,针对 DDDAS 循环中特性推理问题介绍两种先进技术。根据提出的方法,我们可以得出的第一个关键信息是可以通过变分信息理论便捷地处理非线性问题中的非高斯推断;第二个关键信息是在存在稀疏样本、高维和模型误差的情况下,不能忽略最小方差估计。通过两类顺序解决方案的分析得到以下结论:①需要使用具有集成学习能力的混合集成框架;②结合信息理论把关筛选。

2.2 多集合的集成学习

高斯混合模型(GMM)可以方便地用于非高斯估计,这使得其对状态估计具有一定适用性。过滤和平滑是需要面对的问题。对于马尔可夫过程,评估过程的递归性使我们可以在单个时间点进行贝叶斯“更新”,即 $p(x \mid y) \propto p(y \mid x)p(x)$ 。非高斯先验可以通过高斯混合进行建模:

$$p(x;\theta)=\sum_{m=1}^{M}\alpha_m\,\mathcal{N}(x;u_m,P_m) \tag{2.1}$$

式中:参数 θ 包含 M 和混合组分的数量; $\alpha_m = p(z_m)$ 表示成分 z_m 的概率的混合权重; $\mathcal{N}(x;\ u_m,P_m)$ 为均值为 μ_m 、协方差为 P_m 的多元正态分布;混合权约束条件为 $\sum_{m=1}^{M}$; $\alpha_m = 1$。

当通过集成方式对高维相干流体模型进行仿真时,集合任何组分 x_e 都有与 GMM 中其他组分混合的可能性。该现象可以通过权重向量进行建模:

$$\omega_{em}=\frac{\mathcal{N}(x_e;u_m,P_m)\ \alpha_m}{\sum_{j=1}^{M}\mathcal{N}(x_e;u_m,P_j)\ \alpha_j} \tag{2.2}$$

综合最大化期望(EM)与模型选择标准,GMM 参数可以通过最大似然估计(MLE)得到。为计算混合参数,我们首先根据集合大小 N 定义 $N_m = \sum_{e=1}^{N}\omega_{em}$,然后计算以下公式:

$$\alpha_m=\frac{N_m}{N},\mu_m=\frac{\sum_{e=1}^{N}\omega_{em}x_e}{N_m},\quad P_m=\frac{\sum_{e=1}^{N}\omega_{em}(x_e-\mu_m)(x_e-\mu_m)^{\mathrm{T}}}{N_m} \tag{2.3}$$

对于依赖时间的 GMM 滤波,首先传播集合,估计混合参数,然后应用度量更新解决两个推理问题。根据“状态” $p(x\mid y)$ 评估后验均值 μ_m^a 和协方差 p_m^a 评估后用 $\mathcal{K}(p_m^f)$ 作为卡尔曼增益,然后计算:

$$\mu_m^a=\mu_m^f+\mathcal{K}(p_m^f)(y-H\mu_m^f)\ ,\quad (p_m^a)^{-1}=(p_m^a)^{-1}+H^{\mathrm{T}}R^{-1}R \tag{2.4}$$

第二步是“参数估计”:

$$\alpha_m^a=p(Z_m\mid y)\propto\sum_e p(y\mid x_e)\,p(x_e\mid Z_m)\,\alpha_m^f$$

该步骤产生两个高斯卷积的混合权重:

$$\alpha_m^a=\frac{\mathcal{N}(y;H\mu_m^f,HP_j^fH^{\mathrm{T}}+R)\ \alpha_m^f}{\sum_{j=1}^{M}\mathcal{N}(y;H\mu_j^f,HP_j^fH^{\mathrm{T}}+R)\ \alpha_j^f} \tag{2.5}$$

对参数后验分布进行采样以产生新的集合,并重复滤波过程。

多集成滤波器和平滑器:

Seybold 等证明 GMM 过滤器效率低下,因为它需要力矩的显式合成,同时还证明在集成空间中直接执行更新是有利的。经过一些集成方法的尝试,Bengtsson 等提出了基于聚类成员的集成和个体卡尔曼更新。Smith 将 EM 与贝叶斯信息准则(BIC)结合使用,将 GMM 投影到近似后验高斯分布上。Dovera 和 Rossa 根据混合后的权重对索引进行采样,并使用 EnKF 更新相应的集合组分。Frei 和 Kunsch 进一步通过平衡采样确定要更新的集合组分。尽管这些方法可以减少维度,但是对关联集合组分与混合元素的管理依然面临困难。这就不是非常必要的了。我们可以将混合滤波器表示为无须临时关联规则的紧密集合变换器,并且可以使用粒子滤波器的有效样本大小对后验集合重新采样。

可通过两个公式实现测量更新,第一个公式是以集合均值为约束条件对 $p(x\mid y)$

求解：

$$x_e^a \equiv x_e + \sum_{m=1}^{M} \{\mathcal{K}(P_m)(d_{em} - H\omega_{em}x_e)\} \tag{2.6}$$

式中：$d_{em} = \omega_{em}y$ 是指没有扰动的观测值；$d_{em} = \alpha_m y_e$ 是指有扰动的观测值，这一点与 Tagade 早先的提议有所不同。

第二个公式用于后验权重的计算，通过 $\omega_{em}^a = p(z_m \mid x_e, y) \propto p(y|x_e)p(x_e|z_m)p(z_m)$ 进行求解。这就意味着递归权重更新：$\omega_{em}^a \propto p(y|x_e)\ \omega_{em}^f$ 。本质上，这就是一个高斯混合粒子滤波器。它可以在不明确协方差的情况下进行评估，还可以评估后验集合和权重以获得有效的样本量，通过重采样避免样本简并性。

更有趣的是，集合更新是一个紧凑的变换：

$$A^a = A^f \sum_{m=1}^{M} \Xi_m \circ (W_m^N)^{\mathrm{T}} = A^f \Xi \tag{2.7}$$

式中：A^f 为预测集合；A^a 为所估计的集合，$W_m^N(1:N, e) = \omega_{em}$ 。在 Evensen 看来，集合大小为 $N \times N$ 的紧凑矩阵 Ξ 是预测中的弱非线性变换。Seybold 等提出紧凑型混合式集成过滤器(MEnF)。作为紧凑型集合变换，MEnF 可以推导类似于 EnKS 的迅捷的混合集成平滑器(MEnS)。Ravela 和 McLaughlin 表示，平滑方程是一个递归过程，因此对于间隔 L ，通过向前和向后遍历得到的固定间隔估值的阶次为 $O(L)$ ，通过先进先出队列的固定滞后估值的阶次为 $O(1)$ 。MEnF/S 不仅具有粒子过滤器的优点，还可以不受维度限制直接进行整体调整。以上就是 Seybold 等在可推断性推理方面的重大突破，以及 Tagade 等进一步的改进方案。

2.3 非线性滤波必须减少总方差

Seybold 等指出，在存在模型错误的情况下，基于 GMM 的显式过滤或整体空间过滤都存在问题。对混合模式的统计估计中，总方差包括均值方差，该均值方差随着混合成员数量增加变得更加显著。当前基于 GMM 的过滤器并没有此组件。因此，当模型误差表现为相对于 GMM 模式的偏差时，收敛可能会非常缓慢。一个简单的实验可以表明，不只存在很小的偏差，GMM 性能要比集成卡尔曼滤波器更差。在这种情况下，将整体方差最小化不能被忽略，尤其是对于不确定性估计也很重要的情况。一般情况下，非高斯估计不能忽略最小化方差，当真实模型的置信度较低时尤其如此。

Seybold 等对均值为零的双峰先验进行分析。在图 2.4(a) 中 $\mu_m = \pm 6\sigma$ ，方差 $\sigma_m^2 = 1$，权重 $\alpha_m = 0.5$。现在想象在虚线之间的度量，当测量值介于两种混合模式之间时，系统将偏差定义为 100%。假设真值是平稳的，并且噪声方差为 $\sigma_r^2 = 1$。将先验方差等于 GMM 总方差的卡尔曼滤波器作为对比。由于真值是固定的，因此我们期望每个滤波器的均值和协方差的估计会有所收敛。在大量试验中，每个试验通过重复 5 次过滤迭代来确定估计误差。结果是，GMM 的平均表现远不如 EnKF。图 2.4(b) 是分别将 Kalman 估计的后验均值、GMM 主模式、GMM 均值与真实值进行比较，绘制的平均归一化 RMS 估计误差。其结果正如 Seybold 等所指出的，收敛速度比较缓慢。

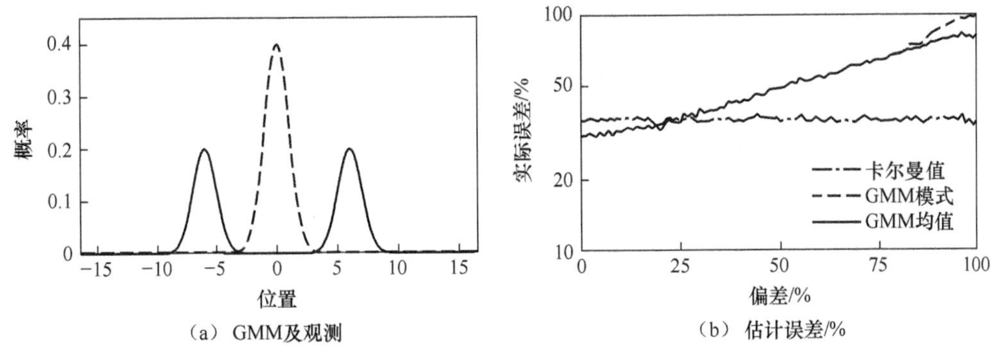

(a) GMM及观测　　(b) 估计误差/%

图 2.4　双峰实例描绘了有偏差 GMM 估计误差的增加(这是由于没有考虑均值方差)

收敛缓慢是因为未考虑 GMM 的总方差及均值方差。结果,滤波器由于偏差收敛较慢,并且估计误差较大。而 EnKF 具有较大的初始卡尔曼增益,能迅速减小总体方差。于是,随着不断分化,GMM 过滤器将失去对总方差的把握,尤其是在模型存在误差时效果更加明显,如现实世界的情形。至此,问题仍然存在,非高斯贝叶斯估计又如何使总方差最小化?

2.4　堆叠级联学习

分层方法可以减少全局方差,实现对不同正则化规模 GMM 的组合。基于该想法的另一个思路是,假定传播到滤波器的集合没有准确的分布,在这种情况下,通过一组概率函数处理多个目标,用于局部建模并减少总方差。每个目标函数都不可能趋于完美,例如对于非高斯性,EnKF 表现较差,而 GMM 则无法解释均值方差。在"集成学习"框架中,用估计器集合进行学习,可以生成更好的估计效果。

机器学习中,贝叶斯估计的关键是(非线性)回归机。多个回归机组合成一个回归机集合,在此,我们考虑两个集合变换:$\mathcal{M}_g$ (GMM)和 $\mathcal{M}_e$ (EnKF)。理论上讲,各种方法都是可行的。Seybold 等将其概括为堆栈和级联。该方式所得的估计器被称为增强混合集成滤波器(B-MEnF),该滤波器通过"堆叠级联"的方式将两者结合起来,其表现优于任何一个单滤波器。

图 2.5 描述了将两台机器组合在一起的迭代过程。每次迭代中,通过堆栈合并输出。然后进行级联,并进入下一个迭代。堆叠过程中,在具有扰动的测量时(事实未知的情况),"元学习器"选择误差较低的回归机的输出,或者是更高的后验概率。理想情况下,级联会继续进行,直到估计后验 GMM 集合的模型复杂度不再提高为止。

由此可见堆叠减少偏差,而级联减少方差。在具有扰动的测量中使用集成采样可避免过度拟合,对于许多随机学习问题,也可使用该方法。

应用示例:

我们根据相关文献复现了在 Lorenz-63 系统上的一个孪生实验。该系统在很长的时间内只显示两个特征吸引子,即使使用积分时间,集合成员的分布也是非高斯的。

图 2.6 分别展示了 EnKF(左)、GMM(中)在第一个同化步骤(上)和九次同化循环

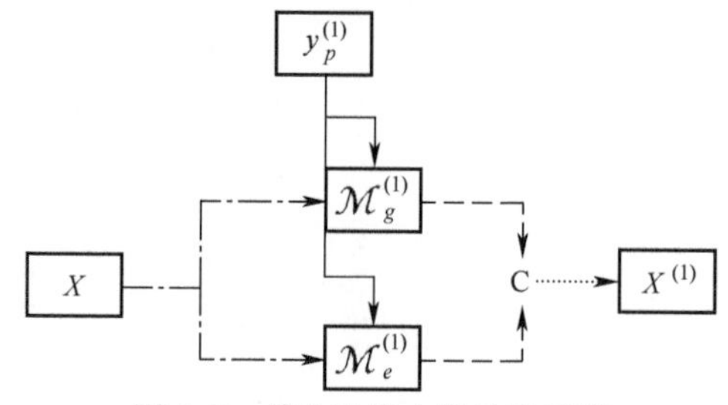

图 2.5　单次迭代中的堆叠级联

$\mathcal{M}_e$ 和 $\mathcal{M}_g$ 的堆叠泛化促进了对具有较低后验误差组分的选择。

堆叠机使用带有扰动的观测值进行训练和测试,同时还有一个训练引导集合。

(下)之后的 2D X-Z 的滤波投影结果。右列则是 B-MEnF 的结果。图中浅灰色为预测点云,深色点表示后验点云,实线表示概率等值线,图中 a 表示实际情况。

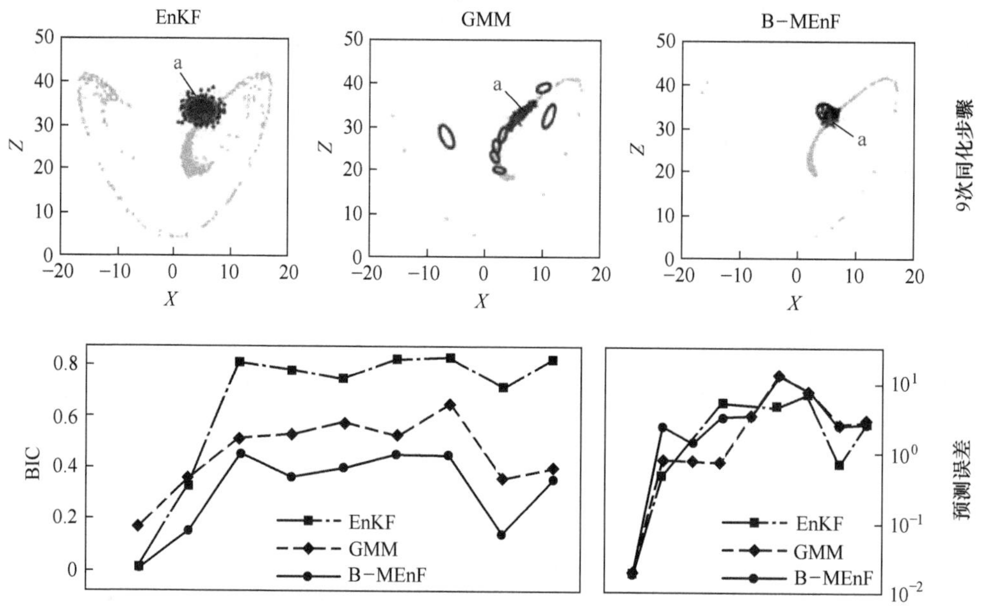

图 2.6　将 B-MEnF 用于 Lorenz-63 问题。

结果表明,通过 boosting 的性能要优于 GMM,在产生近似误差的同时能保证较低的不确定性。

如图 2.6 所示,高斯模型起初效果很好,但随着吸引子结构成为非高斯 EnKF 集合组分,其分散程度进一步提高,这表明 GMM 能较好地限制随时间变化的不确定性。预测误差的协方差的两个最小特征值的凸组合通过 EM 正则化生成合理的 GMM 聚类,但是该过程对正则化参数十分敏感。正如后验集合点簇所描绘的那样,用高斯测量噪声进行滤波[参见式(2.3)]会留下一个主要的后验模式,其余的则会退化。

尽管这 3 个估计误差比较接近,但在不进行任何重采样的情况下,B-MEnF 生成后验 GMM 的复杂度要比单独的 EnKF 或 GMM 低。B-MEnF 通过局部模式和整体方差可以更好地收紧集合,因此它可以在最少重采样的条件下进行非高斯推断。

2.5　滤波中的信息论

接下来继续讨论非高斯变分推断的方法，在避免大量重采样的同时，保留 EnKF 及其变体的直接状态调整能力。一种方法是考虑比方差或相关性更具普遍性的整体度量，例如峰度，通常用在独立分量分析（ICA），以识别非高斯变量的线性模式。根据 Shannon 熵定义的互信息也是一种较为普遍的总度量，该度量单位的特殊性在于其“无分布”属性。对于非高斯随机变量，它与独立性有明显差异。

因此，人们可能会使用测量和状态的联合概率和边缘概率来设计一种互信息度量，以合成滤波器和平滑器。例如，Taomita 等使用一种基于香农熵的互信息得到线性和非线性滤波器。不幸的是，由于很难直接从互信息中计算出梯度，人们必须借助采样方法，以便在高维应用中使用该方法。

Kapur 提出一种具有广泛意义的、包括多种选择的熵。他推导了不同于 Kullback-Leibler 散度的交叉熵平方度量，该度量直接对应 Bhattacharya 测度。这样，在计算互信息时，就可以得出互信息的平凡度量，从而方便地计算出梯度，为非高斯推断提供了一种优化框架。这种方法很早以前就被数据同化领域的研究人员接受，与其他机器学习方法一起用于特征提取。

Tagade 和 Ravela 借鉴了 Kapur 对 Lorenz-95 问题研究中的平方互信息。Torkkola 指出，平方互信息可以根据模型状态集合或核密度表示的实验观测值中的信息潜能进行解释，此外还可以通过复现核希尔伯特空间（RKHS）进行处理（我们并未做过此项研究）。滤波问题的关键在于近似信息电位的最大化。通过分析信息电位的梯度，可以得到滤波器。这些方法与 MEnF/B-MEnF 类似，允许对非高斯推断直接进行状态调整。此处通过双井实例进行讨论。

实用信息理论方法：

接下来考虑滤波问题，令 x 、y 和 $\hat{x}$ 分别表示模型状态、实验观测值和当前时间 T 的估计值。去除时间下标，任意滤波器（可能是非线性的）可以被定义为

$$\hat{x} = F(x,y) \tag{2.8}$$

我们的目标是通过最大化条件互信息 $\hat{F}(x,y) = \mathrm{argmax}_{F(x,y)}\ J(y;\hat{x} \mid x)$ 来确定映射 $F(x,y)$ ，称为“互信息过滤器”（MuIF）。

为了得出一种易于处理的方法，我们注意到熵通常用于不确定性的度量，对于交叉熵，使用 Kullback-Leibler 量化互信息。尽管香农熵是使用最为广泛的熵测度，但 Kapur 指出，可以用不同方法来定义熵。放宽 Shannon 第三公理约束，就可以得到 Renyi 熵。对于随机变量 X，阶次 α 的 Renyi 熵为

$$R_\alpha(X) = \frac{1}{1-\alpha}\log\int [f_X(x)]^\alpha \mathrm{d}x = V_\alpha(X) \tag{2.9}$$

式中：$\alpha > 0$ 且 $\alpha \neq 1$。特别地，2 阶 Renyi 熵与平方互信息有一定关联。当 $\alpha = 2$ 时，$R_2(x)$ 就是二次 Renyi 熵：

$$R_2(x) = -\log[V_2(x)] \tag{2.10}$$

式中：$V_2(x)$ 为二次信息势，它表示 x 的概率分布函数（PDF）的期望值。由于对数函数是单调的，因此可以通过优化 $V_2(x)$ 实现熵优化。此外，由于 $R_2(x)$ 是 Shannon 熵的下限，对于熵最大化，二次 Renyi 熵比 Shannon 熵更有效。

根据 Renyi 熵的定义，文献提出了不同的三度和相关互信息。对于 PDF 间的欧几里得距离，可由式（2.11）计算：

$$D_e(f_X, g_X) = \int [f_X(x) - F_X(X)]^2 \mathrm{d}x \tag{2.11}$$

Kapur 二次互信息由式（2.12）给出：

$$J(X;Y) = D_e[f_{XY}(x,y), f_X(X)f_Y(y)] = V_J - 2v_c + v_M \tag{2.12}$$

式中：v_J 和 v_M 分别为联合概率和边缘概率的二次信息势；v_c 为交叉信息势。

通过具有高斯核 $G(X,\Sigma)$；$\Sigma = \sigma^2 I$ 的 Parzen 窗，我们可以将所有 PDF 近似为任意精度，该推论过程是非高斯的。利用高斯核的卷积特性和 PDF 的 Parzen 估计，可以方便地估计信息势 $\hat{v}_J$，$\hat{v}_C$，$\hat{v}_M$ 及其梯度。通过哈希和索引检索邻居进行评估，可以起到加速作用。

Tagade 和 Ravela 定义了模型预测的集合矩阵 $\boldsymbol{A} = [x_i; i = 1,2,\cdots,N_s] \in \mathcal{R}^{n\times N_s}$，以及用于扰动观测的 $Z = [z_i; i = 1,2,\cdots,N_s] \in \mathcal{R}^{n\times N_s}$，观察到的扰动定义为 $z_i = y + \nu_i$，其中 v_i 表示来自测量误差的 PDF。通过滤波器式（2.8），估计状态的集合矩阵 $\hat{x} \in \boldsymbol{R}^n$ 可以定义为 $F = [F(x_i, z_i); i = 1,2,\cdots,N_s] \in \mathcal{R}^{n\times N_s}$。通过填充集合矩阵 $\boldsymbol{F}$ 可以实现对系统动力学的初始化。Tagade 和 Ravela 提出了最陡梯度上升，由 $\boldsymbol{F}(x,z)_k$ 表示当前迭代值。然后计算：

$$\boldsymbol{F}(x,z)_{k+1} = \boldsymbol{F}(x,z)_k + \eta \nabla J|(z;\hat{x}|x) \tag{2.13}$$

式中：∇为梯度；η 为用户自定义的步长。该评估法会产生信息势或信息力的梯度，并可以直接计算。适当地参数化 $\boldsymbol{F}$ 后，对于 $\hat{x} = x + \mathcal{K}(z - x)$，就可以通过 $J(z;\mathcal{K}|x)$ 来估计并更新相关参数的梯度。在该线性示例中，$\mathcal{K}$类似于卡尔曼增益，也称信息增益。

Tagade 和 Ravela 将 MuIF 用在 Lorenz-95 滤波问题中，如图 2.7 所示。它的性能可与

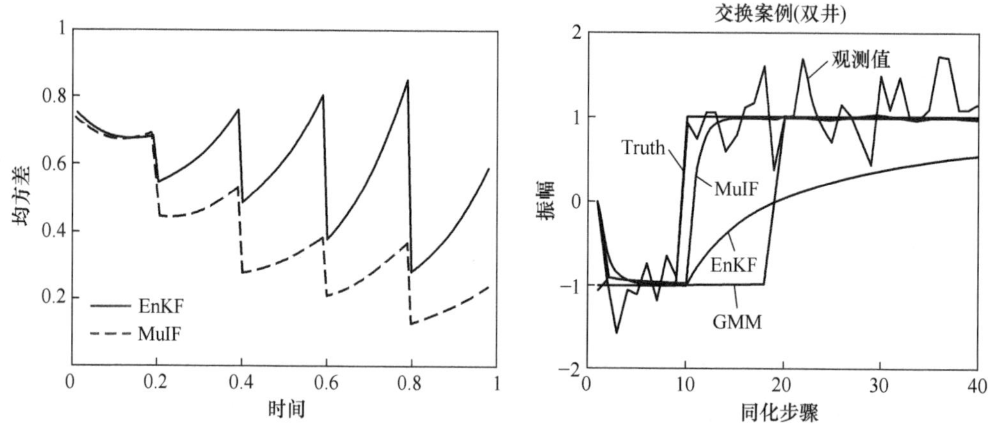

图 2.7　EnKF 和 MuIF 对 Lorenz-95 问题的处理和双井系统的比较

混合系统相媲美,并且能够很好地控制交换。我们注意到,对于模型和观察样本的全部相互作用对,虽然所有互信息的评估消耗很大,但使用散列和索引技术可以有效进行缓解。我们认为,这种近似推断可用于相干流体映射,尤其是在集合大小相对较小时。此外,对于 Parzen 窗口化在高维度上的问题,可以基于 RKHS 的方法进行探索。

2.6 应用示例

对于 2.1 节中提到的问题,我们可以应用前几节介绍的估计方法处理相干流体映射。典型地如使用示踪剂热点对采样路径进行动态调整,这类问题称为贝叶斯估计问题,可使用 B-MEnF 方法进行解决。

该方法使用 DDDAS 层次结构,通过章 2.1 节中的方法降低高保真模型仿真,简化后的集成模型可以实现高效的风采样计划。这些计划通过外推远程跟踪器(如 SO_2)对测量结果进行调整,实现示踪剂热点的采样,这对危险尘埃的检测来说非常重要。从当前遥感图像检测并外推关键特征,封装为时间采样窗口,即可通过之前介绍的方法处理。通过融合目标特征和先验计划集,可以为 sUAS 提供采样路径的后验分布,在节能的同时保持目标特征。此外,该框架还允许在飞行过程中做进一步的调整。

图 2.8 中,仅考虑风这单一因素的初始计划集描绘了尘埃从左到右运行轨迹。剪切的低、中、高模型会生成非高斯分布,如轨迹和阴影。在这种情况下,混合模型是合适的选择。测量随着时间热点外推。虽然初始计划是基于风的,但模型驱动的采样计划会动态调整以适应示踪剂采样偏好。使用 B-MEnF 的后验飞行方案分布紧凑且收敛迅速,与互信息过滤器得到的结果一致。

2.7 小　结

本章我们讨论了用于绘制相干流体的 DDDAS 应用程序的总体结构及其环路元素。首先,通过示例描述,重点研究了一种适于非高斯误差,并且对非高斯误差具有鲁棒性的新型可变形简化模型;然后,重点探究了非线性推断和非高斯推断的方法,即增强混合集成滤波器(B-MEnF)和互信息过滤器(MuIF);最后,讨论了这些滤波器的自适应采样方案。

尽管混合方法在一定程度上可以实现非高斯估计,但在存在偏差的情况下,它们的性能实际上比 EnKF 要差,其原因在于忽略了总方差。紧凑的 MEnF 避免了维度问题,减缓了采样难度,从而可以实现平滑处理。B-MenF 则是一个堆叠级联集成学习器,与单独使用 GMM 或 EnKF 相比,它可以更好地降低不确定性,并且在实验中无须重采样。因此我们认为,集成学习(类似于多模型集成)是解决高维非高斯系统中模型误差和偏差的有效方法。

Kapur 的平方互信息是使用集合模型状态和实验观察值的核密度估计来近似的。通过最陡梯度上升算法最大化互信息,实现平方互信息的近似。在 Lorenz-95 模型和双井系统的实验中,该算法性能明显优于 EnKF,且与集成方法表现相当。

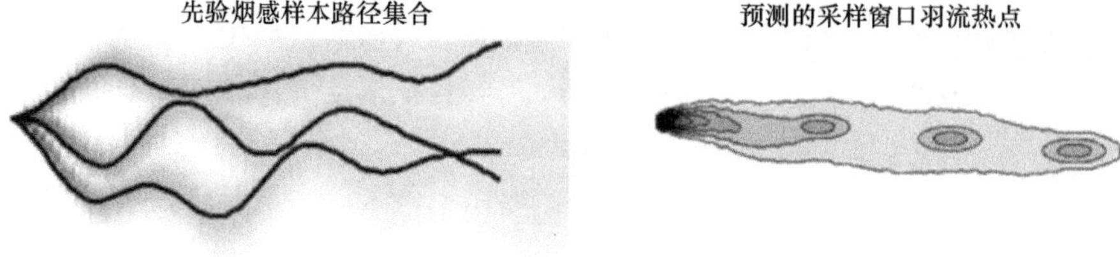

图 2.8　仅基于风的采样方案集(顶部)与示踪剂测量相协调以包含热点(中部)从而产生一组后验采样方案(底部)(阴影表示采样不确定性)

参 考 文 献

[1] D. L. Alspach, H. W. Sorenson, Nonlinear bayesian estimation using gaussian sum approximations. IEEE Trans. Autom. Control 17, 439-448 (1972)

[2] M. S. Arulampalam, S. Maskell, N. Gordon, T. Clapp, A tutorial on particle filters for online nonlinear/nongaussian bayesian tracking. IEEE Trans. Signal Proc. 50(2), 174-188 (2002)

[3] T. Bengtsson, C. Snyder, D. Nychka, Toward a nonlinear ensemble filter for highdimensional systems. J. Geophys. Res. 108, 8775 (2003)

[4] H. L. Choi, Adaptive sampling and forecasting with mobile sensor networks. Ph. D. thesis, Massachusetts Institute of Technology, 2009

[5] H. -L. Choi, S. -J. Lee, A potential game approach for information-maximizing cooperative planning of sensor networks. IEEE Trans. Control Syst. Technol. 23(6), 2326-2335 (2015)

[6] S. C. Choi, R. Wette, Maximum likelihood estimation of the parameters of the Gamma distribution and their bias. Technometrics 11, 683-690 (1969)

[7] L. Dovera, E. D. Rossa, Multimodal ensemble Kalman filtering using gaussian mixture models. Comput. Geosci. 15, 307-323 (2011)

[8] J. Dunik, O. Straka, M. Simandl, E. Blasch, Sigma-point set rotation for derivative-free filters in target tracking applications. J. Adv. Inf. Fusion 11(1), 91-109 (2016)

[9] J. Duyck, C. Finn, A. Hutcheon, P . V era, J. Salas, S. Ravela, Sloop: a pattern retrieval engine for individual animal identification. Pattern Recognit. 48(4), 1059-1073 (2015)

[10] S. Dzeroski, B. Zenko, Is combining classifiers better than selecting the best one? in Proceedings of the Nineteenth International Conference on Machine Learning (ICML '02) (Morgan Kaufmann, San Francisco, 2004) pp. 255-273

[11] G. Evensen, The ensemble Kalman filter: theoretical formulation and practical implementation. Ocean

Dyn. 53, 343-367 (2003)

[12] M. Frei, H. R. Kunsch, Mixture ensemble Kalman filters. Comput. Stat. Data Anal. 58, 127 - 138 (2013)

[13] J. Gama, P . Brazdil, Cascade generalization. Mach. Learn. 41(3), 315-343 (2000)

[14] A. Gelb, Applied Optimal Estimation (The MIT Press, Cambridge, 1974)

[15] I. Hoteit, D. T. Pham, G. Triantafyllou, G. Korres, A new approximate solution of the optimal nonlinear filter for data assimilation in meteorology and oceanography. Mon. Weather Rev. 136, 317-334 (2008)

[16] J. N. Kapur, Measures of Information and Their Applications (Wiley, New Delhi, 1994)

[17] C. Kern, C. Werner, T. Elias, A. J. Sutton, P . Lubcke, Applying UV cameras for SO_2 detection to distant or optically thick volcanic plumes. J. V olcanol. Geotherm. Res. 262, 80-89 (2013)

[18] R. Liu, D. F. Gillies, An estimate of mutual information that permits closed-form optimization. Entropy 15, 1690-1704 (2013)

[19] E. N. Lorenz, Deterministic nonperiodic flow. J. Atmos. Sci. 20, 130-141 (1963)

[20] G. J. McLachlan, T. Krishnan, The EM Algorithm and Extensions (Wiley-Interscience, Hoboken, 2008)

[21] E. Parzen, On the estimation of probability density function and the mode. Ann. Math. Stat. 33, 1065 (1962)

[22] J. W. Principe, J. W. Fisher, D. Xu, Information Theoretic Learning (Wiley, New York, 2000)

[23] J. Prüher, F. Tronarp, T. Karvonen, S. Särkkä, O. Straka, Student process quadratures for filtering of nonlinear systems with heavytailed noise, in International Conference on Information Fusion, Piscataway, 2017

[24] S. Ravela, Data assimilation by maximizing mutual information. Geophys. Res. Abstr. 10, EGU2008-A-11090 (2008)

[25] S. Ravela, Quantifying uncertainty for coherent structures. Proc. Comput. Sci. 9, 1187-1196 (2012)

[26] S. Ravela, Mapping coherent atmospheric structures with small unmanned aircraft systems, in AIAA Infotech Aerospace (IA) Conference, Guidance, Navigation, and Control and Colocated Conferences, (AIAA 2013-4667), 2013

[27] S. Ravela, Spatial inference for coherent geophysical fluids by appearance and geometry, in Winter Conference on Applications of Computer Vision, 2014

[28] S. Ravela, Dynamic datadriven deformable reduced models for coherent fluids. Proc. Comput. Sci. 51, 2464-2473 (2015)

[29] S. Ravela, D. McLaughlin, Fast ensemble smoothing. Ocean Dyn. 57, 123-134 (2007)

[30] S. Ravela, K. Emanuel, M. McLaughlin, Data assimilation by field alignment. Physica D 230, 127-145 (2007)

[31] A Renyi, On measure of entropy and information, in Fourth Symposium on Mathematical Statistics and Probability, Berkeley, 1961

[32] H. Seybold, S. Ravela, P . Tagade, Ensemble learning in nongaussian data assimilation. Lect. Notes Comput. Sci. 8964, 227-238 (2015)

[33] C. E. Shannon, A mathematical theory of communication. Bell Syst. Tech. J. 27, 379-423 (1948)

[34] K. W. Smith, Cluster ensemble Kalman filter. Tellus 59, 749-757 (2007)

[35] T. Sondergaard, P . F. J. Lermusiaux, Data assimilation with gaussian mixture models using dynamically orthogonal field equations. Part 1: theory and scheme. Mon. Weather Rev. 141, 1737-1760 (2013)

[36] P . Tagade, H. Seybold, S. Ravela, Mixture ensembles for data assimilation in dynamic data driven environmental systems, in Proceedings of the International Conference on Computational Science, ICCS 2014, Cairns, 10-12 June 2014, pp. 1266-1276

[37] P . M. Tagade, H. -L. Choi, A dynamic biorthogonality based approach for uncertainty quantification of stochastic systems with discontinuities. ASME J. Verification, Validation Uncertain. Quantif. 2(1), 011003-011012 (2017)

[38] P . M. Tagade, S. Ravela, A quadratic information measure for data assimilation, in American Control Conference, Portland, 2014

[39] Y . Tomita, S. Omatu, T. Soeda, An application of the information theory to filtering problems. Inf. Sci. 11, 13-27 (1976)

[40] K. Torkkola, Feature extraction by nonparametric mutual information maximization. J. Mach. Learn. Res. 3, 1415-1438 (2003)

[41] D. H. Wolpert, Stacked generalization. Neural Netw. 5, 241-259 (1992)

[42] C. M. Y ang, S. Ravela, Deformation invariant image matching by spectrally controlled diffeomorphic alignment, in 2009 IEEE 12th International Conference on Computer Vision, Piscataway, 2009, pp. 1303-1310

第3章　多尺度系统数据同化中的动态数据驱动自适应观测

Hoong C. Yeong, Ryne Beeson, N. Sri Namachchivaya, Nicolas Perkowski, Peter W. Sauer

摘要:本章涵盖动态数据驱动应用系统领域的几个研究主题,并描述多尺度复杂系统的分析和预测所涉及的多学科方法。本章的重点在于通过融合随机动力学系统和信息论的思想,开发用于数据收集、同化和利用的新算法和新工具。首先,本章对以下内容进行概述:多尺度信号及观测流程、多学科方法的分析,以及融合均质化和滤波理论的新型粒子滤波算法。其次,本章通过重要性采样和控制方法达到粒子滤波固定的建议密度,实现对混沌信号的近似实时滤波。最后,本章介绍了一种信息理论方法,该方法遵循不确定性最小化准则,可用于滤波问题中动态传感器的选择。将其与基于动态系统的有限时间李雅普诺夫(Lyapunov)指数策略进行了比较,可以更深入地了解信号动态导致的增长误差。

3.1 引　言

本章所研究的 DDDAS 范式包括三个领域,即随机动力系统、控制和估计(数据同化)以及信息论。虽然数学模型是了解复杂系统的宝贵工具,但该情况下的模型非常不确定,其原因在于:模型无法捕获重要的物理过程;仅仅观察不足以约束和初始化模型;模型更新的不确定性。对于大规模复杂系统的推理和预测而言,大量工程和自然系统不断产生高维数据,随着数据的不断增长,高效接收并分析这些数据是一个巨大的挑战。至于随机性,子网格现象建模已越来越趋向随机的"参数化"。此外,问题的严重复杂性也给预测物理和环境系统之间的相互作用带来很大的挑战。本章我们将详细介绍不确定性、非线性和观测之间的种种相互作用而产生的挑战。

本章集成并整合了来自随机动力学系统、均质化、非线性滤波、马尔可夫链和蒙特卡罗方法的思想,以开发一种新的、集大成的科学技术,试图通过该技术动态地吸收观测数据并进行预测。虽然听起来似乎随机动力系统、均质化方法和非线性滤波没有什么相干性,但是越深入研究就会发现,这些相互作用间的差异变得越来越模糊。对这些问题的探索在诸多文献中都有所研究,接下来我们将介绍 DDDAS 在这 3 个重要研究领域的新成果,贡献及其意义。

本章的内容安排如下:3.2 节和 3.3 节对尺度信号和观测过程进行概述,同时介绍在粗粒度动力学的数据同化中涉及的多学科方法以及相关成果。在 3.2 节中还将讨论还原技术,该技术需要对扰动动力学中的快速运动计算平均结果。同时本节还探究了备受关注的鞅问题。3.3 节研究通过 Zakai 方程应对多尺度信号和观测过程。本节还描述了一个低维随机偏微分方程(PDE)(Zakai 型方程),该方程非常简洁,也可处理多尺度信号和观察过程,并通过一个简单示例介绍其实现。最后,3.4 节利用 Kullback-Leibler 散度研究度量自适应传感中的信息流。该策略通过将来的测量量化信息,以减少粗粒度信号分析带来的不确定性。此外,线性切线图的奇异向量也用于改善对模型更新的分析。

3.2 降维和均质化

本节介绍了多尺度信号和观测过程、DDDAS 的相关结果、分析过程涉及的多学科方法,以及在粗粒度动力学数据同化中获得的新成果。这些工作的核心是降维。在大型复杂系统中,物理过程的非线性允许能量在不同尺度之间转移,并且这种复杂行为的许多方面都可以用随机模型表示。在尺度分离这样的问题中,研究最多的随机扰动模型之一是扩散马尔可夫过程$\{(X_t^\varepsilon, Z_t^\varepsilon);t \geqslant 0\}$,其半群的转移算子 T^ε 由多 $\mathcal{L}^\varepsilon$ 产生,即二阶椭圆(部分)微分算子。X^ε 和 Z^ε 分别是系统的慢组分和快组分,$\varepsilon > 0$ 是时间尺度分离参数——其比例从快速动态时间刻度直到慢速动态时间刻度。较小的 ε 表示慢速和快速分量之间的时标间隔较大。在较慢的时间尺度上,高维多尺度随机系统的行为与小型降阶模型(ROM)类似,然而降阶模型不是先验已知的。对于这些问题,把握粗粒度动力学是随机过程的收敛性较弱的关键,或者更确切地说是马尔可夫过程收敛性不强的本质。一个用于衡量马尔可夫过程收敛性的框架是鞅问题,很多文献使用其开发精简模型。尽管随机均值低维模型仅在无限小的噪声内才有效。它们还是提供了很好的定性结果,这将有助于开发廉价的低维计算模型。

这里以随机的 $m+n$ 维多尺度动力学系统进行介绍:

$$dX_t^\varepsilon = b(X_t^\varepsilon, Z_t^\varepsilon)\,dt + \sigma(X_t^\varepsilon, Z_t^\varepsilon)\,dW_t \tag{3.1a}$$

$$dZ_t^\varepsilon = \frac{1}{\varepsilon}f(X_t^\varepsilon, Z_t^\varepsilon)\,dt + \frac{1}{\sqrt{\varepsilon}}g(X_t^\varepsilon, Z_t^\varepsilon)\,dV_t \tag{3.1b}$$

式中:$X^\varepsilon \in \mathbb{R}^m$,$Z_t^\varepsilon \in \mathbb{R}^n$ 分别为快组件与慢组件;$W_t \in \mathbb{R}^k, V_t \in \mathbb{R}^l$ 分别是独立的 k 维和 l 维标准布朗动作,向量场及扩散系数为 $b:\mathbb{R}^{m+n} \to \mathbb{R}^m$,$\sigma:\mathbb{R}^{m+n} \to \mathbb{R}^{m\times k}$,$f:\mathbb{R}^{m+n} \to \mathbb{R}^n$,$g:\mathbb{R}^{m+n} \to \mathbb{R}^{m\times l}$。以上所有函数均基于 Borel 可测量假设。快速时间标度上的定值 $x \in \mathbb{R}^m$ 定义为

$$dZ_t^x = f(x, Z_t^x)\,dt + g(x, Z_t^x)\,dV_t$$

换言之,在确定 $X^\varepsilon = x$ 情况下,根据式(3.1b),Z^x 等同于 Z^ε。假设对于所有的 $x \in \mathbb{R}^m$,Z^x 都能快速收敛到其特殊的稳态分布 $p_\infty(x;\cdot)$。

随机尺寸缩减会造成对粗粒度动力学的偏颇描述,这是由于没能彻底了解快速规模中的动力学问题。已经证明,当缩放参数 ε 趋于零,被限制的 X^ε 过程就是生成器为 $\mathcal{L}^\dagger$ 的马尔可夫过程:

$$\mathcal{L}^\dagger = \sum_{i=1}^{m} \bar{b}_i(x)\frac{\partial}{\partial x_i} + \frac{1}{2}\sum_{i,j=1}^{m} \bar{a}_{ij}(x)\frac{\partial^2}{\partial x_i \partial y_i} \tag{3.2}$$

其中

$$\bar{b}(x)=\int_{\mathbb{R}^n} b(x,z)p_\infty(x,\mathrm{d}z),\bar{a}(x)=\int_{\mathbb{R}^n}(\sigma\sigma^{\mathrm{T}})b(x,z)p_\infty(x,\mathrm{d}z)$$

式中：$\bar{b}(x)$ 为慢速分量的均质漂移和扩散系数。通常，对粗粒度动力学的描述被限制在缩小空间（在式(3.1)中的定义 $\mathbb{R}^m\subset\mathbb{R}^{m+n}$）。缩小空间的几何形状可以通过随机降维的方式从粗粒动力学得到。换句话说，当 ε 较小时，$\bar{X}$ 行为类似 X^ε，而快组分 Z^ε 的影响则被平均。有关文献分别使用几何奇异摄动法，提供了由实噪声和白噪声驱动的慢速系统的尺寸减小。

通过下述简单信号模型来探究同质化效果：

$$\dot{X}_t^\varepsilon=-(Z_t^\varepsilon)^3+\sin(\pi t)+\cos(\sqrt{2}\pi t)\quad(X_0^\varepsilon=x_0\in\mathbb{R})\tag{3.3a}$$

$$\mathrm{d}Z_t^\varepsilon=-\frac{1}{\varepsilon}f(X_t^\varepsilon-Z_t^\varepsilon)\,\mathrm{d}t+\frac{1}{\sqrt{\varepsilon}}\mathrm{d}V_t\quad(Z_0^\varepsilon=z_0\in\mathbb{R})\tag{3.3b}$$

对于固定的 $X_t^\varepsilon=x$，式(3.3b)的解是密度固定的 Ornstein-Uhlenbeck 过程：

$$u(z\mid x)=\frac{1}{\sqrt{\pi}}\exp[-(z-x)^2]\quad(z\in\mathbb{R})\tag{3.4}$$

当 $\varepsilon\to0$ 时，可以发现 $X_t^\varepsilon\to\bar{X}_t$，其中 $\bar{X}_t$ 满足：

$$\dot{\bar{X}}_t=-(\bar{X}_t)^3-\frac{3}{2}\bar{X}_t+\sin(\pi t)+\cos(\sqrt{2}\pi t)\quad(\bar{X}_0=x_0)\tag{3.5}$$

如果我们只对在慢速时间尺度上的系统行为感兴趣，即在 X^ε 中，当时间尺度间距较大时，$\bar{X}$ 无须显式地解决快速动态便提供了很好的分布。在 3.3 节中，我们介绍基于 $\bar{X}$ 的降阶动力学数据同化过程。

3.3　多尺度系统中的数据同化

数据同化需要将实际系统状态观察结果与来自动态模型的信息进行混合，以估计系统状态。观测数据的共同特征包括：①结构复杂——数据不同部分与数据本身之间的关系具有复杂性；②噪声——测量本身会受到随机波动的影响；③间接观察——不能直接观察到所需状态。对于复杂多尺度系统中的此类数据，本节借助滤波理论进行同化。

线性随机系统的连续时间状态估计基于一个统一的主题，即状态估计等效于随机变量的观测过程在希尔伯特封闭的线性子空间上的投影。该方法得到最优线性估计和预测程序，如 Kalman-Bucy 滤波器，其被广泛应用于随机最优控制问题。在非线性设置中，状态估计等效于将信号的概率度量限制在观察过程生成的信息空间中。由此产生的条件测度由随机偏微分方程控制，在实践中可以进行数值求解。本章的结果结合了随机降维和非线性滤波理论，为开发用于估计多尺度信号中粗粒度动态的低维非线性滤波器提供了严格的理论框架。实际上，已经研究出用于求解非线性滤波问题的随机积分近似法，该方法可分为全局方法和局部方法。全局方法近似于整个状态空间上的概率分布函数，而局部方法则近似于局部区域滤波后的非线性函数。在本章的示例中，我们使用全局方法，粒子滤波器和集成卡尔曼滤波器。关于局部随机方法的描述和分析，以及其与集成卡尔曼滤波器的比较,可参考相关文献。

通过观察过程 Y^{ε} 增强动力状态[式(3.1)],以此处理非线性滤波问题。其中信号/状态仅可通过传感器间接建模 $h(x,z)$,该过程还受到传感器噪声 B 的影响:

$$Y_t^{\varepsilon} = \int_0^t h(X_s^{\varepsilon}, Z_s^{\varepsilon})\mathrm{d}s + B_t \tag{3.6}$$

式中:h 为 Borel 测量:$\mathbb{R}^{m+n} \to \mathbb{R}^d$;B 符合独立于 W 和 V 的 d 维标准布朗运动。对于系统信号/状态,仅有的可用信息包含该式:$\mathcal{Y}_t^{\varepsilon} \overset{\text{def}}{=} \sigma\{Y_s^{\varepsilon}:0 \leqslant s \leqslant t\}$,即时间 s 到 t 的观测 σ-场。本节将介绍一些慢速状态 X_t^{ε} 统计的最佳估计结果,该结果主要基于观测过程 Y_t^{ε} 产生的 Y^{ε} 包含的信息,当然,快速过程 Z^{ε} 对此也有一定影响。由于快速过程 Z^{ε} 很快达到其不变量,因此标准平均技术表示,对于 $\varepsilon \searrow 0$,我们应该用 $\overline{X}$ 代替缓慢过程的动力学。换句话说,我们可以对快速过程 Z^{ε} 的影响求平均,并考虑将$\{\overline{X_t}, t \geqslant 0\}$作为简化的动力学模型,这样与多尺度信号的原始空间相比,就可以在低维空间上进行滤波。在缩小空间上进行信号滤波时,使用平均传感器函数 $\bar{h}$ 。此外,仍需使用真实观测值 Y^{ε} ,因为实践中可能无法获得"平均"测量值,而"平均"测量值会导致某些信息的丢失。

相关文献研究表明,通过随机降维和非线性滤波技术构建的降阶滤波器,在宽时标分离限制下(小于 ε),效果与真实滤波器接近。接下来,我们根据相关文献中的密度函数介绍结果。同时,滤波器也将影响其他文献的结果(信号的连续有界函数的条件期望)。

对于 $A \in \mathcal{B}(\mathbb{R}^m)$,$\overline{\pi}_t^{\varepsilon,x}(A, Y_{[0,t]}^{\varepsilon}) \overset{\text{del}}{=} \mathbb{P}\{\overline{X}_t \in A \mid \mathcal{Y}_t^{\varepsilon}\}$ 表示在观测时间 t 之前均质化的条件概率。将 $\mathcal{L}^{\dagger}$ 产生的均质化过程与实际观察 Y^{ε} 相结合,以定义 Y^{ε} 在条件密度 $\overline{P}_t(\cdot, Y_t^{\varepsilon})$ 下的递归随机 PDE。定义 $\bar{h}(x) = \int h(x,z)\,p_{\infty}(x,\mathrm{d}z)$,其中 $p_{\infty}(x,\cdot)$ 是 x 固定的情况下快速过程的不变密度。令

$$\overline{\pi}_t^{\varepsilon}(A, Y_{[0,t]}^{\varepsilon}) = \int_{x \in A} \overline{P}_t^{\varepsilon}(x)\mathrm{d}x = \frac{\int_{x \in A} \overline{u}_t^{\varepsilon}(x)\mathrm{d}x}{\int_{x \in R^n} \overline{u}_t^{\varepsilon}(x)\mathrm{d}x} \tag{3.7}$$

$\overline{u}_t^{\varepsilon}(x)$ 由随机 PDE 控制:

$$\mathrm{d}\overline{u}_t^{\varepsilon}(x) = \mathcal{L}^{\dagger *}\, \overline{u}_t^{\varepsilon}(x)\mathrm{d}t + \bar{h}(x)\, \overline{u}_t^{\varepsilon}(x)\mathrm{d}Y_t^{\varepsilon} \tag{3.8}$$

式中:$\overline{u}_0^{\varepsilon}(x) = p_0(x)$ 。要注意,$\overline{\pi}_t^{\varepsilon}(x)$ 不是前文介绍过的标准非线性滤波器,而是对极限过程$\{\overline{x}_t\}$的统计数据和非极限/真实观测过程$\{Y_t^{\varepsilon}\}$的统计数据,经式(3.7)和式(3.8)计算得到的"混合"实体,有关研究表明,原始条件密度的 x 边界 $\int_L P_t^{\varepsilon}(\cdot, z, y_t^{\varepsilon})\mathrm{d}z$ 接近于均质化条件密度 $\overline{P}_t(\cdot, Y_t^{\varepsilon})$。滤波器 $E[\varphi(\overline{X}_t) \mid \mathcal{Y}_t^{\varepsilon}]$ 也产生类似结果,在有关文献中,通过现有概率估计对真实滤波器和均质滤波器之间的误差进行约束,滤波方程的对偶表示可得到 R^m 的有界连续函数 φ 。

注释 1:在大多数实际应用中,例如天气预报模型,观测和信号处理都在同一环境中,因此,信号和传感器的噪声是相关的。相关文献中的混合粗粒过滤器 $\overline{\pi}_t^{\varepsilon}$ 工作是由不相关信号和传感器噪声设定的,需要将其扩展到相关噪声设定。

本章理论基于粒子方法实现高效过滤,通过递归调用顺序蒙特卡罗和重要性抽样技术近似处理随机 PDE。粒子方法是指根据信号的随机规律对信号的独立粒子进行仿真,并对粒子进行加权和重采样,实现观测信息的合并。所得样本表示给定了观察信号的后条件分布。得益于均质过滤器,粒子方法和平均技术已组合在一起,有关文献中开发的多尺度设置-均质混合粒子滤波器(HHPF)可近似混合滤波方程解。

我们将 HHPF 应用到式(3.3a)和式(3.3b),通过实例来说明它对高维复杂问题的处理。为此,我们给信号处理增加了以下观察过程 $Y_t^\varepsilon = \frac{1}{2}(X_t^\varepsilon)^2 + B_t$,还可以写成:

$$\mathrm{d}Y_t^\varepsilon = X_t^\varepsilon\{-(Z_t^\varepsilon)^3 + \sin(\pi t) + \cos(\sqrt{2}\pi t)\}\,\mathrm{d}t + \mathrm{d}B_t$$

平均传感器函数是

$$\bar{h}(\bar{X}_t) = -(\bar{X}_t)^4 - \frac{3}{2}(\bar{X}_t)^2 + \{\sin(\pi t) + \cos(\sqrt{2}\pi t\}\bar{X}_t$$

图 3.1(a)和图 3.1(b)分别给出了粒子滤波器和 HHPF 的结果,同时还将这两个结果与分析解决方案[公式(3.5)]进行比较。样品标准偏差通过误差条表示。模拟花费的时间分别为 448s 和 15s。相比于图 3.1(a),图 3.1(b)的滤波器估计在时间上是稀疏的。这是因为与不使用均质化(快速时标)相比,可以在更粗略的时间步长(慢时标)下执行 HHPF 中的数值积分,致使计算时间大大减少。

相关文献研究表明,粒子方法适用于对本质是混沌的动力学系统以及时间稀疏情况的观测。通过在粒子动力上叠加了一个控件,可以将粒子驱动到最能代表下一个可观测的位置,同时保持原始信号动力学。这种控制是通过使效用函数最小化而实现的,该效用函数计算粒子位置与下一个观察位置的相对距离的平方,同时控制工作量。除了观察可能性外,还需要实现测量变化,以补偿信号动态变化中的控制。该控制将粒子逐渐移向下一个观察所指示的位置,还可通过优化将任意粒子的权重差异最小化。

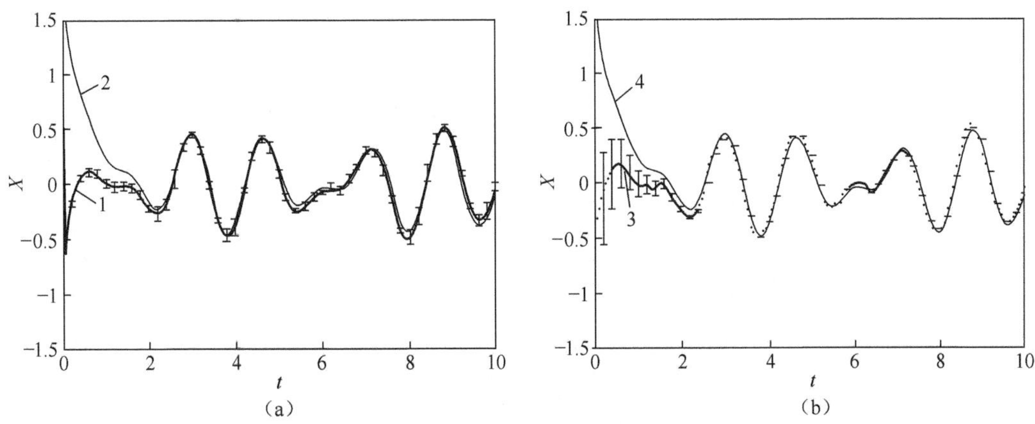

图 3.1　粒子滤波器(448s)与 HHPF(15s)的滤波估计

(a)PF 估计(曲线 1)——真实信号(曲线 2);(b)HHPF 估计(曲线 3)——真实信号(曲线 4)

最佳控制的评估基于 Feynman-Kac 表示和 Malliavin 导数,对于非线性信号,计算量无比巨大。但对于线性系统,可以轻易获得解决方案。对于三维洛伦兹 63 模型的嘈杂版本,线性控制策略可作为次优解决方案,用于大气对流中的非周期性流动。信号和观察过程如下：

$$d\begin{bmatrix} X_t^1 \\ X_t^2 \\ X_t^3 \end{bmatrix} = \begin{bmatrix} -\sigma & \sigma & 0 \\ \rho & -1 & 0 \\ 0 & 0 & -\beta \end{bmatrix}\begin{bmatrix} X_t^1 \\ X_t^2 \\ X_t^3 \end{bmatrix} \mathrm{d}t + \begin{bmatrix} 0 \\ -X_t^1 X_t^3 \\ X_t^1 X_t^2 \end{bmatrix} \mathrm{d}t + \alpha \mathrm{d}W_t \tag{3.9a}$$

$$\mathrm{d}Y_k = hX_k \mathrm{d}t + g\mathrm{d}B_k \tag{3.9b}$$

式中：$\sigma = 10$，$\rho = 8/3$ 和 $\beta = 28$。将以下相关矩阵相乘，信号和传感器噪声被模拟为高斯随机数的向量：

$$\boldsymbol{Q} \overset{\text{def}}{=} \boldsymbol{\alpha\alpha}^{\mathrm{T}} = \begin{bmatrix} 1 & 0.5 & 0.25 \\ 0.5 & 1 & 0.5 \\ 0.25 & 0.5 & 1 \end{bmatrix}, \quad R \overset{\text{def}}{=} gg^{\mathrm{T}} = \begin{bmatrix} 2 & 0 & 0 \\ 0 & 2 & 0 \\ 0 & 0 & 2 \end{bmatrix}$$

传感器函数是一个 3×3 的恒等矩阵 $\boldsymbol{h} \overset{\text{def}}{=} I_{3\times 3}$。每 $\Delta t = 0.2$ 记录一次观测值，这大约是确定性洛伦兹 63 系统误差倍增时间的 1/4。

滤波结果如图 3.2 所示。次优控制的执行实现了对信号的一致跟踪，尤其是在观察间隔很大时。系统的估计状态 $\hat{\boldsymbol{x}}_t = (\hat{X}_t^1, \hat{X}_t^2, \hat{X}_t^3)$ 与真实状态 $\boldsymbol{x}_t = (X_t^1, X_t^2, X_t^3)$ 之差为均方根误差（RMSE），在具有正李雅普诺夫指数的混沌系统的观察中，$\|x - \hat{x}_t\|^2$ 被放大。如图 3.2(a) 所示，任何控制的粒子过滤器都不可能错过洛伦兹蝴蝶从一个翅膀到另一个翅膀的扇动。图 3.2(b) 表明，对于相同的初始样本，具有近似线性控制的粒子滤波器能够追踪真实信号中的跃迁。

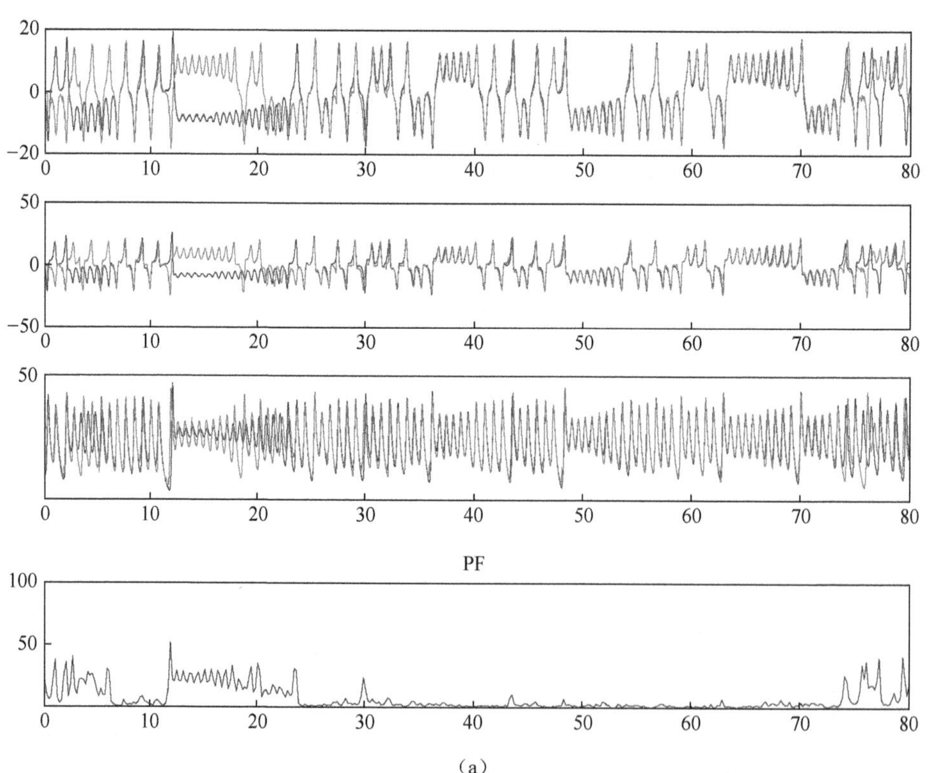

(a)

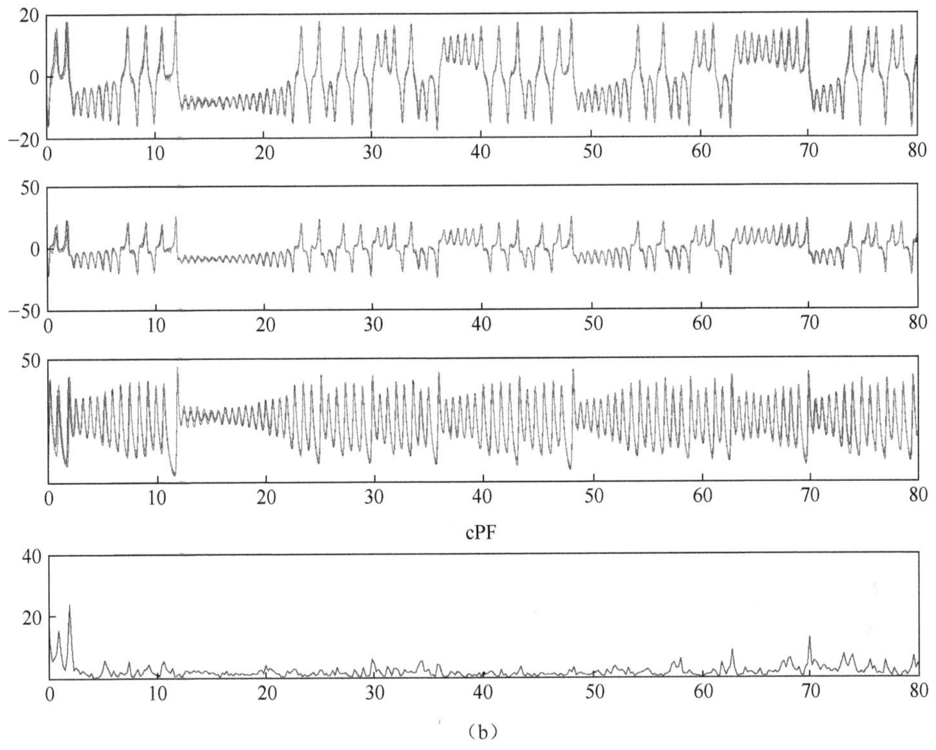

(b)

图 3.2　洛伦兹 63 系统的三个组成部分的粒子滤波估计

(a)无控制的粒子滤波器;(b)带控制的粒子滤波器。

到目前为止,滤波算法可以通过传感器设计完善。传感器设计方案可以获取更好的观察结果(包含大量信息),从而有可能进一步减少初始状态时的预测误差。使用信息论公式和信息流设计的自适应感知,可以在给定的观察时间内获取更多的信息。3.4 节考虑传感器的选择,目的是通过观察信号和观测值之间的互信息来改善观测过程中的分析。另外,在混沌系统中,误差增长和不确定性可以用李雅普诺夫指数来表示。具体来说,对于一个混沌系统,解决方案集中在状态空间的一个子集(称为吸引子)附近。然而,状态轨迹对初始条件较为敏感,从接近的初始条件开始的轨迹将来可能会相距很远。这种对初始条件的敏感性以(有限时间)李雅普诺夫指数为特征。通过在不稳定方向上(对应正李雅普诺夫指数的方向)构建更敏感的传感器功能,可以改善观察效果。

3.4　基于信息论的传感器选择策略

本节提出了一种通过选择传感器模型收集数据的方法,这些数据用于预测有用信息。随着利用可控传感器自由度来增加可用性的传感概念的出现,从传感器的工作模式到对承载传感器的平台的物理控制,都需要一种新的信息收集策略。针对估计问题的基本信息,尤其是状态不确定性时通过条件熵的量化,构建基于信息论的实用函数,从而将工作重心放在针对环境问题的传感器选择和放置上。在这种情况下,传感器选择任务可以看作选择一个观察结果能提供最多估计相关信息的传感器。

有关文献开展了基于信息理论概念的最优传感器路径/位置的工作。对动态估计问题中基于信息的传感器优化我们还是非常熟悉的，但有关文献对单动态传感器系统的非线性滤波算法进行了更新，从而实现了传感器控制方案，通过可量化观察结果对滤波后验贡献的最大化信息效用函数实现控制。在这里，我们首先考虑离散时间滤波设置中的信息最大化，以解决传感器选择问题。在 3.4.2 节，我们会通过信息流方程考虑连续时间的设置。更多信息理论的介绍，请查阅相关文献。

在本节中，我们通过将信号表示为单个分量 X 来描述信息最大化问题，而不区分不同时间尺度。考虑观察的离散时间信号：

$$X_{k+1} = b(X_k) + W_k \quad (X_0 = x_0 \in \mathbb{R}^m)$$
$$Y_k = h_{\theta_k}(X_k) + B_k \quad (Y_0 = 0_{d\times 1})$$

式中：$b: \mathbb{R}^m \to \mathbb{R}^m$。$h: \mathbb{R}^m \to \mathbb{R}^d$。$W_k \sim \mathcal{N}(0,Q)$，$Q \in \mathbb{R}^{m\times n}$，$B_k \sim \mathcal{N}(0,R)$，$R \in \mathbb{R}^{d\times d}$，$\theta_k$ 使我们能够修改传感器功能，以使观察时间内的信息效用最大化。

$p(x_k \mid y_{0:k-1})$ 和 $p(x_k \mid y_{0:k};\theta_k)$ 分别表示先验密度和后验密度，通过 θ_k 修改第 k 个观测值，可以最大化从观察中获得的信息。因此 θ_k 使一个后验参数。θ_k 可由对移动传感器的动力学修改，或固定传感器阵列的选择决定。有关文献对动态传感器问题进行了研究，这里我们考虑传感器选择设置。考虑控制历史 $\theta_{0:k-1}$ 隐含在 $y_{0:k-1}$ 中，那么 $\theta_{0:k-1}$ 就隐藏在密度符号中。

信息增益可以由后验和先验密度的 Kullback - Leibler (KL) 散度进行定量，$D_{\mathrm{KL}}(p(x_k|y_{0:k};\theta_k \parallel p(x_k|y_{0:k-1})$，即这两种密度之差。该 KL 散度依赖 Y_k，仅在确定 θ_k 后才可行。为了通过该 KL 散度确定最佳 θ_k，基于先验在所有可能的 Y_k 上对该 KL 散度进行平均，这就是获得后验之前的 X_k 的最佳分布。因此，KL 散度的后验是“虚拟后验”。我们建议的效用函数如下：

$$I(x_k, y_{0:k};\theta_k) \overset{\mathrm{def}}{=} \int_y D_{\mathrm{KL}}(p(x_k \mid y_{0:k};\theta_k) \parallel p(x_k \mid y_{0:k-1})p(x_k \mid y_{0:k-1};\theta_k)\mathrm{d}y_k \tag{3.10}$$

其中

$$p(y_k \mid y_{0:k-1};\theta_k) = \int_x p(y_k \mid y_{0:k};\theta_k) \parallel p(x_k \mid y_{0:k-1})\mathrm{d}x_k \tag{3.11}$$

这是基于先验的预期观测密度。θ_k^* 为

$$\theta_k^* = \arg\max_{\theta\in\Theta} I(x_k, y_{0:k};\theta_k)$$

式中：Θ 为控制集合或传感器阵列集合。所得的观察结果构成了一个在 KL 散度上与先验相距甚远的后验，其结果依然服从先验所遵循的信号动力学。

通过贝叶斯定理可以将 KL 散度与给定观测信号的条件熵关联：

$$\int_y D_{\mathrm{KL}}(p(x_k \mid y_{0:k};\theta_k) \parallel p(x_k \mid y_{0:k-1})p(y_k \mid y_{0:k-1};\theta_k)\mathrm{d}y_k$$
$$= \int_y \int_x p(x_k \mid y_{0:k};\theta_k)\log\frac{p(x_k \mid y_{0:k};\theta_k)}{p(x_k|y_{0:k-1})}\mathrm{d}x_k p(y_k \mid y_{0:k-1};\theta_k)\mathrm{d}y_k$$

$$=-\int_y p(x_k\mid y_{0:k-1}\log p(x_k\mid y_{0:k-1})\mathrm{d}x_k+\int_y\int_x p(x_k\mid y_{0:k};\theta_k)\log$$
$$p(x_k\mid y_{0:k};\theta_k)\mathrm{d}x_k p(y_k\mid y_{0:k-1};\theta_k)\mathrm{d}y_k$$
$$=H(X_k)-H(X_k,Y_k,\theta_k) \tag{3.12}$$

式(3.12)是 X_k 的熵与给定 Y_k 的 X_k 的条件熵之差。因此,最大化后验和先验之间的KL散度等效于最小化给定观察信号的条件熵。注意,假设时间 k 时 $X_{0:k-1}$ 的密度已知,根据式(3.12)计算的时间 k 时的熵是对其求平均得到的。这就是我们在离散时间内使用的熵的定义。

X_k 和 $X_{0:k}$ 之间的互信息为

$$-\int_{x\times y}p(x_k,y_{0:k};\theta_k)\log\frac{p(x_k)p(y_{0:k};\theta_k)}{p(x_k,y_{0:k};\theta_k)}\mathrm{d}x_k\, y_{0:k}$$

在假设信号和观测值不独立时测量误差。同样,它是观测值中有关信号的信息量。根据其定义,信号与观测之间的互信息应等于信号的熵与给定观测信号的条件熵之差,这由贝叶斯定理就可看出:

$$-\int_{x\times y}p(x_k,y_{0:k};\theta_k)\log\frac{p(x_k)p(y_{0:k};\theta_k)}{p(x_k,y_{0:k-1})}\mathrm{d}x_k y_{0:k}=H(X_k)-H(X_k,Y_k,\theta_k) \tag{3.13a}$$

$$=H(Y_k,\theta_k)-H(Y_k\mid X_k,\theta_k) \tag{3.13b}$$

对效用函数式(3.10),还有另一种解释:关联式(3.13)与式(3.12),最大化后验和先验式(3.10)之间的KL散度相当于最大化信号和观察之间的互信息。

根据式(3.12)或式(3.13a),θ 的信息效用最大化可以通过最小化条件熵实现:

$$H(Y_k\mid X_k,\theta_k)=\int_y\int_x p(x_k\mid y_{0:k};\theta_k)\log p(x_k\mid y_{0:k};\theta_k)\cdot$$
$$\mathrm{d}x_k p(y_k\mid y_{0:k-1};\theta_k)\mathrm{d}y_k \tag{3.14}$$

除非明确知道所涉及的密度,否则 $H(Y_k\mid X_k,\theta_k)$ 只能是近似计算。有些学者利用重要性采样证明了这种信息理论的数值近似。考虑到必须生成信号样本和观测值,并需要根据公式计算其重要性采样权重,因此这可能需要大量计算。此外,还必须对不同的 θ 参数进行观测采样。但在线性情况下,使用卡尔曼滤波器统计信息可以对式(3.14)进行简化。

由于KL散度是两个密度之差,因此最大化先验和后验之间的KL散度并不会直接导致更好的后验信号密度。例如,有关研究显示,根据经验,对于线性高斯情况,增加或减少后验相对于先验的误差协方差都会导致KL增加,后者是信号估计所希望的。基于不同的动机,式(3.10)将KL散度平均化为未来观察结果,这也有一定效果。根据式(3.12),最大化式(3.10)等效于将给定观察值的信号的不确定性最小化,相对于先前的方法,该方法提供了更好的信号估计后验。在线性高斯情况下,这将最小化后验误差协方差的行列式。

3.4.1　线性情况

考虑所需密度为已知高斯分布的线性情况:后验由卡尔曼滤波器给出,根据式

(3.11),期望观测密度则由观测似然性和卡尔曼滤波器先验确定。

通过式(3.13a),给定 Y_k 时 X_k 的最大化条件熵为

$$\theta_k^* = \arg\min_{\theta\in\Theta} p_{k|0:k}^{\theta}$$

$$p_{k|0:k}^{\theta} = P_{k|0:k-1} - P_{k|0:k-1}(\boldsymbol{h}_k^{\theta})^*\left[R + \boldsymbol{h}_k^{\theta} p_{k|0:k}^{\theta}(\boldsymbol{h}_k^{\theta})^*\right]^{-1}\boldsymbol{h}_k^{\theta} P_{k|0:k-1} \tag{3.15}$$

式中:$p_{k|0:k}^{\theta_k}$ 和 $P_{k|0:k-1}$ 分别为卡尔曼滤波器后验和先验误差协方差;$\boldsymbol{h}_k^{\theta}$ 为时间 k 时的传感器矩阵。此外,通过式(3.13b),X_k 和 Y_k 之间的互信息可以最大化:

$$\theta_k^* = \arg\max_{\theta\in\Theta}\left|R + h_k^{\theta} p_{k|0:k}^{\theta}(\boldsymbol{h}_k^{\theta})^*\right| \tag{3.16}$$

我们采用了具有特定传感器矩阵族的线性高斯设置,来说明 KL 散度/互信息最大化与滤波过程之间的关系。具体而言,对所有 k,$\boldsymbol{h}_k^{\theta}\in R^{m\times m}$ 是根据控制 θ_k 选择的矩阵,该矩阵来自可允许集合 Θ,定义如下:

$$\Theta \stackrel{\text{def}}{=} \left\{\begin{bmatrix}1\\0\\\vdots\\0\\0\end{bmatrix},\begin{bmatrix}0\\1\\\vdots\\0\\0\end{bmatrix},\cdots,\begin{bmatrix}0\\0\\\vdots\\1\\0\end{bmatrix},\begin{bmatrix}0\\0\\\vdots\\0\\1\end{bmatrix}\right\} = \{e_1,e_2,\cdots,e_{m-1},e_m\} \tag{3.17}$$

构造传感器函数的规则为:$\boldsymbol{h}_k^{\theta} \stackrel{\text{def}}{=} \theta_k\otimes\theta_k$,这意味着 $\boldsymbol{h}_k^{\theta}$ 是零矩阵,对角线上一个条目等于 1。目标是选择 $\theta_k = e_{i^*}$ 使得 $\theta_k = e_{i^*}\otimes e_{i^*}$ 最大化信息增益。这意味着 m 个传感器阵列,其中每个传感器观察信号的一个分量,并且在每个观察时间有一个传感器会被打开。

无论是使用式(3.15)或式(3.16),还是 Leibniz 公式作为矩阵行列式,传感器选择策略可以被确定为:选定 $\theta_k = e_{i^*}$,如果:

$$P_{i^*i^*}\sum_{p\in\Gamma^m}\operatorname{sgn}(p)\prod_{j=1,j\neq i^*}^{m} R_{jp_j} >$$

$$P_{ii}\sum_{z'}\operatorname{sgn}(p)\prod_{j}^{m} R_{jp_j}\quad(i = 1,2,\cdots,m;i\neq i^*) \tag{3.18}$$

式中:P_{ii} 是先验误差协方差矩阵的第 ii 个对角元素;R_{ij} 为观测噪声协方差矩阵的第 ij 个元素;Γ^m 是索引从 1 到 m 的 $m!$ 行列式集合;$\sum_{p\in\Gamma^m}\operatorname{sgn}(p)\prod_{j=1,j\neq i^*}^{m} R_{jp_j}$ 为 R 的 ii 辅因子,也就是删除第 i 行和第 i 列的 R 行列式。如果观察噪声在各分量间是独立的,即 R 是对角线,则式(3.18)变为

$$P_{i^*i^*}\prod_{j\neq i^*}^{m} R_{jj} > P_{ii}\prod_{j\neq i}^{m} R_{jj} \Leftrightarrow \frac{P_{i^*i^*}}{P_{ii}} > \frac{\prod_{j\neq i}^{m} R_{jj}}{\prod_{j\neq i^*}^{m} R_{jj}}(i = 1,2,\cdots,m;i\neq i^*) \tag{3.19}$$

如果 i^* 的先验误差与其他分量的先验误差的比大于其他分量的观测噪声与第 i 个分量的观测噪声的比,则选择分量 i^* 进行观察。这意味着即使一个组件具有较大的先验误差,如果其观察噪声分量相对于其他分量较大,则不会选择该分量进行观察。当观察噪

声分量不是独立时,相同的解释同样适用,因为式(3.18)中 R 的 ii 辅助因子是除去第 i 个分量后观察噪声的大小。

3.4.2 粗粒度动力学的信息流

本节中,我们将量化信号以及信号与观测之间互信息的不确定性的时间演进。在离散时间传感器选择问题中用过相同的信息理论概念,但现在我们将重新将其设置为连续时间。

考虑多尺度系统式(3.1)和式(3.6)。根据 3.3 节的介绍,可以使用由 $\mathcal{L}^{\dagger}$ 生成的极限 R^m 过程来估计式(3.1)的粗粒度动力学。因此,在本节中,我们将用密度 $\bar{p}^{\varepsilon}(x)=\dfrac{\bar{u}^{\varepsilon}(x)}{\int_x \bar{u}^{\varepsilon}(\zeta)\,\mathrm{d}\zeta}$ 给出的降阶滤波器进行多尺度估计。同时还用 ρ 表示极限均质化过程的无条件密度,即具有生成器 $\mathcal{L}^{\dagger}$ 的 Fokker-Planck/正向 Kolmogorov 方程的解。

正如本节的离散时间讨论的那样,互信息 $\bar{I}_t^{\varepsilon}(\bar{X}_t, Y_{[0,t]}^{\varepsilon})$ 等于 $(\bar{X}_t, Y_{[0,t]}^{\varepsilon})$ 的联合分布与 $\bar{X}_t$ 和 $Y_{[0,t]}^{\varepsilon}$ 的乘积分布之间的 Kullback-Leibler 散度。基于 $Y_{[0,t]}^{\varepsilon}$ 对 $\bar{X}_t$ 不确定性的减小进行量化。可以将其视为在时间 t 时降阶滤波器中的粗粒度动力学的观察信息。$\bar{I}_t^{\varepsilon}\equiv 0$ 则意味着直到时间 t,整个观测对于估计 $\bar{X}_t$ 完全没有用。

有关文献研究得到非时间尺度分离扩散过程的互信息流方程。我们使用 3.3 节的降阶滤波器来确定多尺度设置的等效方程。粗粒度动力学的熵及条件熵的表示如下:

$$\bar{H}_t^{\bar{\rho}}(\bar{X}_t)\overset{\text{def}}{=}-\mathbb{E}[\log\bar{\rho}_t(\bar{X}_t)],\quad \bar{H}_t^{\bar{u}_t^{\varepsilon}}(\bar{X}_t\mid Y_{[0,t]}^{\varepsilon})\overset{\text{def}}{=}-\mathbb{E}[\log\bar{u}_t^{\varepsilon}(\bar{X}_t)]$$

式中:$\bar{\rho}$ 为生成器 $\mathcal{L}^{\dagger}$ 的 Fokker-Planck 方程的解;$\bar{u}^{\varepsilon}$ 满足 Y^{ε} 驱动的发生器 $\mathcal{L}^{\dagger}$ 的随机 PDE。我们首先需要确定熵的变化率,定义:

$$\bar{l}_t^{\bar{\rho}}(x)\overset{\text{def}}{=}-\log\bar{\rho}_t(x),\quad \bar{l}_t^{\bar{u}^{\varepsilon}}(x)\overset{\text{def}}{=}-\log\bar{u}_t^{\varepsilon}(x)$$

对于固定的 x,有

$$\frac{\mathrm{d}\bar{l}_t^{\bar{\rho}}(x)}{\mathrm{d}t}=-\frac{\mathcal{L}^{\dagger}\bar{\rho}_t(x)}{\bar{\rho}_t},\quad \mathrm{d}\bar{l}^{\bar{u}^{\varepsilon}}_t(x)=-\frac{\mathcal{L}^{\dagger}\bar{u}_t^{\varepsilon}(x)}{\bar{u}_t^{\varepsilon}(x)}\mathrm{d}t-\bar{h}\cdot(x)\mathrm{d}Y_t^{\varepsilon}$$

当 $\bar{l}^{\bar{\rho}}$ 和 $\bar{l}^{\bar{u}^{\varepsilon}}$ 是随机过程 $\bar{X}$ 函数时,有关文献实现了对 Itô 引理的扩展,得到:

$$\mathrm{d}\bar{l}_t^{\bar{\rho}}(\bar{X}_t)=\left\{\mathrm{tr}(\nabla\bar{b}(\bar{X}_t))-\frac{1}{2}\mathrm{tr}((\overline{\sigma\sigma^{*}})(\bar{X}_t)[\nabla^2\log\bar{\rho}_t(\bar{X}_t)])\right\}\mathrm{d}t-[\nabla^{\mathrm{T}}\log\bar{\rho}_t(\bar{X}_t)][(\overline{\sigma\sigma^{*}})(\overline{X_t})\mathrm{d}w_t]$$

和

$$\mathrm{d}\bar{l}_t^{\bar{u}^{\varepsilon}}(\bar{X}_t)=\left\{\mathrm{tr}(\nabla\bar{b}(\bar{X}_t))-\frac{1}{2}\mathrm{tr}((\overline{\sigma\sigma^{*}})(\bar{X}_t)[\nabla^2\log\bar{u}_t^{\varepsilon}(\bar{X}_t)])\right\}\mathrm{d}t-[\nabla^{\mathrm{T}}\log\bar{u}_t^{\varepsilon}(\bar{X}_t)][(\overline{\sigma\sigma x^{*}})^{\frac{1}{2}}(\bar{X}_t)\mathrm{d}w_t]+\frac{1}{2}\{\|h(X_t^{\varepsilon},Z_t^{\varepsilon})-\bar{h}(\bar{X}_t)\|^2-\|h(X_t^{\varepsilon},Z_t^{\varepsilon})\|^2\}\mathrm{d}t$$

$$-\bar{h}^*(\bar{X}_t)\mathrm{d}B_t$$

考虑期望值,我们得到熵的相关变化率:

$$\frac{\mathrm{d}\bar{H}_t^{\bar{\rho}}(\bar{X}_t)}{\mathrm{d}t}=\mathbb{E}[\operatorname{tr}(\nabla\bar{b}(\bar{X}_t))]+\frac{1}{2}\mathbb{E}[\|(\overline{\sigma\sigma^*})^{\frac{1}{2}}(\bar{X}_t)\nabla\log\bar{\rho}_t(\bar{X}_t)\|^2] \tag{3.20}$$

和

$$\frac{\mathrm{d}\bar{H}_t^{\bar{u}^\varepsilon}(\bar{X}_t \mid Y_{[0,t]}^\varepsilon)}{\mathrm{d}t}=\mathbb{E}[\operatorname{tr}(\nabla\bar{b}(\bar{X}_t))]\mathrm{d}t+\frac{1}{2}\mathbb{E}[\|(\overline{\sigma\sigma^*})^{\frac{1}{2}}(\bar{X}_t)\nabla\log\bar{u}_t^\varepsilon(\bar{X}_t)\|^2]\mathrm{d}t+\frac{1}{2}\{\|h(X_t^\varepsilon,Z_t^\varepsilon)-\bar{h}(\bar{X}_t)\|^2-\|h(X_t^\varepsilon,Z_t^\varepsilon)\|^2\}\mathrm{d}t \tag{3.21}$$

令

$$\bar{H}_t^{\bar{\rho}^\varepsilon}(\bar{X}_t \mid Y_{[0,t]}^\varepsilon)\overset{\mathrm{def}}{=}-\mathbb{E}[\log\bar{p}_t^\varepsilon(\bar{X}_t)]=\bar{H}_t^{\bar{u}^\varepsilon}(\bar{X}_t \mid Y_{[0,t]}^\varepsilon)+\mathbb{E}[\log\int_x\bar{u}_t^\varepsilon(\zeta)\mathrm{d}\zeta] \tag{3.22}$$

条件密度的归一化为

$$\int_x\bar{u}_t^\varepsilon(\zeta)\,\mathrm{d}\zeta=\exp\left\{\int_0^t\hat{\bar{h}}_s^\varepsilon\mathrm{d}Y_s^\varepsilon-\frac{1}{2}\int_0^t\|\hat{\bar{h}}_s^\varepsilon\|^2\mathrm{d}s\right\}$$

式中:$\hat{\bar{h}}_s^\varepsilon\overset{\mathrm{def}}{=}\mathbb{E}[\bar{h}(\bar{X}_t)\mid y_t^\varepsilon]$。式(3.22)和式(3.21)提供了粗粒动力学的条件熵变化率。

注释1:在存在$\mathcal{L}^\dagger$生成的极限过程条件下,该极限过程的熵变化率由式(3.20)给出。根据文滤波器收敛结果,给定观测记录的极限过程的条件熵变化率是

$$\frac{\mathrm{d}\bar{H}_t^{\bar{\rho}^\varepsilon}(\bar{X}_t \mid Y_{[0,t]}^\varepsilon)}{\mathrm{d}t}=\mathbb{E}[\operatorname{tr}(\nabla\bar{b}(\bar{X}_t))]+\frac{1}{2}\mathbb{E}[\|(\overline{\sigma\sigma^*})^{\frac{1}{2}}(\bar{X}_t)\nabla\log\bar{u}_t^\varepsilon(\bar{X}_t)\|^2]+\frac{1}{2}\{\|h(X_t^\varepsilon,Z_t^\varepsilon)-\hat{\bar{h}}_s^\varepsilon\|^2-\|h(X_t^\varepsilon,Z_t^\varepsilon)-\bar{h}(\bar{X}_t)\|^2\} \tag{3.23}$$

注释2:$\bar{H}_t^{\bar{\rho}}(\bar{X}_t)$是$\mathbb{R}^m$上$(X_t)$的不确定性。式(3.20)描述了这种不确定性的时间变化率。如果信号是确定性的,则$\overline{\sigma\sigma^*}\equiv0$,而且变化率等于$\bar{X}$的非线性向量场的梯度轨迹的期望值。这种情况下的不确定性是由初始误差造成的,因此,期望值是由式(3.2)中的发生器$\mathcal{L}^\dagger$从初始密度向前传播的密度。对于与初始$\bar{X}_0$的小偏差$\delta\bar{X}_0$,变化率如下:

$$\delta\bar{X}_t=\nabla\bar{b}(\bar{X}_t)\delta\bar{X}_t$$

因此,$\nabla\bar{b}$表示初始误差的增长率。在固定的时间t,$\operatorname{tr}(\nabla\bar{b}(\bar{X}_t))$等于$\nabla\bar{b}(\bar{X}_t)$,这表示从时间$t$到之前$\delta t$时间内$\delta\bar{X}_t$的增长或收缩,即“体积变化”。

在Fisher信息的一般解释中,$\nabla\log\bar{\rho}$的二阶矩表示$\bar{\rho}(\bar{X})$对$\bar{X}$变化的敏感。在式(3.20)中,$\nabla\log\bar{\rho}$被扩散系数拉伸。相应的二阶矩可以解释为$\bar{\rho}$对$\bar{X}$的敏感性,其被扩散效应放大,即$\bar{\rho}$对信号动态随机效应的敏感度。由于式(3.20)中的扩散,导致$\bar{X}$的不确定性增加。实际上,将其定义为Fisher信息。

注释 3：给定 $Y^{\varepsilon}_{[0,t]}$，$\overline{H}^{\overline{\rho}^{\varepsilon}}_t(\overline{X}_t \mid Y^{\varepsilon}_{[0,t]})$ 是我们对 R^m 上 $\overline{X}_t$ 知识的不确定性。式(3.23)包含式(3.20)相同的项，它们捕获由信号动态导致的不确定性增长。此外，根据来自传感器的信息，可得到耗散项 $\mathbb{E}[\|h(X^{\varepsilon}_t,Z^{\varepsilon}_t)-\hat{\overline{h}}^{\varepsilon}_s\|^2]$。这有助于减少不确定性的增长。但是，这种减少受到以下事实的影响：将均匀化的传感器函数 h 用于降阶滤波器中，其形式为误差 $\|h(X^{\varepsilon}_t,Z^{\varepsilon}_t)-\overline{h}(\overline{X}_t)\|^2$。

由于信号和观测值间的互信息等效于给定观测值的信号不确定性的降低，即给定观测值的熵和条件熵之差。因此，定理 1 会导致以下互信息变化率：

定理 1 根据有关文献的滤波器收敛结果，由 $\mathcal{L}^{\dagger}$ 生成信号的极限过程(粗粒度动力学)和观测历史之间的互信息变化率是

$$\frac{\mathrm{d}\overline{I}^{\varepsilon}_t(\overline{X}_t \mid Y^{\varepsilon}_{[0,t]})}{\mathrm{d}t}=\frac{1}{2}\{\mathbb{E}\|h(X^{\varepsilon}_t,Z^{\varepsilon}_t)-\hat{\overline{h}}^{\varepsilon}_t\|^2-\mathbb{E}\|h(X^{\varepsilon}_t,Z^{\varepsilon}_t)-\overline{h}(\overline{X}_t)\|^2\}-$$
$$\frac{1}{2}\{\mathbb{E}[\|(\overline{\sigma\sigma^*})^{\frac{1}{2}}(\overline{X}_t)\nabla\log\overline{\rho}^{\varepsilon}_t(\overline{X}_t)\|^2]-\mathbb{E}[\|(\overline{\sigma\sigma^*})^{\frac{1}{2}}(\overline{X}_t)\nabla\log\overline{\rho_t}(\overline{X}_t)\|^2]\} \tag{3.24}$$

注释 4：根据注释 2 和注释 3 的解释，式(3.24)的右侧包括来自传感器功能的信息增长率和由条件密度对信号动态随机性的敏感性而导致的耗散率。由于使用均质传感器代替了真正的传感器，因此信息增长受到了不利影响。随着更多观察器对滤波器估计的改进，$\hat{\overline{h}}^{\varepsilon}_s$ 和 $h(X^{\varepsilon},Z^{\varepsilon})$ 的差会减小，均质化引起的误差被排除，同时信息增长也将减少。有关学者在统计力学角度对卡尔曼-布西滤波器信息流进行解释，对观测到的部分线性系统中的信息流进行热力学熵模拟。

3.4.3 有限时间李雅普诺夫指数和奇异向量

在本节中，我们将有限时间李雅普诺夫指数(FTLE)，奇异向量(SV)以及 3.4.2 节中给出的熵增长速率进行了初步关联。李雅普诺夫指数描述了动力学系统中彼此接近的初始条件的平均分离渐近率。与每个李雅普诺夫指数相对应的是切线空间的线性子空间，该子空间通过有关文献中介绍的李雅普诺夫向量连通。有限时间等效定义了相同的几何直觉，但定义的时间间隔是有限的。例如，对于数据同化，就是观察的间隔时间。为了定义 FTLE 和 SV，我们首先回顾一下系统的基本矩阵，$\boldsymbol{\Phi}_t \overset{\text{def}}{=\!=} D\varphi(t,\omega,x)$，该矩阵满足变分方程：

$$\mathrm{d}\delta X_t = Df[\varphi(t,\omega)x]\delta X_t\mathrm{d}t + Dg[\varphi(t,\omega)x]\delta X_t \circ \mathrm{d}W_t$$

$X_t=\varphi(t,\omega)x$ 是给定初始条件 $X_0=x$ 和样本 ω 时 ϕ 的积分曲线。对于平滑有界的 f 和 g，Arnold 和 Scheutzow 严格证明了 $\boldsymbol{\Phi}_t$ 在随机动力系统中的存在性和唯一性。$\boldsymbol{\Phi}_t$ 将过程 X_t 在时间 0 时的轻微扰动映射到时间 t 的扰动。形式为

$$\delta X_t = \boldsymbol{\Phi}_t\delta X_0$$

注意，在加性噪声情况下($\boldsymbol{g}$ 是常数矩阵)，雅可比矩阵是

$$\boldsymbol{\Phi}_{\mathrm{t}} \overset{\text{def}}{=\!=} D\varphi(t,\omega,x) = X_0 + \int_0^t Df(\varphi(t,\omega)x)D\varphi(s,\omega)\mathrm{d}s$$

因此，在给定初始条件 X_0 和综合解 X_t 的情况下，我们可以直接计算 $\boldsymbol{\Phi}_t$。

对于 $X_t \in \mathbb{R}^n$，$\boldsymbol{\Phi}_t$ 是 $\mathbb{R}^{n \cdot n}$ 的矩阵。任何矩阵都可以进行奇异值分解(SVD)。$\boldsymbol{\Phi}_t$ 的 SVD 如下：

$$\boldsymbol{\Phi}_t = U \sum V^*$$

其中 $\boldsymbol{U}$ 是 $\boldsymbol{\Phi}_t$ 左奇异向量的酉矩阵，$\boldsymbol{V}$ 是 $\boldsymbol{\Phi}_t$ 右奇异向量的酉矩阵。$\boldsymbol{\Sigma}$ 是对角矩阵，对角线上即奇异值，该值可以是非负元素。奇异值是有序的：$\sigma_1 \geqslant \sigma_2 \geqslant \cdots \geqslant 0$。$\boldsymbol{U}, \boldsymbol{V}$ 和 $\boldsymbol{\Sigma}$ 满足 $\boldsymbol{\Phi}_t$ 的正则方程；即 $\boldsymbol{\Phi}_t^* \boldsymbol{\Phi}_t \boldsymbol{V} = \boldsymbol{V}\Sigma^2$ 和 $\boldsymbol{\Phi}_t^* \boldsymbol{\Phi}_t \boldsymbol{U} = \boldsymbol{U}\Sigma^2$。接下来考虑最大有限时间李雅普诺夫指数 $\lambda_{\max}^t$ 与相关向量 $\xi_{\max}$ 的关系：

$$\lambda_{\max}^t \overset{\text{def}}{=} \frac{1}{|t|}\log \| \boldsymbol{\Phi}_t \xi_{\max} \|_2 = \cdots = \frac{1}{|t|}\log \sqrt{< \xi_{\max}, \boldsymbol{V}\Sigma^2\boldsymbol{V}^* \xi_{\max} >} \tag{3.25}$$

为简单起见，假定 σ_1 是唯一的，此时最高有限时间李雅普诺夫指数为 $\frac{1}{|t|}\log\sigma_1$，$v_1$ 方向上的扰动($\boldsymbol{V}$ 的第一列向量)在 $[0,t]$ 时间间隔内将比任何其他单位向量拉伸(如果 $\sigma_1 > 1$)或收缩(如果 $\sigma_1 < 1$)更多。更重要的是，SVD 形式还意味着域 v_1 子空间的扰动将映射到连通共域 u_1 的子空间。这提供了 SVD 分解的新形式：$\boldsymbol{\Phi}_t = \sum_i^n \sigma_i \cdot u_i \otimes v_i$。

对于 X_t 在时间间隔 $[0,t]$ 的解，奇异值和向量提供了关于数据动态拉伸的清晰信息。这与 3.4 节中给出的熵形式形成明显对比。例如，在式(3.20)中 $\mathbb{E}\ [\mathrm{tr}(\nabla \bar{b}(\bar{X}_t))]$ 是由动态拉伸导致的预期体积变化率，但并未推动子空间快速增长。这些特定的子空间在自适应观测过程中很重要，具有很大价值，因此我们要对奇异值和向量探索进行。

3.4.4 传感器选择和 Lorenz 1963 模型

在最后一节，我们使用式(3.9a)给出的 Lorenz 1963 模型的嘈杂版本作为测试平台，以探索使用相对熵和奇异向量的方法进行传感器选择的有效性。模型参数使用 3.3 节给出的标准参数，即 Lorenz 1963 模型确定版的李雅普诺夫指数，分别为 0.906.0 和 −14.572。实际上，Lorenz 模型是混沌的，这意味着正李雅普诺夫指数的存在和吸引子的有界运动。

我们增加了式(3.9b)的观察过程，以便根据 $h_k^\theta \overset{\text{def}}{=} \theta_k \otimes \theta_k$ 构造传感器，参数 θ_k 是从式(3.17)定义的允许控制集合 Θ 中选择的(参见 3.4.1 节)。我们首先描述使用相对熵和奇异向量选择传感器的标准，然后提供这两个标准间的关联，接着介绍数值设置和结果，最后是我们的总结。

3.4.4.1 基于 Kullback-Leibler 散度的传感器选择

在以下讨论中，我们使用集成卡尔曼滤波器(EnKF)。EnKF 是基于蒙特卡罗的滤波器，在完全非线性动力学下使用整体积分，但在分析中采用高斯统计。基于该滤波方案，我们将在 3.4.1 节给出的结果用于线性高斯设置中 θ_k 的选择。例如，当我们的传感器噪声均匀时，式(3.19)表明如果 $P_{1,1} > P_{2,2}$ 且 $P_{1,1} > P_{3,3}$，就选择 $\theta_k = e_1 = [1,0,0]^{\mathrm{T}}$。其中 $P_{i,i}$ 是先验误差协方差对角线上的第 i 个值，$P_{k|0:k-1}$。θ_k 的选择逻辑也是如此。

3.4.4.2　基于奇异向量的传感器选择

根据式(3.25),可以确定基于奇异向量选择的 θ_k,这说明在有限时间间隔内,经 v_1 连通的子空间会发生最大的动态拉伸。这些扰动将被 σ_1 进一步扩展,并在 t 时映射到 u_1 子空间。因此,如果假设在观测值 $k-1$ 之后误差是均匀的,或者假设确定性动力学引起的熵增长起主导作用,那么减少由动态拉伸引起的不确定性的最佳方法是在观测值 k 处选择 $\theta_k = u_1$。因此,在随后的数值结果中,我们在对奇异向量的使用遵循以下准则:

$$\theta_k \overset{\text{def}}{=\!=\!=} e_i, i = \operatorname{argmax}|u_{1,i}|,\quad i \in \{1,2,3\}$$

式中:$u_{1,i}$ 为 u_1 左奇异向量的第 i 项。本质上,θ_k 的选择等效于首先确定 u_1 子空间上的正交投影,然后通过在子空间上执行第二正交投影,截断规范框架$\{e_i\}$对应的最大条目。

3.4.4.3　离散时间、线性高斯情况下奇异值的影响

在给出数值结果之前,我们先来了解在线性高斯情况下奇异值和向量导致的动态拉伸影响。式(3.13b)给出了效用函数,该函数可以将熵和条件熵的差异最大化。在线性高斯情况下,可以定义为

$$I(X_k, Y_{0:k}, \theta_k) = \log|R + h_k^\theta P_{k|0:k-1}(h_k^\theta)^*| - \log|R| \tag{3.26}$$

由于 log 是严格单调的,以此可删除不必要的缩放。假设 R 是可逆的,有

$$\theta_k^* = \arg\max_{\theta_k \in \Theta} |I + h_k^\theta P_{k|0:k-1}(h_k^\theta)^* R^{-1}| \tag{3.27}$$

根据式(3.28)更新先验误差协方差:

$$P_{k|0:k-1} = \phi_{k,k-1} P_{k-1|0:k-1} \Phi_{k,k-1}^* + Q \tag{3.28}$$

式中:$\phi_{k,k-1} = \boldsymbol{U} \sum V^*$ 为从 $k-1$ 到 k 的切线性传播子;Q 为信号误差协方差。由于矩阵的行列式等于其特征值的乘积,我们将式(3.28)代入式(3.27),可以得出:

$$\theta_k^* = \arg\max_{\theta_k \in \Theta} \prod (1 + \lambda_i)$$

$$\lambda_i \in \rho(h_k^\theta[\phi_{k,k-1} P_{k-1|0:k-1} \phi_{k,k-1}^* + Q](h_k^\theta)^* R^{-1})$$

式中:$\rho(\cdot)$是光谱。令 $R=c\boldsymbol{I}$,其中 $c \in \mathbb{R}\setminus\{0\}$,$\boldsymbol{I}$ 为单位矩阵,大多数问题均基于此假设。让 $\|Q\| \ll \|\phi_{k,k-1} P_{k|0:k-1} \phi_{k,k-1}^*\|$,也就是说,与确定性动力学的影响相比,噪声引起的拉伸较小。接下来,通过特征分解(也是 SVD 形式)将 $k-1$ 后验误差协方差表示为

$$P_{k-1|0:k-1} = \sum_i \widetilde{\lambda_i} \cdot \widetilde{E_i},\quad \widetilde{E_i} \overset{\text{def}}{=} \widetilde{e_i} \otimes \widetilde{e_i}$$

类似地,$\phi_{k,k-1}$ 的 SVD 分解可以简化为

$$\phi_{k,k-1} = \sum_i \sigma_i \cdot S_i, S_i \overset{\text{def}}{=} u_i \otimes v_i$$

基于以上状态和 $\phi_{k,k-1}$ 的 SVD 分解可得

$$\theta_k^* \approx \arg\max_{\theta_k \in \Theta} \prod (1 + \lambda_i)$$

$$\lambda_i \in \rho\Big(h_k^\theta\Big[\sum_{i,j,k} \sigma_i \widetilde{\lambda_j} \sigma_k \cdot S_i \widetilde{E_j} S_k^*\Big](h_k^\theta)^*\Big)$$

为了了解奇异值和 KL 散度如何相互作用,我们将控件的约束条件限定为左奇异向量,即 $\Theta \in \{u_1, u_2, u_3\}$。然后得到:

$$\theta_k^* = u_i$$

其中，$i = \underset{i \in \{1,2,3\}}{\arg\max} \lambda_i$，　$\lambda_i \in \rho(\sigma_i^2 \sum_j \widetilde{\lambda_j} \{ < v_i, \widetilde{e_j} > \} u_i \otimes u_i)$

当处于以下任意情况时，KL 散度产生与由前导左奇异向量的子空间上的正交投影相似的结果：$k-1$ 的后验误差几乎均匀，或 $k-1$ 处的最大误差分量几乎与 v_1 对齐(与 σ_1 相关的右奇异向量)，或动态扩展到 u_1 子空间中，该子空间是与 u_1 互补的任何其他子空间，也是信号和传感器噪声的主要来源。

3.4.4.4　数值结果

如前所述，数值结果是通过 EnKF 产生的。仿真参数为：分裂 RK4 方法的积分步长 $\delta_t = 0.01$，观察步长 $\Delta t = 40\,\delta_t = 0.4$，总仿真时间为 $t_f = 80.0$，粒子数为 $N_p = 4$。观测时间更新 $\Delta t = 0.4$，大约是误差倍增时间的 1/2，即 0.77 个时间单位。由于 Lorenz 模型的李雅普诺夫正指数为 0.906，因此可以想象，由于动态拉伸，观测之间的熵增长会非常大。

我们共进行了 4000 次仿真，如图 3.3 所示，分别对以下 4 种传感器和传感器协方差根据式(3.29)进行了 500 次试验，并对统计结果进行比较。

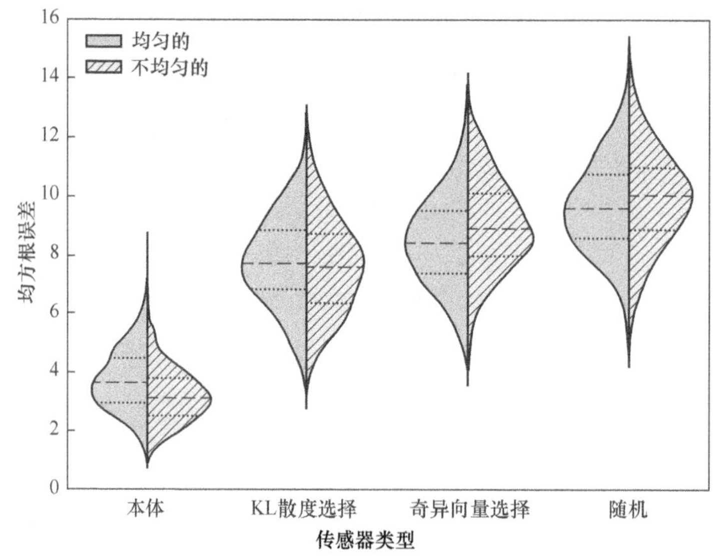

图 3.3　在均匀(左)和非均匀(右)传感器噪声条件下嘈杂 Lorenz 1963 模型的传感器功能比较，每种情况进行了 500 次试验。分别绘制了运行的均方根误差(RMSE)分布，虚线代表分布的四分位数(均值是较深的中心虚线)。

标准：$h_k \overset{\text{def}}{=} I_{3\times3}$；传感器功能是单位矩阵，因此可以观察到所有状态。这为我们提供了标准化传感器功能的性能下限。

KL：h_k^{θ}；根据 3.4.4.1 小节给出的 KL 散度选择。

SV：h_k^{θ}；根据 3.4.4.2 小节给出的奇异向量选择。

随机：$\boldsymbol{h}_k$；是一个零矩阵，对于每个观察点 k，都有一条对角线项随机选为 1。该标准说明对于特定的过滤问题，精心选择的传感器会有多大影响。

最后，我们将比较这 4 种传感器选择与两个不同传感器协方差的有效性，即式

(3.29)给出的均匀和非均匀传感器协方差。数值结果见图3.3,该图是对每个传感器选择进行500次实验得到的RMSE分布。在每列中,垂直轴为RMSE,而均匀(左)和非均匀(右)曲线分别是对均匀和非均匀传感器噪声的RMSE的归一化分布。虚线表示相应的四分位数。

$$\underset{\text{均匀}}{\boldsymbol{R}=\begin{bmatrix}2&0&0\\0&2&0\\0&0&2\end{bmatrix}},\underset{\text{非均匀}}{\boldsymbol{R}=\begin{bmatrix}0.5&0&0\\0&4&0\\0&0&0.5\end{bmatrix}}\tag{3.29}$$

图3.3中所示的Identity提供了模拟试验的最佳示例。它是一个满秩传感器矩阵(秩$\boldsymbol{H}_{Id}=3$),而其他三种情况的秩为1。在均匀噪声下,4个传感器选择的平均均方根误差(RMSE)为:

标准 = 3.77,KL = 7.78,SV = 8.48,随机 = 9.66

在非均匀噪声的情况下,平均RMSE是:

标准 = 3.21,KL = 7.62,SV = 9.02,随机 = 9.91

在均匀噪声情况下,使用KL散度和奇异向量的传感器选择均胜过随机选择。平均而言,KL散度比奇异向量稍好,这很好地说明了信息中心公式为何能够在第$k-1$个时间步到第k个时间步的观察中解释误差不确定性。在非均匀噪声情况下,图3.3和上面的RMSE值表明,KL散度准则的性能没有受到影响,奇异向量方法却由于没有考虑到观察过程中的意外而影响了效果。

3.5 小　结

综上所述,工程系统和自然系统具有较高维度,并且包含多种范围。当前数据数量庞大、复杂,而且具有极高的维数,还会经常产生噪声。研究的瓶颈在于缺乏能够快速有效地提取有用信息并实时吸收它们的统计技术。本章第一部分介绍了基于信息论的新方法,用于分布式收集和同化多尺度环境中的数据,其结果涉及数据的质量和可变性,以及对它们的收集和同化。第二部分描述了“加”或“乘”白噪声驱动的降维结果。第三部分处理数据同化中维数灾难。使读者理解缩放与过滤相互作用是解决大型系统某些计算问题的关键。

在滤波应用中,降阶非线性滤波方程提供了粗粒动力学(慢动力学)估计,而不需要快速动力学的显式知识,因此降低了计算的复杂性和信息的存储需求。最后提出了一种传感器选择策略,旨在通过信号和观测之间的互信息来提高可预测性。此外,还能获得信号的均质化和真实观测历史之间的互信息变化率。结果表明,基于动态系统有限时间李雅普诺夫指数的策略有助于对信号动态误差增长更清晰的了解,并且相比于互信息方法,计算效率更高。李雅普诺夫指数和动力学熵之间的已知联系可用于进一步理解误差增长。使用嘈杂的洛伦兹63模型进行的数值实验显示了互信息方法的整体优势,而当传感器噪声均匀时,有限时间李雅普诺夫指数方法表现良好。有关文献基于信息理论研究发现,不同密度的Renyi散度(从0到1,KL散度对应于1阶)具有不同的敏感性。3.4节中,成本函数中不同阶次的Renyi散度对传感器选择的影响尚待探索。

参考文献

[1] E. H. Aoki, A. Bagchi, P . Mandal, Y . Boers, A theoretical look at information-driven sensor management criteria, in Proceedings of the 14th International Conference on Information Fusion (FUSION) (IEEE, Chicago, 2011), pp. 1180-1187

[2] L. Arnold, Random Dynamical Systems, Springer Monographs in Mathematics (Springer, Berlin, 1998)

[3] L. Arnold, M. Scheutzow, Perfect cocycles through stochastic differential equations. Probab. Theory Relat. Fields 101, 65-88 (1995)

[4] L. Arnold, N. S. Namachchivaya, K. L. Schenk, Toward an understanding of stochastic hopf bifurcations: a case study. J. Bifurcation Chaos 6, 1947-1975 (1996)

[5] A. Bain, D. Crisan, Fundamentals of stochastic filtering (Springer, Berlin, 2009).

[6] N. Berglund, B. Gentz, Noiseinduced phenomena in slowfast dynamical systems: a sample paths approach, (Springer, London, 2006)

[7] R. Buizza, M. Miller, T. N. Palmer, Stochastic simulation of model uncertainties. Q. J. R. Meteorol. Soc. 125, 2887-2908 (1999)

[8] T. M. Cover, J. A. Thomas, Elements of Information Theory, 2nd edn. (Wiley-Interscience J. A., Hoboken, 2006)

[9] A. Doucet, B. -N. V o, C. Andrieu, M. Davy, Particle filtering for multitarget tracking and sensor management, in Proceedings of the 5th International Conference on Information Fusion (FUSION) (IEEE, Annapolis, MD, 2002), pp. 474-481

[10] J. Dunik, O. Straka, M. Simandl, E. Blasch, Random-point-based filters: analysis and comparison in target tracking. IEEE Trans. Aerosp. Electron. Syst. 51(2), 1403-1421 (2015)

[11] E. Ertin, J. W. Fisher, L. C. Potter, Maximum mutual information principle for dynamic sensor query problems in Information Processing in Sensor Networks. Lecture Notes in Computer Science, vol. 2634 (Springer, Berlin, 2003), pp. 405-416

[12] S. N. Ethier, T. G. Kurtz, Markov Processes: Characterization and Convergence (Wiley, New York, 1986)

[13] G. Evensen, The ensemble Kalman Filter: theoretical formulation and practical implementation. Ocean Dyn. 53(4), 343-367 (2003)

[14] M. I. Freidlin, A. D. Wentzell, Random Perturbations of Dynamical Systems. Grundlehren der Mathematischen Wissenschaften, 260 (Springer, Berlin, 1998)

[15] C. Kreucher, J. Wegrzyn, M. Beauvais, R. Conti, Multiplatform information based sensor management: an inverted UA V demonstration, in Defense and Security Symposium, International Society for Optics and Photonics: 65780Y, 2007

[16] P . Imkeller, N. S. Namachchivaya, N. Perkowski, H. C. Yeong, Dimensional reduction in nonlinear filtering: a homogenization approach. Ann. Appl. Probab. 23(6), 2161-2603 (2013)

[17] A. H. Jazwinski, Stochastic Processes and Filtering Theory (Academic, New York, 1970)

[18] C. Kreucher, K. Kastella, A. O. Hero III, Information based sensor management for multitarget tracking, in Proceedings of SPIE 5204, Signal and Data Processing of Small Targets, vol. 480 (San Diego, CA, 2003)

[19] C. M. Kreucher, A. O. Hero, K. D. Kastella, M. R. Morelande, An information-based approach to sensor management in large dynamic networks. Proc. IEEE 95(5), 978-999 (2007)

[20] H. Kunita, Some extensions of Itô's formula. Séminaire de probabilités (Strasbourg), vol. 15 (Springer, Berlin/Heidelberg, 1981), pp. 118-141

[21] H. Kunita, Stochastic Flows and Stochastic Differential Equations (Cambridge University Press, Cambridge, 1990)

[22] F. Ledrappier, L. -S. Y oung, The metric entropy of diffeomorphisms: part I: characterization of measures satisfying Pesin's Entropy formula. Ann. Math. 122(3), 509-539 (1985)

[23] J. Li, K. Lu, P . W. Bates, Geometric singular perturbation theory with real noise. J. Differ. Equ. 259 (10), 5137-5167 (2015)

[24] N. Lingala, N. S. Namachchivaya, N. Perkowski, H. C. Yeong, Particle filtering in highdimensional chaotic systems. Chaos 22, 047509 (2012)

[25] N. Lingala, N. S. Namachchivaya, N. Perkowski, H. C. Yeong, Optimal nudging in particle filters. Probab. Eng. Mech. 32, 21-30 (2014)

[26] E. N. Lorenz, Deterministic nonperiodic flow. J. Atmos. Sci. 20, 130-141 (1963)

[27] M. Mamlouk, Information based sensor control in a two-vortex flowfield. M. S. Thesis, University of Illinois-Urbana Champaign, Department of Aerospace Engineering, Urbana, Illinois (2013)

[28] S. Mitter, N. Newton, Information and Entropy Flow in the Kalma-Bucy Filter. J. Stat. Phys. 118(1), 145-176 (2005)

[29] S. Martinez, F. Bullo, Optimal sensor placement and motion coordination for target tracking. Automatica 42, 661-668 (2006)

[30] E. Mayer-Wolf, M. Zakai, On a formula relating the Shannon information to the Fisher information for the filtering problem, in Filtering and Control of Random Processes: Proceedings of the E. N. S. T. - C. N. E. T. Colloquium, Paris, 23-24 Feb 1983, vol. 61 (Springer, Berlin/Heidelberg, 1984), pp. 164-171

[31] N. S. Namachchivaya, R. B. Sowers, Rigorous stochastic averaging at a center with additive noise. Meccanica 37(2), 85-114 (2002)

[32] N. S. Namachchivaya, R. B. Sowers, L. V edula, Nonstandard reduction of Noisy Duffingvan der Pol equation. J. Dyn. Syst. 16(3), 223-245 (2001)

[33] V . I. Oseledec, A Multiplicative Ergodic Theorem. Lyapunov characteristic numbers for dynamical systems. Trans. Moscow Math. Soc. 19, 197-231 (1968)

[34] K. Onu, N. S. Namachchivaya, stochastic averaging of surface waves. Proc R Soc A 466(3), 2363-2381 (2010)

[35] J. H. Park, N. S. Namachchivaya, R. B. Sowers, Dimensional reduction in nonlinear filtering. Nonlinearity 23(2), 305-325 (2010)

[36] G. C. Papanicolaou, D. Stroock, S. R. S. V aradhan, Martingale approach to some limit theorems, in Papers from the Duke Turbulence Conference, Duke University, Durham, 1976, paper no. 6 (Duke University, Durham, 1977)

[37] J. H. Park, N. S. Namachchivaya, H. C. Y eong, Particle filters in a multiscale environment: homogenized hybrid particle filter. J. Appl. Mech. 78(6), 1-10 (2011)

[38] Y . Pesin, Characteristic Lyapunov exponents and smooth ergodic theory. Rus. Math. Surv. 32(4), 55-

114 (1977)

[39] D. Ruelle, Ergodic theory of differentiable dynamical systems. Publ. IHES 50, 27-58 (1979)

[40] A. Ryan, J. K. Hedrick, Particle filter based information-theoretic active sensing. Robot. Auton. Syst. 58(5), 574-584 (2010)

[41] D. W. Stroock, S. R. S. V aradhan, Multidimensional diffusion processes Grundlehren der Mathematischen Wissenschaften 233 (Springer, Berlin, 1979)

[42] E. Weinan, D. Liu, E. V anden-Eijnden, Analysis of multiscale methods for stochastic differential equations. Commun. Pure Appl. Math. 58, 1544-1585 (2005)

[43] C. Y ang, I. Kadar, E. Blasch, M. Bakich, Comparison of information theoretic divergences for sensor management, in Proceedings of SPIE 8050, Signal Processing, Sensor Fusion, and Target Recognition XX, 80500C, Bellingham, 2011

第4章 基于多项式混沌动态数据驱动的不确定性量化空间态势感知

Richard Linares, Vivek Vittaldev, Humberto C. Godinez

摘要:空间监视网络(SSN)是指收集并维护轨道和空间环境中所有目标的信息网络。解体事件给空间监视带来很多困难,但是随着传感器检测能力的提高,当前跟踪的对象数量快速增长。SSN 任务需要编目 22000 多个相关对象的信息,其中有 1100 个处于活动状态。特别是,低地球轨道卫星受大气阻力的影响严重,高层大气密度的波动使其建模变得极其困难。这些波动是由太阳能通量的变化引起的,该通量加热地球的大气层使其膨胀。本研究使用概率模型来表征和解释地球气流的波动,通过正确估计波动,将显著提高对太空中发生卫星碰撞的可能性的判断。

本章重点是应用新的基于多项式混沌的不确定性量化(UQ)方法实现空间态势感知(SSA)。将 UQ 应用于 SSA 主要使用仿真来预测较长时间或空间外推区间上的物理现象,其挑战在于长效集成。本章以混合方式将多项式混沌(PC)扩展和高斯混合模型(GMM)应用到卫星跟踪的 UQ。同时还将 GMM-PC 方法用于轨道 UQ,将 PC 方法用于大气密度 UQ。此外,列举了两个不同的应用示例。第一个示例演示了在大气扰动影响下,针对低地球轨道卫星的轨道 UQ 的 GMM-PC 方法;第二个示例演示了大气密度 UQ 的 PC 方法,其中通过基于物理的模型来捕获在不确定太阳条件下大气密度的不确定性。本工作并未实现这两个示例的集成应用,但开发的工具为统一了解低地球轨道卫星的 UQ 提供了框架。

4.1 引　言

最近发生的俄罗斯 Cosmos 2251 卫星与 Iridium 33 的碰撞、中国的风云 1C 反卫星演示等太空事件,由于生成了额外碎片,对太空总体能力及其提供准确和可行影响概率估计的能力提出更高的要求。太空监视网络(SSN)面临着严峻的挑战——需跟踪 22000 多个空间目标(SO)并向军方、美国航空航天局(NASA)和商业运营商提供重要的避撞警告。但是,由于大量的 SO 和跟踪它们的传感器数量有限,因此不可能保持持续的监视,从而导致较大的观察差距。这种固有等待时间导致观测稀疏,并且测量和近似方法之间的传播间隔较大。由此,大的传播间隔加上非线性的 SO 动力学,构成高度非高斯的概率分布函数。特别是低轨(LEO)中的卫星受到大气阻力的严重影响,导致建模困难。此外,还必须将大气阻力的不确定性汇总到估算模型中,以准确表示位置的不确定性,并计算影响概率或联合评估(CA)。此过程分为预测周期和校正周期,其中估计值用于预测将来的轨道位置,同时使用观测值来改进或校正这些预测,减少不确定性。这个过程的关键在于表示非高斯不确定性并进行准确传播。对于空间态势感知而言,准确评估位置信息意义非凡。本章的贡献在于将 PC 和 GMM-PC 应用于具有较高大气 UQ 的卫星跟踪。

多数高层大气模型可分为基于经验或基于物理的模型。当前的空军标准是基于校准卫星观测的经验模型——高精度卫星阻力模型(HASDM)。结合卫星观测结果及其定轨方案可以确定大气模型的参数。尽管对于确定高层大气环境的当前状态而言,HASDM 模型是准确的,但它没有预测能力,这限制了其对 CA 计算的效率。现在已有许多基于物理学的模型,包括全球电离层-热层模型(GITM),热层-电离层-电动力学(TIE-GCM)。这些基于物理学的模型符合 Navier-Stokes 方程,该方程可以计算出许多中性和带电化学物种成分的密度、速度和温度。同时,改进模型和提高预测能力也消耗了高昂的计算成本。这些模型具有很高的维数,可以在离散的空间网格上求解 Navier-Stokes 方程,涉及 2000~10000 个状态变量以及 12~20 个输入参数和内部参数。卫星 CA 的计算通常涉及较长的传播间隔(3~8 天),从而带来非线性变换和非高斯误差。

非线性和高维性会导致维数诅咒,其中问题定义维数的增加和非线性顺序组合导致所需评估的数量以超线性方式增长。大气模型中的维度灾难是本章要解决的重难点。此外,完全不同于传统的状态估计和数据同化方法(仅需要前两个时刻的均值和协方差),CA 要求完全了解概率分布函数(PDF)以计算影响概率。本章介绍了一种完整处理 PDF 的新方法。

蒙特卡罗(MC)仿真是一种衡量传播不确定性的方法,该方法应用广泛但计算复杂。初始不确定性分布中随机生成的样本通过目标函数传播。MC 方法需要数百万次传播才能生成统计学意义上有效的 UQ 解。通过多处理器中心(CPU)或图形处理单元(GPU)进行并行计算,可显著减小模型运行时的消耗成本。通过重要性采样可以更少的采样点选择出结果良好的置信度范围。相比于其他技术,MC 技术收敛速度慢导致多数应用的计算成本高昂,但它的普遍性却使其成为理想的基本方法。

除上述介绍外,还有一系列通过非线性函数(如轨道传播)来传播初始高斯分布的状态和不确定性的技术。计算成本以 PDF 的准确性为代价。考虑计算成本,使用动力学的一阶泰勒级数展开线性传播协方差矩阵是一个极端;而 MC 仿真则位于另一个极端。在两种技术的计算成本之间的是高斯混合模型(GMM)和多项式混沌(PC)展开。

GMM 可以通过高斯分布的加权和来近似任何 PDF,随着元素数量的增加,L_1 范式的近似更加接近。当初始分布为高斯分布时,近似 GMM 具有空间分布均值,并且每个元素的方差都小于初始高斯分布的方差(微分熵)。在 GMM 近似中,每个高斯分量通过状态转换张量(STT)、Sigma 点、正交或数值积分进行传播。每个元素的不确定性都小于初始高斯分布,因此,与原始分布相比,每个元素的高斯假设都具有相同或更长的传播时间。经传播后,高斯元素的加权和近似最终的预测 PDF,同时符合近似非高斯分布。GMM 已用于许多不确定性传播中,如轨道估计、轨道确定以及综合评估。

PC 方法使用正交多项式(OP)展开作为不确定性量化的替代模型。通过结合 Wiener-Askey 方法和初始不确定性分布选择最适合的多项式。此外,还可以使用任意 PC(aPC)方法为不满足 Wiener-Askey 方法的 PDF 计算最佳正交多项式。对于高斯分布,Hermite

多项式是相应的 OP。对于多元的情况，通过计算多元多项式的系数近似估算从开始时间到结束时间的随机变量映射。一旦确定了多项式系数，从 PC 多项式近似中进行采样相比 MC 流程有更低的计算成本。在许多领域中，PC 方法被用于计算密集型模型的不确定性度量，如在轨道力学中，PC 已经用于不确定性传播和综合评估。

有关文献研究结合 PC 和 GMM 方法来量化航天器的状态不确定性，将初始分布转换为 GMM，使用 PC 传播每个元素。相关研究结果表明，在 PC 中结合 GMM(GMM-PC)减少了达到规定精度所需的整体顺序。将初始分布分割为 GMM 可以减小与每个元素关联的协方差，因此可以使用低阶多项式。对于初始高斯分布状态通过非线性函数传播而产生的非高斯分布，GMM-PC 有效地减少了准确描述非高斯分布所需的评估函数。本章进一步将有关文献提出的 GMM-PC 方法用于具有大气阻力的卫星轨道 UQ。此外，PC 方法还可用于高层大气模型 UQ，而无须将初始不确定性分割为 GMM。

本章的组织如下：首先，讨论了 GMM；其次，讨论了 PC 方法；再次，介绍了结合的 GMM-PC 方法；然后，展示了轨道和大气 UQ 仿真示例的结果；最后，做了小结。

4.2　高斯混合模型

GMM 通过高斯概率分布函数的加权和可以近似 L_1 距离的任意概率分布函数，即

$$p(\boldsymbol{x}) = \sum_{i=1}^{N} \alpha_i p_g(\boldsymbol{x};\mu_i;\boldsymbol{P}_i) \tag{4.1}$$

式中：$p_g(\boldsymbol{x};\mu_i;\boldsymbol{P}_i)$ 为均值 μ_i、协方差 P_i 的多元高斯 PDF；N 为高斯概率分布函数的数量；α_i 为一个正的非零权重，同时满足以下条件：

$$\sum_{i=1}^{N} \alpha_i = 1 \tag{4.2}$$

其中，$\forall \alpha_i > 0$。对于不确定性传播，初始高斯分布被分割为 GMM，并且每个元素通过非线性函数传播。如 STT 或 Sigma 点等通标准高斯传播技术常用于估计高斯元素的向后传播。尽管每个元素都符合高斯分布，但加权和形成的真实分布却是非高斯近似值。通过修改程序，可以在传播后更新权重，或者可以将元素进一步分割为更多元素，又或者合并传播中的元素。但是本章暂不考虑这些工作。

有关学者通过生成标准正态分布的单变量 GMM 库，而不是初始多元高斯分布的 GMM 近似值开展研究。将单变量库用于协方差矩阵平方根因子的单列，以便形成多元高斯的 GMM 近似。其中，单变量分割库仅需计算一次，并以查找表的形式存储。于是，查找单变量库就转换为优化问题，即 GMM 与标准正态分布之间的距离最小化。由于 GMM 和高斯分布之间的 L_2 距离存在闭式解，因此用 L_2 距离代替 L_1。在不少研究工作中就使用了这样一个库，其中分割的所有标准差都相同(均方差)，为 $\sigma = \sqrt{1/N}$，并且奇数 N 最多为 39 个元素。随着 N 的增加，σ 减小，因此每个元素的微分熵都减小，如图 4.1 所示。

在协方差矩阵平方根 S 的列上应用单变量分割库，以用于多元高斯分布 $\boldsymbol{P}_{\mathrm{G}} \sim \mathcal{N}(\mu, \boldsymbol{P})$：

$$\boldsymbol{P} = \boldsymbol{S}\boldsymbol{S}^{\mathrm{T}} \tag{4.3}$$

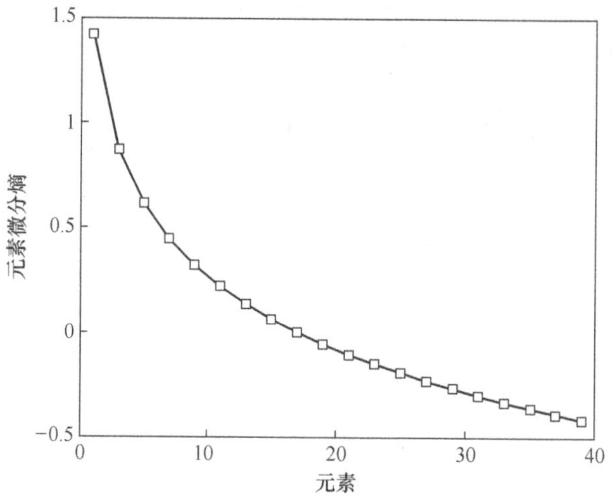

图 4.1　任意元素的微分熵

对于 n 维情况，分割后每个元素的协方差矩阵为

$$\boldsymbol{P}_i = [\boldsymbol{s}_1 \cdots \sigma \boldsymbol{s}_k \cdots \boldsymbol{s}_n][\boldsymbol{s}_1 \cdots \sigma \boldsymbol{s}_k \cdots \boldsymbol{s}_n]^{\mathrm{T}} \tag{4.4}$$

$\boldsymbol{S}$ 沿$\boldsymbol{s}_k$ 列分割，多变量 GMM 是

$$\mu_i = \mu + \mu_i \boldsymbol{s}_k \tag{4.5}$$

式中：μ_i 为单变量库混合分割位置。如果使用 Cholesky 或频谱分解生成 $\boldsymbol{S}$，则可能的分割方向为 2^n 。但是，可以通过生成一列平行于输入方向的平方根矩阵，使可沿任何方向进行单变量分隔。对于极端非线性问题，沿单个方向分割可能无法解决整个非线性问题。为此，需要分割多个方向上的初始多元分布，以便更好地接近非高斯行为向后传播。在这种情况下，可以将分割库作为张量积递归应用，以实现多个方向的分割。

4.3　多项式混沌

PC 的思想起源于 Norbert Wiener 的论文，其中术语“混沌”用来表示不确定性。这个理论已被用于 UQ，现在在航空航天领域也被广泛使用。在 PC 中，变量的不确定性通过一系列正交多项式表示：

$$u(\xi,t) = \sum_{i=0}^{\infty} c_i(t)\,\Psi_i(\xi) \tag{4.6}$$

式中：$u(\xi,t)$ 为有效输出；ξ 为一个随机变量；Ψ_i 为正交多项式根据 Hilbert 空间中的内积定义：

$$\int_{-\infty}^{\infty} \Psi_m(\xi)\ \Psi_n(\xi) w(\xi) = 0 \tag{4.7}$$

根据随机变量的分布，从表 4.1 所示 Weiner-Askey 方案中选择方程式的正交多项式和加权函数 $w(\xi)$ 。

表 4.1　Wiener-Askey 方法中 α 和 β 是 PDF 特定参数

分布类型	密度	多项式	质量	x 范围
正态分布	$\frac{1}{\sqrt{2\pi}}e^{\frac{-x^2}{2}}$	Hermite	$e^{\frac{-x^2}{2}}$	$[-\infty,\infty]$
均匀分布	$\frac{1}{2}$	Legendre	1	$[-1,1]$
β 分布	$\frac{(1-x)^{\alpha}(1+x)^{\beta}}{2^{\alpha+\beta+1}B(\alpha+1,\beta+1)}$	Jacobi	$(1-x)^{\alpha}(1+x)^{\beta}$	$[-1,1]$
指数分布	e^{-x}	Laguerre	e^{-x}	$[0,\infty]$
Γ 分布	$\frac{x^{\alpha}e^{-x}}{\Gamma(\alpha+1)}$	Generalized laguerre	$x^{\alpha}e^{-x}$	$[0,\infty]$

由于大多数应用程序都将初始分布假定为高斯分布，因此根据 Wiener-Askey 方案选择 Hermite 多项式。本章应用正态概率分布 Hermite 多项式（图 4.2），其中加权函数更改为

$$w(\xi)=\frac{1}{\sqrt{2\pi}}e^{\frac{-\xi^2}{2}} \tag{4.8}$$

假定新的加权函数满足分布的平均值为 0，标准偏差为 1，这样可以有效地归一化，并且改善数值特性。正态分布的 Hermite 多项式通过使用以下递归关系获得

$$(n+1)!\cdot\Psi_{n+1}(\xi)=\xi\Psi_n(\xi)-n\Psi_{n-1}(\xi) \tag{4.9}$$

其中

$$\Psi_0=1,\quad \Psi_1=\xi \tag{4.10}$$

表 4.2　二维多元多项式（最高为 2 阶）

阶数	多索引	多元多项式
0	$\alpha_0=[0,0]$	$\Psi_{\alpha0}(\xi)=1$
1	$\alpha_1=[1,0]$	$\Psi_{\alpha1}(\xi)=\Psi_1(\xi_1)$
1	$\alpha_2=[0,1]$	$\Psi_{\alpha2}(\xi)=\Psi_1(\xi_2)$
2	$\alpha_3=[2,0]$	$\Psi_{\alpha3}(\xi)=\Psi_2(\xi_1)$
2	$\alpha_4=[0,2]$	$\Psi_{\alpha4}(\xi)=\Psi_2(\xi_2)$
2	$\alpha_5=[1,1]$	$\Psi_{\alpha5}(\xi)=\Psi_1(\xi_1)\Psi_2(\xi_1)$

实际上，式（4.6）中的无穷级数被某种顺序截断。在图 4.2 中可看到，正交单变量 Hermite 多项式最高可到 5 阶。合取问题取决于卫星的完整位置和速度，因此其是需要正交多元多项式的多变量问题。可以使用多索引符号创建多元多项式，表 4.2 列出了 2 阶的二维多元多项式。多元多项式可以表示为

$$u(\xi,t)=\sum_{i=0}^{L}c_i(t)\,\Psi_{\alpha i}(\xi) \tag{4.11}$$

其中 L 由下式给出：

$$L=\frac{(n+l)!}{n!\ l!} \tag{4.12}$$

式中：n 为 ξ 的维数；l 为截断的一元多项式的最大阶数；L 为多元多项式的给定阶数，等于多索引向量元素的和。如果输出也是维数为 n 的向量函数，则 $u(\xi,t)$ ，共需计算 $n\times L$ 个系数 $c_i(t)$ 。

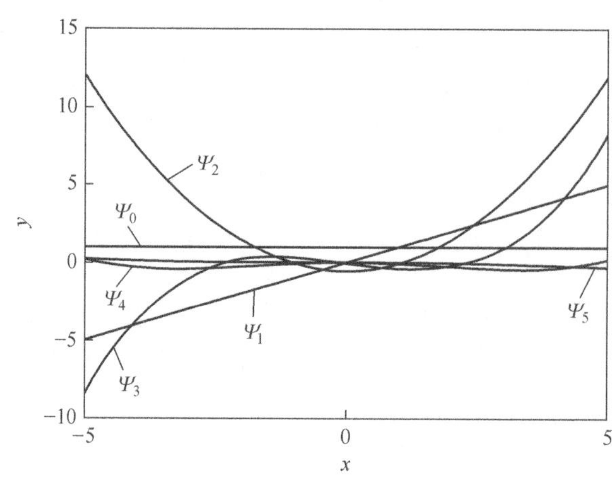

图 4.2　正态概率分布 Hermite 多项式

最后的难点是确定系数 $c_i(t)$ ，目前有两种主要方法：介入式方法和非介入式方法。介入式方法需要知道传播函数，该传播函数决定了输入随机向量的演化。然后，针对 $c_i(t)$ 求解方程组。由于介入式方法不能与黑盒动力学配合使用，因此在本工作中不予考虑。非介入性方法不需要传播函数。鉴于我们可以针对指定的初始条件求解系统，因此可以使用投影（Galerkin 投影）来近似式（4.11）：

$$c_i(t) = \int u(\xi,t)\ \Psi_i(\xi)p(\xi)\mathrm{d}\xi \tag{4.13}$$

式中：$p(\xi)$ 为 ξ 的 PDF。

可以使用最小二乘法（LS）或正交方法求解非介入方法中的系数。如果使用 LS 方法，将对初始状态进行随机采样；如果使用正交方法，则基于正交规则的节点位置选择初始状态。使用 LS 时应用压缩采样（CS），使用正交法时应用稀疏网格（SG），这样可以大大减少要使用的初始状态数。在本工作中，正交方法与 Smolyak SG（SSG）结合使用。如图 4.3 所示，相比于完整张量积的正交点，SSG 使用更少的网格点。在正交方法，生成具有 N_q 个节点的网格，其中每个节点都有一个相关的位置 ξ_n 和重量 q_n ，然后通过式（4.14）求和得到系数 $c_i(t)$ ：

$$c_i(t) = \sum_{n=1}^{N_q} q_n u(\xi_n,t)\ \Psi_{\alpha i}(\xi_n) \tag{4.14}$$

值得注意的是，节点是根据零均值和恒等协方差矩阵多元分布生成的，这样确保了数值精度。初始点按比例缩放到变换函数 $u(\xi,t)$ 的实际均值和协方差。

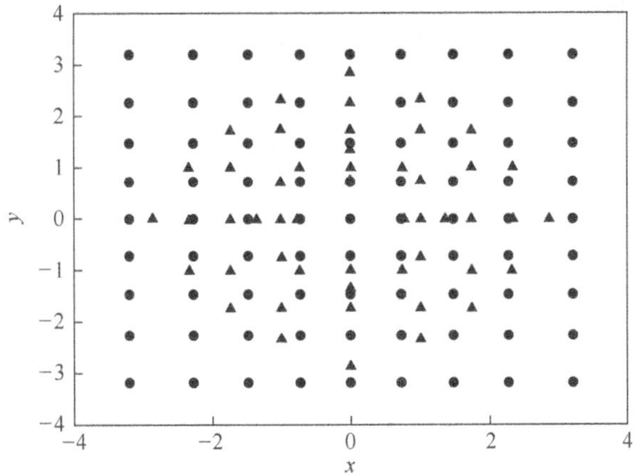

图 4.3　完整(●)和稀疏(▲)二维正交网格的区别

4.4　高斯混合模型的多项式混沌

本节将对 GMM-PC 方法进行介绍。我们知道,PC 和 GMM 都可以表示非高斯分布,其计算成本也比完整的 MC 模拟要低。但是,它们都有一定局限性。PC 的最大的问题是维数灾难。多元多项式混沌随着阶次和维数的增加而需要的系数量可以根据式(4.12)计算出来,见图 4.4(a)。在图 4.4(b)中,必须执行计算的节点数量也随着顺序和尺寸的增加而迅速增加。当 GMM 用于多变量应用程序时,单变量库可应用于某个指定方向。因此非线性变换之后,沿其进行分裂的光谱方向会影响所得非高斯分布的质量。

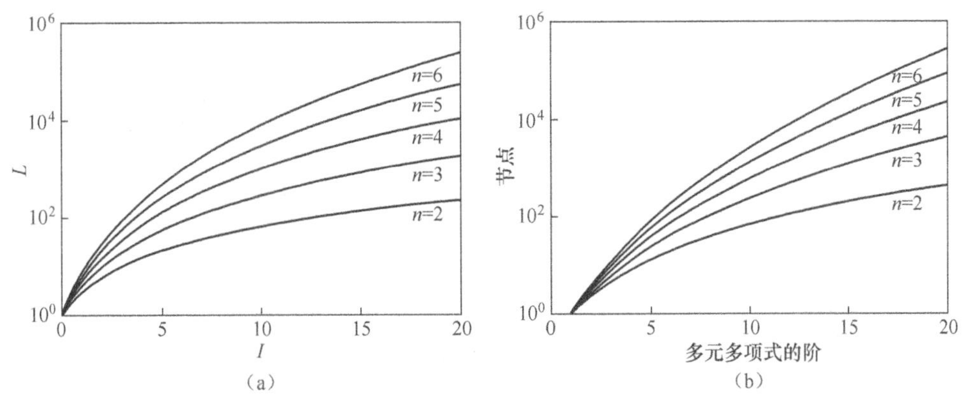

图 4.4　多项式混沌的维数和阶次
(a)多元多项式的项(b)Smolyak 网格的编号节点。

GMM 与 PC 的组合产生了一种新理论,这种取长补短相结合的方法表现优于每个单独方法。本章将 GMM-PC 方法用于轨道 UQ,将 PC 方法应用于大气密度 UQ,以展示这两种形式 UQ 之间的相互作用。在 GMM-PC 方法中,每个混合元素都由 PC 扩展表示。

GMMs 拆分减少了每个 PC 扩展必须考虑的分布大小,类似于减小泰勒级数展开(TSE)或有限元方法(FEM)的范围。因此,我们在较小的子域(GMM)上使用了更简单的元素(低阶 PC 扩展),从而在较大的域上近似最终的非高斯分布。一个简单示例展示了这样做的好处,其中极坐标中状态的初始高斯分布被转换到笛卡儿坐标中,由于此变换是非线性的,因此所得的分布便成为非高斯分布。

真实分布(MC)和近似分布如图 4.5 所示。在图中,PC 近似比严格的高斯近似表现更好。但是,将 PC 和 GMM 结合使用,可以使 MC 与近似分布之间的差异大大降低。

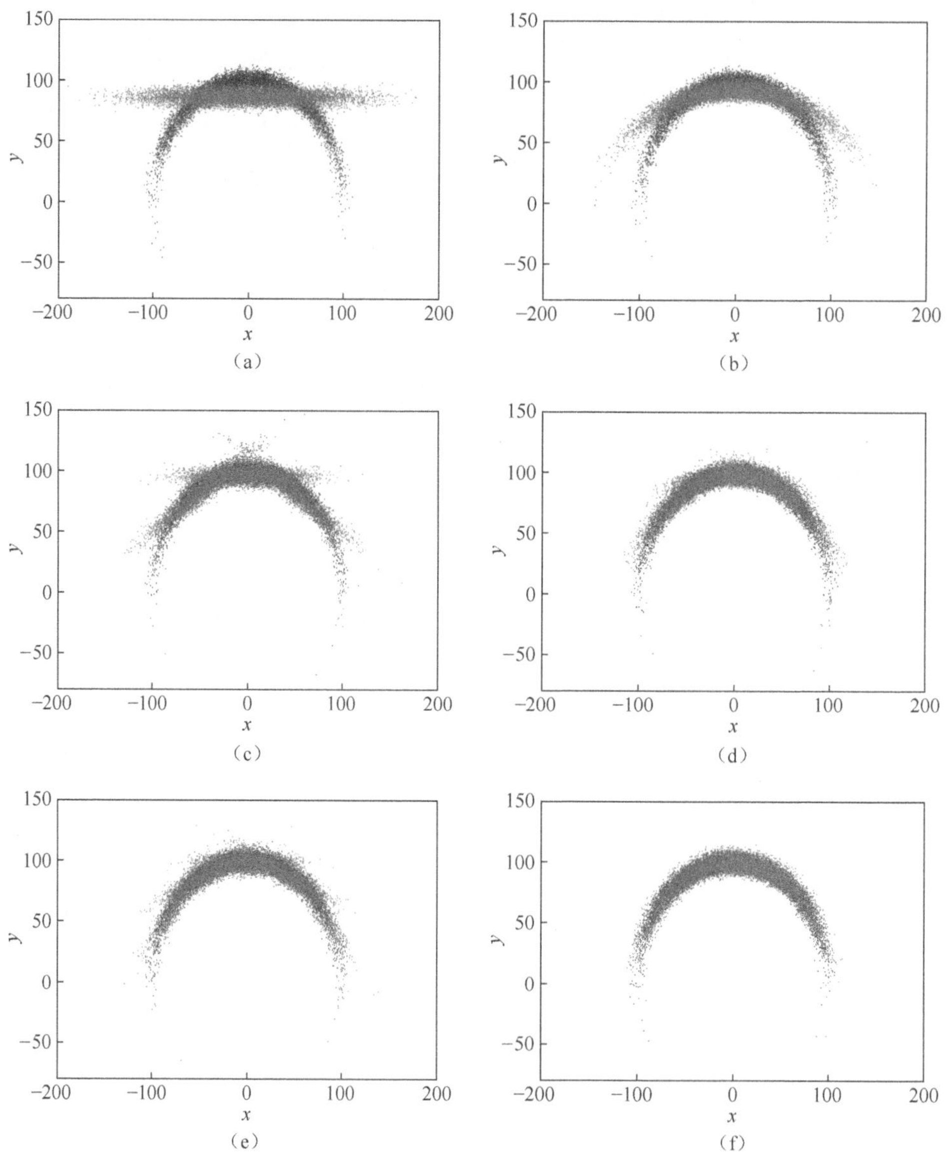

图 4.5　从极坐标转换为笛卡儿坐标后的真实分布和近似分布

(a)使用无先导变换(UT)的高斯近似;(b)多项式混沌近似;

(c)具有 3 个元素的 GMM 近似;(d)具有 3 个元素的 PC-GMM 近似;

(e)具有 5 个元素的 GMM 近似;(f)具有 5 个元素的 PC-GMM 近似。

4.5　全球电离层-热层模型

GMM-PC 方法可用于解决轨道估计和传播(SSA)问题。轨道传播不确定性的主要来源是电离层-热层环境,这项工作便通过 PC 方法准确地描述了电离层-热层中的不确定性。为此,本工作使用了基于物理的模型-全球电离层-热层模型(GITM)。

GITM 是一种基于物理的模型,该模型可以通过完整 Navier-Stokes 方程求得许多中性和带电组分的密度、速度和温度方程。该模型显式求解 O、O_2、N(2D)、N(2T)、N(^{4}S)、N_2、NO、H 和 He 的中性密度以及 $O^+(^4S)$、$O^+(^2D)$、$O^+(^2P)$、O_2^+、N^+、N_2^+、NO^+、H^+ 和 He^+ 的离子种类。该模型还包含离子和中性离子、离子和电子以及中性和中性离子之间的化学反应。此外,GITM 还能自洽地解决中性离子、带电离子和电子温度问题;海量水平中性大气;单类别垂直速度以及离子速度和电子速度。为了说明太阳活动,GITM 使用 $F_{10.7}$ 的代理 EUV 进行频谱测量。

GITM 更重要的功能包括:分辨率可调;海拔和纬度坐标中的网格不均匀;在不考虑静水力平衡的情况下求解动力学方程;在时间步长为 2~4s 条件下解决平流;明确化学反应,而不是局部化学平衡的近似值;选择电场和颗粒沉淀模式的不同模型;从 NRLMSISE-00 经验模型开始的能力;国际参考电离层(IRI)模型的解决办法以及通过模型运行时间确定的真实(或理想)磁场的能力。其中,主要参数是 $F_{10.7}$,即在 10.7cm 波长处太阳辐射通量,并将此用于 GITM 中的太阳活动。图 4.6 展示了 1980—2011 年的 $F_{10.7}$ 太阳辐射通量指数,根据高活度峰和低活度峰可以确定 11 年是一个太阳活动周期。

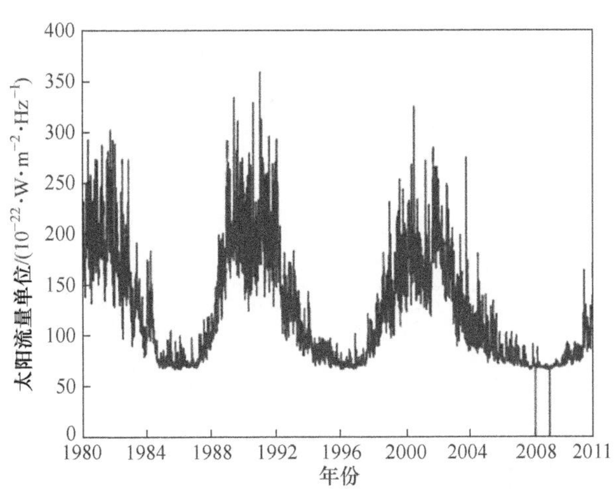

图 4.6　1980—2011 年的 $F_{10.7}$ 太阳辐射通量指数

4.6　实 验 结 果

本章分别就轨道位置 UQ 和大气密度 UQ 进行两项仿真研究。第一项研究使用 GMM-PC 方法解决轨道位置 UQ 问题,第二项研究使用 PC 方法(不进行 GMM 分裂)研究大气密度 UQ 问题。本节将就这两项研究的结果进行讨论。

4.6.1 轨道不确定性度量

本节基于 GMM-PC 方法进行测试仿真,以验证在轨道应用中的有效性。由于轨道方程的非线性以及诸如大气等扰动的存在,使轨道 PDF 随着飞行时间的增加而变为非高斯分布。因此,在大气阻力的影响下,本示例使用 Jacchia-Bowman 2008(JB2008)经验热球密度模型模拟了在大约 450 km 高度的近圆形 LEO 轨道上传播一颗卫星的分布。

首先根据轨道的初始条件生成高斯分布,然后通过 MC 和 GMM-PC 分别仿真 1 天图 4.7(a)和 5 天图 4.7(b)飞行后的分布结果。为简化起见,仅对平面二维轨迹进行仿真,但将来可以轻松地扩展为完整的 3D 仿真。从图 4.7 的结果可以看出,最终的分布是高度非高斯的,但是,GMM-PC 模拟可在更少数量级的运行次数下很好地表示最终分布。

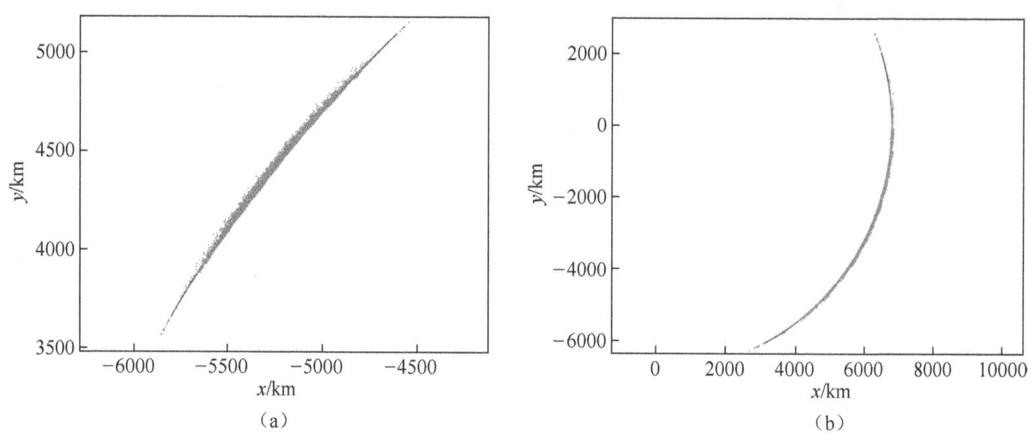

图 4.7 测试轨道的 MC 结果和 PC GMM 结果

(a)飞行 1 天的分布;(b)飞行 5 天的分布。

4.6.2 大气密度预测的初步结果

低轨卫星受到大气阻力的影响严重,很难精确建模。不确定性的主要原因之一是输入参数不确定,包括 $F_{10.7}$,AP 和太阳风参数。为此,不断测量这些参数,并利用这些测量值预测将来的参数。然后,将预测值用在物理模型中以预测未来的大气条件。由此,为了对轨道不确定性进行前瞻性预测,必须表征由参数引起的大气密度的不确定性。

本次仿真示例着重探索将 PC 技术用于基于物理的大气模型 UQ。不同于先前的示例,本案例仅研究 PC 在大气密度 UQ 中的使用。通过 PC 方法来量化 $F_{10.7}$、A_p 指数(给定天数下全球地磁活动的度量)和太阳风参数不确定性导致的预测不确定性。在未知的大气条件下应用 PC 方法来执行 UQ。由于是 CA 流程的一部分,所使用的大气模型具有准确一致的 UQ。

本节中要讨论的是在 GITM 模型应用 PC UQ 方法的初始结果。目标是使用基于物理的大气密度模型来预测用于联合评估的准确密度。尽管 GITM 模型可直接从观测中得出一些输入参数,但是该模型还需要对其输入进行预测,而这些预测值有较大的不确定性。因此,我们需要基于这些输入的不确定性确定预测密度的不确定性。驱动 GITM 模型动态的主要输入参数是 $F_{10.7}$(图 4.6)。这里考虑了两种仿真情况:第一种情况使用稳定的太阳状况模型输入参数,第二种情况使用活动的太阳状况模型输入参数。这样,第一种模拟仅考虑输入参数 $F_{10.7}$,第二种模拟则考虑了 $F_{10.7}$、GSM 坐标(nT)(B_x,B_y,B_z)中的星际磁场(IMF)、太阳风(km/s)V_x 和半球功率 HPI 等参数的不确定性。仿真示例如图 4.8所示,仿真时间为 2002 年 10 月 21 日至 26 日。

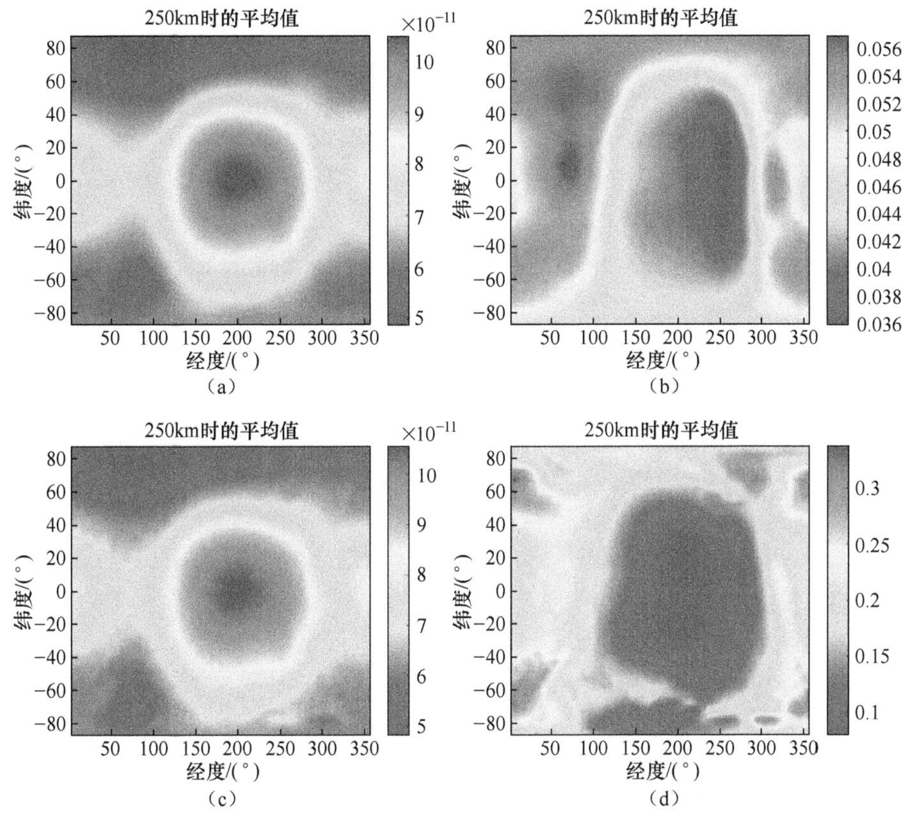

图 4.8　2002 年 10 月 21 日至 26 日大气密度的不确定性度量

(a)情况一:平均密度;(b)情况一:平均密度不确定性;

(c)情况二:平均密度;(d)情况二:平均密度不确定性。

在仿真实验中,论文将预测时的参数建模为随机常量。对于第一种情况,假设 $F_{10.7}$ 满足正态分布 $\mathcal{N}(165.98, 8.34^2)$,将一维正交点用作仿真集合,并使用一维 Hermite 多项式拟合 PC 模型。第二种情况的参数在预测期间建模为随机常量,其中随机变量满足以下分布 $\mathcal{N}(\boldsymbol{\mu}, \boldsymbol{P})$,$\boldsymbol{\mu} = [165.98, -1.45, 0.06, -0.5, -551.79, 38.07]^{\mathrm{T}}$,协方差为

$$\boldsymbol{P} = \mathrm{diag}([8.33^2, 4.84^2, 4.10^2, 2.15^2, 105.1^2, 38.87^2]) \tag{4.15}$$

对于第二种情况,将 Smolyak 稀疏容积用于集成仿真,使其适用多维 Hermite 多项式。从图 4.8 中可以明显看出,地理位置中的不确定性具有复杂的行为。此外,测试用例之间的差异揭示了一个事实,即太阳的状况会严重影响模型的准确性。从图 4.8(d) 中还可以看出,在活跃条件下,不确定度高达 30%;而在稳定时期仅为 5%[图 4.8(b)]。

4.7 小结

本章研究将多项式混沌(PC)展开与高斯混合模型(GMM)的结合生成一个新的框架,该框架可以有效捕获最初的高斯分布,通过非线性变换将其变换为高度非高斯分布。本章介绍了一种DDDAS方法,该方法可以根据观测到的日照条件变化数据更新UQ估算值。特别是,根据$F_{10.7}$、A_p指数(地磁活动)和观测到的太阳风参数可建立预测大气阻力的PDF。使用初始GMM会减少PC覆盖的范围,因此,可以通过低阶多项式获得准确的结果。多项式阶数的增加会使计算量指数增长,而元素数量的增加则只是线性增加计算量。此外,多项式阶数的增加只有在一定阶数后才会略微增加精度。

本章将GMM-PC方法应用于轨道不确定性量化(UQ)问题。结果表明,在考虑太阳活动的情况下,GMM-PC方法优于PC方法。此外,在基于物理的大气模型中应用PC方法已经表明,大气密度模型的不确定性在不同地理位置具有复杂的行为。该工作的应用示例揭示了太阳活动会严重影响模型的准确性。测试示例表明,在太阳风暴条件下,不确定度可能高达30%,但在稳定时仅为5%。以上为GMM-PC方法在轨道不确定性传播以及PC方法在大气密度中的应用提供了初步参考。

参考文献

[1] R. Oliva, E. Blasch, R. Ogan, Applying aerospace technologies to current issues using systems engineering: 3rd AESS chapter summit. IEEE Aerosp. Electron. Syst. Mag. 28(2), 34-41 (2013)

[2] D. S. Bernstein, A. Ridley, J. Cutler, A. Cohn, Transformative advances in DDDAS with application to space weather monitoring. Technical report, Department of Aerospace Engineering, University of Michigan, Ann Arbor, 2015

[3] H. Chen, G. Chen, E. Blasch, K. Pham, Comparison of several space target tracking filters. Proc. SPIE 7330, 73300I (2009)

[4] N. Weiner, The homogeneous chaos. Am. J. Math. 60(4), 897-936 (1938)

[5] V. Vittaldev, R. P . Russell, R. Linares, Spacecraft uncertainty propagation using gaussian mixture models and polynomial chaos expansions. J. Guid. Control. Dyn. 39, 2615-2626 (2016)

[6] A. Hedin, A revised thermospheric model based on mass spectrometer and incoherent scatter data: Msis-83. J. Geophys. Res. 88, 10170-10188 (1983)

[7] J. Picone, A. Hedin, D. Drob, A. Aikin, NRLMSISE-00 empirical model of the atmosphere: statistical comparisons and scientific issues. J. Geophys. Res. 107(A12), 1468 (2002)

[8] M. F. Storz, B. R. Bowman, M. J. I. Branson, S. J. Casali, W. K. Tobiska, High accuracy satellite drag model (HASDM). Adv. Space Res. 36(12), 2497-2505 (2005)

[9] A. Ridley, Y . Deng, G. Toth, The global ionosphere-thermosphere model. J. Atmos. Sol. -Terr. Phys. 68, 839-864 (2006)

[10] R. Bellmam, Dynamic Programming (Princeton University Press, Princeton, 1957)

[11] C. Sabol, C. Binz, A. Segerman, K. Roe, P . W. Schumacher, Probability of collision with special perturbations dynamics using the monte carlo method, paper AAS 11-435, in AAS/AIAA Astrodynamics

Specialist Conference, Girdwood, 31 Jul–4 Aug,2011

[12] R. W. Ghrist, D. Plakalovic, Impact of nongaussian error volumes on conjunction assessment risk analysis, paper AIAA 2012–4965, in AIAA/AAS Astrodynamics Specialist Conference, Minneapolis, 13–16 Aug, 2012

[13] N. Arora, V. Vittaldev, R. P. Russell, Parallel computation of trajectories using graphics processing units and interpolated gravity models. J. Guid. Control. Dyn. 38, 1345–1355 (2015). Accepted for Publication

[14] H. Shen, V. Vittaldev, C. D. Karlgaard, R. P. Russell, E. Pellegrini, Parallelized sigma point and particle filters for navigation problems, paper AAS 13–034, in 36th Annual AAS Guidance and Control Conference, 1–6 Feb, Breckenridge, 2013

[15] N. Nakhjiri, B. F. Villac, An algorithm for trajectory propagation and uncertainty mapping on GPU, paper AAS 13–376, in 23rd AAS/AIAA Space Flight Mechanics Meeting, Kauai, 2013

[16] S. –Z. Ueng, M. Lathara, S. S. Baghsorkhi, W. –M. W. Hwu, Languages and Compilers for Parallel Computing, ch. CUDA-Lite: Reducing GPU Programming Complexity (Springer, Berlin/Heidelberg, 2008), pp. 1–15

[17] A. B. Poore, Propagation of uncertainty in support of SSA missions, in 25th AAS/AIAA Space Flight Mechanics Meeting, Williamsburg, 2015

[18] D. L. Alspach, H. W. Sorenson, Nonlinear Bayesian estimation using gaussian sum approximations. IEEE Trans. Autom. Control 17(4), 439–448 (1972)

[19] R. S. Park, D. J. Scheeres, Nonlinear mapping of gaussian statistics: theory and applications to spacecraft trajectory design. J. Guid. Control. Dyn. 29(6), 1367–1375 (2006)

[20] S. Julier, J. K. Uhlmann, Unscented filtering and nonlinear estimation. Proc. IEEE 92, 401–402 (2004)

[21] M. Norgaard, N. K. Poulsen, O. Ravn, New developments in state estimation for nonlinear systems. Automatica 36(11), 1627–1638 (2000)

[22] I. Arasaratnam, S. Haykin, Cubature Kalman filters. IEEE Trans. Autom. Control 54(6), 1254–1269 (2009)

[23] D. F. Crouse, On measurement-based lighttime corrections for bistatic orbital debris tracking. IEEE Trans. Aerosp. Electron. Syst. 51(3), 2502–2518 (2015)

[24] B. Jia, K. D. Pham, E. Blasch, D. Shen, Z. Wang, G. Chen, Cooperative space object tracking using space based optical sensors via consensus-based filters. IEEE Trans. Aerosp. Electron. Syst. 52(4), 1908–1936 (2016)

[25] K. J. DeMars, R. H. Bishop, M. K. Jah, Entropy-based approach for uncertainty propagation of nonlinear dynamical systems. J. Guid. Control. Dyn. 36(4), 1047–1057 (2013)

[26] K. Vishwajeet, P. Singla, M. Jah, Nonlinear uncertainty propagation for perturbed two-body orbits. J. Guid. Control. Dyn. 37(5), 1415–1425 (2014)

[27] J. T. Horwood, N. D. Aragon, A. B. Poore, Gaussian sum filters for space surveillance: theoryand simulations. J. Guid. Control. Dyn. 34(6), 1839–1851 (2011)

[28] K. J. DeMars, M. K. Jah, A probabilistic approach to initial orbit determination via gaussian mixture models. J. Guid. Control. Dyn. 36(5), 1324–1335 (2013)

[29] K. J. DeMars, Y. Cheng, M. K. Jah, Collision probability with Gaussian mixture orbit uncertainty. J. Guid. Control. Dyn. 37(3), 979–985 (2014)

[30] V. Vittaldev, R. P. Russell, Collision probability for resident space objects using Gaussian mixture

models, paper AAS 13-351, in 23rd AAS/AIAA Spaceflight Mechanics Meeting, Kauai, 2013

[31] D. Xiu, G. E. Karniadakis, The wiener-askey polynomial chaos for stochastic differential equations. SIAM J. Sci. Comput. 24, 619-644 (2002)

[32] S. Oladyshkin, W. Nowak, Datadriven uncertainty quantification using the arbitrary polynomial chaos expansion. Reliab. Eng. Syst. Saf. 106, 179-190 (2012)

[33] D. M. Luchtenburga, S. L. Bruntonc, C. W. Rowleyb, Longtime uncertainty propagation using generalized polynomial chaos and flow map composition. J. Comput. Phys. 274, 783-802(2014)

[34] X. Li, P .B. Nair, Z. Zhang, L. Gao, C. Gao, Aircraft robust trajectory optimization using nonintrusive polynomial chaos. J. Aircr. 51(5), 1592-1603 (2014)

[35] L. Mathelin, M. Y . Hussaini, T. A. Zang, Stochastic approaches to uncertainty quantification in CFD simulations. Numer. Algorithms 38(1-3), 209-236 (2005)

[36] M. Dodson, G. T. Parks, Robust aerodynamic design optimization using polynomial chaos. J. Aircr. 46 (2), 635-646 (2009)

[37] B. A. Jones, A. Doostan, G. H. Born, Nonlinear propagation of orbit uncertainty using non intrusive polynomial chaos. J. Guid. Control. Dyn. 36(2), 415-425 (2013)

[38] V . Vittaldev, R. Russell, R. Linares, Spacecraft uncertainty propagation using gaussian mixture models and polynomial chaos expansions. J. Guid. Control Dyn. 39(12), 2615-2626 (2016)

[39] B. A. Jones, A. Doostan, Satellite collision probability estimation using polynomial chaos. Adv. Space Res. 52(11), 1860-1875 (2013)

[40] B. A. Jones, N. Parrish, A. Doostan, Postmaneuver collision probability estimation using sparse polynomial chaos expansions. J. Guid. Control. Dyn. 38(8), 1425-1437 (2015)

[41] G. Terejanu, P . Singla, T. Singh, P . D. Scott, Uncertainty propagation for nonlinear dynamic systems using gaussian mixture models. J. Guid. Control. Dyn. 31(6), 1623-1633 (2008)

[42] M. F. Huber, T. Bailey, H. Durrant-Whyte, U. D. Hanebeck, On entropy approximation for gaussian mixture random vectors, in IEEE International Conference on Multisensor Fusion and Integration for Intelligent Systems (MFI 2008), 2008, pp. 181-188

[43] V. Vittaldev, R. P . Russell, Multidirectional Gaussian mixtrure models for nonlinear uncertainty propagation. CMES 111(1), 83-117 (2016)

[44] V . Vittaldev, R. P . Russell, Uncertainty propagation using gaussian mixture models. In SIAM Conference on Uncertainty Quatification, (Savannah, GA 2014)

[45] J. M. Aristoff, J. T. Horwood, T. Singh, A. B. Poore, Nonlinear uncertainty propagation in orbital elements and transformation to cartesian space without loss of realism, in AIAA/AAS Astrodynamics Specialist Conference, San Diego, Aug 4-7, 2014

[46] V . Vittaldev, R. P . Russell, Collision probability using multidirectional gaussian mixture models, in 25th AAS/AIAA Space Flight Mechanics Meeting, Williamsburg, 2015

[47] R. Madankan, P . Singla, T. Singh, P . D. Scott, Polynomial-chaos-based Bayesian approach for state and parameter estimations. J. Guid. Control. Dyn. 36(4), 1058-1074 (2013)

[48] S. Hosder, R. W. Walter, R. Perez, A nonintrusive polynomial chaos method for uncertainty propagation in CFD simulations, in 44th AIAA Aerospace Sciences Meeting and Exhibit, Reno, 2006

[49] S. Hosder, R. W. Walter, Nonintrusive polynomial chaos methods for uncertainty quantification in fluid dynamics, in 48th AIAA Aerospace Sciences Meeting Including the New Horizons Forum and Aerospace Exposition, Orlando, 2010

[50] D. Xiu, G. E. Karniadakis, The wiener-askey polynomial chaos for stochastic differential equations.

SIAM J. Sci. Comput. 24(2), 619-644 (2002)

[51] S. A. Smolyak, Quadrature and interpolation formulas for tensor products of certain classes of functions. Doklady Akademii nauk SSSR, 1(4), 240-243 (1963)

[52] K. Rawer, D. Bilitza, S. Ramakrishnan, Goals and status of the international reference ionosphere. Rev. Geophys. 16, 177 (1978)

[53] B. R. Bowman, W. K. Tobiska, F. A. Marcos, C. Y . Huang, C. S. Lin, W. J. Burke, A new empirical thermospheric density model jb2008 using new solar and geomagnetic indices, AIAA 2008-6483, in AIAA/AAS Astrodynamics Specialist Conference, Honolulu, 2008

第二部分　信号感知：过程监控

第 5 章　面向航空故障检测的学习时空数据流关系研究

Sida Chen, Shigeru Imai, Wennan Zhu, Carlos A. Varela

摘要:时空数据流通常以复杂的方式关联,例如,飞机在巡航阶段的速度不仅取决于它承载的质量,还取决于许多其他因素。其中一些因素是可控制的,例如发动机输入或机身迎角,而空气密度或湍流等环境因素是不可控的。因此,故障模型的研究至关重要。基于该模型可以识别数据中的错误,如错误的燃料数量、皮托静压系统故障或其他异常飞行条件。本章研究提出支持机器学习的 PILOTS 编程语言,用于辅助数据科学家进行决策:①根据数据创建参数化的故障模型;②根据新数据不断训练统计模型。其中,线性回归方法学习通过最小化训练数据的平方误差确定线性模型的参数,贝叶斯方法通过监督学习方式可离线对操作模式进行分类,同时还可以在线发现具有统计意义的新模式。Tuninter 1153 仿真结果表明,动态贝叶斯分类器可动态查找离散的错误状态,而错误签名方法则需要预定义每个错误状态。通过合成数据,我们比较了不同机器学习方法的准确性、响应时间和适应性。可以想象,未来使用机器学习的动态数据驱动的应用系统(DDDAS)可以识别复杂的动态数据驱动的故障模型,从而为紧急情况提供更准确的飞行计划和控制。

5.1 引　言

对多个飞机传感器产生的流数据的检测和识别已成为飞行安全的重要研究领域。2009 年,法国航空发生 447 起航班事故,包括皮托管结冰导致空速数据出现错误而飞行员未能正确做出反应导致的坠机。尽管目前在航空电子控制和用户警告的信息融合和虚拟建模方面已取得一些进展,但仍需要做进一步研究,以采用更简单的方法实现故障检测和技术恢复,同时最小化软件故障带来的风险。使用不同传感器提供的冗余信息,可通过基于航空电子模型和传感器测量的 DDDAS 方法避免这些悲剧。DDDAS 可以通过实时决策自动化扩展飞行的安全范围,并为飞行员提供支持。

某些情况下,即使对于人类专家和飞行助手系统而言,检测并恢复传感器数据错误也是非常重要的。2005 年的 Tuninter 1153 飞行事故是由于安装了不同型号的燃油量指示器,使仪表显示的燃油量错误,致使飞机燃油耗尽。如果可在飞行巡航阶段检查升力和质量之间的关系来发现重量错误,则可以避免这种事故。升力取决于空速、空气密度、机翼表面积和升力系数。升力系数取决于迎角,并且这种关系将随飞机类型而改变。从多个传感器数据流中了解这种复杂的关系对于准确检测传感器故障至关重要。本章我们将使用机器学习技术来估计飞机传感器数据关系的参数化模型，通过统计方法确定飞机的运行模式。

在先前对流数据的研究中，使用离线训练参数以及已知的关系和模式能够检测并纠正实际飞行事故中的传感器数据错误。但是，飞机模型可能会因重大的紧急情况而发生变化，例如机翼损坏或发动机损毁。为了获得更准确的结果，在线系统能够随时更新模型参数，并检测离线训练数据集中没有的新模式。朴素贝叶斯分类器适用于离线训练和增量学习，但需要不断扩展以检测未知的模式。

时空数据流程序编程语言（PILOTS）是为数据流中运行过程中系统故障的检测和纠正而开发的，这对于飞行安全尤其重要。PILOTS 编程语言于 2012 年首次提出，引入了错误签名的概念。PILOTS 包括编译器和实时系统，同时为编译器和运行时添加了错误检测和纠正功能。此外，PILOTS 使用实际事故获得的数据流，包括法航 447 和 Tuninter 1153，并验证了其错误检测和校正能力。

本章扩展了 PILOTS，使其支持机器学习技术，包括用于线性模型的线性回归以及用于动态模型的贝叶斯分类和学习。通过合成数据流验证并比较这些方法。本章使用的是 X-Plane 飞行模拟器，该模拟器可以生成飞行传感器数据在训练巡航中的迎角和升力系数间的关系。利用训练结果以及巡航阶段举重与重量之间的关系，PILOTS 能够通过纠错和错误签名检测并校正重量数据错误。模型则使用动态贝叶斯分类器构建，使其适用于不同模式的离线训练和增量在线学习，此外，当流数据切换到未知模式时，该模型还可以检测新模式。

本章的其余部分安排如下：5.2 节描述了 PILOTS 编程语言的背景，包括基于错误签名的错误检测和纠正方法以及实时系统的体系结构。5.3 节讨论了 PILOTS 中机器学习组件的设计。5.4 节介绍了通过回归估计线性模型参数的机器学习组件实例。5.5 节介绍了动态贝叶斯分类和在线学习。5.6 节以飞机重量错误检测和纠正为例，介绍了机器学习技术的方法和实验结果。5.7 节确定了相关工作。5.8 节简要描述了未来的研究方向，并对本章内容进行总结。

5.2 背景介绍

PILOTS 是一种高度表述编程语言，被成功应用于法航 447 和 Tuninter 1153 事故数据检测中。结果表明，在两种情况下 PILOTS 均能够成功检测到数据错误，同时对于法航 447 的错误还能提供警告。

5.2.1 错误检测和纠正方法

错误函数用于检测冗余输入流数据中的故障。如果输入数据没有错误（整个系统在正常模式下工作），则错误函数的值为零。在飞行的巡航阶段，升力等于飞机重力。同时，还可以通过其他输入数据来计算升力，如机身的迎角、空气密度、温度、压力和空气速度等。在这种情况下，错误函数可以简单地定义为

$$e(\text{升力},\text{重力}) = \text{升力} - \text{重力} \tag{5.1}$$

式中：升力是使用传感器输入数据计算得出的。在正常巡航模式下，方程式的值应该为

零。如果重量指示器中存在错误,并且输入的重量数据低于实际重量,则结果应该大于零;反之,如果输入的重量数据高于实际重量,则结果应该小于零。因此,可以根据误差函数的值确定输入数据的有效性。

假设输入数据的值是从相应的时空数据流中定期采样得到的。那么随着时间的推移误差函数 e 的值会不断变化,表示为 $e(t)$ 。

错误签名:错误签名是一种受限函数模式,用于捕获错误函数 $e(t)$ 的特征。通过向量常数 $\overline{K} = \langle k_1, k_2, \cdots, k_m \rangle$、一个函数 $f(t, \overline{K})$ 和一组约束谓词 $\overline{P} = \{p_1(\overline{K}), p_2(\overline{K}), \cdots, p_l(\overline{K})\}$ 进行定义,其中错误签名 $S(\overline{K}, f(t, \overline{K}), \overline{P}(\overline{K}))$ 表示如下:

$$S(f(t,\overline{K}), \overline{P}(\overline{K})) \triangleq \{f \mid p_1(\overline{K}) \wedge \cdots \wedge p_l(\overline{K})\} \tag{5.2}$$

模式似然向量:给定错误签名 $\langle S_0, S_1, \cdots, S_n \rangle$,计算出 $\delta_i = (S_i, t)$,即所测得的误差函数 $e(t)$ 于每个错误签名 S_i 之间的距离:

$$\delta_i = (S_i, t) = \min_{g(t) \in S_i} \int_{t-\omega}^{t} \mid e(t) - g(t) \mid \mathrm{d}t \tag{5.3}$$

式中:ω 为窗口大小。注意,我们设定捕获“正常”条件作为签名 S_0 。距离 δ_i 越小,理论签名 S_i 越接近原始数据。模式似然向量定义为

$$L(t) = \langle l_0(t), l_1(t), \cdots, l_n(t) \rangle$$

其中,每个 $L_i(t)$ 为

$$l_i(t) = \begin{cases} 1, & [\delta_i(t) = 0] \\ \dfrac{\min\{\delta_0(t), \cdots, \delta_n(t)\}}{\delta_i(t)}, & (\text{其他}) \end{cases} \tag{5.4}$$

模式估计:通过模式似然向量,最终模式输出的估计如下。可以看到,对于每个 $l_i \in L, 0 < l_i \leqslant 1$ 其中 l_i 表示签名 S_i 与最佳签名相匹配的可能性。

根据公式 $L(t)$,最大元素 l_j 始终等于1。给定阈值 $\tau \in (0,1)$,对于每个可能的候选 l_j ,系统通过确保其后继 l_k 满足 $l_k \leqslant \tau$ 。因此,选择错误签名 S_j ,则元素 j 是最可能的模式。如果 $j = 0$,则系统处于正常模式。如果 $l_k > \tau$,那么不管 k 值如何,都将假定未知错误模式为(−1)。

纠错:错误模式 i 是否可恢复取决于应用程序及出现的问题。如果错误值与其他独立测量值之间存在数学关系,就将错误值替换为根据其他独立测量值估算的新值。

5.2.2 时空数据流处理系统

图5.1展现了PILOTS实时系统的体系结构,该体系结构实现了5.2.1中描述的错误检测和纠正方法。系统由三部分组成:数据选择、错误分析器和应用模型。应用模型从数据选择模块获得同质数据流 $(d'_1, d'_2, \cdots, d'_N)$,然后生成输出 $(o_1, o_2, \cdots, o_M)$ 和数据错误 $(e_1, e_2, \cdots, e_L)$ 。数据选择模块将传入的异构数据流 $(d_1, d_2, \cdots, d_N)$ 作为输入。由于假定系统正在处理移动的对象,因此“数据选择”模块需要知道当前位置和时间。根据PILOTS程序中指定的数据选择方法,在适当的时间和位置上选择或插值数据,将值返回给应用模型。错误分析器收集最新的来自应用模型的 ω 错误值,并根据错误签名分析错误。如果检测到可恢复的错误,则通过相应的估计公式,用估计的输入替换错误的输入。应用模型根据错误分析器产生的估计计算输出。

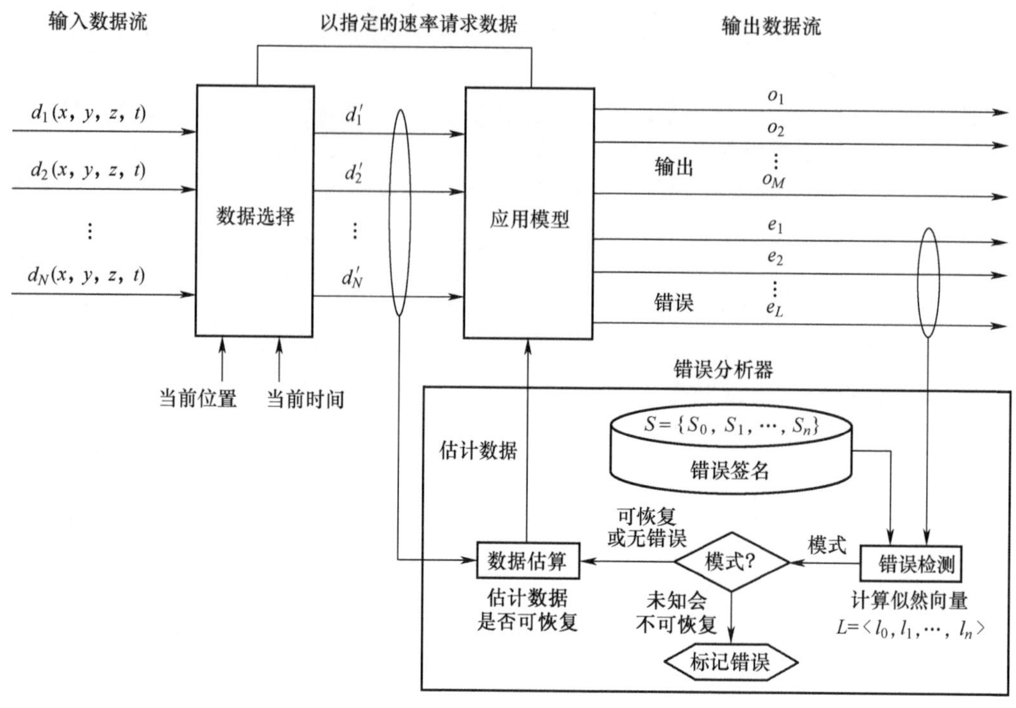

图 5.1　PILOTS 运行时系统的体系结构

5.3　机器学习组件的设计

PILOTS 系统可以使用定义了数据流之间的关系(如风速、流速和地速间的关系)模型来检测并纠正数据流中的错误。对于异常关系或具有未知参数的关系,我们为 PILOTS 系统引入机器学习方法进行预测。

5.3.1　PILOTS 编程语言的预测

为了使用 PILOTS 声明性语言进行预测,除了最接近、欧几里得和内插方法外,我们定义了一种新的数据选择方法。predict(model,d'_{i1},d'_{i2},…,d'_{in})将预测模型的标识符作为第一个参数,model 和数据流(d'_{i1},d'_{i2},…,d'_{in})作为输入参数。预测则通过一个接口实现,该接口可以接受不同的机器学习模型,包括在线模型、离线模型、回归器和分类器。图 5.2显示了一个简单的 PILOTS 程序-PredictionTest,其中 $a(t)$ 和 $b(t)$ 是通过最接近方法检索到的数据流,即与当前时间最接近的时间戳 t 时的 $a(t)$ 和 $b(t)$ 。使用 linear_regression 作为数据流 $c(t)$ 的预测模型,并通过最接近方法检索 $a(t)$ 作为 linear_regression 的输入流。假设数据流 $a(t)$ 和 $b(t)$ 具有线性关系,并由 linear_regression 捕获,$c(t)$ 是对 $a(t)$ 进行 linear_regression 的预测结果。输出部分将 $c(t)$ 与 $b(t)$ 进行比较,以产生实际数据流(b)和 linear_regression 的输出流(c)的差异。

```
program predictionTest;
    inputs
        a, b(t) using closest(t);
        c (t) using predict(linear_regression, a);
    outputs
        difference: b _ c at every 1 sec;
end
```

图 5.2　PILOTS 程序简单示例输出错误

5.3.2　PILOTS 运行时的预测

图 5.3 显示了带有机器学习组件的 PILOTS 运行时体系结构。为了支持 PILOTS 语法中的预测功能,需对数据选择进行更改,使其支持通过套接字与外部组件的通信。当应用模型从数据选择模块请求 p 时,它首先采用为每个 d_i 定义的数据选择方法计算输入向量 $\boldsymbol{x}=[d'_{i1},d'_{i2},\cdots,d'_{in}]^{\mathrm{T}}$,然后将 model 和输入向量 $\boldsymbol{x}$ 一起发送到学习引擎,在该引擎中,model 使用输入向量 $\boldsymbol{x}$ 进行预测。在线学习引擎会针对每次做出的预测动态更新在线学习模型,并将预测结果 p 返给数据选择组件,数据选择组件根据请求将预测结果发送到应用模型。离线学习引擎使用三个组件训练学习模型:①训练定义,包括学习假设、学习算法配置、预处理方法和数据文件配置;②学习算法,例如最小二乘、贝叶斯分类器或其他算法;③训练数据,是指存储在文件中的数据。PILOTS 实时系统的其他部分保持不变(图 5.1),以保持向后兼容性。

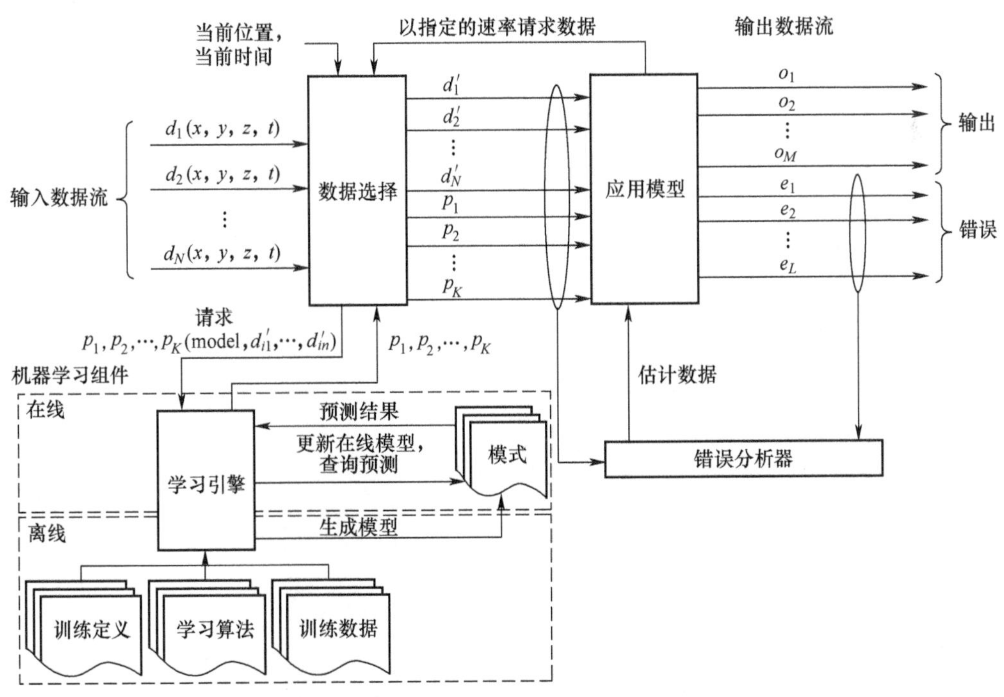

图 5.3　带有机器学习组件的 PILOTS 运行时体系结构

5.4 线性模型的数据驱动学习

对于线性模型中变量关系的研究,线性回归是成熟且功能强大的工具。线性回归方程为

$$\boldsymbol{y} = \boldsymbol{X\beta} + \boldsymbol{\varepsilon}$$

其中

$$\boldsymbol{y} = \begin{pmatrix} y_1 \\ y_2 \\ \vdots \\ y_n \end{pmatrix}, \quad \boldsymbol{X} = \begin{pmatrix} x_{11} & \cdots & x_{1m} \\ x_{21} & \cdots & x_{2m} \\ \vdots & \ddots & \vdots \\ x_{n1} & \cdots & x_{nm} \end{pmatrix}, \quad \boldsymbol{\beta} = \begin{pmatrix} \beta_1 \\ \beta_2 \\ \vdots \\ \beta_n \end{pmatrix}, \quad \boldsymbol{\varepsilon} = \begin{pmatrix} \varepsilon_1 \\ \varepsilon_2 \\ \vdots \\ \varepsilon_n \end{pmatrix}$$

式中:y_i 为因变量,$i=1,2,\cdots,n$;x_{ij} 为独立变量,$j=1,2,\cdots,m$;β_i 为回归系数;ε_i 为误差。

5.4.1 学习算法

多种方法可用来解决线性模型。PILOTS 系统中应用的是最小二乘法,其目标是使欧几里得范数的平方最小化,即 $\|\boldsymbol{y} - \boldsymbol{X\beta}\|^2$,从而找到最好的系数向量 $\hat{\boldsymbol{\beta}}$:

$$\hat{\boldsymbol{\beta}} = \arg\min_{\boldsymbol{\beta}} \|\boldsymbol{y} - \boldsymbol{X\beta}\|^2$$

假设 $\boldsymbol{X}$ 中各列是线性无关的,$\hat{\boldsymbol{\beta}}$ 为

$$\hat{\boldsymbol{\beta}} = (\boldsymbol{X}^{\mathrm{T}}\boldsymbol{X})^{-1}\boldsymbol{X}^{\mathrm{T}}\boldsymbol{y}$$

5.4.2 线性模型精度

确定系数:用于评估回归模型的优良性,即能否准确匹配训练集合 $R^2 = 1 - \dfrac{\sum_i (y_i - \hat{y}_i)^2}{\sum_i (y_i - \bar{y})^2}$,其中 y_i 是测量/因变量,$\hat{y}_i$ 是估计量,$\bar{y}$ 是所有 y_i 的平均值。

均方根误差:用于评估误差量,$\mathrm{RMSE} = \sqrt{\dfrac{1}{n}\sum_{i=1}^{n}[y_i - \hat{f}(x_i)]^2}$ 平均化,其中,$\hat{f}$ 是估计器,x_i 是独立变量 $[x_{i1} \quad x_{i2} \quad \cdots \quad x_{im}]^{\mathrm{T}}$。

5.5 动态模型的统计学习

在监督训练和分类任务中,朴素贝叶斯分类器是最常用的方法。对于连续数据,假定每个类别中的样本均呈正态分布,则这些分类器称为高斯朴素贝叶斯分类器。在训练阶段,通过不同类别的标签样本训练获得分类器的参数。这些参数包括每个类别的平均值、标准方差和先验概率。在测试阶段,训练好的朴素贝叶斯分类器能够确定未知样本的

类别。

传统朴素贝叶斯分类器的局限性在于,系统只能将测试阶段的样本分类为训练阶段出现的类别。如果出现未见过的类别的样本,那么即使该样本属于某一类别的概率非常低,系统也会将其分类为该已知类别。但是,对于动态流数据,在某些复杂情况下可能会出现训练集中没有的新模式。例如,运用训练贝叶斯分类器来识别飞行期间飞机重量指示器的“正常重量”和“重量不足”模式,如果测试阶段出现了以前未知的“超重”模式,则该分类器无法检测这种新模式,只会根据已知模式和先验概率将样本分类为“正常重量”或“重量不足”。

为了解决朴素贝叶斯分类器的这一局限性,我们将其扩展为动态贝叶斯分类器,该动态贝叶斯分类器分为两个阶段:①离线:监督学习,与高斯朴素贝叶斯分类器相同;②在线:无监督动态增量学习,它以已知模式对样本进行分类,同时将模型的参数更新为未知模式的样本创建新模式。PILOTS 在飞行过程中处理流数据并确定飞机的正常或错误运行模式,因此下文中“mode”和“class”这两个词可互换使用,表示同一个意思。

5.5.1　离线监督学习

5.5.1.1　高斯朴素贝叶斯分类器

在高斯朴素贝叶斯分类器中,每个输入样本 X 表示为特征向量 $(x_1,x_2,\cdots,x_n)$,每个样本被分类为目标类别 $y \in (y_1,y_2,\cdots,y_m)$。在本章中,我们假设样本只有一个特征 x,但结果可以推广到 n 个特征。根据贝叶斯定理,条件概率为

$$P(y \mid x) = \frac{P(y)P(x \mid y)}{P(x)} \tag{5.5}$$

由于假设每个特征中的样本是正态分布的,因此 $P(x \mid y)$ 计算公式为

$$P(x \mid y) = \frac{1}{\sqrt{2\pi\sigma_y^2}}\mathrm{e}^{-\frac{(x-\mu_y)^2}{2\sigma_y^2}} \tag{5.6}$$

式中:μ_y 为属于 y 类别的 x 值的平均值;σ_y 为属于 y 类别的 x 值的标准偏差。

相应的分类器 $\hat{y}$ 表示为

$$\hat{y} = \arg\max P(y \mid x) \tag{5.7}$$

因为每个类别的 $P(x)$ 是相同的,所以 $\hat{y}$ 为

$$\hat{y} = \arg\max P(y \mid x) = \arg\max P(y)P(x \mid y) \tag{5.8}$$

5.5.1.2　离线学习阶段

在离线学习阶段,由高斯朴素贝叶斯分类器处理带标签的输入数据。平均值 μ_y、标准偏差 σ_y 和 y 的先验概率 $P(y)$ 可由分类器计算,如图 5.4 所示。

5.5.2　动态在线无监督学习

5.5.2.1　主要模式和次要模式

为了支持在线学习中动态变化的模式,本章引入了主要模式和次要模式的概念。主要模式代表具有统计意义的模式,在离线学习阶段监督学习方式的生成,或是在在线学习阶段由次要模式转换而来。次要模式表示数据流中的噪声,当新样本不在任何现有模式

的 $\mu\pm2\sigma$ 范围时,次要模式会在在线学习阶段使用唯一标识(ID)创建新模式。如果次要模式中的样本数超过特定阈值,则次要模式可以转换为主要模式,该阈值可减少噪声的影响,并且区分实际模式。

5.5.2.2 在线学习阶段

动态在线无监督学习的过程如图 5.4 所示。主要模式的初始参数来自脱机训练阶段的结果。当处理未加标签的样本时,如果该值在任何主要模式的 $\mu\pm2\sigma$ 范围内,则通过朴素贝叶斯分类器对样本进行分类,并逐步更新参数。如果该值未在任何主要模式的 $\mu\pm2\sigma$ 范围内,但在任何次要模式的 $\mu\pm2\sigma$ 范围内,它将被分类为最接近的次要模式,同时该次要模式的参数会进行更新。最后,如果样本值不在任何主要或次要模式的 $\mu\pm2\sigma$ 范围内,则将为此样本创建一个新的次要模式,并将新次要模式的 σ 设置为现有主要模式的 σ 均值。当次要模式值大于阈值时,我们计算并使用次要模式的实值 σ。这是因为如果样本数太少,σ 可能会出现偏差。此外,每次更新次要模式的参数时,如果采样数超过特定阈值,该模式升级为主要模式。

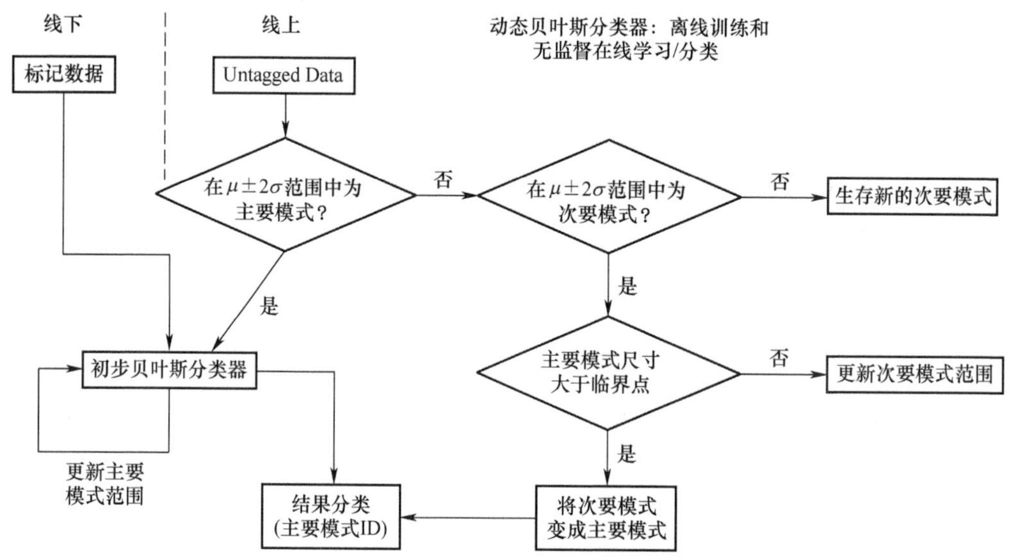

图 5.4 动态贝叶斯分类器的在线分类和增量学习

5.6 案例分析:飞机重量估算

为了预防因燃油量指示器错误而导致的事故(例如 Tuninter 1153 飞行事故),我们使用 X-Plane 飞行模拟器生成飞行传感器数据,并模拟飞机重量错误情形。基于合成数据,应用机器学习技术推断飞机模型参数,包括飞机重量错误检测和实际重量估算。

5.6.1 实验设置

5.6.1.1 数据生成

应用 X-Plane 9.7 模拟器生成 ATR72-500 在不同高度、总重和功率下的飞行数据。

选择 3 个航班的 25 个巡航阶段,共 1251min 的数据作为训练集,以及 20min 4 个巡航阶段的数据作为测试集。模型根据训练集数据进行训练,并在测试集进行测试。为了评估 PILOTS 在超重和欠重条件下误差范围内错误检测的准确性和有效性,我们对数据进行如下修改:为了模拟稳定的超重条件,将 1~100s 和 750~800s 范围内的重量数据乘以 0.9;对欠重条件,1025~1099s 内的重量数据乘以 1.1,390~490s 范围内的重量数据乘以 1.05;为仿真不稳定的超重和欠重情况,将 570~648s 的重量数据乘以均值为 1 且标准偏差为 0.1 的正态偏差,并将 291~377s 的重量数据乘以 0.9~1.1s 的均匀分布。测试集的巡航阶段介于 5~164s、230~395s、470~688s 和 780~1108s。在图 5.10 中,将重量数据可视化为“测量值”。

5.6.1.2　学习算法的实现和评估

应用 sci-kit 软件包实现最小二乘算法以及评估训练模型。

5.6.2　线性回归估计气动模型参数

本章运用具有简单关系的合成数据来验证集成了机器学习方法的 PILOTS 系统。在本例中,将 ATR-72500 飞机模拟数据用于 PILOTS,检测重量误差以及生成数据流实际重量的估计值。此外,还研究了升力系数与迎角间的关系,基于某些假设,PILOTS 的线性回归组件可以根据迎角、环境温度、环境压力和真实风速估算重量。

5.6.2.1　假设

为了在 PILOTS 中添加机器学习组件实现线性回归,我们对某些已知变量做出限定。假定以下变量正确测量且已知总重 W、环境压力 p、真实空速 v、翼表面积、干燥空气气体常数 R' 以及环境温度 T。

5.6.2.2　线性回归模型

巡航中发生偏航时,若侧倾角接近零且俯仰很小,我们假设 $L=W$,其中 L 是总升力,W 是总重。基于该假设,PILOTS 可通过升力公式估算 W:

$$W = L = \frac{1}{2}v^2 S\rho\, C_l \tag{5.9}$$

式中:ρ 为空气密度;C_l 为升力系数。根据理想气体定律,$\rho = \frac{p}{R'T}$,用 $\frac{p}{R'T}$ 代替式(5.9)中的 ρ 得到:

$$W = \frac{pv^2 SC_l}{2R'T} \tag{5.10}$$

变换式(5.10),升力系数 C_l 可表示为

$$C_l = \frac{2WR'T}{pv^2 S} \tag{5.11}$$

通常来讲,C_l 取决于机翼和飞机的形状。为了粗略估计 C_l,使用薄翼型理论简化复杂物理模型,该理论预测了低 α 值时升力系数 C_l 和迎角 α 之间的线性关系、图 5.5 中的垂直虚线之间所示关系。这种关系可以表示为

$$C_l = \beta_1\alpha + \beta_2 + \varepsilon \tag{5.12}$$

式中:ε 为噪声;α 为已知的;β_1 和 β_2 为不同飞行器对应值。线性模型表述如下:

$$\boldsymbol{y} = \boldsymbol{X\beta} + \boldsymbol{\varepsilon} \tag{5.13}$$

$$\boldsymbol{y} = \begin{pmatrix} C_{l1} \\ C_{l2} \\ \vdots \\ C_{ln} \end{pmatrix}, \quad \boldsymbol{C}_{li} = \frac{2W_i R' T_i}{p_i v_i^2 S}, \quad \boldsymbol{y} = \begin{pmatrix} \alpha_1 1 \\ \alpha_2 1 \\ \vdots \\ \alpha_n 1 \end{pmatrix}, \quad \boldsymbol{\beta} = \begin{pmatrix} \beta_1 \\ \beta_2 \end{pmatrix}$$

因为 $\boldsymbol{X}$ 中每列都是独立的,适用 5.4.1 节中介绍的最小二乘法来获得 $\hat{\boldsymbol{\beta}}$,同时通过以下等式预测 $\hat{\boldsymbol{W}}$:

$$\hat{W} = \frac{pv^2 S(\hat{\beta}_1 \alpha + \hat{\beta}_2)}{2R'T} \tag{5.14}$$

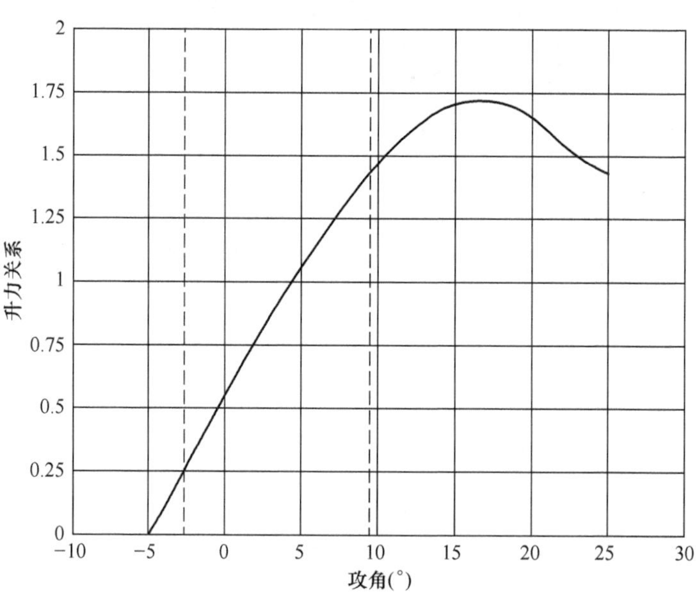

图 5.5　弧形机翼的升力系数与迎角的函数关系

资料来源:改编自 https://en.wikipedia.org/wiki/Lift_coefficient 。

5.6.3　使用错误签名进行错误检测和纠正

5.6.3.1　PILOTS 计划

图 5.6 所示为线性回归模型的离线训练参数。图 5.7 所示为文件类型和模式。data 是训练文件,同时数据还包括特征和标签常量;preprocessing 定义了训练集上使用的预处理方法;model 包含功能、标签和训练算法。误差函数 e 由式(5.15)给出,以此衡量预测重量 $\hat{W}$ 和实际重量 W 之间的差异百分比。在错误签名的向量中设置阈值 3.5%,该值比 Tuninter 1153 事故中错误重量与实际重量之间的差异的百分比(大约 10%)更加严格。图 5.8 是一个名为 WeightCorrection 的 PILOTS 程序,该程序实现了表 5.1 中的错误签名向量。如果检测到错误签名 s_1 或 s_2 ,程序将使用式(5.14)估算重量。数据选择模块使用时间戳最接近的数据点计算 v',a',p',te',w' ,并借助线性回归模型使用 a' 作为输入矩阵

来预测 cl' 。

$$e = \frac{w - \hat{w}}{w} \tag{5.15}$$

```
{
  "data":{
    "file": ["training.csv"],
    "type": "csv",
    "header_type": "csvheader",
    "schema": "schema.json",
    "constants": {"S": 61.0, "R": 286.9}
  },
  "preprocessing":{
    "unit_transformation": {"v":"m/s", "p":"pascal","t":"kelvin","w":"newton","a
        ":"radian"}
  },
  "model":{
    "features": ["{a}"],
    "labels": ["2*{w}/({v}**2*({p}/{R}/{t})*{S})"],
    "algorithm":{
    "id": "linear_regression",
    "param": {},
    "save_file": "regression.estimator"
    }
  }
}
```

图 5.6　线性回归模型的离线训练参数

```
{
  "names": ["v","p","t","w","a"],
  "units": ["knot","in_Hg","celsius","force_pound","degree"]
}
```

图 5.7　示例数据文件

表 5.1　错误签名向量用于重量纠正

模式	误差签名	
	函数	约束
正常	e = k	$-0.035<k<0.035$
失重	e = k	$k>0.035$
超重	e = k	$k<-0.035$

5.6.3.2　错误检测

评估标准:我们根据准确性和响应时间评估错误检测的性能,定义如下:

准确度:评估算法确定真实模式的准确程度。假设在 $t = 0,1,\cdots,T$ 时真模式转换 $m(t)$ 已知。让 $m'(t)$ 为是根据错误检测算法确定的模式。定义 $\text{accuracy}(m, m') = \frac{1}{T}\sum_{t=0}^{T} p(t)$,如果 $m(t) = m'(t)$,则 $p(t) = 1$;否则,$p(t) = 0$。

```
program WeightCorrection;
  /* v = true air speed (m/s), a = angle of attack (Radian) */
  /* p = pressure (Pa), te = temperature (K), w = gross weight (N) */
  /* cl = coefficient of lift, R = 286.9 J/(kg K), S = 61(m^2)*/
  inputs
      v, a, p, te, w (t) using closest(t);
      cl (t) using predict(linear_regression, a);
  outputs
      corrected_weight: w at every 1 sec;
  errors
      e: (w - p*(v*v)*61*cl/(2*286.9*te))/w;
  signatures
      s0(K): e = K, -0.035 < K < 0.035              ''Normal'';
      s1(K): e = K, K > 0.035                      ''Underweight''
          estimate w = p*(v*v)*61*cl/(2*286.9*te);
      s2(K): e = K, K < - 0.035                    ''Overweight''
          estimate w = p*(v*v)*61*cl/(2*286.9*te);
end
```

图 5.8 使用错误签名的 WeightCorrection PILOTS 程序规范

最大/最小/平均响应时间:评估算法对模式更改的反应速度。令元组 (t_i, m_i) 表示模式改变点,在时间 t_i 模式更改为 m_i。令

$$M = \{(t_1, m_1), (t_2, m_2), \cdots, (t_N, m_N)\}$$
$$M' = \{(t'_1, m'_1), (t'_2, m'_2), \cdots, (t'_{N'}, m'_{N'})\}$$

式中:M 和 M' 分别为真实模式更改集合和检测到的模式更改集合。对每个 $i = 1, 2, \cdots, N$,PILOTS 找到最小的 t'_j,使得 $(t_i \leqslant t'_j) \wedge (m_i = m'_j)$;如果未找到,则令 t'_j 为 t_{i+1}。真实模式 m_i 的响应时间 r_i 由 $t'_j - t_i$ 给出。最大、最小和平均响应时间分别由 $1 \leqslant i \leqslant N r_i$、$1 \leqslant i \leqslant N r_i$ 和 $\frac{1}{N}\sum_{i=1}^{N} r_i$ 定义。

5.6.3.3 软件参数设置

如图 5.8 所示,PILOTS 程序 WeightCorrection 使用不同的窗口大小组合 $\omega \in \{1,2,4,8,16\}$ 和阈值 $\tau \in \{0.2,0.4,0.6,0.8,0.99\}$,以研究准确性和平均响应时间。

5.6.3.4 结果

图 5.9 显示了飞机巡航阶段迎角与升力系数之间线性关系的训练结果,其中学习参数为 $\beta_1 = 6.3888$, $\beta_2 = 0.3589$。根据训练模型评估得出 $R^2 = 0.9949$,RMSE $= 0.00794$,显示出强线性关系和低样本内误差。通过式(5.9),我们计算出测量重量与估计重量之间的训练误差,得出 RMSE = 2687N。

图 5.10 显示了在 18min 的飞行过程中估计的重量和测得的重量,其中 $\omega = 1$ 且 $\tau = 0.99$,这是准确性和响应时间的最佳组合。PILOTS 程序可以在巡航阶段成功检测出超重和欠重条件下的估计重量,其均方根误差平均接近 1617N。该程序在重量偏移 10%或 5%的系统故障模拟区域表现最佳,在随机误差模拟区域表现良好。系统总体精度为 97.6%,最小响应时间为 0;最大响应时间为 84s;平均响应时间为 1.45s。在巡航阶段之外,由于假设 $L=W$ 不成立,因此程序无法正确估算重量。

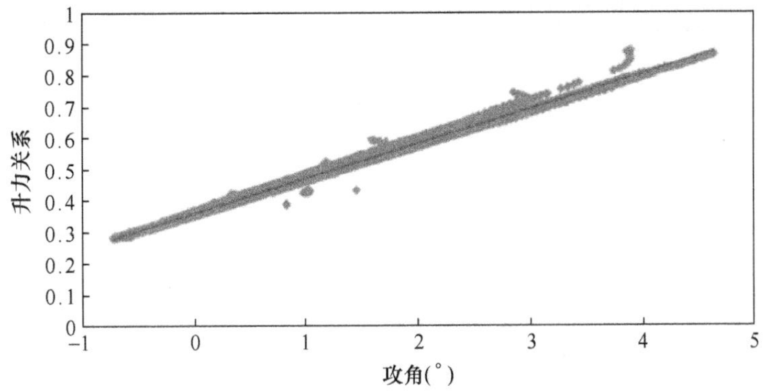

图 5.9　飞机巡航阶段迎角与升力系数之间线性关系的训练结果

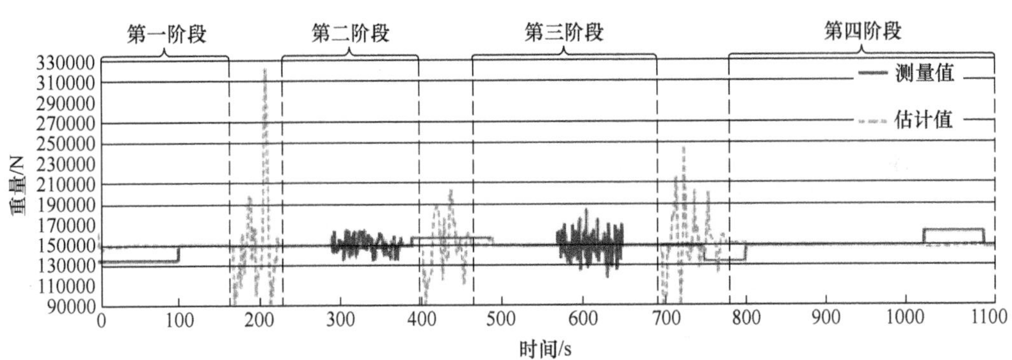

图 5.10　对 X-Plane 模拟数据，使用 $\omega=1$、$\tau=0.99$ 进行错误检测和校正

5.6.4　使用动态贝叶斯分类器进行错误检测

5.6.4.1　PILOTS 方案

我们使用 $\hat{W}-W$ 作为动态贝叶斯分类器的特征。根据 5.6.2 节描述的方法由式(5.9)估计重量。如实验设置中所述，在离线学习阶段使用带有“正常”(模式 0)和“减重”(模式 1)标记的数据对动态贝叶斯分类器进行训练。图 5.11 显示了动态贝叶斯分类器的离线训练的参数设置。data.file 是训练的输入文件。data.constants 是特征参数。model.features 是用于贝叶斯分类器的特征。本例中，特征是估计重量 $\hat{W}$ (由式(5.14)得到)和测得重量 W 之间的差异。model.algorithm.param 是软件参数设置。图 5.12 中展示了名为 WeightErrorMode 的 PILOTS 程序，用于在线学习和分类，以检测不同的重量错误模式。

5.6.4.2　模式预测评估

对主要模式预测使用相同的评估标准：准确度和响应时间(5.6.3.2 节定义)。

5.6.4.3　实验设置

数据生成参见章节 5.6.1.1。我们使用相同的测试数据，并对巡航阶段 8000s 的训练数据进行如下修改：将 1526~3129s 的重量数据乘以 1.1 以模拟超重模式。带标签的训练数据中有两种主要模式:正常状态下的模式0和失重状态下的模式1。对于在线学习,我们通过设置采样数阈值100,将次要模式转换成主要模式。新模式的σ值通过阈值100来计算,而不是直接使用平均σ。图5.13所示为动态贝叶斯分类器特征和标记的训练数据模式。

```
{
  "data":{
    "file": ["bayes_error_train.csv"],
    "type": "csv",
    "header_type": "csvheader",
    "schema":"bayes_schema.json",
    "constants": {"Beta_1": 6.38883559, "Beta_2": 0.35885757, "S": 61.0}
  },
  "preprocessing":{
    "unit_transformation": {"v":"m/s", "p":"pascal","t":"kelvin","w":"newton","a
         ":"radian"}
  },
  "model":{
    "features": ["({w}-0.5*({v}**2*({p}/286.9/{t})*{S})*({Beta_1}*{a}+{Beta_2}))
         "],
    "labels": ["{mode}"],
    "algorithm": {
      "id": "bayesonline",
      "param": {"sigma_scale": 2, "threshold": 100},
      "save_file": "bayes_online.estimator",
      "serialize_function": "to_json",
      "deserialize_function": "load_json"
    }
  }
}
```

图5.11 动态贝叶斯分类器的离线训练的参数设置

```
program WeightErrorMode;
  /* v = true air speed (m/s), a = angle of attack (Radian) */
  /* p = pressure (Pa), te = temperature (K), w = gross weight (N) */
  inputs
    v, a, p, te, w (t) using closest(t);
    mode (t) using predict(bayes, v, a, p, te, w);
  outputs
    estimated_mode: mode at every 1 sec;
end
```

图5.12 WeightErrorMode PILOTS程序的动态贝叶斯分类器的规范声明

5.6.4.4 结果

图5.14显示了使用动态贝叶斯分类器检测重量错误模式的结果。通过使用与图5.10相同的测试数据,动态贝叶斯分类器成功地在巡航阶段检测到三种主要模式:模式0表示正常状态,模式1表示欠重状态,模式3表示超重状态。模式0和模式1是出现在带标签训练数据中的主要模式,模式3是分类器在在线增量学习和预测阶段检测到的新的主要模式。模式2和模式4-24是由测试集中的噪声和非巡航相位数据生成的次要模式。主模式检测的准确度为86.3%,平均响应时间为3.43s。

模型状态	模型模式	μ	σ	n
正常状态	0	49	2534	5937
失重状态	1	16068	3249	1604

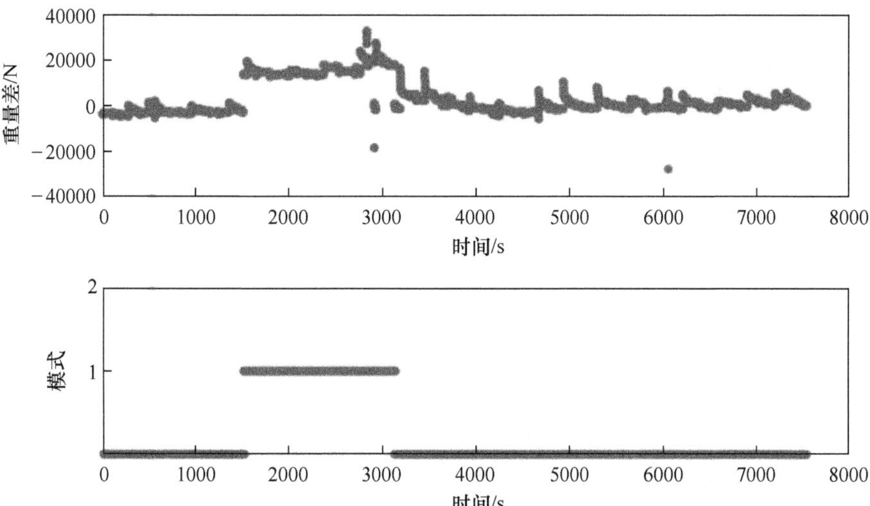

图 5.13　动态贝叶斯分类器特征和标记的训练数据模式

模型重要性	模式状态	模型模式	μ	σ	n
主要	正常状态	0	−50	2481	6522
	失重状态	1	15961	3201	1746
	超重状态	3	−14472	1151	121
次要	噪声	2、4−24	N/A	N/A	N/A

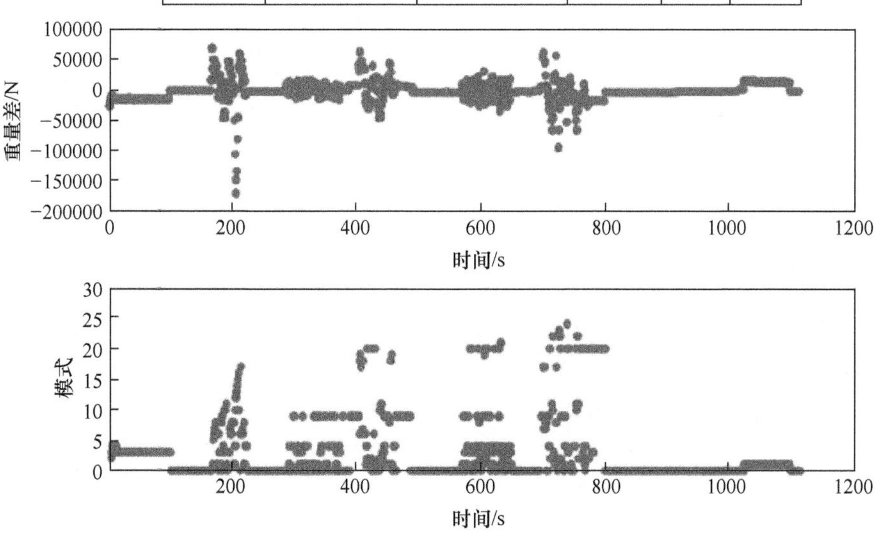

图 5.14　使用动态贝叶斯分类器检测重量错误模式的结果

5.6.5 错误签名与动态贝叶斯分类器的比较

错误签名方法的平均响应时间(以 0.035 为阈值,$\omega = 1$,$\tau = 0.99$)比动态贝叶斯分类器的平均响应时间短 58%,并且错误签名方法的精度比动态贝叶斯分类器高 11.3%。但是,当错误签名方法为静态时,动态贝叶斯分类器会自动发现离散错误状态,也就是说,必须人工预定义每个签名。

5.7 相关工作

流数据处理已成为飞行安全中的一项重要技术,故障检测、隔离和重新配置(FDIR)也得到积极进展。FDIR 系统通过评估一组残差(误差函数)来检测是否发生故障,然后隔离故障类型,最后重新配置系统以从故障中恢复。为了减轻噪声对残差的影响,一些强大的残差生成技术被提出,例如基于卡尔曼滤波器的方法。不同来源(包括地速、估计风速和螺旋桨速度)的错误残差可用于检测和隔离空速传感器故障。在一些研究中,残差不使用二进制值,而是根据不同的模式假定不同的分布。FDIR 方法假阳性和假阴性检测率可以通过统计模型进行评估。PILOTS 语言是为时空数据流滤波、错误检测和纠正而设计的。研究证明 PILOTS 可以使用商业事故中的实际飞行数据来检测传感器故障并从中恢复。PILOTS 框架使用户仅仅用数十行代码来描述错误情况,便可实现故障的检测和纠正。

当前已经存在许多结合数据流处理和数据库管理的系统,即数据流管理系统(DSMS)。PLACE 和 Microsoft StreamInsight 基于 DSMS 系统,支持对时空流的处理。另外,有关文献还讨论了移动对象数据库(MODB)的概念,这增加了对时空数据流的 DSMS 的支持。此外,有些学者还提出了一种基于 DSMS 的交通拥堵评估系统。这些基于 DSMS 的时空流管理系统支持对多个移动对象的连续查询,例如“查找过去 Z 时间内,从点 Y 开始,在 X 直径范围内行驶的所有汽车”。不同于 DSMS 系统能够处理多个时空对象,PILOTS 程序跟踪并推断与当前位置和时间相关的数据。这样虽然缩小了 PILOTS 的适用范围,但借助声明性编程方法,用户可以更轻松地设计错误签名以实时估计数据。

在大数据的背景下,分布式可伸缩和可容错的数据流系统已被广泛使用。类似的系统包括 MillWheel、Storm 和 Spark Streaming。由于这些系统有望在许多计算机节点上运行,因此即使出现节点故障,它们也可以继续产生正确的结果,尽管会损失一定性能。与 PILOTS 相比,这些系统不适合应用程序级别的数据故障;另外,PILOTS 对节点故障没有任何容错机制。

机器学习技术已广泛用于流数据处理中,包括用于时序数据流的多维回归方法,用于数据流的基于回归的时间模式挖掘方案等。此外,神经网络也已被用于有监督的实时学习和分类任务,无监督的主动挖掘方法还可以用来估计新数据流上的模型误差。在本章中,我们扩展 PILOTS,使其支持线性回归处理流数据,同时还结合离线监督学习和动态贝叶斯分类器,实现动态在线增量学习。

5.8 小　　结

在本章中,我们扩展了 PILOTS 编程语言使其支持机器学习技术。应用线性回归方法学习飞行过程中升力系数和迎角之间的关系。基于训练结果以及巡航阶段飞机重量模型的计算,PILOTS 程序通过错误签名成功地在模拟飞行数据中检测出失重和超重条件,并给出了估计的重量。在这种情况下,我们仅考虑可能的重量误差,而其他传感器数据(如空速)则需要附加签名以确保其正确性。通过动态贝叶斯分类器,系统只使用正常和体重过轻的数据进行训练,而当在在线学习阶段发生超重情况时,PILOTS 程序能够检测新模式。错误签名和动态贝叶斯分类器都有其优点和局限性:错误签名可以检测并纠正数据错误,而动态贝叶斯分类器仅可以检测数据错误,不能修复它;动态贝叶斯分类器可以在在线学习阶段检测出统计上有意义的新模式,而错误签名只能检测预定义模式。

当使用动态贝叶斯分类器检测重量错误时,我们注意到系统不仅检测“正常”“体重不足”“超重”模式,还将“5%超重”和“15%超重”分为两种不同的模式,见图 5.15。如果需要针对不同程度的体重误差采取不同的策略,该信息非常有用,否则将它分类为不同的模式只会产生不必要的误导。因此,动态贝叶斯分类器应根据实际需求进行调整,这就需要半监督的在线学习方法。

模型重要性	模式状态	模型模式	μ	σ	n
主要	正常状态	0	−33	2462	6544
	失重状态	1	15898	3312	1708
次要	5%超重状态	2	−6922	239	54
	15%超重状态	3	−17450	277	91

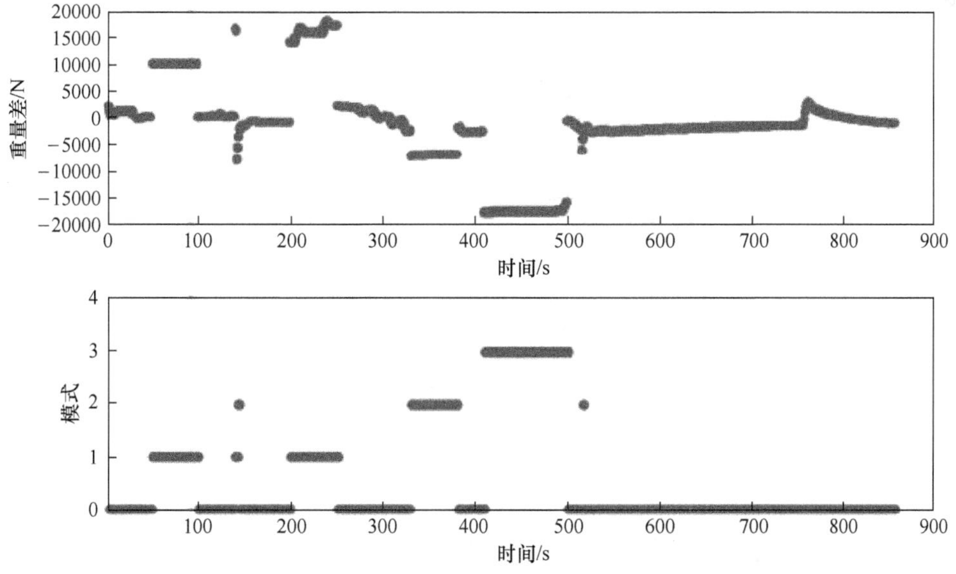

图 5.15　使用动态贝叶斯分类器检测新的重量错误模式

未来的研究工作包括探索用于大规模数据处理的分布式计算，以获得更高的效率。对于动态贝叶斯分类器，将人的反馈纳入在线学习阶段(尤其是在检测到新模式时)，将有利于获取更准确的分类参数和决策。此外，还需要一些新技术为动态贝叶斯分类器和学习组件添加纠错功能。以重量错误为例，对于正常模式以外的任何模式，只需使用估计的重量而不是检测到的重量作为误差校正。机器学习技术还可以从数据中学习错误签名的参数。另一个可能的方向是结合逻辑编程和概率编程，如 ProbLog 对时空流数据的分析。最后，不确定性量化将数据置信度和错误估计结合以支持决策，这也是一个重要的研究方向。

参考文献

[1] S. Imai, C. A. V arela, Programming spatio-temporal data streaming applications with highlevel specifications, in 3rd ACM SIGSPATIAL International Workshop on Querying and Mining Uncertain Spatio-Temporal Data (QUeST) 2012, Redondo Beach, Nov 2012

[2] Bureau d'Enquêtes et d'Analyses pour la Sécurité de l'Aviation Civile, Final Report: On the accident on 1st June 2009 to the Airbus A330-203 registered F-GZCP operated by Air France flight AF 447 Rio de Janeiro-Paris. https://www. bea. aero/fileadmin/documents/docspa/2009/fcp090601. en/pdf/fcp090601. en. pdf. Accessed 15 Sept 2016

[3] E. P . Blasch, D. A. Lambert, P . V alin, M. M. Kokar, J. Llinas, S. Das, C. Chong, E. Shahbazian, High level information fusion (HLIF): survey of models, issues, and grand challenges. IEEE Aerosp. Electron. Syst. Mag. 27(9), 4-20 (2012)

[4] J. T. Oden, E. E. Prudencio, P . T. Bauman, Virtual model validation of complex multiscale systems: applications to nonlinear elastostatics. Comput. Methods Appl. Mech. Eng. 266, 162-184 (2013)

[5] F. Darema, Dynamic data driven applications systems: a new paradigm for application simulations and measurements, in Computational Science-ICCS 2004 (Springer, Berlin/Heidelberg, 2004), pp. 662-669

[6] A. N. per la Sicurezza del V olo, Final report: accident involving ATR 72 aircraft registration marks TS-LBB ditching off the coast of Capo Gallo (Palermo-Sicily), 6 Aug 2005. Accessed 31 Mar 2015

[7] S. Imai, R. Klockowski, C. A. V arela, Selfhealing spatio-temporal data streams using error signatures, in 2nd International Conference on Big Data Science and Engineering (BDSE 2013), Sydney, Dec 2013

[8] S. Imai, A. Galli, C. A. V arela, Dynamic datadriven avionics systems: inferring failure modes from data streams, in Dynamic Data-Driven Application Systems (DDDAS 2015), Reykjavik, June 2015

[9] S. Imai, C. A. V arela, A programming model for spatio-temporal data streaming applications, in Dynamic Data-Driven Application Systems (DDDAS 2012), Omaha, June 2012, pp. 1139-1148

[10] R. S. Klockowski, S. Imai, C. Rice, C. A. V arela, Autonomous data error detection and recovery in streaming applications, in Proceedings of the International Conference on Computational Science (ICCS 2013). Dynamic Data-Driven Application Systems (DDDAS 2013) Workshop, May 2013, pp. 2036-2045

[11] S. Imai, E. Blasch, A. Galli, W. Zhu, F. Lee, C. A. V arela, Airplane flight safety using errortolerant data stream processing. IEEE Aerosp. Electron. Syst. Mag. 32(4), 4-17 (2017)

[12] Laminar Research, X-Plane. http://www. x-plane. com/. Accessed 15 Sept 2016

[13] I. Rish, An empirical study of the naive Bayes classifier, in IJCAI 2001 workshop on empirical methods

in artificial intelligence, vol. 3 (IBM, New York, 2001), pp. 41–46
[14] E. T. Jaynes, Probability Theory: The Logic of Science (Cambridge University Press, Cambridge, 2003)
[15] G. H. John, P. Langley, Estimating continuous distributions in Bayesian classifiers, in Proceedings of the Eleventh conference on Uncertainty in artificial intelligence (Morgan Kaufmann Publishers Inc., 1995), pp. 338–345
[16] J. D. Anderson Jr, Fundamentals of Aerodynamics (Tata McGraw-Hill Education, New York, 2010)
[17] I. Hwang, S. Kim, Y. Kim, C. E. Seah, A survey of fault detection, isolation, and reconfiguration methods. IEEE Trans. Control Syst. Technol. 18(3), 636–653 (2010)
[18] T. Menke, P. Maybeck, Sensor/actuator failure detection in the Vista F-16 by multiple model adaptive estimation. IEEE Trans. Aerosp. Electron. Syst. 31, 1218–1229 (1995)
[19] S. Hansen, M. Blanke, Diagnosis of airspeed measurement faults for unmanned aerial vehicles. IEEE Trans. Aerosp. Electron. Syst. 50, 224–239 (2014)
[20] C. Svärd, M. Nyberg, E. Frisk, M. Krysander, Datadriven and adaptive statistical residual evaluation for fault detection with an automotive application. Mech. Syst. Signal Process. 45(1), 170–192 (2014)
[21] A. Zolghadri, Advanced modelbased FDIR techniques for aerospace systems: today challenges and opportunities. Prog. Aerosp. Sci. 53, 18–29 (2012)
[22] J. Marzat, H. Piet-Lahanier, F. Damongeot, E. Walter, Model-based fault diagnosis for aerospace systems: a survey, in Proceedings of the Institution of Mechanical Engineers, Part G: Journal of Aerospace Engineering, vol. 226, Jan 2012, pp. 1329–1360
[23] M. F. Mokbel, X. Xiong, W. G. Aref, M. A. Hammad, Continuous query processing of spatiotemporal data streams in PLACE. Geoinformatica 9, 343–365 (2005)
[24] M. H. Ali, B. Chandramouli, B. S. Raman, E. Katibah, Spatio-temporal stream processing in Microsoft StreamInsight. IEEE Data Eng. Bull. 33(2), 69–74 (2010)
[25] K. An, J. Kim, Moving objects management system supporting location data stream, in Proceedings of the 4th WSEAS International Conference on Computational Intelligence, ManMachine Systems and Cybernetics, CIMMACS'05, Stevens Point, Wisconsin (World Scientific and Engineering Academy and Society (WSEAS), 2005), pp. 99–104
[26] S. Geisler, C. Quix, S. Schiffer, M. Jarke, An evaluation framework for traffic information systems based on data streams, Trans. Res. Part C Emerging Technol. 23, 29–55 (2012)
[27] T. Akidau, A. Balikov, K. Bekiroğlu, S. Chernyak, J. Haberman, R. Lax, S. McV eety, D. Mills, P. Nordstrom, S. Whittle, Millwheel: fault-tolerant stream processing at internet scale. Proc. VLDB Endow. 6(11), 1033–1044 (2013)
[28] The Apache Software Foundation, Apache Storm. http://storm.apache.org/, 2015. Accessed 15 Sept 2016
[29] M. Zaharia, T. Das, H. Li, S. Shenker, I. Stoica, Discretized streams: an efficient and faultt olerant model for stream processing on large clusters, in Proceedings of the 4th USENIX conference on Hot Topics in Cloud Computing (USENIX Association, 2012), pp. 10–10
[30] Y. Chen, G. Dong, J. Han, B. W. Wah, J. Wang, Multidimensional regression analysis of timeseries data streams, in Proceedings of the 28th International Conference on Very Large Data Bases (VLDB Endowment, 2002), pp. 323–334
[31] W.-G. Teng, M.-S. Chen, P. S. Y u, A regression-based temporal pattern mining scheme for data

streams, in Proceedings of the 29th International Conference on Very large data bases-Volume 29 (VLDB Endowment, 2003), pp. 93-104

[32] G. A. Carpenter, S. Grossberg, J. H. Reynolds, Artmap: supervised realtime learning and classification of nonstationary data by a selforganizing neural network. Neural Netw. 4(5), 565-588 (1991)

[33] W. Fan, Y.-A. Huang, H. Wang, S. Y. Philip, Active mining of data streams, in Proceedings of the 2004 SIAM International Conference on Data Mining (SIAM, 2004), pp. 457-461

[34] L. De Raedt, A. Kimmig, H. Toivonen, Problog: a probabilistic prolog and its application in link discovery, in International Joint Conference on Artificial Intelligence, vol. 7, 2007, pp. 2462-2467

[35] D. Allaire, D. Kordonowy, M. Lecerf, L. Mainini, K. Willcox, Multifidelity DDDAS methods with application to a self-aware aerospace vehicle, in DDDAS 2014 Workshop at ICCS'14, June 2014, pp. 1182-1192

第 6 章　燃烧不稳定性检测中基于光谱分析的时间序列马尔可夫建模

Devesh K. Jha, Nurali Virani, Asok Ray

摘要：对动态数据驱动应用系统而言，从量度数据推断生成模型过程中，时间建模至关重要。马尔可夫模型通常用于捕获顺序数据中的时间模式，以进行统计学习。本章介绍了一种基于时间序列数据的降序马尔可夫建模方法，该方法基于随机矩阵的频谱特征和有向图聚类实现。不同于常见的隐马尔可夫模型（HMM），本章使用基于符号动力学的马尔可夫模型方法进行数据推断。首先，在连续域中划分离散值信号以对时间序列数据进行符号化；然后，根据符号序列的一阶马尔可夫模型创建序列随机矩阵的频谱属性，以此估计离散符号序列的时间存储容量；最后，使用图方法对相应高阶马尔可夫模型的状态进行聚类，以推断具有非确定性代数结构的降阶马尔可夫模型，并根据贝叶斯推理规则从原始模型中捕获降阶马尔可夫模型的参数。该原理被应用于旋流稳定燃烧器中，基于压力时间序列创建马尔可夫模型，并运用控制协议来诱发不稳定性。结果表明，随着系统从稳定条件变为不稳定条件，潜在马尔可夫模型的复杂性建模有助于燃烧中热声不稳定性的检测和控制。

6.1 引　言

符号时间序列分析（STSA）基础理论推动了信号表示工具在 DDDAS 范式中的发展，其中时间系列传感器的信号被分割为象征符号串。通常来说，STSA 是一种非线性技术，可用于表示顺序数据中的时间模式，其中基础连续属性被投影到符号空间上，随后对压缩离散信息的简洁概率模型进行识别。在此框架内，有限记忆马尔可夫模型已被证明具有衰减记忆系统的合理有限的记忆近似/表示（例如具有稳定轨道或混合轨道的工程系统）。

一旦连续数据离散化，离散序列的记忆估计将通过有限记忆马尔可夫过程进行压缩，该过程由状态转移矩阵表示。该转移矩阵是最大似然估计器（MLE）在无限数据和统一先验条件下，对矩阵内所有元素进行估算得到。与之相反，基于概率有限状态自动机（PFSA）的方法可用来推断时间序列数据的马尔可夫模型，另外还可以放宽确定性代数结构的约束，以扩展有限状态自动机的边界，从而对时序数据的 PFSA 进行不确定性转换。目前，以降低分辨率为代价，权衡生成模型具有更低的复杂性。为进行验证，论文使用旋流稳定燃烧室的时间序列数据进行模型推断，并从数据驱动的角度识别分析不同阶段的复杂不稳定性现象。进一步地，我们还指出了模型结构的变化，并给出执行过程的物理解释。

在统计学习中，HMM 被广泛用于时间序列数据的建模。通过该方法，数据被建模为具有未知观测状态的马尔可夫过程。学习任务是推断马尔可夫链的状态和相应的参数。除了 HMM 外，还有其他非线性技术可用于对时间序列数据进行马尔可夫建模，其中马尔可夫链的状态是一些不同长度单词的集合，可以从投影到有限基数离散空间的时间序列数据获取。所有基于离散序列的马尔可夫建模技术的共同特点：马尔可夫链是由确定性有限状态自动机（FSA）的概率引起的。尽管基于 PFSA 的推理为学习过程提供了确定性图结构，但确定性代数结构往往是多余的，这会诱导马尔可夫模型中大量冗杂状态。受代数约束，为降维而合并 PFSA 的状态通常是不一致的。马尔可夫链状态聚合的其他方法可参考文献。但是，这些论文仅仅提出了马尔可夫链状态的聚集，却从未考虑过根据数据构造马尔可夫链。在 DDDAS 中，这两个问题（状态合并和马尔可夫链结构）可以放在一起研究。此外，由于合并状态空间的某些部分获得了不同维度马尔可夫链之间的相似性，因此可借鉴包装器技术在上述所有技术中搜索最佳模型。

本章介绍了一种处理时序数据的马尔可夫建模技术，通过使用状态字长为 1 的 PFSA 频谱特性来估计符号数据的临时存储器大小。随后进行状态合并，同时删除与 PFSA 相关的确定性代数特征，此时，马尔可夫链的状态是在上一步估计的一些单词集合。贝叶斯推断技术能够根据高阶马尔可夫模型的相关参数估计出降阶马尔可夫模型的参数。最终得到的模型便是数据的生成模型。但是，随着有限状态自动机确定性结构的某些部分被删除，一些信息随之丢失。这种方法可以为从燃烧不稳定性现象获得的压力数据构建马尔可夫模型，由于该过程是高度非线性的热声过程，很难使用物理学基本原理完全建模。本章介绍了一种数据驱动模型，通过该模型可以实时检测流程中的变动。具体来说，该数据驱动的模型可以帮助预测和控制燃烧不稳定性，从而使现代燃烧器（如飞机燃气涡轮发动机中使用的燃烧器）更加可靠、高效地运行。

6.2 研究背景以及相关数学知识

时间序列数据的符号分析是一种新方法，其中连续传感器数据经连续域的划分被转换为符号序列，随后将符号序列的动力学建模为概率有限状态自动机（PFSA），定义如下。

定义 1（PFSA）概率有限状态自动机是一个元组 $G=(\mathcal{Q},\mathcal{A},\delta,\boldsymbol{M})$，其中：

· $\mathcal{Q}$ 为自动机的一组有限状态；

· $\mathcal{A}$ 为符号的有限字母集 $a\in\mathcal{A}$；

· $\delta:\mathcal{Q}\times\mathcal{A}\rightarrow\mathcal{Q}$ 为状态转移函数；

· $\boldsymbol{M}:\mathcal{Q}\times\mathcal{A}\rightarrow[0,1]$ 为 $|\mathcal{Q}|\times|\mathcal{A}|$ 的混合矩阵。矩阵 $\boldsymbol{M}=[m_{ij}]$ 是行随机的，m_{ij} 是从状态 q_i 生成符号 a_j 的概率。

对于时间序列数据的符号分析，一种被称为 D-马尔可夫机的 PFSA 方法被提出。该方法可以将符号序列动态编码为有限状态机，虽然是次优选择，但其计算效率高。对于多数倾向于忘记初始条件的稳定且受控的工程系统，有限长度的存储假设是合理的。这种 PFSA 的状态是长度为 D（或更短）的 $\mathcal{A}$ 中的元素；状态转移由存储器 D 的滑动块代码和

预期长度来描述。PFSA 的动力学均可描述为 $|\Omega|\times|\Omega|$ 状态转移矩阵或 $|\Omega|\times 1$ 的状态访问概率向量 $\boldsymbol{p}$。字母表大小或连续域的粗粒度水平由捕获系统动态性所需的分辨率级别驱动，领域知识或数据驱动技术可被用于达成这一目标。另外，要实现对历史影响深度的估计，则需要实现对动态系统记忆衰减率的估计。

对于具有衰落记忆的系统，符号的预测影响在未来会逐渐减小。深度的正式定义如下。

定义 2（深度）　设 $\boldsymbol{s}=s_1\cdots s_k s_{k+1} s_{k+2}\cdots$ 是观察到的符号序列，其中 $s_j\in\mathcal{A},\forall j\in N$。将生成 s 的过程的深度定义为长度 D，则：

$$\Pr(s_k \mid s_{k-1},\cdots,s_1)=\Pr(s_k \mid s_{k-1},\cdots,s_{k-D}) \tag{6.1}$$

离散序列基础动力学的精确建模需要对符号动力学过程进行深度的准确估计。接下来，将介绍一个信息理论度量单位，应用该度量可以合并马尔可夫模型的状态。

定义 3（Kullback-Leibler 散度）离散概率分布 P 与分布 $\widetilde{P}$ 的 Kullback-Leibler（K-L）散度定义如下：

$$D_{\mathrm{KL}}(P \parallel \widetilde{P})=\sum_{x\in X} pX(x)\log\left(\frac{pX(x)}{\widetilde{P}X(x)}\right)$$

虽然 KL 散度不对称，但它可以转换为对称距离：$\mathrm{d}(P,\widetilde{P})=D_{\mathrm{KL}}(P\parallel\widetilde{P})+D_{\mathrm{KL}}(\widetilde{P}\parallel P)$。称为分布 P 与 $\widetilde{P}$ 之间的 KL 距离。

KL 距离可用于确定基于 PFSA 的马尔可夫模型的状态集合的结构，其状态是 PFSA 字母表中的单词，长度等于离散序列的估计深度。

6.3　实现途径

本节详细介绍了从时间序列数据中推断马尔可夫模型的方法。如前所述，首先要离散时间序列数据以生成离散符号序列，并通过优化标准优化时间序列符号化，其详细信息可参考相关文献，然后基于离散序列的熵最大化的无偏原理来离散化数据，即最大熵分割（MEP），具体包括三个关键步骤（图 6.1）：

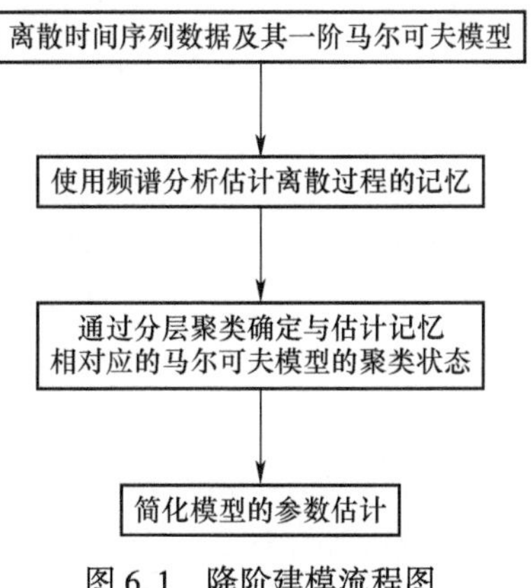

图 6.1　降阶建模流程图

(1) 估计符号序列的时间存储(或顺序)的大致大小;

(2) 高阶马尔可夫模型的状态聚类;

(3) 估算降阶马尔可夫模型的参数(转换矩阵)。

离散序列的记忆使用最近引入的方法进行估计,该方法基于 PFSA 引起的一阶马尔可夫模型的频谱分析。接下来将介绍随后三个步骤的关键思想。

6.3.1 降阶马尔可夫模型的评估

有关文献将符号序列的深度 D 定义为时间步长,这样当前符号的概率与任何之前的符号无关,即

$$\Pr(s_k \mid s_{k-n}) = \Pr(s_k)(n > D) \tag{6.2}$$

与使用 $\Pr(s_k \mid s_{k-1}, s_{k-2}, \cdots, s_{k-D})$ 对长度为 D 的单词的依赖性评估方法不同,可以使用 $\Pr(s_k \mid s_{k-1}, s_{k-2}, \cdots, s_{k-D})$ 对式(6.2)所定义的依赖性进行评估。结果表明,如果所观察到的过程是正向因果关系,只要个体之间不存在依赖关系,则观察任何中间符号 $s_{k-1}, s_{k-2}, \cdots, s_{k-n+1}$ 时,不会在 s_k 和s_{k-n} 之间产生依赖关系。

令 $\boldsymbol{\Pi} = [\pi_{ij}^{(1)}]$ 为根据该符号序列构造的 PFSAG 的一步转移概率矩阵,即

$$\boldsymbol{\Pi} = \Pr(s_k \mid s_{k-1}) \tag{6.3}$$

然后,根据固定点过渡矩阵距的距离,定义深度为长度 D,得到:

$$|\mathrm{trace}(\boldsymbol{\Pi}^n) - \mathrm{trace}(\boldsymbol{\Pi}^\infty)| \leqslant \sum_{j=2}^{J} |\lambda_j|^n < \varepsilon \quad (n > D) \tag{6.4}$$

式中:J 为 $\boldsymbol{\Pi}$ 的非零特征值个数。由此,通过估计单步 PFSA 的随机矩阵,选择 ε 可以实现对符号序列深度 D 的估计。接下来,可以通过模块完成另一次数据传递,估计 PFSA 参数,其状态是长度为 D 的单词,即 $\boldsymbol{\Pi} = \Pr(s_k \mid s_{k-1}, \cdots, s_{k-D})$。

其次,可以通过在最后一步中估计长度为 D 的划分单词集,实现对降阶马尔可夫模型状态的估计,至此层次聚类方法全部完成。使用层次聚类的优点在于,它可以使用适当的度量实现原始状态集结构的可视化。聚集层次聚类是一种自下而上的聚类方法,它是通过在元素之间连续相加边来生成状态集$\mathcal{Q}$(其中 $|Q| = |\mathcal{A}|^D$)的稀疏网络(如二叉树)。最初,每个状态 $q_1, q_2, \cdots, q_n$ 位于自己的集群 $C_1, C_2, \cdots, C_n$ 中,其中 $C_i \in \mathcal{C}$, $\mathcal{C}$ 是层次聚类树中所有聚类的集合。$\mathcal{Q}$中任何两个状态 q_i 和 q_j 之间的距离是通过以这些状态为条件的符号发射概率间的 K-L 距离确定的:

$$d(q_i, q_j) = D_{\mathrm{KL}}[\Pr(\mathcal{A} \parallel q_i) \parallel \Pr(\mathcal{A} \mid q_j)] + D_{\mathrm{KL}}[\Pr(\mathcal{A} \mid q_j) \parallel \Pr(\mathcal{A} \mid q_i)] \tag{6.5}$$

式(6.5)确定距离的过程如下:将彼此最靠近的一对集群合并,并重复此步骤,直到只剩下一个集群为止。树形结构显示了高阶马尔可夫模型状态集中的拆分顺序,并用于汇总彼此接近的状态。这样,可以根据最终马尔可夫模型中所需的状态数获得聚集在一起的状态集。

注释 1:(停止合并的判断标准)可以根据建模目标自主设计算法的停止标准。在没有任何确定目标时,可以使用诸如信号的最小描述长度(MDL)等方法确定停止算法的标准。如果停止标准对应于另一个最终目标(如类可分离性),则可以使用贝叶斯推理规则得出 Q 中簇的一致基数。本章通过先验地确定所需状态数来终止算法。

注释 2:最终的马尔可夫模型是原始时间序列数据的有限深度近似值。但是,相比于基于 PFSA 的 D-马尔可夫机,该聚集模型具有非确定性的代数结构,即来自一个状态的相同符号可能导致不同的状态。与相关文献中的模型相比,这样做虽然造成一些信息损失,但有利于该模型根据应用要求进行尺寸压缩。例如,即使最佳模型可能需要更高的有限记忆,但对于保留统计行为或类可分离性,不必添加与该长度对应的所有单词。此外,聚合模型允许使用 Glivenko-Cantelli 定理计算符号发射概率获得更快的收敛速度。

6.3.2　降阶马尔可夫模型的参数估计

应用贝叶斯推理技术,使用为 PFSA 所估计的参数,可以获得原始 PFSA 的状态与 $|\mathcal{A}|^D$ 状态聚类后的马尔可夫模型参数。该方法是根据 Q 中状态的确定性分配图 $f:\mathcal{Q}\to\widetilde{\mathcal{Q}}$,如从原始模型的状态集到降阶模型的状态集,可得到原始 PFSA 模型 G 的状态转换矩阵 $\boldsymbol{\Pi}$、混合矩阵 $\boldsymbol{M}$ 和状态概率向量 $\boldsymbol{p}$。由于降阶模型可以由元组 $\widetilde{G}=(\widetilde{\mathcal{Q}},\widetilde{\boldsymbol{\Pi}})$ 表示,其中 $\widetilde{\boldsymbol{\Pi}}=[\widetilde{\pi}_{ij}]$ 为状态转移矩阵,对于所有 $i,j\in\widetilde{\mathcal{Q}}$,通过贝叶斯推理技术可推断各个转移概率的值 $\widetilde{\pi}_{ij}=\Pr(\widetilde{q}_{k+1}=j\mid\widetilde{q}_k=i)$。

令 Q_k 表示某个时间步长 PFSA 模型状态的随机变量 $k\in N$,S_k 表示从该状态发出的符号,此概率混合过程由混合矩阵 $\boldsymbol{M}$ 控制。根据 PFSA 模型状态的确定性映射可以获得降阶模型的状态,该状态也是一个随机变量 $\widetilde{Q}_k=f(Q_k)$。这些变量之间依赖性的贝叶斯网络以递归和展开形式显示,如图 6.2 所示。通过检查状态 q 是否属于状态簇 $\widetilde{q}$,可以确定条件密度 $\Pr(\widetilde{Q}_{k+1}\mid\widetilde{Q}_k)$,如果属于就赋值为 1,否则赋值为 0。由于 $\widetilde{\mathcal{Q}}$ 是 $\mathcal{Q}$ 的分集,条件密度是确定的,可以写成:

$$\Pr(\widetilde{Q}_k=\widetilde{q}\mid Q_k=q)=I_{\widetilde{q}}(q)\tag{6.6}$$

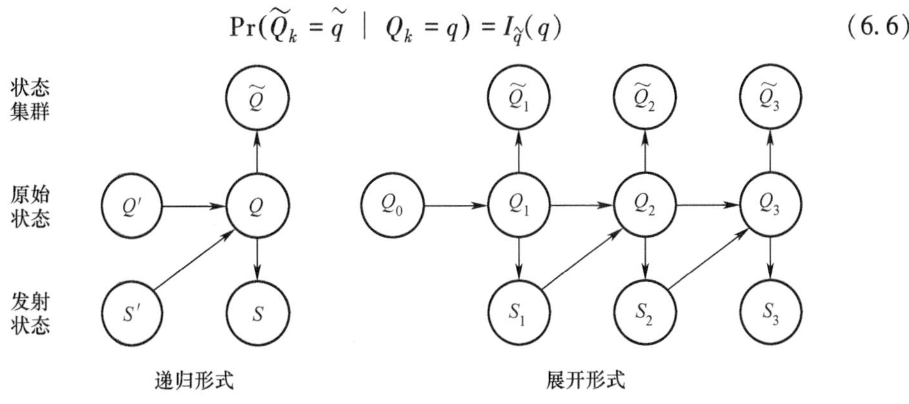

图 6.2　随机变量之间依存关系的图模型

其中,I 是 $I_{\widetilde{q}}(q)=1$ 的指标函数,如果元素 q 属于集合 $\widetilde{q}$,则值为 1,否则为 0。通过 $\Pr(Q_{k+1}\mid Q_k)$、平稳概率向量 $\boldsymbol{p}$ 和分配图 f 可以推导马尔可夫模型 $\Pr(\widetilde{Q}_{k+1}\mid\widetilde{Q}_k)$。

$$\Pr(\widetilde{Q}_{k+1} \mid \widetilde{Q}_k) = \sum_{q \in Q} \Pr(\widetilde{Q}_{k+1}, Q_{k+1} = q \mid \widetilde{Q}_k) \tag{6.7}$$

（边缘化）

$$\Pr(\widetilde{Q}_{k+1} \mid \widetilde{Q}_k) = \sum_{q \in Q} \Pr(Q_{k+1} = q \mid \widetilde{Q}_k) \Pr(\widetilde{Q}_{k+1} \mid Q_{k+1} = q) \tag{6.8}$$

（根据图 6.2 进行分解）

$$\Pr(\widetilde{Q}_{k+1} \mid \widetilde{Q}_k) = \sum_{q \in Q} \Pr(Q_{k+1} = q \mid \widetilde{Q}_k) I_{\widetilde{Q}_{k+1}}(q) \tag{6.9}$$

［使用式(6.6)］

$$\Pr(\widetilde{Q}_{k+1} \mid \widetilde{Q}_k) = \sum_{q \in \widetilde{Q}_{k+1}} \Pr(Q_{k+1} = q \mid \widetilde{Q}_k) \tag{6.10}$$

其中 $\Pr(Q_{k+1} = q \mid \widetilde{Q}_k)$ 是从贝叶斯规则得到的

$$\Pr(Q_{k+1} \mid \widetilde{Q}_k) = \frac{\Pr(\widetilde{Q}_k \mid Q_{k+1}) \Pr(Q_{k+1})}{\sum_{q = Q} \Pr(\widetilde{Q}_k \mid Q_{k+1} = q) \Pr(Q_k = q)} \tag{6.11}$$

由式(6.12)获得式(6.10)：

$$\Pr(\widetilde{Q}_k \mid Q_{k+1}) = \sum_{q \in \widetilde{Q}_k} \Pr(Q_k = q \mid Q_{k+1}) \tag{6.12}$$

其中，$\Pr(Q_k \mid Q_{k+1})$ 是从贝叶斯规则得到的：

$$\Pr(Q_k \mid Q_{k+1}) = \frac{\Pr(Q_{k+1} \mid Q_k) \Pr(Q_k)}{\sum_{q \in Q} \Pr(Q_{k+1} \mid Q_k = q) \Pr(Q_k = q)} \tag{6.13}$$

注意，对于分布 $\Pr(Q_k)$ 和 $\Pr(Q_{k+1})$，平稳概率 p 是可用的。结合式(6.10)～式(6.13)，可以获得降阶模型所需的状态转换矩阵 $\widetilde{\boldsymbol{\Pi}}$。一旦确定了状态簇集 $\widetilde{Q}$ 和状态转移矩阵 $\widetilde{\boldsymbol{\Pi}}$，就可得到降阶模型。接下来，我们会使用这些模型，根据时间序列数据对燃烧不稳定性建模。

6.4 燃烧实验细节

本节介绍了在实验室燃烧器中收集数据的实验细节，以分析在不稳定现象期间发生的复杂非线性现象。使用涡旋稳定、稀薄预混合的实验室燃烧室进行实验。如图 6.3 所示，燃烧器由入口部分、喷射器、燃烧室和排气四部分组成。其中，燃烧室由一个可触的石英段和一个长度可变的钢段组成。

高压空气经过滤器除去可能存在的任何液体或颗粒后，由压缩机系统输送进行实验。实验使用圆顶压力调节器将空气供应压力设置为 1241.1kPa，用 88kW 的电加热器将空气预热到 250℃。本研究使用的燃料是天然气（约 95%的甲烷），以 1379.0kPa 的压力提供给系统。空气和天然气的流量通过热质量流量计测量，通过针阀调节气体流速来设定所需的当量比和平均进口速度。对于完全预混合实验(FPM),燃料应在节流板的上游喷射,以防止当量比波动。对于工艺预混合实验(TPM),将燃料喷入旋流器附近的喷油器。这样,它在旋流器和喷射器出口之间与空气混合。表6.1展示了在一系列运行条件下,1atm燃烧器压力下的测试结果。为简洁起见,相应报告中更复杂的设置并未提及。

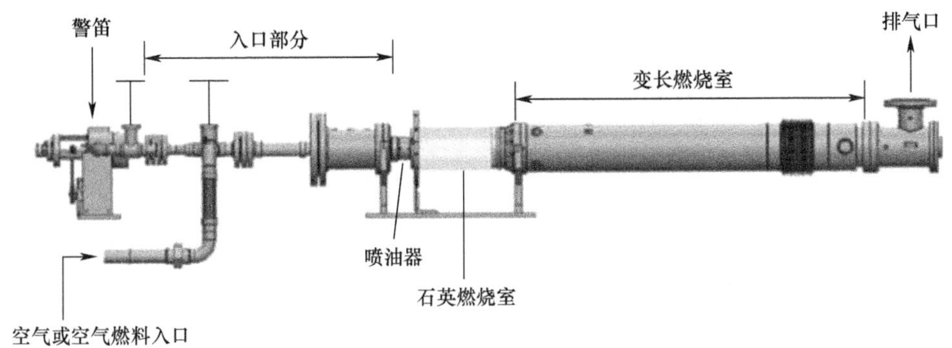

图6.3 实验装置的示意图

表6.1 实验条件

参数	值
当量比	0.525,0.55,0.60,0.65
进风速度	25~50m/s,增量为5m/s
燃烧室长度	25~59英尺(7.62~8.84m),增量为1英尺(0.30m)

6.5 结果与讨论

本节介绍了用压力时间序列数据推断潜在降阶马尔可夫模型进行辅助分析。时间序列数据需通过减去均值并除以元素的标准差进行归一化,即偏差消除和方差归一化。来自工程系统的数据通常需要采样,以确保可以捕获基本动态。由于符号化过程中粒度较粗,过度采样的时间序列可能会掩盖符号域中系统动力学的真实性质(如出现自环以及马尔可夫链中不相关的虚假过渡)。时间序列要先进行下采样,以找到下一个关键的观测值。根据观测时间序列的自相关函数的最小值,可以确定不相关的样本。然后,通过该时间间隔对数据集进行下采样。为避免下采样丢弃大量数据,需使用不同初始条件的下采样数据进行级联。

随后使用最大熵分区(MEP)划分连续时间序列数据集,其中,对信息丰富区域进行精细分区,对信息稀疏的区域进行粗分区。这样通过MEP后,每个分区数据集包含大致相等的数据点。三元字母$\mathcal{A}=\{0,1,2\}$用于表示连续燃烧不稳定性数据。6.4节中提到,由于燃烧过程从稳定阶段过渡到不稳定区域,为此需要分析不同阶段的时间序列数据集。

图6.4展示了燃烧条件从稳定变为不稳定时观察到的数据行为变化。可以看出,随着工作条件从稳定变为不稳定,经验分布会发生变化,从单峰高斯变为多峰高斯(图6.4

中为双峰)。实验从稳定和不稳定阶段分别选择 150 个压力数据样本进行分析和比较。

实验首先比较两个阶段的时间存储器大小。在不同条件下,根据数据计算的单步随机矩阵的特征值分解率会发生变化,而这与燃烧器的长度和进气速度无关。相比于不稳定状态,稳定条件下的特征值很快变为零。这表明,随着系统移至不稳定的工作条件,离散数据的时间存储器大小会增加。同时,在稳定的工作条件下,即使马尔可夫模型阶数增加,离散数据也表现为符号噪声,马尔可夫模型的预测能力会保持不变。另外,在不稳定操作期间通过增加马尔可夫模型的阶数,可以增强马尔可夫模型的预测能力,表示更具确定性的行为。实验选择 $\varepsilon = 0.05$ 来估计稳定和不稳定相的马尔可夫模型深度,相应地,对于稳定和不稳定条件,计算得到的深度分别为 2 和 3(图 6.4)。

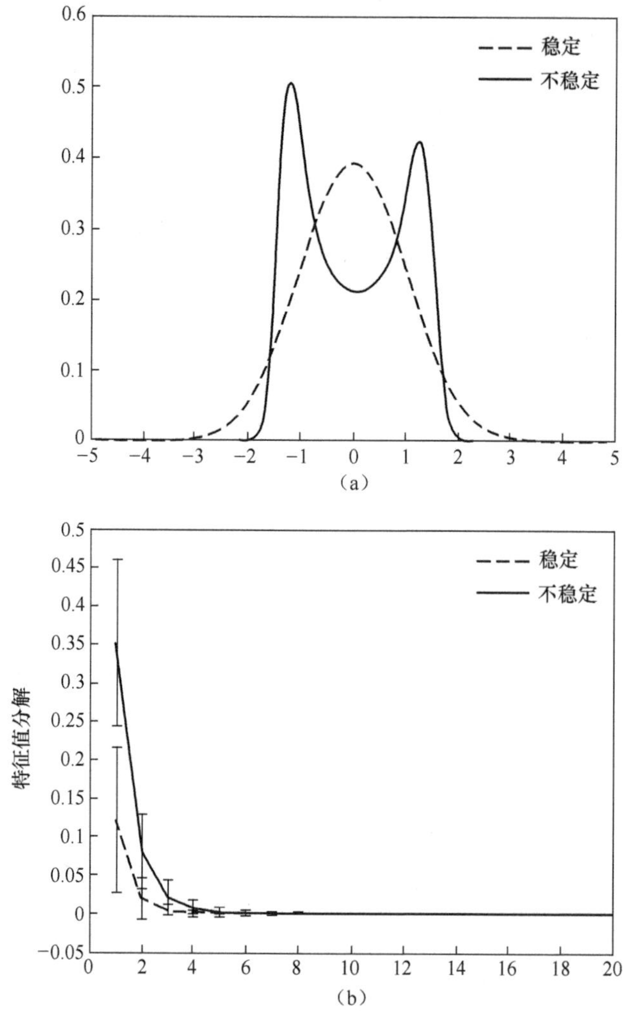

图 6.4 燃烧条件从稳定变为不稳定时观察到的数据行为变化

(a)从稳定运行状态转变为不稳定运行状态时根据压力时间序列数据计算的经验密度的变化;

(b)稳定和不稳定操作条件下数据的 1 阶随机矩阵的频谱分解。

接下来实验使用相应 $D(\varepsilon)$ 来构建马尔可夫模型。首先,创建一个 PFSA,其状态是长度为 $D(\varepsilon)$ 的$\mathcal{A}$字,并估计相应的最大似然参数($\boldsymbol{M}$ 和 $\boldsymbol{\Pi}$)。然后,使用 KL 距离的层次聚类算法对状态进行聚类和聚合。注意,要为每个数据样本创建单独模型,即每个样本被单独划分,以使符号对每个样本具有不同的含义。这样,在连续域中查看时,每个样本具有不同的状态空间。由于状态空间的不一致(即使基数可能相同)。因此,在任何操作方式下均不会显示样本的平均行为。

图6.5显示了层次聚类树,该树详细描述了在稳定和不稳定行为下样本深度为$D(\varepsilon)$的PFSA的状态空间结构。聚类树还揭示了稳定状态下数据的符号噪声行为(根据KL距离,状态彼此非常接近)。然而,在不稳定行为期间,模型中状态的粗略聚类会导致大量信息丢失(因为在统计意义上各状态是不同的)。但是,为了比较两个马尔可夫模

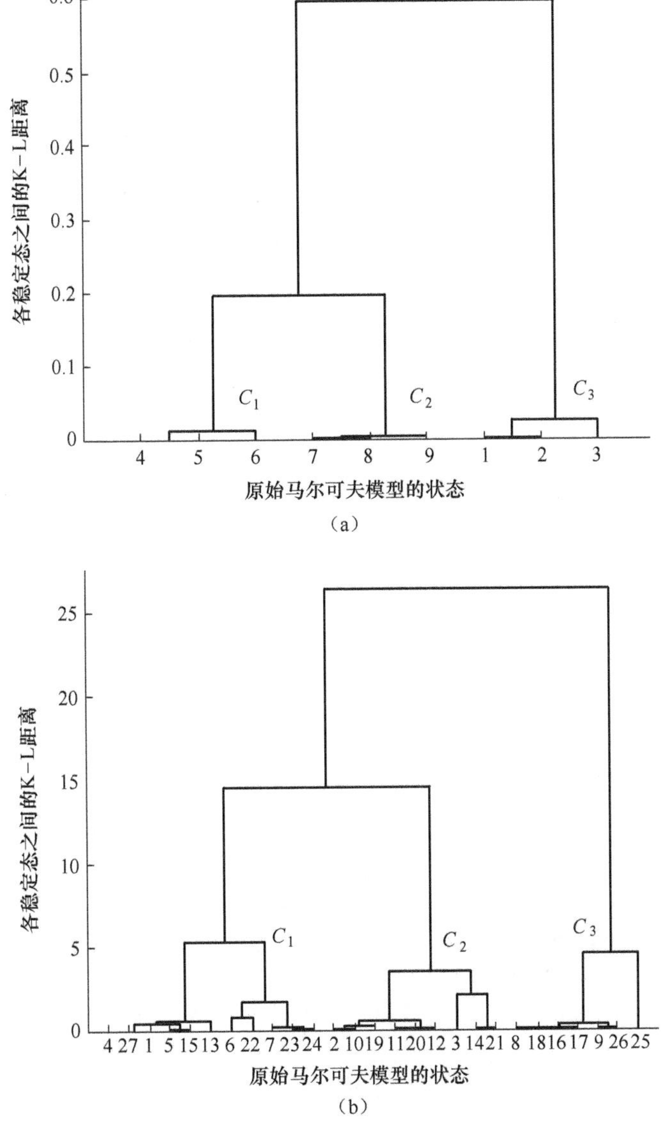

图6.5　在稳定和不稳定燃烧过程中获得的原始马尔可夫模型状态的层次聚类树
(a)稳定燃烧;(b)不稳定燃烧。

型,最终模型的基数保持相同。在稳定状态和不稳定状态下,算法都会在最终的马尔可夫模型中以三个状态终止。最后,实验使用 6.3.2 节介绍的动态贝叶斯网络方法,运用深度 $D(\varepsilon)$ 的 PFSA 模型估算最终的马尔可夫模型参数。

图 6.6 显示了类可分离性以及状态聚集时马尔可夫模型的变化。由于该模型是对每个样本单独计算,因此直接比较随机矩阵是不一致的。为此需采取对每个样本的马尔可夫模型的复杂度进行建模的方法: $\eth = \max_{q_i,q_j \in Q} d(q_i,q_j)$ [其中 d 在式(6.5)中定义]。本质上, $\eth$ 表示符号混合概率与马尔可夫模型状态之间的最大差异。然后,比较在稳定和不稳定条件下从马尔可夫模型获得的 $\eth$ 的统计量。图 6.6(a)可以看出,在原始模型中使用 $\eth$ 能够区分稳定条件和不稳定条件。

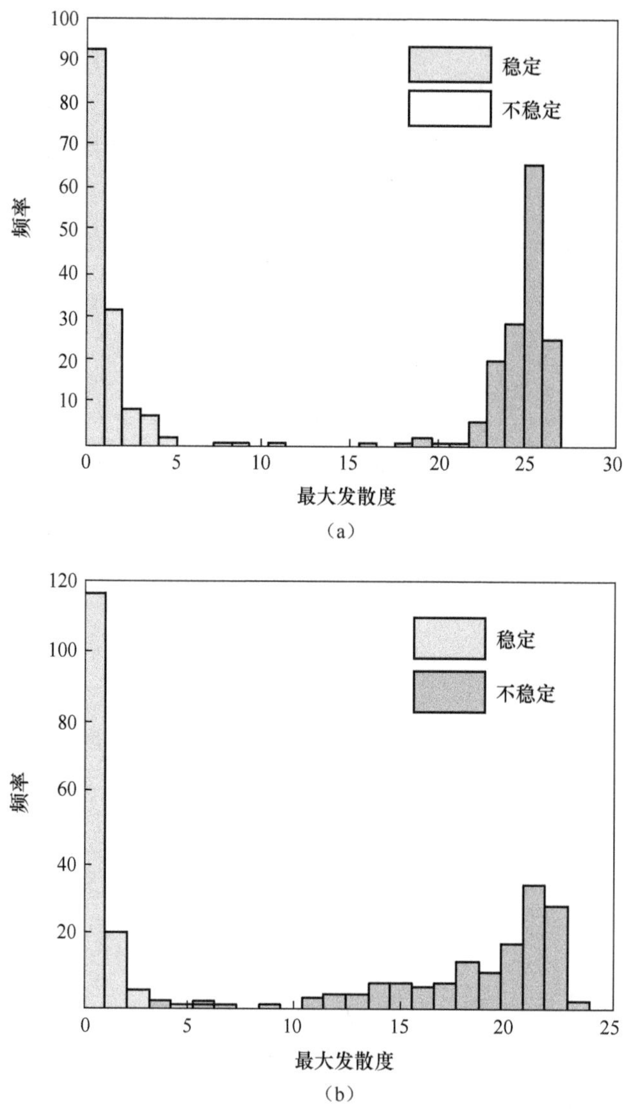

图 6.6 类可分离性以及状态聚焦时马尔可夫模型的变化
(a)与原始大模型的类可分离性;(b)状态聚集后的变化。

图 6.6(b)显示了只有 3 个状态的最终聚合模型的结果。如图所示,模型简化后虽然会发生信息丢失,但仍具有良好的类可分离性。另外,还要注意的是,尽管在不稳定工作条件下该组变化很大,但在稳定的工作条件下度量的行为并没有太大的变化。

6.6　小　结

本章提出基于时间序列数据的马尔可夫模型用于 DDDAS。该技术基于符号动力学概念,并根据 K-L 距离推断状态的等价类来估计离散时间序列的内存大小。该思想在旋流稳定燃烧器的数据上进行了实验验证——该实验用于研究燃烧过程中的不稳定热声现象。本章还介绍了基于马尔可夫模型推断时间序列数据的复杂性。此外,应用贝叶斯方法推断具有各种最终目标(如类可分离性和聚类)的模型是未来研究的主题。下一步,通过频谱方法的一致性分析对所考虑的马尔可夫模型类别进行记忆估计也是值得研究的重要方向。

参考文献

[1] P . B. Graben, Estimating and improving the signal-to-noise ratio of time series by symbolic dynamics. Phys. Rev. E 64(5), 051104 (2001)

[2] C. S. Daw, C. E. A. Finney, E. R. Tracy, A review of symbolic analysis of experimental data. Rev. Sci. Instrum. 74(2), 915-930 (2003)

[3] F. Darema, Dynamic data driven applications systems: new capabilities for application simulations and measurements, in 5th International Conference on Computational Science -ICCS 2005, Atlanta, 2005

[4] S. Sarkar, S. Chakravarthy, V . Ramanan, A. Ray, Dynamic data driven prediction of instability in a swirlstabilized combustor. Int. J. Spray Combustion 8(4), 235-253 (2016)

[5] A. Ray, Symbolic dynamic analysis of complex systems for anomaly detection. Signal Proc. 84(7), 1115-1130 (2004)

[6] K. Mukherjee, A. Ray, State splitting and merging in probabilistic finite state automata for signal representation and analysis. Signal Proc. 104, 105-119 (2014)

[7] I. Chattopadhyay, H. Lipson, Abductive learning of quantized stochastic processes with probabilistic finite automata. Philos. Trans. R. Soc. Lond. A Math. Phys. Eng. Sci. 371(1984), 20110543 (2013)

[8] C. M. Bishop, Pattern Recognition and Machine Learning (Springer, New Y ork, 2006)

[9] C. R. Shalizi, K. L. Shalizi, Blind construction of optimal nonlinear recursive predictors for discrete sequences, in Proceedings of the 20th Conference on Uncertainty in Artificial Intelligence, (UAI '04), Banff, 2004, pp. 504-511

[10] Y . Seto, N. Takahashi, D. K. Jha, N. Virani, A. Ray, Datadriven robot gait modeling via symbolic time series analysis, in American Control Conference (ACC '16), Boston (IEEE, 2016) pp. 3904-3909

[11] K. Deng, Y . Sun, P . G. Mehta, S. P . Meyn, An information-theoretic framework to aggregatea Markovchain, in American Control Conference, (ACC '09), St. Louis (IEEE, 2009) pp. 731-736

[12] B. C. Geiger, T. Petrov, G. Kubin, H. Koeppl, Optimal Kullback-Leibler aggregation via information bottleneck. IEEE Trans. Autom. Control 60(4), 1010-1022 (2015)

[13] M. Vidyasagar, A metric between probability distributions on finite sets of different cardinalities and applications to order reduction. IEEE Trans. Autom. Control 57(10), 2464-2477 (2012)

[14] Y. Xu, S. M. Salapaka, C. L. Beck, Aggregation of graph models and Markov chains by deterministic annealing. IEEE Trans. Autom. Control 59(10), 2807-2812 (2014)

[15] A. Srivastav, Estimating the size of temporal memory for symbolic analysis of timeseries data, in American Control Conference, Portland, 2014, pp. 1126-1131

[16] D. K. Jha, A. Srivastav, K. Mukherjee, A. Ray, Depth estimation in Markov models of timeseries data via spectral analysis, in American Control Conference (ACC '15), Chicago (IEEE, 2015) pp. 5812-5817

[17] D. K. Jha, Learning and decision optimization in data driven autonomous systems, Ph. D. dissertation, The Pennsylvania State University, 2016

[18] D. K. Jha, A. Srivastav, A. Ray, Temporal learning in video data using deep learning and Gaussian processes. Int. J. Prognostics Health Monit. 7(22), 11 (2016)

[19] S. Sarkar, D. K. Jha, A. Ray, Y. Li, Dynamic data driven symbolic causal modeling for battery performance & health monitoring, in 2015 18th International Conference on Information Fusion (Fusion) (IEEE, 2015), pp. 1395-1402

[20] J. Lin, E. Keogh, L. Wei, S. Lonardi, Experiencing SAX: a novel symbolic representation of time series. Data Min. Knowl. Disc. 15(2), 107-144 (2007)

[21] D. Lind, B. Marcus, An Introduction to Symbolic Dynamics and Coding (Cambridge University Press, Cambridge, 1995)

[22] S. Garcia, J. Luengo, J. A. Saez, V. Lopez, F. Herrera, A survey of discretization techniques: taxonomy and empirical analysis in supervised learning. IEEE Trans. Knowl. Data Eng. 22 (99), (2012)

[23] V. Rajagopalan, A. Ray, Symbolic time series analysis via wavelet based partitioning. Signal Process. 86(11), 3309-3320 (2006)

[24] R. Xu, D. Wunsch, Survey of clustering algorithms. IEEE Trans. Neural Netw. 16(3), 645-678 (2005)

[25] V. N. V apnik, Statistical Learning Theory (Wiley, New York, 1998)

第7章 基于粒子滤波器和狄利克雷过程的症状监测动态时空模型

Hong Yan, Zhongqiang Zhang, Jian Zou

摘要:时空数据信噪比低、时空结构高维,给统计分析带来很大挑战性。为解决这些问题,论文提出一种新颖的狄利克雷(Dirichlet)过程粒子滤波器(DPPF)模型。其中,Dirichlet 过程将一组随机函数建模为降维的概率分布,并且使用粒子滤波器解决顺序蒙特卡罗步骤的非线性滤波问题,该步骤中数据的信噪比较低。论文数据集来自 2008 年至 2010 年印第安纳州公共卫生紧急监测系统对流感类疾病和呼吸道疾病进行紧急监测的数据。此外,DPPF 还发布了 DDDAS 用于疾病暴发检测。大量数据结果表明,所构建的模型在真实数据分析中显著提高了对疾病暴发的检测性能。

7.1 引　　言

如果不及时发现传染病,就会导致高发病率和高死亡率。最近在西非暴发的埃博拉疫情已感染 30000 多人,并造成 11000 多人死亡。提高对疾病暴发和热点地区的建模及预测能力可以更好地辅助人类决策,例如何时关闭学校以及如何分配疫苗。随着现代技术的发展,对监测数据进行收集和分析势在必行,以达到对传染病进行预测并在暴发前几天或几周内控制感染的目的。

近年来,在全国范围内已使用了多种综合征监视系统,如疾病控制中心(CDC)的生物感知计划、早期畸变反应系统(EARS)和电子监测系统、用于社区流行病的早期预报(ESSENCE)等。本章使用的数据集来自印第安纳州公共卫生紧急监视系统(PHESS)对流感类疾病和呼吸系统疾病的急诊科(ED)访问数据。印第安纳州拥有最大的健康信息交流中心,对个人信息实现全面覆盖。数据是实时收集,可以在几秒内获得数据,几乎没有延迟。

在本实验中,我们选择了 2008—2010 年三年的访问数据。对实际监测数据的分析面临一些困难需要克服。首先,三年中的每日数据包含时间和空间两个变量,维度为 1096×92(1096 天和 92 个县)。其次,现有算法不足以准确检测疾病的暴发。例如,在暴发检测中使用现有 CDC 算法会生成大量的虚警。因此,需要开发一种新的框架,通过 DDDAS 缩减算法规模,提高计算效率。

高维度和低信噪比是时空动态结构中必须解决的两个重要问题,它们都会影响对疾病暴发检测的性能。现有的一些时空处理方法都是通过与协变量信息和不确定性量化相关的变量实现的。有些学者提出了一种贝叶斯框架,该框架结合了高斯马尔可夫随机场和时空自回归模型,可以及时发现症状监测系统的病情,同时可提供空间和时间不确定性量化的手段。

DDDAS 通过动态输入数据提高结果准确性和算法效率,已被成功应用于许多场景中。在本章中,我们提出用一种新颖的层次贝叶斯框架来解决之前提到的两个问题:首先通过 Dirichlet 过程对数据进行聚类,然后使用粒子滤波技术实现隐马尔可夫模型,基于 DDDAS 的 DPPF 框架将在 7.2 节中详细介绍。将 Dirichlet 过程与粒子过滤器结合效果显著:首先,Dirichlet 过程可减少维数并自动选择空间簇的数量,而无须预先指定簇数;其次,我们的模型是半参数的,并通过 DDDAS 方法合并了空间依赖性;最后,与传统方法(例如卡尔曼滤波器)相比,粒子滤波器可以高效地获取非线性模型中的隐藏变量。

Dirichlet 过程是一种非参数贝叶斯方法,它放松了对参数的约束,显著提高了模型的通用性。在聚类问题上,Dirichlet 过程的最大的优点是簇数目的自动选择,而无须通过实验者预先指定。在许多时空数据分析场景中,Dirichlet 过程的贝叶斯非参数空间建模已被成功应用。

HMM 可以从观察到的动态数据中识别隐藏状态。基于 HMM 的方法已被广泛用于监视数据。为了处理隐藏状态,可以使用随机滤波器、卡尔曼滤波器、粒子滤波器或集合卡尔曼滤波,如结合高斯混合模型和集成滤波器的 MEnF 滤波器。这样可以减少尺寸和不确定性。相比于传统的 HMM,采用 Dirichlet 流程可减少维度,同时减少组间依赖性。

本章的其余部分安排如下。在 7.2 节,我们提出了 DPPF 模型及方法。在 7.3 节,我们将 DPPF 模型应用于来自印第安纳州公共卫生紧急监视系统(PHESS)的真实数据,并就爆发检测结果展开讨论。7.4 节是小结。

7.2 方　　法

本节介绍了所提出的半参数 DPPF 模型。该模型包括两部分:Dirichlet 过程和粒子滤波器。在 Dirichlet 过程进行聚类之后,通过构建邻接矩阵进一步存储空间信息,疾病暴发检测的性能则通过统计过程控制图来衡量。

通常假定离散计数符合泊松分布。在类似流感的疾病监测数据中,假设每天在特定空间内收集的综合征计数遵循泊松分布。时间 t 时第 i 个区域的计数用 y_{it} 表示,x_{i1t} 是时间戳,x_{i2t} 代表星期几。空间效应 θ_i 遵循 Dirichlet 过程,且 θ_i 用于区域 i。半参数模型如下:

$$y_{it} \mid \theta_i \sim \text{Poission}(\exp(\beta_1 x_{i1t} + \beta_2 x_{i2t} + \theta_i)) \quad (i = 1,2,\cdots,n; t = 1,2,\cdots,T) \tag{7.1}$$

$$\theta_i \mid G \sim G \quad (i = 1,2,\cdots,n) \tag{7.2}$$

$$G \mid \alpha, G_0 \sim DP(\alpha G_0), \quad G_0 = \mathcal{N}(u,\Sigma), \quad \alpha > 0 \tag{7.3}$$

$$\mathbb{E}[y\lambda_{jl}, t] = \xi_{jt}, \quad \lambda_{jl} \in C_j \quad (l = 1,2,\cdots,n_j; j = 1,2,\cdots,m) \tag{7.4}$$

$$\xi_t = A\zeta_t + V_t, \quad \xi_t, V_t \in \mathbb{R}^m \quad (A \in \mathbb{R}^{m\times m}) \tag{7.5}$$

$$\zeta_t = D\zeta_{t-1} + \zeta_{t-1}\left(1 - \frac{\zeta_{t-1}}{k}\right) + w_t \quad (\zeta_t, w_t \in \mathbb{R}^m, D\varepsilon\,\mathbb{R}^{m\times m}) \tag{7.6}$$

其中,集合 $C_j = \{\lambda_{j1}, \lambda_{j2}, \cdots, \lambda_{jn_j}\}$ 由 Dirichlet 过程式(7.1)~式(7.3)中聚类到第 j 组的所有县的索引组成。使用 Dirichlet 过程式(7.5)、式(7.2)和式(7.3)进行聚类后,数据聚合得到 ξ_t ,作为非线性滤波器式(7.5)和式(7.6)的观测值。最终,由非线性滤波器估计簇上的隐藏变量 $\zeta_t \in \mathbb{R}^m$ 。

现在我们进一步介绍式(7.5)和式(7.6)中超参数 β、A、D、k 和高斯噪声 v_t、w_t 的计算。w_t 的协方差矩阵 $\boldsymbol{Q}$ 是对角矩阵,而 v_t 的协方差矩阵 R 是复合对称协方差矩阵。容量由初始值较大的参数 k 仿真。θ_i 的基线空间效应为正态分布 $G_0 = \mathcal{N}(\mu, \Sigma)$,μ 和 Σ 分别是正态分布的均值和方差,并假设 $\mu \sim \mathcal{N}(\mu_0, \Sigma_0)$ 和 $\Sigma \sim \mathrm{IW}(a, b)$ 。$\mathrm{IW}(a, b)$ 是比例矩阵为 a 和自由度为 b 的 Wishart 逆分布。我们假设 β 来自多元正态分布 $\mu \sim \mathcal{N}(\beta_0, \Sigma_\beta)$ 。假定浓度参数 $\alpha>0$ 并且 $\alpha \sim \Gamma(a_0, b_0)$ 。噪声 w_t 和 v_t 均来自正态分布,$w_t \sim \mathcal{N}(0, Q)$ 和 $v_t \sim \mathcal{N}(0, R)$,可以通过最大似然估计(MLE)得到 A、D、k、Q 和 R 的初始值。

7.2.1　Dirichlet 过程

与许多传统的聚类算法相比,Dirichlet 过程可以自动获取簇数,而无须预先指定。在 DPPF 模型中,假设空间效应来自 Dirichlet 过程。

在式(7.1)~式(7.3)中,正态分布 $G_0 = \mathcal{N}(\mu, \Sigma)$ 均值为 μ 和协方差为 Σ,μ 和 Σ 分别满足 $\mu \sim \mathcal{N}(\mu_0, \Sigma_0)$ 和 $\Sigma \sim \mathrm{IW}(a, b)$ 。其中,分布 $\mathrm{IW}(a, b)$ 是尺度矩阵为 $\boldsymbol{a}$ 和自由度为 β 的逆 Wishart 分布。同时,假设 β 服从正态分布 $\beta \sim \mathcal{N}(\beta_0, \Sigma_\beta)$ 。假定浓度参数 $\alpha>0$ 并且 $\alpha \sim \Gamma(a_0, b_0)$ 。那么, θ_i 的后验分布如下:

$$\pi(\theta_i \mid \theta_1, \cdots, \theta_{i-1}, \alpha, \mu, \Sigma) = \frac{\alpha}{\alpha + i - 1} G_0(\mu, \Sigma) + \frac{1}{\alpha + i - 1} \sum_{j=1}^{i-1} \delta_{\theta_j}(\theta_i) \quad (i = 2, 3, \cdots, m) \tag{7.7}$$

α 越小,表示 θ_i 是从 G_0 随机抽取的新值的可能性越小,这会导致少量(m 个)不同的 θ 值;而较大的 α 表示会有更多的簇,即较大的 m。

在实践中,通常需要从 Dirichlet 过程得到的许多聚类中选择“最佳”结果。因此,需要确定规则来选择来自 Dirichlet 过程的最佳聚类结果,另外需要注意,由于使用顺序马尔可夫链蒙特卡罗方法,Dirichlet 过程的聚类结果并不是唯一的。因此,我们提出了一种基于偏好的选择原则,以充分利用 Dirichlet 过程的所有聚类信息。由于邻接矩阵不是好的选择,为此我们定义了一个定量索引(称为影响索引),使用它来找到最佳的聚类结果。

影响指数的计算过程如下:用 $S = \{s_1, s_2, \cdots, s_n\}$ 表示邻接矩阵 $\boldsymbol{M}$ 的各列和,其中 n 是区域数, $s_i = \sum_{j=1}^{n} M_{ij}$ 。当区域 i 和 j 相邻时,令 M_{ij} 为 $\frac{1}{n_j}$,否则为 0,其中 n_i 是区域 i 的邻居数。经 Dirichlet 过程之后,将 $\boldsymbol{M}$ 的所有元素逐列逐行相加,从同一集群聚合数据,使得同一集群具有唯一的标签。从某种意义上说, s_k 是区域 k 对其所有邻居的贡献。假设 Dirichlet 过程有 L 个聚类结果,在第 l 个聚类中有 c_l 个簇 / 组,$1 \leqslant l \leqslant L$。用 $D_l = \{\tau_{l1}, \tau_{l2}, \cdots, \tau_{lc_l}\}$,$1 \leqslant l \leqslant L$ 表示第 l 个聚类结果,其中 τ_{lk} 是第 l 个聚类结果中第 k 个聚类所有区域的标签。然后,选择影响指数的最大值:

$$\ln d_l = \sum_{k=1}^{C_l} |\tau_{lk}| \sum_{i \in \tau_{lk}} s_i \quad (1 \leqslant l \leqslant L) \tag{7.8}$$

式中：$|\tau_{lk}|$ 为集合 τ_{lk} 中的元素数量。如果 $\ln d_l(1 \leqslant l \leqslant L)$ 具有最大值，则选择第 l 个聚类进行数据处理。

7.2.2 粒子滤波器

为了对 Dirichlet 过程聚类之后的发病率进行建模，我们采用了粒子滤波器，即运用许多称为粒子的独立随机变量来估计隐藏变量，并直接从状态空间采样粒子来表示后验分布。该过程中新的观察量被用于更新后验概率，同时系统会根据贝叶斯规则实现递归传播。

综上所述，式(7.5)和式(7.6)具有马尔可夫线性观测值，进一步假设 w_t 和 v_t $(t=1,2,\cdots,T)$ 为高斯随机变量的非线性滤波器 $\mathbb{E}[\zeta_t,\xi_t]$ 可以明确地呈高斯分布。即使可以通过经典的卡尔曼滤波器也可以解决该问题，我们的模型也是非线性的，但借助高斯参数也很难完成非线性函数的评估。为此，我们改用粒子滤波器技术进行处理，通过顺序蒙特卡罗方法解决该问题。在顺序蒙特卡罗仿真中，先验分布和后验分布使用离散分布来近似。借助重采样技术，粒子滤波器具有递归性质和低成本优点，无疑是更优的选择。

假设有 J 粒子，则 ζ_t 可以根据后验分布得出：

$$\zeta_{t+1} \mid \zeta_t,\xi_{t+1} \sim \mathcal{N}(\mu,\Sigma) \tag{7.9}$$

$$\mu = \sum [Q^{-1}g(\zeta_t) + A' R^{-1} \xi_{t+1}] \tag{7.10}$$

$$\Sigma = (Q^{-1} + A' R^{-1}A)^{-1} \tag{7.11}$$

$\zeta_{i,t+1}$ 的非线性函数可以通过下式计算：

$$\mathbb{E}[f(\zeta_{t+1}) \mid \zeta_t,\xi_{t+1}] \approx \sum_{j=1}^{J} f(\zeta_{t+1}^{(j)} \mid \zeta_t,\xi_{t+1})\, p_{t+1}^{(j)}$$

式中：$\zeta_{t+1}^{(j)}$ 为蒙特卡罗样本(通常称为粒子)和权重 $p_{t+1}^{(j)}$ 可递归获得：

$$p_{t+1}^{(j)} \propto p_t^{(j)} \exp(-\eta^{(j)}) \quad (j=1,2,\cdots,J)$$

$$\eta^{(j)} = \frac{1}{2}[\xi_{t+1} - Ag(\xi_{t+1})]^{\mathrm{T}} K^{-1}[\xi_{t+1} - Ag(\xi_{t+1})]$$

$$K = R + AQA^{\mathrm{T}}$$

其中，$g(\zeta_{t-1}) = D\zeta_{t-1} + \zeta_{t-1}\left(1 - \dfrac{\zeta_{t-1}}{k}\right)$，见式(7.6)。

7.2.3 方法估计

当前比较流行的统计质量控制图-指数加权移动平均(EWMA)被用于对前述所提出的 DPPF 方法进行评估。该统计质量控制图通常用于检测偏离指定中心或样本中心的违例。由于我们的重点是检测某种疾病的暴发，因此对于中心数据以外的数据案例并不感兴趣。

在实践中，我们希望早期失控的信号指示异常，从而动态指示可能的疾病暴发。由于较大的控制极限将导致失控平均行程长度(ARL)增大，降低了图表的功效，因此在 EWMA 报告中，控制极限最大为 4σ。选择 4σ 阈值有两个原因：首先，随着控制极限的增加，检测效率会降低，如果使用较大的控制极限，可能很难检测到真实阳性，尤其是对于真实阳性率(TPR)和阴性预测值(NPV);其次,如果 EWMA 图表中的控制限制太大,则会导致Ⅱ型错误增大。

论文通过将检测结果与真实暴发数据进行比较来评估疾病暴发检测的性能,其基准集由点标签组成,分别将各点标识为暴发或不暴发。如果在基准测试和 EWMA 检测中均暴发,则将这些点定义为真阳性。真阴性是指基准测试和 EWMA 检测中均未暴发。类似地,可以定义假阳性和假阴性。最终选择五个指标进行验证,分别是准确性(ACC)、敏感性(TPR)、特异性(SPC)、阳性预测值(PPV)和阴性预测值(NPV)。

7.3　基于印第安纳州监测数据的应用

本应用的监测数据来自印第安纳州公共卫生紧急监视系统(PHESS)。该数据集主要针对急诊科对流感类疾病和呼吸道疾病的诊治,包括 2008—2010 年大约 700 万个观测值。DPPF 模型首先通过 Dirichlet 过程进行聚类,然后使用 7.2 节中所述的粒子滤波器获得隐藏变量。经过 Dirichlet 处理后,印第安纳州的 92 个县被分为 25 个空间组。作为比较,我们还考虑了有关文献根据区域劳动力市场信息提出的另一种方法,该方法将所有县分为 11 个区域。通过以下三种方法验证 DPPF 模型的检测性能与结果:①92 个县的原始数据;②11 个地区的劳动力市场数据;③通过 Dirichlet 对数据降维处理而没有滤波的数据。

Dirichlet 处理后的 25 个空间组的时间序列见图 7.1。最严重的暴发期是在 2009 年 10 月,最高达 670 天。疾病预防控制中心 2009—2010 年流感季节报告进一步证实,该流感疾病的每周就诊百分比的高峰期确实在 2009 年 10 月底。如图 7.1 所示,该峰值高于之前三个流感季节。由于该高峰主导这一流感过程,因此很难发现其他中等和较小规模的疾病暴发。图 7.2 为 DPPF 数据的时间序列图,可以发现,滤波后的状态幅度小于观测值,并且潜在状态的整体形状类似原始数据。

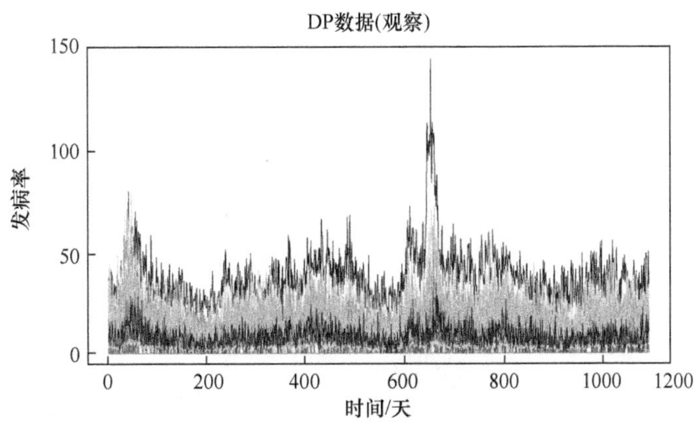

图 7.1　DP 数据的时间序列

图 7.3 是 Dirichlet 处理后实际数据的聚类结果。该图是印第安纳州 92 个县的地图,所示为每个集群的平均发病率,其中地图中的颜色对应每个季节各集群的平均发病率,颜

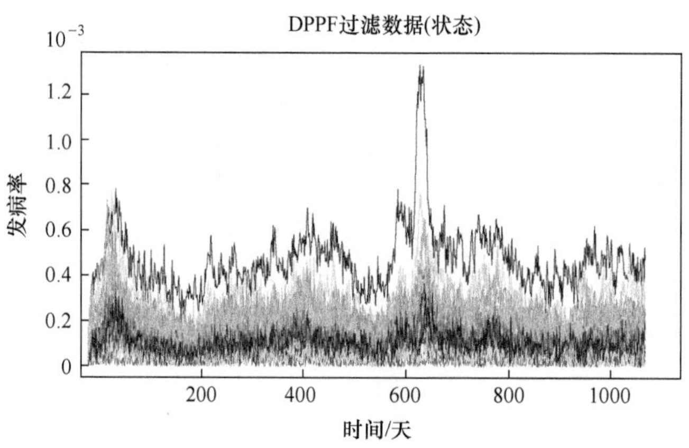

图 7.2　DPPF 数据的时间序列图

色的深浅(从白色到深红色)表示均值的增加。可以看出,2009 年的最后一季有一个较暗的颜色区,这意味着在此期间的高发病率,而这一时期恰好是 H1N1 的暴发期。

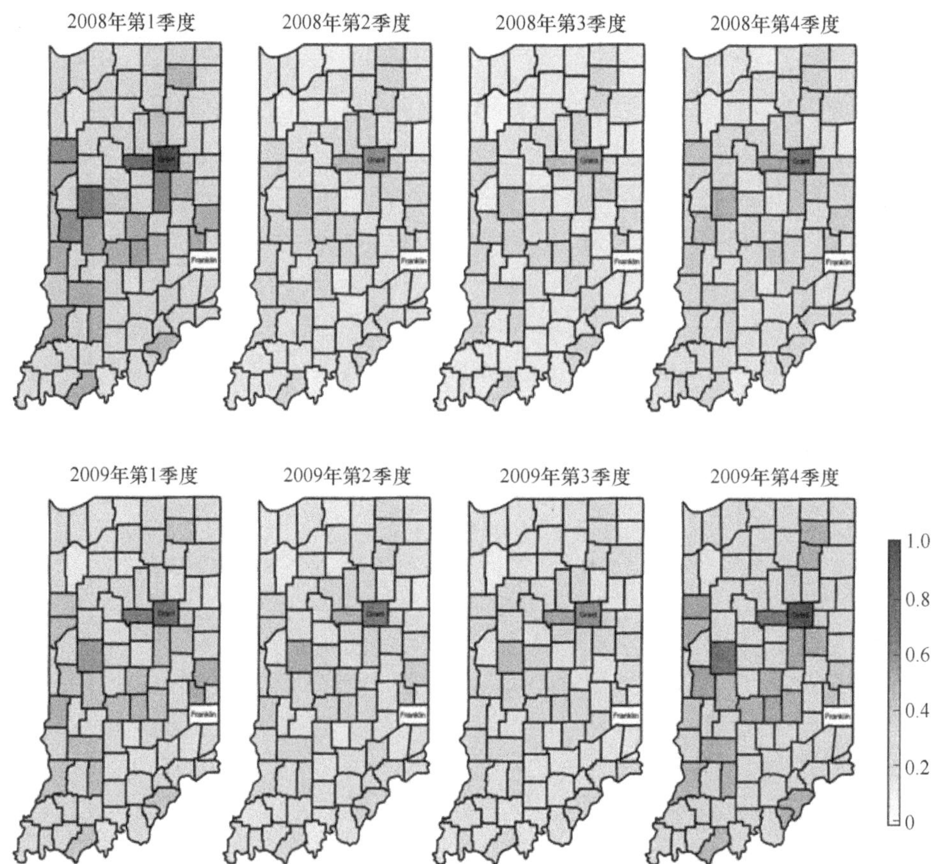

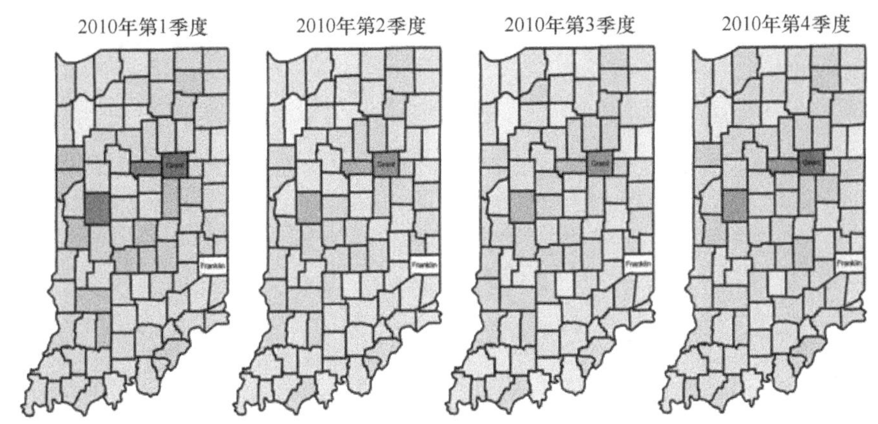

图 7.3　通过 Dirichlet 过程聚类的印第安纳州监测数据
（每个集群的发病率均为标准值，范围为 0~1。颜色较深的县发病率相对较高。可以发现，格兰特郡的发病率最高，而富兰克林的发病率最低）

为了对不同暴发检测方法进行评估，我们参考 CDC 的流感季节摘要："在截至 2008 年 1 月 12 日的第 2 周，首次检测出流感阳性的标本比例超过 10%；在截至 2008 年 2 月 9 日的第 6 周，流感阳性的标本比例最高达到 32%；在截至 2008 年 4 月 19 日的第 16 周内，下降至 <10%；连续 14 周，这一比例超过 10%。"至此，我们获得 2008 年 1 月 12 日到 2008 年4 月 19 日(99 天)的第一个暴发期数据。

根据美国疾病预防控制中心（CDC）过去 10 年的报告，流感高峰期通常在 12 月至次年3 月。但是，H1N1 大流行使情况复杂化，特别是一些常见流感季节和 H1N1 同时交织。2009 年 8 月 30 日至 12 月 12 日（104 天）的 H1N1 暴发期，就是第二个流感暴发期。我们使用每个集群和每个季节的平均值进行分析。通过空间比较可以发现格兰特郡的发病率最高，而富兰克林的发病率最低。另外，在没有疾病暴发的季节，如 2010 年的第二季度和第三季度，地区发病率差异并不明显。研究进一步将时间范围缩小到一个月，甚至一个星期，还会发现更多详细信息。在本节中，我们讨论了流感类疾病的季节聚类结果。我们还观察到，除了最高峰外，2008 年第一季度的发病率也相对较高。CDC 2007—2008 年流感类疾病季节性报告再次证实了这一点，即在 2008 年第一季度有流感暴发。

DPPF 模型筛选出的数据与最小化对数似然估算的模型参数有关。对于图 7.5 中的矩阵 $\boldsymbol{A}$，我们将其定义为具有相同对角线值和相同非对角线非零值的简单三对角矩阵。矩阵 $\boldsymbol{D}$ 为图 7.4 所示的块状三对角线结构。在逻辑模型中模拟拉普拉斯算子的有限差分离散的扩散矩阵结构可以获得该矩阵。在我们的模型中，有 25 个组，因此 $\boldsymbol{D}$ 是一个 25×25的对称稀疏矩阵，对角线值为 4，非对角线（虚线）值为-1。

图 7.5 是印第安纳州实际数据的暴发检测结果。对于前文所述的五项指标，我们的 DPPF 模型在每项指标中都显示出优势。随着控制极限的增加，不同类型的索引显示出不同的行为。对比另外四种方法，随着控制极限从 1σ 增加到 4σ，ACC、SPC 和 PPV 都会增加，而 TPR 和 NPV 显示下降趋势。除 PPV 之外，我们 DPPF 模型的检测精度均大于 70%，且有的可达 90%以上。即使对于 PPV，DPPF 表现也是最佳的，其他四种方法的检

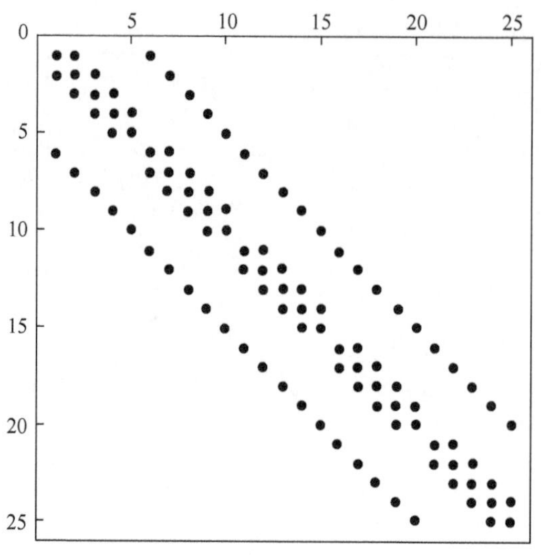

图 7.4　扩散矩阵($nz = 105$)

测精度都相对更低。本章中,我们将控制限制设置为最大 4σ。如果控制极限太大,则大多数点将保持在极限范围内,EWMA 图就无法检测到所有暴发。这也解释了为什么控制极限增加时 TPR 和 NPV 会有所下降。

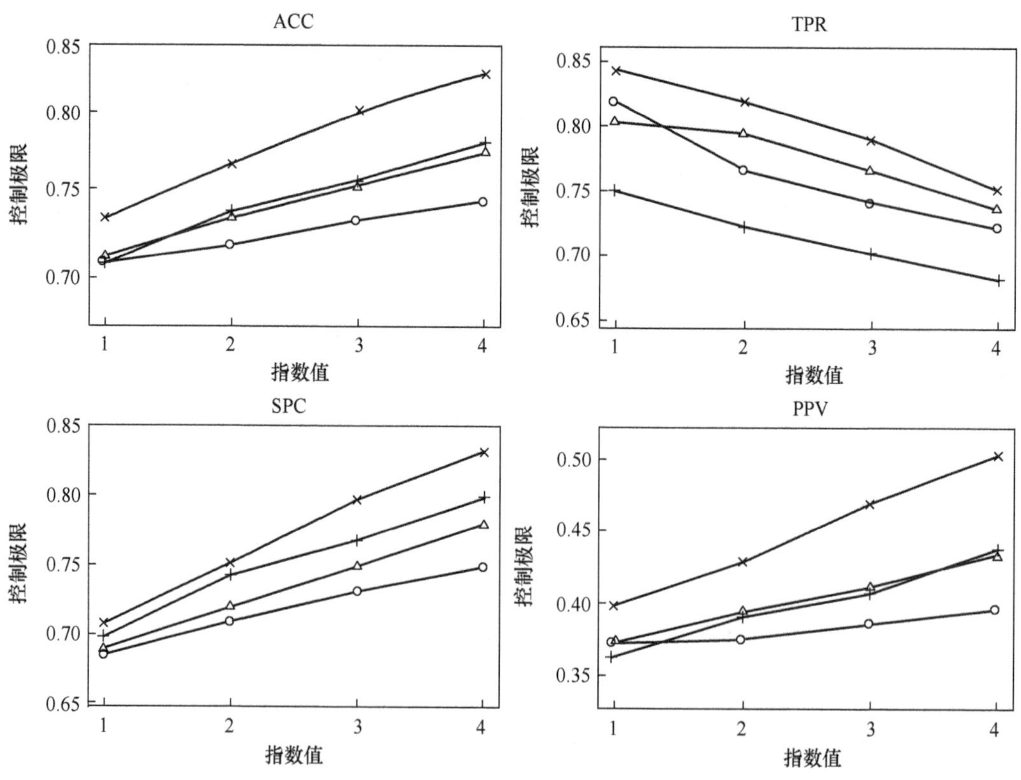

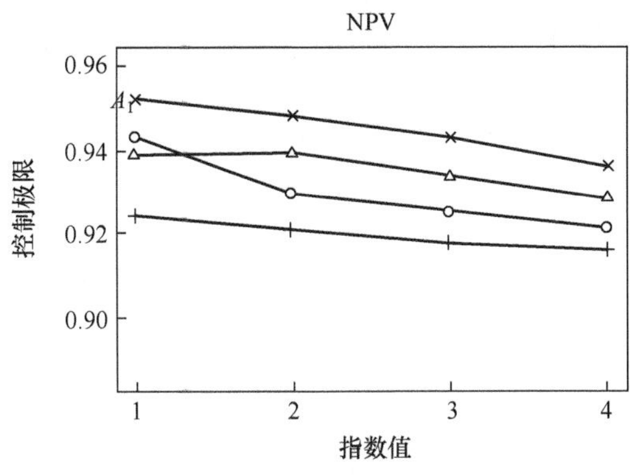

图7.5　使用对角 $\boldsymbol{Q}$ 矩阵的印第安纳州实际数据的暴发检测

7.4 小　结

为了适应健康监测数据的低信噪比和高维时空结构，我们提出一种新颖的分层贝叶斯框架，该框架结合 Dirichlet 过程和粒子滤波器检测时空效应。本章提出的 DPPF 模型是针对时空动态的数据驱动方法，具有高效的降维功能，还可实现有效的早期发现功能。DPPF 以低信噪比实现了高精度及对数据微小变化的检测。同时，对于整个数据维度，DPPF 方法比贝叶斯方法的计算成本低。

由于原始数据不符合统计控制图的独立性和正态性假设，因此使用原始数据的控制图暴发检测会出现问题。为此，我们使用 Dirichlet 过程增强 DPPF 模型，以减少维度，而无须预先指定簇的数量，同时还减小了用于过滤的簇间空间依赖性。Dirichlet 过程的非参数属性可增强模型的灵活性，并提供动态数据驱动的检测。

由于粒子滤波器可实现隐藏变量估计，与传统隐马尔可夫模型相比，我们的 DPPF 模型使动态状态估计成为可能。实验结果表明，我们的方法可以实现对动态模式的建模和暴发预测。

本章的方法适用于对各种问题的建模。DPPF 框架使公共卫生从业人员能够检测大尺度时空中疾病暴发的可能性，即便是遇到基于似然性的推理不可行和潜在不可取的情况。我们的方法根据最佳过滤框架选择参数估计值，使统计属性的观察值和拟合值尽可能匹配。DPPF 框架中滤波器模型的不同设置仍需继续研究，例如 $\boldsymbol{A}$ 矩阵和 $\boldsymbol{D}$ 矩阵的选取等。

参考文献

[1] C. E. Antoniak, Mixtures of Dirichlet processes with applications to Bayesian nonparametric problems. Ann. Stat. 2, 1152-1174 (1974)

[2] C. H. Bishop, B. J. Etherton, S. J. Majumdar, Adaptive sampling with the ensemble transform Kalman filter. Part I: theoretical aspects. Mon. Weather Rev. 129(3), 420-436 (2001)

[3] D. Blackwell, J. B. MacQueen, Ferguson distributions via pólya urn schemes. Ann. Stat. 1, 353-355 (1973)

[4] R. Brookmeyer, D. F. Stroup, Monitoring the Health of Populations: Statistical Principles and Methods for Public Health Surveillance (Oxford University Press, New York, 2003)

[5] G. Burgers, P . Jan van Leeuwen, G. Evensen, Analysis scheme in the ensemble Kalman filter. Mon. Weather Rev. 126(6), 1719-1724 (1998)

[6] K. Burghardt et al., Testing modeling assumptions in the West Africa Ebola outbreak. Sci. Rep. 6, 34598 (2016). https://doi.org/10.1038/srep34598

[7] B. Cai, A. B. Lawson, M. Hossain, J. Choi, R. S. Kirby, J. Liu et al., Bayesian semiparametric model with spatially-temporally varying coefficients selection. Stat. Med. 32(21), 3670-3685 (2013)

[8] CDC, Weekly u. s. influenza surveillance report, 2007-2008, 2008-2009, 2009-2010 (2016)

[9] A. J. Chorin, M. Morzfeld, X. Tu, A survey of implicit particle filters for data assimilation, in State-Space Models, ed. by Y . Zeng, S. Wu (Springer, New Y ork, 2013), pp. 63-88

[10] Y . Chung, D. B. Dunson, The local Dirichlet process. Ann. Inst. Stat. Math. 63(1), 59-80 (2011)

[11] J. A. Duan, M. Guindani, A. E. Gelfand, Generalized spatial Dirichlet process models. Biometrika 94 (4), 809-825 (2007)

[12] D. B. Dunson, J. -H. Park, Kernel stick-breaking processes. Biometrika 95(2), 307-323 (2008)

[13] M. D. Escobar, M. West, Bayesian density estimation and inference using mixtures. J. Am. Stat. Assoc. 90(430), 577-588 (1995)

[14] G. Evensen, Sequential data assimilation with a nonlinear quasi-geostrophic model using monte carlo methods to forecast error statistics. J. Geophys. Res. Oceans 99(C5), 10143-10162 (1994)

[15] T. S. Ferguson, A Bayesian analysis of some nonparametric problems. Ann. Stat. 1, 209-230 (1973)

[16] R. D. Fricker, B. L. Hegler, D. A. Dunfee, Comparing syndromic surveillance detection methods: ears versus a cusum-based methology. Stat. Med. 27, 3407-3429 (2008)

[17] M. Fuentes, B. Reich, Multivariate spatial nonparametric modelling via kernel processes mixing. Stat. Sin. 23(1), 75-97 (2013)

[18] A. E. Gelfand, A. Kottas, S. N. MacEachern, Bayesian nonparametric spatial modeling with Dirichlet process mixing. J. Am. Stat. Assoc. 100(471), 1021-1035 (2005)

[19] P . J. Green, S. Richardson, Hidden Markov models and disease mapping. J. Am. Stat. Assoc. 97 (460), 1055-1070 (2002)

[20] M. S. Grewal, A. P . Andrews, A. K. Filtering, Theory and practice using matlab, 3rd edn. (Wiley, Hoboken, 2001)

[21] R. E. Kalman, A new approach to linear filtering and prediction problems. J. Basic Eng. 82(1), 35-45 (1960)

[22] K. Kleinman, Generalized linear models and generalized linear mixed models for smallarea surveillance, in Spatial and Syndromic Surveillance for Public Health, ed. by A. B. Lawson, K. Kleinman (Wiley, West Sussex, 2005), pp. 77-94

[23] L. Knorr-Held, S. Richardson, A hierarchical model for space-time surveillance data on meningococcal disease incidence. J. R. Stat. Soc. Ser. C Appl. Stat. 52(2), 169-183 (2003)

[24] A. Kottas, J. A. Duan, A. E. Gelfand, Modeling disease incidence data with spatial and spatio temporal Dirichlet process mixtures. Biom. J. 50(1), 29-42 (2008)

[25] A. B. Lawson, K. Kleinman et al., Spatial and Syndromic Surveillance for Public Health (Wiley, New Y ork, 2005)

[26] Y . Le Strat, F. Carrat, Monitoring epidemiologic surveillance data using hidden Markov models. Stat. Med. 18(24), 3463–3478 (1999)

[27] J. Mandel, J. D. Beezley, An Ensemble Kalman-Particle Predictor-Corrector Filter for Non-Gaussian Data Assimilation (Springer, Berlin/Heidelberg, 2009), pp. 470–478

[28] J. Mandel, J. D. Beezley, A. K. Kochanski, V . Y . Kondratenko, M. Kim, Assimilation of perimeter data and coupling with fuel moisture in a wildland fire-atmosphere DDDAS. Proc. Comput. Sci. 9, 1100–1109 (2012)

[29] J. Mandel, L. S. Bennethum, M. Chen, J. L. Coen, C. C. Douglas, L. P . Franca, C. J. Johns, M. Kim, A. V . Knyazev, R. Kremens, V . Kulkarni, G. Qin, A. Vodacek, J. Wu, W. Zhao, A. Zornes, Towards a Dynamic Data Driven Application System for Wildfire Simulation (Springer, Berlin/Heidelberg, 2005), pp. 632–639

[30] A. Patra, M. Bursik, J. Dehn, M. Jones, M. Pavolonis, E. B. Pitman, T. Singh, P . Singla, P . Webley, A DDDAS framework for volcanic ash propagation and hazard analysis. Proc. Comput. Sci. 9, 1090–1099 (2012)

[31] A. K. Patra, M. Bursik, J. Dehn, M. Jones, R. Madankan, D. Morton, M. Pavolonis, E. B. Pitman, S. Pouget, T. Singh et al., Challenges in developing DDDAS based methodology for volcanic ash hazard analysis-effect of numerical weather prediction variability and parameter estimation. Proc. Comput. Sci. 18, 1871–1880 (2013)

[32] A. Rodriguez, D. B. Dunson, A. E. Gelfand, The nested Dirichlet process. J. Am. Stat. Assoc. 103 (483), 1131–1154 (2008)

[33] H. Seybold, S. Ravela, P . Tagade, Ensemble Learning in NonGaussian Data Assimilation (Springer, Cham, 2015), pp. 227–238

[34] Y . W. Teh, M. I. Jordan, M. J. Beal, D. M. Blei, Hierarchical Dirichlet processes. J. Am. Stat. Assoc. 101, 1566–1581 (2006)

[35] A. V odacek, J. P . Kerekes, M. J. Hoffman, Adaptive optical sensing in an object tracking DDDAS. Proc. Comput. Sci. 9, 1159–1166 (2012)

[36] L. A. Waller, B. P . Carlin, H. Xia, A. Gelfand, Hierarchical spatio-temporal mapping of disease rates. J. Am. Stat. Assoc. 92, 607–617 (1997)

[37] R. E. Watkins, S. Eagleson, B. Veenendaal, G. Wright, A. J. Plant, Disease surveillance using ahidden Markov model. BMC Med. Inform. Decis. Mak. 9(1), 1 (2009)

[38] J. Zou, A. F. Karr, D. Banks, M. J. Heaton, G. Datta, J. Lynch, F. V era, Bayesian methodology for the analysis of spatial-temporal surveillance data. Stat. Anal. Data Min. 5(3), 194–204 (2012)

[39] J. Zou, A. F. Karr, G. Datta, J. Lynch, S. J. Grannis, A Bayesian spatio-temporal approach for realtime detection of disease outbreaks: a case study. BMC Med. Inform. Decis. Mak. 14(108), 1–18 (2014)

第三部分　结构感知:健康建模

第 8 章　大型复合结构的驾驭式计算框架

A. Korobenko, M. -C. Hsu, Y. Bazilevs

摘要:仿真、优化、结构健康监测(SHM)和高性能计算(HPC)的发展为本章的研究提供了支持,基于这些技术可以构建 DDDAS 交互式结构复合元素关系网络(DISCERN)框架。DISCERN 由以下功能组成:结构健康监测(SHM)系统、高级流体结构耦合(FSI)仿真以及灵敏度分析、优化和控制软件。高性能计算(HPC)用于提高系统的效率和有效性。DISCERN 框架可用于对大中型复合结构的分析,包括航空航天结构(如军用飞机的机身和机翼、直升机叶片和无人飞行器)以及民用结构(如风力涡轮机的叶片和塔架)。DISCERN 框架可以连续、动态地将 SHM 数据集成到 FSI 分析中,这使得人们能够:①在运行过程中避免结构承受过大的应力;②进行结构维护和修理;③预测结构的剩余疲劳寿命。本章分别介绍了原始的和随时间变化的 FSI 公式,并基于原始 FSI 问题和伴随 FSI 问题的信息,制定了针对 FSI 的简单控制策略,该控制策略有助于驾驭式计算仿真。

8.1 引　言

DDDAS 能够收集指定物理系统的测量数据,以便动态更新该系统的计算模型。使用测量数据,可以更新计算模型的几何形状、边界条件、力和材料参数,以更好地表示物理实体。同时,正确更新的计算模型能够对不易获得测量值的目标产生更高保真度的输出。因此,DDDAS 是一种在孪生环境下开展测量和模拟的并行框架。

计算力学、优化、结构健康监测和高性能计算的最新发展为构建 DDDAS 框架提供了支持。在该框架中,驾驭式计算可用于中型到大型结构的应用(图 8.1),包括航空航天结构,如飞机机身和机翼、直升机叶片、无人驾驶飞行器;以及民用结构,如风力涡轮机叶片和塔架。通过驾驭式计算,可以实现对结构的实时监视和控制,以最大限度地减少疲劳载荷,延长结构寿命,防止过早失效,同时还可预测是否失效。几种常见的损毁情景主要发生在复合结构的制造中。本框架能够实时监测,可在任何状态下指导这些结构的过度负荷,从而减少结构维护和维修时间,从而节省大量成本。我们将 DDDAS 框架的计算密集型组件用到 HPC。

DDDAS 的许多应用不仅涉及传感器数据计算模型的更新,还涉及模型和物理系统输入参数的调整,以实现对结果的不断优化。例如,有些学者应用 DDDAS 框架实现对修复前列腺癌的激光引导手术的驾驭式计算,通过动态控制激光的温度和位置,实现对癌组织

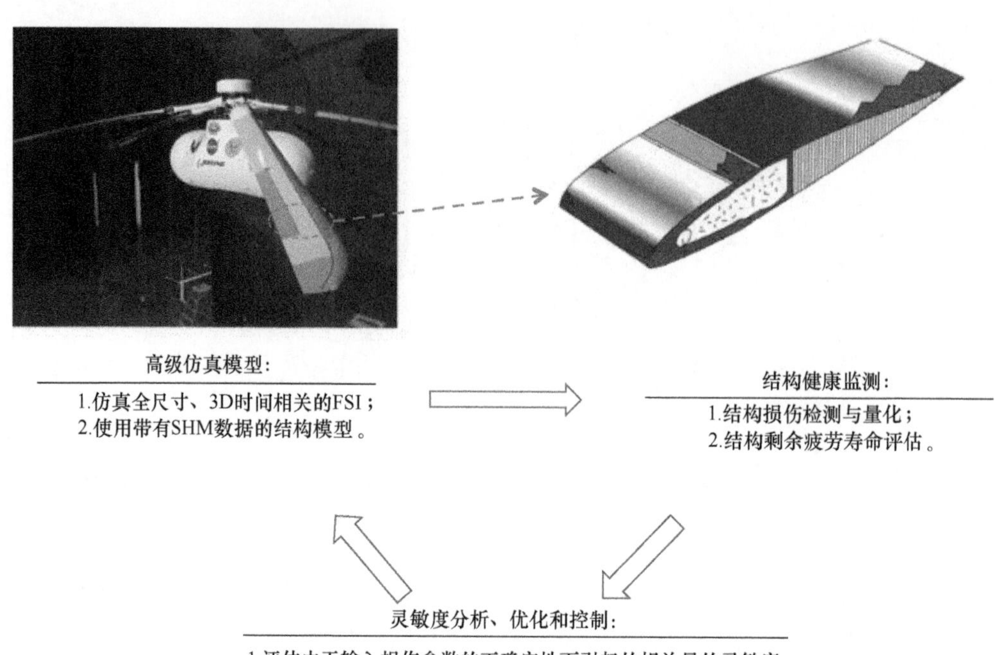

图 8.1 DISCERN 框架图解

的最大杀伤。在案例中,我们研究关于空气动力负荷的大型结构(如飞机机身和机翼)的 DDDAS 框架,即 DDDAS 交互式结构复合元件关系网络。

动态控制结构是 DISCERN 框架的组成部分,该部件能确保结构在安全条件下运行,并最大限度地减少结构损坏的发生。多数情况下,流体结构耦合(FSI)效应非常重要,需要包含在基础计算模型中。此外,由于 FSI 效应对于损毁建模非常重要,因此对我们的应用系统而言,动态控制策略必须考虑 FSI。本章中,我们首先描述了有关学者提出的基于时间的 FSI 动态控制策略。该控制策略能同时解决原始 FSI 问题和伴随 FSI 问题(也称对偶 FSI 问题)。原始 FSI 问题和伴随 FSI 问题的解决方案都用于调整应用系统的控制参数。由于原始 FSI 问题和伴随 FSI 问题都涉及原始流体和双重流体自由度以及结构力学自由度之间的耦合,因此控制策略会自动考虑 FSI。

在本章中,我们将对 DISCERN 框架进行全面综述,该框架包括以下功能:①复合结构、空气动力学和 FSI 的高级仿真;②在存在 FSI 的情况下对结构进行灵敏度分析、优化和控制;③SHM 系统;④HPC 应用。我们还会通过一些计算示例来介绍 DISCERN 框架的实际应用。

8.2 DDDAS 框架结构

8.2.1 复合结构、空气动力学和 FSI 的高级建模

我们使用几何分析(IGA)方法对结构力学进行建模。IGA 是最近提出的类似有限元

方法(FEM)的仿真方法,其基础功能技术涉及计算机辅助设计(CAD)、计算机图形(CG)和动画等。在 IGA 中,对于几何结构和计算方案使用同样的功能描述。非均匀有理 B 曲线(NURBS)是 IGA 最常用的离散化方法,但其他方法(如 T 曲线)有时也被使用。通过离散化,大大简化了结构设计与计算分析的集成。几何结构和计算方案的单一表示允许建模仿真不同阶段软件组件的简单集成。IGA 本质上是一种高阶的、精确的技术。另外,与标准有限元相比,IGA 的基函数具有更高的连续性。这种连续性是 IGA 的显著特征,在计算力学的许多应用中都有帮助。

本工作主要研究复合结构(例如军用飞机的机身部分、直升机叶片、无人机的机翼等)。由于这些结构是弯曲的薄壳,并用结构加强件进行加固。为了全尺寸、精细地模拟这样的结构,离散化薄壳可以提高计算效率,这也是复合材料结构建模的关键。最近,有关学者提出的等轴壳分析可以解决薄壳标准有限元技术的缺点。与 FEM 相比,IGA 基础函数的高阶连续性(C1 或更高)显著提高了薄壳离散化的自由度精度和鲁棒性。此外,随着 IGA 离散化的连续性提高,可以使用没有旋转自由度的壳运动学,从而进一步节省计算成本。有关文献提出了无等角旋转的 Kirchhoff-Love 壳公式,称为 Bending-Strip 方法,该方法适用于由多个结构补丁组成的结构,很多学者将其成功应用于风力涡轮机的 FSI。不仅节省大量计算成本,相比于有旋转自由度的壳体,无旋转壳体离散化使得 FSI 耦合更加简单。多核处理器和图形处理单元(GPU)的计算单元部署密集、计算能力强大,在其上的计算结构力学公式,可进一步提高计算速度。

本章使用通用几何有限元、IGA、时间依赖、3D、不可压缩的 Navier-Stokes 求解器进行空气动力学建模。我们使用了变分多尺度(VMS)公式,并用弱强制的基本边界条件进行补充。弱边界条件可以提高边界层边缘解析的准确性,与墙函数技术有相似之处。此外,我们还运用任意拉格朗日-欧拉(ALE)公式将流体力学方程式置于运动域中。由此,该方法被命名为 ALE-VMS。

ALE-VMS 仿真结合了 FSI 耦合,该耦合假定流体与结构之间存在强耦合,并进行牛顿线性化。通过牛顿迭代,允许用户自主选择左侧矩阵中流体与结构之间的耦合程度。这导致了耦合的层次结构,可以针对给定的应用利用耦合技术获得最佳效率。然而,耦合方程组的右侧向量不变,以确保收敛到正确耦合的解,而与左侧矩阵中的耦合程度无关。鉴于我们的应用处于气动弹性状态下,通常能够从左侧矩阵中删除非标准耦合项,而不会降低非线性收敛性。风轮机 FSI 仿真验证了该策略的可行性(图 8.2 和图 8.3)。

8.2.2　对结构进行灵敏度分析、优化和结构控制

本节简要首先介绍了无导数的灵敏度分析和优化技术,这些技术有助于将传感器和测量数据“转换”为有用的量(模型输入,例如连续损毁模型中损坏区域的位置、大小、形状或长度刻度等参数),用于结构高级建模;然后介绍了基于伴随控制策略的 FSI 应用的详细公式。

8.2.2.1　无导数的灵敏度分析和优化技术

嵌入式传感器的数据用于量化结构系统的内部损坏,并为使用 IGA 建模的结构提供输入参数。我们可将损坏量化为材料强度的局部降低、复合层的分离或接头的脱落,这些变形作为对材料模型或几何/拓扑参数的修改被引入结构模型中。由于这些参数有误差

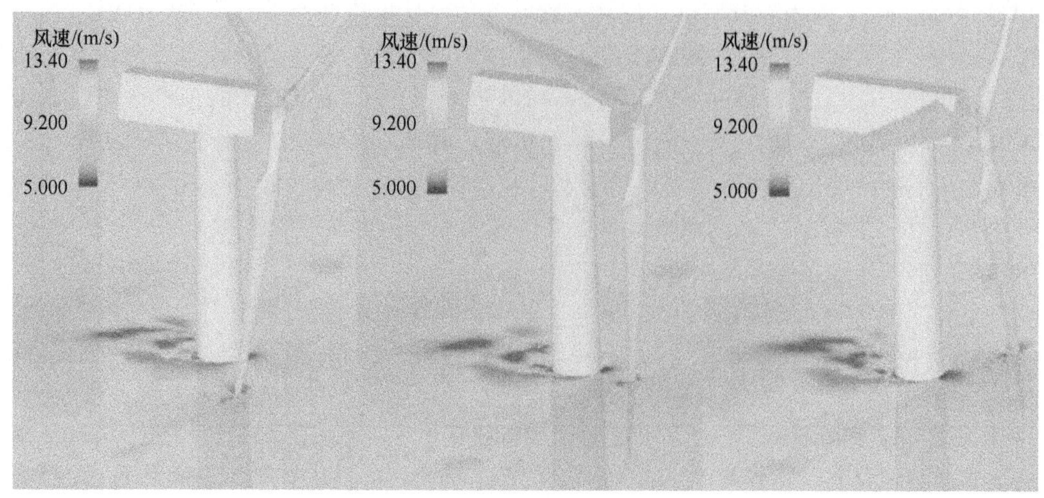

图 8.2 对风力发电机 FSI 的全尺寸仿真(叶片以重叠的风速周线通过塔架)

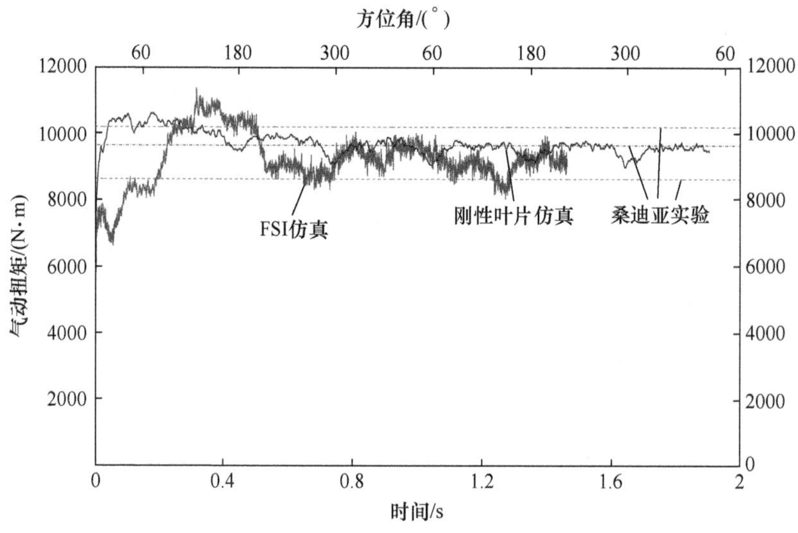

图 8.3 对风力发电机的 FSI 进行的全面仿真
(FSI 和刚性叶片仿真的气动扭矩历史记录与实验值的比较)

范围,需要使用有效的不确定性量化(UQ)工具进行灵敏度分析,以使置信区间位于模拟输出上。可以使用随机配置方法进行分析,这些方法已成功用于计算固体力学和心血管模拟。与传统的蒙特卡罗技术相比,该方法可节省大量资金,并且很容易扩展到本应用中。

每次灵敏度分析都需要使用系统选择的输入条件(通过稀疏网格 Smolyak 算法确定的条件)执行一批独立的仿真。由于可以独立启动仿真,因此大大提高了并行计算的可伸缩性。仿真结果被用于计算目标输出量的概率分布函数(PDF)。从 PDF 中可以提取置信区间和其他相关统计数据。例如,给定输入参数的误差范围(例如损坏模型参数和缺陷位置),则可以在 DISCERN 框架内将置信区间(90%,95%等)放置在目标输出量上,例如最大的叶片挠度或内部应力与材料强度的比。灵敏度结果可用于评估给定损毁参数相对于其余损毁参数的重要性程度,并为无损评估提供指导,即需要更高精度地估计哪些损毁参数。

研究表明可以使用替代管理框架(SMF)实现复合损毁模型参数的优化。有关文献对该方法进行了扩展,结合随机配置实现更稳健的设计。SMF 是一种高效的无导数方法,它使用替代函数(或近似值)来提高优化算法的效率。SMF 包括两部分:一是效率的搜索步骤和设计空间的探索;二是确保数学收敛的轮询步骤。同时,还可以将约束条件直接引入优化和控制算法中。

8.2.2.2　FSI 的伴随控制

本节描述了原始 FSI 和伴随 FSI 方程的弱耦合形式,并基于原始 FSI 和伴随 FSI 问题的解决方案开发了一种新的控制算法,在接下来的讨论中,假定流体是黏性的、不可压缩的,该结构可为发生大幅度变形的固体进行建模。

原始 FSI 问题 在 ALE 框架中,不可压缩流的 Navier-Stokes 方程的弱形式可表述为:确定流体速度 $\boldsymbol{u}$ 和压力 p,使所有 $\delta\boldsymbol{u}$ 和 δp、线性动量和不可压缩性约束测试函数:

$$B_f(\{\delta\boldsymbol{u},\delta p\},\{\boldsymbol{u},p\}) - F_f(\{\delta\boldsymbol{u},\delta p\}) = 0 \tag{8.1}$$

其中,半线性形式 $B_f(\{\delta\boldsymbol{u},\delta p\},\{\boldsymbol{u},p\})$ 由式(8.2)给出:

$$B_f(\{\delta\boldsymbol{u},\delta p\},\{\boldsymbol{u},p\}) = \int_{\Omega_f}\delta\boldsymbol{u}\cdot\rho_f\left(\frac{\partial\boldsymbol{u}}{\partial t} + (\boldsymbol{u}-\hat{\boldsymbol{u}})\cdot\nabla\boldsymbol{u}\right)\mathrm{d}\Omega - \int_{\Omega_f}\nabla\cdot\delta\boldsymbol{u}p\,\mathrm{d}\Omega + \int_{\Omega_f}\nabla^s\delta\boldsymbol{u}:2\,u_f\,\nabla^s\boldsymbol{u}\,\mathrm{d}\Omega + \int_{\Omega_f}\delta p\,\nabla\cdot\boldsymbol{u}\,\mathrm{d}\Omega \tag{8.2}$$

线性函数 $F_f(\{\delta\boldsymbol{u},\delta p\})$ 包含体力和表面牵引力。其中,u 是流体力学域的速度,ρ_f 和 u_f 是密度和流体的动态黏度。

拉格朗日框架中结构力学方程的弱形式可以表述为:找到结构位移 $\boldsymbol{y}$,使得对于所有 δ_y,线性动量检验函数为

$$\boldsymbol{B}_s(\{\delta\boldsymbol{y},\boldsymbol{y}\}) - F_s(\delta\boldsymbol{y}) = 0 \tag{8.3}$$

其中,半线性形式 $\boldsymbol{B}_s(\{\delta\boldsymbol{y},\boldsymbol{y}\})$ 由式(8.4)给出:

$$\boldsymbol{B}_s(\{\delta\boldsymbol{y},\boldsymbol{y}\}) = \int_{\Omega_s}\delta\boldsymbol{y}\cdot\rho_s\frac{\mathrm{d}^2\boldsymbol{y}}{\mathrm{d}t^2}\mathrm{d}\Omega + \int_{\Omega_s}\nabla_X\delta\boldsymbol{y}:\boldsymbol{F}\boldsymbol{S}\mathrm{d}\Omega \tag{8.4}$$

线性函数 $F_s(\delta\boldsymbol{y})$ 包含体力和表面牵引力。其中,F 是变形梯度,$\boldsymbol{S}$ 是第二 Piola-Kirchhoff 应力张量,ρ_s 是结构密度。

根据以上定义,耦合的 FSI 问题可以描述为

$$B_f(\{\delta\boldsymbol{u},\delta p\},\{\boldsymbol{u},p\}) - F_f(\{\delta\boldsymbol{u},\delta p\}) + \boldsymbol{B}_s(\{\delta\boldsymbol{y},\boldsymbol{y}\}) - F_s(\delta\boldsymbol{y}) = 0 \tag{8.5}$$

为了确保获得正确的 FSI 耦合,在流体和结构之间的界面保持以下辅助关系:

$$\boldsymbol{u} = \frac{\mathrm{d}\boldsymbol{y}}{\mathrm{d}t} \tag{8.6}$$

和

$$\delta\boldsymbol{u} = \delta\boldsymbol{y} \tag{8.7}$$

式(8.7)表明流体和结构力学速度与线性动量测试函数相等。后一个条件确保流体-结构界面处的牵引力处于平衡状态。在流体结构边界处的流体力学速度等于结构的

速度。在流体力学域内部,接口处结构速度的平稳演变是 FSI 问题(例如,可以使用线性弹性静力学方程,该方程受到由结构位移引起的动态边界条件的影响,更新流体网格的运动学,包括位置和速度)。但是,FSI 问题的解决不应仅取决于流体网格运动方程的特定选择。

伴随 FSI 问题 弱伴随 FSI 问题可以直接由式(8.5)的耦合 FSI 公式得出。假设流体域速度的推导过程无法使用,伴随 FSI 问题是如下弱形式:找到双流体速度 $\boldsymbol{u}^*$ 和压力 p^* 以及双重结构位移 $\boldsymbol{y}^*$,对于所有 $\delta\boldsymbol{u}^*$、$\delta\boldsymbol{p}^*$ 和 $\delta\boldsymbol{y}^*$:

$$B_f^*(\{\delta\boldsymbol{u}^*,\delta\boldsymbol{p}^*\},\{\boldsymbol{u}^*,p^*\}) - F_f^*(\{\delta\boldsymbol{u}^*,\delta p^*\}) + B_s^*(\{\delta\boldsymbol{y}^*,\boldsymbol{y}^*\}) - F_s^*(\delta\boldsymbol{y}^*) = 0 \tag{8.8}$$

伴随流体和结构力学问题的半线性形式由式(8.9)给出:

$$B_f^*(\{\delta\boldsymbol{u}^*,\delta p^*\},\{\boldsymbol{u}^*,p^*\}) = \int_{\Omega_f}\delta\boldsymbol{u}^*\cdot\rho_f\left(-\frac{\partial\boldsymbol{u}^*}{\partial t}+(\boldsymbol{u}-\hat{\boldsymbol{u}})\cdot\nabla\boldsymbol{u}^*+(\nabla\boldsymbol{u})\boldsymbol{u}^*\right)\mathrm{d}\Omega - \int_{\Omega_f}\nabla\delta\boldsymbol{u}^*\ p^*\mathrm{d}\Omega + \int_{\Omega_f}\nabla^s\delta\boldsymbol{u}^*:2u_f\nabla^s\boldsymbol{u}^*\mathrm{d}\Omega + \int_{\Omega_f}\delta p^*\ \nabla\cdot\boldsymbol{u}^*\mathrm{d}\Omega \tag{8.9}$$

$$B_s^*(\{\delta\boldsymbol{y}^*,\boldsymbol{y}^*\}) = \int_{\Omega_s}\delta\boldsymbol{y}^*\cdot\rho_s\frac{\mathrm{d}^2\boldsymbol{y}^*}{\mathrm{d}t^2}\mathrm{d}\Omega + \int_{\Omega_f}\nabla_X\delta\boldsymbol{y}^*:\boldsymbol{D}\,\nabla_X\delta\boldsymbol{y}^*\mathrm{d}\Omega \tag{8.10}$$

其中,切线刚度张量 $\boldsymbol{D}$ 是结构位移 y 的函数,并以分量形式给出:

$$\boldsymbol{D} = [\boldsymbol{D}_{iJkL}],\quad [D_{iJkL}] = F_{iJ}\,C_{IJKL}F_{kK} + \delta_{ik}\,S_{JL} \tag{8.11}$$

驱动伴随流体和结构力学问题的线性函数根据具体情况进行定义。

为了确保适当的伴随 FSI 耦合,在流体结构界面处具有以下辅助关系:

$$\boldsymbol{u}^* = \frac{\mathrm{d}\boldsymbol{y}^*}{\mathrm{d}t} \tag{8.12}$$

和

$$\delta\boldsymbol{u}^* = \delta\boldsymbol{y}^* \tag{8.13}$$

式(8.13)显示流体和结构力学的双重速度和线性动量测试函数相等,后一种情况会导致双重牵引的平衡。

在保持流体域速度和位置固定的前提下,可以直接得出本工作的 FSI 伴随公式;否则,伴随 FSI 公式会有更复杂的形式。接下来,我们将通过一个示例说明,建议的 FSI 伴随公式是足以满足预期目标的。

基于伴随的控制:可以使用如前所述的技术离散并解决原始 FSI 问题和双重 FSI 问题。因为伴随 FSI 方程是线性的,所以不需要 Newton-Raphson 迭代。此外,由于不需要计算双重网格位移变量,我们的公式中也就不包含此变量。这样,伴随 FSI 问题比原始 FSI 问题就变得更加容易计算。

离散化的原始 FSI 方程系统可表示为

$$N(\boldsymbol{d}) - \boldsymbol{F}_c(\boldsymbol{c}) = 0 \tag{8.14}$$

式中:$N(\boldsymbol{d})$为一个非线性函数,其大小由 FSI 问题中采用的自由度决定;$\boldsymbol{d}$ 为 FSI 问题的离散未知数的向量;$\boldsymbol{F}_c$ 为施加离散力的向量;$\boldsymbol{c}$ 为与时间有关的可调控离散向量,其维数由具体问题确定。

离散化的伴随 FSI 方程可表示为

$$\boldsymbol{L}_d^* \boldsymbol{d}^* - \boldsymbol{F}_d^* = 0 \tag{8.15}$$

式中：$\boldsymbol{L}_d^*$ 为左侧矩阵；$\boldsymbol{d}^*$ 为离散对偶未知数的向量；$\boldsymbol{F}_{\mathrm{d}}^*$ 为伴随 FSI 问题的离散力向量，下标 d 表示这些对象对原始 FSI 问题解的依赖性。

式(8.15)中的 $\boldsymbol{F}_d^*$ 计算过程如下：令 $\boldsymbol{g}$ 表示优化或控制应用中目标函数的向量，$\|\boldsymbol{g}\|_w$ 表示加权范数。然后，伴随 FSI 问题的离散力由式(8.16)给出：

$$\boldsymbol{F}_d^* = \frac{\partial \|\boldsymbol{g}\|_w}{\partial \boldsymbol{d}} \tag{8.16}$$

目标函数相对于控制参数的梯度表示如下：

$$\frac{\partial \|\boldsymbol{g}\|_w}{\partial \boldsymbol{c}} = \frac{\partial \boldsymbol{F}_c}{\partial \boldsymbol{c}} \cdot \boldsymbol{d}^* = \frac{\partial \boldsymbol{F}_c}{\partial \boldsymbol{c}} \cdot [\boldsymbol{L}_d^*]^{-1} \frac{\partial \|\boldsymbol{g}\|_w}{\partial \boldsymbol{d}} \tag{8.17}$$

目标函数梯度用于一阶梯度下降方法，应用于 DISCERN 框架。在这些梯度下降方法中，控制参数向量 $\boldsymbol{c}$ 采用以下形式进行更新：

$$c_{i+1} = c_i - \tau_i \frac{\partial \|\boldsymbol{g}\|_w}{\partial \boldsymbol{c}} |_i \tag{8.18}$$

式中：i 为迭代计数器；τ_i 为确定步长的实参。式(8.18)表明在控制参数的梯度方向上进行更新，则可以减小目标函数。根据式(8.18)不断迭代，直到达到局部(或全局)最小值，或者直到目标函数不再减小为止。

我们使用梯度下降方法设计 FSI 问题的控制策略。将求解 FSI 方程的时间间隔分解为子间隔，并且假定控制参数在每个子间隔中都是恒定的，令 t_n 和 t_{n+1} 表示时间间隔。然后，在子间隔上执行以下五步。

(1) 设置 $c = 0$，并将原始 FSI 问题从 t_n 推进到 t_{n+1}；

(2) 给定原始 FSI 解决方案，将伴随 FSI 问题从 t_{n+1} 回退到 t_n；

(3) 给出伴随解，根据式(8.17)计算目标函数梯度；

(4) 根据式(8.18)计算控制参数。

(5) 使用步骤(4)中的 c，将原始 FSI 问题从 t_n 推进到 t_{n+1}。

需要对所有的子间隔重复以上五步过程，并多次重复执行步骤(4)和步骤(5)，以确保目标函数的期望减少。但是，必须牢记 FSI 问题是随时间变化的，同时为了确保正确解决问题，从一个子间隔到下一个子间隔的控制参数值不要发生太大变化。式(8.18)中的步长也可以采用线性搜索等技术进行选择确定。

基于伴随的控制公式可以解决二维基准问题，该问题涉及固定在刚性方块上的薄弹性杆的 FSI，具体问题如图 8.4 所示。首先使用原始 FSI 公式解决问题，无须建立基准解决方案。涡流在刚性方块后面形成，并与弹性杆相互作用，进入大振幅振荡运动。流体压力和近乎周期性的大束变形如图 8.5 所示。为了防止杆变形，在下一模拟中，我们在杆的自由端施加与时间有关的力。该力仅在垂直方向上作用，但是其大小和符号留作控制参数。目标函数是位移向量的平方 L_2-范数。杆、控制力和目标函数如图 8.6 所示。对于此计算，在每个时间步上均采用上述的五步过程，其中步骤 4 和步骤 5 仅执行一次。在整个仿真过程中，步长 τ 保持恒定。带控制的仿真结果如图 8.7 和图 8.8 所示。图 8.7 展示瞬时的原始速度和双重速度以及压力解。可以注意到，光束变形不如没有控制的基线方案明显。图 8.8 显示了目标函数的时间历程,并将其与基线结果进行比较。与基线情况相比,该控件尽可能地保持光束很小的位移。控制力的时间历程也如图 8.8 所示,由于我们在光束位移达到最大时立即“打开”控制组件,因此控制力迅速增大以抑制位移。一旦位移被抑制,垂直力的表现便更加平稳。

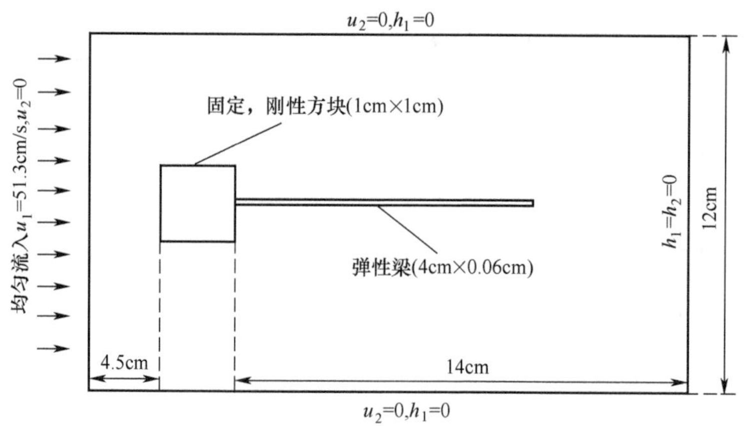

图 8.4　固定在刚性方块上的弹性杆的 FSI

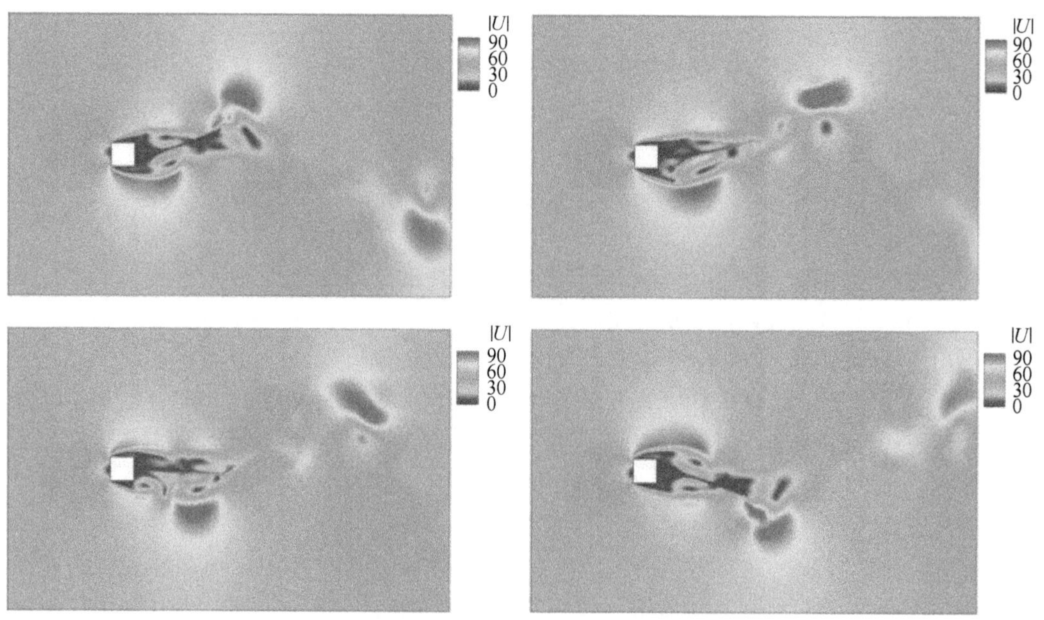

图 8.5　流体压力和近乎周期性的大束变形

(基线模拟的流速(以 cm/s 为单位)和弹性杆变形轮廓)

8.2.3　结构健康监测系统

结构健康监测(SHM)建模最大的挑战在于将结构监测系统的输出“转换”为可量化的结构损毁,以更新 IGA 仿真模型。另一个挑战是要能够预测更新模型的结构响应,并

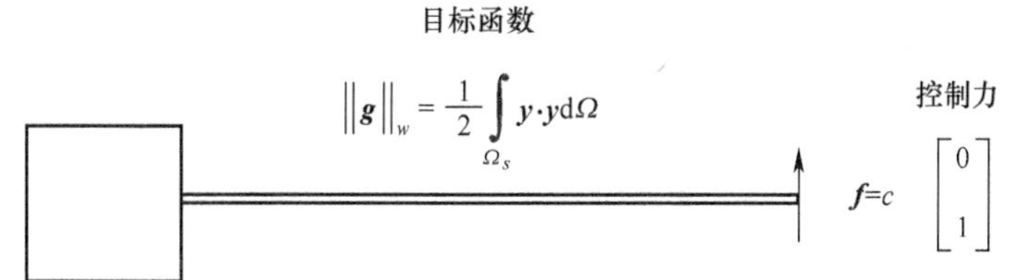

图 8.6　杆、控制力和目标函数

（目标函数定义为位移向量的平方 L_2-范数，垂直控制力均匀地施加在杆的末梢）

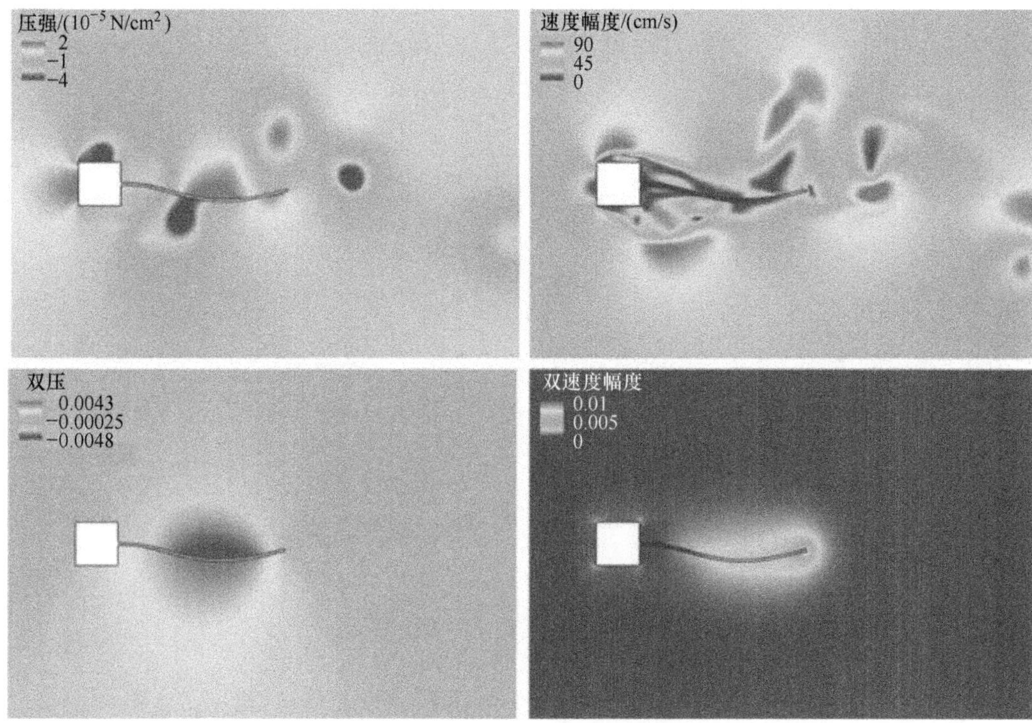

图 8.7　瞬时的原始速度和双重速度以及压力解

（原始和双重速度以及压力等值线）

估计结构的剩余疲劳寿命，这结构健康监测称为 SHM 的预测步骤。

复合材料叶片结构经常遇到的损毁类型包括复合纤维的局部弯曲（平面内或平面外的纤维波纹度）、翼梁-面板黏合剂处剥离、缺乏树脂的部分以及夹心板的分层。这些特定的缺陷是航空航天和民用复合材料结构的典型缺陷，也是多个研究小组当前研究的主题。通过研究发现，可以在传感器/测量数据和损坏类型、程度及位置之间建立可靠的对应关系，同时将这些信息构建到高级结构计算模型中。

缺陷检测工作涉及超声传感器阵列和红外热成像技术。超声传感器阵列由大体积压电换能器或柔性宏纤维复合材料（MFC）换能器组成，这两种设备已广泛应用在各种复合结构的损毁检测中。通过将传感器设置为声发射（AE）被动模式和超声导波测试的主动模式，可实现对损坏的检测和定位。在被动模式下，可以使用传统的飞行时间三角测量执

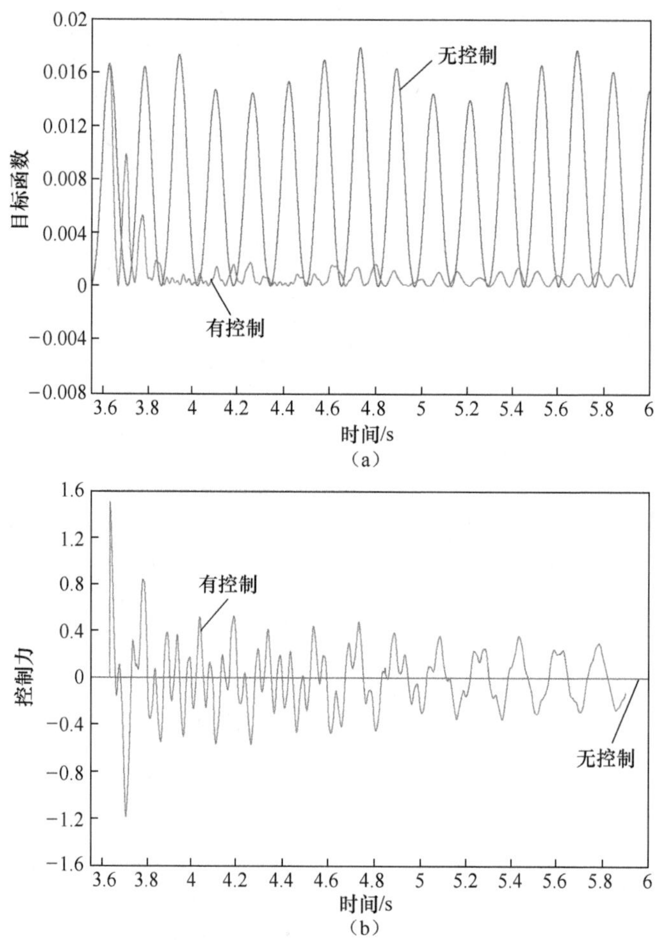

图 8.8　目标函数的时间历程及其与基线结果的比较

(a)在有控制和无控制的情况下,时间相关目标函数的比较,
注意,有控制时目标函数测得的光束位移将大大降低;(b)控制力的时间历程。

行主动损坏的定位;在主动模式下,可以采用传统的音高捕获方案或基于衍射的导波方案等。除超声传感器阵列外,大范围检查还可采用红外热成像方法,该方法通过统计图像处理方法辅助实现。此外,基于红外热像图的多元离群值分析最近证明可以增强航空航天型复合板的缺陷对比度。

8.2.4　高性能计算应用

DDDAS 框架计算模块通常基于传统的 HPC 环境实现。但是,当前可以应用新的 HPC 多核环境,包括 GPU 和其他加速器体系结构,来构建实时 DDDAS。FSI 软件是并行的,并使用消息传递接口(MPI)。由于本章的仿真具有独立性,因此 SMF 框架允许并行执行。并行 FSI 代码通过非重叠域分解方法实现并行计算。通用最小残差(GMRES)迭代算法用于求解基本线性方程组。此外,还使用集成性能监视(IPM)工具对代码进行详尽分析,以实现并行性能和负载平衡分析,使其显示出良好的负载平衡和并行扩展能力。

8.3 小　结

本章提出一种基于连续动态传感器数据的大型复合结构DDDAS框架。DDDAS交互式结构复合元素关系网络框架由FSI仿真、灵敏度分析、优化和控制模块以及SHM系统组成。其中,计算模块在HPC环境中实现,这对于实际结构的框架部署至关重要。该框架具有以下特点:①复合结构的IGA,可为薄壳分析提供高效的、更高阶的精度;②适用于不确定性分析的随机配置,适用于在大量计算核心上部署的SMF优化方法;③SHM系统具有多种超声和热成像传感器,能够准确检测航空航天和民用复合结构的典型故障模式。

本章分别提出了原始的和伴随的、完全耦合的、随时间变化的FSI公式,提出了一种基于原始和伴随FSI问题的简单控制策略,并在FSI基准问题上验证了控制策略的性能。同时,该控制策略可作为DDDAS或FSI应用程序的计算控制框架的组件进行部署。

参考文献

[1] I. Akkerman, Y. Bazilevs, V.M. Calo, T.J.R. Hughes, S. Hulshoff, The role of continuity in residual based variational multiscale modeling of turbulence. Comput. Mech. 41, 371-378 (2008)

[2] C. Audet, J.E. Dennis Jr., Mesh adaptive direct search algorithms for constrained optimization. SIAM J. Optim. 17, 2-11 (2006)

[3] Y. Bazilevs, L. Beirao da V eiga, J.A. Cottrell, T.J.R. Hughes, G. Sangalli, Isogeometric analysis: approximation, stability and error estimates for hrefined meshes. Math. Methods Mod. Appl. Sci. 16, 1031-1090 (2006)

[4] Y. Bazilevs, V.M. Calo, J.A. Cottrell, T.J.R. Hughes, A. Reali, G. Scovazzi, V ariational multiscale residual-based turbulence modeling for large eddy simulation of incompressible flows. Comput. Methods Appl. Mech. Eng. 197, 173-201 (2007)

[5] Y. Bazilevs, C. Michler, V.M. Calo, T.J.R. Hughes, Weak Dirichlet boundary conditions for wall-bounded turbulent flows. Comput. Methods Appl. Mech. Eng. 196, 4853-4862 (2007)

[6] Y. Bazilevs, V.M. Calo, T.J.R. Hughes, Y. Zhang, Isogeometric fluid-structure interaction: theory, algorithms and computations. Comput. Mech. 43, 3-37 (2008)

[7] Y. Bazilevs, V.M. Calo, J.A. Cottrell, J. Evans, T.J.R. Hughes, S. Lipton, M.A. Scott, T.W. Sederberg, Isogeometric analysis using tsplines. Comput. Methods Appl. Mech. Eng. 199, 229-263 (2010)

[8] Y. Bazilevs, M.-C. Hsu, I. Akkerman, S. Wright, K. Takizawa, B. Henicke, T. Spielman, T.E. Tezduyar, 3D simulation of wind turbine rotors at full scale. Part Ⅰ: geometry modeling and aerodynamics. Int. J. Numer. Methods Fluids 65, 207-235 (2011)

[9] Y. Bazilevs, M.-C. Hsu, J. Kiendl, R. Wuechner, K.-U. Bletzinger, 3D simulation of wind turbine rotors at full scale. Part Ⅱ: fluid-structure interaction. Int. J. Numer. Methods Fluids 65, 236-253 (2011)

[10] Y. Bazilevs, A.L. Marsden, F. Lanza di Scalea, A. Majumdar, M. Tatineni, Toward a computational steering framework for large-scale composite structures based on continually and dynamically injected sensor data. Proc. Comput. Sci. 9, 1149-1158 (2012)

[11] Y . Bazilevs, M. -C. Hsu, M.T Bement, Adjoint-based control of fluid-structure interaction for computational steering applications. Proc. Comput. Sci. 18, 1989-1998 (2013)

[12] Y . Bazilevs, K. Takizawa, T.E. Tezduyar, Computational Fluid-Structure Interaction. Methods and Applications (Wiley, Hoboken, 2013)

[13] T. Belytschko, W.K. Liu, B. Moran, Nonlinear Finite Elements for Continua and Structures (Wiley, Chichester, 2000)

[14] M.T. Bement, T.R. Bewley, Excitation design for damage detection using iterative adjointbased optimization-Part Ⅰ: method development. Mech. Syst. Signal Process. 23, 783-793 (2009)

[15] D.J. Benson, Y . Bazilevs, M. -C. Hsu, T.J.R. Hughes, Isogeometric shell analysis: the Reissner-Mindlin shell. Comput. Methods Appl. Mech. Eng. 199, 276-289 (2010)

[16] D.J. Benson, Y . Bazilevs, M. - C. Hsu, T.J.R. Hughes, A large-deformation, rotation-free isogeometric shell. Comput. Methods Appl. Mech. Eng. 200, 1367-1378 (2011)

[17] A.J. Booker, J.E. Dennis Jr. , P . D. Frank, D.B. Serafini, V. Torczon, M.W. Trosset, A rigorous framework for optimization of expensive functions by surrogates. Struct. Optim. 17, 1-13 (1999)

[18] J.A. Cottrell, T.J.R. Hughes, Y . Bazilevs, Isogeometric Analysis: Toward Integration of CAD and FEA (Wiley, Chichester, 2009)

[19] F. Darema, Dynamic data driven applications systems: a new paradigm for application simulations and measurements, in Proceedings of ICCS 2004 4th International Conference on Computational Science, 2004, pp. 662-669

[20] F. Lanza di Scalea, H. Matt, I. Bartoli, S. Coccia, G. Park, C. Farrar, Health monitoring of uav wing skin-to-spar joints using guided waves and macro fiber composite transducers. J. Intell. Mater. Syst. Struct. 18, 373-388 (2007)

[21] M. -C. Hsu, Y . Bazilevs, Fluid structure interaction modeling of wind turbines: simulating the full machine. Comput. Mech. 50, 821-833 (2012)

[22] T.J.R. Hughes, W.K. Liu, T.K. Zimmerman, Arbitrary Lagrangian-Eulerian finite element formulation for incompressible viscous flows. Comput. Methods Appl. Mech. Eng. 29, 329 - 349 (1981)

[23] T.J.R. Hughes, J.A. Cottrell, Y . Bazilevs, Isogeometric analysis: Cad, finite elements, NURBS, exact geometry, and mesh refinement. Comput. Methods Appl. Mech. Eng. 194, 4135-4195 (2005)

[24] A.A. Johnson, T.E. Tezduyar, Mesh update strategies in parallel finite element computations of flow problems with moving boundaries and interfaces. Comput. Methods Appl. Mech. Eng. 119, 73 - 94 (1994)

[25] J. Kiendl, Y . Bazilevs, M. -C. Hsu, R. Wuechner, K. -U. Bletzinger, The bending strip method for isogeometric analysis of Kirchhoff-Love shell structures comprised of multiple patches. Comput. Methods Appl. Mech. Eng. 199, 2403-2416 (2010)

[26] A. Korobenko, M.C. Hsu, I. Akkerman, J. Tippmann, Y . Bazilevs, Structural mechanics modeling and FSI simulation of wind turbines. Math. Models Methods Appl. Sci. 23, 249-272 (2012). https://doi.org/10.1142/S0218202513400034

[27] A. Manohar, F. Lanza di Scalea, Wavelet aided multivariate outlier analysis to enhance defect contrast in thermal images. Exp. Tech. Soc. Exp. Mech. 38(1), 28-37 (2014)

[28] A.L. Marsden, M. Wang, J.E. Dennis Jr. , P . Moin, Optimal aeroacoustic shape design using the surrogate management framework. Optim. Eng. 5, 235 - 262 (2004). Special Issue on "Surrogate Optimization."

[29] H. Matt, I. Bartoli, F. Lanza di Scalea, Ultrasonic guided wave monitoring of composite wing skin-to-spar bonded joints in aerospace structures. J. Acoust. Soc. Am. 118, 2240–2252 (2005)

[30] J. T. Oden, K. R. Diller, C. Bajaj, J. C. Browne, J. Hazle, I. Babuska, J. Bass, L. Demkowicz, Y. Feng, D. Fuentes, S. Prudhomme, M. N. Rylander, R. J. Stafford, Y. Zhang, Dynamic data driven finite element models for laser treatment of prostate cancer. Numer. Methods PDE 23,904–922 (2007)

[31] G. Park, C. Farrar, F. Lanza di Scalea, S. Coccia, Performance assessment and validation of piezoelectric active-sensors in structural health monitoring. Smart Mater. Struct. 15, 16731683 (2006)

[32] L. Piegl, W. Tiller, The NURBS Book (Springer, Berlin/Heidelberg, 1997)

[33] T. Richter, Goal-oriented error estimation for fluid-structure interaction problems. Comput. Methods Appl. Mech. Eng. 223–224, 28–42 (2012)

[34] Y. Saad, M. Schultz, GMRES: a generalized minimal residual algorithm for solving nonsymmetric linear systems. SIAM J. Sci. Stat. Comput. 7, 856–869 (1986)

[35] S. Sankaran, Stochastic optimization using a sparse grid collocation scheme. Probab. Eng. Mech. 24, 382–396 (2009)

[36] S. Sankaran, A. L. Marsden, A stochastic collocation method for uncertainty quantification in cardiovascular simulations. J. Biomech. Eng. 133, 031001 (2011)

[37] S. Sankaran, C. Audet, A. L. Marsden, A method for stochastic constrained optimization using derivative-free surrogate pattern search and collocation. J. Comput. Phys. 229, 4664–4682 (2010)

[38] T. W. Sederberg, D. L. Cardon, G. T. Finnigan, N. S. North, J. Zheng, T. Lyche, Tspline simplification and local refinement. ACM Trans. Graph. 23, 276–283 (2004)

[39] K. G. van der Zee, E. H. van Brummelen, I. Akkerman, R. de Borst, Goal-oriented error estimation and adaptivity for fluid-structure interaction using exact linearized adjoints. Comput. Methods Appl. Mech. Eng. 200, 2738–2757 (2011)

[40] N. Zabaras, B. Ganapathysubramanian, A scalable framework for the solution of stochastic inverse problems using a sparse grid collocation approach. J. Comput. Phys. 227, 4697–4735 (2008)

第9章　基于 DDDAS 的智能可预测自修复复合结构

Mishal Thapa, Bodiuzzaman Jony, Sameer B. Mulani, Samit Roy

摘要:本章介绍了一种纤维增强聚合物(FRP)复合材料中的智能自修复复合结构设计方法。该设计基于 DDDAS 范式,通过损毁预测和非自主自修复协议实现,其自愈结构由三个关联模块组成:①损坏感知模块;②损毁预测模块;③自修复模块。本章重点介绍智能自修复结构系统中自修复模块的开发:通过热塑性修复剂和形状记忆聚合物(SMP)实现对 FRP 复合材料的可重复的自修复。这种自我修复机制是基于"先关闭再修复"的仿生过程,在该过程中,SMP 补充了裂缝的闭合,热塑性修复剂实现修复。为此,根据 ASTM D5528-13 测试规程,我们进行了双悬臂梁(DCB)测试,根据Ⅰ型层间断裂韧性(G_{Ic})量化修复效率,计算了七个不同效率下的修复周期,并对修复机制的可重复性进行评估。测试结果表明,在 DCB 测试期间,恢复原始断裂韧性的修复率范围为 58%~73%。另外,我们还使用扫描电子显微镜(SEM)和光学显微镜对断裂的 FRP 复合材料标本进行断口扫描分析,实现定性结果的可视化,以了解提高修复效率的机制。

9.1　引　　言

DDDAS 是将系统响应测量过程收集的额外数据连续地合并到模型中,模拟系统数学模型的递归过程。最常见的 DDDAS 是系列卡尔曼滤波器(KF),其中 KF 是一个汇集观察器,观察器的增益会根据实际测量值和预测测量值之间的积分差不断更新。DDDAS 范式适用于复合材料结构健康监测(SHM)和自我修复领域,具体应用包括损毁预测模型、损毁感知分析、递归自我修复以及更新损毁模型。

与传统工程材料相比,纤维增强聚合物(FRP)复合材料具有无与伦比的力学性能(高强度和刚度),被广泛用于航空航天、汽车、风能、船舶和体育用品行业。但是,这些优势容易受到各类制造缺陷的影响,例如纤维错位、空隙、固化引起的热应力以及 FRP 系统的平面层压结构导致固有的脆弱性,即在动态冲击事件下承受的平面外载荷。除这些制造问题外,还存在各种热、湿热和老化效应,这可能导致形成相当大的内部损毁(大小裂纹),并损害层压 FRP 结构的完整性和使用寿命。为了最大限度地减少这些缺陷,需要使用无损检测(NDT)和评估(NDE)对复合结构进行定期人工检查。根据无损检测的结果进行修复,如果损毁程度较大,可以修理或更换损毁程度较小的零件。但是,检测、维修和更换过程会导致较长的停机时间和较高的维护成本。为了克服这些缺点,研究人员受生物学上自我修复概念的启发,进行相关研究以取代过去昂贵的修复技术。

自从30年前提出自我修复概念以来,在复合材料开发中实现了多种自我修复方法,这些方法可分为自主自我修复和非自主自我修复。自主自我修复方法基于预嵌入的液态树脂输送系统,该方法可根据复合材料的破裂或损毁自动修复。自主自我修复方法采用毛细管或球形胶囊作为修复树脂的储存容器,然后通过破坏结构使毛细管或球形胶囊中包含的修复剂破裂。修复剂容器的破裂导致未固化的树脂渗出,然后未固化的树脂与分散在基质材料中的固体催化剂反应或与基质材料中的液体固化剂混合,最终液体修复剂的聚合黏合了断裂表面并"修复"了裂缝,恢复了 FRP 复合结构的机械性能。但是,自主方法存在一些主要缺点:①依靠液态树脂输送系统;②确保制造过程中修复容器的存在;③裂纹扩展和破裂需要修复容器;④难以闭合大裂缝;⑤由于修复后剩余的空容器充当空隙或夹杂物,导致复合强度降低;⑥所有的修复剂都被消耗了,不具可重复性。

非自主自我修复过程中没有上述这些缺点。实现非自主自我修复有两种方式,一种是内源性修复,复合材料的基体具有通过热反应、氢键或分子扩散实现修复的能力;另一种是在制造阶段向基体中添加可修补的热塑性添加剂。在损坏检测中,热塑性熔化或加热后熔化的修复剂与断裂表面结合实现修复。由于该方法简单、可重复,相比于其他方法更具优势,只要聚合物彼此相容,就可以应用于各种热固性/热塑性的组合。

自主自我修复和非自主自我修复已被成功应用于恢复复合材料的"原始"属性。然而,大多数修复方法难以控制。此外,对于自我修复、损毁评估、控制和反馈之间的协调研究也存在不足。

这些都显示了对下一代智能结构的需求,该结构可以检测和评估损毁的严重程度,并可基于该评估实现修复。其主要挑战之一是能够在损坏变得无法修复之前及时检测损坏并开始恢复过程。因此,需要一种递归算法将损坏感知和自我修复子系统结合起来,该算法能够将传感机制识别出的微观尺度变化整合到破坏模型中,以预测由这些变化引起的任何宏观尺度破坏。通过损毁感知和自我修复方法,可以从早期开始评估损毁,在无法弥补的损毁发生之前,选择适当时间和位置触发修复机制来执行"预测性自我修复"。通过 DDDAS 与损毁感应和自我修复模块的结合,我们提出了基于递归算法的智能 FRP 复合系统,该系统可以监视微观变化,将其动态地合并到递归更新的损毁预测模型中,实现可预测的自我修复能力。

本章提出的智能自修复结构由损毁感知模块、损毁预测模块和自修复模块组成,如图 9.1 所示。损毁感知模块基于新兴的导波 SHM 技术,该技术通过 Macro-Fiber Composite (MFC,由 Smart Material 公司提供)的嵌入式有源多功能网络实现。嵌入式损毁传感系统通过导波与一种称为"归一化相关矩"的新型损毁指数相结合运用,能够检测损坏的存在,找到损坏的位置并评估损坏的严重性。本章介绍了为智能损毁耐受结构开发的最佳自我修复模块。这项研究采用了"先关闭后修复"方法,通过将热塑性形状记忆聚合物(SMP)和已内酯聚合物(CAPA)加热到 SMP 的玻璃化转变温度以上,用于封闭和修复 FRP 试样中的宏观裂纹和分层。后续章节还将介绍双悬臂梁试样的制造、使用扫描电子显微镜(SEM)进行的断裂分析以及实验结果。

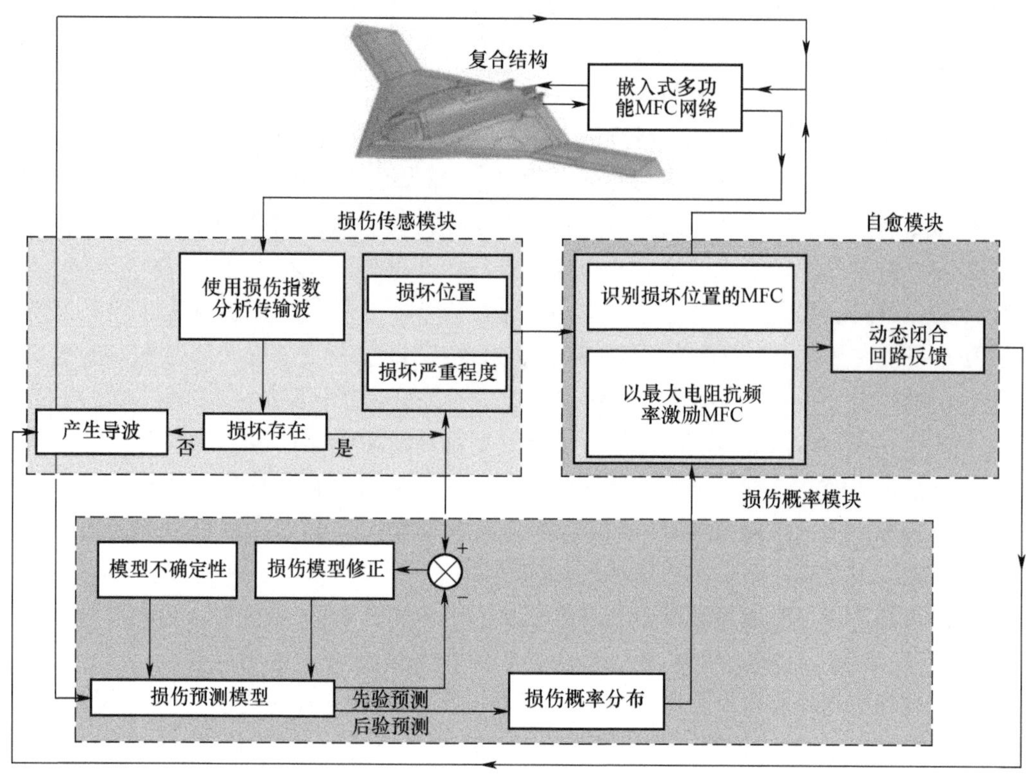

图 9.1　DDDAS 容易损毁的智能自修复结构

9.2 实验部分

9.2.1 双悬臂梁试样制造

9.2.1.1 材料

本实验使用的材料为 API(Applied Poleramic Inc.)公司生产的液态双组分环氧树脂体系 SC-780[双酚 A 环氧二缩水甘油醚(DGEBA)和硬化剂]。选用固化的增韧环氧树脂系统(SC-780)因为其具有低温(37℃)治愈功能。实验使用 16 层单向 Uni-Web IM7 碳纤维(12K)作为增强材料,其购自 Soller 复合材料有限责任公司。碳纤维的平均直径为 5.2μm。粉末状疗愈剂 CAPA 6506 由 Perstorp UK 有限公司提供。CAPA 是一种由己内酯单体衍生而来的线性聚酯,其高分子量为 50000,颗粒密度为 1.1g/cm^3,熔融温度为 58~60℃。由于其可重复性好,CAPA 被选作修复剂。聚氨酯基 SMP 纤维用于辅助 CAPA 分子修复,它可使宏观裂纹表面更靠近。从 SMP 科技有限责任公司购买的 SMP,其形状为直径 1.75mm 的长丝,具有出色的裂纹闭合能力,需要注意的是,在添加到 FRP 复合材料层压板中之前,先对其程式化和减薄(直径 0.05mm)。图 9.2 为制造包含修复剂的复合层压板的流程图。

9.2.1.2 双悬臂梁试样制造

如图 9.2 所示,按照 ASTM D5528-13 标准,我们通过手工铺层程序制备 FRP 复合材料层压板，从单向编织碳纤维卷上裁下 16 个碳纤维帘布（0.254m×0.254m），用于制备单向层压板（0^0_{16}）。在 500r/min 下，通过剪切混合器将质量分数为 15%的 CAPA（36.5gm）与 SC-780 的 A 部分树脂（200gm）混合 15min。然后将 SC-780 的 B 部分硬化剂（44gm）添加到混合物中，以相同的转速再混合 15min。用混合树脂手工铺层，在中间层插入 12.5μm厚和 0.0635m 宽的聚四氟乙烯膜（PTFE 膜）以在层压板的一侧产生预裂纹。同时将 SMP 细丝（3gm）撒在中间层，放置层压板。在 4.5N 力、37℃条件下，使用可编程压模机固化 2h。使用金刚石锯从 6 个层压板中获得 6 个预裂纹为 0.04m 的 DCB 试样（0.21m×0.04m×0.005m），然后用环氧树脂黏合剂将一对钢琴铰链黏结到试样的裂纹前端（图 9.4），以保证测试过程中负载对齐。

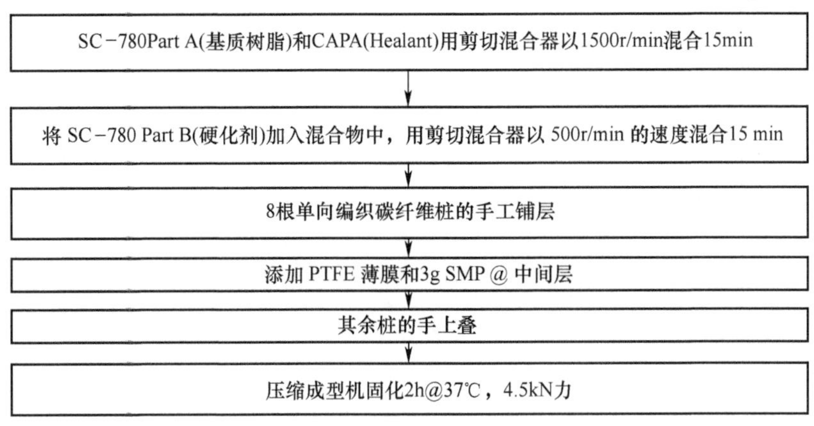

图 9.2　DCB 试样制造流程图

9.2.2　断裂和修复协议

遵循 ASTMD 5528-13 标准，我们运用 DCB 标本评估 Mode-Ⅰ层间断裂韧度和修复性能。评估使用位移控制方法（2.5mm/min）：将 DCB 样品通过黏结铰链以准静态张力加载到 MTS 测试机加载架上，以沿中层区域诱发 Mode-Ⅰ型断裂。实验从铰链装货线到内部 PTFE 薄膜终止界面的初始预裂纹区域（a_0）约为 0.038m，通过不断加载，直到裂纹从初始裂纹前扩展到 0.0254m。然后卸载样品（25mm/min），并从 MTS 负载架上取下来进行修复。通过 Q-test 软件收集时间、负载和十字头位移数据。如图 9.3 的流程图，最后将分层试样在 80℃的烘箱中放置 2h，然后在室温下冷却 24h，从而完成修复。

9.2.3　断裂分析

DDDAS 的重要思想是使用系统模型理解潜在的物理世界。物理世界自修复特征表征的一个方法就是 DCB 测试中的断裂韧性（抗裂强度），可以基于线性弹性断裂和梁力学实现。对于应变能释放速率 $G[M/T^2]$，可以表示为在恒定位移自相似生长的分层中，裂纹长度（da）无限小地增加，每单位试样宽度释放的应变能（dU）。

$$G = -\frac{1}{b}\frac{\mathrm{d}U}{\mathrm{d}a} \tag{9.1}$$

式中：U 为试样的总应变能；b 为试样的宽度；a 为分层长度，如图 9.4（a）所示。

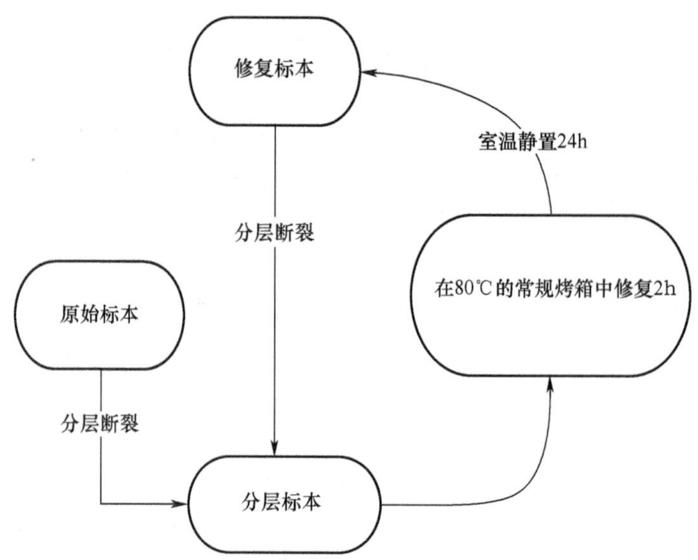

图 9.3　可修补环氧树脂试样的修复方案流程图

假设 DCB 标本的每个臂为悬臂梁,基于线性梁理论,完全内置(夹在分层前部)DCB 的应变能释放率可由式(9.2)给出,G_{Ic} 表示 Mode-Ⅰ型层间断裂韧性。

$$G_{\mathrm{Ic}} = \frac{3p\delta}{2ba} \tag{9.2}$$

式中:p 为负载;δ 为负载点位移,如图 9.4(a)所示。

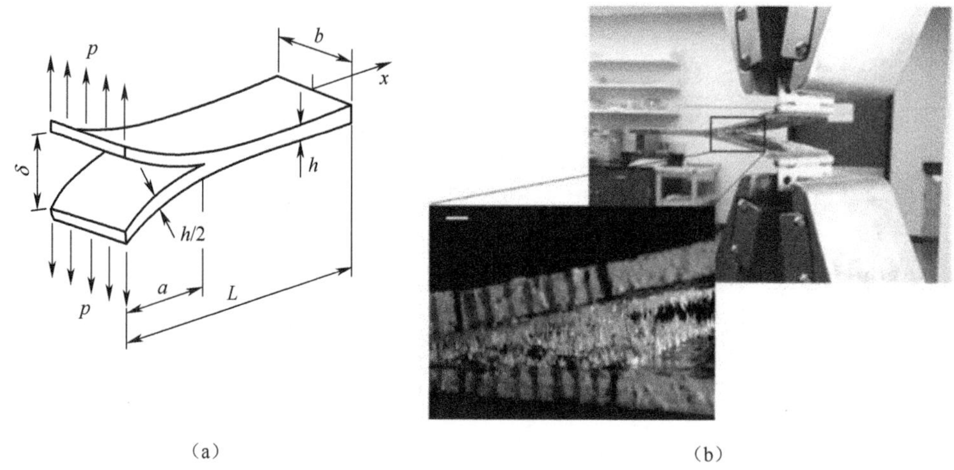

(a)　(b)

图 9.4　DCB 试样的几何形状与样品

(a)DCB 试样的几何形状;(b)准静态拉伸中的 DCB 测试样品,以及其裂纹扩展的放大视图(比例尺为 1.5mm)。

然而,由于假设梁是完美构建的(在分层前没有旋转),忽略了在分层前的剪切变形和旋转,会导致式(9.2)的 G_{Ic} 被高估。为了适应 DCB 样品的旋转和剪切变形,有效分层的时间微加,假设 $a + |\Delta|$,其中 Δ 是考虑了剪切和旋转的裂纹长度校正因子。可将

DCB 样品柔度的立方根最小二乘图的截距作为分层长度的函数，以此确定校正项 Δ 。因此，考虑了旋转和剪切变形的修正梁理论（MBT）表达式为

$$G_{\mathrm{Ic}} = \frac{3p\delta}{2b(a + |\Delta|)} \tag{9.3}$$

对于修复效率的计算，$G_{\mathrm{Ic}}^{\mathrm{Virgin}}$ 为给定分层长度内的平均原始应力（未破裂）的临界应变能释放速率，而 $G_{\mathrm{Ic}}^{\mathrm{healed}}$ 为修复样品在相同分层下的平均临界应变能释放率，修复效率 ηG_{Ic} 是指为修复后的样品恢复抗裂纹扩展能力，表示为

$$\eta G_{\mathrm{Ic}} = \frac{G_{\mathrm{Ic}}^{\mathrm{healed}}}{G_{\mathrm{Ic}}^{\mathrm{Virgin}}} \times 100\% \tag{9.4}$$

9.3　结果和讨论

为了验证基于 DDDAS 的自我修复能力和可重复性，我们对四个重复样本进行了 7 次 DCB 断裂和修复测试循环。本节介绍了这些 DCB 测试以及受损标本的 X 射线图分析结果，以此了解已修复标本的断裂特性。

9.3.1　断裂试验结果

图 9.5 显示了四个包含 SMP 和 CAPA 的不同 DCB 标本的载荷与横梁位移的关系图。如图 9.5(a) 所示，在原始样品中，载荷-位移曲线表明载荷呈线性增加，直到达到峰值为止。随着载荷的进一步增加，可以看到裂纹不稳定也在增长，随后载荷降低峰值以下。有趣的是，即使是从同一单向层压板获得的试样（表 9.1），在峰值载荷后也可观察到不同的趋势，如试样 1 和试样 2 的载荷突然下降，这表明 DCB 中间平面出现了突然大的裂纹跳跃。

表 9.1　原始样品峰值负荷特性

样品	分层长度 a/mm	峰值载荷 $p_{\max}$/N	十字轴位移 δ/mm
1	52.39	216.46	9.04
2	46.03	239.13	7.90
3	49.00	228.24	11.64
4	47.29	214.53	10.95

此外，在 DCB 测试中可以看到样品 3、样品 4 复杂的振动载荷-位移模式。这种模式类似于粘滑裂纹扩展，是指韧性（稳定）和脆性（不稳定）裂纹扩展之间的过渡。峰值载荷后试样的不同趋势表明，裂纹扩展所需的能量和断裂韧性有所不同。

如图 9.4 所示，在原始样品中形成分层后，实验通过将 DCB 样品在 80℃ 的烤箱中放置 2h 来激活修复操作。修复过程中，SMP 被热激活，有助于缩小裂缝表面间隙。另外，熔化的 CAPA 会发生扩散并随后聚合，冷却后我们将固化剂黏结到分层裂纹表面。实验对已修复的标本进行了七次连续的 DCB 断裂测试，证明其修复能力和可重复性。从图 9.5(b)~图 9.5(h) 可以看出，所有样品的载荷-位移曲线最初都表现出线性行为，与

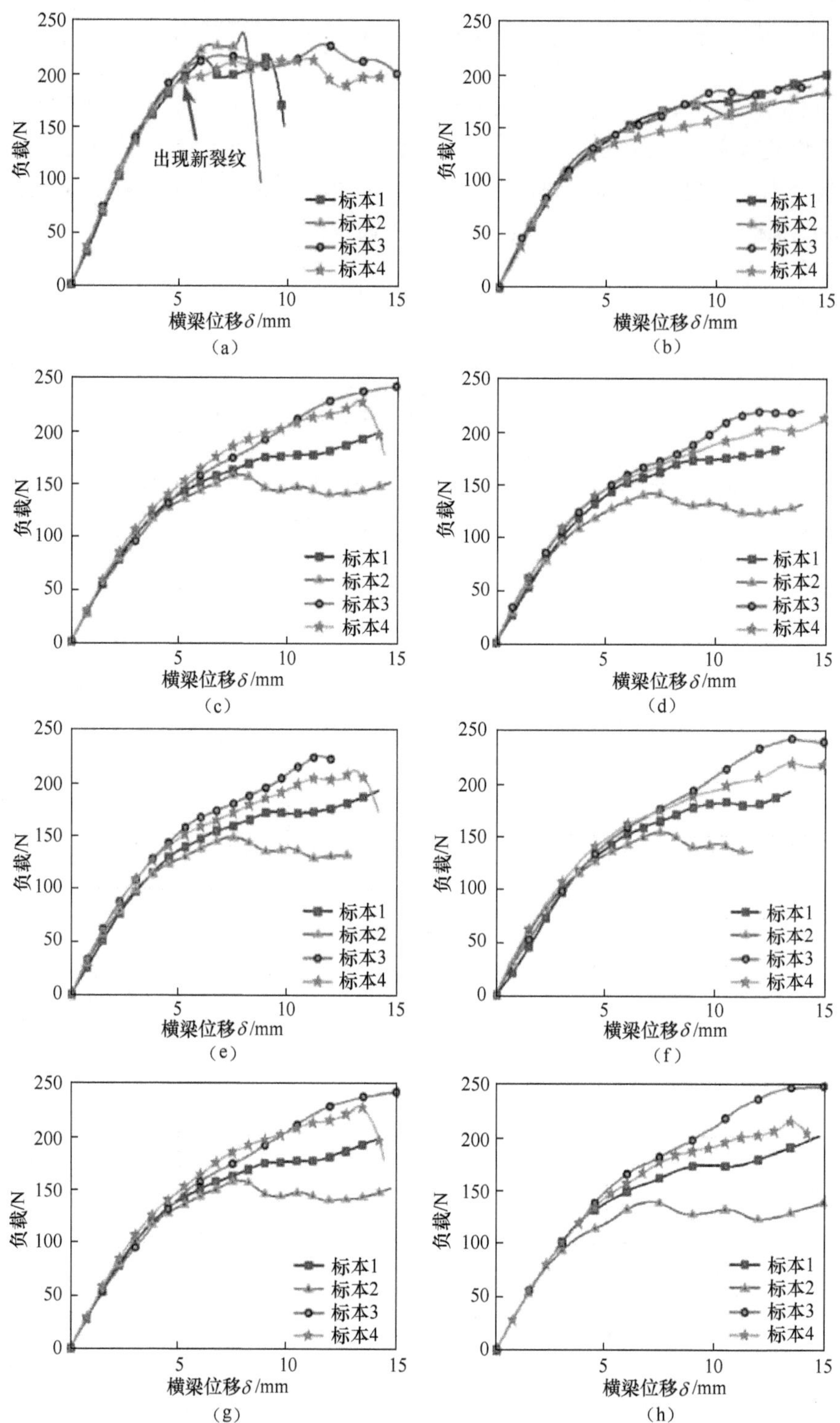

图 9.5 具有修复周期的 DCB 标本的载荷和十字轴位移行为的变化

(a)原始试样;(b)第一次修复;(c)第二次修复;(d)第三次修复;
(e)第四次修复;(f)第五次修复;(g)第六次修复;(h)第七次修复。

原始样品类似。但是,从原始趋势看,偏离线性后载荷没有降低,直到裂纹从其前端扩展到 25.4mm 为止。这是由于 80℃加热后被激活的富热塑性区域的韧性。值得注意的是,由于 CAPA 的熔化温度为 58~60℃,热塑性固化剂并未显示出类似 37℃固化的原始试样的延展性,在加热到 80℃后才有所表现。修复样品的载荷位移行为的不同趋势也表明,与原始断裂样品相比,裂纹可能以稳定的方式沿着不同的路径传播。

完成第一个修复周期后,在相似的条件下再进行六次修复和断裂实验。然而,图 9.5(c)~图 9.5(h)显示出每个修复周期的裂纹扩展和载荷变化差异巨大。从图中可以清楚地观察到试样 2 的峰值负荷较低,还可观察到峰值负荷后的下降模式。这表明与其他试样相比,试样 2 中层的断裂韧性较小,并且抗裂纹扩展的阻力较低,可能的原因是裂纹平面缺乏足够的固化剂或固化剂熔化不当。尽管如此,对于不同的样本,线性区域和线性趋势分离附近的相似性表明 G_{Ic} 值相近。

图 9.6 展示了 7 个修复周期中试样 2 的载荷-位移图,证明了其修复的可重复性。从该图可以明显看出,修复后标本的刚度略低于原始标本。从第二次修复到第七次修复的非线性区域中的类似趋势也表明,裂纹沿着中层的相同路径传播。于是,对于不同的修复周期,试样的载荷-位移曲线之间的相似性可以证明热塑性修复剂的修复重复性。因为热塑性修复剂在后续修复周期中仅发生物理变化,并没有发生像热固性修复剂这样的化学反应,所以其具有修复重复性。

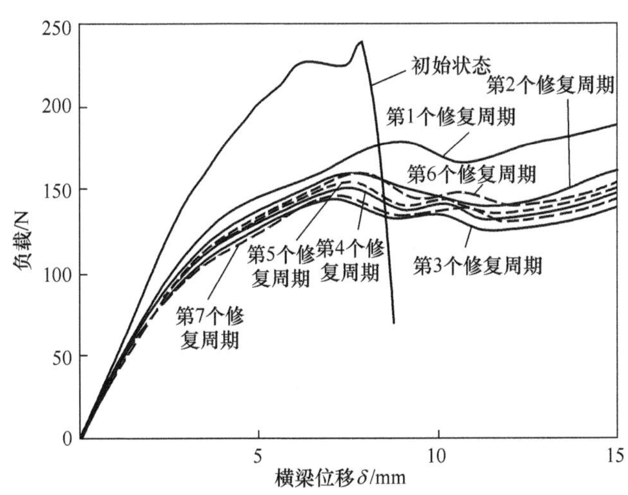

图 9.6　7 个修复周期中负荷与十字轴位移的关系(包括 DCB Specimen-2 的原始断裂)

9.3.2　修复效率的量化

通过计算开始分层的平均临界断裂韧度,可以进一步定量地验证多个循环中的自我修复能力和可重复性。然后,对于给出的 4 个重复样本,可以基于平均韧性计算式(9.4)获得平均修复效率,以此作为修复周期的函数。由于脱层是复杂的现象,在此仅将断裂韧性用于修复效率分析,难以定量评价层间断裂对强度特性的影响。从图 9.7 的条形图可以看出,原始样品的平均 G_{Ic} 值为 271.64J/m^2,修复效率随修复周期数呈稳定下降趋势,这与我们的预期一样。图 9.8 中的修复效率图表明,第一个修复周期后的断裂修复效率为 73.33%，而第七个修复周期后仅为 58.20%。后续修复周期 G_{Ic} 和 $\eta_{G_{Ic}}$ 的降低可能是由 DCB 测试[图 9.10(c)]中 SMP 和 CAPA 原纤维的断裂以及后续修复所致[图 9.10(c)]，也可能是热塑性固化剂在后续的修复过程中发生的热降解，80℃ 的修复周期远高于 CAPA 颗粒的熔化温度(58~60℃)。尽管如此，由于热塑性修复剂的可修复性，修复后的标本仍然显示出良好的修复可重复性，即使在第七次断裂和修复周期之后，修复效率仍超过 50%。

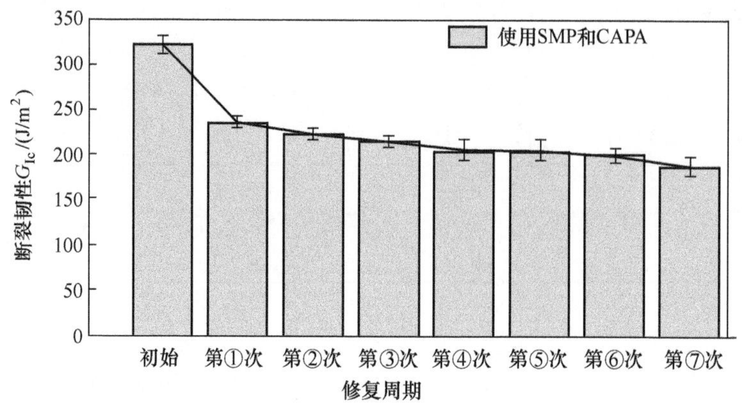

图 9.7 平均 Mode-Ⅰ层间断裂韧性与修复周期的关系条形图

此外还发现，在所有修复周期中，变异系数(COV，即标准偏差值与平均值的比)对于 G_{Ic} <6%，对于 $\eta_{G_{Ic}}$ <7%。这表明从不同样品获得的 G_{Ic} 和 $\eta_{G_{Ic}}$ 值具有一致性。

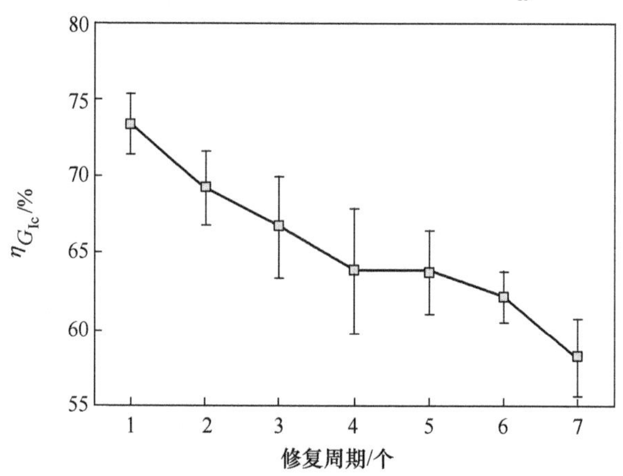

图 9.8 修复样品的平均修复效率 $\eta_{G_{Ic}}$ 与修复周期的关系

9.3.3 使用扫描电子显微镜进行断口分析

本小节对修复标本的断裂表面进行 SEM 成像分析，以了解修复周期及后续修复周期修复效率下降的机制。

在断裂区域中存在足够量的修复剂是部分或完全恢复原始断裂韧性的最重要标准。在裂纹前端具有弹性体行为和原纤化的复杂区域[如图 9.9(a)所示]现象表明在裂纹平面中存在热塑性修复剂。高度不规则的表面则表明修复剂的韧性断裂,这也是抗裂纹扩展的原因。另外,图9.9(b)中不平坦的表面表明沿热塑性富集区出现了曲折和裂纹挠曲,这导致了裂纹扩展的高断裂韧性。类似地,图9.9(c)中靠近裂纹远端的平面表明,裂纹沿基体区域生长,阻力较小,并且还表明纤维和基体的脱黏或界面脱黏是失效的主要方式之一。但是,断裂碳纤维较少则表明在SEM成像中不存在纤维桥接现象。实际上,由于富集基质的中间层对裂纹扩展的断裂能的要求较低,因此破坏优先沿着热固性和热塑性的混合物传播,而不是通过纤维传播。因此,想要获得更高的修复效率,选择一种更坚韧的热塑性修复剂即可。

如图9.9(d)所示,热塑性固化剂的团聚会导致裂纹扩展不稳定和修复效率降低。因此,如果使用具有低熔融温度、低黏度和高扩散性的热塑性修复剂,则可以有效提高样品的修复效率。同样,使修复剂均匀分散可以防止热塑性修复剂结块,也可以提高修复效率。此外,修复剂与环氧树脂可形成牢固键,使修复性能更高。

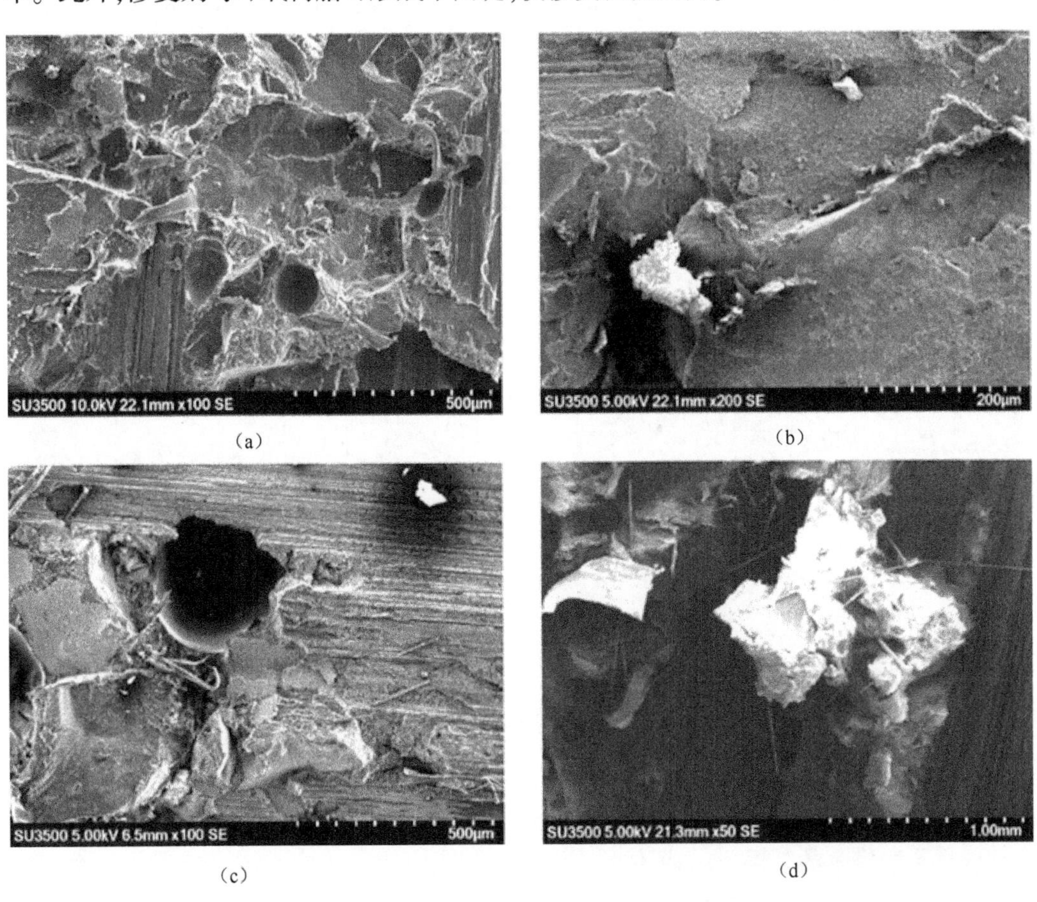

(a) (b) (c) (d)

图9.9 含有SMP和CAPA的修复标本的断裂表面的SEM图像

(a)裂纹前端附近;(b)裂纹中间区域;(c)裂纹末端附近;(d)CAPA + SMP簇。

图9.10给出了裂纹区域的显微边缘图。为获得该图,需在进行DCB测试之前先对原始样品的边缘进行抛光。从图9.10(b)的分层图中可以清楚地看到沿基体传播过程中裂纹界面的剥离和扭结。此外,在图9.10(c)中可以看到桥接分层表面以及为裂纹扩展

提供阻力的热塑性细纤维。这些桥接韧带显示了修复剂的塑性变形,同时允许层间应力跨过分层裂纹转移。反过来,由于降低了裂纹尖端的应力,从而提供了外在的增韧作用。最后,图 9.10(d)中已修复试样的边缘视图显示了裂缝的修复,几乎没有可见的裂缝。

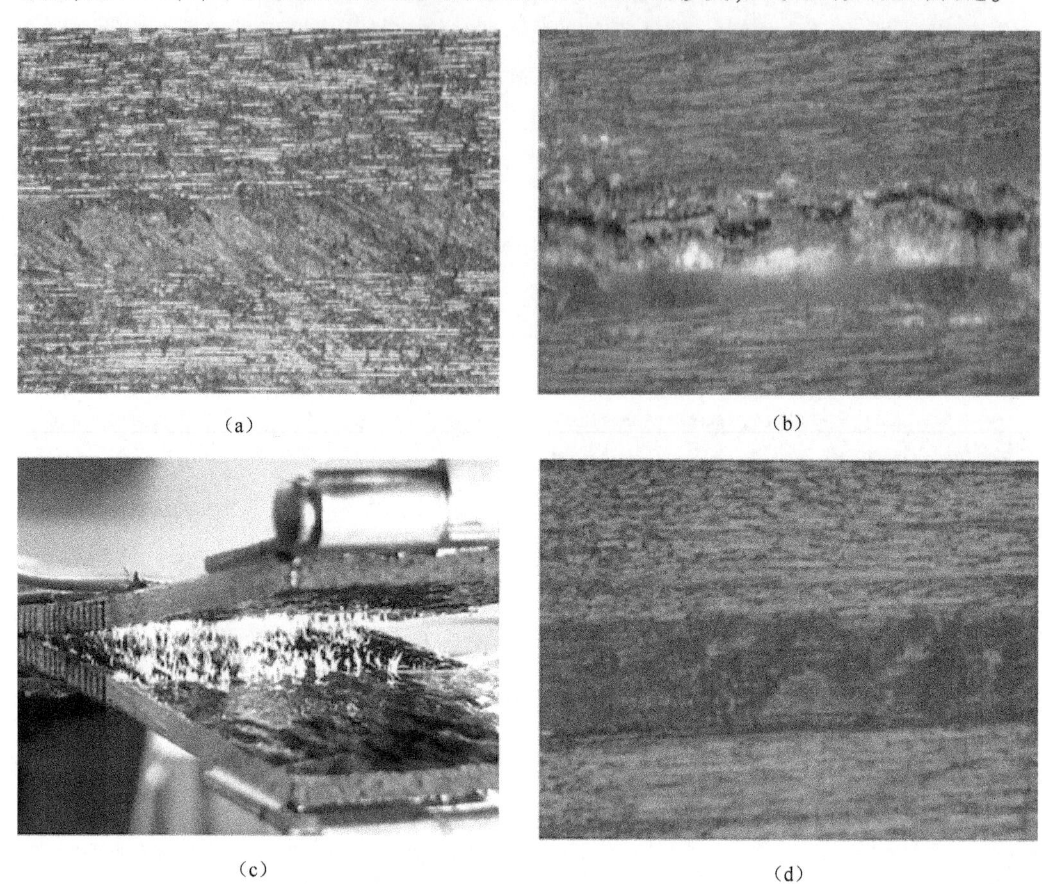

(a) (b) (c) (d)

图 9.10 距裂纹前端 1.27cm 处的分层裂纹的光学图像

(a)原始;(b)分层;(c)DCB 断裂期间的白色修复纤维;(d)修复后的样品无可见裂纹。

9.3.4 参数灵敏度分析

本章验证了热塑性 SMP 和 CAPA 作为修复剂的良好修复能力和可重复性。当前的研究工作在于努力改善修复效率,以减少烤箱中标本的修复时间,同时使用宏纤维复合材料(MFC)压电自动加热系统来代替烤箱加热。

根据自我修复的结果,我们评估了在不同时间段内使用 SMP 和 CAPA 在烤箱中加热样品的参数敏感度。在此之后,实验通过改变制造周期得到更细更均匀的修复剂,同时还要防止在制造过程中形成 CAPA 颗粒簇。参数敏感度研究的初步结果如图 9.11(a)所示。结果表明将修复时间从 120min 缩短至 20min 对断裂行为没有明显影响。因此,热塑性修复剂加热时间越短,修复所需的功率越低,同时还增强了结构的安全性。

目前我们正在探索使用 MFC 驱动的加热系统实现自我修复,而不在烤箱中进行加热。为了测试 MFC 驱动的修复能力,实验将两个 MFC(M2814-P1:28mm×14mm)分别附

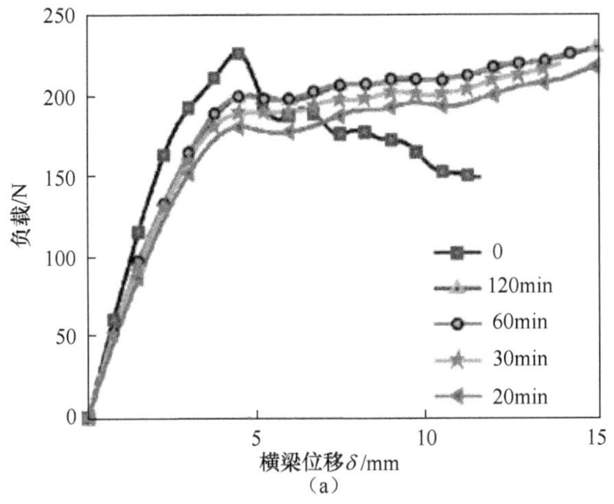

(a)

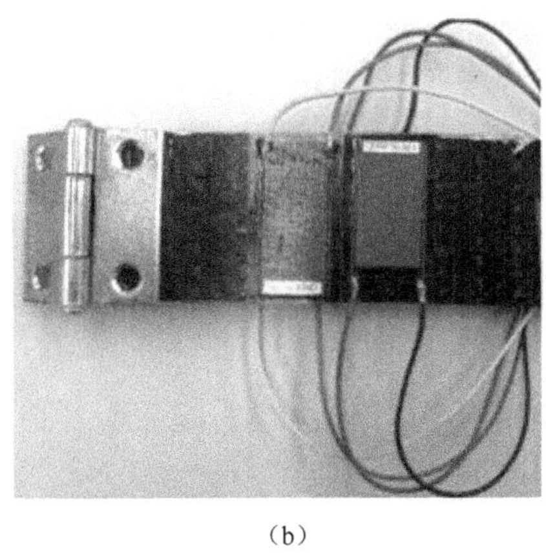
(b)

图 9.11　DCB 标本灵敏度分析

(a) DCB 标本在不同修复时间下的载荷与十字轴位移图；(b) 用于修复的带 MFC 的 DCB 标本。

着在样品的顶面和底面，从而为中间层的裂纹区域提供足够的热量，如图 9.11(b)所示。这种设置将允许 MFC 通过超声激发产生足够的热量，激活 SMP 和 CAPA 熔化来进行修复。尽管初步结果令人鼓舞，但仍需进行其他参数敏感性研究，以确定激发电压和频率对修复效率的影响。

此外，还可使用 DCB 标本的有限元分析(FEA)进行动态数据驱动的损毁建模方法，准确地对损毁的发生和发展以及 MFC 驱动的修复效果进行建模，该 FEA 模型有望成为 DDDAS 的损毁预测模型的关键部分。

9.4 小　结

为了实现复合结构的智能自修复系统，本章提出了一种新颖的 SHM DDDAS 范式，该范式结合了损毁预测模型、损毁传感网络和自修复机制，能够使用传感器感知损坏，然后使用嵌入式 MFC 网络更新预测模块并激活自我修复机制。SHM DDDAS 范式的优势在于，它提供了可预测的自我修复功能，以防止损坏无法修复。

本章介绍了基于可修补热塑性修复剂的碳纤维复合材料的自修复能力，实现重复的断裂/修复循环。研究首先通过“先闭合再修复”技术进行自我修复，其中 SMP 纤维有助于使宏观裂纹的断裂表面紧密贴合在一起；然后使用 CAPA 通过熔融、扩散、聚合和对断裂表面的黏附进行分子尺度的修复。含有热塑性修复剂的样品的 DCB 测试数据表明，在第一个修复周期后，这些断裂样品能够恢复其原始临界断裂韧性高达 73%。结果还表明，自我修复是可重复的，在第七个修复周期后仍可获得 58%的修复率。从 SEM 和光学显微照片还可以清楚地看出热塑性修复剂的修复机制，可以观察到热塑性修复剂的韧性断裂、原纤维形成、裂纹路径的曲折性以及桥接裂纹表面的韧带，这些都可以阻碍裂纹扩展。观察结果表明，选择具有低熔融温度、低黏度、高扩散性并且能够对断裂表面形成牢固黏附力的热塑性修复剂，可以提高修复效率。

此外,为了减少 Mode-Ⅰ型层间断裂自我修复过程的时间和能量消耗,我们还进行了不同持续时间样品加热的参数研究。结果表明,即使仅加热 20~30min,也可以达到类似的治愈效率。同时,研究还发现用 MFC 驱动的加热系统(而不是烤箱加热)治愈断裂标本前景可期。目前正在进行的工作是将损坏传感网络和动态数据驱动的损害预测模块与智能自愈系统进行集成整合,初步研究结果令人满意。

参考文献

[1] C. Farhat et al., Towards a Dynamic Data Driven System for Structural and Material Health onitoring (Springer, Berlin/Heidelberg, 2006)

[2] C. R. Farrar, N. A. J. Lieven, Damage prognosis: the future of structural health monitoring. hilos. Trans. R. Soc. A Math. Phys. Eng. Sci. 365(1851), 623-632 (2007)

[3] R. S. Trask, C. J. Norris, I. P. Bond, Stimuli-triggered selfhealing functionality in advanced ibrereinforced composites. J. Intell. Mater. Syst. Struct. 25(1), 87-97 (2014)

[4] G. Li, V. D. Muthyala, Impact characterization of sandwich structures with an integrated orthogrid stiffened syntactic foam core. Compos. Sci. Technol. 68(9), 2078-2084 (2008)

[5] J. Nji, G. Li, Damage healing ability of a shape-memory-polymer-based particulate composite with small thermoplastic contents. Smart Mater. Struct. 21(2), 025011 (2012)

[6] K. A. Williams, D. R. Dreyer, C. W. Bielawski, The underlying chemistry of selfhealing materials. MRS Bull. 33(8), 759-765 (2011)

[7] J. Lee et al., Fracture behaviour of a selfhealing microcapsule-loaded epoxy system. Express Polym Lett 5 (3), 246-253 (2011)

[8] B. J. Blaiszik et al., Selfhealing polymers and composites. Annu. Rev. Mater. Res. 40(1), 179-211 (2010)

[9] E. B. Murphy, F. Wudl, The world of smart healable materials. Prog. Polym. Sci. 35(1), 223-251 (2010)

[10] S. R. White et al., Autonomic healing of polymer composites. Nature 409, 794 (2001)

[11] R. S. Trask, G. J. Williams, I. P. Bond, Bioinspired selfhealing of advanced composite structures using hollow glass fibres. J. R. Soc. Interface 4(13), 363-371 (2007)

[12] R. S. Trask, I. P. Bond, Biomimetic selfhealing of advanced composite structures using hollow glass fibres. Smart Mater. Struct. 15(3), 704 (2006)

[13] J. W. C. Pang, I. P. Bond, "Bleeding composites"—damage detection and selfrepair using a biomimetic approach. Compos. A. Appl. Sci. Manuf. 36(2), 183-188 (2005)

[14] J. W. C. Pang, I. P. Bond, A hollow fibre reinforced polymer composite encompassing selfhealing and enhanced damage visibility. Compos. Sci. Technol. 65(11), 1791-1799 (2005)

[15] E. N. Brown, S. R. White, N. R. Sottos, Microcapsule induced toughening in a selfhealing polymer composite. J. Mater. Sci. 39(5), 1703-1710 (2004)

[16] J. Y ang et al., Microencapsulation of isocyanates for selfhealing polymers. Macromolecules 41(24), 9650-9655 (2008)

[17] S. H. Cho et al., Polydimethylsiloxane-based self-healing materials. Adv. Mater. 18(8), 997-1000 (2006)

[18] C. Dry, Procedures developed for self-repair of polymer matrix composite materials. Compos. Struct. 35

(3), 263-269 (1996)

[19] M. R. Kessler, N. R. Sottos, S. R. White, Self-healing structural composite materials. Compos. A. Appl. Sci. Manuf. 34(8), 743-753 (2003)

[20] S. M. Bleay et al., A smart repair system for polymer matrix composites. Compos. A. Appl. Sci. Manuf. 32(12), 1767-1776 (2001)

[21] S. A. Hayes et al., A self-healing thermosetting composite material. Compos. A. Appl. Sci. Manuf. 38 (4), 1116-1120 (2007)

[22] G. Li, H. Meng, J. Hu, Healable thermoset polymer composite embedded with stimuliresponsive fibres. J. R. Soc. Interface 9(77), 3279-3287 (2012)

[23] X. Chen et al., A thermally remendable cross-linked polymeric material. Science 295(5560), 1698-1702 (2002)

[24] T. A. Plaisted, S. Nemat-Nasser, Quantitative evaluation of fracture, healing and rehealing of a reversibly cross-linked polymer. Acta Mater. 55(17), 5684-5696 (2007)

[25] P . Cordier et al., Self-healing and thermoreversible rubber from supramolecular assembly. Nature 451, 977 (2008)

[26] D. Montarnal et al., V ersatile onepot synthesis of supramolecular plastics and self-healing rubbers. J. Am. Chem. Soc. 131(23), 7966-7967 (2009)

[27] R. P . Wool, K. M. O'Connor, A theory crack healing in polymers. J. Appl. Phys. 52(10), 5953-5963 (1981)

[28] D. A. Hurley, D. R. Huston, Coordinated sensing and active repair for self-healing. Smart Mater. Struct. 20(2), 025010 (2011)

[29] S. Torkamani et al., A novel damage index for damage identification using guided waves with application in laminated composites. Smart Mater. Struct. 23(9), 095015 (2014)

[30] G. Li, N. Uppu, Shape memory polymer based self-healing syntactic foam: 3 - D confined thermomechanical characterization. Compos. Sci. Technol. 70(9), 1419-1427 (2010)

[31] Product data sheet CAPA 6506, 16 Oct 2014, PERSTORP (2014), https://www.perstorp.com/products/capa_6506

[32] G. Li, O. Ajisafe, H. Meng, Effect of strain hardening of shape memory polymer fibers on healing efficiency of thermosetting polymer composites. Polymer 54(2), 920-928 (2013)

[33] Shape memory polymer presentation ecatalogue, SMP Technologies Inc., http://www.smptechno.com/pdf/smpvsspresentation100218.pdf

[34] Standard test method for mode-Ⅰ interlaminar fracture toughness of unidirectional fberreinforced polymer matrix composites, ASTM D5528, 10/01/2013.

[35] C. Larco, R. Pahonie, M. Mihaila-Andres, Experimental study on mode-Ⅰ fracture of fibredux unidirectional prepeg. AIP Conf. Proc. 1836(1), 020037 (2017)

[36] M. R. Kessler, S. R. White, Self-activated healing of delamination damage in woven composites. Compos. A. Appl. Sci. Manuf. 32(5), 683-699 (2001)

[37] J. F. Patrick et al., Continuous self-healing life cycle in vascularized structural composites. Adv. Mater. 26(25), 4302-4308 (2014)

[38] H. Ghazali, L. Y e, M. Q. Zhang, Interlaminar fracture of CF/EP composite containing a dualcomponent microencapsulated self-healant. Compos. A. Appl. Sci. Manuf. 82, 226-234 (2016)

[39] C. H. Wang et al., Interlayer self-healing and toughening of carbon fibre/epoxy composites using copolymer films. Compos. A. Appl. Sci. Manuf. 43(3), 512-518 (2012)

[40] K. Pingkarawat et al., Healing of carbon fibre-epoxy composites using thermoplastic additives. Polym. Chem. 4(18), 5007-5015 (2013)

第 10 章　动态数据驱动的无人机系统和气动弹性响应分析

R. Kania, A. Kebbie-Anthony, X. Zhao, S. Azarm, B. Balachandran

摘要：本章将讨论在考虑系统非线性行为的同时，如何使用 DDDAS 思想来增强无人系统的自治性。方法研究以诸如联合机翼 SensorCraft 无人机为背景。具体而言，我们将介绍如何使用 DDDAS 来增强性能范围以及避免气动弹性不稳定性，同时减少用户输入的需求。系统框架，我们基于 DDDAS 方法研究该领域由脱机组件和联机组件组成的预测应用框架。

在离线阶段，需要用户支持任务操作，如对所需的有效负载数据初始化（天气预报和飞机的运行历史等），这些操作将用于仿真和优化，由此在 SensorCraft 起飞之前创建最佳任务配置。在此阶段，我们使用气动弹性模拟器构造初步的稳定性包络，以确定飞机的震颤边界是否有损坏以及飞机完整性。使用有效的仿真结果，可离线训练初始元模型。在线阶段，我们通过不断获取传感器数据以支持决策过程。与计算成本高昂的气动弹性模拟器结果相比，该数据过滤后与元模型相融合，可实现系统响应的快速合理估计。随着响应的估计和更新，我们根据目标对响应进行评估，以在决策支持系统的帮助下确定最佳策略。整个 DDDAS 框架由气动弹性模拟器、数据驱动的预测方案和决策支持系统三个组件组成。气动弹性模拟器主要用于获取无人机动态响应的信息，并将此信息与传感器数据结合，用于决策支持系统的在线应用。

10.1 引　言

物理响应的不确定性和环境条件的变化一直是确定无人飞行器（UAV）系统性能时要考虑的限制因素。另外，最近的几种无人机（如 SensorCraft）都设计了细长的机翼，这使飞机系统更容易受到气动弹性不稳定的影响。为了提高飞行效率，在这种系统的设计和操作过程中，需要解决非线性气动弹性问题。另外，还需要考虑可能的不稳定因素及其可能导致的行为。为了有效利用气动弹性模型，需要环境的不确定性，以做出最佳决策。

在飞机设计阶段，需考虑气动弹性效应，用实验数据校准的线性气动弹性模型预测飞机可能经历的颤动（振荡）行为的速度。仅当飞机的最大运行速度远低于最小气动弹起速度时，飞机设计才被认为是安全的。几十年来，线性化方法已趋于成熟，被广泛应用于各领域。新兴的机器学习技术也越来越多地被使用，如将多个模型的数据作为输入，构建支持向量机（SVM）可以估计稳定性包络问题。一旦训练完成，就可以使用 SVM 预测给定配置属于哪种气动弹性飞行状态。这些分类边界可用于描述飞行包线,其中,一侧为气动弹性稳定运行,另一侧为不稳定运行。然而,线性模型和机器学习分类器都不考虑后期不稳定行为。也就是说,它们不能用于预测气动弹性不稳定后的行为特征,不能在不稳定发生后进行有效的预测。

2002 年设计的 SensorCraft 是一个新颖的"监视平台",这是一架带有多个集成传感器的飞机,可在不同的飞行状态下飞行长达 40h。

为实现长时间飞行的目标,设计人员必须采用非常规机翼结构,以提高效率。这些结构分为三类,即钻石翼、箱形翼和撑杆/桁架-支撑翼。如图 10.1 所示,在每种设计中,飞机都具有细长而灵活的机翼,并通过支柱或辅助机翼进行加固。尽管长度和灵活性的增加可以提高效率,但也带来气动弹性不稳定性。具有柔性机翼的系统会表现出复杂的非线性运动。系统行为的非线性气动弹性和复杂性取决于众多因素,使飞行员很难预测甚至难以成功导航。因此,这类设计需要决策支持系统,以帮助飞行员在考虑非线性气动弹性的情况下调整飞行配置。

诸如 SensorCraft 之类的观测平台,操作员希望最大化收集数据的数量和质量,同时还要最小化飞行器损坏或最大化飞行器的使用寿命。观测平台的首要任务是确保数据质量的最大化。考虑到在飞行路径中可能会检测到湍流情况,穿过这样的障碍物必然会模糊图像或传感器读数,甚至可能导致物体跟踪器重新定位目标。基于此,如果可能,可以采用在飞行器下方、上方或周围配置策略。此外,飞机回旋也可能会导致类似的负面影响。操作员该如何最小化对观测的干扰? 这是决策支持系统的意义所在。决策支持系统可计算每次决策或非决策对目标的影响,甚至可以在考虑环境不确定性因素的情况下,确定前进的最佳路径。后续我们会详细讨论决策支持系统,以及面对多个相互冲突的任务目标该如何处理。

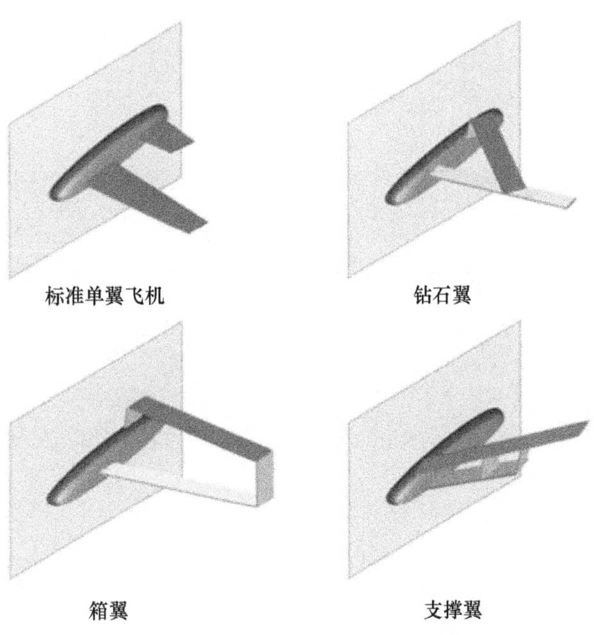

图 10.1　SensorCraft 不同机翼设计

通常,由于难以考虑非线性,在做出决定时经常会忽略空气弹性。但是,随着飞机性能和效率的提高,非线性物理学对于预测和处理系统行为变得至关重要。因此,需要非线性气动弹性模型来捕获动态不稳定性,例如震颤和极限循环振荡,防止对飞机的使用寿命的损害。然而这些非线性模型计算量很大,所以考虑元模型来近似非线性模型,减少完整气动弹性仿真所需的执行调用次数。另外,可以事先预测最坏情况的不确定性,以此产生一个包络线,在该包络线内可以安全执行无人机系统操作。随着飞行中干扰和变化的解决,需要分析的场景越来越少,最终确定最佳机动性。评估较少的场景可以更快地将模型更新为环境的实时变化,匹配当前情况。

本章介绍的工作与适应性结构健康计划及监测研究有很多共同点。有关文献研究了飞机的结构健康监测, Farhat、Amsallem 和 Allaire 等学者做了进一步的研究。这些研究人员的共同目标是预测飞机结构的故障,并以此制订计划以调整飞机。在线传感器数据只能用于推断飞机结构的当前状态,通过模拟则可以在发生故障之前准确地对其进行预测。但是,飞机的准确运行条件无法事先得知,而且知道条件后,需要一段时间才能运行模拟。同时,模拟预测的准确性与计算时间有关。以上种种因素导致几乎不可能实现准确、及时的故障预测。因此,必须增加安全边缘以防止系统产生故障。DDDAS 提供了一种解决方案,通过上述方法的结合可以获得更快、更准确的预测。

决策支持系统如图 10.2 所示。从飞行员或操作员的角度来看,决策支持系统的输入是当前系统的响应以及飞机的传感器读数,输出是可能的最佳解决方案,并基于该方案维持气动弹性飞行。在系统内部,可根据有用信息执行新的模拟来填补任何空白。此外,还可根据实际情况(如要求的精度是多少、可用的时间是多少)使用不同保真度的模拟。最后将结果与数据融合在一起,证明了该模型可准确地表示当前的 UAS,可以检测可能的传感器故障或精度不足的传感器数据,并将融合的响应预测用于优化未来的机动行为,同样地,这里可以选择多个级别的保真度或鲁棒性,以用于不同的情况。系统最终的输出是决策变量的值并提供优化的解决方案。在存在多个目标的情况下,系统会给出多个最佳决策,飞行员可以根据偏好进行选择。

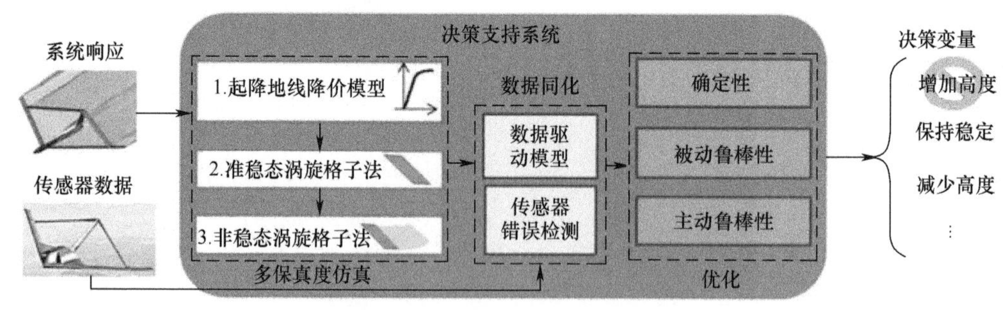

图 10.2 决策支持系统示意图

典型的 DDDAS 框架包含三个组件:理论、建模与仿真、动态数据。理论是整个框架不可或缺的一部分,基于此来确定如何执行仿真以及构建数据模型。一旦建立了框架,仿真和数据驱动的建模之间便存在动态交互,交互组合生成的信息将用于进行系统预测。

最终,实际应用系统得以保持并受益于 DDDAS 的构造。

综上所述,组件的 DDDAS 方案在相似领域中被证明是有效的。在环境分析、机器人技术、图像处理和嵌入式计算等领域,需要及时处理密集型仿真以实时执行应用程序。如大气(例如气流)建模是计算密集型任务,通常需要超级计算机。在发生野火和空气污染物等灾难时,并没有足够的时间进行模拟,可以通过预测并采取行动。Fisher 等的研究实现了对野火蔓延的预测以及对空气中污染物的识别,显示出 DDDAS 理论对大气预测的先进性。在车辆系统应用中,尤其是在无人飞行器和地面车辆上,DDDAS 可使系统性能得到进一步的增强。最后,在图像处理领域,通过 DDDAS 可以快速准确地实现目标跟踪。除此之外,DDDAS 还被成功应用到众多其他场景下。本章讨论的问题也适用于其他 DDDAS 应用范围。

本章的其余部分安排如下:首先,描述 DDDAS 框架,重点介绍主要组件之间的交互;然后,介绍气动弹性协同仿真的理念;之后,介绍有关数据驱动预测框架,尤其详细介绍了使用在线传感器数据补充协同仿真;最后,讨论决策支持系统,并将其用于数据驱动的预测。

10.2　DDDAS 框架

本章讨论的 DDDAS 框架如图 10.3 所示。从离线阶段开始,根据已知或估计的运行条件和任务参数、用户提供的初始数据,来确定要执行的多气动弹性模拟。结果可用于预测系统响应的数据驱动模型,也可用于定制初始飞行包线,针对该飞行包线找到最佳任务计划。起飞后,操作转移到在线阶段。在联机阶段,从位于 SensorCraft 上的传感器获取传

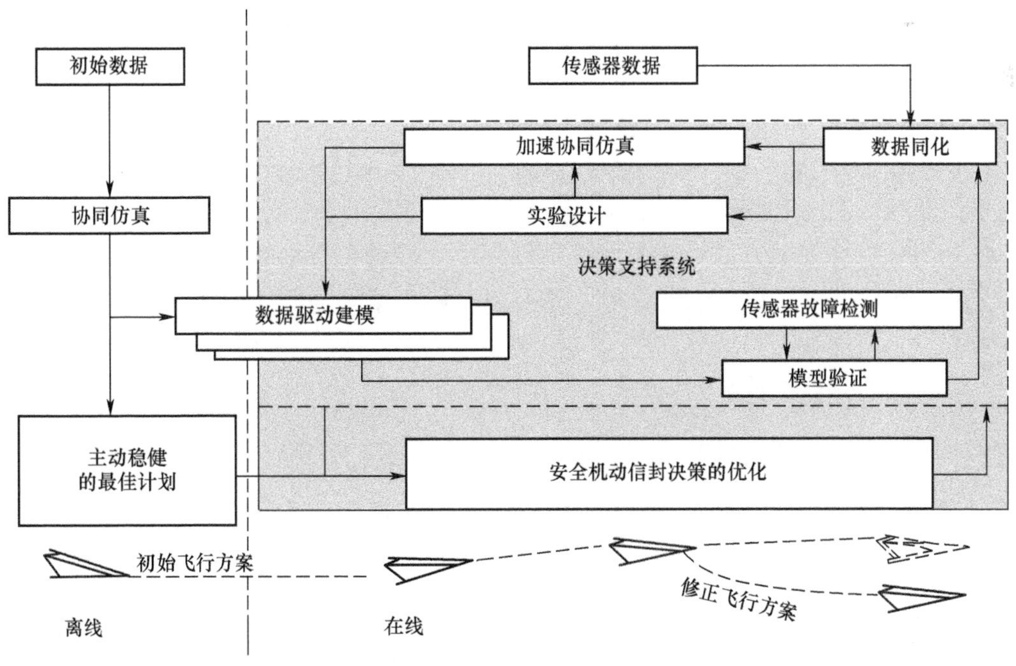

图 10.3　决策支持系统的 DDDAS 框架

感器数据,并将其与当前模型预测融合,数据融合的更多细节可见后续章节。与离线初始数据一样,利用融合数据设计一组模拟实验,并更新数据驱动模型,合并新结果。该模型的功能是对数据进行验证,并进行分析以检测错误的传感器测量结果。然后将新的预测响应与输入数据融合,重复该循环。我们对数据驱动的模型进行了优化,从而确定对预测的气动弹性响应的最佳方案。之后将结果提供给飞行员,以便飞行员就进一步的操作做出指示。

10.3 气动弹性模拟

前文提到,DDDAS 框架的核心组件是气动弹性仿真及仿真原理。一般而言,诸如 UAS 系统的空气弹性包括结构动力学、空气动力学以及它们之间的耦合。结构动力学取决于惯性效应、弹性效应以及作用在结构上的气动载荷。使用诸如有限元法之类的方法开发的降阶模型,可用于研究系统的结构动力学。同时,通过计算流体动力学和不稳定涡流格子方法可以获得空气动力。一旦构建了描述结构动力学和空气动力学的模型,便能重建气动弹性效应。其中,流体流动会对 UAS 系统施加力,UAS 系统对载荷做出响应,而系统响应又改变了流体的流动。正是由于这种反馈,气动弹性仿真困难且耗时。

如图 10.2 所示,在决策支持系统中加入了 3 个保真模型,以捕获系统的静态、动态和气动弹性响应。考虑到系统的模块化性质,不只是这 3 个模型,在 DDDAS 框架中还可以使用其他模型。在对流体流动进行建模时,一种选择是使用计算流体动力学(CFD)的商用求解器。这些求解器使用网格方法,离散化流场并求解控制方程,如 Navier-Stokes 方程。在商业应用中,可以将 CFD 与结构求解器相结合,从而研究流体-结构间的相互作用。虽然该方法被广泛应用,但实际上,使用无网格涡旋法也可提供足够的精度进行预测。同时,涡旋法可获得保真度。如图 10.2 所示,假设提升面在给定的条件下形成一维涡旋线,结合提升线理论与简单的地面效应模型可实现对空气动力快速、低精度的估计。此外,还可以使用涡流格子法(VLM)考虑二维涡旋格子,以对准稳态模型进行改进。由于空气弹性响应本质上是动态的,因此任何模型都应考虑到不稳定行为。这种不稳定行为可以使用不稳定的涡旋格子法(UVLM)进行捕获。我们将 UVLM 方案与结构模型紧密结合,创建气动弹性动力学的协同仿真。协同仿真是指将耦合系统划分为多个子系统,这些子系统分别在预定时间以适当的状态交换进行模拟(但在数值上进行积分),以解决耦合问题。

图 10.4 中描绘了气流中 SensorCraft 机翼协同仿真过程。在初始阶段,耦合系统(气流中的结构)由连续系统表示,其中状态向量 $\boldsymbol{z}(t)=\begin{pmatrix}\boldsymbol{x}(t)\\\boldsymbol{y}(t)\end{pmatrix}$。$\boldsymbol{x}(t)$ 和 $\boldsymbol{y}(t)$ 是相关状态向量,分别表示气流的结构和速度/压力场。在下一阶段,将动态系统划分为两个子系统,如下所示:

$$\frac{\mathrm{d}}{\mathrm{d}t}\boldsymbol{z}(t)=\frac{\mathrm{d}}{\mathrm{d}t}\begin{pmatrix}\boldsymbol{x}(t)\\\boldsymbol{y}(t)\end{pmatrix}=\begin{pmatrix}f_1(\boldsymbol{x}(t),\boldsymbol{y}(t))\\f_2(\boldsymbol{x}(t),\boldsymbol{y}(t))\end{pmatrix}\Rightarrow\begin{matrix}\dot{\boldsymbol{x}}(t)\\\dot{\boldsymbol{y}}(t)\end{matrix}=\begin{matrix}f_1(\boldsymbol{x}(t),\boldsymbol{y}(t))\\f_2(\boldsymbol{x}(t),\boldsymbol{y}(t))\end{matrix}\tag{10.1}$$

协同仿真过程的最后阶段涉及在两个子系统之间双向交换信息。这是通过预测不同

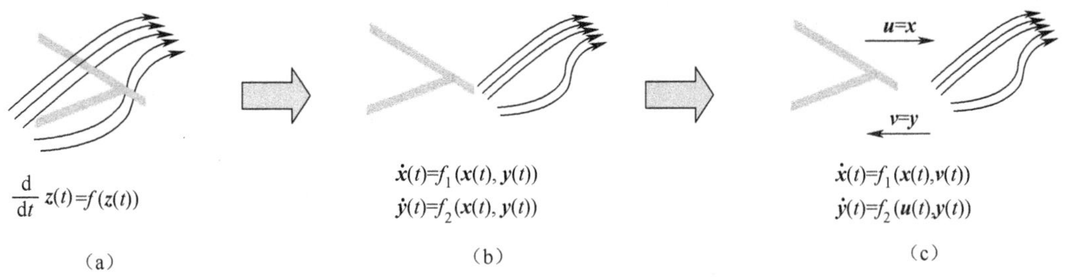

图 10.4　气流系统的协同仿真过程
(a)气流中的机翼;(b)分区;(c)协同仿真。

子系统中的未知状态向量实现的。因此,为模拟在 $\dot{\boldsymbol{x}}(t)$ 的子系统, $\boldsymbol{y}(t)$ 输入需要预测 $\boldsymbol{v}(t)$ 。类似地,为模拟在 $\dot{\boldsymbol{y}}(t)$ 的系统中, $u(t)$ 输入需要预测 $\boldsymbol{x}(t)$。将预测结果代入式(10.1),系统可表示为

$$\begin{pmatrix}\dot{\boldsymbol{x}}(t)\\ \dot{\boldsymbol{y}}(t)\end{pmatrix}=\begin{pmatrix}f_1(\boldsymbol{x}(t),\boldsymbol{v}(t))\\ f_2(\boldsymbol{x}(t),\boldsymbol{y}(t))\end{pmatrix} \tag{10.2}$$

仿真过程中,我们使用预测的气流状态模拟结构状态,同时使用预测的结构状态模拟气流状态。这两个子系统用于 UAS 结构动力学和空气动力学模型的计算。第一个子系统(模拟器 1)是 UAS 的结构模型。在模拟器 1 中,我们利用有限元方法(FEM),通过梁单元模拟 SensorCraft 机翼的运动,使用质量和刚度矩阵以及载荷向量来研究 SensorCraft 的结构动力学。在研究结构屈曲时,还应考虑几何刚度效应。图 10.5 为连翼飞机机翼的横梁表示。束结点由沿两个机翼中心线分布的圆圈表示,机翼的质量集中在与结点并置的点质量中。第二个子系统(横拟器 2)用于模拟空气动力学。在模拟器 2 中,我们利用 UVLM 确定 SensorCraft 上的空气动力学载荷。尾流被认为是无法忽略黏性影响的含涡度

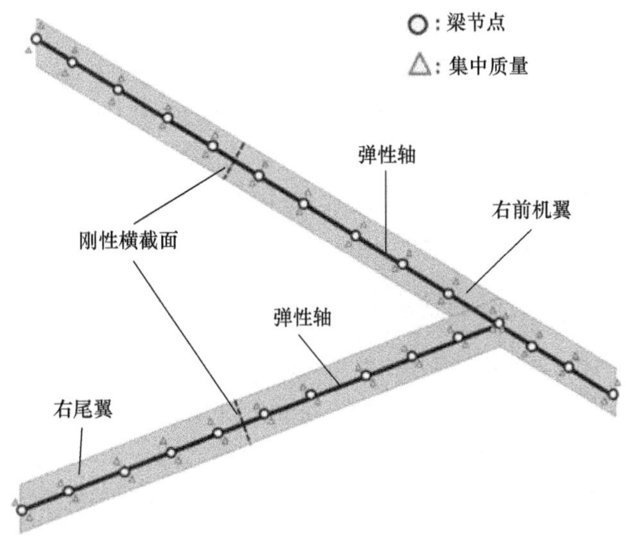

图 10.5　连翼飞机机翼的横梁表示

区域,它是在飞机后方对流的。通过该对流,可以估算出系统的空气动力学负荷(升力和阻力)。全连接机翼飞机的空气动力学模型所用的网格如图 10.6 所示。为了获得最高保真度的空气动力学效果,我们使用了非常细致的网格。Roccia 等的著作介绍了基于 UVLM-FEM 的联合仿真的处理方法。可以预见,未来的研究一定会实现协同仿真与飞行系统数据的结合。

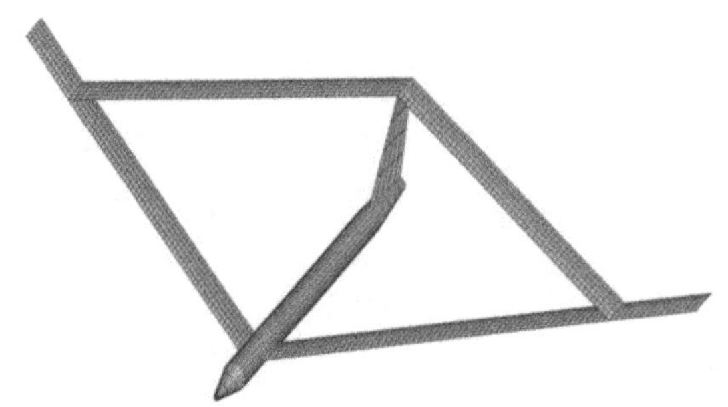

图 10.6　全连翼飞机的空气动力学网格

这种高保真度气动弹性仿真结果需要付出很高的计算成本。即使使用并行化和 GPU 计算来加速,也无法迅速完成计算并满足实时决策支持。即使能够以足够快的速度执行计算,仍然缺乏将其结果与物理系统关联所需的当前飞行条件信息。使用在线传感器数据,可以解决信息的速度和相关性问题。DDDAS 能够集成仿真和传感器数据,根据传感器数据产生高保真、高精度的数据,同时获得即时信息。10.4 节具体介绍相关内容。另外,可通过近似方法(例如快速多极方法)实现算法加速,Kebbie-Anthony 等证明,快速多极方法适用于上述协同仿真。

10.4　数据驱动预测框架

DDDAS 框架的核心在于动态数据的使用。在 10.3 节中,我们详细介绍了 UAS 气动弹性响应的协同模拟方法。DDDAS 使用动态数据建模,以此降低复杂物理模拟器的计算成本,实现实时部署。本节会介绍动态数据驱动的预测系统。我们将气动弹性模拟结果与动态传感器数据结合起来,以支持 SensorCraft 的实时决策。

决策支持系统的关键在于,根据当前的飞行状况提供快速而准确的环境预测。如前一部分所述,仿真主要用于估计整个系统的全局响应。基于 UVLM 的仿真可获得系统行为的准确预测,但是由于计算量大,使用 UVLM 进行在线预测是不切实际的。另外,执行低保真度仿真(如基于 VLM 的仿真)可及时估计全局行为,但准确性会下降。在线执行阶段,使用嵌入每架飞机中的众多传感器(更多的传感器用于开发原型),可以获得连续的环境和结构响应数据流。鉴于大多数传感器只能获取局部区域测量值,在将此传感器数据与全局仿真结果一起使用时,会存在信息不匹配的现象。为此,需要基于仿真数据和本地传感器数据来开发数据驱动的预测框架,使其具有与高保真模型相当的计算效率和准确性。

我们假设该预测框架符合一定的条件。首先,框架中使用的传感器测量是指内源系统的测量属性,并且假定传感器用于测量本地、离散位置的响应数据。然后,假定每个传感器没有系统误差,但会受到独立随机噪声的影响。通常,由噪声产生的不确定度被认为是已知的,在给定传感器的规格表中可以找到它。传感器数据和可用的仿真数据一起作为模型的训练输入。最后,假定空间每个位置的系统行为相互依赖/相关,共享完全相同的操作变量。

图 10.7 展示了数据驱动预测框架的整个过程。训练输入、传感器数据和模拟数据在框架顶部,这些数据用于模型构建。通过该模型,可以将不同数据融合在一起,以充分考虑运行条件进行全局预测。与 DDDAS 框架一样,数据驱动的预测系统由离线阶段和在线阶段组成。在离线阶段,基于可用的仿真结果构建元模型。然后,捕获每个本地响应(与传感器位置相关联)和每个全局响应之间的成对统计关系。在在线阶段,使用元模型对当前运行条件下的飞机性能进行全局估计。对于局部响应,传感器测量值和元模型估计值根据不确定性级别融合在一起。接下来又进入离线阶段,根据贝叶斯 Copula 模型构建的局部和全局统计关系来更新全局预测。最后,将更新的全局预测与元模型融合。

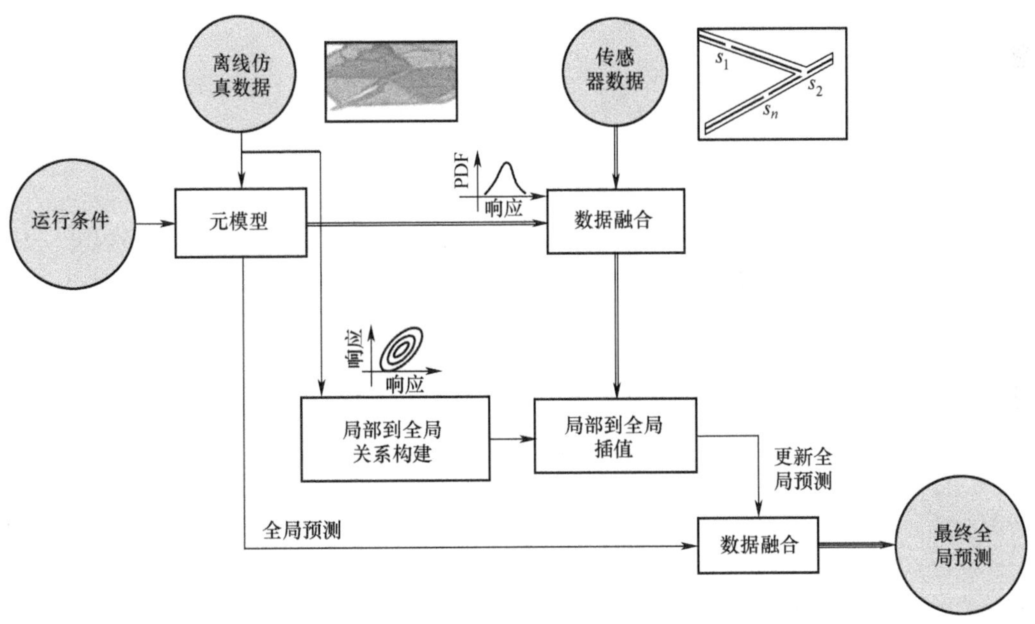

图 10.7　数据驱动预测框架

10.5 案例研究

本节我们基于联合机翼飞行器的空气动力学验证所提出的预测框架。图 10.8 为现实的飞机布局,我们在飞机的 14 个不同位置模拟应变。在这 14 个位置中,3 个位置有测量应变的传感器,如图 10.8 所示。假定 3 个传感器都容易受到噪声的影响,并且分布于不同水平。所考虑的运行条件包括空气密度、自由流速度和飞行高度。空气动力学模型采用 VLM 仿真,在运行过程中使用基于 UVLM 的仿真。

本示例从离线阶段开始,首先应用高斯回归构建元模型,并通过 VLM 模拟结果在 10 种条件下进行训练(表 10.1)。传感器被分别放置在前翼的根部、靠近翼的关节处和垂直尾部,依次对应面板编号 3、7 和 11。传感器和仿真模型控制点重合,也就是说,空气动力学网格板的中心允许在传感器的模型值与其他点之间建立成对的统计关系,同时在存在传感器的点与其他点之间依次建立关联。考虑有 14 个位置和 3 个传感器,每个传感器需要计算 13 个相关性,总共 39 对统计关系。一旦关系建立,就可以从 3 个传感器的数据推断出 14 个位置中的任何一个的响应。

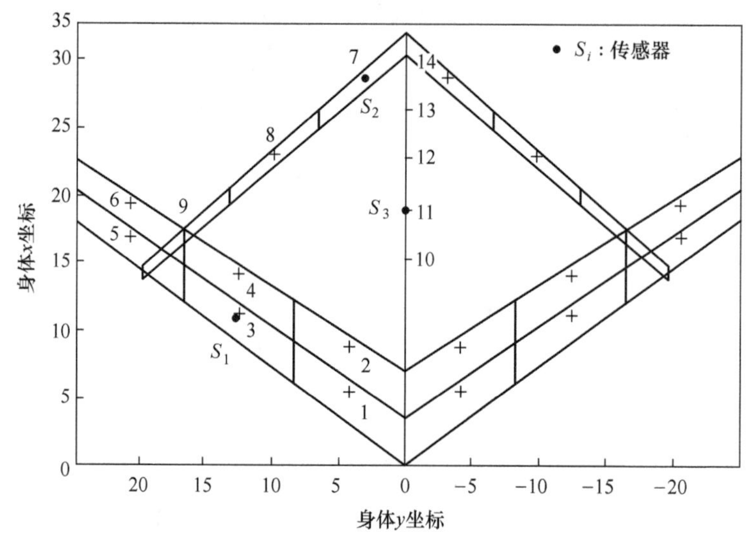

图 10.8 联合机翼飞行器起降面的 VLM 空气动力学网格(标注传感器位置)

表 10.1 训练中的 10 种操作条件一

训练点数	飞行速度/(m/s)	空气密度/(kg/m^3)	高度/m
1	89.23	1.29	66.69
2	99.07	1.31	94.39
3	70.24	1.21	58.75
4	46.44	1.08	96.96
5	78.94	1.14	64.27
6	87.25	1.26	79.17
7	69.49	1.08	71.51
8	61.89	1.13	80.44
9	45.57	1.18	88.21
10	57.46	1.03	52.15

如表 10.2 所示,我们随机生成 10 个运行条件来代表在线运行,并验证预测精度。实验选择基于元模型的预测,以及融合元模型预测与模拟传感器数据的方法,将这两种方法的结果与 VLM 结果进行比较。

表 10.2　测试中的 10 种操作条件二

测试点数	飞行速度/(m/s)	空气密度/(kg/m^3)	高度/m
1	80.71	1.12	98.69
2	89.37	1.17	51.72
3	64.04	1.19	87.25
4	54.64	1.25	70.12
5	46.98	1.11	81.35
6	99.22	1.28	65.33
7	83.83	1.06	75.46
8	73.05	1.04	56.61
9	63.34	1.23	60.19
10	42.29	1.29	94.62

图 10.9 显示了 14 个位置的预测误差。图 10.9(a)给出了没有融合传感器的元模型和融合传感器的元模型的均方根误差(RMSE)。可以看到,随着传感器的增加,14 个位置

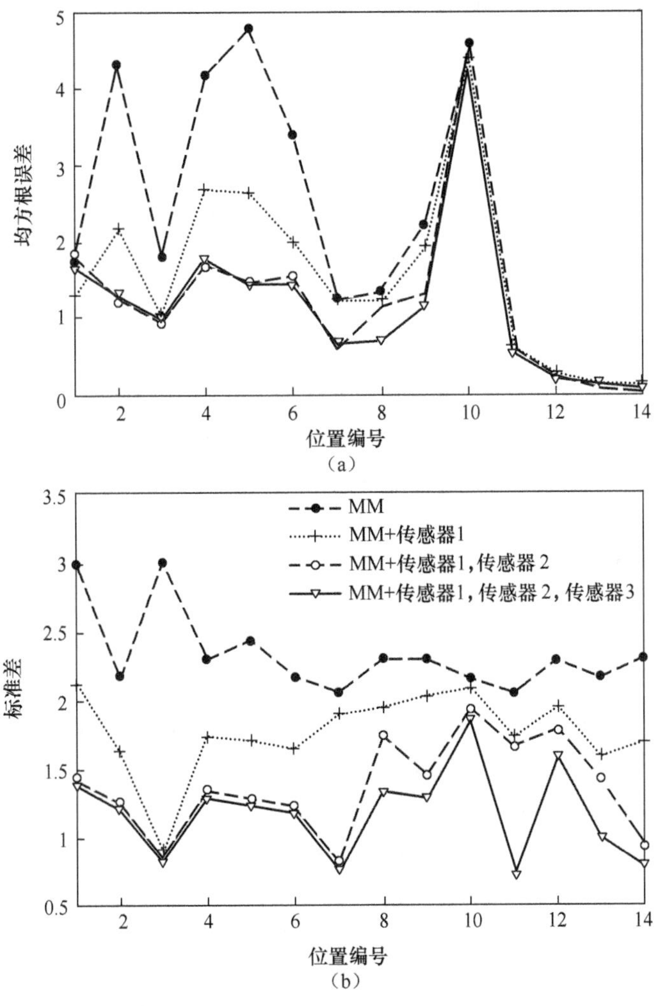

图 10.9　14 个位置响应的归一化预测

(a)均方根误差;(b)标准差。

中的多数 RMSE 都减小。在位置 12 和位置 14，未经调整的元模型的 RMSE 稍低，但由于 STD 的提升，差异并不明显。图 10.9(b)表明，使用附加传感器可以一致减小标准差。表 10.3 列出了 14 个位置的平均 RMSE 和标准偏差预测误差。

表 10.3　预测结果比较

误差	元模型(MM)	MM 和传感器 1	MM 和传感器 1、传感器 2	MM 和传感器 1、传感器 2、传感器 3
RMSE	2.56	1.79	1.32	1.37
STD	2.44	1.66	1.29	1.14

10.6 决策支持

基于 DDDAS 框架的数据驱动预测可以确定当前状态估计，预测未来状态的概率分布，那么如何将该信息用于飞行决策呢？本节将就这一话题展开讨论。

通过状态预测器，我们可以评估策略对任务目标的潜在影响，以确定最佳策略。由于 SensorCraft 具有气动弹性，因此为飞行员提供计算帮助变得尤其重要。气动弹性效应是高度非线性的，这使得它们难以预测，如果凭直觉则无法进行规避。对于某些应用程序，这是可以接受的；但是对于飞行器而言，失败的代价很大。因此，即使只是不太可能发生的事件(仅发生在其概率分布的尾部)在设计时也需要着重考虑。当给定任务有多个目标时，这会变得更加复杂。如本章引言所述，最大化数据数量、最大化数据质量、最小化飞机损坏和最大化飞机运行寿命是可能同时存在的目标。其中一些目标有相似之处，例如将损坏最小化和数据质量最大化将会导致许多相同的选择，因为对飞机的任何损坏都可能损坏传感器或在测量中引入噪声。但其他目标常常彼此矛盾，如果操作员不愿面对收集数据不足或是机翼承受压力过大的情况，但最大化 SensorCraft 的使用寿命却会干扰所收集的数据量。确定哪个目标优先、何时何地优先是一项重要任务，这会极大地影响决策行为。平衡多个竞争目标的最优性，同时保持所有目标的可行性，这是决策支持系统的核心功能。

在引入不确定性后，由于存在测量误差、建模误差等，在决策过程中需要采取其他的预防措施。考虑不确定性，最简单最广泛的方法是将问题视为确定性问题，即假设任何不确定的事件都将采用最可能的值然后进行优化。当寻求某种可行性时，将会列举不确定事件的所有可能结果，并从中找到一种对不确定性不敏感的鲁棒解决方案，该解决方案能够满足所有突发事件的约束。对于飞行器这样具有控制功能的系统，可以将决策变量分为当前决策和未来决策，从而进行优化。在有些学者关于化工厂的设计中，提出一种灵活的优化技术，即在不确定事件发生之前确定好设计变量和运行变量，将其作为不确定性之后的操作。也就是说，事件发生后，只能实现其可能的结果方案之一。设计方案能够适应不同的场景并针对不同的情况进行优化操作。Azarm 和 Lee 详细阐述了具有多个目标的鲁棒优化，Kania 等提出搜索最坏情况而不是进行全部搜索。

$$\min_{x_d, x_{op1}, \cdots, x_{opi}, \cdots, x_{opI} \forall p} E[f_{m,i}(x_d, x_{opi}, p_i)] \quad (m = 1,2,\cdots,M)$$

$$\text{s.t.}: g_{j,i}(x_d, x_{opi}, p_i) \leqslant 0 \quad (j = 1,2,\cdots,J; i = 1,2,\cdots,I)$$

$$\underset{\forall p x_{op}\ j \in J g_{j,i}}{\text{maxminmax}}(x_d, x_{op}, p) \leqslant 0$$
$$\forall p: p_l \leqslant p \leqslant p_u; \forall\ p_i: p_l \leqslant p_i \leqslant p_u \tag{10.3}$$

式中：x_d 为设计变量；x_{op} 为操作变量；p 为不确定的参数；p_l 和 p_u 分别为不确定参数下限和上限；x_{opi} 为 p 中第 i 个离散值的操作变量；$f_{m,i}$ 为 p 的第 i 个离散值的第 m 个目标函数；$g_{j,i}$ 为 p 的第 i 个离散值的第 j 个约束。

式(10.3)是 M 个目标优化的一般形式，对于不确定事件 p_i 的可能情况，该式鲁棒且操作灵活性。每个变量分别有一个优化的操作变量 x_{opi}，但只有一个设计变量 x_d。

对于本章中的 SensorCraft，可以针对不同类型的任务设计系统，或者针对不同操作的不确定事件在飞行前设计参数。为了在考虑气动弹性不稳定性的同时能从系统中获得最大的性能，需要在一定限制内优化每个操作，以保证其平稳可行。为了更新最佳解决方案，需要在短时间内评估的模型。同时，飞机可能的损坏使人们需要一种高保真度的模型。通常这两个条件是互斥的。10.5 节中讨论的 DDDAS 框架允许将非线性气动弹性仿真与实时传感器数据相结合，实现快速而准确的预测。这意味着，不仅可以使用基于 DDDAS 的决策支持系统辅助设计，还可以将其用作有限水平控制器。数据驱动的预测框架能够在未来的时间步长中进行气动弹性稳定性的预测。除了将优化的设计变量视为操作变量的不同属性外，还可以将决策视为变量。在不确定条件未知的情况下，当前必须进行一系列操作；在某些未知数变成已知数后，还应采取适当策略，这些变量可以是相同的变量，但应分为当前和以后。

参考图 10.10，下部方块的输出 $\hat{y}_t$ 和 $\hat{y}_{t+1}$ 表示数据驱动预测系统中当前和将来的气动弹性状态估计。在决策支持系统中，这些估计值用于确定操作的可行性。决策由变量 $\boldsymbol{x}$ 组成，下标 t 和 t+1 分别表示当前时间步长和未来时间步长。x_{t+1} 包含 I 种可能的决策，其中第 i 个决策对应第 j 种不确定情况。通过优化时间 t 和时间 t+1 的值，实现了单步前瞻决策支持。操作员选择执行的每个决策都是最优的且可行的，并且对未来预期决策也具有最优性和可行性。其中 $\boldsymbol{x}$ 是状态向量，p 是不确定参数，y 是系统响应，$\hat{y}$ 是系统响应预测。下标 t 对应在线操作的当前时间，t+1 代表下一个时间步的估计，t−1 是上一个时间步。下标 i 是指下一个时间步长的 I 种可能方案中的第 i 个。

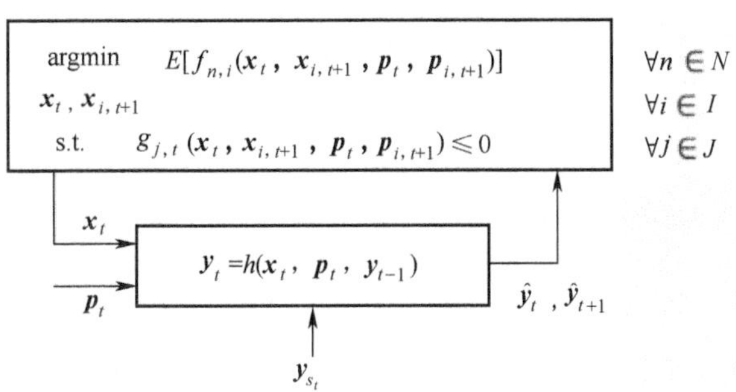

图 10.10　基于状态估计器和预测器的单步超前决策支持

10.7 小　结

本章提出了一种面向决策支持系统的 DDDAS 框架。该框架利用气动弹性仿真实现响应预测和不确定性下的优化;通过逼近方法(如快速多极方法)加速高保真仿真,并使用数据驱动预测系统实时预测精度,以辅助决策;使用低计算成本的功能评估,可实现在线优化。此外,考虑运行变量的鲁棒性,所实现的决策支持系统可以辅助飞行员驾驶机翼轻薄且灵活的飞行器,例如 SensorCraft。

参考文献

[1] V . Akcelik, G. Biros, A. Draganescu, O. Ghattas, J. Hill, B. van Bloeman Waanders,Dynamic data driven inversion for terascale simulations: realtime identification of airborne ontaminants, in Proceedings of SC2005, Seattle, W A, (2005), pp. 43-58

[2] V . Akcelik, G. Biros, A. Draganescu, O. Ghattas, J. Hill, Inversion of airborne contaminants in a egional model, in International Conference on Computer Science (ICCS), vol. 3993, Reading, K (2006), pp. 481-488

[3] D. Allaire, D. Kordonowy, M. Lecerf, L. Mainini, K. Willcox, Multifidelity DDDAS methods ith application to a selfaware aerospace vehicle. Procedia Computer Science 29, 1182-1192 2014)

[4] S. Azarm, Y . -T. Lee, Multi-objective robust optimization formulations with operational lexibility and discretized uncertainty, in Proceedings of the International Design Engineering echnical Conferences, Charlotte, NC, 21-24 August, 2016

[5] R. Cavallaro, L. Demasi, Challenges, ideas, and innovations of joined-wing configurations: aoncept from the past, an opportunity for the future. Prog. Aerosp. Sci. 87, 1-93 (2016)

[6] F. Darema, Dynamic data driven applications aystems: a new paradigm for application simulations and measurements, in Computational Science - ICCS 2004. ICCS 2004. Lecture otes in Computer Science, ed. by M. Bubak, G. D. van Albada, P . M. A. Sloot, J. Dongarra Eds), vol. 3038, (Springer, Berlin, Heidelberg, 2004)

[7] C. Farhat, D. Amsallem, Recent advances in reduced-order modeling and application to onlinear computational aeroelasticity, in 46th AIAA Aerospace Sciences Meeting and Exhibit, eno, NV , 2008

[8] M. Fisher, J. Nocedal, Y . Trémolet, S. J. Wright, Data assimilation in weather forecasting: a ase study in PDE-constrained optimization. Optim. Eng. 10(3), 409-426 (2009)

[9] K. P . Halemane, I. E. Grossman, Optimal process design under uncertainty. AICHE J. 29(3), 25-433 (1983)

[10] S. T. -S. Hsu, T. Fitzgerald, V . Nguyen, T. Patel, B. Balachandran, Motion visualization and stimation for flapping wing systems. Acta Mec. Sin. 33(2), 1806-1822 (2017)

[11] D. Huard, G. Evin, A. C. Favre, Bayesian copula selection. Comput. Stat. Data Anal. 51(2), 809-822 (2006)

[12] T. Kalmar-Nagy, I. Stanciulescu, Can complex systems really be simulated? Appl. Math. omput. 227, 199-211 (2014)

[13] R. Kania, S. Azarm, B. Balachandran, Use of operationally flexible robust optimization in ynamic data

driven application systems, in Info Symbiotics/Dynamic Data Driven Application ystems Conference, Hartford, CT, 9 August, 2016

[14] A. B. Kebbie-Anthony, N. Gumerov, S. Preidikman, B. Balachandran, S. Azarm, Fast multipole ethod for nonlinear, unsteady aerodynamic simulations. In 2018 AIAA Modeling and imulation Technologies Conference, p. 1929 (2018)

[15] A. M. Khaleghi, D. Xu, A. Lobos, S. Minaejan, Y. -J. Son, J. Liu, Agent-based hardware-in-the-loop simulation for UAV/UGV surveillance and crowd control system. in Proceedings of the 2013 Winter Simulation Conference: Simulation: Making Decisions in a Complex World IEEE Press, 2013)

[16] C. Lieberman, K. W. Fidkowski, B. van Bloemen Waanders, Hessian-based model reduction: argescale inversion and prediction. Int. J. Numer. Methods Fluids 71, 135-150 (2013)

[17] G. R. Madey, R. M. Blake, C. Poellabauer, H. Lu, R. R. McCune, Y. Wei, Applying DDDAS rinciples to command, control and mission planning for UAV swarms. Procedia Comput Sci , 1177-1186 (2012)

[18] J. Mandel, L. Bennethum, J. Beezley, J. Coen, C. Douglas, M. Kim, A. V odacek, A wildland ire model with data assimilation. Math. Comput. Simul. 79, 584-606 (2008)

[19] S. Missoum, C. Dribusch, P. Beran, Reliability-based design optimization of nonlinear eroelasticity problems. J. Aircr. 47(3), 992-998 (2010)

[20] J. Njuguna, Flutter prediction, suppression and control in aircraft composite wings as a design prerequisite: a survey. Struct. Control. Health Monit. 14(5), 715-758 (2007)

[21] L. Peng, D. Lipinski, K. Mohseni, Dynamic data driven application system for plume stimation using UAVs. J. Intell. Robot. Syst. 74(1-2), 421-436 (2014)

[22] B. Roccia, S. Preidikman, B. Balachandran, Computational dynamics of flapping wings in over flight: a cosimulation strategy. AIAA J. 55(6), 1806-1822 (2017)

[23] R. Rodriguez, A. Cortés, T. Margalef, Injecting dynamic realtime data into a DDDAS for orest fire behavior prediction, in International Conference on Computer Science (ICCS), vol. 454 (Baton Rouge, 2009) pp. 489-499

[24] C. P. Tilmann, Emerging aerodynamic technologies for high-altitude long-endurance SensorCraft UAVs. Air Force Research Lab Wright-Patterson AFB OH Air V ehicles Directorate 2002). Retrieved from http://www.dtic.mil/get-tr-doc/pdf? AD=ADA428754

[25] B. Uzkent, M. J. Hoffman, A. Vodacek, J. P. Kerekes, B. Chen, Feature matching and adaptive rediction models in an object tracking DDDAS. Procedia Comput Sci 18, 1939-1948 (2013)

[26] X. Zhao, R. Kania, A. B. Kebbie-Anthony, S. Azarm, B. Balachandran, Dynamic data driven aeroelastic response prediction with discrete sensor observations. In 2018 AIAA on-Deterministic Approaches Conference, p. 2173 (2018)

第四部分　环境感知：地球、生物和空间系统

第 11 章　基于新型传感器与集成建模数据源改进野火检测和预警

Janice L. Coen, Wilfrid Schroeder, Scott D. Rudlosky

摘要：野火管理依赖最初起火点的监测报警，以及根据当地地形、燃料特性和状况、天气(尤其是风)做出火势增长的预测。最新研究的“大气-野火环境耦合”(CAWFE)建模系统将数值天气预报模型与火焰行为算法相结合，优化复杂地形中的细小气流建模捕获“野火如何创造自己的天基”；同时，运用来自可见光红外成像辐射仪(VIIRS)的卫星主动式火警探测产品(375m 像素)模拟火灾进程。这样，根据一般的火灾制图数据，就可以准确预测之后 12~24h 的火灾增长；从火灾发现到熄灭，模拟序列可以辅助对火灾增长进行合理预测。但是，由于模型累积错误、随机过程和人工干预(例如救火)，准确预测火灾的增长是极其困难的，还可能导致数据丢失。在本章，我们应用新的算法(导入其他数据)提取有关野火检测和制图的新数据和未被充分利用的现有数据，并基于该算法将野火检测和监视的异步数据与大气-野火模型相结合，改进对野火探测时间估计和对火势增长的预测。我们通过引入额外的来自卫星火灾监测的算法和 VIIRS 数据集，增强对 2015 Canyon Creek Complex 的模拟。这些额外的异步数据使我们能够提前 1~3h 检测到火灾，更早地进行预测并及时提供预报信息，同时还在循环预测中引入了额外的 3 天的火灾增长期。通过不断地更新对火势增长的预测，明显改善了预测效果，补充了被云遮挡的观测值。

11.1 引　言

野火属于严重的自然灾害，在监测、监视和预警方面面临很大挑战。雷电可以导致大量的云到地面的电击，触发大量火灾。在过去，火灾通常通过烟雾的出现和夜晚飞机(如国家红外行动 NIROP)收集的制图数据来进行判断。然而这些数据只适用于最高优先级的火灾。自 1999 年以来，星载仪器(如中分辨率影像光谱仪 MODIS)可用于白天和夜间大火灾的检测与分析。最近，具有更高分辨率的星载仪器，如可见光/红外成像辐射仪(VIIRS)，被用于火灾程度的描绘以及较低级别或较小火灾的检测。尽管通过运营站点几乎可以实时获取信息，但火灾管理和增长预测的结合仍需进一步研究。

开始火灾不会很大，直到遇到干燥和多风的天气，火灾在短时间内爆发，其大小和复杂性迅速增长。火势增长的预测主要依靠运动学模型，该模型基于火势前沿(火焰前沿)的扩散速率与影响火势的环境因素(包括火势)之间的半经验关系进行预测，包括附近的地形坡度、燃料特性和湿度以及风力等气候因素。改进的新型建模工具——CAWFE 建模系统可以通过将数值天气预报(NWP)模型双向耦合,实现对复杂地形中精细气流建模算法的优化,更真实地模拟野火的条件。CAWFE 以更高的分辨率对火灾周围几百米环境建模,同时对火灾行为及其对天气的反馈进行建模,特别是风向对火灾行为的影响。

受非线性、累积模型误差、随机过程和干预(如救火)等因素的影响,准确地预测火灾增长是极其困难的。这类事件可能持续数周甚至数月——远远超出天气预报模型的有效期,尤其是火灾活动会受消防之类的外部因素影响,难以处理的余烬也可能引发新火。通过集成这些工具,可以准确预测野火的发生。也就是说,将 CAWFE 和每 12h 的 VIIRS 主动式火灾探测产品集成,使用 VIIRS 火灾映射数据分析正在燃烧的火灾,至少可以在接下来的 12~24h 内准确模拟火灾增长。通过应用模拟序列,可以预测火灾发现到扑灭之间的火灾行为。

尽管取得了一些进步,但挑战仍然存在。与许多其他复杂系统一样,天气预报通常以传统方式执行,包括计划内的天气预报和数据收集,有限的数据处理(初始化时使用),并且在数据与模型之间无法相互引导。非线性模型容易累积错误,还可能导致数据丢失、模糊或不完整。在消防应用中的具体挑战:①远程或未检测到的火源;②火势快速移动或行为复杂的野火。第一个挑战通常与美国西部的雷击相关,经常在火灾发生几天后才会发现。对于这种情况,预测系统的早期发现和触发是研究关键。第二个挑战是指可预测性非常短(几个小时)的天气情况下发生的火灾。尽管每 12h 就会获得 VIIRS 主动火情检测数据,但问题仍然存在,例如连续卫星过境之间的火势增长,或者数据被云、阳光或地形遮盖,产生的错误情报。为了解决上述挑战,必须结合使用现有传感器和新传感器的数据,以最大限度地完善检测。

本章研究了结合新的和现有未充分利用的野火检测和动态映射数据源,基于这些数据源与天气-火灾行为模型,应用动态数据驱动技术改善野火的检测和预测。首先,扩充 VIIRS 主动火灾探测产品的数据,包括从未充分利用的 VIIRS 通道中提取的数据,以及具有不同分辨率和重访频率的极轨卫星的遥感数据。我们基于这些数据开发新的算法,将野火检测和监视的异步数据与集合 CAWFE 的天气-野火模型集成,改善了对野火检测时间的评估和火灾增长的预测。将其应用于 Oregon's 2015 Canyon Creek Complex,验证了本章方法的优异性。实验结果表明我们的系统有更快的检测时间、更早的预测和响应,同时提高了整个模型的性能。

11.2 背　　景

11.2.1 预测方法

作为预报问题,野火预测存在各种挑战。首先,在长时间的火灾中,由不完善的初始化数据和模型物理性导致的误差增长,使火灾发生前的仿真模型几乎失去保真度,价值大打折扣。其次,野火可能会持续数周到数月,而模型预测能力会随时间迅速下降,哪怕是最新天模型,也会在 12 天后基本失去所有能力。因此,没有一个天气模型能够准确地预测长期存在的事件。此外,火灾如何发生也无法准确建模,扑灭的余烬仍可能会引发新火,同时灭火影响火势的自然增长,需要对模型不断调整和初始化。

为了解决建模问题,一种新方法被提出。有些学者通过 VIIRS 像素的火灾检测数据定义火灾隐患,并将其引入 CAWFE 中模拟火灾发展,将模拟结果与下一个 VIIRS 火灾观测数据(12h 后)进行比较。研究发现,与卫星过境相比,在每次初始化后的 12~24h 内火势增长的模拟结果良好,但随时间增长,逐渐偏离了地图区域。为此,本章提出了循环预报方法,即每 12h 开始一系列 CAWFE 模拟,使用循环的大型天气预测进行初始化,使用连续的 VIIRS 确定周边着火地点。笔者认为,该系统可解决单次预报性能随时间下降的问题,并且从首次发现火灾到火灾消灭都可进行预测。尽管研究取得了重大进步,但仍需进一步研究来确定最佳的循环频率以及整合其他观察预测。

使用焦合卡尔曼滤波技术可以实现野火模型替代数据的同化,该方法可以通过运行一组初始条件稍有不同的模型,朝着观察到的火灾发生地不断调整。但是在应用于野火时,该方法无法满足火场位置的独立条件。另外,同时运行数十个模拟的计算成本高。该方法是为了调整相互纠缠的大气状态变量而开发的,但在耦合的天气-火灾模型中,火灾大小本质上是外部因素驱动的,因此无须采取特殊措施来避免模型不平衡状态。有关文献表明,对于正在发生的火灾,单纯引入天气模型不会使模拟变得不稳定。有些学者试图利用地面气象站的燃油湿度数据引导耦合的天气-火灾模型模拟。但有些学者认为,与其他环境因素(例如风)相比,燃料水分的影响非常微弱,并且燃料水分数据非常稀疏,因此燃料水分变化未知且无法表示。此外,当其他环境因素(无论是环境风还是由充分燃烧和复杂的地形产生的烈风)影响火灾时,燃料成分、数量和水分的细节对于火灾的检测都不是必需的。因此,本章通过迭代自适应算法获取新数据,以此触发高频循环更新天气和火灾模拟系统。

在实践中,有些学者提出的理想化建模场景同时面临着挑战和机遇。例如,天气状况可能更加不可预测,火灾制图数据的 12h 更新可能不够频繁,无法保持性能。此外,由于云层遮挡或其他观察条件(例如,随观察角度变化的像素分辨率、地形或树冠的遮盖、太阳眩光遮挡部分区域、传感器停机等),也会影响数据的保真度和可用性。但是,如前所述,先前的和后续的 VIIRS 会提供更多的火灾探测数据,并且还可加入其他传感器和数据探测产品(例如 Landsat-8 主动火灾探测产品),这些使得动态数据驱动方法可以被成功运用。

11.2.2　2015 年 Canyon Creek Complex 野火

2015 年 8 月 12 日 0500 UTC(12:00)到 1100UTC(4:00),雷暴掠过俄勒冈州东部的 Malheur 国家森林(NF),至少引发了十二起大火。最初的两起大火发生在 Strawberry Mountain Wilderness 的 Berry Creek 以及 Malheur NF 的 Mason Springs,但并未被及时发现。8 月 14 日,风速为 $18ms^{-1}$(40mph)的大风将大火吹向东北方向,导致这两起大火合并,形成了 Canyon Creek Complex 野火。火势也从 $242hm^2$(600 英亩)增加到 $13759hm^2$(3400 英亩)。随着干燥的冷锋经过,风向转移,大火被吹向东南方向进入 Strawberry Wilderness(图 11.1)。最终,这场大火涵盖 $44621hm^2$(110261 英亩),于 2015 年 11 月 5 日熄灭。

VIIRS 和 Landsat-8 数据为 Canyon Creek Complex 的探测或绘图提供支持。这些观察结果集中在午夜和下午,包含了第一个生长期,基于这些数据进行检测分析,并扩展到整个事件。

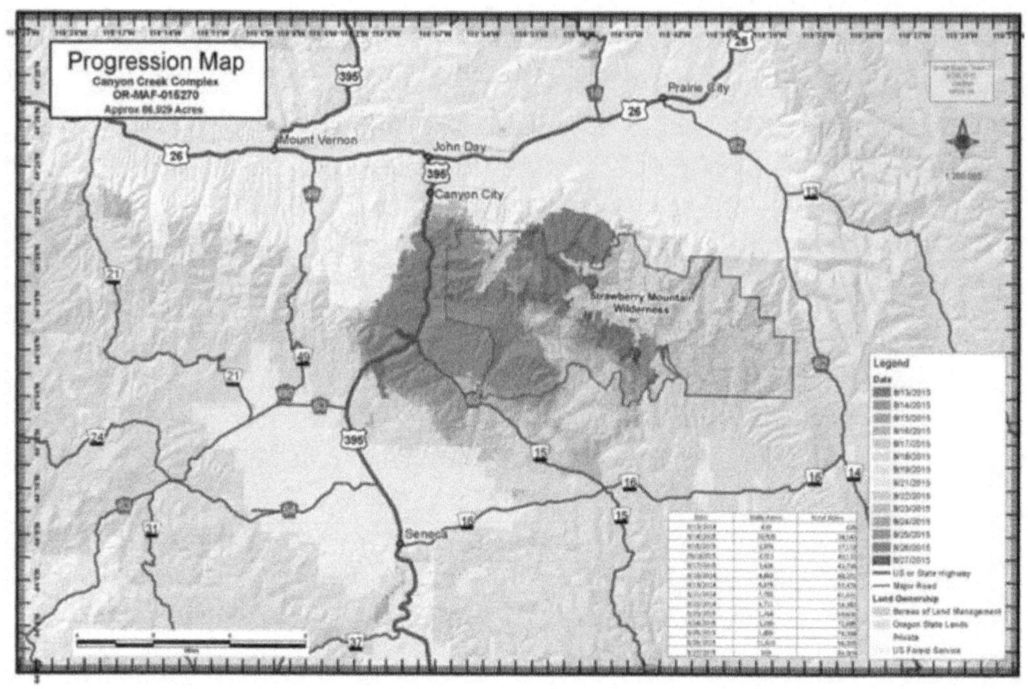

图 11.1 Canyon Creek Complex 野火进展图

（资料来源：美国农业部林务局提供[https://inciweb.nwcg.gov/incident/map/4495/24/48177/]）

11.3 方 法

11.3.1 野火探测、制图和监控

许多野火事件通过烟羽检测结果实施报警。国家红外行动(NIROP)根据火灾优先级对火灾大小及范围进行制图，这种机载测绘仅限于夜间使用，以最大限度地提高火源与其背景的热对比度，并在访问时提供整个火场周边地图。卫星遥感仪器能测量短波和热红外波段的辐射，基于这些辐射可对各个卫星图像绘制实时火势图。相比于视觉检测和机载制图，卫星仪器可实现常规检测和全球野火监测。

11.3.1.1 可见光红外成像辐射仪

VIIRS 多光谱仪器位于芬兰(Suomi)国家极地轨道合作关系(S-NPP)上，其中 S-NPP 属于未来联合极地卫星系统(JPSS)的先期筹备。VIIRS 地上组件至少包括两个主动火灾探测器，即基线 750m 产品和使用更高分辨率成像仪波段的 375m 产品，每 12h 探测全球数据集。两种检测算法均基于 MODIS 火灾检测产品实现，使用中等和热红外光谱数据检测与生物质燃烧相关的次级像素火焰活性。与其他全球数据集相比，更高分辨率的 375m VIIRS 产品可以及早发现夜间 $5m^2$ 以上的火灾并改善火灾制图。该算法的性能在很大程度上取决于场景条件，可以针对场景条件自动调整检测测试，以免其他高亮辐射特征(例如云层、阳光直射的区域、高反射的屋顶)发生错误,并通过调节平衡全局角度的误报率和遗漏错误率。当前 VIIRS 750m 和 VIIRS 375m 火灾算法均在美国 USDA 遥感应用中心附近实时运行。VIIRS 375m 产品已经在美国西部大火的机载红外数据中进行了验证,结果如图 11.2 所示。

S-NPP/VIIRS 采样频率是一个纬度相关函数,每隔 12h 实现一次全球地毯式覆盖,赤道穿越时间为 13∶30(上升节点)和 1∶30(下降节点)。中纬度地区每天至少采样两次,有些交替的日子最多进行四次观测(下午两次,早上两次)。

有时可以从之前或之后的检测轨道获得额外的观测结果,这些轨道与最适合检测的轨道相隔 102min 的轨道周期(相当于每天 14.11 个轨道)。系统检测性能以及是否可以从这些通道获得有用数据取决于观察条件-观察角度、像素大小、火势方向以及云层或太阳光照是否存在。

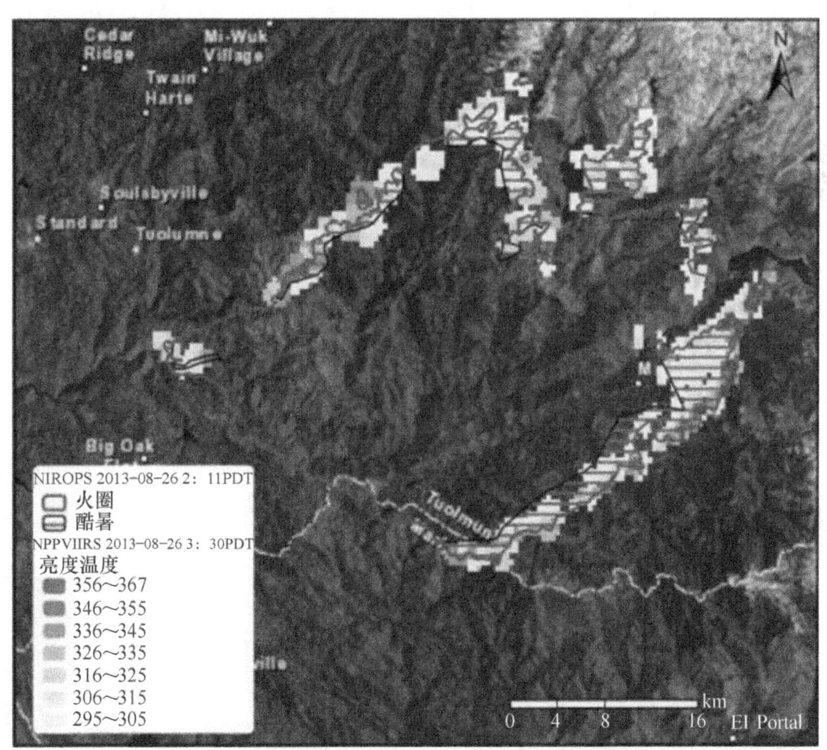

图 11.2 2013 年 8 月 26 日几乎重合的 VIIRS 375m 和国家红外行动(NIROPS)对加利福尼亚 Rim Fire 进行了主动火情测绘

(NIROPS 数据包括火场范围和高温区域。VIIRS 数据通过颜色编码描述了燃烧的辐射温度)

11.3.1.2 Landsat

2013 年 2 月推出的 Landsat-8 包含作战用陆面成像仪(OLI)和热红外传感器(TIRS)。Landsat-8 在极地轨道上运行,重访时间是 16 天,主要提供白天数据,这些数据会根据地理位置和科学目标或实际应用(例如,野火制图的夜间按需采集)而有所不同,已证明地级卫星的数据可成功应用于检测火灾。Landsat-8 基于主动火警检测算法,该算法使用近红外(约为 0.8μm)和短波红外(约为 2.2μm)对包含火情的像素进行分类。

11.3.2 大气-野火耦合模型

CAWFE 建模系统将 NWP 模型与火灾行为模块相结合,可以捕获复杂地形中的大气运动、天气、大气与野火的相互作用等因素对火灾的影响。系统还可以模拟火灾蔓延的速率和方向,区分山火特征,相当于简单模型,它可以捕获更多的火灾信息,辅助人员进行更深入的了解。

CAWFE 中的三维气象 Clark-Hall 模型是非流体静力的,并且是基于运动的 Navier-Stokes 方程、热力学方程和非弹性近似的质量守恒定律。其垂直拉伸的地形跟踪坐标可以实现数百千米的气流模拟,同时聚焦于特定复杂地形,误差约为 100m。模型对几个交互嵌套的模型外部进行初始化,使用模型预测/分析的网格化大气状态来更新边界条件。越是极端复杂的地形,系统表现越出色。

CAWFE 的火情模块基于半经验关系。蔓延率公式是地势、燃料特性和火线风的函数,被用于估算火势蔓延。它可以估算后-前燃料消耗,跟踪不同燃料类别的明显的和潜在的热释放,以及通过排放因子释放的烟雾颗粒。根据火灾观察结果,简单的辐射处理可以将火灾的潜在热通量和微粒分配到最低的大气网格水平。超过经验阈值的地表火热通量可能会点燃树冠火,其他经验关系式能够给出通过树冠传播的速率。此外,天气和火灾进行耦合,火灾热量和水蒸气通量会改变大气状态,产生烈风,不断演变的大气反过来又会影响火势。

大气模块被用于模拟许多气象现象,如形成降水、地形引起的湍流和暴风雨等。CAWFE 模拟对以下场景进行测试,包括现场测量和事故地图(2002 年在 Pinewood Springs 的 Big Elk 火灾)、机载红外仪器绘制的火灾(2002 年 Troy 火灾和 2006 年 Santa Ana 导致的 Esperanza 火灾,见图 11.3(a))以及 VIIRS 数据(2012 年 High Park 火灾[图 11.3(b)]和 2012 的 Little Bear 火灾)。相比于简单模型,CAWFE 研究表明,如果大气模型可以捕获大气流,则可以对火情的显著特征(总体传播速度、方向和行为后果)进行建模,并进行动态事件和行为转换,例如将火场分为多个区域,地形、风和燃料汇合造成爆炸。垂直于风的峡谷将大火分成两部分,火涡旋和倾斜涡旋,以及冠状火的过渡。

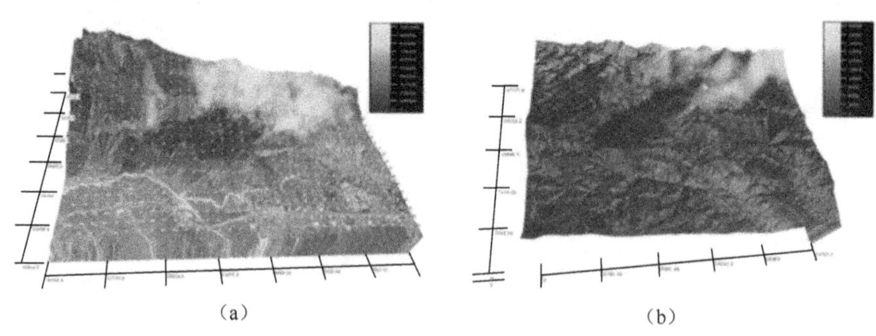

(a) (b)

图 11.3 CAWFE 模拟

(a)2006 年加利福尼亚州卡巴松附近的 Esperanza 火灾[转自文献(Coen 和 Riggan,2014)];
(b)2012 年科罗拉多州柯林斯堡附近的 High Park 火灾[转自文献(Coen 和 Schroeder,2015)]
[图中的彩条为火灾产生的热通量,另外包括烟雾(白色雾场)以及近地表风速和风向(向量)]。

11.4　实验设计和实验结果

传统方法按固定间隔定期运行-收集输入数据、启动模型仿真、检查输出。即使是使用有关文献提出的循环方法，也是随着新的 VIIRS 数据按常规时间表触发模拟，每 12h 触发一次（如果云遮挡了场景，则通常为 24h）。

通过动态数据驱动方法，可以根据新的火灾探测数据创建自适应模拟报警系统。通过使用异步数据（如额外的 VIIRS 传递），可以更频繁地初始化仿真。因此，相比于传统方法，本章的仿真系统更具实时性和高性能，不会由于误差累积导致预测错误。

国家环境预测中心（NCEP）的全球分析在 1×1 网格上每 6h 进行一次，为 72h 的天气研究提供初始条件和边界条件，预测模型（WRF）仿真包含两个水平空间分辨率分别为 30km 和 10km 的嵌套域，时间为 8 月 13 日（UTC）至 16 日（UTC）。WRF 模拟动态缩小了大气分析的规模，从而实现系列 CAWFE 模拟初始化，并提供边界条件。

11.4.1　动态数据驱动模型实施

CAWFE 模型被用于模拟 Canyon Creek Complex 周期序列。该模拟以俄勒冈州（中部 Malheur NF）为中心域，以 10km、3.33km、1.11km 和 370m 四个分水平辨率为嵌套域。CAWFE 每天启动两次更新仿真，时间分别为 0600UTC（23：00）和 1800UTC（11：00）。燃料模型的空间图由 LANDFIRE 提供（https://wwww.landfire.gov）。

在每个模拟中，我们首先使用 Landsat-8（标准 VIIRS 观测值）或稍前/随后（已成功获得观测值）的最新火情检测数据对火势进行初始化。然后对天气、火灾增长以及天气与火灾之间的相互作用进行模拟，直到 8 月 16 日（UTC）增长期结束。在标准方法中，支持引入 1：30 和 13：30 VIIRS 观测值。在此动态数据驱动模型中，我们还执行了其他模拟，以引入 Landfire-8 的异步观测和先前或稍后的 VIIRS 观测，并根据观察结果对仿真进行了评估。

11.4.2　结果：对火灾检测的影响

8 月 12 日上午 3:07 的 VIIRS 观测结果[图 11.4(a)]提供了可能的火灾隐患，虽然此时尚未发生雷击，受雨水的影响并没有活跃的火灾。11：43，在 Landsat-8 立交桥[图 11.4(b)]第一次检测到火灾。随后，Landsat-8 又检测到一次起火。24：53，通过 VIIRS 观测[图 11.4(c)]发现了三个起火点，随后导致 Mason Springs 火灾。在 14：30 的 VIIRS 观测[图 11.4(d)]在散布的云层中仅发现这 3 个起点，其他点火可能被掩盖。如果将标准 VIIRS 观测时间定为大约 14：30，则通过其他数据源（Landsat-8 和 12：53VIIRS 补充观测），检测到的时间要比标准检测早 1h 10min 到 2h 53min。

大约 12h 后，在 8 月 13 日 2：50 进行的 VIIRS 夜间观测[图 11.4(e)]发现了第四次火灾，也就是 Berry Creek 火灾。由于云覆盖了该位置，因此无法确定在 14：30 是否已经发生火灾。随后的 VIIRS 数据在 4：26 通过，未与建模域相交[图 11.4(f)]。当天晚些时候，两次近距离 VIIRS 观测（以 12：36 为中心[图 11.5(a)]的补充观测和以 14:12 [图 11.5(b)]为中心的观测）确认了四个起火点仍然存在，Mason Springs 大火在缓慢增长。将

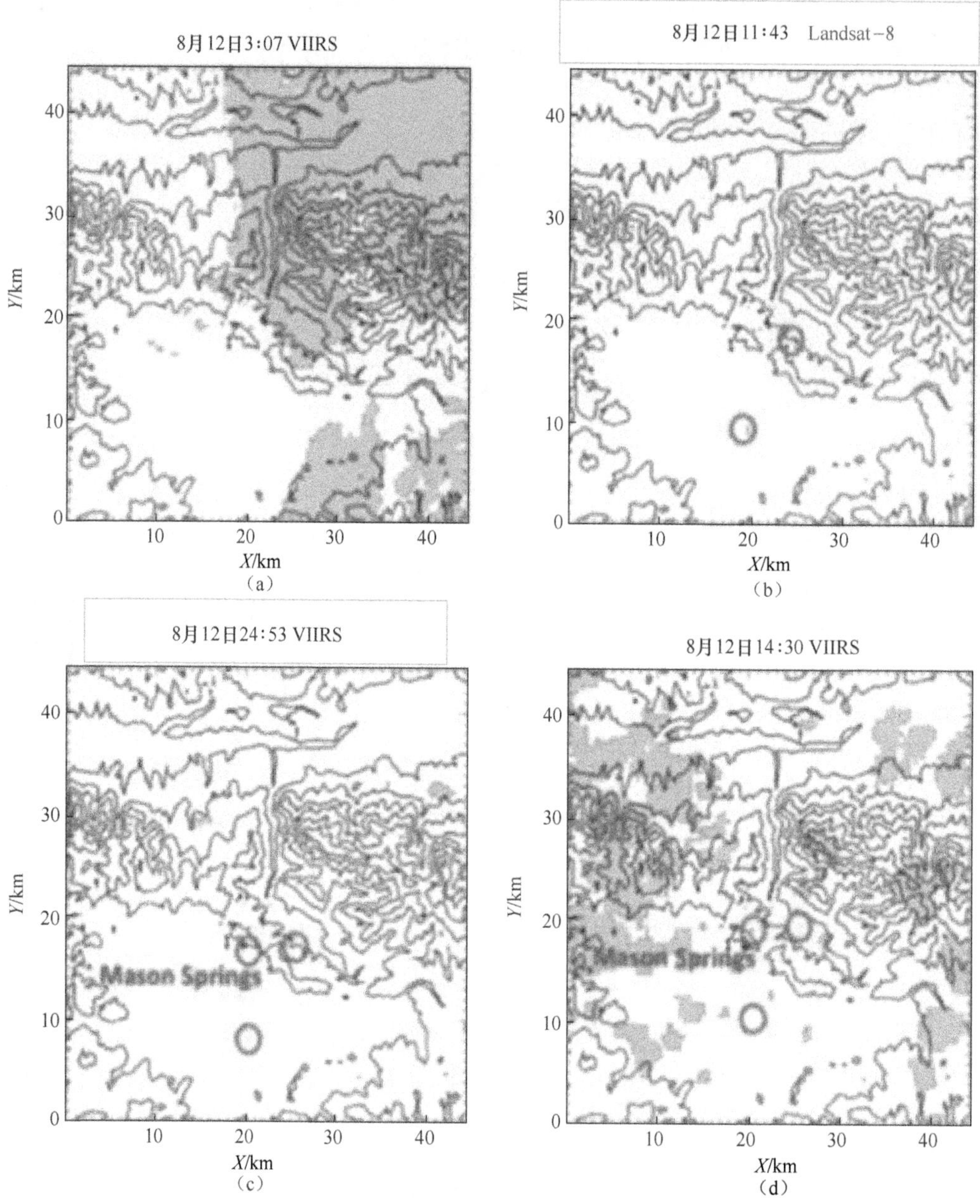
8月12日3:07 VIIRS
8月12日11:43 Landsat-8
8月12日24:53 VIIRS
8月12日14:30 VIIRS
Mason Springs
Mason Springs
Y/km
X/km
(a)
(b)
(c)
(d)

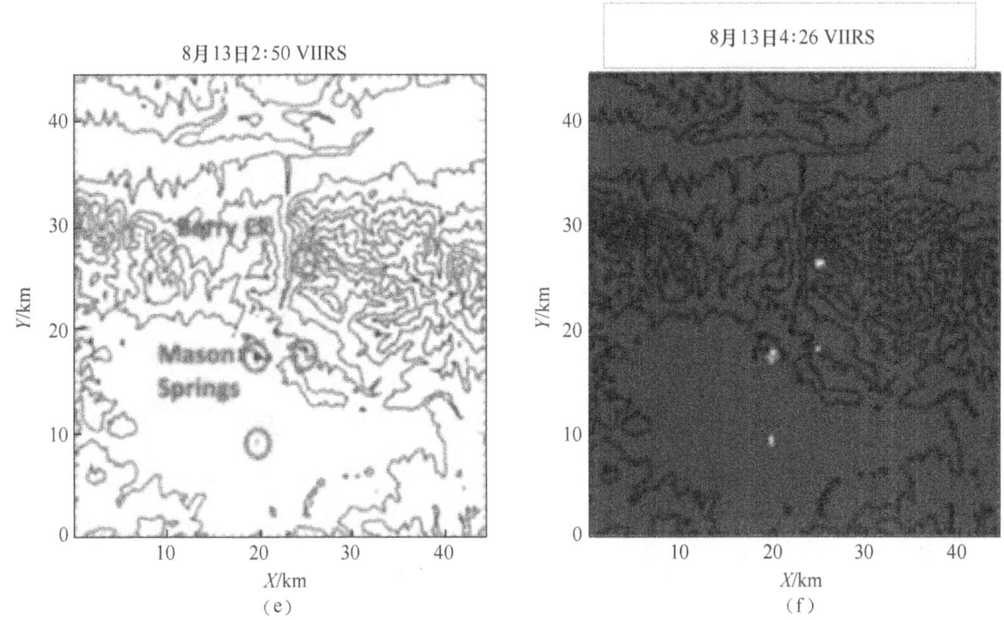

图 11.4　卫星主动火警探测数据(一)

(每行是 3h 内的观察,包括下午或夜间的 VIIRS 观察。浅灰色阴影表示云层。红色填充的多边形表示已检测到起火。黑色表示无法获得数据。暗红色表示在先前的观察中已检测到的起火区域。图片上方是观察时间;橙色框表示额外观测。)

近 12h 后,8 月 14 日 2:32 的夜间观测产生了标准观测值[图 11.5(c)],显示了 Mason Springs 大火的增长,4:09[图 11.5(d)]没产生新的数据。早晨之后,覆盖俄勒冈州其他地区的 Landsat 图像进行更新,但依然没有与建模域相交[图 11.5(e)],之后的更新就要等到 13:55 的标准 VIIRS 观测[图 11.5(f)]。这时可以发现,由于东北地区的增长,Mason Springs 大火超过了 Berry Creek 大火。

接下来的图像显示另外两个 VIIRS 观测值——8 月 15 日 2:09[图 11.6(a)]和 3:51[图 11.6(b)]。第一张图表明大火已转向东南方向。第二张图表明大火已经停止。

11.4.3　结果:对火灾预测的影响

图 11.7 显示了 8 月 13 日 11:00 执行的一系列 CAWFE 仿真。野火被 VIIRS 系统在 8 月 13 日 12:36[图 11.7(a)]和 14:12[图 11.7(b)]以及 8 月 14 日 2:32[图 11.6(c)]的主动火警探测进行初始化。第一次模拟(实验 A)表明大火在 26.9h 之前首次向东北快速增长,在 39.2h 向东南方向快速增长,最后一行显示了这些时间的观测结果以供比较。标准检测成功地从 VIIRS 数据分析出火灾检测结果,作为补充,该模拟结果提前 1h 36min 显示了火灾增长。第二个模拟(实验 B)支持并完善此预测。第三个模拟(实验 C)从 12h 后的补充观测开始,进一步完善模型,限制了对火灾增长的过度预测。实验 A 和实验 B 持续了 17.2h,完善了对东北和东南方向火灾增长的预测结果。

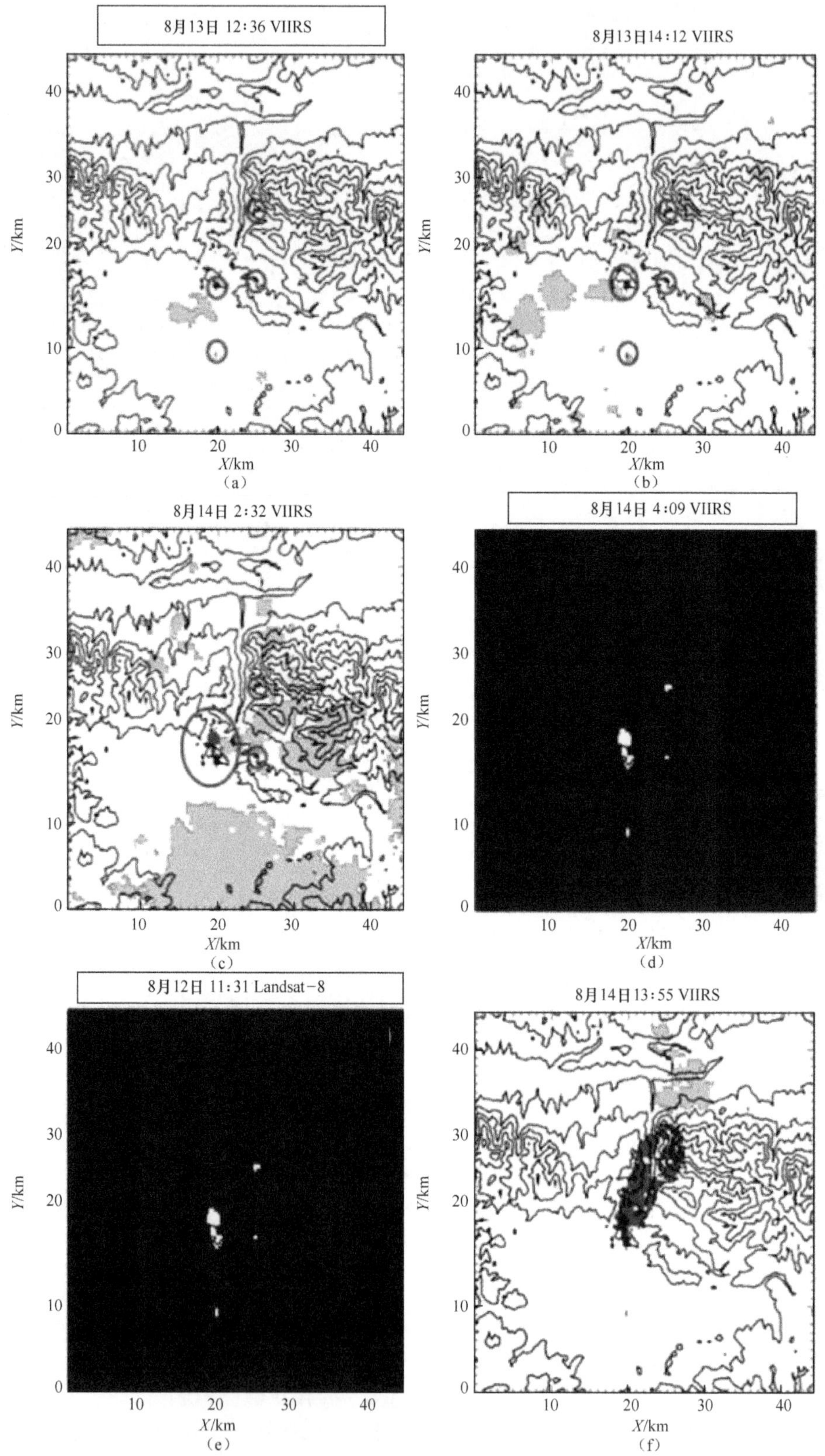

图 11.5 卫星主动火警探测数据(二)(同图 11.4)

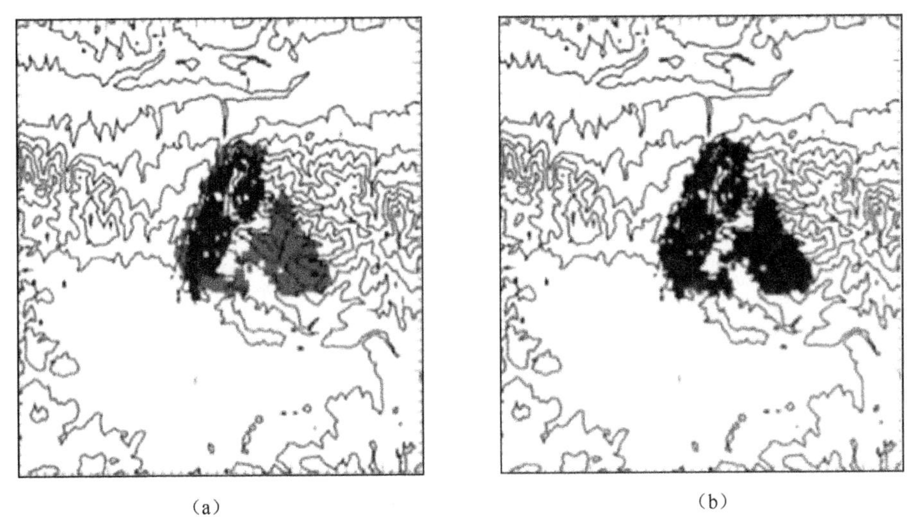

图 11.6　卫星主动火警探测数据(三)(同图 11.4 和图 11.5)

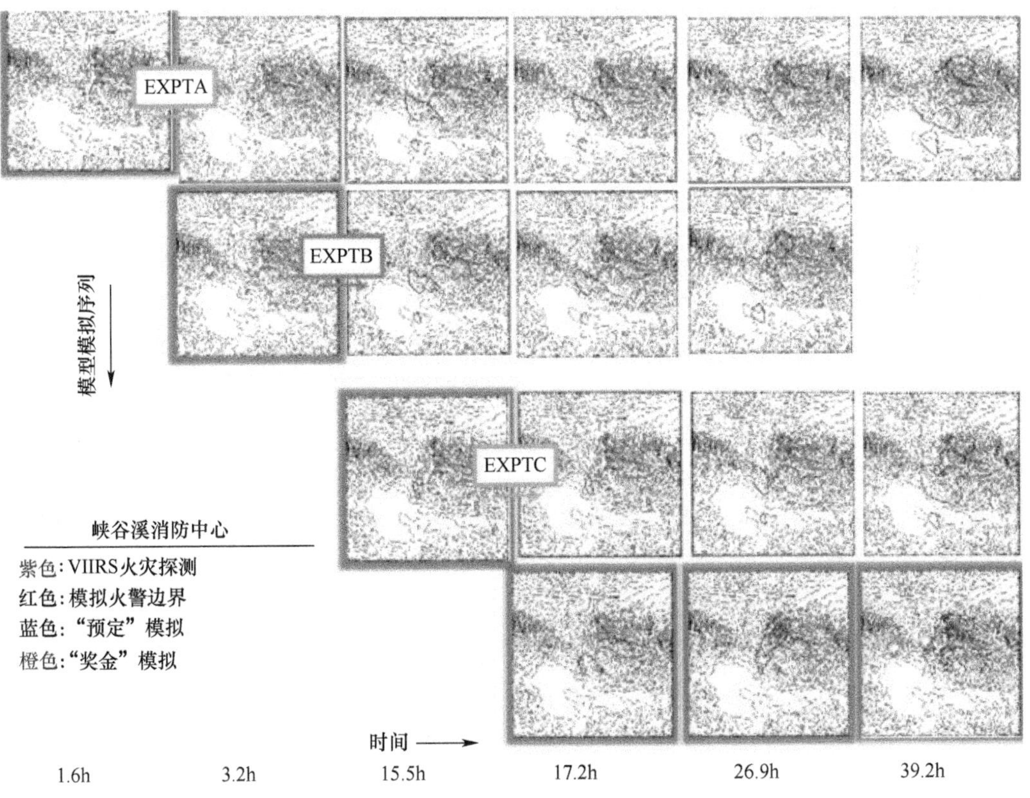

图 11.7　8 月 13 日 11∶00(沿 x 轴表示)对 Canyon Creek Complex 进行了 3 次 CAWFE 模拟序列(品红色边框图像中的火势是观察到的火情)

11.4.4 综合结果

综上我们发现:①结合其他传感器(Landsat-8 火警探测产品以及 VIIRS 之前或之后的火警探测信号),可以更早地探测火灾并启动模拟,使预报提前 1.5~3h;②考虑先前和之后的 VIIRS 遍历可用于启动额外的 4 次模拟,使 10 次模拟成为可能。

11.5 讨　论

对野火增长的检测和预测是十分重要的时间敏感的工作,基于此会做出管理决策。同许多其他应用程序一样,这些工作以常规方式进行,包括严格的例程调度,依赖固定检测算法的重复建模,以及定期、周期性地输入数据。本章的工作结合建模、新传感器和未充分利用的火灾探测数据,探索 DDDAS 技术以改进野火探测和预报,减轻自然灾害对社会的影响。

先前的工作设定了预测场景,基于这些场景,新一代大气-野火耦合模型使用循环技术和定期的火灾检测数据实现整个火灾的预测,但这仅仅是开始。

实际的野火检测和预报更加复杂,因为数据可能被云遮盖,也可能无法使用或存在错误与间隔。此外,天气预报存在误差,在某些情况下不确定性很高,只能实现短时间的预测。但是,先前和之后的卫星或其他传感器可能会提供“额外”数据,这有助于我们做出预测。

11.6 小　结

在这项工作中,我们使用 DDDAS 技术改进野火的检测、制图和预测,并以 Canyon Creek 火灾进行验证。作为重要提升,DDDAS 技术被用于创建自适应控制系统,通过寻找新数据并根据其可用性调用模型仿真。通过特定示例,我们阐述了如何利用标准、除预报时间表之外的补充火灾数据(如 Landsat 8/OLI 或异步 S-NPP/VIIRS 火灾检测数据)缩短火灾的检测时间,更早发现火灾。调用动态数据驱动的模型,可以根据仿真输出更早地采取行动,同时还可及时发现火灾增长,具有很好的预测性能。此外,还可以避免数据缺失带来的负面影响。简单来说,使用该系统可以更早发现火灾(对于国家安全方面的考虑,纵火犯可能在有利于火灾增长的条件下多次放火,因此必须及早发现,否则后果不堪设想),预测火灾增长,在火势无法控制之前消灭大火。

本章工作意义广泛,集成了来自新的或未充分利用的传感器的数据,从算法的角度来看,“在数据中找到火源”等效于启动其他测量设备或平台(如无人机系统 UAS)或指导传感器何时收集数据。这有助于 NWP 和火灾遥感,还可应用到其他自然领域。在其他非线性以及可能发生错误的预测系统中,本工作也具有借鉴意义。

参 考 文 献

[1] L. Giglio, J. Descloitres, C. O. Justice, Y . J. Kaufman, An enhanced contextual fire detection lgorithm for MODIS. Remote Sens. Environ. 87, 273-282 (2003)

[2] C. O. Justice, L. Giglio, S. Korontzi, et al. , The MODIS fire products. Remote Sens. Environ. 3, 244-262 (2002)

[3] W. Schroeder, P . Oliva, L. Giglio, I. Csiszar, The new VIIRS 375m active fire detection and product: Algorithm description and initial assessment. Remote Sens. Environ. 143, 85- 6 (2014)

[4] R. C. Rothermel, A Mathematical Model for Predicting Fire Spread. USDA Forest Service esearch Paper INT-115 (1972)

[5] J. L. Coen, W. Schroeder, Use of spatially refined remote sensing fire detection data to initialize and evaluate coupled weather-wildfire growth model simulations. Geophys. Res. Lett. 40, 536-5541 (2013)

[6] H. Stern, N. E. Davidson, Trends in the skill of weather prediction at lead times of 1-14 days. J. Roy. Meteorol. Soc. 141, 2726-2736 (2015)

[7] M. Rochoux, Towards a more comprehensive monitoring of wildfire spread-Contributions of odel evaluation and data assimilation strategies, Ph. D. thesis, Ecole Centrale Paris, 2014

[8] J. Mandel, S. Amram, J. D. Beezley, G. Kelman, A. K. Kochanski, V. Y. Kondratenko, B. H. ynn, B. Regev, M. Vejmelka, Recent advances and applications of WRF-SFIRE. Nat. Hazards arth Syst. Sci. Discuss 14, 2829-2845 (2014)

[9] J. L. Coen, P . J. Riggan, Simulation and thermal imaging of the 2006 Esperanza wildfire in outhern California: Application of a coupled weather-wildland fire model. Int. J. Wildland ire 23, 755-770 (2014)

[10] W. Schroeder, P . Oliva, L. Giglio, B. Quayle, E. Lorenze, F. Morelli. Active fire detection using Landsat-8/OLI data. Remote Sens. Environ. 185, 210-220 (2016)

[11] C. O. Justice, M. O. Rǿman, I. Csiszar, et al. , Land and cryosphere products from Suomi NPP IIRS: Overview and status. J. Geophys. Res. Atmos 118, 9753-9765 (2013)

[12] I. Csiszar, W. Schroeder, L. Giglio, et al. , Active fires from the Suomi NPP visible infrared maging radiometer suite: Product status and first evaluation results. J. Geophys. Res. Atmos. 19, 803-816 (2014). https://doi. org/10. 1002/2013JD020453

[13] D. Roy, M. A. Wulder, T. R. Loveland, et al. , Landsat-8: Science and product vision for errestrial global change research. Remote Sens. Environ. 145, 154-172 (2014)

[14] L. Giglio, I. Csiszar, Á. Restǿs, J. T. Morisette, W. Schroeder, D. Morton, C. O. Justice, ctive fire detection and characterization with the advanced Spaceborne thermal emission and eflection radiometer (ASTER). Remote Sens. Environ. 112, 3055-3063 (2008)

[15] W. Schroeder, E. Prins, L. Giglio, I. Csiszar, C. Schmidt, J. Morisette, D. Morton, V alidation f GOES and MODIS active fire detection products using ASTER and ETM+ data. Remote ens. Environ. 112, 2711-2726 (2008)

[16] T. L. Clark, W. D. Hall, J. L. Coen, Source Code Documentation for the Clark-Hall Cloudscale Model Code Version G3CH01. NCAR Technical Note NCAR/TN-426+STR. doi: ttps://doi. org/10. 5065/D67W694V (1996)

[17] T. L. Clark, T. Keller, J. Coen, P . Neilley, H. Hsu, W. D. Hall, Terrain-induced turbulence over

antau Island: 7 June 1994 tropical storm Russ case study. J. Atmos. Sci. 54, 1795-1814(1997)

[18] J. L. Coen, Simulation of the big elk fire using coupled atmosphere-Fire modeling. Int. J. ildland Fire 14, 49-59 (2005)

[19] J. L. Coen, Modeling Wildland Fires: A Description of the Coupled Atmosphere-Wildland Fire environment (CAWFE) Model. NCAR Technical Note NCAR/TN-500+STR (2013) 38 pp

[20] T. Clark, J. L. Coen, D. Latham, Description of a coupled atmosphere-fire model. Int. J. Wildland Fire 13, 49-63 (2004)

[21] F. A. Albini, PROGRAM BURNUP: A simulation model of the burning of large woody natural fuels. Final Report on Research Grant INT-92754-GR by U. S. F. S. to Montana State University, echanical Engineering Dept. (1994)

[22] C. B. Clements, S. Zhong, S. Goodrick, et al., Observing the dynamics of wildland grass fires: ireFlux—A field validation experiment. Bull. Am. Meteorol. Soc. 88, 1369-1382 (2007)

[23] J. L. Coen, S. Mahalingam, J. Daily, Infrared imagery of crownfire dynamics during FROSTFIRE. J. Appl. Meteorol. 43, 1241-1259 (2004)

[24] R. C. Rothermel, Predicting Behavior and Size of Crown Fires in the Northern Rocky ountains, Res. Paper INT-438 (U. S. Dep. of Agriculture, Forest Service, Intermountain orest and Range Experiment Station, Ogden, 1991) 46 p

[25] J. L. Coen, W. Schroeder, The High Park fire: Coupled weather-wildland fire model simulation f a windstorm-driven wildfire in Colorado's front range. J. Geophys. Res. Atmos. 120, 131-146 (2015)

第 12 章　DDDAS 用于 DNA 甲基化生物标记物识别

Haluk Damgacioglu，Emrah Celik，Chongli Yuan，Nurcin Celik

摘要：“表观遗传”是指特定的基因功能发生遗传变异，而脱氧核糖核酸（DNA）序列没有任何变化。表观遗传修饰在包括癌症在内的多种疾病的发展和分化中起着至关重要的作用。最受关注的特定表观遗传改变是 DNA 甲基化，即向胞嘧啶添加甲基。最近的研究表明，不同肿瘤类型具有不同的甲基化特征。识别不同肿瘤类型和亚型的特异 DNA 甲基化谱可为准确诊断、早期发现和癌症定制治疗提供宝贵的意见。在该研究中，我们的目标是识别甲基化水平变化与特定癌症类型或亚型相关的信息基因（生物标记）。为实现这一目标，我们提出了一种新的高维学习框架，该框架受动态数据驱动应用系统启发，可以识别生物标记，确定离群值并提高疾病检测的质量。框架首先进行主成分分析（PCA），然后对观测值的层次聚类（HCL），并根据 HCL 预测信息基因。所提出框架的功能和性能基于 DNA 甲基化数据集进行了证明，该数据集是关于肺癌的，被存储在基因表达综合数据库（Gene Expression Omnibus，GEO）数据集中。初步研究结果表明，我们的框架性能优于基于嵌入式降维的传统聚类算法，可以在合理计算成本下，高效识别信息基因和离群值，以及消除其不良影响。

12.1　引　言

“表观遗传”是指特定的基因功能发生遗传变异，而脱氧核糖核酸序列没有任何变化。表观遗传修饰，即 DNA 甲基化和组蛋白翻译后的修饰，调节基因的转录状态，并在细胞分化和增殖中发挥重要作用。越来越多的证据表明，异常遗传表观与各种疾病相关，如糖尿病、精神分裂症和癌症等。与遗传改变相比，异常的表观遗传修饰通常发生在疾病的早期阶段。因此，如果采取适当的干预措施，可以将其逆转。表观遗传学的研究正受到越来越多的关注，表观遗传学的生物标记物和治疗方法有望用于多种疾病的检测和治疗。其中，最重要的表观遗传学异常是 DNA 甲基化，即向 DNA 添加甲基。最常见的 DNA 甲基化发生在 CpG 二核苷酸（胞嘧啶和鸟嘌呤核苷酸连续出现的 DNA 序列）中，在胞嘧啶的第 5 个碳原子位置上共价加成甲基形成 5-甲基胞嘧啶（5mC）。CpG 甲基化通常与基因沉默有关，并且在异染色质区域最易发生。

近期研究表明，异常 DNA 甲基化与癌症之间存在关联。研究发现癌细胞与正常细胞具有不同的甲基化谱。DNA 甲基化不仅可用于区分不同的肿瘤类型，还可区分肿瘤亚型。近年来,通过高通量 DNA 测序实现甲基化分析,极大地帮助了对 DNA 甲基化及其在癌症生物学中作用的了解。同时,数据挖掘技术被广泛用于各种场景(如识别癌症和预测生物标记物)中有用信息的提取。

聚类算法可用于识别不同肿瘤类型和亚型的特异 DNA 甲基化谱。通常聚类分析会将相似的数据点分为相同的组。在聚类算法中,层次聚类(HCL)更适用于 DNA 甲基化分析。HCL 的变体也已应用于分析不同癌症类型或亚型中的不同 DNA 甲基化模式。例如,有学者分别使用分层聚类算法识别肺癌亚型和肺腺癌、胸膜间皮瘤和非恶性肺组织中的异常 DNA 甲基化谱。而有关文献通过双向分层聚类分析表征肾脏和其他小儿肾脏肿瘤的透明细胞肉瘤的 DNA 甲基化谱。虽然 HCL 相对容易实现,并且有比 K-means 等其他聚类算法更低的计算成本,但它仍然是一种贪婪算法,并且对异常值(或有影响力的数据点)极其敏感。与大多数聚类算法一样,HCL 假定所有信息对于聚类同样重要。但是,这种假设与多数实际系统并不相符,可能会导致 HCL 将大量点标记为异常值,这就需要降维算法。

在 DNA 甲基化分析中,由于从每个患者处收集了成千上万个基因,数据非常复杂,因此确定一组信息丰富的基因(生物标记)对于准确识别与癌症相关的 DNA 甲基化谱至关重要。为此,众多研究提出了不同的降维算法来表征生物标记信息。例如,有关文献使用 Mann-Whitney U 检验确定了 24 个基因中的 7 个信息基因,有些学者从数千个基因中选择了变异性最高的 500 个基因,有些学者通过双向分层聚类找出了一个信息丰富的基因座。

在本研究中,我们受 Darema 提出的 DDDAS 思想启发,设计了一种动态数据驱动的分层聚类(3D-HCL)框架。该框架基于 HCL 算法,使用来自真实系统的新测量数据来高效地检测异常值、识别信息量丰富的生物标记集并定义聚类。3D-HCL 使用主成分分析法(PCA)进行初始化。然后,将 HCL 作为应用系统运行,并根据 HCL 的结果计算离群值检测分数、聚类成员分数和信息位点分数。这些分数将根据用于后续迭代聚类算法(HCL)的结果来指导测量过程(在本研究中为生物标记物信息)。HCL 和分数之间的双向信息流持续交互,直到满足终止条件为止。这些分数还可对新样品实时分类。根据分类结果,编排模块可以调用生物标记识别模块,从新样本中检索信息或将样本添加到聚类中。

我们提出的基于 DDDAS 的框架解决了 HCL 在大型和复杂数据集中(例如 DNA 甲基化)进行数据分析的两个主要挑战。一是所有聚类算法的性能高度依赖其嵌入式降维(特征选择)算法的性能。据我们所知,没有一个通用算法可以保证所有数据集的结果合理。许多文献提出的用于 DNA 甲基化分析的降维算法,其性能在很大程度上取决于用于分析的数据。因此,传统的 HCL 需要使用几种不同的降维算法进行测试。但是,我们的 3D-HCL 框架是通用的,因此它不依赖如此多的降维算法。在使用降维算法初始化 3D-HCL 时,结果受初始生物标记集的影响很小。而且我们提出的框架在每次迭代中标识信息最多的基因座,并且基于每次迭代计算出的信息分数来更新基因座。二是 HCL 对异常值和噪声敏感。在研究文献中,离群值也称有影响力的数据点,因为它会极大地影响聚类算法的结果。为了减轻离群值的影响,使 3D-HCL 对有影响力的数据点(即离群值)不敏感,我们又为框架开发了基于快速距离的离群值检测算法。

DDDAS 具有在真实系统及其应用之间创建共生反馈回路的能力。从真实系统获得的动态数据被合并到正在执行的应用程序中,应用程序又控制着真实系统的测量过程。因此,DDDAS 已经被应用于各种领域,例如供应链系统、分布式微电网、智能能量管理、数据融合分析、运输系统以及监视和人群控制等。本研究引入了一种新的动态数据驱动学习框架,基于 DDDAS 范式识别信息生物标记。该框架不仅提供检测异常值的方法,而且为学习机制与实际应用之间的共生反馈回路提供编排程序。我们在肺癌甲基化数据上测试了 3D-HCL 框架学习机制的性能,结果表明,共生反馈回路可根据无监督聚类算法获得的信息以及新样本的实时分类结果,更新生物标记信息来提高学习机制的准确性。

本章框架以通用方式设计,适用于各种维度的数据系统。GEO 数据集的真实肺癌 DNA 甲基化数据证明了框架的性能。结果表明,我们提出的框架在肺癌组织区分中优于传统 HCL 算法,误差范围为 3%~33%。该研究为体内 DNA 甲基化分析时大规模数据集动态更新提供足够的验证。在此分析中,动态数据可以被高效的计算方式快速处理。因此,DDDAS 3D-HCL 可以是一种基于动态、大数据以及档案信息的在线学习机制。

12.2　DNA 甲基化数据

亚硫酸氢盐处理(也称硫酸氢盐转化)可用于确定 DNA 甲基化模式。亚硫酸氢盐处理可将未甲基化的胞嘧啶转化为尿嘧啶,而甲基化残基则不受影响。然后对样品进行 DNA 测序,以识别 DNA 序列中的特定变化,根据这些变化可以直接表明特定 CpG 位点的甲基化水平。亚硫酸氢盐转化提供每个 CpG 位点的甲基化和未甲基化强度,以测量 DNA 甲基化水平。公式 12.1 定义的 β_i 用于测量 DNA 甲基化状态:

$$\beta_i = \frac{\max\ (m_i, 0)}{\max(m_i, 0) + \max(u_i, 0) + \alpha} \tag{12.1}$$

式中:m_i 和 u_i 分别为甲基化和未甲基化探针强度。为了避免探针强度出现负值,将任何负值置 0。使用调整因子 α 可防止非常低的探针起主导作用,在本研究中,将 α 设置为 100。β_i 在 0~1,零值表示探针中 CpG 位点的任何副本均未甲基化,而值 1 表示 CpG 位点的所有副本完全甲基化。

12.3　基于 DDDAS 的学习框架:3D-HCL

基于 DDDAS 的学习框架首先确定:①基于其 DNA 甲基化水平的候选样品集群;②甲基化水平变化与特定集群(即癌症类型或亚型)相关的 CpG 信息区(生物标记)。本节将详细介绍图 12.1 所示的 DDDAS 3D-HCL 学习框架。

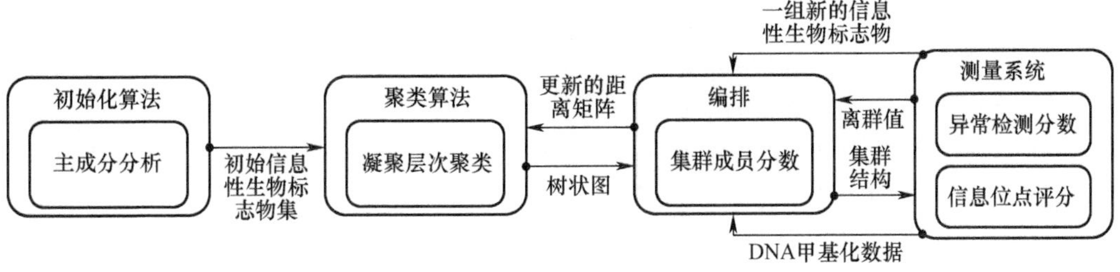

图 12.1　DDDAS 3D-HCL 学习框架

12.3.1 初始化算法:主成分分析

主成分分析(PCA)是典型的降维算法。它通过识别数据中的相关性执行降维,同时尽可能保留信息量大的数据。通过正交变换,PCA 将一组相关变量转换为一组线性不相关变量,称为主成分。主成分分析的步骤如下:

令 $\boldsymbol{X}$ 为 n 个样本的 m 维观测组成的 $n\times m$ 矩阵。

步骤 1:减去每个变量的平均值进行数据集中:

$$\widetilde{\boldsymbol{X}}=\begin{bmatrix} x_{11}-\overline{X}_1 & \cdots & x_{1m}-\overline{X}_m \\ \vdots & \ddots & \vdots \\ x_{n1}-\overline{X}_1 & \cdots & x_{nm}-\overline{X}_m \end{bmatrix} \tag{12.2}$$

式中:x_{ij} 为样本 i 和观察 j 对应数据;$\overline{X}_j$为变量 j 的平均值;$\widetilde{\boldsymbol{X}}$ 为集中数据矩阵。

步骤 2:根据 $\widetilde{\boldsymbol{X}}$ 计算协方差矩阵 $\boldsymbol{C}$:

$$\boldsymbol{C}=\frac{1}{m}\widetilde{\boldsymbol{X}}^{\mathrm{T}}\widetilde{\boldsymbol{X}} \tag{12.3}$$

步骤 3:计算每个变量的特征向量和特征值:

$$\boldsymbol{C}\times\boldsymbol{u}_i=\lambda_i\times\boldsymbol{u}_i \tag{12.4}$$

式中:u_i 为 i 个特征向量;λ_i 对应 i 个特征值。同时,每对特征向量满足以下条件,确保彼此正交:

$$\boldsymbol{u}_i^{\mathrm{T}}\times\boldsymbol{u}_j=1\quad(i=j) \tag{12.5}$$

$$\boldsymbol{u}_i^{\mathrm{T}}\times\boldsymbol{u}_j=0\quad(i\neq j) \tag{12.6}$$

$\boldsymbol{C}$ 的特征值显示相应的特征向量的方差大小。降维时,使用前 p 个特征值对应的 p 个特征向量代替 $\boldsymbol{n\times m}$ 矩阵。

12.3.2 聚类算法:分层聚类

在 DNA 甲基化分析中,我们使用分级聚类(HCL)确定与某些癌症亚型相关的 DNA 甲基化谱。HCL 的主要策略是“自下而上”的方法(合并)和“自上而下”的方法(分裂)。合并中,每个数据点从自己的集群开始,成对的集群被合并,直到仅剩下一个集群为止;而在分裂中,所有数据点开始时都属于一个集群,逐渐拆分,直到各自位于自己的集群为止。由于在计算复杂度方面,合并通常比分裂更快,因此多数研究使用合并方法。值得注意的是,由于 HCL 聚类中的合并和分裂都使用贪婪算法,因此效率并不高。但不像其他诸如 K 均值算法通用算法那样,HCL 可为用户提供良好且易于理解的可视化,而且不需要大量的先验集群。基于这些原因,在本研究中采用层次聚类作为学习机制。为了简便,HCL 缩写也被用于本章后续的层次分级聚类。

如上所述,HCL 首先将每个观察值放在一个单独的集群中,然后合并最接近的一组集群,直到只剩下一个集群为止。在本工作中,我们基于平均链接进行合并操作,即根据式(12.7)确定最接近的集群对:

$$D_{\text{avg}}(C_i,C_j)=\frac{1}{|C_i||C_j|}\sum_{x\in C_i}\sum_{y\in C_j}d_{xy} \tag{12.7}$$

式中：$D_{\text{avg}}(C_i,C_j)$ 为集群 i 和集群 j 间的平均链路(距离)；$|C_i|$ 为集群 i 的基数；d_{xy} 为数据点 x 和 y 之间的距离。

由于 DNA 甲基化水平探测中 β_i 进行适当缩放，等式所示的欧几里得距离用于没有任何标准化的距离度量：

$$d_{ij}=\sqrt{\sum_{g\in\theta}(\beta_i^g-\beta_j^g)^2} \tag{12.8}$$

式中：β_i^g 为点 i 的探针 g 的 β 值；θ 为信息探针的集合。使用式(12.7)和式(12.8)，HCL 构建了树型层次表示(树状图)，按所需级别切分树状图可获得聚类。

12.3.3　编排过程：基于集群成员评分的算法

在聚类问题中，可基于相似性进行集群分配，例如本例中的欧几里得距离。但即使基于度量形成聚类，相似性度量也可能无法回答与聚类算法结果相关的更多问题，例如标签、检测正确的数字集群、检测异常值或边界点等。为此，我们提出了一个聚类隶属度评分，该评分显示了一个点到聚类的隶属度。根据有些学者提出的概率距离聚类算法，将聚类成员评分基于不确定性分类测量来定义。我们调整了不确定性分类度量使其适用于 HCL，以更好地理解聚类。集群成员资格评分如下。

令 $d(i,C_j)$ 是观测值 i 与分配给聚类 j 的观测值的平均距离。

定义 1　设 m_i 是观测 i 的聚类隶属度，即距离 $\{d(x,C_j):j\in\{1,2,\cdots,k\}\}$ 除以它们的几何均值：

$$m_i=k\left(\prod_{j=1}^{k}\rho_j(i)\right)^{\frac{1}{k}}\quad\left(\rho_j(i)=\frac{\sum\limits_{u\neq j}d(i,C_j)}{\sum\limits_{v=i}^{k}\prod\limits_{t\neq v}d(i,C_t)}\right) \tag{12.9}$$

评分的数值范围为 0~1。0 表示该点肯定是集群成员，1 表示当前信息不能将该点划入集群。

定义 2　设 M_j 表示给定集群结构的集群验证分数，集群验证分数为分配到集群的数据点的聚类隶属度均值：

$$M_j=\frac{\sum\limits_{i\in C_j}m_i}{|C_j|} \tag{12.10}$$

根据聚类成员评分的定义，M_j 越低表明聚类 j 得到很好的解释，并可以与其他聚类(在本例中为已标识的信息 CpG 区域集)很好地分离。该分数旨在协调层次聚类、离群值检测算法和降维算法之间的信息流。此外，还可确定何时终止框架。

12.3.4　离群检测算法

来自 DNA 甲基化的数据的测量误差和表观遗传机制动态性质，会导致离群值上升。识别离群值可以消除它们对甲基化数据的污染，极大提高聚类算法的性能。由于集群合并使用贪婪机制，HCL 对异常值非常敏感，可能会导致“琐碎”的集群。为此，离群检测和去除对于提高聚类算法性能至关重要。

离群值(影响点)可被定义为远离其余数据的数据点。异常值会导致 HCL 生成无意义的聚类(如聚类中只有一个数据)。于是,我们提出用于检测离群值的快速距离度量。假设正常数据点具有密集的邻域,而离群点与它们的邻居相去甚远,因此具有较低密集邻域的数据点可确定为离群值。

令 o_i 为数据点 i 的离群值:

$$o_i = \sum_{j=1}^{N} \delta(d_{ij},p) \tag{12.11}$$

式中:$\delta(d_{ij},p)$ 为如果 $d_{ij} \leqslant p$ 则为 1,否则为 0。数据点 o_i 值很小则被视为离群值。o_i 高度依赖参数 p。较小的 p 值会使所有点都是正常的,而大 p 值可能将正常点标记为离群值。因此,p 的选择非常重要。在该研究中,p 定义为数据点间距离的平均值。

12.3.5 降维算法:基于基因座信息评分的算法

在高维空间的 HCL 应用中,降维算法(或特征选择算法)会找到一组有用信息,然后 HCL 基于此集形成聚类。但是,任何聚类算法都高度依赖选定的属性,因此 HCL 在大多数实际系统中可能会失败,尤其对于动态、复杂的系统(如 DNA 序列)更是如此。此外,PCA 还有两个严重缺陷:①由于 PCA 使用正交变换执行降维,因此在 DNA 甲基化分析中,与疾病相关的生物标志识别异常复杂;②PCA 在确定主成分时未考虑离群值的影响。为解决这些问题,我们基于相关研究成果提出基因座信息性评分的降维算法。

令 Inf_l^j 表示集群 j 的基因座 l 的信息得分。根据 HCL 确定的集群结构,计算如下:

$$\mathrm{Inf}_l^j = \frac{|\mu_{i \in C_j}(\beta_i^l) - \mu_{t \notin C_j}(\beta_t^l)|}{\sigma_{i \in C_j}(\beta_i^l) + \sigma_{t \notin C_j}(\beta_t^l)} \tag{12.12}$$

式中:β_i^l 为样本 i 的基因座 l 的 β 值;μ 和 σ 分别为一组 β 值的平均值和标准偏差。更高的 Inf_l^j 表示基因座 l 有助于区分聚类 j 和其他聚类。研究中,如果任何集群的 Inf_l^j 都大于 1,则将基因座 l 视为信息生物标记。

12.4 结果与讨论

我们从国家生物技术信息中心的基因表达综合数据库(GEO)获得肺癌 DNA 甲基化数据,登记号为 GSE16559,验证了基于 DDDAS 的框架的功能和性能。在本节中,我们首先阐述框架的每个步骤,以对训练数据集上的样本组设置相关甲基化配置文件;然后将测试数据合并到 3D-HCL 中,并将测试结果与 3D-HCL 预测相关联。

12.4.1 训练数据学习

我们从完整数据集中选择部分数据进行实验,包含 33 个样本和两个集群,即非恶性肺和肺腺癌。在学习框架的初始化步骤中,针对所有样品,对不同 DNA 甲基化程度的 1505 探针进行 PCA。当变量的数量(本例中是探针数量)大于样本数量时,PCA 会将维数减少到样本数量(最好情况)。本例 PCA 生成了 32 个组件,而没有丢失信息。为了选择初始的信息生物标志集，我们首先查看一组主成分的累积方差（图 12.2）。

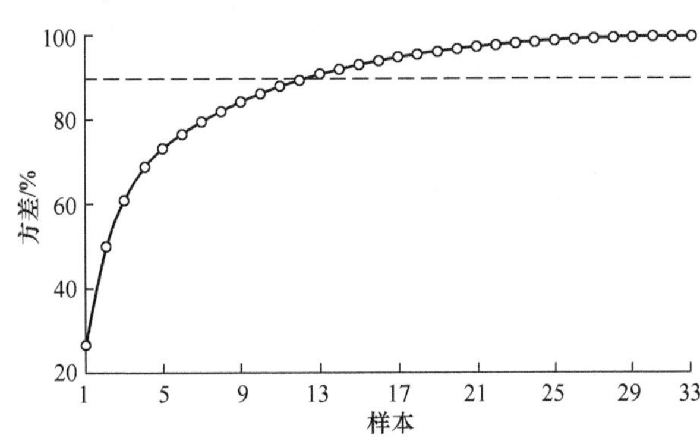

图 12.2　一组主成分的累积方差

如图 12.2 所示，对于所有成分，前几个成分的方差最大。实际上，前三个成分保留了 60%的原始差异，而后 19 个成分只能解释原始数据变异的 10%。由于包含离群值，原始 DNA 甲基化数据集中会有一些差异。本工作选择涵盖 90%差异的 13 个组件来初始化框架。

接下来，我们使用距离矩阵进行层次聚类，该距离矩阵根据式（12.8）进行 PCA 计算得到。图 12.3 是根据 HCL 得到的树状图，HCL 找不到任何有意义的集群。结合 PCA 进行降维和 HCL 进行聚类算法时也得到了相似的结果，其错误率为 33%。

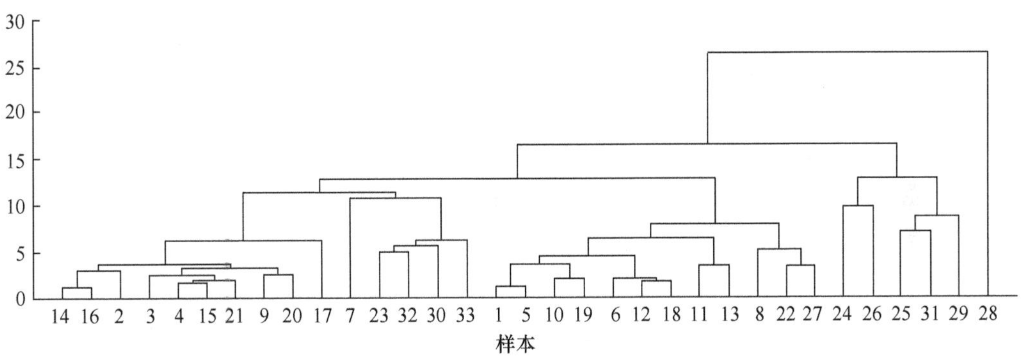

图 12.3　根据 HCL 获得的树状图（方案 1）

本方案得到的聚类 2 只有一个成员，即样本 28。由于聚类 2 的集群验证分数为 0，基数为 1，因此可以根据当前距离计算每个数据点的离群值矩阵，如图 12.4 所示。

点 28 的离群值是 0，这意味着没有点比距离矩阵的平均值 p 更接近点 28。于是，该点被标记为离群值，并从距离矩阵中删除。然后，将 HCL 应用于 32 个样品。需要注意的是，在删除离群值之后，要根据相对离群点的位置进行重新索引。在解决方案 2 中，HCL 产生了更有意义的集群，错误率达 18%，如图 12.5（a）所示。由于两个集群的集群验证得分均小于 0.8，因此未执行离群值去除算法。接下来，根据方案 2 获得的集群，使用式（12.12）确定信息探针。根据新的信息探针集，我们重新计算距离矩阵，并将 HCL 用于新的距离矩阵，结果如图 12.5（b）所示。可以发现，错误率已降至 3.03%，集群 1 和集群 2 的集群验证得分分别降至 0.36 和 0.65。重复相同步骤得到方案 3，其结果如图 12.5（c）所示。尽管方案 4 与方

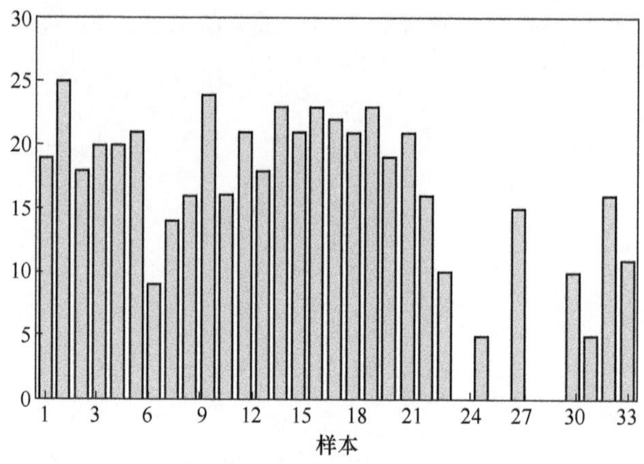

图 12.4　每个数据点的离群值

案 3 采用相同的聚类形式，但由于更新了一组信息生物标记，方案 4 中两个集群的集群验证得分都更高。在运行中如果获得了相同的解，则终止算法。

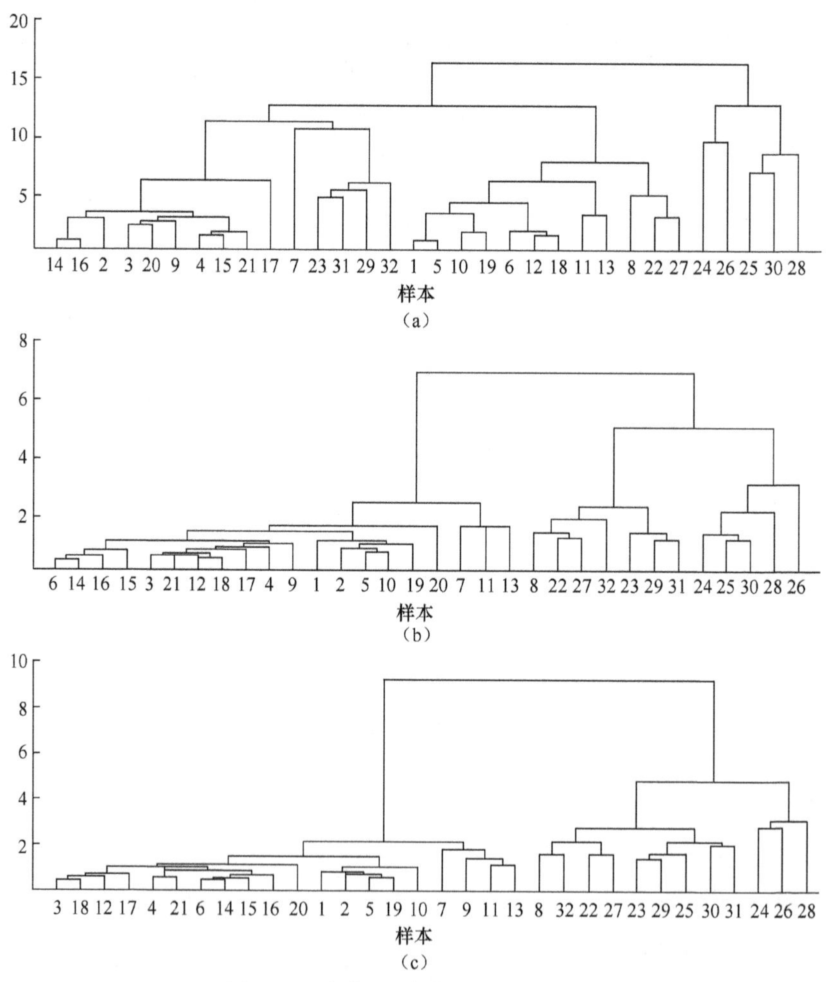

图 12.5　方案 2~方案 4 的 HCL 结果

(a)方案 2；(b)方案 3；(c)方案 4。

每次运行获得的两个集群验证得分如图 12.6 所示。可以预期,在每次运行后,根据聚类结果更新一组信息性探针,集群验证分数都会降低。但是,方案 1 中的集群验证分数小于方案 2 的集群验证分数。这是因为,方案 1 中的集群 2 仅包含远离离群点 28,显然,集群 2 的集群验证得分为 0。这种现象可以视为用户应牢记的影响点对集群验证分数的影响。

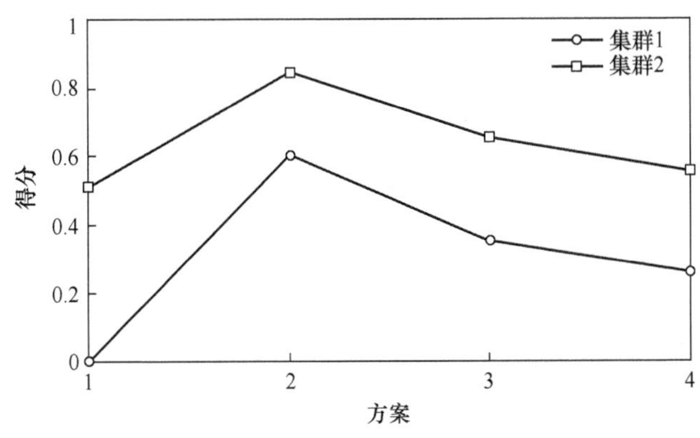

图 12.6　集群验证分数

递归过程终止后,执行如下操作确定最终解决方案:根据 HCL 的结果,将离群值重新分配给最近的聚类,即离群值和相应聚类的点之间的平均距离最小的聚类。结果如图 12.7所示,错误率为 3.03%,仅将第 8 个点(非恶性肺)错误分配给肺腺癌集群。

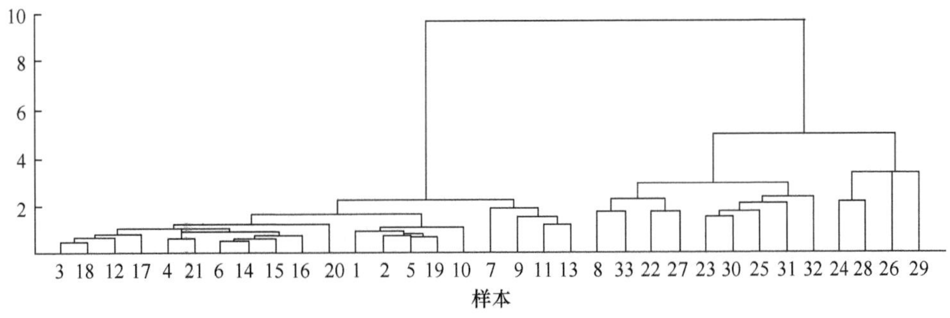

图 12.7　最终解决方案

本章所提出的动态数据驱动的高维学习框架可以对样本进行聚类,并标识与这些聚类相关的生物标记。该框架生成 72 个探针,有助于对新样品进行分类,而无须进行完整分析。原始数据和已识别的信息探针分别如图 12.8(a)、图 12.8(b)所示。

12.4.2　测试数据学习

从训练数据集学习到的判别模型可简化测试数据的分类而无须重新运行学习算法,这是很多论文所提出的学习算法的主要动机。但是在高维数据中,训练数据集可能无法反映系统中可能存在的所有不同的组(在本实验中是癌症类型和亚型),从而导致判别模型对测试数据输出错误的预测。例如,在无监督的 DNA 甲基化分析中,使用降维算法和判别模型(本例为聚类结构)识别的生物标记彼此高度依赖,因此训练数据集可能会误导

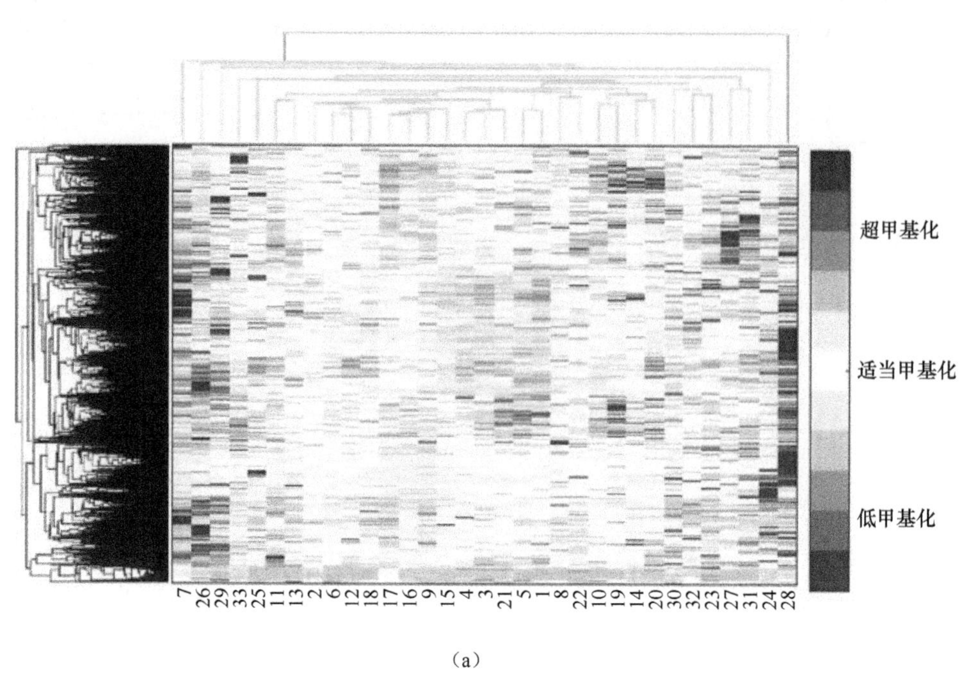

（a）

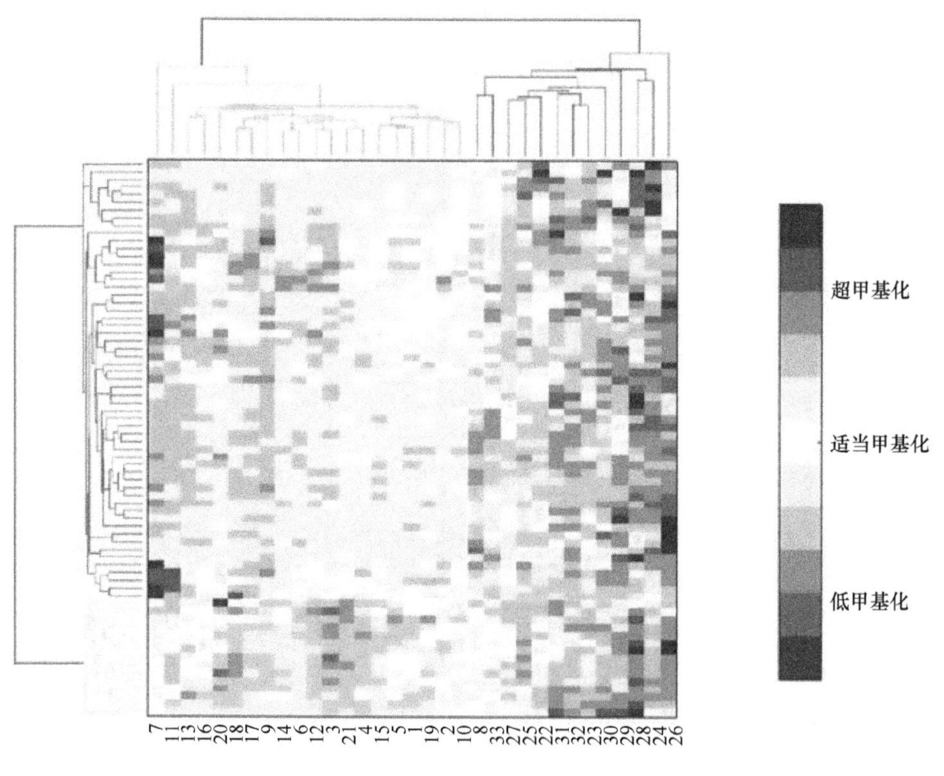

（b）

图 12.8　原始数据(a)和已识别的信息探针(b)

判别模型的结果。为此，我们进行了两组实验。在第一组实验中，展示 3D-HCL 在测试数据中的实时分类功能；在第二组实验中，对于训练数据未反映新样本的真实表示，针对测试数据预测更新判别模型，显示框架性能。第一组实验中，我们对 8 个非恶性肺部样本进行了分类，其 3D-HCL 的结果如图 12.9 所示。

图 12.9 展示了训练集中的每个样本与新获得样本之间的距离，根据判别模型识别的生物标志，新样品(样品 4 除外)具有相似的 DNA 甲基化谱。其中，编排模块计算 m_i 并确定每个新样本 i 的类别，无须运行聚类算法。除样品 4 外，集群样品的隶属度小于 0.2，这意味着已识别的生物标记可以解释这些样品的类别。样本 4 的隶属度得分非常高(约为 0.85)，这表明该样本可能是离群值，也可能来自训练数据集中未考虑的其他聚类。由于此数据点与训练和测试数据集中的所有样本均相去甚远，因此将其标记为离群值。此外，离群值检测算法也可根据该点的 $\boldsymbol{o}_i$ 分数将该点分类为离群值。

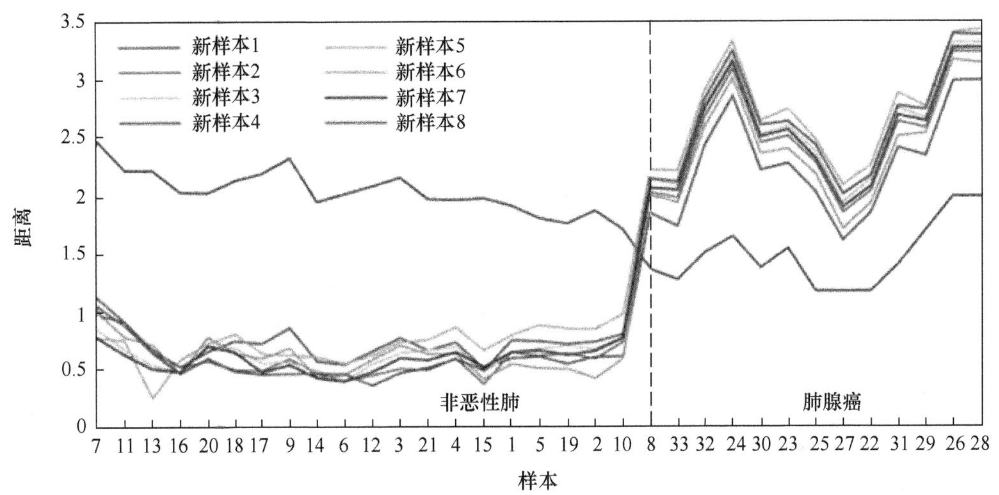

图 12.9　8 种非恶性肺部样本分类

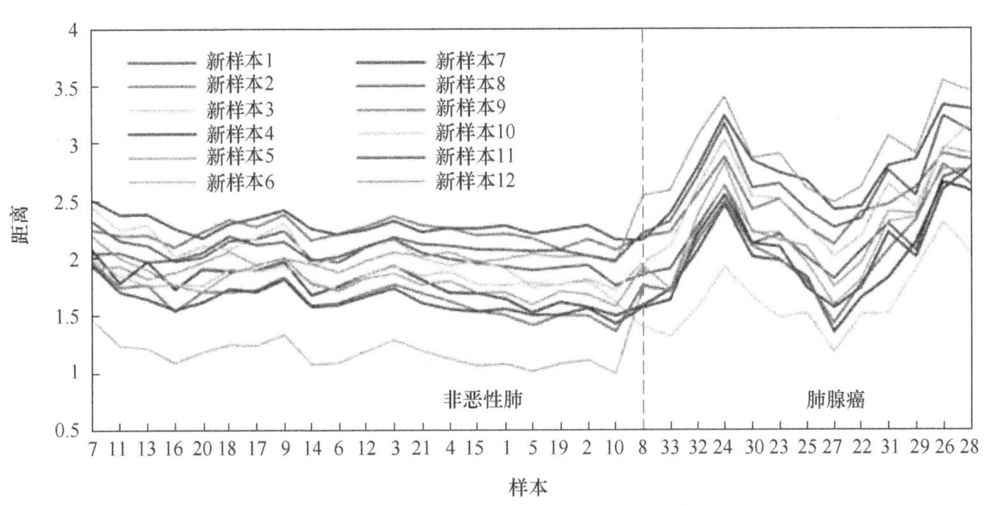

图 12.10　12 例胸膜间皮瘤样本的分类

在第二个实验中,测试数据集包括 12 例胸膜间皮瘤样本,而训练数据集中并没有这些样本。图 12.9 和图 12.10 显示了胸膜间皮瘤样本与非恶性肺和肺腺癌样本之间的差异值。其中,该测试集中样本的 m_i 值约为 0.90。基于已识别的生物标记,这些样本具有相似的 DNA 甲基化特征,因此编排模块将这些样本划分为不同的集群。为了识别可以将这些样本与训练集中样本分开的新的生物标记集,需将新数据集中的样本划分新的聚类,并根据式(12.12)计算每个基因座信息分数。根据 Inf_l^i ,42 个新增位点标注为信息性生物标记,更新后的学习模型结果如图 12.11 所示。结果表明,根据测试数据获得的信息,共生反馈回路通过更新信息性生物标志提高了学习机制的准确性,更新后的学习模型的准确性达到 97.78%。

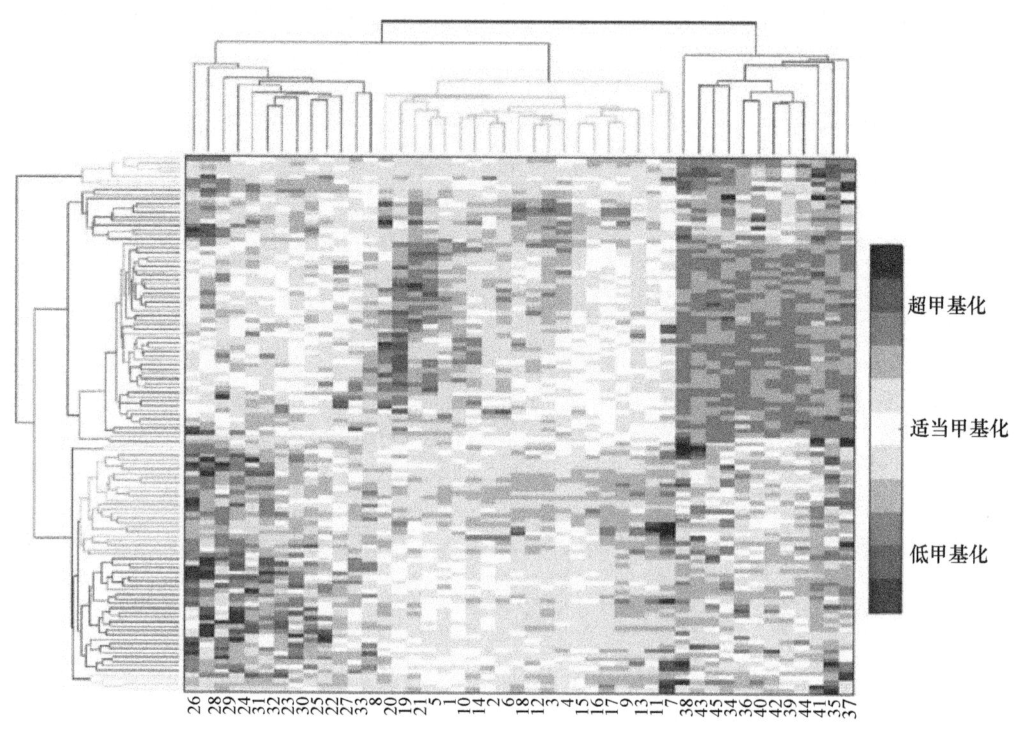

图 12.11　添加新测试数据后的确定信息生物标记

12.5　小　　结

本工作引入了基于 DDDAS 的多维学习框架-3D-HCL,用于识别不同肿瘤类型或亚型的特质 DNA 甲基化谱。所提出的框架包含五种算法:①主成分分析,通过确定信息生物标志的初始集合来初始化框架;②层次聚类算法,将点(样本)聚类为癌症类型或亚型的集群;③离群值检测算法,发现离群值并消除其对 HCL 输入的影响;④信息探针选择程序,识别集群相关的生物标记;⑤编排算法,根据聚类隶属度协调 HCL、离群值检测算法和信息性探针选择之间的信息流。我们使用 GEO 数据库中的真实肺癌数据验证了框架的性能。根据案例分析,基于 DDDAS 的递归程序在检测离群值并消除其污染影响、发现有意义的聚类和识别生物标记方面性能卓越。特别是,对于选定的数据集,传统的 HCL 在非恶性肺和肺腺癌区分中错误率约为 33%,且无法识别有意义的聚类,然而改进的递归程序成功地将错误率降到 3%,并能确定与这些癌症相关的异常 DNA 甲基化谱。我们还发现,离群值对信息基因的确定产生误导,将严重影响降维效果。为此,我们设计的程序能够检测并删除甲基化数据集中的离群值,以最大限度地减少其潜在影响。总之,对于复杂 DNA 甲基化数据的分析,本章介绍的数据驱动的学习框架意义重大。

我们下一步的工作是,使用从大量患者中收集的数据集对提出的算法进行测试,进一步验证 DDDAS 学习算法的功能和性能,以提高其准确性。在我们的研究中,为基因座分数设计了基于阈值的算法,并根据可能影响信息生物标志识别的因素预先定义阈值。为此,可以进一步研究阈值参数的最佳机制或自动微调机制。最后,当前的分层聚类算法将聚类的数量作为预定参数,未来的工作将集中探索集群成员评分,以优化集群数量。

本章在真实的肺癌 DNA 甲基化数据集上对 3D-HCL 框架进行了测试。正如 12.4 节所示,生物标记物的聚类和识别之间的反馈回路为癌症相关的异常 DNA 甲基化谱提供了更准确的结果。结果表明,基于 DDDAS 的方法可以为癌症精准诊断、早期发现和治疗定制提供宝贵参考,尤其是时间-过程数据的分析或是涉及大量基因和样品的复杂全面的研究,例如人类基因组计划。在时间-过程甲基化分析中,可以改进 3D-HCL 框架,以识别随时间推移表达不稳定的生物标记组,通过控制数据收集的时机,基于识别出的生物标记物对新样品进行分类。总之,基于 DDDAS 的学习方法不仅可以提供更准确的结果,而且可以设计复杂综合实验,有效分析和理解遗传和表观遗传学。

参考文献

[1] M. Bibikova, Z. Lin, L. Zhou, E. Chudin, E. W. Garcia, B. Wu, D. Doucet, N. J. Thomas, Y . ang, E. Vollmer et al. , High-throughput DNA methylation profiling using universal bead arrays. Genome Res. 16(3), 383-393(2006)

[2] E. Blasch, Y . Al-Nashif, S. Hariri, Static versus dynamic data information fusion analysis using DDAS for cyber security trust. Proc. Comput. Sci. 29, 1299-1313(2014)

[3] N. Celik, S. Lee, K. Vasudevan, Y . J. Son, Dddas-based multi-fidelity simulation framework for upply chain systems. IIE Trans. 42(5), 325-341(2010)

[4] B. C. Christensen, C. J. Marsit, E. A. Houseman, J. J. Godleski, J. L. Longacker, S. Zheng, R. F. Y eh, M. R. Wrensch, J. L. Wiemels, M. R. Karagas et al. , Differentiation of lung adenocarcinoma, pleural mesothelioma, and nonmalignant pulmonary tissues using DNA methylation rofiles. Cancer Res. 69(15), 6315-6321(2009)

[5] J. P. Cunningham, Z. Ghahramani, Linear dimensionality reduction: survey, insights, and eneralizations. J. Mach. Learn. Res. 16, 2859-2900(2015)

[6] H. Damgacioglu, C. Iyigun, Uncertainity and a new measure for classification uncertainity, in ncertainty Modeling in Knowledge Engineering and Decision Making, ed. by C. Kahraman World Scientific, Hackensack, (2012), pp. 925-930

[7] F. Darema, Dynamic data driven application systems. Internet Process Coordination p. 149(2002)

[8] F. Darema, Dynamic data driven applications systems: A new paradigm for application simulations and

measurements, in International Conference on Computational Science, Krakow, Springer, (2004), pp. 662-669

[9] S. U. Devaskar, S. Raychaudhuri, Epigenetics-a science of heritable biological adaptation. ediatr. Res. 61, 1R-4R(2007)

[10] A. Eccleston, N. DeWitt, C. Gunter, B. Marte, D. Nath, Epigenetics. Nature 447(7143), 395- 95(2007)

[11] G. Egger, G. Liang, A. Aparicio, P . A. Jones, Epigenetics in human disease and prospects for pigenetic therapy. Nature 429(6990), 457-463(2004)

[12] M. Esteller, Epigenetics in cancer. N. Engl. J. Med. 358(11), 1148-1159(2008)

[13] M. Esteller, P . G. Corn, S. B. Baylin, J. G. Herman, A gene hypermethylation profile of human ancer. Cancer Res. 61(8), 3225-3229(2001)

[14] R. Fujimoto, R. Guensler, M. Hunter, H. K. Kim, J. Lee, J. Leonard II, M. Palekar, K. Schwan, B. Seshasayee, Dynamic data driven application simulation of surface transportation systems, in International Conference on Computational Science, the University of Reading, K(Springer, 2006), pp. 425-443

[15] R. M. Fujimoto, N. Celik, H. Damgacioglu, M. Hunter, D. Jin, Y . J. Son, J. Xu, Dynamic data driven application systems for smart cities and urban infrastructures, in Winter Simulation (WSC), Washington, D. C. (IEEE, 2016), pp. 1143-1157

[16] T. R. Golub, D. K. Slonim, P . Tamayo, C. Huard, M. Gaasenbeek, J. P . Mesirov, H. Coller, . L. Loh, J. R. Downing, M. A. Caligiuri et al., Molecular classdification of cancer: class discovery and class prediction by gene expression monitoring. Science 286(5439), 531-537(1999)

[17] K. Holm, C. Hegardt, J. Staaf, J. Vallon-Christersson, G. Jönsson, H. Olsson, Å. Borg, M. ingnér, Molecular subtypes of breast cancer are associated with characteristic DNA methylation atterns. Breast Cancer Res. 12(3), 1(2010)

[18] C. Iyigun, A. Ben - Israel, Semi - supervised probabilistic distance clustering and the uncertainty f classification, in Advances in Data Analysis, Data Handling and Business Intelligence ed. y A. Fink (Springer, Berlin/Heidelberg, 2009), pp. 3-20

[19] A. M. Khaleghi, D. Xu, Z. Wang, M. Li, A. Lobos, J. Liu, Y . J. Son, A DDDAMS - based lanning and control framework for surveillance and crowd control via UAVs and UGVs. xpert Systems with Applications 40(18), 7168-7183(2013)

[20] E. M. Knox, R. T. Ng, Algorithms for mining distance based outliers in large datasets, in roceedings of the International Conference on Very Large Data Bases, New York City, NY Citeseer, (1998) pp. 392-403

[21] P . W. Laird, R. Jaenisch, The role of DNA methylation in cancer genetics and epigenetics. nnu. Rev. Genet. 30 (1), 441-464(1996)

[22] E. Li, C. Beard, R. Jaenisch, Role for DNA methylation in genomic imprinting. Nature 66(6453), 362-365 (1993)

[23] X. Shi, H. Damgacioglu, N. Celik, A dynamic data - driven approach for operation planning of icrogrids. Proc. Comput. Sci. 51, 2543-2552(2015)

[24] K. D. Siegmund, P . W. Laird, I. A. Laird-Offringa, A comparison of cluster analysis methods sing DNA methylation data. Bioinformatics 20(12), 1896-1904(2004)

[25] A. E. Thanos, X. Shi, Sáenz, J. P . , N. Celik, A DDDAMS framework for real - time load ispatching in power networks, in Proceedings of the 2013 Winter Simulation Conference: simulation: Making Decisions in a Complex World, Washington, D. C. (IEEE Press, 2013), pp. 1893-1904

[26] A. E. Thanos, D. E. Moore, X. Shi, N. Celik, System of systems modeling and simulation or microgrids using DDDAMS, in Modeling and Simulation Support for System of Systems engineering Applications

(Wiley, Hoboken, 2015), p. 337

[27] A. E. Thanos, M. Bastani, N. Celik, C. H. Chen, Dynamic data driven adaptive simulation ramework for automated control in microgrids. IEEE Trans. Smart Grid 8(1), 209-218(2017)

[28] H. Ueno, H. Okita, S. Akimoto, K. Kobayashi, K. Nakabayashi, K. Hata, J. Fujimoto, J. I. Hata, Fukuzawa, N. Kiyokawa, DNA methylation profile distinguishes clear cell sarcoma of the idney from other pediatric renal tumors. PLoS One 8(4), e62233(2013)

[29] A. K. Virmani, J. A. Tsou, K. D. Siegmund, L. Y . Shen, T. I. Long, P . W. Laird, A. F. Gazdar, . A. Laird-Offringa, Hierarchical clustering of lung cancer cell lines using DNA methylation arkers. Cancer Epidemiol. Biomark. Prev. 11(3), 291-297(2002)

[30] R. Y . H. Wang, C. W. Gehrke, M. Ehrlich, Comparison of bisulfite modification of 5-methyldeoxycytidine and deoxycytidine residues. Nucleic Acids Res. 8(20), 4777-4790(1980)

第 13 章　面向空间物体 3D 重建的光度立体视觉

Xue Iuan Wong, Manoranjan Majji, Puneet Singla

摘要：本章详细介绍了使用光度立体视觉从图像数据中估计驻留空间物体(RSO)几何形状的方法。在 DDDAS 中，一组形状估计的算法和方法用于增强空间态势感知。其中，根据估计的 RSO 轨道和几何属性，实现对地面和天基传感器系统执行任务和调度操作。在表面法线估计之前，可使用图像特征估计连续帧之间的相对运动，运用这一技术实现数据对齐，并根据变化照明条件下目标物体的图像，使用光度学和成像物理学的数学模型推断表面法线。使用基于物理学的光线跟踪引擎生成合成图像，证明了所提出算法的实用性。本章框架首先对目标物体的表面形状进行估计；然后将其用于前向模型，以便进行预测、数据同化以及随后的传感器操作；最后应用灵敏度分析量化重建表面的不确定性。

13.1 引　言

空间态势感知(SSA)包括空间监视以及对空间物体和环境的表征，对于国家和经济安全至关重要。SSA 是指检测、跟踪和表征空间物体的能力。鉴于大量的驻留空间物体(RSO> 20000)，并且我们对大多数空间物体的数量和性质了解几乎为零，对 RSO 的精确跟踪和特征提取成为迫切的需求。除了轨道参数外，RSO 的形状和大小属性对于表征轨道状态的长期演化也十分必要，特别是对于中低轨道的物体。DDDAS 通过启发机制来推断空间对象的形状、状态和数量，同时提供一个关于未来测量的数据驱动反馈回路，以确保 RSO 的不确定性保持在可接受的阈值以内。本框架包括各种算法、方法及其相互作用，以适应不同的 SSA。图 13.1 为服务于 SSA 应用的 INFORM(INFOrmation and Resource Management)系统，并对其进行了概述。

太空探索和态势感知的重要方面涉及对空间物体表面几何形状的表征。根据表面几何估计，前向模型将其用于不确定性传播，并进行后续资源分配，以进行目录维护、联合评估和其他 SSA 应用。尽管天文学家对测量小行星等自然空间物体的几何形状更感兴趣，但对航天器之类的人造物体的测量可以更好地表征驻留空间物体，实现空间态势感知。

空间物体表面测量的常用方法包括立体视觉，激光扫描和光度法。基于双眼立体等传统方法从视点获得两个或更多图像进行三角测量，进而根据图像特征估计对应物体的 3D 形状。通过提取图像中的特征点，借助描述符进行制图，可以确定多个图像中像素的对应关系。双目立体视觉或多视立体视觉无法进行粗糙、无纹理表面的密集重建。中国 Chang-E II 月球探测任务就使用了立体视觉进行表面测量，在月球探测器着陆过程中，拍摄的一系列图像被用来恢复着陆区的 3D 地图。该过程中，根据同一方向但不同位置的测量值，结合自适应马尔可夫场算法来恢复像素对应，以实现密集的表面重建。除了计算成本高外，多视图立体技术还需要高分辨率图像来建立特征对应。然而，在地面或空间望远镜的 RSO 图像中，很难以有限的景深获取高分辨率的图像。光探测和测距（LIDAR）是一种飞行时间测量系统，可扫描准直激光以获得距离测量结果。由于适合表面扫描，激光雷达被广泛用于航天任务。例如，在 MESSENGER 任务中，通过 LIDAR 获得了水星地形的测量结果。但是，LIDAR 需要使用专用仪器，难以将其用于对 RSO 的形状估计。

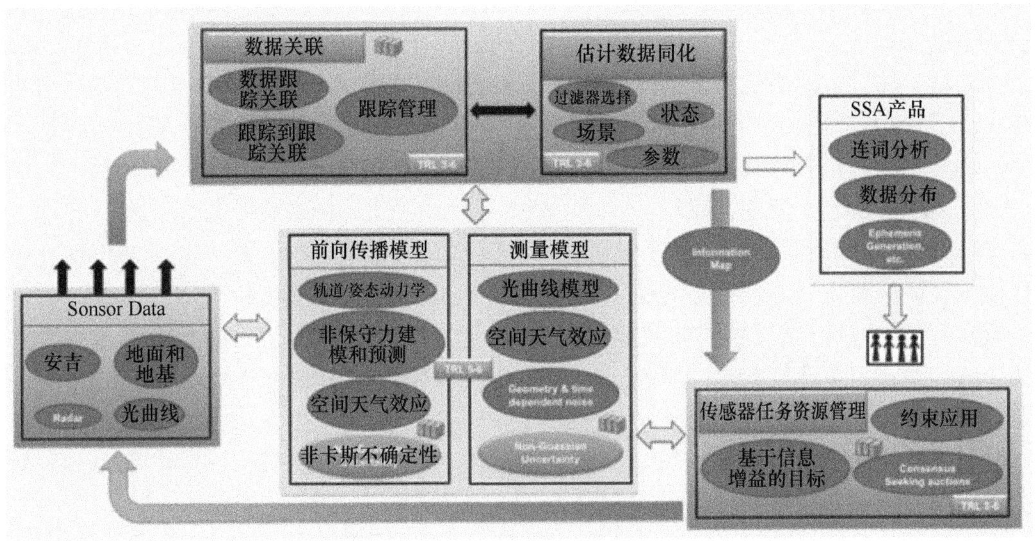

图 13.1　INFORM 系统框架

光度法，也称“阴影形成”法，它是一种估计空间物体表面形状的方法。与之前讨论的方法不同，阴影产生的形状并不是直接测量表面的几何形状，而是用于估计表面斜率。光度法的中心思想是，通过表面斜率对图像表面强度梯度的依赖性来推断形状。表面上的光反射由反射率模型或光度函数控制，该函数是关于几何形状、表面材料属性和照明（光极性、波长、入射角等）的函数。这样，根据相对于固定坐标系的方位角和极角，可以对梯度给出的表面几何形状进行参数化。由于光度法对每个表面点都有测量值，因此根据单个图像估算表面斜率是个不确定性问题。为了依据给定信息确定表面梯度，光度法对其他条件（如亮度和平滑度）进行约束，以简化估计问题。如果给定照明条件和捕获表面反射光的图像，光度法可以根据反射率模型估算表面梯度，然后将表面梯度进行积分，从而估计局部表面的几何形状。光度法的优点是能够以有限分辨率图像集重建高分辨率表面。但是，由于约束方程式的限制，光度法只能估计达到一定精度的光滑表面的局部几何形状。在实际应用中，仅将其用作辅助信息，并结合其他度量方法进行数据同化。

光度立体法使用不同照明条件下的物体图像推断物体的形状和反射特性。类似阴影形状，光度立体法根据反射模型和光测量值推断表面梯度。与光度法相比，光度立体法不需要定义额外的约束方程式即可得出推论。在变化的照明条件下，光度立体法使用相同的相对姿势来代替光度法约束。光度立体法在估计表面梯度时能获得更好的准确性。在SSA应用中,使用望远镜观测目标是形状估计的常用方法,在我们的INFORM DDDAS框架中也是如此。仅就估计表面梯度而言,光度立体法与光度法具有相同的缺点。表面形状必须通过空间积分来估计,当表面不连续性时就会导致估计质量下降。因此,在测绘应用中,光度立体技术并不如传统的基于纹理的立体技术实用。同时,物体的图像观察结果带有相对姿态信息,运动算法可以从图像特征中得出相对姿态估计。于是,我们不禁思考:给定空间物体的图像序列,该如何利用光度立体方法进行高分辨率的表面重建以及相机相对姿态估计?

由于各种限制,光度立体法仅适用于可控的实验室环境。首先,光度立体法需要可控的照明环境。各种户外环境的照明是不可控的,虽然在太空环境中,太阳是主要光源,其位置是已知的。

光度立体的关键挑战在于建立像素对应关系。在摄像机和物体没有相对运动的可控环境内,可以通过比较不同帧之间均匀的像素条目来直接建立像素对应关系。在无法控制的环境中,物体与摄像机相对运动时,无法通过不同帧将连续像素块对应到物体的相同部分。为了解决这个问题,多视点光度立体引入了多视点立体的概念,即首先估计粗糙表面,然后基于估计表面法线和深度梯度之间的误差迭代优化成本函数。Higo提出估计最佳拟合表面以获得光度一致性的优化问题,与此同时求解对象形状和法向量。Zhou提出针对具有各向同性反射(相同的扩散常数)材料的多视图立体方法。有些学者首先从图像中估计出一组等深度轮廓,然后应用运动方法结构确定稀疏表面点集的3D位置,从确定的表面点沿等深线轮廓传播,完成完整的表面重建。被动光度立体方法也可利用运动方法结构确定稀疏表面点集,不过不是从表面点传播深度,而是估计分段的平面表面,然后迭代校正该表面,直到收敛。

基于INFORM的DDDAS形状估计方法类似于Zhou的方法和无源光度立体方法。它利用运动方法结构来估计稀疏的表面点集,不过无须估计等值线。此外,各向同性表面的假设也放宽了,不必再构造用于迭代校正的分段线性曲面。基于INFORM的DDDAS应用运动方法结构来检测对象空间中的一组表面点,以此估计RSO表面几何形状,完成表面点的稀疏3D重建。这些表面的每个点都投影回图像中,以恢复其沿不同照明方向的反射强度。然后应用光度立体估计其表面法线。假设两个相邻像素之间的距离很短,可以基于表面法线以有限差分方法估计相邻像素间广播深度值。重复传播表面点和估计局部法向量的过程,直到遍历所有测量值对应像素为止。因此,该算法包括三个主要步骤:①根据运动和特征的对应关系估算初始表面点;②使用光度立体图估算对齐的像素块的表面法线;③使用深度传播算法估算密集表面。值得注意的是,本方法不能迭代解决大规模优化问题。表面传播过程是局部的,适合并行化处理,因此,该算法比其他大多数多视图光度立体算法有更高的计算效率。此外,本算法不需要假定各向同性表面,因此更具有通用性。

本章的其余部分安排如下:13.2节详细介绍了问题与背景,13.3节介绍了光度立体方法,13.4节对运动中的光度立体视觉做了简要概述,13.5节提出应用光度立体来估计RSO的3D表面的协方差分析算法,13.6节详细介绍实验仿真,13.7为小结。

13.2　问题陈述与背景

本节讨论光度立体视觉问题的技术细节。忽略行星反射光，假设太阳是唯一的光源。自然或人造空间物体的反射光可被成像系统捕获。传感器系统包括一个数字成像仪，该成像仪包含用于成像的光学元件。Jia 等提出用于 SSA 的传感器系统。利用不同照明条件下获得的一组图像，实现 RSO 表面的 3D 重建是我们的研究内容。

光度立体视觉过程主要包括三个主要部分，即光源、物体和观察器。为了建立成像过程的数学模型，定义由 I 表示的惯性系，如图 13.2 所示。假设在惯性系中存在已知位置的点光源，与成像物体大小相比，光源和物体之间的距离很远，即物体表面被无限远的光源沿向量 $\boldsymbol{w}_s$ 照亮。然后，物体表明反射光线到达观察者，同时假定在整个工作空间具有相同的照明方向。

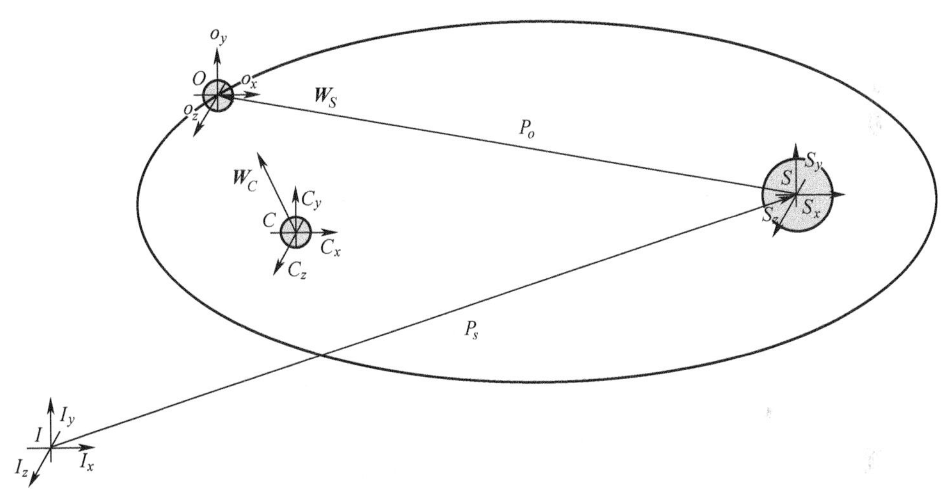

图 13.2　坐标系和几何表示

由于相对运动，物体相对于光源和观察者会发生平移和旋转。因此，物体表面的光的入射方向随着帧的变化而变化。假设该物体绕其自身重心旋转，旋转速度为 ω_o。根据下式将初始状态 $R_{os}(t_0)$ 积分计算相对方向 R_{os}：

$$\dot{R}_{os}(t) = -[\omega_o \times] R_{os}(t) \tag{13.1}$$

式中：$[\omega_o \times]$ 为叉积矩阵。物体 O 表面上的光入射方向 $\boldsymbol{w}_s$ 由以下公式给出：

$$\boldsymbol{w}_s(t) = \boldsymbol{R}_{os}^{\mathrm{T}}(t) \frac{\boldsymbol{p}_o}{|\boldsymbol{p}_o|} \tag{13.2}$$

式中：$\boldsymbol{p}_o$ 为物体 O 相对于物体坐标系中源 S 的位置。

令向量 $\boldsymbol{p}_c$ 为绕着物体 O 的观察者 C，向量 $\boldsymbol{w}_c$ 表示从观察者到物体的视线。观察到的物体投影在与附加坐标系 C 对齐的 3D 图像帧上。假定传感器在观察者的位置，其轴与观察者的坐标对齐。

假设望远镜镜头安装在相机上，或者是视野较小的相机上。在这种远摄镜头的光学系统中,从物体到图像的反射光彼此平行。在长焦光学系统中,光传输原理与传统的相机显著不同,传统的相机系统使用针孔投影模型,正交投影模型更适合建模远摄光学系统。

如图 13.3 所示,对于望远镜镜头模型,正投影法简化了成像过程,与实际系统非常接近。为此,在本章的 SSA 应用中,我们使用正射投影模型。

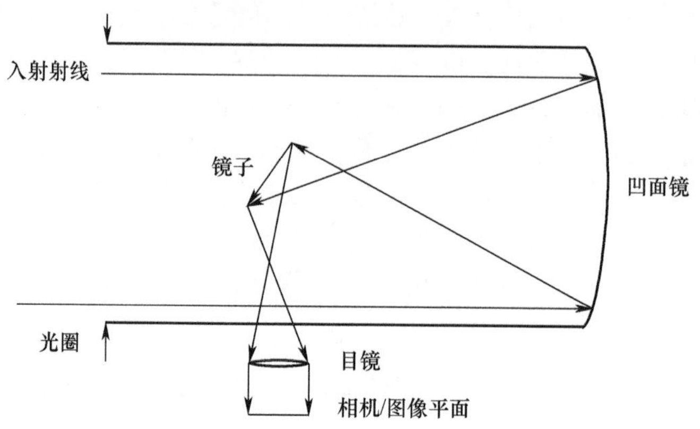

图 13.3　伸缩式镜头的简化模型

13.3　光度立体方法

13.3.1　系统阐述

基于图像形成过程的几何形状,下面我们简要介绍一下光度立体视觉。假设表面符合朗伯(Lambertian)反射模型,入射光方向 $\boldsymbol{w}_s$ 与反射辐射度 l_r 之间的关系如下:

$$l_r = k_d l_s \boldsymbol{n}_x \cdot \boldsymbol{w}_s \tag{13.3}$$

式中:$\boldsymbol{n}_x = [n_x, n_y, n_z]$ 为表面法向量;k_d 为朗伯反射系数;l_s 为入射光辐射。根据朗伯反射模型,反射辐射的大小 l_r 表示为

$$l_r = k_d l_s (n_x \omega_{s,x} + n_z \omega_{s,y} + n_z \omega_{s,z}),\ \boldsymbol{w}_s = [\omega_{s,x}, \omega_{s,y}, \omega_{s,z}] \tag{13.4}$$

将 l_r 除以 l_s 定义为归一辐射度 $|l|$,或反射过程的收益:

$$|l| = \frac{l_r}{l_s} = k_d (n_x \omega_{s,x} + n_z \omega_{s,y} + n_z \omega_{s,z}) \tag{13.5}$$

上式可写成:

$$|l| = k_d (n_x \omega_{s,x} + n_z \omega_{s,y} + n_z \omega_{s,z}) [n_x, n_y, n_z]^{\mathrm{T}} \tag{13.6}$$

根据不同入射光照下 l_r 三次以上的测量值,使用式(13.6)建立系统线性方程组,求解 k_d 的分量。假设有 k 个测量值,系统线性方程式如下:

$$\begin{bmatrix} |l|_1 \\ |l|_2 \\ \vdots \\ |l|_k \end{bmatrix} = \begin{bmatrix} \omega_{s,x,1}, \omega_{s,y,1}, \omega_{s,z,1} \\ \omega_{s,x,2}, \omega_{s,y,2}, \omega_{s,z,2} \\ \vdots \\ \omega_{s,x,k}, \omega_{s,y.k}, \omega_{s,z.k} \end{bmatrix} \begin{bmatrix} k_d n_x \\ k_d n_y \\ k_d n_z \end{bmatrix} \tag{13.7}$$

矩阵表示为

$$\boldsymbol{l} = W_s[k_d\boldsymbol{n}_x] \tag{13.8}$$

式中：$\boldsymbol{l} \in \mathbb{R}^{k\times 1}, \boldsymbol{W}_s = \mathbb{R}^{k\times 3}$。向量 $[k_d\boldsymbol{n}_x]$ 由下式得到：

$$[k_d\boldsymbol{n}_x] = (W_s^{\mathrm{T}}\boldsymbol{M}W_s)^{-1}W_s^{\mathrm{T}}\boldsymbol{M}\boldsymbol{l} \tag{13.9}$$

式中：$\boldsymbol{M}$ 为权重矩阵。当入射角小于 $\pi/2$ 时，朗伯模型遵循余弦分布。对于任何大于 $\pi/2$的入射角，它将以零截断。但是，强度 0 不一定是入射角大于或等于 $\pi/2$ 的乘积，还可能是阴影或掩蔽的结果。因此，我们不使用零强度进行光度立体视觉。

法向量是单位向量，$\boldsymbol{n}$ 是$[k_d\boldsymbol{n}]$ 的归一化方向向量，k_d 是其长度。反射系数 k_d 根据式(13.10)计算：

$$\boldsymbol{n} = \frac{[k_d\boldsymbol{n}]}{|[k_d\boldsymbol{n}]|} \tag{13.10}$$

$$k_d = |[k_d\boldsymbol{n}]| \tag{13.11}$$

光度立体法使用最小二乘法估计表面法线。因此，更一致的测量将导致更准确的解。但是，当系数矩阵 $\boldsymbol{w}_s$ 的秩小于 3 时，光度立体解是不确定的。这意味着所有 $\boldsymbol{w}_s$ 都位于同一平面上。当所有测量值都分布在一个平面上时，我们没有足够的信息来正确估计每个曲面点的法向量。在当前的 INFORM 框架(用于 RSO 形状估计的 DDDAS)中，主要光源是太阳。反射光强度的变化是由 RSO 相对于光源的姿势引起的。如果在成像过程中相对姿势不变，则系数矩阵停止失秩。因此，光度立体在很大程度上依赖每个像素的法向量的可观察性。

13.3.2　改进的光度立体法

用线性最小二乘法求解表面法线是一种简单巧妙的方法。但是，最小二乘的解决涉及法向量分量的冗余参数化以及反射系数的耦合。根据式(13.12)，可用方位角和极角表示法向量的最小化参数：

$$\boldsymbol{n}_x = [\sin(\xi)\sin(\Omega) \quad \cos(\xi)\sin(\Omega) \quad \cos(\Omega)] \tag{13.12}$$

式中：ξ 为方位角；Ω 为根据人体坐标系测量的极角。将根据式(13.12)定义的法向量，代入 Lambertian 模型得到：

和是根据车身框架测量的极角坐标。使用方程的法向量的定义。将式(13.12)代入 Lambertian 模型，我们得到：

$$|l| = k_d[(w_{s,x}\sin(\xi)\sin(\Omega) + w_{s,y}\cos(\xi)\sin(\Omega) + w_{s,z}\cos(\Omega)] \tag{13.13}$$

我们使用高斯最小二乘差分校正(GLSDC)算法作为非线性最小二乘求解器，求解该问题中未知的扩散常数、极角和方位角。包含这 3 个未知数的状态向量定义如下：

$$\boldsymbol{x} = [k_d\ \Omega\xi]$$

通过最小化误差函数，估计 GLSDC 中状态向量 $\boldsymbol{x}$ 的交互过程：

$$\Delta y_k = \boldsymbol{l} - \hat{\boldsymbol{l}}(\hat{\boldsymbol{x}}_k) \tag{13.14}$$

式中：向量 $\boldsymbol{l}$ 为强度测量值，$\hat{l}(\hat{\boldsymbol{x}}_k)$ 为根据参数向量 $\hat{\boldsymbol{x}}$ 预测的强度向量。如果误差向量大于给定阈值，则采用差分校正估计参数，方法如下：

$$\hat{\boldsymbol{x}}_{k+1} = \hat{\boldsymbol{x}}_k + \Delta\boldsymbol{x}_k \tag{13.15}$$

$$\Delta \boldsymbol{x}_k = (\boldsymbol{H}_k^{\mathrm{T}} \boldsymbol{H}_k)^{-1} \boldsymbol{H}_k^{\mathrm{T}} \Delta y \tag{13.16}$$

Lambertian 模型的雅可比矩阵根据先前的估计状态 $\hat{\boldsymbol{x}}_k$ 求解：

$$\boldsymbol{H}_k = \left[\frac{\partial |l|}{\partial k_d} \quad \frac{\partial |l|}{\partial \Omega} \quad \frac{\partial |l|}{\partial \xi} \right]_{\hat{\boldsymbol{x}}_k} \tag{13.17}$$

$$\frac{\partial \mid l \mid}{\partial k_d} = w_{s,x} \sin(\xi) \sin(\Omega) + w_{s,y} \cos(\xi) \sin(\Omega) + w_{s,z} \cos(\Omega)$$

$$\frac{\partial \mid l \mid}{\partial \Omega} = k_d [w_{s,x} \sin(\xi) \cos(\Omega) + w_{s,y} \cos(\xi) \cos(\Omega) - w_{s,z} \sin(\Omega)]$$

$$\frac{\partial \mid l \mid}{\partial \xi} = k_d [w_{s,x} \cos(\xi) \sin(\Omega) - w_{s,y} \sin(\xi) \sin(\Omega)]$$

应用式(13.15)进行微分校正，直到式(13.14)的误差向量的范数 Δy_k 下降到预定义的阈值以下，或者两次连续迭代之间的误差变化很小。请注意，当极角等于零时，$\frac{\partial |l|}{\partial \xi}$ 也等于零，这表明当极角等于零时，我们在方位角上失去可观察性。虽然失去方位角的可观察性不会影响最终解，但在式(13.16)求解校正项时会发生奇异性。为避免此类问题发生，可以在极角等于零时删除方位角相关的项：

$$H = \begin{cases} \left[\frac{\partial |l|}{\partial k_d} \quad \frac{\partial |l|}{\partial \Omega} \quad \frac{\partial |l|}{\partial \xi} \right] \Omega \neq 0 \\ \left[\frac{\partial |l|}{\partial k_d} \quad \frac{\partial |l|}{\partial \Omega} \right] \Omega = 0 \end{cases} \tag{13.18}$$

当估计值足够小，直至接近收敛时，可以选择适当的测量灵敏度矩阵。在非线性模型和法向量的参数化中，改进的光度立体与原始光度立体结果有所不同。给定相同的测量集并使用朗伯曲面假设，两种算法得出的结果相同。因此，如果不需要计算预测的不确定性，则无须用改进的光度立体视觉替换原始光度立体视觉。原始光度立体图像直接估计的法向量受到单位向量的约束，改进的光度立体图像可以避免这种约束，这使不确定性计算与方位角和极角参数化变得更加复杂。

改进的光度立体法不仅无须像以往那样完全依赖表面法线的单位向量约束，还可以与更复杂的光度函数兼容，例如 Lunar-Lambert 模型。在本章中，我们限于 Lambertian 模型，开发了一个灵活选择光度函数的框架。同时也注意到，我们的算法也可与其他测光函数兼容，并且对各种表面应用更好的测光函数选时，会产生更好的估计结果。

13.3.3 表面重建和深度估计

在求得图像每个像素的法向量后，我们得到了指示局部法向量的法线图。根据不同照明条件下固定视点上的法线图，可以重建物体表面。对于 INFORM 框架及 DDDAS 的 SSA 应用，需要重构 3D 表面图，常用的方法是表面梯度的整合。将表面梯度的两个分量定义为

$$p = \frac{\partial z}{\partial x}$$

$$q = \frac{\partial z}{\partial y}$$

式中：p 和 q 分别为沿 x 和 y 方向的表面梯度。法向量与表面梯度有关：

$$\boldsymbol{n} = \frac{[p,q,1]}{\sqrt{p^2 + q^2 + 1}}$$

因此，根据以下关系可以从法向量估计表面梯度：

$$p = \frac{n_x}{n_z} \tag{13.19a}$$

$$q = \frac{n_y}{n_z} \tag{13.19b}$$

假设表面的位置点 x 和 y 可用。使用有限差分算子从相邻的表面点开始传播每个表面点的深度，如下所示：

$$z_{u,v} = \frac{1}{4}\left[\left(z_{u+1,v} - \frac{(p_{u+1,v} + P_{u,v})\delta x}{2}\right) + \left(z_{u-1,v} + \frac{(p_{u-1,v} + P_{u,v})\delta x}{2}\right) + \left(z_{u,v+1} - \frac{(q_{u,v+1} + q_{u,v})\delta y}{2}\right) + \left(z_{u,v-1} + \frac{(q_{u,v-1} + q_{u,v})\delta y}{2}\right)\right] \tag{13.20}$$

式中：δx 和 δy 分别为表面上沿 x、y 方向的偏转。如果表面光滑，遵循可积性约束[式(13.21)]，每个方向的传播深度返回相同的结果：

$$\frac{\partial^2 z}{\partial x \partial y} = \frac{\partial^2 z}{\partial y \partial x} \tag{13.21}$$

可积性假设仅作用在表面光滑的情形。但在大多数真实物体中，表面是不连续的，不符合该假设。在不连续部分传播深度值会导致错误的表面重建。因此，积分之前必须先确定表面不连续性。

有学者提出使用以下三个操作来检测不连续性。首先，计算一个像素与其四个相邻像素之间的角度，建立阈值以检测不连续性；然后，将真实性(NPR)相机(以非真实方式重新渲染图像的方法，但可以表示边界或遮挡)用于输入图像以进行深度边缘检测；最后，将特征检测技术应用于颜色编码的法线图(通过 RGB 颜色对法向量中的每个元素着色以渲染图像)，以检测颜色梯度的不连续性。一旦检测到不连续性，在重建过程避免对这些部分的积分，就可以解决不连续性引起的错误。

另外，还可以通过正则化对可积性进行约束，以此整合法线图。Horn 提出二次正则化方法，通过最小化寻找表面：

$$\epsilon(\hat{z}) = \iint [\nabla \hat{z}(x,y) - [p,q]^2] \mathrm{d}x\mathrm{d}y \tag{13.22}$$

式中：$\hat{z}$ 为估计深度，上式可表示为以下离散形式：

$$\epsilon(\hat{z}) = \sum\sum \left[\frac{z_{u+1,v} - z_{u,v}}{\delta x} - \frac{p_{u+1,v} + p_{u,v}}{2}\right]^2 + \left[\frac{z_{u,v+1} - z_{u,v}}{\delta y} - \frac{q_{u,v+1} + q_{u,v}}{2}\right]^2 \tag{13.23}$$

设置 $\nabla\varepsilon = 0$，以欧拉形式最小化式(13.23)：

$$z_{u,v}=\frac{z_{u+1,v}+z_{u-1,v}+z_{u,v+1}+z_{u,v-1}}{4}-\frac{p_{u+1,v}+p_{u,v}+q_{u,v+1}+q_{u,v}}{8} \quad (13.24)$$

由于所有深度值最初都不可用,因此式(13.24)将初始深度设置为零,迭代更新估计表面。有学者提出改进方法,将边界条件等扩展到其他正则化方法。

计算机图形学中,整合表面法线以得出深度估计是一个开放性问题。这是由于从单个视点观察到的物体表面的信息有限,大多数方法无法有效地处理表面不连续性。在本章中,我们依次解决光度立体和法向量积分问题来重建曲面。这就要求对法向量和曲面点位置都有准确的估算。在本章的解决方案中,我们拥有稀疏的表面点集,并且已知分布在物体表面的位置。将每个表面点作为参考点,并向整个表面传播深度值。如果沿传播路径检测到不连续性,就不再继续下去,而是由其他广播过程从其他侧面估计表面点的位置。这样,我们能够绕过表面的某些不连续点。尽管该方法不能保证解决全部表面不连续性相关的问题,但是可以使我们表面重建中的误差最小。

根据在不同照明方向下捕获的图像序列估计表面法线,我们提出一种改进的光度立体方法,可以更有效地计算敏感度项,这就是 INFORM SSA 框架中形状估计的组成部分。至此,我们都是假设相机和物体之间的相对运动是平稳的,这种情况下,建立像素对应关系当然没有问题;然而实际情况中,相机和物体之间存在相对运动,建立像素对应关系十分困难。为了解决这个问题,我们将介绍运动方法的结构,该结构不仅可以恢复粗糙的形状,还可以恢复相对的姿势估计。基于稀疏特征的粗糙形状估计过程称为稀疏立体法。

13.4 运动中的光度立体视觉

为了解决相机和物体之间的相对运动问题,我们开发了一个新框架,该框架将运动算法的结构与光度立体相结合。运动中的光度立体包括两个阶段:用于估计相对姿势初始条件的初始化阶段,以及用于估计密集 3D 表面的传播阶段。在初始化阶段,首先根据尺度不变特征变换(SIFT),检测参考图像中的一组特征点。然后,使用 KanadeLucasTomasi(KLT)跟踪器跟踪后续序列中每个特征,形成一组特征轨道。根据对应特征轨迹上的运动结构,估计物体空间坐标和每个图像帧相对于参考图像帧的方向。本研究中,分解方法被用作运动方法的结构,以提供相对的姿态和稀疏的结构估计。然后输入特征轨迹的强度,使用光度立体法估计每个表面点的法向量。这样,具有法向量的一组估计表面点定义了传播阶段的初始条件。

在传播阶段,将已知物体空间坐标和关联法向量的像素定义为基本像素,并将未知位置或法向量的相邻像素定义为前向像素。在传播中,使用有限差分方法将每个表面点从基本像素传播到前向像素,该方法在后续章节会详细介绍。使用正投影模型将传播的表面点投影到每个图像上,恢复其在图像帧中测得的反射强度。已知投影面点的像素值,应用光度立体可以根据所有前向像素估计法向量。在确定了法向量和物体空间的位置后,将前向像素更新为基本像素。重复传播过程,直到图像中没有有效像素(像素值> 0)为止。该算法的流程图见图 13.4。

需要注意的是,对于图像序列中的每帧,我们的算法不需要在像素级别或表面级别进行任何迭代过程,也不需要高昂的预计算成本,因此,与其他算法相比,我们的算法有更高

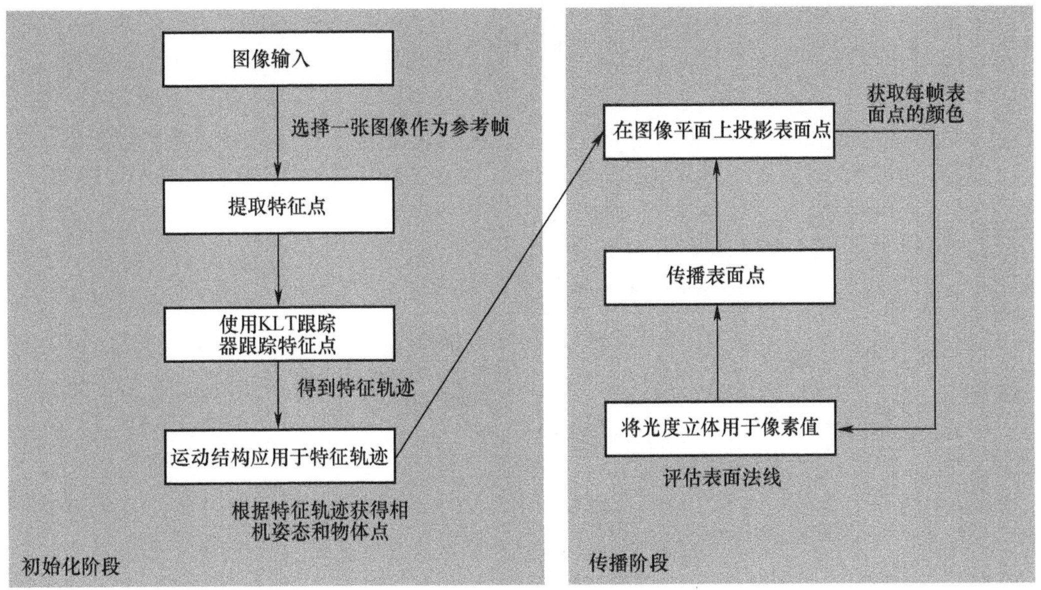

图 13.4　光度立体运动算法流程图

的计算效率。由于每个像素位置都明确解决了光度立体问题，因此无须假设各向同性表面。

在正交投影图像中，表面点的传播对应相邻像素表面点间的单位距离，这就要求两个相邻表面点之间的坡度保持恒定：

$$z_{u+1,v} = z_{u,v} + \frac{\partial z_{u,v}}{\partial u}\mathrm{d}u \tag{13.25}$$

使用稀疏式(13.19)恢复表面坡度。其应用中，法向量的项 n_z 可能接近零，导致计算表面坡度时出现错误。一旦发生这种情况，就停止传播过程。

假设像素之间为单位距离，因此 $\mathrm{d}u = \mathrm{d}v = 1$。由于这并不表示表面点之间的实际位移，因此重建的表面具有比例模糊性。对于具有有效表面点和法向量的任何像素，我们的方法会依次更新每个像素的表面点位置和表面点法向量。该过程是高度并行的，同时可以推断各种像素对应的深度。

13.5　协方差分析

考虑不同来源引入的误差和噪声，确定估算结果的不确定性，从而预测重构精度。本节基于每种算法的敏感性分析，计算误差协方差。

图 13.5 是算法的不确定性传播的路线图，这些算法相互结合构成 DDDAS。图中展示了不确定性从一个模块到另一个模块的传播。由于一种算法的输出是另一种算法的输入，因此不确定性分析可以等效为算法输出相对于输入不确定性的敏感性。本节的其余部分从原始传感器噪声开始，实现每个组件的灵敏度分析，最终计算重构表面的误差协方差。另外，有些学者并行推导出特征轨迹的误差协方差以及分解形状和运动矩阵。

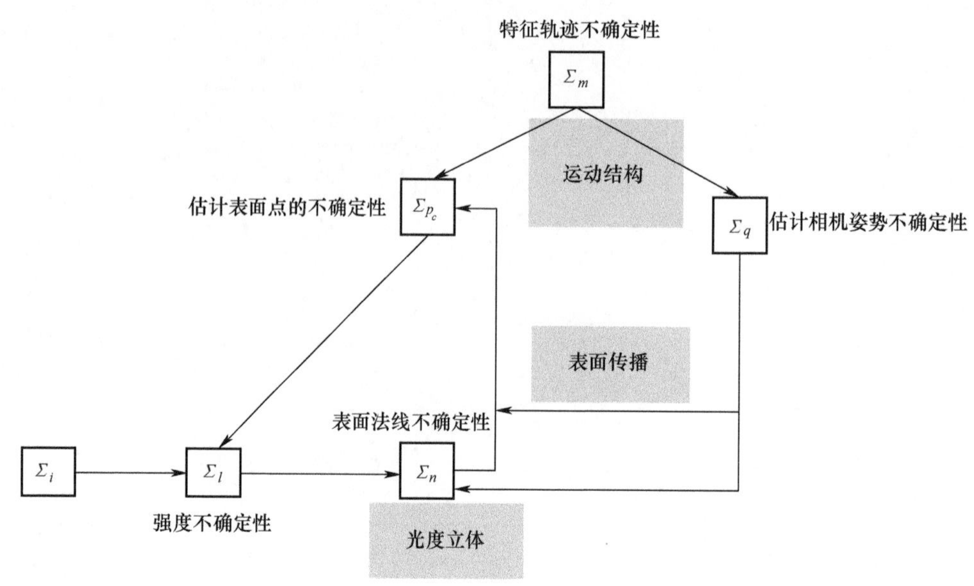

图 13.5 协方差分析流程图

（从特征轨迹的误差协方差（$\boldsymbol{\Sigma}_m$）开始，通过运动方法的结构将其传播到相机姿态的协方差（$\boldsymbol{\Sigma}_q$）和初始表面点的协方差（$\boldsymbol{\Sigma}_{p_c}$）。法向量的误差协方差（$\boldsymbol{\Sigma}_n$）是测量强度的协方差（$\boldsymbol{\Sigma}_l$）和相机姿态的协方差的函数。测量强度的不确定性与图像噪声协方差（$\boldsymbol{\Sigma}_i$）以及表面点在图像平面上的投影引起的误差有关。通过表面传播过程，表明点的不确定性和法向量传播到其他表面点）

13.5.1 原始传感器噪声和强度不确定度

原始传感器噪声包括图像噪声以及相机固有参数相关不确定性。正交投影模型仅包含图像噪声。透视投影模型包含与图像和相机固有参数相关的不确定性，其中固有参数不确定性可以从相机校准过程中获得。

我们使用 Immerkaer 方法测量图像噪声。该方法通过获取图像的两个拉普拉斯差来估计图像噪声方差。基于该方法的噪声估计涉及对以下内核的卷积运算：

$$\boldsymbol{C}=\begin{bmatrix} 1 & -2 & 1 \\ -2 & 4 & -2 \\ 1 & -2 & 1 \end{bmatrix} \tag{13.26}$$

通过下式计算全局图像噪声标准偏差：

$$\sigma_i=\sqrt{\frac{\pi}{2}}\frac{1}{6(w-2)(h-2)}\sum|l(x,y)\cdot\boldsymbol{C}| \tag{13.27}$$

式中：w 和 h 分别为图像的宽度和高度。通过 w、h 与本地窗口大小，可以获得局部强度方差。这些计算为后续协方差分析提供初始化。

13.5.2 法向量估计的协方差

根据改进光度立体的定义，首先计算极角和方位角的不确定性，然后使用这些参数求解法向量的协方差。因此,式(13.16)可直接用作估计参数相对于强度变化的敏感性。

除了强度之外,法向量和扩散常数 k_d 还取决于光源方向。根据参考帧的图像帧方位,估计每帧对应的光源方向。由于光源取决于具有不确定性的估计值,它也是一个随机变量,为此需要计算估计参数相对于光源方向的敏感度。使用式(13.16)可以计算参数相对于强度变化的敏感性,进而计算参数相对于光源方向的敏感性:

$$\frac{\partial \boldsymbol{x}}{\partial \boldsymbol{w}_i}=\frac{\partial \boldsymbol{x}}{\partial |l|}\frac{\partial |l|}{\partial \boldsymbol{w}_i} \tag{13.28}$$

$$\frac{\partial |l|}{\partial \boldsymbol{w}_i}=k_d\boldsymbol{n} \tag{13.29}$$

$$\frac{\partial \boldsymbol{x}}{\partial |l|}=(\boldsymbol{H}^{\mathrm{T}}\boldsymbol{H})^{-1}\boldsymbol{H}^{\mathrm{T}} \tag{13.30}$$

其中矩阵 $\boldsymbol{H}$ 是式(13.18)得到的雅可比矩阵。通过式(13.31)近似表面的方位角和极角的误差协方差以及扩散常数:

$$\boldsymbol{\Sigma}_x=\begin{bmatrix}\boldsymbol{H} & \dfrac{\partial \boldsymbol{x}}{\partial \boldsymbol{w}_i}\end{bmatrix}\begin{bmatrix}\Sigma_{\boldsymbol{I}} & 0\\ 0 & \Sigma_{\boldsymbol{w}_i}\end{bmatrix}\begin{bmatrix}\boldsymbol{H}^{\mathrm{T}} & \dfrac{\partial \boldsymbol{x}}{\partial \boldsymbol{w}_i}^{\mathrm{T}}\end{bmatrix}^{\mathrm{T}} \tag{13.31}$$

式中:$\boldsymbol{\Sigma}_{w_i}$ 为光源方向的不确定性协方差;$\boldsymbol{\Sigma}_{\boldsymbol{I}}$ 为测量强度的不确定性协方差。在传播阶段,$\boldsymbol{\Sigma}_{\boldsymbol{I}}$ 必须考虑相机镜框方向误差和传播表面深度误差引起的不确定性。基于这些信息,通过反投影技术因此获取强度。同时,使用局部强度梯度对相机镜框方向和表面深度的强度灵敏度进行建模。但是,由于不能保证投影误差小到足以近似局部灵敏度信息,因此我们使用 U 变换来近似强度测量的不确定度。假设在估计相机姿态和表面点位置时存在错误,这导致图像平面上的投影坐标出错,进而导致强度测量出现错误。由于每个图像平面坐标存在相应的强度测量,因此可以将测量强度方差作为投影图像平面位置误差指定区域内的强度变化。选择一组 Sigma 点,并求解它们在图像上的投影坐标,可以估算出投影图像平面的位置误差。边界区域以矩形进行计算,其长度等于投影的 Sigma 点之间的最大距离。

利用第 i 帧的旋转矩阵 $\boldsymbol{R}^{(i)}$ 变换光源方向。通过分解来估计摄像机的方向,最新研究结果提供了相应的估计误差协方差 $\boldsymbol{\Sigma}_{\boldsymbol{q}}$ 。其中,使用 CRP 参数化相机在每帧的方向,$\boldsymbol{q}=[q_1,q_2,q_3]^{\mathrm{T}}$ 。CRP 后的旋转矩阵为

$$\boldsymbol{R}=\frac{1}{\sqrt{1+\boldsymbol{q}^{\mathrm{T}}\boldsymbol{q}}}\begin{bmatrix}1+q_1^2-q_2^2-q_3^2 & 2(q_1q_2+q_3) & 2(q_1q_3-q_2)\\ 2(q_1q_2-q_3) & 1-q_1^2+q_2^2-q_3^2 & 2(q_2q_3+q_1)\\ 2(q_1q_3+q_2) & 2(q_2q_3-q_1) & 1-q_1^2-q_2^2+q_3^2\end{bmatrix} \tag{13.32}$$

每帧图像是物体在不同方向上的测量结果,将 n 个测量帧全部集成到向量 $\boldsymbol{q}$ 中,由

$$\boldsymbol{q}=[\boldsymbol{q}^{(1)},\boldsymbol{q}^{(2)},\cdots,\boldsymbol{q}^{(n)}] \tag{13.33}$$

式中:$\boldsymbol{q}^{(j)}$ 为第 j 帧的 CRP。根据旋转矩阵 $\boldsymbol{R}^{(n)}$ 和参考帧 $\boldsymbol{w}_i^{(0)}$ 中的光源方向表示,图像空间坐标中每帧的光源方向 $\boldsymbol{w}_i^{(n)}$ 表示为

$$\boldsymbol{w}_i^{(n)}=\boldsymbol{R}^{(n)}\boldsymbol{w}_i^{(0)}$$

将其代入式(13.32),求偏导得到:

$$\frac{\partial w_{i,x}}{\partial \boldsymbol{q}} = \frac{\partial}{\partial \boldsymbol{q}} R_{11}(\boldsymbol{q}) w_{i,x}^0 + \frac{\partial}{\partial \boldsymbol{q}} R_{12}(\boldsymbol{q}) w_{i,y}^0 + \frac{\partial}{\partial \boldsymbol{q}} R_{13}(\boldsymbol{q}) w_{i,z}^0 \tag{13.34}$$

$$\frac{\partial w_{i,y}}{\partial \boldsymbol{q}} = \frac{\partial}{\partial \boldsymbol{q}} R_{21}(\boldsymbol{q}) w_{i,x}^0 + \frac{\partial}{\partial \boldsymbol{q}} R_{22}(\boldsymbol{q}) w_{i,y}^0 + \frac{\partial}{\partial \boldsymbol{q}} R_{23}(\boldsymbol{q}) w_{i,z}^0 \tag{13.35}$$

$$\frac{\partial w_{i,z}}{\partial \boldsymbol{q}} = \frac{\partial}{\partial \boldsymbol{q}} R_{31}(\boldsymbol{q}) w_{i,x}^0 + \frac{\partial}{\partial \boldsymbol{q}} R_{32}(\boldsymbol{q}) w_{i,y}^0 + \frac{\partial}{\partial \boldsymbol{q}} R_{33}(\boldsymbol{q}) w_{i,z}^0 \tag{13.36}$$

根据式(13.32)计算每个旋转矩阵的元素相对于 CRP 的偏导数。根据相机方向 CRP 的不确定性传播,光源方向的误差协方差然后通过式(13.37)计算:

$$\Sigma_{\boldsymbol{w}_i} = \frac{\partial \boldsymbol{w}_i}{\partial \boldsymbol{q}} \Sigma_q \frac{\partial \boldsymbol{w}_i^{\mathrm{T}}}{\partial \boldsymbol{q}} \tag{13.37}$$

式中:$\frac{\partial \boldsymbol{w}_i}{\partial \boldsymbol{q}}$ 为一个矩阵,矩阵元素由式(13.34)~式(13.36)计算;Σ_q 由相应相机姿态估计算法的不确定性分析计算。由于假定不同帧的相机方向彼此不相关,于是可以独立计算每个帧的误差协方差。

给定估计法向量的方位角和极角的不确定性后,对于局部灵敏度,可根据式(13.12)计算法向量的不确定性:

$$\Sigma_{\boldsymbol{n}} = \begin{bmatrix} \frac{\partial \boldsymbol{n}}{\partial \Omega} & \frac{\partial \boldsymbol{n}}{\partial \xi} \end{bmatrix} \begin{bmatrix} \sigma_\Omega^2 & \sigma_{\Omega,\xi} \\ \sigma_{\Omega,\xi} & \sigma_\xi^2 \end{bmatrix} \begin{bmatrix} \frac{\partial \boldsymbol{n}}{\partial \Omega} & \frac{\partial \boldsymbol{n}}{\partial \xi} \end{bmatrix}^{\mathrm{T}} \tag{13.38}$$

$$\frac{\partial \boldsymbol{n}}{\partial \Omega} = [\sin(\xi)\cos(\Omega) \quad \cos(\xi)\cos(\Omega) \quad \sin(\Omega)]$$

$$\frac{\partial \boldsymbol{n}}{\partial \xi} = [\cos(\xi)\sin(\Omega) \quad -\sin(\xi)\sin(\Omega) \quad 0]$$

式中:σ_Ω 和 σ_ξ 分别为估计极角和方位角的标准偏差。由于角度是相关的,因此相关项 $\sigma_{\Omega,\xi}$ 不等于零,通过式(13.31)从 Σ_X 中提取这些元素。当 $\Omega=0$ 时,我们没有 ξ 的估计值,因此我们假定在这种情况下,法向量不是 ξ 的函数,$\frac{\partial \boldsymbol{n}_x}{\partial \xi}$ 项等于零。

13.5.3 表面点的误差协方差

如引言所述,在重建过程中使用法向量的估计值来传播表面点,以估计密集重建表面。正交配置的表面点传播只能解决深度问题,而沿 x 和 y 方向的坐标是确定性的。表面深度沿 x 方向的传播如下:

$$z_{u+1,v} = z_{u,v} + \frac{n_x}{n_z}$$

使用下式计算传播深度的灵敏度:

$$\delta z_{u+1,v} = \begin{bmatrix} 1 & \frac{1}{n_z} & -\frac{n_x}{n_z^2} \end{bmatrix} [\delta z_{u,v} \quad \delta n_x \quad \delta n_z]^{\mathrm{T}} \tag{13.39}$$

因此,可以使用协方差计算深度的误差估计:

$$\sigma_{z,u+1,v}^2 = \begin{bmatrix} 1 & \dfrac{1}{n_z} & -\dfrac{n_x}{n_z^2} \end{bmatrix} \begin{bmatrix} \sigma_{z,u,v}^2 & 0 & 0 \\ 0 & \sigma_{n,x}^2 & \sigma_{n,xz} \\ 0 & \sigma_{n,xz} & \sigma_{n,z}^2 \end{bmatrix} \begin{bmatrix} 1 \\ \dfrac{1}{n_z} \\ -\dfrac{n_x}{n_z^2} \end{bmatrix} \tag{13.40}$$

其中，$\sigma_{n,x}^2$、$\sigma_{n,xz}$ 和 $\sigma_{n,z}^2$ 可由前述的法向量误差协方差估计得出。

误差协方差的估计不仅用于估计精度，还可以用作终止表面传播过程的标准。根据每个像素的表面点位置和法向量计算估计协方差。因此，在传播过程中可获得不确定性估计。由于表面传播是数值积分过程，前一步的误差会累积到后续步骤。为了避免误差传播导致更大的误差，当误差协方差超过某个阈值时，终止表面点上的传播过程。

13.6 仿真实验

我们使用基于射线追踪器的成像引擎[空间物体光属性渲染(SOLAR)系统]，生成用于算法评估的测量数据集。SOLAR 系统使我们能够实现合理的物体表面反射率模型，以及用于实际相机投影和图像形成仿真的物理光学系统。SOLAR 系统核心是内部光线跟踪引擎，互反射、光折射、光学元件建模等软件模块构成系统的渲染器。由于光线跟踪器显式跟踪相机每个像素的入射光路径，以此渲染场景，因此与计算机图形引擎(如 OpenGL 和 DirectX)中常用的光栅化技术相比，它的计算量更大。但是，光线跟踪引擎在物理图像形成过程中的实时渲染起重要作用。因此，我们利用该引擎生成测量数据，以演示算法。

合成两个物体模型的测量数据集以便进行演示。Itokawa 小行星模型提供对具有散射表面的自然空间物体的测量。Apollo-Soyuz 航天器模型提供对表面不连续性的高镜面人造物体的测量。与阿波罗模型相比，Itokawa 模型具有更丰富的表面特征，这使分解方法在 Itokawa 模型上具有更好的性能。对于阿波罗模型，我们假设表面上存在基准点，这样它可以在大且光滑的表面上提供一些特征点。每个物体模型都在三种不同条件下呈现，以评估算法的性能。第一组实验，两个物体都使用纯 Lambertian 模型进行渲染，并且相机和物体之间的相对运动保持不变。第二组实验，使用纯 Lambertian 模型渲染了阿波罗模型和 Itokawa 模型，但相机与物体的相对运动并不平稳，因此无法评估运动算法中光度立体的性能。第三组实验，使用 Oren-Nayar 模型渲染 Itokawa 模型，同时生成综合度量；阿波罗模型则使用 Torrance-Sparrow 模型进行渲染。这两个模型都是物理上合理的反射模型，Oren-Nayar 模型是粗糙表面的漫反射模型，而 Torrance-Sparrow 是镜面反射模型。本实验旨在评估 Lambertian 模型复杂逼真光反射条件下算法的性能。

SOLAR 系统包含无透镜像差的聚焦牛顿望远镜模型，将该光学模型连接到相机以验证正交投影假设。

13.6.1 朗伯表面的静态观测

本部分研究观察者与物体之间没有相对运动的情况，具体为，在测量过程中相对姿态固定,每帧的光源方向都是已知的,并且物体为各向同性的朗伯表面。假定物体位于惯性坐标系原点,相机镜框从负 z 轴方向指向物体质心。一开始,光源沿 $w_{i,0}=[0,0.707,0.707]$ 方向,以 10 帧绕 z 轴旋转 2π 弧度。

阿波罗模型部分测量结果(3/10)如图 13.6 所示。

由于相机与物体的相对姿势在整个测量过程中保持恒定,因此可直接实现光度立体,以估计每个像素的法向量。每个像素的法向量集合为法线图。为方便可视化,遵循 BGR 色彩通道方案对法向量进行着色(图 13.7)。x 轴方向的值绘制为蓝色,y 轴和 z 轴方向绘制为绿色和红色。每种颜色的强度表示法向量分量的大小。由于颜色没有负值,因此我们分别绘制一个正法线图(仅包含法向量中的正分量)和一个负法线图(仅包含法向量中的负分量),如图 13.8 所示。

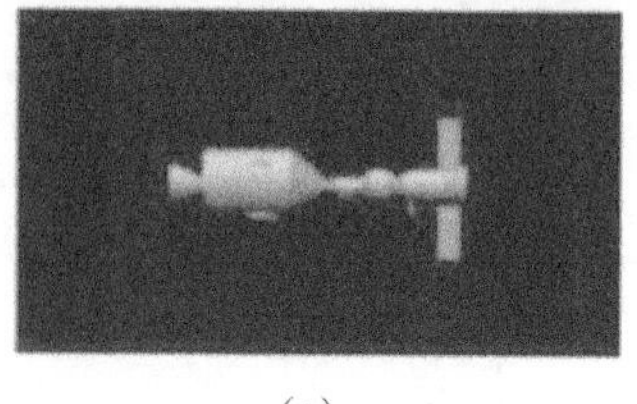
(a)

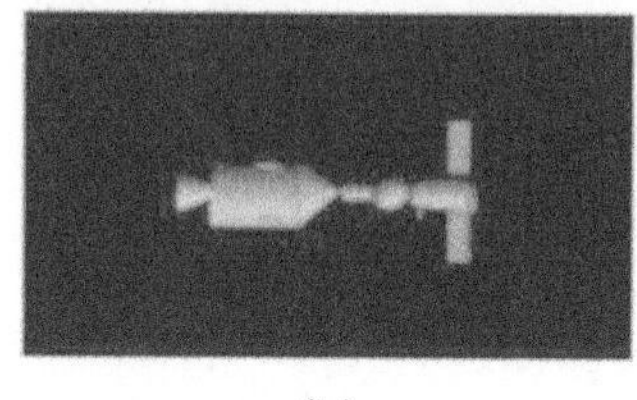
(b)

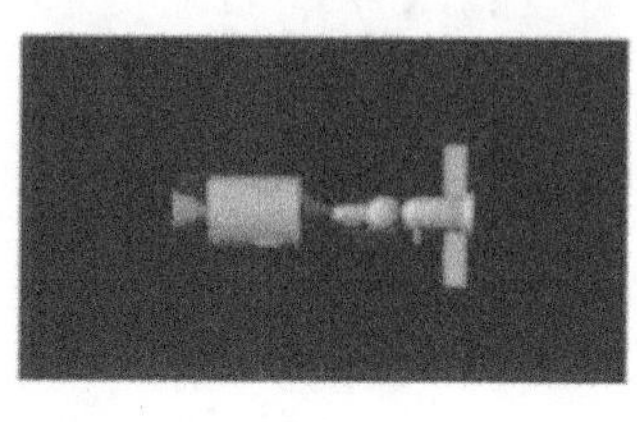
(c)

图 13.6 阿波罗模型的 10 次测量中的 3 次结果

(a) $\boldsymbol{w}_i=[0,0.707107,0.707107]$;(b) $\boldsymbol{w}_i=[0.353553,-0.612372,0.707107]$;(c) $\boldsymbol{w}_i=[-0.612372,0.353553,0.707107]$。

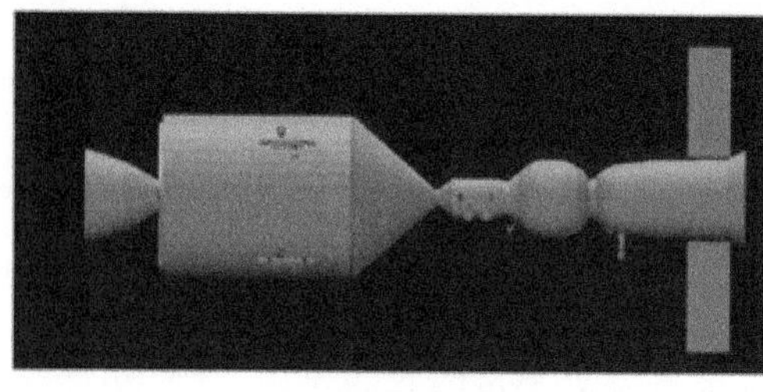
(a)

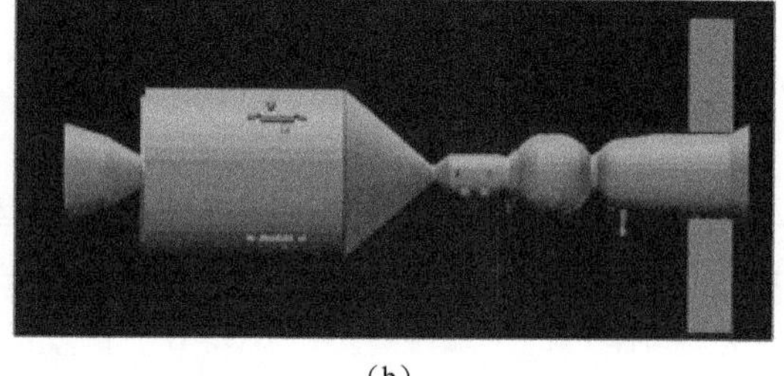
(b)

图 13.7 阿波罗模型真实正法线图与光度立体估计正法线图的比较

(a)真实正法线图;(b)估计正态正常图。

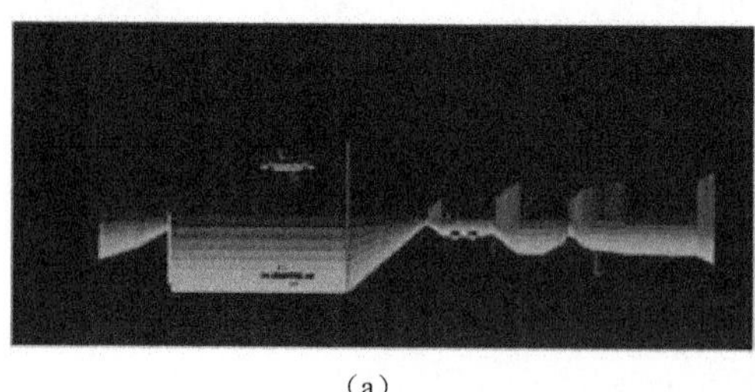
(a)

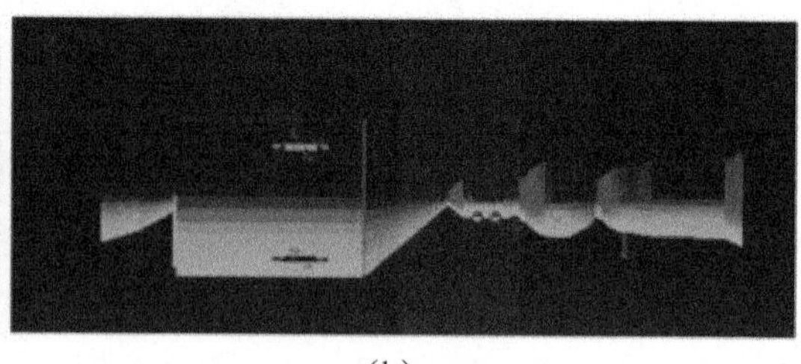
(b)

图 13.8 阿波罗模型真实负法线图与光度立体估计负法线图的比较

(a)真实负法线图;(b)估计负法线图。

为了更好地比较估计法线图和真实法线图,我们定义了一个误差函数,该函数将两个法向量之间的误差定义为 1 减去估计法向量 $\boldsymbol{n}_{\mathrm{est}}$ 和真实法线 $\boldsymbol{n}_t$ 的点积的绝对值:

$$e = 1 - |\boldsymbol{n}_{\text{est}} \cdot \boldsymbol{n}_t| \tag{13.41}$$

将式(13.41)的估计法向量的误差可视化为颜色图(图 13.9)。观察误差颜色图可以发现，位于物体边缘区域的最大错误约为 0.08。这表明沿相机视轴方向的表面具有较小的误差。该实验结果表明，在理想条件下，光度立体能够提供表面法线的良好估计。

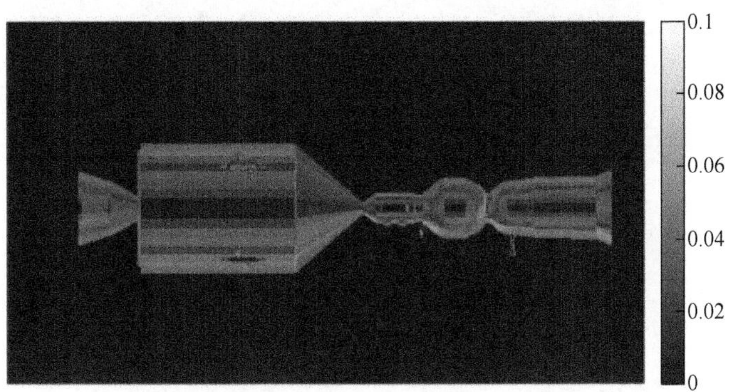

图 13.9　阿波罗模型法向量估计误差图

实验中，通过沿表面法线的积分，实现表面几何形状的估计。其中，法线可以从具有正表面深度值的任意点开始积分。

图 13.10 显示了阿波罗模型各种视图的估计表面。根据这些图，我们可以确定，在表面不连续性较小的区域中，根据法线图积分估计的表面较为准确。那么，自动检测图像中连续区域便成为研究重点。

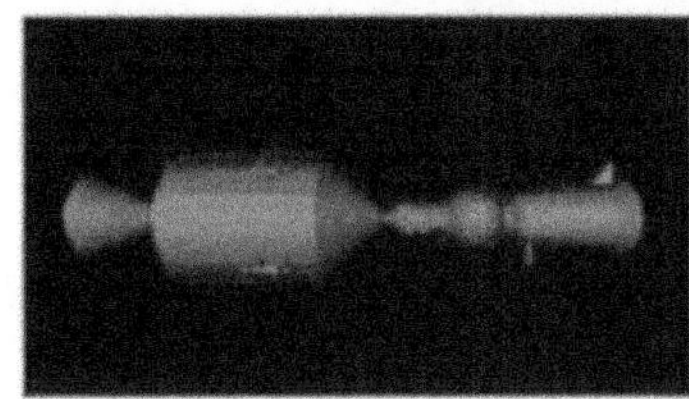
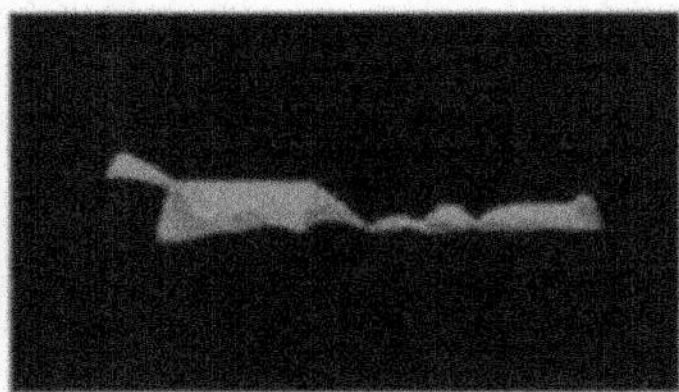
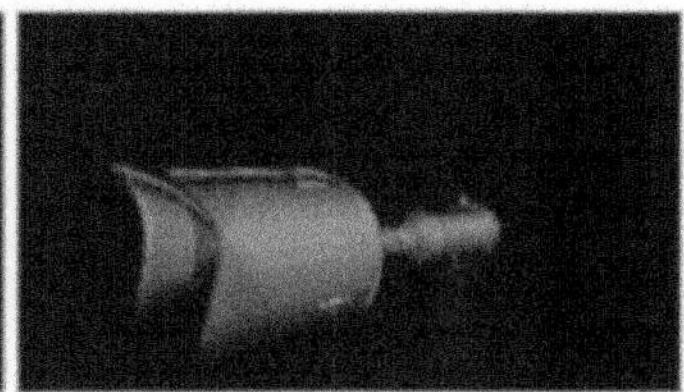

图 13.10　阿波罗模型在不同方向上通过法线图积分估计物体表面

按照类似的步骤，我们得到 Itokawa 模型的估计法线图，如图 13.11 和图 13.12 所示。图 13.13 为其法向量估计误差图。显然，其误差水平与阿波罗模型相同。

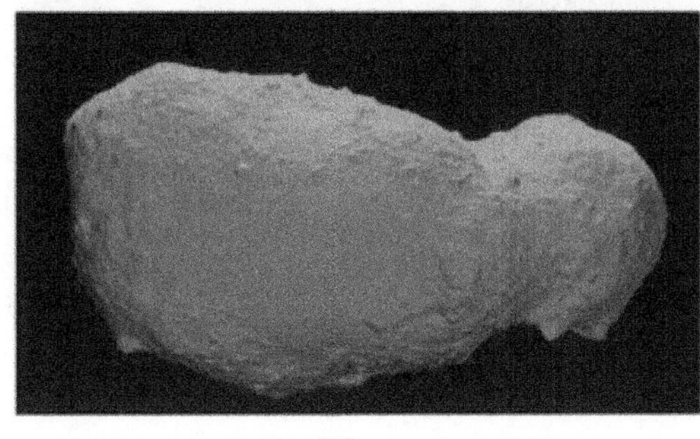

(a)

(b)

图 13.11　Itokawa 模型真实正法线图与光度立体估计正法线图的比较
(a)真实正法线图；(b)估计正态正常图。

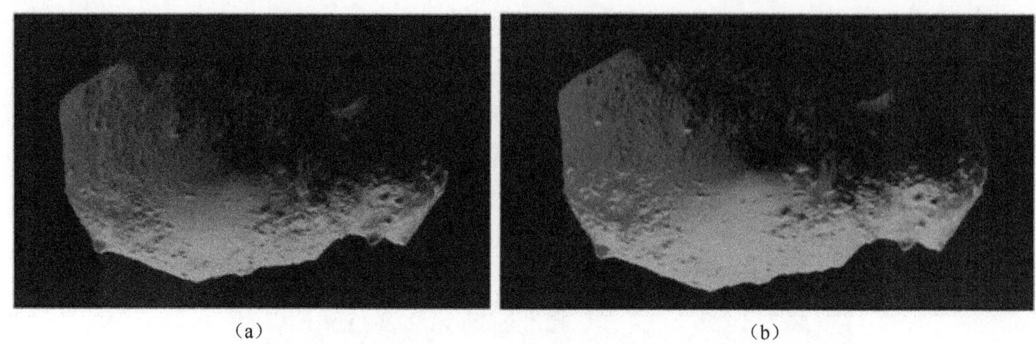

图 13.12 Itokawa 真实负法线图与光度立体估计负法线图的比较
(a)真实负法线图;(b)估计负法线图。

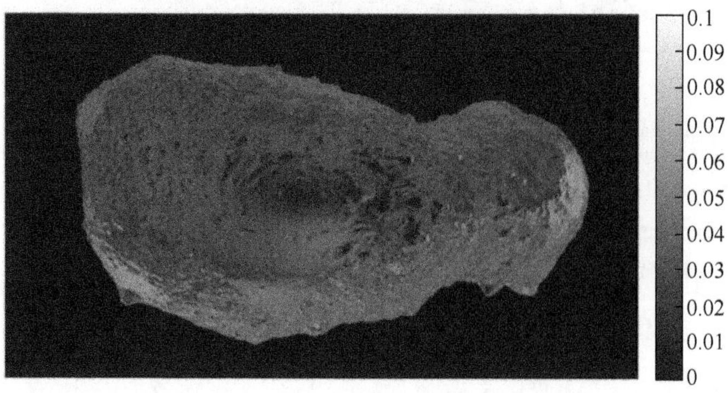

图 13.13 Itokawa 模型法向量估计误差图

通过表面法线图进行积分,我们得到 Itokawa 表面的各种视图,如图 13.14。可以看到,估计的表面比阿波罗的表面差一些,这是因为沿边缘的位置无法观察表面法线。但是,Itokawa 表面估计不存在由于表面不连续性引起的误差。

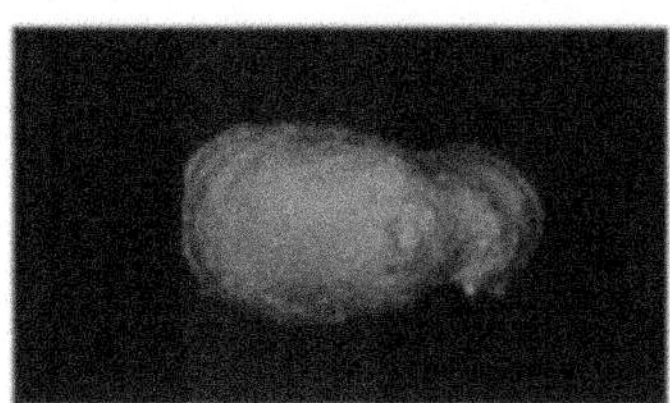
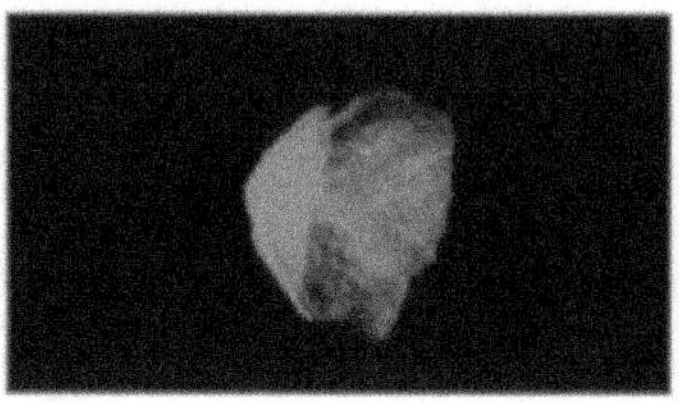

图 13.14 Itokawa 模型沿不同视角进行法线积分估计的物体表面

本节的实验结果表明,传统的光度立体视觉能够很好地估计表面法线,然后用积分表面法线估计表面几何形状,实现表面几何形状的建模。

13.6.2 朗伯表面的动态观测

当相机和物体之间的相对运动不再平稳时,传统的光度立体方法不再适用。本部分将通过实验评估运动中光度立体观测朗伯表面的性能。

图 13.15 显示了阿波罗模型的 50 个测量中的 3 个结果。由于假定光源固定在相机框架中,所以照明方向与视图方向对齐。注意,此假设不是必需的,光源方向可以自由移动。在这种情况下,由 SIFT 提取并由 KLT 跟踪器跟踪的特征点集如图 13.16 中的黄点所示。该图中每个特征轨道末端的红色椭圆形表示轨道中最后一个特征点的估计轨道的误差协方差边界。

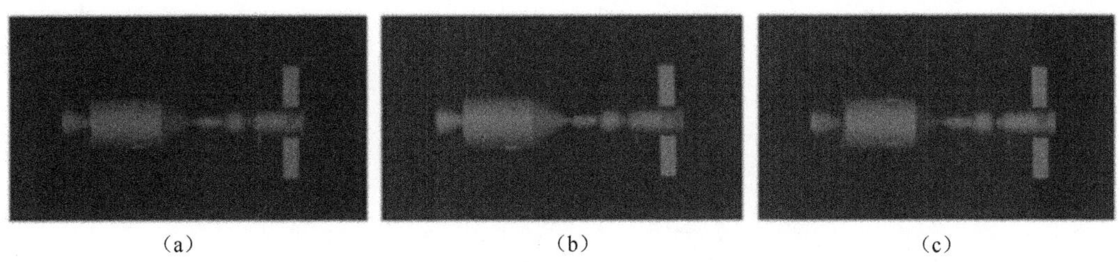

(a)　　　　(b)　　　　(c)

图 13.15　运动阿波罗模型的 50 个测量中的 3 个结果

(a) $\boldsymbol{w}_c=[0,0.0,-1]$;(b) $\boldsymbol{w}_c=[-0.1508,-0.1431,-0.9781]$;(c) $\boldsymbol{w}_c=[0.1525,0.1025,-0.9830]$。

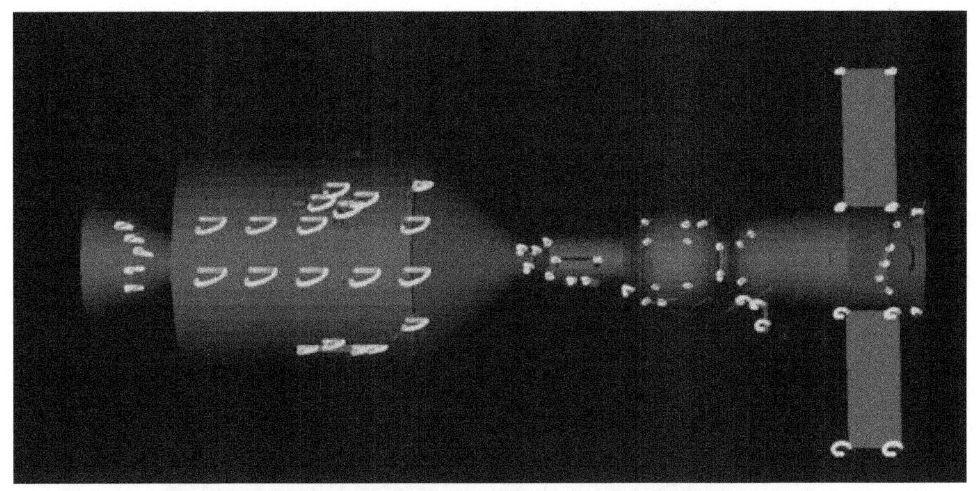

图 13.16　运动中输入结构的特征轨迹(每个轨迹末端的红色椭圆形是特征轨迹的不确定度协方差边界)

根据特征轨迹,使用分解算法计算每帧的相对姿态。为验证分解性能,图 13.17 显示了因式分解估算的相机方向与真实相机方向的比较。图中每个红点和蓝点表示从相机到物体的观察方向。该图表明,因子分解方法能够以合理的精度估算相机方向。

使用分解方法提供的初始条件,通过本部分介绍的方法来估计阿波罗模型的表面和法线图,结果如图 13.18~图 13.20 所示。

图 13.18 表明,分解方法可以合理估计物体表面几何形状。与图 13.10 中的结果相比,图 13.18 的估计误差相对较大。这是因为实际应用中并不满足理想条件,对于这种情况,原始光度立体方法并不适用。重建的表面还表明,我们的方法能够利用匹配像素块的运动对齐相关信息,解决表面不连续性问题。

根据图 13.19 和图 13.20 中估计法向量的比较结果,证明了表面法线的估计在大部

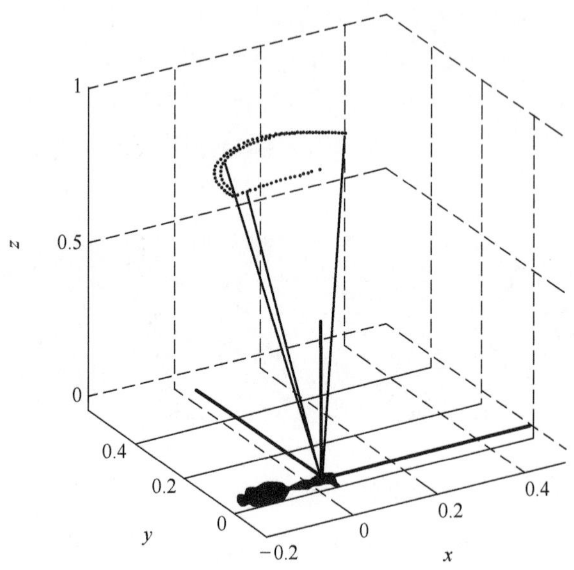

图 13.17 因式分解估算的相机方向(红点)和真实相机方向(蓝点)的比较

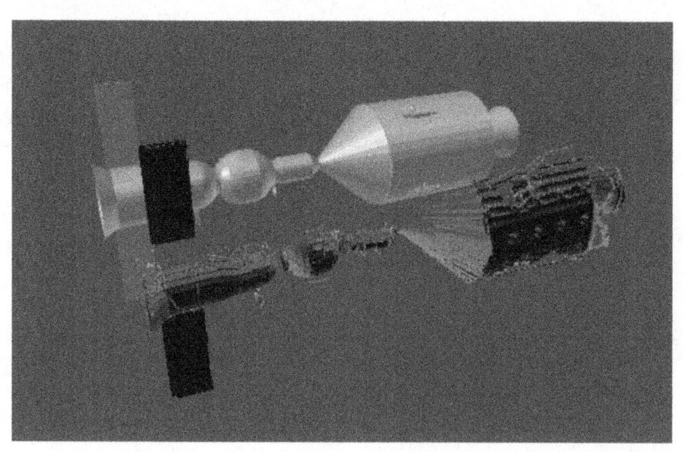

图 13.18 估计的航天器表面与真实物体表面的比较(应用经验缩放参数缩放估算曲面,以便我们可以相同的比例比较估算表面和真实曲面)

分表面上都是准确的,错误一般发生在边缘附近。这是因为此区域正交投影的深度可观察性较差,导致附近的强度变化大,物体误差指向图像投影。

除了估计表面几何形状和表面法线之外,还可以计算与这两项估计相关联的协方差。为了方便可视化,我们将估计误差协方差转换为标准偏差,并绘制为颜色图。在法向量不确定的情况下,分别绘制方向图和幅度图。方向图指示法向向量 x 轴、y 轴和 z 轴方向上的误差分布。幅度图指示对应像素不确定性的幅值。由于表面深度是一个标量,因此表面深度标准偏差图仅包含其估计标准偏差。

图 13.21 为估计的航天器模型法向量不确定度标准偏差。方向图表明,估计法向量中的大部分不确定性沿着幅度最小的方向分布。幅度图表明较大的估计误差集中在边缘区域。这意味着丧失了可观察性。图 13.22 是估算的航天器模型表面深度标准偏差图,

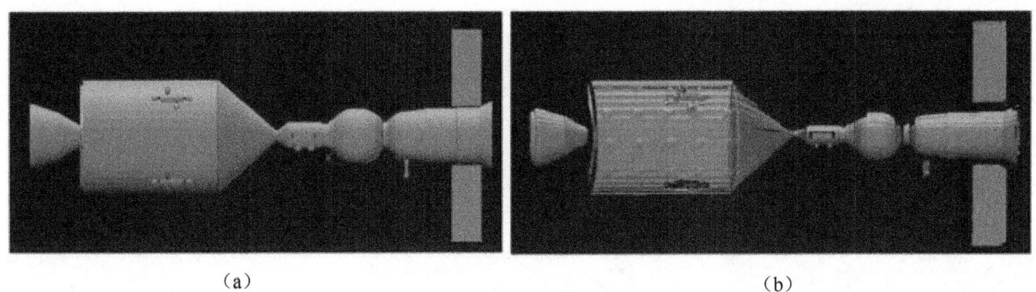

（a）　　　　　　　　　　　　　　（b）

图 13.19　航天器模型真实正法线图(a)和估计正法线图(b)的比较

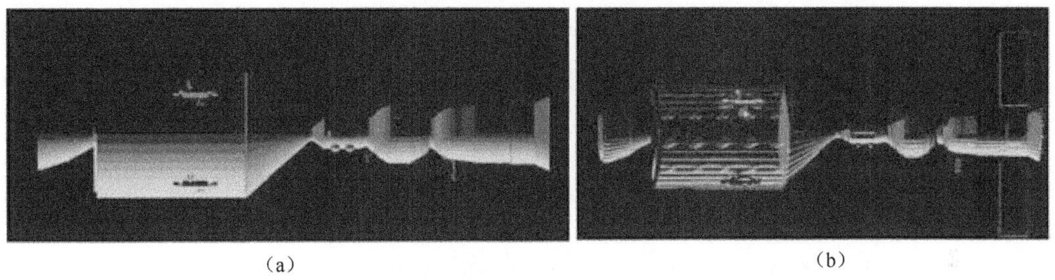

（a）　　　　　　　　　　　　　　（b）

图 13.20　航天器模型真实负法线图(a)和估计负法线图(b)的比较

(a)真实负法线图;(b)估计负法线图。

表面深度不确定性的斑块分布对应于深度估计算法使用的像素斑块。

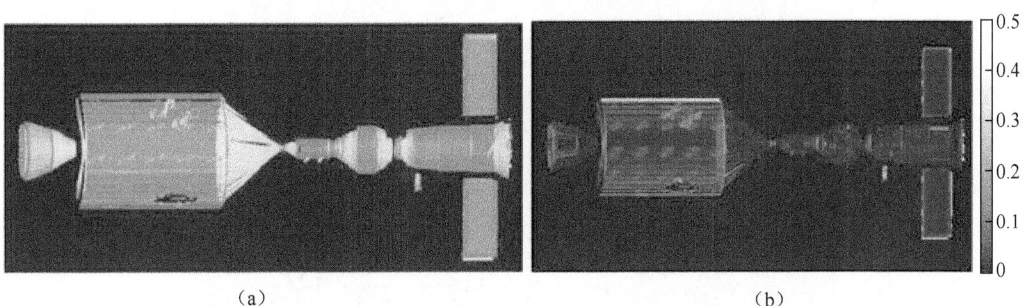

（a）　　　　　　　　　　　　　　（b）

图 13.21　估计的航天器模型法向量不确定度标准偏差

(a)方向图;(b)幅度图。

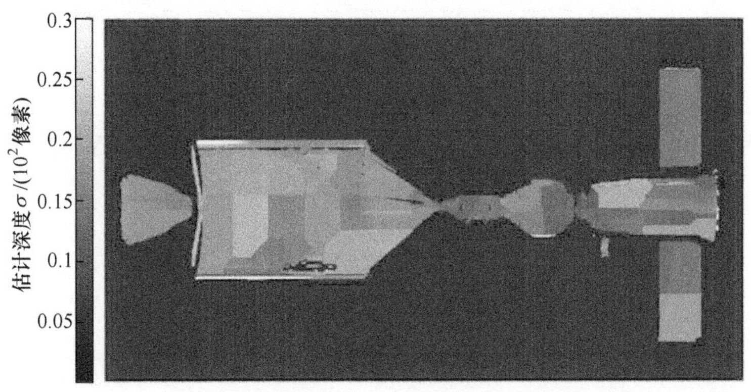

图 13.22　估算的航天器模型表面深度标准偏差图

验证了算法在人造物体上的性能后,我们又在表面连续的自然空间物体 Itokawa 小行星上进行重复实验。图 13.23 显示了运动 Itokawa 模型 50 张输入图像中的 3 张实验结果。

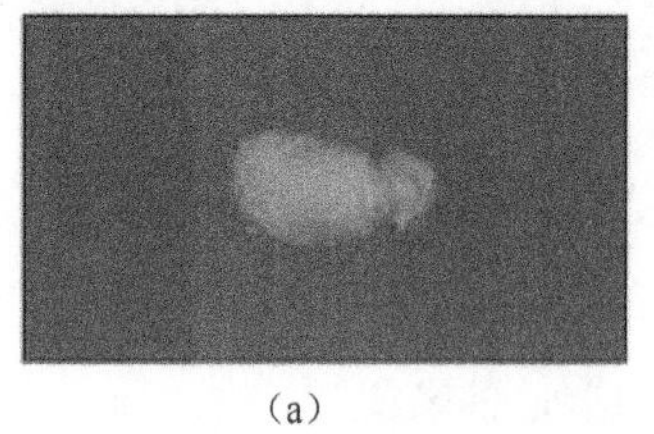
(a)

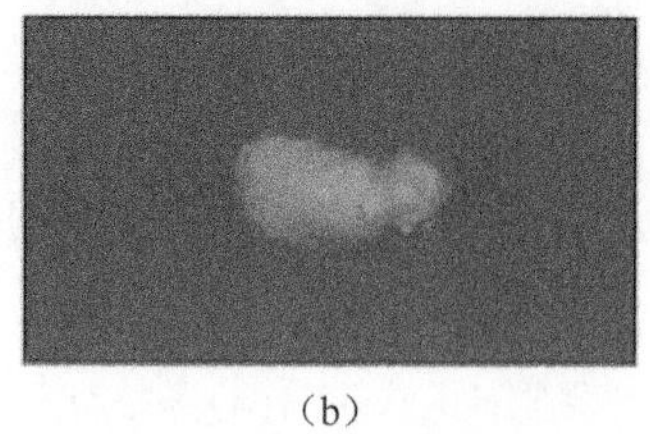
(b)

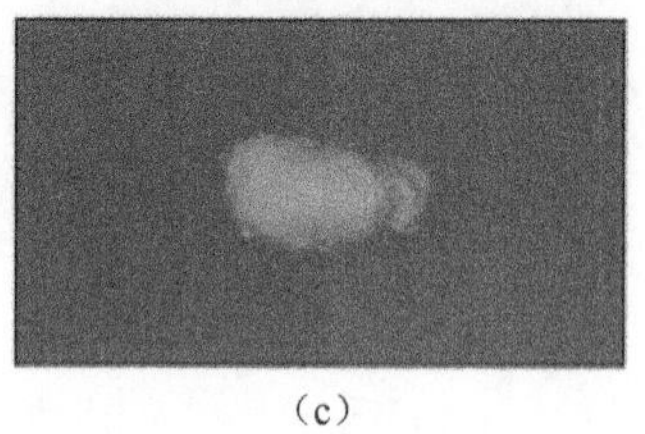
(c)

图 13.23 运动 Itokawa 模型的 50 张输入图像中 3 张实验结果
(a) $\boldsymbol{w}_c=[0,0,-1]$;(b) $\boldsymbol{w}_c=[-0.1508,-0.1431,-0.9781]$;(c) $\boldsymbol{w}_c=[0.1525,0.1025,-0.9830]$。

图 13.24 为改进方法的 Itokawa 表面估计与真实物体表面的比较,图 13.10 为原始光度立体方法的估计物体表面。通过比较,我们可以发现改进方法(运动立体算法)的估计结果更好。这是由于使用大量观察数据,产生更好的可观察性,进而改善了几何成像。该实验还表明,使用从运动方法的结构估计的多个初始表面点,通过传播构造密集表面确实是可行的。

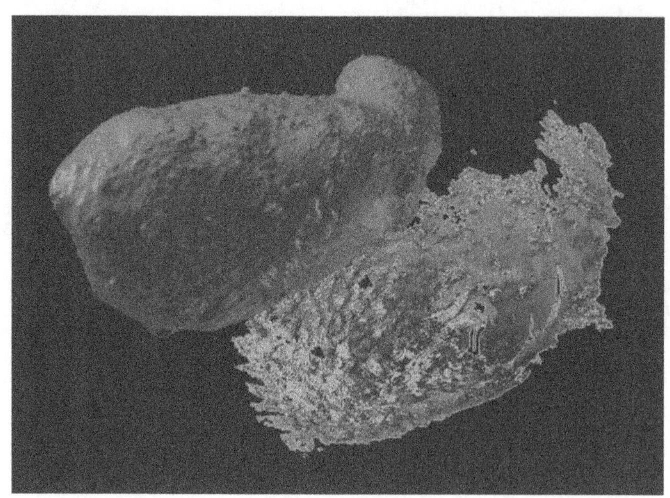

图 13.24 经验比例缩放后的 Itokawa 表面估计(前)与真实物体表面(后)的比较

比较图 13.25 和图 13.26 的估计结果表明,对于具有连续区域的半凸几何体,采用改进方法估计法向量更为合理。估计的不确定性结果如图 13.27 和图 13.28 所示。

上述实验表明该算法可以估算人造和自然物体的表面几何形状。实验结果表明,该方法在连续表面上的性能优于在不连续表面上的性能。实验进一步表明,在 INFORM 框架中,可以将 RSO 形状估算值用于 DDDAS SSA 应用。

13.6.3 非朗伯曲面的动态观测

前文介绍了分解算法在重建 Lambert 表面的应用,接下来,我们继续评估该算法重建非 Lambertian 表面的性能。

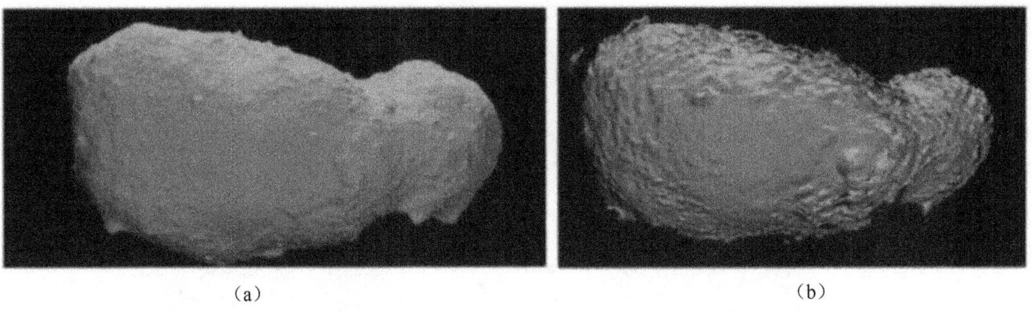

图 13.25　小行星模型的真实正法线图(a)和估计正法线图(b)的比较

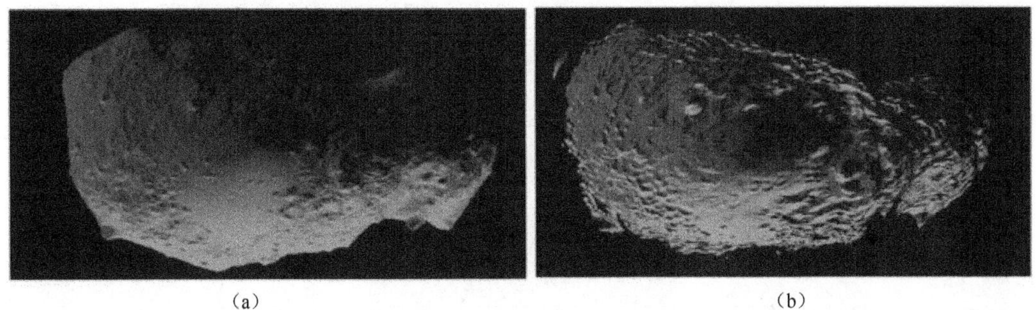

图 13.26　小行星模型的真实负法线图(a)和估计负法线图(b)的比较

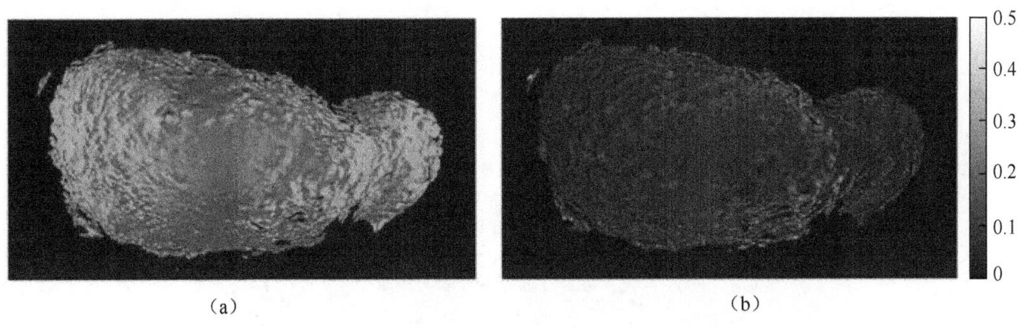

图 13.27　估计法向量的标准偏差方向图(a)和幅度图(b)

人造空间物体通常涂有高反射率的材料,以便反射辐射热量。基于这一事实,很自然地会假设大多数人造空间物体都具有高镜面反射率。因此,可以使用镜面反射模型对它们的反射率建模。尽管 Torrance-Sparrow 模型不如 HTSG 模型全面,但依然是符合物理原理的镜面反射模型。

图 13.29 是经 Torrance-Sparrow 渲染的一组阿波罗模型测量值,可以根据这些测量值估计物体形状。对于具有镜面反射分量的测量,直接应用光度立体法会导致估计的法向量产生较大误差。因此,在估计法向量之前,需要删除具有镜面反射分量的测量值。由于镜面反射集中在镜面反射峰周围,因此,只要有足够的测量次数,镜面反射分量就可以作为异常值去除。在本实验中,我们使用随机抽样协议(RANSAC)搜索镜面反射分量的异常值并将其去除。但使用 RANSAC 检测镜面反射,需要进行大量测量。因此,在实验

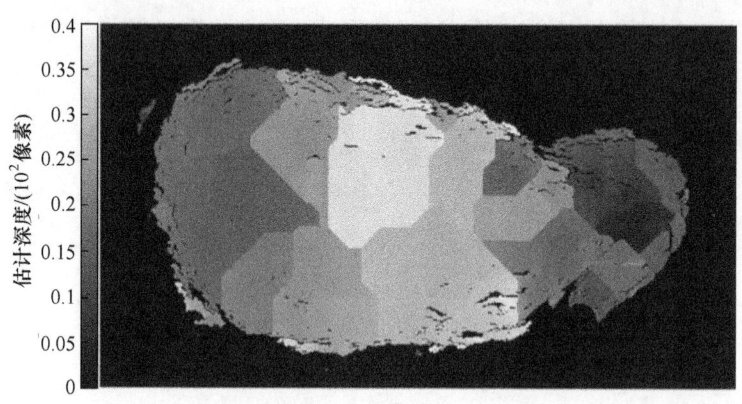

图 13.28　估算小行星模型的表面深度标准偏差图

中,我们将图像测量的数量增加到 100 帧。一旦去除了镜面反射的测量,就假定剩余的图像都是漫反射的,可以应用运动算法中的光度立体来估计表面几何形状。

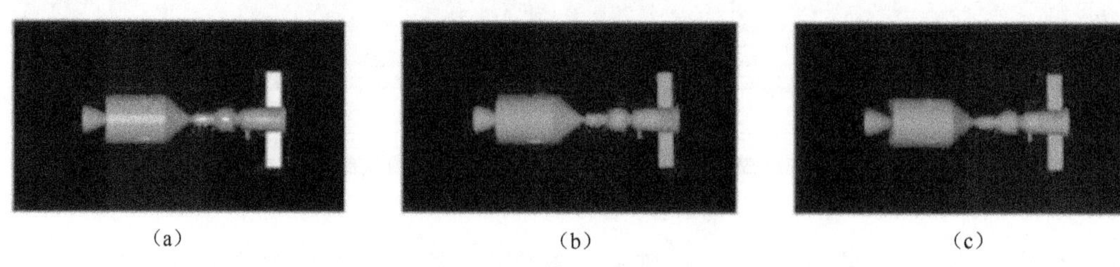

图 13.29　运动阿波罗模型的 3/100 测量值

(a)镜面反射分量明显比散射分量亮;(b)、(c)由于相机方向偏离镜面反射峰方向,无法捕获镜面反射分量。

图 13.30~图 13.34 是通过镜面反射测量得出的阿波罗模型的深度估计结果。重构

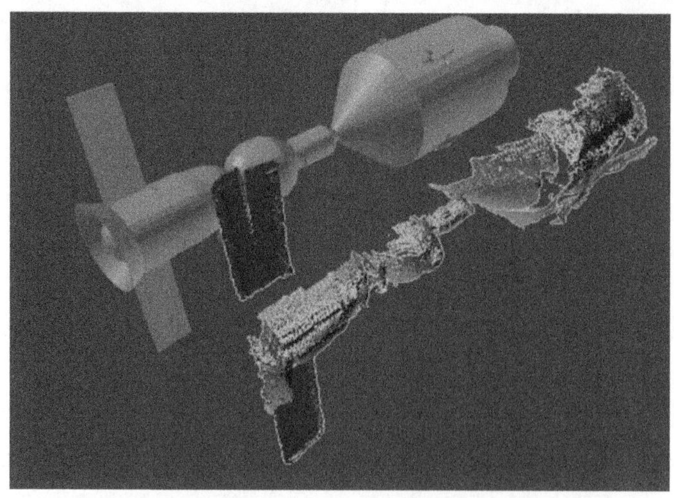

图 13.30　将 Torrance-Sparrow 模型渲染的测量结果按经验比例缩放得到估算阿波罗表面(前)与真实物体表面(后)的比较

结果表明,实验结果不如理想情况下获得的估算结果(在理想情况下,反射率是纯朗伯表面)。这是因为 RANSAC 无法删除所有具有镜面反射性的测量,为此,开发一种更好的方法来消除镜面反射是重要的研究方向。目前,已存在诸如 SUV 颜色空间变换和镜面反射自由图像之类的方法,但是这些方法大多数都需要颜色信息,而人造航天器通常是无纹理的,无法直接应用。目前,用 RANSAC 去除镜面反射仍然是最普遍的方法。

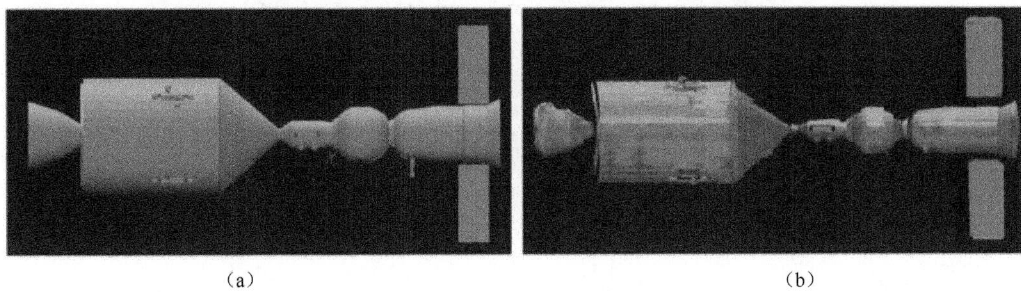

(a)　　　　(b)

图 13.31　用镜面反射渲染的航天器模型的真实正法线图和估计正法线图的比较
(a)真实正法线图;(b)估计正态正常图。

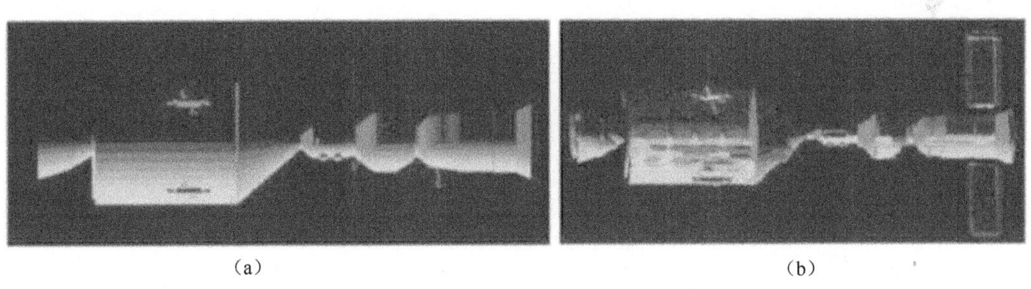

(a)　　　　(b)

图 13.32　用镜面反射渲染的航天器模型的真实负法线图和估计负法线图的比较
(a) 真实负法线图;(b)估计负法线图。

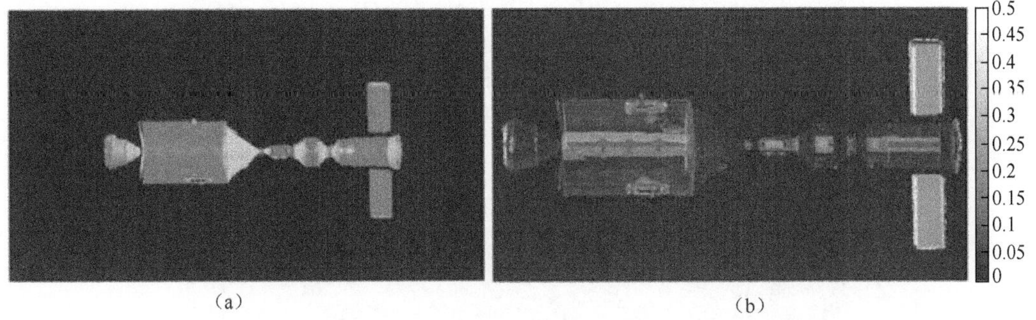

(a)　　　　(b)

图 13.33　用镜面反射渲染的航天器模型的估计法向量不确定度的标准偏差
(a)方向图;(b)幅度图。

自然空间物体(如小行星)通常具有相对分散的表面,同时有弱方向性反射特性。Oren-Nayar 模型是一种漫射模型,可以对粗糙表面的这种弱方向性漫反射进行建模。去

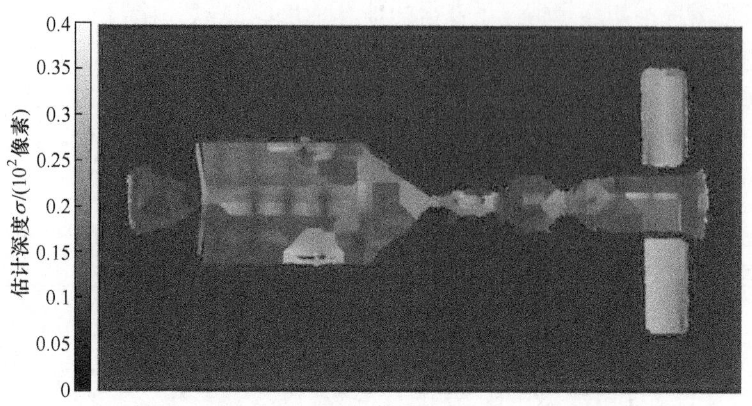

图 13.34　用镜面反射估算航天器模型的表面深度标准偏差图

除表面粗糙度后，Lambertian 方法可以用作 Oren-Nayar 表面的近似值。因此，我们直接使用 Oren-Nayar 模型生成的测量结果执行表面估计算法。

图 13.35 是 Oren-Nayar 渲染的 Itokawa 模型的输入图像子集。使用该数据集获得的估计结果如图 13.36~图 13.40 所示。

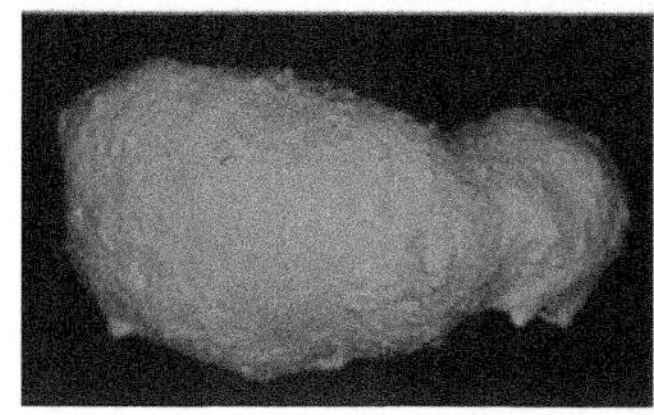
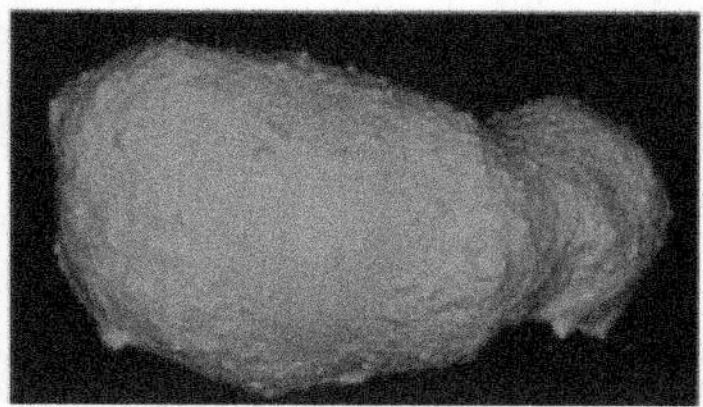
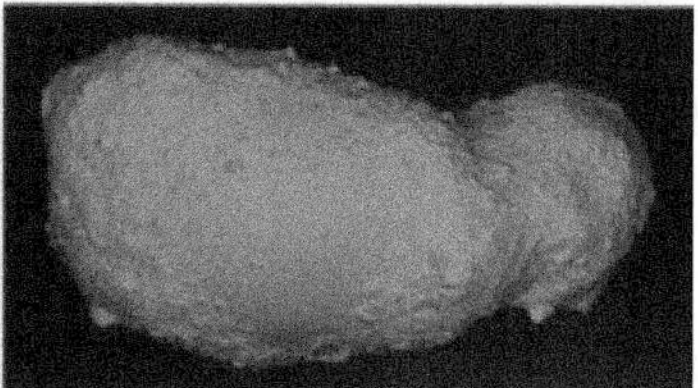

图 13.35　由 Oren-Nayar 模型绘制的 3/50 Itokawa 测量结果

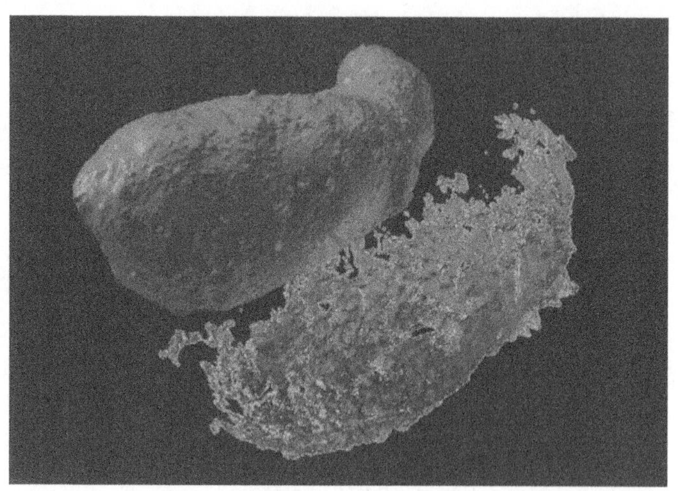

图 13.36　用经验比例缩放的 Itokawa 表面估计(前)与真实物体表面(后)的比较(使用 Oren-Nayar 模型渲染测量值)

由 Oren-Nayar 反射模型渲染的 Itokawa 表面的估计结果表明，其估计精度与使用

Lambertian 模型的测量结果一样好。同时,我们的重建算法对于反射模型具有适当的鲁棒性,因此本章的方法适用于根据图像数据重建镜面物体表面。由于真实反射特性通常是未知的,因此本章讨论的方法可以作为 SSA 应用 DDDAS 的组成部分。

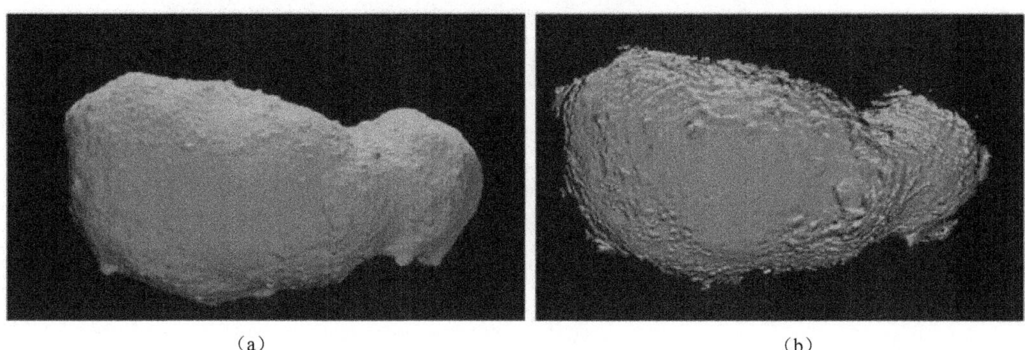

(a)　　　　　　　　　　　　(b)

图 13.37　Oren-Nayar 模型渲染的小行星模型的真实正法线图和估计正法线图的比较
(a)真实正法线图;(b)估计正态正常图。

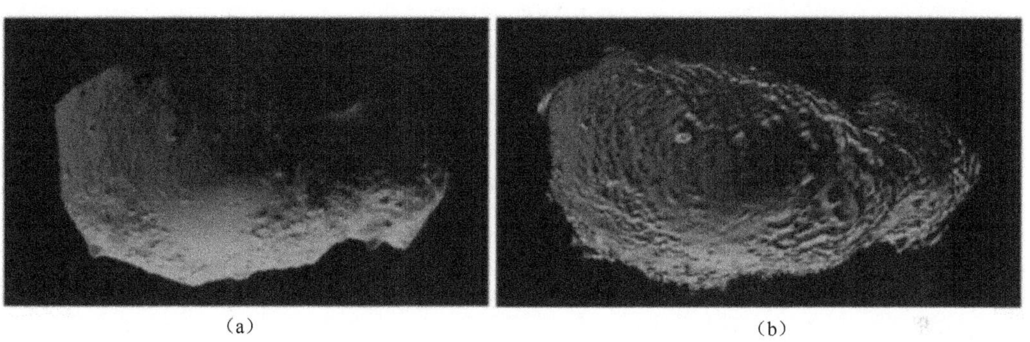

(a)　　　　　　　　　　　　(b)

图 13.38　Oren-Nayar 模型渲染的小行星模型的真实负法线图和估计负法线图的比较
(a)真实负法线图;(b)估计负法线图。

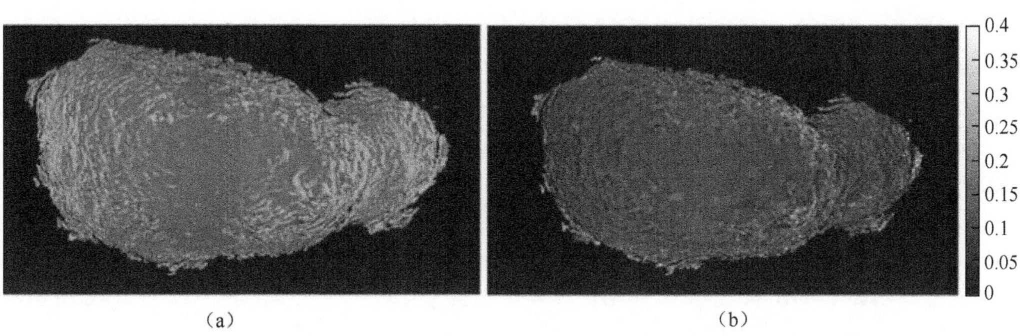

(a)　　　　　　　　　　　　(b)

图 13.39　Oren-Nayar 模型渲染的小行星模型的估计法向量不确定性标准偏差
(a)方向图;(b)幅度图。

图 13.40 利用物理反射估计小行星模型的表面深度标准偏差图

13.7 小 结

本章的核心是光度立体视觉,讨论了基于运动和光度立体结构的空间物体致密表面重建方法。INFORM 框架中 RSO 形状估计算法便基于此,该框架本质是用于 SSA 程序的 DDDAS 系统。利用两个不同的几何模型(分别是人造 RSO 和自然 RSO)进行仿真实验,证明了光度立体视觉算法在非理想照明、表面反射率和相对运动条件下的效能。实验结果表明,即使扩散表面未完全符合假设,所讨论的算法也能够提供有效的表面几何估计。同时,基于纹理的立体视觉无法在平滑表面中产生任何重构,将光度法进行形状估计可解决该问题。实验结果还表明,当物体和观察者之间存在相对运动时,使用从运动结构进行初始化,然后在表面传播和光度立体之间进行迭代,就可以实现密集表面重建。

参 考 文 献

[1] J. Ackermann, F. Langguth, S. Fuhrmann, M. Goesele, Photometric stereo for outdoor Web-cams, in IEEE Conference on Computer Vision and Pattern Recognition (CVPR), (Providence, 2012) pp. 262-269. https://doi.org/10.1109/CVPR.2012.6247684

[2] N. Alldrin, D. Kriegman, Toward reconstructing surfaces with arbitrary isotropic reflectance: A stratified photometric stereo approach, in IEEE 11th International Conference on Computer Vision (ICCV), Rio de Janeiro, 2007 pp. 1-8. https://doi.org/10.1109/ICCV.2007.4408881

[3] O. Barnouin, H. E. Kahn, Amica images with geometry backplanes v1.0. hay-a-amica-3-amicageom-v1.0 (2012). http://sbn.psi.edu/pds/resource/amicageom.html

[4] Bouguet, J-Y., Camera calibration toolbox for matlab (2004). http://www.vision.caltech.edu/bouguetj/calib_doc/index.html.

[5] M. Carbajal, Apollo Soyuz (2009). http://nasa3d.arc.nasa.gov/detail/apollo-soyuz-c

[6] J. F. Cavanaugh, J. C. Smith, X. Sun, A. E. Bartels, L Ramos-Izquierdo, D. J. Krebs, J. E. McGarry, R. Trunzo, A. M. Novo-Gradac, J. L. Britt et al., The mercury laser altimeter instrument for the messenger mission, in The Messenger Mission to Mercury (Springer, New York, 2007), pp. 451-479

[7] J. L. Crassidis,J. L. Junkins,Optimal Estimation of Dynamic Systems(CRC Press,Hoboken,011)

[8] M. A. Fischler, R. C. Bolles, Random sample consensus: a paradigm for model fitting with pplications to image analysis and automated cartography. Commun. ACM 24(6),381-395(1981). http://doi. acm. org/10. 1145/358669. 358692

[9] R. T. Frankot,R. Chellappa, A method for enforcing integrability in shape from shading algorithms. IEEE Trans. Pattern Anal. Mach. Intell. 10(4),439-451(1988)

[10] K. Gray,Microsoft Direct X9 Programmable Graphics Pipeline(Microsoft Press,Redmond,003)

[11] R. Hartley, A. Zisserman, Multiple View Geometry in Computer Vision (Cambridge University press, Cambridge,2003)

[12] X. D. He, K. E. Torrance, F. X. Sillion, D. P . Greenberg, A comprehensive physical model for fight reflection, in Proceedings of the 18th Annual Conference on Computer Graphics and nteractive Techniques,Las Vegas,1991

[13] C. Hernandez,G. Vogiatzis,R. Cipolla,Multiview potometric stereo. IEEE Trans. Pattern Anal. ach. Intell. 30(3),548-554(2008)

[14] T. Higo,Y . Matsushita,N. Joshi,K. Ikeuchi,A hand-held photometric stereo camera for 3-d odeling,in IEEE 12th International Conference on Computer Vision, Kyoto, 2009, pp. 1234-241. https://doi. org/10. 1109/ICCV . 2009. 5459331

[15] B. Horn,Obtaining Shape from Shading Information(McGraw-Hill,New York,1975)

[16] B. K. Horn, M. J. Brooks, The variational approach to shape from shading. Comput. Vis. Graph. mage Process. 33(2),174-208(1986)

[17] J. Immerkaer,Fast noise variance estimation. Comput. Vis. Image Underst. 64(2),300-302(1996)

[18] B. Jia,K. D. Pham,E. Blasch,D. Shen,Z. Wang,G. Chen,Cooperative space object tracking sing space-based optical sensors via consensus-based filters. IEEE Trans. Aerosp. Electron. yst. 52(3),1908-1936(2016)

[19] S. J. Julier, J. K. Uhlmann, New extension of the Kalman filter to nonlinear systems, in eroSense' 97, International Society for Optics and Photonics,Orlando,1997,pp. 182-193

[20] R. Klette, K. Schluens, Height data from gradient maps, in Photonics East' 96, International ociety for Optics and Photonics,1996,pp. 204-215

[21] J. Lim, J. Ho, M. H. Yang, D. Kriegman, Passive photometric stereo from motion, in Tenth IEEE International Conference on Computer Vision, 2005. ICCV 2005, vol. 2, Beijing, 2005, p. 1635-1642. https://doi. org/10. 1109/ICCV . 2005. 185

[22] Z. Liu,W. Wan,M. Peng,Q. Zhao,B. Xu,B. Liu,Y . Liu,K. Di,L. Li,T. Y u,B. Wang,J. Zhou,. Chen, Remote sensing mapping and localization techniques for teleoperation of chang' e-3 over. J. Remote Sen. 18(5),971-980(2014)

[23] D. Lowe, Object recognition from local scale-invariant features, in Proceedings of the Seventh IEEE International Conference on Computer Vision, 1999, vol. 2, Kerkyra, 1999, pp. 1150-1157. https://doi. org/10. 1109/ICCV . 1999. 790410

[24] B. D. Lucas,T. Kanade,An iterative image registration technique with an application to stereoision. IJCAI 81,V ancouver,Canada,(1981)

[25] S. P . Mallick, T. E. Zickler, D. J. Kriegman, P . N. Belhumeur, Beyond lambert: Reconstructing pecular surface using color,in Computer Vision and Pattern Recognition,San Diego,CA IEEE,2005)

[26] A. S. McEwen,Photometric functions for photoclinometry and other applications. Icarus 92(2),98-311(1991)

[27] A. OpenGL, M. Woo, J. Neider, T. Davis, OpenGL Programming Guide, Orlando, FL Addison - Wesley, Reading, (1999)

[28] M. Oren, S. K. Nayar, Generalization of Lambert' s reflectance model, in Proceedings of 21st annual Conference on Computer Graphics and Interactive Technique, Orlando, (ACM, 1994)

[29] M. Peng, K. Di, Z. Liu, Adaptive Markov random field model for dense matching of deep space tereo images. J. Remote Sens. 18(1), 77-89(2014)

[30] M. Pharr, G. Humphreys, Physically Based Rendering: From Theory to Implementation Morgan Kaufmann, Amsterdam, (2004)

[31] R. Raskar, K. H. Tan, R. Feris, J. Y u, M. Turk, Non - photorealistic camera: depth edge detectionnd stylized rendering using multi-flash imaging, in ACM Transactions on Graphics(TOG) (ACM, New York, 2004), pp. 679-688

[32] D. Scharstein, R. Szeliski, A taxonomy and evaluation of dense two - frame stereo correspondence algorithms. Int. J. Comput. Vis. 47(1-3), 7-42(2002)

[33] H. Schaub, J. L. Junkins, Analytical Mechanics of Space Systems(AIAA, Reston, 2003)

[34] S. M. Seitz, B. Curless, J. Diebel, D. Scharstein, R. Szeliski, A comparison and evaluation of multi - view stereo reconstruction algorithms, in IEEE Computer Society Conference on Computer Vision and Pattern Recognition, New York City, (IEEE, 2006)

[35] R. T. Tan, K. Nishino, K. Ikeuchi, Separating reflection component based on chromaticity and oise analysis. IEEE Trans. Pattern Anal. Mach. Intell. 26(10), 1373-1379(2004)

[36] C. Tomasi, T. Kanade, Shape and motion from image streams under orthography: a factorization method. Int. J. Comput. Vis. 9(2), 137-154(1992)

[37] K. E. Torrance, E. M. Sparrow, Theory for off-specular reflection from roughened surface. J. pt. Soc. Am. 57 (9), 1105-1114(1967)

[38] Y . Wang, J. Bu, N. Li, M. Song, P . Tan, Detecting discontinuities for surface reconstruction, in 1st International Conference on Pattern Recognition (ICPR), Tsukuba Science City, (IEEE, 012), pp. 2108-2111

[39] X. I. Wong, M. Majji. Uncertainty Quantification of Lucas Kanade Feature Track and Application to Visual Odometry. Computer Vision and Pattern Recognition Workshops (CVPRW), onolulu, HI, 2017 IEEE Conference on. IEEE, 2017.

[40] L. F. Yu, S. K. Yeung, Y. W. Tai, D. Terzopoulos, T. Chan, Outdoor photometric stereo, in EEE International Conference on Computational Photography (ICCP), Jiuzhai, 2013, pp. 1-8. https://doi.org/10.1109/ICCPhot.2013.6528306

[41] Z. Zhou, Z. Wu, P . Tan, Multi-view photometric stereo with spatially varying isotropic aterials, in IEEE Conference on Computer Vision and Pattern Recognition(CVPR), Portland(IEEE, 2013), pp. 1482-1489

第五部分　情景感知:追踪方法

第 14 章　辅助最优搜索:基于按需延迟二元观测的数据驱动目标追踪

Luca Carlone, Allan Axelrod, Sertac Karaman, Girish Chowdhary

摘要:考虑这样一个搜索问题:自主机器人(搜索者)需要定位和搜索在无人值守地面传感器(UGS)区域中移动的目标。搜索者关于目标的信息非常有限:①具有初始分布(先验分布),用于描述目标在初始时间位于特定位置的概率;②可以查询附近的传感器。每个传感器记录一个二进制测量值,描述目标是否在某个时间点经过传感器附近。搜索者的目标是估计目标的轨迹同时规划移动路线,这种移动是为了减少当前目标位置的不确定性。我们将此问题称为辅助最优搜索,因为搜索过程是由外部结构(地面传感器)辅助的。本章采用 DDDAS 范式,其中,搜索者收集的数据用于更新对目标轨迹的置信度,搜索者积极引导测量过程,以提高其对目标位置的了解。我们的主要贡献在于目标轨迹的估计和规划两个方面。对于目标轨迹的估计,我们使用高斯混合模型(GMM),根据二进制测量结果执行最佳贝叶斯推断。我们发现,以信息过滤器(逆协方差)形式对 GMM 进行参数化可节省大量计算量:这是因为每个混合成分的信息矩阵都是非常稀疏的块三角阵,这使我们通过 GMM 在几分之一秒即可处理成千上万个元素。至于规划,我们提出了一种混合整数规划(MIP)方法来规划最优搜索者路径,从而将目标位置的不确定性降至最低。本章的核心思想是通过采样将 MIP 的复杂性与目标轨迹的长度解耦。通过数值实验演示了所提出的策略,得出不同场景和目标运动模型的成功率和计算时间的统计信息。结果表明,我们的搜索策略远优于贪婪策略(如访问最可能的目标位置)。

14.1 引　言

无人机器人被广泛应用于社会和民用领域。例如,无人飞行器(UAV)由于其体积小、敏捷且相对便宜,被广泛应用于监视、灾难响应、检查、精准农业以及娱乐等场景。此外,在军事应用中,操作员可以通过无人机执行任务,避免不必要的风险。然而,在大多数场景中,无人机是远程操控的,即操作员提供低级控制来引导机器人,这在一定程度上限制了操作员的自主权。为了减少操作人员的工作量、减少训练量以及实现多个机器人的同时协作,高度自治是非常必要的。

本章提出了搜索任务中自主操作的边界:自主机器人(搜索者)需要搜索并到达在无人值守地面传感器(UGS)感知域中移动的目标。为了完成此任务,搜索者必须收集目标的运动信息,并且通过决策确定最优搜索策略。在"城市搜索与救援"(USAR)中,实现这样的搜索具有重要意义。这样可以尽快找到受害者并为其提供帮助。此外,还可用于无人机跟踪路网中的地面车辆,以及入侵检测与跟踪。

目标搜索是一项数据驱动的任务。虽然原则上可以对目标的动力学建模,但由于模型结构和参数的不确定性,导致预测位置和实际目标位置之间的误差积累。减少这种不确定性的唯一方法便是收集目标状态的传感器数据。由于需要将目标的先验知识(其运动模型)与来自地面传感器动态取样的数据相结合,这样搜索问题必须应用 DDDAS 进行处理。在 DDDAS 范式中,我们面临两种挑战:一是如何以最佳方式将目标的先验信息与实时可用的传感器数据融合在一起;二是如何选择更具参考价值的传感器数据来定位目标。在下文中,我们将进行详细说明。

如图 14.1 所示,假定搜索者对快速移动目标的信息掌握非常有限:①具有初始分布(先验分布),描述了目标在初始时间位于给定位置的概率;②可以查询附近的传感器,每个传感器记录一个二进制测量值,描述目标是否在某个时间点通过传感器附近。例如,在散布着廉价低功耗 UGS 的野外区域作业的机器人,这些传感器可以通过地震、声学、红外和光学感应来检测目标,并且可以连续长时间工作,无须任何维护。以上假设使目标搜索特别有挑战性:①搜索者必须主动收集数据,即按需提供数据。从这个意义讲,该问题类似于传感器选择,观察者只能询问感应半径内的传感器,这就增加了问题的复杂性。②搜索者收到的是目标状态的延迟测量结果,例如,搜索者可能在时间 t 访问传感器,而传感器返回的却是时间 $\tau<t$ 时的检测结果。此外,由于测量本质上是二进制的("检测"或"未检测"),因此目标轨迹的估计成为递归最优估计,极具挑战性。③最优搜索策略的计算涉及复杂的决策,该决策必须考虑给定传感器的特点,还要了解搜索者的动态。从这个意义上讲,搜索问题属于部分可观察的马尔可夫决策过程(POMDP)。

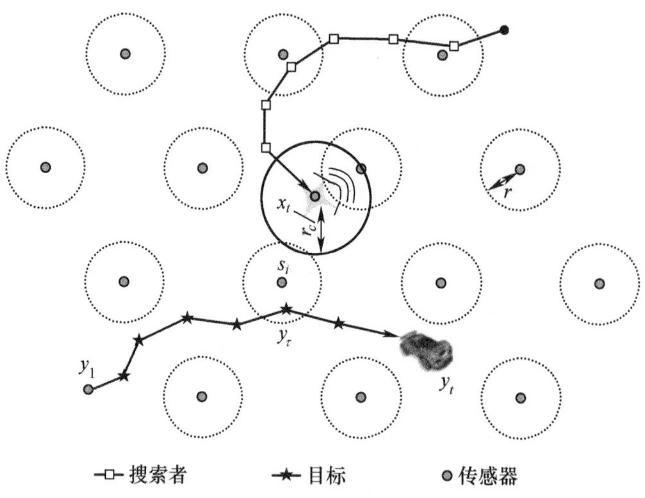

图 14.1 目标在无人值守的地面传感器(UGS)区域内移动

每个 UGS 都会记录目标在某个时间点是否从传感器感应范围内通过(其中,感应半径为 r,蓝色圆圈)。例如,位置 s_i 处的传感器 i 记录时间 $\tau=\{1,2,\cdots,t\}$ 时得目标检测,其中 t 是当前时间。搜索器部署在同一区域,进行目标定位。在初始时间 y_1,搜索者有目标状态的先验知识,并且可以查询在其当前位置 x_t 通信半径(r_c ,绿色实心圆)范围内的传感器。

本章贡献　本章主要有两大贡献。一是最优目标轨迹的估计。尽管最优搜索工作考虑了贝叶斯推断,以此来估计目标状态的后验,但在延迟测量中需要估计目标的整个轨迹,这会导致高维估计问题(也称轨迹平滑)。我们发现,当由线性高斯模型描述目标的动力学,并且在初始时间通过高斯混合模型(GMM)对先验建模时,就可以根据封闭形式的二进制测量中执行最佳贝叶斯估计。类似于其他 GMM 在贝叶斯估计中的应用,该模型中混合成分的数量也随时间快速增长。但是,以信息(逆协方差)形式对 GMM 进行参数化可以导致稀疏 GMM(信息矩阵非常稀疏的 GMM),这就使我们能够在几分之一秒内使用数千种混合成分执行最佳估算。对于成分过多的情况,我们还提出了两种减少 GMM 的方法。二是搜索策略的设计,该策略可以最小化相关目标状态的不确定性。我们首先提出了一个涉及目标后验分布的有限水平最优控制问题。然后,采用基于粒子的后验近似,将问题表达为混合整数凸规划(MIP)。虽然 MIP 是 NP 难问题,但通过分支定界技术可有效解决,这使我们能够处理多传感器(约有 100 个)和长视域(约有 50 个步骤)的问题。我们方法的核心思想是,在估计和规划时使用轨迹后部不同的表示。使用高斯混合模型进行估计,可以实现最佳推理,并且可以轻松处理目标状态的较大不确定性。(另外,使用粒子滤波器进行轨迹估计会导致粒子耗竭)。我们使用基于采样的后验,这会导致凸问题,使用标准求解器可以方便处理。

此外,针对目标的不同性能(速度、敏捷性)和初始状态中不确定性不断增加的情况,我们对提出的方法进行了全面的数值评估,并将其与贪婪策略进行比较,以确定最有可能的目标位置。实验证实,我们的方法远远优于贪婪策略。

本章结构　14.2 节介绍相关工作;14.3 节介绍先验符号与定义;14.4 节对问题设置进行形式化;14.5 节应用稀疏高斯混合模型实现最佳轨迹平滑;14.6 节讨论了基于 MIP 的搜索策略;14.7 节讨论数值实验;14.8 节小结。

14.2　相关工作

第一项相关工作是最优搜索(OS)。对于 OS,搜索者需要规划一条路径,该路径允许在已知环境中检测一个或多个目标。OS 也称“单面搜索”,因为目标是静态的或是根据某些策略移动,而该策略与搜索者的状态无关。OS 在海战中发挥了重要作用,读者可以阅读相关文献以了解其总体概述。OS 通常用图来表示,其中顶点是搜索者和目标的潜在位置,而边表示位置之间的可连通性。因此,搜索策略的目标是在检测到目标之前最小化预期时间,或是在存在错误检测的情况下最大化检测概率。Assaf 和 Zamir 研究了盒子搜索问题(一个或多个目标隐藏在盒子中,搜索者可以检查其中的任何一个),忽略搜索者的运动,依据最佳选择搜索策略访问最可能的目标位置。另外,当搜索者无法“被远距离传送”时,即使目标静止,也可以归结为最佳路径搜索问题,也是 NP 完全问题。Washburn 提出了迭代的前向和后向算法,Eagle 提出了动态编程方法,有关文献则使用分支定界法。Bourgault 等考虑单个或多个搜索者在连续无障碍环境中移动,提出用贝叶斯方法预测目标状态,并使用最佳控制公式将搜索者导向静态或漂移目标。Lau 等考虑在具有多个固定目标的离散的室内环境搜索问题,对此有些学者使用动态规划方法和分支定界法。Sato 等改进了分支定界方法,以考虑在离散三维空间中资源受限的搜索者。Hollinger 等考虑具有多个搜索者的搜索问题,使用子模块规划所有搜索者的顺序计算搜索策略,确保其性能。

第二项相关工作是追逃问题(PE)。在 PE 中,追踪者追赶逃避者,后者积极躲避以免被捕,因此,PE 也称“对抗搜索”或“最坏情况搜索”。PE 通常用图来表示,并且假设追踪者和躲避者对每个时间步的参与者位置都有准确了解(例如,警察和强盗游戏)。参与者只有在同一个顶点时才可以观察彼此位置的情况称为“猎人与兔子”游戏。有关文献还讨论了参与者局部可见(足够接近时才能看到对手)的情况。也有学者对连续空间中的 PE 问题进行研究,参与者的位置不再限于图的节点。经典的连续域 PE 问题是“人与人”游戏,其中参与者在二维象限中移动。此外,还有有限感知的“狮子和人”游戏,追踪者只能检测给定距离内的躲避者,并且躲避者只有在追踪者附近时才移动,考虑了可见性有限的多边形环境中的 PE 问题。有关文献还讨论了三维 PE 游戏。另外,差分博弈与 PE 相关,该方法也考虑追踪者和逃避者的动态,例如“杀人司机博弈”。有些学者还对 PE 和 OS 进行了详细概述。

我们的搜索问题可以表述为部分可观察的马尔可夫决策过程(POMDP),其中,POMDP 的状态既包括搜索者状态,也包括目标状态。POMDP 中的动作对应搜索者的运动,观察则对应目标的检测。一旦搜索者访问与目标相同的位置,POMDP 会奖励搜索者。虽然采样方法和信仰压缩可部分解决 POMDP,但 POMDP 依然很难处理。在较大的环境中搜索目标时,计算成本很快变得无法接受。机器人学也涉及置信空间规划,其中机器人寻找合适的运动策略以便将其置信(机器人状态以及外部世界的后验分布)推向期望状态。最近有学者研究了连续域中的置信空间规划。Bai 等通过采样更新初始策略。Platt 等使用线性二次调节(LQR)计算局部最优策略。Erez 和 Smart 使用扩展卡尔曼滤波器(EKF)和高斯混合模型建立置信,并使用局部优化技术进行规划。Van den Berg 等放宽了在计划范围内收集测量值的假设,而 Indelman 等在平滑和映射框架内研究置信空间规划。

另外,本研究还涉及无人值守地面传感器(UGS)和 DDDAS 领域的相关工作。关于传感器网络的文献很多,本章并不深入介绍,感兴趣的读者可以参考相关文献。Duarte 和 Hu 等讨论了如何使用传感器网络来移动车辆,有关文献介绍了 UGS 的路网目标追踪问题。Choi 和 How 等研究了传感器目标定位问题,其研究必须部署一组传感器才能进行观察。Casbeer 等研究了基于 UGS 检测的贝叶斯估计,以定位路网中的移动目标。Blasch 等考虑不同的传感器调度指标,以观察运动目标。Niu 和 Varshney 根据量化数据研究目标位置的最大似然估计。Krishnamoorthy 等使用 UAV 在路网中捕获入侵者,并提出一种向后递归方案构建可捕获的 UAV 位置集,还分析了捕获曼哈顿网格上的入侵者的最优和最差时间。Chen 等还使用决策树计算路网上的入侵者追踪。Krishnamoorthy 和 Casbeer 等提供了确保入侵者被捕获的条件和策略。虽然这些问题与我们的研究非常接近,但关键区别在于我们的入侵者搜索是在连续空间中进行的,而不是在离散的路网中。Fujimoto 等介绍了从实时图像中进行车辆跟踪的 DDDAS 系统,并开发了实现自适应预测的 DDDAS 循环体系结构。此外,还可以使用 DDDAS 方法跟踪各种动态现象,包括水污染物、野火和飓风等。

其他相关工作：本章的问题与其他研究领域交叉，出于完整性的考虑，我们对它们进行了简单介绍，读者可参考相应文献以获取详细信息。在信息路径规划问题中，研究目标是规划一条路可以最大化某些目标信息收集的路径，并且还可能受到诸如路径长度或总时长之类的约束。具体方法包括多对数近似、基于采样的方法和分支定界。在有奖收集旅行商问题（TSP）中，代理在图表上移动：访问每个节点都获得奖励，而没有访问会受到罚款，最终目标是找到一个至少获得给定利润的路线，同时使路线的长度和不拜访某些节点的代价最小。在定向运动问题中，代理必须到达给定节点，同时沿路径访问尽可能多的节点，以使路径比给定距离更短。常用方法包括保证近似和基于 MIP 的算法。定向运动问题的一个变体是最佳游客问题，在该问题中，在一个节点上收集的报酬与在该节点花费的时间相关。

创新和挑战：尽管已对 OS 和 PE 进行了大量研究工作，但几乎没有相关成果直接与我们的问题匹配。首先，我们研究无人值守地面传感器。与以往使用板载传感器不同，搜索者可以使用散布在环境中的传感器来收集测量值。因此，我们将该问题称为辅助最优搜索。其次，传感器测量只能提供目标的过去状态，这意味着信息的延迟。由于这两个原因，需要更复杂的搜索策略。首先，搜索者必须推理目标的整个轨迹，而不是当前状态。从计算角度来说，这意味着用于估算和计划的目标状态是高维的，并且会随着时间的推移而增长。因此无法使用动态编程和 POMDP 方法，这些方法是缓慢的，即使在最优情况下也是如此。其次，测量过去状态的可能性与访问环境不同位置收集的奖励之间产生复杂的相互依赖性。例如以下情况：搜索者所处环境是由一个狭窄通道分开的两个区域（如 A 和 B）。如果搜索者知道目标是从区域 A 开始的，对位于狭窄通道的 UGS 执行一次测量就可以改变搜索者访问整个区域 B 的情况。

与大多数最优搜索和 UGS 的文献不同，我们的搜索器在连续的空间中运行，在计算搜索策略时强制执行动力学或速度限制等运动约束。这样更加贴近实际情况，扩展后还可以考虑搜索者的时间和燃料等资源限制。

14.3　先验符号与定义

向量范数和矩阵　使用符号 $\boldsymbol{I}_n$ 来表示 $n\times n$ 单位矩阵；使用 $\boldsymbol{0}_{n\times m}$ 表示 $n\times m$ 型零矩阵。向量 $\boldsymbol{x}$ 的欧几里得范数为 $\|x\|_2$；另外，还用到以下范数：$\|x\|_\infty = \max\limits_{i=1,2,\cdots,n} |x_i|$（$l_\infty$ - norm）；$\|x\|_1 = \sum\limits_{i=1,2,\cdots,n} |x_i|$（$l_1$ - norm）。

多元高斯分布　使用符号 $\mathcal{N}_{\mathcal{P}}(x;\boldsymbol{\mu},\boldsymbol{\Sigma})$ 来表示均值 $\boldsymbol{\mu}\in\mathbb{R}^d$ 和协方差矩阵 $\boldsymbol{\Sigma}\in\mathbb{R}^{d\times d}$ 的 d 维多元高斯：

$$\mathcal{N}_{\mathcal{P}}(x;\boldsymbol{\mu}\boldsymbol{\Sigma}) = \frac{\det(\boldsymbol{\Sigma})^{-\frac{1}{2}}}{(2\pi)^{\frac{d}{2}}}\exp\left\{-\frac{1}{2}(x-\boldsymbol{\mu})^{\mathrm{T}}\boldsymbol{\Sigma}^{-1}(x-\boldsymbol{\mu})\right\} \tag{14.1}$$

以信息形式对多元高斯进行参数化得到：

$$\mathcal{N}(x;\boldsymbol{\eta},\boldsymbol{\Omega})=\frac{\det(\Omega)^{-\frac{1}{2}}}{(2\pi)^{\frac{d}{2}}}\exp\left\{-\frac{1}{2}(x-\Omega^{-1}\eta)^{\mathrm{T}}\boldsymbol{\Omega}(x-\boldsymbol{\Omega}^{-1}\boldsymbol{\eta})\right\} \tag{14.2}$$

式中：$\boldsymbol{\Omega}$ 矩阵为信息矩阵；$\boldsymbol{\eta}$ 为信息向量。可以看到，任何情况下式(14.1)和式(14.2)都是等价的，其关联如下：

$$\mathcal{N}_{\mathcal{P}}(x;\boldsymbol{\mu},\boldsymbol{\Sigma})=\mathcal{N}(x;\boldsymbol{\Sigma}^{-1}\mu,\boldsymbol{\Sigma}^{-1}) \tag{14.3}$$

这意味着信息矩阵是协方差的倒数，$\boldsymbol{\Omega}=\sum^{-1}$ 和$\mu=\sum\boldsymbol{\eta}=\boldsymbol{\Omega}^{-1}\boldsymbol{\eta}$。$\boldsymbol{x}\sim\mathcal{N}_{\mathcal{P}}(\mu,\boldsymbol{\Sigma})$ 或者 $\boldsymbol{x}\sim\mathcal{N}(\boldsymbol{\eta},\boldsymbol{\Omega})$ 表示随机向量符合正态分布。

高斯混合模型(GMM) GMM 是如下概率分布函数：

$$\mathcal{U}_{\mathcal{P}}(x;\{\mu_j,P_j,\alpha_j\}_{j=1}^{m})=\sum_{j=1}^{m}\alpha_j\,\mathcal{N}_{\mathcal{P}}\{x;\mu_j,P_j\} \tag{14.4}$$

式中：m 为混合成分的数量；α_j 为混合系数，$\alpha_j\geqslant 0$，$\sum_{j=1}^{m}\alpha_j=1$。但是，只要概率分布函数都为正，则允许 α_j 为负。

假设 $P_1,P_2,\cdots,P_j$ 为正定，参数化 GMM 的信息形式如下：

$$U(x;\{\mu_j,P_j,\alpha_j\}_{j=1}^{m})=\sum_{j=1}^{m}\alpha_j\,\mathcal{N}\{x;\eta_j,\Omega_j\} \tag{14.5}$$

式中：$\Omega_j=P_j^{-1}>0,\eta_j=\Omega_j\mu_j(j=1,2,\cdots,m)$。根据 GMM 分布，有随机向量 $\boldsymbol{x}\sim\mathcal{U}(\{\mu_j,\Omega_j,\alpha_j\}_{j=1}^{m})$。如果 $\Omega_j(j=1,2,\cdots,m)$ 是稀疏矩阵，那么 GMM 是稀疏的。

14.4 问题描述

目标 假定目标在平面区域 $\mathcal{R}$ 中移动，$p_t^y\in\mathbb{R}^2$和$v_t^y\in\mathbb{R}^2$ 分别表示目标在时间 t 时的位置和速度。$y_t=[p_t^y,v_t^y]\in\mathbb{R}^2$ 为目标在时间 t 时的状态。假设目标的运动由以下过程模型描述：

$$y_{t+1}=\boldsymbol{A}y_t+\boldsymbol{\omega}_t \tag{14.6}$$

式中；$\boldsymbol{A}\in\mathbb{R}^{4\times4}$ 为已知矩阵；$\boldsymbol{\omega}_t\in\mathbb{R}^4$ 为一个随机向量。模型中，目标以未知(随机的)加速度随机游走。假设 $\boldsymbol{w}_t$ 符合正态分布：$\boldsymbol{\omega}_t\sim N(0,\Omega_\omega)$。根据转移概率，过程模型等效为

$$\mathbb{P}(y_{t+1}|y_t)=\mathcal{N}(y_{t+1}-\boldsymbol{A}y_t;0,\boldsymbol{\Omega}_\omega) \tag{14.7}$$

同时，假设在开始时获得目标状态的先验分布：

$$y_1\sim U(\{\eta_{1,j},\Omega_{1,j},\alpha_{1,j}\}_{j=1}^{m}) \tag{14.8}$$

其中，$m\geqslant 1,\eta_{1,j},\Omega_{1,j},\alpha_{1,j}(j=1,2,\cdots,m)$ 已知。我们假设 y_1 是根据具有高协方差的单高斯(m=1)分布的，或者可以使用多个分量对应目标初始状态的多个假设。将先验模型建模为 GMM 意义重大，因为 GMM 可以任意精度逼近所有连续概率分布函数。

在本章中，我们的兴趣点在于研究目标轨迹。因此，我们不关心最近的状态 y_t，而是计算以下向量的后验分布：

$$\boldsymbol{y}_{1:t}=\begin{bmatrix}y_1\\y_2\\\vdots\\y_t\end{bmatrix}\in\mathbb{R}^{4t}\tag{14.9}$$

传感器　如图 14.1 所示，假定目标在 N 个无人值守的地面传感器覆盖的区域内移动。传感器的位置表示为 $s_i\in\mathbb{R}^2(i=1,2,\cdots,m)$ 。在时间 t 时，被查询传感器 $i\in\{1,2,\cdots,N\}$ 提供二进制测量标记 z_t 。该测量由元组 $z_t=(i,\tau,b)$ 描述，其中 i 是传感器唯一标识符，$b\in\{0,1\}$ 是二进制读数，$\tau\in\{1,2,\cdots,t\}$ 是时间戳。$z_t^1\doteq(i,\tau,b=1)$ 表示在时间 τ 时，目标位于传感器 i 附近；更确切地说，检测到目标在传感器的半径 r 的圆周范围内。$z_t^0\doteq(i,\tau,b=0)$ 表示目标从未在传感器 i 附近经过。

搜索者　假设搜索者的动作由以下确定性线性动力学约束：

$$x_{t+1}=\boldsymbol{A}_x\boldsymbol{x}_t+\boldsymbol{B}_x u_t\tag{14.10}$$

式中：$\boldsymbol{x}_t\in\mathbb{R}^4$ 为追踪状态，包括其二维位置和速度；$u_t\in\mathbb{R}^2$ 为控制动作；$\boldsymbol{A}_x$ 和 $\boldsymbol{B}_x$ 是给定矩阵。在实践中，式(14.10)代表一个双积分器，其中每步都由其加速指令 u_t 决定。我们考虑由限定边界的真实情景：

$$\|u_t\|\leqslant\bar{U},\quad\forall t\tag{14.11}$$

式中：$\bar{U}$ 为给定的上限。同时还假设最大速度是有限的，即

$$\|\boldsymbol{S}\boldsymbol{x}_t\|\leqslant\bar{S},\quad\forall t\tag{14.12}$$

式中：$\bar{S}$ 为速度上限；矩阵 $\boldsymbol{S}\in\mathbb{R}^{2\times4}$ 表示从状态向量 $\boldsymbol{x}_t$ 获取二维速度。

搜索者知道传感的位置 $s_i\in\mathbb{R}^2,(i=1,2,\cdots,N)$ ，并且能够查询其通信半径 r_c 内的传感器。更准确地说，在时间 t 要接收传感器 i 的测量值，需要满足：

$$\|P\boldsymbol{x}_t-s_i\|\leqslant r_c\tag{14.13}$$

其中 $P\in\mathbb{R}^{2\times4}$ 从状态 $\boldsymbol{x}_t$ 提取二维位置。

14.5　基于稀疏混合模型的目标轨迹估计

本节介绍了根据二进制测量值估算目标轨迹的方法。该方法基于贝叶斯平滑：在每个时间步，使用过程模型式(14.7)预测后验；然后，将可用二进制测量值纳入更新时间步的后验。也就是说，用 $Z_{1:t}$ 表示时间 t 前收集的所有测量值，增量平滑器通过更新前一个时间步的 $p(y_{1:t}\mid Z_{1:t})$ 计算后验概率 $p(y_{1:t+1}\mid Z_{1:t+1})$ 。14.5.1 节介绍预测阶段，14.5.2 节讨论测量更新部分。

14.5.1　预测阶段

预测阶段根据 t 时间的后验 $p(y_{1:t}\mid Z_{1:t})$ 和过渡概率 $p(y_{t+1}\mid y_t)$ ，计算 t+1 时的先验分布，即 $p(y_{1:t+1}|Z_{1:t})$ 。以下是独立选择先验和转移概率：

$$p(y_{1:t+1}|Z_{1:t})=p(y_{1:t},y_{t+1}|Z_{1:t})=(\text{使用链规则})$$
$$p(y_{t+1}|y_{1:t}Z_{1:t})\,p(y_{1:t}|Z_{1:t})=(\text{使用马尔可夫性})$$

$$p(y_{t+1} \mid y_t)\, p(y_{1:t} \mid Z_{1:t}) \tag{14.14}$$

式(14.14)表明,根据前一个时间步的后验分布和转移概率可以计算当前的先验分布。由于我们是在平滑框架中运行,因此不会像标准贝叶斯过滤那样将过去的状态边缘化。假设我们在时间 t 的先验概率是具有 m 个混合成分的 GMM:

$$p(y_{1:t} | Z_{1:t}) = u(y_{1:t}; \{\eta_{t,j}, \Omega_{t,j}, \alpha_{t,j}\}_{j=1}^{m}) \tag{14.15}$$

将先验式(14.15)和转移概率式(14.7)代入式(14.14),可以证明:

$$p(y_{1:t+1} | Z_{1:t}) = u(y_{1:t+1}; \{\bar{\eta}_{t+1,j}, \bar{\Omega}_{t+1,j}, \bar{\alpha}_{t+1,j}\}_{j=1}^{m}) \tag{14.16}$$

其中,$\bar{\eta}_{t+1,j}$,$\bar{\Omega}_{t+1,j}$,和$\bar{\alpha}_{t+1,j}$ 计算如下:

$$\begin{cases} \bar{\eta}_{t+1,j} = S_{1:t}^{\mathrm{T}}\, \eta_{t,j} \\ \bar{\Omega}_{t+1,j} = S_{1:t}^{\mathrm{T}}\, \Omega_{t,j} S_{1:t} + S_{1:t+1}^{\mathrm{T}}\, \Omega^{\omega} S_{t:t+1} \\ \bar{\alpha}_{t+1,j} = \alpha_{t,j} \end{cases} \tag{14.17}$$

矩阵 $\boldsymbol{S}_{1:t} \in \mathbb{R}^{4t\times4(t+1)}$ 和 $\boldsymbol{S}_{t:t+1} \in \mathbb{R}^{4t\times4(t+1)}$ 定义为

$$\boldsymbol{S}_{1:t} y_{1:t+1} = y_{1:t} \quad \boldsymbol{S}_{t:t+1} y_{1:t+1} = y_{t+1} - A y_t \tag{14.18}$$

特别地,可以将式(14.18)中的矩阵 $\boldsymbol{S}_{1:t}$ 写为 $\boldsymbol{S}_{1:t} = [I_{4t} \quad 0_{4t\times4}]$;因此乘积 $S_{1:t}^{\mathrm{T}}$ $\Omega_{t,j}\boldsymbol{S}_{1:t}$ 仅将零行和列添加到矩阵 $\boldsymbol{\Omega}_{t,j}$(图中每个白色块表示一个 4×4 零矩阵,黑色块可能包含非零条目)。同样,我们注意到式(14.18)中的 $\boldsymbol{S}_{t:t+1}$ 可以写成 $\boldsymbol{S}_{t:t+1} = [0_{4\times4(t-1)} \quad \boldsymbol{A}\, I_4]$,这意味着除四个右下块外,其余部分的乘积 $\boldsymbol{S}_{1:t+1}^{\mathrm{T}}\Omega^{\omega}\boldsymbol{S}_{t:t+1}$ 均为零。

注意,即使对于大量混合成分,也可以有效地执行式(14.16)中的预测步骤,因为 $\boldsymbol{S}_{1:t}$ 和 $\boldsymbol{S}_{t:t+1}$ 几乎没有非零项,而且 $S_{1:t+1}^{\mathrm{T}}\Omega^{\omega}\boldsymbol{S}_{t:t+1}$ 可以预先计算(与混合成分无关)。因此,对于 $j = 1,2,\cdots,m$,如果 $\boldsymbol{\Omega}_{t,j}$ 是稀疏矩阵,$\bar{\boldsymbol{\Omega}}_{t+1,j}$ 也是稀疏矩阵。更确切地说,预测产生块三对角矩阵,见图 14.2。

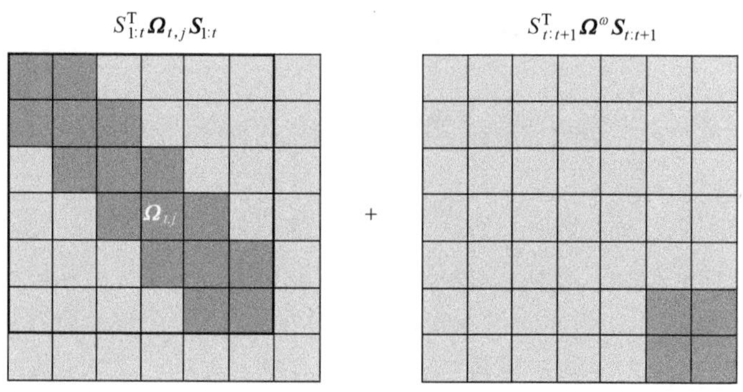

图 14.2 根据式(14.17),每个混合成分信息矩阵的预测都保留了块三对角结构

14.5.2 更新阶段

更新阶段根据时间 $t+1$ 的先验 $p(y_{1:t+1}|Z_{1:t})$ 和测量似然度 $p(y_{1:t+1} \mid z_{1:t+1})$ 计算时间 $t+1$ 的后验分布 $p(y_{1:t+1} \mid Z_{1:t+1})$。以下关系是选择的独立先验和似然函数:

$$p(y_{1:t+1} \mid Z_{1:t+1}) = p(y_{1:t+1} \mid Z_{1:t}, z_{t+1}) = (\text{使用贝叶斯规则})$$

$$\frac{p(\mathcal{Z}_{t+1} \mid Z_{1:t}y_{1:t+1})\,p(y_{1:t+1} \mid Z_{1:t})}{\int p(\mathcal{Z}_{t+1} \mid Z_{1:t}y_{1:t+1})\,p(y_{1:t+1} \mid Z_{1:t})\mathrm{d}y_{1:t+1}} = (\text{使用马尔可夫性})$$

$$\frac{p(\mathcal{Z}_{t+1} \mid y_{1:t+1})\,p(y_{1:t+1} \mid Z_{1:t})}{\int p(\mathcal{Z}_{t+1} \mid y_{1:t+1})\,p(y_{1:t+1} \mid Z_{1:t})\mathrm{d}y_{1:t+1}} \tag{14.19}$$

因此，计算后验分布的第一步是定义问题的似然函数。

测量可能性　p_τ^t 是时间 $\tau \in \{1,2,\cdots,t\}$ 时的目标位置，引入稀疏矩阵 $\boldsymbol{U}_\tau \in \mathbb{R}^{2\times 4t}$，使得

$$\boldsymbol{U}_\tau y_{1:t} = p_\tau^t \tag{14.20}$$

在 14.4 节我们给出了测量的确定性描述。假设 τ 时检测传感器 i 满足：

$$\| \boldsymbol{U}_\tau y_{1:t} - s_i \| \leqslant r \tag{14.21}$$

二进制测量的概率描述为在时间 τ 处检测到目标的概率是其与目标距离的连续函数。更正式地讲，τ 时在传感器 i 处的检测可能性（$b=1$）为

$$\mathbb{P}(z_t^1 \mid y_{1:t}) = \mathbb{P}(b=1 \mid y_t, s_i) = \exp\left\{-\frac{\| \boldsymbol{U}_\tau y_{1:t} - s_i \|^2}{r^2}\right\} \tag{14.22}$$

式（14.22）描述了在给定目标轨迹 $y_{1:t}$ 的情况下检测的可能性。因此，当 $\boldsymbol{U}_\tau y_{1:t} = p_\tau^t = s_i$ 时，传感器检测到目标的概率是 1（时间 τ 时的目标位置与传感器位置一致），而当目标远离传感器位置时，概率呈指数衰减。尽管此模型具有直观的意义，但使用此模型的主要优势在于，它可以对贝叶斯更新进行封闭式的计算。有关文献在卡尔曼滤波器中使用了二进制测量，获得类似的观察结果。也可以说，我们的方法是将介绍的滤波器扩展到完整平滑条件下。

根据式（14.22），时间 τ 未从传感器 i 检测到的概率为（$b=0$）

$$\mathbb{P}(z_t^0 \mid y_{1:t}) = 1 - \mathbb{P}(z_t^1 \mid y_{1:t}) \tag{14.23}$$

本章中，我们使用符号“z_t”表示通用二进制测量，使用 z_t^1 和 z_t^0 区分测量结果。尽管这两个结果看起来相似，但是它们由不同的似然函数描述，以不同的方式影响更新。注意，z_t 中的下标“t”表示传感器“知道”新测量的时间，通常随检测时间 τ 而变化。

现在我们知道，如果先验是 GMM，并且似然函数是式（14.22）和式（14.23）所述的似然函数，则后验概率仍然是 GMM。更新方程式的变化取决于测量结果是 $b=1$（检测到）还是 $b=0$（未检测到）。下面我们分别讨论这两种情况。

检测到（$b=1$）　当搜索者获得测量 $z_t^1=(i,\tau,b=1)$，其似然表达如式（14.22）所示。将式（14.14）和式（14.22）代入式（14.19）可以证明：

$$\mathbb{P}(y_{1:t+1} \mid Z_{1:t+1}) = \mathcal{U}(y_{1:t+1}; \{\boldsymbol{\eta}_{t+1,j}, \boldsymbol{\Omega}_{t+1,j}, \alpha_{t+1,j}\}_{j=1}^m) \tag{14.24}$$

其中，$\boldsymbol{\eta}_{t+1,j}$，$\boldsymbol{\Omega}_{t+1,j}$ 和 $\alpha_{t+1,j}$ 计算如下：

$$\begin{cases} \boldsymbol{\eta}_{t+1,j} = \bar{\boldsymbol{\eta}}_{t+1,j} + \boldsymbol{U}_\tau^{\mathrm{T}} \dfrac{s_i}{r} \\ \boldsymbol{\Omega}_{t+1,j} = \bar{\boldsymbol{\Omega}}_{t+1,j} + \dfrac{1}{r^2}\boldsymbol{U}_\tau^{\mathrm{T}}\boldsymbol{U}_\tau \\ \alpha_{t+1,j} = \dfrac{\bar{\alpha}_{t,j}\beta_{t+1,j}}{\sum\limits_{j=1}^m \bar{\alpha}_{t,j}\beta_{t+1,j}} \end{cases} \tag{14.25}$$

通过评估 s_i 处的正态分布计算标量 $\beta_{t+1,j}$：

$$\beta_{t+1,j} = \mathcal{N}_{\mathcal{P}}(s_i;\boldsymbol{U}_\tau\,\overline{\boldsymbol{\Omega}}_{t+1,j}^{-1}\,\boldsymbol{\eta}_{t+1,j},\boldsymbol{U}_\tau\,\overline{\boldsymbol{\Omega}}_{t+1,j}^{-1}\boldsymbol{U}_\tau^{\mathrm{T}} + r^2) \tag{14.26}$$

请注意,实际中会借助稀疏线性系统求解器,而不执行矩阵反转来计算式(14.26)。

未检测到($b=0$) 传感器未检测到目标的情况 $z_t^0 = (i,\tau,b = 0)$ 与检测到的情况稍有不同,主要区别在于测量可能性的表达。将式(14.14)和式(14.23)代入式(14.19),可以证明后验概率如下：

$$p(y_{1:t+1} \mid Z_{1:t+1}) = \mathcal{U}(y_{1:t+1};\{\boldsymbol{\eta}_{t+1,j}^+,\boldsymbol{\Omega}_{t+1,j}^+,\alpha_{t+1,j}^+\}_{j=1}^m) + \mathcal{U}(y_{1:t+1};\{\boldsymbol{\eta}_{t+1,j}^-,\boldsymbol{\Omega}_{t+1,j}^-,\alpha_{t+1,j}^-\}_{j=1}^m) \tag{14.27}$$

其中,$\boldsymbol{\eta}_{t+1,j}^+,\boldsymbol{\Omega}_{t+1,j}^+,\alpha_{t+1,j}^+,\boldsymbol{\eta}_{t+1,j}^-,\boldsymbol{\Omega}_{t+1,j}^-,\alpha_{t+1,j}^-$ 计算如下：

$$\begin{cases}\boldsymbol{\eta}_{t+1,j}^+ = \overline{\boldsymbol{\eta}}_{t+1,j}, \quad \boldsymbol{\eta}_{t+1,j}^- = \overline{\boldsymbol{\eta}}_{t+1,j} + \boldsymbol{U}_\tau^{\mathrm{T}}\dfrac{s_i}{r} \\ \boldsymbol{\Omega}_{t+1,j}^+ = \overline{\boldsymbol{\Omega}}_{t+1,j}, \quad \boldsymbol{\Omega}_{t+1,j}^- = \overline{\boldsymbol{\Omega}}_{t+1,j} + \dfrac{1}{r^2}\boldsymbol{U}_\tau^{\mathrm{T}}\boldsymbol{U}_\tau \\ \alpha_{t+1,j}^+ = \dfrac{\overline{\alpha}_{t,j}}{1 - \sum\limits_{j=1}^m \overline{\alpha}_{t,j}\,\gamma_{t+1,j}}, \alpha_{t+1,j}^- = \dfrac{-\overline{\alpha}_{t,j}\,\gamma_{t+1,j}}{1 - \sum\limits_{j=1}^m \overline{\alpha}_{t,j}\,\gamma_{t+1,j}}\end{cases} \tag{14.28}$$

$\gamma_{1:t+1}$ 计算如下：

$$\gamma_{1:t+1} = 2\pi\, r^2\,\beta_{t+1,j} \tag{14.29}$$

其中,$\beta_{t+1,j}$ 由式(14.26)定义。从式(14.27)可以看出,每个"未检测到"事件都使混合成分的数量加倍。同时,更新步骤不会改变每个高斯分量信息矩阵的稀疏性结构。式(14.28)中,标有"+"的分量在预测时具有相同的信息矩阵,而标有"-"的分量的表达式总和仅增加了非零对角线块,如图 14.3 所示。

GMM 组分减少 到目前为止,我们展示了如何以信息形式执行有效的轨迹平滑。我们的方法利用稀疏来快速计算矩阵,由于每个信息矩阵中非零条目的数量在轨迹长度上线性增长(因为矩阵是块三对角),而不是平方增长(在协方差平滑中会发生这种情况),因此内存消耗极小。

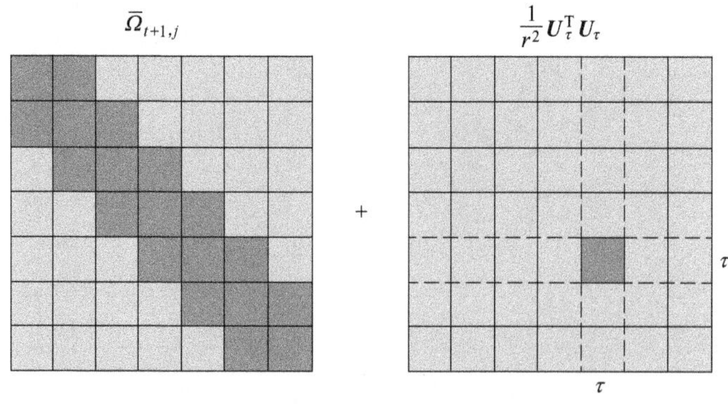

图 14.3 平滑器中的更新步骤保留了每个混合成分信息矩阵的稀疏结构,特别注意,更新式(14.25)中的矩阵 $\dfrac{1}{r^2}\boldsymbol{U}_\tau^{\mathrm{T}}\boldsymbol{U}_\tau$ 是块对角矩阵,在位置 τ 具有单个非零对角块。

尽管有以上优点,但只要估算器中包括“未检测到”测量值,GMM 组件的数量就会不断增加。因此,有必要设计一种新的策略,以在组分数量超过给定上限时减少组分的数量(在我们的测试中,将混合组分的数量限制为 $m = 10^4$)。当前,主要有三种方法可近似给定的 GMM,其中一种具有较少的混合成分。在这里我们仅做简单介绍,建议读者参考相关文献。第一种方法是修剪,即简单地丢弃权重 $\alpha_{t,j}$ 较小的组分(例如, $\alpha_{t,j} \leqslant 10^{-5}$)。第二种方法是合并,将原始 GMM 中的两个或多个混合成分替换为单个“合并”组分,“合并”组分的参数可通过迭代优化来计算。第三种方法是采样,当原始 GMM 太大时,我们从中进行采样,然后将样本量较少的 GMM 拟合到样本中(可以通过 Expectation - Maximization 将 GMM 拟合到一组样本中)。虽然我们的实验中通过合并或采样进行归约都是可行的,但是这些技术无法保留信息矩阵的稀疏性。

在本实验中,我们测试了两种限制混合组分生长的方法。第一种方法简单且有效:由于仅当合并“未检测到”测量值时,混合成分的数量才会增加,因此在达到允许的混合成分数量后,我们会避免这些测量值。第二种方法基于采样,但是我们不是通过对整个目标轨迹进行采样来拟合高维 GMM(这会导致密集的信息矩阵),而是仅对当前目标状态采样以拟合四维 GMM。与“重新初始化”平滑器相同,在时间 t 以一个新的 GMM(具有少量组分)开始,并在时间 t 之后产生一个稀疏的 GMM。尽管该方案起到作用,但它意味着我们“忘记”了时间 t 之前的轨迹,因此,我们无法在时间 t 之前加入关于目标状态的延迟测量。此外,在这两种方法中,我们还删减权重非常小的混合组分。

14.6　通过混合整数凸规划进行地面传感器辅助搜索

本节介绍了可最大限度地减少有限时间内目标位置的不确定性的搜索策略。在 14.6.1 节介绍了最优搜索。在 14.6.2 节介绍了基于采样的近似值:这种近似导致混合整数凸规划,可使用标准求解器求解。

14.6.1　地面传感器辅助最优搜索

我们考虑一种回退水平规划器,其中搜索者必须从当前状态 x_t 开始规划 L 个超前步的最佳运动。$p(y_{1:t} \mid Z_{1:t})$ 是时间 t 时目标轨迹的后验,规划器在时间范围内将与目标后验相关的不确定性最小化,即 $p(y_{1:t+L} \mid Z_{1:t+L})$,同时满足运动动力学式(14.10)、加速度极限式(14.11)和速度极限式(14.12)。

在未来的前瞻步骤中测量值是未知的,即搜索者并不会事先知道给定传感器是否检测到目标。相关工作一般采取乐观的假设,即未来的测量与当前置信一致,或是通过概率估计未来的测量结果。我们采取保守的假设,即搜索者始终从在 L 个超前步骤中被询问的传感器“未检测到”。这种选择的优点是,只要搜索者没有得到实际检测,规划就可以保持最佳状态。这就意味着搜索者仅需要在获得新的检测之后或在执行当前计划时,重新计划轨迹即可。

假设 $f(\cdot)$ 是一个将概率分布作为输入并返回分布不确定性的度量函数,例如,$f(\cdot)$ 可以是分布协方差的踪迹、协方差的决定因素或熵。然后,将搜索问题表述为优化问题：

$$
\begin{aligned}
&\min_{\substack{x_t,\cdots,x_{t+L}\\ u_t,\cdots,u_{t+L}\\ \mathcal{P}_{1:t},\cdots,\mathcal{P}_{1:t+L}}} f(\mathcal{P}_{1:t+L})\\
&(\text{时间 } t \text{ 的初始搜索状态})\ x_t = \bar{x}_t\\
&[\text{搜索器动力学,满足式(14.10)}]\ x_{\tau+1} = A_x x_\tau + B_x u_\tau\\
&[\text{最大搜索速度,满足式(14.12)}]\ \| S x_\tau \| \leqslant \bar{S}\\
&[\text{最大搜索器累计,满足式(14.11)}]\ \| u_\tau \| \leqslant \bar{U}\\
&(\text{时间 } t \text{ 的初始目标后验})\ \mathcal{P}_{1:t} = p(y_{1:t} \mid Z_{1:t})\\
&(\text{目标后验更新})\ \mathcal{P}_{1:\tau+1} = \mathcal{B}(\mathcal{P}_{1:\tau}, z_t^0)\\
&(\text{测量值})\ z_\tau^0 = (i,\tau,0)\ \text{如果}\ \| P x_\tau - s_i \| \leqslant r_c\\
&\qquad \forall \tau = t, t+1, \cdots, t+L; \forall i = 1,2,\cdots,N
\end{aligned}
\tag{14.30}
$$

优化变量包括未来控制 $u_{t:t+L}$，未来搜索状态 $x_{t:t+L}$ 以及未来目标后验是 $\mathcal{P}_{1:t},\cdots,\mathcal{P}_{1:t+L}$。要使 $\mathcal{P}_{1:t+L}$ 结束时目标后验的不确定性最小化。前四个约束条件与搜索者有关。条件 $x_t = \bar{x}_t$ 约束搜索者的初始状态与计划的实际搜索者状态相匹配，即 $\bar{x}_t$。随后的约束条件为式(14.10)~或(14.12)，对动力学和运动进行约束。最后一组约束条件描述了目标轨迹在一定时间内的演变。约束 $\mathcal{P}_{1:t} = p(y_{1:t} \mid Z_{1:t})$ 固定后验的初始条件 $\mathcal{P}_{1:t}$，即在计划时间 t，后验 $\mathcal{P}_{1:t}$ 必须与实际目标轨迹后验 $p(y_{1:t} \mid Z_{1:t})$ 相匹配。在约束 $\mathcal{P}_{1:\tau+1} = \mathcal{B}(\mathcal{P}_{1:\tau}, z_t^0)$ 中，函数 $\mathcal{B}(\mathcal{P}_{1:\tau}, z_t^0)$ 代表贝叶斯平滑器(如 14.5 节所示)，平滑器将时间 τ 的后验和测量 z_t^0 作为输入，并返回下一时间 $\tau+1$ 的后验。注意 $\mathcal{B}(\cdot,\cdot)$ 是一个确定性函数，因为给定测量值的情况下，后验是确定性的。最后一个约束为 $z_t^0 = (i,\tau,0)\ if\ \| P x_\tau - s_i \| \leqslant r_c$，表示时间 τ 时，如果传感器 i 在观察者的通信半径内，测量为 $z_t^0 = (i,\tau,0)$，参见式(14.13)。通信约束是搜索者和目标之间的关键接口，实际上，它是搜索者修改目标后验的演变的唯一方法。式(14.30)是确定性优化问题，通过将未来测量假定为“未检测到”，消除了有关未来测量的随机性。

备注 1：式(14.30)是一个特别复杂的优化问题。首先，后验 $\mathcal{P}_{1:T}$ 通常是一个无限维的对象。当采用后验的有限维参数化时，可以缓解此问题。在这种情况下，实际的优化变量是 GMM 中每个成分的参数，包括信息矩阵、信息向量和权重。此外，可以使用预测方程式确定贝叶斯平滑器 $\mathcal{B}(\cdot,\cdot)$ 式(14.17)和更新式(14.25)。但是，贝叶斯平滑器会导致非凸等式约束，从而使最终的优化难以全局求解。在下一节中，我们通过基于采样的后验近似来规避此问题。另外的复杂之处与控制将来测量值的“if”语句有关。在下一节中，我们引入二元变量来模拟传感器 i 的测量，仅当传感器位于搜索者的通信半径内时才会获取测量值。

14.6.2 通过混合整数凸规划实现基于采样的辅助搜索

本节中，我们在粒子滤波中用一组 K 个加权样本近似估计目标轨迹的后验。也就是说，我们将时间 t 的后验近似为

$$p(y_{1:t} \mid Z_{1:t}) \approx \sum_{k=1}^{K} \overline{\omega}_t^{(k)} \delta(y_{1:t} - \overline{y}_{1:t}^{(k)}) \tag{14.31}$$

式中：$\delta(\cdot)$为狄拉克函数；$\overline{y}_{1:t}^{(k)} \in \mathbb{R}^{4t}$ 为第 k 个轨迹假设；权重 $\overline{\omega}_t^{(k)}$ 满足 $\overline{\omega}_t^{(k)} \geqslant 0, \forall k$；$\sum_{k=1}^{K} \overline{\omega}_t^{(k)} = 1$；每个样本 $\overline{y}_{1:t}^{(k)}$ 为目标的潜在轨迹。在实践中，通过对稀疏 GMM 进行采样来计算基于样本的后验见式(14.31)。

根据式(4.31)，将(14.30)表示为

$$\min_{\substack{x_t,\cdots,x_{t+L},u_t,\cdots,u_{t+L} \\ \omega_t^{(k)},\cdots,\omega_{t+L}^{(k)},y_{1:t}^{(k)},\cdots,y_{1:t+L}^{(k)}}} f(\omega_{t+L}^{(k)}, y_{1:t+L}^{(k)})$$

$$\begin{aligned}
&(\text{搜索器约束})\ x_t = \overline{x}_t,\quad x_{\tau+1} = A_x x_\tau + B_x u_\tau,\quad \| S x_\tau \| \leqslant \overline{S},\quad \| u_\tau \| \leqslant \overline{U} \\
&(\text{在时间 } t \text{ 的目标后验})\ \{\omega_t^{(k)}, y_{1:t}^{(k)}\}_{k=1}^{K} = \{\overline{\omega}_t^{(k)}, \overline{y}_{1:t}^{(k)}\}_{k=1}^{K} \\
&(\text{目标后验更新})\ \{\omega_{\tau+1}^{(k)}, y_{1:\tau+1}^{(k)}\}_{k=1}^{K} = \mathcal{B}(\{\omega_t^{(k)}, y_{1:t}^{(k)}\}_{k=1}^{K}, z_\tau^0) \\
&(\text{测量值})\ z_t^0 = (i,\tau,0)\ \text{如果}\ \| P x_\tau - s_i \| \leqslant r_c \\
&\qquad \forall \tau = t, t+1\cdots, t+L,\quad \forall i = 1,2,\cdots,N
\end{aligned} \tag{14.32}$$

式(14.32)和式(14.30)之间的唯一区别是我们使用基于样本的参数化 $\{\omega_{\tau+1}^{(k)}, y_{1:\tau+1}^{(k)}\}_{k=1}^{K}$ 代替了后验 $\mathcal{P}_{1:\tau}$，我们为目标函数$f(\cdot)$和更平滑的 $\mathcal{B}(\cdot,\cdot)$ 保留了相同的符号，而使用基于样本的近似值时，这些函数将以不同的方式实现。

在本节中的目标是以贝叶斯平滑 $\mathcal{B}(\cdot,\cdot)$ 和"if"语句为凸限制，将目标函数$f(\cdot)$重新表示为凸函数。由于式(14.32)中的其他所有约束都是凸的，这将使我们的搜索问题成为凸规划，实现全局最优解。为此，我们需要引入二进制变量。

贝叶斯递归作为凸约束　在基于样本的近似中，贝叶斯平滑器式 $\mathcal{B}(\cdot,\cdot)$ 导致了对粒子滤波器中权重更新的约束。对于所有样本 $k=1,2,\cdots,K$，粒子滤波器的贝叶斯递归为

$$\begin{cases} y_{1:\tau+1}^{(k)} = A y_{1:\tau}^{(k)} + \overline{\omega}_\tau(\text{粒子预测}) \\ \omega_{\tau+1}^{(k)} = \omega_\tau^{(k)}\, p(z_\tau^0 \mid y_{1:\tau}^{(k)})(\text{重量更新}) \end{cases} \tag{14.33}$$

式中：$\overline{\omega}_t$ 为随机噪声 $w_t \sim \mathcal{N}(0,\Omega_w)$ 的实现；$p(z_\tau^0 \mid y_{1:\tau}^{(k)})$ 为给定第 k 个粒子轨迹 $y_{1:\tau}^{(k)}$ 时，测量 z_τ^0 的似然。注意，如果没有获得测量结果(搜索者无法询问传感器时)，权重将保持不变：

$$\omega_{\tau+1}^{(k)} = \omega_\tau^{(k)} \quad (k = 1,2,\cdots,K) \tag{14.34}$$

在替换式(14.32)中的贝叶斯平滑器式(14.33)之前，我们注意到后采样噪声 $\overline{\omega}_\tau$，对于所有 $\tau=t+1,t+2,\cdots,t+L$，式(14.33)定义唯一的粒子演变 $y_{1:\tau}^{(k)}$。因此，我们可以预先计算轨迹 $y_{1:\tau}^{(k)}$ 和测量似然 $p(z_\tau^0 \mid y_{1:\tau}^{(k)})$；对于每个传感器 i 和样本 k，根据 $y_{1:\tau}^{(k)}$ 处函数式(14.23)，我们预先计算了从传感器 i 接收"未检测到"的可能性。用 $p_i^{(k)}$ 表示结果似然：

$$p_{i\tau}^{(k)} = p(z_\tau^0 \mid y_{1:\tau}^{(k)}) \tag{14.35}$$

式(14.32)变为

$$\min_{\substack{x_t,\cdots,x_{t+L},u_t,\cdots,u_{t+L} \\ \omega_t^{(k)},\cdots,\omega_{t+L}^{(k)},y_{1:t}^{(k)},\cdots,y_{1:t+L}^{(k)}}} f(\omega_{t+L}^{(k)},y_{1:t+L}^{(k)})$$

$$\begin{aligned}
&(\text{搜索器约束})\ x_t=\bar{x}_t,x_{\tau+1}=A_x x_\tau+B_x u_\tau,\ \|S x_\tau\|\leqslant\bar{S},\ \|u_\tau\|\leqslant\bar{U}\\
&(\text{在时间 } t \text{ 的目标后验})\ \{\omega_t^{(k)},y_{1:t}^{(k)}\}_{k=1}^{K}=\{\bar{\omega}_t^{(k)},\bar{y}_{1:t}^{(k)}\}_{k=1}^{K}\\
&\qquad y_{1:\tau+1}^{(k)}=A\,y_{1:\tau}^{(k)}+\bar{\omega}_\tau\\
&(\text{目标后验更新})\begin{cases}\omega_{\tau+1}^{(k)}=\omega_\tau^{(k)}\,p_{i\tau}^{(k)} & (\|P x_\tau-s_i\|\leqslant r_c)\\ \omega_{\tau+1}^{(k)}=\omega_\tau^{(k)} & (\|P x_\tau-s_i\|\leqslant r_c)\\ \forall\tau=t,t+1,\cdots,t+L,i=1,2,\cdots,N,k=1,2,\cdots,K\end{cases}
\end{aligned}\tag{14.36}$$

根据式(14.33)和式(14.34),“if”语句允许应用不同的权重更新是否从传感器 i 获得测量。

如前所述,对于所有 $\tau=t+1,t+2,\cdots,t+L$, $y_{1:\tau}^{(k)}$ 是唯一的定义(无法使用控制动作来改变它),因此我们可以安全地删除 $y_{1:\tau}^{(k)}$,并预先计算目标终端状态 $y_{1:t+L}^{(k)}$;终端状态 $\bar{y}_{1:t+L}^{(k)}$ 表示它是已知的,忽略式(14.36)与 $y_{1:\tau}^{(k)}$ 相关的约束,有

$$\min_{\substack{x_t,\cdots,x_{t+L},u_t,\cdots,u_{t+L} \\ \omega_t^{(k)},\cdots,\omega_{t+L}^{(k)}}} f(\omega_{t+L}^{(k)},\bar{y}_{1:t+L}^{(k)})$$

$$\begin{aligned}
&(\text{搜索器约束})\ x_t=\bar{x}_t,\quad x_{\tau+1}=A_x x_\tau+B_x u_\tau,\quad \|S x_\tau\|\leqslant\bar{S},\ \|u_\tau\|\leqslant\bar{U}\\
&(\text{在时间 } t \text{ 的目标后验})\ \omega_t^{(k)}=\bar{\omega}_t^{(k)}\\
&(\text{目标后验更新})\begin{cases}\omega_{\tau+1}^{(k)}=\omega_\tau^{(k)}\,p_{i\tau}^{(k)} & (\|P x_\tau-s_i\|\leqslant r_c)\\ \omega_{\tau+1}^{(k)}=\omega_\tau^{(k)} & (\|P x_\tau-s_i\|\leqslant r_c)\\ \forall\tau=t,t+1,\cdots,t+L,\quad i=1,2,\cdots,N,\quad k=1,2,\cdots,K\end{cases}
\end{aligned}\tag{14.37}$$

至此,通过使用基于样本的近似,我们将原始问题式(14.30)重新定义为具有更简单约束的问题,通过每个样本相关的权重,确定了搜索者对目标后验的更新作用。

以不确定性最小化为凸目标 在本节中,我们为式(14.37)中目标的不确定性度量 $f(\cdot)$ 提供了更明确的表示。选择 $f(\cdot)$ 作为目标位置在水平末端的后验协方差的轨迹。由于使用了加权组样品近似后验,所得到的样本协方差是(对于任何 $\tau\in\{1,2,\cdots,t\}$, $\boldsymbol{U}_\tau$ 在时间 τ 时从目标状态提取的位置矩阵):

$$\begin{aligned}
\mathrm{cov}(U_{t+L}y_{1:t+L})&=U_{t+L}\mathrm{cov}(y_{1:t+L})\ U_{t+L}^{\mathrm{T}}y_{1:t+L}\\
&=\sum_{k=1}^{K}\omega_{t+L}^{(k)}(U_{t+L}\bar{y}_{1:t+L}^{(k)}-U_{t+L}\mu_{1:t+L})\ (U_{t+L}\bar{y}_{1:t+L}^{(k)}-U_{t+L}u_{1:t+L})^{\mathrm{T}}
\end{aligned}$$

式中: $\mu_{1:t+L}=\sum_{k=1}^{K}\omega_{t+L}^{(k)}\bar{y}_{1:t+L}^{(k)}$ 为样本均值。样本轨迹的协方差为

$$\begin{aligned}
&\mathrm{tr}\Big[\sum_{k=1}^{K}\omega_{t+L}^{(k)}(U_{t+L}\bar{y}_{1:t+L}^{(k)}-U_{t+L}\mu_{1:t+L})\ (U_{t+L}\bar{y}_{1:t+L}^{(k)}-U_{t+L}u_{1:t+L})^{\mathrm{T}}\Big]\\
&\qquad=\sum_{k=1}^{K}\omega_{t+L}^{(k)}\ \|U_{t+L}\bar{y}_{1:t+L}^{(k)}-U_{t+L}u_{1:t+L}\|^2
\end{aligned}\tag{14.38}$$

由于 $\mu_{1:t+L}$ 取决于水平末端的权重,式(14.38)在 $\omega_{t+L}^{(k)}$ 是非凸函数。为了避非凸性,我们使用初始样本权重 $\omega_t^{(k)}$ 计算样本均值:

$$\bar{\mu}_{1:t+L} = \sum_{k=1}^{K} \bar{\omega}_t^{(k)} \bar{y}_{1:t+L}^{(k)} \tag{14.39}$$

该近似值出于计算考虑(它导致凸目标),并且它可以产生有效的搜索策略。此外,还可以在优化之前预先计算式(14.38)中的平方。为简化表示,我们定义以下预先计算的标量:

$$d_k \approx \| U_{t+L} \bar{y}_{1:t+L}^{(k)} - U_{t+L}\mu_{1:t+L} \|^2 \quad (k = 1,2,\cdots,K) \tag{14.40}$$

式中:d_k 为在时间 $t+L$ 处第 k 个样本轨迹的位置与样本均值之间的平方距离。使用协方差轨迹式(14.38)和式(14.40),目标函数变为

$$f(\omega_{t+L}^{(k)}, \bar{y}_{1:t+L}^{(k)}) = \sum_{k=1}^{K} \omega_{t+L}^{(k)} d_k \tag{14.41}$$

这是未知权重的线性函数。将式(14.41)代入式(14.37),应用变量变化 $v_\tau^{(k)} = \log(\omega_\tau^{(k)})$,得到:

$$\min_{\substack{x_t,\cdots,x_{t+L},u_t,\cdots,u_{t+L} \\ v_t^{(k)},\cdots,v_{t+L}^{(k)}}} \sum_{k=1}^{K} \exp(\omega_{t+L}^{(k)}) d_k$$

(搜索器约束) $x_t = \bar{x}_t, x_{\tau+1} = A_x x_\tau + B_x u_\tau, \| S x_\tau \| \leqslant \bar{S}, \| u_\tau \| \leqslant \bar{U}$

(在时间 t 的目标后验) $v_t^{(k)} = \log \bar{\omega}_t^{(k)}$

$$(\text{目标后验更新})\begin{cases} v_{\tau+1}^{(k)} = v_\tau^{(k)} + \log p_{i\tau}^{(k)} & (\| P x_\tau - s_i \| \leqslant r_c) \\ v_{\tau+1}^{(k)} = v_\tau^{(k)} & (\| P x_\tau - s_i \| \geqslant r_c) \\ \forall \tau = t, t+1, \cdots, t+L, \quad i = 1,2,\cdots,N, & k = 1,2,\cdots,K \end{cases}$$

(14.42)

不考虑约束中出现的“if”条件,这就是一个凸问题。现在,$\bar{x}_t$, d_k , $\bar{\omega}_t^{(k)}$, $p_{i\tau}^{(k)}$ 是已知量,而优化变量是未来的搜索者控制和状态,以及权重的对数,即 $v_t^{(k)}, v_{t+1}^{(k)}, \cdots, v_{t+L}^{(k)}$ 。

使用二进制变量编写“if”语句:以上,我们介绍了如何通过解决优化问题来计算搜索策略式(14.42)。虽然式(14.42)是凸问题,但它包括某些优化变量(搜索者位置 Px_τ)的“if”语句,而这些约束不能直接提供给标准求解器。因此在本节中,我们讨论如何使用二进制变量以更明确的形式进行表示。

引入一组整数变量 $b_{i\tau}$,如果 $b_{i\tau} = 1$,那么搜索器在时间 τ 时位于传感器 i 的通信半径内,否则 $b_{i\tau} = 0$。根据 $b_{i\tau}$,我们可以用单个约束重写式(14.42)中的两个“if”约束:

$$v_{\tau+1}^{(k)} = v_\tau^{(k)} + b_{i\tau} \log p_{i\tau}^{(k)} \tag{14.43}$$

当 $b_{i\tau} = 1$ 时,我们接收到传感器 i 的测量值,因此更新 $v_{\tau+1}^{(k)} = v_\tau^{(k)} + \log p_{i\tau}^{(k)}$,否则式(14.43)减少为 $v_{\tau+1}^{(k)} = v_\tau^{(k)}$ 。

当且仅当搜索者与传感器 i 的距离小于 r_c 时,执行 $b_{i\tau} = 1$。我们通过式(14.44)约束优化问题:

$$\| P x_\tau - s_i \| \leqslant r_c + (1 - b_{i\tau}) \mathcal{U} \tag{14.44}$$

其中,$\mathcal{M} \in \mathbb{R}$ 是一个大的常数。在(14.44)中,当 $b_{i\tau} = 1$ 时,约束变为 $\| P x_\tau - s_i \| \leqslant r_c$,

而对于 $b_{i\tau}=0$ 约束消失。因此,当 $\| P x_\tau - s_i \| \leqslant r_c$ 时,满足约束式(14.44)的唯一方法是设置 $b_{i\tau}=0$;即当 $\| P x_\tau - s_i \| \geqslant r_c$ 时,$b_{i\tau}$ 必须为零。相反,当 $\| P x_\tau - s_i \| \leqslant r_c$ 时,$b_{i\tau}$ 为 1,则产生一个较小的目标。

有限时间搜索的最终表示如下,用条件式(14.43)代替式(14.42)中的两个约束条件,添加额外约束式(14.44),得到:

$$\min_{\substack{x_t,\cdots,x_{t+L},u_t,\cdots,u_{t+L}\\ v_t^{(k)},\cdots,v_{t+L}^{(k)}\\ b_{i\tau},i=1,2,\cdots,N,\tau=1,2,\cdots,N}} \sum_{k=1}^{K} \exp(v_{t+L}^{(k)})\, d_k$$

$$(\text{搜索器约束})\ x_t=\bar{x}_t,\quad x_{\tau+1}=A_x x_\tau + B_x u_\tau,\quad \| S x_\tau \| \leqslant \bar{S},\ \| u_\tau \| \leqslant \bar{U}$$

$$(\text{在时间 } t \text{ 的目标后验})\ v_t^{(k)} = \log \overline{\omega}_t^{(k)}$$

$$(\text{目标后验更新})\begin{cases} v_{\tau+1}^{(k)} = v_\tau^{(k)} + b_{i\tau}\log p_{i\tau}^{(k)} & (\| P x_\tau - s_i \| \leqslant r_c + (1-b_{i\tau})\,\mathcal{U}) \\ \forall \tau = t,t+1,\cdots,t+L, & i=1,2,\cdots,N,\quad k=1,2,\cdots,K \end{cases} \tag{14.45}$$

式(14.45)是一个带有 $L\cdot N$ 二元变量的混合整数凸规划问题,其中 N 是传感器的数量,L 是传感器的前瞻步骤数。

备注 2[式(14.45)的直观解释]:式(14.45)中,目标轨迹后验表示为一组加权样本,目标函数奖励样本权重的最小化。特别地,目标奖励使具有大 d_k 的样本的权重最小化。从式(14.40)开始,d_k 本质上是粒子末端位置与平均值的(平方)距离。因此,目标函数试图最小化远离均值的样本权重,从而减少目标位置后验的发散。为减少样本 k 的权重,最优化鼓励许多二元变量 $b_{i\tau}$ 为 1(这将减小 $v_{\tau+1}^{(k)}$,因为 $p_{i\tau}^{(k)} \leqslant 1$ 且 $\log p_{i\tau}^{(k)} \leqslant 0$)。但是,只有搜索者离传感器 i 足够近时,$b_{i\tau}=1$。因此,式(14.45)奖励搜索者在传感器附近经过,同时保证搜索者的运动约束。

计算说明:到目前为止,我们对用于测量距离的范式类型一无所知。如果使用欧几里得范式,虽然直观但不符合计算原因。如果使用 ℓ_1 或 ℓ_∞ 范式,则式(14.45)中的所有约束都将变为线性约束。此外,如果我们使用一阶展开 $\exp(v_{t+L}^{(k)}) \approx \text{const}+v_{t+L}^{(k)}$,那么目标也变成线性函数。使用这两个线性近似,我们将式(14.45)改为可用快速专用求解器求解的混合整数线性程序(MILP)。

14.7 数值实验

本节中的数值实验结果表明,与贪婪策略相比,该方法可以有效减少目标位置的不确定性,并且在寻找目标时有更高的成功率。本节的组织如下:14.7.1 节描述仿真场景;14.7.2 节提供了算法测试的实现细节;14.7.3 节讨论实验结果;14.7.4 节报告了蒙特卡罗分析的结果,提供了有关目标的不同运动曲线(更改最大速度、敏捷性)以及初始目标状态不确定性等统计数据。

14.7.1 仿真场景

本章的搜索场景是大小为 500m×500m 的正方形区域 R,无人值守的地面传感器在 R

内均匀分布。考虑其中有 100 个传感器,每个传感器的感应半径 $r=20\text{m}$(图 14.4)。

如果搜索者能够在目标逃离区域 R 之前以及最大时间 $\overline{T}$(设定 $\overline{T}=100$)之前定位到目标,则任务成功。当目标的当前位置的不确定性低于给定阈值时,可定位目标。当前位置协方差 $\overline{\Sigma}$ 可以根据高斯混合模型 $\mathcal{U}(\{\eta_{t,j},\Omega_{t,j},\alpha_{t,j}\}_{j=1}^{m})$ 计算得出:

$$\overline{\Sigma}=\sum_{j=1}^{m}\alpha_{t,j}(\boldsymbol{U}_t\,\Omega_{t,j}^{-1}\,U_t^{-1}+\boldsymbol{U}_t(\mu_{t,j}-\overline{\mu})\,(\mu_{t,j}-\overline{\mu})^{\mathrm{T}}\,U_t^{\mathrm{T}}) \tag{14.46}$$

式中:$\boldsymbol{U}_t\in\mathbb{R}^{2\times 4t}$ 为根据 t 时状态提取的位置矩阵,如式(14.20)中定义;$\mu_{t,j}=\Omega_{t,j}^{-1}\eta_{t,j}$ 是每种混合物组分的平均值;$\overline{\mu}=\sum_{j=1}^{m}\alpha_{t,j}\mu_{t,j}$ 为 GMM 的平均值。注意,我们从不反转 $\Omega_{t,j}$,而是解决稀疏(三对角)线性系统,这将使协方差式(14.46)计算成本可忽略不计。因此,如果边缘位置标准偏差($\overline{\Sigma}$ 对角线项的平方根)下降到传感器感应半径一半以下,则认为目标已定位:

$$\overline{\sigma}\approx\sqrt{\max(\operatorname{diag}(\overline{\Sigma}))}\leqslant\frac{r}{2} \tag{14.47}$$

搜索器由双积分器动态描述,最大速度为 $\overline{S}=10\text{m/s}$,最大加速度为 $\overline{U}=5\text{m/s}^2$。搜索器的速度从零开始,初始位置随机定位在 R 内,同时提供目标状态下的搜索者初始分布(图 14.4)。初始目标后验是均值为 0 和信息矩阵为 Ω_1 的高斯分布。通信半径 r_c 设置为 $r_c=20\text{m}$。

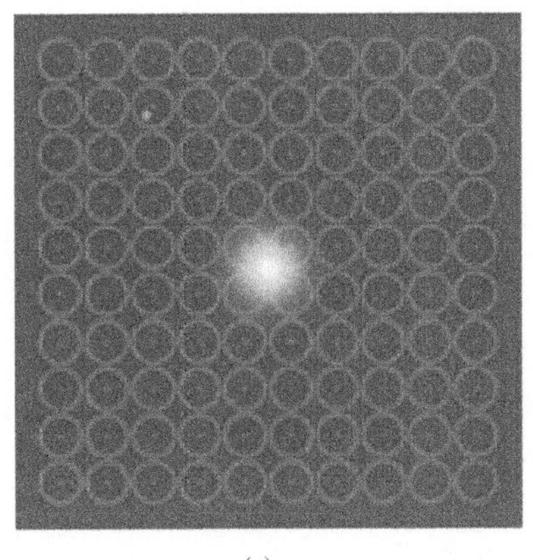
(a)

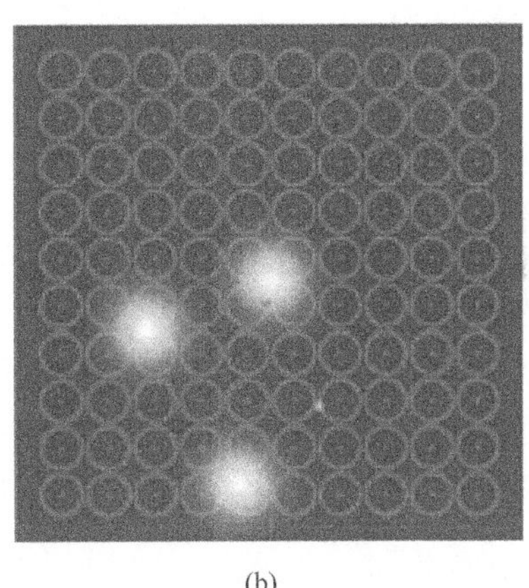
(b)

图 14.4　测试场景

目标(红色)在正方形区域 R 中移动。该区域均匀分布着地面传感器(青色点);每个传感器的感应半径为一个圆圈。搜索者(绿色)随机分布到 R 内;搜索者在目标位置上具有初始分布,显示为背景色

(浅黄色表示高概率,蓝色表示低概率)。(a)单峰初始分布;(b)多峰初始分布。

根据初始分布 $y_1\sim\mathcal{N}(0,\boldsymbol{\Omega}_1)$ 获得目标初始状态。令 $\boldsymbol{\Omega}_1=\text{blkdiag}((\sigma_p^1)^2I_2,(\sigma_v^1)^2I_2)$,其中,$\sigma_p^1$ 和 σ_v^1 分别是初始目标位置和速度的标准偏差。数值如下:

$$\sigma_p^1=20m,\quad \sigma_v^1=\kappa_v\frac{\overline{S}}{3} \tag{14.48}$$

式中：κ_v 为常数，称为速度因数。$\sigma_v^1 = \kappa_v \frac{\bar{S}}{3}$ 可以保证高概率（均值在 3σ 以内），目标的速度小于 κ_v 乘追踪者的速度。由于必须在目标逃离区域 R 之前实现追捕，目标速度高且仅有一个搜索器（$\kappa_v = 1$），这使问题极具挑战性。目标遵循式（14.6）运动模型，满足：

$$A = \begin{bmatrix} I_2 & I_2\Delta t \\ 0 & I_2 \end{bmatrix} \tag{14.49}$$

式中：Δt 为时间步长（通常设置为 1）。在式（14.6）中，$\omega_t \sim \mathcal{N}(0, \Omega_\omega)$ 和 $\Omega_\omega = \text{blkdiag}((\sigma_p^\omega)^2 I_2, (\sigma_v^\omega)^2 I_2)$。矩阵 $\boldsymbol{\Omega}_\omega$ 与目标的"敏捷性"相关：当矩阵项很小时，目标以恒定速度移动；当矩阵项很大时，目标在每个时间步随机加速。令

$$\sigma_p^\omega = 0.1m, \quad \sigma_v^\omega = \kappa_a \sigma_v^1 \tag{14.50}$$

式中：κ_v 为常数，称为敏捷性因素。

图 14.5 显示了不同参数值 κ_v, κ_a 对目标轨迹的影响，对每种情况得出 10 条目标轨迹。为方便可视化，所有轨迹都从原点开始，并进行了 100 个时间步长的仿真。图 14.5（b）所示的场景，速度因子 κ_v 较大，而敏捷因子 κ_a 较小，在这种情况下，目标趋于沿直线快速运动（小的 κ_a 意味着物体在每个时间步的变化较小）。图 14.5（c）中 κ_v 较小，而 κ_a 较大，在这种情况下，运动轨迹非常不规则，方向会突然改变。可以看到，在这两种情况下，大多数轨迹都在前 100 个时间步脱离了区域（仅显示区域 R 内的轨迹部分），因此我们将最大时间设置为 $\bar{T} = 100$。在本节中，我们考虑 $\kappa_v = 0.3$，$\kappa_a = 0.01$，其对搜索结果的影响见 14.7.4 节。

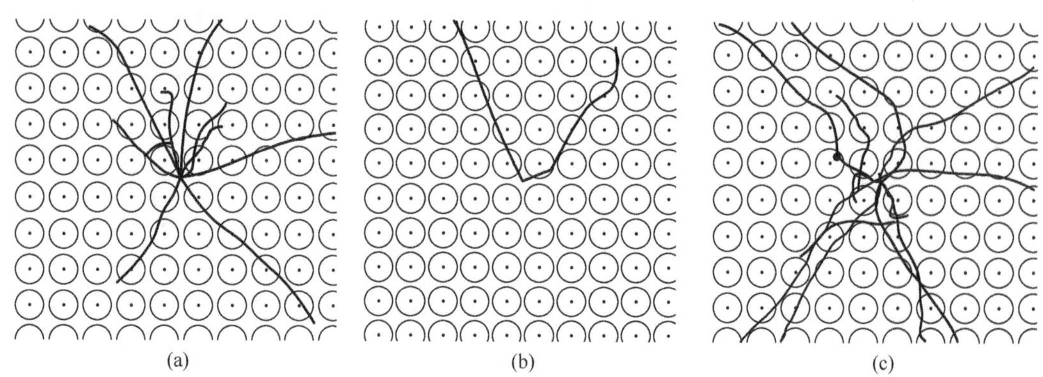

图 14.5 目标运动曲线

给定不同的速度 κ_v 和敏捷性因素 κ_a，根据运动模型式（14.6）获得的目标轨迹。每个图显示从场景的中心随机开始的 10 条目标轨迹。（a）低速，低敏捷性：$\kappa_v = 0.3$，$\kappa_a = 0.01$；（b）高速，低敏捷性：$\kappa_v = 1$，$\kappa_a = 0.01$；（c）低速，高敏捷性：$\kappa_v = 0.3$，$\kappa_a = 0.2$。

14.7.2 算法测试的实现细节

所提出的方法 使用 Matlab 实现 14.5 节中基于 GMM 的估计，可以有效地处理稀疏线性系统。我们令 GMM 的最大混合组分数为 $m = 10^4$。达到此值后，估算器将不接受

“无检测”度量。我们还删除了权重小于 10^{-5} 的混合组分。我们将 $K=500$ 个样本用于 MIP 式(14.45),通过 IBM CPLEX 的处理线性 MIP 式(14.45),并为接下来的 L 个超前步骤返回一组控件,同时考虑 $L=40$ 的时间范围。确定搜索策略后,机器人会按照计划的轨迹运行,直到检测到为止。检测后将重新规划计划。我们对 MIP 所需的中央处理器(CPU)施加了时间上限:300s 之后,如果 MIP 未返回最佳方案,我们将中断优化并使用目前的解决方案。

贪婪方法我们以试图达到目标的最可能位置的贪婪算法为基准,对所提出的方法进行对比测试。贪婪方法的估计仍然基于 GMM 模型,但稍有调整。基于 GMM,通过离散化的 10m×10m 单元环境以及每个单元中心的 GMM 估计来计算最大似然目标位置,选择获得最大概率值的位置。我们用 $x\mathcal{G}$ 表示最大似然估计。通过解决以下凸规划,找到一条可尽快到达 $x\mathcal{G}$ 的路径:

$$\min_{x_t,\cdots,x_{t+L},u_t,\cdots,u_{t+L}} \sum_{\tau=t}^{t+L} \| x_\tau - x\mathcal{G} \|$$

$$\text{(搜索器约束)}\ x_t = \bar{x}_t, x_{\tau+1} = A_x x_\tau + B_x u_\tau, \quad \| S x_\tau \| \leqslant \bar{S}, \| u_\tau \| \leqslant \bar{U}$$
$$\forall \tau = t, t+1, \cdots, t+L \tag{14.51}$$

式(14.51)会计算出 L 上的路径,该路径在满足搜索者的运动约束条件下,最小化其与目标位置的距离 $\| x_\tau - x\mathcal{G} \|$ 。同时,我们选择 $L=40$,并按照 14.7.1 节的讨论设置搜索器动态以及速度和加速度范围。由于式(14.51)的计算成本可忽略不计,因此我们以模型预测控制方式应用贪婪算法:每步我们都重新规划最优轨迹,并且仅应用第一个控制动作。

根据评估,我们的方法与贪婪方法的主要区别在于 GMM 的简化方案。在我们的方法中,我们通过拒绝“无检测”测量来限制 GMM 组件的数量。但是,这并不适用于贪婪策略:考虑搜索者已经达到最大 GMM 组分(10^4)的情况,如果不允许估算器接收新的测量值,那么即使在该位置未找到目标,最大似然估算值 $x\mathcal{G}$ 仍倾向于保留在同一位置,导致搜索者被卡在 $x\mathcal{G}$ 。因此,在贪婪方法中,我们使用基于采样的 GMM 缩减,如 14.5 节所述。特别是在达到 $m=10^4$ 混合组分的上限后,我们将应用此方案减少组分。在对混合物进行采样之后,我们每 10 个组分构成较小的混合组分。同样地,我们也删除权重小于 10^{-5} 的组分。

14.7.3　实验结果

图 14.6(a1)~图 14.6(d1)显示了我们的搜索策略的仿真结果。图中包含搜索者的初始位置(右上角的绿色圆圈)、当前目标位置的后验(图背景色)和计划轨迹(黄色线)。图 14.6(a1)显示了在搜索开始时所提出方法规划的轨迹;图 14.6(b1)显示了直到时间 $t=30$ 的已经运行的轨迹(绿色线),如果轨迹显示为黄色表示仍要运行;图 14.6(c1)显示了在第一次检测(在时间 $t=37$ 处)和新规划轨迹(黄色线)后的目标后验的变化;图 14.6(d1)显示了在搜索者与目标相交之前,即时间 $t=51$ 之前的运行轨迹。该 MIP 搜索结果表明:该计划使搜索者绕过分布的高峰;由于搜索者不知道目标朝哪个方向前进,因此最明智的策略是绕着初始目标位置运动,并查询该区域中的传感器,以获取目标朝向哪个方向。请注意,搜索者会选择波浪路径运行,以访问尽可能多的传感器。

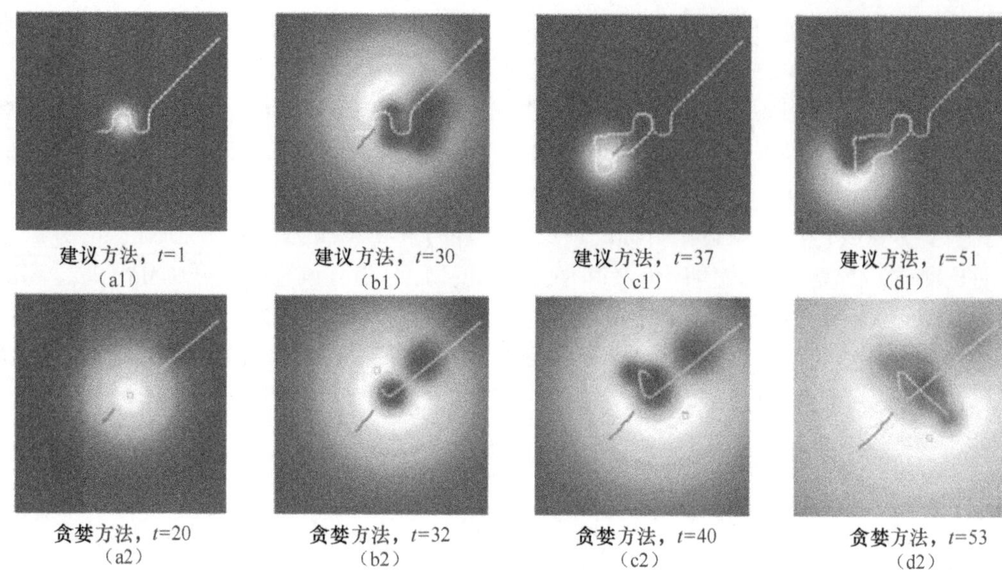

图 14.6　搜索不同阶段拍摄的图片

(a1)搜索开始时，通过建议方法(黄色线)规划的轨迹；(b1)时间 $t=30$ 时，已经运行的轨迹(绿色线)以及仍要运行的轨迹(黄色线)和后验分布；(c1)时间 $t=37$ 时的检测，并通过建议方法(黄色线)规划新的轨迹。(d1)轨迹运行到时间$t=51$，即搜索者与目标相交。(a2)~(d2)根据贪婪方法(绿色线)和最大后验(黑色角)的运行轨迹。

为方便比较，我们还绘制了贪婪策略的运行结果，见图 14.6(a2)~图 14.6(d2)。图中黑色块表示后验位置的峰值(最大似然估计)，贪婪的搜索者直接指向后验峰值，并以此扩展概率分布，增加所得后验的熵[图 14.6(b2)]。此后，贪婪的搜索者指向下一个峰，然后再次访问，将其"分裂"到后验[图 14.6(c2)]；贪婪策略的总体结果是创建了多个远期的轨迹假设，搜索者很快就很难遵循这些假设。建议方法有两个明显优点：首先，了解传感器分布，搜索者沿路径访问尽可能多的传感器；其次，它考虑了目标整个轨迹的后验，而贪婪方法仅使用最新目标位置的后验。

图 14.7 显示了我们的方法在各方面的执行时间。如图 14.7(a)所示，估计模型非常有效，非优化 Matlab 程序可以在大约 1s 内对具有数千个混合组分的 GMM 进行估计，相应组分数量在图 14.7(b)中给出。图 14.7(c)所示为对 GMM 进行采样，产生 MIP 中使用样品的轨迹所需的时间[式(14.45)]。由于可以并行化采样(Matlab 中的 parfor 循环)，并且 GMM 模型的稀疏性使得仅需要稀疏矩阵向量运算，因此采样时间通常很小。最后，图 14.7(d)显示了解决 MIP 所需的时间[式(14.45)]，这是我们方法的主要计算成本。其中，两个峰值对应搜索者两次处理 MIP，在计划执行期间，不需要再做进一步的计算。通常，第一个峰值较小，因为目标轨迹仅经过几个传感器，并且优化器可快速确定不访问哪些传感器，并将相应的二进制变量设置为零。尽管规划时需要大量的计算，但仅需偶尔执行，通常进行 2~4 次优化即可定位目标。

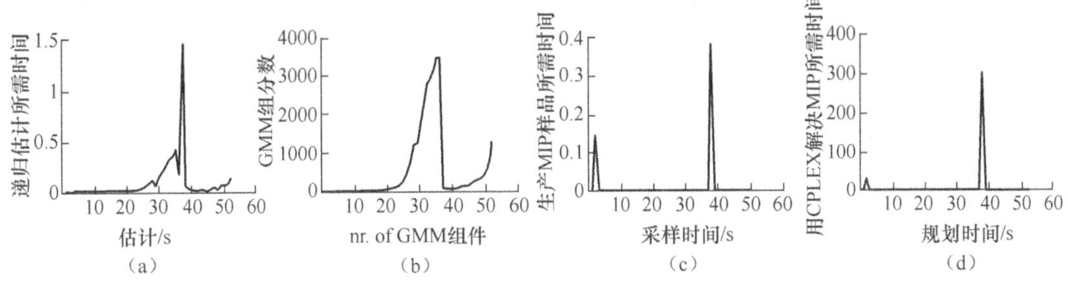

图 14.7　时序结果

14.7.4　蒙特卡罗分析的结果

在本节中,我们将根据大规模仿真实验中的定量结果评估所提出方法的性能。在复杂性不断增加的情况下,计算相关方法的时间和性能。

成功率和时间　考虑 14.7.1 节的仿真设置,速度和敏捷性参数分别设为 $\kappa_v=0.3$, $\kappa_a=0.01$。我们进行 30 次蒙特卡罗仿真,并记录每次仿真的结果,包括:①定位目标(Loc);②越过区域 R(Esc);③超过最长时间 $\overline{T}$(Max)。当目标在搜索者的感应半径内即实现定位。图 14.8(a)是所提出方法与贪婪方法仿真结果的直方图比较。一般情况下,所提出方法在 90%以上的测试中可以正确定位目标,而贪婪方法只有 60%。另外,在所有测试中,所提出方法都能够在指定的时间内定位目标。而在几次仿真中,目标逃脱出了区域 R。为此,我们新的挑战是考虑快速移动的目标,不幸的是,提取初始目标状态会导致目标速度过快。图 14.8(b)、图 14.8(c)为运行结束时目标不确定度 σ 的直方图,进一步展示了两种方法的性能。图 14.8(b)的直方图证明,在大多数测试中,所提出方法能够减少目标位置的不确定性。图 14.8(c)表明,在许多仿真中,贪婪搜索对目标位置的估计非常差。在混合物组分为 1.46×10^4 情况下,30 次运行的平均估计时间约为 0.22s,而最大估计时间为 12.40s;平均规划时间是 39.51s,而最大值匹配上限是 300s。

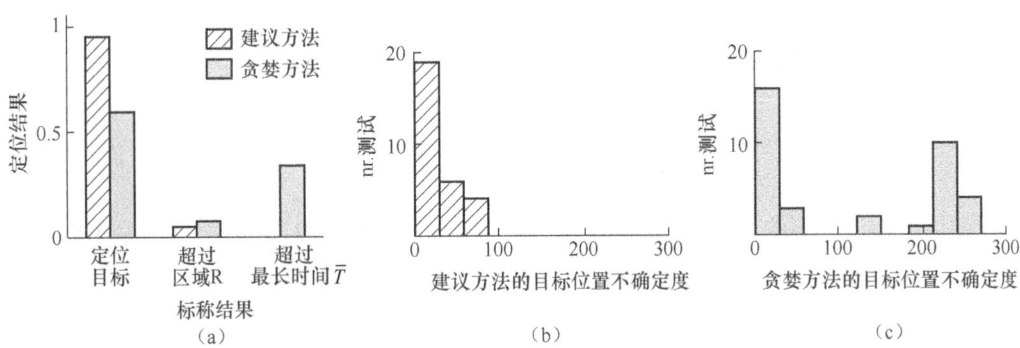

图 14.8　(a)目标已定位("Loc"栏)、越过区域 R("Esc"栏)或未在时限内定位目标的百分比("Max"栏)。条形图是建议方法与贪婪方法的比较。在测试结束时;(b)所提出方法;(c)贪婪方法目标位置不确定性的直方图。

提高目标速度　本节我们将考虑更具挑战性的情况:随着目标速度的增加,即搜索复杂性增加时，所提出方法的性能会有一定程度的下降，而贪婪方法搜索几乎无效。14.7.1节提到，目标速度取决于速度控制因子 κ_v。图 14.9(a)显示了在目标速度增加的情况下（低：$\kappa_v=\frac{1}{3}$，中：$\kappa_v=\frac{1}{2}$，高：$\kappa_v=1$），目标不确定性 $\overline{\sigma}$ 的箱形图。其中，中心线表示中位数，方框的底部和顶部边缘分别表示 25%和 75%。可以看到，所提出方法的箱形图尺寸很小，这表明在大多数测试中我们的搜索策略都能够定位目标。然而，当使用贪婪方法搜索时，目标不确定性随着目标速度的增加而迅速增加。

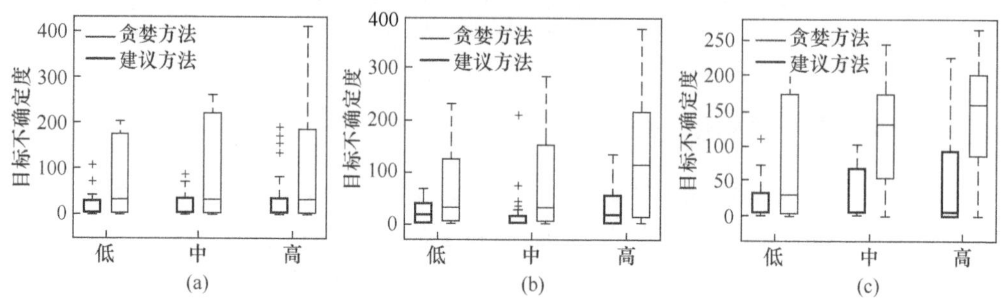

图 14.9 终端目标位置不确定性的统计数据（所提出方法与贪婪搜索策略的比较统计数据来源于 30 次以上蒙特卡罗仿真）
(a)目标速度；(b)目标敏捷性；(c)目标初始不确定性的统计数据。

提高目标敏捷性 14.7.1 节提到，目标敏捷性是由敏捷因子 κ_a 决定。图 14.9(b)显示了随着目标敏捷性的增加（低：$\kappa_a=0.03$，中：$\kappa_a=0.1$，高：$\kappa_a=0.2$），目标不确定性 $\overline{\sigma}$ 的箱形图。随着目标敏捷性提高，所提出方法的箱形图增大，这证实了在大多数测试中我们的搜索策略都能够定位目标。另外，使用贪婪搜索策略会导致目标不确定性随着目标敏捷性的提高而迅速增加。

增加目标初始不确定性 在最后一组测试中，通过使目标位置的初始分布变为多峰，增加搜索的复杂度，如图 14.4(b)所示。图 14.9(c)显示了增加初始目标不确定性时（低：1 模式，中：2 模式，高：3 模式），目标不确定度 $\overline{\sigma}$ 的箱形图。与之前的测试类似，为生成目标的初始状态，我们在场景的中心设置了 1 模式。然后，我们在区域 R 中均匀绘制具有平均位置的其他模式。由于关于目标位置的先验知识不可靠，并且包括多个（可能不准确）假设，因此搜索者只能访问 GMM，即所有模式的总和。在所提出方法结果中，目标不确定性的中位数保持恒定，这证实在大多数运行中，目标是局部性的；箱形框的大小随初始目标分布中的模式数量而适当增加。另外，使用贪婪方法时，目标中位数不确定性迅速增加。

14.8 小 结

本章我们研究了辅助的最优搜索问题，其中搜索者必须在无人值守的地面传感器分散二维场中找到移动的目标。由于搜索者无法直接检测目标，因此需要在其通信范围内利用 UGS 收集的信息。每个 UGS 记录一个二进制度量，该度量指示目标是否在其附近通过。此外,UGS 还记录最后一次检测发生的时间戳。该问题的挑战在于:第一,传感器可能会提供目标过去状态的信息,因此要求搜索者对目标的整个轨迹进行推理,而不是根据其当前位置进行推理,因此,目标轨迹的估计是在大的连续状态空间中的推理问题;第二,搜索者只能询问其通信范围内的传感器,这就要求搜索者必须设计出有效的运动策略,该策略使搜索者在访问传感器可获得有益于目标当前位置估计的信息。

我们采用 DDDAS 实现。其中,搜索者收集的数据用于更新目标轨迹的置信度,并且搜索者积极引导测量过程以获得更多有效的信息。本章主要贡献有两个:一是在目标轨迹上执行最佳贝叶斯估计的稀疏高斯混合模型。实验表明,以信息(逆协方差)形式对 GMM 进行参数化会导致 GMM 稀疏,从而可以在 1s 内估算包含数千种混合成分的 GMM。二是决策方面,我们提出了一种有限水平规划方法,该方法可计算最优搜索轨迹,从而将目标位置的不确定性降至最低。使用基于采样的近似值,搜索策略引起混合整数凸规划,从而可以在有效时间内解决问题。广泛的仿真实验验证了我们的方法,包括对贪婪搜索的蒙特卡罗分析,以及通过提高目标速度和敏捷性、增加初始目标位置的不确定性来测试方法的性能。

该项工作为未来研究提供指导。从理论上讲,设计一定的条件(如最大目标速度或敏捷度)以确保目标定位或得出最优搜索时间的上限是可行的。从算法的角度看,将基于 MIP 的搜索替换为可能次优但更高效的搜索技术也值得研究。接下来,我们将根据结合有关文献设置条件,在实际搜索问题中测试我们的方法。

参 考 文 献

[1] M. Adler, H. Räcke, N. Sivadasan, C. Sohler, B. Vöcking, Randomized pursuit-evasion in graphs. Comb. Probab. Comput. 12(3),225-244,(2003)

[2] N. Ahmed, D. Casbeer, Y. Cao, D. Kingston, Bayesian hidden markov models for UAV -enabled target localization on road networks with soft-hard data. in SPIE Defense and Security Symposium,2015

[3] M. Aigner, M. Fromme, A game of cops and robbers. Discret. Appl. Math. 8(1),1-12(1984)

[4] G. Allen, Building a dynamic data driven application system for hurricane forecasting, in Computational Science - ICCS 2007(Springer, Berlin/Heidelberg, 2007), pp. 1034-1041

[5] L. Alonso, A. S. Goldstein, E. M. Reingold, Lion and man: upper and lower bounds. INFORMS J. Comput. 4(4),447-452(1992)

[6] D. Alspach, H. Sorenson, Nonlinear bayesian estimation using gaussian sum approximations. IEEE Trans. Autom. Control 17(4),439-448(1972)

[7] D. Assaf, S. Zamir, Optimal sequential search: a bayesian approach. Ann. Stat. 13(3),1213- 1221(1985)

[8] H. Bai, H. David, W. S. Lee, Integrated perception and planning in the continuous space: a POMDP approach, in Robotics: Science and Systems(RSS),2013

[9] T. Basar, G. J. Olsder, Dynamic Noncooperative Game Theory. Classics in Applied Mathematics, 2nd edn. (SIAM, Philadelphia, 1999)

[10] E. Blasch, P. Maupin, A. Jousselme, Sensor-based allocation for path planning and area coverage using ugss, in IEEE National Aerospace and Electronics Conference(NAECON),2010, pp. 361-368

[11] E. Blasch, J. Dezert, P. Valin, DSmt applied to seismic and acoustic sensor fusion, in IEEE National

Aerospace and Electronics Conference(NAECON),2011,pp. 79-86

[12] E. P. Blasch,K. Pham,D. Shen,Chen G,Orbital satellite pursuit-evasion game-theoretical control,in IEEE International Conference on Information Science,Signal Processing and Application(ISSPA),2012

[13] A. Blum,M. L. Furst,Approximation algorithms for orienteering and discounted-reward TSP,in Symposium on Foundations of Computer Science,2003,pp. 46-55

[14] S. D. Bopardikar,F. Bullo,J. P . Hespanha,Sensing limitations in the lion and man problem,in American Control Conference,2007,pp. 5958-5963

[15] F. Bourgault, T. Furukawa, H. F. Durrant-Whyte, Coordinated decentralized search for a lost target in a Bayesian world,in IEEE/RSJ International Conference on Intelligent Robots and Systems(IROS),2003, pp. 48-53

[16] F. Bourgault,T. Furukawa,H. F. Durrant-Whyte,Optimal search for a lost target in a Bayesian world,in International Conference on Field and Service Robotics,Springer Tracts in Advanced Robotics(STAR), 2006,pp. 209-222

[17] D. Casbeer,K Meier,Y Cao,Estimating the state of an intruder with a UAV and unattended ground sensors,in AIAA Infotech Aerospace Conference,2013,pp. 4269-4275

[18] D. Casbeer,K. Krishnamoorthy,P . Chandler,M. Pachter,Moving ground target isolation by a UAV using predicted observations,in IEEE Conference on Decision and Control,2014,pp. 4284-4289

[19] C. Chekuri,N. Korula,M. Pál,Improved algorithms for orienteering and related problems. ACM Trans. Algorithms 8 (3),1-27(2012)

[20] H. Chen,K. Krishnamoorthy,W. Zhang,D. Casbeer,Continuous-time intruder isolation using unattended ground sensors on graphs,in American Control Conference,2014,pp. 5270-5275

[21] H. Chen,K. Krishnamoorthy,W. Zhang,D. Casbeer,Intruder isolation on a general road network under partial information. IEEE Trans. Control Syst. Technol. 25(1),222-234(2017)

[22] H. L. Choi,J. P . How,J. A. Hansen,Ensemble-based adaptive targeting of mobile sensor networks,in 2007 American Control Conference,2007,pp. 2393-2398

[23] H. L. Choi,J. P . How,Efficient targeting of sensor networks for large-scale systems. IEEE Trans. Control Syst. Technol. 19(6),1569-1577(2011)

[24] C. -Y . Chong,S. P . Kumar,Sensor networks:evolution,opportunities,and challenges,in Proceedings of the IEEE,2003,pp. 1247-1256

[25] T. Chung,G. Hollinger,V . Isler,Search and pursuit-evasion in mobile robotics:a survey. Auton. Robot. 31 (4),299-316(2011)

[26] D. Crouse,P . Willett,K. Pattipati,L. Svensson, A look at gaussian mixture reduction algorithms,in 14th International Conference on Information Fusion,2011,pp. 1-8

[27] F. Darema, Dynamic data driven applications systems:a new paradigm for application simulations and measurements,in Computational Science - ICCS 2004:4th International Conference,Krakow,Poland,6-9 June 2004,Proceedings,Part Ⅲ,eds. M. Bubak,G. D. van Albada,P . M. A. Sloot,J. J. Dongarra. Lecture Notes in Computer Science,vol. 3038(Springer,Heidelberg,2004),pp. 662-669

[28] F. Darema,Grid computing and beyond:the context of dynamic data driven applications systems. Proc. IEEE 93(3),692-697(2005)

[29] C. C. Douglas, M. J. Cole, P. Dostert, Y. Efendiev, R. E. Ewing, G. Haase, J. Hatcher, M. Iskandarani, C. R. Johnson, R. A. Lodder, Dynamically identifying and tracking contaminants in water bodies, in Computational Science - ICCS 2007:7th International Conference,Beijing,27-30 May 2007,Proceedings, Part I,eds . Y. Shi,G. D. van Albada,J. J. Dongarra,P. M. A. Sloot. Lecture Notes in Computer Science,

vol. 4487(Springer,Heidelberg,2007),pp. 1002-1009

[30] M. F. Duarte,Y . H. Hu,Vehicle classification in distributed sensor networks. J. Parallel Distrib. Comput. 64(7),826-838(2004)

[31] J. N. Eagle,The optimal search for a moving target when the search path is constrained. Oper. Res. 32,1105-1115(1984)

[32] J. N. Eagle,J. R. Y ee,An optimal branch-and-bound procedure for the constrained path,moving target search problem. Oper. Res. 32(1),110-114(1990)

[33] T. Erez,W. D. Smart,A scalable method for solving high-dimensional continuous POMDPs using local approximation,in Conference in Uncertainty in Artificial Intelligence(UAI),2010

[34] R. Fujimoto,A. Guin,M. Hunter,H. Park,R. Kannan,G. Kanitkar,M. Milholen,S. Neal,P . Pecher,A dynamic data driven application system for vehicle tracking. Proc. Comput. Sci. 29,1203-1215(2014)

[35] L. Guibas,J. Latombe,S. La Valle,D. Lin,R. Motwani,Visibility-based pursuit-evasion in a polygonal environment. Int. J. Comput. Geom. Appl. 9(5),471-494(1999)

[36] T. Hastie,R. Tibshirani,J. H. Friedman,The Elements of Statistical Learning(Springer,New York,2001)

[37] G. Hollinger,G. Sukhatme,Stochastic motion planning for robotic information gathering,in Robotics:Science and Systems(RSS),2013

[38] G. Hollinger,S. Singh,J. Djugash,A. Kehagias,Efficient multi-robot search for a moving target. Int. J. Robot. Res. 28(2),201-219(2009)

[39] V. Indelman,L. Carlone,F. Dellaert,Planning in the continuous domain:a generalized belief space approach for autonomous navigation in unknown environments. Int. J. Robot. Res. 34(7),849-882(2015)

[40] V. Isler,S. Kannan,S. Khanna,Randomized pursuit-evasion with local visibility. SIAM J. Discret. Math. 1(20),26-41(2006)

[41] V. Isler,N. Karnad,The role of information in the cop-robber game. Theor. Comput. Sci. Spec. Issue Graph Search. 3(399),179-190(2008)

[42] R. Ivanov,N. Atanasov,M. Pajic,G. Pappas,I. Lee,Robust estimation using context-aware filtering,in Allerton Conference on Communication,Control,and Computing,2015

[43] B. Jia,K. D. Pham,E. Blasch,D. Shen,Z. Wang,G. Chen,Cooperative space object tracking using space-based optical sensors via consensus-based filters. IEEE Trans. Aerosp. Electron. Syst. 52(3),1908-1936(2016)

[44] S. Joshi,S. Boyd,Sensor selection via convex optimization. IEEE Trans. Signal Process. 57,451-462(2009)

[45] J. Kadane,Optimal whereabouts search. Oper. Res. 19(4),894-904(1971)

[46] L. P . Kaelbling,M. L. Littman,A. R. Cassandra,Planning and acting in partially observable stochastic domains. Artif. Intell. 101(1),99-134(1998)

[47] S. Karaman,E. Frazzoli,Sampling-based algorithms for optimal motion planning. Int. J. Robot. Res. 30(7),846-894(2011)

[48] B. O. Koopman,The theory of search. Part Ⅲ:the optimum distribution of searching effort. Oper. Res. 5(5),613-626(1957)

[49] K. Krishnamoorthy,D. Casbeer,P . Chandler,M. Pachter,S. Darbha,UAV search & capture of a moving ground target under delayed information,in IEEE Conference on Decision and Control,2012,pp. 3092-3097

[50] K. Krishnamoorthy,S. Darbha,P . P . Khargonekar,D. Casbeer,P . Chandler,M. Pachter,Optimal minimax pursuit evasion on a manhattan grid,in IEEE Conference on Decision and Control,2013,pp. 3421-3428

[51] K. Krishnamoorthy, D. Casbeer, P . Chandler, M. Pachter, Pursuit on a graph using partial information, in American Control Conference, 2015, pp. 4269-4275

[52] H. Lau, S. Huang, G. Dissanayake, Optimal search for multiple targets in a built environment, in IEEE/RSJ International Conference on Intelligent Robots and Systems (IROS), 2005, pp. 3740-3745

[53] H. Lau, S. Huang, G. Dissanayake, Probabilistic search for a moving target in an indoor environment, in IEEE/RSJ International Conference on Intelligent Robots and Systems (IROS), 2006, pp. 3393-3398

[54] J. J. Lim, H. Pirsiavash, A. Torralba, Parsing IKEA objects: fine pose estimation, in International Conference on Computer Vision (ICCV), 2013, pp. 2992-2999

[55] J. Mandel, L. S. Bennethum, J. L. Coen M. Chen, C. C. Douglas, L. P . Franca, Towards a dynamic data driven application system for wildfire simulation, in Computational Science - ICCS 2005 (Springer, Berlin/Heidelberg, 2005)

[56] R. Niu, P. K. Varshney, Target location estimation in sensor networks with quantized data. IEEE Trans. Signal Process. 54(12), 4519-4528 (2006)

[57] S. C. W. Ong, S. W. Png, D. Hsu, W. S. Lee, Planning under uncertainty for robotic tasks with mixed observability. Int. J. Robot. Res. 29(8), 1053-1068 (2010)

[58] R. Platt Jr., R. Tedrake, L. P . Kaelbling, T. Lozano-Pérez, Belief space planning assuming maximum likelihood observations, in Robotics: Science and Systems (RSS), 2010, pp. 587- 593

[59] S. Rasmussen, D. Kingston, Development and flight test of an area monitoring system using unmanned aerial vehicles and unattended ground sensors, in International Conference on Unmanned Aircraft Systems (ICUAS), 2015

[60] N. Roy, G. Gordon, S. Thrun, Finding approximate POMDP solutions through belief compression. J. Artif. Intell. Res. 23, 1-40 (2005)

[61] A. R. Runnalls, Kullback-Leibler approach to gaussian mixture reduction. IEEE Trans. Aerosp. Electron. Syst. 43 (3), 989-999 (2007)

[62] H. Sato, J. O. Royset, Path optimization for the resource-constrained searcher. Nav. Res. Logist. 57 (5), 422-440 (2010)

[63] D. Shen, G. Chen, H. Ling, K. D. Pham, E. Blasch, Methods and devices for demonstrating three-player pursuit-evasion game. U. S. Patent application Publication 2016/0121204 A1, 5 May 2016

[64] D. Silver, J. Veness, Monte-Carlo planning in large POMDPs, in Advances in Neural Information Processing Systems (NIPS), 2010, pp. 2164-2172

[65] H. W. Sorenson, D. L. Alspach, Recursive bayesian estimation using gaussian sums. Automatica 7, 465-479 (1971)

[66] C. Stachniss, G. Grisetti, W. Burgard, Recovering particle diversity in a Rao-Blackwellized particle filter for SLAM after actively closing loops, in IEEE International Conference on Robotics and Automation (ICRA), 2005, pp. 667-672

[67] L. D. Stone. Theory of Optimal Search, 2nd edn. (Academic, San Diego, 1989)

[68] S. Thrun, W. Burgard, D. Fox, Probabilistic Robotics (The MIT Press, Cambridge, 2005)

[69] K. E. Trummel, J. R. Weisinger, The complexity of the optimal searcher path problem. Oper. Res. 34(2), 324-327 (1986)

[70] J. Van Den Berg, S. Patil, R. Alterovitz, Motion planning under uncertainty using iterative local optimization in belief space. Int. J. Robot. Res. 31(11), 1263-1278 (2012)

[71] P . Vansteenwegen, W. Souffriau, D. V. Oudheusden, The orienteering problem: a survey. Eur. J. Oper. Res. 209, 1-10 (2011)

[72] A. R. Washburn, Search for a moving target: the FAB algorithm. Oper. Res. 31(4), 739-751(1983)

[73] J. Yu, J. Aslam, S. Karaman, D. Rus, Optimal tourist problem and anytime planning of trip itineraries. arXiv: 1409.8536(2015)

[74] B. Zhang, C. Zhang, Finite mixture models with negative components, in International Conference on Machine Learning and Data Mining in Pattern Recognition, 2005, pp. 31-41

第 15 章　基于引导信息聚类的传感器网络多目标跟踪优化

Alexander A. Soderlund, Mrinal Kumar

摘要:本章提出了一种用于异构无线传感器网络内快速高效地对传感器节点进行聚类的新算法。目的是实现最佳传感器分配,以减少多目标跟踪中的定位不确定性。所提出的算法基于三个指标:①感知可行性;②测量质量,确保最大限度地利用信息;③通信成本,以减少数据路由时间。本章将派生聚类用作最佳传感器分配的搜索空间,通过最大化目标状态空间概率分布降低不确定性。相对于广泛使用的基于欧氏距离的聚类,我们的方法在信息效用方面更具优势。通过仿真目标跟踪示例,验证了信息效用和计算代价的性能。同时,仿真结果还揭示了传感器场密度与信息增益程度的关系。

15.1 引　言

自主目标跟踪是一个多方面的问题,涉及计算操作工作的多个阶段,目的是实时、准确地获得目标状态估计(如位置、速度等)。问题的关键在于,在任何给定时间能够确定目标的状态概率分布函数,也称其置信状态。贝叶斯框架中的目标跟踪涉及以下两步递归:①通过动力学模型将目标的置信状态传播到预计传感器输入点;②在贝叶斯信息融合步骤中,同化接收到的传感器数据,以更新传播的置信状态。在无线传感器网络(WSN)中,通过目标的先验和后验置信状态[分别是①和②的输出]来自动执行此递归循环是近年来的研究热点。特别是,重点在于通过最佳传感器选择优化目标的输入测量,从而提升信息融合能力。

Dommermuth 介绍了将传感器数据合并到分布式传感器网络中以实现定位移动目标,其研究基于大量网络配置,使用最接近点(CPA)方法跟踪具有较少声学传感器(4 个或 5 个)的低空飞行飞机。Yang 等对这种方法进行了改进,同样在使用少量传感器的情况下,增强了 CPA 方法以成功预测目标在随机传感器配置中的位置。在将目标跟踪扩展到由数百个传感器组成的区域时,由于在配属和激活感知节点会丢失有价值的目标检测信息,因此在整个网络上执行传感器选择优化的计算效率低下,而且效果不理想。为了实现实时跟踪,有必要创建一个可管理的传感器子集(集群),然后从中选择最佳传感器测量目标。

“聚类”本身就是传感器选择的一种形式。其中最简单的形式是,使用目标接近度确定 WSN 子集获得传感器集群(主动传感器可以观察到其感应半径内的目标,被动传感器则不能)。该方法基于传感器与目标之间的欧几里得距离实现,因此称为欧几里得聚类算法(ECA)。

文献中的聚类方法主要依赖所处的无线传感器网络。这些聚类方法在处理结构(集中式与分布式)、传感器类型(同质与异类)和簇头位置(静态与动态)方面均有所不同。Yang 和 Sikdar 通过静态集群证明了在 WSN 中,在跟踪操作开始时就建立头节点可成功实现目标跟踪。在这样的结构中,静态头节点可能会发生故障,从而导致整个集群中事件监视丢失。此外,目标有时会沿着不连续的集群边界行进,或者进入集群周边的未覆盖区域。Wang 等引入一种混合聚类方法解决了该边界问题,该方法能够保持静态聚类的基本体系结构。同时,在目标接近静态边界或是目标分配到下一个静态集群时,形成按需动态聚类。这样,系统架构完全由动态集群组成,尽管计算量更大,但随着目标置信度在环境中的变化,可以不断更新传感器集群。在本章 WSN 架构中,根据预期的信息增益,单个最佳传感器被选为动态簇头(也称头节点)。头节点执行测量采集,并将目标数据路由回特定处理基站(传感器-汇聚点数据传输)。

基于预测信息效用的传感器选择在已有的研究中得到了证明。Zhao 等在信息驱动的传感器查询(IDSQ)方法中实现了动态聚类,其中动态簇头节点的选择受到潜在信息效用贡献(到目标置信分布的 Mahalanobis 距离)和数据路由通信成本(通信传感器之间的欧几里得距离测得)的限制。使用 IDSQ 在无线传感器的二维场景中跟踪单个目标时,会将整个传感器视为单个集群。通过后验目标置信与先验目标置信间互信息的信息增益,优化簇头选择,来改善方法性能。Tharmarasa 等基于每个传感器检测概率的预测信息增益,对纯方位传感器组进行聚类,Hernandez 等在基于欧几里得距离的传感器重新部署方案中采用了类似的方法。有关文献在目标定位的同时,还考虑了传感器的能量消耗。

目前所讨论的聚类和传感器选择方法,本质上都是权衡跟踪性能和计算效率的过程。如果不考虑后一种因素,Kaplan 介绍的穷举搜索方法可用作实际选择模型的基线方法。该方法可遍历可能的 WSN 所有子集,该子集根据目标的均方根位置误差产生全局最小值,该方法在计算上为 NP-hard 问题。Gaponi 等对 Kaplan 的全局节点选择(GNS)方法-穷举搜索进行了改进,通过区域接近传感器将目标后验置信状态的预测 Cramér-Rao 下界(CRLB)最小化。在本章中,我们以改进 GNS 计算穷举搜索(CES)方法为基准,对计算和不确定性进行比较。

可以发现,高效精确的传感器聚类算法必须同时考虑以下几个因素,数据路由成本(如通信带宽和发送时间)、信息利用率以及目标可检测性。本章提出一种多相传感器聚类方法,基于上述因素实现集中式异构 WSN 中聚类。与基于欧几里得距离的方法相比,我们的方法具有更低的目标状态不确定性(或更高的信息实用性),同时还保持较低的计算成本。我们称之为信息引导的快速聚类算法(IGRCA),该算法依赖可用的传感器位置和激活数据、预测的目标分布参数以及有向数据路由网络,可快速计算出可行性、信息效用以及路由时间等指标。在跟踪场景中(涉及各种传感器密度和跟踪目标数量)应用我们的新聚类方法,理论分析与数值模拟均表明,相比于其他传感器聚类方法,我们的方法可以减少状态的不确定性,并且计算成本更低。

本章安排如下:15.2 节使用基于欧几里得距离的聚类,描述基于集中式动态预测的 WSN 中的目标跟踪与制导问题。15.3 节介绍了聚类算法的数学基础,以及异构无线传感器集内欧几里得方法的改进。接下来介绍信息理论量度的优化,即期望差分熵,以从集群中识别出最佳传感器。15.4 节应用扩展卡尔曼滤波器(EKF)跟踪框架内的传感器测量模型和目标动力学。15.5 节提出了严格的理论分析,证明了 IGCCA 在信息效用方面优于其他方法,同时通过数值模拟做了进一步的验证。15.6 节是仿真结果,我们对 IGRCA 的性能进行评估,并与最近邻的欧几里得方法和穷举搜索方法进行各方面的比较,包括信息增益、目标状态不确定性以及算法运行时间等指标。此外,还考虑具有非线性动力学的多个目标的同时跟踪,并且假定在这些模拟中不需要数据关联。15.7 节为小结,给出结论和未来研究方向。

15.2 目标跟踪与制导问题

在由 n 个传感器节点组成的 WSN 内跟踪移动目标时,将不确定性最小化面临众多挑战。例如,大多数传感器无法对目标进行测量,或者目标超出传感器的感应范围。为此,在选择能够进行测量的传感器子集(k 个节点的子集,其中 $k \leqslant n$)时,需要在整个可行集上优化成本函数,以便识别出能提供最多信息的传感器。此过程计算复杂度为 $O(k)$。通过在较小的传感器组上选择传感器,可以节省计算时间,同时还可以在整个测量过程中提高测量频率。本研究考虑以下两个优化问题:①集群形成步骤;②识别集群内的最佳传感器。信息引导的快速聚类算法(IGRCA)的选择过程分为以下三个阶段:感知可行性、信息实用性和通信成本。15.6 节的结果表明,我们的方法可提高测量质量,减少目标不确定性。本章的重点是 IGCCA 的设计以及其性能验证,由于其整体简单、处理要求不高以及所需数据字段较少(目标状态和协方差),因此,所有需要数据融合操作的跟踪仿真都使用扩展卡尔曼滤波器。我们首先在 15.2.1 节介绍在跟踪 WSN 中的单个目标时要解决的基本问题。在 15.2.2 节先用欧几里得聚类算法(ECA)解决该问题,以此来突出 IGRCA 的优点,此外,该方法还可用于 15.3 节中的假设跟踪问题。

15.2.1 问题定义

考虑目标在一组无线连接传感器的二维区域中运动的情况,[图 15.1(a)],该传感器组包括 n 个节点(数百个到数千个),表示为

$$\mathcal{W} = \{S_1, S_2, \cdots, S_i, \cdots, S_n\} \tag{15.1}$$

当前时刻标记为 $k-1$。假设每个目标的运动遵循离散时间动力学模型,则

$$\boldsymbol{x}_k = \boldsymbol{f}(\boldsymbol{x}_{k-1}) + \boldsymbol{v}_{k-1} \tag{15.2}$$

式中:系统过程噪声 $\boldsymbol{v}_{k-1}$ 为均值为零的多变量高斯分布 $\boldsymbol{v}_{k-1} \sim \mathcal{N}(0, \boldsymbol{Q}_{k-1})$,传感器模型表示如下:

$$\boldsymbol{z}_k = \boldsymbol{h}_k(\boldsymbol{x}_k) + \boldsymbol{w}_k \tag{15.3}$$

其中,传感器噪声也符合高斯分布:$\boldsymbol{w}_k \sim \mathcal{N}(0, \boldsymbol{R}_k)$。使用具有均方协方差对 $(\boldsymbol{x}_{k-1}^+, \boldsymbol{P}_{k-1}^+)$ 的高斯密度函数对目标状态(称为置信状态)的概率分布函数进行参数化。其中,上标“+”表示后验值,即直至时间 $k-1$ 的所有可用传感器信息的均值和协方差。时间 k 的先验置信参数可以通过上述的动力学模型获得,表示为 $(\hat{\boldsymbol{x}}_k, \hat{\boldsymbol{P}}_k)$。在网络 $\mathcal{W}$ 中,有

$m \leqslant n$ 个传感节点,可以在之后的 k 个时间步观测目标。这些传感器任何一个的数据都能得到后验置信状态 $(\boldsymbol{x}_{i,k}^{+}, \boldsymbol{P}_{i,k}^{+})$,每个可行传感器相应的可能后验矩阵集可表示为

$$\mathcal{P}_k = \{\boldsymbol{P}_{1,k}^{+}, \boldsymbol{P}_{2,k}^{+}, \cdots, \boldsymbol{P}_{i,k}^{+}, \cdots, \boldsymbol{P}_{m,k}^{+}\}$$

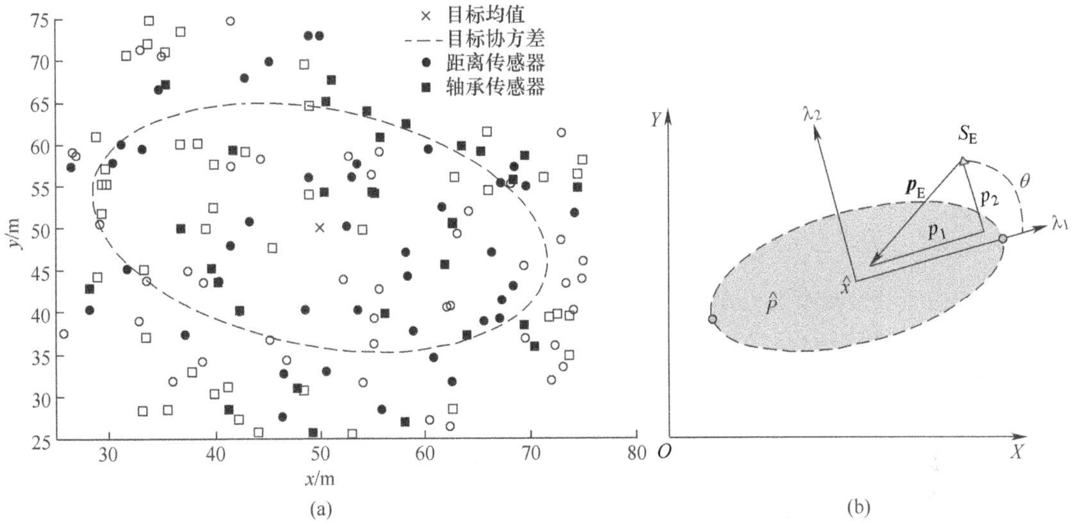

图 15.1　无线传感器网络(a)和距离传感器(b)

(a)负责跟踪目标的完整无线传感器组 W。实心标记表示可以进行测量的传感器。(b)局部放大图,显示了具有感应向量 $\boldsymbol{p}_{\mathrm{E}}$ 的传感器 $\boldsymbol{S}_{\mathrm{E}}$(小三角形)在距目标均值 d 处有两个最佳位置(小圆圈)。

传感器节点 S^* 的标识是研究传感器选择的基本问题,该传感器节点的测量值对应后验协方差 $\boldsymbol{P}_{*,k}^{+}$(通过差分熵或 Fisher 信息进行测量)的最大信息增益。当然,构建方便计算和质量约束(路由时间和统计相关性)的集合也是本研究工作的重点。

由于这种单步前瞻方法要求在时间 k 目标到达其位置之前根据基于预测的动态性进行决策,因此必须在时间 $k-1$ 时做快速的状态估计计算。为此,我们使用高效且易于实施的扩展卡尔曼滤波器。在贝叶斯框架下,EKF 通过两步递归估计状态:

(1) 通过线性动力学模型将目标的当前置信状态传播到预计进行测量的节点,以产生先验置信状态;

(2) 将接收到的传感器信息与该先验置信融合,以将其更新为后验置信状态。详细步骤见 15.2.1.1 小节和 15.2.1.2 小节。

在 EKF 范式中,使用 f_k 和 h_k 的线性化版本可解决上述问题,其中,f_k 和 h_k 是根据对应的一阶泰勒级数展开以及雅可比矩阵 $\boldsymbol{F}_k = \left.\dfrac{\partial \boldsymbol{f}_k}{\partial \boldsymbol{x}}\right|_{(\boldsymbol{x}_{k-1})}$ 和 $\boldsymbol{H}_k = \left.\dfrac{\partial \boldsymbol{h}_k}{\partial \boldsymbol{x}}\right|_{(\hat{x}_k)}$ 获得的,并以先验置信均值 $\hat{x}_k$ 进行评估。EKF 的使用基于以下假设:传播状态接近真实状态($\hat{x}_k \approx x_k$)。详细滤波过程将在下文中进行讨论。

15.2.1.1　预测

在 EKF 框架中,根据后验状态估计和误差协方差 $(x_{k-1}^{+}, P_{k-1}^{+})$,可以获得当前置信度,$k$ 时刻的预测先验置信由式(15.4)给出:

$$\hat{\boldsymbol{x}}_k = \boldsymbol{f}_k(\boldsymbol{x}_{k-1}^+) \tag{15.4}$$

先验状态协方差矩阵为

$$\hat{\boldsymbol{P}}_k = \boldsymbol{F}_k \boldsymbol{P}_{k-1}^+ \boldsymbol{F}_k^{\mathrm{T}} + \boldsymbol{Q}_k,\text{其中 } \boldsymbol{F}_k(\hat{\boldsymbol{x}}_k) = \left.\frac{\partial f_k}{\partial x}\right|_{(x_{k-1})} \tag{15.5}$$

15.2.1.2 更新

根据预测的先验均值将测量模型线性化：

$$\tilde{\boldsymbol{z}}_k = \boldsymbol{H}_k \hat{\boldsymbol{x}}_k + \boldsymbol{w}_k,\text{其中 } \boldsymbol{H}_k(\hat{\boldsymbol{x}}_k) = \left.\frac{\partial h_k}{\partial x}\right|_{\hat{x}_k} \tag{15.6}$$

构建卡尔曼增益：

$$K_k = \hat{P}_k \boldsymbol{H}_k(\hat{\boldsymbol{x}}_k)^{\mathrm{T}} [\boldsymbol{H}_k(\hat{\boldsymbol{x}}_k) \hat{P}_k \boldsymbol{H}_k(\hat{x}_k)^{\mathrm{T}} + R_k]^{-1} \tag{15.7}$$

根据以下更新方程进行融合，得到最终后验置信状态和 k 时的协方差：

$$\boldsymbol{x}_k^+ = \hat{\boldsymbol{x}}_k + \boldsymbol{K}_k(\boldsymbol{z}_k - \boldsymbol{h}_k(\hat{\boldsymbol{x}}_k)) \tag{15.8}$$

$$\boldsymbol{P}_k^+ = (\boldsymbol{I} - \boldsymbol{K}_k \boldsymbol{H}_k(\hat{\boldsymbol{x}}_k))\hat{\boldsymbol{P}}_k \tag{15.9}$$

按照等式(15.4)~式(15.9)计算 WSN(基站)内的处理节点，其中，测量模型中 $\boldsymbol{H}_k(\hat{\boldsymbol{x}}_k)$ 取决于最佳传感器的输出类型 $\boldsymbol{h}_k$（详见 15.3.4 节）。

在交替预测和更新的递归 EKF 框架内，我们尝试降低估计目标状态的不确定性。为此需要通过信息理论方法优化传感器选择。在对传感器网络架构进行简要回顾之后，下一部分中将介绍 ECA 的应用方案。

15.2.2 动机：欧几里得聚类

回想一下，无线异构传感器网络 W 的每个成员都能够进行感知，其中每个传感器 $\boldsymbol{S}_i$ 取决于其二维位置 $\boldsymbol{S}_i = [S_{x,i}, S_{y,i}]^{\mathrm{T}}$、测量输出类型(目标的相对方位及其相对范围等)以及感知区域 Λ_i。对 W 内的传感器做以下假设：

(1) 传感器节点位置 $\boldsymbol{S}_i$ 均匀分布在正方形感应场内 $\Omega_T = [\omega \times \omega]\, m^2$；

(2) 每个传感器的最大感知范围 ρ_i(m)和角度范围 ψ_i(弧度)是相同的，但传感器方向均匀随机分布在 $[0,2\pi]$。

给定假设(1)和假设(2)，通过泊松分布，在密集场中任何点上由 m 个传感器观测目标的概率 p_f 如下：

$$p_f = \sum_{i=0}^{m} \frac{\mathrm{e}^{-\lambda\left(\frac{\psi}{2}\pi\rho^2\right)} \left[\lambda\left(\frac{\psi}{2}\pi\rho\right)^2\right]^i}{i!} \tag{15.10}$$

该算法中，目标检测受到场密度 λ、每单位面积的节点数和传感器特性的影响。注意，使用泊松分布是基于以往的成功经验。在成功检测取决于目标、潜在传感器及其各自环境之间的复杂交互的场景中，需要更多的信息来准确捕获检测概率。

通过考虑一个或多个感知节点 S_i^*，将其分类到在欧式距离上最接近目标的预测集群，实现传感器聚类。由于可能无法对 W 的所有元素进行迭代，因此根据传播均值 $\hat{x}_k$，可使用欧几里得距离将区域分类为一个子集。令传播状态平均值 $\hat{\boldsymbol{x}}_k$ 和位置 $\boldsymbol{S}_i$ 的相对位

置向量为

$$\boldsymbol{p}_i^k = \hat{\boldsymbol{x}}_k - \boldsymbol{S}_i \tag{15.11}$$

在 k 时间步,由 $t \leqslant n$ 个传感器得到欧几里得聚类 $\varepsilon_k \subseteq W$:

$$\varepsilon_k = \{S_1, S_2, \cdots, S_i, \cdots, S_t\}, \quad \forall\, |\boldsymbol{p}_i^k| \leqslant \rho_i \tag{15.12}$$

式中:t 为用户定义的值,可以是 1 和最大传感器数量之间的任意值; ε_k 根据欧几里得聚类算法获得(ECA),见算法 1。图 15.2 是 ECA 输出集群的可视示例。

由于进行测量的位置可能不存在 ε_k 选择的传感器节点(在集群选择中不考虑区域 Λ_i),因此 ECA 并不一定会得到最优结果。在实践中,使用 ε_k 进行传感器选择的主要优势是其计算效率高,但是这种快速生成的集群可能存在以下问题:①目标损失,其中 ε_k 选择的均是不可行传感器或无法观测目标动态;②高电位信息增益的损失,虽然最佳传感器可以方便地获得传播置信状态,但其欧几里得距离不适用算法 1。进一步的研究参见 15.5 节。为了避免轨迹丢失可靠性是 IGRCA 首先要考虑的问题。

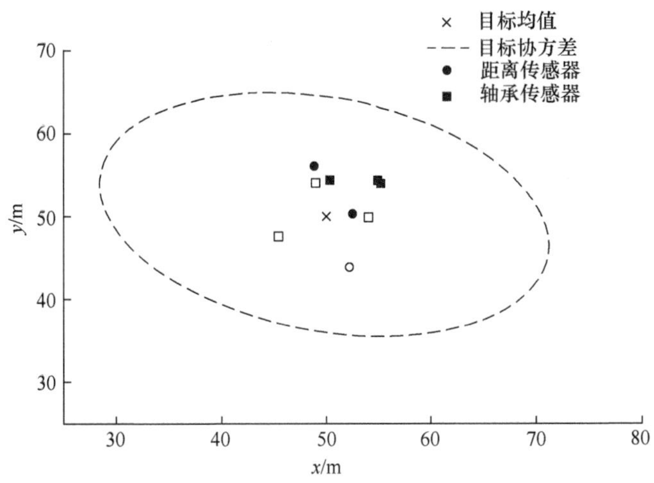

图 15.2　基于传感器与目标接近度的 ε_k 传感器聚类(欧几里得集中的图中“○”“□”表示不可用的传感器)

算法 1　欧几里得聚类算法

Algorithm 1　Euclidena clustering algorithm

1: Given the current state of the target, $\boldsymbol{x}_{k-1}$ and $\boldsymbol{P}_{k-1}$ compute the prior belief values $\hat{\boldsymbol{x}}_k$ *and* $\hat{\boldsymbol{P}}_k$ at the next time-step k.

2: **while** $t<n$ **do**

3: Iterate through $\mathscr{W} \backslash \mathscr{E}_k$ and return closest sensor S_E With Eq. (15.12).

4: $t \leftarrow t+1$.

5: $\mathscr{E}_k \leftarrow \mathscr{E}_k \cup S_E$.

6: **end while**

7: if The number of elements of $\mathscr{E}_k$ is 0, return prior as posterior **then**

8: Go to step 1.

9: else

10: Iterate through $\mathscr{E}_k$ and perform simulated measurements at time k to compute expected entropy H_i with Eq. (15.19) for each sensor.

11: Determine the optimal sensor S_i^* by identifying the minimal expected entropy H_i^*.

12: Route the current belief data to S_i^*.

13: S_i^* performs a measurement and routes the information back to the base station for data aggregation and fusion.

14: end if

15: Repeat step 1.

15.3 信息引导的快速聚类算法

为了实现在保持低定位误差的同时,避免目标轨迹损失的双重目标,本章开发了一种新的聚类算法,该算法在实时目标跟踪场景中比 Euclidean 方法更为优越。我们称为信息引导快速聚类算法(IGRCA),该算法由三个连续的聚类步骤组成,包括感知可行性(15.3.1 节)、信息效用(15.3.2 节)和通信成本(15.3 节)。最终在最佳传感器选择(15.3.4 节)中完成聚类。为简单起见,IGRCA 构建时考虑单个目标跟踪,但 IGCCA 可以方便地扩展到多个目标的分析,详见 15.6 节。

15.3.1 感知可行性

假定当前时间标记为$(k-1)$,并且需要为下一个时间步选择最优传感器,标记 k。IGCCA 一开始仅考虑 WSN W 中可以切实感知目标的节点。这就要求在每个传播步骤中,更新可行性区域为

$$\Lambda_k = \Lambda_1 \cup \Lambda_2 \cup \cdots \Lambda_i \cup \cdots \cup \Lambda_m \quad (\hat{x}_k \in \text{int}(\Lambda_i))$$

其中,$\text{int}(\Lambda_i)$ 表示欧几里得平面内的圆扇形区域 Ω_T,可通过半径 ρ_i 和中心角 Ψ_i 以及传感器位置 S_i 进行定义。给 W 内所有节点附加二进制值,其区域 Λ_i 包含于 Λ_k,类似之前有些学者提出的二进制接近传感器。满足可行性条件的聚类在时间步 k 包含 $m \leqslant n$ 个元素 $\mathcal{F}_k \subseteq W$,构造为

$$\mathcal{F}_k = \{S_1, S_2, \cdots, S_i, \cdots, S_m\}, (\forall \Lambda_i \in \Lambda_k) \tag{15.13}$$

集合 $\mathcal{F}_k$(称为可行性聚类)的生成需要 $O(n)$ 的计算复杂度。当预测的目标位置在每个传感器 $S_i \in W$ 的区域之外时,集群 $\mathcal{F}_k$ 保证在时间步长 k 处的可行测量,如图 15.6 所示。

可行性的说明:对于 15.3.2.2 节中介绍的传感器类型(雷达、声纳、DOA 等),早期的目标跟踪研究采用了 Swerling Ⅰ模型,其中目标位于传感器的可视区域中,执行概率目标

检测的测量，而不是 15.3.1 讨论二进制检测。虽然为每个测量提供检测概率，可用于实际的目标跟踪，但它无法反映算法的可信度，这是本研究工作的重点。值得注意的是，15.4.2 节中的噪声方差模型由于保留了传感器的操作距离，因此会影响传感器观察目标的能力。

15.3.2　信息效用

尽管集群 $\boldsymbol{F}_k$ 保证了在时间步 k 时进行测量，但它不能保证信息的实用性。传感器选择的第二阶段，试图在时间 k 处保留最有可能"减少目标后验置信状态的不确定性"的传感器节点，这就是信息效用。通过合并以下两个特定传感器度量，揭示每个节点的潜在信息效用：①时间 k 时与已传播（先前）置信状态的 Mahalanobis 距离；②指示恰当测量模型和输出类型的模式（范围、方位等）。这些标准将在 15.3.2.1 节和 15.3.2.2 节中详细介绍。通过信息效用，对 $\boldsymbol{F}_k$ 内的每个传感器进行排名实现聚类，见图 15.6(b)，称为 $\mathcal{Q}_k$（"质量聚类"）。

15.3.2.1　Mahalanobis 距离

给定具有已知均值和协方差的 $\Re^N$ 概率分布，Mahalanobis 距离是该点与置信分布的"统计相关性"的标量度量。给定采样点 p 及其分布平均值 μ 和协方差 Σ，该度量计算如下：

$$M = \sqrt{(p-\mu)^{\mathrm{T}}\Sigma^{-1}(p-\mu)} \tag{15.14}$$

在物体-感知应用程序中，将传感器视为来自目标状态分布的采样点，可以将这种"相关性"表示为目标状态更新的传感器信息效用，并且对于平均值和目标不确定度协方差矩阵本征方向的传感器，相对位置向量间的集合表示更加紧密。目前，在实际应用中，仅使用静态的"位置传感器"（例如测量范围和方位角的传感器）。另外，目标置信状态可表示为四维状态向量 $\boldsymbol{x}=[x,\ \dot{x},\ y\ ,\dot{y}]^{\mathrm{T}}$，其中还包括速度分量。因此，在时间步 k，目标的全状态先验分布是 $\mathcal{N}(\hat{x}_k,\hat{P}_k)$，由一个四维均值向量和四维协方差椭圆参数化。因此，为了使位置传感器与目标置信状态一致，我们仅使用位置限制 $(\hat{x}_k,\hat{P}_k)$，记为 $\hat{\boldsymbol{x}}_{k_{\text{pos}}}=[\hat{x}_k,\hat{y}_k]^{\mathrm{T}}$ 和 $\hat{\boldsymbol{P}}_{k_{\text{pos}}}=\begin{bmatrix}\sigma_{k_x}^2 & \sigma_{k_{xy}}\\ \sigma_{k_{xy}} & \sigma_{k_y}^2\end{bmatrix}$。对于 k 时间可行性集群 $\mathcal{F}_k$ 中每个传感器的位置 S_i，式(15.14)中 Mahalanobis 距离可表示为

$$M_i^k=\sqrt{(S_i-\hat{\boldsymbol{x}}_{k_{\text{pos}}})^{\mathrm{T}}\hat{P}_{k_{\text{pos}}}^{-1}(S_i-\hat{\boldsymbol{x}}_{k_{\text{pos}}})} \tag{15.15}$$

给定传感器与目标的传播位置置信状态间的 Mahalanobis 距离，本质上等同于从传感器的二维位置到传播的（先验）平均目标位置 $\hat{\boldsymbol{x}}_{k_{\text{pos}}}$ 的标准偏差的数量。通过偏心率 e 的椭圆和本体固定主轴，位置协方差 $\hat{\boldsymbol{x}}_{k_{\text{pos}}}$ 可以被几何表示，其与 P 的本征向量 $\hat{\boldsymbol{x}}_{k_{\text{pos}}}$ 对齐，即，λ_1 和 λ_2 来自目标平均位置 $\hat{\boldsymbol{x}}_{k_{\text{pos}}}$，见图 15.1(b)。相对感知角度 θ 表示当前置信协方差椭圆的长轴 λ_1 和传感器-目标的相对位置向量 $\boldsymbol{P}_i^k$ 之间的角度：

$$\theta=\arccos\left(\frac{\boldsymbol{p}_i^k\cdot\lambda_1}{|\boldsymbol{p}_i^k||\lambda_1|}\right)\quad\left(\theta\in\left[-\frac{\pi}{2},\frac{\pi}{2}\right]\right) \tag{15.16}$$

注意,式(15.15)中定义的 Mahalanobis 距离与相对感知角度有关:对于均值 d(欧氏距离)范围内的传感器,Mahalanobis 距离最小的感应位置位于 λ_1[图 15.1(b)中橙色圆圈],其中 θ 最小化。

Mahalanobis 距离仅是传感器与置信状态的几何关系量度,但在特殊情况下,传感器的输出会约束该置信状态(目标的范围或方位)。这时,Mahalanobis 距离度量即表示信息效用。不用于平均值等距的两个点具有相应的 Mahalanobis 度量,该度量相差几个数量级,这取决于各个向量与不确定性分布的主轴的本征向量的对齐方式。在图 15.3 所示的情况下,距离传感器 A 和 B 与目标均值在物理上等距。但是,由于传感器 A 的相对感知角度比传感器 B 更好,因此对于 Mahalanobis 距离,传感器 A 比传感器 B 更接近目标。因此,它可以沿先验协方差的主轴降低更多的不确定性,并且在 Mahalanobis 距离直接比较中也好于传感器 B。

15.3.2.2 传感模式和质量集群创建

传感器的模式(范围、方位等)是影响选择过程的主要因素。与图 15.3 中沿感应向量 $\boldsymbol{p}$ 提供相对距离测量值的距离传感器不同,方位传感器沿与 $\boldsymbol{p}$ 正交的轴进行感应并输出接收信号的角度。由于这种正交性,方位传感器的 Mahalanobis 距离是通过在固定参考系中旋转 90°的置信状态协方差 $\hat{\boldsymbol{P}}_{k_{\text{pos}}}$ 来计算的。在惯性系中,可表示为

$$\hat{\boldsymbol{P}}_{k_{\text{pos}}}^{\text{Bearing}} = \begin{bmatrix} \sigma_{k_y}^2 & -\sigma_{k_{xy}} \\ -\sigma_{k_{xy}} & \sigma_{k_x}^2 \end{bmatrix}$$

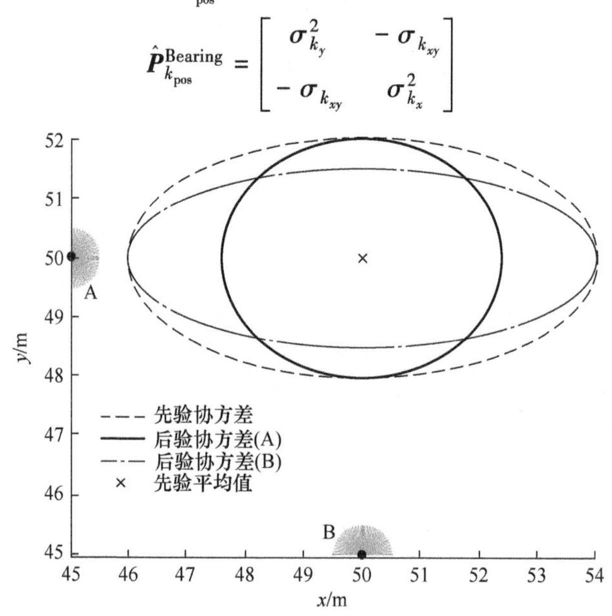

图 15.3 选择不同的传感器 A、B 会导致不同的更新错误椭圆
(从传感器发出的光线代表它们各自的区域)

由于测量模型的差异,相同的 Mahalanobis 距离上,合并距离传感器和方位传感器的观测值通常在更新之后无法获得等量的信息[式(15.6)和式(15.9)]。根据后验密度的微分熵(一种指示分布的随机性的信息度量,详见 15.3.4 节)进行评估时,存在依赖置信状态的 Mahalanobis 距离。交叉值实际上是

$$M_C = \left(\frac{R_b}{R_r \sqrt{\lambda_1 \lambda_2}}\right)^{\frac{1}{2}}$$

式中：R_r/R_b 为范围与方位传感器噪声方差的比。与 Mahalanobis 区间$[0, M_C]$中可用的距离传感器相比，Mahalanobis 值低于 M_C的方位传感器往往提供更大的信息效用（较小的差分熵）。图 15.4 显示了给定传感器的 Mahalanobis 距离、模态（正方形或圆点）与该传感器的测量结果的差分熵之间的关系。

因此，为了实现"信息效用聚类"，首先通过相对于传播目标先验密度的 Mahalanobis 距离 M_i^k 对可行簇 $\mathcal{F}_k$ 的每个节点进行排序；然后，通过感知模态对该 Mahalanobis 排序集合重新排序，在该模式中，所有 Mahalanobis 度量低于交叉值 $M_i^k < M_c$ 的方位传感器，高于 Mahalanobis 排序的距离传感器。根据排序集 $\widetilde{\mathcal{F}_k}$，保留用户定义数量的传感器（$\mathcal{L}$），从而产生包含$\mathcal{L} \leqslant m$ 个元素的传感器集群 $\mathcal{Q}_k \subseteq \widetilde{\mathcal{F}_k}$：

$$\mathcal{Q}_k = \{S_1, S_2, \cdots, S_i, \cdots, S_\ell\}, \text{例如} M_i^k \leqslant M_L^k \tag{15.17}$$

式中：M_L^k 为随时间变化的 Mahalanobis 距离上限，并且是聚类时可用节点的结果，取决于保留的传感器的数量$\mathcal{L}$。虽然对保留节点的此限制是开放的，以便进一步在线优化，但出于计算成本的考虑，基于节点密度的限制已然足够。

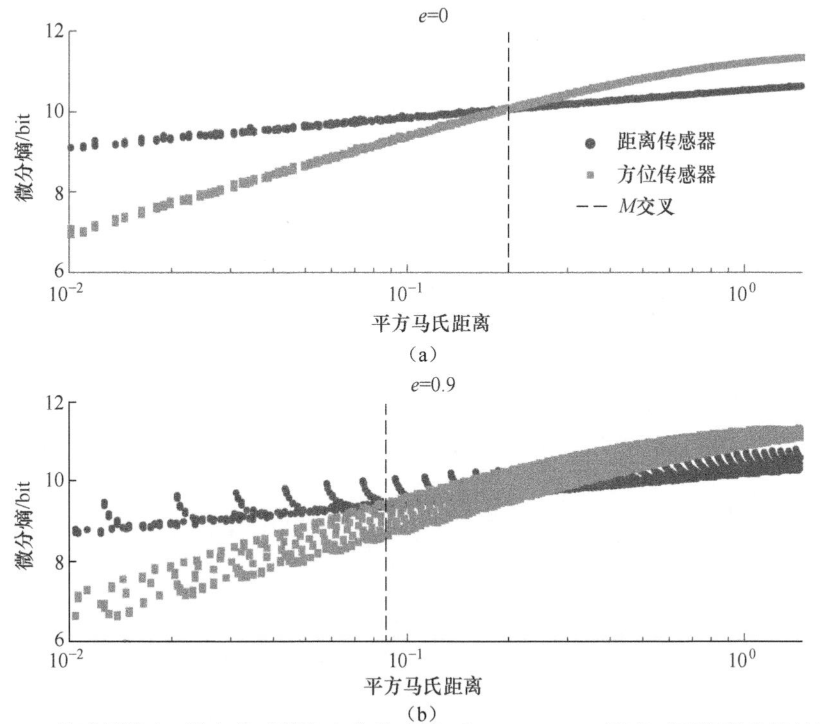

图 15.4　传感器模态（距离传感器和方位传感器）和 Mahalanobis 距离对预期微分熵的影响

（a）、（b）分别为在偏心率 $e=0$ 和 $e=0.9$ 下，考虑面积为 $10\pi\text{m}^2$ 的先验位置不确定性椭圆。

15.3.3　通信成本

聚类的最后一步旨在减少从传感器到处理节点（反之亦然）的路由信息的计算成本，

并将其应用于质量集群 $\mathcal{Q}_k$ 。在这种情况下，计算成本（也称传感器和接收器间的延迟）被表示为基于预测目标位置平均值 X_k ，提前 k 时间步长激活传感器 S_i 所需的路由时间 τ_k 。路由时间为 $\tau_k = 2\nu\varphi_i$ ，其中 ν 是 W 内传感器的传输速率（单位为 b/s），φ_i 是完成传感器到接收器数据传输的最小通信链路数目，该值不随时间变化。给定具有 n 个节点和 z 个通信链路的拓扑网络 W，加权图中的每个源处理节点（基站）与可能的感知节点之间的最短路径（在此处视为通信传感器间的欧几里得距离）可以用 Dijkstra 算法计算。由于在 WSN 中，从一个通信节点到另一个通信节点的最佳路由时间是由两个节点之间的最低要求链接数（而不是最短距离）决定的，因此对 Dijkstra 算法进行改进（见算法 2），以此构造成本集群 $\mathcal{C}_k$ 。最佳路由路径见图 15.5，其中需要 5 个通信链路才能到达基站。

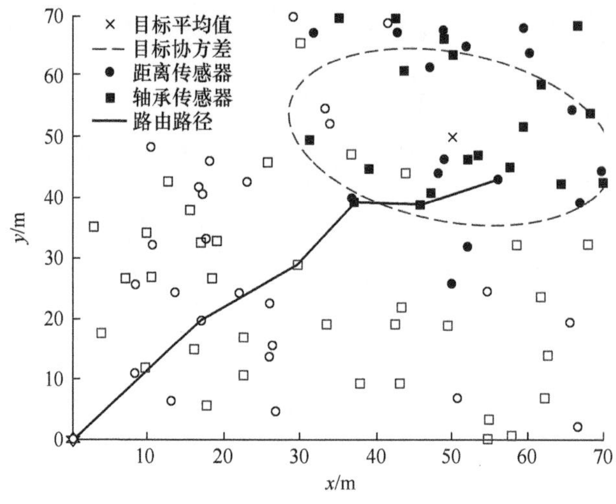

图 15.5 在包含 125 个传感器的 W 内，传感器到接收器的数据传输（消息链路数 φ = 5）

算法 2 改进 Dijkstra 算法

Algorithm 2 Modified Dijkstra's algorithm

Initialize $\mathscr{V} \leftarrow \mathscr{W}$ as the set of sensors.

for all $S_i \in \mathscr{V}$ **do**

  $\varphi_i \leftarrow 1$ (Minimum transmissions possible).

  $d[S_i] \leftarrow \infty$ {Distance from sink to sensor}.

end for

while $\mathscr{V}$ **not** $\varnothing$ **do**

  Find sensor $S_i \in \mathscr{V}$ with minimum $d[S_i]$.

  Remove S_i from $\mathscr{V}$.

  Initialize $\mathscr{Y}$ as neighboring sensor set of S_i.

   for all sensor $y \in \mathscr{Y}$ **do**

```
    if d[S_i]+d[S_i,y]<d[y] then
      d[y]←d[S_i]+d[S_i,y]
      return φ_y←φ_i+1
      {Increment communication chain}
    end if
  end for
end while
```

算法 2 的时间复杂度为 $\mathcal{O}((n+z)\ln(n))$，其中 z 为可能的通信链路数。所有最佳路由时间均取决于传感器，并进行离线计算。算法 2 适合实际的传感器密度和通信范围：因为在实际的跟踪场景中，可能无法获得先验。得到 $\mathcal{Q}_k$ 内每个节点的最短链路数 φ_i 后，时间步 k 处，包含 $r \leqslant l$ 元素 $\mathcal{C}_k \subseteq \mathcal{Q}_k$ 的成本聚类表示为

$$\mathcal{C}_k = \{S_1, S_2, \cdots, S_i, \cdots, S_r\}, \forall \varphi_i \leqslant \varphi_L \tag{15.18}$$

与质量簇 $\mathcal{Q}_k$ 的创建相似，通过在 $\mathcal{Q}_k$ 中保留用户定义的 r 个传感器来生成 $\mathcal{C}_k$。因此，边界 φ_i 是随时间变化的值。图 15.6(c)所示为 $\mathcal{C}_k$ 聚类实例。

15.3.4　最终最佳传感器选择

一旦构建了 IGRCA 集群，就必须从该集合中识别出最佳传感器，通过该传感器实现时间步长 k 对目标的测量。选择标准是能够导致“最小”后验不确定性的传感器。这显然是不太现实的，因为在时间 k 处的后验密度需要依据当时传感器测量，而这尚未发生。为此，我们使用 IDSQ 方法中采用的单步超前策略，计算仿真的后验目标置信状态的微分熵，并将其作为信息效用度量来选择最优的传感器。该度量单位为比特，可用于度量分布内的随机性级别。在目标跟踪应用中，后验密度的微分熵较低的传感器，其不确定性也更低。假设 P_k^+ 为 n 维的模拟后验协方差，并且其前瞻性后验均值为 x_k^+，则高斯分布的微分熵定义为

$$H(\mathcal{N}(x_k^+, P_k^+)) = \frac{1}{2}\log_2[(2\pi\exp)^n \mid P_k^+ \mid] \tag{15.19}$$

对于 r 个节点的最终集群 $\mathcal{C}_k$，选择最小微分熵的传感器 S^*，作为下一个时间步 k 的前导节点。

使用两个独立信息增益指标的说明：上文中，我们使用 Mahalanobis 距离作为信息理论度量，以此构建传感器群 $\mathcal{Q}_k$，同时还使用微分熵，以从集群 $\mathcal{Q}_k$ 中确定最佳传感器 S_k^*。然而，这种方法直接映射到目标不确定性的降低，是微分熵而不是 Mahalanobis 距离，微分熵是创建质量簇 $\mathcal{Q}_k$ 的更好选择。值得注意的是，Mahalanobis 距离和微分熵传达了两种不同的信息效用：Mahalanobis 距离度量给定传感器的几何优势(通过距离和指向最大不确定性轴的方向)，微分熵度量给定传感器的测量结果对置信状态的影响。预测 Mahalanobis 距离仅需为每个传感器评估(式(15.15))，而预测的差分熵则必须利用每个传感器的测量模型，并通过代数计算式(15.6)、式(15.7)、式(15.9)来获得给定的协方差，从而获得式(15.19)的解析表达式。对于度量模型和方差模型，我们将在 15.4.2 节

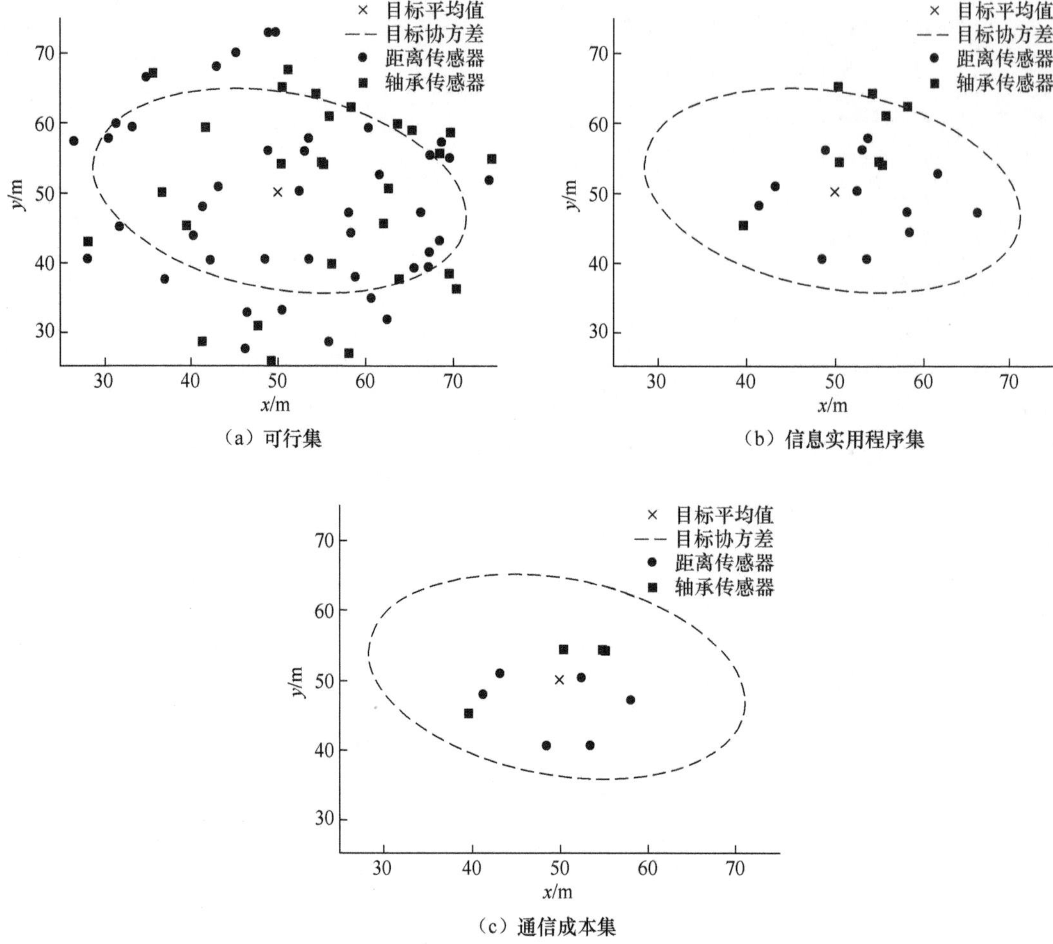

图 15.6　可行集、信息实用程序集和通信成本集

式(15.13)生成的传感器可行集 F_k；图(b)所示式(15.17)生成的传感器子集 $\mathcal{Q}_k$，其余范围和组合传感器沿误差椭圆的长轴方向延伸，而方位传感器沿短轴方向延伸；图(c)所示 IGRCA $\mathcal{C}_k$ 最终输出，保留了成本效益节点。

中进一步讨论。根据经验，将期望差分熵值分配给一组可行传感器的平均时间随集群大小线性增长。因此，将 Mahalanobis 距离用作信息效用度量有利于快速聚类大量传感器，从而降低不确定性，而差分熵仅仅作为最终精简集上的附加效用度量。

15.3.5　IGRCA 程序

算法 3 中概述了从整个无线传感器网 $\mathcal{W}$[图 15.1(a)]构建到最终传感器集群聚类 $\mathcal{C}_k$ 的过程。该算法核心即在 k 时间步，以下嵌套传感器集群序列的生成：

$$\underbrace{\mathcal{W}}_{\text{无线传感器网(图15.1(a))}} \supseteq \underbrace{\mathcal{F}_k}_{\text{可行集(图15.6(a))}} \supset \underbrace{\mathcal{Q}_k}_{\text{信息实用程序集(图15.6(b))}} \supset \underbrace{\mathcal{C}_k}_{\text{IGRCA输出(图15.6(c))}}$$

另外，还可以根据目标函数对每个可行传感器 S_i 进行排序，如下：

$$\phi^k(S_i) = \alpha_1 M_i^k + \alpha_2 \varphi_i^k$$

其中，$\alpha_1 + \alpha_2 = 1$。

在每个时间步 k,通过将 $\mathcal{F}_k$ 中每个节点按 ϕ^k 排序,同时保留用户指定的具有最低目标值 ϕ^k 的 r 个节点,实现最终聚类。尽管此方法允许在聚类的同时考虑信息效用和路由成本,但子集方法更具成本效益,因此总体目标的不确定性降低几乎相同。

算法 3　信息引导快速聚类算法

Algorithm 3 Information guided rapid clustering algorithm

1: Compute the optimal routing paths via Algorithm 2.

2: Given the current state of the target $\boldsymbol{x}_{k-1}$ and $\hat{\boldsymbol{P}}_{k-1}$ compute the prior belief values $\hat{\boldsymbol{x}}_{\boldsymbol{k}}$ **and** $\hat{\boldsymbol{P}}_k$ at the next time-step k.

3: Iterate through $\mathscr{W}$ and return $\mathscr{F}_k$ with Eq. (15.13).

4: **if** The number of elements of $\mathscr{F}_k$ is 0, return prior as posterior **then**

5: 　Go to step 1.

6: **else**

7: 　Iterate through $\mathscr{F}_k$ and return $\mathcal{Q}_k$ with Eq. (15.17).

8: 　Reorder $\mathscr{F}_k$ into $\mathscr{F}_k$.

9: 　Iterate through $\mathcal{Q}_k$ and return $\mathcal{C}_k$ with Eq. (15.18).

10: 　Iterate through $\mathcal{C}_k$ and perform simulated measurements at time k to compute expected entropy H_i with Eq. (15.19) for each sensor.

11: 　Determine the optimal sensor S^* by identifying the minimal expected entropy H_k^*.

12: 　Route the current belief data to S^*.

13: 　S^* performs a measurement and routes the information back to the base station for data aggregation and fusion.

14: **end if**

15: Repeat step 2.

15.4　目标动力学和传感器测量模型

本节将就 15.2.1 节中的动力学和测量模型展开讨论。通过该模型,可解决根据无线传感器网络激活节点的测量值跟踪多个机动目标的问题。我们将在 15.5 节使用该模型进行实例分析,在 15.6 节针对研究结果开展讨论。

15.4.1　系统模型

在跟踪应用中,计算目标轨迹在感知环境中运动方向的突然偏移,对传感器选择算法是有利的。我们将状态空间 $\mathcal{X}$ 划分为两个区域($\mathcal{X}=\mathcal{X}_1\cup\mathcal{X}_2$),定义如下:

(1) 无线传感器网络 W 的综合传感边界定义为 $\mathcal{X}_1=\{\Lambda_1\cup\Lambda_2\cup,\cdots,\cup\Lambda_{n-1}\cup\Lambda_n\cup\Omega_{\mathrm{T}}\}$,其中 Ω_{T} 是包含于 W 的用户定义的测试区域(单位为 m^2)。

(2) 将$\mathcal{X}$中无法检测到目标的部分定义为$\mathcal{X}_2=\mathcal{X}\backslash\mathcal{X}_1$。

分区($\mathcal{X}_1$和$\mathcal{X}_2$)中的每个成员满足一组特定的系统动力学方程,由它们对应的状态转移矩阵$\boldsymbol{A}1$和$\boldsymbol{A}2$定义,这样就形成一个分段仿射系统(切换状态系统)。为了模拟这种行为,Olfati-Saber 和 Sandell 在系统动力学中引入了切换功能,该功能在目标逃逸的时间步向目标施加正交力,将其重定向回传感器场。这样,就可以在有限的环境中跟踪具有不可预测的路径偏离或有避障行为的目标。在 15.6 节介绍的仿真中,基站能够预测物体何时会进行轨迹切换,并能够在先验状态预测中考虑物体的新动态。目标位置决定了状态转换动力学为两个模型,一个用于传感器场内,另一个用于传感器场外。同时通过输入为$\boldsymbol{\eta}$的二进制切换函数来表示目标位置向量$\boldsymbol{\eta}\in\{x_t,y_t\}$的组分,实现模式切换:

$$\Gamma(\boldsymbol{\eta})=\begin{cases}1 & (\eta\geqslant 0)\\ -1 & (\text{其他})\end{cases}$$

考虑用户定义的边界距离a,上式扩展为

$$\mu(\boldsymbol{\eta})=\frac{\Gamma[(a-\omega)+\eta]+\Gamma(a-\eta)}{2}$$

其中,目标可能会离开测试区域Ω_{T}的边界,"a"表示在切换矩阵发生正交方向偏移之前,距测试区域a内原点(沿x或y方向)的距离:

$$\boldsymbol{M}(\boldsymbol{x})=\begin{bmatrix}\mu(x) & 0\\ 0 & \mu(y)\end{bmatrix}$$

式(15.2)的线性化状态转换形式定义如下:

$$\boldsymbol{F}(\boldsymbol{x})=\boldsymbol{M}(\boldsymbol{x})\otimes\boldsymbol{A}_1+[\mathscr{I}_2-\boldsymbol{M}(\boldsymbol{x})]\otimes\boldsymbol{A}_2$$

式中:⊗表示 Kronecker 积。当$[x_t,y_t]^{\mathrm{T}}\in X_1$时,$\boldsymbol{A}_1=\begin{bmatrix}1 & \Delta T\\ 0 & 1\end{bmatrix}$,当$[x_t,y_t]^{\mathrm{T}}\in X_2$时,$\boldsymbol{A}_2=\begin{bmatrix}1 & \Delta T\\ -\Delta T\,c_1 & 1-\Delta T\,c_2\end{bmatrix}$,用户自定义常数$a$, c_1, $c_2>0$,时间步长为ΔT。式(15.2)表示为

$$\boldsymbol{x}_{k+1}=\boldsymbol{F}(xk)xk+\boldsymbol{B}\boldsymbol{v}_k \tag{15.20}$$

式中:$\boldsymbol{B}=\mathscr{I}_2\otimes\begin{bmatrix}\dfrac{\Delta T^2\sigma_q}{\Delta T\sigma_q}\end{bmatrix}$,$\sigma_q^2$为过程噪声方差。式(15.20)用于生成具有随机初始状态的目标轨迹,见 15.6.3 节和 15.6.3.3 节。

15.4.2 测量模型

考虑两个不同的异构无线传感器网络,即仅方位(无源声纳和到达角天线阵列)和仅范围(雷达或声振幅)传感器。每种传感器类型的输出是传感器$S_i=[S_{x,i}\quad S_{y,i}]$与目标位置间的相对位置的函数:

$$h_k(x_k)=\begin{cases}\sqrt{\tilde{x}_k^2+\tilde{y}_k^2} & (\text{用于距离传感器})\\ \arctan\dfrac{\tilde{y}_k}{\tilde{x}_k} & (\text{用于方位传感器})\end{cases} \tag{15.21}$$

式中:$\tilde{x}_k=x_k-S_{x,i}$和$\tilde{y}_k=y_k-S_{y,i}$分别为时间k时,所传感器节点和目标之间的相对位置

和角度。雅各布测量模型为

$$H_k(\hat{x}_k)=\begin{cases}\left[\dfrac{\tilde{x}_k}{\sqrt{\tilde{x}_k^2+\tilde{y}_k^2}}\quad 0\quad \dfrac{\tilde{y}_k}{\sqrt{\tilde{x}_k^2+\tilde{y}_k^2}}\quad 0\right]（距离传感器）\\ \left[\dfrac{-\tilde{y}_k}{\tilde{x}_k^2+\tilde{y}_k^2}\quad 0\quad \dfrac{\tilde{x}_k}{\tilde{x}_k^2+\tilde{y}_k^2}0\right]（方位传感器）\end{cases} \tag{15.22}$$

除了测量矩阵外，每个传感器 i 的噪声方差 $R_i^k(d_k)$ 还与其距目标的相对位置有关，该相对位置可由接收信号强度的模型得到（如本章中使用的声振幅和声纳传感器）。该模型本质上是一个函数，取决于时间 k 时传感器与目标的距离 d、放大常数 κ 以及附加的随机误差 $r_i\sim\text{Gamma}(r_\alpha,r_\beta)$，其中，$r_i\ll d$ 表示观察期间产生的固有机械误差。

$$R_i^k(d_k)=\kappa(d_k+r_i) \tag{15.23}$$

路由到基站的测量值还附加二进制值，以指示数据是关于相对距离还是方位值。

$$\rho=\begin{cases}0 & （用于距离传感器）\\ 1 & （用于方位传感器）\end{cases} \tag{15.24}$$

基于此，基站以正确的测量和噪声形式来计算式（15.7）~式（15.9）。

15.5　理论分析

如 15.3.2 节所述，在传感器选择中，有两个关键特征：①与目标的相对位置；②传感方式。在本节中，我们严格列出传感器相对于目标的相对位置与其测量信息之间的关系。我们的分析支持 IGRCA 将 Mahalanobis 距离用作传感器聚类的信息度量。首先考虑距离传感器，然后扩展方位传感器。我们先对参考系的表示法进行介绍，之后就结果展开讨论。

15.5.1　参考系

在本工作中，我们仅关注“位置传感器”（范围/方位测量），因此以下使用了 15.3.2.1 节定义的均值向量和协方差矩阵的位置限制 $\hat{\boldsymbol{x}}_{\text{pos}}=[\hat{x},\hat{y}]^{\text{T}}$ 和 $\hat{\boldsymbol{P}}_{\text{pos}}=\begin{bmatrix}\sigma_x^2 & \sigma_{xy}\\ \sigma_{xy} & \sigma_y^2\end{bmatrix}$。随后，令目标位置在原点，此协方差矩阵在“固定框架”中进行描述，即 $\hat{\boldsymbol{x}}_{\text{pos}}=[0,0]^{\text{T}}$ 和 $\hat{\boldsymbol{P}}_{\text{pos}}=\begin{bmatrix}\lambda_1 & 0\\ 0 & \lambda_2\end{bmatrix}$。执行惯性参考系的变换，以使位置协方差矩阵 $\boldsymbol{e}_1$ 的最大特征值与惯性系统 $\boldsymbol{\lambda}_1$ 中不确定椭圆主轴的特征向量相关[两个参考系见图 15.1(b)]。类似地，根据式（15.22），惯性系中的相对位置向量 $\boldsymbol{p}=[\tilde{x},\tilde{y}]^{\text{T}}$ 在该主轴坐标系类被重新定义为 $\boldsymbol{p}=[p_1,p_2]^{\text{T}}$。

引理 1　如果目标位置均值和协方差分别为 $\hat{x}_{\text{pos}}$ 和 $\hat{\boldsymbol{P}}_{\text{pos}}$，传感器位于 $\boldsymbol{S}_E$，且距目标

$\| p_E \| = d$ 的相对感应向量为 $p_E = S_E - \hat{x}_{\text{pos}}$。那么,可最大程度降低不确定性的传感器位于 $\hat{P}_{\text{pos}}$ 的主轴 $\boldsymbol{e}_1$ 上。

证明 以下是简单证明。

沿感知轴 P_E 的不确定性减少与预测信息增益成正比,几何表示为不确定性超椭球体的体积减小:

$$\mathscr{f} \propto \det(\hat{\boldsymbol{P}}) - \det(\boldsymbol{P}^{+}) \tag{15.25}$$

距离传感器[图 15.1(b)中的蓝色圆圈]提供平行于传感向量 $\boldsymbol{p}_E$ 的测量信息 z。如果 $\boldsymbol{p}_E$ 来自最佳信息增益的点[图 15.1(b)中的橙色圆圈]——沿着不确定性椭圆的长轴($\boldsymbol{e}_1$)可定位该点,那么更新的协方差 $\hat{P}^{+}_{\text{pos}}$ 的表面积是最低的。

在提供进一步的结果之前,需要了解一些符号和定义。考虑将引理 1 用于均匀分布的传感器场。根据欧几里得距离最优化结果获得的距离传感器表示为 $\boldsymbol{S}_E$,与预期目标位置 $\hat{\boldsymbol{x}}_{\text{pos}}$ 的相对向量 $\boldsymbol{S}_E$。在固定框架中表示为 $\boldsymbol{p}_E = [P_1, P_2]^{\mathrm{T}}$,距目标均值的欧式距离为 $d = \sqrt{\boldsymbol{p}_E \cdot \boldsymbol{p}_E}$。那么它与目标 PDF 的平方 Mahalanobis 距离 $\boldsymbol{S}_E$ 为

$$M_E^2 = \boldsymbol{p}_E^{\mathrm{T}} \hat{\boldsymbol{P}}_{\text{pos}}^{-1} \boldsymbol{p}_E = \frac{1}{\lambda_1 \lambda_2}[\lambda_2 p_1^2 + \lambda_1 p_2^2] \tag{15.26}$$

接下来,考虑平均位置 $\hat{\boldsymbol{x}}_{\text{pos}}$ 周围由感知向量 $\boldsymbol{p}_E$ 外接的半径 d 的圆。根据 $\boldsymbol{S}_E$ 所在的象限,可以将其位置向量 $\boldsymbol{p}_E$ 映射到新的(假设的)位置 $\boldsymbol{p}_Q$,该位置到主轴向量 $\boldsymbol{e}_1$ 的投影 l_Q 短于 $\boldsymbol{p}_E$ 的原始投影 l_E。投影越短,信息增益越高(引理 1)。图 15.7 显示了传感器 $\boldsymbol{S}_E$ 的四个可能位置(红色圆圈),以及相应旋转路径(粉红色扇形),其中,在扇形内任何位置的 $\boldsymbol{p}_E$ 旋转都会使其到主轴的投影变短。如式(15.27)所示,感应向量 $\boldsymbol{p}_E$ 和最近的主轴顶点的旋转方向取决于象限。$\boldsymbol{S}_E$ 相对主轴的 θ_E 始终从主轴到 $\boldsymbol{p}_E$ 进行测量。类似地,结果向量 $\boldsymbol{p}_Q$ 的角度 θ_Q 也是从最近的长轴测量的。为简单起见,令 $\gamma = \theta_E - \theta_Q$。

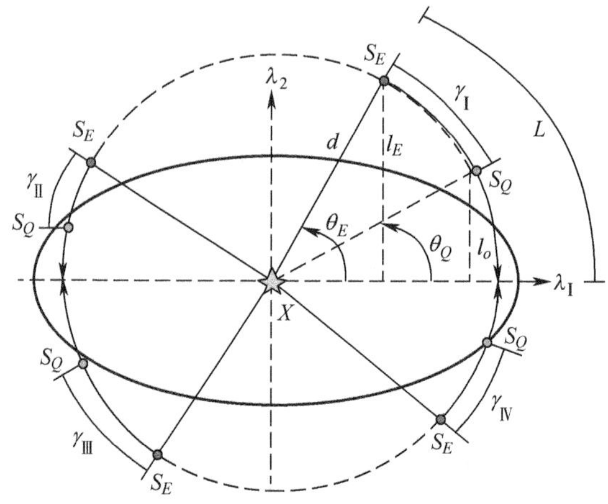

图 15.7 四个象限中 $\boldsymbol{S}_E$ 可能的位置(每个象限都有一个对应的扇区,该处 Mahalanobis 距离较低。第一象限中,$E_E = E_Q$ 但 $M_Q < M_E$)。

$$R_3 = \begin{cases} \begin{bmatrix} \cos\gamma & \sin\gamma \\ \sin\gamma & \cos\gamma \end{bmatrix} & (\gamma \in \text{象限 I 或 III}) \\ \begin{bmatrix} \cos\gamma & -\sin\gamma \\ \sin\gamma & \cos\gamma \end{bmatrix} & (\gamma \in \text{象限 II 或 IV}) \end{cases} \tag{15.27}$$

引理 2　通过 ECA 算法,选择距目标平均位置 $\hat{\boldsymbol{x}}_{\text{pos}}$ 为 d、相对目标位置协方差的长轴 $\boldsymbol{e}_1$ 的角度为 γ 的距离传感器 $\boldsymbol{S}_E$ 作为最佳传感器。令目标 PDF 相关 Mahalanobis 距离为 M_E 。如果 $\theta_E \neq 0$,则 $\boldsymbol{S}_E$ 沿半径为 d 的弧 L 延伸到 $\boldsymbol{e}_1$,沿该弧距目标 PDF 的 Mahalanobis 距离小于或等于 M_E ,并且将另一个 Mahalanobis 距离 M_Q 的距离传感器 S_Q 置于该弧上,IGRCA 会优先选择 $\boldsymbol{S}_E$。

证明　第一象限中, $M_Q \leqslant M_E$ 如下,其中向量 $\boldsymbol{p}_E$ 在极坐标中描述为 (d,θ_E) ,$\theta_E \in [0,\pi/2]$。$\boldsymbol{p}_E$ 顺时针旋转角度 $\gamma \in [0,\theta_E]$,将产生以下感应向量:

$$\boldsymbol{p}_Q = \boldsymbol{R}_3\boldsymbol{p}_E = \begin{bmatrix} p_1\cos\gamma + p_2\sin\gamma \\ -p_1\sin\gamma + p_2\cos\gamma \end{bmatrix} \tag{15.28}$$

根据极性转换次数 $p_1 = d\cos\theta_E$ 和 $p_2 = d\sin\theta_E$, M_E^2 表示如下:

$$M_E^2 = \frac{d^2}{\lambda_1\lambda_2}[\lambda_2\cos^2\theta_E + \lambda_1\sin^2\theta_E] \tag{15.29}$$

将式(15.28)中的 $\boldsymbol{p}_Q = \boldsymbol{R}_3\boldsymbol{p}_E$ 代入式(15.26)的平方 Mahalanobis 距离 $M_Q^2 = \boldsymbol{p}_Q^{\mathrm{T}}\hat{\boldsymbol{P}}_{\text{pos}}^{-1}\boldsymbol{p}_Q$:

$$M_Q^2 = \frac{1}{\lambda_1\lambda_2}[\lambda_2 p_1^2\cos^2\gamma + 2\lambda_1 p_1 p_2\sin\gamma\cos\gamma + \lambda_2 p_1^2\sin^2\gamma + \lambda_1 p_2^1\sin^2\gamma - 2\lambda_1 p_1 p_2\sin\gamma\cos\gamma + \lambda_1 p_2^2\cos^2\gamma]$$

极性转换后为

$$M_Q^2 = \frac{d^2}{\lambda_1\lambda_2}[\lambda_2(\cos^2\gamma\cos^2\theta_E + \sin^2\gamma\sin^2\theta_E) + \frac{(\lambda_1 - \lambda_2)}{2}\sin2\gamma\sin2\theta_E + \lambda_1(\cos^2\gamma\cos^2\theta_E + \sin^2\gamma\sin^2\theta_E)]$$

根据式 $M_Q^2 \leqslant M_E^2$,有

$$[\lambda_2(\cos^2\gamma\cos^2\theta_E + \sin^2\gamma\sin^2\theta_E) + \frac{\lambda_2 - \lambda_1}{2}\gamma\sin^2\sin2\theta_E + \lambda_1(\cos^2\gamma\sin^2(\theta_E) + \sin^2\gamma\cos^2\theta_E)] \leqslant [\lambda_2\cos^2\theta_E + \lambda_1\sin^2\theta_E]$$

可以得到:

$$\lambda_2 \leqslant \lambda_2\cos^2\theta_E + \lambda_1\sin^2\theta_E \tag{15.30}$$

由于 $e^2 = 1 - \frac{\lambda_2}{\lambda_1}$,式(15.30)与偏心率表达式结合得到:

$$1 \leqslant \cos^2\theta_E + \frac{\sin^2\theta_E}{(1 - e^2)} \tag{15.31}$$

根据引理 2 的定义,旋转感知向量 $\boldsymbol{p}_Q$ 产生相对角度 $\theta_Q \leqslant \theta_E$ 。由于 $\theta_Q = \theta_E$,当且仅当 $\gamma = 0$ 时:

$$\theta_Q < \theta_E \Rightarrow M_Q < M_E \tag{15.32}$$

不出所料，当偏心率为零时，方程(15.31)中的数量相等。在象限Ⅱ－Ⅳ中，γ 的证明类似，结论也相同：对于 $e \neq 0$，$\boldsymbol{p}_E$ 可以旋转为向量 $\boldsymbol{p}_Q$，该向量对主轴向量 $\boldsymbol{e}_1$ 的投影 l_Q 短于具有较低的 Mahalanobis 距离 d 传感向量 $\boldsymbol{p}_E$ [见式(15.32)和图 15.7]。在以下两种情况中 $\boldsymbol{p}_E$ 和 $\boldsymbol{p}_Q$ 是相同向量：

(1) 不确定性椭圆的偏心率为零。

(2) 最近的欧几里得点已经位于主轴上：极坐标点为 $(d,0)$ 和 (d,π)。

引理 3 考虑半径为 d 的圆弧上的两个传感器 $\boldsymbol{S}_E$ 和 $\boldsymbol{S}_Q$，其距离目标状态 PDF 的 Mahalanobis 距离分别为 M_E 和 M_Q。

$$M_Q < M_E \Rightarrow \theta_Q < \theta_E \tag{15.33}$$

其中，θ_E 和 θ_Q 分别是从长轴测量 $\boldsymbol{S}_E$ 和 $\boldsymbol{S}_Q$ 的角位置。

证明 给定第一象限的两点(d,θ_E)和(d,θ_Q)，令 $M_Q^2 < M_E^2$。根据式(15.29)，引理 2 中的 $M_Q^2 < M_E^2$ 表示为

$$\lambda_2\cos^2\theta_Q + \lambda_1\sin^2\theta_Q < \lambda_2\cos^2\theta_E + \lambda_1\sin^2\theta_E$$

令 $\lambda_2 = \lambda_1 z$，其中 $(z = (1 - e^2)$，

$$z\cos^2\theta_Q + \sin^2\theta_Q < z\cos^2\theta_E + \sin^2\theta_E$$

$$\Rightarrow z\frac{1+\cos 2\theta_Q}{2} + \frac{1+\cos 2\theta_Q}{2} < z\frac{1+\cos 2\theta_E}{2} + \frac{1+\cos 2\theta_E}{2}$$

$$\Rightarrow z(\cos u - \cos v) < \cos u - \cos v \quad (u = 2\theta_Q, v = 2\theta_E)$$

其中 $u<v$。因此，$M_Q < M_E \Rightarrow \theta_Q < \theta_E, 0 \leqslant z < 1$。

定理 1 考虑固定参考系中，极坐标(d,θ_E)和(d,θ_Q)处的两个传感器 $\boldsymbol{S}_E$ 和 $\boldsymbol{S}_Q$。如果它们距目标状态-PDF 的氏距离分别是 M_E 和 M_Q，有

$$\theta_Q < \theta_E \Leftrightarrow M_Q < M_E \tag{15.34}$$

证明 结合引理 2 和引理 3 得出式(15.34)(适用于第一象限)。

虽然引理 3 的构造似乎对引理 2 是多余的，但是它们各自的证明知识却是截然不同的。由于 Mahalanobis 距离度量隐含了欧几里得距离和相对角度信息(如每个传感器的 γ)，因此式(15.34)提供的“if”和“only if”语句允许 Mahalanobis 距离算法对传感器进行排序信息最优化，如引理 4 所示。

引理 4 在第一象限中，给定(d,θ_E)和(d,θ_Q)处的两个传感器 $\boldsymbol{S}_E$ 和 $\boldsymbol{S}_Q$，其中 $\theta_Q < \theta_E$。S_Q 的期望 Fisher 信息量比 $\boldsymbol{S}_E$ 更大，即 $\theta_Q < \theta_E \Rightarrow \boldsymbol{f}_Q > \boldsymbol{f}_E$

证明 令传感器 $\boldsymbol{S}_E$ 和 $\boldsymbol{S}_Q$ 的测量误差方差 $\boldsymbol{R}_E$ 和 $\boldsymbol{R}_Q$ 分别定为 $\kappa_r(d + r_0)$，固定主轴的目标先前协方差表示为对角矩阵：

$$\hat{\boldsymbol{P}} = \begin{bmatrix} \lambda_1 & 0 & 0 & 0 \\ 0 & \lambda_2 & 0 & 0 \\ 0 & 0 & \lambda_3 & 0 \\ 0 & 0 & 0 & \lambda_4 \end{bmatrix} \tag{15.35}$$

式(15.7)的卡尔曼增益为

$$\boldsymbol{K} = \begin{bmatrix} \dfrac{dp_1\lambda_1}{\lambda_1 p_1^2 + \lambda_2 p_2^2 + d^2\kappa_r(d + r_0)} \\ 0 \\ \dfrac{dp_2\lambda_2}{\lambda_1 p_1^2 + \lambda_2 p_2^2 + d^2\kappa_r(d + r_0)} \\ 0 \end{bmatrix}$$

因此,后验协方差可从式(15.9)获得

$$\boldsymbol{P}^+ = \begin{bmatrix} \dfrac{\lambda_1[\lambda_2 p_2^2 + d^2\kappa_r(d + r_0)]}{\lambda_1 p_1^2 + \lambda_2 p_2^2 + d^2\kappa_r(d + r_0)} & 0 & \dfrac{-\lambda_1\lambda_2 p_1 p_2}{\lambda_1 p_1^2 + \lambda_2 p_2^2 + d^2\kappa_r(d + r_0)} & 0 \\ 0 & \lambda_3 & 0 & 0 \\ \dfrac{-\lambda_1\lambda_2 p_1 p_2}{\lambda_1 p_1^2 + \lambda_2 p_2^2 + d^2\kappa_r(d + r_0)} & 0 & \dfrac{\lambda_2[\lambda_1 p_1^2 + d^2\kappa_r(d + r_0)]}{\lambda_1 p_1^2 + \lambda_2 p_2^2 + d^2\kappa_r(d + r_0)} & 0 \\ 0 & 0 & 0 & \lambda_4 \end{bmatrix}$$

因此,预测的 Fisher 信息度量 $\mathcal{I} \equiv \det((P_k^+)^{-1})$ (后验协方差的倒数的决定因素)为

$$\mathcal{I} = \frac{\lambda_1 p_1^2 + \lambda_2 p_2^2 + d^2\kappa_r(d + r_0)}{\lambda_1\lambda_2\lambda_3\lambda_4 d^2\kappa_r(d + r_0)} \tag{15.36}$$

其中, $p_1 = d\cos\theta$, $p_2 = d\sin\theta$ 。由于 $\lambda_2 = \lambda_1(1 - e^2)$,式(15.36)表示为

$$\mathcal{I}(e,\theta) = \frac{\kappa_r(d + r_0) + \lambda_1[\cos^2\theta + (1 - e^2)\sin^2\theta]}{\kappa_r(d + r_0)\lambda_1^2\lambda_3\lambda_4(1 - e^2)} \tag{15.37}$$

即,Fisher 信息可视为位置协方差偏心率 e 和相对传感角度 θ 的双变量函数(图 15.8)。为了比较任何两个传感器的 Fisher 信息,保持目标分布的偏心率不变,取 I 相对 θ 的偏导数:

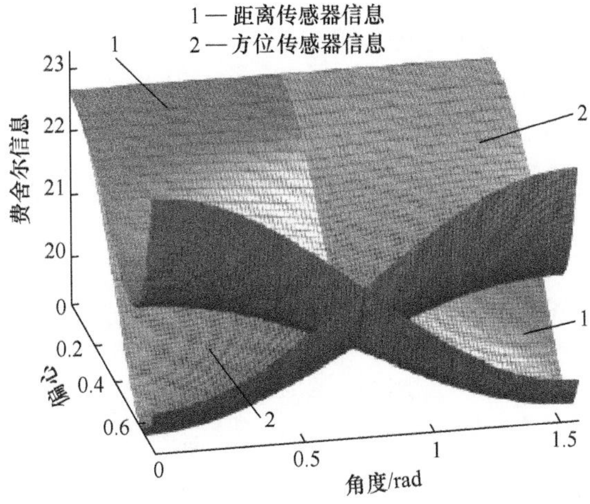

图 15.8　距目标 1m 的位置,分别由距离传感器和方位传感器生成的 Fisher 信息 I 表面（从该距离开始,每种传感器都可以在不同的偏心距和传感角度下观察到置信状态分布。)

$$\frac{\partial \mathcal{F}}{\partial \theta}=\frac{\sin 2\theta(-e^{2})}{\kappa_{r}(d+r_{0})\lambda_{1}^{2}\lambda_{3}\lambda_{4}(1-e^{2})}\leqslant 0 \quad \left[\theta \in\left(0,\frac{\pi}{2}\right)\right]$$

因此,对于具有非圆分布的目标($e\neq 0$)和非负传感器白噪声 r_0 :

$$\theta_E > \theta_Q \Rightarrow \mathcal{F}_Q > \mathcal{F}_E$$

定理 2 在公共传感器场,从 IGCCA 派生的 n 个传感器的簇 Q 将提供比同等数量的任何欧几里得簇 ε 更大或相等的信息增益。

$$\sum_{i}^{n}\mathcal{F}_{Q}^{i}\geqslant \sum_{i}^{n}\mathcal{F}_{E}^{i}$$

式中: $\mathcal{F}^i$ 是传感器 S_i 提供的 Fisher 信息。

证明 根据上升的 Mahalanobis 距离对聚类 ε 和 Q 重新排序:

$\varepsilon=\{E_1,E_2,\cdots,E_i,\cdots,E_n\}$,其中 $M_{E_1}\leqslant M_{E_2}\cdots M_{E_{n-1}}\leqslant M_{E_n}$

$Q=\{Q_1,Q_2,\cdots,Q_i,\cdots,Q_n\}$,其中$M_{Q_1}\leqslant M_{Q_2}\cdots M_{Q_{n-1}}\leqslant M_{Q_n}$

对于任意传感器对(E_i,Q_i), $i\in\{1,2,\cdots,n\}$, Q_i 的信息增益大于或等于 E_i ,原因如下:

(1) 定理 1 保证 $M_{Q_1} < M_{E_1} \Longleftrightarrow \theta_{Q_1} < \theta_{E_1}$,因此最小 Mahalanobis 距离的传感器也有更优的相对角度和距离。

(2) 引理 4 保证 $\theta_{Q_1} < \theta_{E_1} \Longrightarrow \mathcal{F}_{E_1} < \mathcal{F}_{Q_1}$ 。

(3) 引理 1 保证目标分布的位置置信状态不确定性降低越大,Fisher 信息量越高。

因此,最优传感器将始终位于 IGCCA 聚类 Q 内。由于 ε 和 Q 分别通过增加欧几里得距离和 Mahalanobis 距离构建分类传感器,然后选择任意一对传感器,比较它们的信息增益,每个集群的 Fisher 信息总和满足不等式 $\sum_{i}^{n}\mathcal{F}_{Q}^{i}\geqslant \sum_{i}^{n}\mathcal{F}_{E}^{i}$,最终将该不等式扩展到 n 个传感器。

15.5.2 方位传感器扩展

定理 2 可以很容易地扩展到方位传感器。因为方位传感器的测量值与距离传感器的感应轴正交,因此沿着不确定性椭圆的短轴(e_2)可以找到相应的最佳位置。由于测量模型的差异,引理 4 可导出推论 1。

推论 1 给出第一象限中的两个方位传感器 S_E 和 S_Q ,其位置分别为(d,θ_E)和(d,θ_Q),且满足 $\theta_Q > \theta_E$,那么 S_Q 的 Fisher 信息大于 S_E ,即:

$$\theta_Q > \theta_E \Rightarrow \mathcal{F}_Q > \mathcal{F}_E$$

证明 在式(15.21)中用方差放大系数 κ_b 构造方位模型,则卡尔曼增益变为

$$\boldsymbol{K}=\begin{bmatrix}\dfrac{-p_{2}\lambda_{1}(p_{1}^{2}+p_{2}^{2})}{\lambda_{2}p_{1}^{2}+\lambda_{1}p_{2}^{2}+(p_{1}^{2}+p_{2}^{2})^{2}\kappa_{b}(d+r_{0})}\\ 0\\ \dfrac{p_{1}\lambda_{2}(p_{1}^{2}+p_{2}^{2})}{\lambda_{2}p_{1}^{2}+\lambda_{1}p_{2}^{2}+(p_{1}^{2}+p_{2}^{2})^{2}\kappa_{b}(d+r_{0})}\\ 0\end{bmatrix}$$

同时得到 Fisher 信息度量 $\mathcal{f} \equiv \det((\boldsymbol{P}_k^+)^{-1})$，使用与上述的相同替换项（$P1 = d\cos\theta, P_2 = d\sin\theta, \lambda_2 = \lambda_1(1 - \mathrm{e}^2)$），得到：

$$\mathcal{f} = \frac{\lambda_1(1 - e^2)(\cos^2\theta + \sin^2\theta) + d^2\kappa_b(d + r_0)}{\lambda_1^2\lambda_3\lambda_4(1 - e^2)d^2\kappa_b(d + r_0)} > 0 \tag{15.38}$$

关于 $\theta\left(\theta \in \left(0, \frac{\pi}{2}\right)\right)$ 的偏导数为

$$\frac{\partial\mathcal{f}}{\partial\theta} = \frac{\sin 2\theta(\mathrm{e}^2)}{\kappa_b(d + r_0)d^2\lambda_1\lambda_3\lambda_4(1 - e^2)} \geqslant 0 \quad \left[\theta \in \left(0, \frac{\pi}{2}\right)\right]$$

前文已证明，无论选择哪种传感器，使用 Mahalanobis 度量始终产生大于或等于欧几里得度量的信息增益。15.6.2 节做了更进一步的证明。

15.6 仿真结果

在本节中，我们通过三个独立的数值仿真评估提出的 IGCCA 算法。第一项测试（15.6.2 节）在有大量测试目标定位的区域比较 IGCCA 和 ECA。根据提供更多信息增益的可能性对算法进行了评估，并证实了对 IGRCA 有利的严格不等式。通过计算测试区域上的逐点估计值和累积估计值，证明 IGCCA 在大量目标位置中能提供更好的信息增益。第二项测试（15.6.3 节）比较了 IGRCA 和 ECA 与全局穷举算法（CES）在多目标跟踪中累积目标状态不确定性的性能。我们的测试考虑了三个目标，每个目标都有 15.4.1 节描述的动态。第三项测试（15.6.3.3 节）显示了三种算法对更多目标的响应，通过累积目标状态不确定性和平均计算时间来衡量。我们首先对测试要求的性能指标进行定义。

15.6.1 性能指标

（1）Fisher 信息：Fisher 信息矩阵的行列式 $\mathcal{f}$ 提供了更新步骤中信息获取的度量。回顾 15.3.2 节的信息效用指标，即传感器模态和 Mahalanobis 距离旨在减少目标状态的不确定性，用协方差 $\boldsymbol{P}_k$ 表示。显而易见，Fisher 信息矩阵的行列式 $\mathcal{f} \equiv \det((P_k^+)^{-1})$ 不过是高斯更新的置信不确定性的逆的体积形式，是信息增益的标量度量。因此，这里通过该指标比较 ECA 和 IGCCA 在目标跟踪中测量更新的结果。

（2）算法获胜概率（AWP）：给定传感域中的目标位置，IGRCA 算法获胜概率定义为 IGCCA 集群 $\mathcal{C}$ 提供的信息增益（$\mathcal{f}$）严格大于 ECA 集群 $\mathcal{f}$ 的概率。令 IGRCA 和 ECA 产生的最佳传感器分别为 $\boldsymbol{S}_R$ 和 $\boldsymbol{S}_E$，并具有相应的信息增益 $\mathcal{f}_R$ 和 $\mathcal{f}_E$。当然，如果目标的先验位置协方差是圆形的（$e=0$），则 Mahalanobis 距离和欧几里得距离是等价的（$M_i^k = |P_i^k|$），这将导致两个聚类算法在假定所有节点均可行（F=W）的情况下返回相同的聚类，即 $\mathcal{f}_R = \mathcal{f}_E$。然而，更一般的情况下，即 $e \neq 0$，$\mathcal{f}_R \geqslant \mathcal{f}_E$。基于观察，我们绘制先验位置协方差椭圆偏心率样本 $\{e_j\}_{j=1}^N \sim \mathrm{Unif}([0,1])$ 进行蒙特卡罗模拟，以估算对传感域中的指定目标位置，IGCCA 信息增益严格大于 ECA 信息增益的概率：

$$\mathrm{AWP}(x_t, y_t) = P(\mathcal{f}_R > \mathcal{f}_E \mid x = x_t, y = y_t) = \frac{1}{N}\sum_{i=1}^{n} \alpha_i \tag{15.39}$$

式中：(x_t,y_t) 为感知场的通用目标位置；α_i 为二进制成功指示符，用于表示最佳传感器只位于 IGRCA 集群内：

$$\alpha_i = \begin{cases} 1 & [S^* \in \mathcal{C}(\mathcal{C} \cap \varepsilon)] \\ 0 & (\text{其他}) \end{cases}$$

通过在整个传感域上扫描目标位置，应用式(15.39)确定标量累积量度(累积获胜概率或 CWP)：

$$\text{CWP} = P(\mathcal{I}_R > \mathcal{I}_E) = 1 - P(\mathcal{I}_R = \mathcal{I}_E) = 1 - \sum_{i,j} P(\mathcal{I}_R = \mathcal{I}_E \mid x = x_i, y = y_j) P(x = x_i, y = y_j) \tag{15.40}$$

通过总概率定理获得式(15.40)。倒置前面表达式的参数(即 $I_E > I_R$)以计算 ECA 的 AWP 和 CWP。

(3) 后验 Cramér-Rao 下界的轨迹：指示多个目标状态的不确定性总量的标量值。15.3.2 节和图 15.3 都将目标位置不确定性的降低作为传感器效用的度量标准。高斯分布的后验 Cramér-Rao 下界(PCRLB)具有后验 Fisher 信息矩阵行列式 $\mathcal{I}$，定义为 $\boldsymbol{J} = \mathcal{I}^{-1}$。为了将此度量扩展为完整状态向量以及式(15.20)中动力学描述的 M 个独立机动目标，目标集状态不确定性总量的标量度量如下：

$$\text{trace}(\boldsymbol{J}_K^{-1}) = \sum_{i=1}^{M} \text{trace}(\boldsymbol{P}_K^t) \tag{15.41}$$

其中

$$\boldsymbol{J}_K^{-1} = \begin{bmatrix} P_K^1 & \cdots & 0 \\ \vdots & \ddots & \vdots \\ 0 & \cdots & P_K^M \end{bmatrix} \tag{15.42}$$

式(15.42)为在时间 k，每个目标后验协方差矩阵的块对角矩阵：$\boldsymbol{P}_K^i$，其中 $i=1,2,\cdots,M$。在多目标跟踪过程中，产生较低轨迹值($\boldsymbol{J}_K^{-1}$)的聚类算法在信息效用方面表现更好。在本工作中，如 15.6.3 节和 15.6.3.3 节，假定在每次模拟中都知道目标的身份，即假定完美的数据关联。

(4) 算法运行时间：在跟踪具有动态行为的机动目标时，应用传感器选择算法是有帮助的，应用该算法可以提高各方面的计算效率，包括：①目标传播和传感器集群的构造；②确定最佳传感器；③收发整个网络中的目标信息。这些部件分别对应集群创建时间 ζ_k，传感器选择时间 β_k 以及路由时间 τ_k。该算法的运行时间(ξ_k)包括单个时间步 k 用于跟踪目标的所有计算和路由时间，即 $\xi_k = \zeta_k + \beta_k + \tau_k$。

(a) 集群创建时间 ζ_k：对于 IGRCA 是算法 3 中步骤 1~步骤 8 的执行时间，对于 EDA 是算法 1 中步骤 1~步骤 8 的执行时间。

(b) 传感器选择时间 β_k：对于 IGRCA 是算法 3 中步骤 9~步骤 10 的执行时间，对于 EDA 是算法 1 中步骤 9~步骤 11 的执行时间。

(c) 路由时间 τ_k：是根据链路数 φ 得出的路由时间，即在基站和传感器之间传输信息所需时间，详见 15.3.3 节的定义。实际上，该路由时间比所需的更新频率低得多 $\tau_k \ll f_{\text{Update}}^{-1}$。

注意，扩展跟踪应用程序使其可跟踪多个目标(M)会导致每轮测量的总算法运行时间增长，即 $\sum_{t=1}^{M}\xi_k^t=\sum_{t=1}^{M}\zeta_k^t+\sum_{t=1}^{M}\beta_k^t+\sum_{t=1}^{M}\tau_k^t$。基站依次计算和发送信息，$\xi_k^t>\xi_k^{t-1}>\cdots>\xi_k^1$。在 $\xi_k^t>f_{\text{Update}}^1$ 的场景中，基站不会在下一系列(时间步 $k+1$)更新开始之前(时间步 k)识别出目标 $\{t,t+1,\cdots,M\}$。为了解决这个问题，在每轮数据融合(时间 k)结束时，通过跟踪目标对应的后协方差矩阵，将目标排序到有序集合 T_k 中：

$$\mathcal{T}_k=\{T_1,T_2,\cdots,T_i,\cdots,T_M\}$$

其中，$\text{trace}(P_k^1)\geqslant\text{trace}(P_k^2)\geqslant\cdots\geqslant\text{trace}(P_k^{M-1})\geqslant\text{trace}(P_k^M)$。不确定性较高的目标将在下一轮测量(时间步长 $k+1$)中优先进行测量。

15.6.2 算法获胜概率：仿真

在相对稀疏的域中，我们利用 IGRCA 计算信息效用。这是因为，在稀疏域中目标的不确定性椭圆变长，因此，Mahalanobis 距离对目标分布的作用变得很重要。为了验证这一点，我们在离散样本空间 $\Omega_T=100\times100\text{m}^2$ 中根据式(15.39)计算目标位置的 AWP，其中分辨率为 1m(总共 10^4 个测试点)。选择密度不同两个传感器区域，分别为 100 个和 1000 个范围感知节点在 Ω_T 上均匀分布。

根据式(15.39)计算两种聚类方法在每个可能的目标位置 $[x_t,y_t]^{\text{T}}\in\Omega_T$ 以及不同传感器密度下的算法获胜概率，图 15.9 所示为测试域表面图。2D 测试平面上的每个位置都根据“算法获胜指标”进行映射，其中正值表示该位置处的 IGCCA AWP，负值表示 ECA AWP。图示表明，无论传感器密度如何，在测试区域中传感器(白点)稀疏的区域，IGRCA 都比 ECA 好。AWP 在微观层面比较了算法优势，CWP[式(15.40)]提供了宏观图，见图 15.9(a)、(b)，图中显示了四种情况(考虑传感器分布和聚类算法)。可以发现，对于给定类型的传感器分布，CWP 在很大程度上取决于传感器的密度。目前尚不清楚其背后的原因，这是进一步研究方向。

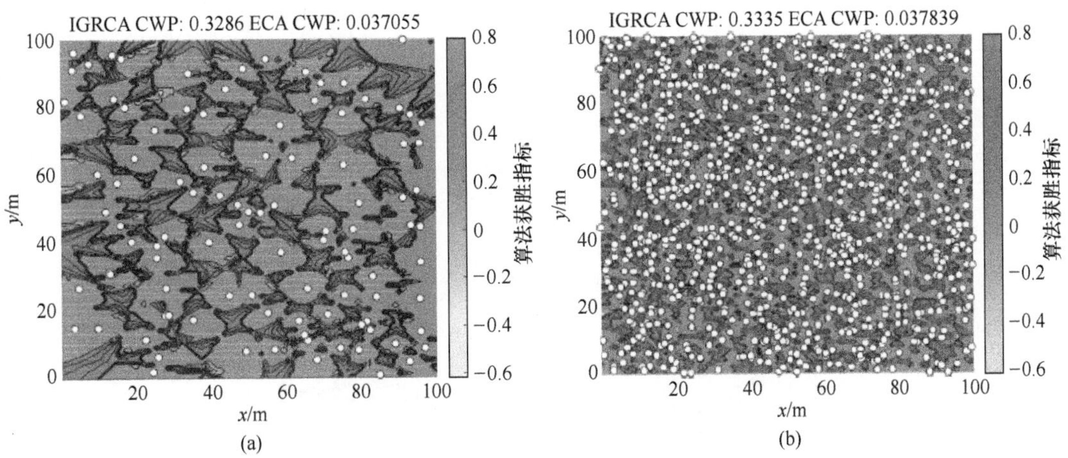

图 15.9　均匀分布的传感器集合 W 以及算法获胜概率图
(点代表传感器位置。“算法获胜指标”显示每种聚类方法在每个位置的 AWP 值。正值对应于 IGRCA，负值对应于 ECA)

15.6.3 多目标跟踪

针对 IGCCA,ECA 和 CES(计算穷举搜索)方法,可以使用目标定位的不确定性对它们进行评估。为了通过 CES 的预测不确定性降低来确定全局最优传感器,我们对 $\mathcal{F}_k$ 内的每个可行传感器进行 4 次迭代,并预测 Fisher 信息计算和 PCRLB 的关联轨迹。在没有丢失目标轨迹的情况下,将 CES 的不确定性降低[trace($\boldsymbol{J}_k^{-1}$)]作为上述聚类方法的比较基准。

15.6.3.1 后验 CRLB 的比较:不同传感器密度

为了测试在不同传感器场密度下的可伸缩性[式(15.10)],我们对 100 多个目标的每次仿真,生成 10 个独立的均匀分布的 WSN,每个 WSN 的基站均位于 $[-1\ -1]^{\mathrm{T}}$m,范围从 100 个传感器组的稀疏域到 1000 个节点的密集域,以为算法提供关于传感器可行性的奇偶校验。每次模拟都包含三个目标,这些目标同时在 $\Omega_T = 100 \times 100\mathrm{m}^2$ 的测试区域上运行。在模拟开始时,为每个传感器分配随机的感应模式和方向。在每次仿真开始时初始化目标 i 的状态($i=1,2,3$, $x_{i0} = [x_{i0}\quad y_{i0}\quad \dot{x}_{i0}\quad \dot{y}_{i0}]^{\mathrm{T}}$),初始位置和速度分量根据 $\{x_{i0}, y_{i0}\} \sim \mathrm{UNIF}([0,100])$m 和 $\{\dot{x}_{i0}, \dot{y}_{i0}\} \sim \mathrm{UNIF}([-10,10])$m/s 随机初始化。根据 802.11b 无线通信标准,每个传感器的最大通信范围定为 25m,视场的 π 弧度范围和感应范围也假定为 $\rho_i = 25$m。根据 15.4.1 节介绍的动力学,令 $\Delta T = 0.01$s, $C_1 = 0.75$, $C_2 = 1$, $\sigma_q = 5$。基站以恒定速率 $f_{\mathrm{Update}} = 10$Hz 向传感器组查询,对所有目标的测量进行更新,并且每次跟踪均在 30s 的时间内完成。图 15.10 显示了多目标运行的示例。如子集 $\mathcal{C}_k$ 和 $\mathcal{C}_k$ 的构造所预期的那样,IGRCA 倾向于偏向靠近基站(位于感知网格的原点附近)并沿着目标不确定性主轴的传感器。无论传感器密度如何,相比于 ECA,IGRCA 始终生成更低后验 trace($\boldsymbol{J}_k^{-1}$)。在可用传感器数量较少的环境中,IGRCA 的性能与 CES 相当,因为最佳传感器通常是在算法 3 的质量过滤步骤中收集的。在更高的传感器密度下,CES 算法比 IGRCA 和 ECA 有更低的后验 trace(J_k^{-1}),当然,计算成本也更高。图 15.11 给出了两个传感器场的所有目标运行的平均 trace($\boldsymbol{J}_k^{-1}$)。

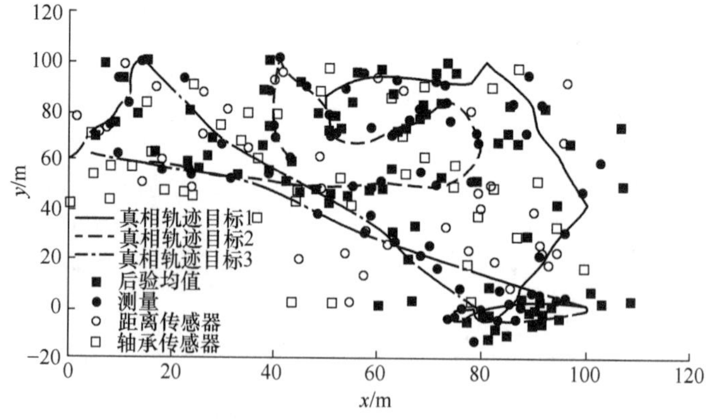

图 15.10 使用 IGRCA 方法在 30s 中跟踪三个模拟目标示例

就最小化目标不确定性而言，IGRCA 明显优于 ECA，并且在中等密度感应场中与 CES 性能相当。本部分的研究未考虑计算成本，下一步将对其进行研究，包括算法性能随目标数量增加的变化。

15.6.3.2　计算开支

算法的完整运行时间（ξ_k），包括聚类（ζ_k）、选择（β_k）和路由（τ_k）等。对于不同数量的目标（$M=1,2,\cdots,6$），我们在一百多个随机跟踪场景中执行 15.6.1 节所述过程并取平均值，具体如图 15.12 所示。可以发现，无论目标数量如何，CES 无都是成本最高的。因为该算法运行时间主要取决于聚类阶段（ζ_k），而该阶段必须通过 card($\mathcal{F}$) 可行的传感器进行迭代，每个节点矩阵求逆计算成本较大。相反，IGRCA 使用 Mahalanobis 距离作为度量标准，尽管在减少不确定性方面不如 Fisher 信息，但所需的计算步骤却少得多。此外，通过 $\mathcal{F}$ 进行的成本“过滤”使 IGCCA 的路由时间进一步降低，从而减少了算法运行时间，即使在每次跟踪仿真开始时都担负算法 2 的初始开销成本，其总计算成本依旧较低。在所有跟踪方案中，ECA 在计算成本方面均优于 IGCCA 和 CES。如果计算成本超过测量更新限制，则会影响集中跟踪网络中较低的目标状态不确定性，因为相关物体的信息不可用于数据融合。15.6.3.3 节表明，当算法总运行时间导致测量更新丢失时，会影响最终的定位不确定性。

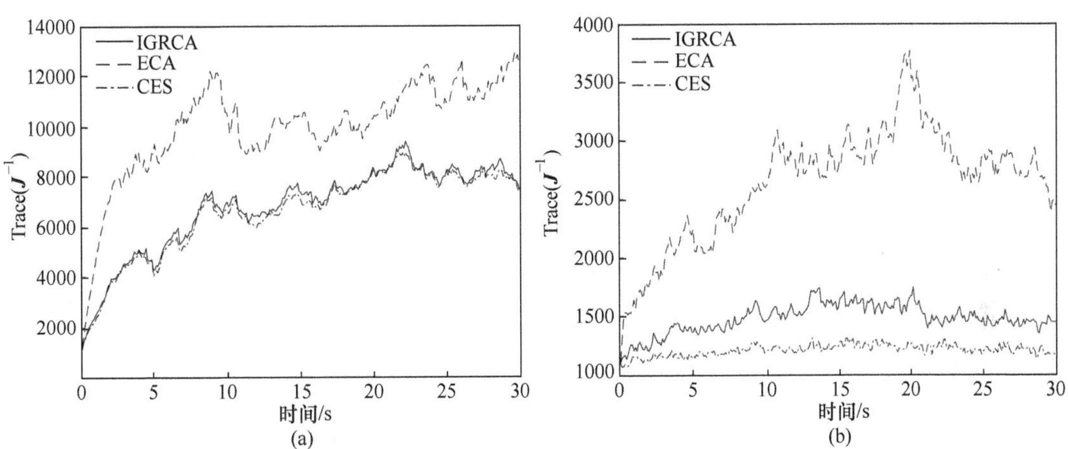

图 15.11　在不同传感器密度下对超过 100 个随机多目标模拟的聚类方法 IGCCA（ECA 和 CES 进行比较）
（a）100 个传感器；（b）1000 个传感器。

15.6.3.3　后验 CRLB 的比较：不同目标数量

为探究随着目标数量的增加以下指标的变化所带来的影响：①算法运行时间 ξ_k（单位：s）；②目标不确定性的总体水平（以 trace（J_k^{-1}）进行衡量），我们分别考虑 6 种情况，即 1~6 个目标（$M=1,2,\cdots,6$）。在每种情况下进行了 100 次仿真，每个目标的初始状态 $\hat{x}_0$ 在每次运行开始时随机分配。传感器区域包含 400 个均匀分布的异构节点，结果如图 15.13所示。

在所有情况下，由于 ECA 的传感器子集信息效用较低，因此其 trace（J_k^{-1}）值最大。这导致的直接结果：①将不可行的传感器添加到集群中，从而降低了选择最佳传感器的机会；②传感器无法基于 Mahalanobis 距离或预期微分熵等信息理论量度进行聚类。当目标

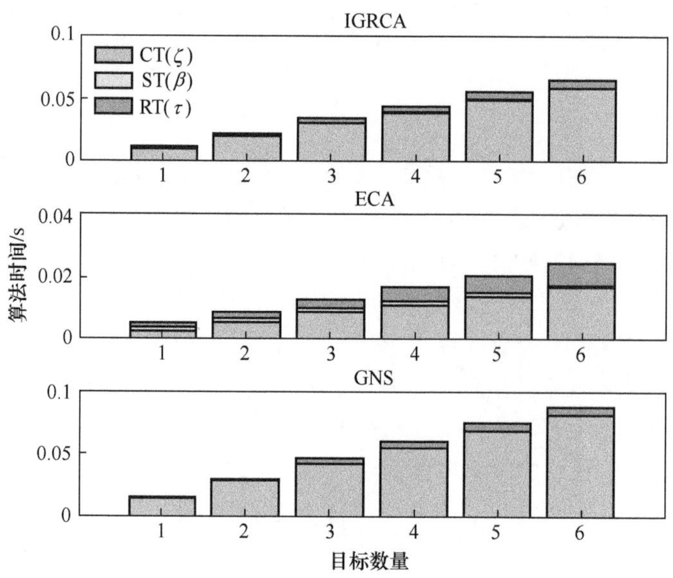

图 15.12　每个时间步算法运行时间的比较

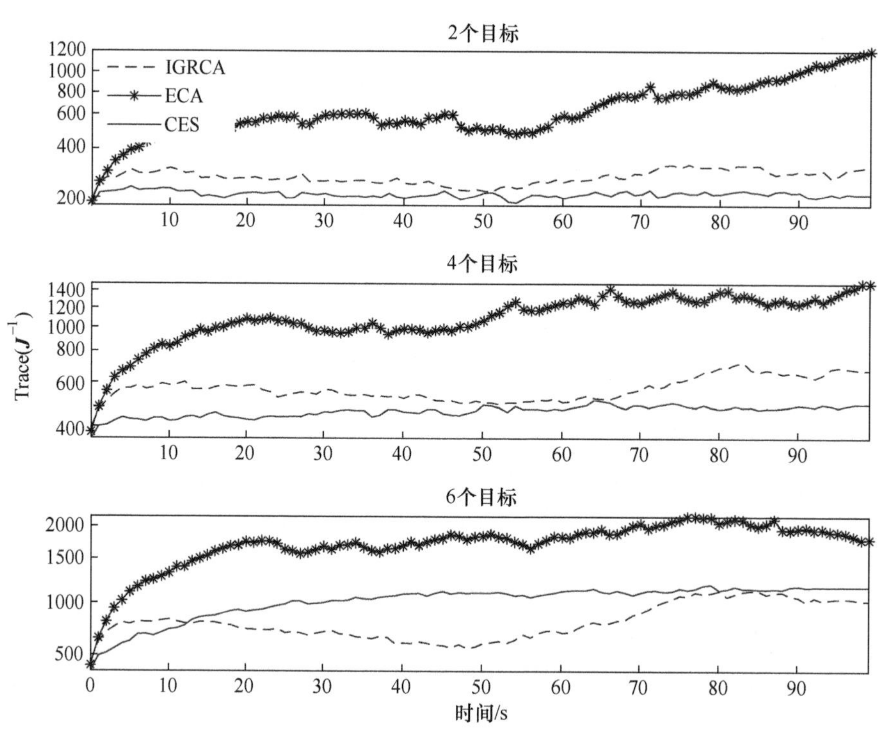

图 15.13　不同目标数量情况下各种聚类方法总体目标不确定性比较(在 400 个传感器均匀分布的区域上进行了仿真。)

数较少时,CES 返回最低的不确定性,因为该算法会严格搜索每个目标的最佳传感器。但是,随着目标数量的增加,传感器效用最大化的计算成本不断上升,以至于无法在下一次测量之前完成最佳传感器搜索,即 $\xi_k^t > f_{\text{Update}}^{-1}$。因此,该聚类算法由于无法完成计算,缺少测量更新,所有目标之间的累积不确定性会增加。对于 ECA(计算成本最低),则不存在类似的问题。正是因为 CES(计算成本最高)逐渐无法完成测量更新,才导致不确定性增加,对计算要求更大。对于 IGRCA 和 CES,算法运行时间在很大程度上取决于可行传感器的数量(集群时间 ζ_k)和目标位置,从而影响路由时间(τ_k)。表 15.1 显示了运行过程中错过测量的时间步平均频率,$\dfrac{f_{\text{Update}} * (\#\text{Missed Meas.})}{\text{Simulation Time}}$,其中,更新频率设定为 $f_{\text{Update}} = 10\text{Hz}$。

当目标数量≤3 时,三种算法的跟踪性能都不会受到影响,并且 CES 和 IGCCA 提供了更好的 trace(J_k^{-1}),均明显优于 ECA。在 6 个目标情况下,CES 大约有 36%的概率错过至少 1 个目标度量。在有限的时间内 CES 的总目标不确定性高于 IGCCA,如图 15.13 所示。通过其他仿真可以发现,当 $M = 8$ 时,IGRCA 方法的性能在整个过程中均优于 CES。

表 15.1　运行过程中错过测量的时间步平均频率

算法	$M=1$	$M=2$	$M=3$	$M=4$	$M=5$	$M=6$
IGRCA(平均丢失轨迹数)	0	0	0	0	0	0.0143
ECA(平均丢失轨迹数)	0	0	0	0	0	0
CES(平均丢失轨迹数)	0	0	0	0.0032	0.0675	0.3685

15.7 小　　结

本章提出一种嵌套的传感器聚类算法,旨在将无线传感器领域内多个目标跟踪中的目标不确定性最小化。研究的总体思路是增加“传感器效用”(以 Mahalanobis 距离为特征),同时还要控制计算成本。在信息效用方面,我们提出的新的信息引导算法优于欧几里得聚类算法,后者完全基于目标与可用传感器的距离。同时,数值仿真表明,在减少目标不确定性方面,所提出方法与全局穷举搜索(CES)效果相当,但随着目标数量的增加,CES 的计算成本会过于昂贵。未来我们的工作将聚焦于考虑不可预测的目标动态性、数据关联复杂性以及接收测量的信息丢失概率,以此改进算法。

参 考 文 献

[1] J. L. Crassidis, J. L. Junkins, Optimal Estimation of Dynamic Systems. Chapman & Hall/CRC Applied Mathematics & Nonlinear Science, 2nd edn. (Chapman & Hall/CRC, Boca Raton, 2011)

[2] J. Liu, J. Reich, F. Zhao, Collaborative in-network processing for target tracking. EURASIP J. Appl. Signal Process. 4, 378-391(2003). 616720

[3] M. L. Hernandez, T. Kirubarajan, Y . Bar-Shalom, Multisensor resource deployment using posterior Cramer-Rao bounds. IEEE Trans. Aerosp. Electron. Syst. 40, 399-416(2004)

[4] P . V . Pahalawatta, D. Depalov, T. N. Pappas, A. K. Katsaggelos, Detection, classification, and collaborative

tracking of multiple targets using video sensors, in Information Processing in Sensor Networks (Springer, Berlin, 2003), pp. 529-544

[5] K. Chakrabarty, Y . Zou, Sensor deployment and target localization based on virtual forces, in Twenty-Second Annual Joint Conference of the IEEE Computer and Communications, San Francisco, 2003, pp. 71-75

[6] M. Hernandez R. Tharmarasa, T. Kirubarajan, Large-scale optimal sensor array management for multitarget tracking. IEEE Trans. Syst. Man Cybern. 37(5), 803-814(2007)

[7] X. Shen, S. Liu, P . K. Varshney, Sensor selection for nonlinear systems in large sensor networks. IEEE Trans. Aeros. Electron. Syst. 50(4), 2664-2678(2014)

[8] T. Wang, Z. Peng, J. Liang, S. Wen, M. Z. A. Bhuiyan, Y . Cai, J. Cao, Following targets for mobile tracking in wireless sensor networks. ACM Trans. Sensor Netwo. (TOSN) 12(4), 31(2016)

[9] F. M. Dommermuth, The estimation of target motion parameters from CPA time measurements in a field of acoustic sensors. J. Acoust. Soc. Am. 83(4), 1476-1480(1988)

[10] Q. Y ang, A. Lim, K. Casey, R. Neelisti, Real-time target tracking with CPA algorithm in wireless sensor networks, in 5th Annual IEEE Communications Society Conference on Sensor , Mesh and Ad Hoc Communications and Networks, San Francisco, 2008, pp. 305-312

[11] T. Ahmed O. Demigha, W. Hidouci, On energy efficiency in collaborative target tracking in wireless sensor network: a review. IEEE Communications. Surv. Tutorials 15(3), 1210-1222(2013)

[12] A. Cerpa, J. Elson, D. Estrin, L. Girod, M. Hamilton, J. Zhao, Habitat monitoring: application driver for wireless communications technology. SIGCOMM Comput. Communications. Rev. 31(2 supplement), 20-41 (2001)

[13] A. Farina, G. Golino, A. Capponi, C. Pilotto, Surveillance by means of a random sensor network: a heterogeneous sensor approach, in 2005 7th International Conference on Information Fusion, Philadelphia, ed. by E. Blasch, vol. 2, 2005

[14] J. Lin, W. Xiao, F. L. Lewis, L. Xie, Energy-efficient distributed adaptive multisensory scheduling for target tracking in wireless sensor networks. IEEE Trans. Instrum. Meas. 58(6), 1886-1896(2009)

[15] B. Sikdar, H. Y ang, A protocol for tracking mobile targets using sensor networks, in IEEE International Workshop on Sensor Network Protocols and Applications, Anchorage, 2003, pp. 73-77

[16] Z. Wang, W. Lou, Z. Wang, J. Ma, H. Chen, A novel mobility management scheme for target tracking in cluster-based sensor networks, in International Conference on Distributed Computing in Sensor Systems (Springer, Santa Barbara, 2010), pp. 172-186

[17] J. Reich F. Zhao, J. Shin, Information-driven dynamic sensor collaboration. IEEE Signal Process. Mag. 19, 61-72(2002)

[18] Y . Zhang J. Qian, X. Jin, Energy-efficient node selection for acoustic source localization in wireless sensor network, in 6th International Conference on Wireless Communications Networking and Mobile Computing, Shenzhen, 2010, pp. 1-5

[19] L. M. Kaplan, Global node selection for localization in a distributed sensor network. IEEE Trans. Aerosp. Electron. Syst. 42(1), 113-135(2006)

[20] A. Capponi, C. Pilotto, G. Golino, A. Farina, L. Kaplan, Algorithms for the selection of the active sensors in distributed tracking: comparison between frisbee and GNS methods, in 9th International Conference on Information Fusion, Florence, 2006, pp. 1-8

[21] D. Estrin C. Intanagonwiwat, R. Govinda, Directed diffusion: a scalable and robust communication paradigm for sensor networks, in 6th Annual International Conference on Mobile Computing and Networking, San

Diego, 2003, pp. 56-67

[22] T. Y um X. Zhu, L. Shen, Hausdorff clustering and minimum energy routing for wireless sensor networks. IEEE Trans. V eh. Technol. 58(2), 990-997(2009)

[23] U. Madhow, J. Singh, R. Kumar et al., Multiple-target tracking with binary proximity sensors. ACM Trans. Sensor Netw. 8(1), 3-13(2011)

[24] D. Wang, Y . Wang, Energy-efficient node selection for target tracking in wireless sensor networks. Int. J. Distrib. Sensor Netw. 9(1), 1-6(2013)

[25] C. S. Raghavendra, K. M. Sivalingam, T. Znati, Wireless Sensor Networks(Springer, New York, 2006)

[26] S. Blackman, R. Popoli, Design and Analysis of Modern Tracking Systems (book). (Artech House, Norwood, 1999)

[27] R. Stolkin, I. Florescu, Probability of detection and optimal sensor placement for threshold based detection systems, IEEE Sensors J. 9(1), 57-60(2009)

[28] P . C. Mahalanobis, On the generalised distance in statistics., in Proceedings of the National Institute of Sciences of India, vol. 2(Baptist Mission Press, 1936), pp. 49-55

[29] L. Guibas F. Zhao, Wireless Sensor Networks: An Information Processing Approach (Morgan Kaufmann Publishers, Amsterdam, 2004)

[30] S. M. H. Jalilolghadr, M. Sabaei. Proposed a new algorithm for real-time applications in routing of wireless sensor networks, in Proceedings of the International Conference on Management and Artificial Intelligence, Bali, 2011, pp. 1-3

[31] B. Krishnamachari, D. Estrin, S. Wicker, Modelling data-centric routing in wireless sensor networks. IEEE Infocom 2, 39-44(2002)

[32] T. Cormen, C. Leiserson, R. Rivest, C. Stein, Introduction to Algorithms(The MIT Press, Cambridge, 2010)

[33] M. Morari F. Borrelli, A. Bemporad, Predictive Control for Linear and Hybrid Systems (Cambridge University Press, Cambridge, 2015)

[34] M. Johansson, A. Rantzer, Computation of piecewise quadratic lyapunov functions for hybrid systems, in 1997 European Control Conference(ECC), Brussels, July 1997, pp. 2005-2010

[35] N. Sandell, R. Oltafi-Saber, Distributed tracking in sensor networks with limited sensing range, in American Control Conference, Seattle, 2008, pp. 3158-3163

[36] V . J. Aidala, Kalman filter behavior in bearings-only tracking applications. IEEE Trans. Aerosp. Electron. Syst. 15 (1), 29-39(1979)

[37] S. Nardone, A. G. Lindgren, K. Gong, Fundamental properties and performance of conventional bearings-only target motion analysis. IEEE Trans. Autom. Control 29(9), 775-787(1984)

[38] P . Rong, M. Sichitiu, Angle of arrival localization for wireless sensor networks, in 2006 3rd Annual IEEE Communications Society on Sensor and Ad Hoc Communications and Networks, SECON'06, vol. 1(IEEE, Reston, 2006), pp. 374-382

[39] P . Kułakowski, J. Vales-Alonso, E. Egea-López, W. Ludwin, J. García-Haro, Angle-of-arrival localization based on antenna arrays for wireless sensor networks. Comput. Electr. Eng. 36(6), 1181-1186(2010)

[40] B. Ristic, S. Arulampalam, J. McCarthy, Target motion analysis using range-only measurements: algorithms, performance and application to ingara isar data. Technical report, Defence Science and Technology Organisation Electronics and Surveillance Research, Salisbury, 2001

[41] N Peach, Bearings-only tracking using a set of range-parameterised extended kalman filters. IEEE Proc. Control Theory Appl. 142(1), 73-80(1995)

[42] F. Zhao, L. Guibas (eds.), Information Processing in Sensor Networks (Springer, Berlin/Heidelberg,

2003) pp. 412-415

[43] D. P . Spanos, R. Olfati-Saber, R. M. Murray, Approximate distributed Kalman filtering in sensor networks with quantifiable performance, in Proceedings of the 4th International Symposium on Information Processing in Sensor Networks, Los Angeles, 2005

[44] J. Thomas T. Cover, Elements of Information Theory (Wiley, Hoboken, 2006)

[45] P . Tichavsky, C. H. Muravchik, A. Nehorai, Posterior cramer-rao bounds for discrete-time nonlinear filtering. IEEE Trans. Signal Process. 46(5), 1386-1396(1998)

[46] N. Gordon, B. Ristic, S. Arulampalam, Beyond the Kalman Filter (Artech House, Boston, 2004)

[47] C. Y ang, L. M. Kaplan, E. Blasch, M. Bakich, Optimal placement of heterogeneous sensors for targets with Gaussian priors. IEEE Trans. Aerosp. Electron. Syst. 49(3), 1637-1653(2013)

第 16 章　时间变化数据集中数据驱动的熵风险值置信度预测

Allan Axelrod, Luca Carlone, Girish Chowdhary, Sertac Karaman

摘要:在时间变化环境中运行的 DDDAS 面临的主要挑战是预测学习模型何时可能失去相关性。如果学习模型失去相关性,则自治系统可能会做出错误决策。熵风险值(EVAR)是一种有效且连贯的风险度量,可用于量化模型的相关性。EVAR 值是根据假定的置信度值计算的。例如,稳健的决策可能需要 90%的置信度。如果没有基于置信度值的模型,则无法保证 EVAR 计算反映动态环境中的不确定性。在本章中,我们提出了一种贝叶斯模型和学习算法,以预测在时变数据集中计算 EVAR 所需的状态相关置信度。我们还研究了数据驱动的 EVAR 系统,关注其中的监测问题,即 DDDAS 代理必须选择一组感知位置,以便最大化获取数据的预期 EVAR。通过这种方式,DDDAS 可对模型最有可能出现错误但价值极高的区域进行优先级排序,以此学习有关潜在现象的模型。实验验证了我们所提出的模型和学习算法在五个真实数据集上具有的良好表现。在五个真实数据集上,时变和模糊奖励的 EVAR 实时加法预测(EVAR-RAPTOR)性能优于 EVAR 预测的信息增益(EVAR-PIG*)以及随机或顺序搜索。

16.1 引　言

DDDAS 必须运行在适合的环境中,在不确切了解环境的情况下,DDDAS 会做出次优选择。许多自治和自适应控制体系结构都利用在线学习改善系统的环境模型。但是,在时变环境中,学习的模型可能会随时间流逝而失去关联性。因此,DDDAS 在时变环境中面临的主要挑战是预测和量化环境模型失去关联性的速度,并收集适当的数据,以最大限度地避免由于环境模型错误而做出的错误决策。为了应对这些挑战,我们首先要确定哪种不确定性度量能够最好地捕获环境变化,并设计数据驱动的随机模型,对不确定性度量随时间变化的方式进行定义。

在本章中,我们研究了 DDDAS 建模和算法基础,以预测因时间变化而做出错误决策的风险。我们以一个探索问题为例:DDDAS 在具有 N 个感知位置的区域中工作,这些位置实时测量一些潜在的时变现象(如温度、降雨)。由于感知约束,系统在每个时间步只能从 $\kappa<N$ 个感知位置获取信息。因此,系统的目标是学习一种可识别传感位置子集的预测模型,这些子集可帮助系统维护环境最新模型。如果可以确定预测模型,就能降低系统在时变环境中高估的风险。

在量化预测不确定性时，通常会使用风险方差(VAR)或长尾分布概率。尽管这些度量描述了样本与当前随机模型的均值间的预期距离，但都无法处理随机模型随新观察的改变。相比之下，信息增益、熵风险值(EVAR)和条件风险值(CVAR)等不确定性度量都描述了模型如何随新的观察结果而发生变化。

虽然 CVAR 和 EVAR 都可以为模型期望随新的观察而发生变化提供界限，但 EVAR 具有更高的计算效率，并且当置信度 γ 相同时，它是 CVAR 的最严格上限。此外，EVAR 还可以合并信息增益，因此我们选择 EVAR 作为不确定性的综合度量。

本章的主要贡献是预测 EVAR 的时空演变的贝叶斯模型和学习算法。我们首先介绍泊松暴露分布(Poisson exposure distribution, Ped)的一般化。然后，使用 Pep 对 EVAR 中信息增益项的演化进行建模。

Pep 是 Lévy 过程的有用形式，因为它与 EVAR 中的信息增益项有相同的域，同时具有分析性的贝叶斯更新。此外，我们可以在相应的信息增益估计上保证概率准确性，并提供概率精度的保证。Pep 的主要优势在于，它使我们能够克服在诸如预测信息增益(PIG)等算法中使用的均匀分布样本假设。我们开发了实时自适应预测的 EVAR 变体-时变和模糊奖励(RAPTOR)算法(EVAR-RAPTOR)。在对四个真实数据集的仿真中，EVAR-RAPTOR 算法的性能优于 PIG-EVAR 以及顺序和随机搜索。

本章结构如下，16.2 节介绍先验知识，尤其是信息增益和 EVAR。16.3 节对问题进行概述，并针对探索问题具体改进，同时，还介绍了基于 Pep 的模型的信息增益和 EVAR 扩展。16.4 节应用算法预测 EVAR，并验证算法性能。16.5 节将我们的算法与相关方法比较分析。16.6 节为结。

16.2 先验知识

本节简要介绍相关的概率不等式(16.2.1 节)、Lévy 过程属性(16.2.2 节)、信息增益与探索(16.2.3 节)以及风险熵值(16.2.4 节)。

16.2.1 概率不等式

引理 1[切比雪夫(Chebyshev)不等式] 设随机变量 $Z(t_1), Z(t_2), \cdots, Z(t_n) \in [0, +\infty)$ 相互独立。令 $\overline{Z} = \sum_{j=1}^{n} Z(t_j)$ 和 $\mu = \mathbb{E}(\overline{Z})$，那么对于任意 $k>0$：

$$\Pr(\mid \overline{Z} - \mu \mid \geqslant k) \leqslant \frac{\mathrm{VAR}(\overline{Z})}{k^2} \tag{16.1}$$

引理 1 中的切比雪夫不等式是根据随机变量的总和定义的。因此，切比雪夫不等式直接将所有预期和采样随机变量值之间的累积误差界定为采样界限，而不是单个样本的误差。相比之下，Bienaymé-Chebyshev 不等式(引理 2)提供了单样本界限。

引理 2(Bienaymé-Chebyshev 不等式) 设随机变量 $Z(t_1), Z(t_2), \cdots, Z(t_n) \in [0, +\infty)$ 独立同分布，令 $\overline{Z} = \frac{1}{n}\sum_{j=1}^{n} Z(t_j)$ 和 $\mu = \mathbb{E}(\overline{Z})$ 。对于 $k>0$，有

$$\Pr(\mid \bar{Z} - \mu \mid \geqslant k) \leqslant \frac{\mathrm{VAR}(\bar{Z})}{nk^2} \tag{16.2}$$

在接下来的工作中,我们将使用类似的不等式,来量化系统在给定传感位置前提下预测信息增益的能力。Bienaymé-Chebyshev 不等式提供的保证是可取的,即它提供了下一个样本的误差范围。但是局限在于,样本必须均匀分布,否则就不可取,因为我们研究的是随时间变化的采样分布。在 16.4 节,我们对 Bienaymé-Chebyshev 不等式进行扩展,使其适用于不同分布的样本。

16.2.2　Lévy 过程属性

本部分介绍 Lévy 过程的属性以及这些属性如何使信息增益建模为随机变量。对于增量 $\Delta Z(\Delta t) > 0$,随机变量 Z 的 Lévy 过程具有以下属性:

(1) Lévy 过程具有独立且固定的增量;

(2) $\Delta Z(0)=0$,概率为 1;

(3) $\forall k>0$ 且 $\forall \Delta t>0$, $\lim\limits_{\Delta t\to 0} f(\Delta Z(\Delta t) > k) = 0$。

属性 2 至关重要,它表明 Lévy 过程可以包含随机过程的确定性实现。为了简要说明这一点,假设我们观察到 ΔZ 的实现。在观察时, Δt 的值变为 0,而在观察之前, Δt 的值为正。根据属性 2,当 $\Delta t = 0$ 时; $\Delta Z(\Delta t)$ 是确定的;而当 $\Delta t > 0$ 时, $\Delta Z(\Delta t)$ 是随机的。

16.2.3　信息增益与探索

探索可以视为一项信息收集任务,因此量化所收集信息的方法对于指导探索决策至关重要。探索策略通常使用某种形式的后验方差或信息熵来量化特定操作获得的信息。虽然这两种策略都符合直觉,但它们是信息增益在数学上不精确的描述,依据信息理论中的唯一性定理,定义信息增益为

$$I(P(Y) \parallel P_0(Y)) = \int_{P(Y) \ll P_0(Y)} P(y) \ln \frac{P(y)}{P_0(y)} \mathrm{d}y \tag{16.3}$$

式中:Y 为随机变量; $P_0(Y)$ 为给定的先验分布; $P(Y)$ 为后验分布, $P(Y) \ll P_0(Y)$ ($P(Y)$ 相对于 $P_0(Y)$ 绝对连续),也就是说,如果 $P_0(Y=c)=0$,那么 $P(Y=c)=0$。

16.2.4　熵风险值

风险度量将实际值分配给随机变量 Y,从而量化与变量关联的不确定性。风险度量的例子包括风险价值(VaR)、风险方差和条件风险价值。Ahmadi-Javid 引入了熵风险值,该度量解决了 VAR 和 CVAR 的计算和一致性缺陷。

置信水平为 $1-\gamma(\gamma \in (0,1])$ 的实值随机变量 Y 的 EVAR 定义为

$$\mathrm{EVAR}_{1-\gamma}(Y) = \inf_{\theta>0}\{\theta^{-1}\ln(\mathbb{E}_{P_0}[e^{\theta Y}]/\gamma)\} \tag{16.4}$$

在置信度为 $1-\gamma$ 的情况下,EVAR 限制了后验期望的值:

$$\mathrm{EVAR}_{1-\gamma}(Y) = \sup_{\substack{P(Y) \ll P_0(Y) \\ I(P(Y) \parallel P_0(Y)) \leqslant -\ln(\gamma)}} \{\mathbb{E}_P(Y)\} \tag{16.5}$$

因此,预测 EVAR 有助于在时变环境中提高不确定性。Donsker-Varadhan 变分公式

可证明 EVAR 的对偶形式,这有利于定义数据驱动的 EVAR。

引理 3(Donsker-Varadhan 变分公式)

$$\ln \mathbb{E}_{P_0}[e^X] = \sup_{P \ll P_0} \{ \mathbb{E}_P(X) - \mathrm{I}(P(x) \parallel P_0(x)) \} \tag{16.6}$$

在本工作中,我们将式(16.6)变为如下形式:

$$\ln \mathbb{E}_{P_0}[e^X] + \mathrm{I}(P(Y) \parallel P_0(Y)) = \sup_{P \ll P_0} \{ \mathbb{E}_P(X) \} \tag{16.7}$$

16.3 形式化:多人 N 臂老虎机问题的探索

在本章中,我们考虑以下探索问题:在空间域中存在一组感知位置(N 个),从中我们可以观察到时变现象。我们将所有感知位置表示为集合 $\Omega = \{1,2,\cdots,N\}$ 。其中,每个感知位置 $i \in \Omega$ 与我们要估计的随机过程 Y_i 相关。在时间 t,传感器 i 观察到过程 Y_i 的样本 $Y_i(t)$ 。但是,由于资源限制(如成本),我们无法从 N 个传感器中获取所有样本,而只能从它们的一个子集中获取样本,即我们只能观察到 $\kappa \leqslant N$ 个传感器的结果,其中 κ 是给定上限。因此,本章要解决的问题就是学习选择基数为 κ 的 Ω 子集,其中 Y_i 变化最大(按 EVAR 量化)。为了便于表述,我们将问题公式化为传感任务,但是可以将其扩展到移动机器人中风险感知建模,或是对投资组合优化中的资产选择进行建模。

16.3.1 多人 N 臂老虎机形式化

我们专注于探索任务,在任何给定时刻 t,传感器集合 Ω 中仅可采样 $\kappa \leqslant N$ 个传感位置。传感器 $\mathcal{S}^*(t) \subset \Omega$ 的选定子集反馈被用于更新每个时变过程 Y_i 的模型。我们还将其他随机过程与每个感应位置相关联,从而对每个位置信息增益的演变进行建模。对任意 $i \in \Omega$,使用符号 Z_i 表示信息获取过程。为简单起见,假设每个传感器位置 $i \in \Omega$ 在统计上相互独立。

我们将探索问题建模为多人 N 臂老虎机问题。在此情形中,赌博机的每个臂对应一个传感器 $i \in \Omega$ 。因此,总体目标是选择最佳的老虎机臂集合 κ ,以优化探索奖励。我们用 $\mathcal{S}^*(t)$ 表示在时间 t 选择的一组感应位置(手臂)。

相对于以前的工作,本研究的关键在于:我们选择最大熵值风险的子集,而不是选择具有最大信息增益的子集。直观上,由于感知位置观察到时变现象,因此在给定位置处的 EVAR 随时间变化。因此,我们的目标是使用一种数据驱动的方法,该方法可以动态查询最适合采样的位置。也就是说,本章探索策略的目标是最大化每次探索任务中的总 EVAR。这可以通过访问预期的最大 EVAR 传感位置来实现:

$$\mathcal{S}^*(t) = \underset{\mathcal{S} \subset \Omega}{\operatorname{argmax}} \sum_{i \in \mathcal{S}} \mathbb{E}[\mathrm{EVAR}_{1-\gamma_i}(Y_i)] \quad (\mathrm{Card}(\mathcal{S}) = \kappa) \tag{16.8}$$

式中:Card(·)表示集合基数。在 16.4 节中,我们会进一步提供概率边界以评估每个位置的 EVAR 估算质量。这将讨论在何种情况下,式(16.8)的“知情策略”会比随机或顺序传感器选择策略效果更好。

16.3.2 数据驱动的熵风险值

过去,一般使用假定的置信度 γ 计算 EVAR。但是,对于随时间变化的环境,实现数据驱动的置信度至关重要。为了获得 EVAR 的数据驱动置信度 γ，我们首先为引理 3 中的 Donsker-Varadhan 变分公式添加式(16.5)中的约束($I(P(Y)\parallel P_0(Y))\leqslant -\ln(\gamma)$)，得到：

$$\mathrm{EVAR}_{1-\gamma}(Y)=\ln(\mathbb{E}_{P_0}[e^Y])-\ln(\gamma)=\sup_{\substack{P(Y)\ll P_0(Y)\\ I(P(Y)\parallel P_0(Y))\leqslant -\ln(\gamma)}}\{\mathbb{E}_P(Y)\}\tag{16.9}$$

接下来，我们将证明式(16.7)是所有置信度 γ 下 EVAR 的下界。定义置信度下界 $\gamma^*\leqslant\gamma$ 为

$$\gamma^*=e^{-I(P(Y)\parallel P_0(Y))}\leqslant\gamma\tag{16.10}$$

将 γ^* 代入式(16.9)得到：

$$\mathrm{EVAR}_{1-\gamma^*}(Y)=\ln(\mathbb{E}_{P_0}[e^Y])-\ln(\gamma^*)\leqslant\mathrm{EVAR}_{1-\gamma}(Y)\tag{16.11}$$

将 γ^* 的明确定义代入式(16.11)得

$$\mathrm{EVAR}_{1-\gamma^*}(Y)=\ln(\mathbb{E}_{P_0}[e^Y])+I(P(Y)\parallel P_0(Y))\tag{16.12}$$

与式(16.7)相同。

预测数据驱动 EVAR 的前提：为了预测数据驱动 EVAR_{1-Y^*}，我们需要了解信息增益模型 $I(P(Y)\parallel P_0(Y))$。在后续章节，我们将介绍如何将信息增益建模为 Lévy 过程 $Z=I(P(Y)\parallel P_0(Y))$；由于在本示例中有 N 个进程(每个感知位置一个进程)，所以我们定义 $Z_i=I(P(Y_i)\parallel P_0(Y_i))$，并将策略式(16.8)重写为

$$\mathcal{S}^*(t)=\underset{\mathcal{S}\subset\Omega}{\operatorname{argmax}}\sum_{i\in\mathcal{S}}(\mathbb{E}[Z_i]+\ln\mathbb{E}_{P_0}[e^{Y_i}])\quad[\mathrm{Card}(\mathcal{S})=\kappa]\tag{16.13}$$

16.3.3 信息增益建模

从传感器选定子集 $\mathcal{S}^*(t)$ 中接收数据后 $y_i\sim Y_i$，模型会对 Y_i 进行数据处理。同样，数据 Y_i 的信息增益 z_i 会将信息过程 Z_i 告知模型。因此，我们使用以下分层模型(16.5.3 节对此也有介绍)：

$$\begin{cases}y_i\sim Y_i\\ z_i\sim Y_iy_i\end{cases}\tag{16.14}$$

我们将 Z_i 建模为随机变量，以构建下一个样本的信息增益在位置 i 处的预测模型。16.3.3.1 节介绍 Ped 似然，16.3.3.2 节介绍用于描述 Z_i 演变的 P_{ep} 模型。

16.3.3.1 Ped 似然

有些学者提出 Ped，用于对连续且单调增加的输出进行建模，其输入为位置分布。由于 Ped 似然与信息增益具有相似的域，并且其期望值等效平均信息增益，因此 Ped 似然在构成一个完全的基线算法中不可或缺。

定义 1 Ped 的概率分布函数定义为

$$f(z)=C_\Lambda\frac{\Lambda^z-e^{-\Lambda}}{\Gamma(z+1)}\tag{16.15}$$

式中：$\Lambda>0$ 为分布均值；C_Λ 为归一化常数；$z\in\mathbb{R}$ 为随机变量；Γ 为伽马函数。Ped 使用伽马分布对解析贝叶斯进行更新，以对参数 Λ 进行建模。

事实 1 伽马分布是 Ped 的共轭先验：

$$G(\Lambda\mid\alpha+z,\beta+1)\propto\mathrm{Ped}(z\mid\Lambda)G(\Lambda\mid\alpha,\beta)\tag{16.16}$$

式中：$G(\Lambda \mid \alpha,\beta)$ 为形状参数为 α、速率参数为 β 的伽马分布。

16.3.3.2 Pep 模型

由于我们想要对环境中每个传感位置的时变信息增益进行建模，因此必须将时间作为从属参数来描述 Ped。有关文献中用于 Ped 的隐马尔可夫模型（HMM）与我们的问题相似，即我们无法观察到达每个位置的信息。与该文献不同，我们使用 Ped 对依赖非恒定时间间隔的现象进行建模。

定义 2 Pep 的概率分布函数定义为

$$f(z \mid \Lambda(t)) = C_{\Lambda(t)} \frac{\Lambda(t)^z e^{-\Lambda(t)}}{\Gamma(z+1)} \tag{16.17}$$

式中：$\Lambda(t)$ 为时变均值；$C_{\Lambda(t)}$ 为归一化常数；$z \in \mathbb{R}$ 为随机变量。如果 $\frac{\mathrm{d}}{\mathrm{d}t}\Lambda(t) = \lambda \ \forall t$，Pep 是均匀的，否则是不均匀的。

根据已有文献中 Ped 的最大似然估计，Pep 扩展是高度非线性的。但是，由于定义 2 在数学上类似式（16.17）中的泊松过程，因此 Pep 的共轭先验与事实 2 的泊松过程的共轭相同。

事实 2　伽马分布是均匀 Pep 的共轭先验，因此

$$G(\lambda t \mid \alpha + z, \beta + 1) \propto \mathrm{Pep}(z \mid \lambda t) G(\lambda t \mid \alpha, \beta) \tag{16.18}$$

16.4 算法和概率保证

尽管事实 1 和事实 2 提供了对均质 Pep 的简单分析概述，但我们仍然需要证明均质 Pep 模型是准确的。除非有一个可证明的准确回归，否则我们不能使用 Pep 进行信息驱动的（）探索。因此，我们采用从不知情到知情的探索策略，即开始时使用顺序搜索策略（不知情的策略）执行探索任务，在获得可证准确性保证后过渡到知情策略。

我们使用 Chebyshev 不等式和 Bienaymé-Chebyshev 不等式来证明概率准确性保证。Bienaymé-Chebyshev 不等式提供的保证是可取的，也就是说，我们现在有下一个样本的误差范围。此外，对于 16.4.1 节的不随时间变化的 Ped，满足独立同分布条件。为研究时变环境中下一个样本的误差范围，我们从理论上推导了切比雪夫不等式的增量变化（适合均质 Pep），从而放宽了样本分布相同的假设。

16.4.1 不随时间变化的情况：基于 Ped 的探索

预测信息增益（PIG）算法可计算感知位置 i 的信息增益，将其作为对随机变量 Z_i 的期望，实现对每个位置的信息增益置信进行建模：

$$\mathbb{E}[Z_i] = \frac{1}{n_i} \sum_{j=1}^{n_i} Z_i(t_j) \tag{16.19}$$

式（16.1a）是一个时间不变的期望。由于仅使用式（16.19）中的期望来驱动 PIG 算法进行探索，因此可以使用事实 1 的 Ped 回归等效代替式（16.19）。正如有关文献中的预测信息增益，我们将 PIG 算法修改为 PIG*，以便与 RAPTOR 公平比较。在本工作中，我们进一步将 PIG* 修改为 EVAR-PIG*(算法 1),以便与本章提出的算法 EVAR-RAPTOR(算法 2)进行比较。我们利用 Bienaymé-Chebyshev 不等式,获得事实 1 所示的 PIG* 的 Ped 分析更新的概率界限。

定义 3(PIG 的 Chebyshev 不等式,$k = \Lambda$)　令 $Z(t_1),\cdots,Z(t_n)$ 是独立同分布的 Ped 样本,令 $\bar{Z}(t_n) = \frac{1}{n}\sum_{j=1}^{n_i} Z_i(t_j)$ 和 $\Lambda = \mathbb{E}[\bar{Z}(t_n)]$,有

$$\Pr(|\bar{Z} - \Lambda| \geqslant \Lambda) \leqslant \frac{1}{n\Lambda} \tag{16.20}$$

证明　与定义 4 的证明类似,但是 $k = \lambda$ 且 $\beta = n$ 。

利用定义 3 的结果,我们得出针对 PIG 的不知情-知情探索,见推论 1。

推论 1(PIG 的精度约束,$k = \Lambda$)　若环境统计信息不随时间变化,则在给定精度阈值 $0 < c \leqslant 1$ 的情况下,如果满足以下条件,则 $\mathrm{pr}(|\bar{Z} - \Lambda| \geqslant \Lambda) < c$ 成立:

$$n_b = \frac{1}{\Lambda_b c},\quad b = \operatorname*{argmax}_i \frac{1}{n_i \Lambda_i} \tag{16.21}$$

式中:n_i 为位置 i 处的样本数;Λ_i 为 Ped 均值。

证明　沿推论 2 的证明推进,但左侧为 $\Pr(|\bar{Z} - \Lambda| \geqslant \Lambda)$ 且 $\beta = n$ 。

算法 1　EVAR-PIG*

```
Input: sensor set Ω={1,⋯,N}, subset size κ
Initialize(α_i, β_i, Λ_i, n_i)←0 ∀ i
for each time t and for each sensor i do
   𝔼[EVAR_{1-γ_i*}]←Λ_i+ln(𝔼_{n_i}(e^{cY}))
if Corollary 1 then
   𝓕(t)←(16.13)
   else
   𝓕(t)←Sequential sampling
   end if
   if i∈𝓕(t) and n_i=1 then
      Initialize belief on Y_i
   else
      Update belief on Y_i(16.38) ∀ i∈𝓕(t)
      if min_i n_i≥2 then
         Update belief Λ_i(16.16) ∀ i∈𝓕(t)
      end if
   end if
   n_i←n_i+1 ∀ i∈𝓕(t)
end for
```

推论 1 是 PIG 算法不知情-知情变量的准确条件,如算法 1 所示。假定 PIG 算法初

始化时满足精度阈值,针对此类赌博机问题的 PIG 知情探索变量就是算法 1。

16.4.2 随时间变化的情况:基于 Pep 的探索

由于推论 1 仅在统计量不随时间变化的环境中有效,因此我们不得不对随时间变化的情况进行研究。在得出 Pep 的概率边界之前,我们简要回顾一下随机变量 Z 中增量 $\Delta Z(\Delta t) > 0$ 的 Lévy 过程:

(1) ΔZ 具有独立和固定的增量;

(2) $\Delta Z(0) = 0$,概率为 1;

(3) $\forall a > 0$ 且 $\forall \Delta t > 0$, $\lim_{\Delta t \to \infty} P(\Delta Z(\Delta t) > a) = 0$。

引理 4(Chebyshev 不等式) $k = \lambda$,令 $\Delta Z(t_1), \Delta z(t_2), \cdots, \Delta Z(t_n) > 0$ 是独立的 Pep 增量,那么 $P(\Delta Z(t_i)) = p_i$。令 $\bar{Z}(t_n) = \frac{1}{t_n}\sum_{j=1}^{n_i} \Delta Z(t_j)$ 和 $\frac{\mathrm{d}}{\mathrm{d}t}\Lambda(\Delta t) = \lambda = \mathbb{E}[\bar{Z}(t_n)]$,可得

$$\Pr(|\bar{Z} - \lambda\beta| \geqslant \lambda) \leqslant \frac{1}{\lambda} \tag{16.22}$$

由于我们使用固定增量的均质 Pep,因此我们扩展引理 4 提供时间顺序边界,如引理 5 所示。

引理 5(时间不等式,$k=\lambda$) 令 $\Delta Z(t_1), \Delta Z(t_2), \cdots, \Delta Z(t_n) > 0$ 是独立的 Pep 增量,那么 $\Pr(\Delta Z(t_i)) = p_i$。令 $\bar{Z}(t_n) = \frac{1}{t_n}\sum_{j=1}^{n_i} \Delta Z(t_j)$ 和 $\frac{\mathrm{d}}{\mathrm{d}t}\Lambda(\Delta t) = \lambda = \mathbb{E}[\bar{Z}(t_n)]$,有

$$\Pr(|\bar{Z} - \lambda| \geqslant \lambda) \leqslant \frac{1}{\lambda\beta} \tag{16.23}$$

证明 根据引理 1,有

$$\Pr(|\bar{Z} - \mu| \geqslant k) \leqslant \frac{\mathrm{Var}(Z)}{k^2} \tag{16.24}$$

将均匀 Pep 上的伽马分布模型的均值和方差插入式(16.24),得到

$$\Pr\left(\left|\bar{Z} - \frac{\alpha}{\beta}\right| \geqslant k\right) \leqslant \frac{\frac{\alpha}{\beta^2}}{k^2} \tag{16.25}$$

简化为

$$\Pr(|\bar{Z} - \lambda\beta| \geqslant k) \leqslant \frac{\lambda}{\beta k^2} \tag{16.26}$$

在分配中,$\lambda = k$,证明:

$$\Pr(|\bar{Z} - \lambda\beta| \geqslant \lambda) \leqslant \frac{1}{\lambda\beta} \tag{16.27}$$

现在考虑双同质 Pep,其中 $\Lambda(\Delta t, \Delta n) = \lambda tn$,$\lambda$ 是每个样本单位时间的信息增益 $\left[\frac{\mathrm{d}}{\mathrm{d}t}\frac{\mathrm{d}}{\mathrm{d}n}\Lambda(t,n) = \lambda, \forall t, n > 0\right]$。进一步提出双同质 Pep 伽马后验分布模型:

$$G(\lambda \mid \alpha_i = \frac{\alpha_{(i,1)} + \alpha_{(i,2)}}{2}, \beta_i = \beta_{(i,1)}\beta_{(i,2)}) \tag{16.28}$$

其中参数的分析更新见事实 3。

事实 3　(16.28)中伽马分布的参数经过分析更新,以使:

$$\begin{gathered}G(\lambda\Delta t \mid \alpha_{(i,1)} + z, \beta_{(i,1)} + \Delta t)\alpha\mathrm{Pep}(z \mid \lambda\Delta t)G(\lambda\Delta t \mid \alpha_{(i,1)}, \beta_{(i,1)}) \\ G(\lambda\Delta n \mid \alpha_{(i,2)} + z, \beta_{(i,2)} + \Delta n)\alpha\mathrm{Pep}(z \mid \lambda\Delta n)G(\lambda\Delta n \mid \alpha_{(i,2)}, \beta_{(i,2)})\end{gathered} \tag{16.29}$$

证明　见事实 2。

如定义 4 所述,双同质 Pep 的优点在于我们可以得出更严格的不等式,而不需要同分布的样本。

定义 4(RAPTOR 的 Chebyshev 不等式,$k = \lambda^{\frac{3}{4}}$)　令 $\Delta Z(t_1), \Delta Z(t_2), \cdots, \Delta Z(t_n) > 0$ 是独立的 Pep 增量。$\bar{Z}(t_n) = \frac{1}{nt_n}\sum_{j=1}^{n_i}\Delta Z(t_j)$ 和 $\frac{\mathrm{d}}{\mathrm{d}t}\frac{\mathrm{d}}{\mathrm{d}n}\Lambda(\Delta t, \Delta n) = \lambda = \mathbb{E}[\bar{Z}(t_n)]$,那么:

$$\Pr(|\bar{Z} - \lambda| \geqslant \lambda^{\frac{3}{4}}) \leqslant \frac{1}{\sqrt{\alpha\beta}} = \frac{1}{\sqrt{\alpha n(t_n - t_1)}} \tag{16.30}$$

其中 α 和 β 均在式(16.28)中定义。

证明　根据 Chebyshev 不等式,有

$$\Pr(|\bar{Z} - \mu| \geqslant k) \leqslant \frac{\mathrm{Var}(Z)}{k^2} \tag{16.31}$$

将均质 Pep 上的伽马分布模型的平均值 $\left(\lambda = \frac{\alpha}{\beta}\right)$ 和方差 $\frac{\alpha}{\beta^2}$ 代入式(16.31),得到:

$$\Pr(|\bar{Z} - \lambda| \geqslant k) \leqslant \frac{\frac{\alpha}{\beta^2}}{k^2} \tag{16.32}$$

简化为

$$\Pr(|\bar{Z} - \lambda| \geqslant k) \leqslant \frac{\lambda}{\beta k^2} \tag{16.33}$$

由于 $k = \lambda^{\frac{3}{4}}$, $\beta = n(t_n - t_1)$,可证明:

$$\Pr(|\bar{Z} - \lambda\beta| \geqslant \lambda^{\frac{3}{4}}) \leqslant \frac{1}{\sqrt{\alpha\beta}} = \frac{1}{\sqrt{\alpha n(t_n - t_1)}} \tag{16.34}$$

备注 1(定义 4 中 k 的选择)　根据 λ 选择 k,使得:①误差范围恒定;②概率范围随总采样时间、采样数量和信息增益的增加而减小。这将 k 的选择限制为指数 $\lambda\left(\frac{1}{2} < \lambda < 1\right)$。

尽管定义 4 中的样本和时间不等式为学习单独的双同质 Pep 提供了误差界限,但它没有提供在所有赌博机中进行不知情和知情探索之间的过渡条件。下述推论将解决这一问题。

推论 2(RAPTOR 的准确性限制)　若环境是随时间变化的,给定精度阈值 $0 < c \leqslant 1$,如果满足以下条件,$\mathrm{pr}(|\bar{Z} - \lambda\beta| \geqslant \lambda^{\frac{3}{4}}) < c$ 成立:

$$t_{nb} > t_{1b} + \frac{1}{n_b \alpha_b c^2}, \quad \frac{1}{\sqrt{\alpha_b \beta_b}} < c \tag{16.35}$$

其中 $b = \underset{n_i}{\operatorname{argmax}} \frac{1}{\sqrt{\alpha_i \beta_i}}$，$n_i$ 是在位置 i 处的样本数，α_i 是位置 i 处的信息增益增加总量，β_i 是观测到位置 i 的总持续时间。

证明 当等式(16.34)的右边位于 1 和 0 之间时，有对回归的误差有意义的保证，即

$$\frac{1}{\sqrt{\alpha_b \beta_b}} < c \tag{16.36}$$

其中 $0 < c \leqslant 1$ 且 $\beta = n(t_n - t_1)$。然后可以在感知位置 i 获得有意义的保证：

$$t_{ni} = t_{1i} + \frac{1}{n_i \alpha_i c^2} \tag{16.37}$$

因此，一旦 $t_{ni} > t_{1i} + \frac{1}{n_b \alpha_b c^2}$，$b = \underset{i}{\operatorname{argmax}} \frac{1}{n_i \alpha_i c^2}$，整个传感区域都可以获得有意义的保证。

定义 4 中的边界扩展了 Chebyshev 不等式，使得样本不必同分布的情况下，获得了类似 Bienaymé-Chebyshev 不等式的结果。此外，定义 4 对双同质 Pep 回归的保证为推论 2 中从不知情探索到知情探索的过渡提供了条件。

算法 2 EVAR-RAPTOR

Input：sensor set $\Omega = \{1, \cdots, N\}$，subset size κ

Initialize$(\alpha_i, \beta_i, \lambda_i, n_i, \Delta t_i) \leftarrow 0 \ \forall \ i$

for each epoch at time t and for each sensor i **do**

  $\mathbb{E}[\mathbf{Z}_i \mid \Delta t_i, \Delta n_i] \leftarrow \lambda_i \Delta t_i \Delta n_i + Z_i(t_{n_i}) + \ln(\mathbb{E}_{n_i}(e^{cY}])$

  if Corollary 2 **then**

    $\mathscr{F}(t) \leftarrow (16.13)$

  else

    $\mathscr{F}(t) \leftarrow$ Sequential sampling

  end if

  if $i \in \mathscr{F}(t)$ and $n_i = 1$ **then**

    Initialize belief on Y_i

  else

    Update belief on Y_i(16.38) $\forall \ i \in \eta_t$

    if $\min_i n_i \geqslant 2$ **then**

      Update belief λ_i(16.29) $\forall \ i \in \eta_t$

    end if

  end if

  $n_i \leftarrow n_i + 1 \ \forall \ i \in \mathscr{F}(t)$

  $\Delta t_i \leftarrow \Delta t_i + 1 \ \forall i \in \mathscr{F}(t)$

end for

16.5 实验评估

本节实证结果验证了我们提出的风险意识策略的优势。每种算法的风险感知性能都在仿真每个时间步的最大可用 EVAR 情况下被评估;这种最大值评估是在无所不在的数据后处理过程中进行的。

16.5.1 实验设置

实验中,我们使用了英特尔伯克利温度数据集、欧洲研究区(ERA)温度数据集、爱尔兰风速数据集、华盛顿降雨数据集以及清洁空气状况和趋势网络(CASTNet)臭氧浓度数据集。每个数据集都报告了 N 个地理位置的环境变量(如温度)的演变。

英特尔伯克利温度数据集包含 2004 年 2 月 29 日至 4 月 5 日在伯克利的英特尔实验室测得的温度(摄氏度)。由于数据的质量、传感器馈送短路或损坏等情况,我们选择了 52 个传感器收集的约 5 天的数据,即 $N=52$。

(ERA)温度数据集包含全球 2m 高度处的测量温度。我们使用 2011 年 1 月 1 日至 2014 年 1 月 1 日之间的数据,并将分析限制为 50 个随机选择的传感器,子集大小为 6,即 $N=50,\kappa=6$(图 16.1)。

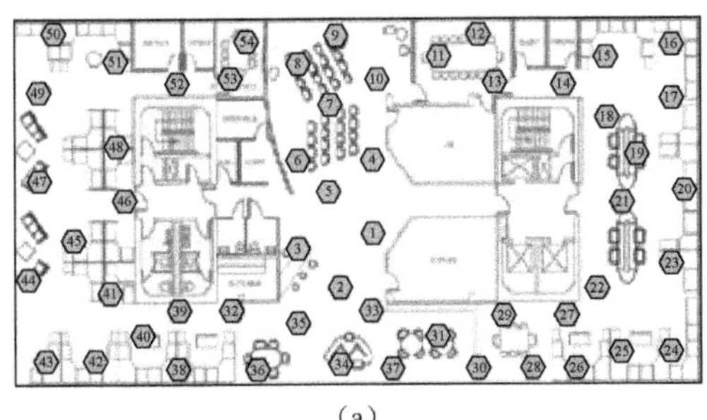

(a)

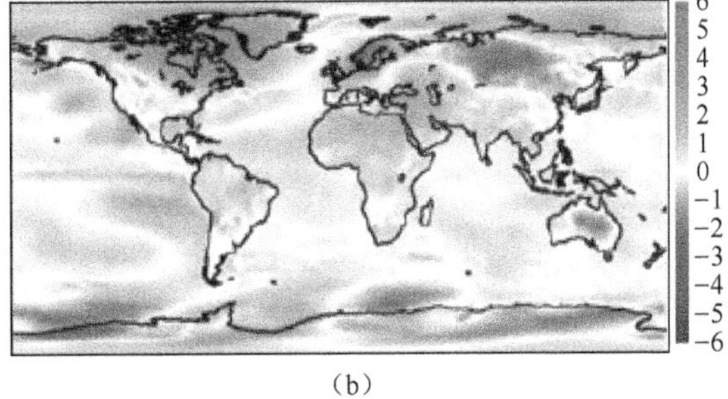

(b)

图 16.1　英特尔(室内)和 ERA(室外)温度数据集

(a)图中的英特尔研究实验室显示了 54 个传感器,但有关文献中的数据文件只有 58 个传感器。受传感器质量的限制,我们在 58 个传感器中选择了 52 个。温度以摄氏度为单位。(b)相对于 2010 年 ERA 过渡数据集的平均值,欧洲研究区过渡数据集的异常幅度,以摄氏度为单位

爱尔兰风速数据集包含 1961—1978 年爱尔兰 12 个站点的测量风速(以米/秒为单位)。我们使用 12 个感应站进行实验,子集大小为 2,即 $N=12,\kappa=2$。

1949 年至 1994 年,华盛顿州降雨数据集(以毫米为单位)具有 272 个感知位置。由于并非所有地区都下雨,我们选择了 25 个地点,子集大小为 2;即 $N=25$ 且 $\kappa=2$(图 16.2 和图 16.3)。

CASTNet 臭氧浓度数据集(以十亿分之一为单位)有 80 个感知位置,根据每个站点可用数据的持续时间,我们选择 $N=60$ 个位置。该数据集报告了每天 8h 最大压缩臭氧浓度,并用该年的平均浓度填充了每月数据集中缺少的项。由于数据集基于 8h 最大臭氧浓度,因此该数据集适合使用 EVAR 作为不确定性度量。1995 年中到 2011 年底,我们使用

16.5 年的 CASTNet 数据。

对上述五个真实世界数据集中的每个随机变量应用比例因子 d，可以创建其他模拟数据集。原始数据本应与比例因子 $d=1$ 的数据集匹配，但由于 e_Y 值较大，导致计算内存不足，因此将其排除。我们在具有 8GB RAM 的计算机上使用 $d=10^{-5}$ 和 $d=10^{-1}$ 缩放比例的数据集。

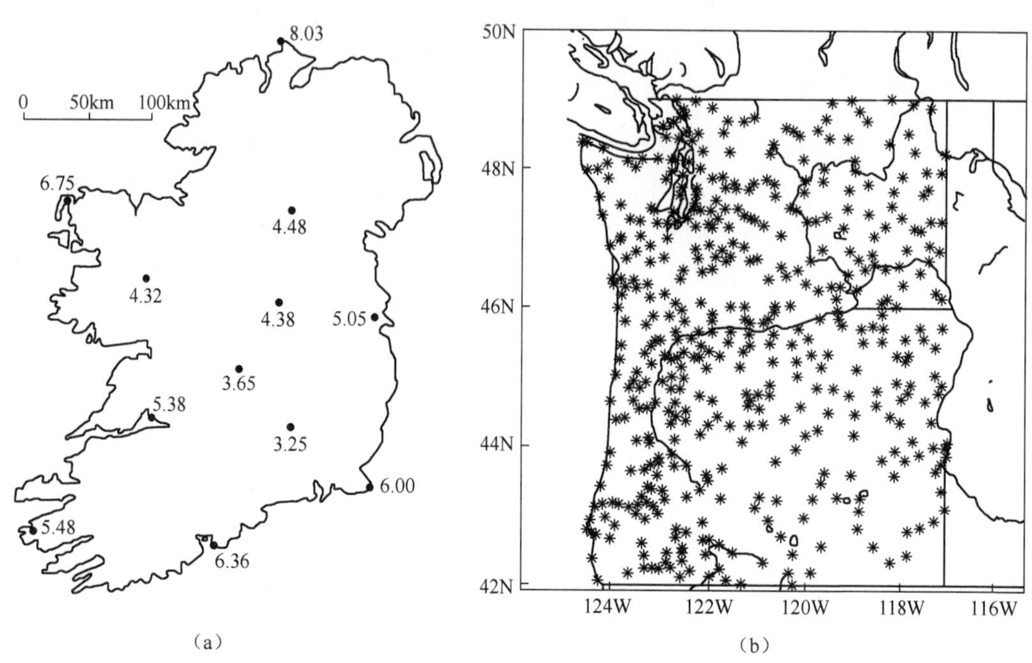

图 16.2 爱尔兰风速(a)和华盛顿降雨(b)数据集

(a)1961—1978 年之间，爱尔兰的风速以节为单位，每小时在 12 个传感站分别进行测量；(b)华盛顿降雨数据集以厘米为单位记录降雨。1949—1994 年，每天都记录数据。272 个传感器的位置如图上星号所示。

16.5.2 先验和后验分布假设

使用每个感知位置 i 处的正态分布对环境变量 Y_i 进行建模。对于每个接收的样本，我们计算其正态分布的频度方差 σ_i^2 。使用该方差，对正态分布执行以下贝叶斯更新：

$$u(p,i)=\frac{\frac{n_i}{\sigma_i^2}u(P_{00},i)+\frac{y_i}{\sigma^2_{(P_{00},i)}}}{\frac{n_i}{\sigma_i^2}+\sigma^{-2}_{(P_{00},i)}}\sigma^2_{P_0}=\left(\frac{\sigma_i^{-2}}{n_i}+\sigma^{-2}_{P_0}\right)^{-1} \tag{16.38}$$

式中：$u(p,i)$ 为后验均值；$u(P_0,i)$ 为先验均值；$\sigma^2_{(p,i)}$ 为后验方差；$\sigma^{-2}_{(P_0,i)}$ 为先验方差；y_i 是样本均值。然后计算后验正态分布的信息增益：

$$I(P(Y)\parallel P_0(Y))=0.5\left[\ln\left(\frac{\sigma^2_{P_0}}{\sigma^2_P}\right)+[(\sigma^2_{P_0})^{-1}\sigma^2 P]-1+(\mu p-\mu P_0)^{\mathrm{T}}(\sigma^2_{P_0})^{-1}(\mu p-\mu P_0)\right] \tag{16.39}$$

式中:1 为我们用于实验的数据维数。通过式(16.40)计算 EVAR:

$$\mathrm{EVAR}_{1-\gamma^*} = \ln(\mathbb{E}_{P_0}(e^{dY})) + I(P(Y) \parallel P_0(Y)) \tag{16.40}$$

式中: $\gamma^* = e^{-I(P(Y) \parallel P_0(Y))}$ 为 γ 的下界;d 为缩放参数。

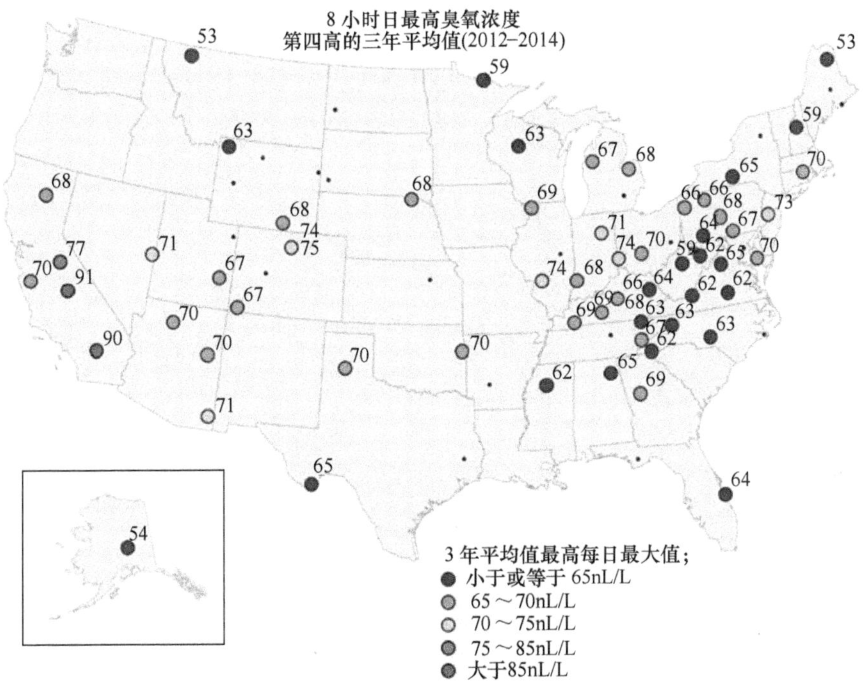

图 16.3　CASTNet 臭氧浓度数据集的示例(以 nL/L 为单位。)

16.5.3　EVAR 搜索算法和结果

本节将讨论 EVAR-RAPTOR 学习算法(算法 2)的性能。为清楚起见,我们简要说明缩放随机变量 Y 对 $\mathrm{EVAR}_{1-\gamma^*}(Y)$ 的影响。从式(16.40)可以看出,使用先验置信度 $P_0(Y)$ 和信息增益 $I(P \parallel P_0)$,以及对 e^Y 的期望来计算 $\mathrm{EVAR}_{1-\gamma^*}(Y)$ 。下面,我们将对 $\mathrm{EVAR}_{1-\gamma^*}(Y)$ 的性质进行介绍。

先验置信 $\mathbb{E}_{P_0}[e^Y]$ 的期望不是一个随机变量。相反,当信息增益 $I(P \parallel P_0)$ 仅知道先验 P_0 时,信息增益成为随机变量函数的条件期望;即 $I(P(Y) \parallel P_0(Y)) = \mathbb{E}_P\left(\ln\left(\dfrac{P}{P_0}\right) \mid P_0\right)$,其中条件期望是随机变量。与基于先验置信的期望不同,信息增益也是尺度不变的。因此,信息增益是尺度不变随机变量。此外,我们还对随机变量 Y 应用不同的缩放 d,使得由先验置信 $\mathbb{E}_{P_0}[e^Y]$ 主导的 $\mathrm{EVAR}_{1-\gamma^*}(Y)$ 过渡到由信息增益 $I(P \parallel P_0)$ 主导。

在式(16.40)中,缩放参数 d 的变化会影响 $\ln \mathbb{E}[e^{dY}]$ 的值,但不会影响信息增益 $I(P(Y) \parallel P_0(Y))$ 的值。由于 $\ln \mathbb{E}[e^{dY}]$ 是基于式(16.38)的先验期望,因此它是确定且已知的。随着缩放参数 d 的增加,随机 EVAR 的比例下降。如果信息增益的回归是准确的,那么对于不同缩放参数 d,我们会在所有数据集中看到一致的 EVAR 预测性能。

尽管顺序采样和随机采样方法在统计上均匀分配了感知工作量，但在五个数据集中，它们的性能是不一致的。这促使我们使用信息驱动的方法预测 EVAR，即 EVAR-PIG* 和 EVAR-RAPTOR。从图 16.4～图 16.8 可以看出，在不同缩放比例下，EVAR-PIG* 和 EVAR-RAPTOR 在五个数据集中性能均优于顺序和随机采样。值得注意的是，用于式(16.39)的回归和导出边界可以区分 EVAR-PIG* 和 EVAR-RAPTOR 的经验性能。总体而言，在五个数据集以及不同缩放比例下，EVAR-RAPTOR 的性能优于所有基线算法。因此我们可以得出结论，双同质 Pep 回归是性能提高的主要原因。

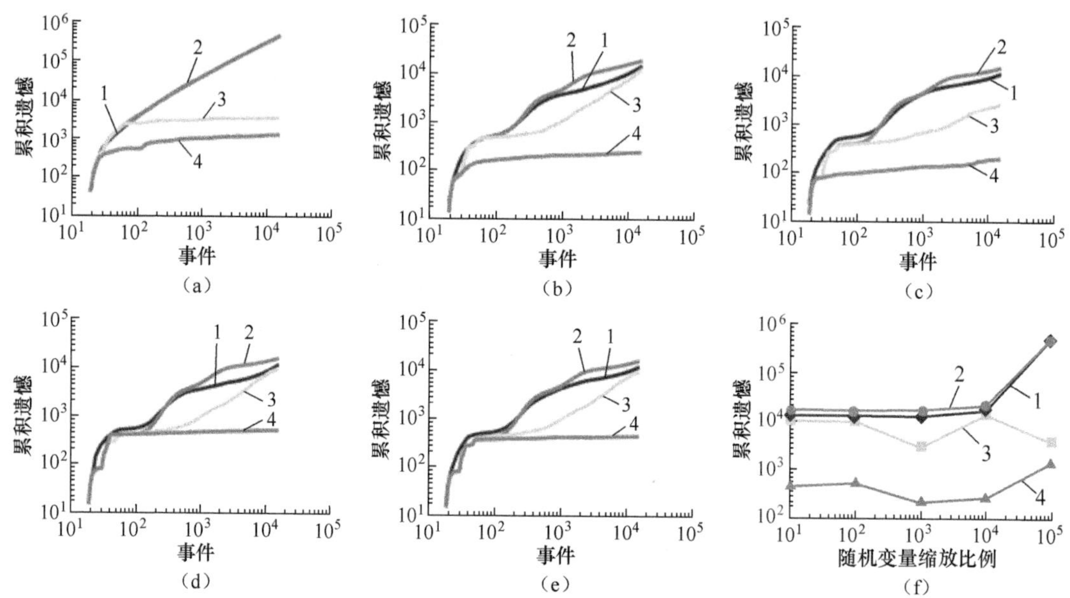

1—随机采样；2—顺序采样；3—EVAR-PIG*；4—EVAR-RAPTOR。

图 16.4 EVAR-RAPTOR 算法的性能优于所有基线，在英特尔伯克利温度数据集的所有缩放比例上性能一致

(a)缩放比例 $d = 10^{-1}$；(b)缩放比例 $d = 10^{-2}$；(c)缩放比例 $d = 10^{-3}$；(d)缩放比例 $d = 10^{-4}$；(e)缩放比例 $d = 10^{-5}$；(f)不同缩放比例比较。

然而，图 16.7(a)中一项意外结果表明，对于华盛顿降雨数据集中的一组特定条件(缩放比例为 $d = 10^{-1}$，子集 $\kappa = 2$ 且 $N=25$)，EVAR-PIG* 的性能优于 EVAR-RAPTOR。但是在预测信息增益方面，RAPTOR 的性能优于 PIG*。结合信息增益是尺度不变的事实，这意味着性能差异在很大程度上是由先验置信的期望导致的，即，当使用 $d = 10^{-1}$ 的缩放比例时，华盛顿降雨数据集的 EVAR 基本上是固定的，这有助于解释在图 16.7(b)中，将缩放比例更改为 $d = 10^{-2}$ 时，EVAR-PIG* 的性能也与 EVAR-RAPTOR 相近，但是随着缩放比例的减小，EVAR-PIG* 的性能逐渐下降，也就是说，缩放会影响 EVAR 的随机性。

总之，EVAR-PIG* 比随机抽样和顺序抽样好。但是，EVAR-PIG* 的性能在不同缩放比例 d 上并不一致。此外，尽管缩放参数 d 发生变化，但 EVAR-RAPTOR 的性能始终优于其他基准，同时保持性能稳定。

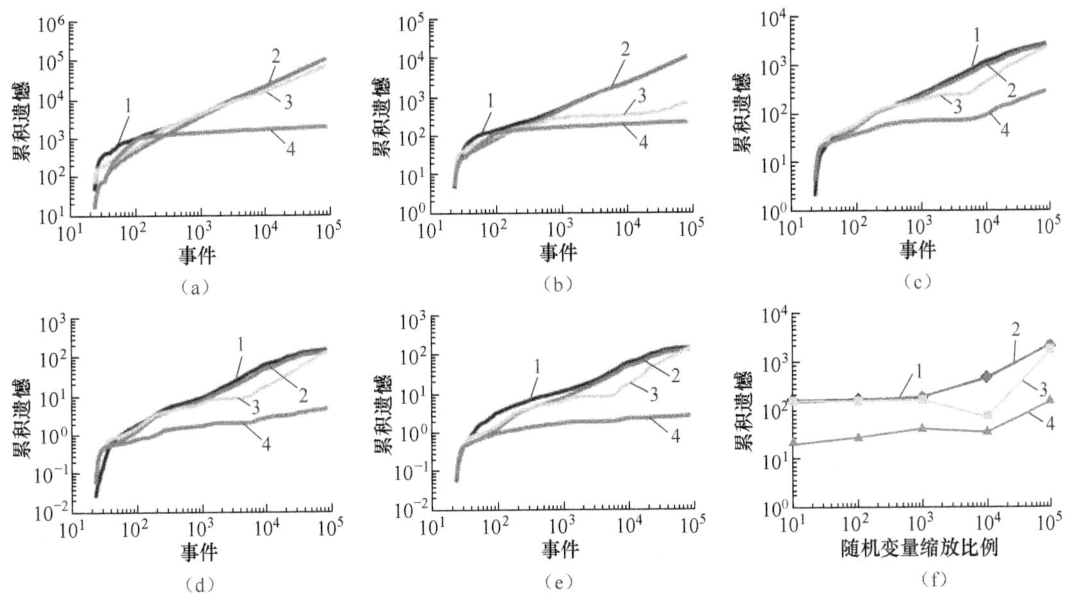

1—随机采样;2—顺序采样;3—EVAR-PIG*;4—EVAR-RAPTOR。

图 16.5　EVAR-RAPTOR 算法的性能优于所有基线，在 ERA 每日温度数据集的所有缩放比例上性能一致

(a)缩放比例 $d = 10^{-1}$；(b)缩放比例 $d = 10^{-2}$；(c)缩放比例 $d = 10^{-3}$；(d)缩放比例 $d = 10^{-4}$；(e)缩放比例 $d = 10^{-5}$；(f)不同缩放比例比较。

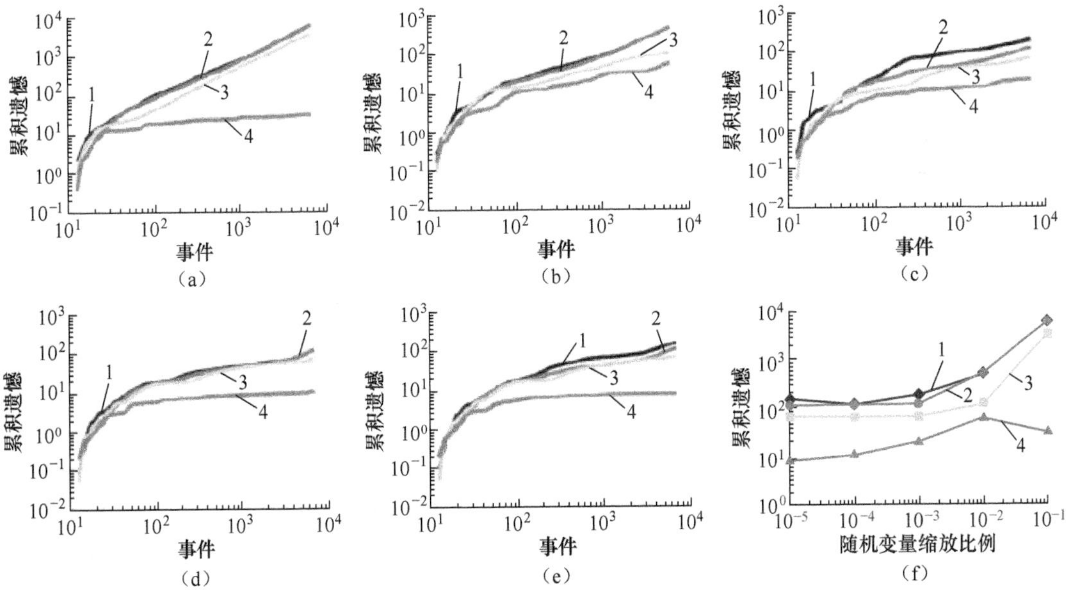

1—随机采样;2—顺序采样;3—EVAR-PIG*;4—EVAR-RAPTOR。

图 16.6　EVAR-RAPTOR 算法的性能优于所有基线，在爱尔兰风速数据集的所有缩放比例上性能一致

(a)缩放比例 $d = 10^{-1}$；(b)缩放比例 $d = 10^{-2}$；(c)缩放比例 $d = 10^{-3}$；(d)缩放比例 $d = 10^{-4}$；(e)缩放比例 $d = 10^{-5}$；(f)不同缩放比例比较。

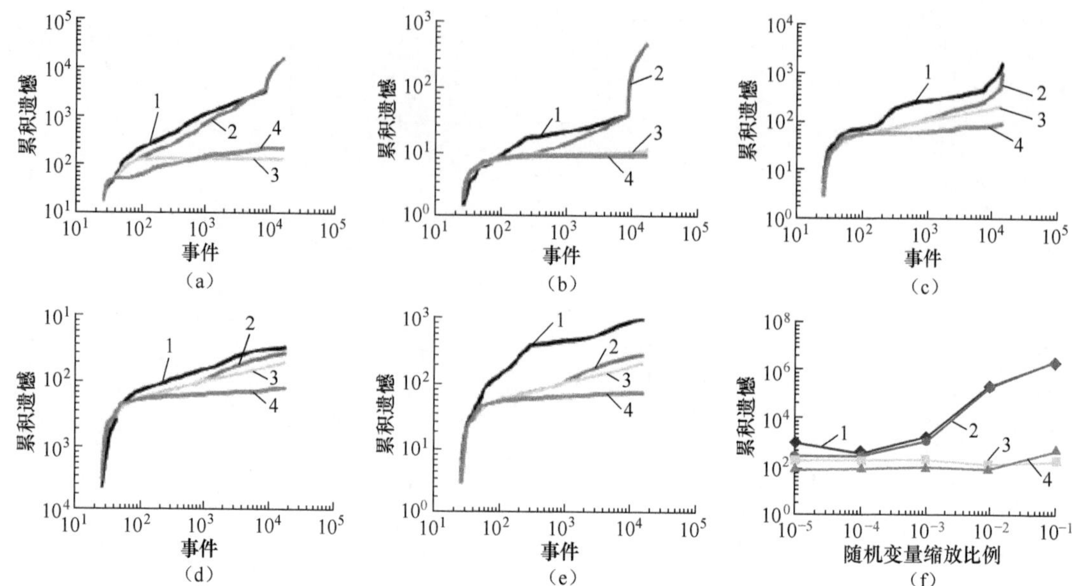

1—随机采样;2—顺序采样;3—EVAR-PIG*;4—EVAR-RAPTOR。

图 16.7 EVAR-RAPTOR 算法在华盛顿降雨数据集的所有缩放比例上性能一致,但仅在 $d = 10^{-1}$ 的缩放比例上优于 EVAR-PIG*。16.5.3 节对此进行讨论。(a)缩放比例 $d = 10^{-1}$;(b)缩放比例 $d = 10^{-2}$;(c)缩放比例 $d = 10^{-3}$;(d)缩放比例 $d = 10^{-4}$;(e)缩放比例 $d = 10^{-5}$;(f)不同缩放比例比较。

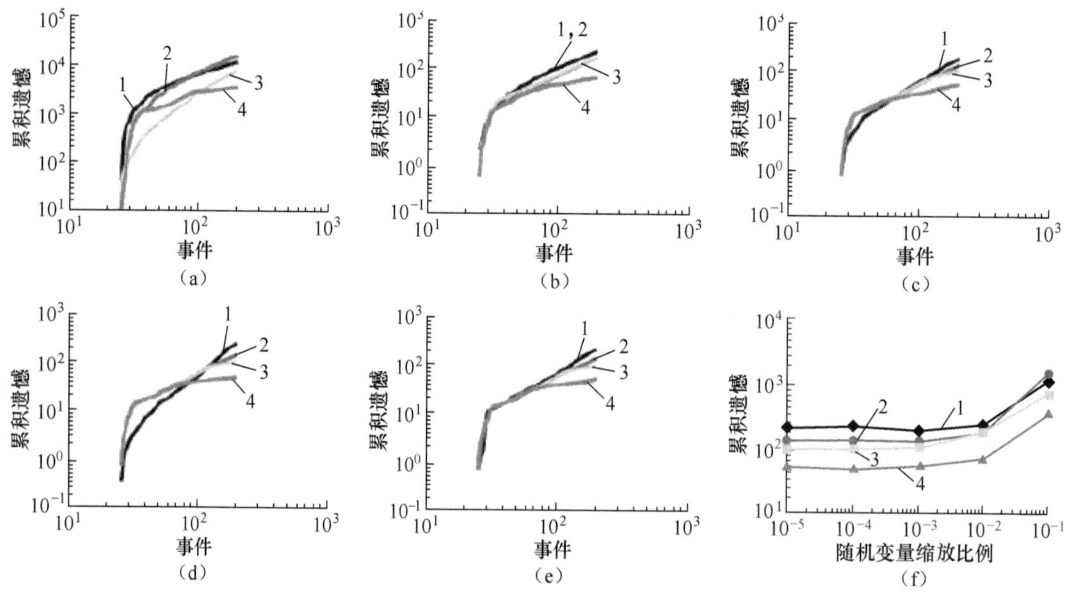

1—随机采样;2—顺序采样;3—EVAR-PIG*;4—EVAR-RAPTOR。

图 16.8 EVAR-RAPTOR 算法的性能优于所有基线,在 CASTNet 臭氧浓度数据集的所有缩放比例上性能一致

(a)缩放比例 $d = 10^{-1}$;(b)缩放比例 $d = 10^{-2}$;(c)缩放比例 $d = 10^{-3}$;(d)缩放比例 $d = 10^{-4}$;(e)缩放比例 $d = 10^{-5}$;(f)不同缩放比例比较。

16.6 小　结

我们应用 DDDAS,降低了随时间变化的环境中数据驱动的模型失去相关性的风险,这种风险可由熵风险值(EVAR)量化,有助于量化新的观测结果发生变化导致模型如何改变的。在过去,EVAR 是使用预定的置信度值 γ 来计算的,但本章使用数据驱动的方法来确定 γ 。此外,我们提出了一种 EVAR-RAPTOR 算法,该算法通过概率准确性保证来预测在不同传感位置可用的 EVAR。因此,我们能够准确地学习和预测现实数据集中的 EVAR 值,即使是随机环境变量按常数进行了缩放。在四个真实世界的数据集上的实验结果证明,EVAR-RAPTOR 在预测随时间变化分布中生成数据的 EVAR 值的方面性能优越。

参考文献

[1] F. Darema, Dynamic data driven applications systems: a new paradigm for application simulations and measurements, in International Conference on Computational Science, Krakow (Springer, 2004), pp. 662-669-https://link. springer. com/book/10. 1007/b97988

[2] F. Darema, Grid computing and beyond: the context of dynamic data driven applications systems. Proc. IEEE 93(3), 692-697(2005)

[3] F. Darema, DDDAS, a key driver for large-scale-big-data and large-scale-big-computing. Proc. Comput. Sci. 51, 2463(2015)

[4] A. Hobson, A new theorem of information theory. J. Stat. Phys. 1(3), 383-391(1969)

[5] A. Ahmadi-Javid, Entropic value-at-risk: a new coherent risk measure. J. Optim. Theory Appl. 155(3), 1105-1123(2012)

[6] R. T. Rockafellar, S. Uryasev, Optimization of conditional value-at-risk. J. Risk 2, 21-42(2000)

[7] T. Kim, A. V . Nefian, M. J. Broxton, Photometric recovery of ortho-images derived from apollo 15 metric camera imagery, in Advances in Visual Computing(Springer, 2009), pp. 700-709

[8] T. Kim, A. V . Nefian, M. J. Broxton, Photometric recovery of apollo metric imagery with lunar-lambertian reflectance. Electron. Lett. 46(9), 631-633(2010)

[9] D. Y . Little, F. T. Sommer, Learning and exploration in action-perception loops. Front. Neural Circuits 7, 1-19(2013)

[10] A. M. Axelrod, Learning to exploit time-varying heterogeneity in distributed sensing using the information exposure rate. Master's thesis, Oklahoma State University, 2015

[11] C. C. Heyde, E. Seneta, Studies in the history of probability and statistics. XXXI . The simple branching process, a turning point test and a fundamental in equality: a historical note on I. J. bienaymé. Biometrika 59(3), 680-683(1972)

[12] D. Applebaum, Lévy processes: from probability to finance and quantum groups. Not. AMS 51(11), 1336-1347(2004)

[13] M. Tokic, Adaptive ε-greedy exploration in reinforcement learning based on value differences, in KI 2010: Advances in Artificial Intelligence(Springer, 2010), pp. 203-210

[14] W. Jouini, D. Ernst, C. Moy, J. Palicot, Upper confidence bound based decision making strategies and

dynamic spectrum access, in 2010 IEEE International Conference on Communications (ICC), Cape Town (IEEE, 2010), pp. 1-5. http://icc2010. ieee-icc. org/

[15] A. Carpentier, A. Lazaric, M. Ghavamzadeh, R. Munos, P. Auer, Upper-confidence-bound algorithms for active learning in multi-armed bandits, in Algorithmic Learning Theory (Springer, 2011) pp. 189-203

[16] C. Gehring, D. Precup, Smart exploration in reinforcement learning using absolute temporal difference errors, in Proceedings of the 2013 International Conference on Autonomous Agents and Multi-agent Systems, Saint Paul. International Foundation for Autonomous Agents and Multiagent Systems, 2013, pp. 1037-1044. https://dl. acm. org/citation. cfm? id=2484920

[17] D. Russo, B. Van Roy, An information-theoretic analysis of Thompson sampling. arXiv preprint arXiv: 1403. 5341 (2014)

[18] J. C. Principe, D. Xu, Information-theoretic learning using Renyis quadratic entropy, in Proceedings of the First International Workshop on Independent Component Analysis and Signal Separation, Aussois, France, 1999, pp. 407-412. https://scholar. googleusercontent. com/scholar. bib? q = info: IFH _ 36rOMQgJ: scholar. google. com/&output = citation&scisig = AAGBfm0AAAAAW3GA7DJPrAxvpEvPRhC_z9ovoHvVeTWe&scisf = 4&ct = citation&cd = 1&hl = en&scfhb = 1

[19] P. Reverdy, R. C. Wilson, P. Holmes, N. E. Leonard, Towards optimization of a human-inspiredheuristic for solving explore-exploit problems, in CDC, Maui, 2012, pp. 2820-2825. http://www. ieeecss. org/CAB/conferences/cdc2012/

[20] D. Ryabko, Time-series information and learning, in 2013 IEEE International Symposium on Information Theory Proceedings (ISIT), Istanbul (IEEE, 2013), pp. 1392-1395. http://www. proceedings. com/19451. html

[21] S. G. Nora Ayanian, Persistent monitoring of stochastic spatio-temporal phenomena with a small team of robots, in Proceedings of Robotics: Science and Systems, Berkeley, California, USA, July 2014. http://rll. berkeley. edu/RSS2014/

[22] D. Russo, B. V an Roy, Learning to optimize via information-directed sampling, in Advances in Neural Information Processing Systems, Montreal, 2014, pp. 1583-1591 https://nips. cc/Conferences/2014/

[23] J. M. Hernández - Lobato, M. A. Gelbart, R. P. Adams, M. W. Hoffman, Z. Ghahramani, Ageneral framework for constrained bayesian optimization using information-based search. arXiv preprint arXiv: 1511. 09422 (2015)

[24] H. Ding, D. A. Castañón, Optimal solutions for adaptive search problems with entropy objectives. arXiv preprint arXiv: 1508. 04127 (2015)

[25] A. M. Axelrod, S. A. Karaman, G. V. Chowdhary, Exploitation by informed exploration between isolated operatives for information-theoretic data harvesting, in Conference on Decision and Control (CDC), Osaka, vol. 54, 2015

[26] A. Axelrod, G. Chowdhary, Uninformed-to-informed exploration in unstructured real-world environments, in Self-Confidence In Autonomous Systems, Washington, DC (AAAI, 2015)

[27] A. Axelrod, G. Chowdhary, A hybridized bayesian parametric - nonparametric approach to the pure exploration problem, in Bayesian Nonparametrics: The Next Generation, Montreal. Neural Information Processing Systems, 2015

[28] A. Axelrod, G. Chowdhary, The Explore - Exploit Dilemma in Nonstationary Decision Making under Uncertainty, 1st edn. (Springer, New York, 2015), pp. 2198-4182

[29] P. Bodik, W. Hong, C. Guestrin, S. Madden, M. Paskin, R. Thibaux, Intel lab data. Technical report, Intel Berkely Research Lab, Feb 2004

[30] P. Berrisford, D. P. Dee, K. Fielding, M. Fuentes, P. Kallberg, S. Kobayashi, S. Uppala, The era-interim

archive(European Center for Medium Range Weather Forecasts, Reading, 2009)

[31] J. Haslett, A. E. Raftery, Ireland wind data set. Technical report, Trinity College and University of Washington, pp. 1961-1978

[32] M. Widmann, C. S. Bretherton, V alidation of mesoscale precipitation in the NCEP reanalysis using a new gridcell dataset for the northwestern united states. J. Clim. 13(11) , 1936-1950(2000)

[33] Clean Air Status and Trends Network(CASTNET) , Accessed Hourly Ozone data at www. epa. gov/castnet on Sept 2015

[34] D. P . Dee, S. M. Uppala, A. J. Simmons, P . Berrisford, P . Poli, S. Kobayashi, U. Andrae, M. A. Balmaseda, G. Balsamo, P . Bauer, et al. , The era－interim reanalysis: configuration and performance of the data assimilation system. Q. J. R. Meteorol. Soc. 137(656) , 553-597(2011)

[35] A. Gelman, J. B. Carlin, H. S. Stern, D. B. Dunson, A. V ehtari, D. B. Rubin, Bayesian data analysis, 3rd edn. (CRC Press, Boca Raton, 2013)

[36] J. Duchi, Derivations for Linear Algebra and Optimization(Berkeley, 2007)

[37] M. J Schervish, Theory of Statistics(Springer, New York, 2012)

第六部分　上下文感知:协调控制

第 17 章　DDDAS 用于攻击检测和控制系统隔离

Luis Francisco Combita, Jairo Alonso Giraldo, Alvaro A. Cardenas, Nicanor Quijano

摘要:近十年来,控制系统的安全性已成为研究重点。即使在攻击的情况下,攻击检测、隔离和重构对于保持控制系统的安全性也是十分必要的。针对这项工作,我们开发了容错控制系统中的一些工具,并基于 DDDAS 理念在安全框架下对其进行分析。特别是,我们提出一种新的安全控制系统架构:DDDAS 异常隔离和响应(DDDAS-AIR)。该架构依赖于对物理系统的模拟,帮助我们重新配置传感器以减小攻击的影响。本章论证了在三储罐系统受到攻击时提出的机制,并展示了如何重新考虑传统故障检测系统的评估,以应对攻击而不是自然故障。

17.1 引　言

嵌入式传感器的广泛应用为我们测量和理解物理系统的动态行为提供了新机遇。基于新机遇,DDDAS 作为一种新的范式出现,它可以动态地组合来自各方的数据,通过模拟和增强这些数据,能够获得更加准确的预测和更精确的控制。DDDAS 已被证明在各种应用中是有效的,包括工业控制、风险管理、社会网络、群体控制、微电网控制和电网中的调度控制等。

最近,DDDAS 范式也被纳入网络安全和隐私研究中。虽然计算机安全研究最初集中在预防攻击的安全机制上,但现在人们已经认识到,仅仅预防攻击是不够的,系统需要检测和响应攻击行为。在控制系统中能够检测和自动响应攻击是特别重要的,因为系统需要发送实时的连续控制动作,以保证其安全。如果攻击者对系统进行部分控制,则无法实时自动响应,并且会产生严重的负面影响,如设备损坏甚至造成人员伤亡。有些文献的研究主要集中在预防措施上,这些措施旨在通过减少漏洞来降低攻击的可能性。然而,当攻击者出现时,很少有人关注隔离和重构,但它可以确定攻击的位置并生成减轻和消除攻击的操作,从而减小其对系统的影响。DDDAS 范式特别适合帮助我们对检测和响应控制系统攻击等问题建模。因为根据定义,该范式鼓励开发人员考虑如何使用物理系统的模型来指导数据获取,数据采集如何改变模型的运行和仿真,特别是如何基于计算、模型模拟和传感器的输入输出动态地配置控制系统。

基于这些特性,我们提出 DDDAS-AIR 体系结构并分析控制系统的安全性。DDDAS-AIR 可以在计算与输出控制辅助下实现对物理系统的模拟。这些计算的输出可以引导我们将传感器、执行器和控制器重新分类为可靠或不可靠。DDDAS-AIR 算法可以动态地配置受信任传感器的选择,创建合成数据来缓解传感器观测数据缺少的问题,从而将系统驱动到一个安全的地方。本章中,我们首先探讨了控制系统中故障检测和隔离的经典概念,然后通过提出新的攻击模型和性能指标来展示如何在对抗条件下研究它们。

17.2 问题形式化

考虑到线性和时间不变性,离散时间系统被描述为

$$x(k+1)=Ax(k)+Bu(k)$$
$$y^a(k)=Cx(k) \tag{17.1}$$

式中:$A,B\in\mathbb{R}^{n\times m}$;$C\in\mathbb{R}^{p\times n}$;$x(k)\in\mathbb{R}^p$ 为系统的状态;$u(k)\in\mathbb{R}^m$ 为系统的输入端;$y(k)\in\mathbb{R}^p$ 为系统的输出。这种表示可以用来描述工业过程的动态行为,其中 $u(k)$ 旨在确保 $y(k)$ 在某些条件下收敛到期望的参考值 $r^*(k)$ 。

控制系统中的网络攻击:

完整性攻击是指一组传感器或执行器被破坏的网络攻击类型。该攻击允许攻击者注入任意值。式(17.1)可以扩展到包括这两种类型的攻击,公式如下:

$$x(k+1)=\boldsymbol{A}x(k)+\boldsymbol{B}u(k)+F_a f_a(k)$$
$$y^a(k)=\boldsymbol{C}x(k)+F_s f_s(k) \tag{17.2}$$

式中:$F_a\in\mathbb{R}^{n\times m}$;$F_s\in\mathbb{R}^{p\times n}$,$f_a\in\mathbb{R}^m$ 为虚假数据的注入;$y^a(k)\in\mathbb{R}^p$ 为损害的传感器测量值;$f_s\in\mathbb{R}^p$ 为传感器上假数据的注入。

对传感器的攻击包括将 $y(k)$(实际传感器测量值)替换为 $y^a(k)=y(k)+F_s f_s(k)$(从传感器输出的任何数据值),例如新输入攻击 $f_s(k)$ 被添加到系统中。对执行器的攻击包括通过添加攻击 $f_a(k)$ 修改工厂的输入(控制器发送过程的控制信号或可编程逻辑控制器),这个修改直接影响执行器执行的动作。

控制系统的完整性攻击和故障有一些相似之处,即传感器或控制信号与真实值发生变化,变得不那么可靠;然而,虽然错误通常是随机的和非策略性的,但网络攻击是策略性的,更具欺骗性,因此对系统的安全性来说可能更危险。攻击者的目标可以是经济利益,窃取私人信息,或在控制过程中造成故障或安全隐患。攻击和错误之间的区别非常明显,因此我们不能直接使用错误检测文献中现有的工具来检测攻击。在本章中,我们展示了一种分析故障检测系统的新方法,该方法与传统故障检测相比考虑了攻击的对抗性。

17.3 DDDAS 异常隔离和响应

为了设计攻击弹性系统,我们需要:①检测攻击是否存在;②识别(隔离)受攻击的设备;③重新配置系统和/或改变其操作以减轻攻击,例如,用其估计值代替感知到的测量值。在这项工作中,我们的目标是通过扩展故障检测和隔离理论的概念来设计新的攻击检测、隔离和重构策略。

特别是在 DDDAS 范式的推动下，我们提出了一个新的 DDDAS-AIR 架构来增加控制系统的弹性，如图 17.1 所示。该体系结构有一个异常检测模块，该模块使用实时的传感器值，并将其与系统的仿真进行比较。如果仿真结果与实测值之间存在误差，那么 DDDAS-AIR 将重新配置控制器，以一种更保守（可能更昂贵）的方式操作，同时请求更多的数据（来自可能更昂贵的传感器）确认或拒绝异常。

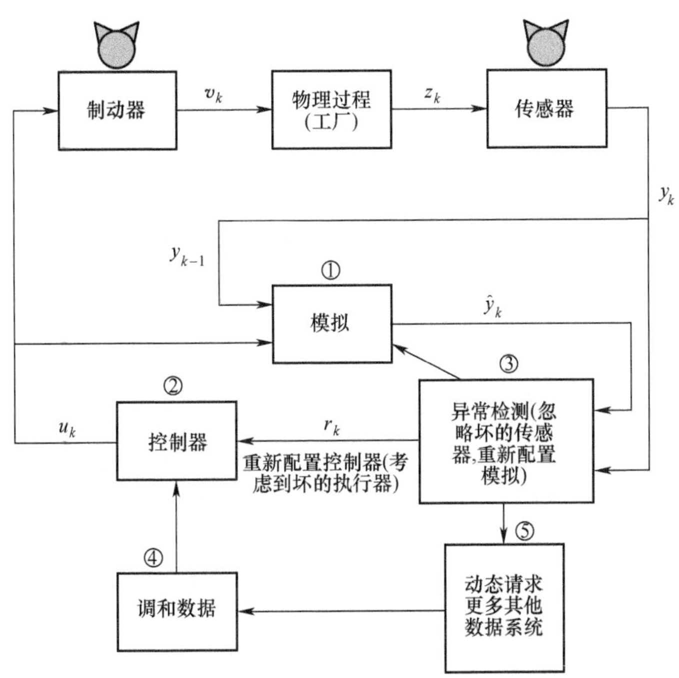

图 17.1　DDDAS-AIR 的组件（组件①~⑤）有一个异常检测模块，该模块比较来自现场的传感器值，并将其与系统的仿真进行比较。如果它们之间存在错误，那么它将重新配置控制器，使其以一种更保守（且可能更昂贵）的方式进行操作，同时请求更多数据（来自可能更昂贵的传感器）确认或拒绝异常）

17.3.1　异常检测

异常检测机制用于检测意外的系统行为。检测异常有两种重要技术：故障检测、隔离与重新配置（FDIR）以及数据流管理系统（DSMS）。FDIR 通常用于控制社区以开发容错功能控制系统。DSMS 在运输系统中占主导地位。这种方法主要利用逻辑冗余的效能，这种冗余存在于故障无关传感器数据之间。然而，并不是所有的控制系统在传感器上都有这种冗余，这就是要开发分析冗余的原因。通过分析冗余构建数学模型来模拟物理系统，然后运用模拟结果将它们与从过程中接收的传感器值进行比较。

分析冗余异常检测由两部分组成：①残差生成；②决策。最常见的方法之一是通过将测量值 $y(k)$ 与估计值 $\hat{y}(k)$ 进行比较来获得残差，即 $r(k) = | y(k) - \hat{y}(k) |$，其中绝对值按元素顺序计算。当实际系统测量值与估算值之间没有差异时，残差接近零。由于故障、噪声、攻击和建模错误，这些残差可能不同于零。无状态决策模块在残差大于特定阈值 τ 时发出警报：

$$D(k)=\begin{cases}1 & (r(k)>\tau)\\0 & (r(k)\leqslant\tau)\end{cases}$$

利用估计量可以得到系统的估计量。估计量既需要系统的输入,又需要系统的输出。另外,系统状态是完全可见的,即所有状态变量的信息都可以在有限的时间内从系统的输出和输入中得到。此类观察器和基于滤波方法的基本思想是:通过在确定性场景中使用 Luenberger 观察器(Luenberger observers, LO)或在随机场景中使用卡尔曼滤波器来从测量中估计系统的输出。

LO 可以通过以下方式描述:

$$\begin{aligned}z(k+1)&=\boldsymbol{A}z(k)+\boldsymbol{B}u(k)+L(y(k)-\boldsymbol{C}z(k))\\\hat{y}(k)&=Cz(k)\end{aligned}\tag{17.3}$$

式中:$z(k)\in\mathbb{R}^n$ 为估计状态向量;L 为估计增益;$\boldsymbol{A},\boldsymbol{B},\boldsymbol{C}$[式(17.1)]用来描述设备动态行为的矩阵。LO 的思路是通过输出 $y(k)$ 和估计 $\boldsymbol{C}z(k)$ 之间的误差加权到状态方程中,以确保估计误差收敛到零。为了简化符号(不失一般性),本章的其余部分将集中讨论 $\boldsymbol{C}=\boldsymbol{I}$ 的系统,即所有状态都是可测量的;当然结果可以很容易地扩展到 $\boldsymbol{C}\neq\boldsymbol{I}$ 情况。

我们把估计误差定义为 $e(k)=x(k)-z(k)$。在攻击存在时,估计误差可以描述为

$$e(k+1)=(\boldsymbol{A}-\boldsymbol{LC})e(k)+F_a\boldsymbol{f}_a(k)$$

很明显,如果没有异常和矩阵 $\overline{\boldsymbol{A}}(\overline{\boldsymbol{A}}=\boldsymbol{A}-\boldsymbol{LC})$ 拥有全部单位圆内的特征值,则当 k 倾向于∞时,$e(k)$会收敛到零。

在上述两种类型的攻击中,残差 $r(k+1)=y^a(k+1)-\hat{y}(k+1)$,当矩阵 $\boldsymbol{C}$ 是单位矩阵 $\boldsymbol{I}$ 时,上述攻击的结果由下式给出:

$$r(k+1)=(\boldsymbol{A}-L)r(k)+F_a\boldsymbol{f}_a(k)+F_s\boldsymbol{f}_s(k+1)-(\boldsymbol{A}-L)F_s\boldsymbol{f}_s(k)$$

让我们定义 $\delta(k)=F_a\boldsymbol{f}_a(k)+F_s\boldsymbol{f}_s(k+1)-(\boldsymbol{A}-L)F_s\boldsymbol{f}_s(k)$ 使得

$$r(k+1)=(\boldsymbol{A}-L)r(k)+\delta(k)。$$

解我们获得的差分方程

$$r(k)=(\boldsymbol{A}-L)^k r(0)+\sum_{m=0}^{k-1}(\boldsymbol{A}-L)^{k-m-1}\delta(m)$$

注意到,如果 $(\boldsymbol{A}-L)$ 在单位圆内具有所有特征值,则估计误差将收敛到 $\delta(m)$ 随时间累积效应的线性组合。

在本工作中,我们假设系统中只发生传感器攻击,同时攻击的传感器不超过一个。受到攻击的残差为

$$\begin{aligned}r(k+1)&=|\,y^a(k+1)-\hat{y}(k+1)\,|\\&=|\,x(k+1)+F_s\boldsymbol{f}_s(k+1)-z(k+1)\,|\\&=|\,e(k+1)+F_s\boldsymbol{f}_s(k+1)\,|\end{aligned}$$

显然,异常的存在可能导致 $r(k)>\tau$,我们可以检测攻击,但这取决于 τ 的适当选择。

17.3.2 异常隔离

异常检测只表示存在攻击,但不一定能识别哪个设备正在发送误导数据。为了识别被破坏的设备,可以使用异常隔离的思想。相关文献给出了很多研究和隔离建议。在本

章中,我们将重点讨论结构化残差的使用。通过设计对某些特定扰动(如未知输入观察器)不敏感的观察器,得到结构残差,如未知输入观察器(UIO)。UIO 是 LO 的推广,一个全序观察器被定义为

$$w(k+1) = Fw(k) + \boldsymbol{TB}u(k) + K_{12}\, y^a(k)$$
$$\boldsymbol{z}(k) = \boldsymbol{w}(k) + H\, y^a(k) \tag{17.4}$$

式中:$\boldsymbol{z}(k) \in \mathbb{R}^n$ 为估计状态向量;$\boldsymbol{w}(k) \in \mathbb{R}^n$ 为状态向量,通过线性变换 $\boldsymbol{w}(k) = \boldsymbol{T}_x(k)$ 所计算的全阶观察器。$\boldsymbol{F}$、$\boldsymbol{T}$ 和 $\boldsymbol{K}_{12}$ 是必须设计的矩阵,这些未知输入矩阵 $\boldsymbol{f}_a$ 或 $\boldsymbol{f}_s$ 与其他输入应当是解耦关系。在式(17.2)描述的系统中,传感器和激励器存在异常,在本章中,我们的注意力就是集中在这些传感器的异常上,例如 $\boldsymbol{f}_a = 0$。将式(17.4)中的观察器与式(17.2)中的系统组合,估计误差 $e(k) = x(k) - z(k)$ 可由式(17.5)得出:

$$e(k+1) = [\boldsymbol{A} - \boldsymbol{HCA} - K_1\boldsymbol{C}]\, e(k) + [(\boldsymbol{A} - \boldsymbol{HCA} - K_1\boldsymbol{C}) - \boldsymbol{F}]\boldsymbol{w}(k) + [(\boldsymbol{I} - \boldsymbol{HC}) - \boldsymbol{T}]\boldsymbol{B}u(k) + [(\boldsymbol{A} - \boldsymbol{HCA} - K_1\boldsymbol{C})H - K_2]\, y^a(k) - K_1 F_s \boldsymbol{f}_s(k) - H F_s \boldsymbol{f}_s(k+1) \tag{17.5}$$

如果以下等式成立:

$$\boldsymbol{T} = \boldsymbol{I} - \boldsymbol{HC},\quad \boldsymbol{F} = \boldsymbol{TA} - K_1\boldsymbol{C},\quad K_2 = \boldsymbol{FH},\quad \boldsymbol{K}_{12} = K_1 + K_2 \tag{17.6}$$

那么估计误差动态由式(17.7)给出:

$$e(k+1) = \boldsymbol{F}e(k) - K_1 F_s \boldsymbol{f}_s(k) - HF_s \boldsymbol{f}_s(k+1) \tag{17.7}$$

残差的大小由式(17.8)给出:

$$r(k) = |\ \boldsymbol{C}e(k) + F_s \boldsymbol{f}_s(k)\ | \tag{17.8}$$

由式(17.7)可以注意到,如果 $\boldsymbol{F}$ 的所有特征值都在单位圆内,则估计误差收敛于攻击的线性组合(类似于 LO)。

当前,为了确定攻击的位置,有必要设计 p 残差计算器,其中第 j 个 $r^j(k)$ 不依赖传感器 j。作为一个结果,可以组合所有 $r^j(k)$ 并确定哪个发生了攻击。例如,有 3 个传感器。如果传感器 1 受损,传感器 1 中的残差将为 0,但是传感器 2 和传感器 3 中的残差将不为 0,这表示攻击不在传感器 2 和传感器 3 中。因此,对于每个残差计算器应满足式(17.6)中所述的相同条件,所有的矩阵都忽略了第 j 行。

17.4　获取仿真模型

Luenberger 观察器(LO)和未知输入观察器(UIO)的设计需要一个数学模型描述被控系统的动态行为。大致来说,有两种方法可以获得这些模型:一种是使用基本原理;另一种是从数据集中学习。在第一原理方法中,工程师用物理定律描述系统的动态演化。这并不总是一种实用的方法,因为系统的正式定义需要更多的资源,而且在一些大型和复杂的过程中,这实际上是不可行的。基于输入和输出学习系统的行为是一种更通用和实用的方法,也符合 DDDAS 基于传感器数据细化模型的理念。

从控制系统的输入-输出数据中学习状态空间系统的主要挑战之一是模型顺序的选择不明显。在这项工作中,我们假设阶次系统参数是先验已知的。这一事实很重要,因为高阶模型增加了模型的复杂性,而且我们知道在模型复杂性和准确性之间存在折中。

系统的模型可以是输入-输出描述或空间状态表示。UIO 通常是根据系统的状态空间描述设计。基于子空间方法的辨识直接从输入-输出数据中产生状态空间表示。这些方法使用了数值线性代数中的概念和算法。此外,子空间算法不是迭代的,因此不存在收敛问题,这也减少了算法的执行时间。子空间方法的识别算法思想主要是利用输入-输出观测估计系统的状态,然后定义一个值顺序系统,最后利用线性代数确定系统参数的空间状态矩阵表示。

17.5 案例研究

17.5.1 系统描述

为了说明 DDDAS-AIR 框架,我们给出一个带有两个泵作为执行器的非线性三储罐系统实例。系统的输出变量是每个水箱中的水位。这些变量由每个容器的传感器测量。系统原理如图 17.2 所示。

控制系统的目标是通过调节两个水箱的进水量达到需要的水位。系统的动力学行为(假设 $L_1>L_3>L_2$)由一组三阶非线性微分方程给出。

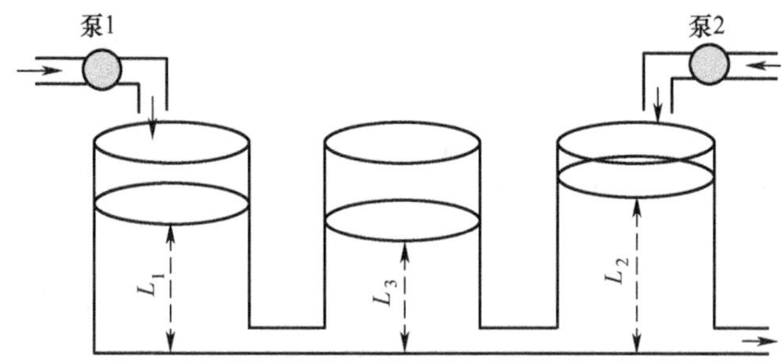

图 17.2　三储罐系统

$$
\begin{cases}
S\dfrac{\mathrm{d}}{\mathrm{d}t}L_1(t)=Q_1(t)-q_{13}(t)\\
S\dfrac{\mathrm{d}}{\mathrm{d}t}L_2(t)=Q_2(t)+q_{32}(t)-q_{20}(t)\\
S\dfrac{\mathrm{d}}{\mathrm{d}t}L_3(t)=q_{13}(t)-q_{32}(t)\\
q_{13}(t)=\mu_{13}S_n\operatorname{sgn}[L_1(t)-L_3(t)]\sqrt{2gL_1(t)-L_3(t)}\\
q_{32}(t)=\mu_{32}S_n\operatorname{sgn}[L_3(t)-L_2(t)]\sqrt{2gL_3(t)-L_2(t)}\\
q_{20}(t)=\mu_{20}S_n\sqrt{2gL_2(t)}
\end{cases}
\tag{17.9}
$$

式中:$q_{13}(t)$ 为罐 1 到罐 3 的水流量;$q_{32}(t)$ 为水箱 3 到水箱 2 的水流量;$q_{20}(t)$ 为水箱 2 将水排出系统的水流量;$Q_1(t)$ 和 $Q_2(t)$ 分别为水箱 1 和水箱 2 输入水的流量;$L_1(t)$,$L_2(t)$ 和 $L_3(t)$ 分别为罐 1、罐 2 和罐 3 水位;S 为罐的横截面积;S_n 为箱之间配管的横截面积;μ_{13} 为罐 1 至罐 3 的流出系数;μ_{32} 为罐 3 至罐 2 的流出系数;μ_{20} 为槽 2 排空的流出系数。

三罐系统的参数值如表 17.1 所示。

表 17.1　三罐系统的参数值

参数	符号	值
容器横截面	S	0.0154m^2
容器内截面积	S_n	$5\times10^{-5}\text{m}^2$
容器内流出系数	$\mu_{13}=\mu_{32}$	0.5
清空流出系数	μ_{20}	0.6
最大流率	$Q_{i\max}(i\in[1\ 2])$	$1.5\times10^{-4}\text{m}^3\cdot\text{s}^{-1}$
最大水位	$L_{j\max}(j\in[1\ 2\ 3])$	0.62m

系统的操作点由下式给出：

$$L_{1_{\text{oper}}}=0.4\text{m},\ L_{2_{\text{oper}}}=0.2\text{m},\ L_{3_{\text{oper}}}=0.3\text{m}$$

其中 $L_{j_{\text{oper}}}j\in[1,2,3])$ 表示罐 j 的水平，其中 $L_{1_{\text{oper}}}=3.5018\times10^{-5}\ \text{m}^3/\text{s}^1$，$L_{2_{\text{oper}}}=3.1838\times10^{-5}\text{m}^3/\text{s}^1$，$L_{i_{\text{oper}}}(i\in[1,2])$ 表示当系统没有任何干扰时，达到所需输入流速的水平。

使用 PI 控制器对系统进行管理，该 PI 控制器旨在将级别 L_1 和 L_2 分别提升到所需的参考 R_1 和 R_2 的水平，这种闭环控制系统是强耦合的，即每个输入的变化对三者的输出均有影响。图 17.3 显示了没有任何攻击的受控系统的输出。

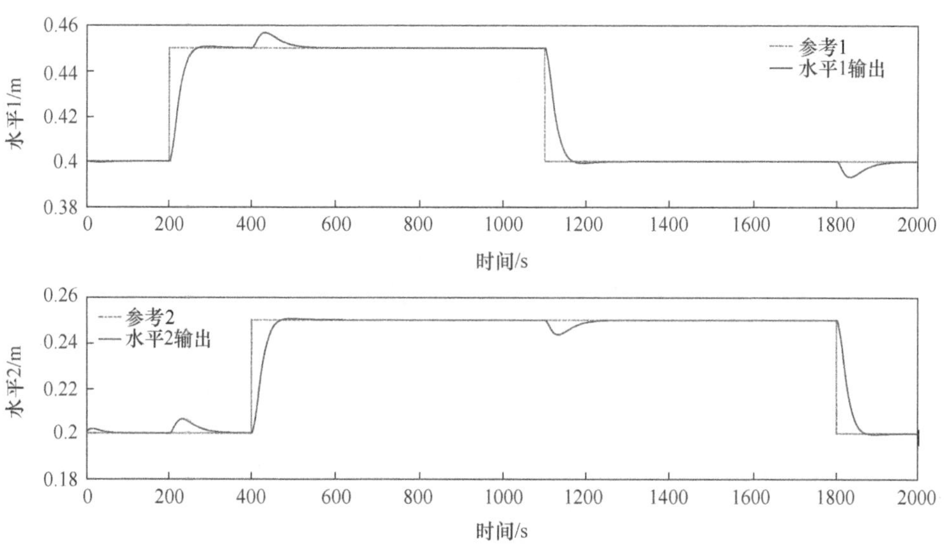

图 17.3　没有攻击的受控系统的输出(由于其他参考输入的改变而表现出超调和欠调)

17.5.2　从 I/O 数据中获取模型系统

如前所述，系统用一个精确的数学模型来描述见式(17.9)。但是，我们可以将 $L_{j_{\text{oper}}}$

$(j \in [1,2,3])$ 和 $L_{ioper}(i \in [1,2])$ 所描述的操作点周围的方程组线性化，得到一个由三个线性一阶微分方程组组成的集合，它可以排列成给定的连续状态表示：

$$\begin{cases} \dot{x}_c(t) = \boldsymbol{A}cXc(t) + \boldsymbol{B}_c u_c(t) \\ y_c(t) = C_c x_c(t) \end{cases} \tag{17.10}$$

式中：子索引 c 为该系统的连续时间模型。

如果我们有输入/输出系统数据，可以得到系统在离散时间内的近似状态表示，这相当于式(17.10)对采样时间 T_s 离散化。可以由两个连续输入/输出数据之间的运行时间确定，得到的模型形状为式(17.11)，利用子空间识别技术和相似变换，实现：

$$\begin{cases} \boldsymbol{A} = \begin{bmatrix} 0.9899 & 0.0005 & 0.0098 \\ 0.0004 & 0.9804 & 0.0095 \\ 0.0108 & 0.0107 & 0.9784 \end{bmatrix} \\ \boldsymbol{B} = \begin{bmatrix} 60.1584 & 0.1660 \\ -0.3848 & 60.1895 \\ 0.4138 & 0.1935 \end{bmatrix} \\ \boldsymbol{C} = \begin{bmatrix} 1 & 0 & 0 \\ 0 & 1 & 0 \\ 0 & 0 & 1 \end{bmatrix} \end{cases} \tag{17.11}$$

并且 $T_s = 1\text{s}$。

17.5.3 传感器攻击检测

异常检测是利用 LO 或 UIO 模拟流程向特定输入演化，然后使用预期结果与传感器信息进行比较。如前所述，UIO 被设计为对异常不敏感，因此它使用较少的设备信息获得估计。由此，通过 UIO 得到变量的真实值与估计值之间的误差要大于通过 LO 得到的误差。

图 17.4 说明了传感器攻击的影响情况。值得注意的是，三个罐位的测量值是可用的，但其中只有两个是可控制的，因为工厂只有两个控制输入。攻击者的目的是修改容器的等级，在最坏的情况下会导致容器溢出。本章的攻击重点在于修改电站传感器的真实信息，即电站水箱上的真实水位值。这些攻击实例及其对工厂输出的影响如图 17.4 所示。

在攻击时间间隔内，对传感器 1 的攻击使传感器减去一个常数，对系统输出的影响是 1 号罐水位的增加。

对传感器 2 的攻击是真实值和假值之间的三角形偏差(在时间上)。这种攻击的效果是在输出变量中产生一个三角形的变化率。这种类型的攻击比传感器 1 中突然的方形攻击更难检测。

闭环控制系统在有/无攻击时的响应，其输出显示了水位随攻击的变化情况，最大水位可以超过储罐的物理高度，实际上将会出现溢流。

使用式(17.1)中描述的模型，参数定义如式(17.11)所示，我们设计一个 LO 和一组 UIO。这些观察器被用来评估系统状态的剩余部分。在没有攻击的情况下，由 LO 和 UIO 仿真得到的输出系统变量与其期望值之间的残差如图 17.5 所示，该图显示了用 LO 得到

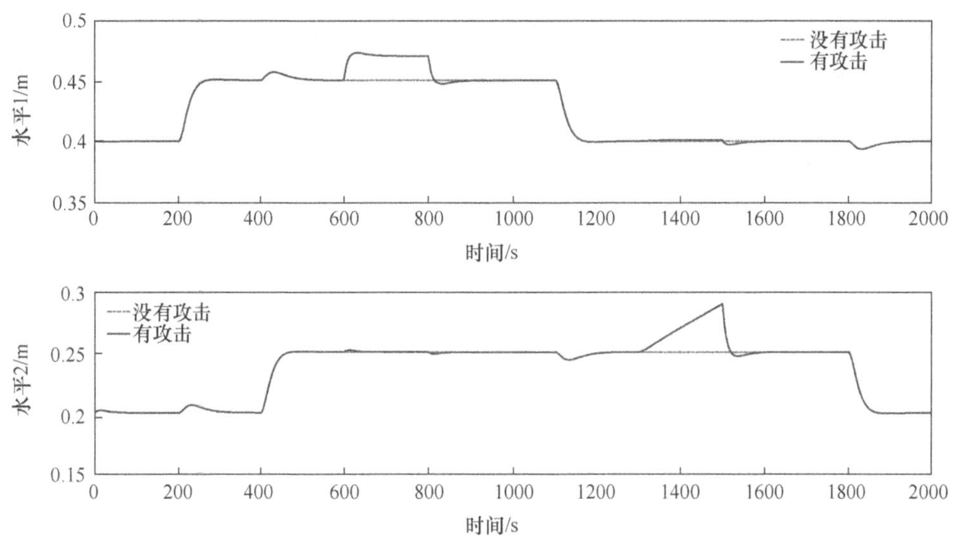

图 17.4　攻击实例及其对工厂输出的影响

的系统三种水位的剩余。图 17.6 展现的是使用 UIO 得到的系统三种水位的残差。从图中可以看出,UIO 的残差绝对值大于 LO 的残差绝对值。由于来自 UIO 的残差大于来自 LO 的残差,当使用 UIO 来检测攻击时,会比使用 LO 时存在更大的未检测到攻击的风险。因此可见,使用 LO 可实现更好的攻击检测。

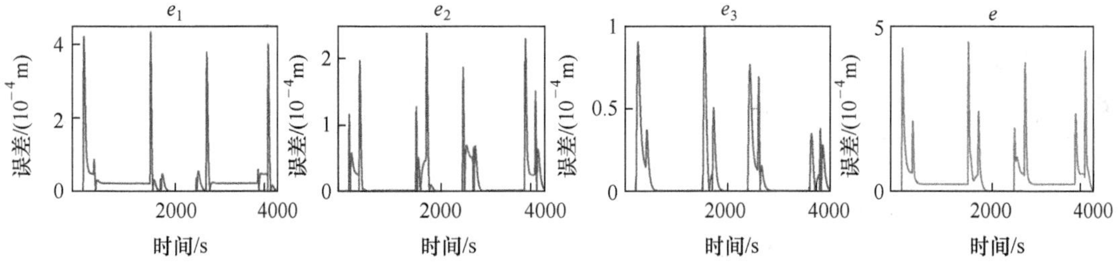

图 17.5　从 Luenberger 观察器获得的残差

注:$e_1 = | y_1 - y_1 |$,$e_2 = | y_2 - y_2 |$,$e_3 = | y_3 - y_3 |$,$e = \| y - y \|$。

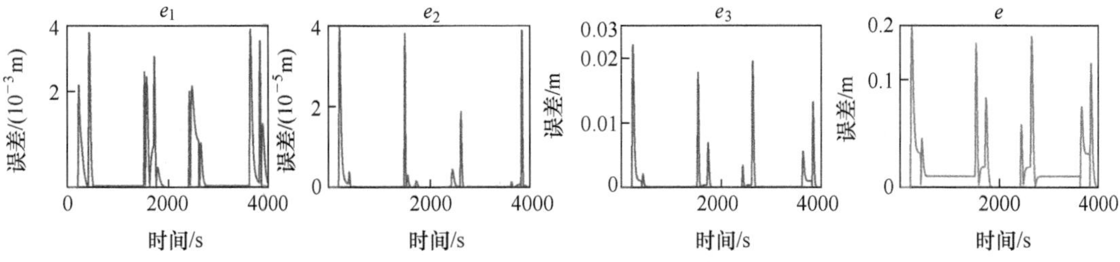

图 17.6　从未知输入观察器获得的残差

注:$e_1 = | y_1 - y_1 |$,$e_2 = | y_2 - y_2 |$,$e_3 = | y_3 - y_3 |$,$e = \| y - y \|$。

检测结果如图 17.7 所示。异常检测系统在检测到一个或多个攻击时发出告警,在未检测到攻击时关闭告警。当传感器值与估计值之间的残差大于阈值时,检测为"on"(告警)。只有当攻击大于系统输出与估计输出之间的阈值差时,才会被检测到。攻击者可以利用这个事实设计无法检测到的攻击。

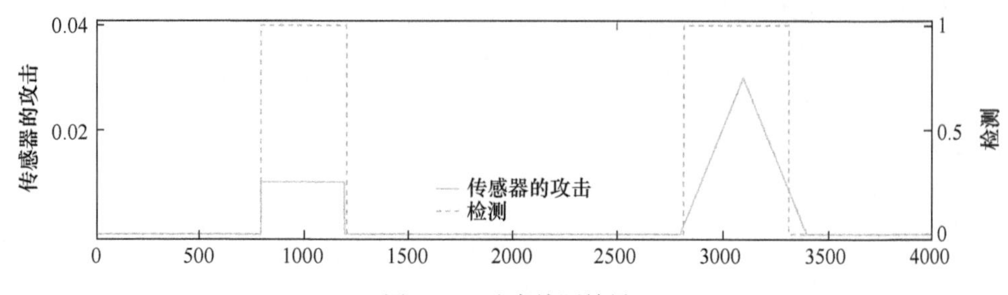

图 17.7 攻击检测结果

注:虚线表示检测;1 表示传感器受到攻击;

0 表示传感器没有受到攻击;实线表示应用于系统传感器的攻击。

图 17.7 中的参数图是通过将受到攻击的系统的输出 $y^a(k)$ 与未受到攻击的系统的参考输出 $y^{\text{ref}}(k)$ 进行比较得到的。$\boldsymbol{\Delta}$ 为影像矩阵,定义为 $\sum_{k=0}^{k_f} \| y^{\text{ref}}(k) - y^a(k) \|$,k_f 用于所有的时间模拟 。以同样的方式,让 $E[T_{fa}]$ 表示错误警报之间的预期时间,可以通过不同的 τ 获得。如前所述,增加 τ 会减少错误警报的数量,但它允许攻击者注入更强的攻击,这需要更长的时间才能被检测到。图 17.8 显示了针对 LO 和 UIO 两种情况下虚警和攻击影响之间的权衡。

图 17.8 展现了 DDDAS-AIR 方法的基本成果,因为它清楚地显示了针对攻击(而不是随机故障)的传统故障检测算法间的比较。图 17.8 显示了为什么 LO 模型应该用作抵御攻击的第一道防线,而不是仅仅依赖 UIO。在传统的故障检测理论中,UIO 用来隔离故障(不需要 LO),当考虑攻击时,需要将 LO 作为第一道防线,因为它比 UIO 更能限制系统中未被发现的攻击者的影响。

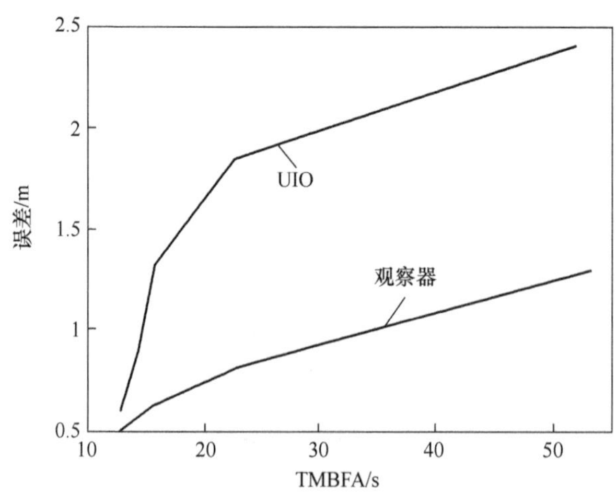

图 17.8 未知输入观察器(UIO)和 Luenberger 观察器(LO)在检测到攻击之前输出的最大偏差之间的关系

显然,使用 LO 减少了系统中的对手效应,但是仅使用 LO 不能确定攻击的来源。LO 可用于传感器数量很少的系统,或在受到攻击时关闭的系统。另外,UIO 允许攻击者发起更强大的攻击,但当检测到时,它将能够识别攻击源并采取特定的行动。这些结果表明,减少传感器攻击对控制系统的影响的一个好策略是先使用 LO,再使用 UIO。

17.5.4 隔离传感器攻击

由于与攻击相关的知识不足,很难采取适当的行动来减轻攻击的影响。因此,除了检测攻击外,还需要知道攻击发生的位置。这种机制称为隔离攻击。本机制基于 UIO 实现,结果如图 17.9 所示。由图可以看出,顶部显示了在传感器 1(不是传感器 2 或传感器 3)上检测到攻击,而底部显示了攻击是从传感器 2(不是传感器 1 或传感器 3)发出的。这些结果也表明,对于我们选择的阈值,传感器 1 的攻击隔离系统没有虚警,而传感器 2 的攻击隔离系统有间歇性的虚警。产生这种现象的原因是,从输出 1 的数据中得到的模型比从输出 2 中得到的模型更准确。尽管如此,在这两种情况下,与受到攻击时的警报持续时间相比,虚警持续时间都很短。

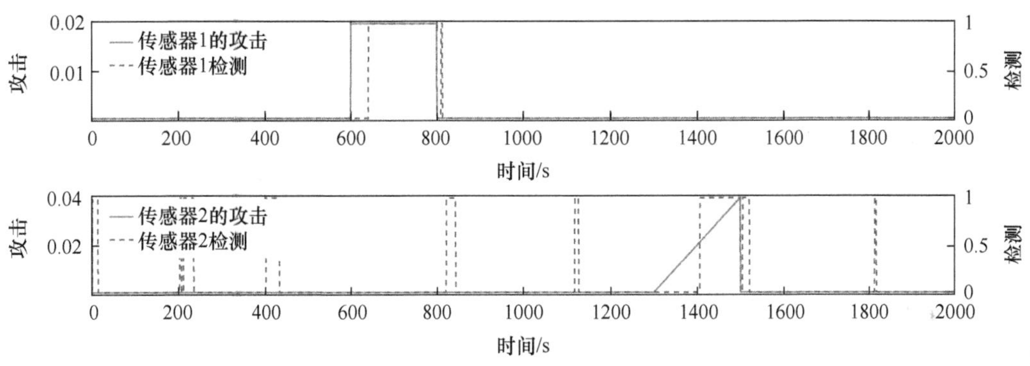

图 17.9　隔离攻击与检测

注:虚线表示攻击的隔离,图 17.9(a)为传感器 1 的攻击检测,图 17.9(b)为传感器 2 的攻击检测,实线表示应用于系统每个传感器的攻击。

17.6 小　　结

本章我们提出一种攻击检测、隔离和响应的总体框架,称为 DDDAS-AIR。结果呈现了检测和隔离的不同,以及故障检测和攻击检测的比较。本章的主要贡献是说明了攻击检测需要 LO 作为第一道防线的原因,以及如何在检测到攻击后依赖 UIO。而在传统的故障检测理论中,UIO 用来隔离故障(不需要 LO),当考虑攻击时,LO 需要作为第一道防线,因为它们对系统中未检测到攻击影响的限制远远大于 UIO,如图 17.8 所示。

在未来的工作中,我们将分析框架的下一个主要步骤:攻击响应。初步研究结果表明,当传感器检测到攻击时,可以对攻击进行隔离,然后结合系统仿真对缺失值进行估计。同时,我们还将考虑对执行器攻击的研究。

参 考 文 献

[1] F. Darema, Dynamic data driven applications systems: a new paradigm for application simulations and measurements, in Proceedings of the Computational Science - ICCS 2004: 4th International Conference, Kraków, Poland, 6-9 June 2004, Part Ⅲ, eds. by M. Bubak, G. D. van Albada, P. M. A. Sloot, J. Dongarra (Springer, Berlin/Heidelberg, 2004), pp. 662-669

[2] Q. Zeng, Q. Zhang, Z. Y ang, A dynamic datadriven application simulation model for oil spill emergency decision in port water area. Transport 30(4), 406-410(2015)

[3] G. R. Madey, A. -L. Barabási, N. V. Chawla, M. Gonzalez, D. Hachen, B. Lantz, A. Pawling, T. Schoenharl, G. Szabó, P. Wang, P. Yan, Enhanced situational awareness: application of DDDAS concepts to emergency and disaster management, in Proceedings of the Computational Science - ICCS 2007: 7th International Conference, Beijing, China, 27-30 May 2007, Part Ⅰ, eds. by Y. Shi, G. D. van Albada, J. Dongarra, P. M. A. Sloot (Springer, Berlin/Heidelberg, 2007), pp. 1090-1097

[4] C. Kennedy, G. Theodoropoulos, Intelligent management of data driven simulations to support model building in the social sciences, in Proceedings of the 2006 International Conference on Computational Science (Springer, Berlin/Heidelberg, 2006), pp. 562-569

[5] R. R. McCune, G. R. Madey, Control of artificial swarms with DDDAS. Proc. Comput. Sci. 29, 1171-1181 (2014)

[6] A. E. Thanos, M. Bastani, N. Celik, C. H. Chen, Dynamic data driven adaptive simulation framework for automated control in microgrids. IEEE Trans. Smart Grid 8, 209-218(2017)

[7] N. Celik, A. E. Thanos, J. P. Saenz, DDDAMS-based dispatch control in power networks. Proc. Comput. Sci. 18, 1899-1908(2013)

[8] L. Xiong, V. Sunderam, Security and privacy dimensions in next generation DDDAS/in fosymbiotic systems: a position paper. Proc. Comput. Sci. 51, 2483-2492(2015)

[9] G. Dsouza, G. Rodriguez, Y. Al-Nashif, S. Hariri, Building resilient cloud services using DDDAS and moving target defence. Int. J. Cloud Comput. 2(2-3) 171-190(2013)

[10] G. Dsouza, S. Hariri, Y. Al-Nashif, G. Rodriguez, Resilient dynamic data driven application systems (RDDDAS). Proc. Comput. Sci. 18, 1929-1938(2013)

[11] E. Blasch, Y. Al-Nashif, S. Hariri, Static versus dynamic data information fusion analysis using DDDAS for cyber security trust. Proc. Comput. Sci. 29, 1299-1313(2014)

[12] L. F. Cómbita, J. Giraldo, A. A. Cárdenas, N. Quijano, Response and reconfiguration of cyber-physical control systems: a survey, in Proceedings of the 2015 IEEE 2nd Colombian Conference on Automatic Control(CCAC) (IEEE, Manizales, 2015), pp. 1-6

[13] C. -T. Chen, Linear Systems Theory and Design(Oxford University Press, New York, 1984)

[14] A. A. Cardenas, S. Amin, S. Sastry, Secure control: towards survivable cyber-physical systems, in Proceedings of the 28th International Conference on Distributed Computing Systems Workshops, June 2008, pp. 495-500

[15] A. A. Cárdenas, S. Amin, Z. -S. Lin, Y. -L. Huang, C. -Y. Huang, S. Sastry, Attacks against process control systems: risk assessment, detection, and response, in Proceedings of the 6th ACM Symposium on Information, Computer and Communications Security, ASIACCS'11, New York(ACM, 2011), pp. 355-366

[16] J. Chen and R. J. Patton, Robust Model-Based Fault Diagnosis for Dynamic Systems (Kluwer Academic Publishers, Norwell, 1999)

[17] S. Imai, E. Blasch, A. Galli, W. Zhu, F. Lee, C. A. V arela, Airplane flight safety using errortolerant data

stream processing. IEEE Aerosp. Electron. Syst. Mag. 32(4),4-17(2017)

[18] P. van Overschee, B. de Moor, Subspace Identification for Linear Systems: Theory, Implementation, Applications(Springer,Boston,1996)

[19] Amira,Laboratory Setup:Three-Tank System DTS200(Amira GmbH,Duisburg,2002)

[20] C. L. Phillips, H. T. Nagle, Digital Control System Analysis and Design, 3rd edn. (Prentice-Hall, Inc., Upper Saddle River,1995)

[21] D. I. Urbina,J. A. Giraldo,A. A. Cardenas,N. O. Tippenhauer,J. V alente,M. Faisal,J. Ruths,R. Candell, H. Sandberg,Limiting the impact of stealthy attacks on industrial control systems,in Proceedings of the 2016 ACM SIGSAC Conference on Computer and Communications Security,CCS'16,New York(ACM, 2016),pp. 1092-1105

第 18 章　面向协作传感器网络规划的势博弈方法近似本地效用设计

Su-Jin Lee, Han-Lim Choi

摘要：本章从一组候选传感器感知位置出发，讨论了基于信息的感知点选择问题。方法可确定一组使传感器测量值与变量之间交互信息最大化的测量点，并采用一种势博弈方法，实现传感器协作规划的分布式决策。当传感器网络由大量的传感代理组成时，需要大规模的计算传感器代理的本地效用函数。因为本地效用函数依赖其他代理的决策，而每个传感器代理在其通信和计算能力方面都存在固有的局限性，所以应对每个代理的本地效用函数进行近似处理，以适应信息收集和处理方面的限制。我们提出了一种本地效用函数的近似方法，该方法仅使用其他代理的部分决策，每个代理考虑的部分决策称为代理的邻近集。同时本章还分析了由近似引起的误差，为了减小该误差，提出一种基于贪婪的邻域选择算法，该算法基于代理提供的测量变量信息结构实现。本章通过简化天气预报的数值模拟对近似法和邻域选择算法进行了验证说明。

18.1 引　言

传感器网络由大量传感器代理组成，它们与网络或中心站中的其他代理进行通信。通常每个传感器节点都有自己的处理单元和电源单元。在某些情况下，代理可以拥有移动单元，以便将其移动到指定的位置进行测量。变量数据通过传感器节点的测量被传递到其他代理或中心单元中，进而实现对数据的分析和感知环境信息的提取。传感器网络需要将收集信息的能力扩展到更大的区域，然而，每个代理也有资源限制，例如通信带宽、计算能力和可用资源。为了延长感知代理的运作时间，需要找出传感器网络的感知节点位置，以便提供有关感知变量的更多信息。DDDAS 理念可用于控制传感器网络中的代理进行有效的测量。DDDAS 将从仿真中获得的数据合并到系统的控制中，可以进一步提高传感器有效收集信息的能力。传感器网络规划问题可以表述为在各种情况下使测量变量和其他变量之间交互信息最大化的优化问题。

为了使传感器网络具有可扩展性，需要对优化问题进行分布式/分散化处理。针对发现更多有效信息感知位置的设计过程，目前主要有两类研究方向。这两个方向可以通过求解每个代理的局部优化问题的次数来区分，直到得到一个解。一个方向可以描述为单次运行的算法，如局部贪婪和连续贪婪决策，这种方法在局部最优问题求解一次后就能得到次最优解。虽然这些算法实现简单，特别是序贯贪婪算法在目标函数满足子模块性能时保证了最坏情况下的性能,但也存在一定的局限性。由于每个代理仅通过解决一个问题来选择感知位置,这些单次运行算法不能充分利用可能的信息流,由此决策也可能是次优的。而且,互信息一般无法满足子模块,特别是对于天气预报之类的应用。另一个方向是迭代算法,它产生一系列的解来收敛到一个近似最优解。迭代法首先近似地解决优化问题,然后随着迭代的进行,利用更新的信息集更精确地优化迭代。博弈论方法是一种迭代算法,它通过一个重复博弈的决策过程寻找解决方案。同样的博弈被一遍一遍地执行,直到找到一个解决方案。特别地,势博弈方法为设计多智能体系统的分布式实现提供了系统框架,并提供了许多学习算法来获得最优解。

我们通过势博弈方法解决了传感器网络规划的分布式实现。势博弈方法已经被应用到许多工程问题中,因为它是理想的静态博弈(例如,纯策略纳什均衡)和动态属性(例如,用简单的学习算法收敛到纳什均衡)。因为势博弈通过将每个决策者视为博弈中的参与者从而将集中式优化表达为分布式优化,多代理系统可以很容易地转换成博弈形式,并以分布式的方式实现。将多智能体问题表示为一个势博弈包含两个步骤:①在博弈设计中,代理是贪婪的实体,并且定义可能的行为;②学习设计,包括指定一个分布式学习算法,形成一个理想的集体行为系统。对于博弈设计,本章提出了测量变量的条件交互信息,其条件是将其他代理的决策作为每个代理的本地效用函数,该条件互信息与传感器网络的全局目标函数一致。整个系统的目标是最大化整个传感器选择和感兴趣的变量之间的互信息。对于学习算法,采用联合策略虚拟设置(JSFP)。通过两个设计步骤,我们结合天气预报和目标跟踪的数值例子证明了势博弈方法在分布式协作感知中的性能优于其他分布式/分散决策算法,如局部贪婪算法和顺序贪婪算法。

为每个代理计算本地实用函数需要大量的资源。这种计算负担一部分来自本地实用函数的复杂性,另一部分来自函数对所有代理决策的依赖性。为了减少计算量,我们提出并研究了一种只依赖相邻代理的近似本地效用。因为对于一个由大量传感器组成的传感器网络,每个代理不可能从其他代理那里知道决策行为,这种近似的本地效用函数也使我们能够提高通信效率。因此,计算每个代理的本地效用函数时只考虑其相邻代理的行为。在这里,每个代理的相邻代理由一组代理定义,这些代理位于与代理预先指定的距离内。在为每个代理选择相邻代理时,根本没有考虑度量与变量之间的相关性。但是,在某些情况下,例如天气预报的例子中,在近距离地点进行的测量相互之间相关性很小。因此,相邻代理之间势博弈的最优性大于完全信息条件下的势博弈,甚至大于序贯贪婪算法下的势博弈,因此不可忽略相关变量所产生的误差。

研究工作提出一种计算本地效用函数的近似方法,解决了这一计算问题,并与以前的工作进行了比较,取得了较好的效果。我们提出一种考虑信息空间相关结构的贪婪邻居选择算法,并在此基础上进行了协作感知决策。每个代理的贪婪选择算法都是逐个加入相邻的代理,可以根据代理和其预先选择的邻居的测量变量,使每个代理对感兴趣的变量之间的交互信息最大。对于每个代理的确定邻居集,我们也提出了一个类似的近似方法来计算本地效用函数。本章给出了一个理想天气预报的数值算例,结果表明,该算法所选择的邻域集的近似效用函数比欧几里得距离相近的邻域集的近似效用函数有更好的性能。

18.2 背　　景

传感器网络的主要任务是从一个物理环境中收集信息来估计验证变量。验证变量 X_v 是我们想知道的感兴趣变量。它们是表示物理环境的状态变量的一部分,不能通过测量直接观察到。

在关注的问题中,我们假设物理环境可以用一组有限的可测量状态表示,$X_S = \{x_{s_1}, x_{s_2}, \cdots, x_{s_n}\}$ 和时空中的验证变量 X_v。$S = \{s_1, s_2, \cdots, s_n\}$ 表示传感器网络的感知位置集合,称为传感器网络的搜索空间,X_S 表示传感位置 $s \in S$ 的状态变量。传感器对搜索空间中被某些噪声破坏的状态进行测量,v_S 正如在测量模型中所示:

$$Z_s = x_s + v_s \tag{18.1}$$

验证变量 x_v 通过联合概率分布与搜索空间中的状态相关,传感器测量值与验证变量相关,并且具有验证变量的信息。

一个传感器网络规划问题可以重新表述:选择状态变量,将测量值从搜索空间中提取出来,从而使关于验证变量的信息量最大化。

18.2.1 信息测度

一个随机变量的信息量等同于状态随机变量包含的不确定性。熵是一种广泛应用于量化不确定性的测量方法,它是根据随机变量的概率分布来计算的。利用熵推导出互信息来衡量不确定性状态变量的减少,并将其作为一个目标函数,用于评估由传感器网络进行测量的预期性能。

18.2.1.1 熵

连续随机变量 x 的熵,称为微分熵为概率分布函数 $f_x(x)$ 对数的负期望值。

定义 1 带有概率分布函数 $f_x(x)$ 的连续随机变量 x 的熵 $\mathcal{H}(x)$ 定义为

$$\mathcal{H}(x) \xlongequal{\Delta} -\mathbb{E}_x[\log f_x(x)] = -\int_s f_x(x)\log(f_x(x))\mathrm{d}x \tag{18.2}$$

式中:$E_x[\cdot]$ 为对 x 的期望;S 为随机变量 x 的范围,表示 $f_x(x) > 0$ 的集合。如上面熵的定义所示,熵不依赖值 x 本身的值,而是依赖分布 $f_x(x)$ 的形状。

单个随机变量熵的定义扩展到随机向量 $\boldsymbol{x}(x_1, x_2, \cdots, x_n)$ 的熵,使用多重积分。

$$\mathcal{H}(x) = \mathcal{H}(x_1, x_2, \cdots, x_n) = \int_s f_x(x_1, x_2, \cdots, x_n)\log(f_x(x_1, x_2, \cdots, x_n))\mathrm{d}x_1\cdots\mathrm{d}x_n \tag{18.3}$$

式中:$f_x(x_1, x_2, \cdots, x_n)$ 为随机向量 $\boldsymbol{x} = [x_1, x_2, \cdots, x_n]^{\mathrm{T}}$ 的联合概率分布函数。具体地,如果 $\boldsymbol{x}$ 是具有均值 μ_x 和协方差矩阵 $\boldsymbol{P}(\boldsymbol{x}) \xlongequal{\Delta} \mathbb{E}[(\boldsymbol{x} - \mu_x)(\boldsymbol{x} - \mu_x)^{\mathrm{T}}]$ 的高斯随机向量,那么它的熵被定义为

$$\mathcal{H}(\boldsymbol{x}) = \frac{n}{2}\log(2\pi e) + \frac{1}{2}\log(|\boldsymbol{P}(\boldsymbol{x})|) \tag{18.4}$$

如上所述,熵只依赖分布的形状,从而得到协方差矩阵 $|\boldsymbol{P}(\boldsymbol{x})|$ 的行列式函数。单个随机变量的条件熵定义为

$$\begin{aligned}\mathcal{H}(x \mid z) &= \mathbb{E}_z[\mathcal{H}(x \mid z = z)] \\ &= -\int_{S_z} f_z(z)\int_{S_{x|z}} f_{x|z}(x \mid z)\log(f_{x|z}(x \mid z))\mathrm{d}x\mathrm{d}z \\ &= -\int_{S_z}\int_{S_{x|z}} f_{x,z}(x,z)\log(f_{x|z}(x \mid z))\mathrm{d}x\mathrm{d}z\end{aligned}$$

$\mathcal{H}(x \mid z)$ 是在 z 的所有可能值上获得条件分布的期望熵。它代表了一种不确定性的度量,在给出 z 的具体值之前,将使用 $\boldsymbol{x}$ 的均值。同样,一个高斯随机向量的条件熵可以用一个条件协方差矩阵行列式函数表示。当两个随机向量 $\boldsymbol{x} = [x_1, x_2, \cdots, x_n]^{\mathrm{T}}, z = [z_1, z_2, \cdots, z_m]^{\mathrm{T}}$ 具有多元正态分布时,随机向量 $\boldsymbol{x}$ 以另一个随机向量 z 为条件也具有多元正态分布。从而

$$\mathcal{H}(x \mid z) = \frac{n}{2}\log(2\pi e) + \frac{1}{2}\log(\mid \boldsymbol{P}(x \mid z) \mid) \tag{18.5}$$

这里,高斯的条件协方差矩阵可以表示为

$$\boldsymbol{P}(x \mid z) = \boldsymbol{P}(x) - \boldsymbol{P}(x,z)\boldsymbol{P}^{-1}(x)\boldsymbol{P}(z,x) \tag{18.6}$$

$\boldsymbol{P}(x,z)$ 表示 x 和 z 之间的协方差,其中 $\boldsymbol{P}(x,z) \stackrel{\Delta}{=\!=} \mathbb{E}[(x-\mu_x)(x-\mu_x)^{\mathrm{T}}]$。利用条件熵的概念和概率的乘积法则,可推导出下列链式法则:

$$\mathcal{H}(x,z) = \mathcal{H}(z) + \mathcal{H}(x \mid z) = \mathcal{H}(x) + \mathcal{H}(z \mid x)。 \tag{18.7}$$

也就是说,两个随机向量中包含的不确定度的度量是一个随机向量的不确定度和另一个随机向量的不确定度以第一个随机向量为条件的总和。熵的链式法则可以用单个随机变量表示为

$$\begin{aligned}\mathcal{H}(x,z) = &\mathcal{H}(x_1) + \mathcal{H}(x_2 \mid x_1) + \cdots + \mathcal{H}(x_n \mid x_1, \cdots, x_{n-1}) + \mathcal{H}(z_1 \mid x) + \\ &\mathcal{H}(z_2 \mid x, z_1)\cdots + \mathcal{H}(z_m \mid x, z_1, \cdots, z_{m-1})\end{aligned} \tag{18.8}$$

18.2.1.2　互信息

互信息表示一个随机变量中包含的关于另一个随机变量的信息量。具体而言,它量化了一个随机变量 x 由于对另一个随机变量 z 的观察而减少的不确定度,因此,它可以表示为一个随机变量的熵与另一个随机变量的条件熵的差:

$$I(x;z) = \mathcal{H}(x) - \mathcal{H}(x \mid z) \tag{18.9}$$

通过式(18.7)中的熵链规则,互信息被证明是可交换的:

$$\begin{aligned}I(x;\, z) &= \mathcal{H}(x) - \mathcal{H}(x \mid z) = \mathcal{H}(x) - (\mathcal{H}(x,z) - \mathcal{H}(z)) \\ &= \mathcal{H}(z) - \mathcal{H}(z \mid x) = I(z;\, x)\end{aligned} \tag{18.10}$$

这意味着随机变量 x 中包含的关于随机变量 z 的互信息等于 z 中包含的关于 x 的互信息。因此,互信息可以被认为是两个随机变量之间相互依赖关系的度量。另一种形式的互信息使用来自式(18.10)的期望:

$$I(x;\, z) = \mathcal{H}(x) + \mathcal{H}(z) - \mathcal{H}(x,z) = \mathbb{E}\left[\log\left(\frac{p_{x,z}(x,z)}{p_x(x)p_z(z)}\right)\right] \tag{18.11}$$

两个随机向量之间的互信息 $x \in \mathbb{R}^N$ 和 $z \in \mathbb{R}^M$ 以同样的方式被定义,也适用链式法则:

$$\begin{aligned}I(x,z) &= I((x_1;z) + I(x_2;z \mid x_1) + \cdots + I(x_n;z \mid x_1, \cdots, x_{n-1}) \\ &= I(z_1;x) + I(z_2;x \mid z_1) + I(z_m;x \mid x, z_1, \cdots, z_{m-1})\end{aligned} \tag{18.12}$$

当两个随机向量是联合高斯时,互信息可以使用式(18.4)和式(18.5)协方差矩阵表示:

$$I(x;z)=\frac{1}{2}\log(\mid \boldsymbol{P}(x)\mid)-\frac{1}{2}\log(\mid \boldsymbol{P}(x\mid z)\mid) \tag{18.13}$$

在有两个高斯随机变量的情况下,两个随机变量之间的相关性便可以表示互信息:

$$I(x;z)=\frac{1}{2}\log\left(\frac{|\boldsymbol{P}(x)|}{|\boldsymbol{P}(x\mid z)|}\right)=\frac{1}{2}\log\left(\frac{\boldsymbol{P}(x)}{\boldsymbol{P}(x)-P(x,z)^2/P(z)}\right)=-\frac{1}{2}\log(1-\rho_{x,z}^2) \tag{18.14}$$

其中,$\rho_{x,z}^2 \stackrel{\Delta}{=} \frac{P(x,z)^2}{P(x)P(z)}$ 表示 x 和 z 的相关性,并且具有-1 和 1 之间的值。为了推导后续章节的一个定理,我们给出与三个随机变量相关的互信息的一个性质:

$$I(x;y\mid z)-I(x;y)=I(x;z\mid y)-I(x;z)=I(z;y\mid x)-I(z;y) \tag{18.15}$$

18.2.2 博弈论架构

势博弈具有良好的静态(纳什均衡的存在)和动态特性(简单的学习算法),被广泛应用于工程优化问题中(如合作控制和资源分配问题)。本节提供了本章研究结果所需的博弈论背景。

18.2.2.1 策略式博弈

策略式有限博弈通常由三部分组成。一是参与者的数量,它是有限的集合 $\mathcal{N}=\{1,2,\cdots,N\}$;二是对于每个参与者 $i\in N$ 会从策略空间 $\mathcal{A}_i$ 中选择一个动作;三是参与者选择自己的动作后会收到奖励,用奖励函数 $u_i:\mathcal{A}\rightarrow\mathbb{R}$ 表示。基于这些元素,一个策略式有限博弈实例可由元组 $\langle N,\{\mathcal{A}_i\}_{i\in N},\{u_i\}_{i\in N}\rangle$ 定义。在此定义中,每个参与者都有自己的偏好,根据它的奖励函数 u,参与者可以选择自己喜欢的动作。博弈的联合策略空间记为每个动作集合 $\mathcal{A}=\prod_{i\in\mathcal{N}}\mathcal{A}_i$ 的 n 倍笛卡儿积,它是代表所有参与者可以选择所有可能的行动组合。$a=(a_1,a_2,\cdots,a_N)\in\mathcal{A}$ 是所有参与者策略的集合,称为策略组合,其中,$a_i\in\mathcal{A}_i$ 表示由参与者 $i\in N$ 选择的策略,为了便于标记,策略空间可以表示为 $a=(a_i,a_{-i})$,其中 $a-i=(a_1,a_2,\cdots,a_{i-1},a_{i+1},\cdots,a_N)$ 表示除参与者 i 外的其他参与者的动作集合。

一个用于参与者 i 的奖励函数 u_i 反映了参与者 i 对其可能动作 A_i 的偏好。考虑到其他参与者的行动,每个参与者都会试图使收益最大化,选择一个能够带来最大收益的行动。如果每个参与者都选择了收益最大的行动,并且所选择的行动与其他参与者对该行动的假设一致,那么就没有理由让每个参与者都改变自己的策略了。它遵循非合作博弈的解的概念,即纳什均衡。在形式上,一个策略 $a^*\in\mathcal{A}$ 是一个(纯)纳什均衡,如果

$$u_i(a_i^*,a_{-i}^*)\geqslant u_i(a_i,a_{-i}^*) \tag{18.16}$$

对于每个 $a_i\in\mathcal{A}$ 和每个参与者 $i\in N$,纳什均衡是一种策略组合,在这种配置组合中,没有参与者可以通过单方面偏离它来提高其奖励。

18.2.2.2 势博弈

势博弈是一种非合作博弈,对参与者的激励可以用一个函数来表示,称为势函数,它对应于许多工程问题中系统的全局目标。参与者试图最大化其效用等同于最大化一个系

统的整体目标。形式上,有限的非合作博弈 $G = \langle N, \{\mathcal{A}_i\}_i \in N, \{u_i\} i \in N \rangle$ 是一个势策略,如果存在一个标量函数 φ: $\mathcal{A} \to \mathbb{R}$ 这样

$$u_i(a_i', a_{i-1}) - u_i(a_i'', a_{i-1}) = \phi(a_i', a_{i-1}) - \phi(a_i'', a_{i-1}) \tag{18.17}$$

对于每个 $i \in N$, $a_i', a_i'' \in \mathcal{A} a_{i-1} \in \mathcal{A} - i$。函数 φ 是指博弈 G 的势函数。在式(18.17)中,一个势博弈的属性称为势函数和参与者本地效用函数之间的完美结合。这意味着其中一个动作的单方面改变所引起的全局目标的改变等于相应代理的本地效用函数的改变。这带来势博弈的两个重要性质:一是势博弈保证了纯策略存在纳什均衡。由于联合策略空间是有限的,所以总是存在至少一个势函数的最大值。这种局部或整体最大化潜力函数策略配置组合是纯纳什均衡。因此,每个势博弈都至少拥有一个纯纳什均衡。二是关于博弈的动态性。文章建立了许多求解势博弈纳什均衡的学习算法,并证明这些算法具有纳什均衡的渐近收敛性。

18.3　传感器网络规划的势博弈

传感器网络规划问题的目标是找出最优的传感位置,以使验证变量和在这些位置所测量之间的互信息最大化。针对分布式传感器网络规划问题,有些学者提出了一种势博弈方案,即每个感知代理被视为博弈的参与者,而代理的动作集是每个传感器的搜索空间。对于一个本地效用,我们证明了由代理条件互信息所定义的本地目标函数在其他代理感知决策的条件下会形成一个势博弈,势博弈的势函数就是原始的互信息。

18.3.1　对于最多信息的协同传感器规划

在这本章中,我们将考虑传感器的定位问题,其中 N 个移动传感代理网络部署在一个相对较大的领域(图 18.1)。移动传感代理可以是一种搭载传感器的车辆,无人驾驶飞行器(UAV)就是一个典型的例子。传感器网络的整个搜索空间被划分为多个小的感知区域,每个感知代理被指定到小的感知区域内,在每个区域内代理选择感知点;$S_i \subset S$ 表示感知代理 i 的搜索空间,我们认为该区域在空间和/或时空中是有限维的。

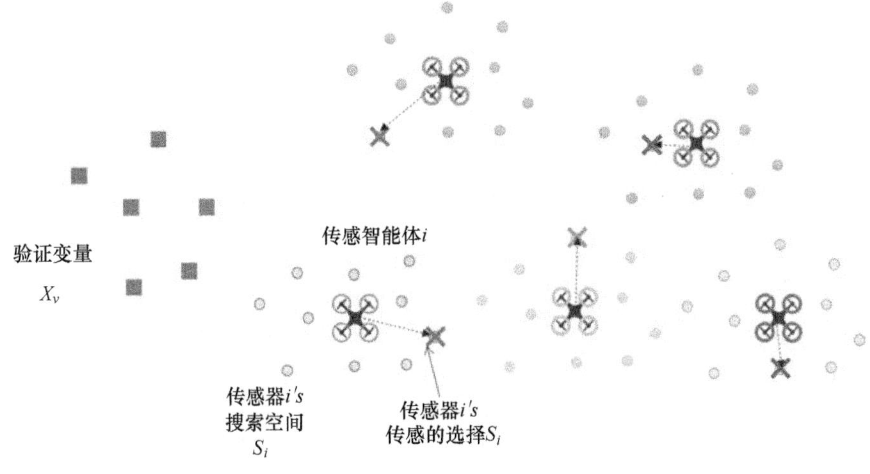

图 18.1　在搜索空间中部署传感器网络

每个感知代理被指定到一个预先指定的感知区域,该感知区域被认为是有限维的。感知代理在指定的搜索空间内选择未来的感知位置。

在协作感知问题中,传感器网络试图通过传感器的测量获取关于验证变量的有意义信息,从而使验证变量的估计具有足够的准确性。由于传感器网络的资源有限,因此传感器网络应该选择尽可能多地提供有关验证变量信息的传感点集合,以减少测量的次数。因此,协同感知问题可以表述为在搜索空间 S 中选择信息量最大的感知点集。测量值 $z_{s_{1:N}}$ 对感兴趣变量 x_v 的信息量可以用互信息来量化。这里,下标 $s_{1:N}=\{s_1,s_2,\cdots,s_N\}$ 表示 N 个传感器的感知位置集合并且第 i 个感知位置 S_i 是从其指定的区域 S 中选择的,即 $s_i\in S_i$. $z_{s_{1:N}}=[z_{s1},z_{s_2},\cdots,z_{s_N}]$ 代表在这些位置 $s_{1:N}\subset S$ 所取的测量变量的随机向量。因此,通过寻找感知点集的优化,可以给出协同感知问题的数学表达式,$s_{1:N}$ 给出了有关变量 x_v 的最大互信息。

$$s^*_{1:N}=\arg\max_{s_{1:N}:s_i\in s_i} J(x_v;z_{s_{1:N}}) \tag{18.18}$$

传感器网络规划问题是一个组合优化问题。为了找到最优解,我们需要搜索一个候选位置集合的组合数。很多分布式决策架构提出用于解决这一计算的复杂性问题,贪婪策略因为实现简单被经常使用。贪婪算法虽然给出了较好的结果,但存在一定的局限性。由于贪婪策略需要为每个代理计算单次运行优化问题的解决方案,但通过对代理的决策进行交流来提高它们的方案性能是不可能的。博弈论架构为考虑其他代理的决策提供了一个系统的迭代框架。

算法 1 Learning Algorithm(u_i,F_i)

```
Choose the strategy using local greedy strategy
while Convergence Criteria not satisfied do
  for i ∈ {1,2,⋯,N} do
    Perform local optimization at each agent i
    Update the strategy according to the update rule s_i(t) = F_i (s(0),⋯, s(t − 1);u_i )
  end for
end while
```

18.3.2 传感器选择的势博弈

为了将一个传感器规划问题表述为一个策略形式的博弈,每个传感器代理都被看作一个试图最大化其本地效用函数 $\tilde{u}_i(s_i,s_{-i})$ 的博弈参与者,其中 s_i 是传感器 i 的感知位置集合,s_{-i} 表示除传感器 i 选择之外的一组传感位置。在已发表的文献中,我们已经证明,传感器 i 的测量条件互信息取决于其他代理的感知决策,这就构成一个具有全局目标函数的势博弈:

$$\phi(s_i,s_{-i})=I(x_v;\ z_{s_i},z_{s_{-i}})=I(x_v;z_{s_{1:N}}) \tag{18.19}$$

本地效用函数可以表示为

$$u_i(s_i, s_{-i}) = I(x_v; z_{s_1} \mid z_{s_{-i}}) \tag{18.20}$$

利用重复博弈的方法,我们可以得到所设计势博弈的解。在博弈的每个阶段,每个代理都会根据其他代理在前一阶段的决策更新决策。在一定的随机性和局部最优过程中,每个代理要么保持之前的决策不变,要么选择收益最大的行为。算法 1 总结了学习算法的一般性结构。

选择规则 F_i 决定了具体的学习算法。在众多学习规则中,我们采用了联合策略虚拟博弈 JSFP。在 JSFP 中,每个参与者都假设与其他参与者根据联合经验频率 $f_{-i}(s_{-i};t)$ 随机进行博弈,$f_{-i}(s_{-i};t)$ 表示除 i 外的所有参与者在 $t-1$ 阶段之前选择联合动作配置文件 s_{-i} 的频率。在每个阶段的局部优化步骤中,参与者会根据对手给出的联合行动模型计算动作 $s_i \in S_i$ 的本地效用期望:

$$u_i(s_i, f_{-i}(t)) = \mathbb{E}_{f_{-i}(t)}[u_i(s_i, s_{-i})] \tag{18.21}$$

在有些文献中,对于每个 $s_i \in S_i$,预测的实用工具 $u_i(s_i, f_{-i}(t))$ 用一个简单的递归规则表示:

$$\begin{aligned} u_i(s_i, f_{-i}(t)) &= \frac{1}{t}\sum_{\tau=0}^{t-1} u_i(s_i, s_{-i}(\tau)) \\ &= \frac{t}{t+1} u_i(s_i; t) + \frac{1}{t+1} u_i(s_i, s_{-i}(t)) \end{aligned}$$

我们还指定了算法的终止条件,证明了传感器网络规划问题的 JSFP 可以收敛到纳什均衡,并通过天气预报实例证明了纳什均衡解的有效性。从本地效用函数方程可以看出,本地效用函数需要所有代理的决策,计算量较大,通信开销也很大,特别是在使用粒子滤波估计目标状态时,所需计算量呈指数增长。因此,我们需要近似本地效用函数。

18.4　近似本地效用设计

在博弈论公式中,一个代理的条件互信息以其他代理 t 的决策为条件,定义了每个代理的本地效用函数。可以反向方案重写本地效用函数式(18.20):

$$u_i(s_i, s_{-i}) = I(x_v; z_{s_i} \mid z_{s_{-i}}) = \mathcal{H}(z_{s_i} \mid z_{s_{-i}}) - \mathcal{H}(z_{s_i} \mid x_v, z_{s_{-i}}) \tag{18.22}$$

在本节中,我们提出了一种近似方法来减少获得本地效用函数的计算负担。该方法是通过删除一些条件变量来修改本地效用函数的形式,这些条件变量代表其他代理的决策。

18.4.1　相关邻居

我们提出了一种计算本地效用函数的近似方法,它可以限制条件变量的数量,而不是使用传感器网络的所有决策。同时利用信息空间的相关结构,使本地效用函数依赖部分决策,从而去除部分条件变量。

$$\tilde{u}_i(s_i, s_{N_i}) = I(x_v; z_{s_i} \mid z_{sN_i}) \tag{18.23}$$

式中:s_{N_i} 是与感知代理 i 的决策相关的测量选择集合,称为感知代理 i 的邻居集合,$z_{s_{Ni}}$ 表示相应的测量变量。相邻集 s_{N_i} 是 s_{-i} 的子集。为了减少计算量,相邻集应该是 s_{-i} 的一个严格子集。我们可以量化由近似引起的误差,并把误差范围安排在下列引理中。

引理 1　让 Δ_{U_i} 表示近似本地实用传感器 n 和式(18.20)的真值之间的差异,那么

$$\Delta_{u_i} = c_1(s_{-i}) - I(x_v;z_{s_{-N_i}} \mid z_{s_i} \cup s_{N_i}) = c_1(s_{-i}) + I(z_{s_i} \cup s_{N_i};z_{s_{-N_i}}) - I(z_{s_i \cup s_{N_i}};z_{s_{-N_i}} \mid x_v) \tag{18.24}$$

式中:$s_{-N_i} \stackrel{\Delta}{=\!=} s_{1:N} \setminus \{s_i \cup s_{N_i}\}$ 是传感器 i 在计算其近似效用时没有考虑的传感位置集合,并且 $c_1(s_{-i})$,$c_2(s_{-i})$ 包含了关于第 i 个传感代理选择的常数项。

证明　式(18.20)和式(18.23)的条件互信息可以用链式法则式(18.12)展开:

$$\begin{aligned}\Delta_{U_i} &= I(x_v;z_{s_i} \cup Z_{S_{N_i}}) - I(x_v;z_{s_i} \cup Z_{S_{-i}})\\ &= [I(x_v;Z_{S_{1:N}}) - I(x_v;Z_{S_{N_i}}) - I(x_v;z_{s_{-N_i}} \mid z_{s_i \cup s_{N_i}})] - [I(x_v;Z_{S_{1:N}}) - I(x_v;Z_{S_{-i}})]\end{aligned}$$

消去一般项得到式(18.24)中的第一个方程然后用式(18.15)重写第三个方程:

$$\begin{aligned}\Delta_{U_i} &= I(x_v;Z_{S_{-i}}) - I(x_v;Z_{S_{N_i}}) - I(x_v;z_{s_{-N_i}}) - I(z_{s_i \cup s_{N_i}};z_{s_{-N_i}}) - I(z_{s_i \cup s_{N_i}};z_{s_{-N_i}} \mid x_v)\\ &= c(s_{-i}) + I(z_{s_i},z_{s_{N_i}};z_{s_{-N_i}}) - I(z_{s_i},z_{s_{N_i}};z_{s_{-N_i}} \mid x_v)\end{aligned}$$

引理 2　当给定验证变量时,假设测量变量是条件独立的,近似本地效用的误差可以简化为

$$\Delta_{U_i} = c(s_{-i}) + I(z_{s_i},U_{s_{N_i}};z_{s_{-N_i}}) \tag{18.25}$$

条件独立使式(18.24)中的最后一项为零,然后通过与感知代理 i 相关的感知选择和其他感知选择之间的互信息来表示误差。在这种情况下,不管验证变量是什么,与感知代理 i 的搜索空间相关的感知位置都被选择为感知代理 i 的邻居集。例如,目标跟踪示例。

引理 3　在非合作博弈中,每个代理都试图在固定其他代理决策的情况下最大化自己的收益。因此,为固定其他代理的行为在效用函数中添加一个常数对代理的决策没有影响。在式(18.24)中,代理 i 的所有策略的共同项 c_1 和 c_2 不影响感知代理 i 的偏好结构。值得注意的是,纳什均衡的定义是每个代理不同行为的收益差异,表明具有相同偏好结构的博弈具有相同的均衡集。因此,如果依赖代理 i 选择的项为零,则具有近似本地效用函数的博弈与具有式(18.20)真实值的博弈具有相同的均衡集。

18.4.2　邻居集的确定

由本地效用函数的近似值引起的误差可以用两种方法来解决。在式(18.24)的第一个等式中,误差表示为验证变量与不属于代理 i 邻居集的测量变量之间的互信息。如果经过调节感知代理 i 及其邻居的测量选择,s_{-N_i} 处的测量变量对目标变量的信息很少,那么误差就会变得足够小,从而能够以足够的精度逼近本地效用函数。也就是说,s_{-N_i} 的测量变量除了在 s_i 和 s_{N_i} 的测量之外,没有关于验证变量的其他新信息。

另外,误差是目标状态的先验互信息与后验互信息条件作用的差值,如式(18.24)所示,它相当于 $s_i \cup s_{N_i}$ 和 s_{-N_i} 变量的互信息投影到目标状态生成的子空间。

为了使误差足够小,确定每个代理的邻居集中包含哪些度量变量就显得很重要。在大多数情况下,距离较近位置测量的变量是相互关联的,而在距离较远的位置,从感知代理 i 的搜索空间得到的测量值与代理 i 的选择关系一般不大。因此,每个感知代理都可以通过考虑由每个代理附近的感知代理组成的邻居集来近似其效用函数。但是,在天气预

报示例中,欧几里得距离的近似值与变量间的相关性之间没有联系。天气动态是高度非线性的,因此选择相邻集的方法应与一般情况不同。对于天气预报示例,本章提出了顺序贪婪方案。每个感知代理都采用贪婪策略确定它的邻居集。该算法只是简单地按顺序加入感知代理,并根据感知代理的搜索空间及其预先选择的邻居的测量变量,选择具有最大目标状态互信息的下一个传感器。使用式(18.24)中的第一个误差,算法贪婪地选择最大化的下一个传感代理 j。

算法 2　天气预报示例的邻居选择算法 $(i, P_0 = P(z_{S_{-i}}), P_v = P(z_{S_{-i}} \mid x_v))$

$s_{N_i} := \varnothing$

$s_{-N_i} := s_{S_{1:n}} \setminus s_{S_i}$

for $j \in \{1, 2, \cdots, n\}$ do

　for $y \in s_{-N_i}$ do

　　$\Delta_y = \log\left(\dfrac{P_0(z_y)}{P_t(z_y)}\right)$

end for

$y^* = \arg\max \max_{y \in s_{-N_i}} \Delta_y$

$s_{N_i} := s_{N_i} \cup y^*$

$s_{-N_i} := s_{-N_i} \setminus y^*$

$P_0 = P_0(z_{s_{-N_i}}) - P_0(z_{s_{-N_i}}, z_{y^*})\, P_0(z_{y^*}, z_{s_{-N_i}}) / P_0(z_{y^*})$

$P_v = P_v(z_{s_{-N_i}}) - P_v(z_{s_{-N_i}}, z_{y^*})\, P_v(z_{y^*}, z_{s_{-N_i}}) / P_v(z_{y^*})$

end for

$$I(z_{s_j}; x_v \mid z_{s_i \cup s_{N_i}}) = \mathcal{H}(z_{s_j} \mid z_{s_i \cup s_{N_i}}) - \mathcal{H}(z_{s_j} \mid z_{s_i \cup s_{N_i}}, x_v) \tag{18.26}$$

在算法 2 中,我们概略给出了贪婪邻居选择算法。

如果我们忽略与传感器 i 选择关系不大的测量变量,则可以用一个小的误差近似本地效用函数。这种近似大大减少了计算的负担,但不能证明近似本地效用函数满足全局目标的一致性,因此不能说近似本地效用函数的策略是一个势策略。在未来的工作中,需要进一步研究使用所提出的本地效用函数的博弈性能。

18.4.3　计算时间分析

效用函数计算的主要负担是由条件变量引起的,即所有代理的决策。对于多元正态分布,我们利用后向公式和带有加性高斯白噪声高斯变量式(18.13)的互信息重写本地效用函数式(18.20):

$$\begin{aligned} u_i(s_i, s_{-i}) &= I(x_v; z_{s_i} \mid z_{s_{-i}}) = \mathcal{H}(z_{s_j} \mid z_{s_{-i}}) - \mathcal{H}(z_{s_i} \mid x_v, z_{s_{-i}}) \\ &= \frac{1}{2}\log|P(z_{s_i} \mid z_{s_{-i}})| - \frac{1}{2}\log|P(z_{s_{-i}} \mid x_v, z_{s_{-i}})| \end{aligned}$$

$$= \frac{1}{2}\log\left|P(z_{s_i}) - P(x_{s_i},x_{s_{-i}})P(z_{s_{-i}})^{-1}P(x_{s_{-i}},x_{s_i})\right| -$$

$$\frac{1}{2}\log\left|P(z_{s_i} \mid x_v) - P(x_{s_i},x_{s_{-i}}|x_v)P(z_{s_i} \mid x_v)^{-1}P(x_{s_{-i}},x_{s_i} \mid x_v)\right|$$

式中：$\boldsymbol{P}(z_s)=P(x_s)+R_s, P(z_s \mid x_v)=P(x_s \mid x_v)+R_s$ 为测量变量在传感选择 s 处的协方差矩阵，R_s 为测量噪声协方差。如上所示，最耗时的一项是计算与其他代理在获取本地效用函数时决策相关的矩阵的逆。$n\times n$ 对称正矩阵的反演需要约 $\frac{2}{3}n^3$ 个浮点运算，因此条件互信息的计算时间与传感代理的立方 $O(N^3)$ 成正比。对于大型传感器网络，计算一个代理的效用函数变得非常困难。然而，依赖邻居感知代理决策的近似本地效用函数确保了每个代理效用函数的计算时间保持在固定的范围内，因为每个代理周围的邻居数量是有限的。

18.5 数值例子

我们给出了一个用于天气预报的传感器定位实例，验证了所提出的本地效用函数和邻居集选择算法的有效性。在 18.5.1 节中，我们描述一个用于天气预报的传感器定位问题。在 18.5.2 节中，我们比较了近似本地效用函数与其他算法的性能。

18.5.1 天气预报的传感器定位

我们通过一个基于 Lorenz-95 模型的传感器目标天气预报实例验证该方法的有效性。Lorenz-95 模型是一个理想化的混沌模型，用于数值天气预报的初始验证。在本例中，我们采用了相关论文提出的传感器瞄准场景，在此场景中，我们开发并使用了原一维 Lorenz-95 模型的二维扩展。二维模型表示北半球中纬度地区的全球天气动态，如下式所示：

$$\dot{y}_{ij}=(y_{i+1,j}-y_{i-2,j})y_{i-1,j}+\frac{2}{3}(y_{i,j+1}-y_{i,j-2})y_{i,j-1}-y_{ij}+\bar{y}$$

$$(i=1,2,\cdots,L_{\mathrm{on}};j=1,2,\cdots,L_{\mathrm{at}}) \tag{18.27}$$

其中 y_{ij} 表示标量气象量，如涡度或温度，在第 i 个纵向和第 j 个纬度网格点，每个网格点对应在这一点上的状态变量。在传感位置 ij，测量模型由 $z=y_{ij}+v_{ij}$ 给出。v_{ij} 是附加感知噪声，其中 $v_{ij}\sim N(0,R_{ij})$ 用于所有可能的感知位置。在天气预报中，代理人直接测量被一些噪声污染的气象量。整个区域的大小为 $L_{\mathrm{on}}=36$ 纵向和 $L_{\mathrm{at}}=9$ 纬度网格点，对应于 694km×694km。

针对天气预报的传感器定位问题，可以将其表述为在 $t_s=0.05$（相当于 6h）时，在预定义的搜索区域内选择信息量最大的传感器位置，以减少验证变量的不确定性。验证变量在验证时间 $t_v=0.55$（相当于 66 h）时对应于验证区域 y。虽然 93 号无人值守地面传感器已经部署完毕，并且每 6h 进行一次测量，但是应该为移动传感代理选择额外的传感位置，比如在 t_s 时的无人机。利用具有上述天气动态的集成平方根滤波器，可以用滤波器样本的多元高斯分布近似地表示测量变量在 t_s 处和验证变量在 t_v 处的联合概率分布。利用测量变量和验证变量 $\boldsymbol{P}(x_{S_{1:N}} \cup x_v)$ 的协方差矩阵,可以将该问题视为一个静态传感器选择问题,即在有限的候选位置集中确定在何处测量。我们利用有关文献提出的后向方案计算全局目标函数的互信息。事实证明计算各测量变量组合对不确定度降低的影响是有效的。

$$\begin{aligned} I(x_v;z_s) &= I(z_s;x_v) = \mathcal{H}(z_s) - \mathcal{H}(z_s \mid x_v) \\ &= \frac{1}{2}\log|P(z_s)| - \frac{1}{2}\log|P(z_s \mid x_v)| \\ &= \frac{1}{2}\log|P(x_s) + R_s| - \frac{1}{2}\log|P(x_s \mid x_v) + R_s| \end{aligned} \tag{18.28}$$

对于从集成平方根滤波器得到的协方差矩阵 $\boldsymbol{P}(x_{S_{1:N}} \cup x_v)$,需要在选择过程之前计算两个协方差矩阵 $\boldsymbol{P}(x_{S_{1:N}} \mid x_v)$ 和 $\boldsymbol{P}(x_{S_{1:N}})$。测量变量 $\boldsymbol{P}(x_{S_{1:N}})$ 的非条件协方差矩阵是通过从 $\boldsymbol{P}(x_{S_{1:N}} \cup x_v)$ 中删除与验证变量对应的行和列而形成。条件协方差矩阵 $\boldsymbol{P}(x_{S_{1:N}} \mid x_v)$ 由验证变量 x_v 上的条件 $\boldsymbol{P}(x_{S_{1:N}})$ 计算得到 P。一旦得到这两个协方差矩阵,每个传感代理的选择过程就相当于从相应主子矩阵选择行列式的计算。

在一个势博弈中,每个代理都需要计算本地效用函数。该本地效用函数由度量选择和验证变量之间的条件互信息定义,验证变量取决于其他代理的行为。我们使用后向方案作为全局目标的互信息计算本地效用。

$$\begin{aligned} u_i(s_i,s_{-i}) &= I(x_v;z_{s_i} \mid z_{s_{-i}}) = I(z_{s_i};x_v \mid z_{s_{-i}}) = \mathcal{H}(z_{s_i} \mid z_{s_{-i}}) - \mathcal{H}(z_{s_i};x_v \mid z_{s_{-i}}) \\ &= \frac{1}{2}\log|\boldsymbol{P}(z_{s_i} \mid z_{s_{-i}})| - \frac{1}{2}\log|\boldsymbol{P}(z_{s_i} \mid x_v,z_{s_{-i}})| \end{aligned} \tag{18.29}$$

在这里,我们应该在优化代理选择之前,计算代理 i 的搜索空间上的两个矩阵:$\boldsymbol{P}(z_{s_i} \mid z_{s_{-i}})$ 和 $\boldsymbol{P}(z_{s_i} \mid x_v,z_{s_{-i}})$。对于后向方案得到的协方差矩阵 $\boldsymbol{P}(x_{S_{1:N}} \mid x_v)$ 和 $\boldsymbol{P}(x_{S_{1:N}})$,分别在其他代理感知选择条件下计算条件协方差矩阵 $\boldsymbol{P}(z_{s_i} \mid z_{s_{-i}})$ 和 $\boldsymbol{P}(z_{s_i} \mid x_v,z_{s_{-i}})$。如果每个代理选择的感知点的个数都为 1,那么一个感知点的协方差矩阵就是一个标量,它是矩阵中对应的对角元素。

除了条件变量外,近似本地效用的计算方法与本地效用式(18.29)的计算方法相同。条件变量被简化为相邻的度量值,而不是其他代理的决策。

$$\begin{aligned} \widetilde{u}_i(s_i,s_{N_i}) &= I(z_{s_i};x_v \mid z_{s_{N_i}}) = \mathcal{H}(z_{s_i} \mid z_{s_{N_i}}) - \mathcal{H}(z_{s_i} \mid x_v,z_{s_{N_i}}) \\ &= \frac{1}{2}\log|\boldsymbol{P}(z_{s_i} \mid z_{s_{N_i}})| - \frac{1}{2}\log|\boldsymbol{P}(z_{s_i} \mid x_v,z_{s_{N_i}})| \end{aligned} \tag{18.30}$$

18.5.2　比较结果

本章提出的利用本地效用近似的博弈论方法已经在三种不同的感知拓扑中进行了测试——在两个不同的搜索空间中使用了 9 个 3×2 格式的传感器,在比第一种和第二种情况更大的区域中使用了 15 个 2×3 格式的传感器,如表 18.1 所述。一个大小为 12×9(经度×纬度)的海洋区域被认为是一个潜在的搜索区域,其中整个搜索空间 $S_{1:N}$ 被选择,每个代理分配自己从其他代理中分离出来的感知区域 S_i。

$$S_i \cap S_j = \phi,\quad (i \neq j)$$

表 18.1　拓扑结构实例($a×b$:a 为经度网格,b 为纬度网格)

案例	N	n_i	$S_{1:N}$	S_i
1	9	1	9×6	3×2
2	9	1	9×6	3×2
3	15	1	10×9	2×3

在所有情况下,每个代理的感知位置数量都设置为 1,因为在可控制的时间内无法获得全局最优解。我们将提出的方法与七种不同的策略进行了比较。

(1) 全局最优:通过穷举搜索得到了式(18.18)中合作传感器网络规划问题的全局最优解。

(2) 局部贪婪:局部贪婪策略最大化自身选择的互信息,即 $\max I(z_{si};x_v)$。

(3) 顺序贪婪:每个智能体根据前一个智能体的决策来选择能够提供最大互信息的传感位置,即 $\max I(z_{si};x_v \mid z_{s1:i-1})$。

(4) 迭代贪婪:代理根据与本地效用函数相同的最新结果进行决策,见式(18.20)。决策是迭代做出的。

(5) 具有惯性的 JSFP:算法 1 的惯性实现,即一个代理不愿用某种概率将其动作更改为更好的动作(例如概率 $\alpha=0.3$,代理人选择更好的行动)。

(6) JSFP 没有惯性:算法 1 的实现没有惯性。

(7) 近似 JSFP 与 2 跳邻域 w/惯性:定义本地效用函数的迭代过程,见式(18.23)。在该策略中,邻居的确定是基于多跳的代理间通信。

(8) 近似 JSFP 与基于相关性的邻域 w/惯性:定义本地效用函数的迭代过程,见式(18.23)。利用搜索空间的相关结构,通过算法 2 确定邻居。

七种不同策略的目标值如下表 18.2 所示,迭代过程中目标值的变化历程如图 18.2 所示。可以通过蒙特卡罗仿真得到惯性迭代算法的结果,并表示平均目标值。与前两种情况不同的是,案例 3 考虑了更大的传感器网络,无法在可控制的时间内获得全局最优解。但是,从小型传感器网络的例子中,我们认为第三种情况的最优解可能更接近完全信息的 JSFP。因此,我们可以将带有完整信息的 JSFP 的目标值看作最优解的下界。对于案例 1 和案例 3,我们也加入了迭代贪婪算法的结果来验证之前的结果,并与我们提出的算法进行比较。

表 18.2　七种不同策略的目标值

策略	案例 1	案例 2	案例 3
全局最优	2.1556	1.7563	—
局部贪婪	1.9136	1.6668	2.3105
顺序贪婪	1.9739	1.6959	2.6131
不带惯性的 JSFP-full	2.1424	1.7427	2.8337
具有惯性的 JSFP-full	2.1487	1.7479	2.8886
带惯性的 JSFP-appr 2 跳	2.1401	1.7026	2.7087
带惯性的 JSFP-appr corr	2.1400	1.7519	2.8292

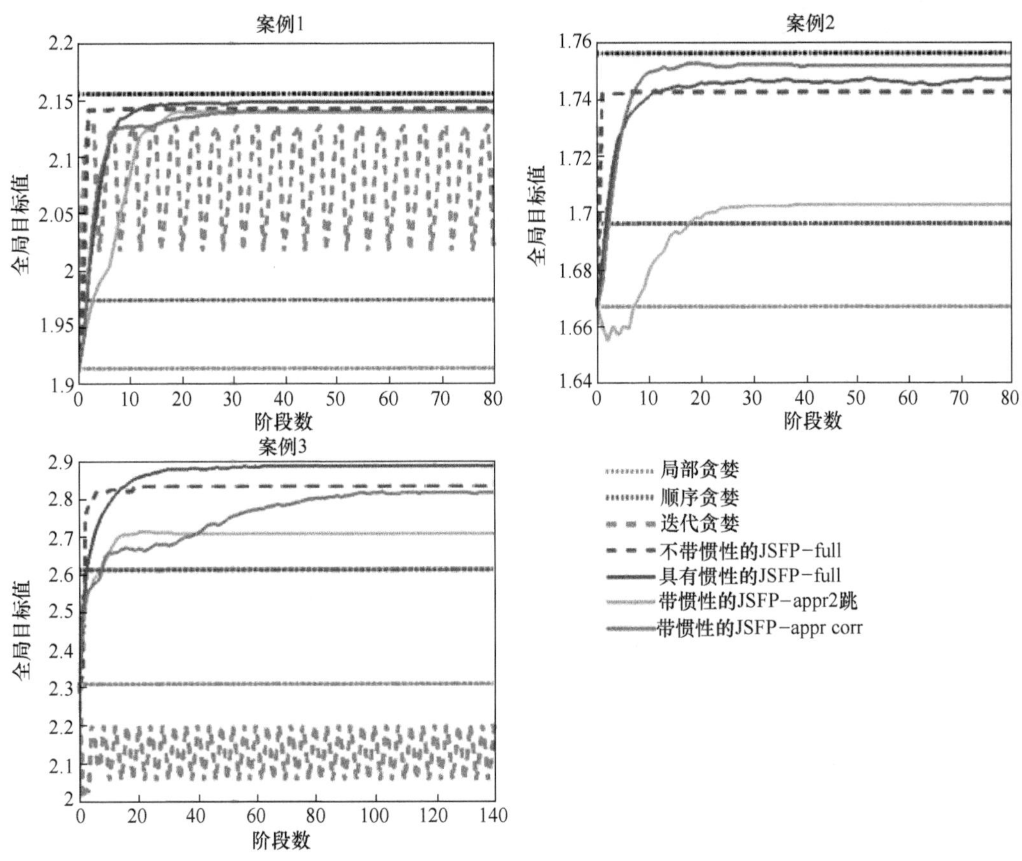

图 18.2　三种情况下具有阶段计数的目标值的历史记录

在处理所提出方法的结果之前,我们验证了一些既有研究成果的明显趋势。如 JSFP 的解收敛于一个比贪婪算法更好的解;迭代贪婪算法不收敛,其不稳定的解低于 JSFP 的解,如案例 1 和案例 3 所示。在之前的工作中,我们将序贯贪婪算法解作为比较不同策略性能的基准,因为它可确保多项式时间内最坏情况下的性能,甚至这种确保适用于目标函数满足某些条件的问题。遗憾的是,天气预报的互信息不满足这些条件,而顺序贪婪算法比简单的局部贪婪算法有更好的解。首先,值得注意的是,所提出的求近似解的方法应当给出一个比顺序贪婪算法的解更高的目标值。具有近似本地效用函数的 JSFP 也比顺序贪婪策略表现出更好的性能。基于相关性的近似本地效用函数总是比基于物理距离选择的邻居行为的近似本地效用函数能给出更好的解。在所有情况下,具有基于相关邻域的近似 JSFP 的目视值都与具有完整信息的 JSFP 接近。更重要一点是,用于计算实用函数条件变量的数量包含完整信息 JSFP 的一半。如 18.4.3 节所述,条件互信息的计算时间与条件变量的立方成正比。因此,近似本地效用函数的计算时间减少了大约 1/8 倍。但是,带近似 JSFP 的收敛时间比带完整信息 JSFP 的收敛时间要长。对于小网络的情况(案例 1 和案例 2),收敛时间的差异较小,但是一个较大的传感器网络需要更多的时间来收敛近似效用而不是精确效用函数。对收敛时间的深入分析也是我们将来要做的工作。

18.6 小　结

本章提出了一种计算传感器网络规划问题本地效用函数近似方法，该方法将规划问题转化为一种势博弈问题，以求得在可控制时间内最优的传感点。本章给出了每个代理的本地效用函数，该本地效用函数依赖邻近的测量变量，并实现一种使逼近引起误差较小的邻近选择算法。通过天气预报传感器定位实例表明，一个具有近似本地效用函数的势博弈公式，在接近一个具有完整信息的势博弈情况下，具有良好的性能。有文献提出依赖相邻代理行为的近似本地效用函数，而相邻代理行为由物理距离确定，该文献得到了比以往工作更好的解。

参考文献

[1] http://www.dddas.org/

[2] B. S. Andersen, J. A. Gunnels, F. Gustavson, J. Was'niewski, A recursive formulation of the inversion of symmetric positive definite matrices in packed storage data format. Lect. Notes Comput. Sci. 2367, 287-296 (2002)

[3] S. Boyd, N. Parikh, E. Chu, B. Peleato, J. Eckstein, Distributed optimization and statistical learning via the alternating direction method of multipliers. Found. Trends. Mach. Learn. 3(1), 1-122(2010)

[4] O. Candogan, I. Menache, A. Ozdaglar, P. A. Parrilo, Flows and decompositions of games: harmonic and potential games. Math. Oper. Res. 36(3), 474-503(2011)

[5] H. -L. Choi, A potential game approach for distributed cooperative sensing for maximum mutual information, in Proceedings of American Control Conference, Washington, DC, 2013

[6] H. -L. Choi, J. P. How, Efficient targeting of sensor networks for large-scale systems. IEEE Trans. Control Syst. Technol. 19(6), 1569-1677(2011)

[7] H. -L. Choi, S. -J. Lee, A potential-game approach for information-maximizing cooperative planning of sensor networks. IEEE Trans. Control Syst. Technol. 23(6), 2326-2335(2015)

[8] T. M. Cover, J. A. Thomas, Elements of Information Theory (Wiley-Interscience, Chichester, 1991)

[9] F. Darema, Dynamic data driven applications systems: a new paradigm for application simulations and measurements, in Computational Science-ICCS 2004, pp. 662-669

[10] D. Fudenberg, J. Tirole, Game Theory (MIT Press, Cambridge, 1991)

[11] R. Gopalakrishnan, J. R. Marden, A. Wierman, An architectural view of game theoretic control. ACM SIGMETRICS Perform. Eval. Rev. 38(3), 31-36(2011)

[12] B. Grocholsky, Information-Theoretic Control of Multiple Sensor Platforms, PhD thesis , University of Sydney, 2002

[13] G. M. Hoffmann, C. J. Tomlin, Mobile sensor network control using mutual information methods and particle filters. IEEE Trans. Autom. Control. 55(1), 32-47(2010)

[14] A. Krause, A. Singh, C. Guestrin, Near-optimal sensor placements in gaussian processes: theory, efficient algorithms and empirical studies. J. Mach. Learn. Res. 9(2), 235-284(2008)

[15] E. N. Lorenz, K. A. Emanuel, Optimal sites for supplementary weather observations: simulation with a small model. J. Atmosp. Sci. 55(3), 399-414(1998)

[16] J. R. Marden, G. Arslan, J. S. Shamma, Regret based dynamics: convergence in weakly acyclic games, in Proceedings of the 6th International Joint Conference on Autonomous Agents and Multiagent Systems (ACM, Honolulu, Hawaii, 2007), p. 42

[17] J. R. Marden, G. Arslan, J. S. Shamma, Cooperative control and potential games. IEEE Trans. Syst. Man Cybern. Part B (Cybern.) 39(6), 1393-1407 (2009)

[18] J. R. Marden, G. Arslan, J. S. Shamma, Joint strategy fictitious play with inertia for potential games. IEEE Trans. Autom. Control 54(2), 208-220 (2009)

[19] D. Monderer, L. Shapley, Potential games. Games Econom. Behav. 14(1), 124-143 (1996)

[20] L. V. Nguyen, S. Kodagoda, R. Ranasinghe, G. Dissanayake, Information-driven adaptive sampling strategy for mobile robotic wireless sensor network. IEEE Trans. Control Syst. Technol. 24(1), 372-379 (2016)

[21] M. S. Pinsker, Information and Information Stability of Random V ariables and Processes (Holden-Day, Oxford, 1964)

[22] J. S. Whitaker, H. M. Hamill, Ensemble data assimilation without perturbed observations. Mon. Weather Rev. 130(7), 1913-1924 (2002)

第 19 章　威胁区域路径规划中的动态传感-执行器交互

Benjamin S. Cooper, Raghvendra V. Cowlagi

摘要：我们需要解决的问题是车辆路径的规划，目的是以最小的威胁穿越威胁区域。威胁区域是一个未知的、时间不变的、严格的正标量区域，定义在一个二维空间域中——行动者的工作空间。威胁区域由一个移动传感器网络估计，该网络可以在其位置上逐点测量威胁区域。所有的测量都是有噪声的。目标是确定行为者以最小风险达到预期目标的路径，这不仅是对威胁区的敏感度量，而且是对其中的不确定性的敏感度量。此问题的新颖之处在于，参与者可与传感器网络通信，并要求传感器将自己的位置设置为参与者的最小风险。此类问题的应用主要包括：由参与者将应急物资发送到受大火或大气污染物影响的区域（威胁区域）。我们在参与者的工作空间中定义了一个网格，网格的拓扑图为 G。假设威胁区域由空间基函数的系数参数化获得，这些参数的最小二乘估计由传感器和参与者的测量值构成。而图中的边缘过渡 G 是确定性的，转移成本取决于威胁区域的估计，该值是确定性的但未知。参与者和传感器迭代地进行交互，在每次迭代中，Dijkstra 算法用于确定参与者在图 G 中的最小风险路径。接下来，“靠近”该路径的一组网格点被标识为感兴趣的点。最后，确定下一组传感器的位置，使威胁区域估计对这些感兴趣点的置信度最大，并相应地更新威胁区域估计，不断重复迭代。我们探讨了初始传感器位置对迭代平面传感器收敛性的影响，并讨论了参数和传感器相对数量的收敛性。

19.1 引　言

越来越多的应用推动了对无人机和地面交通工具的自动化需求。汽车自动驾驶有两个主要组成部分：①车辆环境感知和态势感知；②运动规划和控制，以实现在这种环境下的自主运动。在传统的控制系统框架中，这两个组件分别可以被观察器/估算器和控制器子系统识别。这反映了控制系统设计中的一个常见实践，通常假定这两个组件之间采取“分离原则”的，这一点在教科书中对自动移动车辆的研讨中可以得出。分离意味着传感器数据的收集和处理独立于具体运动规划。我们研究了一个特定的运动规划问题和一种传感器设置，通过消除两个自治组件之间的分离而获益。

我们研究了移动车辆平面路径规划问题，称其为“行动者车辆”，它需要通过一个紧凑的平面工作空间（威胁区域）W，目的是在专门变化的梯形区域中暴露最小。W 上的威胁区域所取的值由有限数量的传感器估计，这些传感器可对威胁区域进行点测量。我们研究了传感器的布设问题。但是,从传统放置传感器来确定威胁区域的最优估计方法出发,我们研究了通过改变传感器的放置来优化参与者的性能。通过将传感器的放置问题与参与者的运动规划问题联系起来,我们消除了传感和规划组件之间的分离。这个问题的设置也反映了当前对分布式自治研究的热点,如移动车辆团队可以一起执行共同的任务。

19.1.1　文献综述

本章提出的问题的不同方面在很多领域都被研究,其主要领域包括不确定性下的路径和运动规划、传感器管理和分布式过程的参数估计、同时定位与映射(SLAM)、目标跟踪与定位、随机系统规划、实验优化设计和分布式控制系统等。

传感器管理的相关文献研究了传感器的最佳布设以估计分布式过程,包括大气中气体的扩散、火山灰的扩散,以及结构振动的识别和控制。相关文献研究移动传感器的制导和协调策略,以实现使用无人机、陆地或水下车辆(UXV)的设想。

用来描述最优传感器布设的典型性能指标是最大信息量,或者是信息等效的最小熵。Fisher 信息矩阵(FIM)特征(如行列式、迹或最大特征值)的最大化是另一种常用的性能度量指标。其他指标还包括参数估计中的经典最小平方误差、互信息、Battacharya 系数、Hellinger 距离和 Kullback-利伯发散等。

不考虑上述分离原则的综合估计和控制方法的例子,可以在关于移动传感器网络的引导和协调策略的文献中找到,以最大限度地满足信息需求。特别是,目标跟踪和定位是移动传感器网络主要应用领域。有关文献讨论了用参数估计任务驱动的性能指标和信息驱动的性能指标之间的区别,其结论是,对于特定的任务(如目标跟踪),任务驱动的性能指标(如平方跟踪误差)更加有效。

关于移动车辆运动规划和控制的研究成果包括以下几种方法。最优控制理论在车辆制导中的应用被广泛研究,包括轨迹优化的数值方法。这些方法很难应用于涉及多个状态约束的情况,例如环境中的障碍等。基于工作空间网格或单元分解的几何路径规划算法和可视化路线图可以解决这一问题。在过去的 20 年里,随机采样的方法,包括概率道路图(PRM)和快速探索随机树(RRT),解决了规划在大维度配置或状态空间有效运动的问题。

不确定性下的运动规划通常被表述为马尔可夫决策过程(MDP)或部分可观测的MDP(POMDP),可以用动态规划(DP)求解。不足的是,一个简单的 DP 实现通常在实际应用中是难以计算的。为此,本章讨论了不确定性下运动规划的信念空间路线图。运动规划中典型不确定性的来源包括由车辆建模误差引起的运动不确定性、由测量噪声引起的车辆状态不确定性,以及环境图中的不确定性等,本章讨论了后者。同步定位和映射(SLAM)算法的有关文献通过估计描述环境特征的参数,解决了环境地图和车辆状态不确定性同时降低的问题。SLAM 方法也可能涉及规划,通常被表述为一个 MDP,反映了地图和车辆状态的不确定性。

19.1.2　工作与贡献

我们所研究的问题是车辆的路径规划问题,目的是行动者以最小的威胁暴露穿越威胁区域。威胁区域是一个定义在紧凑二维空间域 W 上的未知的、时间不变的、严格的标量区域。威胁区域是由一个移动传感器网络来估计的,该网络可以在它的位置上测量威胁区域。所有的测量都是有噪声的。目标是确定行动者在估计的路径上以最小的威胁到达预期目标的路径。这个问题设置的一个新颖之处在于,我们寻找的传感器位置可以最小化预测参与者的威胁暴露。此问题未来的可能应用包括由参与者将应急物资发送到受大火或大气污染物影响的区域(威胁区域)。

我们在参与者的工作空间中定义了一个网格,其拓扑图用 G 来表示。威胁区域是由空间基函数的系数参数化获得的,这些参数的最小二乘估计由传感器和参与者的测量值构成。图 G 中的边缘转移是确定性的,而转移成本取决于对威胁区域的估计,因此是确定性的但是未知的。传感器位置迭代地改变。在每次迭代中,Dijkstra 算法被用于确定行动者在图 G 中的威胁暴露最短路径。接下来,"靠近"该路径的一组网格点被标识为感兴趣的点。最后,确定下一组传感器位置,使威胁区域估计对这些感兴趣点的置信度最大化,相应地更新威胁区域估计,并重复迭代。

本章的贡献有:在动态数据驱动的自治方面开辟了新的领域,路径规划算法和传感器网络之间的显式双向交互独立于参与者车辆。之前的研究工作要么关注寻找具有最小预期威胁暴露的路径问题,要么关注一个时空变化的梯形区域的分布估计问题。据笔者所知,本章是第一个考虑使用图来获取与路径规划问题最相关的测量值的传感器网络的"编排"。之前有些研究工作考虑过研究机载传感器的这种"编排",即光电/红外摄像机的平衡指向问题。我们关注自治(即网格上的路径规划)和移动传感器网络的简单实现(即有限参数化域的最小二乘估计),以强调这些实体之间的交互作用。所做工作包括研究一种启发式方法,以确定一个领域行动者的兴趣,用来指导传感器的布设。我们研究了该域的计算、后续传感器的部署以及参与者对新获得的传感器数据的重新规划所导致的迭代过程。

本章的其余部分安排如下:19.2 节介绍了问题的主要要素。19.3 节描述了一个动态传感器与传感器之间的交互作用,该交互作用产生一个传感器布设策略。19.4 节举例证明了所提出的重构策略,并给出了数值模拟结果来讨论行动者-传感器交互的收敛性。19.5 节进行小结,并对今后的工作进行探讨。

19.2 问题的形式化描述

设 $W \subset \mathbb{R}^2$ 为一个封闭的正方形区域,称为工作空间,行动者和传感器在其中移动。在这个工作空间中,我们建立了一个由 N_G^2 均匀地布设在 N_G 行和 N_G 列中的网格。第 i 个网格点的预定笛卡儿坐标系坐标用 x_i 表示,任意 $i=1,2,\cdots,N_G^2$。我们考虑一个严格的梯形区域 $c:W \to \mathbb{R}^2_{>0}$,称为威胁区域,它表示具有更高强度的不利区域。根据 4 个连接性规则,假设参与者遍历网格点,即参与者可以从第 i 个网格点遍历到同一行或同一列中相邻的网格点。本章我们将忽略车辆运动学和动力学约束,即可以限制这种运动。当然这种约束可以在未来纳入所提出的网格问题的设置参数中。同时还假设行动车辆在定位或在网格上运动时是确定的,即参与者的当前网格点位置已知,且移动到相邻网格点的效果是确定的。

行动者的动作规划问题被表述为一个图搜索问题。为此,我们定义了一个图 $G=(V, E)$,其中 V 中的每个顶点都与一个网格点唯一相关,并用上标标记为 $v^1,v^2,\cdots,v^{N_G^2}$。边集 E 定义为与相邻网格点相关联的顶点对集合。对于每对 $i,j\in\{1,\cdots,N_G^2\}$ 边界转移代价标量函数 $\bar{g}:E\to\mathbb{R}_{>0}^2$ 定义为

$$\bar{g}(v^i,v^j)=c(x_j)\ , \tag{19.1}$$

式中, $(v^i,v^j)\in E$。

在图 G 中,两个预先指定的顶点 v^{i_s} 和 v^{i_g} 之间的路径是一个序列 $v=(v_0\ ,v_1,\cdots,v_P\ )$ 且不包含重复相邻顶点 $v_0=v^{is}$ 和 $v_P=v^{ig}$ 的路径。注意,在这个序列中顶点的索引是用下标表示的。这条路径的代价 $\bar{J}(v)\in\mathbb{R}^2_{>0}$ 是路径上每条边的过渡代价之和,即 $\bar{J}(v)=\sum_{k=1}^{P}\bar{g}(v_{k-1},v_k)$。行动者的运动规划问题现在被表述为在初始网格点 $i_s\in\{1,2,\cdots,N_G^2\}$ 和目标格点 $i_g\in\{1,2,\cdots,N_G^2\}$ 之间找到一条成本最小的路径的问题。

行动者路径规划问题的不确定性来源于威胁区域知识的不确定性。也就是说,图 G 中的边缘转移是确定的,依赖威胁域估计的转移成本是未知的,但可以通过测量来估计。我们假设威胁区域是有限参数化的:

$$c(x)=\sum_{n=1}^{Np}\theta_n\phi_n(x)=\boldsymbol{\Phi}_{(x)}\boldsymbol{\Theta} \tag{19.2}$$

式中: $\phi_n:W\to\mathbb{R}^2$ 为预先指定的空间基函数; $\boldsymbol{\Phi}(x)=[\phi_1(x)\phi_2(x)\phi_{Np}(x)\ ]$,以及 $\boldsymbol{\Theta}=[\theta_1\ \theta_2\cdots\ \theta_{Np}]\ \wedge$ T。我们假设有限数量 N_S 的传感器采用逐点测量估计参数向量 $\boldsymbol{\Theta}$。假设这些传感器位于网格点上,网格点的集合用 $s=\{s_1,s_2,\cdots,s_{N_S}\}\subset\{1,2,\cdots,N_G^2\}$ 表示。每个传感器的测量是 $Z_k:=C(x_{s_k})+\eta_k$,其中 $\eta_k\sim N(0,\sigma_k^2\ ),k=1,2,\cdots,N_S$。最后,我们假设传感器的数量很少,即 $N_S\ll N_G^2$。

行动者可以通过式(19.1)利用威胁区域参数的估计值,同时考虑基于实测威胁区域的边缘转移代价估计值,重新表述行动者的运动规划问题。一般而言,本章中所涉及的问题定义如下。

问题 19.1 找到一组传感器位置 $s:=\{s_1^*\ ,s_2^*\ ,\cdots,s_{N_S}^*\}\subset\{1,2,\cdots,N_G^2\}$,并在图 G 中找到一条路径 v^*,且期望代价最小。

值得注意的是,这个问题涉及传感器位置和参与者动作规划问题之间的显式依赖关系。既要优化一组传感器位置的典型性能(例如 FIM 跟踪)又要实现参与者路径预期成本的最小化,是一个开放的研究问题。问题 19.1 的解决可能需要制定一种新的传感器布设策略。接下来,我们将通过仿真实验对这些问题进行初步探讨。

19.3 行为者驱动的传感器重配置

对于给定的传感器位置集 $s_0,\hat{\boldsymbol{\Theta}}_{s0}$ 和 P_{s0} 分别表示参数为 $\boldsymbol{\Theta}$ 的最小二乘估计的均值和协方差矩阵。准确地说:

$$\hat{\Theta}_{s0} := H^L(s_0)z \tag{19.3}$$

$$P_{s0} := [H^L(s_0)R^{-1}H(s_0)]^{-1} \tag{19.4}$$

这里 $R=\text{diag}(\sigma_1^2,\sigma_2^2,\cdots,\sigma_{N_s}^2)$ 是测量误差协方差矩阵，$z=[z_1,z_2,\cdots,z_{N_s}]^{\mathrm{T}}$，$H(s_0)$ 定义为

$$H(s_0) := [\Phi^{\mathrm{T}}(x_{s_{1,0}})\ \Phi^{\mathrm{T}}(x_{s_{2,0}})\cdots \Phi^{\mathrm{T}}(x_{s_{Ns,0}})]^{\mathrm{T}}$$

G 中路径 $v=(v_0,v_1,\cdots,v_P)$ 的期望代价 $\mathcal{T}(v)=E[\bar{\mathcal{T}}(v)]$ 由式(19.1)可得

$$\mathcal{T}(v)=\sum_{k=1}^{P}E[\bar{g}(v_{k-1},v_k)]=\sum_{k=1}^{P}\Phi_{(x_k)}\hat{\Theta}_{s_0}$$

对于给定的传感器位置集合 s_0，参与者的运动规划问题，即在 G 中以最小的预期成本找到路径 $s_{s_0}^*$，可以使用标准路径优化算法，如 Dijkstra 算法来解决。

本章的主要创新之处在于，我们试图通过以下迭代方法来解决 19.1 问题。在每次迭代中，我们试图找到一个新的传感器位置集 s_ℓ^* ($\ell=0,1,\cdots$) 和一个相关路径 $v_{s\ell}^*$，这样

$$\lim_{\ell\to\infty}\mathcal{T}(v_{s_\ell}^*)=\bar{\mathcal{T}}(v^*) \tag{19.5}$$

式中：v^* 是正确的最佳路径。根据前一次迭代中参与者的最优路径 $v_{s_{\ell-1}}^*$ 找到集合 s_ℓ 的过程称为传感器重新配置。

对式(19.5)极限和收敛存在的形式证明超出了本章的范围。接下来，我们研究一种启发式传感器重构策略，并研究该策略的仿真实验结果。

假设基础函数 $\phi_n(n=1,2,\cdots,N_P)$ 是高斯函数形式 $\phi_n(x):=\dfrac{1}{\sqrt{(2\pi)^k|\Sigma_n|}}\exp\left[-\dfrac{1}{2}\cdot(x-\bar{x}_n)^{\mathrm{T}}\sum_n^{-1}(x-\bar{x}_n)\right]$，对每个 $n=1,2,\cdots,N_P$，其中 Σ_n 为半正定，$\bar{x}_n\in W$ 预先指定。在我们的工作中设置 $k=2$。虽然这些基函数在 $\mathbb{R}^2$ 中没有紧凑支持，但我们确定了区域 $\{X:\|x-\bar{x}_n\|\leqslant 3\sqrt{|\Sigma_n|}\}\cap W$ 作为重要区域对基函数 $\varphi\,\tilde{n}$ 的支持。这个重要支持区域简单地反映了在全局工作空间中对单个基函数快速衰减的影响。所提出的传感器重构策略在图 19.1 的算法中进行了描述。

这个算法的基本思路是参与者感兴趣的工作空间 W 中的子区域相对较小。因此，大量支持少量基函数的区域足以覆盖参与者感兴趣的这个区域。这些基函数在图 19.1的算法第 3 行进行了标识。因此，可以通过布设传感器来减少与这些基函数相关的参数估计误差，代价是容忍其他参数的较高估计误差。具体而言，这些参数为 θ_{ni}，其中 $i\in\{1,2,\cdots,N_Q\}$，如第 3 行定义。

在第 3 行确定的小区域 W_Q 中布设传感器的方法是一个正在进行的研究话题。在本章所述的仿真实验中，我们通过在 W_Q 子区域内任意选择 N_S 唯一的网格点来选择 s_ℓ (第 4 行)。

Heuristic Iterative Algorithm for Path-Domain Threat Estimation

---

procedure **Initialize**

1:Set initial sensor placement $s_0 \subset \{1,2,\cdots, N_G^2\}$。

2:Execute Dijkstra's algorithm to determine $v_{s_0}^*$ 。

3:Set iteration counter $\ell = 1$。

procedure **Main**

1:Initialize

2:**while** ¬ StopCondition **do**

3:Identify a minimal set $\{n_1, n_2, \cdots, n_{N_Q}\}$, with $N_Q \leqslant N_P$, such that the union $W_Q \subseteq W$ of significant support regions of the basis functions $\varphi_{n_1}, \varphi_{n_2}, \cdots, \varphi_{n_{N_Q}}$ covers all of the grid points associated with the path $v_{s_{\ell-1}}^*$.

4:Place sensors at grid points in the set $s_\ell\{1,2,\cdots,N_G^2\}$ such that $X_s \in W_Q$ for each $s \in s_\ell$。

5:Execute Dijkstra's algorithm to determine $v^*{}_{s_\ell}$。

6: Increment iteration counter $\ell = \ell + 1$, and evaluate Stop Condition.

图 19.1　用于求解问题的启发式迭代算法的伪代码

图 19.1 中第 2 行和第 6 行的布尔变量表示该算法的停止条件,该条件由用户指定,取决于式(19.5)中极限收敛的性质(如果这些性质已知的话)。对于本章所述的仿真实验,我们采用了达到预先设定最大迭代次数的简单准则。

19.4　数值模拟实验结果与讨论

本节所述的仿真实验集均假设在方形的工作空间 $W = [-1,1] \times [-1,1]$ 中。如前所述,威胁区域基函数设置为高斯函数。分配这些高斯函数 $\bar{x}_n$ 峰的位置,以确保峰之间的均匀分离和工作空间 W 的覆盖。通过对 W 和 $\left[0, \left(\frac{2}{Np}\right)^2\right]$ 均匀分布采样,可以得到每个实验的 ν_n 值,其中 $n = 1,2,\cdots,N_P$。参数的真实值 θ_n 通过实验样本的正态分布 $N(0,1)$获得。网格点的数量固定在 $N_G^2 = 400$。在不同的实验中,参数数量 N_P 在 1~50 变化。图 19.2 展示了一个网格点覆盖的威胁区域示例,其中 $N_P = 25$。

接下来,我们将讨论一般传感器布设策略对图 19.1 算法初始化的观察效果。真实威胁区域如图 19.2 所示,该区域的真实最优路径如图 19.3 所示。为了将该算法产生的行动者路径与真实最优路径进行比较,我们将行动者路径的产生成本定义为使用真实域值计算的成本。

我们感兴趣的是传感器 N_S 的数量与威胁区域参数 N_P 的数量相当的情况。图 19.4 展示了最初将传感器布设在工作空间中均匀分布时的估计威胁区域。这里的威胁区域参数估计是"修正"过的,如果第 n 项协方差矩阵的对角 P_{s0} 大于预定阈值,则设置参数 θ_n 为零。当 $N_S = 20 < N_P$,所有的结果参数估计都是零(图 19.4(a))。$N_S = 25 = N_P$,得到的参数估计值中只有两个是非零的(在矩阵 $\boldsymbol{P}_{s0}$ 对角线上的 $N_P = 25$ 个元素中,只有 2 个元素低于阈值)。然而,行为者的路径所产生的成本会有显著的不同。

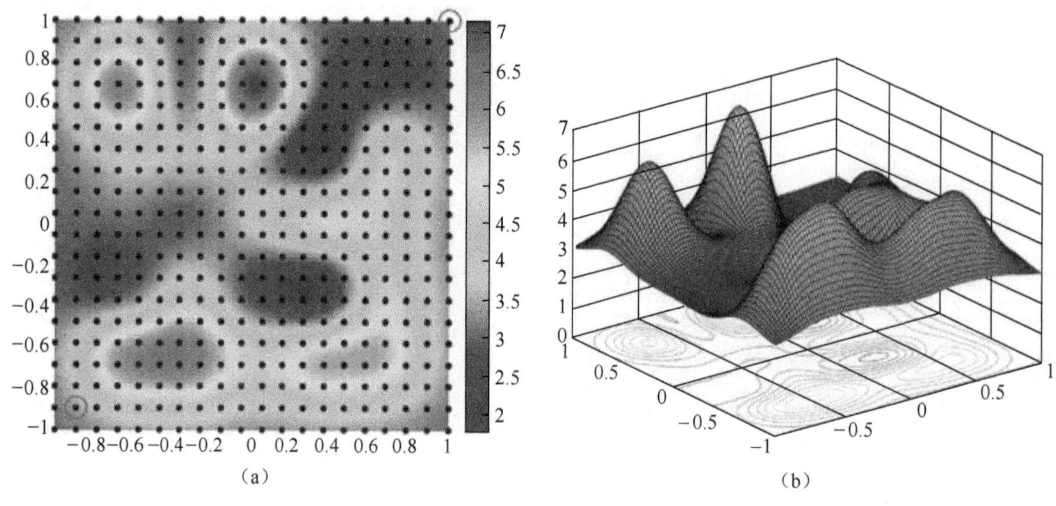

图 19.2 真实威胁区域

(a)网格世界覆盖了真正的威胁领域,传感器可以占据任何网格点位置,起始位置和目标位置用圆圈标记(起始位置在左下角);(b)真实威胁区域的三维可视化,其中高度指示威胁的严重性或强度。

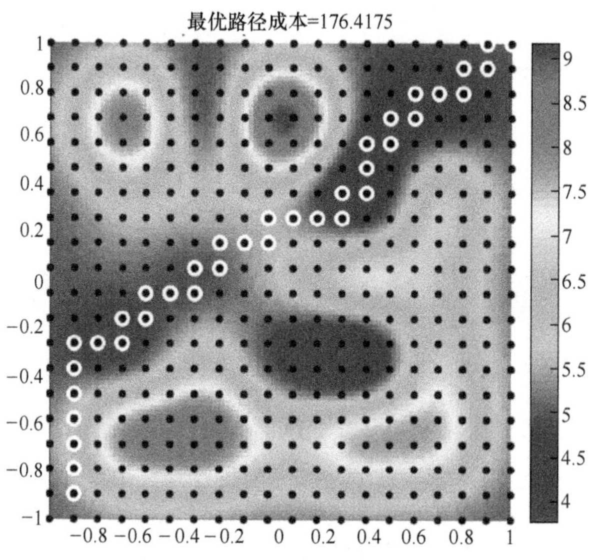

图 19.3 由 $N_P = 25$ 个参数的总和或 25 个 2D 高斯峰组成的威胁区域(使用真实威胁字段,将最小威胁暴露路径(以相连的白色圆圈显示)确定为真实参考)

对于其他布设策略,我们也观察到类似的初始化结果。具体而言,图 19.5 显示了最初将传感器位置聚集在行动者开始位置附近时的估计威胁区域。图 19.6 为传感器处于“对角扫射”状态时的威胁区域估计。

这些初始化实例表明,在不同的传感器位置下,行动者的初始路径所产生的成本存在显著差异。接下来,我们将讨论图 19.1 算法中提出的迭代式传感器重构问题。讨论的目的是研究初始传感器位置是否影响算法的收敛性。图 19.7 说明了该算法的应用,其中传

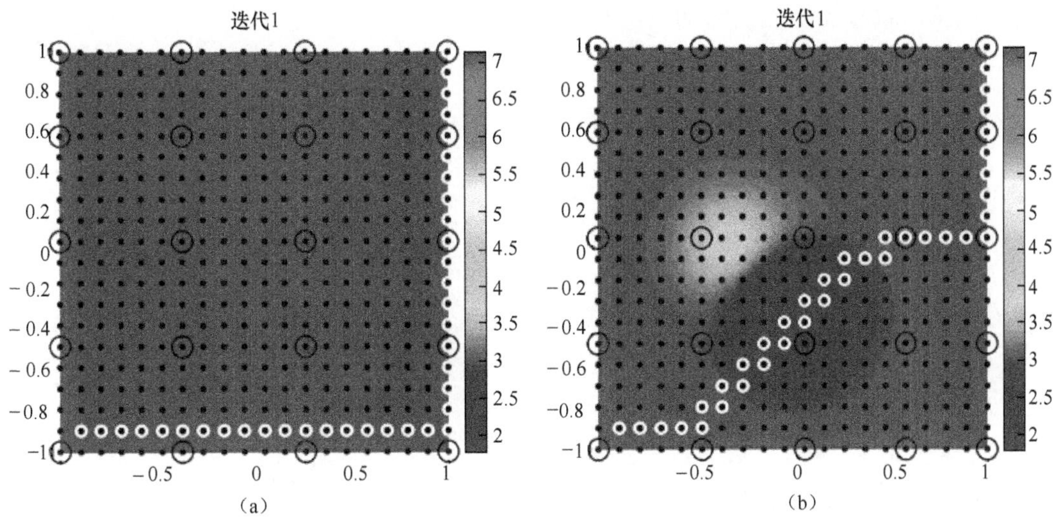

图 19.4　在拟议算法的初始化阶段，以最小的预期成本估算威胁区域和最终行动者的路径，并以均匀间距布设传感器
(a) $N_S=20$;(b) $N_S=25$。

感器位置($N_S=25$)和参与者路径需要多个中间迭代(迭代次数表示为1)。这个例子表明了传感器布设位置和行动者路径的收敛性。值得注意的是，与图19.6所示的“对角扫射”布设相比，图19.7(h)所示的传感器布设导致了更糟糕的威胁区域估计。

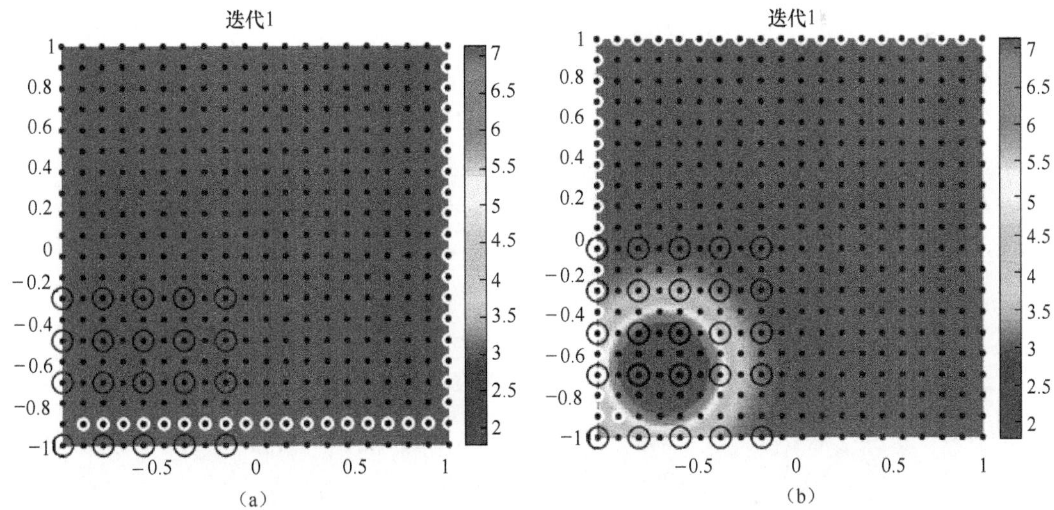

图 19.5　在拟议算法的初始化阶段，以最小的预期成本估算威胁区域和合成角色的路径，传感器位置聚集在行动者的起始位置附近
(a) $N_S=20$;(b) $N_S=25$。

在图19.7(h)中布设传感器后，行动者路径的成本开始降低。这一观察结果证实了所作工作的前提假设,即与分离的、信息驱动的传感器布设策略相比,行为者驱动的传感器布设策略可能会导致行为者的性能改进。

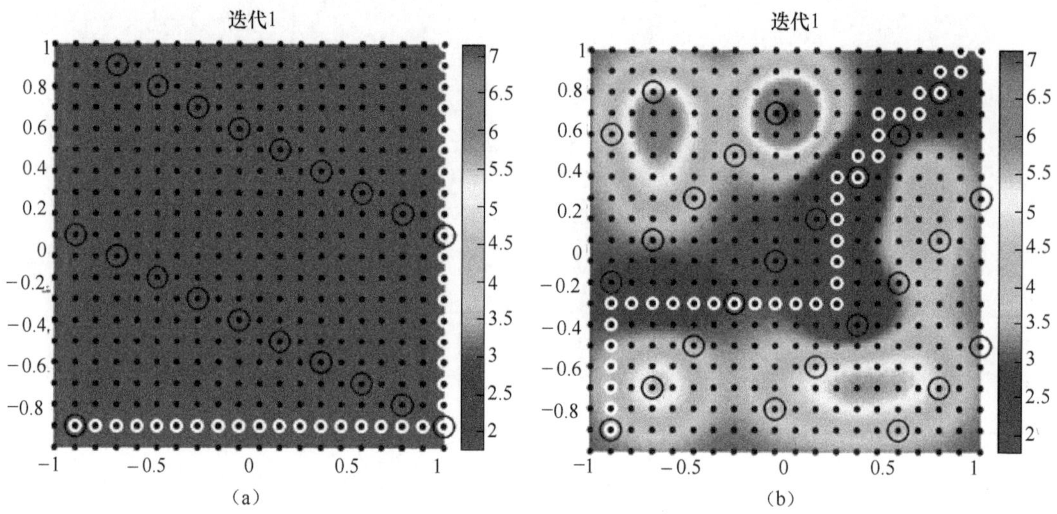

图 19.6 在拟议算法的初始化阶段,以最小的预期成本估算威胁区域和合成行动者的路径,并将传感器布设在“对角展开”配置中

(a) $N_S=20$;(b) $N_S=25$。

接下来,我们将讨论与收敛性和最优性相关的问题(实际成本与实际最优路径成本的比较)。

我们针对图 19.1 算法的应用进行仿真实验,通过不同的 N_P 和 N_S 组合来观察算法的收敛性。对于 $N_P\in\{1,4,9,16,25,36,49\}$,和 $N_S\in\{1,2,\cdots,60\}$,图 19.8 显示了每对 (N_P,N_S) 实验的结果。我们观察到,所提出的演算法有以下三种行为:

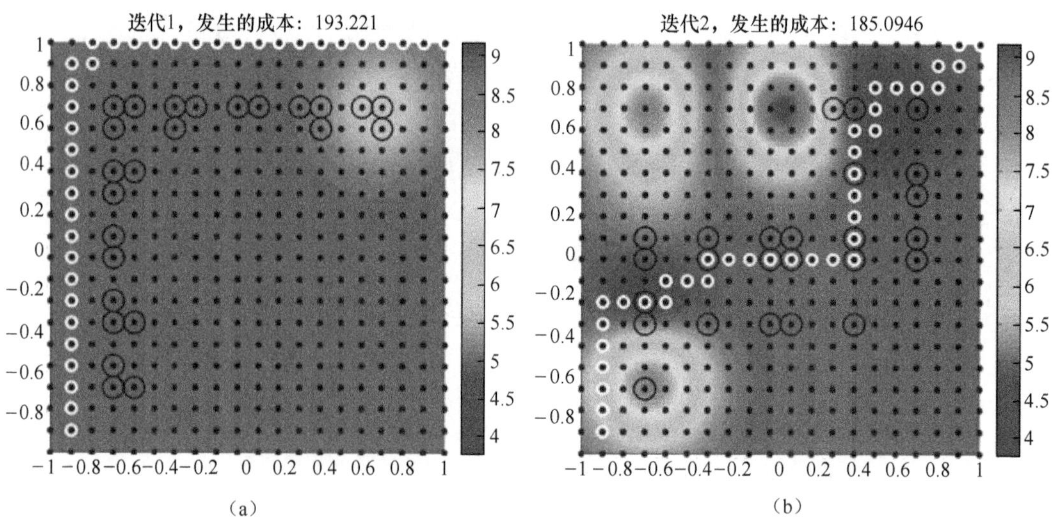

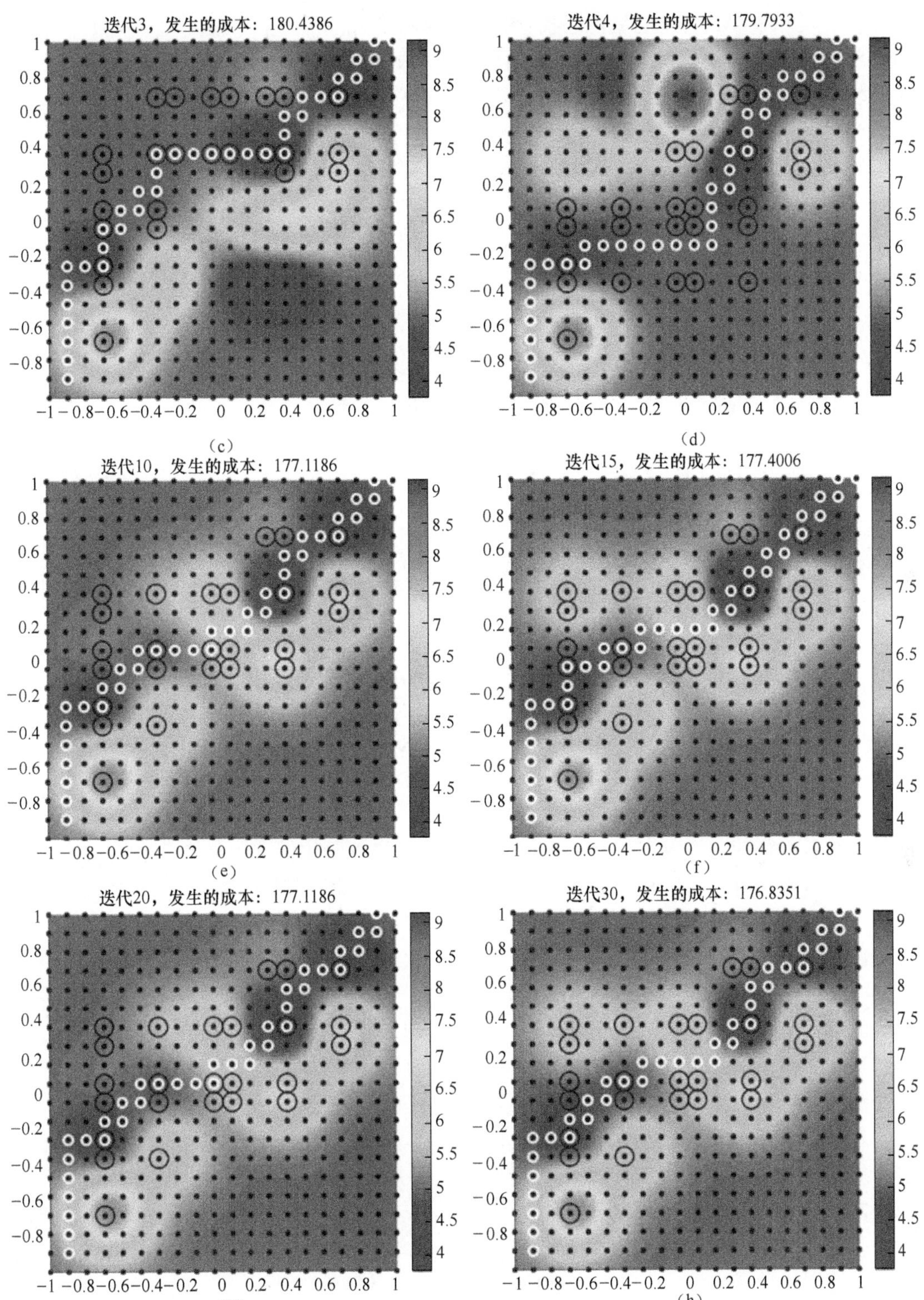

图 19.7　提出的算法的应用说明，其中在几次中间迭代中以最小的预期成本指示了传感器的位置和行动者的路径

(a) ℓ= 1；(b) ℓ= 2；(c) ℓ= 3；(d) ℓ= 4；(e) ℓ= 7；(f) ℓ= 8；(g) ℓ= 9；(h) ℓ= 10。

（1）实际收敛到真正的最优路径：图 19.1 算法第 5 行所产生的路径成本收敛到真实最优路径成本的“小”区间内。这就是期望的理想行为算法。在已报道的仿真中，当 N_P 相对较小且 $N_S \geqslant N_P$ 时，这种行为很典型。在图 19.9 中，观察到这种行为中（N_P，N_S）由绿色的圆圈表示，观察到这种行为与初始传感器布设策略无关。图 19.9 案例说明了参与者路径的预期成本和已发生成本的迭代和收敛变化。

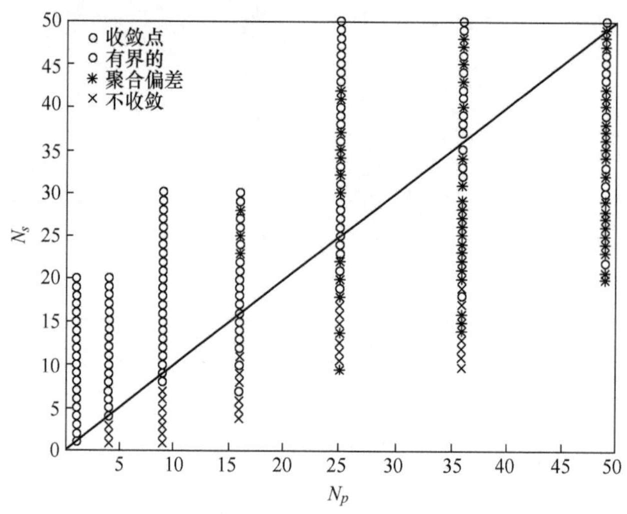

图 19.8　各种算法对的观测算法收敛行为总结

（2）收敛到次优路径：该算法第 5 行所产生的成本收敛到一个与真实最优路径成本显著不同的值。在报道的仿真中，当参数数量相对较大时，通常会观察到这种行为。图 19.9 表示可以观察到这种行为对（N_P,N_S），用叉号标记。图 19.10 和图 19.11 案例说明了行动者路径的预期成本和已发生成本的迭代和收敛变化情况。如图 19.11 所示，真正的最优成本与所提出的算法收敛时发生的成本之间的差距可能很大。

（3）非收敛或有界振荡：该算法第 5 行所发生的成本并不收敛，但它们在一个包含真正最优路径成本的有界区间内振荡。在已报道的仿真中，当 N_P 值相对较小且 $N_S < N_P$ 时，这两种行为较为典型。图 19.12 举例说明了在行动者路径的预期成本和实际成本中迭代的和非收敛的变化。图 19.13 举例说明了在有界振荡的情况下，预期成本和实际成本的迭代变化。

前两种行为类型是可以接受的，特别是当第二种行为类型的行动者已发生或预期成本的次优性在理论上是有界的。目前，我们还没有这样的界限。相反，我们进行了另一组实验来观察这种次优性作为传感器数量和参数数量的函数。图 19.14 显示了对（N_S，N_P）实验结果的总结，其中 $N_P \in \{1,4,9,16,25,36,49\}$，$N_S \in \{1,2,\cdots,60\}$。对于每对组合，对不同的真参数值进行了 5 次实验。图 19.14 为经过 30 次迭代后，由本章算法确定的行动者路径发生成本与真实最优成本的百分比差值。对（N_S，N_P）未进行实验的数据进行插值，得到如图 19.14 所示的图。

图 19.14 的主要观测结果如下。

（1）在 $N_S \geqslant N_P$ 区域观察到的次优性一般小于 10%。

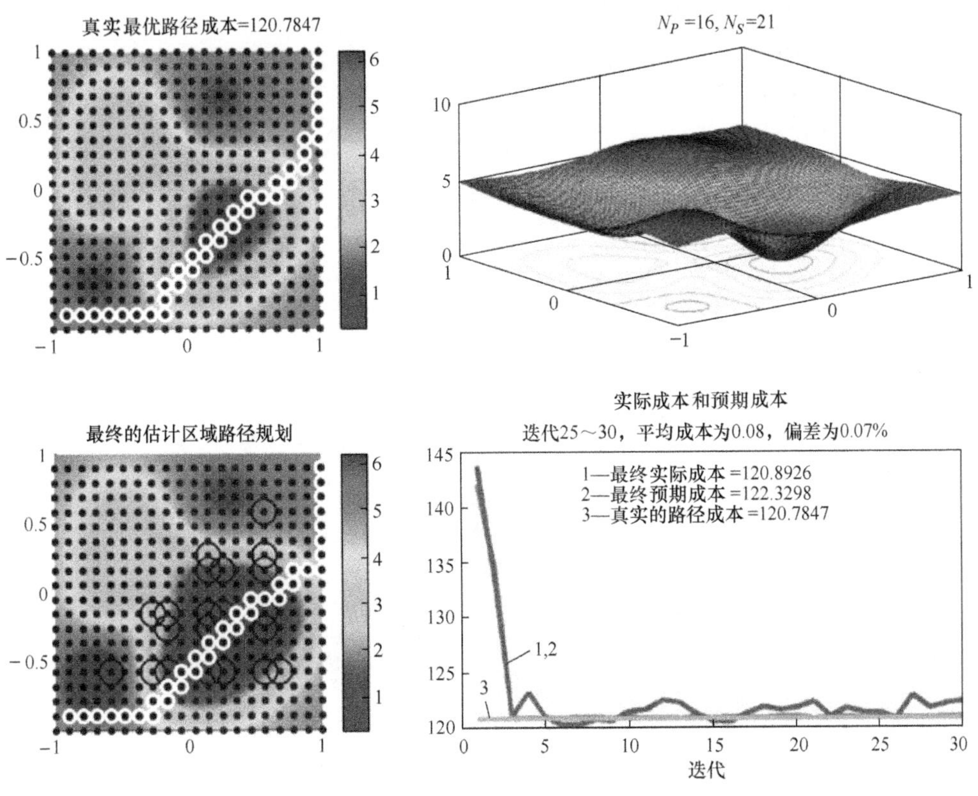

图 19.9　行动者的实际成本与实际最佳成本的实际收敛示例 1

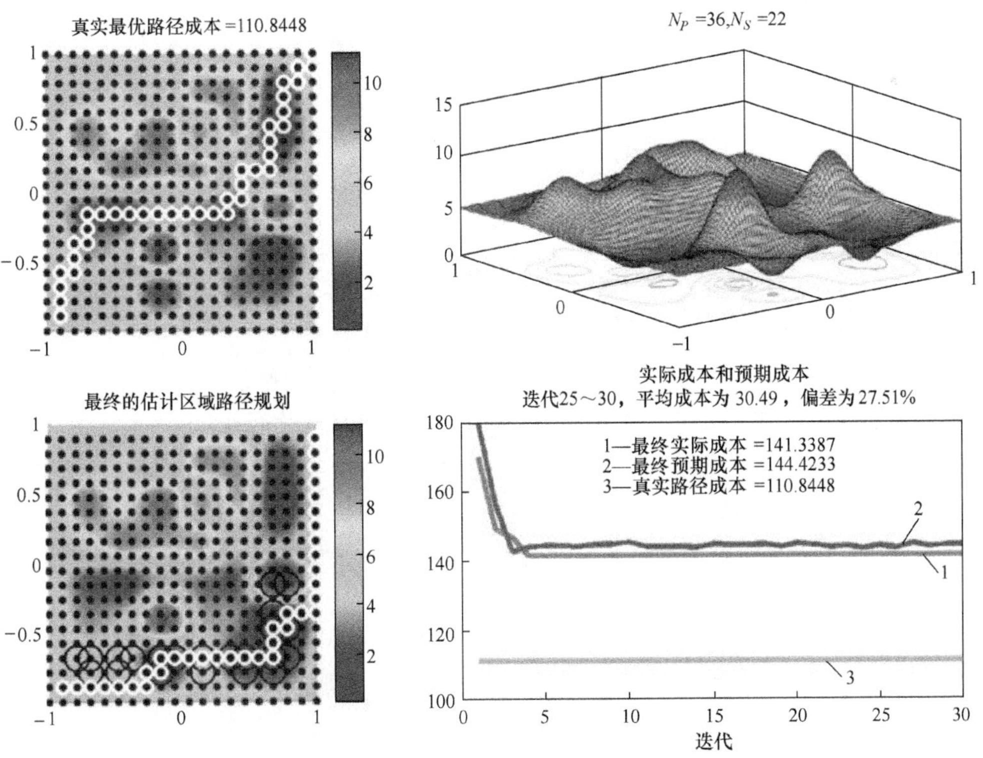

图 19.10　行动者的实际成本收敛到次优值的示例 2

（2）次优的最坏情况通常发生在 N_S 明显小于 N_P 时。

（3）当 N_P 值较大时，算法的第二种行为（收敛到次优路径）出现的频率更高（具体地说，在这些实验中大于 25）。

（4）在靠近 $N_S = N_P$ 的区域内，经常观察到收敛到次优路径的现象。此外，所观察到的次优性通常小于 20%。

最后一个观察结果显示：当 $N_S < N_P$ 时，获得了一个较差的威胁区域估计，但所提出的算法可以布设这些传感器，使行动者的运动规划问题仍然可以在没有显著次最优性的情况下得到解决。例如，当 $N_P = 36$，N_S 低至 20 时，行动者路径的次最优性不超过 10%。

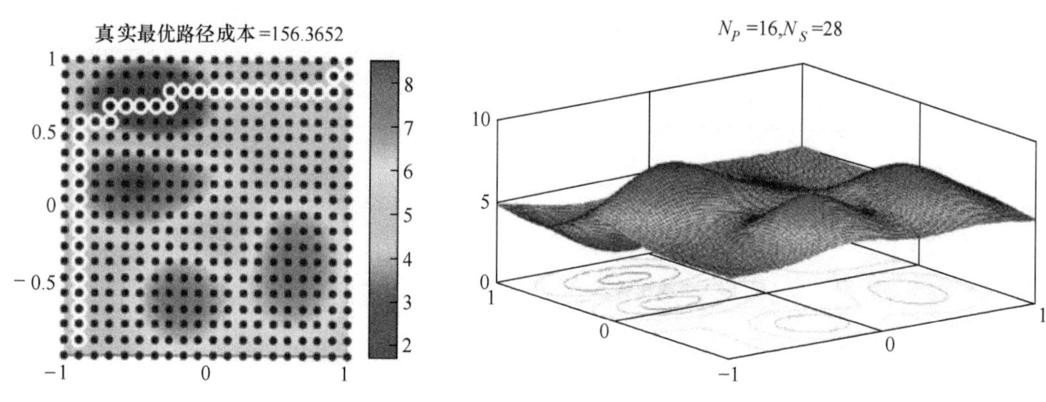

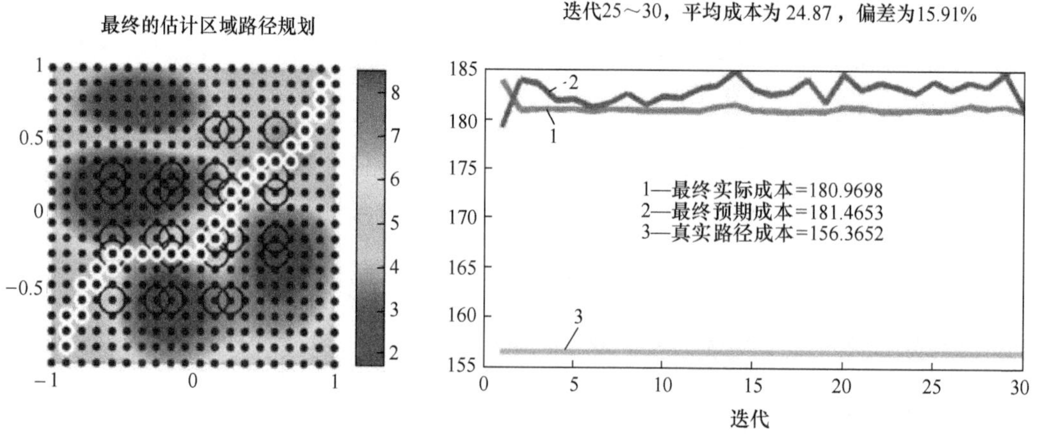

图 19.11　行动者的实际成本收敛到次优值的示例 3

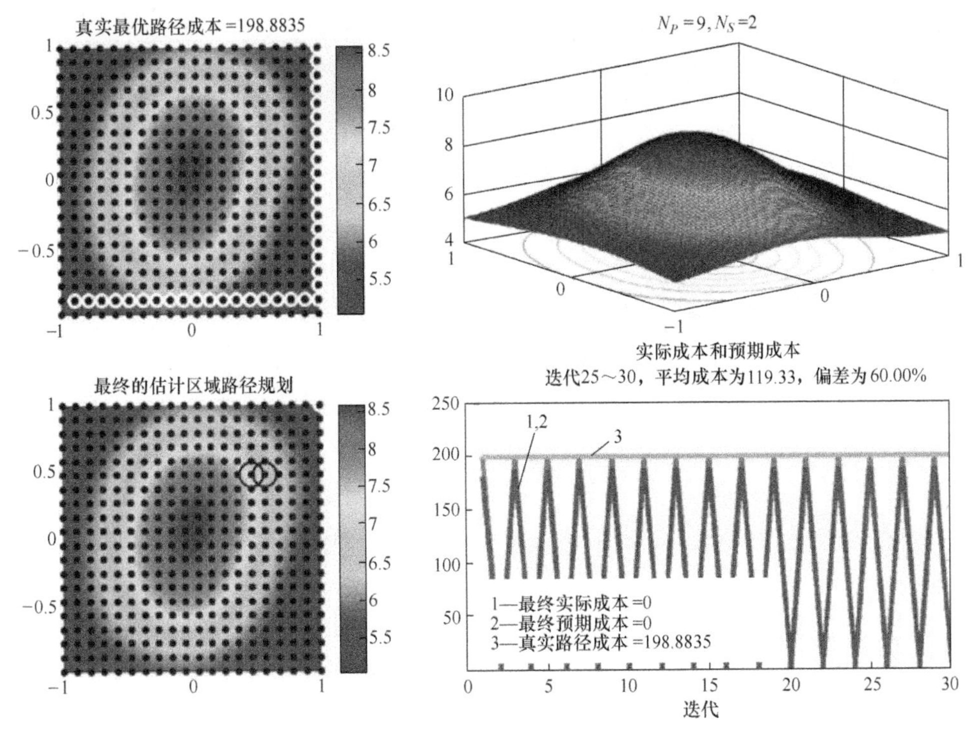

图 19.12 所提出算法的非收敛行为示例

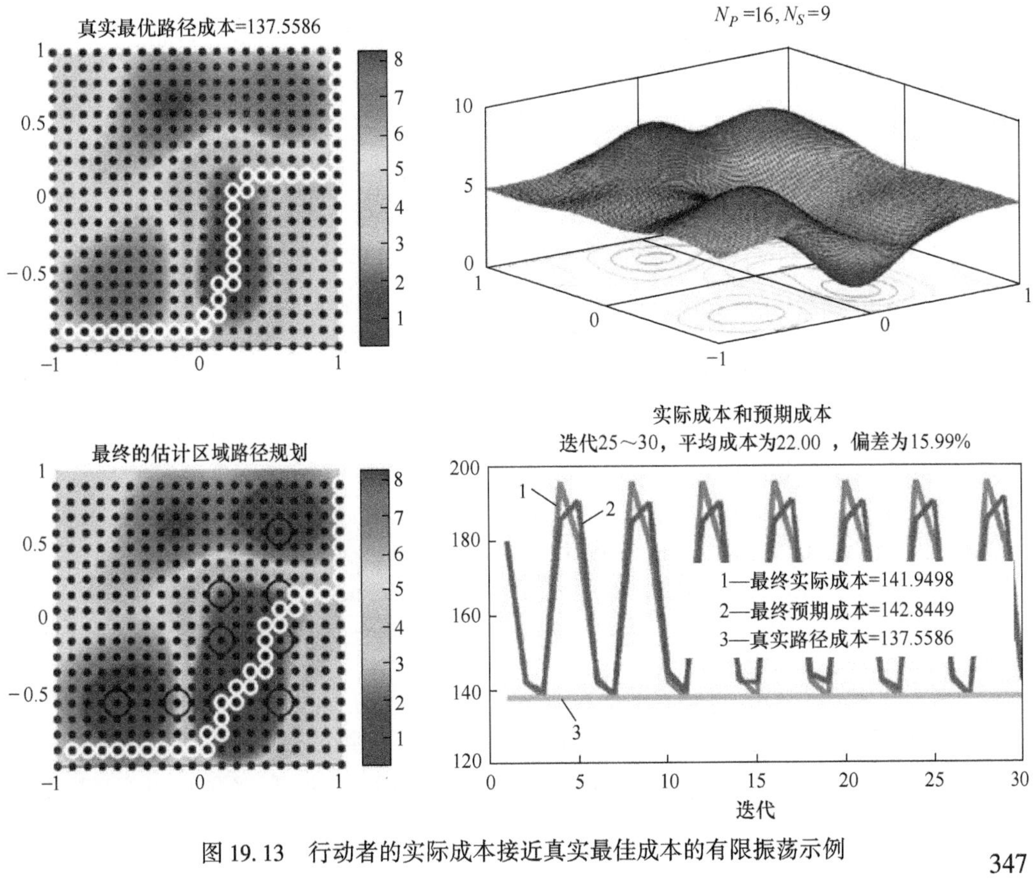

图 19.13 行动者的实际成本接近真实最佳成本的有限振荡示例

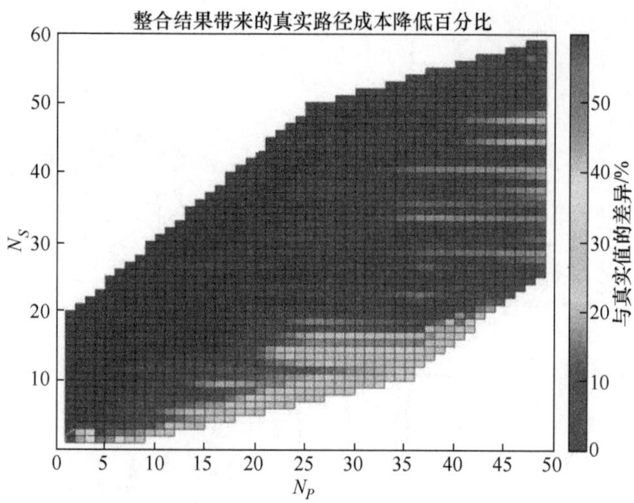

图 19.14　所提出的算法对各种对(N_S,N_P)产生的行动者路径的次优性的摘要

19.5　小　　结

本章我们讨论了一个运动规划问题,其中决策实体(参与者)允许提供行动者环境测量的传感器的布设。我们提出一种具体的启发式算法来迭代地改变传感器位置,并结合运动规划问题来解决。该方法的前提是,与典型布设传感器以最大限度地收集信息的策略相比,行动者驱动的传感器布设策略可以提高行动者的性能。我们给出了仿真实验结果,观察结果呈现的是所提算法不同类型的收敛行为,包括非收敛性,以及合成路径在不同的(N_S,N_P)对下的不同次优程度。未来的工作包括在(N_S,N_P)平面上的区域的理论表征,来研究所提出算法的收敛性,以及这些区域的次优界。与信息最大化的传感器布局策略相比,所提出的动态行动者-传感器交互对行动者性能改进的表征也很有意义。

目前和未来的工作包括通过修改最小二乘估计器来解决非收敛性问题,基于传感器重新定位添加停止准则,以及通过空间相关技术识别传感器布设的相关子域。

参 考 文 献

[1] N. Adurthi,P. Singla,Information driven optimal sensor control for efficient target localization and tracking, in Proceedings of the 2014 American Control Conference,Portland,2014,pp. 610-615

[2] R. Alterovitz,T. Siméon,K. Goldberg,The stochastic motion roadmap:a sampling framework for planning with markov motion uncertainty, in Proceedings of Robotics:Science and Systems(RSS),Atlanta,MA, USA,2007

[3] M. Athans,P. L. Falb,Optimal Control(Dover Publications Inc. ,Mineola,NY ,USA,2007)

[4] D. P. Bertsekas,Dynamic Programming and Optimal Control(Athena Scientific,Belmont,2000)

[5] J. T. Betts,Survey of numerical methods for trajectory optimization. J. Guid. Control Dyn. 21(2),193-204 (1998)

[6] R. A. Brooks, T. Lozano-Pérez, A subdivision algorithm in configuration space for findpath with rotation. IEEE Trans. Syst. Man Cybern. SMC-15(2), 224-233(1985)

[7] A. E. Bryson, Y. C. Ho, Applied Optimal Control(Taylor & Francis, New York, 1975)

[8] S. Chakravorty, R. Saha, Simultaneous planning localization and mapping: a hybrid Bayesian/frequentist approach, in Proceedings of the American Control Conference, 2008, pp. 1226-1231. https://doi.org/10.1109/ACC.2008.4586660

[9] D. Cochran, A. O. Hero, Information-driven sensor planning: navigating a statistical manifold, in 2013 IEEE Global Conference on Signal and Information Processing, Global SIP 2013 - Proceedings, pp. 1049-1052. https://doi.org/10.1109/GlobalSIP.2013.6737074

[10] R. V. Cowlagi, P. Tsiotras, Hierarchical motion planning with dynamical feasibility guarantees for mobile robotic vehicles. IEEE Trans. Robot. 28(2), 379-395(2012)

[11] M. A. Demetriou, D. Ucinski, State estimation of spatially distributed processes using mobile sensing agents, in American Control Conference(ACC), Jan 2011, San Francisco, CA, USA, pp. 1770-1776

[12] M. Demetriou, N. Gatsonis, J. Court, Coupled controls-computational fluids approach for the estimation of the concentration from a moving gaseous source in a 2-D domain with a Lyapunov-guided sensing aerial vehicle. IEEE Trans. Control Syst. Technol. 22 (3), 853-867 (2013). https://doi.org/10.1109/TCST.2013.2267623

[13] N. Farmani, L. Sun, D. Pack, Optimal UAV sensor management and path planning for tracking. The ASME 2014 Dynamic System and Control Conferences, 2014, pp. 1-8. https://doi.org/10.1115/DSCC2014-6232

[14] D. Garg, M. Patterson, W. W. Hager, A. V. Rao, D. A. Benson, G. T. Huntington, A unified framework for the numerical solution of optimal control problems using pseudospectral methods. Automatica 46, 1843-1851(2010)

[15] S. Karaman, E. Frazzoli, Sampling-based algorithms for optimal motion planning. Int. J. Robot. Res. 30 (7), 846-894(2011). https://doi.org/10.1177/0278364911406761

[16] L. E. Kavraki, P. Švestka, J. C. Latombe, M. H. Overmars, Probabilistic roadmaps for path planning in high-dimensional configuration spaces. IEEE Trans. Robot. Autom. 12(4), 566-580(1996)

[17] A. Krause, A. Singh, C. Guestrin, Near-optimal sensor placements in gaussian processes: theory, efficient algorithms and empirical studies. J. Mach. Learn. Res. 9, 235-284 (2008). https://doi.org/10.1145/1102351.1102385

[18] C. Kreucher, A. O. Hero, K. Kastella, A comparison of task driven and information driven sensor management for target tracking, in Proceedings of the 44th IEEE Conference on Decision and Control, and the European Control Conference, CDC-ECC'05, 2005, pp. 4004-4009. https://doi.org/10.1109/CDC.2005.1582788

[19] H. Kurniawati, T. Bandyopadhyay, N. M. Patrikalakis, Global motion planning under uncertain motion, sensing, and environment map. Auton. Robot. 33 (3), 255-272 (2012). https://doi.org/10.1007/s10514-012-9307-y

[20] S. M. LaValle, J. J. Kuffner Jr., Randomized kinodynamic planning. Int. J. Robot. Res. 20 (5), 378-400 (2001)

[21] R. Lerner, E. Rivlin, I. Shimshoni, Landmark selection for task-oriented navigation. IEEE Trans. Robot. 23 (3), 494-505(2007). https://doi.org/10.1109/TRO.2007.895070

[22] T. Lozano-Pérez, An algorithm for planning collision-free paths among polyhedral obstacles. Commun. ACM 22(10), 560-570(1979)

[23] R. Madankan, S. Pouget, P. Singla, M. Bursik, J. Dehn, M. Jones, A. Patra, M. Pavolonis, E. B. Pitman,

T. Singh, P. Webley, Computation of probabilistic hazard maps and source parameter estimation for volcanic ash transport and dispersion. J. Comput. Phys. 271, 39-59 (2014)

[24] S. Martinez, Distributed interpolation schemes for field estimation by mobile sensor networks. IEEE Trans. Control Syst. Technol. 18(2), 491-500 (2010). https://doi.org/10.1109/TCST.2009.2017028

[25] S. Martinez, F. Bullo, Optimal sensor placement and motion coordination for target tracking. Automatica 42 (4), 661-668 (2006). https://doi.org/10.1016/j.automatica.2005.12.018

[26] N. Meuleau, C. Plaunt, D. Smith, T. Smith, A comparison of risk sensitive path planning methods for aircraft emergency landing, in ICAPS-09: Proceedings of the Workshop on Bridging the Gap Between Task And Motion Planning, Thessaloniki, Greece, 2009, pp. 71-80

[27] B. Mu, L. Paull, M. Graham, J. How, J. Leonard, Two-stage focused inference for resource constrained collision-free navigation. Proceedings of Robotics: Science and Systems, R o m e , Italy, 2015. https://doi.org/10.15607/RSS.2015.XI.004

[28] N. J. Nilsson, Artificial Intelligence: A New Synthesis (Morgan Kauffman Publishers Inc., San Francisco, 1998)

[29] S. L. Padula, R. K. Kincaid, Optimization strategies actuator placement sensor and actuator placement. NASA Report, Apr 1999

[30] R. Prentice, N. Roy, The belief roadmap: efficient planning in belief space by factoring the covariance. Int. J. Robot. Res. 28(11-12), 1448-1465 (2009)

[31] R. Siegwart, I. R. Nourbakhsh, D. Scaramuzza, Introduction to autonomous mobile robots (MIT Press, Cambridge, 2011)

[32] P. Skoglar, J. Nygards, M. Ulvklo, Concurrent path and sensor planning for a uav-towards an information based approach incorporating models of environment and sensor, in IEEE International Conference on Intelligent Robots and Systems, 2006, pp. 2436-2442. https:// doi.org/10.1109/IROS.2006.281685

[33] D. Ucinski, Sensor network scheduling for identification of spatially distributed processes, in Conference on Control and Fault-Tolerant Systems, SysTol'10 - Final Program and Book of Abstracts, vol. 20(3), 2010, pp. 493-504. https://doi.org/10.1109/SYSTOL.2010.5675945

第七部分　能源感知:能源系统

第 20 章　面向节能减排的能量感知动态数据驱动分布式交通仿真

Michael Hunter, Aradhya Biswas, Bhargava Chilukuri, Angshuman Guin, Richard Fujimoto, Randall Guensler, Jorge Laval, SaBra Neal, Philip Pecher, Michael Rodgers

摘要:本章描述了一种采用动态数据驱动应用系统(DDDAS)范式减少地面运输系统燃料消耗和排放的方法。该方法包括预测车辆时空轨迹算法和分布式仿真。给定来自路网的历史和实时测量数据,车辆中的计算资源生成速度/加速度刻画,用于估计燃料消耗和排放。这些预测可用来向司机提供节能的行驶路线。由于提出的 DDDAS 系统组件多在移动计算设备上运行,为了最大限度地延长电池寿命,本章提出一个分布式计算架构和节能中间件,并进行了仿真,还讨论了能源与排放模型以及移动客户端功率测量问题。

20.1 引　言

根据美国能源信息署提供的数据,2015 年汽车汽油燃料的消耗量占美国所有能源二氧化碳排放量的 29%。为了能够减少大量能源消耗和污染,一种有效的方法是向驾驶员实时提供信息和出行建议,以改进节能旅行决策。本章描述了在移动计算设备上实现基于能量感知的 DDDAS 系统架构,该架构描述了基于动态数据提供排放和燃料消耗的最新、自适应评估的潜力。

DDDAS 持续监视、分析和适应被操作的系统,能够更好地评估和/或优化其行为或改善监视系统。DDDAS 已被应用于许多领域,包括自然灾害管理、运输和制造等领域。本章介绍了 DDDAS 技术应用于运输系统管理的最新成果。在过去的研究中,大部分工作集中在数据驱动的分布式仿真技术发展和 DDDAS 范式在交通管理问题上的应用,以解决拥堵问题。这里所描述的结果着重用 DDDAS 减少排放和燃料消耗。

智能手机和车载设备等移动计算设备的普及,使其成为实现基于 DDDAS 出行辅助系统的平台。在这些系统中,驾驶员的智能手机充当交通状况传感器,除了向用户显示信息外,还可以被当作计算引擎。然而,移动处理器的性能和功率限制是一个值得关注的问题。尽管移动平台的性能和电池寿命不断提高,但是电池管理和性能在一段时间内仍将面临挑战。另外,全车载系统能够提供足够的计算性能和几乎无限的功能,但会牺牲全移动平台的多功能性,特别是限制了该系统在多模式旅行中的实用性。因此,电力敏感的移动系统管理仍将是一个关键问题,需要在不牺牲准确性的情况下运用高效算法和通信管理。

图 20.1 展现了设想的总体方法。该系统为司机提供有关节能、环保路线的信息。为了实现这一目标,驱动程序首先向客户计算机提供预期的目的地(如果与驾驶员当前位置不同,还有原点),在本例中是智能手机(图 20.1 中的步骤 1)。客户端为指定的起点-终点对识别潜在的路线,然后计算每条可能路线的车辆时空轨迹(每秒车辆位置-速度-时间)(图 20-1 中的步骤 2)。接下来,确定每条路线的燃料消耗和排放(图 20-1中的步骤 3)。最后向驾驶员提供可选择的路线,以及相应的旅行时间、燃料消耗和排放值(图 20-1中的步骤 4),用于路线决策。

要完成这些在手机上缓存的任务,需要提供必要的背景数据,例如地图和历史路况信息。此外,由于大约 75%的旅行是重复的,客户端可为典型的旅行路线维护一组动态在线相关数据源的订阅(图 20.1)。智能手机从一个或多个在线数据源请求补充数据,以获取不再维护的缓存数据中的链接。历史和动态数据存储在服务器的时空内存中,稍后将对此进行讨论。客户端模拟或统计模型确定高分辨率的车辆轨迹。该系统通过两种方法完成以上工作。

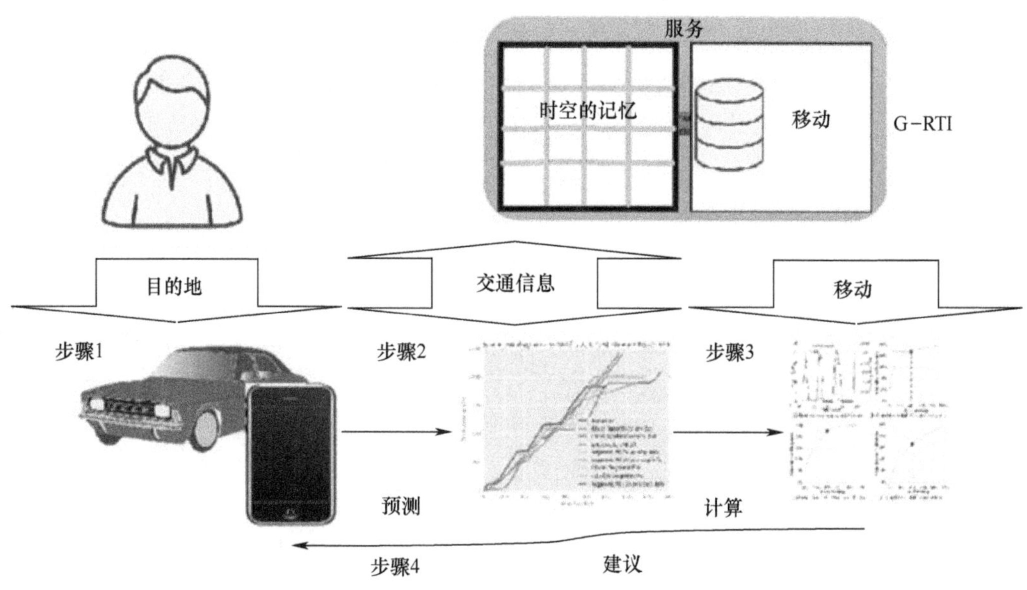

图 20.1　计算节能、减排路线的系统架构

在大多数情况下,使用基于历史和近实时轨迹数据的“贝叶斯推断”(条件概率)模型。在存在异常路况的情况下,例如最近发生事故或道路堵塞,可能无法获得足够可靠的贝叶斯模型数据。在这些情况下,微观交通仿真可补充历史预测,实时交通信息会不断更新,并根据需要传递给客户端,以改进预测。

有研究提出机动车排放模拟器(MOVES)矩阵建模方法,应用于车辆轨迹以计算每秒或基于链接的燃料消耗和排放。该方法考虑了特定车辆的信息,例如车辆分类和型号年份,以及特定道路的信息,例如道路分类和道路坡度。这些 MOVES-Matrix 客户端计算所需的特定元素缓存在移动设备上,并定期从服务器更新。

还有学者提出一种称为“绿色运行时基础设施”(G-RTI)的分布式仿真中间件提供通

信服务实现组件互联。中间件和客户端计算的设计都试图最大限度地延长电池寿命。客户端请求的并发和临时演化的数据流激发了服务器上动态时空内存(STM)数据结构的使用。STM 包含关于网络元素性能随时间变化的历史信息,用于路由选择的仿真建模。

本节概述了所提出的方法,随后提出两种方法来预测路径上的车辆轨迹。①基于元胞自动机的微观交通仿真;②基于数据的贝叶斯推理模型。接下来是关于能源消耗和排放模型的讨论。最后,介绍了功耗感知系统架构,以及通信和计算的权衡。本章重点描述的是基于 DDDAS 资源受限设备的 G-RTI 开发部署。

20.2　研究组成:模型和架构

20.2.1　元胞自动机建模

元胞自动机(CA)模型最早是由冯·诺依曼(Von Neumann)在 1952 年提出。1992 年 Nagel 和 Schreckenberg 提出了其在交通网络上复制交通动态的简单规则后,这些规则在交通流仿真中越来越受欢迎。它们基于规则的设计使大规模网络的有效仿真成为可能。从那时起,各种基于 CA 的方法被开发出来并用于交通流建模。

运动波(KW)模型是基于 Lighthill、Witham 和 Richards 的经典流体力学理论的流行交通流模型。KW 模型基于给出了流量与当地交通密度的函数关系的基本图形,揭示针对道路上车辆密度的标量守恒定律。KW 模型是最简单的交通流模型,能够捕捉交通阻塞动态,例如交通中走走停停波的传播。

Daganzo 研究表明,一个特定的 CA 模型给出了运动波模型预测的车辆轨迹,其基本图形为三角形。我们在 CA 仿真应用中实现并扩展了 CA 模型,包括多个车辆类别、车辆有界加速和车道变化等。

与所有微观模型一样,我们的 CA 仿真应用程序需要交通数据、几何数据、控制数据、驾驶员行为数据等(图 20.2)用来模拟每辆车的交通动态。在 CA 仿真中,需要对巷道断面的各车道进行空间离散化;例如在停车条件下,一辆车与下一辆车之间的距离(车身与车身之间的距离)。一辆车占用一个单元,其位置和速度以离散时间步长更新。目前的 CA 仿真模型有三类车辆:乘用车、高性能汽车(更高的加速度)和卡车。当前车在没有障

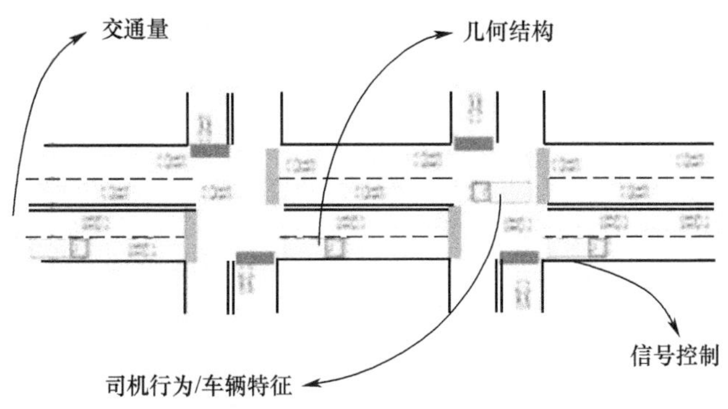

图 20.2　CA 模拟输入数据收集

碍物时,使用特定类别的车辆运动学模型预测作为速度函数的车辆加速度。本应用中实现的换道模型是基于速度激励的,即如果车辆察觉到由于换道而使速度有所提高,它就会换道。后面给出的伪代码更详细地描述了 CA 仿真的步骤。

20.2.2 方法

在 CA 模型中,一辆车占用一个还是多个矩阵单元(链接),这取决于所需的速度和位置更新分辨率(单个车辆-单个单元模型比单个车辆-多个单元模型需要更少的计算)。在这项研究中,我们使用单个车辆单细胞模型(以实现最大的计算效率),其细胞大小(Δx)为 22ft(1ft(英尺)≈0.3m),时间步长(Δt)为 1.2s,即 12.5mi/h[1mi(英里)≈1.6km]的速度增量($\Delta x/\Delta t$)。因此,对于限速为 50mi/h 的道路,车辆的自由流动速度是 4 格(80.5mi/12.5mi/h),即车辆在下一个时间步中最多可以移动 4 个格。因此,车辆当前的速度用它在下一个时间步可以到达的单元数来表示的。

我们实现了每种类别特定的加速模型(也称有界加速度)。加速度模型是速度的线性递减函数,其截距和斜率是一类特定值。利用车辆的在当前速度来确定模型中的加速度,从而确定下一个时间步长的速度,即车辆下一步可以移动的单元数。例如,一辆车停止,在下一个时间步就不能达到它的自由流动速度,而是需要多个时间步。在这个实现中,卡车的加速率最低,而高性能汽车的加速率最高。

基于速度激励,可在 CA 仿真中实现车道变换,即由于变道操纵而导致的感知速度改变。在每个时间步长,每辆车都会首先估算其"期望速度"(道路上允许的最大速度或车辆在不超过最大速度的情况下所能达到的最高速度),在下一个时间步使用它当前的速度和特定的加速模型。然后,它将检查前面车辆的位置,以确定它是否能达到其所需的速度。如果无法达到期望的速度,它将检查是否有车道改变动作以提高速度。每步都会更新车辆的位置和速度,直到达到用户定义的终止条件。

图 20.3 为 CA 仿真的样本车辆在空间和时间上的轨迹(无有界加速度),很好地反映了信号通道上的交通动力学。横轴是时间,纵轴是时间沿着测试车道的车辆位置。

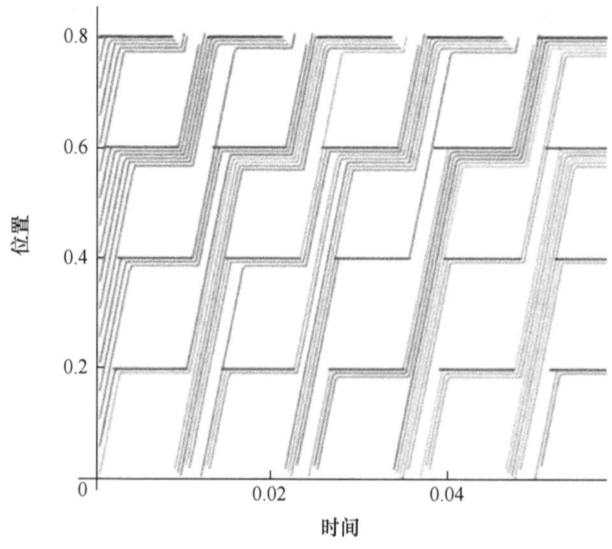

图 20.3 样本细胞自动机结果

在当前应用程序的上下文中,CA 建模方法有几个缺点,包括需要大量的输入数据来驱动模型,以及模型在计算上的复杂性。此外,CA 方法需要对车道上的所有车辆进行仿真,以获得客户车辆的轨迹预测,这对于客户车辆的能耗和排放估计是必要的。贝叶斯推理方法的目标就是在不直接仿真其他车道车辆的情况下,以较少的数据需求为客户提供轨迹预测。因此,对于客户端应用程序,CA 仿真可能仅限于非周期性的拥塞场景,例如在事故中,贝叶斯推理方法可能是无效的。

20.2.3　贝叶斯推理方法

贝叶斯推理方法试图利用历史和近实时数据构建客户的预测轨迹。当前贝叶斯推理方法的实现是逐段进行的,其中一段由两个相邻交叉点和下游交叉点之间的车道组成。然后,整个车辆轨迹是预测的车辆轨迹在每个横断面上的累加。当前工作中,虽然可以考虑其他段的定义,如高速公路匝道路口之间,但我们只考虑了干线廊道。在信息较少的方法中,轨迹预测使用历史或近实时数据的简单平均或采样。然而,当给定的段轨迹预测可能以其他预测或接近实时的行为(如停止)为条件时,将探索替代方法(如车辆是否预计会停在上游的十字路口)、路径相似度(如只抽样上游或下游路线相似的车辆)或其他行程变量。

实现:在贝叶斯推理模型的实现中,一个路由表定义了给定车辆将在给定路线上按时间顺序通过哪些路段。路由表的一个示例为 $R=[4,3,2]$,其中数字为道路路段编码。这些路径是基于驱动程序输入的起点-终点对确定的。

在一些预测模型中,通常采用已实现的随机变量轨迹来预测路段的车辆轨迹。例如,如果预测车辆将在路段交叉口停车,则在下游路段交叉口停车的可能性取决于上游交叉口是否停车。在一些预测模型中,轨迹是多维的,包含多个随机变量(比如爬行速度下的停车和时间)。每个模型中的键类型定义了用于各个模型的随机变量。

变量 segment_trail(-k)表示段标识符的过去轨迹长度 k,直到当前但不包括当前段。例如,段 3 的 segment_trail(-2)可以是[1,2,3]。换句话说,车辆已经通过了第 1 段和第 2 段,现在需要关于其在第 3 段上的潜在行为的信息,这取决于它之前的路径。再如,段 3 的 segment_trail(+2)的取值可以为[3,4,5]。换句话说,车辆将在未来穿越段 4 和段 5,现在需要一些关于它在段 3 上的潜在行为的信息,这取决于它未来的路径。

不同的模型可能使用不同的轨迹长度,称为滞后,有时也称深度和顺序。例如,我们可以通过预测前 k 个线段上的停止状态来设定在给定线段上停止的可能性。在随后的讨论中,$M(k)$将指马尔可夫预测变量滞后于 k。尽管大多数研究的随机过程不太可能是无记忆的,通过将当前路径折叠成当前状态的模型称为马尔可夫模型,即使对于较低的滞后值违反马尔可夫属性。哈希表适用于某些模型,这些模型由(一些随机变量)在大小滞后窗口上轨迹的精确匹配来确定键值。目前,返回值是来自相同轨迹的训练集中观察值的平均值。

当前的预测模型构建了动态元组<平均运行时间,平均运行速度,平均爬行时间,平均爬行速度>(以$<t_r,v_r,t_c,v_c>$的可变格式缩写),分别定义如下。

(1) 平均运行时间和平均运行速度:其根据速度定义,分别与上述定义互补(超过 5mi/h)。

(2) 平均爬行时间:其是指汽车以低于 5mi/h 的速度行驶在一段路上的平均时间,包括停车时间。

(3) 平均爬行速度:其是指该段车速小于 5mi/h,该段车辆的平均速度。

区分这些类别对产生准确的排放预测是非常重要的。对于所有 i 在旅途期间,可以通过累积时间 Δt_i 预测速度 v_i 来构造车辆轨迹。式中 v_i 为总行程时间 T 在时间步长 t_i 时除以 Δt_i 的速度。因此,所有 i 的 Δt_i 之和为 T。例如,用运动学元组表示预测的路段车辆轨迹<22、35、12、3>,就是车辆以 35mi/h 的速度行驶 22s,然后以 3mi/h 的速度行驶 12s。下一遍历段的运动学元组表示车辆行程的下一段。

全局分段估计:该方法试图使用全局(历史)平均行驶时间和先前车辆在类似时间段内通过某一路段的速度来预测车辆轨迹(例如旅游高峰期数据)。在训练阶段,对每个观察到的节段更新运动学元组,该键仅由段标识号(ID)组成,需要填充的数据结构为 segment_to_kinematics_tuple,段 ID 为键控,值为<t_r,v_r,t_c,v_c>。在测试阶段,我们把车辆的段路由表按顺序提供给预测模型。为了得到每段的运动轨迹,需要检索每段的运动学元组,即平均运行速度和平均运行时间,平均爬行速度和平均爬行时间。然后,通过累积各个段的轨迹来构建旅行轨迹。

局部(n)段估计:此方法类似全局段估算,通过使用最近 n 辆车的数据来遍历路段可以减少数据需求,而不是所有的历史数据。在训练阶段,预测运动学元组由前面的 n 辆车通过每个特定的路段估计出来。该 segment_to_kinematics_tuple 再次由段 ID 设置键,并且还具有浮点值<t_r,v_r,t_c,v_c>。在测试阶段,以全局段估计相同的方式构造车辆的行驶轨迹,但使用 Local(n)段估计运动学元组。

段 $M(-k)$估计:该方法旨在通过采样那些行驶相同 k 个优先路段的车辆来改进对客户端车辆的预测。在训练阶段,对于滞后 k 的每段轨迹,需要估计所考虑段上的运动学元组<t_r,v_r,t_c,v_c>。一个简单例子(对于 $k=2$)为<[1、2、3]>,这表示车辆已驶过段 1 和段 2;运动学信息提取和元组更新的相关环节为段 3,因为这是细分中的最后一个元素(感兴趣的细分)。数据结构定义为 segment_trail_to_kinematics_tuple,由 segment_trail(k)(一个向量)设置键,值为<t_r, v_r, t_c, v_c>(运动学元组)。在测试阶段,把每个被测车辆的段路由表提供给预测模型,然后,在相同的路径上构造车辆行驶轨迹,但使用的是段 M($-k$)估计运动学元组。

段 $M(+k)$忽略停靠点的估计:这与前面的模型相同,只是对每个段的条件设置发生在未来的路由表上。例如(如果 $k=2$)[3,4,5]从测试车辆中提供的密钥意味着我们希望获得第 3 段的运动学单元,因为车辆将在此之后立即通过第 4 段和第 5 段。

包含停靠点的段 $M(-k)$估计:这里的停靠点信息包括在条件中。为了进一步改善预测,条件不仅包括相似的路径,还包括在这些路径上的相似的停车历史。在训练阶段,对于滞后 k 的每个停止段轨迹,估计所考虑段上的运动学元组<t_r,v_r,t_c,v_c>。如对于 $k=2$ 为<[1、2、3],[true,false]>,这表示车辆已驶过路段 1 和路段 2,并且已在细分 1 中停止(停止列表的第一个元素为 true),但不是细分 2(第二个元素为 false);运动学信息提取和元组更新的相关段为第 3 段,因为这是段尾中的最后一个元素(感兴趣的段)。数据结构为 segment_stop_trail_to_kinematics_tuple,其键值为<segment_trail(k),stop_trail(k)>(每个都是向量),其值为<t_r,v_r,t_c,v_c>。在测试阶段,可为预测模型提供分段路由表和测车辆的停车历史。当条件作用不仅发生在访问段上，而且发生在访问段的停止历史上时，输入的维数就会变大。在查询时，只需考虑从训练集生成的点估计值，这些点估计值共享准确的片段轨迹和所访问片段的停止历史。在测试阶段，以全局段估计相同的方式构造车辆的行驶轨迹。

评估：为了评估这些模型，我们使用联邦公路管理的下一代仿真（NGSIM）数据。这些数据包含高分辨率的车辆轨迹数据，然后增强现有的交通流模型和开发新的微观模型。当前的工作是利用在佐治亚州亚特兰大市第 10 街和第 14 街之间的 Peachtree 街上收集的 NGSIM 数据，该部分的长度约为 2100ft，其中有 5 个交叉路口和每个方向上的两个到三个动脉直通车道，如图 20.4 所示。该走廊的时速限制为 35mph，中间有多条车道。数据是在 2006 年 11 月 8 日 16:00 到 16:15，以每秒 10 帧的分辨率进行收集的。这些数据提供了该路段上所有车辆轨迹的完整覆盖，并在指定的时间内生成可用的数据集之一。在目前的评估模型中，我们只考虑 NGSIM 车辆行程轨迹覆盖所有路段的情况。这避免了表中不完整轨迹的复杂性。这些轨迹大多数具有[1、2、3、4,5]实现的分段路由表（访问整个走廊）。未来的努力将扩大到包括部分路段数据的车辆。

图 20.4　从第 10 街到第 14 街的桃树街（资料来源：地图数据：Google，2018）

NGSIM 数据被用于“训练”模型（建立条件性能分布），从而允许每个模型运行和预测车辆轨迹。尽管 NGSIM 功能强大，但它的规模有限，因此不会保留一部分数据用于与预测进行比较。目前的工作仅限于将预测的质量与训练数据进行比较。正在进行的工作同时使用模拟数据集和探测车辆数据，进一步探索预测轨迹的鲁棒性。

数据预处理：首先使用表格数据结构将 NGSIM 数据加载到客户端内存中。为了向段预测模型提供所需的点估计，首先填充字典以将段标识符映射为平均速度和平均旅行时间。后者通过计算每个特定段 ID 的行数（在表中）来计算每辆车 ID 的行数（每行对应 1/10s）。此外，每个段的最小 y 坐标和最大 y 坐标均从数据库中提取。

车辆轨迹生成：在将控制权交给主要训练和测试循环之前，将对预测的和实际的轨迹容器以及马尔可夫表进行初始化。在第一个主循环结构中，首先获得 NGSIM 数据中每个被考虑车辆的第一行和最后一行。每辆车都保存了行驶方向和沿轨迹行驶的所有交叉口。填充相关的马尔可夫表，并将实际轨迹存储在容器中。如前所述，运动学元组是用于模型的核心信息，它包含对停止时间、停止速度、运行时间和运行速度的点估计。轨迹是逐段建立的，下面的例子展示了如何为给定的段实现这一点，输入为运动学、运动学元组和轨迹以及正在建立的工作轨迹。图 20.5 显示了如何使用运动学元组中的变量名为特定段生成轨迹。

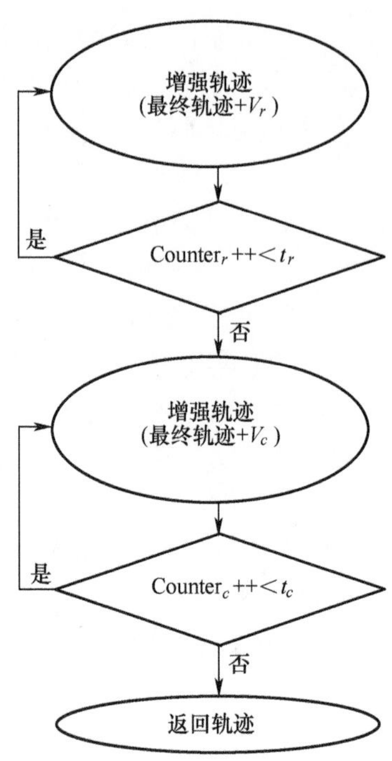

图 20.5　单段轨迹生成过程流程图

首先增强轨迹。对于每 0.1s 时间步,从运动学元组(v_r)的运行速度点估计预期的运行时间(t_r),从而推断出位移值。其次,在预期的爬坡时间内,车辆轨迹通过爬坡运动被延长。该模型假设车辆首先以一种通畅的方式行驶,然后根据交叉路口的队列减速。对于间隔内的每个 1/10s,该过程获取最后一次添加的累积位移,并向其添加下一个值。该情况下,位移值依赖历史旅行速度(v_r 和 v_c)。爬行和行驶可以发生在同一段。此外,还可以根据该路段的历史信息推断出停止速度(小于 5mi/h 的速度)。

图 20.6 为 17 号车观测到的 NGSIM 轨迹和 17 号车预测的轨迹;相应预测模型的线颜色参照附带的图例解析。

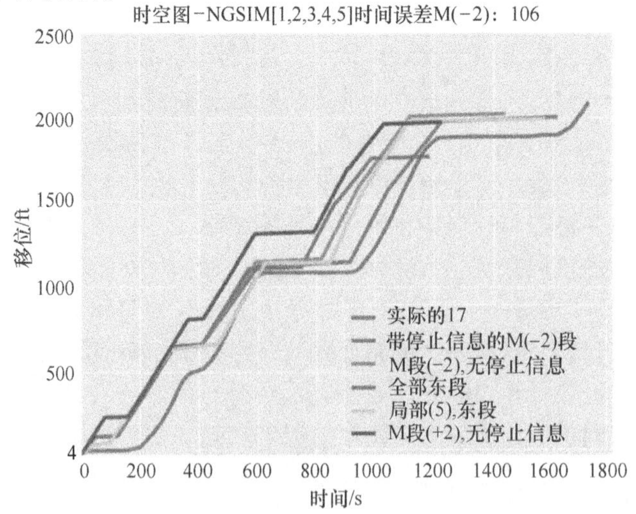

图 20.6　时空图中的实际和预测轨迹

由图 20.6 可知,车辆的累计位移与经过的旅行时间相对应。给定的车辆遍历了数据集的五个部分,预测的轨迹几乎捕捉了 17 号车 40~120s 的整体行为。

在第 1 段的前 20s 内,由于爬行时间预测不足,因此对整个轨迹的位移估计过高(对于所有模型)。实际轨迹的减速曲线与预测轨迹相比较为平滑。未来的研究将致力于解决这两个问题:精确建模交叉口停车时间、平滑减速曲线。

20.3　基于 MOVES-Matrix 的能量和排放建模

MOVES-Matrix 是一款高性能车辆燃油和尾气排放建模系统,它基于美国环境保护机构的机动车排放模拟器(MOVES)模型构建。为了开发 MOVES-Matrix,MOVES 被运行超过 10 万次,以获取所有 MOVES 多个排放率输入变量组合的阵列,包括发动机负载箱、车辆类型、型号年龄、燃料类型、日历年、温度、湿度、燃料供应以及区域检查和维护策略等。这些排放率被存储在 MOVES-Matrix 中。使用 MOVES-Matrix 可以明显减少确定车辆出行燃油和排放量所需的计算时间(快约 200 倍),同时产生与 MOVES 完全相同的结果[美国国家环境保护局(USEPA)批准的管制排放模型]。

在进行能量和排放计算之前,需对车辆轨迹数据进行预处理,以过滤任何不切实际的速度波动。Savitzky-格雷滤波器可用于平滑观察到的车辆轨迹。对于每帧,当前帧、前 15 帧和后 15 帧(1 帧=0.1s)我们采用最小二乘三次方函数拟合。然后,根据该函数计算当前帧的速度值。图 20.7 显示了原始速度和平滑速度的示例。在这里,我们再次使用 NGSIM 数据,然后以每秒的平滑速度导数计算加速度。图 20.8 显示了原始加速度和微分加速度的示例。平滑的速度和微分加速度被用于排放量计算,可以避免由于数据波动而高估车辆发动机功率。

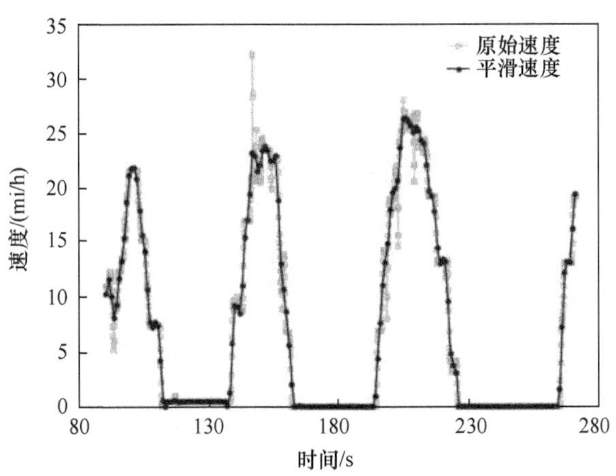

图 20.7　原始速度和平滑速度

图 20.9(a)显示了一个车辆轨道上每秒每小时的速度,以及相关的氮氧化物排放率(以 g/m 为单位)。更高的速度和加速活动与更高的电力需求相关,因此,这会导致更高的尾气排放。图 20.9(b)~图 20.9(d)代表亚特兰大 NGSIM 数据中记录的 550 辆汽车(46833s)

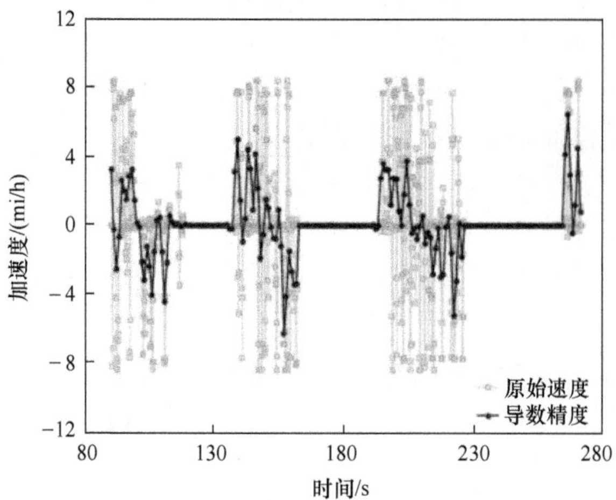

图 20.8　原始加速度和微分加速度

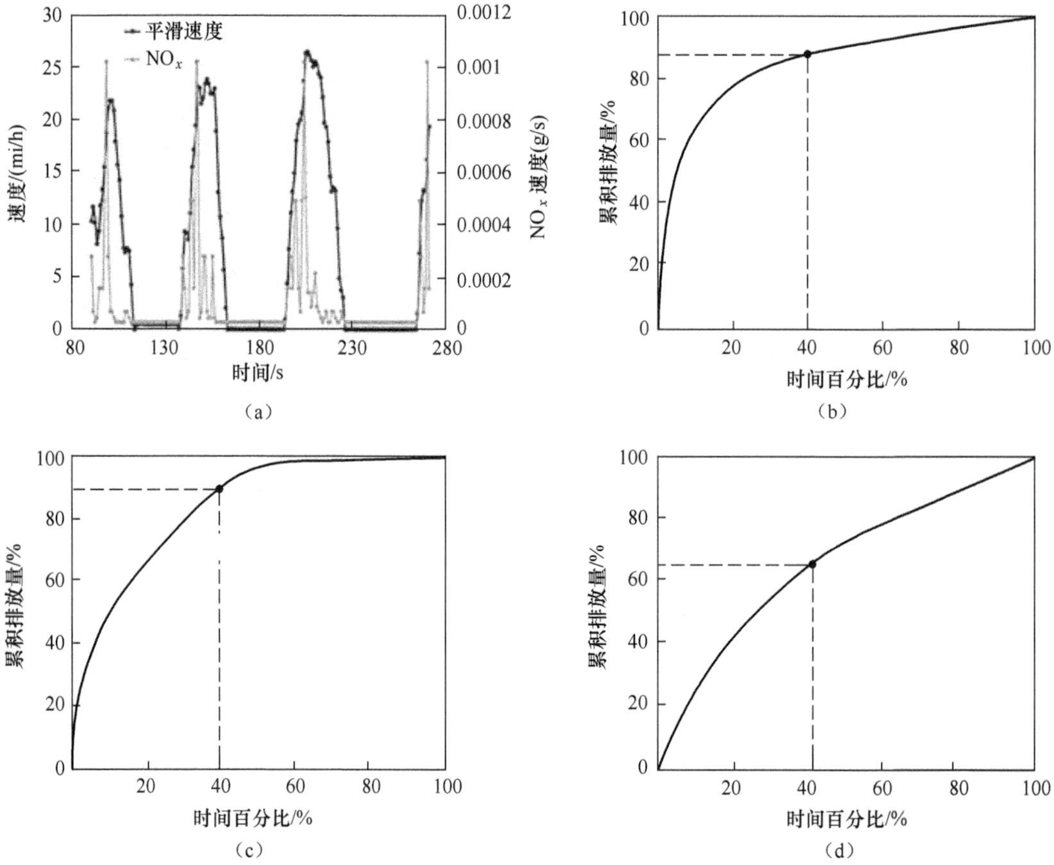

（a）

（b）

（c）

（d）

图 20.9　燃油消耗和排放结果

（a）每秒速度和 NO_x 速率；（b）按时间分类的 NO_x 累积排放量；

（c）按时间累计排序的一氧化碳排放量；（d）按时间累计分类使用的燃料。

的轨迹按时间累计的分类 NO_x 排放量、CO 排放量和燃料消耗量。该数据表明 88%的 NO_x,90%的 CO 排放和 65%的燃料消耗来自 40%的运行时间,这与高发动机功率有关。可以看出,估算车速和加速度对于燃料消耗和排放预测至关重要。这种需求推动了预测轨迹数据的客户端仿真的发展。

20.4　分布式仿真中间件

本章提出的分布式仿真系统包括多个仿真实体,它们可根据需要交换数据并进行同步。中间件需要支持在手持设备移动平台上运行,例如智能手机、车载计算机、无人机上的计算系统、集中式服务器等,以及支持传感器、数据库和其他彼此交互所需的资源。分布式仿真中间件提供了连接这些元素的服务。定义分布式仿真中间件服务方法的一个著名示例是高层架构(IEEE 1516),分布式仿真中间件的主要服务包括系统管理、通信和同步等。

与传统的分布式仿真相反,这里使用的 DDDAS 范式包括能量受限的设备,例如在无人机上执行的智能手机和计算机等。因此,它对仿真中间件服务的开发提出了新的要求。高效节能的中间件不仅可以延长仿真系统元素的可用性,而且可以使此类系统更容易在现有技术中渗透。

该项目确定了在节能中间件中进行能源优化的三种主要途径。第一,在时间管理服务中,高效节能的同步算法可以大大降低能耗。第二,节能数据分发管理算法。第三,用于仿真中间件服务的应用程序接口(API),它支持应用程序控制的能源优化。中间件和应用程序之间的合作是必需的,这样就可以一种与应用程序需求一致的方式在能耗和延迟之间进行权衡。该 API 支持应用程序控制节能算法(如数据聚合和能源优化数据订阅)。

绿色运行时间框架(G-RTI)是一种利用上述三种主要途径的高能效分布式仿真中间件。除了节能之外,G-RTI 的发展主要考虑的是能够扩展以支持大量客户(也许数万人甚至更多),以及用不同编程语言编写并在不同操作系统和网络上运行的各种应用程序。

20.4.1　G-RTI 架构

为了解决这些问题,G-RTI 使用客户端-服务器架构开发。G-RTI 与客户端之间的接口是基于 Web 的。基于 Web 的实现支持各种各样的客户端类型,因为任何能够发出 HTTP 请求的设备(如物联网设备)都可能是 G-RTI 客户端。这样也简化了客户端的开发,因为它施加了很少的设计限制,并且支持不同类型的网络,如互联网、小型专用网络和自组织网络。后端允许将现有应用程序与 G-RTI 控制器轻松集成。

如图 20.10 所示,当前的 G-RTI 利用了 Apache Web 服务器和基于 CppCMS 的控制器。这两个开源软件系统被广泛使用并且容易扩展。CppCMS 为大量 G-RTI 代码的开发提供了高性能的框架,如图 20.10 中标有“服务器”的框的右半部分所示。G-RTI 通过查询服务支持基于“拉”的数据通信,通过发布-订阅通信机制支持基于“推”的通信。数据聚合机制用于帮助减少能耗,如下所述。要理解分布式仿真消耗的能量的分解,或者换句话说,要确定分布式仿真的不同组件消耗的能量的属性,可以使用有关文献中描述的能量分析技术。

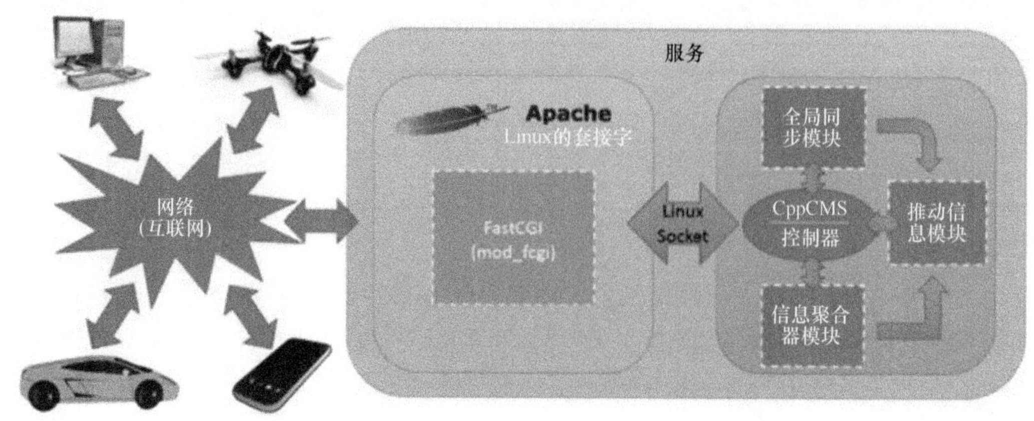

图 20.10　绿色运行时基础架构(G-RTI)架构的高级描述

20.4.2　能耗测量

为了更好地理解分布式仿真中的能耗问题,我们使用 G-RTI 客户-服务器架构进行实验研究。对于本研究,我们开发了基于元胞自动机流量模拟,并模拟亚特兰大市中心 Peachtree Street 的 NGSIM 部分,模拟是在客户端(手机)上执行的。此外,我们还开发了基于排队网络模型的同一区域的仿真,以提供更多的比较点。排队网络模拟使用事件驱动的时间提前机制,而不是时分的细胞自动机模型。

实验设置包括一个 Android®智能手机(Google Nexus®5),运行 Android 5.1 作为客户端,以及运行 Ubuntu 14.04 的 Lenovo ThinkPad®作为 G-RTI 服务器。实验中的所有通信都是在公共 Wi-Fi 接入点上使用 802.11n Wi-Fi 进行。客户端运行一个多线程的本机 Android 应用程序,并使用 C 和使用 Volley(HTTP Android 库)进行通信。高通公司开发的 Trepn®应用程序用于测量客户端计算机的能耗和功耗。

最初一组数据驱动的模拟实验是用在电话上执行的流模拟,我们将数据流传输到服务器和从服务器传出进行实验。第一组实验显示了仅用于数据通信功能的情况。具体来说,实验测量了 DDDAS 应用程序发送和接收数据流所消耗的功率。数据流与交通网络中的车辆有关,并且包含标识号以及各个车辆的 x 和 y 位置坐标。变化的参数是发送和接收更新消息的频率。在每个更新点,所有车辆的数据都放在一条消息中,并发送到客户端执行嵌入式交通模拟或从中执行。

图 20.11 显示了连续发送和接收数据时观察到的平均功耗(每单位时间的能量)(实际上,更新点之间没有时间),间隔时间为 0.01 s 和 0.1 s。这些数据表明,数据通信的功耗是很大的,它受到通信频率的影响也很大。功耗包括静态组件(即使没有通信也要消耗)以及与所发生的通信数量呈比例的动态组件。图 20.11 说明了包括这两个组件在内的功耗量、客户端发送和接收数据所消耗的功率。可以看出,发送数据所需的功率大约是接收数据所需功率的 5 倍。

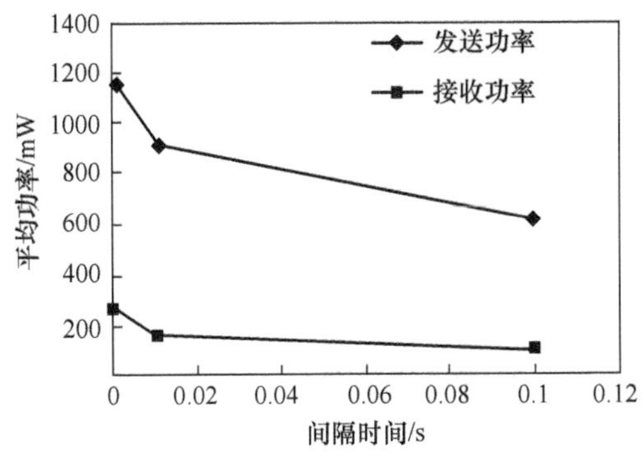

图 20.11　数据流传输能力

第二组实验检查了安装在 Android®手机上的两个交通模拟应用程序在没有数据流发生的情况下运行所消耗的能量。通过实验比较了元胞自动机和离散事件排队网络仿真的功率。图 20.12(a)显示了离散事件仿真和元胞自动机模型在不同车辆到达率:1/30、1/15、1/5(车辆每秒)下的平均功率。

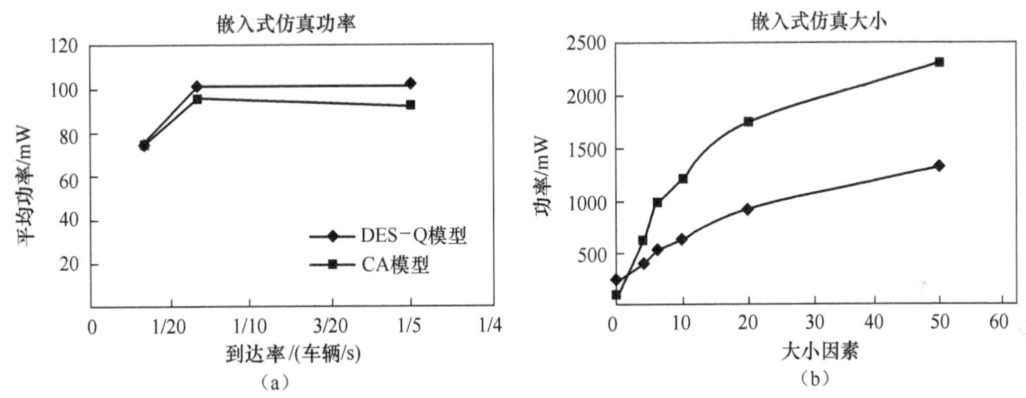

图 20.12　嵌入式仿真能力

(a)变化的车辆到达率;(b)大小的变化。

尽管车辆进入系统的速率有所提高,但蜂窝自动机模型所消耗的功率比排队模型要少一些,两个模拟器消耗的功率在不同的车辆到达率下是可比的。但是,应该指出,功耗量化的是每单位时间消耗的能量,而不是计算所消耗的总能量。尽管蜂窝自动机模型消耗的功率略少,但与排队网络模型相比,模拟相同的场景要花费更多的时间,从而导致更大的总能耗和更多的手机电池消耗。这是因为蜂窝自动机必须在每个时间步更新交通网络中每个单元的状态,而在排队模型中,系统中的每个事件时间仅处理每个队列区域前面的车辆。图 20.12(b)显示,随着网络规模的增加,蜂窝自动机模型比排队模型消耗更多的功率,因为元胞自动机模型必须接入系统中的每辆车,从而消耗更多的功率来更新网络状态,因为更大的网络会允许更多的车辆驻留在系统中。

比较图 20.11 和图 20.12(a),这些测量结果表明,流数据所消耗的功率比运行嵌入式仿真所需的功率大得多。但是,应该注意的是,这些实验对应的交通网络相对较小。当模拟更大的网络时,仿真消耗的功率相当于通信所消耗的功率。

最后,我们对一种降低能耗的方法进行评价。如果模拟必须将更新消息流发送到服务器,则可以将多个消息聚合为一条消息,然后发送一条较大的消息,而不是一系列较小的消息。这种称为消息聚合的方法通常用于分布式系统,以减少通信开销。消息聚合以增加等待时间为代价,因为在累积数据时必须将某些消息保留在发送方的缓冲区中,而不是立即将数据发送到接收器。在此基础上我们进行了一系列实验,研究了聚集对能源消耗的影响。

在每个实验运行中,更新次数和每次更新中的数据大小保持不变,唯一的变量是汇总形成一条消息的更新次数。在这些实验中,应用程序执行了基于元胞自动机的流量模拟;此外,该应用程序还聚合并发送消息,测量每个字节传输数据所消耗的能量。图 20.13 显示了该实验的结果。如预期一致,随着消息聚合的增加,最初的能耗降低。这是因为发送的消息较少,从而减少了处理消息和发送开销信息所消耗的能量,例如邮件标题。但是,到达拐点时,每个字节数据消耗的能量开始增加到超过一定聚合级别。这是因为操作系统会自动将大消息划分为数据包,并且将每个数据包作为单独的数据单元传输。因此,从能耗的角度来看,数据聚合仅在底层操作系统使用的最大数据包大小之前有效。

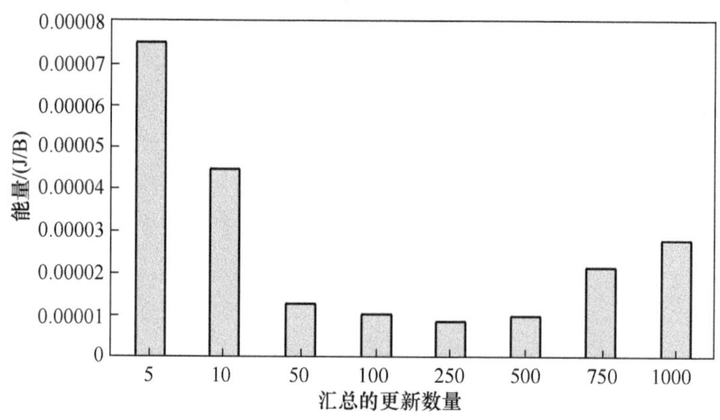

图 20.13　消息聚合对客户端能耗的影响

20.5 小　　结

利用 DDDAS 范式显然可以使运输系统获益,因为意外事件(例如宕机和不可预测的需求诱发的拥塞)需要实时响应以适应不断变化的情况。尽管在许多情况下,人们担心增加的旅行时间和延误,但此处描述的系统证明 DDDAS 可以减少尾气排放和燃油消耗。

当前研究涉及关于本章所描述几个主题的探讨。基于使用元胞自动机模型进行的离散位置和速度测量,本章确定 CA 方法的潜在改进以及适当的后处理技术以复制车辆轨迹。有关贝叶斯方法中排除仅横穿部分走廊的车辆可能导致的潜在偏差等问题的研究也在进行中。用于轨迹分析的改进的平滑方法和用于不完全行程轨迹(例如通过一条小路进入 Peachtree 街道)的外推方法也正在研究中。此外,正在进行的工作还包括探索不同模拟方法的能源使用情况,以及方法的潜在实现方式。一个特定领域是随着仿真模型规模的增加而增加的能源使用，另一个领域是利用深度学习方法预测轨迹生成的一个或多个相关因素。

参 考 文 献

[1] US Energy Information Admin, http://www. eia. gov/tools/faqs/faq. cfm? id = 307&t = 10

[2] F, Darema, Dynamic data driven applications systems: A new paradigm for application simulations and measurements, in Computational Science-ICCS 2004(Springer, Berlin Heidelberg, Kraków, Poland, 2004) pp. 662-669.

[3] H. Chen, J. Wang, L. Feng, Research on the dynamic datadriven application system architecture for flight delay prediction. J. Softw. 7(2), 263-268(2012)

[4] Q. Long, A framework for datadriven computational experiments of interorganizational collaborations in supply chain networks. Inf. Sci. 399, 43-63(2017)

[5] J. Mandel, L. Bennethum, M. Chen, J. Coen, C. Douglas, L. Franca, C. Johns, M. Kim, A. Knyazev, R. Kremens, Towards a dynamic data driven application system for wildfire simulation, inComputational Science-ICCS 2005(Springer-Verlag Berlin Heidelberg, Atlanta, GA, 2005) pp. 197-227

[6] D. Henclewood, W. Suh, A. Guin, R. Guensler, R. M. Fujimoto, M. Hunter, A real-time data driven traffic simulation for performance measure estimation. IET Intell. Transp. Syst. 10(8), 562-571(2016)

[7] W. Suh, D. Henclewood, G. Angshuman, R. Guensler, M. Hunter, R. M. Fujimoto, Dynamic data driven transportation systems. Multimed Tools Appl. 76(23), 25253-25269(2017)

[8] R. Guensler, H. Liu, X. Xu, Y. Xu, M. Rodgers, MOVES-Matrix: setup, implementation, and application, in 95th Annual Meeting of the Transportation Research Board(Washington, DC, 2016)

[9] J. V on Neumann, A. W. Burks, Theory of self-reproducing automata. IEEE Trans. Neural Netw. 5(1), 3-14 (1966)

[10] K. Nagel, M. Schreckenberg, A cellular automaton model for freeway traffic. J. Phys. I 2(12), 2221-2229 (1992)

[11] M. J. Lighthill, G. B. Whitham, On kinematic waves. Ⅱ. A theory of traffic flow on long crowded roads, in Proceedings of the Royal Society of London A: Mathematical, Physical and Engineering Sciences, vol. 229, no. 1178(The Royal Society, London, 1955) pp. 317-345

[12] P. I. Richards, Shock waves on the highway. Oper. Res. 4(1), 42-51(1956)

[13] C. F. Daganzo, In traffic flow, cellular automata = kinematic waves. Transp. Res. B Methodol. 40(5), 396-403(2006)

[14] NGSIM Community Home, http://ngsim-community. org

[15] US EPA, U. S. Environmental protection agency: population and activity of on-road vehicles in MOVES 2014. EPA Report EPA-420-R-16-003a(2015). Available at: https://www3. epa. gov/otaq/models/moves/documents/420r16003a. pdf

[16] A. Savitzky, M. J. Golay, Smoothing and differentiation of data by simplified least squares procedures. Anal. Chem. 36 (8), 1627-1639(1964)

[17] R. M. Fujimoto, A. Biswas, An empirical study of energy consumption in distributed simulations, in IEEE/ACM International Symposium on Distributed Simulation and Real-Time Applications(DS/RT)(2015)

[18] S. Neal, G. Kanitkar, R. M. Fujimoto, Power consumption of data distribution management for online simulations, Principles of Advanced Discrete Simulation, May 2014.

[19] The Apache Software Foundation, httpd. apache. org

[20] A. Beilis, M. Tonkikh, http://cppcms. com/wikipp/en/page/main

[21] A. Biswas, R. Fujimoto, Profiling energy consumption in distributed simulations, in Proceedings of the 2016 Annual ACM Conference on SIGSIM Principles of Advanced Discrete Simulation. (ACM, 2016)

[22] M. Rickert, K. Nagel, M. Schreckenberg, A. Latour, Two lane traffic simulations using cellular automata. Physica A. 231(4), 534-550(1996)

第21章 用于微电网需求侧管理的动态数据驱动优化框架

Haluk Damgacioglu, Mehrad Bastani, Nurcin Celik

摘要:在大型电力系统中,分布式发电(DG)资源的有效利用和需求侧管理(DSM)在满足和控制电力需求方面起着重要作用。但是,DG发电不确定性、负荷需求变化以及目标冲突(排放、成本等)给确定微电网的最佳运行计划带来了重大挑战。在本章中,我们提出一种动态数据驱动的多目标优化模型,用于微电网的运行规划,将中断负荷管理(ILM)集成为一个DSM程序,同时将总成本和排放量作为目标函数。该模型包括三个相互作用的模块:①一个模拟模块,捕捉运行组件的行为,如太阳能电池板、风力涡轮机等,并为优化模型提供数据;②一个优化模块,该优化模块确定最佳运行计划,包括使用柴油发电机,从公用事业购买电力和中断负载,并使用α约束方法考虑成本和排放目标函数;③一条规则——基于实时的决策模块,可根据来自微电网的动态数据从优化模型中调整操作计划,并将修改后的计划发送回微电网。通过对典型电力系统的案例研究,证明了所提出的动态数据驱动的优化框架的功能和性能。由此产生的操作计划在总成本和二氧化碳排放方面非常有前景。

21.1 引 言

微电网的概念源于以分布式发电单元形式出现的分布式资源单元的快速增长。微电网是一组本地化的电源和负载,既可以连接到主电网,也可以隔离运行。虽然微电网可以连接模式从主电网购买电力,但在隔离模式下,它必须使用其能源来满足整个微电网的需求。此外,由于电力消耗的快速增长,利用可再生能源结合微电网中的分布式发电对于减少温室气体排放已变得至关重要。微电网通常使用各种DG资源,例如太阳能电池板、风力涡轮机和柴油发电机。能源资源的多样性有望为客户提供足够可靠且经济上可行的发电方式。然而,在微电网中增加单个分布式发电系统的渗透水平也带来了挑战,这需要复杂的运行规划机制,因为太阳能电池板和风力涡轮机的发电严重依赖天气条件。此外,可再生能源的间歇性和随机性已成为可再生能源进入巨大市场的主要障碍,在能源需求高峰期可能会导致能源短缺。

能源短缺可能会导致电力网络出现轻度或严重故障,从而产生巨大且无法弥补的成本。解决能源短缺问题的一种可能方法是使用快速响应的发电机(柴油发电机)或从主电网购买能源;然而,这种解决方案的成本可能是昂贵的,并会产生大量的温室气体。或者，可以实施高级需求侧管理程序来调整可控负载，以在能源短缺时匹配可用的发电量。需求侧管理程序提供了最实用的方法来控制负载客户方的能耗，并提供以更便宜、更有效的方式保持供需平衡。

另一个挑战是热力发电机成本和排放函数的非线性，这增加了问题的复杂性。如前所述使微电网中的运营计划面临挑战，并且为复杂模型提供必要条件，这些模型不仅要考虑可再生能源的利用，还要考虑 DSM 计划，而且有相互矛盾的目标，例如总成本和二氧化碳排放量。

在本章中，我们提出一种新颖的动态数据驱动的多目标优化模型（DDD-MOM），用于确定微电网的详细实时操作计划。该模型的灵感来自 DDDAS 范式，该范式要求在应用系统中（即本例中的双目标优化模型）合并动态数据之间创建共生反馈回路的能力，反过来，也要求能够引导真实系统的测量过程（即本研究中真实系统的响应）。在这里，DDDAS 范式的最终目标可概括为：通过共生反馈回路添加准确而有效的建模和仿真功能，使应用程序系统更强大。DDDAS 是一个有前途的新兴框架，已应用于各个领域，例如供应链系统、分散式自修复微电网、电力负荷分配、操作微电网规划、数据融合分析、智能能源管理、运输系统以及监视和人群控制等。

我们提出的 DDD-MOM 方法包括一个仿真模型、一个双目标优化模型和一个基于规则的实时决策模块。在仿真模型中，我们使用贝叶斯信息准则（BIC）方法，基于历史数据对小时电价进行建模。利用环境传感器的数据模拟太阳能和风力发电（即太阳能辐射、风速、环境温度），并根据峰值需求和功率因数模拟每个需求点的负载行为。在上述条件下对微电网的组件进行仿真后，通过仿真模型考虑系统不确定性，建立了双目标优化模型，以使用 ϵ-约束方法在总成本和排放量方面找到 Pareto Frontier 解决方案。一旦获得了 Pareto Frontier，便会在解决方案中选择最佳折中方案，这些解决方案是 Pareto Frontier 中的首选权衡解决方案。基于最佳折中解决方案，确定运行计划，包括柴油发电机的使用，从公用事业购买的电以及中断的负载，并将其发送到微电网。在框架的最后阶段，基于规则的实时决策模块针对从微电网收集的实时动态数据，调整从优化模型获得的操作计划。通过连接的具有 50 个负载点的合成微电网以及太阳能、风能和柴油发电机，证明了所提出框架的功能。通过导入必要的特征，可将所提出的框架应用于具有类似能源分布的任何微电网，例如太阳能容量、风力涡轮机容量、柴油发电机特性、历史主电网价格以及历史负荷信息等。

21.2 所提出的框架

本章所提出的 DDD-MOM 框架旨在确定微电网的（近）最优和稳健的运营计划，包括需求侧管理和柴油发电机的利用。基于经济和环境友好的方式，还要考虑可再生能源发电和超负荷需求的不确定性。图 21.1 给出了所提出方法的概述，在以下小节中详细说明了该方法的组件。

21.2.1 仿真模块

仿真模块创建了对不同微电网组件运行的有价值的模拟，同时捕获了与这些组件相

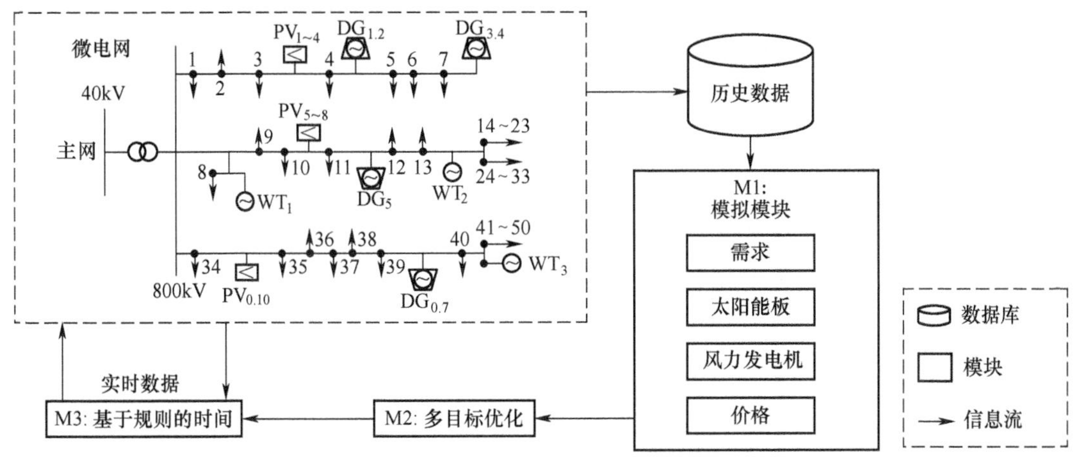

图 21.1　提出的 DDD-MOM 方法应用于考虑的微电网

关的不确定性。在这项研究中、负载需求、太阳能发电、风力发电、每小时电价被模拟为微电网的运行要素。由于其他组件(包括柴油发电机和 DSM 程序)是可控制的组件,它们仅在优化模型中被使用。

需求　假设本研究中的需求数据遵循既有研究成果的微电网系统。特别是,在时间 t,每座建筑物的每小时预测需求(F_{it})是建筑物 i 的峰值需求(PD_i)和功率因数(PF_{it})的函数。在此项研究中,功率因数是根据客户类型而确定的;有的来自针对住宅客户收集的数据,有的来自针对商业和工业客户收集的数据。建模中所用的高斯分布是在需求不确定性具有 5%标准偏差的情况下进行建模的。式(21.1)中显示了每小时建筑物负荷需求的计算。

$$F_{it} \sim N(\mu_{it},\sigma_i) \quad (\mu_i = \sum_{i=1}^{N} \mathrm{PD}_i \times \mathrm{PF}_{it}, \sigma_i = 0.05\mu_i) \tag{21.1}$$

太阳能　太阳能电池板的发电取决于太阳能板的特性,例如太阳辐照度和环境温度,如式(21.2)~式(21.4)所示。每小时太阳能的发电量(Sout)是填充因子(FF)的函数,填充因子是与面板特性、电压(U)和电流(I)相关的常数。电压和电流与太阳能电池板和电池温度 (T_c) 的属性相关联,该温度由术语 $T_a + \frac{T_n - 20}{0.8} \cdot \mathrm{SI}$ 描述,其中 T_a 为环境温度,T_n 是标称电池温度,SI 是太阳能辐照度。

$$S_{out} = \mathrm{FF} \cdot U \cdot I \tag{21.2}$$

$$U = U_{oc} - k_v[T_c - 25] \tag{21.3}$$

$$I = \mathrm{SI} \cdot (I_{sc} + k_i[T_c - 25]) \tag{21.4}$$

风力　风力涡轮机的发电量通过分段函数计算,该函数取决于现场的风速(v_w)和功率性能曲线的参数,分别是额定功率(P_w),切入速度(v_{ci}),切入断开速度(v_{co})和额定速度(v_r)。风力发电机产生的总输出功率(W_{out})计算如下:

$$W_{\text{out}}=\begin{cases}0 & (v_{\text{w}}<v_{\text{d}})\\ P_{\text{w}}\cdot\dfrac{v_{\text{w}}-v_{\text{ci}}}{v_{\text{r}}-v_{\text{ci}}} & (v_{\text{ci}}\leqslant v_{\text{w}}<v_{\text{r}})\\ P_{\text{w}} & (v_{\text{r}}<v_{\text{w}}\leqslant v_{\text{co}})\\ 0 & (v_{\text{w}}<v_{\text{co}})\end{cases} \tag{21.5}$$

价格　主电网的电价使用中的历史数据建模。在这项研究中，假设整个月的每小时电价遵循类似的模式。在计算价格时，每小时要考虑整个月的数据。在这里，我们分析了几种分布，包括：使用最大似然估计的威布尔分布、伽马分布等。经过我们对历史数据的分析，使用贝叶斯信息准则将逆高斯分布确定为解释小时价格的最佳分布。逆高斯分布的概率分布函数由式(21.6)给出。

$$f(x;\mu,\lambda)=\left(\frac{\lambda}{2\pi x^{3}}\right)^{\frac{1}{2}}\exp\left[\frac{-\lambda\ (x-\mu)^{2}}{2\mu^{2}x}\right] \tag{21.6}$$

式中：x 为随机变量（在我们的例子中是电价）；μ 为分布平均值；λ 为形状参数。随着 λ 的增加，分布倾向于高斯分布。在这项研究中，基于获得的历史数据，使用最大似然估计程序估计逆高斯分布的参数。然后，这些参数用于在仿真模型中生成电价。

21.2.2　优化模块

在获得每个建筑物的负载需求、可用的太阳能和风力发电以及模拟模块中的每小时电价后，通过确定柴油发电机的利用率、从公用事业公司购买的电量以及可中断负荷管理（ILM）下的可中断负荷时间表等信息，优化模块来最大限度地降低成本和排放。ILM 作为基于激励的 DSM 计划，旨在降低高峰需求期间建筑物的能耗；但是，能源供应商必须向消费者支付中断奖励金，以鼓励他们参加该计划。在我们的研究中，建立了一个以最小化成本和排放的双目标优化模型。应该注意的是，柴油发电机的二次成本和排放函数是使用分段线性逼近方法线性化的。成本函数可以用一条线性曲线表示，而排放函数可以用两条称为段的线性曲线表示。

表 21.1　双目标优化模型中使用的表示法

索　引	
I	建筑物 $i\in\{1,2,\cdots,I\}$
T	小时 $t\in\{1,2\cdots,24\}$
J	柴油发电机 $j\in\{1,2,\cdots,J\}$
k	段 $k\in\{1,2\}$
参　数	
F_{it}	在时间 t 处建筑物 i 的预测负荷

续表

参　数	
D_t	太阳能和风能发电后的时间 t 的需求
PG_j^{min}	发电机 j 可以产生的最小电量
RI_{it}	中断率(美元/kW)(取决于客户类型)
CS_j	生成单元 j 的成本函数斜率
CI_j	生成单元 j 的成本函数的截获
ES_j^k	生成单元 j 在段 k 处的激励函数的斜率
EI_j	PG_j^{min} 的排放值
GR_j^i	能量产生的参考,其中 $r\in\{1,2,\cdots,k+1\}$
U_{lb}	可以从公用事业购买的最小金额
U_{ub}	可以从公用事业购买的最大金额
U_r	公用事业的能源费率(价格)
变量	
g_{jt}^k	柴油发电机 g 在时间 t 和 k 段产生的能量
u_{jt}^k	用于在时间 t 和段 k 截获生成器 j 的二进制变量
X_{it}	在时间 t 处建筑物 i 的中断数量
b_t	从公用事业购买的电量
U_t	公用事业电力的二进制变量

表 21.1 中显示了模型中使用的表示法并且模型表示分别如式(21.7)~式(21.19)所示。

目标函数：

$$\mathrm{Min}z_1=\sum_{t=1}^{24}\left[\sum_{i=1}^{I}x_{it}\mathrm{RI}_{it}+\sum_{j=1}^{J}(u_{jt}\mathrm{CI}_j+\sum_{k=1}^{2}g_{jt}^k\mathrm{CS}_j)+U_{lb}U_rv_t+(b_t-U_{lb})U_r\right] \tag{21.7}$$

$$\mathrm{Min}z_2=\sum_{t=1}^{24}\sum_{j=1}^{J}\sum_{k=1}^{2}g_{jt}^k\mathrm{ES}_j^k+u_{jt}\mathrm{EI}_j \tag{21.8}$$

$$D_t = \sum_{i=1}^{I} F_{it} - S_t - W_t \tag{21.9}$$

$$D_t - \sum_{i=1}^{I} x_{it} \leqslant \sum_{j=1}^{J} \left(\sum_{k=1}^{2} g_{jt}^k + u_{jt}^1 \mathrm{PG}_j^{\min} \right) + b_t \quad (\forall t) \tag{21.10}$$

$$g_{jt}^k \leqslant (\mathrm{GR}_j^{k+1} - \mathrm{GR}_j^k) u_{jt}^k \quad (j,t,k=1) \tag{21.11}$$

$$u_{jt}^{k+1} \leqslant u_{jt}^k \quad (k=1) \tag{21.12}$$

$$(\mathrm{GR}_j^{k+1} - \mathrm{GR}_j^k) - gs_{jt}^k \leqslant M(1 - u_{jt}^{k+1}) \quad (j,t,k=1) \tag{21.13}$$

$$x_{it} \leqslant 0.3F_{it} \quad (\forall i,t) \tag{21.14}$$

$$\sum_{i=1}^{24} x_{it} \leqslant 0.02 \sum_{t=1}^{24} F_{it} \quad (\forall i,t) \tag{21.15}$$

$$b_t \geqslant U_{lb} v_t \tag{21.16}$$

$$b_t \leqslant U_{ub} v_t \tag{21.17}$$

$$u_{jt}^k, y_{it}, v_t \in \{0,1\} \tag{21.18}$$

$$x_{it}, g_{it}, g_{jt}^k, b_t \geqslant 0 \tag{21.19}$$

式(21.7)表示第一个使总费用最小的目标函数,包括中断费用 $\sum_{t=1}^{24}\sum_{i=1}^{I} x_{it}\mathrm{RI}_{it}$、柴油发电机的线性化形式费用 $\sum_{j=1}^{I}\left(\sum_{k=1}^{2} g_{jt}^k \mathrm{CS}_j + u_{jt}\mathrm{CI}_j\right)$ 和从公用事业购买的电费 $\sum_{t=1}^{24} U_{lb}U_r v_t + (b_t - U_{lb})U_r$。式(21.8)表示使柴油发电机的 CO_2 排放量最小。在约束集合中,式(21.9)定义了 t 时刻的期望需求,即预测负荷减去 t 时刻的风能和太阳能发电量随时间的总和。式(21.10)防止模型在 t 时刻超过期望需求。由于发射的线性化形式函数包括两个部分,式(21.11)~式(21.13)保证了模型在实现第一个分段之前不对第二个分段赋值。式(21.14)和式(21.15)确保每个建筑物的中断每小时和每天都可以满足 ILM 的规定。式(21.16)和式(21.17)表示能量的上限和下限可以从公用事业购买。最后,式(21.18)和式(21.19)为符号约束。优化模型[式(21.7)~式(21.19)]是通用模型,它可以通过从微电网和 ILM 程序获得的相应参数应用于任何微电网中。在本章中,使用 ϵ-约束方法以获得所提出数学模型的帕累托边界。

21.2.3 基于 ϵ-约束方法进行多目标优化

论文率先基于 ϵ-约束方法实现双目标优化建模。为了在 21.2.2 节所描述的优化问题中运用 ϵ-约束方法,首先需要针对每个目标函数分别解决其优化问题,以找到每个目标函数的最小值和最大值(收益表)。其次需要将次要目标函数作为约束添加到优化模型中,并将优化问题表述为单个目标优化问题(基于主要目标)。在此项工作中,总运营成本被选为主要目标,排放函数被确定为次要目标。根据收益表,我们将次要目标函数的范围划分为 n 个相等的区间。然后,针对约束激励函数的 n 个不同的右侧值和左侧值,解决了使总运营成本最小化的新优化问题,以获得 n 个 Pareto Frontier 解(图 21.2)。

21.2.4 实时决策模块

由于无法准确预测太阳能电池板和风力涡轮机的负荷需求和发电量,因此,基于仿真

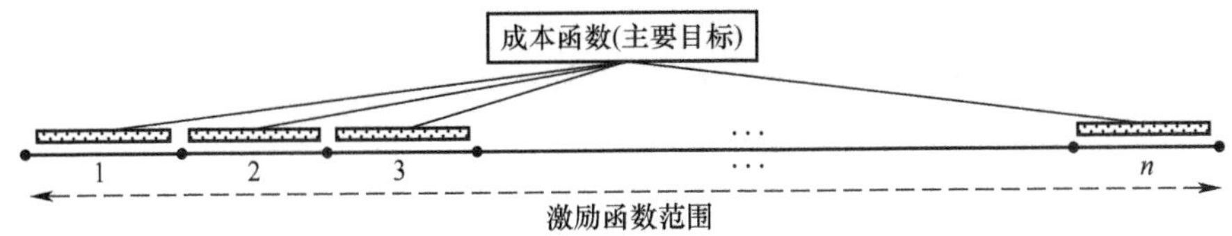

图 21.2　双目标优化的 ϵ-约束方法

结果的最佳解决方案需要修改,以使解决方案能够适应从微电网收集的实时数据。但是,这些修改应满足约束条件而不会显著损害最佳解决方案。在这种情况下,我们提出一种基于规则的实时决策模块(RTDM),该模块基于微电网的实时数据做出近似决策,并考虑其成本和排放量。所提出的基于规则的 RTDM 负责确定柴油发电机的使用、ILM 以及从主电网购买的电量(图 21.3)。应当注意,如果在任何检查点处 $D_t = 0$,则该方法终止。

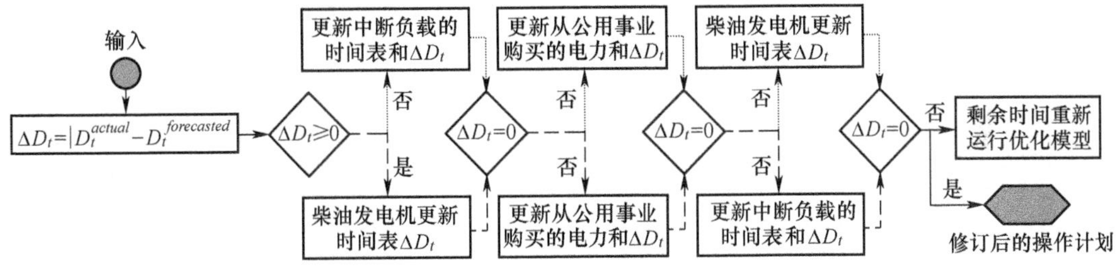

图 21.3　基于规则的微电网运营计划实时决策模块

21.3　实验与结果

为了验证所提出方法的功能和性能,我们开展了综合微电网案例研究。在这项工作中,分析的微电网包括由 35 个住宅、10 个商业和 5 个工业类型的负载曲线组成的 50 座建筑物,总容量为 10MW 的太阳能电池板,3 个风力涡轮机和 7 种来自 4 种不同类型的柴油发电机(表 21.3)。表 21.2 显示了本研究中使用的太阳能电池板和风力涡轮机的属性。在这里,柴油发电机的属性是通过研究获得的。然后,使用分段线性逼近方法将每种柴油发电机类型的可变成本和排放值线性化。表 21.3 列出了柴油发电机的属性。

表 21.2　太阳能电池板和风力涡轮机的属性

太阳能板	
属　性	值
开路电压	21.98V
短路电流	5.32A
电压温度系数	14.4mV/℃
当前温度系数	1.22mA/℃
标称电池工作温度	43℃
填充系数	0.17

续表

风力发电机	
属　　性	值
汽轮机容量	3000kW
切入速度	4m/s
切出速度	25m/s
额定转速	16m/s

表 21.3　柴油发电机的属性

属　　性	第一类	第二类	第三类	第四类
发电机数量	2	2	1	2
最小发电量	50	40	30	20
最大发电量	300	250	175	120
固定成本	16.52	12.02	9.89	7.47
可变成本系数	0.0224	0.0229	0.0235	0.0223
排放最小的发电量	0.88	0.76	1.01	0.66
第一部分的排放系数	0.0277	0.0214	0.0277	0.0195
第二部分的排放系数	0.0599	0.0432	0.0459	0.0364

如前所述,由于天气的变化和客户负荷状况的变化,一年中任何一天的运营计划都会有所不同。然而,通常认为,一个季节内的变化影响最小。因此,在本研究中,我们给出了每个季节的两个最佳代表日的 DDD-MOM 结果,即夏季的 7 月 15 日和冬季的 1 月 15 日。仿真模型根据表 21.2 和表 21.3 中显示的数据确定每个建筑物的每小时预测需求以及每小时的太阳能和风能发电量。需要指出的是,气象数据从佛罗里达大学的佛罗里达自动气象网络(FAWN)子公司获得,冬季和夏季电价由高斯逆分布确定,其中参数是根据历史数据估算的。最后我们将仿真结果发送到双目标优化模型,针对每个目标函数求解优化模型,以构建表 21.4 中所示的双目标优化模型的最终收益表。

表 21.4　双目标优化模型的最终收益表

夏季	成本/$	排放/kg	冬季	成本/$	排放/kg
成本	1320.59	6.71	成本	1077.07	5.39
排放	2597.00	4.78	排放	2218.76	3.51

在此项研究中,成本函数被选为主要目标函数。然后,将激励函数作为约束嵌入模型中,如式(21.20)所示:

$$\sum_{t=1}^{24}\sum_{j=1}^{I}\sum_{k=1}^{2} g_{jt}^{k}\mathrm{ES}_{j}^{k} + u_{jt}\mathrm{EI}_{j} \geqslant \epsilon_{\mathrm{iter}} \tag{21.20}$$

在式(21.20)，ϵ_{iter}表示每次迭代的 ϵ-约束方法的右手值。本研究的 ϵ 约束方法中，激励函数范围(夏季为[4.78,6.71]，冬季为[3.51,5.39])被分为 100 个间隔。在这里，夏季和冬季的 ϵ_1 值分别为 4.78 和 3.51，每次迭代夏季和冬季的这些值都会增加大约 0.019。然后，针对每个解决最小化成本的优化问题，通过使用 AMPL(数学编程语言)软件获得 ϵ 值。在具有 i7 处理器和 16 GB RAM 的计算机上，采用 ϵ-约束方法的每次迭代大约需要 0.7s。根据优化问题的结果，得到的帕累托边界，如图 21.4 所示。接下来，实验通过曲线拐点方案的确定来获得最佳方案，这是 Pareto Frontier 中的首选折中方案。由于此处的主要目标是最小化成本，因此在选择总成本方面更好的解决方案作为冬季和夏季的最佳折中解决方案。

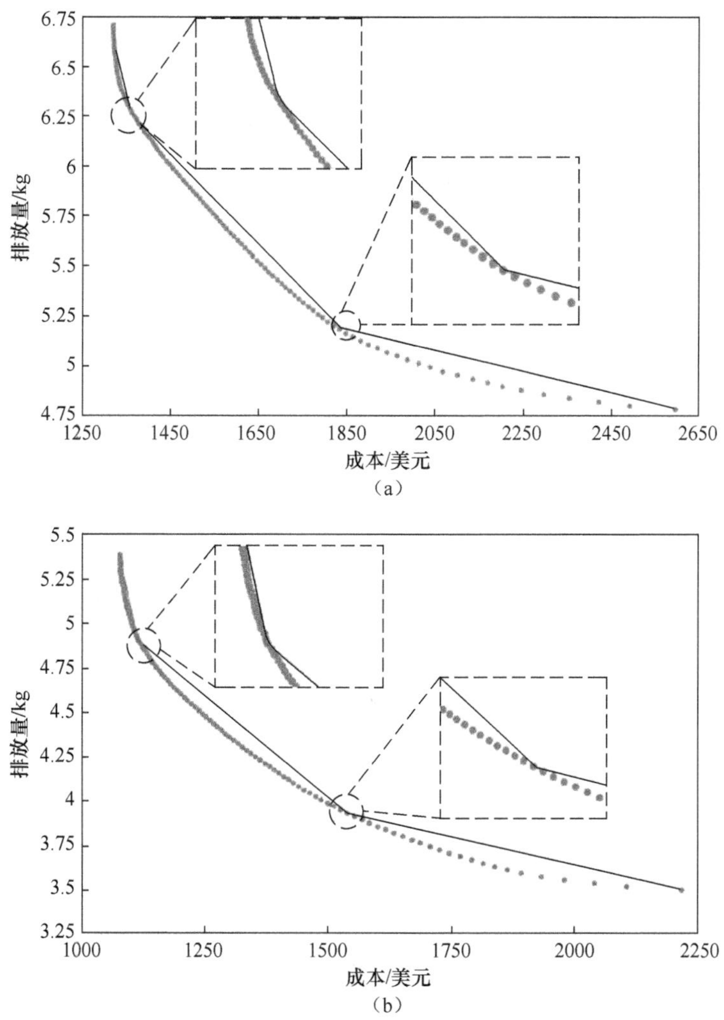

图 21.4　由多目标优化模型得到帕累托边界

(a)夏天；(b)冬季。

根据所选择的解决方案，图 21.5 展示了冬季和夏季的最佳折中方案的运行计划。值得注意的是，在两种情况下，发电机容量均未被使用，这表明微电网具有足够的发电资源。

实际上，即使在夏季的高峰时段，容量最高的Ⅰ型发电机的利用率也不超过总数的60%。从图21.5可以看出，冬季微电网不需要主电网供电，而夏季微电网则每天要从主电网购买4h电。然而，在这些时间内，微电网可以产生自己的能量。结果还表明，两个季节的断电总量都很小；这意味着微电网可以满足客户的电力生产需求。最后，尽管夏季的可再生能源发电量几乎是冬季可再生能源发电量的两倍，但夏季较高的需求导致成本和排放量要高于冬季。

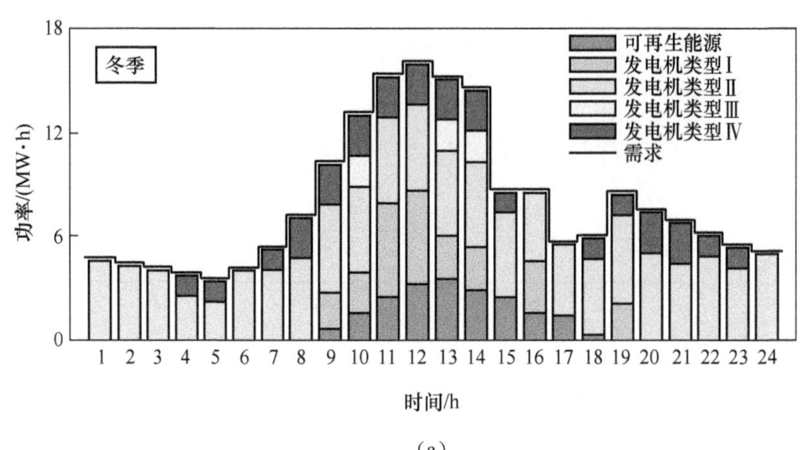

(a)

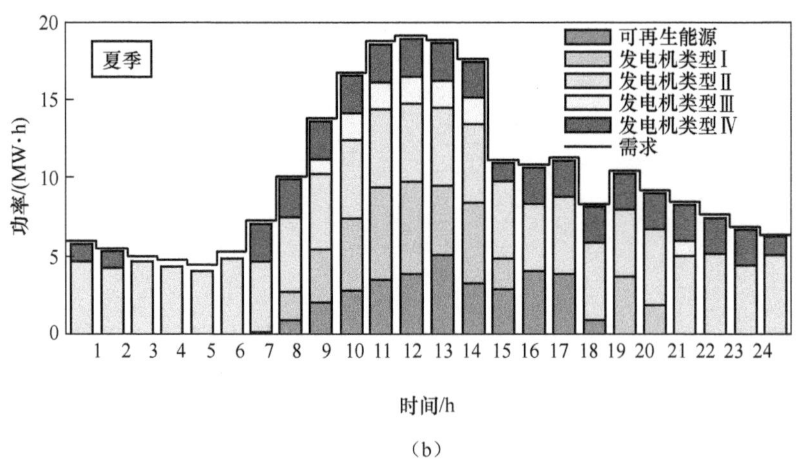

(b)

图21.5 冬季和夏季的最佳折中方案的运行计划
(a)冬季；(b)夏季。

下一步，DDD-MOM从微电网收集实时数据，并根据这些数据执行RTDM以适应来自优化模块的最佳折中解决方案。在此项研究中，我们将使用与仿真模块中略有不同的参数来模拟实时微电网数据。

RTDM的结果如图21.6所示。由该图可以看出，优化模块解决方案和RTDM解决方案之间的成本函数值变化在夏季和冬季分别达到0.9%和0.6%的水平。

综上所述，我们可以得出结论，从优化模型获得的结果在成本和排放目标方面相对于可再生能源发电的不确定性和实时运行中的负荷需求而言是稳健的。

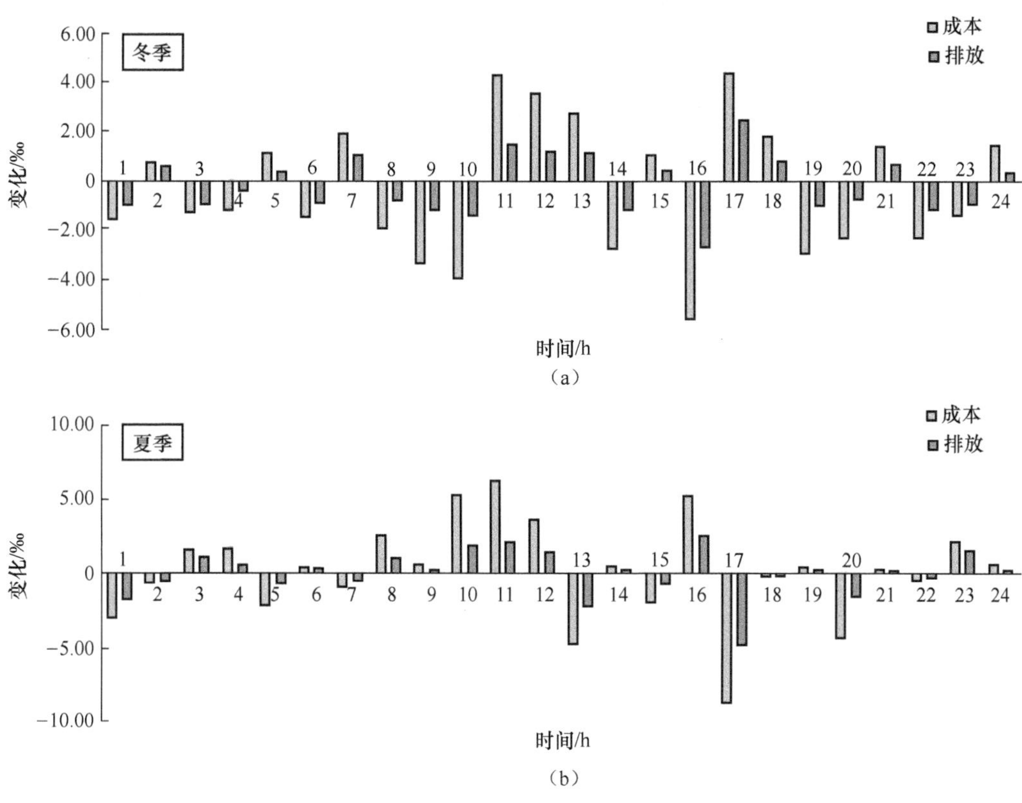

图 21.6　RTDM 模块的结果
(a)冬季;(b)夏季。

21.4 小　结

本章我们为微电网的运行计划提出了一种动态的、数据驱动的多目标优化模型(DDD-MOM)。该框架包括三个主要模块,包括数据仿真、双目标优化模型和实时决策模块。首先,仿真模块采用历史数据并仿真微电网组件的行为,同时考虑与分布式能源和负荷需求发电相关的不确定性。其次,将柴油发电机的二次成本和排放函数的仿真结果和线性化形式输入双目标优化模型中。再次,使用 α 约束方法求解双目标优化模型,以获得最佳折中解。在最后一个模块中,我们基于规则的实时决策模块修改从优化模块获得的解决方案,基于来自微电网的动态数据最终确定操作计划,以满足所有操作约束。通过包括太阳能电池板、风力涡轮机和四种类型的柴油发电机的综合微电网实验,论证了所提出方法的性能。实验结果表明,DDD-MOM 可以在不影响优化模型可行性和最优解的前提下,实时提供微电网小时级运行方案。我们提出的方法用通用方式设计,可以在具有类似类型 DG 的任何微电网中实施。在将来的工作中,还可以考虑使用存储设备(例如电池)和柴油发电机的维护期,以使提出的方法更适用于电网系统中的多种能源。

参考文献

[1] M. Abido, Multiobjective particle swarm optimization for environmental/economic dispatch problem. Electr. Power Syst. Res. 79(7), 1105-1113(2009)

[2] Y. Atwa, E. El-Saadany, M. Salama, R. Seethapathy, Optimal renewable resources mix for distribution system energy loss minimization. IEEE Trans. Power Syst. 25(1), 360-370(2010)

[3] E. Blasch, Y. Al-Nashif, S. Hariri, Static versus dynamic data information fusion analysis using DDDAS for cyber security trust. Proc. Comput. Sci. 29, 1299-1313(2014)

[4] N. Celik, S. Lee, K. Vasudevan, Y. J. Son, DDDAS-based multi-fidelity simulation framework for supply chain systems. ⅡE Trans. 42(5), 325-341(2010)

[5] F. Darema, Dynamic data driven application systems, in Process coordination and ubiquitous computing, ed. by D. C. Marinescu, C. Lee(Eds),(CRC Press, Boca Raton, 2002), p. 149

[6] F. Darema, Dynamic data driven applications systems: a new paradigm for application simulations and measurements, in International Conference on Computational Science (Springer, Berlin, 2004), pp. 662-669

[7] FAWN, Ftp: Y early csv data (2014). http://agrofawn-prod01. osg. ufl. edu/fawnpub/data/hourly_summaries

[8] R. Fourer, D. M. Gay, B. Kernighan, AMPL, vol. 117(Boyd & Fraser, Danvers, 1993)

[9] R. Fujimoto, R. Guensler, M. Hunter, H. K. Kim, J. Lee, J. Leonard Ⅱ, M. Palekar, K. Schwan, B. Seshasayee, Dynamic data driven application simulation of surface transportation systems, in International Conference on Computational Science(Springer, Berlin/New York, 2006), pp. 425-432

[10] R. M. Fujimoto, N. Celik, H. Damgacioglu, M. Hunter, D. Jin, Y. J. Son, J. Xu, Dynamic data driven application systems for smart cities and urban infrastructures, in Winter Simulation Conference (WSC)(IEEE, Piscataway, 2016), pp. 1143-1157

[11] R. E. Kass, A. E. Raftery, Bayes factors. J. Am. Stat. Assoc. 90(430), 773-795(1995)

[12] F. Katiraei, M. R. Iravani, Power management strategiesfor a microgrid with multiple distributed generation units. IEEE Trans. Power Syst. 21(4), 1821-1831(2006)

[13] A. M. Khaleghi, D. Xu, Z. Wang, M. Li, A. Lobos, J. Liu, Y. J. Son, A DDDAMS-based planning and control framework for surveillance and crowd control via UA Vs and UGVs. Expert Syst. Appl. 40 (18), 7168-7183(2013)

[14] H. L. Li, C. T. Chang, J. F. Tsai, Approximately global optimization for assortment problems using piecewise linearization techniques. Eur. J. Oper. Res. 140(3), 584-589(2002)

[15] G. Mavrotas, Effective implementation of the ε-constraint method in multi-objective mathematical programming problems. Appl. Math. Comput. 213(2), 455-465(2009)

[16] A. H. Mohsenian-Rad, V. W. Wong, J. Jatskevich, R. Schober, A. Leon-Garcia, Autonomous demand-side management based on game-theoretic energy consumption scheduling for the future smart grid. IEEE Trans. Smart Grid 1(3), 320-331(2010)

[17] National Grid, Hourly electric supply charges(2015). https://www. national gridus. com/niagara mohawk/business/rates/5_hour_charge. asp

[18] D. S. Parker, Research highlights from a large scale residential monitoring study in a hot climate. Energy Build. 35(9), 863-876(2003)

[19] A. E. Raftery, Choosing models for cross-classifications. Am. Soc. Rev. 51(1), 145-146(1986)

[20] A. Setämaa-Kärkkäinen, K. Miettinen, J. Vuori, Best compromise solution for a new multiobjective scheduling problem. Comput. Oper. Res. 33(8), 2353-2368(2006)

[21] X. Shi, H. Damgacioglu, N. Celik, A dynamic data-driven approach for operation planning of microgrids. Proc. Comput. Sci. 51, 2543-2552(2015)

[22] A. E. Thanos, X. Shi, J. P. Sάenz, N. Celik, A DDDAMS framework for real-time load dispatching in power networks, in Proceedings of the 2013 Winter Simulation Conference: Simulation: Making Decisionsin a Complex World(IEEE Press, Piscataway, 2013), pp. 1893-1904

[23] A. E. Thanos, D. E. Moore, X. Shi, N. Celik, System of systems modeling and simulation for microgrids using DDDAMS, in Modeling and simulation support for system of systems engineering applications, ed. by L. B. Rainey, A. Tolk(Eds),(Wiley, Hoboken, 2015), p. 337

[24] A. E. Thanos, M. Bastani, N. Celik, C. H. Chen, Dynamic data driven adaptive simulation framework for automated control in microgrids. IEEE Trans. Smart Grid 8(1), 209-218(2017)

[25] C. Wu, H. Mohsenian-Rad, J. Huang, A. Y. Wang, Demand side management for wind power integration in microgrid using dynamic potential game theory, in 2011 IEEE GLOBECOM Workshops(GC Wkshps)(IEEE, Piscataway, 2011), pp. 1199-1204

[26] D. C. Yu, T. C. Nguyen, P. Haddawy(1999) Bayesian network model for reliability assessment of power systems. IEEE Trans. Power Syst. 14(2), 426-432

第 22 章　基于学习方法的智能电网动态数据驱动划分

Antonia Nasiakou, Miltiadis Alamaniotis, Lefteri H. Tsoukalas, Manolis Vavalis

摘要:实现电网由当前基础设施向智能电网的跃迁,无论是为电力消费者还是生产者,都带来能源管理方面的发展机遇。本章的写作目的是提出一种新的 DDDAS 方法,基于动态变化数据实现智能分布式电网划分。特别地,该方法采用 k 均值算法执行分割,采用模糊决策方法提高能源效率和可靠性。网络被划分为一组相似的子网,这些子网由居民客户组成,这些客户有能源需求相关的相同特征,但不一定位于相同的地理位置附近或属于相同的网格节点。本章使用模糊逻辑方法决定哪些分区可以以更低的价格来获得可再生能源(RES)。基于 GridLAB-D 仿真平台的各种应用场景表明,来自分布式的网格分区使得电网高效运行获得收益。案例实验中使用 IEEE-13、IEEE-37 和 IEEE-123 总线测试馈线。馈线来自一个分布式网格,由 3004 个住宅以及常规和分布发电机组成。

22.1　引　言

输配网络的首要目标是在日常和紧急情况下保持稳定、可靠和高效地运行。电力网络运行中的异常或中断可以通过改进的决策机制来缓解。这些机制使电力网络能够有效地对各种类型的干扰做出反应。例如,通过对电网进行划分,可以对电网中出现的较大扰动进行处理,然后针对问题进行隔离,防止其在整个电网中扩散。此外,还可以实现电的带阻输出,从而在分区方法的辅助下有效地隔离干扰。

特别是,笔者在本章中提出一个动态数据驱动的智能配电网划分,重点是引入 RES,从而减少由 RES 产生的能源浪费。RES 属于分布式能源(DES)这一宽泛领域,越来越多的能源公司使用新兴的 RES 电力系统。公用事业公司利用 RES 的特性,使得能源市场更加可靠和可行。为了找到安装和将 RES 集成到电网的最佳方式,许多研究开展了基于动态数据驱动的自适应仿真技术的探讨。

DDDAS 理念要求“具有将数据动态合并到正在执行的应用程序仿真中的能力。反向操作,则是应用程序动态具有引导测量过程的能力”,能够创建可以动态接受和响应“在线”现场数据和测量结果和/或控制此类测量范式的应用程序仿真,这一概括是由 Darema 在论文中提出的。在电网中创建微电网就是将 RES 集成到电网中的最广泛和最安全的方法之一。例如,为了减少 90 亿美元的成本来满足其安装的需求,有些学者提出用两阶段决策方法的 RES 降低成本,构建一些配有 RES 和分布式通信的微电网来满足能源需求。该方法基于 DDDAS,允许仿真模型从特定数据库中检索数据,动态预测系统在特定条件下的反应。此外,也有学者提出一种用于微电网运行规划的 DDDAS 方法。它由三个主要部分组成:①一个关于电网状态(总需求、市场价格)和天气状况的数据库;②用于模拟微网格的仿真平台;③一个多目标优化问题。与上述方法类似,也有学者基于 DDDAS 的概念提出一个新的框架,该框架由三个主要组件组成:①有关网格和天气的资料;②基于代理的仿真平台;③优化算法。本章的目标是开发一个以资源分配计算时间最小化和运行成本最低为重点的微电网框架,针对电力系统经济负载调度问题,提出一种 DDDAS 框架。

有些学者运用 DDDAS 方法开展健康监测研究,提出动态数据驱动自适应多尺度的仿真框架,有效地增加了一组用于监控和人群控制的传感器数据量;有些学者还关注保持动态数据驱动解决方案和静态解决方案之间平衡的研究;有些学者则将广域运动图像数据的预测问题描述为一个 DDDAS 问题。由此可见,DDDAS 应用至关重要,因为它提供了准确分析和预测,可以实现更可靠和更有效的结果以及更准确的控制。

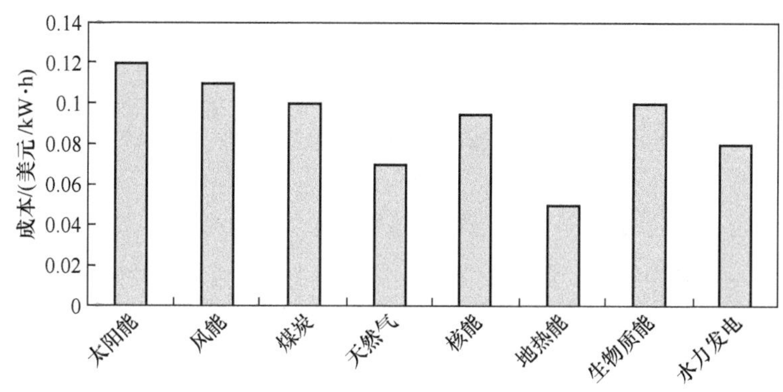

图 22.1　以美元/(kW · h)为单位的电力成本

一般而言,由于随机性和较高的安装成本,RES 所产生的能源比传统发电机的价格要高,如图 22.1 所示。因为消费者更愿意以较低的价格购买能源,所以许多 RES 产生的能量可能被浪费或储存在电池中。基于 DDDAS 方法试图通过允许属于同一分区的特定消费者以较低的价格购买潜在的可用能源,可将能源的浪费最小化。

在本研究中,市场被看作一个双重拍卖市场。生产者和消费者都在市场框架内提交特定时间段的投标。更具体地说,一旦提交期结束,消费者和生产者的出价将分别从最高到最低价格和从最低到最高价格进行排序。数量与分类价格的总和形成生产者和消费者的最终曲线,出清价格与出清数量成为消费者与生产者曲线的交点。市场提供该清算数量的清算价格是买方愿意为能源支付的最高价格和卖方愿意出售其生产的能源的最低价格。

图 22.2 和图 22.3 描述了市场如何计算清算数量和清算价格的最常见应用场景。在此项研究中,我们认为卖方是生产者,买方是消费者。特别是图 22.2 描述了边缘销售者,卖方只提供部分产出的能量。在这种情况下,市场的出清价格就是边缘卖方的买入价。清算数量是所有以高于边缘卖方的投标价格提交投标的买方数量的总和。

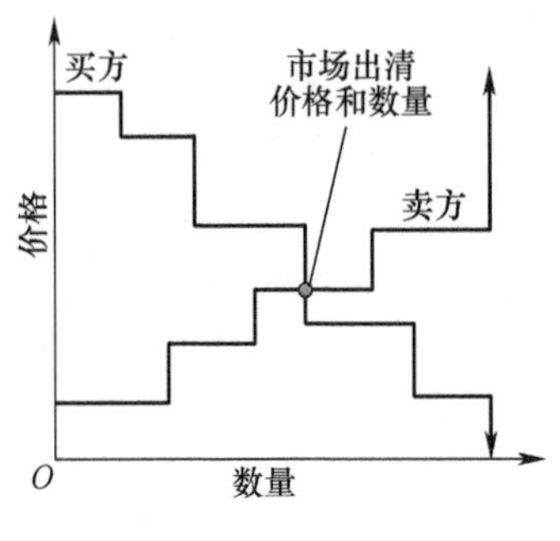

图 22.2　边缘卖方案例

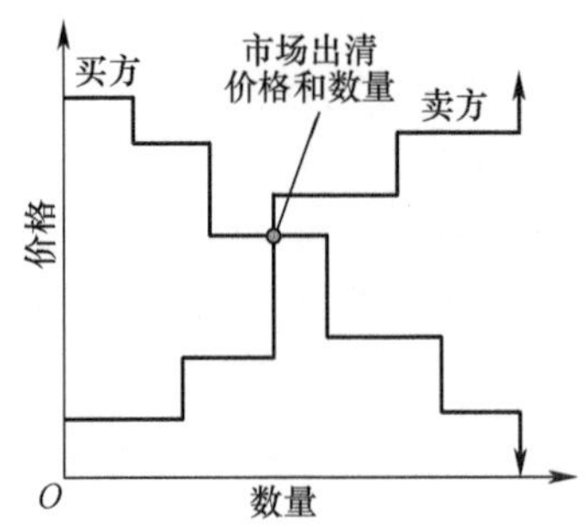

图 22.3　边缘买方案例

图 22.3 描绘了恰好相反的情况,称为边缘购买者。在某些情况下,尽管所提供的能源(也就是生产的能源)足以满足买方的需求,但清算数量仍低于总需求。在第三种情况中,买方是所有愿意以低于清算价格购买能源的配网居民消费者,但不包括市场调度情况。因此,如果市场不能满足整体需求,一些消费设备将无法在特定的时间下运行。换句话说,这些设备可能处于闲置状态,并在市场框架的下一次清算中运行。

本章所提出的方法包括两个阶段:第一个阶段是使用代表电网当前状态的输入数据进行网格划分。第二阶段对应于模糊逻辑决策方法的使用。对于划分过程,它由三个动态因素驱动:①附加在配电网特定节点上的总用电需求/总负载;②网格中每个节点的一个因子的平均值,称为计划倾斜(每个设备都有这个因子的特征),它表示户主在给定的时间间隔内开始消费的估计时间(以 s 为单位);③每个特定时间在配电网每个节点上运行的设备的总数。为便于比较,本研究每隔 1h 和 4h 运用所提出的方法。值得一提的是,这个方法可能不会每小时执行一次,它可以每 55min 执行一次,也可以每 70min 执行一次。因此,存在一个时间窗口,该方法在这里发生。实际上,这是由核心模块(GridLAB-D 平台中最重要的模块)的同步造成的。

模糊决策方法基于分区、运行设备数量和总体需求满足等信息进行决策。该方法的输出是被分配的组,即配电网的节点,这些节点将接受所提供的收益(通常以价格激励的形式)从而保证了电网的稳定。所提出的方法分为以下两个阶段:

(1) 采用 k 均值聚类算法,利用每个节点的动态驱动数据对配电网进行划分。集群的数量可以任意选择,在此设置为 3。配电网由多个节点组成,一些节点可以处理负载的对象,另一些节点可用于连接目的。分区过程的输入数据与附加常驻节点进行关联,特别是诸如与每个节点相关联的负载等可用信息。

(2) 提出一种基于模糊逻辑规则的决策方法。当划分过程结束,考虑时间间隔的出清量不足以满足特定时间间隔内的总体需求时,本章采用模糊决策方法。换句话说,当需求能够满足市场框架提供的数量时,就不采用模糊逻辑方法。因此,未被分配的 RES 产生的能量将以较低的价格提供给由模糊逻辑决策方法选择的分区设备。由于市场不能满足需求,RES 继续以较低的价格在选定的分区提供其生产的能源。

回到本章研究的主要目的,在市场出清后,因投标价格低于出清价格,设备无法操作而停止工作。基于这一事实,我们提出了一种新的方法,RES 提供的能源可能会被浪费,可以在一个特定的分区以较低的价格出售。因此,那些本来应该闲置的设备,根据我们提出的方法，可以低于清算价格的价格购买能源，并接近它们的首选投标价格。这样来自 RES 的多余能量就不会被浪费。因此，本章按照我们的初衷，试图开发一种新的方法来实现一种基于 DDDAS 的智能电网电力管理。DDDAS 具有动态性和演进性，有利于电网的限时划分。电网是一个高度复杂的系统，建模极其困难，因此数据驱动方法更适合其管理。特别是，DDDAS 范式对于处理所监视的数据非常有效，并促进随后的各自决策，从而使电网安全、高效地运行。该方法利用两种智能工具 k 均值算法和基于动态驱动数据的配电网智能管理模糊推理系统进行仿真。此外，我们还实现了一种精简方法，将网格划分为多个分区，最后只选择其中的一个。分区和选择过程都是动态驱动的，并取决于网格的当前条件。电网划分按如下思路开展：在每个划分中节点都具有相似的能耗模式；在每次运行由模糊逻辑方法所选择的分区包含不同的节点。

本章其余部分安排如下：22.2 节详细介绍了 k 均值算法和模糊逻辑决策方法这两种工具。22.3 节和 22.4 节分别给出了仿真配置和仿真结果。22.5 节为小结。

22.2 方　法

22.2.1 k 均值划分算法

聚类算法属于无监督学习方法范畴。在电网研究领域，常基于 k 均值算法运用负载进行电网划分。每种分区算法的最终目标都是将特定数据集的数据点划分为集群 θ_{ω}^{w} 同一分区的成员具有相似的特征，而不同分区的成员具有不同的特征。k 均值算法分两个阶段：①确定随机选择的 k 个初始簇；②根据距离度量值将每个数据点分配到最近的集群中心。k 均值算法的目的是最小化式(22.1)中的函数。

$$E = \sum_{i=1}^{k} \sum_{p \in X_i} \|p - c_i\|^2 \tag{22.1}$$

式中：p 为数据集中的数据点；c_i 为聚类质心。

k 均值算法使用欧氏距离计算数据集的每个数据点到聚类中心的距离。本章利用 Minkowski 距离。k 均值算法周期性地执行，直到式(22.1)定义的误差准则收敛到一个预定义的阈值。特别是在算法连续运行两次的集群中心之间没有差异的情况下，算法是收敛的。k 均值算法在每次运行中执行的步骤如下所示：

(1) 随机选择 k 个数据点作为初始聚类中心；

(2) 重复以下步骤，直到误差条件收敛到阈值。

① 通过式(22.2)将每个数据点分配到最近的簇中心；

② 重新计算新的集群中心：

$$S_i^{(t)}\{x_p \| x_p - m_i^{(t)} \|^2 \leqslant \| x_p - m_j^{(t)} \|^2\} \quad (\forall j, 1 \leqslant j \leqslant k) \tag{22.2}$$

在本章中，每个数据点与聚类中心之间距离的计算基于 Minkowski 距离，其定义如下：

$$d(x,y) = \left(\sum_{i=0}^{n-1} |x_i - y_i|^p\right)^{1/p} \tag{22.3}$$

Minkowski 距离有一些特殊情况。特别是当 $p=1$ 时，该距离称为曼哈顿距离；而当 $p=2$

时,该距离称为已知的欧几里得距离。

22.2.2 模糊逻辑决策模型

一旦划分过程结束,就使用模糊逻辑决策方法来决定选择哪个分区,以便该分区的设备能够从较低的资源价格中获益。如果它们的能源不是由市场分配的,那么生产出来的可再生能源就会以较低的价格提供。模糊逻辑推理系统(FIS)由模糊度、规则、推理和去模糊度四部分组成。在本章中我们使用的 FIS 是作为输入的。

(1) 负载 Load,即分区过程之后附加到每个节点所有设备的负载被指定为集群中心。每个居住节点都可能成为下一个集群中心。对应的变量有三个模糊集:低、中和高。

(2) 索引 Devices_ON,它指示在应用所提出方法特定时间内,作为集群中心节点上运行设备的聚合数量,其对应的变量有两个模糊集:低和高。

(3) 名为 Satisfaction 的索引,其值介于 0~2,表示需求是否得到了满足。取值范围[0,1]对应总体需求的满足,取值范围[1,2]对应需求的不满足。前者表示满意,后者表示不满意。

满意度指标是指当前招标期间的结算数量与总设备数量的比。一方面,如果它大于1,那么需求就得到满足,指数的值就是这个比值的倒数;另一方面,如果它小于1,那么这个比例的值就是在 1 和 2 之间。如果新值大于 2,则将索引 s 的值设置为 2;如果规范化值小于1,则将规范化值累积为1。FIS 实现了以下用于关联输入变量的模糊规则加载、满意度和 Devices_ON 到输出变量的优先级:

- 如果负载为低、满意度为满意并且 Devices_ON 为低,则优先级低。
- 如果负载为低、满意度为不满意且 Devices_ON 为低,则优先级低。
- 如果负载为中、满意度为满意并且 Devices_ON 为低,则优先级低。
- 如果负载为中、满意度为不满意并且 Devices_ON 为低,则优先级为中。
- 如果负载为高、满意度为满意并且 Devices_ON 为低,则优先级低。
- 如果负载为高、满意度为不满意并且 Devices_ON 为低,则优先级高。
- 如果负载为低、满意度为满意并且 Devices_ON 为高,则优先级低。
- 如果负载为低、满意度为不满意并且 Devices_ON 为高,则优先级为中。
- 如果负载为中、满意度为满意并且 Devices_ON 为高,则优先级为中。
- 如果负载为中、满意度为不满意并且 Devices_ON 为高,则优先级高。
- 如果负载为高、满意度为满意并且 Devices_ON 为高,则优先级为中。
- 如果负载为高、满意度为不满意并且 Devices_ON 为高,则优先级高。

在低于它们的报价时,输出变量优先级表示在其他分区之间选择哪个分区来利用 RES 所提供的能量。所有输入变量的隶属函数(即 Load、Satisfaction 和 Devices_ON)基于图 22.4~图 22.6 所示的三角形形式;优先级变量也是基于图 22.7 所示的三角形形式。值得一提的是,模糊推理系统对每个分区独立运行(图 22.8),并选择变量优先级值最高的分区。

本章所提出的 DDDAS 方法是迭代执行的,直到仿真时间结束。更具体地说,在每次运行该方法时,总负载、运行中设备的总数量、因子计划倾斜、满意度指数和集群数量都是执行方法所必需的数据(包括划分和模糊逻辑过程)。k 均值算法使用的数据点是二维

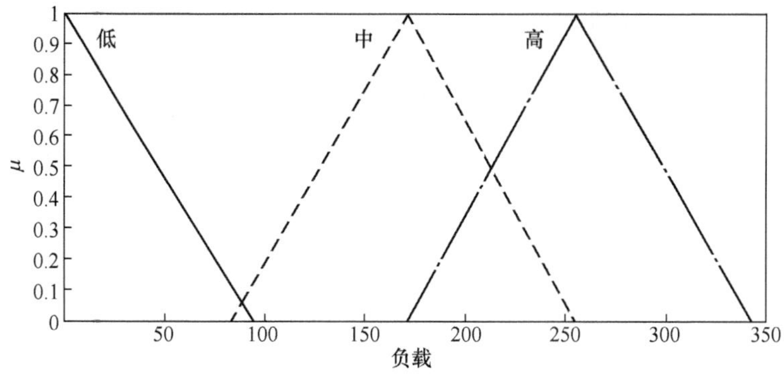

图 22.4　负载输入变量的隶属函数

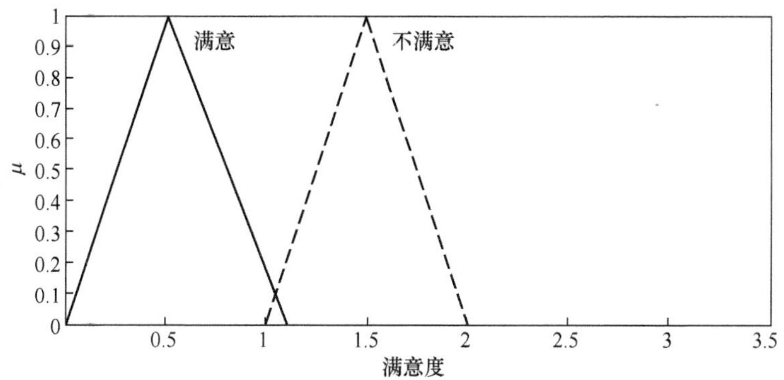

图 22.5　满意度输入变量的隶属函数

的。第一个维度对应总负载和调度倾斜因子的总和，第二个维度对应运行中的设备数量。换句话说，第一个维度与特定节点上的负载相关，第二个维度与需要特定负载量的相同节点上的设备数量相关。

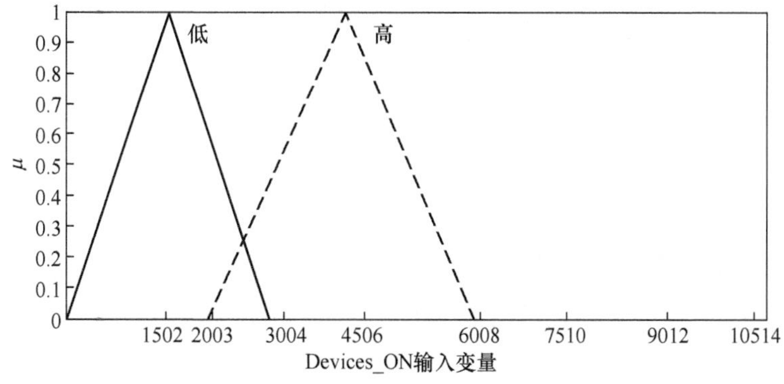

图 22.6　Devices_ON 输入变量的隶属函数

值得注意的是，在 GridLAB-D 模型中，只有恒温控制设备通过控制器对象在市场上提交报价；分区过程中使用的总负载是一个驻留区内所有设备的总负载；模糊逻辑决策方法提供了一种可以从较低的价格中获益的划分方法，RES 生产的能源价格被定为比初始

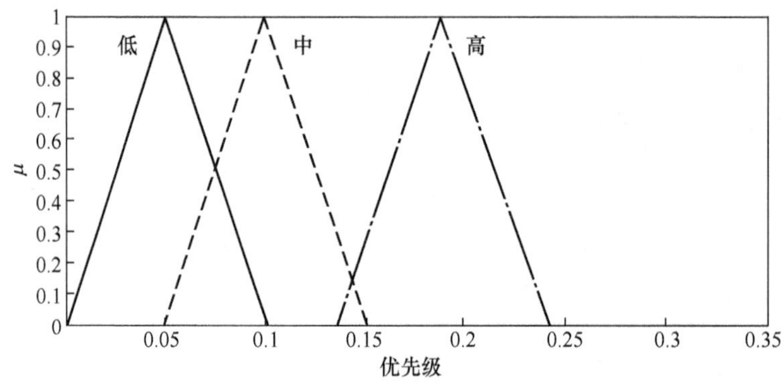

图 22.7　优先级输出变量的隶属函数

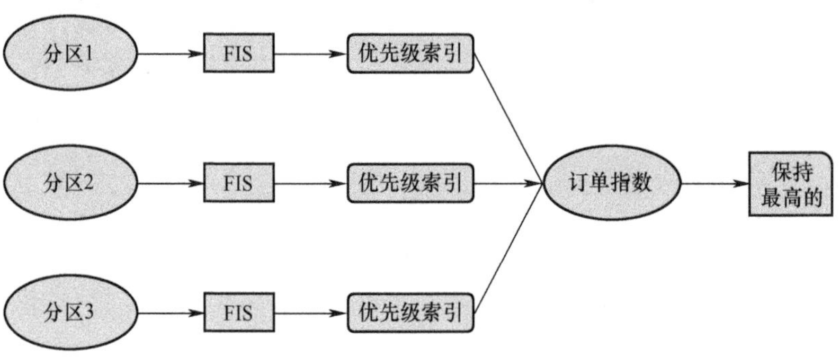

图 22.8　模糊逻辑推理系统的架构

价格低 50%。我们做这个假设是因为在大多数情况下,市场框架的清算价格是其中一家生产商的报价[0.07 美元/(kW · h)]。而在我们的例子中,这个价格是基于传统的天然气发电机(表 22.1)。因此,如果我们降低 50%的价格,新的价格[约 0.05 美元/(kW · h); RES 平均价格降低 50%]低于清算价格,可能更接近家电价格的首选价格。因此,最终的价格,即设备被要求支付的价格,是两种价格的平均值;当它们属于选定一个分区购买能源时,此时的价格以 RES 提供的价格以及它们在市场框架满意时的价格为准。

表 22.1　发电机的容量-价格

发　电　机	价格/[美元/kW · h)]	最大容量/kW
太阳能电池板(11.6 万 ft^2)	0.11	1917
风力发电机(GE_25MW, GE_25MW, SYNC_SMALL)	0.10	5500
传输 G1	0.07	3300
传输 G2	0.07	3000
传输 G3	0.07	3000

22.3　仿真配置

为了验证所提出的 DDDAS 方法的功能,论文设计并实现了测试用例。该测试用例基于 GridLAB-D 仿真平台进行。DDDAS 智能仿真引擎结合了两个库:dlib① 库和 Fuzzylite② 库。前者提供了 k 均值算法的实现,后者为模糊逻辑控制器的开发和设计提供了一个基于 C++的库。本研究使用 3 个测试馈线 IEEE-13、IEEE-37 和 IEEE-123 创建仿真模型测试用例(图 22.9)。

仿真模型由 3004 个住宅、4 个太阳能电池板、3 个风力涡轮机和 3 个常规天然气发电机组成。每个住宅可以容纳 4 个人,它由非响应负载组成,如冰箱和响应负载,如 HVAC(采暖、通风/通风及空调)系统和热水器。响应负载使用 GridLAB-D 提供的需求响应技术参与市场。每个 RES 或常规发电机作为不同的能源供应商并拥有自己的报价。

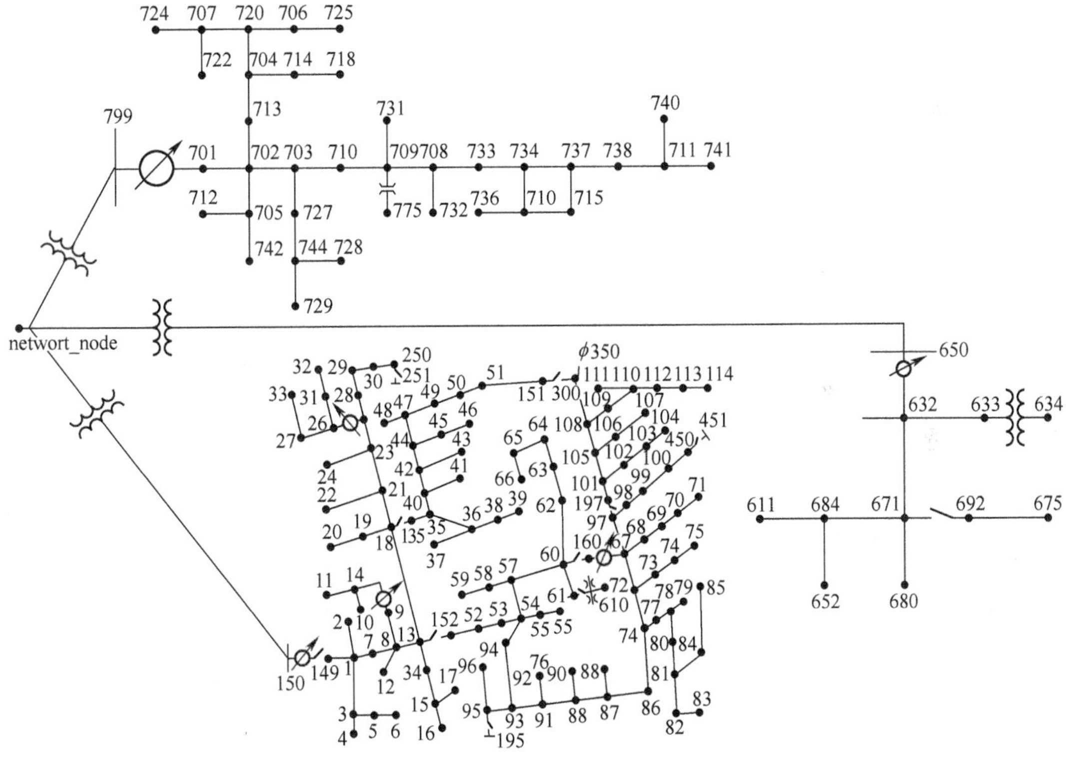

图 22.9　理想设计中的分布式电网

作为市场模块的对象,交互可编程逻辑控制器或控制器通过所提交的代表市场设备实现需求响应技术。此外,居住者有责任在恒温控制设备上设置他想要的设定值。冰箱

① http://dlib.net/ml.html。

② http://www.fuzzylite.com/。

属于无响应负载,通过住宅模块的 ZIPload 对象进行设计。对于利用 ZIPload 对象建模的设备,论文使用 GridLAB-D 调度对象提供设备在整个仿真时间内的能源需求。冰箱在市场框架中的参与是通过市场模块的对象 stub_bidder 来实现。它的主要特点是固定价格和数量,这实际上反映了设备的能源需求。

在发电机方面,研究分别对输电发电机和分布式发电机进行仿真。分布式发电机与太阳能电池板和 3 个风力涡轮机等 RES 相关联。研究共模拟了 4 块面积为 11. 6 万 ft^2 的太阳能电池板。3 个风力涡轮机的最大输出功率为 5500kW,而太阳能电池板的最大输出功率为 1917kW。出于仿真目的,我们使用了两种不同类型的风力涡轮机:GE_25 MW 和 GENERIC_SYNC_SMALL,其配置和参数的详细信息可以在 GridLAB-D 的用户指南 3 中找到。表 22. 1 列出了每种发电机的运行成本,包括最大输出功率。

市场模块的 stub_bidde 对象,用于代表传统发电商在市场上提交的报价。其特点是模拟过程中价格固定、数量固定。对于分布式生成器(关联对象在 GridLAB-D 的生成器模块中开发),它们通过市场模块对象 generator_controller 参与市场。那样的话,价格是固定的,但投标数量要根据天气情况而定。关于天气数据,WA-SEATTE. tmy2 文件包含了西雅图、华盛顿的天气信息。

22. 4 仿真结果

为了评估所提出 DDDAS 方法的有效性和可靠性,研究进行了各类仿真,其结果在本节中给出。为了便于比较,我们将呈现、比较和分析这 3 种情况的仿真结果:(案例Ⅰ)当所建议的方法每小时适用一次时,当不适用时(案例Ⅱ)。此外,为了证明所提方法的动态性,我们通过改变所提方法的执行时间来运行更多的仿真。特别地,我们将分析和比较方法每小时(案例Ⅰ)、每 4h(案例Ⅲ)和不应用时的结果(案例Ⅱ)。

对于所有提出的测试用例,仿真时间均为 24h,仿真时间为 2000-08-01。生产商和家电商每 15min 都可以在市场框架内提交他们的投标。结算价格和结算数量在投标期满时有效。关于所提议的方法,每 1h 或每 4h,有关配电网的负载、schedule_skew、运行中的设备数量和需求满足情况的信息均可被利用。

模糊逻辑程序在每个特定时间执行,表 22. 2 给出了每个分区的平均总负载。从模糊逻辑决策方法中选择的分区用粗体表示。表 22. 2 中描述的信息对应于案例Ⅰ。在这一点上值得一提的是,整个过程每隔 1h 进行一次,而模糊逻辑方法是在住宅消费者的需求没有完全满足的情况下进行的。因此,表 22. 2 中每 2h 展示一次结果。

图 22. 10 和图 22. 11 描述了两个以较低价格购买能源的居民的高压交流负载。此外,为了便于比较,还介绍了不采用我们方法的高压交流负载(案例Ⅱ)。x 轴和 y 轴分别对应住宅的仿真时间和 HVAC 负载(kW)。很明显,在使用我们所提出的方法时,HVAC 系统的工作频率更高(案例Ⅰ)。我们选择 HVAC 系统来展示所提出的 DDDAS 方法对配电网运行的影响,因为与其他恒温控制设备相比,配电网需要更多的能量来满足其消耗要求,运行频率也更高。只有高压空调系统和热水器的运行是通过设置设定值来调节的。此外,还可以观察到暖通空调系统的运行从高峰时间转移到非高峰时间。

表 22.2　平均负载每次运行的分区

时间	分区# 1	分区# 2	分区# 3
2:00	26.82	167.25	61.52
4:00	165.62	26.44	41.01
6:00	115.67	31.98	49.94
8:00	203.20	26.16	127.57
10:00	7.74	16.94	65.63
12:00	8.68	20.70	5.27
14:00	4.44	64.80	15.23
16:00	17.14	110.57	28.28
18:00	94.58	138.26	25.39
20:00	27.31	160.25	69.16
22:00	78.22	161.60	78.60
12:00	30.46	149.94	90.28

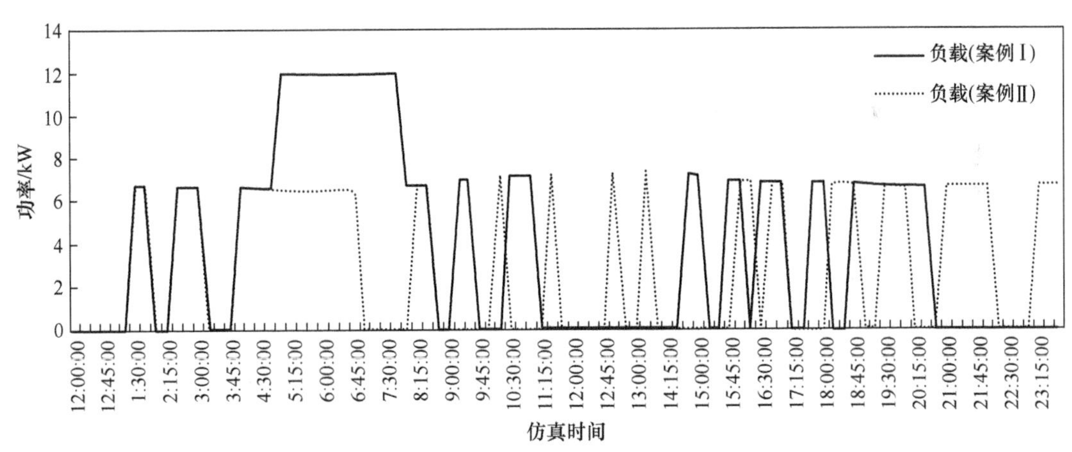

图 22.10　居住区的暖通空调负载在某些时间间隔内受益于较低的价格每隔 1h 进行一次分区过程

图 22.12 案例Ⅰ和案例Ⅱ两种情况下全天的出清量

实线对应的是案例Ⅰ,虚线对应的是案例Ⅱ。我们可以观察到案例Ⅰ中的清除量更高,特别是在应用所提出方法的时间内。图 22.10 和图 22.11 两种案例Ⅰ和Ⅱ的每次总负载的相关结果如表 22.3 所示。结果表明,该方法为居民消费者提供了以较低价格购买能源的机会。更具体地说,属于模糊逻辑决策方法选择的集群的消费者可以 0.061 美元的价格购买 1kW · h,而不是 0.07 美元。这个价格是模拟的 24h 的平均价格。

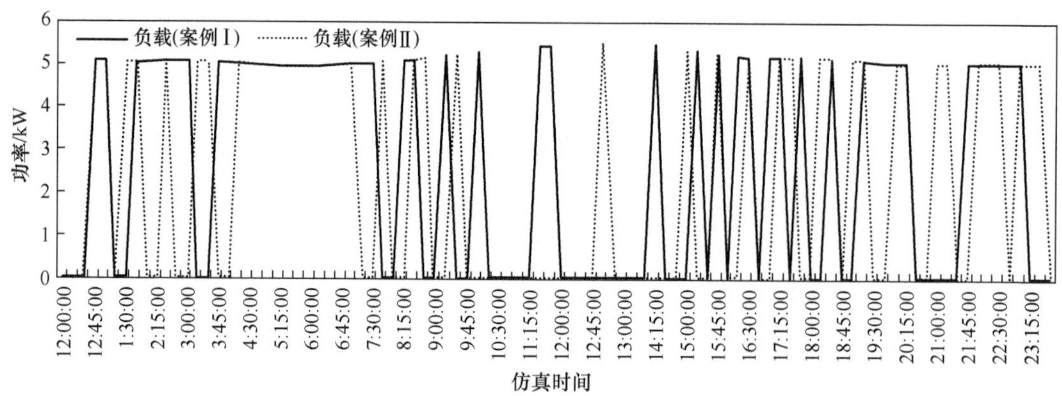

图 22.11　当 DDDAS 建议的方法每小时发生一次时,在某些时间间隔内受益于较低价格的居民的 HVAC 负载

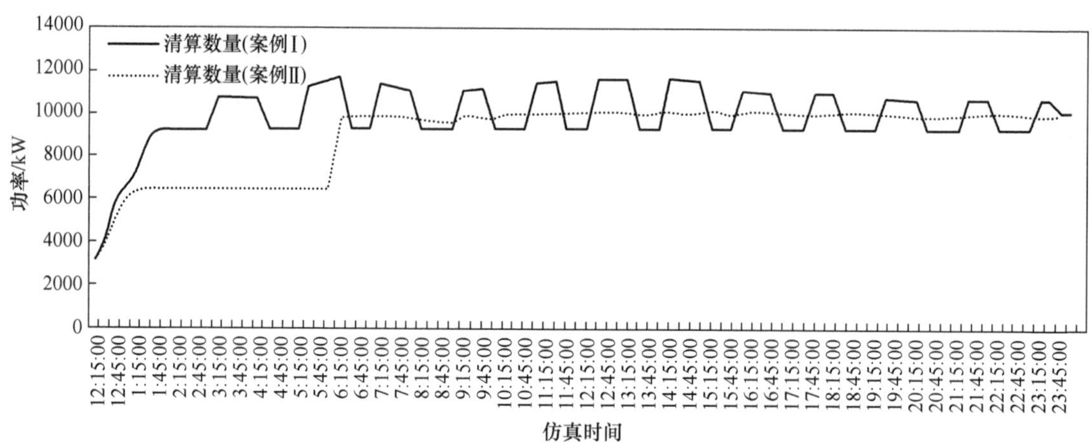

图 22.12　市场提供的案例Ⅰ和案例Ⅱ的清算数量

表 22.3　在两个案例研究中居住成本和负担的比较

<table>
<tr><th>参　　数</th><th>住　　处</th><th>案例Ⅰ</th><th>案例Ⅱ</th></tr>
<tr><td rowspan="2">总负载/(kW·h)
成本/(美元/kW·h)</td><td>住处见图 22.10</td><td>7464/0.061</td><td>7176/0.07</td></tr>
<tr><td>住处见图 22.11</td><td>5184/0.058</td><td>4584/0.07</td></tr>
</table>

正如引言中所提到的,尽管所提供的能量来自传统发电机和 RES,但足以满足总的需求;清算价格只允许出价大于或等于清算价格的家电购买能源。因此,在这项研究中,因为高清算价格,我们在仿真中实现电器保持空闲,直到他们可以较低的价格购买能源。

从图 22.13 中可以看出,尽管存在能量浪费或未调度的情况,但这部分能量相对较少。市场框架提供的能源比生产的少,因为部分能源的价格更高,特别是当这部分能源由 RES 提供时。可以看出,当采用我们所提出的方法时,清算数量更接近供给曲线(图 22.13中卖方的总量)。因此,能源的浪费量较低,更少的能量可以储存在电池里。

图 22.14~图 22.16 给出了与案例Ⅰ相关的实验结果。具体来说,每个子图对应仿真过程中的一个具体小时,而每个子图中的每个点对应配电网中的一个节点。用圆圈表示

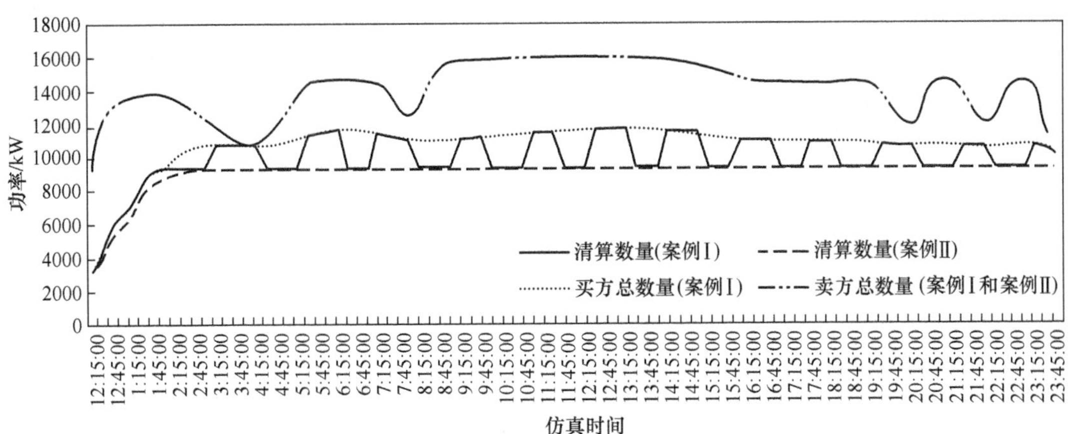

图 22.13　清算数量、买方(或设备)的总数量和卖方(或发电机)的总数量案例Ⅰ和案例Ⅱ的总量

的点与节点(即设备)相关,这些节点是从建议的方法中选择的,以较低的价格购买能源。正方形和菱形点表示另外两个分区的节点。图 22.14 对应的时间间隔为 2:00—8:00(清晨,非高峰需求),每个子图从左到右对应的时间间隔为 2h。注意,随着时间的增加,更多的节点能够以更低的价格购买能源。

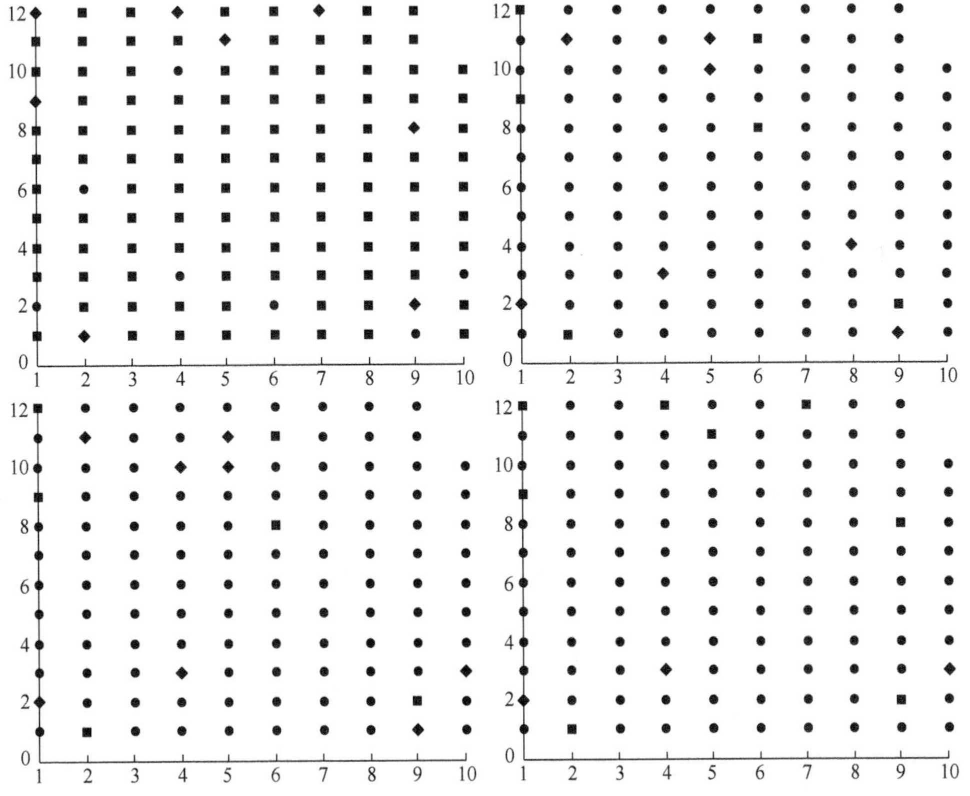

图 22.14　当建议的方法是每 2h 应用一次时,圆圈点表示选择购买较低能量的节点价格

图 22.15 和图 22.16 分别显示了 10:00~16:00(白天)和 18:00~24:00(夜间)的结果。从图中可以清楚地看出,每个时间分区所属的节点是不相同的。然而,在某些情况下,有些节点属于所提出方法连续两次运行的选定分区。因此,在某些情况下,居民有权以较低的价格购买由 RES 提供的能源,这种情况是相同的,但在大多数情况下是不同的。所以,我们可以指出的是,很少有居住者被排除在提供的福利之外。

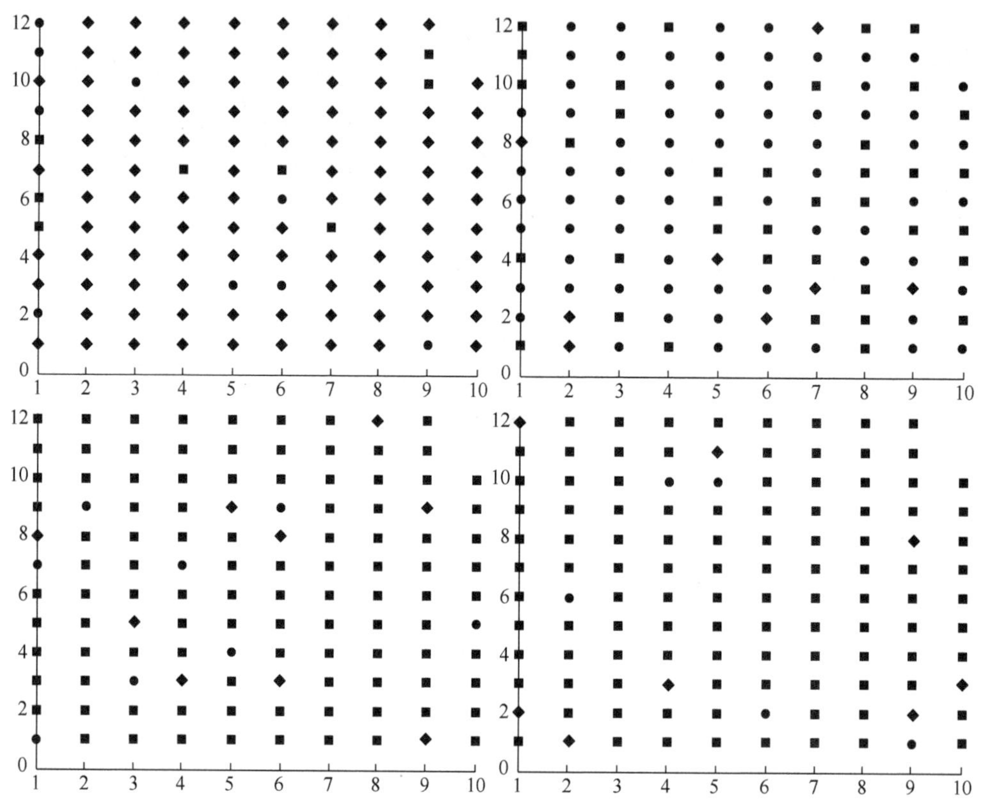

图 22.15 当建议的方法是每 2h 应用一次时,圆圈点表示选择购买较低能量的节点价格

为了验证实验所提出的动态数据驱动方法的灵活性,我们将划分过程和模糊逻辑决策方法的执行时间从 1h(案例Ⅰ)改为 4h(案例Ⅲ)。实际上,实验给出了每个分区每次运行的平均总负载和从模糊逻辑决策方法中选择的分区(粗体)。此外还可以看出,在大多数情况下,平均总负载最大的分区是从模糊逻辑决策方法中选择的。

正如本章开头所提到的,在模拟过程中,与每个驻留的总负载相关的信息是动态驱动的。由于在每次模拟中,所提出的方法可能不会完全在同一时间执行,因此我们观察到表 22.2和表 22.4 中所有三个分区在 4:00 时的平均总负载的总和是不同的。

在图 22.17 中,分别展示了案例Ⅰ(每 1h)和案例Ⅲ(每 4h)的出清量。由图可以看出,当每 4h 应用该方法时,所满足的需求量更高。这是由于 RES 在较长时间内(在这种情况下为 4h)以较低的价格提供能源,从而满足了更多的需求。

表 22.5 中列出了所有案例(案例Ⅰ、Ⅱ和Ⅲ)的总出清量。还可以观察到,当应用所提出的方法时,不满足功率的百分比在案例Ⅲ中较低。当它出现时,被满足的需求数量更

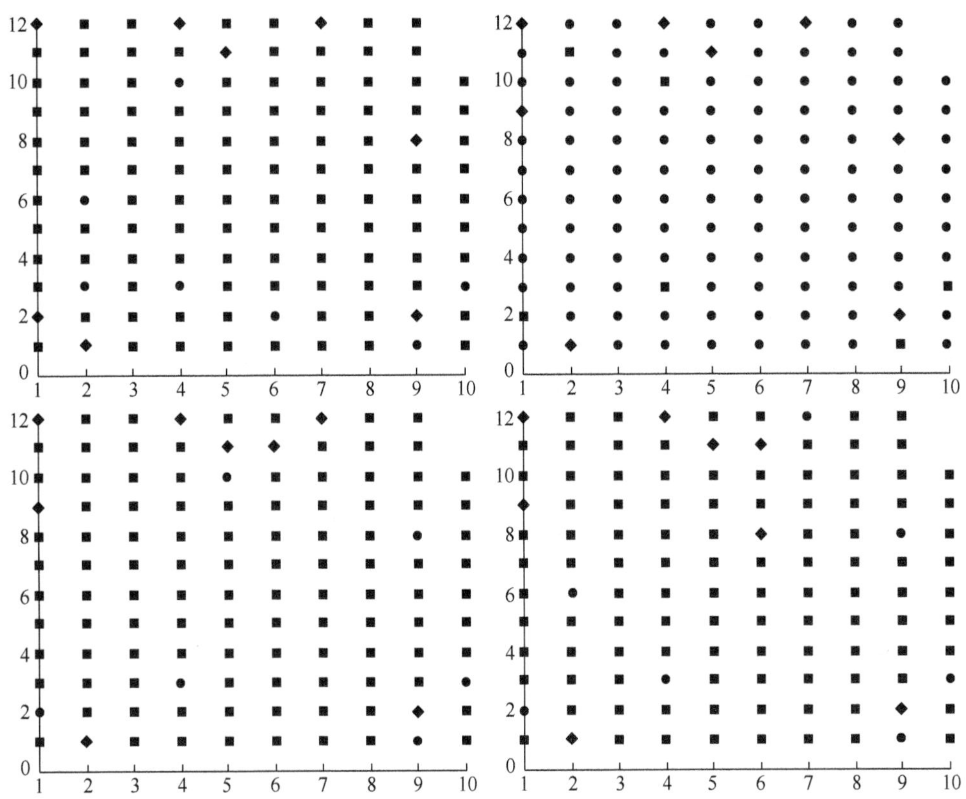

图22.16 建议方法在18:00—24:00每2h应用一次
（圆圈点表示选择购买较低能量的节点价格）

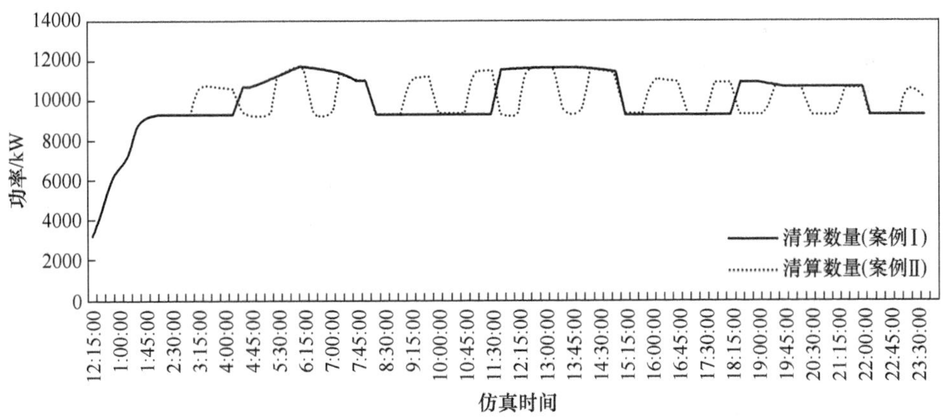

图22.17 市场提供的案例Ⅰ和案例Ⅲ的清算数量

表22.4 建议方法每4h应用一次运行的平均负载

时　间	分区#1	分区#2	分区#3
4:00	75.21	485.67	19.22
14:00	53.46	23.08	7.66
18:00	85.039	12.65	34.41

表 22.5　以兆瓦为单位的总清理量和未满足需求的百分比表明,在不应用该方法的情况下(情况Ⅱ),每 1h 应用一次(情况Ⅰ),每 4h 应用一次(情况Ⅲ),模拟时间为 24h

参　数	案例Ⅰ	案例Ⅱ	案例Ⅲ
结算数量/MW	942	855	946
未满足需求的百分比%	7.28	15.84	6.88

高。此外,它在低于清算价格的情况下得到满足,同时也减少了由 RES 产生的能量损失。

在图 22.18 中,给出了案例Ⅲ的仿真结果。用圆圈表示的点与从提出的方法中选择的节点相关,这些节点用于以较低的价格购买能源。正方形和菱形点表示另外两个分区的节点。可以观察到,案例Ⅱ的方法被应用了三次。很明显,即使是每隔 4h 进行一次划分过程,被选择以较低价格购买能源的住户也有所不同。

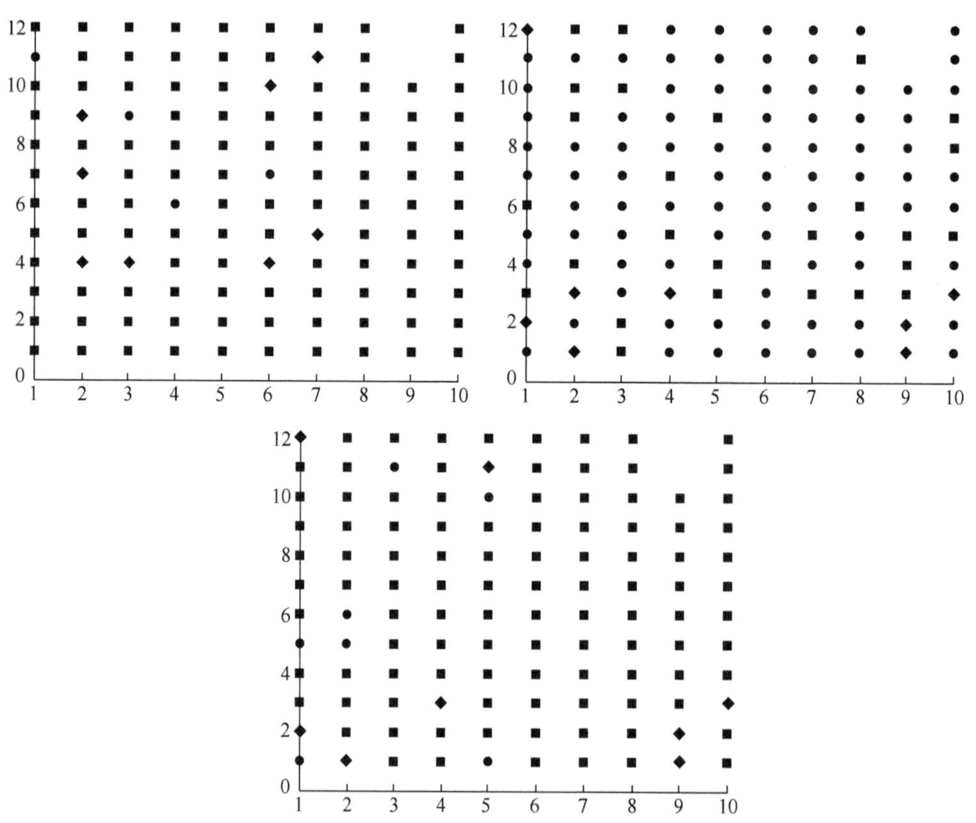

图 22.18　每隔 4h,分别在 4:00、12:00 和 18:00 应用该方法的结果
(圆圈点表示被选择以较低价格购买能源的节点)

22.5　小　　结

当前我们的工作是开发了一种用于实现智能电网管理的 DDDAS 方法。该方法利用两种智能工具,即 k 均值聚类方法和模糊决策方法,对配电网进行智能管理。特别是,它

实现了一种精简式方法,将网格划分为集群,并选择其中一个集群以较低的价格购买 RES 生成的能源。分区和选择过程都是动态驱动的,并取决于当前的网格条件。k 均值算法使用的集群数量是用户定义的。但是在我们的未来计划中,将使用网格的可用信息来决定集群的数量。

对于测试结果,可以观察到,与不进行分区的情况相比,所提出的方法最大限度地减少了能源的浪费,满足了更多的住宅用户。动态分区过程每隔 1h 或 4h 进行一次,每次都有不同的节点有权以较低的价格购买所提供的能源(RES)。总的来说,从结果中可以得出结论,该方法实现了减少 RES 产生的能源浪费。

未来 DDDAS 将在电网的高效管理中发挥重要的作用。随着智能电网技术的发展和大数据处理技术的进步,需要利用 DDDAS 范式促进电网管理的高效决策。对于电网分区方法,DDDAS 的应用前景包括按网格本身定义的时间间隔执行网格分区(不像我们在这个工作中每 2h 做一次),并动态定义分区的大小和数量。此外,DDDAS 还将促进电网的自动分区,同时考虑电力状态数据和市场状态数据。

参考文献

[1] J. Aghaei, M. Alizadeh, Demand response in smart electricity grids equipped with renewable energy sources: A review. Renew. Sust. Energ. Rev. 18, 64-72(2015)

[2] F. Darema, Dynamic data driven applications systems: A new paradigm for application simulations and a new paradigm for measurement systems, NSF Workshop, 2000

[3] D. E. Moore, N. Celik, DDDAS-based communication in distributed Smartgrid networks, in Proceedings of the Annual Industrial and Systems Engineering Research Conference 2014, Montreal, 2014

[4] X. Shi, H. Damgacioglu, N. A. Celik, Dynamic data-driven approach for operation planning of microgrids. Int. Conf. Comput. Sci. 51, 2543-2552(2015)

[5] A. Thanos, M. Bastani, N. Celik, C. H. Chen, Dynamic data driven adaptive simulation framework for automated control in microgrids. IEEE Trans. Smart Grid 51, 2503-2517(2015)

[6] N. Celik, A. E. Thanos, J. P. Saenz, DDDAMS-based dispatch control in power networks, in 13th Annual International Conference on Computational Science(2013) pp. 1899-1908

[7] A. E. Thanos, X. Shi, J. P. Saenz, N. A. Celik, DDDAMS framework for real-time load dispatching in power networks, in Proceedings of the 2013 Winter Simulation Conference - Simulation: Making Decisions in aComplex World(2013) pp. 1893-1904

[8] C. Park, J. Tang, Y. Ding, Aggressive data reduction for damage detection in structural health monitoring. Struct. Health Monit. 9, 59-74(2010)

[9] A. M. Khaleghi, D. Xu, Z. Wang, M. Li, A. Lobos, J. Liu, Y. A. Son, ADDDAMS-based planning and control framework for surveillance and crowd control via UA Vs and UGVs. Expert Syst. Appl. 40, 7168-7183(2013)

[10] E. Blasch, Y. Al-Nashif, S. Hariri, Static versus dynamic data information fusion analysis using DDDAS for cyber security trust. Procedia Comput. Sci. 29, 1299-1313(2014)

[11] E. Blasch, G. Seetharaman, F. Darema, Dynamic Data Driven Applications Systems (DDDAS) modeling for automatic target recognition, in Proceedings of SPIE 8744, Automatic Target Recognition XXⅢ, 8744(2013)

[12] F. Darema, Dynamic data driven applications systems: New capabilities for application simulations and measurements. Lect. Notes Comput. Sci 3515, 610-615(2005)

[13] R. Fainti, A. Nasiakou, E. Tsoukalas, M. Vavalis, Design and early simulations of next generation intelligent energy systems. Int. J. Monit. Surveill. Technol. Res. 2, 58-82(2014)

[14] GridLAB-D Market Module Documentation, http://gridlab-d. sourceforge. net/wiki/index. php/ Spec:Market

[15] L. H. Tsoukalas, R. E. Uhrig, Fuzzy andneural approaches in engineering(Wiley, New York, 1997)

[16] J. Mendel, Fuzzy logic systems for engineering: a tutorial. Proc. IEEE 83, 345-377(1995)

[17] M. Alamaniotis, V. Agarwal, V. Jevremovic, Anticipatory monitoring and control of complex energy systems using a fuzzy based fusion of support vector regressors, in 5th International Conference on Information, Intelligence, Systems and Applications(2014) pp. 33-37

[18] A. Nasiakou, M. Alamaniotis, L. H. Tsoukalas, Extending the k-meansclustering algorithm to improve the compactness of the clusters. J. Pattern Recognit. Res. 11(1), 61-73(2016)

[19] K. Zhou, S. Y ang, C. Shen, A review of electric load classification in smart grid environment. Renew. Sust. Energ. Rev. 24, 103-110(2013)

[20] A. Singh, A. Yadav, A. Rana, K-means with three different distance metrics. Int. J. Comput. Appl. 67(10), 13-17(2013)

[21] A. Nasiakou, M. V avalis, D. Bargiotas, Simulating active and reactive energy markets, in 6th International Conference on Information, Intelligence, Systems and Applications(2015) pp. 1-6

[22] W. H. Kersting, Radial distribution feeders. Trans. Power Syst 6, 975-985(1991)

[23] J. C. Fuller, K. Schneider, P. D. Chassin, Analysis of residential demand response and doubleauction markets, in IEEE Power andEnergy Society General Meeting(2011)

第八部分　过程感知:图像和视频编码

第 23 章　多光谱视频处理动态数据驱动系统设计

Honglei Li, Yanzhou Liu, Kishan sudusinghe, Jinsung Yoon, Erik Blasch, Mihaela van der Schaar, Shuvra S. Bhattacharyya

摘要:在视频捕获技术最新进展的推动下,多光谱视频分析因在提高光谱分辨率和多光谱波段多样性方面的潜力而受到越来越多人的关注。本章提出了多光谱视频处理中综合频带子集选择和视频处理参数优化的方法。这些方法的设计是为了系统地权衡处理要求和准确性,以及最大限度地提高给定一组处理波段的准确性。使用所提出的方法和 DDDASF 范式,可将动态约束和度量合并到嵌入式软件的实时、带宽受限的应用程序中。虽然本章所开发的方法是在背景减法上下文中进行的演示,但是底层的方法是通用的,可以适用于其他视频分析解决方案。

23.1 引　言

多光谱视频捕获技术的最新进展,以及这些进展带来的系统设计权衡,为 DDDAS 的视频分析领域带来了新的挑战和机遇。多光谱视频流中额外的光谱波段为更精确的知识提取提供了可能性,但也增加了与实时处理、资源消耗和存储需求相关的成本。本章开发了数据驱动的模型和方法来解决这些权衡,以完备的开展多光谱视频处理系统的设计优化。具体来说,我们在一个特定的视频处理应用中开发并演示了该方法——背景减法,它被广泛应用于许多需要自动检测运动目标的应用领域。

更具体地说,我们所开发的系统,其设计框架使用轻量级数据流(LD)技术用于动态、数据驱动的视频处理,还研究了多光谱视频流的背景减法。LD 是一种基于模型的方法和一组应用程序编程接口(API),被用于设计和实现嵌入式信号、图像和视频处理系统。本章所开发的设计框架称为 LDspectral,可为多光谱视频处理系统的实时实现提供相关权衡的系统优化。当计算资源或能量消耗预算增加时,如果给定多光谱波段对应于要处理的子集,LDspectral 能够推导出相应的子集递增序列,其目标是基于给定操作场景所施加的约束,在可用波段上实现战略性的、动态的选择。

针对结合波段子集的选择,本章提出了一种优化多光谱处理背景差参数的方法。具体目标参数包括跨波段采用的数据融合策略类型(像素级或特征级)、像素级融合加权系数,以及特征级融合的池化阈值等。

除了提供适应视频处理配置以响应动态变化的操作约束方法外,与以前开发的多光谱背景消除技术相比,这种参数化和配置优化的新方法可以在相关数据集上实现更精确的背景消除。

在本章所开发的方法中,我们通过 DDDAS 范式对视频处理在算法和实现方面的权衡进行建模和优化。LDspectral 使用 DDDAS 范式,通过执行时间仪表收集的性能数据,并根据其权衡模型和实时性能约束动态调整视频处理配置。

虽然本章所开发的方法在背景减法的上下文中得到了具体的演示,但是底层的方法是通用的,可以适用于其他视频分析场景。

本章的其余部分安排如下。23.2 节介绍了多光谱视频处理的背景和相关工作。23.3 节介绍了 LDspectral 系统,并讨论了该系统旨在解决的基于 DDDAS 优化视频处理中的具体问题。23.4 节~23.6 节详细介绍了所提出的模型和方法,以解决 LDspectral 中的应用问题。23.7 节讨论了验证和评估这些新方法的实验设置,并报告了实验结果。23.8 节总结了所做的贡献,并概述了今后工作的方向。

23.2 相关工作

多光谱传感器技术被广泛应用于地面和空气环境的监测和监视中,如土地覆盖分类和热测绘等。多光谱图像通常覆盖 3~10 个光谱波段,范围从近红外到可见光。近年来,传感器技术的进步有助于提高多光谱成像系统的效率和降低成本,并使这些系统在越来越多的应用中更具实用性。

与高光谱成像类似,与传统成像方法相比,多光谱成像提供了更高的光谱分辨力。然而,多光谱成像系统使用的光谱波段要少得多(范围为 3~10 个),而高光谱成像系统可以使用数百个、数千个甚至更多的波段。高光谱成像系统中使用的波段不仅数量多,而且带宽更窄。虽然本章的贡献是在多光谱成像系统的背景下介绍的,但它们有适应高光谱系统的潜力。研究这种适应性是未来工作的一个重要方向。

在从多光谱和高光谱成像传感器提供的不同通道中提取知识的过程中,图像融合是一类重要的算法。Liu 等对不同的多分辨率图像融合算法进行了比较研究。Bhateja 等开发了一种用于医学应用的多光谱图像融合的非亚采样 contourlet 变换方法。Wei 等提出了一种基于稀疏表示的多光谱和高光谱图像融合方法,与相关的融合技术相比,可以减少光谱误差和光谱失真。Chen 等开发了一种使用泛锐化方法融合同一场景的低空间分辨率高光谱图像和高空间分辨率多光谱图像的方法。

Benezeth 等对多光谱视频处理在运动目标检测中的应用进行了广泛的实验研究。他的贡献还包括一个公开可用的数据集,用于实验多光谱背景消除技术。Uzkent、Hoffman 和 Vodacek 开发了一种用于控制高光谱数据收集的 DDDAS 框架。Sobral 等提出了一种用于鲁棒背景相减的在线随机张量分解算法,其研究结果表明,红、绿、蓝(RGB)特征不足以处理颜色饱和度、光照变化和阴影造成的问题,而将六个可见光谱波段和一个近红外波段结合在一起有助于解决这些限制。Reddy 等提出了一种多光谱视频可视化方法,并在此背景下提出了一种融合技术来保留颜色、纹理、相对亮度和清晰度。近年来,Aved 等对高光谱波段进行了加权。

本章的贡献与相关工作的不同之处在于:①侧重将 DDDAS 方法集成到多光谱视频

处理系统的精度和实时性能之间的权衡优化中;②强调支持灵活的优化,包括处理可用多光谱波段的子集,以及相关的算法和数据流配置。本章开发的设计方法和工具在很大程度上是对上述图像融合领域的方法的补充。在实验评估(23.7 节)中,我们应用了 Benezeth 等介绍的上述数据集。

23.3　轻量数据流频谱

如第 23.1 节所述,本章开发了 LDspectral 的新功能,LDspectral 是一种用于优化设计和实现多光谱视频处理系统的软件工具。LDspectral 的目标是基于给定操作场景施加的约束和从底层嵌入式平台收集的仪器数据,可在可用波段上实现高效、动态的处理。

在以 LDspectral 为目标的 DDDAS-驱动的视频处理系统中,输入数据来自一个集合 $Z=\{B_1,B_2,\cdots,B_N\}$,其中 N 为可用光谱带的总数。给定数据流图 $G=(V,E)$,可用于处理该波段多光谱图像流,其中 V 是图顶点的集合(参与者),它对应于功能模块。$\ddot{E}$ 是边集,每条边 $e\in E$ 都对应一个先进先出(FIFO)的通信通道,当数据从一个参与者的输出传递到另一个参与者的输入时,该通道对数据进行缓冲。G 中的角色和边分别有相应的参数集 P_v 和 P_e。依据有些学者提出的布尔参数数据流思想,一条边的参数可能包括一个布尔激活参数。这些激活参数允许启用和禁用边缘。在此上下文中,禁用边缘意味着有效地从图中删除关联的连接(在边缘的源和接收器参与者之间)。这种动态参数调整的使用可以用来配置系统模型中的数据流。

对于特定的视频处理场景,我们假设给定的执行时间性能约束 C_r(以时间为单位)。用于视频处理的实时系统配备有相关设备,用于定期确定当前视频处理配置的执行时间。LDspectral 解决的问题是选择光谱波段的子集 $S\in 2^Z$ 进行存储和处理,并在 $(P_v\cup P_e)$ 中为所有数据流图参数分配有效的参数值,使视频处理精度在 C_r 规定的实时约束下最大化。在这里,2^Z 表示 Z 的幂集。

LDspectral 工具解决了由多光谱图像采集技术引入的新视频处理设计空间。它为多光谱视频分析提供了有效的实验和数据驱动的视频处理配置优化。本章的其余部分详细讨论了 LDspectral 中使用的设计优化模型和方法,并通过一个涉及移动目标检测背景减法的案例演示该工具。

23.4　实时系统模型

图 23.1 为 LDspectral 所针对的实时系统模型框图。我们将此模型称为 LDspectral 实时系统模型(LRSM)。在 LRSM 中,“数据流配置谱”指的是可选参与者配置的性能谱。这些谱文件提供了与给定视频处理应用系统中选定功能模块相关联的备选算法配置的准确性和执行时间的估计。谱文件是在设计时确定的,可以通过仿真、在目标嵌入式平台上的插装执行来确定。

类似地,子集选择配置文件提供了对不同光谱波段子集的精度和执行时间之间的权衡。这个分析数据集合中的每个条目都对应可用光谱波段的一个子集 $S\in 2^Z$,当子集 S

用作核心视频处理功能的输入时,提供可达到的精度和执行时间成本的估计[剩余的频带($Z-S$)被丢弃或忽略]。在当前版本的 LDspectral 中,在 $1,2,\cdots,N$ 的范围内为每个基数值选择一个子集,其中 N 为多光谱传感器子系统中可用频带的总数。然后,将一个条目存储在每个选定子集的子集选择配置文件中。用于选择和评估这些子集的方法将在 23.6 节中进一步讨论。

子集选择配置文件和数据流配置文件,在运行时用于调整与目标嵌入式系统的核心视频处理功能相关的算法和数据流参数。其核心功能由图 23.1 中带标记的“频带子集处理”(BSP)块表示。关于 BSP 子系统的详细信息将在 23.5 节中讨论。LRSM 中系统参数的动态、数据驱动的自适应是通过图 23.1 中标记为数据流参数重构和带子集选择的块来完成的。我们使用参数化数据流和布尔参数化数据流技术进行数据流参数重构。Band 子集选择块将子集选择谱文件提供的设计时信息和从性能(执行时)检测中派生的运行时信息作为输入,在 LRSM 执行的下一个迭代 i 中要处理的多光谱波段的子集 $\sigma(i) \in 2^{Z}$ 作为输出。这个子集是从子集选择配置文件中的条目中提取的,作为在满足当前操作约束 C_r 的同时提供最高精确度的带子集。

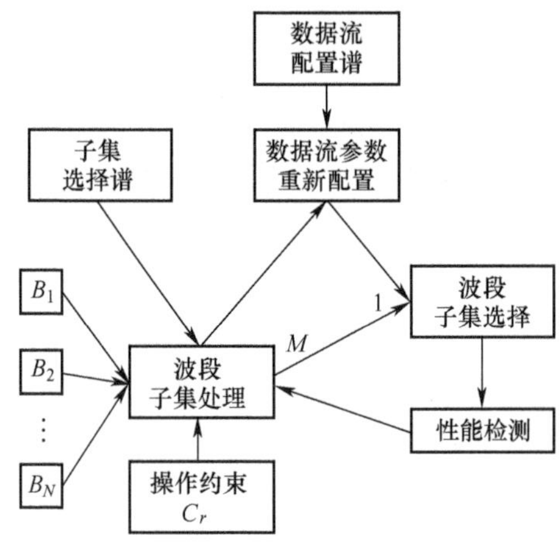

图 23.1 LDspectral 实时系统模型的框图

23.5 波段子集处理

本节详细介绍了在 23.1 节中提出的 BSP 子系统,它是图 23.1 中的一个块。BSP 子系统的数据流表示如图 23.2 所示,包括像素级融合(PLF)和特征级融合(FLF)。

LDspectral 中的 BSP 子系统是结合轻量级数据流环境(LIDE)和 OpenCV 设计。LIDE 是一个基于模型的工具,用于设计和实现使用粗粒度数据流表示的嵌入式软件和固件。OpenCV 是一个计算机视觉软件框架,它包含一个用于视频处理的大型软件组件库。在综合使用 LIDE 和 OpenCV 的 BSP 中,LIDE 中的参与者将调用合并到执行选定的图像/视频处理操作的相关 OpenCV 函数中。OpenCV 方法为集成基于模型的系统设计技术和 OpenCV 中大量的图像/视频处理实现提供了一种有效的方法。

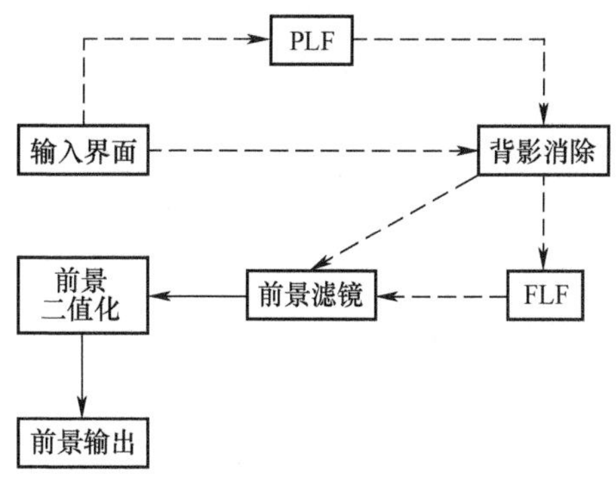

图 23.2　频段子集处理子系统的数据流表示

如图 23.2 所示，BSP 子系统由多个角色组成。输入界面提供了一个接口，用于访问和操作 BSP 子系统的给定调用 I 的输入图像帧。这些输入帧对应于将在调用 I 期间访问的光谱波段的选定子集。

背景消除参与者计算初始的背景消除结果，该结果在 BSP 子系统的后续阶段进一步细化。这个参与者所应用的核心操作通过名为 BackgroundSubtractorMOG2 的 OpenCV 函数来执行，该函数应用了一个高斯混合模型（GMM）。

前景滤波因子用于去除背景减法因子输出中的噪声。这种噪声可能是由背景物体的移动引起的，比如被风吹动的树木。前景滤光器在 OpenCV 中应用两种形态操作：侵蚀和扩张。冲蚀函数删除前景中小于筛选器大小（BSP 子系统的一个参数）的对象，而扩展函数纠正由于冲蚀操作而导致的前景对象边界的失真。

前景二值化演员获取前景过滤器的输出，并将其转换为二进制形式，其中每个像素被分类为前景或背景像素。前景二值化演员应用一个经验确定的阈值（脱机）优化分类精度。在 BSP 中，使用 OpenCV 函数 cvThreshold 进行前景二值化。

BSP 子系统提供了两种不同的融合方法——PLF 和 FLF，来融合所选波段子集中来自不同波段的单个图像。在对输入图像进行背景消除之前对其进行 PLF 处理，随后对每个波段的初步背景消除结果进行 FLF 处理。利用 BSP 子系统中可配置的数据流功能（如图 23.2 中的虚线表示），设计人员或 LDspectral 实时系统可以在 PLF 和 FLF 之间灵活选择。

对于具有两个元素的波段子集，“成对波段组合”参数 α 用于在 BSP 子系统中配置 PLF。α 的值必须是在[0,1]的实数。参数 α 用于通过以下方式配置融合操作：

$$y = \alpha \times x_1 + (1 - \alpha) \times x_2 \tag{23.1}$$

式中：x_1 和 x_2 为两个输入波段中对应的像素值（在相同的图像坐标下）；y 为输出中相同坐标处的像素值。

使用 N 维向量 $\boldsymbol{\alpha}(N) = (\alpha_1, \alpha_2, \cdots, \alpha_N)$ 将这种融合方法扩展到具有任意大小 N 的频带子集，其中 $\sum_i \alpha_i = 1$。向量 $\boldsymbol{\alpha}(N)$ 的形式被称为 PLF 权重向量。当频带的子集以 LDspectral 的方式递增构建时，可以使用网格搜索有效地计算向量 $\{\boldsymbol{\alpha}(N)\}$。关于本工作中使用的网格搜索方法的更多细节见 23.6 节。

我们为 FLF 应用池策略：

$$Z_t(s)=\begin{cases}1 & (\sum_i Y_{i,t}(s)>\rho)\\ 0 & (\text{其他})\end{cases} \tag{23.2}$$

式中：$Y_{i,t}$ 为在帧 t 和光谱带 i 处融合的输入图像；Z_t 为由 FLF 导出的第 t 个输出帧；ρ 称为多数参数，提供融合操作的阈值；s 为给定的像素索引。ρ 的值范围从 1（逻辑或运算）到频带总和（逻辑与运算）。融合结果中的每个二进制像素值 $Z_t(s)$ 表示该像素对应前景（1）还是背景（0）的预测。

23.6 波段子集选择

如 23.4 节中所述，图 23.1 中的子集选择配置文件是在设计时导出的，以提供一组称为 bandseq 的战略性多光谱输入配置（现有多光谱波段的子集），这些配置可用于 LRSM 进行动态的、数据驱动的自适应。我们首先讨论了 LDspectral 中基于 PLF 的子集选择轮廓的提取方法，然后将该方法扩展到 PLF 和 FLF 中。

派生出的"子集选择配置文件"bandseq 集包含一个精心选择的带宽子集，用于 1，2，…，N_b 范围内的每个基数值，其中 N_b 是多光谱传感器子系统中可用波段的总数。因此，可以将 bandseq 看作一个序列或数组，其中第 i 个元素是具有基数 i 所选带宽的子集。随着每个频带子集，一个优化的 PLF 权重向量被导出，以启发式地最大限度地提高相关频带子集的 PLF 精度。

算法 1 提供了用于 LDspectral 算法的伪代码草图，以获得子集选择配置文件的 bandseq 和相关的 PLF 权向量数组 alpha。对于每个 i，bandseq[i]被导出为所选多光谱波段的 i 元素集。这里给出的算法是一个贪婪算法，对于每个 $\hat{J}=2,3,\cdots,N_b$，bandseq[$\hat{J}$]是将 bandseq[$\hat{J}-1$]扩展（band−bandseq[$\hat{J}-1$]）一个频带后得到的，其中，波段是多光谱视频处理系统中可用波段的完整集合。因此，对于 $k<j$，bandseq[j][k] =bandseq[$j-1$][k]。

每个 bandseq [j]的权向量是通过约束得到的：

$$\text{alpha}[j][k]=g\times\text{alpha}[j-1][k]\quad(k<j,g\in[0,1]) \tag{23.3}$$

然后执行网格搜索，使用训练数据集进行评估，以优化 g 的值。该评估由算法 1 中的 evaluateBSP 调用表示，通过调用训练数据集中所有图像的 BSP 子系统（图 23.2）来评估给定频带子集和 PLF 权值的平均精度。用谐波平均性能指标 $F_{度量}$进行精度评价，并从调用 evaluateBSP 返回整个训练集计算的平均 $F_{度量}$。$F_{度量}$在 23.7.4 节中有更详细的讨论。

由于 alpha[$j-1$]的分量之和为 1（请参见 23.5 节）），且 alpha[j]的分量之和也必须为 1，因此在网格搜索过程中可以得到 alpha[j]的最后一个分量为

$$\text{alpha}[j][j]=1-g \tag{23.4}$$

为了降低搜索复杂度，在搜索过程中加入了式（23.3）中的约束条件。在将优化所需的总时间保持在可接受的范围内的同时，研究如何有效地放松这一约束并实现更彻底的搜索，这是未来工作的一个重要研究方向。

在我们的实验中，我们使用了 0.1 的网格间距（算法 1 中的网格间距参数）。

算法 1

```
参数 N_b:可用频谱带数
参数 bands:光谱带组
参数 gridspacing:网格搜索的粒度
输出 bandseq[N_b]:所选频段的序列
输出 alpha[N_b]:频带子集的权重向量
unprocessed = bands
processed =∅
for i = 1; i≤N_b; i++ do
  f_M= -1
  for u ∈ unprocessed do
    S = processed A∪{u}
    for g = 0; g≤ 1; g+ =gridspacing do
      w=((g×alpha[i- 1]),(1 -g))
      f_m=evaluateBSP(S, w)
      If f_m>f_M then
        ū= u
        w̄= w
    bandseq[i] =ū
    alpha[i] =w̄
    measure[i] =f_M
    Munprocessed - = {ū}
    processed + = {ū}
```

算法 1 适用于 FLF,通过在 BSP 子系统中配置数据流进行特征级融合,用网格搜索代替网格搜索优化 PLF 权值,以优化多数阈值 ρ[参见式(23.2)]。这是一种相对简单的用另一种具有类似形式的网格搜索替换一种网格搜索的方法。为了简洁起见,我们省略了细节。这种替换允许我们使用 FLF 获得一个优化的频带子集序列,并为每个子集基数 i 精确优化多数值 rho[i]。

LDspectral Band Subset Selection(LBSS)首先应用算法 1 和采用了 FLF 而不是 PLF 的算法 1 的改编版本。我们将分别得到波段子集(bandseq 输出)β_{plf}和β_{flf}。同样,结果的平均精度结果(度量输出)表示为 M_{plf}和 M_{flf}。

然后对于每个带子集基数 $i \in \{2,3,\cdots,N_b\}$, LBSS 选择 $\beta_{\mathrm{plf}}[i]$(以及相关的权向量 alpha[i])或 $\beta_{\mathrm{flf}}[i]$(以及相关的多数值 rho[i]),这取决于是否 $M_{\mathrm{plf}}[i] \geq M_{\mathrm{flf}}[i]$或 $M_{\mathrm{flf}}[i] < M_{\mathrm{flf}}[i]$。对于 $i=1$,不涉及任何融合,所以独立子集选择 LBSS 只是等于$\beta_{\mathrm{plf}}[1]$和$\beta_{\mathrm{flf}}[1]$的共同值。

23.7 实验结果

23.7.1 实验设置

实验中用于训练和测试的多光谱视频序列是从 Benezeth 等发表的多光谱数据集中获得的,所使用的这个数据集包括前景的实景,用来评估背景消除的精度。

该数据集中的视频数据是基于 FluxData 公司的 FD-1665-MS 商用多光谱摄像机采集的。该数据集共包含 7 个波段,包括可见光波段(B1~B6)中的 6 个不同的通道,波长范围在 400~700nm,以及一个近红外波段(B7),波长范围在 700~1000nm。

我们使用了来自上述数据集的 1102 张多光谱图像,将这组图像分成 735 张(约占 2/3)用于训练,367 张用于测试。

实验是在一台配备了 3.10GHz Intel i5-2400 CPU、4GB RAM 和 Ubuntu 15.10 LTS 操作系统的台式计算机上进行的。这些实验结果将在 23.7.4 节和 23.7.5 节中讨论。

23.7.2 精度指标

我们采用谐波平均性能指标 $F_{度量}$ 作为评价系统精度的主要指标。该度量在很多文献中被广泛用于评估物体检测的准确性。$F_{度量}$ 被定义如:

$$F_{度量} = 2 \times \frac{r \times p}{r + p} \tag{23.5}$$

其中准确率 p 和检索率定义为

$$p = \frac{n_c}{n_f}, \quad r = \frac{n_c}{n_g}$$

式中:n_c 为正确分类的前景像素的数量;n_f 为被划分为前景的像素的数量;n_g 为真值中前景像素的数量。

23.7.3 示例图像

图 23.3 显示了一个复合(全频带)实验场景:在 7 个可用的多光谱波段上,7 幅不同的图像对应单波段前景结果;以及由 LDspectral 使用背景减法和 PLF 在所有 7 个波段上 PLF 得出的前景结果。我们从 Benezeth 的数据集中选择该场景作为示例,以说明 LDspectral 中采用的融合和背景消除技术。LDspectral 得出的前景融合结果如图 23.3 右下角的图像所示。

对这些图像的研究表明,与单独对单个波段进行背景消除相比,我们在图像融合的同时进行背景消除可以得到更准确的结果,例如,单波段结果中的空心部分大部分被填充在融合结果中。

从图 23.3 的例子中可以直观地看出,融合可以显著提高准确率,LDspectral 的总体目标是在视频处理配置之间实现高效、动态的自适应,从而在操作约束下兼顾准确性和实时性能。LDspectral 用于执行这种权衡优化的效用,将在本节的其余部分进行演示。

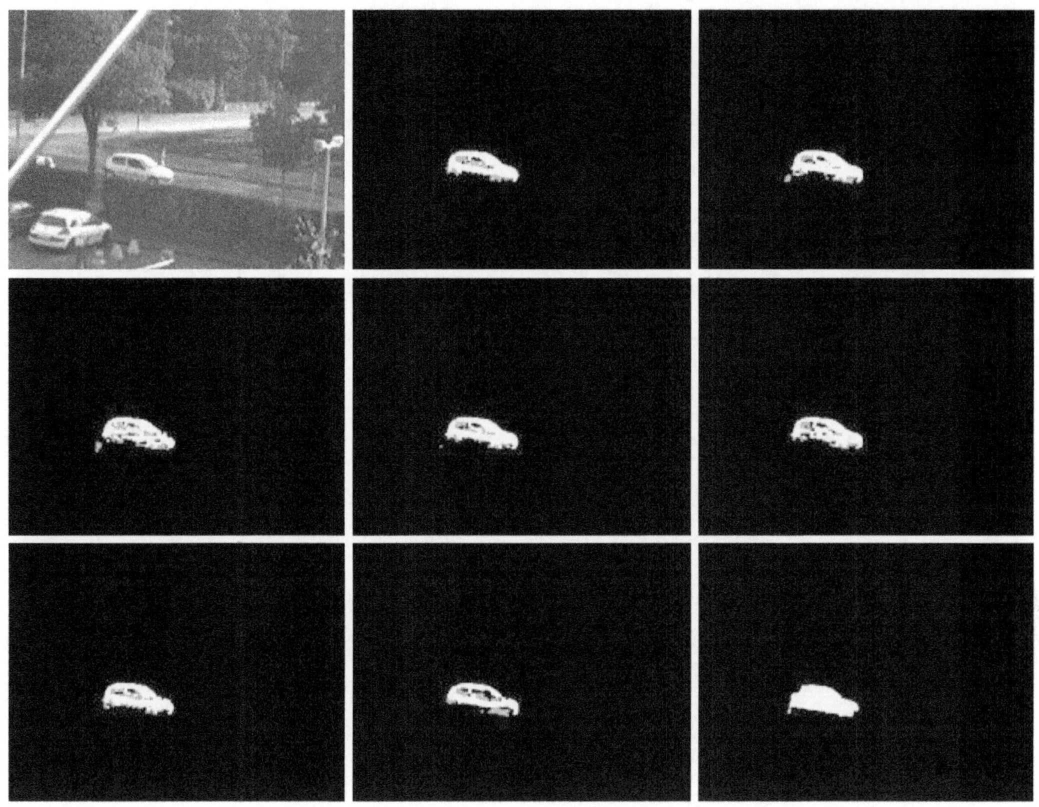

图 23.3　Benezeth 数据集中的一个示例,用于说明融合技术光谱中使用的背景和背景减法(场景、7 个波段和前景融合图像)

23.7.4　准确性评估

图 23.4 显示了 PLF 和 FLF 所有可能的一阶和二阶子集的前景精度结果。这里的结果是使用 23.6 节中给出的 LBSS 算法中的搜索过程得到的。图 23.4 中每个非对角的表条目由两个垂直堆叠的值组成——顶部的值对应于 PLF,底部的值对应于 FLF。对角线上的元素对应于单元素(单频带)子集,而第 i 行和第 j 列的每个非对角元素代表双频带子集 $\{B_i,B_j\}$。表中的值是基于我们的多光谱数据集计算的平均 $F_{度量}$值。图 23.4 中的粗体显示了 FLF 在精度高于 PLF 的情况下的精度。

研究结果表明,与 PLF 相比,FLF 只能在一小部分被评估的频带子集上获得更高的精度。此外,正如我们在 23.7.5 节中所展示的,与 PLF 相比,FLF 在我们的实验平台上需要更高的执行时间。因此,对于本节(23.7.2 节)中报告的其余实验,我们关闭或禁用 LBSS 中的 FLF,以便只考虑 PLF 的配置。然而,在 LBSS 中启用 FLF 的选项通常对于其他目标平台是有用的,比如启用了 FLF 的 BSP 数据流图的性能的平台。

从图 23.4 中我们还可以看出,当频带数从 1 增加到 2 时,明显证明了结果的不准确性。这有助于确认和量化保持逐步扩大的光谱波段子集作为 LDspectral 动态适应的备选配置的效用。

波段	1	2	3	4	5	6	7
1	0.934	0.940 **0.942**	0.943 **0.944**	0.945 0.940	0.943 **0.947**	0.943 **0.946**	0.933 0.933
2		0.931	0.942 0.942	0.936 **0.937**	0.942 0.942	0.937 0.937	0.930 0.926
3			0.939	0.939 0.938	0.943 0.941	0.940 0.937	0.939 0.935
4				0.929	0.940 0.937	0.932 0.929	0.930 0.926
5					0.942	0.938 0.937	0.937 0.933
6						0.919	0.925 0.922
7							0.843

图 23.4 使用 LDspectral 的不同的一频段和二频段子集的精度结果 PLF 和 FLF
(在每个非对角线表条目中,最高值对应于 PLF,而最低值对应于 FLF)

图 23.5 显示了使用 LDspectral 中的 LBSS 算法进行带子集增量构建的结果。列对应由 LBSS 派生的逐步增大的频带子集,而行对应在搜索过程中逐步添加和计算的单个频带。例如,第 3 行和第 1-4-6 列对应的条目显示了对于带子集{B1,B3,B4,B6}获得的最佳精度(通过网格搜索评估的所有 PLF 配置)。

波段/s	1-4	1-4-6	1-4-6-3	1-4-6-3-5	1-4-6-3-5-2
1	—	—	—	—	—
2	0.948	0.957	**0.957**	**0.958**	—
3	0.946	**0.957**	—	—	—
4	—	—	—	—	—
5	0.949	0.950	0.957	—	—
6	**0.949**	—	—	—	—
7	0.918	0.935	0.938	0.940	**0.961**

图 23.5 在 LDspec-中使用 LBSS 算法构造增量带子集的结果中性

图 23.5 中的黑体字代表了相应列中的最佳配置,它们是搜索过程在 LBSS 中选择的配置。例如,当 B6 波段与 B1、B4(这里 B5 带的连接是任意断开的,或者基于表中没有显示的不太重要的数字)波段组合时,B6 波段的准确率最好,因此,这两个子集的并集{B1、B4、B6}被认为是最佳的 3 元子集。这个子集然后在表的下一列中表示(标记为 1-4-6)。

图 23.5 的结果以带子集{B1,B4}为起点,即作为定义表中第一列数据的初始双频带序列。之所以选择这对频带,是因为它与图 23.4 所示的最佳双频带 PLF 结果一致。基于以上动机,我们在 LBSS 的这一部分实验评价中禁用了 FLF。

从图 23.5 的研究结果可以看出,正如所预期的那样,$F_{度量}$随着所选频带集的基数增大而增大。当构造较小的频带子集时,改进幅度较大;当构造较大的频带子集时,改进幅度较小。这些趋势很重要,因为它们会影响处理额外波段所提供的更高精度和此类处理所产生的更高计算成本之间的权衡。这些权衡的执行时间将在 23.7.5 节中进行研究。

图 23.6 显示了 LDspectral 与相关文献在同一多光谱数据集上评估方法相比,在精度上提高。这些结果适用于(7)个有效的多光谱波段。通过 LDspectral 中的方法,$F_{度量}$值提高了 7.1%。这是一个相对较大的改进,因为可以实现改进的上限(用 $F_{度量}=1$ 表示)是 $(1-0.897)\div0.897\approx11.5$。促成这种改进的因素包括在 LDspectral 中综合使用 PLF 的 GMM 模型,以及 PLF 配置的网格搜索优化。

参数	准确率	检索率	$F_{度量}$
LDspectral	0.969	0.953	0.961
文献(Benezeth, 2014)	0.870	0.925	0.897
改进后/%	0.114	0.03	0.071

图 23.6 LDspectral 与相关研究使用相同的多光谱资料集

融合模式	处理频带数						
	1	2	3	4	5	6	7
PLF	31.1	34.9	38.8	43.0	47.5	51.6	55.4
FLF	31.1	52.7	81.3	93.7	101.8	121.0	138.5

图 23.7 不同处理频带数和不同融合模式的执行时间(单位:ms/帧)

23.7.5 执行时间评估

图 23.7 显示了不同处理频带数和不同融合模式下的执行时间变化。这些结果以每帧执行 BSP 数据流图所需的毫秒数来表示(图 23.2)。表中的列对应不同的带子集大小。第一列对应的是只涉及一个光谱波段时 BSP 所需的执行时间,所以不进行融合,两行报告的执行时间是相同的。

图 23.7 中报告的执行时间是通过对每个给定基数的一个带子集的训练数据集进行超过 10 次迭代求平均值得到的。这些结果表明,随着频带数量的增加,与 PLF 相比,FLF 的执行时间明显延长。例如,从图 23.7 所示的趋势可以看出,在 2 个频段上执行 FLF 所需的执行时间超过了在 6 个频段上执行 PLF 所需的时间。这些结果进一步强调了在一个以优化精度和实时性能之间的平衡为目标的系统中,对融合配置和频带子集进行仔细、联合选择的必要性。

23.8 小　结

在本章中,我们针对 LDspectral 中波段子集选择和视频处理参数优化开发了一种新的方法,是一种基于模型的系统设计、原型设计和数据驱动的多光谱视频处理系统优化的软件工具实现方法。LDspectral 是为了在多光谱图像采集技术引入的新视频处理设计空间的背景下进行优化而开发的。本章开发的方法使 DDDAS 数据驱动视频处理的实验和优化成为可能。本章通过一个涉及背景消除的案例研究和一个相关的多光谱数据集来验证这些方法的准确性和执行时间。

未来工作方向包括:使开发的方法和工具适应视频分析上下文,而不仅仅是背景消除和超光谱视频处理系统;进一步改进像素级融合权值优化的搜索过程;并尝试其他类型的目标平台,如基于图形处理单元或现场可编程门阵列的应用程序。

参 考 文 献

[1] A. J. Aved, E. P. Blasch, J. Peng, Regularized difference criterion for computing discriminants for dimensionality reduction. IEEE Trans. Aerosp. Electron. Syst. 53(5), 2372-2384(2017)

[2] V. Bebelis, P. Fradet, A. Girault, B. Lavigueur, BPDF: a statically analyzable data flow model with integer and Boolean parameters, in Proceedings of the International Workshop on Embedded Software, Montreal, 2013, pp. 1-10

[3] Y. Benezeth, D. Sidibé, J. B. Thomas, Background subtraction with multispectral video sequences, in Proceedings of the Workshop on Non-classical Cameras, Camera Networks and Omnidirectional Vision, Hong Kong, 2014

[4] V. Bhateja, A. Srivastava, A. Moin, A. Lay-Ekuakille, NSCT based multispectral medical image fusion model, in Proceedings of the IEEE International Symposium on Medical Measurements and Applications, Benevento, 2016, pp. 1-5

[5] B. Bhattacharya, S. S. Bhattacharyya, Parameterized dataflow modeling for DSP systems. IEEE Trans. Signal Process 49(10), 2408-2421(2001)

[6] Z. Chen, H. Pu, B. Wang, G. M. Jiang, Fusion of hyperspectral and multispectral images: a novel framework based on generalization of pan-sharpening methods. IEEE Geosci. Remote Sens. Lett. 11(8), 1418-1422(2014)

[7] L. J. Ferrato, K. W. Forsythe, Comparing hyperspectral and multispectral imagery for land classification of the lower Don River, Toronto. J. Geog. Geol. 5(1), 92-107(2013)

[8] Z. Liu, E. Blasch, V. John, Statistical comparison of image fusion algorithms: recommendations. Inf. Fusion 36, 251-260(2017)

[9] Z. Liu, E. Blasch, Z. Xue, J. Zhao, R. Laganiere, W. Wu, Objective assessment of multiresolution image fusion algorithms for context enhancement in night vision: a comparative study. IEEE Trans. Pattern Anal. Mach. Intell. 34(1), 94-109(2012)

[10] K. Pulli, A. Baksheev, K. Kornyakov, V. Eruhimov, Real-time computer vision with OpenCV. Commun. ACM 55(6), 61-69(2012)

[11] B. C. S. Reddy, P. Shah, S. N. Merchant, U. B. Desai, Visualization of multispectral video with moving background based on background extraction and fusion, in Proceedings of the International Conference on Information, Communications and Signal Processing, Rome , 2011, pp. 1-5

[12] J. Sepulveda, S. A. Velastin, F1 score assesment of Gaussian mixture background subtraction algorithms using the MuHA Vidataset, in Proceedings of the International Conference on Imaging for Crime Prevention and Detection, London, 2015, pp. 1-6

[13] C. Shen, W. Plishker, S. S. Bhattacharyya, Data flow-based design and implementation of image

processing applications, chapter 24, in Multimedia Image and Video Processing, ed. by L. Guan, Y. He, S. Kung, 2nd edn. (CRC Press, 2012), pp. 609-629. http://www.crcpress.com/product/isbn/9781439830864

[14] A. Sobral, S. Javed, S. K. Jung, T. Bouwmans, E. Zahzah, Online stochastic tensor decomposition for background subtraction in multispectral video sequences, in Proceedings of the International Conference on Computer Vision Workshop, Tampa, 2015, pp. 946-953

[15] C. Stauffer, W. E. L. Grimson, Adaptive background mixture models for real-time tracking, in Proceedings of the IEEE Conference on Computer Vision and Pattern Recognition, Ft. Collins, 1999

[16] K. Sudusinghe, S. Won, M. van der Schaar, S. S. Bhattacharyya, A novel framework for design and implementation of adaptive stream mining systems, in Proceedings of the IEEE International Conference on Multimedia and Expo, San Jose, July 2013, pp. 1-6. http:// ieeexplore.ieee.org

[17] B. Uzkent, M. J. Hoffman, A. Vodacek, Integrating hyperspectral likelihoods in a multidimensional assignment algorithm for aerial vehicle tracking. IEEE J. Sel. Top. Appl. Earth Observations and Remote Sens. 9(9), 4325-4333(2016)

[18] Q. Wei, J. Bioucas-Dias, N. Dobigeon, J. Y. Tourneret, Hyperspectral and multispectral image fusion based on a sparse representation. IEEE Trans. Geosci. Remote Sens. 53(7), 3658-3668(2015)

[19] Z. Zivkovic, Improved adaptive Gaussian mixture model for background subtraction, in Proceedings of the International Conference on Pattern Recognition, Cambridge, 2004, pp. 28-31

[20] Z. Zivkovic, F. van der Heijden, Efficient adaptive density estimation per image pixel for the task of background subtraction. Pattern Recogn. Lett. 27(7), 773-780(2006)

第 24 章　光场图像压缩

Li Li,Zhu Li

光场图像,也称全光图像,不仅包含有关场景中光强度的信息,还包含有关空间中光线方向的信息。由于光场图像包含丰富的光度和几何信息,未来具有非常广泛的应用。例如,可用于虚拟和混合现实演示的沉浸式内容捕获或用于自动驾驶应用的光场深度。具体地说,光场图像可以通过用于自主决策过程的物理模型进行增强,这也是 DDDAS 的一项重要任务。此外,光场中包含的丰富几何图形和光度信息可以通过实时测量进行更新,这是 DDDAS 的重点,比如智慧城市中的相关图像和视频处理任务。但是,为了使光场图像更易于使用,最重要的任务之一是有效压缩光场图像,以便可以轻松地将它分布在当前的通信基础设施上。

光场图像通常有两种类型:一种是基于小透镜的光场图像;另一种是基于相机阵列的光场图像。这两种光场图像分别使用不同类型的设备进行捕获,因此具有完全不同的特性,所收集的数据可以通过提供实时图像的方法进行处理。在本章中,我们将详细介绍当包含在 DDDAS 系统中时要考虑的这两种光场图像的最新压缩方法。

24.1　基于小透镜的光场图像压缩

一般而言,基于小透镜的光场图像(LFI)通常配备全光相机,该相机在常规图像传感器的前面放置了微透镜阵列。来自物体各种角度的光束首先通过微透镜阵列折射,然后将被传统的 2D 图像传感器捕获,以便生成 LFI 的原始传感器数据。典型光场捕获系统的一个简单示例如图 24.1 所示。

在基于小透镜的 LFI 中,每个微透镜都充当一个单独的小型低分辨率图像相机,从稍微不同的角度传达对象的特定视角。原始传感器数据在去马赛克、去影线和数据结构转换之后被变换为 LFI。如图 24.2 所示,光场工具箱 v0.4 可以将图 24.2(a)中的商用光场相机 Lytro Illum 生成的原始传感器数据转换为图 24.2(b)中所示的光场结构。在图 24.2(b)中,每个矩形代表一个二维视图,该二维视图是从照相机的所有微透镜的贡献中获得的。如图 24.2(b)所示,LFI 实际上具有 4D 信息,不仅包括空间信息(类似于 2D 图像),还包括角度信息(不同的视图)。

由于 LFI 记录了感兴趣场景的光线,因此它不仅可为更改的视点提供新视图,还可以为更改的焦点提供新视图。最近,特别是由于商用光场相机的出现,LFI 成为 3D 成像和

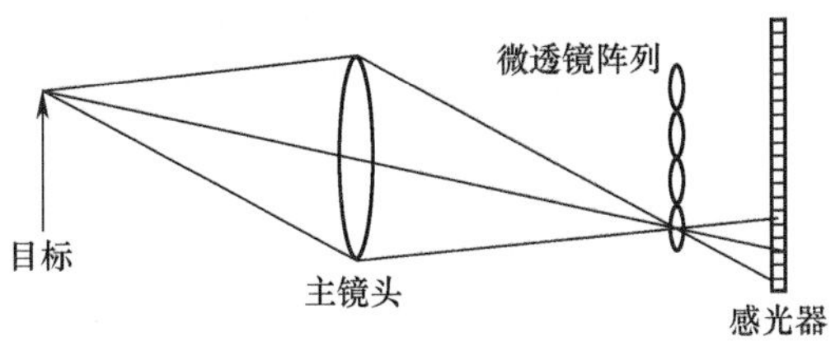

图 24.1　光场相机的概念示意图

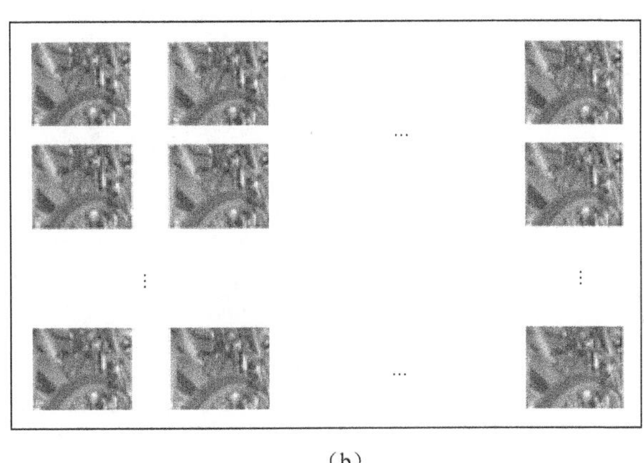

(a)　　(b)

图 24.2　原始传感器数据及其对应的 LFI 数据的示例
(a)去马赛克和去影线后的全光摄像机原始传感器数据;(b)光场数据结构。

传感的越来越有吸引力的解决方案。但是,LFI 的广泛使用仍然受到其规模庞大的限制。由于 LFI 具有 4D 信息,即使一个视图的空间分辨率很小,具有数百个视图的 LFI 的原始数据仍然非常大。例如,由 Lytro Illum 生成的包含捕获的光信息场的原始 LFI 的分辨率为 7728 像素×5368 像素。除了巨大的图像尺寸之外,由于 LFI 是由微透镜阵列生成的,因此其特性与图 24.2(a)所示的普通 2D 图像完全不同,这使得压缩更加困难。

利用经典图像/视频编码标准,有三种常用方法来压缩基于小透镜的 LFI、JPEG、H.264/ AVC 和 H.265 / HEVC。第一种方法,称为基于自相似的 LFI 压缩,尝试使用常用的图像压缩标准压缩 LFI。第二种方法,称为基于伪序列的 LFI 压缩,尝试将 LFI 分解为多个视图,并尝试用视频编码标准中的帧间预测来显示各个视图之间的时间相关性。第三种方法,利用字典学习对基于透镜的 LFI 进行压缩。在这些方法中,我们也有一些选择可以放弃一些视图,并在解码器中将它们合成,因为视图的数量实在太密集而无法压缩。通过删除一些视图,可以节省更多的比特率,但是放弃视图的选择仍然是一个未解决的问题。在以下小节中,我们将对所有这些方法进行基本概述和分析。

24.1.1　基于自相似的光场图像压缩

由于 LFI 可以是二维帧序列,所以也可以使用常规二维视频编码器的简单编码方法,如高效视频编码(HEVC)。从这个意义上讲,LFI 中相邻微图像之间的固有互相关可以看作一种空间冗余,称为“自相似性”。“自相似性”的典型示例如图 24.3 所示。从图 24.3 可以看出,“自相似性”模式或图像 B 编码器事实上与 HEVC 屏幕内容扩展中的内部块复制模式非常相似。

如图 24.3 所示,在基于自相似的 LFI 编码器下,当前图像中之前编码区域均可以被搜索到,并被用于最佳匹配。搜索过程中可以使用诸如绝对差之和(SAD)和平方差之和(SSD)之类的常用失真度量方法。由此,选择的块成为候选块,并且两个块之间的相对位置被定义为自相似向量。在下面基于标准的编码框架下,除某些时间候选向量外,自相似性向量可用与运动向量类似的方式进行编码。

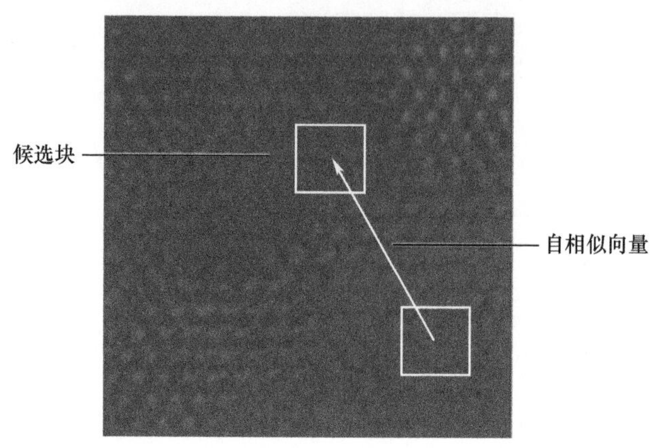

图 24.3 “自相似性”的典型示例

基于自相似的 LFI 编码器的优点之一是可以轻松地与基于标准的图像/视频编码框架结合。自相似模式与 HEVC 帧内编码器结合的典型示例如图 24.4 所示。由该图可见,使用自相似估计模块,可以通过在先前编码的区域中一个接一个的搜索块获得自相似向量。根据自相似向量,可以利用自相似补偿模块获得最相似块。LFI 中的每个编码块将基于速率失真优化(RDO)选择使用帧内模式还是自相似模式来实现最佳性能。

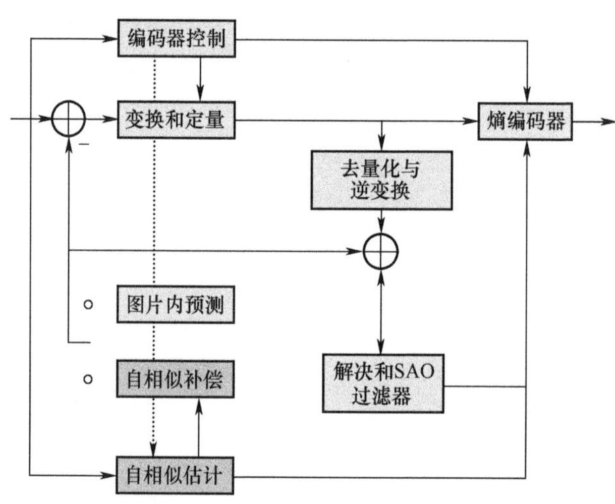

图 24.4 自相似模式与 HEVC 帧内编码器结合的典型示例

以上讨论仅给出了关于单向预测自相似补偿的示例。受视频编码框架中双向运动估计和运动补偿的驱动，使用双向预测自相似补偿也顺理成章。顾名思义，双向预测自相似补偿的候选项可以从同一搜索窗口内的两个区块的线性组合中导出。具体而言，在单预测自相似性估计期间由最佳匹配块给出第一候选，并且通过联合搜索第一候选和第二候选来选择第二选项。双向预测自相似补偿的典型示例如图 24.5 所示。

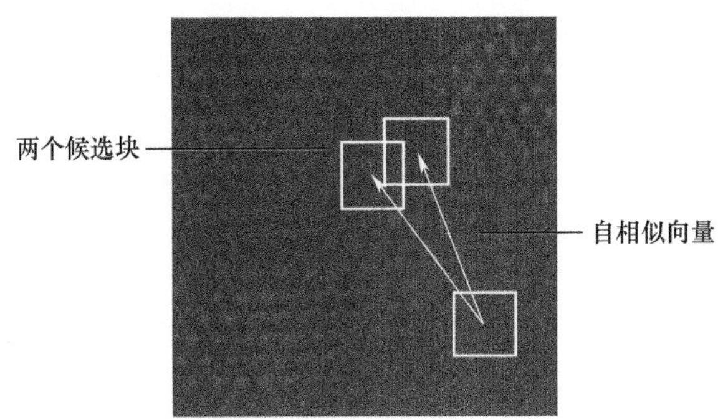

图 24.5　双向预测自相似补偿的典型示例

除了使用一个或两个块执行自相似性补偿外，采用多个块的局部线性嵌入也可以应用于预测当前块。基于局部线性嵌入方法的本质是得到 k-最近邻(k-NN)块的线性组合来估计当前块。为了求出线性系数，局部线性嵌入通过求解最小二乘问题得到系数，该问题的约束条件为系数之和为 1。同时，为了保存传递系数的比特率，可以采用模板匹配的方法获取系数。如图 24.6 所示，搜索窗口 W 可以用于搜索与模板 C 匹配误差最小的 k-NN 模板补丁。然后将线性系数进行优化，以使 k 个最佳模板匹配的线性组合近似于模板 C。最后，将使用与每个模板补丁关联的方块，使用相同的线性系数预测当前块 P。

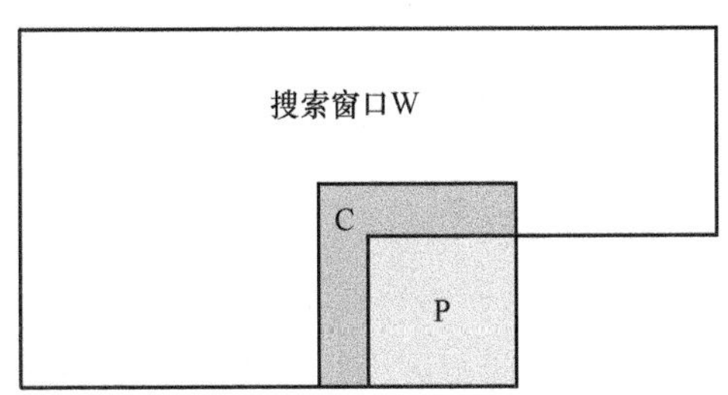

图 24.6　基于局部线性嵌入的自相似补偿

24.1.2　基于伪序列的光场图像压缩

“自相似性”是可以提高 LFI 压缩效率的相关性。由于光场实际上具有 4D 信息，因此也可以将其分解为伪序列。这样，可以充分利用视频编码标准中精心设计的帧间预测编码工具来提高编码效率。如图 24.7 所示，光场可以被分解为多个子图像以组织伪序列。从最早的方法开始，可以使用 3D 离散余弦变换(DCT)和 3D 离散小波变换(DWT)方法，利用各种视图之间的相关性提高编码效率。研究结果表明，基于视频编码标准的框架

(例如 H.264/AVC 和 HEVC)能够更好地利用空间和方向域中的数据冗余。在下文中,我们将详细介绍 2D 分层编码结构,因为它是 LFI 的最新压缩方法,尤其是在低比特率情况下。

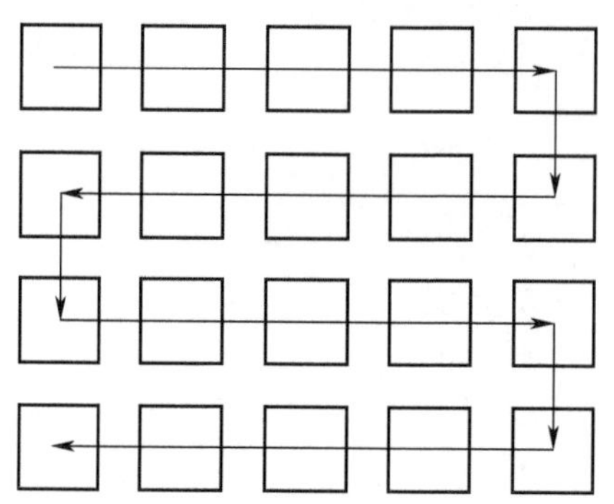

图 24.7 将原始光场平铺为伪序列

如图 24.8 所示,为视图分配了图片顺序计数 0~164。视图分为四个象限。

24.1.2.1 二维分层编码结构

在 DDDAS 框架中有许多方法、算法和统计方法提供实时计算方法。在所有图像和视频压缩方法中,分层编码结构能够在典型的视频序列中提供显著的性能改进。对于具有 4D 信息的 LFI,可以将分解后的多个子图像自然地组织为 2D 编码结构。由于四个角视图可能不利于整体 LFI 质量的提高,因此通常会将它们从原始编码结构中删除。作为一个典型示例,Lytro 生成的 LFI 可以分解为 165 个视图,并被组织为 2D 编码结构,如图 24.8所示,然后为每个视图分配一个 0~164 的图片顺序计数(POC)。在该案例中,中心视图被分配了 POC 0 并被编码为帧内帧,因为它与其他帧的相关性最高,其他视图从左上角到右下角分配了 POC,并编码为帧间。值得注意的是,此处的图片顺序计数只是代表每个视图的符号,而不是常规视频中的显示顺序。

在一维分层编码结构中,我们精心设计了编码顺序和参考帧管理以优化 R-D 性能。在二维分层编码结构下,还应当考虑这两个关键因素以提高 LFI 编码效率。在 1-D 分层编码结构中,采用深度优先编码顺序,这样既能获得非常好的 R-D 性能,又能获得非常小的参考缓冲区。如图 24.9 所示,图片组 GOP 大小为 16 的一维分层编码结构的编码顺序为 0、16、8、4、2、1、3、6、5、7、12、10、9、11、14、13、15。并且参考缓冲区最小为 5。

二维分层编码结构中的情况非常相似。为了尽可能减小参考缓冲,所有帧都被分为四个象限,如图 24.8 所示。每个象限从左上角、右上角、右下角到左下角按顺时针顺序编码。这样,除了两个象限边界中的视图外,每个象限都可以视为一个独立的象限。因此,可以将仅属于一个象限的参考帧从参考帧缓冲器中弹出,以保持相对小的参考缓冲器,而不会影响编码效率。

在每个象限内,深度优先编码顺序将用于水平方向和垂直方向,以充分利用各种视图之间的相关性。以左上象限为例。从图 24.10 中可以看到详细的编码顺序,每个矩形内的数字表示每个视图的编码顺序。在水平和垂直方向上,都将遵循 0、6、3、5、4、2、1 的编码顺序。更具体地说,第 0 行和第 0 列将首先被编码。然后根据垂直方向的分层编码结

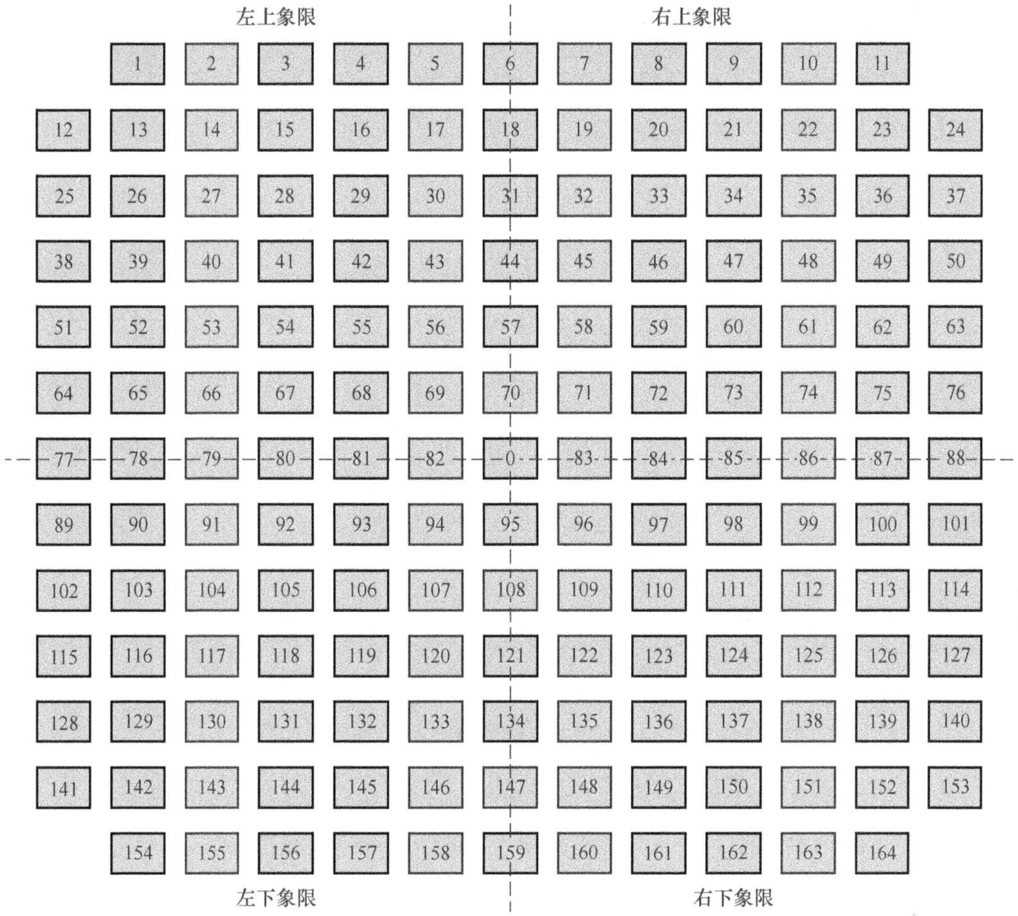

左上象限　　右上象限

	1	2	3	4	5	6	7	8	9	10	11	
12	13	14	15	16	17	18	19	20	21	22	23	24
25	26	27	28	29	30	31	32	33	34	35	36	37
38	39	40	41	42	43	44	45	46	47	48	49	50
51	52	53	54	55	56	57	58	59	60	61	62	63
64	65	66	67	68	69	70	71	72	73	74	75	76
77	78	79	80	81	82	0	83	84	85	86	87	88
89	90	91	92	93	94	95	96	97	98	99	100	101
102	103	104	105	106	107	108	109	110	111	112	113	114
115	116	117	118	119	120	121	122	123	124	125	126	127
128	129	130	131	132	133	134	135	136	137	138	139	140
141	142	143	144	145	146	147	148	149	150	151	152	153
	154	155	156	157	158	159	160	161	162	163	164	

左下象限　　右下象限

图 24.8　要压缩的 13×13 视图(不包括 4 个角视图)

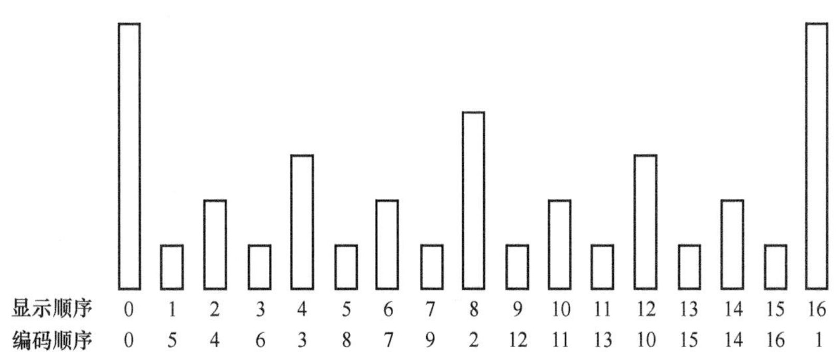

图 24.9　GOP 大小为 16 的一维分层编码结构

构,对第六行进行编码,然后对第三行进行编码。最后,第五、第四、第二和第一行将被顺序编码。在每行或每列内,也将使用 0、6、3、5、4、2、1 的顺序。需要注意的是,为了确保最小的参考缓冲区,其他三个象限的编码顺序将与左上象限的编码顺序对称。更具体地说,右上象限和右下象限的每行编码顺序将是从右到左,右下象限和左下象限的各行的编码顺序将是从下到上。以第 19、20、21、22、23、24 帧的行为例,行编码顺序将从右到左依次为 24、21、23、22、20、19。这样,仅需将帧 24 存储在帧 23 的参考缓冲器中,因此这种方案可以使参考帧缓冲器尽可能小。

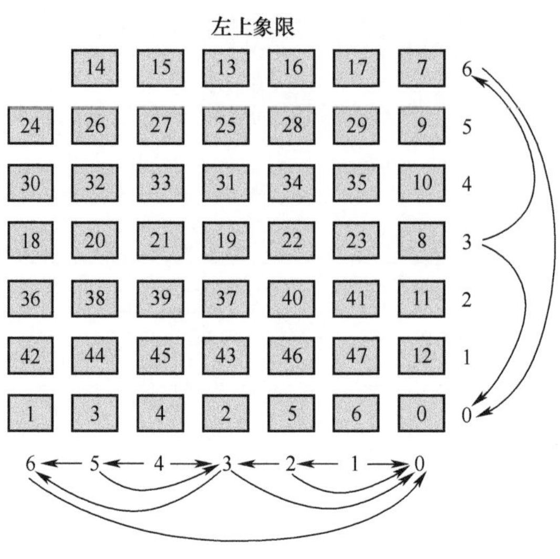

图 24.10　左上象限的编码顺序

除了编码顺序外,参考帧管理对于 R-D 性能也很重要。如图 24.8 所示,所有视图根据其参考频率被分为四组。频率是指参考帧可以被其他帧参考的次数。

(1) 带红色方块的帧。这种帧是最常用的帧。它始终存储在参考缓冲区中,直到当前象限的编码结束。包括当前象限中待编码的红色方块帧在内的所有帧都可以将红色方块帧作为引用。在当前象限中,这些帧的存在可以保证所有帧都有良好的预测。

(2) 带绿色方块的帧。这种帧是次常用的帧。它将被属于同一象限中当前行的帧引用。例如,除了红色方块帧外,帧 26 还可以取帧 25 和帧 28 作为参考。

(3) 带黄色方块的帧。仅在同一象限中紧随其后编码的帧引用此类帧。例如,帧 27 可以帧 26 为基准。

(4) 带黑色方框的帧。诸如帧 27 之类的帧属于非参考帧。

值得注意的是,该方法使用基于行的编码顺序减小参考缓冲区,其中大多数帧的垂直参考比水平参考小得多。例如,当对帧 29 进行编码时,在提出的 2D 分层编码结构下,紧邻帧 16 的上方是不可用的。

接下来,将针对这种 2D 分层编码结构来分析参考缓冲器大小。经过仔细分析发现,在左上象限中,当对诸如帧 27 之类的非参考帧进行编码时,将出现参考帧的最大数量。对于帧 27,不仅 8 个常用的红色方块帧需要存储在参考缓冲区中,而且还要将帧 26 和帧 28 存储在参考缓冲区中。因此,左上象限最多需要 10 个参考帧。对于右上向限和右下象限,情况更加复杂。由于 HEVC 提供的约束条件是下一帧的参考帧只能从当前帧的参考帧和当前帧中选择,帧 77 和帧 80 应始终存储在参考缓冲区中,因为它们将用作左下象限的参考帧。因此,右上象限和右下象限最多需要 12 个参考帧。左下象限的情况与左上象限的情况相同,为此最多需要 10 个参考帧。总而言之,对整个伪序列进行编码所需的参考缓冲区大小为 12。

24.1.2.2　基于距离的参考帧选择和运动向量缩放

根据 24.3 节的分析可以得到结论,参考帧的最大数量为 12。如果这些参考帧都应用于 list0 和 list1,则编码器将遍历所有参考帧以获得最佳预测块,这可能会大大增加编码复杂度。另外,大量参考帧引入的大参考索引也会增加开销比特。因此,在本节中,我们引入了基于距离的参考帧选择算法,以减少开销比特并降低编码复杂度。由于在合并和高级运动向量预测模式中,不同视图的空间位置也会对运动向量(MV)缩放过程产生影响,因此,为了进一步提高编码效率,我们引入了基于空间坐标的 MV 缩放方法。

在一维分层编码结构中,具有较小 POC 差的帧被放置在参考列表的相对较早的位置,因为它离当前帧更近,并且具有更大的参考可能性。但是,在提出的二维分层编码结构中,POC 只代表每个视图的符号,所以 POC 的差不能反映两帧之间的距离。例如,如图 24.8所示,帧 18 和帧 6 之间的 POC 差异为 12,大于帧 18 和帧 15 之间的 POC 差异。然而,框架 18 和框架 6 之间的距离比框架 18 和框架 15 之间的距离小得多。因此,在选择合适的参考系之前需要计算各种视图之间的距离。在这项工作中,我们首先建立了一个坐标系统以导出所有视图的空间坐标,然后使用空间坐标计算各个视图之间的距离。将图 24.8 的最左上位置的空间坐标设置为(0,0),将左右方向设置为正。例如,帧 0 和帧 1 的空间坐标分别为(6,6)和(1,0)。然后,POC 和每个帧的空间坐标(x,y)之间的对应关系可以得出:

$$x=\begin{cases}6 & (\mathrm{POC}=0)\\ \mathrm{POC}\% \times 13 & (\mathrm{POC}\leqslant 11)\\ (\mathrm{POC}+1)\% \times 13 & (\mathrm{POC}\leqslant 82)\\ (\mathrm{POC}+2)\% \times 13 & (\mathrm{POC}\leqslant 153)\\ (\mathrm{POC}+3)\% \times 13 & (\text{其他})\end{cases} \tag{24.1}$$

$$y=\begin{cases}6 & (\mathrm{POC}=0)\\ \mathrm{POC}\div 13 & (\mathrm{POC}\leqslant 11)\\ (\mathrm{POC}+1)\div 13 & (\mathrm{POC}\leqslant 82)\\ (\mathrm{POC}+2)\div 13 & (\mathrm{POC}\leqslant 153)\\ (\mathrm{POC}+3)\div 13 & (\text{其他})\end{cases} \tag{24.2}$$

确定空间坐标后,可以通过欧几里得距离轻松计算帧(x_1,y_1)和(x_2,y_2)之间的距离:

$$d=\sqrt{(x_1-x_2)^2+(y_1-y_2)^2} \tag{24.3}$$

使用式(24.1)~式(24.3)可以根据当前帧与其参考帧之间的距离构造 list0 和 list1。在一维分层编码结构中,将前向(与当前帧相比,POC 较小)和后向(与当前帧相比,POC 较大)参考帧分别放入 list0 和 list1。同样地,在 2D 分层编码结构下,我们应该先定义前进方向和后退方向。在本工作中,以上帧均被视为前向帧,而以下帧均被视为后向帧。例如,对于第 17 帧,将第 1 帧~第 16 帧视为前向帧,将包括第 0 帧的其他帧视为后向帧。根据以上介绍,第 17 帧的全部可用参考帧是第 16、15、6、3、38、41、44、77、80、0 帧。如果将两个列表中的参考帧数设置为 4 帧,则根据当前帧与其参考帧之间的距离以递增的顺序进行排列,list0 中的参考帧为第 16、6、15 和 3 帧,而参考帧 list1 中的参考帧为第 44、

41、0 和 80 帧。

在合并模式和高级运动向量预测模式中，除了参考帧的选择外，空间坐标也会对 MV 缩放操作产生显著影响。当空间相邻块或时间上位于同一位置的块指向与当前块不同的参考帧时，执行 MV 缩放操作。MV 缩放可分为两种：空间和时间 MV 缩放。在二维分层编码结构中，我们应根据 x 和 y 方向上的距离而不是 POC 分别执行 MV 缩放。

基于距离的 *MV* 缩放如图 24.11 所示。对于空间情况，当前帧的空间坐标为 (x_0, y_0)，当前参考帧的空间坐标为 (x_1, y_1)，相邻块的参考帧的空间坐标为 (x_2, y_2)。当前块的 MV 为 $(\mathrm{MV}_{1,x}, \mathrm{MV}_{1,y})$，并且相邻块的 MV 为 $(\mathrm{MV}_{2,x}, \mathrm{MV}_{2,y})$。假设各个帧之间的运动是均匀的，则空间 MV 缩放过程可以得出：

$$\mathrm{MV}_{1,x} = \frac{\mathrm{MV}_{2,x}}{x_2 - x_0} \times (x_1 - x_0) \tag{24.4}$$

$$\mathrm{MV}_{1,y} = \frac{\mathrm{MV}_{2,y}}{y_2 - y_0} \times (y_1 - y_0) \tag{24.5}$$

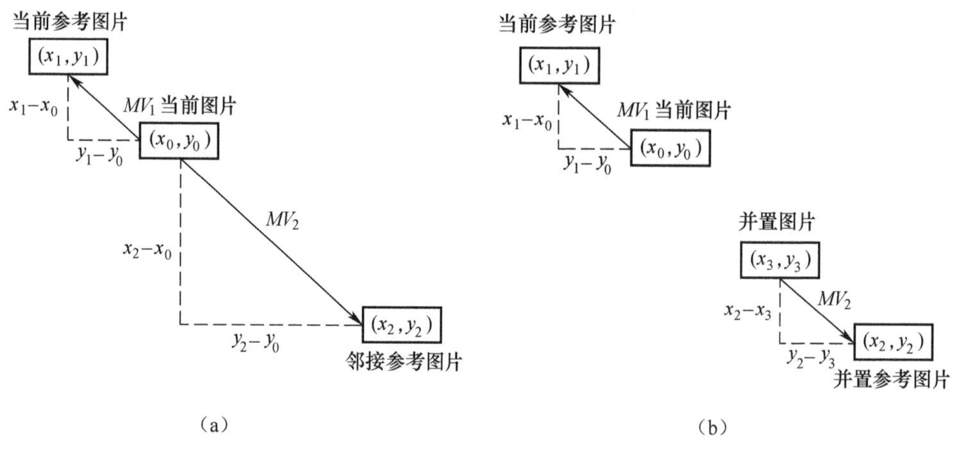

图 24.11　基于距离的 MV 缩放

(a)空间情况；(b)临时案例。

对于临时的情况，除了当前帧及其参考帧外，还有时间同位帧及其对应的参考帧，其空间坐标分别为 (x_3, y_3) 和 (x_2, y_2)。当前的 MV 块是 $(\mathrm{MV}_{1,x}, \mathrm{MV}_{1,y})$，而同位块的 MV 是 $(\mathrm{MV}_{2,x}, \mathrm{MV}_{2,y})$。假设各个帧之间的运动是均匀的，则时间 *MV* 缩放过程可以得出：

$$\mathrm{MV}_{1,x} = \frac{\mathrm{MV}_{2,x}}{x_2 - x_3} \times (x_1 - x_0) \tag{24.6}$$

$$\mathrm{MV}_{1,y} = \frac{\mathrm{MV}_{2,y}}{y_2 - y_3} \times (y_1 - y_0) \tag{24.7}$$

24.1.3　基于字典学习的光场图像压缩

字典学习是一种非常流行的方法，其目的是通过将原始信号表示为一个过完备字典中仅有几个原子的线性组合来寻找原始信号的稀疏表示。字典学习中最重要的部分是获得过完备的字典，以便通过使用尽可能少的原子数准确表示信号。过完备的 DCT 和

DWT 都可以用作字典。然而,事实表明,针对特定应用,来自信号本身的字典将产生更好的结果。

给定 $\tilde{N}$ 组输入信号 $\{y_i\}_{i=1,2,\cdots,N}$,其中,每个信号 y_i 包含 n 个数据样本 $y_i=[y(1)\ y(2)\ \cdots\ y(n)]^{\mathrm{T}}$,对应于向量化块或宏像素(宏像素对应于微透镜)。所提出的方法表示输入矩阵 $\boldsymbol{Y}=[y_1 y_2 \cdots y_N]$,大小为 $n\times N$,使用字典 ϕ 中减少的原子数量,大小为 $n\times d$,其中 d 是数量字典中的原子数。利用稀疏矩阵选择原子 $\boldsymbol{X}=[x_1 x_2 \cdots x_N]$,大小为$d\times N$,其中每个长度为 d 的稀疏向量 $\boldsymbol{x}_i$,被约束为具有稀疏性 s,所以 $\boldsymbol{x}_i$ 只结合了 ϕ 中的 s 个非零元素。

然后可以将字典问题表述为

$$\arg\min_{\phi X}\|\boldsymbol{Y}-\phi\boldsymbol{X}\|_F^2,\mathrm{s.t.}\|\boldsymbol{x}_i\|_0\leqslant s,\quad\forall i \tag{24.8}$$

式中‖·‖为 Frobenius 范式。也有一些工作试图使用 L2 范式代替 Frobenius 范式。各种各样的迭代算法可用于解决非凸问题。其中,在线稀疏字典学习(OSDL)算法非常适合这种情况。OSDL 算法根据所谓的双稀疏模型构建结构化字典,该模型将固定的基本字典 φ 与可适应的稀疏分量 A 结合在一起,即 $\phi=\varphi A$。OSDL 方法允许处理更大的数据集,并且与传统的字典学习方法相比,具有更快的收敛速度。

可以使用 OSDL 重写字典问题,如下所示:

$$\arg\min_{\Phi,X}\|\boldsymbol{Y}-\phi A\boldsymbol{X}\|_F^2,\mathrm{s.t.}\|\boldsymbol{x}_i\|_0\leqslant s,\quad\forall i,\|a_j\|_0\leqslant v,\forall j \tag{24.9}$$

式中:v 为 A 的稀疏度,并且基于字典 φ 完全裁剪可分离的小波,可进行多尺度分析。

要将基于字典学习的方法应用于压缩,最好将非零系数的比特率考虑在内。通过将速率失真优化与在线稀疏字典学习相结合,我们开发出一种新颖的帧内预测模式。具体地,输入信号 $\ddot{y}$ 被重构为 $\ddot{y}=[\hat{y_1}\ \ \hat{y_2}\cdots\hat{y_N}]=\phi AX$,其中,只有在 X 中找到的非零元素使用它们在 X 中的位置和它们的值被传输到解码器。因此,以下信息需要发送到解码器:

(1) 非零系数的位置,用 P_{nonz}表示,将进行无损编码以保证输入信号的准确重建。

(2) 系数矩阵中的非零系数值,用 X_{nonz}表示,将首先进行量化,然后使用上下文自适应二进制算术编码(CABAC)进行编码。

考虑非零系数的位置位和值。字典学习问题最终表述为

$$\arg\min_{\Phi,X}\|\boldsymbol{Y}-\boldsymbol{\Phi}\boldsymbol{X}\|_F^2+\lambda R_{DL},\mathrm{s.t.}\|\boldsymbol{x}_i\|_0\leqslant s\ \forall i,\quad\|a_j\|_0\leqslant v,\quad\forall j \tag{24.10}$$

R_{DL}位是非零系数的位置和值的位之和:

$$R_{\mathrm{DL}}=R_p+R_X \tag{24.11}$$

式中:R_P和 R_X分别为编码 P_{nonz}和 X_{nonz}所需的位数。在 RDO 过程中使用以下两个公式估算这两个分量:

$$R_P=\alpha_1\cdot N_m \tag{24.12}$$

$$R_X=\alpha_2\cdot q+\beta_2 \tag{24.13}$$

式中:α_1 为取决于稀疏度 s 和系数向量 $\boldsymbol{d}$ 的长度的参数,计算公式为 $\alpha_1=s^*\log_2(d)$;(α_2,β_2) 用于编码系数的最小二乘回归线的参数对。N_m 为从 X_{nonz} 传输到解码器的向量数。

上面介绍了三种典型的压缩方法。表 24.1 给出了这些方法的简要比较。与其他方法相比,基于自相似性的方法具有最低的复杂性,但压缩效率较低。基于伪序列的方法显

示出最高的压缩效率,但是由于使用了 HEVC 中灵活的内部分区,因此具有最高的复杂度。基于字典的方法具有中等压缩效率和中等复杂度。用户可以根据应用选择使用不同的压缩方式。

表 24.1　基于小透镜的光场图像压缩的摘要比较

压缩方法	复杂性	压缩效率	质量差异
自相似性	低	低	低
伪序列	高	高	高
字典学习	中	中	低

24.2　基于相机阵列的光场图像压缩

基于小透镜的 LFI 去除了空间分辨率以改善视图分辨率。因此,要提高基于小透镜的 LFI 的每个视图的空间分辨率并不容易。基于摄像机阵列的 LFI 可以同时具有高空间分辨率和视图分辨率。例如,JPEG-Pleno 的最新数据集水平为 101 个视图,垂直为 21 个视图。对于每个视图,它都具有 3840 像素×2160 像素的空间分辨率。

由于基于相机阵列的 LFI 不仅可显示高视角分辨率,而且可显示空间分辨率,因此与基于小透镜的 LFI 相比,基于相机阵列的 LFI 的压缩要求更加严格。由于摄像机阵列基于 LFI,因此需要通过密集的摄像机阵列设备获取它,如图 24.12 所示。各种密集的相机阵列可以具有完全不同的特性。根据设备的特性,基于密集相机阵列的 LFI 压缩方法可以分为两组。一组方法试图处理将不同摄像机视为具有明显仿射或透视运动摄像机的情况。另一组方法试图处理相机大多具有平移运动的情况。

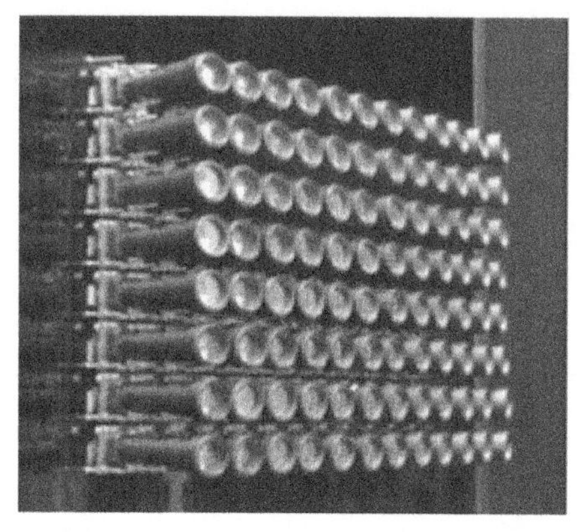

图 24.12　典型的密集相机阵列设备

24.2.1　具有明显透视运动的密集摄像机阵列的压缩

与基于小透镜的 LFI 相似,基于密集相机阵列的 LFI 也具有 4D 信息。因此,将二维分层编码结构也应用到密集相机阵列以提高编码效率是很自然的。对于具有明显透视运动的密集相机阵列,视图数量通常不会太多。有些论文以 4×4 摄像机阵列为例给出了详细的编码算法。关于二维分层编码结构,我们将首先介绍二维分层编码结构,然后介绍全局透视运动模型和局部仿射运动模型以提高性能。

24.2.1.1 二维分层编码结构

16 个视图的帧编码器和帧类型如图 24.13 所示。我们按照 Schwarz 等建议的分层方法设计帧编码顺序以便对视图进行有效编码。优先选择的方法对相对于光场捕获的帧位置加权。左上角的帧是编码器的初始帧,并且是唯一使用帧内预测的帧。权重最大的是其他角和外部框架,而中心框架的优先级最低。这样做的原因是基于以下事实:除场景中被遮挡的物体和/或遮挡物之外,存储在中心帧中的大多数信息都是多余的。视差现象已显示出对这些光遮挡有直接影响,并且对距离相机光源更近的物体产生更大的影响。当显示全局透视运动模型结果时,可以在以后更清楚地看到此视差。还应注意的是,所有先前的编码帧都可以用作当前帧的参考帧,以尽可能多地利用各种帧之间的相关性。

1_{I_0}	5_{B_2}	6_{B_2}	2_{B_1}
12_{B_2}	13_{B_3}	14_{B_3}	7_{B_2}
11_{B_2}	15_{B_3}	16_{B_3}	8_{B_2}
4_{B_1}	10_{B_2}	9_{B_2}	3_{B_1}

图 24.13 密集相机阵列的二维分层编码结构

除了灵活编码顺序的好处外,二维分层结构还提供了使用更合理的量化参数(QP)对每个帧进行编码以进一步优化 R-D 性能。如图 24.13 所示,二维分层编码结构中使用四个分层。对不同的层,由于帧畸变对后续帧的影响会有很大的不同,因此还应根据帧畸变的影响设置各帧的 QP。根据一些经验,将第 1 层、第 2 层、第 3 层的 QP 分别设置为帧内的 QP 加 2、QP 加 4、QP 加 8。

24.2.1.2 全局视角模型

有些学者建立了全局仿射或透视运动模型来表征全局复杂运动。为了计算两个相邻帧之间的全局透视模型,下面我们提供两种在预测精度和计算复杂度之间进行折中的方法:第一种是使用内在和外在矩阵的直接计算方法,第二种是基于关键点匹配的方法。

直接计算方法允许通过使用全局空间帧变换将参考帧预测扩展到其他帧。为了使后续的帧与正确的摄像机相匹配,需要了解序列中摄像机的相对位置。该方法利用先前说明的编码顺序来使用参考帧预测序列中的下一帧。

直接计算方法涉及利用摄像机的内部和外部参数来重建摄像机视图以进行帧预测。内在矩阵使用平移、缩放和剪切,提供了从相机坐标到图像坐标的转换,如下所示:

$$\boldsymbol{K}=\begin{bmatrix} f_x & s & x_0 \\ 0 & f_y & y_0 \\ 0 & 0 & 1 \end{bmatrix} \tag{24.14}$$

固有矩阵 $\boldsymbol{K}$ 包括 x 轴焦距 f_x、y 轴焦距 f_y、轴偏斜 s、x 轴偏移 x_0 和 y 轴偏移 y_0。用于校

准相机的第二个矩阵是外部矩阵。该矩阵描述了从摄像机坐标到世界坐标的转换。

$$\boldsymbol{Q}=\begin{bmatrix} r_{1,1} & r_{1,2} & r_{1,3} & t_1 \\ r_{2,1} & r_{2,2} & r_{2,3} & t_2 \\ r_{3,1} & r_{3,2} & r_{3,3} & t_3 \end{bmatrix} \tag{24.15}$$

外部矩阵 $\boldsymbol{Q}$ 包括绕 x,y 和 z 轴的旋转和平移矩阵。然后,固有矩阵 $\boldsymbol{K}$ 和外部矩阵 $\boldsymbol{Q}$ 可以形成从世界坐标到一个角度的转换

$$\begin{bmatrix} x_i \\ y_i \\ 1 \end{bmatrix} = s_i K_i Q_i \begin{bmatrix} x_w \\ y_w \\ z_w \\ 1 \end{bmatrix} \tag{24.16}$$

式中:x_i 和 y_i 为平移后的图像坐标;x_w、y_w 和 z_w 为世界坐标;s_i 为比例因子; $\boldsymbol{K}_i$ 为固有矩阵; $\boldsymbol{Q}_i$ 为外部矩阵。

随后,导出透视图变换。该变换使用几何特性将平面彼此关联,以将坐标从一个透视图变换到下一个透视图。这不使用任何运动估计算法,而使用矩阵运算来解决,只要知道每个相机姿态的平移和旋转向量即可。透视变换可以容易地得出:

$$\begin{bmatrix} x_i \\ y_i \\ w_i \end{bmatrix} = \begin{bmatrix} c_1 & c_2 & c_3 \\ c_4 & c_5 & c_6 \\ c_7 & c_8 & 1 \end{bmatrix} \begin{bmatrix} x_i \\ y_i \\ 1 \end{bmatrix} \tag{24.17}$$

值得注意的是,式(24.17)是使用平移、旋转和缩放参数的投影,这些参数包含在先前根据校准计算出的相机固有和非固有矩阵中。从式(24.17),可以看出,有 8 个未知系数,每个系数将使用 32 位进行编码。

预测帧与实际帧的比较是通过可视化残差来实现的,如图 24.14 所示。残留物会产生 21dB 的峰值信噪比(PSNR)值,可以通过图像中大量白色像素看到。在这种方法中,视差效果很明显,距离摄像机更近的物体显示出更多的附着噪声。因此,对于远场范围内的平面,全局单应变换是最佳的。尽管此方法仅显示边缘 PSNR 增益,但由于仅在帧上执行矩阵运算,因此运算速度相对较快。

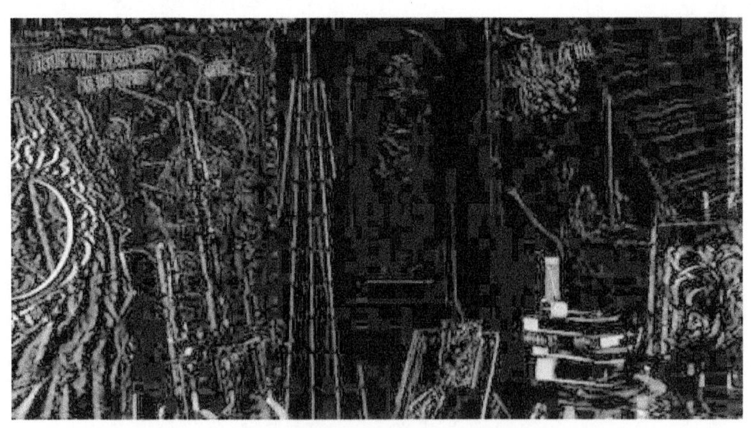

图 24.14　使用直接单应投影的缝合图像残留

在基于特征匹配的方法中，我们利用有些学者提出的用随机样本一致性（RANSAC）和加速鲁棒特征（SURF）对两个已知帧进行单应矩阵估计。迭代特征匹配过程提供了基于从一个视图到另一个视图反向投影的估计单应性结果。SURF 方法允许从两个参考帧中提取特征，然后可以使用在图 24.15 中观察到的关键点匹配特征。由于大量的关键点会产生错误的匹配，因此使用 RANSAC 过滤异常值。映射了适当的关键点后，可以通过对关键点向量求平均以近似平移、旋转和缩放来实现最终的投影。

图 24.15　SURF 提取和匹配

如图 24.16 所示，RANSAC / SURF 方法的残差产生的 PSNR 为 23dB，比直接计算方法高 2dB。该增益表明，可能无法按照直接计算方法精确地计算出所提供的摄像机参数。尽管 RANSAC / SURF 估计得的结果略好，但应当注意到，算法估计时间增加了 150 倍。这是 RANSAC 算法固有的迭代方法的结果。

图 24.16　使用 SURF 特征匹配的预测帧残差

24.2.1.3　局部四参数仿射运动模型

局部四参数仿射运动模型用于解决摄像机运动，最早提出的本地仿射模型包含六个自由度（6-DOF）：摄像机轨迹、动臂、平移、倾斜、缩放和横滚，后来有些学者将仿射运动模型的六个参数简化为四个参数，在模型精度和标头位数之间取得更好的平衡。我们使用四参数仿射运动模型对 LFI 进行编码，以尝试获得更好的编码效率。同样，由于摄像头镜头是相对于摄像头传感器进行校准和固定的，因此四参数仿射运动模型可以更好地近似 LFI 的摄像头和物体运动。

与六参数仿射运动模型相比，四参数仿射运动模型的使用使计算减少了 1/3，从而大大降低了本地仿射模型的复杂度。如图 24.17 所示，由于局部转换需要四个参数，因此使用左上角和右上角的两个 MV 表示给定像素块中的四个参数。这些 MV 用于将参考块内插到编码块，并需要传输到解码器以重建块。与最新的视频编码标准 HEVC 相似，应用了两种 MV 确定方法（例如高级仿射运动向量确定方法和仿射模型合并）来更有效地确定这两种 MV。

24.2.2 平移运动对密集摄像机阵列的压缩

从 JPEG 标准化组提供的数据来看，这种基于摄像机阵列的光场总是非常密集。综上所述，密集相机阵列的大小可以高达 101×21。由于光场的每个视图都具有很高的分辨率，因此要存储所有参考视图需要很大的内存，而直接应用二维分层编码结构并不容易。为此，我们设计了分段的二维分层编码结构，以减小参考缓冲区，同时保持编码效率。

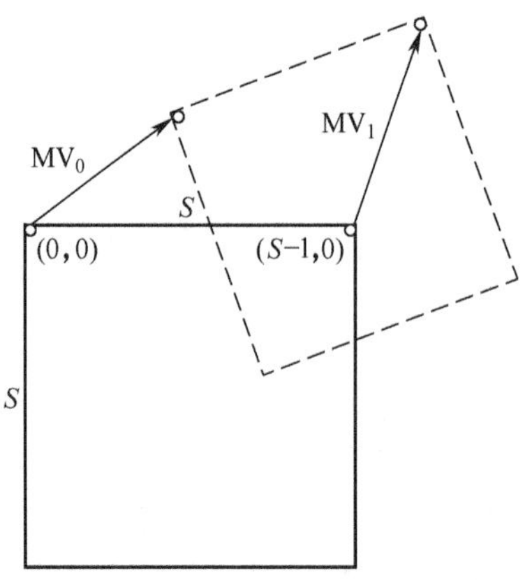

图 24.17 局部四参数仿射运动模型的表示

图 24.18 所示为分段的二维分层编码结构。我们将视图划分为重叠的段以减小缓冲区。每个小方块代表一个视图，每个彩色方块表示从该片段切下的片段。用数组方向表示每个段的编码顺序，以尽可能节省参考缓冲区的大小。

除了二维分层结构外，很多学者还建议为所有视图设计一个大的背景框架，因为它们都具有非常简单的平移运动。背景由所有视图的公共部分组成，背景帧可以被高质量编码，并用作所有视图的长期参考帧。这种模式可以提高编码性能。

上面介绍了一些用于多摄像机光场压缩的方法。总的来看，由于多相机 LFI 具有较大的尺寸和大量的冗余，很少有论文研究多相机 LFI 压缩问题，本章在这方面做了一些努力。

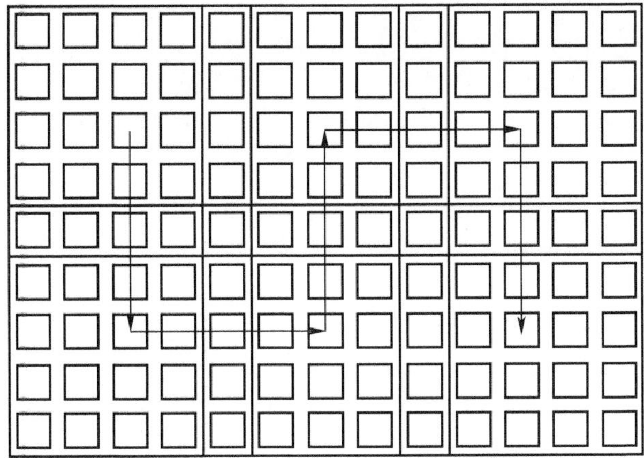

图 24.18　分段的二维分层编码结构

24.3 小　　结

本章我们研究了有关光场图像压缩的各种方法,主要关注两种光场图像:基于小透镜的光场图像和基于相机阵列的光场图像。对于每种类型,我们讨论了几种代表性的策略和方法。

尽管光场图像压缩技术发展迅速,但目前的压缩率还远远不够。将来,我们可能需要考虑使用某些类型的光场显示技术,以更好地利用各种视图之间的相关性来提高编码性能。而且,未来光场视频压缩的各种视图和帧之间的相关性将更加复杂,我们将需要一些更高级的方法来有效地压缩它们。例如,基于深度学习的光场图像超分辨技术。当前的工作是基于 DDDAS 方法探索光场图像或视频测量结果达到满意的压缩比,光场中包含的丰富几何图形和光度信息将为 DDDAS 相关的图像和视频应用提供新的可能。

参 考 文 献

[1] A. Aggoun, A 3D DCT compression algorithm for omnidirectional integral images, in 2006 IEEE International Conference on Acoustics Speech and Signal Processing Proceedings, Toulouse, vol. 2, May 2006, pp. Ⅱ

[2] A. Aggoun, Compression of 3D integral images using 3D wavelet transform. J. Disp. Technol. 7(11), 586-592(2011)

[3] E. Blasch, H.-M. Chen, J. M. Irvine, Z. Wang, G. Chen, J. Nagy, S. Scott, Prediction of compression induced image interpretability degradation. Opt. Eng. 57(4), 043108(2018)

[4] H. Bay, A. Ess, T. Tuytelaars, L. V. Gool, Speeded-up robust features (SURF). Comput. Vis. ImageUnderst. 110(3), 346-359(2008). Similarity Matching in Computer Vision and Multimedia

[5] O. Chabiron, F. Malgouyres, J.-Y. Tourneret, N. Dobigeon, Toward fast transform learning. Int. J. Comput. Vis. 114(2-3), 195-216(2015)

[6] E. Blasch, H.-M. Chen, J. M. Irvine, Z. Wang, G. Chen, J. Nagy, S. Scott, Prediction of compression induced image interpretability degradation. Opt. Eng. 57(4), 043108(2018)

[7] C. Conti, J. Lino, P. Nunes, L. D. Soares, P. L. Correia, Spatial prediction based on self-similarity compensation for 3D holoscopic image and video coding, in 2011 18th IEEE International Conference on Image Processing, Brussels, Sept 2011, pp. 961-964

[8] C. Conti, P. Nunes, L. D. Soares, HEVC-based light field image coding with bi-predicted selfsimilarity compensation, in IEEE International Conference on Multimedia and Expo - ICME, Seattle, July 2016, pp. 1-4

[9] C. Conti, L. D. Soares, P. Nunes, HEVC-based 3D holoscopic video coding using self-similarity compensated prediction. Signal Process. Image Commun. 42, 59-78(2016)

[10] E. Cornwell, L. Li, Z. Li, Y. Sun, An efficient compression scheme for the multi-camera light field image, in 2017 IEEE 19th International Workshop on Multimedia Signal Processing(MMSP), London/Luton, Oct. 2017, pp. 1-6

[11] A. Aved, E. Blasch, Dynamic Data Driven Applications Systems. http://www. 1dddas. org/

[12] P. Helle, S. Oudin, B. Bross, D. Marpe, M. O. Bici, K. Ugur, J. Jung, G. Clare, T. Wiegand, Block merging for quadtree-based partitioning in HEVC. IEEE Trans. Circuits Syst. Video Technol. 22 (12), 1720-1731(2012)

[13] H. Huang, J. Woods, Y. Zhao, H. Bai, Control-point representation and differential coding affine-motion compensation. IEEE Trans. Circuits Syst. Video Technol. 23(10), 1651-1660(2013)

[14] A. Jones, I. McDowall, H. Y amada, M. Bolas, P. Debevec, Rendering for an interactive 360 light field display. ACM Trans. Graph. (TOG) 26, 40(2007). ACM

[15] D. Lanman, G. Wetzstein, M. Hirsch, W. Heidrich, R. Raskar, Polarization fields: dynamic, light field display using multi-layer LCDS. ACM Trans. Graph. (TOG) 30(6), 186(2011)

[16] M. Levoy, P. Hanrahan, Light field rendering, in Proceedings of the 23rd Annual Conference on Computer Graphics and Interactive Techniques, SIGGRAPH'96, New York(ACM, 1996), pp. 31-42

[17] Y. Li, R. Olsson, M. Sjöström, Compression of unfocused plenoptic images using a displacement intra prediction, in 2016 IEEE International Conference on Multimedia Expo Workshops(ICMEW), Seattle, July 2016, pp. 1-4

[18] Y. Li, M. Sjöström, R. Olsson, U. Jennehag, Coding of focused plenoptic contents by displacement intra prediction. IEEE Trans. Circuits Syst. Video Technol. 26(7), 1308-1319(2016)

[19] L. Li, H. Li, D. Liu, Z. Li, H. Y ang, L. Sixin, H. Chen, F. Wu, An efficient four-parameter affine motion model for video coding. IEEE Trans. Circuits Syst. Video Technol. PP(99), 1-1(2017)

[20] L. Li, Z. Li, B. Li, D. Liu, H. Li, Pseudo sequence based 2-D hierarchical coding structure for light-field image compression, in Data Compression Conference(DCC), Snowbird(IEEE, 2017), pp. 131-140

[21] L. Li, Z. Li, B. Li, D. Liu, H. Li, Pseudo-sequence-based 2-D hierarchical coding structure for light-field image compression. IEEE J. Sel. Top. Signal Process. 11(7), 1107-1119(2017)

[22] Y. Li, D. Liu, H. Li, L. Li, F. Wu, H. Zhang, H. Y ang, Convolutional neural network-based block up-sampling for intra frame coding. IEEE Trans. Circuits Syst. Video Technol. PP(99), 1-1(2017)

[23] Light Field Tool box 0. 4. http://www. mathworks. com/matlabcentral/fileexchange/49683-light field-toolbox-v0-4

[24] D. Liu, L. Wang, L. Li, Z. Xiong, F. Wu, W. Zeng, Pseudo-sequence-based light field image compression, in 2016 IEEE International Conference on Multimedia Expo Workshops(ICMEW), Seattle,

July 2016, pp. 1-4

[25] M. Magnor, B. Girod, Data compression for light-field rendering. IEEE Trans. Circuits Syst. Video Technol. 10(3), 338-343(2000)

[26] J. Mairal, F. Bach, J. Ponce, G. Sapiro, Online dictionary learning for sparse coding, in Proceedings of the 26th Annual International Conference on Machine Learning, Montreal(ACM, 2009), pp. 689-696

[27] K. Marwah, G. Wetzstein, Y. Bando, R. Raskar, Compressive light field photography using overcomplete dictionaries and optimized projections. ACM Trans. Graph. (TOG) 32(4), 46(2013)

[28] R. Monteiro, L. Lucas, C. Conti, P. Nunes, N. M. M. Rodrigues, S. Faria, C. Pagliari, E. Silva, L. D. Soares, Light field HEVC-based image coding using locally linear embedding and selfsimilarity compensated prediction, in IEEE International Conference on Multimedia and Expo- ICME, Seattle, July 2016, pp. 1-4

[29] C. Perra, P. Assuncao, High efficiency coding of light field images based on tiling and pseudo temporal data arrangement, in 2016 IEEE International Conference on Multimedia Expo Workshops (ICMEW), Seattle, July 2016, pp. 1-4

[30] M. Rerabek, T. Bruylants, T. Ebrahimi, F. Pereira, P. Schelkens, ICME 2016 Grand Challenges: Light-Field Image Compression, in 2016 IEEE International Conference on Multimedia Expo Workshops (ICMEW), Seattle, July 2016

[31] Y. Romano, M. Protter, M. Elad, Single image interpolation via adaptive nonlocal sparsitybased modeling. IEEE Trans. Image Process. 23(7), 3085-3098(2014)

[32] R. Rubinstein, A. M. Bruckstein, M. Elad, Dictionaries for sparse representation modeling. Proc. IEEE 98(6), 1045-1057(2010)

[33] H. Schwarz, D. Marpe, T. Wiegand, Analysis of hierarchical B pictures and MCTF, in 2006 IEEE International Conference on Multimedia and Expo, Toronto, July 2006, pp. 1929-1932

[34] R. Sjoberg, Y. Chen, A. Fujibayashi, M. M. Hannuksela, J. Samuelsson, T. K. Tan, Y. K. Wang, S. Wenger, Overview of HEVC high-level syntax and reference picture management. IEEE Trans. Circuits Syst. Video Technol. 22(12), 1858-1870(2012)

[35] J. Sulam, B. Ophir, M. Zibulevsky, M. Elad, Trainlets: dictionary learning in high dimensions. IEEE Trans. Signal Process. 64(12), 3180-3193(2016)

[36] G. J. Sullivan, J. R. Ohm, W. J. Han, T. Wiegand, Overview of the high efficiency video coding (HEVC) standard. IEEE Trans. Circuits Syst. Video Technol. 22(12), 1649-1668(2012)

[37] I. Viola, M. Rerabek, T. Bruylants, P. Schelkens, F. Pereira, T. Ebrahimi, Objective and subjective evaluation of light field image compressional gorithms, in 2016 32nd Picture Coding Symposium, Nuremberg, Dec 2016

[38] G. K. Wallace, The JPEG still picture compression standard. IEEE Trans. Consum. Electron. 38(1), xviii-xxxiv(1992)

[39] T. Wiegand, G. J. Sullivan, G. Bjontegaard, A. Luthra, Overview of the H. 264/AVC video coding standard. IEEE Trans. Circuits Syst. Video Technol. 13(7), 560-576(2003)

[40] T. Wiegand, E. Steinbach, B. Girod, Affine multipicture motion-compensated prediction. IEEE Trans. Circuits Syst. Video Technol. 15(2), 197-209(2005)

[41] J. Xu, R. Joshi, R. A. Cohen, Overview of the emerging HEVC screen content coding extension. IEEE Trans. Circuits Syst. Video Technol. 26(1), 50-62(2016)

[42] X. Xu, S. Liu, T. D. Chuang, Y. W. Huang, S. M. Lei, K. Rapaka, C. Pang, V. Seregin, Y. K.

Wang, M. Karczewicz, Intra block copy in HEVC screen content coding extensions. IEEE J. Emerging Sel. Top. Circuits Syst. PP(99), 1-11(2016)

[43] H. Yu, Z. Lin, F. Teo, An efficient coding scheme based on image alignment for H.264/AVC, in IEEE International Symposium on Circuits and Systems, ISCAS 2009, Taipei, May 2009, pp. 629-632

[44] X. Zhang, T. Huang, Y. Tian, W. Gao, Background-modeling-based adaptive prediction for surveillance video coding. IEEE Trans. Image Process. 23(2), 769-784(2014)

[45] Y. Zheng, G. Chen, Z. Wang, E. Blasch, Image quality(IQ) guided multispectral image compression, in Sensing and Analysis Technologies for Biomedical and Cognitive Applications 2016, ed. by L. Dai, Y. Zheng, H. Chu, A. D. Meyer-Base, vol. 9871(International Society for Optics and Photonics, 2016), p. 98710C

第 25 章　面向多模态传感器数据融合的机器派生上下文集压缩

Nurali Virani, Shashi Phoha, Asok Ray

摘要:DDDAS 运行在多模态的测量、通信和计算传感基础设施上,通过这些基础设施,感知和控制着物理动态过程的演变。在不同的操作条件下,不同模态传感器的性能会发生变化。最近无监督学习算法被广泛研究,用于从多模态传感器数据中提取操作上下文集。上下文集代表所有自然或人为因素的集合,这些因素与系统的状态一起,完全制约着来自观测系统传感器的测量。在给定状态——上下文对的情况下,观测条件独立性的理想特性使不同信息源的处理融合成为可能。在本章中,我们讨论了一个与无监督上下文学习有关的减少上下文集基数的关键问题。由于机器派生的上下文集可以包含大量元素,因此我们提出了一种图论方法和子集选择方法,用于控制上下文约简,以获得更低基数的上下文集。我们还推导了由压缩引起的误差的上界。用无人值守地面传感器进行边界交叉目标分类的现场实验数据验证了这些方法的有效性。

25.1 引　言

DDDAS 依靠来自多个传感器的信息进行评估观测到的系统状态。DDDAS 系统不仅可以观察和控制物理系统的状态,还可以适应传感器系统以更好地理解系统。众所周知,来自(可能)多模态信息源的测量不仅受状态影响,而且受系统周围的运行状况影响。这些自然的或人为的因素在有些文献中称为上下文。例如,土壤湿度、土壤孔隙率和地面温度是地震传感器的环境,而风速和空气温度是声学传感器的环境。基于物理的分析模型试图详细捕获某些上下文影响,但它需要准确估计几个时变的环境参数。另外,人们一直在努力开发数据驱动的模型,用于从传感器数据中无监督地发现上下文。基于上下文感知的 DDDAS 状态估计和测量系统,其自适应的复杂性和准确性,直接受到数据驱动或基于物理技术所获得的上下文集的大小影响。本章将侧重无监督数据驱动的上下文学习,特别是压缩上下文集的技术,以及理解这种压缩的效果。通过压缩,可以确保 DDDAS 的实时实施不会影响系统性能(如系统的准确性)。

最近,上下文的概念被有些学者在数学上进行了形式化,以使机器能够从数据中学习上下文,然后在决策中使用它。然而,有些学者将上下文定义为系统完全条件测量的与用户自定义系统状态集一起的一个参数。与几个现有的上下文推理框架不同,我们认为上下文通常与特定的模态相关联,并提出上下文作为条件独立性的使能者,统一了系统中所有模态的上下文概念。贝叶斯融合方法可以运用来自其他传感器的所有先期测量值进行新测量的似然估计,以获得正确的后验密度。但是,对于具有多个传感器的系统,贝叶斯过程可能变得棘手。因此,上下文只要在系统状态给定的情况下就可以轻松实现多模态传感器的融合,而不必依赖可能不正确的条件独立性假设(朴素贝叶斯假设)。有些学者研究提出了使用聚类以及基于密度估计的方法进行无监督的上下文学习。这些方法要么集中于单个传感器系统,例如探地雷达视频传感器,或者只是假设在给定状态上下文对的情况下机器派生的上下文将在测量中提供条件独立性。然而,上下文学习的非参数密度估计方法可以确保条件独立属性是正确的,前提是给定的任何用户定义状态与机器定义上下文对。

上下文大小直接影响用于传感器选择、跟踪、多模态融合和模式识别的上下文感知决策方法所需的内存和计算时间。在边界监视之类的无线传感器网络应用中,电源、内存和执行时间受到严格限制,我们需要能够限制上下文集的大小,以便能够在资源受限的平台上轻松执行上下文感知方法。因此,在这项工作中,我们探索了用于上下文集压缩的不同方法。有些学者将上下文学习方法基于核密度估计概念的凸优化公式。因此,添加任何显式的稀疏约束将使该问题不凸显且难以解决。此外,对解决方案施加严格的稀疏性约束可能会严重影响解决方案的性能,因为已知模型顺序和准确性是相互竞争的目标,在获得具有可接受误差的解决方案之前,可能必须重复几次非凸优化。这就需要用一个单独的压缩步骤来增加原凸优化公式,其中产生的附加最大误差会直接得到控制。

本章首先介绍 25.2 节中原始优化问题的一些重要方面。本章的主要目标是介绍两种不同的技术来压缩上下文集并量化这种压缩对密度估计精度的影响。第一种技术提出了利用最大团枚举的经典图论方法,采用深度优先搜索策略对上下文集进行压缩。第二种技术提出了子集选择方法,并建立了压缩率与密度估计上压缩所引起的附加误差上限之间的关系。这些技术在 25.3 节中进行了说明。针对本章开发的技术,我们通过现场实验,基于带有两个地震检波器的边界监视测试台收集的数据进行验证,实现对人类目标是行走还是跑步问题的分类。最后 25.5 节进行了全文总结。

25.2 从数据中学习上下文

数据驱动的上下文建模最近在机器学习领域被开发出来,用于增强信息融合的过程。使用 k 均值算法和基于模块化聚类的无监督学习方法已被提出,并用于获得特定模态的上下文集。密度估计的方法也被用于从数据中学习上下文。有些学者还提出了一种用于上下文学习以获得高斯混合模型的参数方法,而另外一些学者则使用基于核回归的非参数方法。本节中,我们首先提供了上下文的定义,该定义对广泛使用的上下文概念在数学上进行了形式化描述,然后回顾了一些现有的从数据派生上下文集的方法。

定义 1 (上下文和上下文集) 假设测量值 Y_1 和 Y_2 分别取 y_1 和 y_2 中的值,状态 X 从有限集 X 中获取值。然后,将一个非空有限集 $\mathcal{C}(X)$ 称为上下文集,并将该集的每个元素 $c \in \mathcal{C}(X)$ 称为上下文,如果所有 $x \in X$ 和所有 $c \in \mathcal{C}(X)$ 的度量 Y_1 和 Y_2 都相互独立地以状态上下文对 (x,c) 为条件。

根据此定义,以下关系成立:

$$P(Y_1,Y_2|X,c)=p_1(Y_1|X,c)p_2(Y_2|X,c)\quad [c\in\mathcal{C}(X)] \tag{25.1}$$

在此,式(25.1)的左侧表示给定 (X,c) 的 (Y_1,Y_2) 的条件密度,右侧给出给定 (X,c) 的 Y_1 和 Y_2 的条件密度的乘积。当测量空间 Y_1 和 Y_2 对应于异构传感器时,定义式 1 可以从多模态传感器数据中获得单个上下文集。为了每个 $x\in X$ 生成一个上下文集 $\mathcal{C}(X)$,以使式(25.1)成立,有些学者使用了基于核的密度估计。

满足式(25.1)中关系的所有上下文的问题是不简单的,有些学者将其作为一个非参数混合建模问题。根据定义 1,测量似然函数的形式为

$$p(Y_1,Y_2|X)=\sum_{c\in\mathcal{C}(X)}\pi_c(X)p(Y_1,Y_2|X,c)=\sum_{c\in\mathcal{C}(X)}\pi_c(X)p_1(Y_1|X,c)p_2(Y_2|X,c) \tag{25.2}$$

式中:$\pi_c(X)$ 为基于状态 X 的先验概率;c 为真实环境。为了估计该似然模型,将条件密度表示为以下混合模型:

$$p(Y_1,Y_2|X)=\sum_{c\in\mathcal{C}(X)}\pi_c(X)K_1(s_1^{(c)}(X),Y_1)K_2(s_2^{(c)}(X),Y_2) \tag{25.3}$$

其中先验概率 $\pi_c(X)$ 表示上下文集合 $\mathcal{C}(X)$ 中与上下文 c 相对应的组件的权重,该组件由内核函数 $K_i:\mathcal{Y}_i\times\mathcal{Y}_i\to\mathbb{R}$ 为 $i=1,2$ 的乘积表示。另外,$s_i^{(c)}(X)\in\mathcal{Y}_i$ 是通过使用由三元组 (Y_1,Y_2,X) 组成的训练数据求解核回归问题而获得的支持向量。从而将上下文集的学习问题简化为回归问题中支持向量的识别问题。被回归识别的上下文集具有误差边界,该边界以不灵敏度参数上限,参数由用户选择。尽管使用此误差范围参数可以间接影响上下文集的大小,但集合基数与所选误差范围之间没有显式的关系。因此,本章的主要贡献将在下一部分中进行说明,该部分使上下文集的受控压缩成为可能。

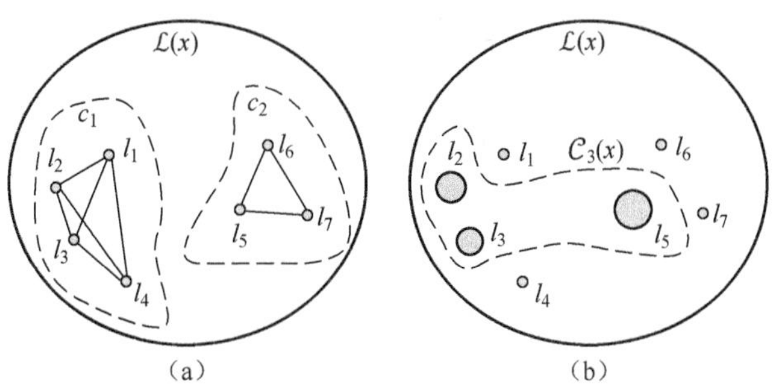

图 25.1　上下文集压缩的概念
(a)极大团枚举;(b)子集选择。

25.3　上下文集的基数减少

本节将使用图论中的极大团枚举算法和简单的子集选择方法,说明两种提出的上下文集基数减少技术,如图 25.1 所示。这些技术假定无监督上下文学习的密度估计步骤已经解决,并且在这两种技术中都使用了所得的密度估计。

25.3.1 图论压缩

在图论中,集合是一个完整的子图,如果它不包含在较大的集合中,则它是最大的。最大集团枚举(MCE)是图论中的经典问题,有些学者使用深度优先搜索策略对此进行了详细讨论。我们使用 MCE 概念识别所有机器派生的上下文,它们对传感器测量的影响几乎相同。上下文集用作加权图的顶点集,边缘权重表示上下文观察密度之间的成对距离。接下来我们介绍基于 MCE 的上下文集压缩方法。

算法 1:Context set compression by maximal clique enumeration

```
input:Observation densities p(Y|X,L) and threshold ε。
output:Context set C(X)。
for all x ∈ X do
    Compute weight matrix W(x) ;
    G_{x,ε} = ConstructGraph (W(x),ε) ;
    M = MCE ( G_x,ε ) ;
    C (x) = Minterms(M)。
```

令 $l_1,l_2,\cdots,l_{|\mathcal{L}(x)|}$表示压缩前状态 $x\in X$ 的不同机器派生上下文,c 表示状态 $x\in X$ 的压缩上下文集 $C(x)$的元素,该算法定义权重矩阵 $\boldsymbol{W}(x)=[w_{ij}(x)]\in\mathbb{R}^{|\mathcal{L}(x)|\times|\mathcal{L}(x)|}$,如下:

$$w_{ij}(x)=d(p(Y|X=x,L=l_i),p(Y|X=x,L=l_j))$$

对于 $x\in X$ 和 $i,j=1,2,\cdots,|\mathcal{L}(x)|$,其中 $Y=(Y_1,Y_2,\cdots,Y_N)$ 是所有传感器的级联测量。在此,以 $d(\cdot,\cdot)$ 表示的是在观察密度空间上的距离函数,例如对称的 Kullback-Leibler 散度或 Bhattacharyya 距离。令 $g_{x,\varepsilon}$ 表示状态 $x\in X$ 的 ε 上下文图,它由元组 $(L(x),\mathcal{E}(x,\varepsilon))$ 定义,其中顶点集 $L(x)$ 表示所有机器的集合——对应于状态 $x\in X$ 的导出上下文,边集为

$$\mathcal{E}(x,\varepsilon)=\{(l_i,l_j)\in\mathcal{L}(x)^2:w_{ij}(x)\leqslant\varepsilon,I,J=1,2,\cdots,|\mathcal{L}(x)|\}$$

对于每个 $x\in X$,图 $g_{x,\varepsilon}$ 是在 ConstructGraph 函数中构造的。边缘集 $\mathcal{E}(x,\varepsilon)$ 表示其测量密度彼此之间最大距离为 ε 的所有上下文对。然后图 $g_{x,\varepsilon}$ 由极大团枚举函数处理,该函数执行中给出深度优先搜索策略,以获得由 M 表示的所有极大团的集合。每个最大集合都是上下文集合的子集,该上下文集合由彼此之间最多相距 ε 的上下文组成。最大集合将构成集合 $\mathcal{L}(X)$ 的集合覆盖(即极大团的并集等于整个集),但它们最终可能会重叠,因此,将每个集团表示为上下文可能会导致失去所需的条件独立性。此外,已知对于一个 n 顶点图,极大团的最大数目由 $3n/3$ 给出,因此,结果上下文集可能成倍增大。函数 Minterms(M)通过评估 M 的所有最小项(即非空集差异和交集),以获得对集合$\mathcal{L}(x)$进行划分的集团的互斥且穷举的集合 $\mathcal{L}(X)$;例如,最小项($\{\{1,2,3,5\},\{2,4\}\}$)给出$\{\{1,3,5\},\{2\},\{4\}\}$。在算法 1 中我们给出了这些步骤,从而构造了由 $\mathcal{L}(X)$ 表示的压缩上下文集。

上下文集合的每个元素 $c\in\mathcal{C}(X)$ 是机器定义的上下文 $l\in\mathcal{L}(X)$ 的集合。需要为压缩的上下文集导出相应的上下文观察密度和先验分布。我们将首先为 $p(c|X,l)$ 分配值,

如下所示：

$$p(c|X,l)=\begin{cases}1 & (l\in c)\\ 0 & (\text{否则})\end{cases} \tag{25.4}$$

在式(25.4)中，条件密度定义 $\mathcal{C}(X)$ 是 $\mathcal{L}(X)$ 的分区，对于仅一个 $c\in\mathcal{C}(X)$，它将假定值为 1。现在，我们可以使用式(25.4)计算先前密度：

$$p(c|X)=\sum_{l\in L(X)}p(c|X,l)p(l|X)=\sum_{l\in c}p(l|X) \tag{25.5}$$

式中，$p(l|X)$ 为机器定义的上下文的状态相关的先验概率，它是已知的。混合模型可以准确地给出观测密度：

$$p(Y|X,c)=\sum_{l\in c}\frac{p(l_i|X)}{p(c|X)}p(Y|X,l_i) \tag{25.6}$$

在混合组分的数量保持不变的情况下，总体模型复杂度会保持不变。为了降低模型复杂度，我们定义观测密度 $p(Y|X,c)=p(Y|X,l^*)$，其中，l^* 是 c 中的元素。定理 1 推导了选择 l^* 的方法，并为该过程引起的误差提供了界限。

定理 1(通过集团枚举在压缩中引入错误的界限)　如果算法 1 中使用的距离函数 d 是对称 Kullback-Leibler 散度(sKL)，则对于任何固定阈值 $\varepsilon>0$，对于某些 $l^*\in c$，定义 $p(Y|X,c)=p(Y|X,l^*)$ 引起的误差上限为 $\varepsilon\left(1-\dfrac{p(l|X)}{p(c|X)}\right)$，该值严格小于 ε，对于 $l^*=\arg\max\limits_{l\in c}p(l|X)$，此误差范围被最小化。

证明　首先，将阐述已有文献的研究结果，然后我们使用它来证明定理。令 p_0 表示一个混合模型，其中 $i\in\in\{1,2,\cdots,N_0\}$ 的分量密度为 f_i^0 且权重为 π_i^0，同样，p_1 表示另一个具有 n_1 个成分的混合模型。KL-散度的凸上限由式(25.7)给出：

$$\begin{aligned}\mathrm{KL}(p_0\parallel p_1)&\leqslant\sum_{i=1}^{n_0}\sum_{j=1}^{n_1}\pi_i^0\pi_j^1\mathrm{KL}(f_i^0\parallel f_j^1)\Rightarrow\\ d(p_0\parallel p_1)&\leqslant\sum_{i=1}^{n_0}\sum_{j=1}^{n_1}\pi_i^0\pi_j^1 d(f_i^0\parallel f_j^1)\end{aligned} \tag{25.7}$$

因为 $d(P_0,P_1)=\mathrm{sKL}(p_0,p_1)=\mathrm{KL}(p_0\parallel p_1)+\mathrm{KL}(p_1\parallel p_0)$。让我们将 p_0 视为式(25.6)的密度，其中 $\pi_i^0=\dfrac{p(l_i|X)}{p(c|X)}$，$f_i^0=p(Y|X,l_i)$，$n_0=|c|$，并分配 $p_1=p(Y|X,l^*)$，即 $\pi_j^1=1$，如果 $l_j=l^*$，$\pi_j^l=0$，否则，使用式(25.7)代替混合模型，得到：

$$\begin{aligned}d(p_0,p_1)&\leqslant\sum_{l_i=1}^{|c|}\pi_i^0 d(p(Y|X,l_i)),p(Y|X,l^*))\\ &=\sum_{l_i\in c\setminus\{l^*\}}\pi_i^0 d(p(Y|X,l_i),p(Y|X,l^*))\end{aligned}$$

使用 l^* 属于 c 和距离函数的正定性。因为我们知道 ε 是距离阈值，并且类群 c 仅包含元素 l，观察密度彼此相距最多 ε，我们获得 $d(p_0,p_1)\leqslant\sum\limits_{l_i\in c\setminus\{l^*\}}\pi_i^0$。用式(25.5)代替 π_i^0 的值，我们将获得期望的结果，如下所示：

$$d(p_0,p_1)\leqslant\varepsilon\sum_{l_i\in c\setminus\{l^*\}}\frac{p(l^*|X)}{p(c|X)}=\varepsilon\left(1-\frac{p(l^*|X)}{p(c|X)}\right) \tag{25.8}$$

由于$l^* = \arg\max_{l \in c} p(l|X)$属于$c$,我们有$p(l^*|X) \leqslant p(c|X)$。因此,我们验证$d(p_0, p_1)$确实小于$\varepsilon$且误差范围最小化为

$$l^* = \arg\max_{l \in c} p(l|X)$$

定理表明,如果我们选择可接受的误差水平(ε),则可以将其用作算法1的函数ConstructGraph中的图形阈值。这种方法的两个局限性是:①压缩级别不是先验的;②如果我们决定更改ε的值,则必须重做计算。为了缓解这两个问题,我们将研究另一种称为子集选择的方法。

25.3.2 通过子集选择压缩

在子集选择方法中,我们直接选择所需压缩上下文集的大小(如k),而不是可接受的误差。所提出的方法从机器派生的上下文集$\mathcal{L}(X)$中选择一组k个不同的上下文,并将其分配给压缩的上下文集$\mathcal{C}_k(X)$。因此,我们将以$\mathcal{C}_k(X) \subsetneq \mathcal{L}(X)$为$k < |\mathcal{L}(X)|$结束。本节介绍选择子集并导出由子集选择引入错误的界限的方法。

让我们将$\overline{\mathcal{C}_k}(X)$表示为$\mathcal{C}_k(X)$相对于$\mathcal{L}(X)$的相对互补,给出$\overline{\mathcal{C}_k}(X) = \mathcal{L}(X) \setminus \mathcal{C}_k(X)$。我们认为集合$\mathcal{C}_k(X)$可以通过从集合$\mathcal{L}(X)$中任意选择$k$个元素进行构造。定理2将得出子集选择引入的误差的界限,并提供一种以系统的方式选择子集的技术。

定理2(对于子集选择压缩引入的误差) 设$p_{\mathcal{L}}(Y|X)$是利用其机器导出的上下文估算的密度,将状态X的$\mathcal{L}(X)$设置为

$$p_{\mathcal{L}}(Y|X) = \sum_{i \in \mathcal{L}(X)} \alpha_i K_X(Y, y_i) \tag{25.9}$$

式中:$K_X(\cdot, \cdot)$为核函数;a_i与上下文$i \in \mathcal{L}(X)$相关的上下文先验概率。如果$\mathcal{C}_k(X)$表示由k个元素组成的机器派生上下文集$\mathcal{L}(X)$的子集,使得$\sum_{i \in \mathcal{L}(X)} \alpha_i > 0$,然后使用该子集获得的密度估计值如下:

$$p_{\mathcal{C}}(Y|X) = \sum_{i \in \mathcal{C}_k(X)} \widetilde{\alpha}_i K_X(Y, y_i) \tag{25.10}$$

式中:$\widetilde{\alpha}_i = \dfrac{\alpha_i}{\sum_{i \in \mathcal{C}_k(X)} \alpha_i}$,为相关的先验。由子集选择而导致的密度估计中误差的最高范数的上限与来自集合$\mathcal{C}_k(X)$的上下文先验之和成比例,即$\mathcal{L}(X) \setminus \mathcal{C}_k(X)$。换一种说法:

$$\|p_{\mathcal{C}}(Y|X) - p_{\mathcal{L}}(Y|X)\|_\infty \leqslant \beta_X \sum_{i \in \mathcal{C}_k(X)} \widetilde{\alpha}_i \tag{25.11}$$

其中,$\beta_X \in \mathbb{R}$满足$0 \leqslant k_x(\cdot, \cdot) \leqslant \beta_X < \infty$。

证明 使用式(25.9)和式(25.10),经过一些代数运算后,可以证明任何$y \in Y$的估计差为

$$p_{\mathcal{C}}(y|X) - p_{\mathcal{L}}(y|X) = \frac{1}{\sum_{i \in \mathcal{C}_k(X)} \alpha_l} \left\{ \sum_{i \in \mathcal{C}_k(X)} \sum_{j \in \overline{\mathcal{C}}_k(X)} \alpha_i \alpha_j [K_X(y, y_i) - K_X(y, y_j)] \right\}$$

此连续函数设置中的最高规范为

$$\|p_{\mathcal{C}}(Y|X) - p_{\mathcal{L}}(Y|X)\|_{\infty} = \sup_{y \in \mathcal{Y}} |p_{\mathcal{C}}(y|X) - p_{\mathcal{L}}(y|X)|$$

使用绝对同质和三角形不等式的性质,我们得到:

$$\|p_{\mathcal{C}}(Y|X) - p_{\mathcal{L}}(Y|X)\|_{\infty} \leqslant \beta_X \sum_{j \in \overline{\mathcal{C}}_k(X)} \alpha_j$$

由于 β_X 是非负值内核假定的最大值。因此,我们获得了预期的结果:

$$\|p_{\mathcal{C}}(Y|X) - p_{\mathcal{L}}(Y|X)\|_{\infty} = \sup_{y \in \mathcal{Y}} |p_{\mathcal{C}}(y|X) - p_{\mathcal{L}}(y|X)|$$

备注 1(最优 k 子集) 由于误差上限与 $\sum_{i \in \overline{\mathcal{C}_k}(X)} \alpha_i$ 成正比,因此具有最小误差界限的 k 个子集是其中一个 $\sum_{i \in \overline{\mathcal{C}_k}(X)} \alpha_i$ 的最大值。如果上下文集合 $\mathcal{L}(X)$ 中的元素按照先验 $p(l_i|X)$的降序排序,即 α_i,则最佳子集$\mathcal{C}_k^*(X)$ 对应于该元素的前 k 个元素排序顺序。对应的误差上限为$\beta_X\left(1 - \sum_{i \in \overline{\mathcal{C}_k}(X)} \alpha_j\right)$ 。

备注 2(k 的最佳选择) 不失一般性,我们可以假设$\alpha_1 \geqslant \alpha_2 \geqslant \cdots \geqslant \alpha_{|\mathcal{L}(X)|}$表示上下文先验的排序顺序。如果任意 $k \in \{1,2,\cdots,|\mathcal{L}(X)|\}$ 的k个子集的误差上限由 e_k 表示,然后使用备注 1 中的结果 $e_k = \beta_X\left(1 - \sum_{j=1}^{k} a_j\right)$ 。我们可以验证序列$\{e_k\}$随着 $e_{|\mathcal{L}(X)|} = 0$ 单调递减。这些值代表密度表示的准确性。如果在某些应用中我们还具有模型复杂度函数 $g(k)$,则可以使用准则权衡精度与复杂度,例如 Akaike 信息准则,以找到 k 的最优值,从而使选择的准则最小化。

定理 2 中得出的误差范围通常是保守的,但是这种保守的分析导致 e_k 的简单表达式,可以很容易地对所有 $k \in \{1,2,\cdots,|\mathcal{L}(X)|\}$ 求值。与 25.3.1 节的方法不同,该方法可以给出估计误差最大的子集大小或压缩比的关系,从而可以选择适当的压缩,如备注 2 所示。然而,子集选择方法直接忽略了具有低先验性的上下文,并且不使用各个组件之间的重叠/距离信息,这对于某些应用可能是不可取的。

本节介绍了两种压缩上下文集的技术,以及由近似导致的误差上限的主要结果。第一种方法的误差界是根据统计距离函数计算的,而在第二种方法中我们根据上模推导了更直观的误差界。在 25.4 节中,我们将使用这些技术对来自多个地震传感器数据的上下文集进行基数约简,用于目标分类问题。

25.4　实验与结果

本节介绍了上下文集压缩技术的实验验证过程和结果。我们进行了野外实验,从无人值守的地面传感器(例如地震、声学和被动红外传感器)收集数据,以解决跨界目标检测和分类问题。在这项研究中,我们使用来自两个不同地震传感器的时间序列数据,这些数据相隔 7m,目标在 2~8m 的不同距离几乎平行于连接两个传感器的线。假设集包括人类目标行走($x = 1$)和人类目标跑步($x = 2$)类,目标是使用来自两个地震传感器的数据对目标的活动进行分类,如图 25.2 所示。

数据集包括 110 次步行和 118 次跑步。我们将样本划分为训练集和测试集,分别包

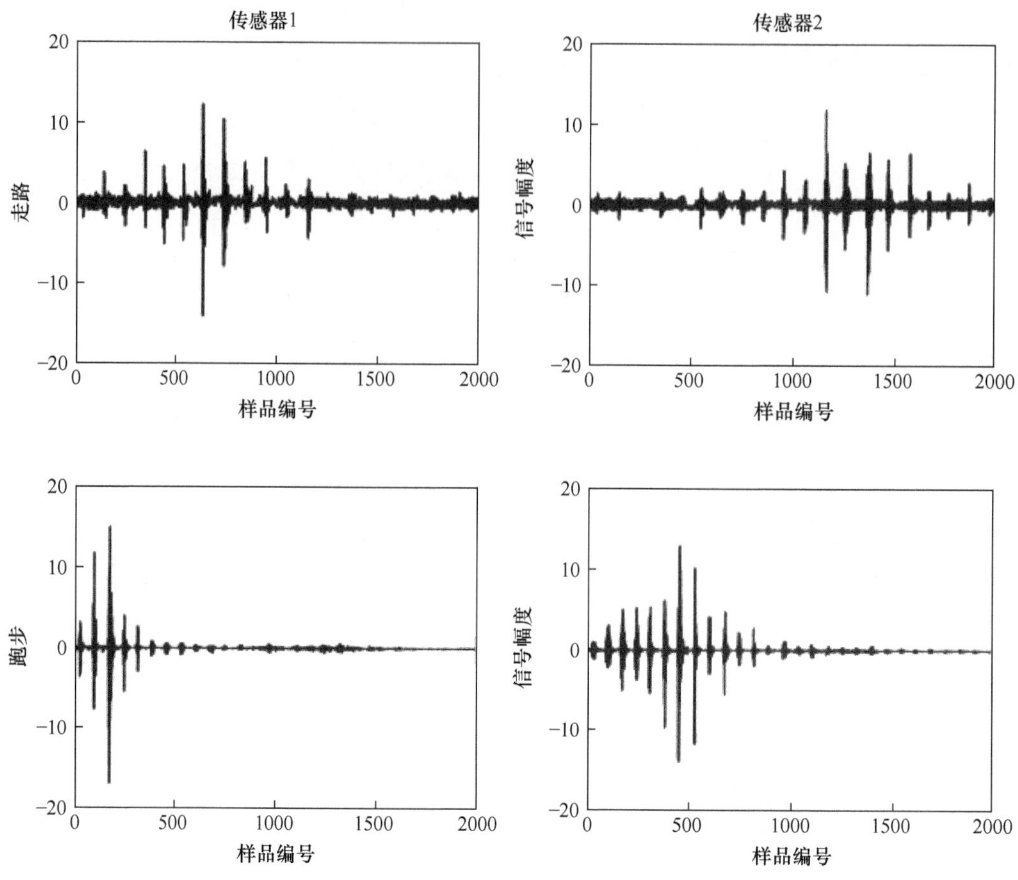

图 25.2　步行和跑步类的地震传感器时间序列数据

含 60%和 40%的数据。我们针对样品的 10 个不同分区生成所有结果,平均结果可用于不同步骤。第一步,使用符号动态过滤(SDF)从时间序列数据中提取低维特征。在 SDF 中,我们将测量空间划分为几个区域,并为每个区域分配一个符号。这些符号的集合称为字母。同时从测量时间序列数据中删除偏差以使其为零均值,并且对其进行归一化以消除目标距离对信号幅度的影响。然后,将所得的时间序列数据用符号序列表示,该序列的演化统计量用 D-马尔可夫模型来表示。在此分析过程中,我们使用 6 的字母大小和 2 的深度 D,在状态分解和状态合并后得出 7 状态的 D-马尔可夫模型。特征值 1 对应的 D-马尔可夫模型状态转移矩阵的左特征向量是稳态概率向量,它用作每个时间序列数据的低维特征向量。

第二步,无监督的上下文学习,该方法使用非参数密度估计从基于内核的混合模型中获取机器派生的上下文集,如 25.2 节所示。假设状态为 X,密度估算过程被用于计算从地震传感器 1 获得特征 Y_1 和从地震传感器 2 获得特征 Y_2 的联合可能性。混合建模过程中使用的核是具有相同条目的对角协方差矩阵的高斯核,即 $K_i(y,y_i)=(2\pi\gamma)^{-d_i/2}\exp\left[-\frac{(y-y_i)^{\mathrm{T}}(y-y_i)}{2\gamma^2}\right]$,其中 d_i 是 $i=1,2$ 时特征 Y_i 的维数,γ 是内核形状参数。使 $\gamma=0.01$,状态 1 的结果上下文集基数(集合中元素的数量)的平均值为 14.80,标准偏差为 1.47,而状态 2 的基数结果的平均值为 20.60,标准偏差为 1.65。使用最大似然决策规则进行分类,该分类给出状态估计为

$$\hat{x}\ \arg\max_{x\in\mathcal{X}} p(Y_1,Y_2\mid x)=\arg\max_{x\in\mathcal{X}}\sum_{c\in\mathcal{C}(x)} p(c\mid x)p(Y_1,Y_2\mid x,c) \tag{25.12}$$

对于 $\gamma=0.01$ 的机器派生上下文集,使用式(25.12)中的决策规则,分类精度平均为 99.78%。

第三步,我们使用提出的两种上下文集基数减少技术获取压缩的上下文集。在极大团枚举技术中,上下文观察密度是均值 $\mu_i(x)$ 和相同协方差矩阵 $\boldsymbol{\Sigma}_\gamma(x)$ 的多元高斯分布,其由内核形状参数 γ 进行参数化,因此 $p(Y\mid X=x,L=l_i)\sim N(\mu_i(x),\boldsymbol{\Sigma}_\gamma(x))$。为了构造权重矩阵,我们将高斯密度使用 Bhattacharyya 距离的解析表达式表示为

$$\begin{aligned} w_{ij}(x) &= d(p(Y\mid X=x,L=l_i),p(Y\mid X=x,L=l_j)) \\ &= \frac{1}{8}(\mu_i(x)-\mu_j(x))^{\mathrm{T}}\boldsymbol{\Sigma}_\gamma(x)^{-1}[\mu_i(x)-\mu_j(x)] \end{aligned} \tag{25.13}$$

对于 $i,j=1,2,\cdots,|\mathcal{L}(x)|$,MCE 方法 ConstructGraph 函数中使用的阈值参数 ε 变化范围为 $10^{-3}\sim10^{-1}$,其在对数刻度中以 15 个相等的步长调整变化。注意,随着阈值的增加,压缩集的基数在图 25.3(a)中显示出非单调减少趋势,这是因为集合的数量不需要随着图形的边缘集的减少而单调减少。Minterms 程序通过定义确保结果集中的集合数量以

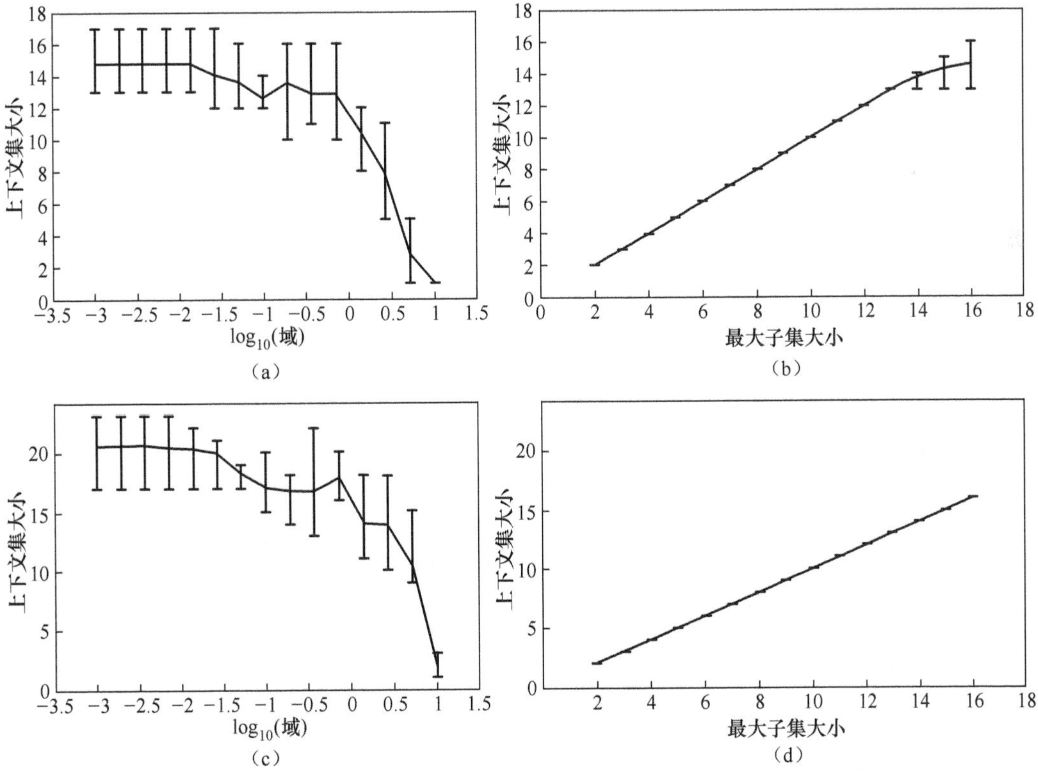

图 25.3　压缩上下文集的基数的平均值和范围

(a) $x=1$ 的 MCE;(b) $x=1$ 的子集选择;(c) $x=2$ 的 MCE;(d) $x=2$ 的子集选择。

机器定义的上下文集的基数为上限,即 $|\mathcal{C}(x)| \leqslant |\mathcal{L}(x))|$对所有 $x \in X$,会得到一些压缩。图 25.4(a)给出了使用 MCE 压缩上下文集分类的性能总结。结果表明,对于 $\varepsilon = 10^{0.42} = 2.68$,上下文集的平均基数为 $|\mathcal{C}(1)| = 7.8$ 和 $|\mathcal{C}(2)| = 13.9$,平均分类精度与整个上下文集相同。该结果表明基数减少并不会显著影响类的性能。但是,在这种情况下,通过增加 ε 进一步降低基数会导致性能显著下降,可以使用交叉验证为阈值 ε 选择合适的值。

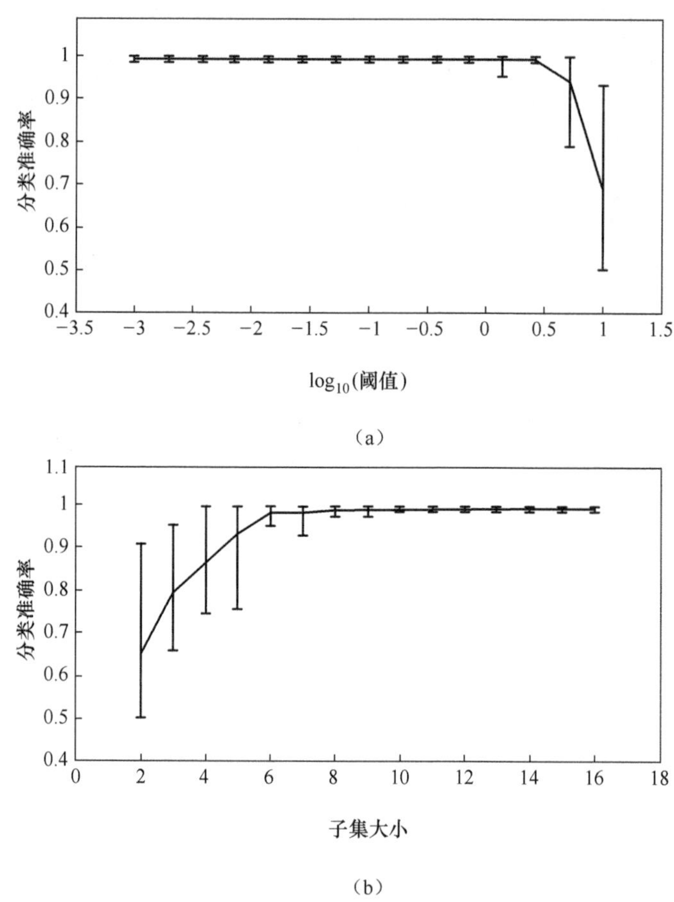

图 25.4　带有压缩上下文集的分类准确性的均值和范围
(a)MCE;(b)子集选择。

在子集选择方法中,子集的大小(用 k 表示)变化范围为 2~16。如果原始上下文集小于所选集的大小,则不执行任何其他计算,否则我们使用注释 1 选择最佳的 k 子集。图 25.3(b)、图 25.3(d)显示了具有所选参数 k 的上下文集大小的单调趋势。可以看出,分类表现随着上下文集的大小显示出增加的趋势。当 $k = 8$ 时,其性能为 99.56%;当 $k > 8$ 时,其性能与原始设置一样好。因此可见,上下文集的压缩可以通过子集选择技术来实现。如果分类精度是选择标准,则可以使用交叉验证选择合适的上下文集大小,否则可以使用注释 2 中概述的方法选择上下文集大小。

25.5 小　结

本章介绍了两种在无监督学习环境中控制上下文集大小的方法,详细介绍了使用密度估计从多模态传感器数据中获得机器定义的上下文集学习方法,并将所得到的密度估计用于两种方法中:一种方法为基于极大团枚举图论的概念,识别以类似方式影响传感器数据的上下文,并创建机器定义上下文的近似等价类,同时确定此压缩导致的误差上限;另一种方法为子集选择方法,并推导了子集选择引入的误差上限。在此方法中,上下文的先验概率对于获得最佳子集起着重要作用。我们可以得出错误上限与上下文集基数之间的保守关系。本章还将这些方法与在野外实验中收集的地震传感器数据一起用于边界目标的行走类型分类。结果证明,这些技术对于压缩上下文集确实有用,并且可以在较小的上下文集下保持类似的分类性能。将来,我们将继续探索一种聚集聚类方法,该方法可提供对压缩引入误差的估计,找到一种计算上不复杂的方法,以允许表示测量空间中所有相关区域的数据。

参 考 文 献

[1] F. Darema, Dynamic data driven applications systems: new capabilities for application simulations and measurements, in Computational Science-ICCS 2005, ed. by J. J. Dongarra, P. M. A. Sloot, V. S. Sunderam, G. D. Van Albada(Springer, Berlin/Heidelberg, Atlanda, GA, USA, 2005), pp. 610-615

[2] B. Kahler, E. Blasch, L. Goodwon, Operating condition modeling for A TR fusion assessment, in Defense and Security Symposium(International Society for Optics and Photonics, Orlando(Kissimmee), FL, USA, 2007), p. 65710D

[3] N. Virani, J. -W. Lee, S. Phoha, A. Ray, Learning context-aware measurement models, in American Control Conference(ACC)(IEEE, Chicago, IL, USA, 2015), pp. 4491-4496

[4] C. R. Ratto, P. Torrione, L. M. Collins, Exploiting ground-penetrating radar. phenomenology in a context-dependent framework for landmine detection and discrimination. IEEE Trans. Geosci. Remote Sens. 49(5), 1689-1700(2011)

[5] S. Phoha, N. Virani, P. Chattopadhyay, S. Sarkar, B. Smith, A. Ray, Context-aware dynamic data driven pattern classification. Procedia Comput. Sci. 29, 1324-1333(2014)

[6] E. Blasch, J. Nagy, A. Aved, E. K. Jones, W. M. Pottenger, A. Basharat, A. Hoogs, M. Schneider, R. Hammoud, G. Chen, et al., Context aided video-to-text information fusion, in 2014 17th International Conference on Information Fusion(FUSION)(IEEE, Salamanca, Spain, 2014), pp. 1-8

[7] L. Snidaro, J. García, J. Llinas, E. Blasch, Context-Enhanced Information Fusion: Boosting Real-World Performance with Domain Knowledge(Springer, Cham, 2016)

[8] N. Virani, J. -W. Lee, S. Phoha, A. Ray, Dynamic context-aware sensor selection for sequential hypothesis testing, in 2014 IEEE 53rd Annual Conference on Decision and Control(CDC), Los Angeles, CA, USA, Dec 2014, pp. 6889-6894

[9] E. Blasch, J. G. Herrero, L. Snidaro, J. Llinas, G. Seetharaman, K. Palaniappan, Overview of contextual tracking approaches in information fusion, in Proceedings of SPIE, Geospatial InfoFusion Ⅲ, 87470B(Baltimore, Maryland, USA, May 2013)

[10] S. Mukherjee, V. Vapnik, Support vector method for multivariate density estimation, in Center for Biological and Computational Learning. Department of Brain and Cognitive Sciences, MIT. CBCL, vol. 170, 1999

[11] N. Virani, J. -W. Lee, S. Phoha, A. Ray, Information-space partitioning and symbolization of multi-dimensional time-series data using density estimation, in American Control Conference(ACC)(IEEE, Baltimore, MA, USA, 2016), pp. 3328-3333

[12] C. M. Bishop, Pattern Recognition and Machine Learning(Springer, New York, 2006)

[13] C. Bron, J. Kerbosch, Algorithm 457: finding all cliques of an undirected graph. Commun. ACM 16 (9), 575-577(1973)

[14] E. Tomita, A. Tanaka, H. Takahashi, The worst-case time complexity for generating all maximal cliques and computational experiments. Theor. Comput. Sci. 363(1), 2842(2006)

[15] J. R. Hershey, P. Olsen, Approximating the Kullback Leibler divergence between gaussian mixture models, in IEEE International Conference on Acoustics, Speech and Signal Processing. ICASSP 2007, vol. 4(IEEE, Honolulu, Hawai, USA, 2007), pp. IV-317

[16] F. J. Aherne, N. A. Thacker, P. I. Rockett, The Bhattacharyya metric as an absolute similarity measure for frequency coded data. Kybernetika 34(4), 363-368(1998)

[17] J. W. Moon, L. Moser, On cliques in graphs. Isr. J. Math. 3(1), 23-28(1965)

[18] D. Avis, K. Fukuda, Reverse search for enumeration. Discret. Appl. Math. 65(1-3), 21-46(1996)

[19] A. Ray, Symbolic dynamic analysis of complex systems for anomaly detection. Signal Process. 84, 1115-1130(2004)

[20] K. Mukherjee, A. Ray, State splitting and merging in probabilistic finite state automata for signal representation and analysis. Signal Process. 104, 105-119(2014)

第九部分　网络感知:安全性和计算

第 26 章 动态数据驱动应用系统服务：基于仿真的优化

Yi Li, Shashank Shekhar, Y evgeniy V orobeychik,
Xenofon Koutsoukos, Aniruddha Gokhale

摘要：DDDAS 在面对高波动和不确定环境时必须具有适应性。实现这种适应性的一个重要手段是运用可用于动态决策支持的仿真模型。为了提供高质量的决策支持，可以在优化循环中使用仿真获得给定系统状态下系统参数的最佳值，特别是当系统有很多参数时，传统的方法很难对结果进行优化。为了实现对复杂上下文的优化，基于仿真的优化方法应运而生。黑盒仿真可以避免对特定和准确模型信息（如梯度计算）的需要。基于仿真优化的一个重要挑战是优化决策参数。然而，为了确保可伸缩性和实时决策支持，必须快速部署基于仿真的优化，以便在时间和预算限制的情况下充分利用可用的计算资源。为了满足这些需求，我们提出了一个基于云的框架，用于基于仿真的优化服务（SBOaaS），从而为此类环境提供灵活且高度可并行化的动态决策支持。我们利用仿真城市机动性（SUMO）中的交通仿真模型调整观察到的车流，基于仿真的优化设计了一个动态交通灯控制系统来验证该框架。

26.1 引　言

像国家电网、交通网络和智慧城市之类的关键网络物理基础设施是具有高度动态性和不确定性的大规模复杂系统，其终端系统、网络协议、技术以及支持系统操作的软件系统都具有显著的异构性。在这样的系统中，人工干预无法处理由网络物理事件（如故障或蓄意攻击）引起的问题。

DDDAS 思想是解决管理和控制下一代网络物理系统需求的一种很有前途的方法。DDDAS 规定了一个真实系统的数据驱动模型学习过程，随后在决策支持系统中仿真这些模型来控制系统行为，并维护其预定轨迹。在决策支持中使用仿真是一种基本的手段，可以在各种系统中实现动态数据驱动的决策支持。然而，任何 DDDAS 方法的成功都取决于它的学习和模拟目标系统模型的能力。反过来，学习模型的质量将决定如何有效地管理和控制真实世界的系统。

随着过去十多年来数据采集技术的出现，使用基于仿真的优化提供了一种低成本的替代方法，以模拟包括随机过程在内的物理现象，并解决动态系统的最优控制问题，这在许多工业应用中已得到证明。为了提供高质量的决策支持，可以在优化循环中使用仿真获得给定系统状态下系统参数的良好值,特别是当系统有太多参数时。传统的优化手段要么是难以处理的,要么是不可行的(例如,如果梯度信息不可用或难以计算)。为此,基于仿真的优化方法已经成为优化复杂的黑盒系统的一种手段,从而避免了对特定和准确的模型信息的需求,如梯度计算。

尽管有这样的预期,但传统的基于仿真的方法没有动态数据驱动的能力,不能与现实世界条件同步,这往往导致预测不准确和系统控制的失败。为此,DDDAS 作为一种用于实时计算机仿真的创新范式,有效地克服了传统仿真方法的缺陷。在此背景下,也面临两种关键挑战。首先,虽然基于仿真的优化已经成为各个领域解决大规模问题的重要课题,但仿真有时非常复杂,需要巨大的计算能力;其次,即使将 DDDAS 作为一种支持范式,基于仿真的优化方法也不适合在任何时候使用,也没有考虑到实时约束以及解决方案质量和决策时间之间的相关权衡,这可能是利用这些方法进行系统控制的关键考虑因素。

云计算为个人和组织提供了一种经济的解决方案,可以有限资源执行计算密集型任务,具有极高的应用需求。云计算具有潜在的无限计算能力优势,并且具有按需提供、负担得起的服务成本而无须产生任何资本和运营开支、资源弹性以及按需自动伸缩的能力,因此基于云的仿真服务为解决上述挑战开辟了新的途径。

为了在利用新兴计算范式的同时,利用基于仿真的优化解决已知的挑战,我们开发了一个基于云的框架。该框架提供了一个基于仿真的优化服务(SBOaaS),在这种情况下,为了在给定的时间限制内获得最佳答案,需要明确地考虑实时因素,以便最优地利用有限但并行的计算资源。具体来说,在本章中,我们介绍了在云架构上部署基于仿真的优化程序,架构由 SBOaaS 组成,对于一个给定的优化问题,SBOaaS 描述了如何将输入问题分解成一组并行仿真,并有效利用现有的计算能力;以及一种基于随时并行仿真的优化方法,它在时间和计算资源限制方面具有很大的灵活性,可以在给定决策的可用资源和时间限制的情况下获得最佳(或可能次优)解决方案。

我们针对交通信号灯分散反馈控制的最优控制问题具体阐述了 SBOaaS 框架。为了验证我们的想法并提供一个实现 SBOaaS 的平台,我们利用了之前在仿真服务(SIMaaS)上的工作,它是一个基于云的仿真框架,用于管理分布式系统上的多个仿真实例。交通信号灯仿真采用仿真城市机动性中的仿真器实现交通信号灯控制器逻辑,并对优化算法进行评估。

本章的其余部分组织如下:26.2 节概述了 SBOaaS 概念;26.3 节描述了实现 SBOaaS 背后的算法,特别是在实时计算的情况下;26.4 节描述了我们为部署 SBOaaS 而开发的系统架构;26.6 节将我们的工作与相关工作进行比较;26.7 节是小结,指出了今后的工作方向。

26.2 SBOaaS 的问题陈述和概述

在这一节中,我们使用一个动机案例对本章中所要阐述和解决的问题进行说明。为此,我们首先提出一个交通灯控制系统作为一个现实世界系统的例子,其中高质量的交通灯控制器配置需要一个基于数据驱动模型仿真的迭代黑盒优化过程。由于对资源的高需求和实时性能的限制,这种能力需要云计算资源。为此,我们设计并实现了 SBOaaS,这是一个将基于仿真的优化作为服务的框架。本节介绍了主要特性和一个案例,阐述了 SBOaaS 应该解决的主要挑战。

26.2.1　动机案例:动态交通灯控制系统

为了阐明问题,我们使用一个动态的交通灯控制场景作为我们的动机案例。在这个场景中,每个交叉口的交通灯控制器根据所观察到的车流切换交通灯相位。一般来说,交通灯相位与由该相位控制的车道集合有关;如果与当前阶段相关的车道中等待车辆数量较少,而与下一阶段相关的车道中等待车辆数量较多,则控制器将切换红绿灯相位。图 26.1提供了控制器逻辑的可视化展示。

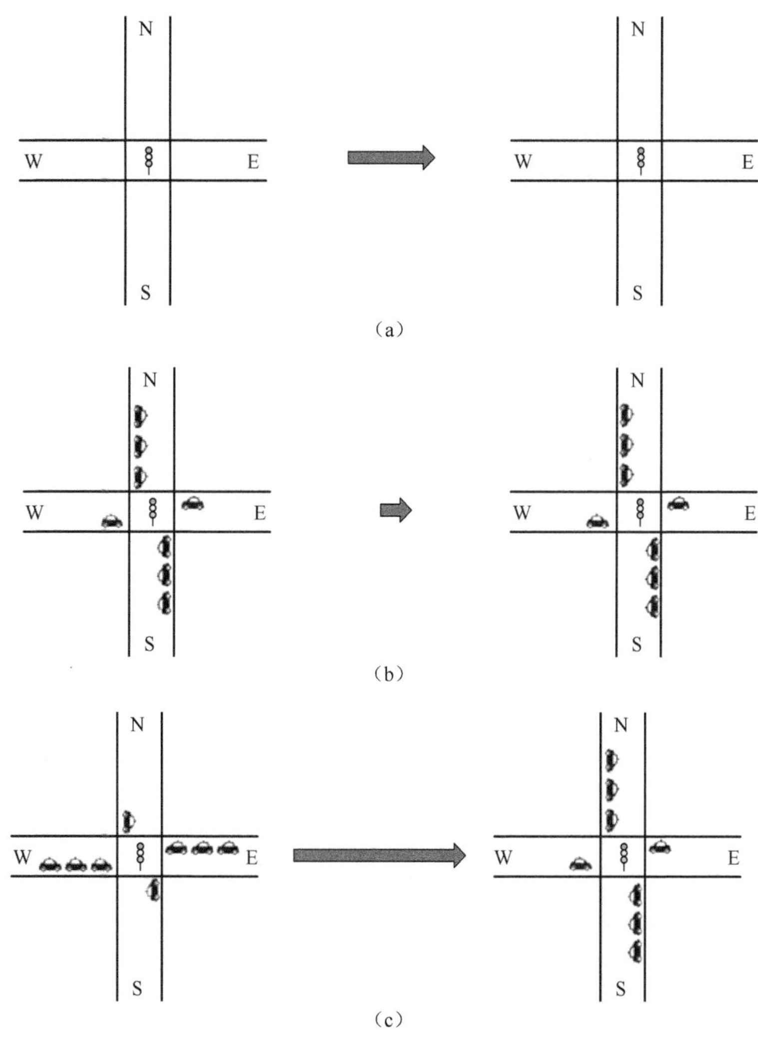

图 26.1　反馈控制器的控制逻辑

(a)非反馈控制器具有固定的两个阶段之间的间隔;(b)、(c)反馈控制器根据到它们的车辆队列的长度。

形式上,反馈控制器有一个预定义的相序 $(p_0, p_1, \cdots, p_n)$, 对于每个相位 p_i、m_i 是最小间隔；M_i 是最大间隔；q_i 是与第 i 阶段相关的车道的平均排队长度；θ_i 是第 i 阶段阻塞的车道队列长度的阈值。如果 t 是当前时间点，则控制逻辑如算法 1 所示。

算法 1：反馈控制器

```
Current Phase P:= p0,t':= t,i:= 0
loop
   inext:=(i + 1) mod n
   if t-t'>mi then
     if Reach to the maximum interval,t-t'=Mi,then
       Switch phase,P = Pinext,i=inext:
     else if Find the congestion,qi<θi,qinext≥θnext then
       Switch phase,P =Pinext,i=inext
     end if
   end if
end loop
```

该控制器必须解决如下优化问题：给定某一时间段内某一区域内的车流和一组受控交叉口 $I\{I_0,I_1,\cdots,I_m\}$，找到最优的阈值 $(\Theta_0,\Theta_1,\cdots,\Theta_m)$，其中 $\Theta_i=(\Theta_0,\Theta_1,\cdots,\Theta_{n_i})$ 是第 i 个交叉点的阈值。

在许多先前的研究工作中已经讨论了具有类似控制逻辑的单个交集场景。然而，当将控制器模型推广到具有多个交叉口和相应的多个红绿灯的情况时，情况就复杂多了。这涉及许多因素，如车流密度和路网拓扑结构，都可能会影响这种道路系统的结果，同时也带了一个众多交叉路口间交互的模型描述问题。

26.2.2 特定 DDDAS 问题描述和 SBOaaS 方法

例如，对于市中心多个十字路口的红绿灯问题，解决方案中的计算密集型特性带来重大挑战。此外，由于交通模式的动态性质（例如，早高峰和晚高峰时间相对于下午和晚上的时间），需要定期重新计算最佳参数，这将使问题及其对资源的需求进一步复杂化。

这个领域存在两个基本问题。首先，DDDAS 反馈循环可能只访问动态系统的黑盒模型，但是需要 DDDAS 基础结构获得最优参数，以便在 DDDAS 反馈循环中使用。其次，解决方法的显著计算密集特性使部署这样模型的仿真不可行；相反，需要的是弹性计算能力。因此，本章所解决的 DDDAS 问题可以表示为：如何获得最佳参数；随着求解方法的计算需求的动态变化，如何弹性地伸缩计算资源？

本章使用以下两种协同方法解决这个基本问题：首先，我们在一个优化循环中使用仿真获得给定系统状态下的系统参数最佳值，特别是当系统有太多的参数时，而传统的方法很难对结果进行优化。我们把这种方法称为基于仿真的优化。为了满足对弹性资源的需求，我们利用云计算满足这些需求，并提供一个框架来实现我们所说的 SBOaaS。

图 26.2 直观地展示了 SBOaaS 如何通过基于在线仿真的优化来部署动态交通灯控制系统。控制系统是一个闭环系统，周期性地接收车辆流量的实时分布——代表 DDDAS 的动态特征和数据驱动特征——并行运行多个仿真以找到最佳阈值，并将反馈发送给交通灯控制器——它表示 DDDAS 中循环的结束。

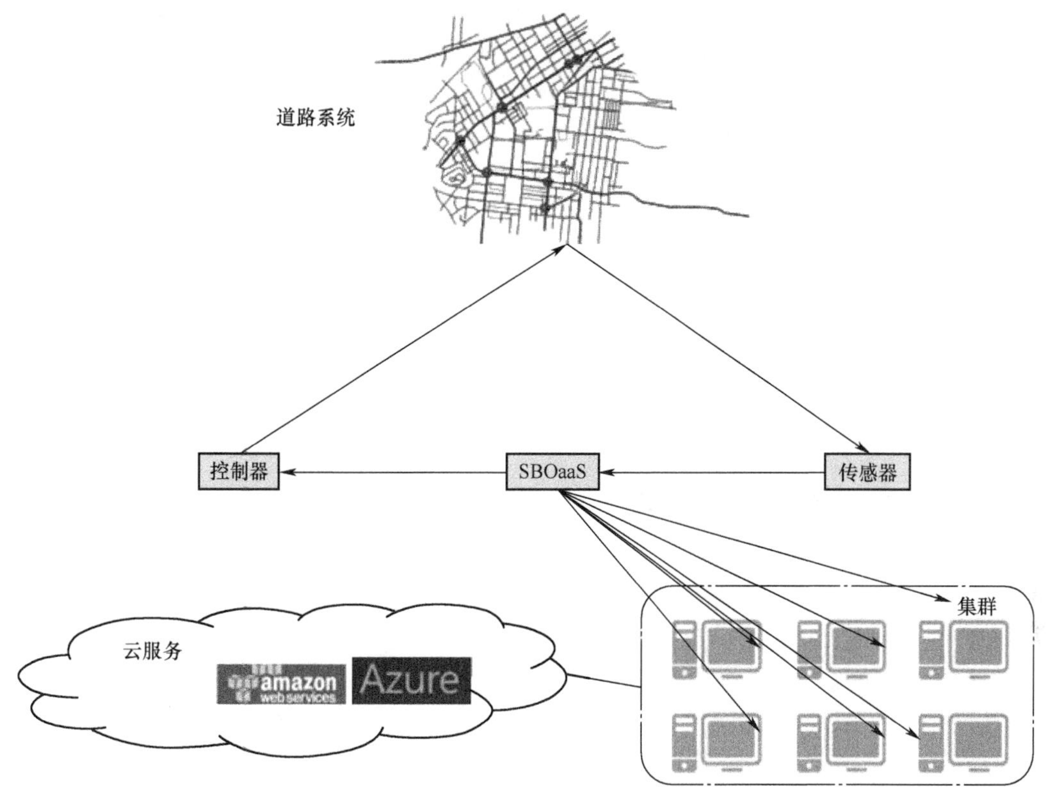

图 26.2　用于动态交通灯控制系统的 SBOaaS

26.2.3　SBOaaS 的主要特点

以下是 SBOaaS 的主要特点。

(1) 基于云的解决方案,用于并行执行多个仿真。应用昂贵的在线仿真优化通常是耗时的,并且常常不能解决应用程序的实时约束。此外,对于随机仿真模型,每个仿真过程都可能发生变化并产生不同的结果。为了分析随机系统的时间特性,只有执行大量的仿真任务才能获得仿真结果的概率分布。因此,仿真服务必须并行执行多个仿真。为了解决这个问题,我们提出了一种基于云的方法,它是一种编排中间件,允许用户将 DDDAS 应用程序部署到不同云服务提供商的平台上,而不需要考虑平台的差异。它集成了仿真管理器和结果聚合组件,前者具有并行生成和执行仿真的能力,后者可以使用几种不同的聚合策略回收终止仿真的结果,并实现了一个基于 Web 的界面,允许用户自定义仿真模型和输入参数,并监控优化过程。26.4 节详细介绍了系统架构。

(2) 大规模离散变量决策问题的一般分解方案。在基于仿真的优化中,根据提供给模型的输入参数,仿真的结果通常会有很大的不同。为了找到最优解,搜索空间有时可能会非常大,使这种大规模的问题很难用简单的蛮力搜索解决。在这种情况下,即使并行计算也无济于事。在该框架中,我们提出了一组基于坐标下降法的通用问题分解方案,它不仅提供了一种有效的方法来并行化离散变量域的最优决策问题,而且能够随时执行优化,从而在快速响应和解决方案质量之间实现灵活的平衡。

(3) 基于仿真的问题设计与问题分解方案解耦的能力。对于 DDDAS 中传统的基于模型的在线学习和仿真方法,开发人员通常同时面对和维护系统的多个不同级别的部分。例如,用特定领域的知识来设置和部署仿真环境,有不同的并行性方法用于各种优化任务,还有用于定期维护的系统管理。对于希望在可用资源上快速部署的开发团队来说,这种方法不是一个好的实践。SBOaaS 利用了一个基于 Linux 容器的基础设施,该基础设施旨在创建一个抽象层,以帮助基于仿真的问题设计从问题分解方案中解耦出来。分层方法允许领域专家将仿真环境封装在容器中,而开发人员根据预定义的接口设计并行过程,系统管理员只需将这两部分组合起来运行优化,而无须了解实现细节。此外,这种方法提供了较低的运行时开销、在计算节点上部署仿真时可以忽略的设置和降低成本,以及在集群主机之间使用增量更新进行快速数据交换。

26.3 基于并行贪婪算法的随时优化

现在我们描述所提出的方法:对于给定的输入变量设置,它要估计一个目标的值,使用仿真运行来测量。为了在优化中使用它,必须对许多输入运行这个过程,目的是根据目标值选择最佳的输入向量。由于这样的优化例程可能非常耗时,它们在动态控制环境中可能效用有限,因此在该环境中,实时决策约束对分配给基于仿真的优化的时间施加了严重限制。

我们在框架中提供了几种实时仿真的优化算法,这些算法可以确保优化过程将迄今为止找到的最佳解决方案返给控制器,即使这些过程在收敛之前被中断。这些算法的关键特性是直接并行的,因此允许我们使用开发的基于云的平台来实现它们。

考虑下面描述的单个目标优化问题:

$$\min_{x} f(x)$$

式中:$\boldsymbol{x} = (x_1, x_2, \cdots, x_n)$ 是决策变量的向量。在我们的设置中,$f(x)$ 不是已知的,但可以通过对给定 $\boldsymbol{x}$ 的仿真求出 $\boldsymbol{x}$ 。如果 f 是随机的,我们希望最小化期望,可以通过对给定 $\boldsymbol{x}$ 进行多次仿真并取样本平均值来估计期望。由于这种推广是直接的,因此我们假定仿真产生了 $f(x)$ 的确定性求值。进一步假设变量 x_i 的域是离散的,这也是一个温和的假设,因为一个连续的、有界的域可以被任意精细地离散化。利用坐标贪婪算法,我们开发了一种面向服务的实时仿真优化框架。

26.3.1 坐标贪婪算法

坐标贪婪算法是一种每次使函数值最小的启发式优化方法。顺序坐标贪婪(SCG)算法计算框架如算法 2 所示。

算法 2:顺序坐标贪婪 $(f, \boldsymbol{x}^{(0)})$

1:input problem f, initial state $\boldsymbol{x}^{(0)} = (x_0^{(0)}, \cdots, x_n^{(0)}) \in \mathbb{R}^n$

2:output $X^{(*)} = \arg\min_{x} f(x)$

```
Set p ←0
repeat
  for i←1 ,⋯,n do
  x_i^(p+1) ←arg min_{x_i} f( x_1^(p) ,⋯,x_i ,⋯,x_n^(p) ),i ∈ I^(p)
  end for
until termination test satisfied
```

在每个迭代中,SCG 通过求解子问题来更新f的一个输入变量:

$$f_i^{(p)} = \min_x f(x_1^{(p+1)},\cdots,x_{i-1}^{(p+1)},x,x_{i+1}^{(p)},\cdots,x_n^{(p)})$$

对于离散变量域问题,当一次迭代没有进一步改进时,就收敛到局部最优f^*($\exists P \ \forall I, f^{(P)}(x_0)=f^{(P)}(x_i)$)。类似地,随机坐标贪婪法在每次迭代中均匀随机地选择一个变量,而不是按照向量的顺序。Shalev-Shwartz 和 Tewari 为随机坐标贪婪算法提供了最著名的收敛边界。

为了将 SCG 并行化,在包含单个组件 x_i 的评估的每个步骤中,框架尝试激活变量域中所有可能值的多个仿真。该进程一直运行,直到用户暂停它或达到局部最优值,在这两种情况下都将返回此时找到的最佳解决方案。

26.3.2 *K* 坐标贪婪算法

随着问题维数的增加,即使是快速坐标贪婪算法也会变得昂贵。受基本坐标贪婪算法并行度的限制,对于大规模问题,传统的坐标贪婪算法不能充分利用所提供的计算能力。

K 坐标贪婪算法是为了加快优化过程收敛速度,增加另一个并行化层次以进行坐标贪婪算法,如算法 3 所述。

算法 3:*K* 坐标贪婪($f,x^{(0)},k$)

```
input problem f, initial state x^(0) = ( x_0^(0) ,⋯,x_n^(0) ) ∈ ℝ^n,parallelism degree k
output x^(*) = arg min_x f(x)
Set p←0
repeat
  Choose index set,I^(p) = { i_0^(p) ,i_1^(p) ,⋯,i_k^(p) }
  In parallel on k
    x_i^(p+1) ←arg min_{x_i} f( x_1^(p) ,⋯,x_i ,⋯,x_n^(p) ),i ∈ I^(p)
until termination test satisfied
```

该算法首先根据可用的计算资源选择要更新的变量数 *K*。在每个迭代中,它选择 *K* 个变量中的一个子集,并使用与坐标贪婪算法相同的更新来并行地优化这些变量。

不同的并行方式对 *K* 坐标贪婪算法的性能和行为有一定的影响。同步 *K* 坐标贪婪算法可以在特定时间点频繁地跨所有 *K* 个分区进行同步,这确保了在进一步的计算发生之前,所有更新都在处理器之间共享。而异步方式假设变量向量 $\boldsymbol{x}$ 可以被每个处理器访问,并且可以随时读取和更新。由于消除了计算节点间信息一致性的要求,异步算法在实际应用中应该具有更好的性能,而同步算法的行为更易于预测和分析。同步和异步的 K 坐标贪婪算法都包含在我们的框架中并对其进行了评估。

26.3.3 自适应 K 坐标贪婪算法

与坐标贪婪法不同,K 坐标贪婪不能保证收敛到局部最优。当变量向量中相关特征太多时,可能会增加算法发散的风险,这也使定义终止检验变得困难。在本节中,我们将介绍自适应 K 坐标贪婪算法,该算法试图解决这些限制。

自适应 K 坐标贪婪法是一种坐标贪婪与 K 坐标贪婪相结合的混合方法,如算法 4 所示,它可以在早期加快收敛速度,避免在接近局部最优时出现相关问题。我们通过不断减少 K 来改进贪婪过程,减少算法寻找下一个次优解所花费的时间。通过降低 K 的值,优化过程中选择相关特征的可能性就会降低,从而避免发散。当 $K = 1$ 时,该算法就是随机坐标贪婪算法,具有明确的终止条件和收敛保证。

算法 4:自适应 K 坐标贪婪$(f, x^{(0)}, k_0)$

input problem f, initial state $\boldsymbol{x}^{(0)} = (x_0^{(0)}, \cdots, x_n^{(0)}) \in \mathbb{R}^n$, initial parallelism degree k_0
output $x^{(*)} = \arg\min f(x)$
Set $p \leftarrow 0$, $\Delta t \leftarrow 0$
repeat
  $k \leftarrow k_0 * \exp(-\Delta t / T)$
  Choose index set, $I^{(p)} = \{ i_0^{(p)}, i_1^{(p)}, \cdots, i_k^{(p)} \}$
  In parallel on k processors
    $x_i^{(p+1)} \leftarrow \arg\min_{x_i} f(x_1^{(p)}, \cdots, x_i, \cdots, x_n^{(p)}), i \in I^{(p)}$
  if find a better solution, then
    $\Delta t \leftarrow 0$
  else
    Increase Δt
  end if
until termination test satisfied

26.4 系统架构

基于云的 SBOaaS 架构以现有的仿真即服务(simulation-as-a-service, SIMaaS)框架为基础。我们增强了 SIMaaS 体系结构,以考虑 SBOaaS 必须在其中操作的各种模态。此外,我们还根据 SBOaaS 需求添加了一个新的调度策略。架构由本节中描述的设计时和运行时组件组成。

26.4.1　系统运行时架构

图 26.3 给出了 SBOaaS 的关键组件。由于 SBOaaS 基于 SIMaaS,因此 SIMaaS 管理(SIMaas Manager,SM)是框架的核心。它负责协调其他组件、处理用户请求和决策制定。SM 的可插拔架构允许它在各种虚拟化技术和调度策略之间进行切换。最初的 SIMaaS 框架包含一个基于截止日期的调度器,其中要执行的仿真任务数量是预先知道的。然而,在目前的工作中,仿真计数并不是先验已知的,额外的约束被引入同步和异步模式中,这些模式需要缓解系统级的最后期限约束,以便基于中间结果进行资源优化。因此,我们引入了贪婪调度策略,该策略利用中间结果最大化优化算法的性能,并使资源饱和以最小化利用率。

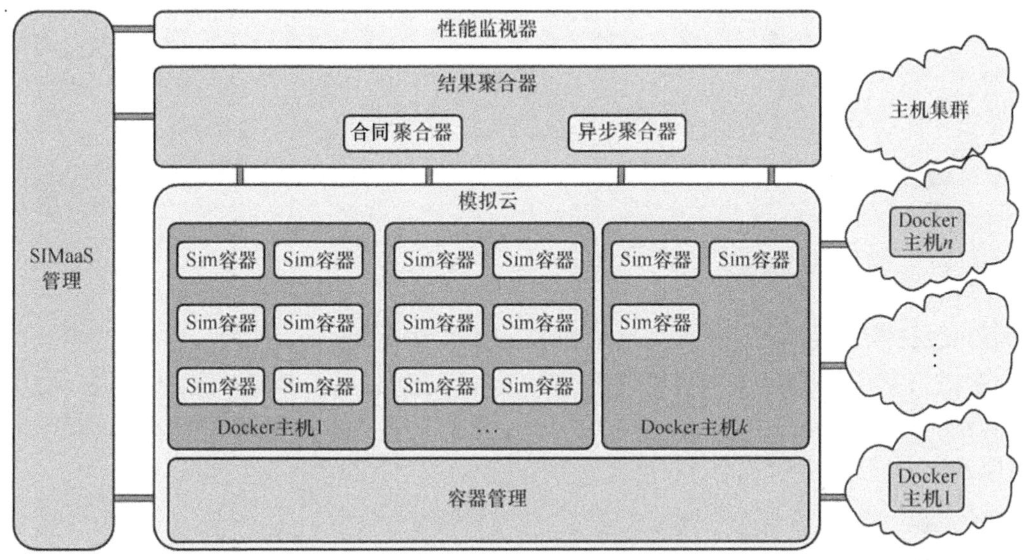

图 26.3　系统运行时架构

仿真云部署在使用 Docker 容器虚拟化技术构建的主机集群上。一个 Docker 主机可以运行多个 Docker 容器,每个容器代表云系统中的一个计算节点。每个基于仿真的优化任务都在一个容器中运行。整个生命周期由容器管理(container manager,CM),如图 26.3 所示。CM 支持不同的虚拟化技术,例如基于内核的虚拟化机器(KVM)。但是,由于它的启动和拆卸时间较短,因此我们选择了 Docker 容器。CM 的角色包括管理主机、执行、拆除和部署容器。CM 还维护在设计时提交的 Docker 图像的注册表(在 26.4.2 节中进行了说明))。

SBOaaS 的另一个关键组件是结果聚合器(result aggregator,RA),它负责在仿真容器完成任务后收集它们的结果。它还执行结果聚合并通知 SM。聚合器应用消息队列,这样它就不会因为同时完成模拟任务而超载。基于 SBOaaS 与 SIMaaS 的不同聚合需求,我们为 RA 开发了同步和异步模式。

(1) 异步聚合器。一旦客户端聚合器逻辑根据完成的仿真任务聚合中间结果,异步聚合器就通知 SM。SM 依次替换旧的仿真实例,从而使分配的资源得到 100%的利用。

(2) 同步聚合器。同步聚合器等待当前循环中的所有仿真任务完成,并调用客户端聚合逻辑以获得中间结果,以便执行下一组任务。这有助于用基本结果初始化下一个周期。然而,这也会导致资源利用不足。

运行时架构的最后一部分是性能监视器(performance monitor, PM),它与 CM 一起从主机集群收集性能指标,并定期通知 SM 进行决策。

26.4.2 系统设计时架构

应用程序设计人员在设计时与 SBOaaS 接口进行交互,以提供配置、可执行程序和聚合逻辑。设计人员使用模板输入配置属性列表,其中包括仿真任务的执行命令、预期的运行时输入参数和所需的资源。设计器还以容器映像的形式提供仿真可执行文件,该容器映像由系统上载到映像注册表,然后在运行时由 CM 部署到主机上。请注意,仿真任务的第一次迭代会由于映像下载时间而增加部署成本。通过预先安排仿真作业,可以避免成本。

设计器的另一个关键角色是提供聚合逻辑,该逻辑运用连接到结果聚合器的 SBOaaS 聚合器模板。在本工作中,聚合逻辑为优化算法。然而,聚合逻辑可能因用例的不同而不同。

26.4.3 用户交互框架

SBOaaS 接口驻留在轻量级 Web 框架上,以便与系统设计人员、用户或应用程序接口(API)进行交互,并将结果提供给调用程序。如果最后期限不是实时的,用户可以使用 Web 表单提供运行时参数,并从 Web 服务器上的模拟管理器(SM)返回的下载链接收集结果。

在典型的系统中,使用 API 可以消除手动步骤。图 26.4 描述了 SBOaaS 如何与现实世界交互,并提供了优化问题的解决方案。另一个标记为 SBOaaS 前端的服务器接收运行时参数,以聚合传感器数据的形式进行基于仿真的优化。这个前端调用 RESTful(即代表性状态传输,REpresentational state transfer, REST),从 SBOaaS 接口的应用程序接口中

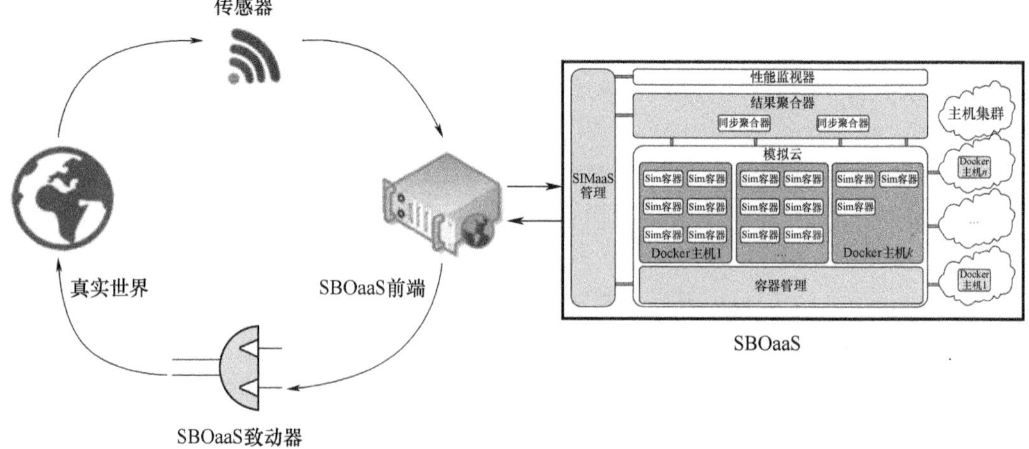

图 26.4 系统交互框架

启动仿真作业。一旦作业完成,SBOaaS 前端将收集结果,并根据优化结果执行驱动。

26.5 评　估

26.5.1 基于在线仿真的动态优化交通灯控制系统

26.5.1.1 环境

根据 26.2 节中描述的动态交通灯控制场景定义仿真环境,为了仿真受控的交通流,我们使用了一个名为城市交通仿真(Simulation of Urban MObility,SUMO)的仿真套件。SUMO 是一个开源的、可移植的、微观的道路交通仿真包,用于处理大型路网。SUMO 还提供了一个流量控制接口(TraCI),让外部控制器控制流量。我们的工作使用 Python 脚本通过 TraCI 控制仿真,并实现了自己的控制算法。我们将实验环境封装成 Docker 镜像,通过 SBOaaS 在大量计算节点之间实现分布式。

我们的框架部署在 NSF 云服务器上,这是一个由国家科学基金会(NSF)资助的云平台,为研究社区提供一个大规模的平台,允许它们在深度可编程的云服务、设计和核心技术中探索变革的概念。在实验中,我们创建了一个有 8 个计算节点和 384 个核的分配系统。

实验所输入的数据是范德堡(Vanderbilt)大学校园的地图,包括所有外部指定的参数(相位序列和最小最大间隔),以及基于道路传感器观测的早上场景中相应的车辆流量,并选择了 9 个交叉口来部署反馈控制器。此外,我们只考虑每个交叉口有两个阶段的动态间隔,这意味着每个交叉口都有两个需要优化的阈值。因此,对于 9 个交叉口,优化问题的维数为 18。我们考虑变量域{1,2,…,20},并使用车辆平均速度来衡量性能。

26.5.1.2 实验 1

我们首先评估 SBOaaS 中使用的实时优化方法的性能。实验直到找到局部最优值或达到最后期限(7000 个)才停止(*K* 坐标贪婪不检查收敛性,因为没有定义明确的终止检验)。

26.5.1.3 结果

实验结果如图 26.5 所示,仿真结果(平均车速)为优化过程运行时间的函数。图 26.5(a)、(b)分别将坐标贪婪算法(算法 2)与 *K* 坐标贪婪算法(算法 3)、自适应 *K* 坐标贪婪算法(算法 4)进行了比较,可变级并行运算大大加快了优化过程。一般情况下,*K* 坐标贪婪和自适应 *K* 坐标具有相同的收敛速度。但是,从图 26.5(c)、图 26.5(d)可以看出,*K* 坐标贪婪算法未能在最后期限内收敛,而自适应的 *K* 坐标贪婪算法找到了局部最优。与同步算法相比,异步算法具有更好的性能和更平滑的曲线,这意味着对于返回次优解的任何时间响应都更好。

26.5.1.4 实验 2

图 26.6 展示了基于传统的仿真的优化和基于实时仿真优化的 DDDAS 的控制过程。对于当前的观测,前者在优化过程结束时获取并更新了最优控制参数,而后者可以不断刷新控制参数,我们比较了这两种方法。在这个实验中,我们运行了一个仿真程序,用真实世界的参数来仿真早晨的场景,也在初始道路车流观测的同时启动优化服务,并定期更新

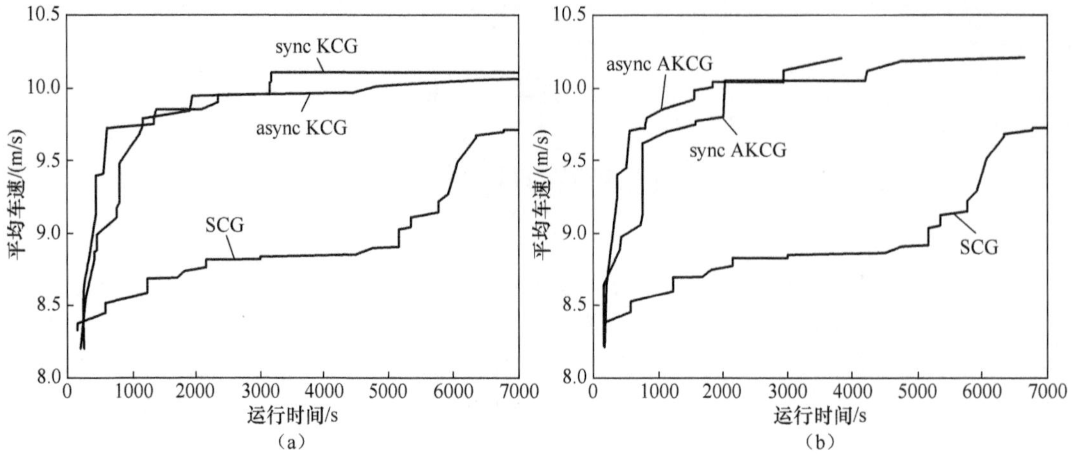

（a）　　（b）

（c）　　（d）

图 26.5　同步/异步 K 坐标之间的比较贪婪以及同步/异步自适应 K 坐标贪婪分散式解决方案位置

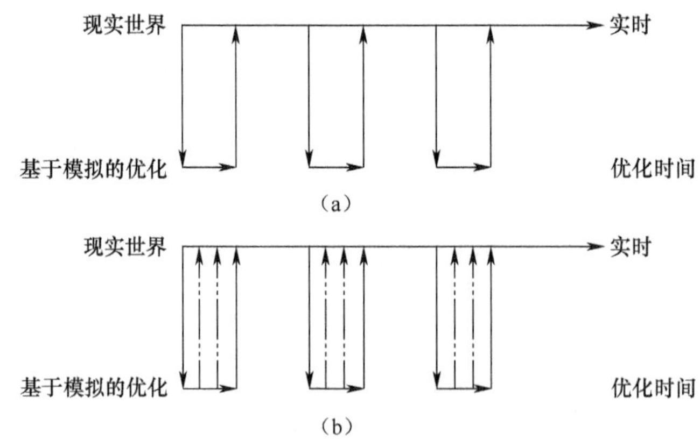

图 26.6　基于仿真优化的 DDDAS

(a)具有基于传统仿真的优化的 DDDAS;(b)具有基于实时仿真的优化的 DDDAS。

相应的次优控制参数。我们使用异步自适应 K 坐标贪婪算法，只考虑第一个优化周期，即 7:00—7:30（异步自适应 K 坐标贪婪算法根据最后一次实验，在 30min 内收敛）。我们考虑了更新控制参数的几个不同时期。

26.5.1.5　结果

实验结果如表 26.1 和图 26.7 所示。图中显示了仿真区域内车辆平均瞬时速度随时间的变化，以及表中给出的总体平均车速。该基准是在不更新控制参数的情况下实际运行的情况，这是基于传统仿真优化的 DDDAS 的行为。在图 26.7 中，测试优化方法的实时结果在早期阶段并没有显著差异，但随着优化过程中找到越来越好的次优控制参数，实时优化服务逐渐改善了结果。从整体性能上看，更新周期越短的优化过程得到的结果越好，但改进幅度越小。受技术和成本的限制，现实世界中的 DDDAS 通常需要根据其边缘效益选择合适的更新频率。

表 26.1　实验结果

期间	总体平均车速/(m/s)
基准	8.703
1s	9.961
5min	9.918
10min	9.566

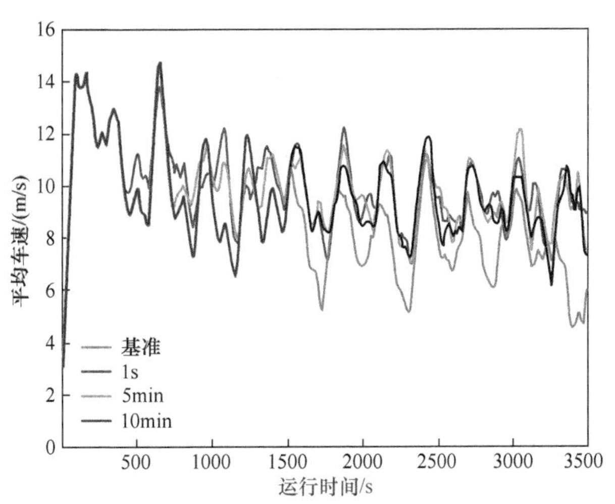

图 26.7　实验 2 的结果

26.5.2　系统评估

我们测试了系统度量指标以验证其鲁棒性，并评估了其开销。测试平台按照图 26.3 所示的结构设置。SIMaaS 管理器和结果聚合器部署在同一台机器上。8 个仿真主机被添加到设置中，每个主机有 48 个核。我们进行了两个实验来评估系统在同步和异步模式下运行时的性能，每个实验持续 90min。

26.5.2.1 结果

实验结果如图 26.8 所示。我们观察到，在 90min 内，在同步模式下共执行了 2520 次仿真，在异步模式下共执行了 11037 次仿真。异步模式仿真的次数较多，目的是充分利用可用的服务器。图 26.8 还显示了管理服务器的利用率指标。在这两种模式中，CPU 和网络使用率均低于 1%。异步模式的内存使用率约为 3%，同步模式的内存使用率约为 7%。尽管由于对仿真任务的审查跟踪，我们看到内存利用率有一个最初的上升趋势，但

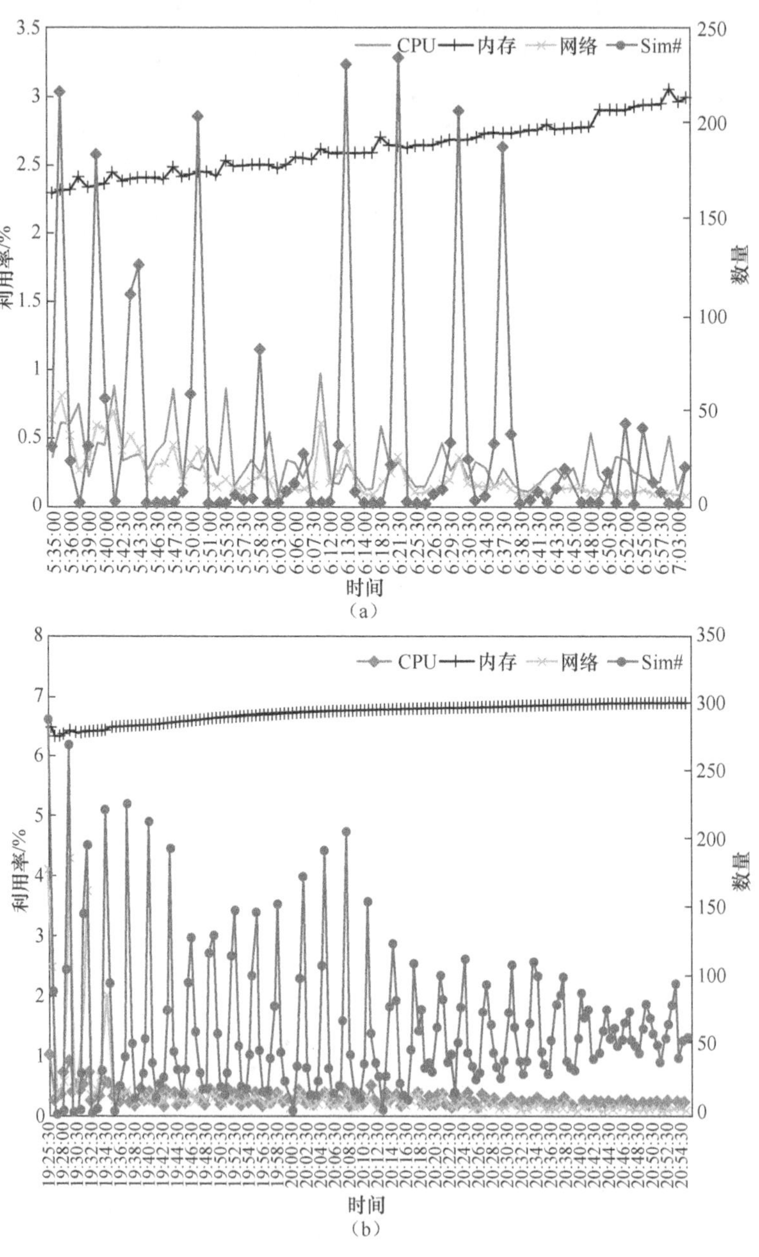

图 26.8 比较系统利用率与完成的仿真计数
(a)同步模式；(b)异步模式。

由于定期运行清理操作会清除旧的模拟容器,因此内存利用率在实验结束时便趋于稳定。我们还观察到,在调度仿真任务和仿真任务完成时,CPU 和网络使用率峰值很低。这些结果表明,我们的架构是稳健的,开销也很低。

图 26.9 是两种模式下仿真任务执行时间的散点图。我们发现在这两种模式下完成的仿真任务其数量是周期性的。与异步模式相比,系统中存在一些掉队者,它们对同步模式的影响更大,因为下一个周期的所有任务都必须等待少数掉队者一起执行。下一步,掉队者管理策略会被实施,这大大有利于同步模式。

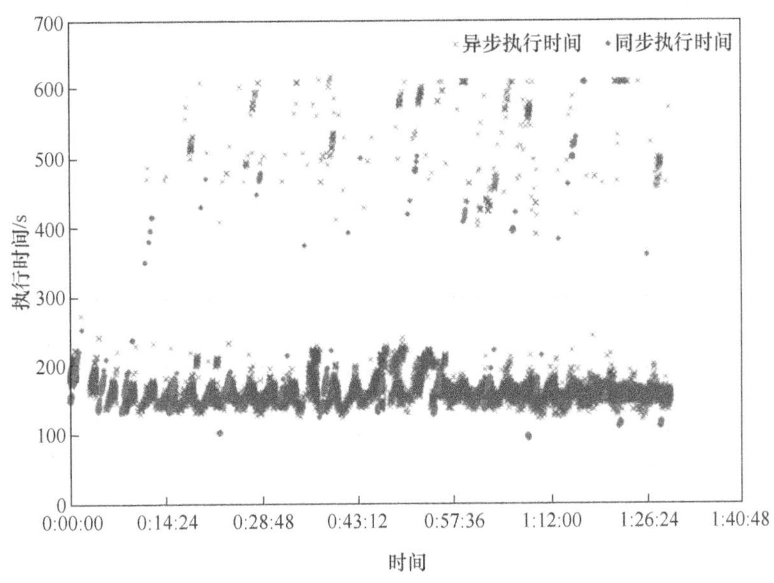

图 26.9　两种模式下仿真任务执行时间散点图

26.6　相关工作

26.6.1　坐标贪婪算法

坐标贪婪算法是坐标下降(CD)算法的一类。由于 CD 方法的简单性及其在许多情况下的可接受性能,CD 方法在解决各种优化问题方面有着悠久的历史。然而,20 世纪末,由于 CD 明显缺乏复杂性,使得它在研究领域不受欢迎。当时的研究主要集中在收敛性质上。Bertsekas 和 Tsitsiklis 首先考虑了并行 CD 方法的收敛性。Luo 和 Tseng 证明了二次可微凸函数 CD 方法的收敛性至少是线性的。

由于各种应用产生了大量的优化问题,而 CD 算法在这些问题上是有竞争力的,因此这种情况在最近几年发生了变化。一个重要的原因是,CD 算法通常可以修改和改进以适应各种问题背景,也可以很容易地修改以适应现代计算机体系结构。Niu 提出了一种基于传统随机梯度下降的无锁并行 CD 算法。Bradley 提出了一种最小化 L_1 正则化损失的并行坐标下降算法,并证明了其收敛范围。最近,大量的研究表明,CD 方法可以用于解决许多领域的问题,包括机器学习、统计和许多其他应用。

在分布式系统中，并行 CD 方法通常使用参数服务器的概念来实现，而参数服务器通常侧重于机器学习和神经网络。与之前的工作相比，SBOaaS 将异步 CD 算法与基于容器的仿真框架相结合，这是专门为基于仿真的优化问题而设计的。

26.6.2 用于仿真和 DDDAS 应用的云服务

mJADES 是一个基于 Java 的仿真引擎，它可以自动从各种云提供商获取资源并在虚拟机上执行仿真。这种方法类似于我们的大规模仿真。但是，目标是不同的，它也不提供基于聚合的优化逻辑。DEXSim 是另一个基于分布式系统原则的仿真框架，它通过考虑 CPU 线程和多个系统的可用性来提供两级并行性。另外，SBOaaS 依赖 Linux 内核调度容器进程，以便利用物理服务器上的多个 CPU 核。另一个云中间件是 RESTful 互操作性仿真环境（RISE），它使用基于 Android 的手持设备将 RESTful 服务应用于仿真服务器的远程管理。26.4.3 节介绍的 SBOaaS 用户交互框架也将 RESTful APIs 应用于用户交互和服务管理。此外，SBOaaS 架构利用 Linux 容器，允许快速启动和拆卸，减少了维护虚拟机（VM）池的需要，从而提供了与这些工作相比的性能优势。

弹性 DDDAS-As-A 服务（rDaaS）是一个基于云的可靠的弹性基础设施，用于开发安全的危机管理系统。该设施基于 DDDAS 原理，包括仪器设备、持续监控和适应性等。rDaaS 架构的目标是通过将设计和运行阶段结合起来，使提供危机管理系统所需的云技术与 DDDAS 范式保持一致。与 rDaaS 类似，SBOaaS 利用 DDDAS 范式提供云服务。然而，SBOaaS 的目标是使用基于云的仿真来解决优化问题，由于 SBOaaS 所需的应用程序实例数量比 rDaaS 大得多，因此该方法需要大规模地管理云资源。Nguyen 和 Khan 描述了一个支持云中的 DDDAS 应用程序的框架，该框架可以主动执行资源优化并在 DDDAS 应用程序的采样率发生变化时分配资源。这项工作没有考虑云服务器上的虚拟化层和多个不同作业的共存的影响；相反，SBOaaS 考虑了 Docker 容器带来的虚拟化开销，并为所有计划的作业优化资源。

26.6.3 交通灯最佳控制问题

从根本上讲，交通灯控制问题是一个随机混合系统中切换控制动作的调度问题。各种模型都得到了充分的研究。具有 Rolling Horizon 动态规划的决策树模型由 Porche 提出。Dujardin 提出了基于多目标整数线性规划的方法 Dujardin。Yu 和 Recker 提出了一种马尔可夫决策过程方法，并在 Thorpe 中使用了增强学习方法。Choi 实现了一阶 Sugeno 模糊模型并将其集成到模糊逻辑控制器中，而 Panayiotou 提出了一种无穷小扰动分析方法，并用随机流模型来表示。

然而，由于交通灯系统的高计算复杂度和对实时反应的要求，通过闭环仿真来寻找最优控制参数仍然是一个很大的挑战。在本章中，我们证明了 SBOaaS 是解决此类问题的一个合适框架。

26.7 小 结

在本章中，我们提出一个将基于仿真的优化作为服务的框架，这是 DDDAS 的基础设施。还提出了一个系统架构的框架和实时优化方法,包括通过几个坐标下降算法来并行解决基于仿真的优化问题。然后,以动态交通信号灯控制系统为例进行了案例研究。最后,我们对实时优化算法和在线循环模式进行了评估。

参考文献

[1] K. Al-Zoubi, G. Wainer, Distributed simulation using RESTful interoperability simulation environment (RISE) middleware, in Intelligence-Based Systems Engineering(Springer, Berlin/Heidelberg, 2011), pp. 129–157

[2] G. Allen, Building a dynamic data driven application system for hurricane forecasting, in International Conference on Computational Science(Springer, Beijing/China, 2007), pp. 1034–1041

[3] Y. Badr, S. Hariri, A.-N. Y oussif, E. Blasch, Resilient and trustworthy dynamic data driven application systems(DDDAS) services for crisis management environments. Procedia Comput. Sci. 51, 2623–2637(HOBOKEN, United States, 2015)

[4] M. Behrisch, L. Bieker, J. Erdmann, D. Krajzewicz, Sumo-simulation of urban mobility, in the Third International Conference on Advances in System Simulation(SIMUL 2011), Barcelona, 2011

[5] D.P. Bertsekas, J.N. Tsitsiklis, Parallel and Distributed Computation: Numerical Methods, vol. 23 (Prentice Hall, Englewood Cliffs, 1989)

[6] E. Blasch, Y. Al-Nashif, S. Hariri, Static versus dynamic data information fusion analysis using DDDAS for cyber security trust. Procedia Comput. Sci. 29, 1299–1313(Cairns, Australia, 2014)

[7] J.K. Bradley, A. Kyrola, D. Bickson, C. Guestrin, Parallel coordinate descent for l_1-regularized loss minimization. arXiv preprint arXiv:1105.5379(2011)

[8] C. Choi, K.-M. Seo, T.G. Kim, Dexsim: an experimental environment for distributed execution of replicated simulators using a concept of single-simulation multiple scenarios. Simulation 90(4), 355–376 (London, England, 2014)

[9] W. Choi, H. Y oon, K. Kim, I. Chung, S. Lee, A traffic light controlling FLC considering thetraffic congestion, in AFSS International Conference on Fuzzy Systems(Springer, Calcutta, India, 2002), pp. 69–75

[10] H. Chourabi, T. Nam, S. Walker, J.R. Gil-Garcia, S. Mellouli, K. Nahon, T.A. Pardo, H.J. Scholl, Understanding smart cities: an integrative framework, in 2012 45th Hawaii International Conference on System Science(HICSS)(IEEE, 2012), pp. 2289–2297

[11] F. Darema, Dynamic data driven applications systems: a new paradigm for application simulations and measurements, in Computational Science-ICCS 2004, Kraków, Poland, 2004, pp. 662–669

[12] J. Dean, G. Corrado, R. Monga, K. Chen, M. Devin, M. Mao, A. Senior, P. Tucker, K. Y ang, Q.V. Le, et al., Large scale distributed deep networks. Adv. Neural Inf. Process. Syst. 2, 1223–1231 (2012)

[13] M. Denham, A. Cortés, T. Margalef, E. Luque, Applying a dynamic data driven genetic algorithm to improve forest fire spread prediction, in Computational Science-ICCS 2008, Berlin, Heidelberg, 2008, pp. 36–45

[14] Y. Dujardin, F. Boillot, D. Vanderpooten, P. Vinant, Multiobjective and multimodal adaptive traffic light control on single junctions, in 2011 14th International IEEE Conference on Intelligent Transportation Systems(ITSC)(IEEE, Washington, DC, USA, 2011), pp. 1361–1368

[15] J. Friedman, T. Hastie, H. Höfling, R. Tibshirani et al., Pathwise coordinate optimization. Ann. Appl. Stat. 1(2), 302–332(2007)

[16] M. C. Fu, J. -Q. Hu, Sensitivity analysis for monte carlo simulation of option pricing. Probab. Eng. Inf. Sci. 9(03), 417–446(1995)

[17] G. Gurkan, A. Y. Ozge, T. Robinson, Sample-path optimization in simulation, in Simulation Conference Proceedings, 1994. Winter(IEEE, 1994), pp. 247–254

[18] C. -J. Hsieh, K. -W. Chang, C. -J. Lin, S. S. Keerthi, S. Sundararajan, A dual coordinate descent method for large-scale linear SVM, in Proceedings of the 25th international conference on Machine learning(ACM, Helsinki, Finland, 2008), pp. 408–415

[19] C. -J. Hsieh, I. S. Dhillon, Fast coordinate descent methods with variable selection for nonnegative matrix factorization, in Proceedings of the 17th ACM SIGKDD International Conference on Knowledge Discovery and Data Mining(ACM, San Diego, USA, 2011), pp. 1064–1072

[20] C. -J. Hsieh, I. S. Dhillon, P. K. Ravikumar, M. A. Sustik, Sparse inverse covariance matrix estimation using quadratic approximation, in Advances in Neural Information Processing Systems, 2011, pp. 2330–2338

[21] P. Kim, Y. Ding, Optimal engineering system design guided by data-mining methods. Technometrics 47(3), 336–348(2005)

[22] M. Li, D. G. Andersen, J. W. Park, A. J. Smola, A. Ahmed, V. Josifovski, J. Long, E. J. Shekita, B. -Y. Su, Scaling distributed machine learning with the parameter server, in OSDI, vol. 14, 2014, pp. 583–598

[23] J. Lima Fleck, C. G. Cassandras, Infinitesimal perturbation analysis for quasi-dynamic traffic light controllers, in Discrete Event Systems, vol. 12, 2014, pp. 235–240

[24] Z. -Q. Luo, P. Tseng, On the convergence ofthe coordinate descent method for convex differentiable minimization. J. Optim. Theory Appl. 72(1), 7–35(1992)

[25] Z. -Q. Luo, P. Tseng, Error bounds and convergence analysis of feasible descent methods: a general approach. Ann. Oper. Res. 46(1), 157–178(1993)

[26] D. Merkel, Docker: lightweight Linux containers for consistent development and deployment. Linux J. Article No. 2, 2014(239)(2014)

[27] N. Nguyen, M. M. H. Khan, A closed-loop context aware data acquisition and resource allocation framework for dynamic data driven applications systems(DDDAS) on the cloud. J. Syst. Softw. 109, 88–105(2015)

[28] F. Niu, B. Recht, C. Ré, S. J. H. Wright, A lock-free approach to parallelizing stochastic gradient descent. arxiv preprint. arXiv, 1106(2011)

[29] C. G. Panayiotou, W. C. Howell, M. Fu, Online traffic light control through gradient estimation using stochastic fluid models. IFAC Proc. Vol. 38(1), 90–95(2005)

[30] E. L. Plambeck, B. -R. Fu, S. M. Robinson, R. Suri, Throughput optimization in tandem production lines via nonsmooth programming, in Proceedings of the 1993 Summer Computer Simulation Conference, 1993, pp. 70–75

[31] I. Porche, M. Sampath, R. Sengupta, Y. -L. Chen, S. Lafortune, A decentralized scheme for realtime optimization of traffic signals, in Proceedings of the 1996 IEEE International Conference on Control Applications(IEEE, 1996), pp. 582–589

[32] M. Rak, A. Cuomo, U. Villano, Mjades: concurrent simulation in the cloud, in 2012 Sixth International Conference on Complex, Intelligent and Software Intensive Systems (CISIS) (IEEE,

Fukuoka, Japan, 2012), pp. 853-860

[33] P. Richtárik, M. Takác, Distributed coordinate descent method for learning with big data. J. Mach. Learn. Res. 17(1), 2657-2681(2016)

[34] P. Richtárik, M. Takáˇc, Iteration complexity of randomized block-coordinate descent methods for minimizing a composite function. Math. Programm. 144(1-2), 1-38(2014)

[35] K. Sauer, C. Bouman, A local update strategy for iterative reconstruction from projections. IEEE Trans. Signal Process. 41(2), 534-548(1993)

[36] S. Shalev-Shwartz, A. Tewari, Stochastic methods for l1-regularized loss minimization. J. Mach. Learn. Res. 12, 1865-1892(2011)

[37] S. Shekhar, H. Abdel-Aziz, M. Walker, F. Caglar, A. Gokhale, X. Koutsoukos, A simulation as a service cloud middleware. Ann. Telecommun. 71(3), 93-108(2016)

[38] J.-B. Thibault, K. D. Sauer, C. A. Bouman, J. Hsieh, A three-dimensional statistical approach to improved image quality for multislice helical ct. Med. Phys. 34(11), 4526-4544(2007)

[39] T. L. Thorpe, V ehicle traffic light control using sarsa, in [Online]. Available: citeseer. ist. psu. edu/thorpe97vehicle. html. Citeseer(1997)

[40] N. Tomizawa, On some techniques useful for solution of transportation network problems. Networks 1 (2), 173-194(1971)

[41] S. J. Wright, Coordinate descent algorithms. Math. Programm. 151(1), 3-34(2015)

[42] R. Wu, B. Liu, Y. Chen, E. Blasch, H. Ling, G. Chen, A container-based elastic cloud architecture for pseudo real-time exploitation of Wide Area Motion Imagery(WAMI) stream. J. Signal Process. Syst. 88(2), 219-231(2017). Special issue(DDDAS)

[43] E. P. Xing, Q. Ho, W. Dai, J. K. Kim, J. Wei, S. Lee, X. Zheng, P. Xie, A. Kumar, Y. Yu, Petuum: a new platform for distributed machine learning on big data. IEEE Trans. Big Data 1(2), 49-67(2015)

[44] X.-H. Y u, W. W. Recker, Stochastic adaptive control model for traffic signal systems. Transp. Res. Part C Emerg. Technol. 14(4), 263-282(2006)

第 27 章　DDDAS 系统中的隐私和安全问题

Li Xiong, Vaidy Sunderam, Liyue Fan, Slawomir Goryczka, Layla Pournajaf

摘要：随着 DDDAS 模式的迅速普及，隐私和安全问题已经成为人们关注的焦点。在动态数据驱动自适应系统的测量、反馈和控制阶段，保护数据完整性（安全性）和推理出的敏感信息（隐私）不被无意释放或恶意攻击是至关重要的。PREDICT（Privacy and Security Enhancing Dynamic Information Collection and Monitoring）项目研究了分布式数据收集与融合、采样与监控，以及保护隐私与完整性数据建模等问题中的安全动态和自适应技术。这些方法提供了可证明的隐私和安全保证，同时确保了高保真度，并补充了基于加密的技术。应用场景包括健康监测数据发布、交通分析、态势感知和监控以及车队跟踪等。

27.1 引　言

为了以新颖和复杂的方式不断收集和分析信息，很多新的技术工具被开发出来。基于参与式感知的应用普遍存在，并以重要和有价值的方式利用数据。与此同时，在过去 10 年中建立的 DDDAS 范式有望增强此类数据收集和分析的有效性。DDDAS 需要应用程序仿真和数据收集之间协同反馈循环。在此循环中，数据动态地集成到执行仿真中，以补充应用程序模型；相反，执行仿真则控制着应用程序系统的数据收集过程。然而，在 DDDAS 系统中，保护敏感数据的隐私和安全具有极大的重要性，将这些属性纳入 DDDAS 平台将显著提高其在各种领域变革性应用中的价值和实用性。

在分布式数据系统中，通常使用加密方法保护数据，但这种方法既受限又不完整。加密方法不允许在不泄露内容的情况下使用建设性数据，也不明确保护不泄露数据源或数据主体的位置或身份。隐私技术提供了一个可行的解决方案，即隐私保护方法修改数据的方式是隐藏关键属性，同时可为应用程序提供具有高度实用价值和有意义的数据。PREDICT 项目的总体目标是构建一个整体框架，将 DDDAS 概念应用于反馈驱动的动态信息收集/监控，并保证数据的隐私性和完整性。我们的方法使用扰动、聚合和伪装组合来实现受控信息的收集和传播，同时保持数据的完整性和私密性。因此，保密性得以保留，同时应用程序能够使用有效的高保真数据。

（1）挑战与潜在进步。数据扰动和数据聚合是保护隐私数据的两种主要技术，但也面临相应的问题。因此，本研究的主要挑战之一是用非常高的保真度和低的误差完成这些转换,这样发布的数据才是有效的。此外,必须确保发布或传播的数据确实是安全的和私有的,这就需要强有力的可证明机制。另一个挑战涉及二级问题:推理的信息可能被对手用来破坏安全和隐私,因此必须开发防止间接分析的可靠技术。最后,包括战场或敌对环境在内的一些场景可能是不可信的。因此,在不可信的设置中,需要安全的通信协议和聚合/融合策略。

(2) DDDAS 激励解决方案。PREDICT 项目扩展了基本的 DDDAS 机制,通过使用来自估计和之前观察的反馈循环,实时动态地控制数据的收集、聚合和扰动(根据频率和值),能够以最佳的方式平衡错误和隐私(控制)。此外,它结合了动态数据建模和不确定性量化的单一和多维数据。在移动参与式传感环境中,我们开发了具有反馈环和两阶段任务分配的隐身机制,以优化目标覆盖率,同时确保数据贡献者的位置隐私(任务管理)。此外还包括了一些技术,防止攻击者通过使用自适应反馈访问外部数据或序列数据进行信息的推理。

PREDICT 模型是一个广义的概念,它使用 DDDAS 原理来保证数据和数据提供者的隐私与安全。PREDICT 方法允许将有价值的(处理过的)数据提供给授权的实体,而不泄露数据组件、个人隐私或供应商信息。健康监测、交通分析、态势感知和监控、人群闪速控制和车队跟踪等许多应用都得益于这些方法。

27.2 背　　景

DDDAS 范式适用于许多情况,我们关注的是这样的场景:数据是跨分布式的、通常是由自治的实体收集的,但是必须由用户或应用程序进行融合和分析,并使用显式或隐式反馈来驱动后续的收集和集成过程。下面我们提供几个例子。

(1) 症候监测。2001 年的"7·11"恐怖袭击事件、2009 年 H1N1 流感暴发以及最近德国大肠杆菌暴发等各种疾病的暴发引起了人们对症候监测系统的高度重视。这些系统寻求使用实时卫生数据,以便早期发现大规模疾病暴发和生物恐怖主义攻击。一旦识别出早期症候病例或可疑模式的阈值数,就可以应用不同的统计算法检测疫情。传统的症候监测系统主要依赖来自临床和急诊室的健康数据。最近无线和移动技术的普及为个人提供了一个机会,使他们能够连续不断地生成有关自己的数据流(自我监视)。这样就可以获取大量的数据,如个人体育活动的详细信息、位置(如通过短信)和生理反应(如通过微传感器)等。

在现有的症候监测系统和目前进行的研究中,个人(数据对象)的隐私与保密性问题以及数据的数量已给研究人员的工作带来困惑。在动态反馈回路和隐私保护相结合的情况下,可以将数据匿名化以保护个人隐私,然后使用扩散模型将数据注入实时仿真中,以模拟和预测疫情模式。预测的模式反过来可以指导进一步的数据收集(如从风险增加的地区)以及用于预防和干预目的。

(2) 情报数据收集。最近的事件表明,在许多情况下,情报收集是在群众环境中进行的,既不是由一般公众有意进行的,也不是由隐藏在群众中的负责人进行的。一个典型的例子是在敌对政府控制下的一个主要城市的起义,一般公众使用智能设备报告各种现场数据(第三方监视),但人群中可能也有代理,使用类似的媒体(如推特(Twitter))报告类似的数据,以避免身份验证。在这种情况下,中央机构(或分布式代理网络)希望通过反馈循环动态地控制数据收集(如将代理定向到特定的数据收集位置或请求更细粒度的数据)。在开放媒体上也可能发生反馈循环,保护代理的身份和位置也很重要的(数据提供者)。

27.3 概述及目标

现有的监控系统大多侧重分析和建模的方法,很少关注动态反馈回路和隐私要求。与此同时,目前典型的隐私保护技术能够处理静态和持久的数据或视频内容,但在动态获取大容量复杂数据的监控系统中是不够的,迫切需要新的机制来支持隐私增强动态数据监控与反馈回路,同时保持可证明和可量化的隐私保障和数据完整性保障。

在本章中,将概述我们正在进行的项目 PREDICT(加强动态信息收集和监控的隐私和安全)。该项目的总体目标是开发一个具有算法和机制的框架,用于增强隐私和安全的动态数据收集、聚合和反馈循环分析,这将是很有价值的工作。我们讨论了其中的每个研究方向、研究挑战和潜在的解决方案,并报告了一些初步的研究结果。

图 27.1 对 PREDICT 的体系架构进行了概述。PREDICT 的创新关键在于增强了数据收集、数据聚合和数据建模之间的隐私反馈循环。利用实时预测数据模型和反馈循环引导进一步的数据收集和隐私机制的动态方法,对于增强隐私和解决实时监控系统中的大数据问题是至关重要的。实现这些反馈循环也面临几个挑战:①如何设计反馈控制机制来保护数据收集和聚合的隐私,同时最小化数据主体的隐私风险,最大化数据的完整性;②除了测量的不确定性外,在隐私机制引入的扰动存在的情况下,如何建模并保证数据的完整性;③在没有可信聚合器的情况下,数据贡献者是相互不可信的,如何保证反馈循环中数据贡献者的隐私。我们的项目包括以下几个重点领域:

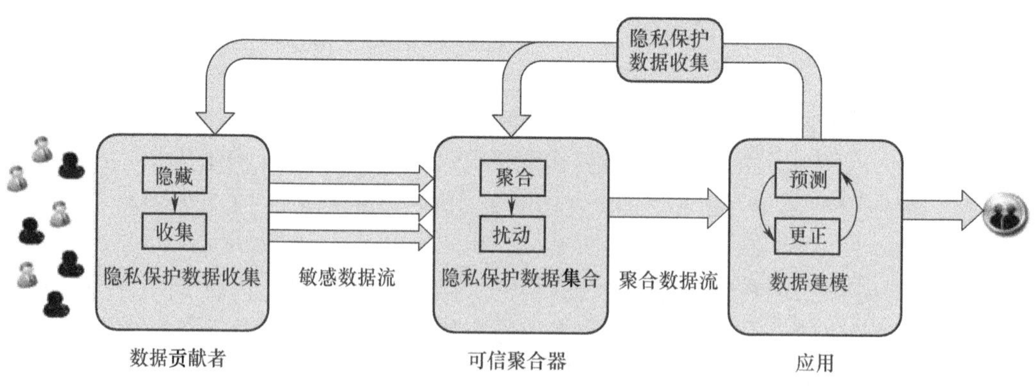

图 27.1 PREDICT 体系架构概述

(1) 具有反馈控制功能的隐私保护数据收集和汇总。在选定的时间点收集、聚合和扰动敏感数据流,以保证数据主体的差分隐私。我们设计了许多反馈回路来控制收集、聚合和扰动过程,包括收集分配(如何收集)、采样(何时聚合)、分组(如何聚合)和扰动(如何扰动),这些都是基于之前观察到的聚合和预测的反馈以及执行应用程序的隐私和完整性需求。

(2) 动态数据建模和不确定性量化。聚合和扰动的数据流被注入预测数据模型,从而纠正预测数据模型。在隐私保护机制引入数据扰动的情况下,对数据完整性进行研究。

(3) 没有可信聚合器的安全数据聚合与反馈控制。虽然保护隐私的数据收集和聚合可以通过集中式可信聚合器或分散的数据贡献者组来实现,但分散的情况会引入数据贡献者的额外隐私问题(除了数据主题之外)。去中心化机制的开发是为了使数据提供者安全地聚合其数据,并从应用程序中接收反馈,而不向其他数据提供者披露额外的信息。

通过主动地将隐私构建到 DDDAS 的设计中,隐私保护可被直接集成到 DDDAS 循环中。这样做的目的是尽量减少系统对个人数据的不必要收集和使用,以保证系统中个人的匿名参与。PREDICT 项目将产生一套增强 DDDAS 隐私的算法和机制,并对在各领域关键应用中建立和增强监视系统的信心与信任产生重大影响。

27.4　概念性 PREDICT 模型

27.4.1　系统模型

我们考虑一组动态的数据贡献者集合,他们在监视系统中参与并贡献自己的数据(自我监视)或其他数据(第三方监视)。我们使用数据主体来指代收集数据所代表的个人,这些个人与自我监控案例中的数据提供者是相同的。我们考虑了两类系统模型:集中式模型和分散式模型,这取决于是否存在可信聚合器。在这两个模型中,都有一个不受信任的应用程序或由不受信任的一方运行的用于分析和建模的应用程序(例如,疾病暴发检测或情报分析)。在集中式和分散式模型中我们均采用了隐私保护、反馈控制的数据收集和聚合、动态数据建模和不确定性量化,而在没有可信聚合器的情况下,安全的数据收集和反馈控制只适用于分散式模型。

(1) 具有可信聚合器的集中模型。在集中式模型中,可信聚合器(例如,症候监测场景中的疾病控制和预防中心(CDC)办公室)对数据进行收集、聚合,并进行适当的数据扰动,在保证隐私的前提下输出受扰动的聚合,进而用于建模和预测研究。在反馈循环中,受信任的聚合器从正在运行的应用程序接收控制,并用于进一步的数据收集、聚合和扰动。

(2) 没有可信聚合器的分散模型。在某些场景中,无法使用受信任的聚合器。如果需要,数据贡献者应在它们之间执行聚合和扰动,并将聚合后的结果直接提交给不受信任的聚合器或应用程序。在反馈循环中,控制也被发送给各个贡献者。

27.4.2　隐私模型

1. 数据主体的隐私

在集中式和分散式模型中,我们都需要保护收集数据中所代表的数据主体的隐私。我们假设终端应用程序和终端用户是不可信的——他们可能被动地观察信息来推断数据主体的敏感值。此外,分析结果可能与其他不可信的一方共享。因此,我们的目标是提供可证明的隐私保证,使最终应用程序不会了解系统中参与用户的任何信息,以及他们是否参与了数据收集等。

传统的方法,如删除标识属性、泛化或扰乱单个属性值,已被证明容易受到各种攻击。我们使用最先进的差分隐私作为我们的隐私模型,它提供了强大的和可证明的隐私保障。差分隐私要求聚合或计算的输出不应发生显著变化,即使单个数据主体选择不参与数据收集。因此,这可以向个人保证,任何隐私泄露都不会是由记录的收集数据导致的。在形式上,差分隐私的定义如下。

定义 1 (α-差分隐私) 一个随机的机制$\mathcal{A}$,如果对任何相邻数据库 D_1 和 D_2,D_1 可以通过添加或删除一个元组从 D_2 中获得,以及任何可能的输出集 $\Pr[\mathcal{A}(D_1) \in S] \leqslant e^{\alpha}\Pr[\mathcal{A}(D_2) \in S]$,则满足无限 α-差分隐私。

为单个聚合值实现差异隐私的常用机制是拉普拉斯扰动(LPA),它添加了系统校准聚集的拉普拉斯噪声。给定一个聚合查询 Q,Q 的全局灵敏度记为 Δ_Q,如果一个数据主体选择退出,可以测量查询结果的敏感性 $Q(D)$。为了实现 α 差分隐私,LPA 机制返回 $Q(D)+N$ 代替原始结果 $Q(D)$,其中 N 是一个概率分布函数为 Lap(Q/α)的拉普拉斯分布的随机噪声 $\Pr(x)=\dfrac{\alpha}{2\Delta_Q}e^{-|x|\alpha/\Delta_Q}$。

来自同一组数据主题的任何聚合序列(每个聚合序列单独提供不同的隐私)按顺序提供不同的隐私(累积隐私成本),称为顺序组成。如果对不相连的数据主体进行一系列聚合,则隐私成本不会累积,而只取决于所有聚合的最差保证,称为平行组成。

2. 分散模型中数据提供者的隐私

在没有可信聚合器的分散系统模型中,需要保护数据提供者的隐私不受聚合器和其他数据提供者的侵犯。我们假设数据贡献者要么是半诚实地、正确地遵守协议,但可能不注意观察信息以推断其他数据贡献者或数据主体的敏感信息;要么是恶意的——可能对报告的值撒谎,但应正确地遵守协议。与一般的密码解决方案一样,我们假设至少有一小部分数据提供者(如大多数)是半诚实的。其余的数据贡献者和聚合器是恶意的。

在反馈阶段,我们的目标是确保每个贡献者只知道是否请求或从自己那里收集数据,以及从自己那里收集什么数据;而不知道是否从其他贡献者那里收集数据,以及从其他贡献者那里收集什么数据。在数据聚合阶段,除了确保聚合数据主体的不同隐私之外,我们的目标是确保数据聚合器或者参与的数据贡献者只能了解聚合,而不能了解其他数据贡献者提供的私有数据的信息。为此,我们使用了安全多方计算(SMC)的概念。在多方计算协议中,包含一组各方希望联合计算其私有数据输入的函数。如果协议各方只知道函数的结果,而不知道其他信息,那么协议就是安全的。

27.5 PREDICT 框架:技术方法和结果

27.5.1 隐私保护数据收集和带有反馈控制的数据聚合

PREDICT 的核心思想是利用估计和预测的反馈循环来动态控制收集、聚集和扰动过程,这项工作基于先前观察到的聚集和预测模型实现。下面我们简要介绍反馈控制,包括数据采集(如何采集)、采样率(何时采集)、聚集分组(如何采集)、扰动水平(扰动程度)。

1. 动态数据收集分配

第一个反馈循环是控制如何收集数据。当多个个体数据贡献者可以收集数据时(第三方监视),聚合器可以协调数据收集过程,使数据收集覆盖率最大化,数据收集成本最小化。由于我们需要保护个人数据贡献者的身份和位置隐私,他们可以使用隐藏的位置来匿名地查询数据收集任务的中心聚合器。

我们设计了协调数据采集分配的随机优化算法,其目标是根据来自应用程序的反馈和数据完整性要求,以及单个数据贡献者隐蔽的(不确定的)位置,为数据收集任务优化分配单个数据贡献者(兴趣点)。优化目标可能包括最大化数据收集覆盖率、最大化数据完整性保证和最小化数据收集成本(例如,个人数据贡献者所走过的距离)。

我们开发了一种基于隐藏位置的技术,以高效的方式执行任务分配,同时保护参与者位置的隐私。在方案中,一个任务服务器基于隐藏的(不确定的)参与者位置执行第一次近似的任务分配。这将向参与者提供反馈,参与者根据当前位置的真实信息和分配给他们的目标子集服务器估计的反馈数据执行局部细化。我们的初步实验表明,该方案在保证参与者位置隐私的同时,达到了与基线相当的成本覆盖水平。我们目前正在将我们的工作扩展到动态目标。

一旦通过上述机制(保护数据提供者的位置)收集数据,应用差异隐私进行连续数据监视的下一个主要挑战就是如何通过避免不必要的聚合和干扰来最小化隐私成本。理想情况下,我们应该只计算时间点上所需区域的聚合,以保护隐私成本,从而保护数据完整性。

2. 误差反馈采样控制

我们首先研究如何用采样控制动态监测预先定义的集合。关键问题是什么时候计算聚合(什么时候取样),这样就可以准确地捕获数据动态,同时保持累积的隐私成本低于给定的隐私界 α。图 27.2 说明了使用反馈进行抽样控制的思想,它显示了原始的聚合数据流、流量计数,在不同的时间段具有不同的动态;还显示了一个期望的聚合策略,该策略具有不同的查询速率或不同时间段的采样速率。我们观察到,每时间单位的查询数量(采样率)在第 55 天增加,适应了流量计数的显著波动,而在第 100 天之后,当聚合值之

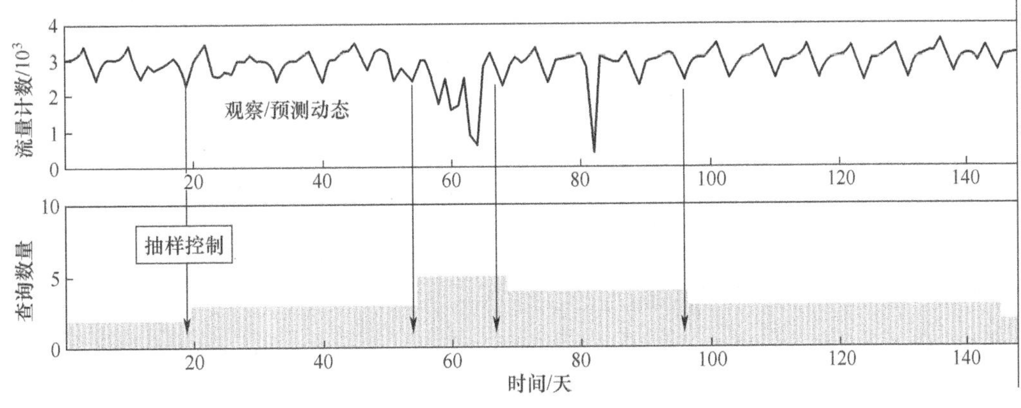

图 27.2　使用反馈进行采样控制

间的变化很小时,查询数量下降。理想情况下,采样控制机制将实现这种动态和自适应的行为。虽然这是直观的,但由于输入数据流固有的不确定性,这并不是一个微不足道的任务。聚合数据的底层动态不能直接被观察到,需要仔细模仿。此外,由于隐私保护,应用程序或反馈控制机制无法访问原始聚合数据。

PREDICT 使用一个自适应采样控制器,根据反馈调整采样率。反馈被定义为在特定时间步长的后验估计和先验估计之间的相对误差。注意,后验估计只适用于在第 k_n 步从输入流中采样的噪声观测。因此,在非采样点没有误差定义。假设后验估计 $\hat{x}kn$ 接近真实值,模型错误衡量内部预测模型描述当前数据动态的程度。如果误差 E_{kn} 随时间增加,我们可以推断出数据正在经历快速的变化。作为响应,系统中的控制器将检测误差并相应地调整采样率。将模型误差作为反馈,可以采用 PID(比例积分导数)控制器进行采样控制。

3. 使用预测反馈的聚合控制

基于 LPA 的隐私机制对数据的密度非常敏感,例如,与具有相同扰动量的稠密区域相比,来自稀疏区域的聚合统计量会产生更高的相对误差。另外,如果我们对多个单元进行分组并计算一个分区的聚合,那么在假定分区中的数据点具有一定的分布的情况下,必须估计每个单元的计数。直方图的主要方法是做均匀分布假设,假设存储桶中记录的频率是相同的,等于实际频率的平均值。均匀分布引入了近似误差。理想情况下,当密度达到一定水平时,我们希望对子区域进行更细粒度的统计。在其他场景中,当区域中存在差异或分布不均匀时,我们希望获得更细粒度的统计信息。在我们的信息收集场景中,一旦确定了要进行监测的人群中心,便需要在人群边界周围收集更多的细粒度数据,以监视人群如何移动。因此,PREDICT 利用基于预测数据值的多维数据空间中的聚集控制来共同最小化隐私成本以及扰动和近似所带来的噪声。在之前工作的基础上,PREDICT 使用来自应用程序的预测或估计,并应用基于 k-d 树、二进制空间划分(BSP)和四叉树的划分策略,根据预测的状态动态地划分多维数据空间,这样数据将从类似的子数据集中进行收集。

4. 利用误差反馈的扰动控制

我们还尝试使用模型误差的反馈和应用程序的不确定性需求动态地确定每个分区的扰动级别。如果模型误差较大,说明数据动态性较强,则微扰控制机制可以调整微扰水平,使下一个采样点获得更精确、噪声更小的聚合体。

此外,应用程序可能会对受扰动的聚合施加不确定性边界或要求。在这种情况下,为了满足不确定性需求,同时最小化总体隐私成本,需调用一个具有最小隐私预算的扰动。一般情况下,当没有指定的完整性要求时,我们可将整体隐私边界考虑为资源或预算,并将扰动控制问题建模为在线资源分配问题,我们计划在未来对此进行研究。

27.5.2 动态数据建模与不确定性量化

支持反馈循环的一个基本组件是数据建模,它提供基于采样或观察到的实时模型预测和校正,其中关键的挑战是如何在 LPA 隐私机制注入的扰动错误情况下对数据进行建模。因此,PREDICT 项目探索了稳健的数据同化和空间插值技术,以估计系统的当前状态。

1. 时域数据建模

为了在时域中模拟受扰动的集合,我们应用了几种滤波(或数据同化)技术。数据同化是一种通用的方法,它通过对系统当前(可能是过去)状态的观察(或在我们的上下文中的扰动)与预测模型(预测)的结果相结合进行分析,被认为是最好的估计系统的当前状态。该模型得到了及时改进,其结果将成为下一个分析周期的预测结果。

在我们的设计中,预测在非采样点释放,而校正,即基于噪声观测和预测的后验估计,在采样点释放。对于由 $x_{k+1} = x_k + \omega$ 给出的单一预定义聚合体,我们采用了一个恒定的流程模型,其中 k 为离散时间指数,ω 为具有方差 Q 的高斯白噪声 $p(\omega) \sim p(0\ ,Q)$。观察到的聚集体受到拉普拉斯机制的扰动,可以用拉普拉斯机制来建模,具体地用 $z_k = x_k + \nu$ 进行建模,其中 ν 是拉普拉斯噪声 $P(\nu) \sim \mathrm{Lap}(0\ ,\lambda)$,$\lambda$ 是由微分隐私机制决定的级参数。

由于测量噪声是非高斯的,如果没有关于测量噪声的高斯假设,后验密度是无法解析确定的。对于后验估计面临的挑战,我们采用了两种解决方案:一种是用高斯噪声近似拉普拉斯噪声,然后用经典卡尔曼滤波器求解;另一种是基于采样重要性重采样(SIR)粒子滤波的蒙特卡罗方法模拟后验密度函数。我们在最近发表的论文中对这些方法进行了详细的描述。

2. 初步结果

为了解决利用误差反馈进行采样控制的挑战,并在时域内对数据进行建模,我们设计了一个具有滤波和自适应采样的框架来监控单时间序列,并利用卡尔曼滤波和粒子滤波,结合基于 PID 的综合数据集采样控制以及实际流量监测和流感数据集进行了一系列实验。我们的方法始终优于基线拉普拉斯扰动算法和最先进的离散傅里叶变换(DFT)算法,后者只能用于批处理设置,而不能用于实时设置。我们还将工作扩展到多维时间序列的空间划分技术。

3. 多维数据空间中的数据建模

邻近特征的空间相依性或均质性使运用空间插值方法来预测特定空间位置的值成为可能,这些方法使用的是附近位置有限数量的样本数据聚合。通常,也适用于多维数据空间。我们目前正在探索确定性和随机方法,特别是两种常用的插值器,逆距离加权(IDW)和 Kriging。

逆距离加权(IDW)是一种广泛被使用的确定性插值方法。它是一种局部精确插补器,只需根据周围的测量值进行插补,并根据插补位置和四舍五入采样之间的反距离函数进行插补。另外,随机方法,例如 Kriging,不仅根据周围的数据值进行插值,而且通过对所有已知数据点应用统计模型计算出的整体自相关进行插值。正因为如此,随机方法不仅具有生成预测曲面的能力,而且能在一定程度上衡量预测的确定性或准确性。我们正在分析基于 Kriging 的不确定插值的详细插值算法,并将这些方法纳入 PREDICT 框架。

27.5.3　不可信聚合器下的安全数据聚合和反馈控制

在没有可信聚合器的分散系统模型中,需要保护数据提供者的隐私不受聚合器和其他数据提供者的侵犯。这种保护需要在整个反馈回路中进行维护,即反馈控制阶段和数据汇总阶段。

1. 安全的反馈控制

在反馈阶段,我们的目标是确保每个贡献者只知道是否从自己那里收集数据,以及从自己那里收集了什么数据;而不知道是否从其他贡献者那里收集数据,以及收集了什么数据。根据当前的数据模型,应用程序可能需要向个别数据贡献者发送反馈,例如,在城市起义场景的情报收集中,在特定的地理位置收集更多的人群数据,而不需要向网络中的其他数据贡献者或实体公开控制命令。

我们正在研究的一个简单想法是基于公钥加密。数据贡献者在提交数据时将其公钥发送到应用程序。应用程序可以使用相应的公钥对各个反馈控制命令进行加密,以便打算接收控制命令的参与者可以解密消息并根据该命令进行数据收集。我们也在探索其他潜在的加密和安全计算机制,并研究它们的相对性能和功能的有效性。

2. 安全的数据聚合

在数据聚合阶段,我们的目标是确保数据聚合器或参与的数据贡献者只能了解自己的信息,而不能了解其他数据贡献者提供的私有数据的其他信息,此外还要确保数据主题的聚合具有不同的隐私。该问题可以表述为安全多方计算(SMC)或分布式隐私保护数据共享问题,在这种方法中,包含一组各方希望联合计算其私有数据输入的函数,使参与方只了解该函数的结果,而不了解其他任何内容。

除了利用现有的 SMC 协议外,安全数据聚合面临的一个特殊挑战是,当收集的数据涉及个人数据时,需要对聚合进行干扰(如前所述),以保护数据主体的隐私。假设一组 n 个半诚实的数据收集器需要计算一个扰动和,以满足 α-差分隐私。如果我们有一个数据贡献者生成一个拉普拉斯噪声,并将它添加到安全的求和结果中,这个求和将被公开给这个贡献者。因此,扰动也需要分布。我们的目标是使添加到结果中的总噪声最小化,并确保每个数据贡献者都产生噪声,以使噪声的总和足以实现 α-差分隐私。

3. 初步结果

我们设计了几个 SMC 协议来解决各种不同的拓扑保持、聚合和分析任务。我们还对差分隐私的安全性问题进行了全面的比较研究。研究了几种安全的多方计算方案:Shamir 的私密共享、基于扰动和各种加密方案。我们采用分布式拉普拉斯摄动机制实现了最终结果的差分保密性(DLPA)。部分随机噪声由所有参与者产生,参与者从伽马分布或高斯分布中抽取随机变量,使聚集的噪声服从拉普拉斯分布,以满足差分隐私。我们还引入了一种新的高效的分布式噪声生成方案,该方案使用了部分来自拉普拉斯分布的噪声,并对这些协议进行了研究,以比较真实分布式环境中的复杂性、安全性特征和可伸缩性。

27.6 小结

本章描述了隐私和安全增强的动态信息收集和反馈循环监控的 PREDICT 框架。我们的主要贡献是:①具有扰动的隐私保护数据聚合机制,可以同时实现压缩数据表示和隐私保护;②一种动态的隐私保护方法,利用实时预测数据模型和反馈循环驱动迭代数据收集——在大数据和实时监控系统中很有价值;③一种监测具有差异隐私的单时间序列的机制;④当没有可信的聚合器时,用于数据收集的具有不同隐私性的安全聚合方案原型。本章描述了 DDDAS 范式的使用,该范式利用有效的动态数据驱动系统方法实现不同的隐私保护,为及时响应做好准备,并监控系统性能,从而增强隐私保护和安全性。未来的工作将涉及动态环境中的安全和专用的态势感知、专用信息检索以及 DDDAS 系统中的数据融合技术等。

参 考 文 献

[1] 2009 H1N1 Flu. http://www.cdc.gov/h1n1flu/

[2] Investigation update: Outbreak of shiga toxin-producing E. coli o104(stec o104:h4) infections associated with travel to germany. http://www.cdc.gov/ecoli/2011/ecolio104/index.html

[3] Report of the August 2010 Multi-Agency Workshop on InfoSymbiotics/DDDAS, The Power of Dynamic Data Driven Applications Systems. Workshop sponsored by: Air Force Office of Scientific Research and National Science Foundation

[4] M.S. Arulampalam, S. Maskell, N. Gordon, A tutorial on particle filters for online nonlinear/non-Gaussian bayesian tracking. IEEE Trans. Signal Process. 50, 174–188(2002)

[5] J. Burke, D. Estrin, M. Hansen, A. Parker, N. Ramanathan, S. Reddy, M.B. Srivastava, Participatory sensing, in Workshop on World-Sensor-Web(WSW'06): Mobile Device Centric Sensor Networks and Applications, 2006

[6] B. Cakici, K. Hebing, M. Grünewald, P. Saretok, A. Hulth, Case: a framework for computer supported outbreak detection. BMC Med. Inform. Decis. Mak. 10, 14(2010)

[7] J. Chilès, P. Delfiner, Geostatistics: Modeling Spatial Uncertainty. Wiley Series in Probability and Statistics(Wiley, New York, 2009)

[8] F. Darema, Dynamic data driven applications systems: a new paradigm for application simulations and measurements, in Computational Science - ICCS 2004. Lecture Notes in Computer Science, vol. 3038 (Springer, Berlin/Heidelberg, 2004), pp. 662–669

[9] F. Darema, Info Symbiotic Systems/DDDAS and Large-Scale Dynamic Data and Large-Scale Big Computing for Smart Systems, in Proceedings of the 2016 Annual ACM Conference on Principles of Advanced Discrete Simulation, SIGSIM-PADS, Banff, Canada, 2016

[10] W. Du, M.J. Atallah, Secure multiparty computation problems and their applications: a review and open problems, in NSPW'01: Proceedings of the 2001 Workshop on New Security Paradigms, New York (ACM, 2001), pp. 13–22

[11] C. Dwork, Differential privacy, in Automata, Languages and Programming, Pt 2(Springer, Berlin/Heidelberg, 2006), p. 4052

[12] C. Dwork, Differential privacy: a survey of results, in TAMC ed. by M. Agrawal, D.-Z. Du, Z. Duan, A. Li. Lecture Notes in Computer Science, vol. 4978(Springer, Berlin, Heidelberg, 2008), pp. 1–19

[13] C. Dwork, A firm foundation for private data analysis. Commun. ACM 54, 86–95(2011)

[14] C. Dwork, F. McSherry, K. Nissim, A. Smith, Calibrating noise to sensitivity in private data analysis, in 3rd Theory of Cryptography Conference, New York, US, 2006

[15] L. Fan, L. Xiong, An adaptive approach to real-time aggregate monitoring with differential privacy. IEEE Trans. Knowl. Data Eng. 26(9), 2094–2106(2014)

[16] L. Fan, L. Bonomi, L. Xiong, V. Sunderam, Monitoring Web browsing behaviors with differential

privacy, in World Wide Web Conference(WWW'14), Seoul, Korea, 2014

[17] L. Fan, L. Xiong, V. Sunderam, Differentially private multidimensional time-series release for traffic monitoring, in 27th IFIP WG 11.3 Conference on Data and Applications Security and Privacy(DBSec), Newark, US, 2013

[18] L. Fan, L. Xiong, Real-time aggregate monitoring with differential privacy, in CIKM, Maui , US, 2012, pp. 2169-2173

[19] L. Fan, L. Xiong, V. Sunderam, Fast: differentially private real-time aggregate monitor with filtering and adaptive sampling(demonstration track), in ACM SIGMOD, New York, US, 2013

[20] B.C.M. Fung, K. Wang, R. Chen, P.S. Y u, Privacy-preserving data publishing: a survey on recent developments. ACM Comput. Surv. 42(4), 1-14(2010)

[21] L. Pournajaf, L. Xiong, D.A. Garcia-Ulloa, V. Sunderam, Participant privacy in mobile crowd sensing task management: a survey of methods and challenges. ACM SIGMOD Rec. 44(4), 23-34(2015)

[22] L. Pournajaf, L. Xiong, V. Sunderam, S. Goryczka, Spatial task assignment for crowd sensing with cloaked locations, in IEEE 15th International Conference on Mobile Data Management (MDM), Melbourne, Australia, 2014

[23] A. Aved, K. Hua, A general framework for managing and processing live video data with privacy protection. Multimedia Systems 18(2), 123-143(2012)

[24] Y. Badr, S. Hariri, Y. AlNashif, E. Blasch, Resilient and trustworthy dynamic data-driven application systems (DDDAS) services for crisis management environments, in Proceedings of the International Conference on Computational Science(ICCS), Reykjavik, Iceland, 2015

[25] E. Blasch, Y.B. Al-Nashif, S. Hariri, Static versus dynamic data information fusion analysis using DDDAS for cyber security trust, in Proceedings of the International Conference on Computational Science (ICCS), Cairns, Australia, 2014

[26] S.L. Garfinkel, M.D. Smith, Guest editors' introduction: data surveillance. IEEE Secur. Privacy 4 (6), 15-17(2006)

[27] O. Goldreich, Foundations of Cryptography: Volume 2, Basic Applications(Cambridge University Press, New York, 2004)

[28] S. Goryczka, L. Xiong, B. Fung, m-privacy for collaborative data publishing, in IEEE Transactions on Data and Knowledge Engineering(TKDE), 26(10), 2520-2533(2014)

[29] S. Goryczka, L. Xiong, V. Sunderam, Secure multiparty aggregation with differential privacy: a comparative study, in 6th International Workshop on Privacy and Anonymity in the Information Society (PAIS), Genoa, Italy, 2013

[30] Y. Ioannidis, The history of histograms (abridged), in Proceedings of VLDB Conference, Trento, Italy, 2003

[31] R.E. Kalman, A new approach to linear filtering and prediction problems. J. Basic Eng 82(1), 35-45, 1960

[32] J. Kang, K. Shilton, D. Estrin, J. Burke, M. Hansen, Self-surveillance privacy. Iowa Law Rev. 97, 809-847(2012)

[33] D. Kifer, A. Machanavajjhala, No free lunch in data privacy, in Proceedings of the 2011 International Conference on Management of Data, SIGMOD'11, Athens Greece, 2011

[34] Y. Lindell, B. Pinkas, Secure multiparty computation for privacy-preserving data mining. Cryptology ePrint Archive, Report 2008/197, 2008. http://eprint.iacr.org/

[35] J. Liu, L. Xiong, J. Luo, J.Z. Huang, Privacy preserving distributed DSSCAN clustering. Trans. Data

Privacy 6, 69–85(2013)

[36] F. McSherry, Privacy integrated queries: an extensible platform for privacy-preserving data analysis, in SIGMOD, Providence, US, 2009

[37] M. Mun, S. Reddy, K. Shilton, N. Yau, J. Burke, D. Estrin, M. Hansen, E. Howard, R. West, P. Boda, Peir, the personal environmental impact report, as a platform for participatory sensing systems research, in Proceedings of the 7th International Conference on Mobile Systems, Applications, Services, MobiSys, Krakow, Poland, 2009

[38] V. Rastogi, S. Nath, Differentially private aggregation of distributed time-series with transformation and encryption, in SIGMOD, Indianapolis, US, 2010

[39] D. Shepard, A two-dimensional interpolation function for irregularly-spaced data, in Proceedings of the 1968 23rd ACM National Conference, ACM'68, 1968, pp. 517–524

[40] K. Shilton, Four billion little brothers? Privacy, mobile phones, and ubiquitous data collection. Commun. ACM 52, 48–53(2009)

[41] M. M. Wagner, A. W. Moore, R. M. Aryel(eds.), Elsevier Academic Press. 2011

[42] Y. Xiao, L. Xiong, C. Y uan, Differentially private data release through multidimensional partitioning, in Secure Data Management, at VLDB, Singapore, 2010, pp. 150–168

[43] W. Yih, S. Deshpande, C. Fuller, D. Heisey-Grove, J. Hsu, B. Kruskal, M. Kulldorff, M. Leach, J. Nordin, J. Patton-Levine, E. Puga, E. Sherwood, I. Shui, R. Platt, Evaluating real-time syndromic surveillance signals from ambulatory care data in four states. Public Health Rep. 125(1), 111–120 (2010)

第 28 章 用于多媒体内容分析的 DDDAS

Erik Blasch, Alex Aved, Shuvra S

摘要：由于从传感器获取的数据无处不在，人们从环境中提取内容的能力也越来越强。多媒体内容以多种数据形式存在，例如来自视频的监视数据、来自文档和推特(Twitter)的报告以及来自系统的信号等。当前讨论围绕 DDDAS、大数据、网络物理系统和物联网(IoT)展开，并且每个都需要对数据进行建模，其中关键要素包括应用时间范围、应用程序以及数据查询相匹配的计算环境。在本章中，我们将讨论在特定环境下传感器的测量、统计处理、环境建模和软件实现的 DDDAS 范式。DDDAS 提供了一个控制信息流的框架，可用于快速决策、模型更新以及为意外查询做好准备。实验结果表明，基于 DDDAS 的实时视频计算数据库建模方法可实现数据发现、模型更新和查询的灵活性，这样可及时了解未知情况。

28.1 引　　言

DDDAS 需要在应用程序建模、系统测量、统计算法和软件方法之间进行系统级的协调。应用程序建模包括支持控制技术的物理、几何或关系模型，这些控制技术利用流数据更新理论、数据和系统级模型，如图 28.1 所示。

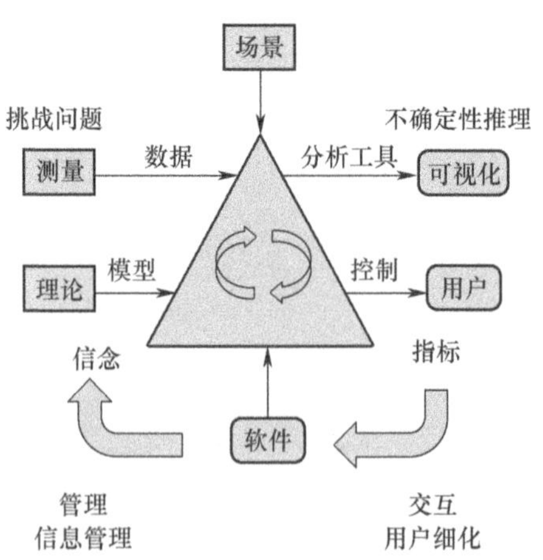

图 28.1　元素动态数据驱动应用系统概念

该应用程序设计了一些方案,其中包括针对具有挑战性的情况以处理不确定性的设计系统的元素;数据包括纳入统计分析的模型(如理论)和信号(如测量值);软件方法包括用于实时性能管理数据的技术,例如用于信息管理的流数据架构;与大部分数据的应用程序设计一样,需要可视化和用户输入技术支持指标的改进,例如模型更新。本章重点介绍数据流建模。

DDDAS 在许多应用程序中有着悠久的历史,包括许多不同的信息计算解决方案。鉴于其功能丰富,一些关键的发展包括健康监控、对象跟踪、对象分类、网络物理分析和系统协调等。这些应用程序的设计能够提供用户支持,以及从组件级控制到系统级的信息融合。在接下来的介绍中(表 28.1),我们将重点关注 DDDAS 实现程度方面的最新进展。

DDDAS 的成功应用包括健康监控,其中涉及零件的组件级分析,如扰动期间机翼的性能。DDDAS 方法包括与传感器测量(如应力和应变)相匹配的理论性能模型,这些模型对于飞机的性能(可以检测到故障模式)是有益的,而组件级分析可以用于 UAV 群分析和网络健康指导。

DDDAS 技术的常见实例包括对象跟踪。使用 DDDAS 方法的对象跟踪被应用于高光谱数据、视频和多摄像机等方面。使用视频数据的自适应流提供了视觉监视和用户分析之间的接口,其方法包括用于网络选择和跟踪的漂移同伦粒子滤波器。

在跟踪分析支持中,有一个例子是对象分类。跟踪方法包括分类和识别的组合。其中的例子包括用于融合技术的 DDDAS 解决方案,该融合技术从传感器数组中进行对象识别。利用可用的数据,频谱信息可通过 DDDAS 增强对象分析。

DDDAS 的各种技术需要软件解决来实现分布式处理、大数据分析和协调模型。软件开发包括中间件、云技术和数据流架构。并行方法支持各种接口问题以及多目标设计优化。我们的结果集中用于上下文分析的多媒体数据库上。多媒体数据库包括内容(数据)、实体(功能)和场景(上下文)。上下文增强的信息融合包括图像、用户查询、文本和跟踪以及基于内容的图像检索(CBIR)。融合的多个应用需要资源管理来促进从信息管理系统中确定用户定义查询的能力。

在传感器网络和软件体系结构的支持下,对网络物理系统分析的支持越来越多。其中包括网络信任分析、用于危机管理的服务以及网络安全性和隐私的分析。

与 DDDAS 一样,需要了解传感器、数据流和应用程序与应用程序环境之间的关系。本质上,环境模型提供了上下文感知功能,包括风模型影响控制的气流分析。对风流的分析可以检测出羽流以及系统的动力源。DDDAS 的这些监测应用在本研究中非常重要,因为它涉及受功率和视线障碍影响的流媒体视频处理(表 28.1)。

表 28.1　DDDAS 实例

实　例	模　型	测　量	应　用
健康监测	飞机	压电翼	无人机航班
对象追踪	运动学	雷达	监视
对象分类	形状	视觉效果	侦测
软件结构	软件	联网传感器	数据流
网络物理系统分析	模式	网络攻击	安全
环境分析	自然	能源	风力

基于 DDDAS 中的这些概念,我们使用上下文环境数据来分析用户查询、视频流处理和对象跟踪的多媒体内容。我们以 DDDAS 之前的工作为基础,探索跟踪和识别技术以及基于查询的多媒体处理的数据分析。

本章其余部分的内容如下。28.2 节描述了支持意外查询和 Sect 的多媒体上下文分析,28.3 专注于支持现实建模的数据,28.4 节描述了面向数据和分析的模型,28.5 节从示例开始介绍实时视频计算数据库管理系统(LVCDBMS)。28.6 节得出结论。

28.2 多媒体分析

信息融合已被应用于许多领域。一种普遍被接受的模型是作为认知、信息和物理领域的共同处理框架,如图 28.2 所示。级别(L)决定系统做怎样的处理,例如 L0 表示数据注册,L1 表示对象跟踪和标识评估,L2 表示情景感知活动分析,L3 表示影响评估。互补的控制级别包括 L4 传感器管理、L5 用户优化和 L6 任务(SUM)管理。这些控制级别可以一起在 DDDAS 框架中进行表示。

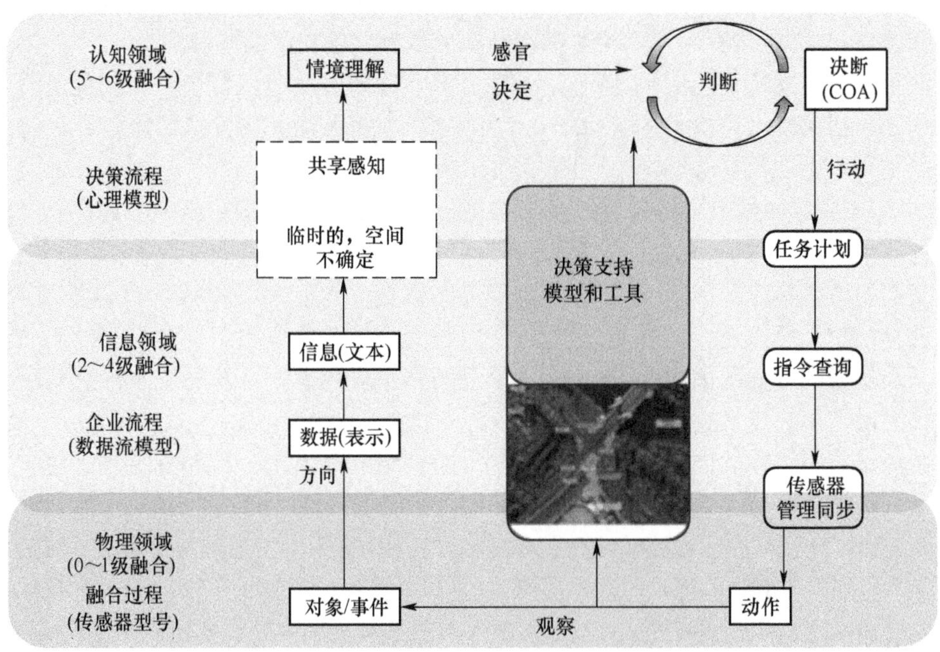

图 28.2 信息融合的物理、信息和认知领域

人机交互(HMI)包含决策支持、以人为本的设计和用户扩充等方法。在每种方法中,用户都与系统交互,DDDAS 将针对该系统进行系统分析、模型更新和查询,如图 28.3 所示。如果我们以信息融合为例,运动学模型则支持对传入的物理数据进行估计以进行对象跟踪。同样的有语义模型处理人为查询。可以使用诸如贝叶斯规则等统计方法融合数据,实现对给定软件架构的查询响应。

机器对上下文信息的利用包括数据库系统、传感器类型(如视频)、上下文数据、提取的特征(如对象)和场景(如环境)等。传感器、对象和环境的这些运行条件需要共同建立,以支持信息开发和上下文分析。该软件架构包括数据库、服务和访问方法。为了处理多媒体查询,需要建模以提供上下文表示,这对于基于 Qualia 的传感技术开发(QuEST)概念至关重要。

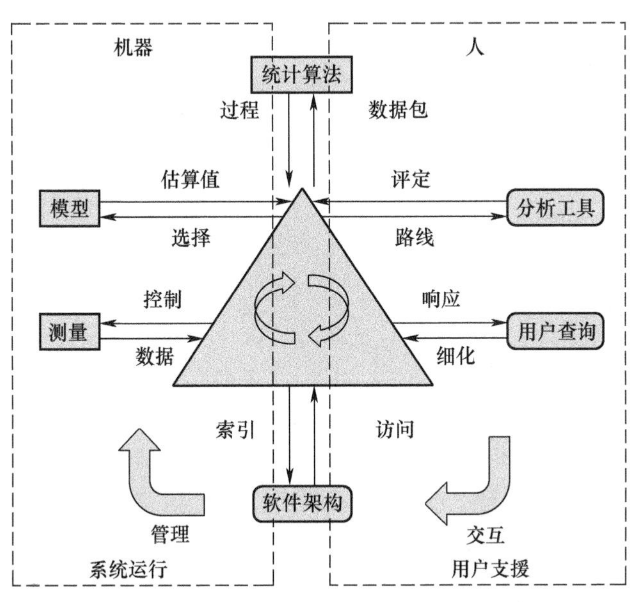

图 28.3　人机系统操作,用于基于 DDDAS 查询的分析

28.2.1　QuEST

QuEST 是一种新的态势评估方法(用于实现态势感知的过程)、态势理解(理解与个人目标相结合的数据含义)或有意义的方法(为了解人、地方和事件之间的联系而进行的积极、持续的努力,以便预测他们的轨迹并有效采取行动)以获得决策质量。

QuEST 中定义了三个过程。

(1) QuEST 代理程序。实现混合双程序认知模型(具有人工意识和人工潜意识/直觉过程),用于状态评估。

(2) QuEST 的人工过程。受到 QUEST 意识理论基本定律的约束(结构一致性,基于情境,模拟/认知分离)。

(3) QuEST 的潜意识/直觉过程。不使用工作记忆,被认为是自主的(不需要意识去行动)。当前的数据驱动人工智能方法为实现实例化捕获这些过程所使用的经验知识提供了广泛的选择。

QuEST 正在开发"知识论",以提供基础知识来了解一个智能体或一组智能体能够知道哪些内容,支持机器学习和人机决策。QuEST 寻求信念或理论的基础,有三个原则如下:

(1) 结构上连贯:有意识地表示必须与物理现实有足够的互信息,以稳定、一致和有用的方式促进与世界的互动(例如,学到的可预测的解释、链接和结果)。

(2) 情境概念化:自觉思考的基本单位是情境实体(例如,基于上下文的要点,时间/空间/多模态表示和合理的叙述)。

(3) 认知分离:有意识的表示是对当前、过去或想象中的未来的假设性解释,它是模拟,而不是传感器数据的发布(例如,表现形式和概念组合产生新的意义)。

原则中的三个相关概念包括压缩、执行和事件。压缩将无限数量的信号编码为质量(例如,低带宽 50b/s)进行交互。情境中的事件可以作为类似于诱发电位的事件电位传达给另一个智能体(例如,大脑对认知刺激的反应)。最后,表达(模式完成推断机制)提供了有意识的表示。有意识的表示与数据驱动的处理相混合。对这种表示的考虑补充了传统的基于数据的表示,使其具有不合并上下文的能力,并可以通过放置假设表示以生成感知数据的整体叙述来存储或推断上下文。

总之,情境连贯的经验扩展了信息的处理、开发和传播。对于处理,它是对收集的数据形成结构化和一致的理解;对于开发,它是对形势的概念化;最后,为进行传播,将报告的结果附加在先前经验或想象的解释之后。

QuEST 正在探索诸如 DDDAS 之类的概念,能够深入了解当前基于感知的情况推理、基于开发的决策和基于技术的信息分析模型,其中关键问题是解决意外查询。

28.2.2 意外查询

当前基于查询的多媒体分析面临的问题是如何确定意外的查询。在多数情况下,用户对场景内容和所需的预期分析有一定的了解(例如,跟踪道路上的车辆),系统必须能够回答意外的结果,或提供意外结果的更新。作为可能解决方案的一个方法,Hendricks 等开发了三种系统来应对这一挑战,用来评估知识推理分析。意外查询的一个场景是查询未存储在语义或模型数据库中的内容,可通过使用相关信息的上下文,可以提供对意外查询的响应。设计的三个系统包括视频系统、语义库和将视频分析链接到存储的语义描述方法。但是,其结果仅来自先前学习的信息,这些信息通过语义查询将数据和模型结合在一起,该方法中固有的一种方法是通过关系的邻接来度量上下文的相似性。

虽然解决意外查询是一个困难的问题,但解决的方法来自多媒体数据,例如视频支持文本和支持视频的文本。另一种选择是迁移学习,在迁移学习中,需要学习概率分布函数进行建模,并将其应用于标注等任务,之后将特征与标注进行匹配。

28.3 多媒体语境现实

未来的人机设计需要在自动化与自治之间平衡。对于自动化,系统设计要求用户输入所需的请求,例如对象检测、活动分析和情况结果的规则。对于自治,其目标是能够使机器发现场景的属性并向用户报告。当情况未知且模型还没有完全建模时,相应的挑战就会产生。典型的视频处理技术隐含的假设是人类参与有限,但是,大多数视频技术被用于分析人员(自动化)或任务目标(自治),而自治和自动化的定义分别如下:

自动化:该系统无须人工干预就可以正常工作,但是系统性能仅限于要执行的特定操作。通常,这些任务定义明确,具有预定的响应,即基于规则的响应。(注意:我们建议使用数据驱动的 AI)。

自治:具有一组基于智能的功能系统,使其能够响应设计中未预先编程或未预期的情况(基于决策的响应)。自治系统具有一定程度的自治、自我指导的行为(由人为决策的智能体)。

为了实现自动化,我们将用于评估的函数作为支持查询的函数。系统将事件估计为时间状态,将用户估计为表示活动,这些活动在语义上描述了 situation-based 的关系间隔。因此,活动是由多个事件组成,而事件识别取决于分析人员的参与,因为机器无法从语义上详尽地定义大量活动。自治技术包括控制功能,例如支持数据库管理系统(DBMS)的那些功能,以包括资源管理、数据存储和索引编制。自动化和自治的使用为数据决策提供了相关处理。现实世界由传感器、环境和对象(SET)运行条件组成,需要对这些条件进行评估,以便用户确定意外查询。

在之前的分析中,我们发现了意外查询所带来的挑战,其主要挑战在于自治还必须了解现实,以便在系统输出上对用户进行更新。多媒体语境分析的假设包括:①问题陈述准确无误;②数据是可以获得的;③数据/证据可以被整合;④决策具有可重复性;⑤决策是可行的;⑥误差量化。

了解一种情境可以帮助指导 DDDAS 系统,但也可能限制其结果。因此,对情境建模包括保真度的多种表示。在许多情况下,人们可以理解现实并且知道适当的反应,如期望汽车在道路交叉口处,这需要环境或信息背景的知识。挑战在于当现实是未知的、对环境的正确认识也是未知的。图 28.4 展示了从未知感知到现实的四种情况。

当现实未知、环境未知时,则需要学习和分析以应对高度的不确定性和复杂性。当现实是未知的,并且正确的模式被理解时,这种情况可以通过诸如对象分类这样的诊断来克服。DDDAS 需要上下文建模来处理常见的假设,将感知到的数据从未知的现实联系到已知的现实。因此,需要用数据驱动、知识驱动和上下文驱动的方法来解决意外查询。

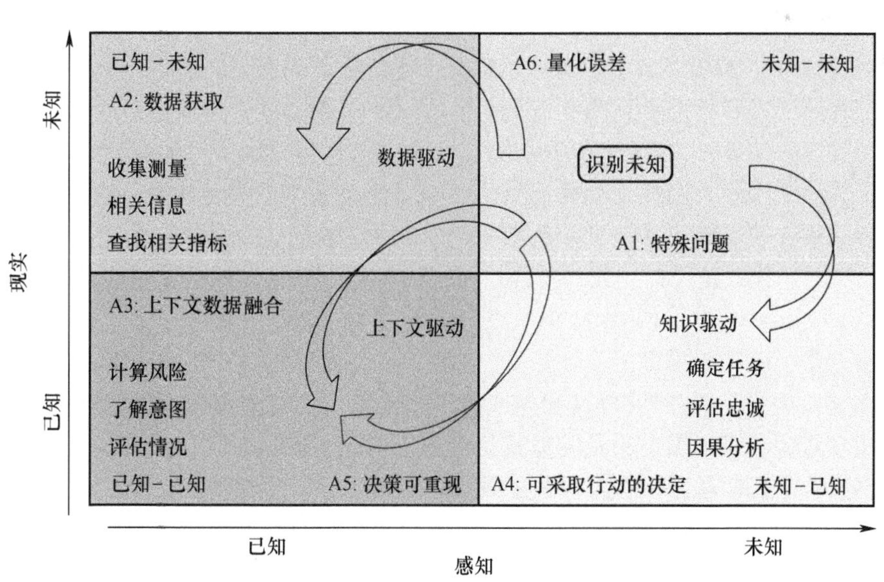

图 28.4　已知与未知之间的感知与现实

(1) 数据驱动意味着这样的假设:可以量化误差,可以获取数据,该数据从"未知-未知”转变为未知现实,但是建模是已知的。

(2) 知识驱动基于以下事实:问题是具体的(如对象跟踪),并且决策是可行的。

(3) 上下文驱动将数据和知识融合在一起。融合数据有助于从未知现实过渡到已知现实,例如删除错误的断言。同样,当数据通过适当的模型关联时,可重现的决策有助于从未知感知验证为已知感知。

在这里,我们有以下假设:行动和决策可从模型中重现。

28.4 多媒体内容建模

建模有许多来自分析、实验或处理的方法。这些方法中有许多侧重数据,例如将数据结果映射到建模实例的实验集合。DDDAS 的当前问题是建模方法的类型,我们将物理建模(例如理论)与数据建模(即软件)相结合。

多媒体上下文是通过内容(数据)建立的,该内容称为基于内容的图像检索(CBIR)或通过图像内容进行查询(QBIC)。CBIR 系统通过适应各种查询方法来检索,包括示例查询、手工绘制图像、随机浏览、文本搜索(关键字、语音/语音识别)和按类别的分层导航。两种相互关联的建模类型包括面向数据建模和分析建模。

28.4.1 面向数据的网络模型

在设计和理解用于多媒体内容分析的 DDDAS 时,数据的建模和管理以及对数据进行的基于模型的计算表示是需要考虑的重要方面。

数据模型提供通用的定义和格式,能够使不同的应用程序和系统进行有效的数据通信。在多媒体内容分析中,仔细考虑数据模型非常重要,因为多媒体模型分析定义为异构数据形式,并且在许多情况下涉及同种基本数据形式的异构形式(例如,图像的不同压缩格式),各种研究工作都探索了多媒体系统数据建模技术的开发和应用。

有效存储形式和处理多媒体数据内容的数据结构在多媒体内容分析系统的设计和集成中至关重要。例如,使用通用数据结构可以促进内容和提取信息的有效交换。图 28.5 说明了多媒体系统中常用的几种数据结构。单个测量系统的典型方法包括堆栈,其中数据存储和检索在一个共同的位置。数组有助于对齐不同位置的数据,便于访问。如果数据是分布式的,则链表可以帮助关联信息。当前技术则基于哈希表快速存储、访问和检索。

数据流是一种基于模型的设计形式,可用于复杂多媒体系统的硬件和软件的设计与实现。在这种情况下,数据流可以视为一种计算模型,其中应用程序表示为与信号和信息处理框图相对应的有向图。单独的数据流处理块(称为参与者)以数据驱动的方式执行,这意味着只要它们的输入上有足够的数据,并且输出上有足够的空间来支持相关的计算,就可以调用它们。数据调度程序中何时何地(在哪个处理器和什么时间)执行数据流图中的角色由调度程序确定,调度程序是在特定平台上开发或合成的。基于数据流的设计的一个重要方面是将调度和行为规范之间的关系分离,这为设计验证和优化带来了强大的功能。为了使用数据流方法,需要物理模型,因此,存储和访问的内容必须与应用程序相关。

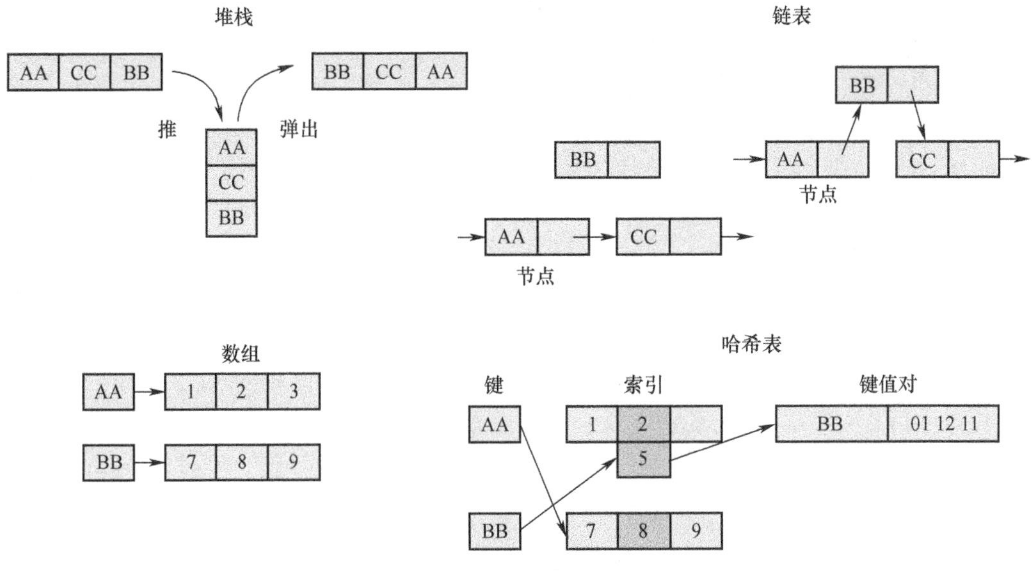

图 28.5　常用的数据结构示例

28.4.2　分析物理模型

物理数据的分析建模通常来自对环境的实证研究,并对结果进行回归,如图 28.6 所示,这样的经验模型得到理论模型的支持。对于典型的对象跟踪,这是对象运动的运动学模型。但是,行为可能是非典型的行为,例如根据生理和社会规范监控汽车或车辆。因此,需要基于紧急行为和临时更新(如确定意外查询)来更新模型。在这里,我们试图使用这些方法来实现 DDDAS 模型的性能更新,一个相关的概念是信息物理建模。

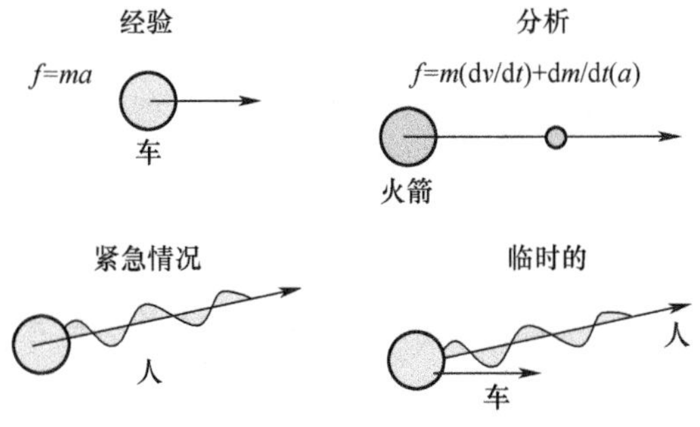

图 28.6　物理建模类型

28.4.3　网络物理模型

DDDAS 与传感器和软件系统紧密相关。松散定义的网络物理方法包括软件(如网络)和硬件(如物理)的组合,可能是网络物理系统分析的一种形式。视频跟踪与隐私、分布式处理和 CPS 的连接有关。数据应采用一种格式,以便为网络分析和物理分析的结合管理数据和元数据。因此,分布式计算元素的协作将被用来控制物理实体。

有了图像字幕,就需要对传感器进行查询分析。为了衡量绩效,需要对如何选择支持改进控制的模型进行信用分配。分配信用的一种方法是看当前的行为与之前的结果之间的关系。要利用此概念,我们需让 CPS 探索其环境,从中可以调整策略以对更新进行建模。时间查询信用分配的一个示例是低帧速率系统的示例,从中可以理解:视频方法可以更改处理分析。系统可以自主完成各种方法,也可以将处理评价结果输出给用户进行分析。

通过将 DDDAS 概念与面向数据的网络模型、分析物理模型和网络物理模型概念结合使用,我们用案例探索流动视频数据处理的活动分析。

28.5 结果:活动分析

实现对一个多媒体内容的分析,其目标是既利用已知的建模,又允许系统发现未知的关系。这些未知的期望应该通过物理建模、面向计算数据的处理和上下文推理的结合来实现。为了研究这样的分析,一个实时视频计算(LVC)数据库管理系统(LVC- DBMS)用来流化数据,通过改变样本率、检测大小和活动分析进行统计分析。

28.5.1 接口

为了提供对分析的查询,设计的界面可以使用户通过更改采样率、检测大小和活动分析来选择用于对象检测的跟踪结果。通常对这些查询进行定义,使分析能够提供一些意外查询以进行模型更新(例如,停车场外的人员检测)。LVC - DBMS 的处理流程如图 28.7所示,查询界面如图 28.8 所示。

LVC-DBMS 为 LVC 环境专门设计了查询优化器和关联的执行环境。它在运行时执行查询优化,获取一个新查询,查找与系统中现有查询的可能重叠,然后重写新查询,以最大限度地减少重复的表达式,并优化查询执行引擎的利用率(图 28.7)。可以使用 LVC 环境接口(图 28.8)和 LVC-DBMS 原型实现,通过合并物理代数查询树,减少查询执行开销。查询树的合并是通过上下文关联完成的。为了方便性能评估和查询优化的影响,最后导出查询成本度量(信用分配),并用于更新建模性能结果。

利用 LVC - DBMS,可对文本分析的场景内容建立关系,如图 28.9 所示。我们从 DARPA 视频和图像检索与分析工具(VIRAT)数据集中选择了两个与场景相关的视频,用来智能态势分析;第一个是停车场,第二个是位于十字路口附近的停车场。在第一种场景下,对人们上下车进行建模。在第二种场景下,人们通常会进出汽车,但是该系统需要发现新信息。

28.5.2 场景 1:交叉口

在第一种场景下,我们选择了一个视频,该视频既有停车场,又有道路的杂乱背景。随着汽车在十字路口行驶,人们在流媒体视频中进入汽车(图 28.10),如图 28.11 所示,十字路口处的计数率保持稳定。

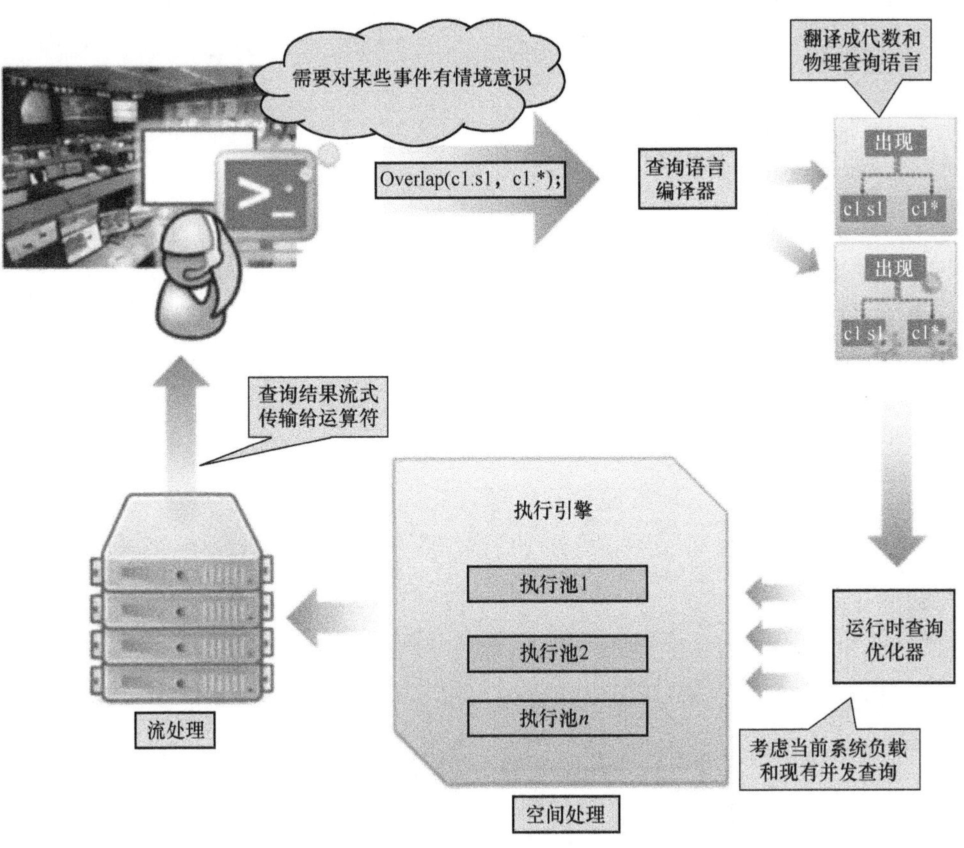

图 28.7　LVC-DBMS 的处理流程

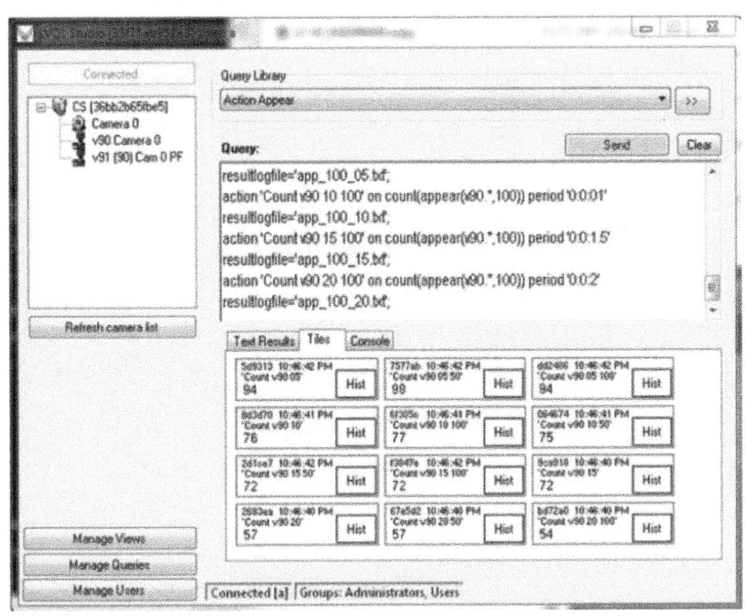

图 28.8　基于查询的界面

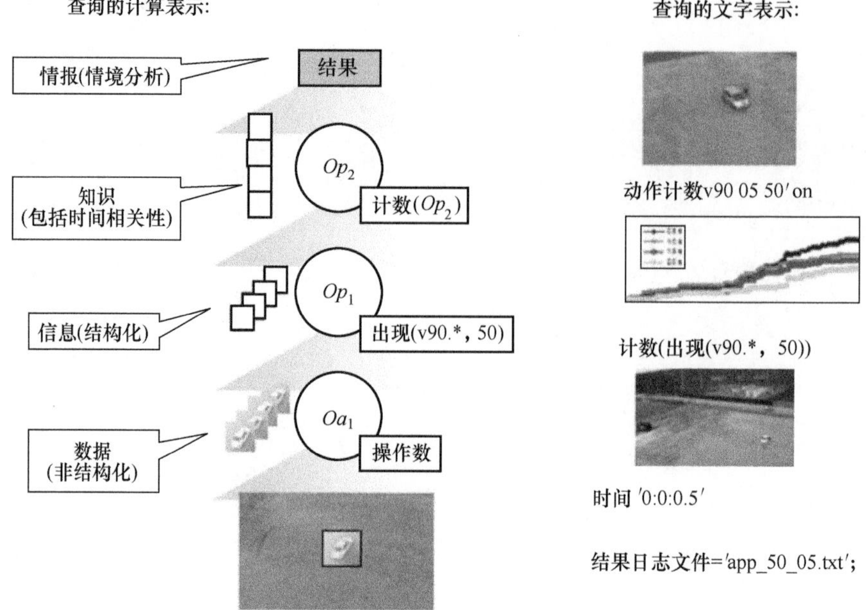

图 28.9　多媒体(文本、视频)查询关系

图 28.10　场景 1:于道路交通交叉口,主要是车辆操纵

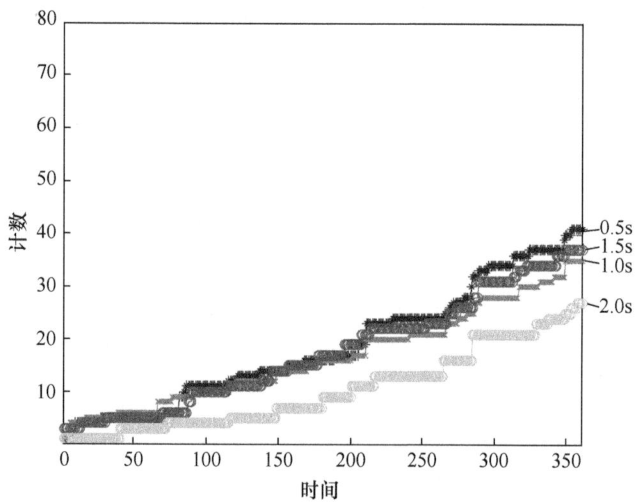

图 28.11　固定物体大小的不同采样率的路口活动识别

28.5.3　场景 2:停车场

在第二种场景下,有很多人以意外的方式进出汽车,因此用于活动检测的对象数更高。例如,在图 28.12 中,当查看停车场时,有来往汽车和人的检测,而场景混乱的变化导致场景相对复杂。开放式查询以不同的采样率(计算)和对象大小(图像处理)运行。随着对象大小查询的增加,更新率就没有那么明显了(图 28.13)。因此,对于存在带宽限制的实时分析,可以对分析进行二次采样而不会损失性能分析。

图 28.12　场景 2:停车场:人员进入/离开现场时的杂物和物体检测

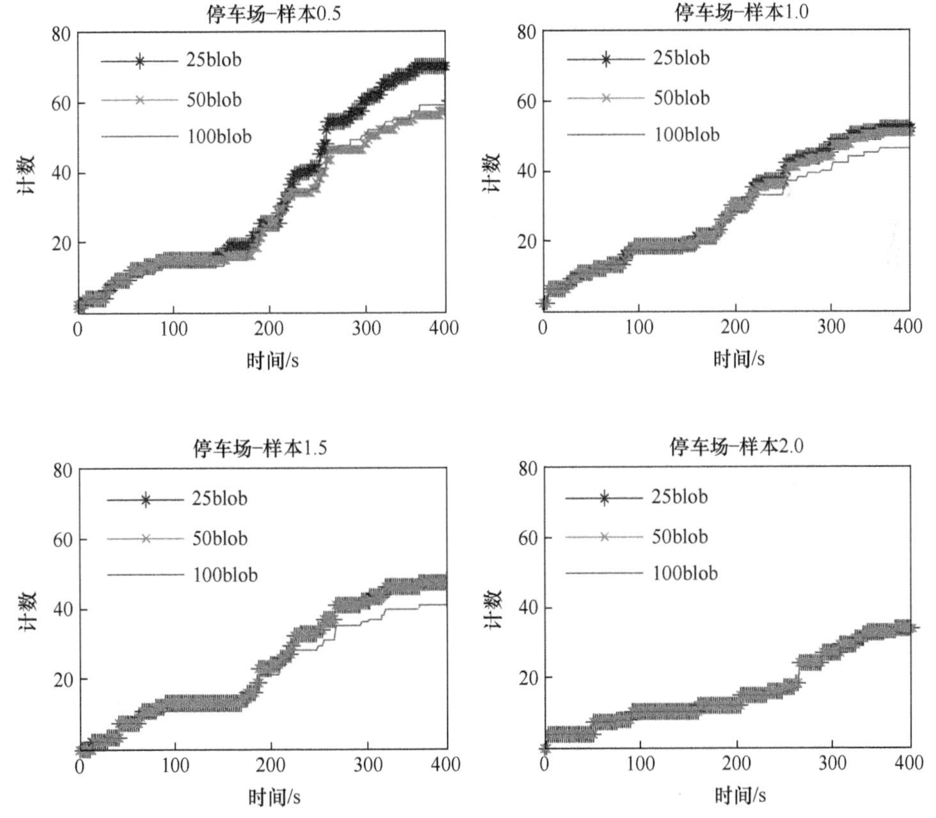

图 28.13　改变分析的更新率

第二次分析使用的活动计数是针对抽样的大小和频率间隔进行的。图 28.14 显示了不同对象大小的分析频率间隔具有区分新活动的能力。对于对象大小,计数上会存在差异,因此需要基于查询的系统来确定对象大小(与图像的分辨率有关)和选择采样率。

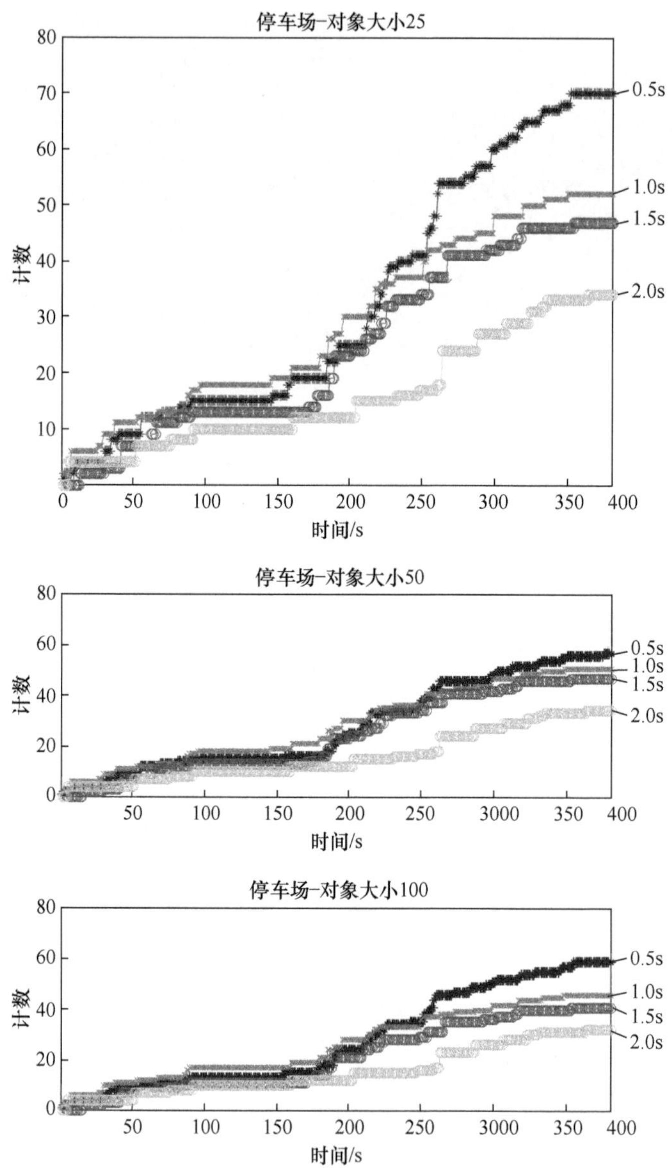

图 28.14　通过改变采样率和对象大小产生停车场的活动

注意,从时间步长 150 开始,对象计数的跳跃会指示何时发生大量活动。因此,绝对计数不是关键特征,而是图像中对象数量的相对变化。该分析突出显示了获取意外查询的方法,需要动态改变检测器尺寸和采样率。

28.6 小 结

本章将 DDDAS 概念运用于多媒体分析,其中包括视频跟踪和基于查询的分析。大型多媒体应用程序需要用 DDDAS 方法整合上下文、活动和查询分析。实时视频计算数据库管理系统用于探索模型更新的意外查询。该系统可在对象大小(应用程序)和采样率(计算)方面提供上下文感知、查询感知和活动感知的分析,用于面向数据和分析的建模更新。结果表明需要使用开放式查询确定意外情况,在这种情况下已定义的查询无法确定场景中的所有活动。DDDAS 方法用于多媒体数据源、语义和视频查询、模式分析和对象跟踪的组合,可进行分析模型的更新。

参考文献

[1] Y. Bazilevs, A. L. Marsdan, et al. , Toward a computational steering framework for large-scale composite structures based on continually and dynamically injected sensor data. Procedia Comput. Sci. 9, 1149-1158(2012)

[2] B. Peherstorfer, K. Willcox, Detecting and adapting to parameter changes for reduced models of dynamic data-driven application systems. Procedia Comput. Sci. 51, 2553-2562(2015)

[3] S. Imai, A. Galli, C. A. V arela, Dynamic data driven avionics systems: Inferring failure modes from data stream. Procedia Comput. Sci. 51, 1665-1674(2015)

[4] R. McCune, R. Purta, M. Dobski, A. Jaworski, G. Madey, et al. , Investigations of DDDAS for command and control of UVA swarms with agent-based modeling, in Proceedings Winter Simulation Conference(2013) pp. 1467-1478

[5] T. Henderson, A. Joshi, W. Wang, N. Tirpankar, et al. , Bayesian computational sensor networks: small-scale structural health monitoring. Procedia Comput. Sci. 51, 2603-2612(2015)

[6] B. Uzkent, M. J. Hoffman, A. Vodacek, J. P. Kerekes, B. Chen, Feature matching and adaptive prediction models in an object tracking DDDAS. Procedia Comput. Sci. 18, 1939-1948(2013)

[7] R. Fujimoto, A. Guin, M. Hunter, H. Park, G. Kanitkar, A dynamic data driven application system for vehicle tracking. Procedia Comput Sci 29, 1203-1215(2014)

[8] S. S. Bhattacharyya, M. van der Schaar, O. Atan, C. Tekin, K. Sudusinghe, Data driven stream mining systems for computer vision, Ch12, in Advances in Embedded Computer Vision, ed. by B. Kisacanin, M. Gelautz(Springer International Publishing, Cham, 2014)

[9] S. Chakravarthy, A. Aved, S. Shirvani, M. Annappa, et al. , Adapting stream processing framework for video analysis. Procedia Comput. Sci. 51, 2648-2657(2015)

[10] E. Blasch, A. J. Aved, Dynamic data-driven application system(DDDAS) for video surveillance user support. Procedia Comput. Sci. 51, 2503-2517(2015)

[11] A. J. Aved, E. Blasch, Multi-INT query language for DDDAS designs. Procedia Comput. Sci. 51, 2518-2523(2015)

[12] V. Maroulas, K. Kang, I. D. Shizas, A learning drift homotopy particle filter, in International Conference on Information Fusion, (2015)

[13] I. D. Schizas, V. Maroulas, Dynamic data drivensensor network selection and tracking. Procedia

Comput. Sci. 51, 2583-2592(2015)

[14] E. Blasch, L. Hong, Data association through fusion of object track and identification sets, International Conference on Information Fusion, (2000)

[15] N. Virani, S. Marcks, S. Sarkar, K. Mukerjee, A. Ray, S. Phoha, Dynamic data driven sensor Array fusion for object detection and classification. Procedia Comput. Sci. 18, 2046-2055(2013)

[16] E. Blasch, G. Seetharaman, et al. , Dynamic data driven applications systems(DDDAS) modeling for automatic object recognition, in Proceedings of SPIE, vol. 8744(2013)

[17] B. Uzkent, M. J. Hoffman, A. Vodacek, Spectral validation of measurements in a vehicle tracking DDDAS. Procedia Comput. Sci. 51, 2493-2502(2015)

[18] J. B. Weissman, V. Kumar, V. Chandola, et al. , DDDAS/ITR: A data mining and exploration middleware for grid and distributed computing, in International Conference on Computational Science (2007)

[19] B. Liu, Y. Chen, et al. , Information fusion in a cloud computing era: A systems-level perspective. IEEE Aerosp. Electron. Syst. Mag. 29(10), 16-24(2014)

[20] X. Li, J. Dennis, G. Gao, W. Lim, H. Wei, C. Y ang, R. Pavel, FreshBreeze: A data flow approach for meeting DDDAS challenges. Procedia Comput. Sci. 51, 2573-2582(2015)

[21] V. Hebbur, V. S. Rao, A. Sandu, Parallel solution of DDDAS variational inference problems. Procedia Comput. Sci. 51, 2474-2482(2015)

[22] K. Sudusinghe, Y. Jiao, H. B. Salem, M. van der Schaar, S. Bhattacharyya, Multiobjective design optimization in the lightweight dataflow for DDDAS environment(LiD4E). Procedia Comput. Sci. 51, 2563-2572(2015)

[23] Z. Liu, E. Blasch, Z. Xue, R. Langaniere, W. Wu, Objective assessment of multiresolution image fusion algorithms for context enhancement in night vision: Acomparative survey. IEEE Trans. Pattern Anal. Mach. Intell. 34(1), 94-109(2012)

[24] E. Blasch, S. Plano, Cognitive fusion analysis based on context, in Proceedings of SPIE, vol. 5434 (2004)

[25] E. Blasch, I. Kadar, K. Hintz, J. Biermann, et al. , Resource management coordination with level 2/3 fusion issues and challenges. IEEE Aerosp. Electron. Syst. Mag. 23(3), 32-46(2008)

[26] E. Blasch, E. Bosse, D. A. Lambert, High-Level Information Fusion Management and Systems Design (Artech House, Norwood, 2012)

[27] E. Blasch, Y. Al-Nashif, S. Hariri, Static versus dynamic data information fusion analysis using DDDAS for cyber trust. Procedia Comput. Sci. 29, 1299-1313(2014)

[28] Y. Badr, S. Hariri, Y. Al-Nashif, E. Blasch, Resilient and trustworthy dynamic data-driven application systems(DDDAS) Services for Crisis Management Environments. Procedia Comput. Sci. 51, 2623-2637(2015)

[29] L. Xiong, V. Sunderam, Security and privacy dimensions in next generation DDDAS/Infosymbiotic systems: A position paper. Procedia Comput. Sci. 51, 2483-2492(2015)

[30] N. Nguyen, M. M. H. Khan, Context aware data acquisition framework for dynamic data driven applications systems(DDDAS), in IEEE MILCOM(2013) pp. 334-341

[31] P. Tagade, H. Seybold, S. Ravela, Mixture ensembles for data assimilation in dynamic datadriven environmental systems. Procedia Comput. Sci. 29, 1266-1276(2014)

[32] S. Ravela, Dynamic data driven deformable reduced models for coherent fluids. Procedia Comput. Sci. 51, 2464-2473(2015)

[33] L. Peng, M. Silic, R. O' Donnell, K. Mohseni, A DDDAS plume monitoring system with reduced Kalman filter. Procedia Comput. Sci. 51, 2533-2542(2015)

[34] X. Shi, H. Damgacioglu, N. Celik, A dynamic data driven approach for operation planning of microgrids. Procedia Comput. Sci. 51, 2543-2552(2015)

[35] E. Blasch, Derivation of a Belief Filter for Simultaneous High Range Resolution Radar Tracking and Identification, Ph. D. Thesis, Wright State University(1999)

[36] A. J. Aved, Scene Understanding for Real Time Processing of Queriesover Big Data Streaming Video, Ph. D. Dissertation, University of Central Florida(2013)

[37] E. Blasch, G. Seetharaman, K. Reinhardt, Dynamic data driven applications system concept for information fusion. Procedia Comput. Sci. 18, 1999-2007(2013)

[38] H. Ling,L. Bai,et al. ,Robust infrared vehicle tracking across object pose change using L1 regularization, International Conference on Information Fusion,(2010)

[39] E. Blasch, Z. Wang, H. Ling, K. Palaniappan, G. Chen, D. Shen, A Aved, Video-based activity analysis using the L1 tracker on VIRA T data, IEEE Applied Imagery Pattern Recognition Workshop, (2013)

[40] G. Chen, D. Shen, C. Kwan, et al. , Game theoretic approach to threat prediction and situation awareness. J. Adv. Inf. Fusion 2(1), 1-14(2007)

[41] E. Blasch, Sensor, user, mission(SUM) resource management and their interaction with level 2/3 fusion, in International Conference on Information Fusion,(2006)

[42] E. Blasch, A. Steinberg, S. Das, J. Llinas, C-Y. Chong, O. Kessler, E. Waltz, F. White, Revisiting the JDL model for information exploitation, in International Conference on Information Fusion, (2013)

[43] E. P. Blasch, S. K. Rogers, H. Holloway, J. Tierno, E. K. Jones, R. I. Hammoud, QuEST for information fusion in multimedia reports. Int. J. Monit. Surveill. Technol. Res. 2(3), 1-30(2014)

[44] G. Klein, B. Moon, R. Hoffman, Making sense of sensemaking 1: Alternative perspectives. IEEE Intell. Syst. 21(4), 70-73(2006)

[45] L. A. Hendricks, S. V enugopalan, M. Rohrbach,et al. , Deep compositional captioning: Describing novel object categories without paired training data, arXiv:1511. 05284 [cs. CV], Nov. (2015)

[46] S. J. Pan, Q. Y ang, Survey on transfer learning. IEEE Trans. Knowl. Data Eng. 22(10), 1345-1359 (2009)

[47] Department of Defense Science Board, The role of autonomy in DoD systems, July, 2012

[48] R. I. Hammoud, C. S. Sahin,et al. , Automatic Association of Chats and Video Tracks for Activity Learning and Recognition in Aerial Video Surveillance, Sensors, 14, 19843-19860(2014)

[49] E. Blasch, Decisions-to-data using level 5 information fusion, in Proceedings of SPIE, vol. 9079(2014)

[50] B. Kahler, E. Blasch, Sensor management fusion using operating conditions, in Proceedings of IEEE National Aerospace Electronics Conference(NAECON)(2008)

[51] M. Flickner, H. Sawhney, W. Niblack, J. Ashley, Q. Huang, B. Dom, M. Gorkani, J. Hafner, D. Lee, D. Petkovic, Query by image and video content: The QBIC system. Computer 28, 23-32(1995)

[52] S. F. Chang, A. Eleftheriadis, R. McClintock, Nextgeneration content representation, creation, and searching for newmedia applications in education. Proc. IEEE 86, 884-904(1998)

[53] Y. Jianfeng, Z. Y ang, L. Zhanhuai, A multimedia document database model based on multilayered description supporting complex multimedia structural and semantic contents, in Proceedings of the International Multimedia Modelling Conference(2004) pp. 33-39

[54] J. D. N. Dionisio, A. F. Cárdenas, A unified data model for representing multimedia, timeline, and simulation data. IEEE Trans. Knowl. Data Eng. 10(5), 746–767(1998)

[55] A. Yoshitaka, T. Ichikawa, A survey on content-based retrieval for multimedia databases. IEEE Trans. Knowl. Data Eng. 11(1), 81–93(1999)

[56] C. Shen, S. Wu, N. Sane, H. Wu, W. Plishker, S. S. Bhattacharyya, Design and synthesis for multimedia systems using the objected dataflow interchange format. IEEE Trans. Multimedia 14(3), 630–640(2012)

[57] S. S. Bhattacharyya, E. Deprettere, R. Leupers, J. Takala(eds.), Handbook of Signal Processing Systems, 2nd edn,(Springer, 2013). ISBN: 978-1-4614-6858-5(Print); 978-1-4614-6859-2 (Online)

[58] E. Blasch, T. Connare, Improving track maintenance through group tracking, in Proceedings of the Workshop on Estimation, Tracking, and Fusion; A Tribute to Yaakov Bar Shalom, May(2001) pp. 360–371

[59] H. Ling, Y. Wu, et al., Evaluation of visual tracking in extremely low frame rate wide area motion imagery, in International Conference on Information Fusion(2011)

[60] S. G. Alsing, et al., Three-dimensional receiver operating characteristic(ROC) trajectory concepts for the evaluation of object recognition algorithms faced with the unknown object detection problem. Proc. SPIE 3718, 449–458(1999)

[61] L. Snidaro, J. Garcia, et al. (eds.), Context-Enhanced Information Fusion: Boosting Real-World Performance with Domain Knowledge, Springer,(2016)

[62] A. Panasyuk, E. Blasch, S. E. Kase, L. Bowman, Extraction of semantic activities from Twitter data, in Proceedings of International Conference on Semantic Technologies for Intelligence, Defense, and Security(STIDS)(2013)

[63] J. Gao, H. Ling, et al., Pattern of life from WAMI objects tracking based on visual contextaware tracking and infusion network models, in Proceedings of SPIE, vol. 8745(2013)

[64] J. Dunık, O. Straka, M. Simandl, et al., Random-point-based filters in object tracking. IEEE Trans. Aerosp. Electron. Syst. 51(2), 1403–1421(2015)

第十部分　系统感知:设计方法

第 29 章　Parzen Windows：简单的正则化算法

Jing Peng, Peng Zhang

摘要：非参数学习方法（如 Parzen Windows）已被应用于各种密度估计和分类问题。在本章中，我们提出了一个简单的正则化算法，并建立了它与 Parzen Windows 的联系，推导出了简单正则化算法的有限样本误差界。由于简单的正则化算法与 Parzen Windows 之间的密切关系，本章从学习理论的角度为 Parzen Windows 提供了有趣的见解。我们的工作是基于第一章中介绍的 DDDAS 实现的。最后，给出了简单正则化算法（Parzen Windows）和最近邻分类器等方法以及若干真实数据集正则化算法性能的实验结果，这些结果验证了我们的理论分析。

29.1 引　言

监督学习（从给定数据集中进行学习）是指以输入-输出对的形式在一组训练集中构建一个预测模型的任务，已训练的模型用输入值预测输出值。例如：回归模型，其输出值是连续的；分类模型，其输出值是离散的。还有其他学习范式，如聚类学习和强化学习。本章主要讨论监督学习。

一个好的预测模型能够很好地泛化到不可见的数据。一般来说，这个问题是难以解决的。为了缓解未知数据的问题，可以利用正则化理论中的思想构建预测模型，即通过最小化样本数据的经验误差和控制模型的复杂性构建预测模型。

其他广泛使用的技术，如 Parzen Windows 和最近邻分类器方法则不需要进行优化。这些技术通过从样本数据中估计类的条件概率来建立预测模型，然后选择类概率最大的类。Parzen Windows 和最近邻有几个明显的特点。例如，它们生成连续的、重叠的而不是固定的邻域，并为每个查询使用不同的邻域，以便邻域中的所有点都接近查询。实证结果表明，该方法对各种分类问题具有较强的鲁棒性。

从理论上讲，在渐近极限下，这些方法估计的概率收敛于真实的未知概率。因此，基于估计概率的分类器将收敛于最优贝叶斯决策规则。此外，一个众所周知的观察结果是，在一个无限数据集中，至少有一半的分类信息位于最近的邻居中，然而，当训练样本量有限时，对泛化性能的系统研究却很少。这些方法的已知泛化性能通常是通过经验获得的。虽然实证分析可以通过统计来证明，但它只能提供有限的算法性能洞察力。

在本章中，我们首先通过推导一种近似于正则化算法（RA）的算法来解决上述讨论所隐含的问题。正则化算法需要矩阵求逆,而我们所提出的近似算法则不需要,我们将得到的算法称为简单正则化算法,用 SR 表示。这对资源有限的机载处理非常有益。DDDAS 方法侧重建模、测量统计分析和软件的组合。DDDAS 基本原则是可以通过解决计算需求,如减少矩阵反转、使用统计分析减少过拟合等,来提高分类精度;为了鲁棒性能,我们提出了高效近似的学习,实现了 DDDAS 中所设想的设计原则。基于给定 RA 有限样本的误差界,我们还建立了 SR 方法的误差界。最后,证明了 SR 与 Parzen Windows 密切相关,从而深入理解了 Parzen Windows 分类器的性能,以及在有限条件下最近邻方法的性能。因此,本章的贡献如下。

(1) 推导出简单的正则化算法,并建立其与 Parzen Windows 的联系;

(2) 为 SR 分类器建立一个误差范围,并提供该方法可能无法执行的条件。

本章其余部分组织如下。29.2 节描述了与这项工作相关的研究;29.3 节介绍了正则化最小二乘法,并进行了相应的误差分析;在对 29.4 节所述的学习算法进行分析的基础上,推导出简单的正则化算法;29.5 节介绍了我们的主要结果:简单正则化算法的有限样本误差界;29.6 节从正则化常数的角度分析了近似误差和样本误差之间的权衡;29.7 节讨论了所提出的技术的计算复杂度;29.8 演示了简单的正则化算法和 Parzen Windows 之间的密切关系,从而深入理解了 Parzen Windows 分类器的特性;29.9 节提供了实验结果,验证了我们的理论分析;29.10 节总结了我们的贡献,并指出未来的研究方向。

29.2 相关工作

统计学习理论为分析给定有限样本数据集的预测模型的误差范围提供了一个框架。这种模型的误差范围通常包括两部分:近似误差(偏差)和样本误差(方差)。虽然建立了一般的近似误差边界,但这些边界是无限的,除非回归函数 f_ρ 的光滑度能够匹配所选择内核的平滑度。

正则化最小二乘方法的研究由来已久,只是名称不同。在统计中,岭回归是解决条件较差的线性回归问题的常用方法。继 Tikhonov 出版他的书之后,人们意识到岭回归使用了 Tikhonov 意义上的正则化术语。19 世纪 80 年代,有些学者提出的权重衰减策略能够修剪不重要的神经网络连接,并很快认识到权重衰减等同于岭回归。

有些学者建立了核主成分分析与谱截断正则化之间的关系。研究结果表明,谱截断分析中的正则化参数准确地表示了核主成分分析需要保留的主成分数目。

相关文献还提出了一种广义正则化最小二乘算法。在这个算法中,正则化被限制在输入空间的一部分,其基本原理是在定义良好的输入空间中,正则化是不必要的。实验结果表明,该算法是有效的。

最近,正则化被应用于惩罚远离预定义子空间的解,其动机是在一个预定义的子空间中寻找可能会导致判别信息丢失的解,并允许在原始空间进行搜索,增加了解决方案的灵活性,其缺点是计算量的增加。

势函数规则在相关工作中得到了广泛的研究。结果表明,在适当的条件下,势函数规则等价于贝叶斯决策规则。也有些研究工作介绍了基于势函数的分类器,并建立了这些分类器的泛化性能。对于给定的输入,势函数度量输入与该类中的示例的平均距离,这种度量在很多方面与最近邻规则非常相似,其中每个邻居就是整个类。根据训练数据估计基于势函数的分类器与本章提出的近似正则化最小二乘算法密切相关。实验结果表明,潜在函数分类器具有很强的竞争能力。

我们发现,边缘概念也与正则化密切相关,即边缘越大,分类器就越简单,从而产生更好的泛化效果。各种大规模边缘学习算法已经被提出,显示出非常有竞争力的性能。在这一章中,我们主要讨论正则化最小二乘法。

29.3　正则化最小二乘法

在统计学习理论的框架下,正则化最小二乘法作为正则化网络被重新讨论。最近,有些学者提出了针对有限样本数据集的技术的误差界限。这里我们简要地总结一下相关理论。

令 X 为欧氏空间中的紧域,$Y=R$,同时令

$$z = \{(x_1,y_1),\cdots,(x_m,y_m)\} \tag{29.1}$$

根据 $X\times Y$ 上的(未知)概率测度 ρ,z 从 $X\times Y$ 中提取的 m 个训练示例的集合。

正则化算法最小化下列正则化函数:

$$\frac{1}{m}\sum_{i=1}^{m}[y_i - f(x_i)]^2 + \lambda\|f\|_k^2 \tag{29.2}$$

式中:λ 为正则化参数;$\|f\|_k^2$ 为由核函数 k 引起的假设空间 H_k 中的范数,其中可以使用多种核函数。在这项工作,我们专注于高斯核:

$$k(x,x') = \mathrm{e}^{\frac{\|x-x'\|^2}{\sigma^2}} \tag{29.3}$$

式中:σ 为内核宽度参数。

结果表明,式(29.2)的最小值存在。此外,最小化器是唯一的,由式(29.4)确定。

$$f_{\mathrm{RA}}(x) = \sum_{i=1}^{m} c_i k(x,x_i) \tag{29.4}$$

式中:系数 $c_i s$ 可以通过求解以下关键的线性方程组来计算

$$(\lambda m\boldsymbol{I} + \boldsymbol{K})c = y \tag{29.5}$$

其中,$\boldsymbol{K}_{ij} = k(x_i,x_j)$ 是核矩阵。矩阵 $(\lambda m\boldsymbol{I} + \boldsymbol{K})$ 应具备良好的条件数。因此,不应该有数值计算问题 $(\lambda m\boldsymbol{I} + \boldsymbol{K})^{-1}$。

令 F_ρ 为真正的输入输出函数,由下式定义 $f_p(x) = \int_Y \mathrm{d}\rho(y|x)$,其中 $\rho(y|x)$ 是 Y 的条件概率测度。

$$\int(f_{\mathrm{RA}} - f_\rho)^2\mathrm{d}\rho_X \leqslant A(\lambda) + S(\lambda) \tag{29.6}$$

式中:ρ_X 为 X 的边缘概率:

$$A(\lambda) = \lambda^{1/2}\|L_k^{1/4}f_\rho\|^2 \tag{29.7}$$

表示在这种情况下的近似误差,并且

$$S(\lambda) = \frac{32M^2(\lambda + C_k)^2}{\lambda^2}v^*(m,\delta) \tag{29.8}$$

代表样本误差。这里 L_k 是一个算子,定义为

$$L_k f(x) = \int_X f(x')k(x,x')\mathrm{d}\rho_X \tag{29.9}$$

请注意,高斯核[式(29.3)]通常是一个平滑函数,并且 L_k 的特征值呈指数衰减。这要求目标函数 F_ρ 是光滑的。否则, $A(\lambda)$ [式(29.7)]可能是无限循环的。

在式(29.8)中,M 是一个正常数,选择它来满足 $|F(X) - y| \leqslant M$, 和 $v^*(m,\delta)$ 是 $\frac{m}{4}v^3 - \ln\left(\frac{4m}{\delta}\right)v - c_v = 0$ 的唯一解,其中 $c_v>0$ 是常量。c_k 定义为

$$C_k = \max\{1, \sup_{x,t\in X}|k(x,t)|\} \tag{29.10}$$

式中:$k(x,t)$ 为核函数,对于高斯核,$C_k = 1$。

近年来,人们提出了一种基于香农采样的误差分析方法。利用 McDiarmid 不等式,用积分算子估计代替覆盖数自变量,得到更精确的界限。虽然这些改进的界限可以应用于 L^2 和核希尔伯特空间,但主要的缺点仍然存在,我们将在后面看到。

寻找最优解的 RA 相当于在给定的训练数据寻找 $A(\lambda)$ 和 $S(\lambda)$ 的最佳权衡。也就是说,当 $\lambda > 0$ 时,最小化 $S(\lambda) + A(\lambda)$。研究表明存在一个唯一解——最佳 λ 选择。在应用程序中,我们通常通过交叉验证找到 λ 值。

29.4 近似正则化最小二乘法

在本节中,我们推导出了简单的正则化算法。为了便于讨论,我们对矩阵和向量都使用了 ∞ 范数。同样为了简单起见,我们使用符号 $\|\cdot\|$ 在下面的讨论中表示 ∞ 范数。但是,这个规范不应该与前面几节中使用的规范相混淆。

引理 1 设 $\boldsymbol{B} = \boldsymbol{K} - \boldsymbol{I}$,其中 $\boldsymbol{K}$ 是核矩阵, $K_{ij} = k(x_i, x_j)$, k 是高斯核(29.3), $\boldsymbol{I}$ 是适当大小的单位矩阵。

如果

$$\lambda > \frac{\|\boldsymbol{B}\| - 1}{m} \tag{29.11}$$

则 $(\boldsymbol{K} + \lambda m\boldsymbol{I})^{-1} = \sum_{i=0}^{\infty}(-1)^i d^{-i-1}\boldsymbol{B}^i$, 其中, $d = 1 + \lambda m$。

证明: $\|d^{-1}\boldsymbol{B}\| = d^{-1}\|\boldsymbol{B}\| = \frac{\|\boldsymbol{B}\|}{1 + \lambda m} < \frac{\|\boldsymbol{B}\|}{1 + \|\boldsymbol{B}\| - 1} = 1$

使用 $\boldsymbol{B} = \boldsymbol{K} - \boldsymbol{I}$, 可以写出 $(\boldsymbol{K} + \lambda m\boldsymbol{I}) = d\boldsymbol{I} + \boldsymbol{B} = d(\boldsymbol{I} + d^{-1}\boldsymbol{B})$, 我们有 $(\boldsymbol{K} + \lambda m\boldsymbol{I})^{-1} = d^{-1}(L + d^{-1}\boldsymbol{B})^{-1}$ 。若 $\|d^{-1}\boldsymbol{B}\| < 1$, 则得出(诺伊曼级数):

$$(\boldsymbol{I} + d^{-1}\boldsymbol{B})^{-1} = \sum_{i=0}^{\infty}(-1)^i d^{-i}\boldsymbol{B}^i$$

因此

$$(\boldsymbol{K} + \lambda m\boldsymbol{I})^{-1} = \sum_{i=0}^{\infty}(-1)^i d^{-i-1}\boldsymbol{B}^i$$

令

$$\hat{c} = d^{-1}y \tag{29.12}$$

我们得到了简单的正则化算法,或 SR:

$$f_{\mathrm{SR}}(x)=\sum_i \hat{c}_i k(x_i,x)=\frac{1}{d}\left[\sum_i y_i k(x_i,x)\right] \tag{29.13}$$

注意,λ 是 m 的递减函数。这是基于:样本数 m 变为无穷大,σ 在式(29.3)归零。这意味着 $\boldsymbol{K}$ 接近 1,因此,$\|\boldsymbol{B}\|$ 接近零。

注意 SR[式(29.13)]与势函数分类器密切相关。为了简单起见,我们关注两类问题,其中 $y\in\{-1,1\}$。特别地,如果我们处理 $k(x,x')$[式(29.3)]作为高斯点势函数,我们可以写出示例势函数为 $\phi_y(x)=\frac{1}{m}\sum_{y_i=y}k(x_i,x)$,其中 $y\in\{-1,+1\}$。这时我们可以重写SR[式(29.13)]为 $f_{\mathrm{SR}}(x)=\frac{1}{d}\{\phi_{+1}(x)+\phi_{-1}(x)\}$。因此,不用根据 $f_Z(X)=\arg\max_y\phi_y(x)$ 确定样本势函数分类器,样本势函数分类器可以计算为

$$f_Z(X)=\mathrm{sign}(f_{\mathrm{SR}}(x))$$

其中,若 $X>0$,则 $1=\mathrm{sign}(x)$;若 $X<0$,则 $-1=\mathrm{sign}(x)$。由于潜在函数分类器在一些问题上显示出非常具竞争力的性能,这种连接显示了 SR 的强度和适用性。

令 $c=(\lambda m\boldsymbol{I}+\boldsymbol{K})_y^{-1}$。我们现在要问:$\hat{c}$ 近似 c 效果如何? 从引理 1 我们有

$$(\lambda m\boldsymbol{I}+\boldsymbol{K})^{-1}=d^{-1}(\boldsymbol{I}-d^{-1}\boldsymbol{B}+d^{-2}\boldsymbol{B}^2+\cdots) \tag{29.14}$$

令 $E=(\boldsymbol{I}-d^{-1}\boldsymbol{B}+d^{-2}\boldsymbol{B}^2+\cdots)$,有

$$c=d^{-1}Ey \tag{29.15}$$

我们现在可以建立近似误差的上界 $\|c-\hat{c}\|$。

引理 2　设 c 和 $\hat{c}$ 作为在式(29.15)和式(29.12),有

$$\|c-\hat{c}\|\leqslant\frac{\|\boldsymbol{B}\|}{d(d-\|\boldsymbol{B}\|)}$$

其中,$d=1+\lambda m$ 且 $\boldsymbol{B}=\boldsymbol{K}-\boldsymbol{I}$。

证明:从式(29.12)、式(29.14)和式(29.15)我们有

$$c-\hat{c}=-d^{-2}\boldsymbol{B}y+d^{-3}\boldsymbol{B}^2y+\cdots$$

然后,观察到 $\|y\|=1$(因为 $y\in\{-1,+1\}$),$\|c-\hat{c}\|\leqslant\frac{\|\boldsymbol{B}\|}{d^2}(1+\|d^{-1}\boldsymbol{B}\|+\|d^{-1}\boldsymbol{B}^2\|+\cdots)$。因为 $\frac{\|\boldsymbol{B}\|}{d}<1$,则可得出 $1+\|d^{-1}\boldsymbol{B}\|+\|d^{-1}\boldsymbol{B}^2\|+\cdots\leqslant\frac{d}{d-\|\boldsymbol{B}\|}$。因此,$\|c-\hat{c}\|\leqslant\frac{\|\boldsymbol{B}\|}{d^2}\frac{d}{d-\|\boldsymbol{B}\|}=\frac{\|\boldsymbol{B}\|}{d(d-\|\boldsymbol{B}\|)}$。

29.5　SR 的错误界限

现在来建立近似正则化函数 f_{SR} 式(29.13)的误差界。我们将 f_{SR} 的误差分为两部分:第一部分是 f_{SR} 和 RAf_{RA} 之间的误差,第二部分是 f_{RA} 和真正的目标 f_ρ 之间的误差。通过将这两项组合在一起,我们可以获得 SR 的误差范围。

引理 3 令 $\lambda > \frac{\|\boldsymbol{B}\|-1}{m}$，然后

$$\int_X (f_{\mathrm{SR}} - f_\rho)^2 \mathrm{d}\rho_X \leqslant 2[D(\lambda) + S(\lambda) + A(\lambda)] \tag{29.16}$$

其中
$$D(\lambda) = \frac{\|\boldsymbol{B}\|^2}{\lambda^2(\lambda m + 1 - \|\boldsymbol{B}\|)^2} \tag{29.17}$$

这里 $S(\lambda)$ 和 $A(\lambda)$ 由式(29.8)和式(29.7)给出。

证明 首先，我们证明：$\int_X (f_{\mathrm{SR}} - f_{\mathrm{RA}})^2 \mathrm{d}\rho_X \leqslant D(\lambda) = \frac{\|\boldsymbol{B}\|^2}{\lambda^2(\lambda m + 1 - \|\boldsymbol{B}\|)^2}$。从式(29.4)和式(29.13)，我们有

$$\int_X (f_{\mathrm{SR}} - f_{\mathrm{RA}})^2 \mathrm{d}\rho_X = \int_X \Big(\sum_{i=1}^{m} (c_i - \hat{c}_i) k(x_i,.) \Big)^2 \mathrm{d}\rho_X \tag{29.18}$$

$$\leqslant \max_x \sum_{i=1}^{m} \frac{\|\boldsymbol{B}\|}{d(d - \|\boldsymbol{B}\|)} k(x_i,.) \tag{29.19}$$

$$\leqslant \frac{\|\boldsymbol{B}\|^2}{\lambda^2(\lambda m + 1 - \|\boldsymbol{B}\|)^2} \tag{29.20}$$

从而，$\int_X (f_{\mathrm{SR}} - f_{\mathrm{RA}})^2 \mathrm{d}\rho_X \leqslant 2[D(\lambda) + A(\lambda) + S(\lambda)]$。

为了更好地理解 $D(\lambda)$，我们介绍引理 4。

引理 4 根据 ρ 让训练数据 z[式(29.1)]被随机抽取，如果 f_ρ 在 Lk[式(29.9)]范围内，则对于任何 $0<\delta<1$，置信度 $1-\delta$，有

$$\|f_{\mathrm{RA}} - f_\rho\|_\rho \leqslant \widetilde{C} \left[\frac{\log(4/\delta)^2}{m} \right]^{1/4} \tag{29.21}$$

$$\lambda = \left[\frac{\log\ (4/\delta)^2}{m} \right]^{1/4} \tag{29.22}$$

这里 $\|\cdot\|\rho$ 是由内积诱导范数 $<f,g>\rho X = \int_X f(x)g(x)\mathrm{d}\rho x$，和 $\widetilde{C}$ 是尺寸无关的常数 $\widetilde{C} = 30\kappa M + 2\kappa^2 M + \|L_K^{-1} f_\rho\|_\rho$，此处 $\kappa = \sqrt{\sup_{x\in X} k(x,x)}$。

请注意，对于选择高斯核[式(29.3)]，$\kappa = 1$。因此，$\widetilde{C}$ 减少到 $\widetilde{C} = 32M + \|L_k^{-1} f_\rho\|_\rho$。

对于 λ[式(29.22)]，我们得到，$\lambda = (\log(4/\delta)^2)^{\frac{1}{4}} m^{-1/4} = C_\delta m^{-1/4}$，其中 C_δ 是对于给定 δ 的一个常数。这意味着，$\lambda m^{-1/4} = (\log(4/\delta)^2)^{\frac{1}{4}} = C_\delta$。因此，$\lambda_m$ 具有以下增长率：

$$\lambda m = C_\delta m^{3/4} = \mathcal{C}(m^{3/4}) \tag{29.23}$$

从式(29.17)和式(29.23)，我们有 $\lambda^2(\lambda m + 1 - \|\boldsymbol{B}\|^2 = C_\delta^4 m \left(\frac{\|\boldsymbol{B}\|-1}{C_\delta m^{3/4}} \right)^2$。很明显当 $1 - \frac{\|B\|-1}{c_\delta m^{3/4}} \to 1$ 时，$m \to \infty$。另外，如前所述，当 m 达到无穷大时 $\|B\|$ 接近零。它遵循：

$$D(\lambda) = \mathcal{C}(1/\ m) \tag{29.24}$$

也就是说,$D(\lambda)$ 与$\mathcal{C}(1/m)$ 的比例变为零。我们注意到式(29.22)可以保证条件 $\lambda > \frac{\|B\|-1}{m}$。

29.6 偏差、方差和正则化常数

在本节中,我们进一步检查错误界限[式(29.6)]和正则化常数 λ,其中逼近误差 $A(\lambda)$ [式(29.7)]对应于偏差,样本误差 $S(\lambda)$ [式(29.8)]对应方差。

29.6.1 正则化常数

误差范围是正则化常数 λ、训练数据大小 m、间接内核函数 k[影响 $\nu^*(m,\delta)$] 和 M 的一个函数。其中,M 是一个正的常数,它满足 $|f(x)-y|\leqslant M$,而 C_k 是由核函数决定的,对于高斯核,它是 1,正如我们式(29.10)所示。这里考虑给定固定的训练数据大小 m 和核函数 k,误差范围仅为 λ 的函数。对于 $\lambda>0$,我们将最小化正则化误差界 $S(\lambda)+A(\lambda)$。

为了取得 $S(\lambda)+A(\lambda)$ 的最小值,必须使 $-S'(\lambda)=A'(\lambda)$。取 λ 的导数,我们得到的 $A(\lambda)=\lambda^{1/2}\|L_k^{-\frac{1}{4}}f_\rho\|^2$,并且 $A''(\lambda)=-\frac{1}{4}\lambda^{-3/2}\|L_k^{-\frac{1}{4}}f_\rho\|^2$。同样,我们有 $S(\lambda)=\frac{32M^2(\lambda+C_k)^2}{\lambda^2}\nu^*(m,\delta)$ 和 $-S''(\lambda)=-64M^2\left(\frac{2C_k}{\lambda^3}+\frac{2C_k^2}{\lambda^4}\right)\nu^*(m,\delta)$。

因为 $\|L_k^{-\frac{1}{4}}f_\rho\|^2>0$ 和 $v^*(m,\delta)>0$,所以 $A(\lambda)$ 和 $S(\lambda)$ 均为正函数。在 $(0,+\infty)$ 中 $A(\lambda)$ 严格增加,而 $S(\lambda)$ 在 $(0,+\infty)$ 中严格减小并收敛到正常数 $32M^2v^*(m,\delta)$。此外,$A'(\lambda)$ 是在 $(0,+\infty)$ 中严格减小的正函数,而 $-S'(\lambda)$ 是在 $(0,+\infty)$ 中单调递减的正函数。这样问题变成:有没有唯一 $\lambda^*>0$,使得

$$-S'(\lambda^*)=A'(\lambda^*) \tag{29.25}$$

令式(29.25)的左边为 $L(\lambda)=-S(\lambda)$,右边为 $R(\lambda)=A'(\lambda)$。请注意,$L(\lambda)$ 和 $R(\lambda)$ 都单调递减函数。现在考虑 $\lambda R(\lambda)=\lambda A'(\lambda)=\frac{1}{2}\lambda^{1/2}\|L_k^{-\frac{1}{4}}f_\rho\|^2$,$\lambda L(\lambda)=-\lambda S'(\lambda)=64M^2\left(\frac{C_k}{\lambda}+\frac{C_k^2}{\lambda^2}\right)\nu^*(m,\delta)$。显然,在 $(0,+\infty)$,$\lambda R(\lambda)$ 是单调递增的正函数,并且 $\lim_{\lambda\to 0}^{+}\lambda R(\lambda)=0^+$。

另外,$\lambda L(\lambda)$ 在 $(0,+\infty)$ 中单调递减,而 $\lambda L(\lambda)$ 当 λ 接近 0 时接近 $+\infty$。因此,必须有一个唯一解 $\lambda^*>0$,这样 $\lambda^*L(\lambda^*)=\lambda^*R(\lambda^*)$。因此,如果 $L(\lambda)=R(\lambda)$ 在 $(0,+\infty)$ 有多个不同的解,所以 $\lambda L(\lambda)=\lambda R(\lambda)$。这与实际上存在一个唯一的 λ,使得 $\lambda L(\lambda)=\lambda R(\lambda)$ 相矛盾。因此,$L(\lambda)=R(\lambda)$ 必须是唯一解。也就是说,有一个唯一的 λ^* 在 $(0,+\infty)$ 中使得 $A'(\lambda^*)=-S'(\lambda^*)$。

图 29.1 显示了 $A(\lambda)$ 和 $S(\lambda)$ 之间的关系以实现 $A(\lambda)+S(\lambda)$ 的最小值。可以看出,当偏差和方差达到最优权衡时,λ^* 达到了最小值。

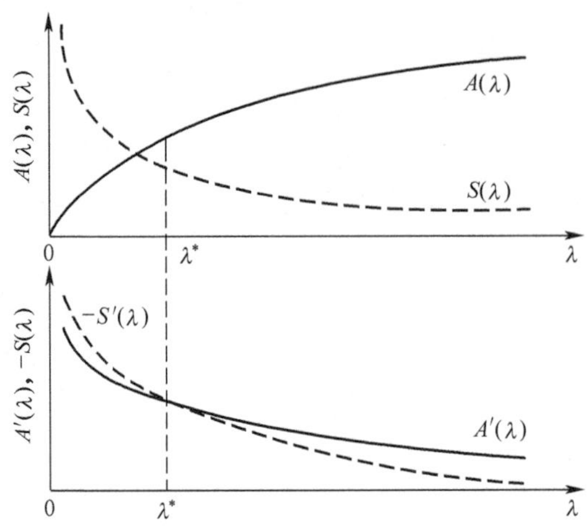

图 29.1　正则化错误界限(当样本误差和近似误差之间进行最优权衡时,得到最小值)

29.6.2　正则化常数和最简单的正则化

对于 SR 的偏差和方差权衡也可以进行类似的讨论。考虑 $D(\lambda)$ [式(29.17)],SR 分类器上界的第一项[式(29.16)],取 $D(\lambda)$ 相对于 λ 的导数,得出 $D(\lambda)=\|\boldsymbol{B}\|^2/[\lambda^2(\lambda m+1-\|\boldsymbol{B}\|^2)^2]$、$-D'(\lambda)=2\|\boldsymbol{B}\|^2/\lambda^3(\lambda m+1-\|\boldsymbol{B}\|^2)^2+2\|\boldsymbol{B}\|^2 m/\lambda^2(\lambda m+1-\|\boldsymbol{B}\|^3$,以及 $-D''(\lambda)=-6\|\boldsymbol{B}\|^2/\lambda^4(\lambda m-1+\|\boldsymbol{B}\|^2)^2-8\|\boldsymbol{B}\|^2 m/\lambda^3(\lambda m+1-\|\boldsymbol{B}\|^3-6\|\boldsymbol{B}\|^2 m^2/\lambda^2(\lambda m+1-\|\boldsymbol{B}\|)^4$。

注意,λ 不能在 $(0,+\infty)$ 的上界[式(29.16)]任意选择;相反,它只能在 $\left(\max\left\{\frac{\|\boldsymbol{B}\|-1}{m},0\right\},+\infty\right)$ 范围内进行选择,可以看出在 $\left(\max\left\{\frac{\|\boldsymbol{B}\|-1}{m},0\right\},+\infty\right)$ 范围内,$D(\lambda)$ 是一个严格减小的正函数。在 $\left(\max\left\{\frac{\|\boldsymbol{B}\|-1}{m},0\right\},+\infty\right)$ 范围内,$-D(\lambda)$ 为递减的正函数。我们现在证明有一个唯一的 $\lambda^{\#}\in\left(\max\left\{\frac{\|\boldsymbol{B}\|-1}{m},0\right\}+\infty\right)$,使得

$$-2D'(\lambda^{\#})-2S'(\lambda^{\#})=2A'(\lambda^{\#}) \tag{29.26}$$

这个分析与 RA 的证明非常相似。在本例中,式(29.26)的左边为 $L(\lambda)=-2D'(\lambda)-2S'(\lambda)$,而右侧为 $R(\lambda)=2A'(\lambda)$。因此,在 $\left(\max\left\{\frac{\|\boldsymbol{B}\|-1}{m},0\right\},+\infty\right)$ 范围内,$\lambda L(\lambda)$ 单调下降。

$$\lim_{\lambda\to\max\left(\frac{\|\boldsymbol{B}\|-1}{m},0\right)}\lambda L(\lambda)=+\infty \tag{29.27}$$

同样,$\lambda R(\lambda)=\lambda A'(\lambda)=\frac{1}{2}\lambda^{1/2}\|L_k^{-\frac{1}{4}}f_\rho\|^2$。因此,在 $(0,+\infty)$,$\lambda R(\lambda)$ 是单调增加的正函数,并且

$$\lim_{\lambda\to 0^+}\lambda R(\lambda)=0^+ \tag{29.28}$$

结合式(29.27)和式(29.28),我们得到一个唯一的$\lambda^{\#}$在$\left(\max\left\{\frac{\|\boldsymbol{B}\|-1}{m},0\right\},+\infty\right)$使得$-2D'(\lambda^{\#})-2S'(\lambda^{\#})=2A'(\lambda^{\#})$。

重要的是,λ不是SR的参数。当$\lambda>\frac{\|\boldsymbol{B}\|-1}{m}$时,SR是RA的近似值,其误差范围可以从RA的误差范围推导出来。然而,SR的误差范围不取决于λ。因此,我们确立以下原则:

定理 1　SR的误差范围是

$$\int_X (f_{\mathrm{SR}}-f_\rho)^2 \mathrm{d}\rho_X \leqslant 2[D(\lambda^{\#})+A(\lambda^{\#})+S(\lambda^{\#})] \tag{29.29}$$

其中,$D(\lambda)$、$A(\lambda)$和$S(\lambda)$分别定义在式(29.17)、式(29.7)和式(29.8)中,$\lambda^{\#}$是$A'(\lambda)=-S'(\lambda)-D'(\lambda)$的唯一解。

与RA相比,SR的最小误差点向右移。也就是说,$2A'(\lambda)$和$-2D'(\lambda)-2S'(\lambda)$之间的交点偏移到右边,如图29.2所示。SR的误差边界至少是RA的两倍。此外,最佳性能可能需要$\lambda^{*}<\frac{\|\boldsymbol{B}\|-1}{m}$。因此,在这种情况下,SR算法的性能会比RA差很多。

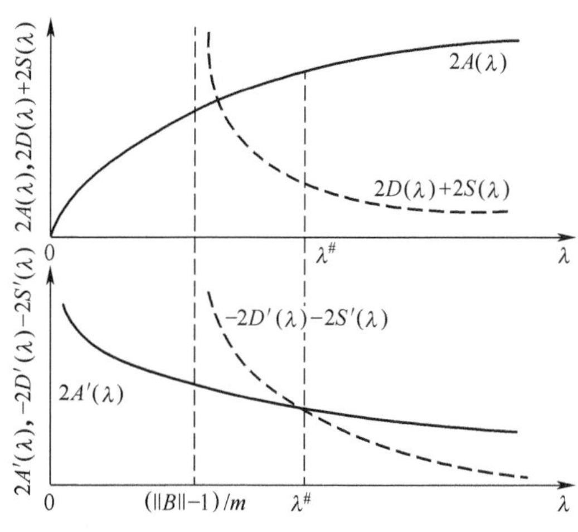

图 29.2　误差范围 SR

图29.2显示了误差界限曲线。可以认为,SR的误差界可能没有RA的那么严格。但是,这是合理的,因为SR作为RA的一个特例,缺乏近似复杂函数的能力,而RA没有这样的限制。

29.7　计算复杂度

训练时,可由逆矩阵$(\lambda_m \boldsymbol{I}+\boldsymbol{K})$计算$f_{\mathrm{RA}}$[式(29.4)]以获得系数$c_i s$[式(29.5)]。在串行机器上,计算$(\lambda m\boldsymbol{I}+\boldsymbol{K})^{-1}$需要$O(m^{2.807})$操作,其中$m$表示训练样本的数量。当$m$很大时,就时空而言,反相$(\lambda_m \boldsymbol{I}+\boldsymbol{K})$变得有问题。另外,SR在训练过程中不需要操作。

测试期间,正则化和最简单的正则化算法都需要 $O(m)$ 的复杂度。

29.8 SR 和 Parzen Windows

Parzen Windows 是一种密度估计算法,可用于任务分类。使用核函数,Parzen Windows 通过以训练点为中心的核的线性组合逼近给定的训练数据分布。在这里,对每个类的密度分别进行近似,并为具有最大(估计的)类概率的类指定一个测试点。

给定一个训练样本[式(29.1)],Parzen Windows 可以定义为

$$f_{\text{Parzen}}(x) = \sum y_i k(x_i, x) \tag{29.30}$$

其中 $k(\cdot)$ 是核函数。对于二进制情况,生成的 Parzen Windows 分类器很简单,

$$\tilde{f}_{\text{Parzen}}(x) = \text{sign} \sum y_i k(x_i, x) \tag{29.31}$$

因为用 $\tilde{f}_{\text{Parzen}}(x)$ 乘以任何正常数都不会改变,我们可以看到在二进制分类的情况下,近似 RA[式(29.13)]和 Parzen Windows 的行为是一样的。因此引理 1 表明,在适当的条件下,Parzen Windows 分类器近似 RA。尽管 Parzen Windows 分类器在渐近中执行得很好,但在样本有限的应用程序中可能无法做到这一点。因此,在有限情况下,我们为近似 RA 的分析提供了对 Parzen Windows 特性的深入了解。

Parzen Windows 不需要进行训练,可以看作 k 近邻技术的扩展。与其选择一个测试点的 k 个最近邻,并将其近邻的大多数选票标注在测试点上;不如考虑投票方案中的所有点,并通过核函数分配它们的权重。对于高斯核,权值随距离的平方呈指数递减,所以较远点实际上是无关紧要的。高斯核函数的宽度 σ 决定远近点的相对权重,调整这个参数可以控制系统的预测能力。

29.9 实　　验

下面我们通过一些仿真和真实的例子来研究 SR 和 RA 的性能,如图 29.3 所示。

29.9.1 仿真数据实验

我们用两个仿真实验说明 RA 和 SR 之间的关系。图 29.3(a)的函数定义为

$$f_2(x) = 0.5 \sum_{i=1}^{2} \exp[-(x-\mu_i)^t \Sigma^{-1} (x-\mu_i)], x \tag{29.32}$$

其中,$\mu_1 = (0.4, 0.6)^t$,$\mu_2 = (0.6, 0.4)^t$,$\Sigma = \begin{pmatrix} 0.005 & 0 \\ 0 & 0.005 \end{pmatrix}$。图 29.3(b)的函数定义为

$$f_4(x) = 0.5 \sum_{i=1}^{2} \exp[-(x-\mu_i)^t \Sigma^{-1} (x-\mu_i)] - \sum_{i=3}^{4} \exp[-(x-\mu_i)^t \Sigma^{-1} (x-\mu_i)] \tag{29.33}$$

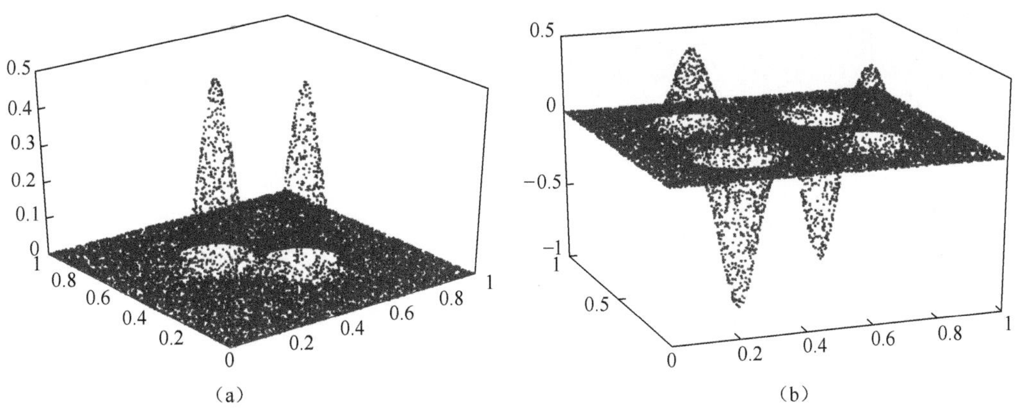

图 29.3 玩具示例

(a)两个高斯f_2;(b)四个高斯f_4。

其中 $\mu_1=(0.3,0.7)^t$,$\mu_2=(0.7,0.3)^t$,$\mu_3=(0.3,0.3)^t$,$\mu_4=(0.7,0.3)^t$,$\Sigma=\begin{pmatrix}0.005 & 0\\ 0 & 0.005\end{pmatrix}$。

在这两个实验中,我们将训练样本的数量从 500 变化到 2000,每 100 个样本进行递增。对于每个训练样本 (x,y),从 $[0,1]$ 中随机抽取 x,第一个实验按照 $F_2(x)$ [式(29.32)]确定 y,第二个实验按照 $f_4(x)$ [式(29.33)]确定 y。对于每个训练集,从 $[0,1]^2$ 独立生成 2000 个测试用例。

两个程序参数 σ[式(29.3)]和 λ[式(29.5)],σ 在整个实验中是相同的,RA 和 SR 均设置为 0.1。对于 RA,λ 固定为 0.01。对于 SR,由于 $\lambda>\frac{\|\boldsymbol{B}\|-1}{m}$,$d=1+\lambda M>\|\boldsymbol{B}\|$。因此,我们将 d 设置为 $B+0.1$ 见式(29.13)。注意,在本例中,d 不是固定的,相反,d 取决于 $\|\boldsymbol{B}\|$ 的值。

图 29.4 显示了 RA 和 SR 的均方误差,以及 $1/m$ 作为训练样本数量的函数。结果表明,RA 和 SR 均优于两个高斯函数 f_2[式(29.32)]。在这两种情况下,f_{SR} 和 f_{RA} 之间的均方差即 $D(\lambda)$ 由 $O(1/m)$ 给出边界,这印证了我们的理论分析,其特征表现为式(29.24)。

29.9.2 真实数据实验

29.9.2.1 方法

在真实数据实验中,我们对以下方法进行了评价。

(1) SR:本章提出的简单正则化算法[式(29.13)]。

(2) RA:正则化算法[式(29.5)]。

(3) SVMs:支持向量机与高斯核。

(4) 3NN:三近邻法。之所以评价这个方法,是因为正如我们之前讨论的,Parzen Windows 分类器可以看作最近邻分类器的泛化。

对于 SR(Parzen Windows)分类器,只有一个参数需要调整:高斯核 σ,即在

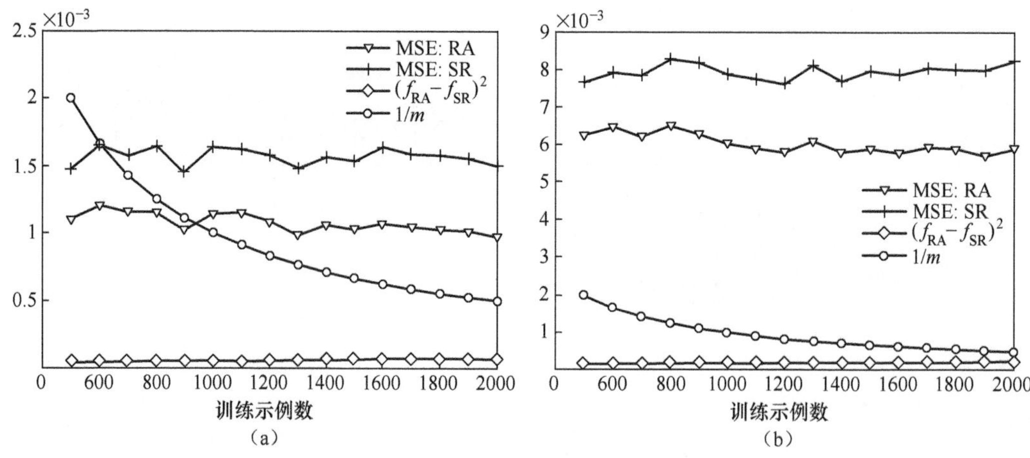

图 29.4　RA 和 SR 的均方误差、RA 和 SR 的均方差以及 $1/m$ 作为训练样本数量的函数，在两个高斯(a)和四个高斯(b)上平均运行超过 50 次

式(29.13)中的 d，不影响分类性能。对于 RA，有两个参数需要调整：σ 和 λ。对于 SVM，还有两个参数需要调整：σ 和 C(控制边缘的柔软度)。这些参数是通过十倍交叉验证选择的。

29.9.2.2　数据集

(1) 声纳(Sonar)数据。该数据集包括对 $J = 2$ 类(矿山和岩石)的 208 个数据进行的 $n = 60$ 次频率测量。问题是将 60 维特征空间中的每个测试点分类为正确的类。

(2) 玻璃(Glass)识别数据。数据集有 $n = 9$ 个连续的数值特征，描述了 214 个实例中窗口与非窗户玻璃。目标是为每个测试实例分配类标签。

(3) 信用(Credit)审批数据。这个数据集中有 690 个例子和两个类。每个示例由 15 个特性表示。特征是连续的、标称的少量值和标称的大量值的混合。一个类中有 307 个实例，另一个类中有 383 个实例。

(4) 心脏病诊断数据主"Heart Cleve"数据。这个数据集由两个类中的 303 个实例组成(有 5 个原始类。然而，我们将这 5 个类重新分组为 2 个类。)每个实例由 13 个数值属性表示。数据由克利夫兰临床基金会收集。目的是预测病人是否患有心脏病。

(5) 心脏病诊断数据主"Heart Hungary"数据。类似于"Heart Cleve"数据，这个数据集由 294 个实例组成，由 13 个数值属性表示。这些数据是在布达佩斯的匈牙利心脏病研究所收集的。其目的是预测病人是否患有心脏病。

(6) 鸢尾花数据。该数据集包括对 100 个 $J = 2$ 种鸢尾属植物的 $n = 4$ 个测量值。这两种植物是鸢尾和鸢尾属。问题是根据 4 个测量值将每个测试点分类为正确的物种。

(7) 电离层(Ionosphere)数据。这些数据包括 34 个电磁特征，用来确定电离层中某种结构的"好"或"坏"($J= 2$)。351 的数据集实例。

(8) 甲状腺(New thyroid)数据。5 例($n = 5$)实验室测试用于预测患者的甲状腺是否正常或功能亢进(两类)。所有 5 个属性都是连续的。总共有 215 个实例，其中 150 个实例属于正常类，其余的(65 个)实例属于 hypo 类和 hyper 类。

(9) 字母(Letters)数据。这个数据集由大量的黑白矩形像素阵列组成,是英语字母表中的 26 个大写字母之一。每个字母通过二次变换随机变形,产生一组 20000 个独特的字母图像,然后转换成 $q = 16$ 的原始数字特征。在本实验中,我们选择字母" U"和" W",其中有 813 个" U"实例和 752 个" W"实例。因此数据集包含 1565 个字母图像。

(10) 皮马(Pima)印第安人糖尿病数据。该数据集由 $J = 2$ 类的 768 个样本中的每个样本所测量的 $n = 8$ 个数值属性组成。问题是将 8 维空间中的每个测试点分类为正确的类。

(11) 乳腺癌(Breast Cancer)数据。该数据由 9 个医疗输入属性组成,用于对医疗条件作出二元决策:确定癌症是否复发。数据集有 286 个实例,其中 201 个实例属于无递归类,其余 85 个实例属于递归类。

(12) 威斯康星州乳腺癌(Cancer Wisconsin)数据。数据由 9 个医疗输入特征组成,用于对医疗状况作出二元决定:决定癌症是恶性还是良性。在删除丢失的值之后,数据集由 683 个实例组成。

(13) 中枢神经系统(Cns)数据。这个问题是关于预测中枢神经系统胚胎肿瘤病人的预测。它由在治疗后还活着的病人组成,而失败者是死于疾病的人。数据集包含 60 个患者样本,21 个是幸存者(第 1 类),39 个是失败者(第 2 类)。数据集中有 $q = 7129$ 个基因(特征)。

(14) 结肠(Colon)数据。这个数据集类似酵母菌数据。它包含了在 62 个不同的样本中提取的 $q = 2000$ 基因的表达水平。对于每个例子,它表明是否来自肿瘤活检(两类)。

(15) 白血病(Leuk)数据。白血病数据集是白血病患者样本的集合。该数据集通常用作微阵列分析方法的基准。它包含来自骨髓和外周血的急性淋巴母细胞白血病(ALL)和急性髓系白血病(AML)样本的测量值。数据集包含 72 个样本:25 个 AML 样本和 47 个 ALL 样本。每个样本测量超过 7129 个基因。

(16) Reuturs-21578(Op)数据。Reuters-21758 文集收录了 1987 年的路透社新闻文章。它具有层次结构。任务是对顶级文档进行分类。在这个实验中,我们使用了两个顶级类别(组织或第一类人和或第二类人)。第一类共有 1175 个示例和第二类有 1270 个示例。每个例子由 $q = 1000$ 的数值特征描述。

(17) Reuturs-21578(Op1)数据。Reuters-21758 文集收录了 1987 年的路透社新闻。与 Op 数据集类似,任务是对顶级文档进行分类。在这个实验中,我们使用了两个顶级类别(组织或第一类和地点或第二类)。第一类有 1175 个示例第二类有 884 个示例。每个例子由 $q = 1000$ 的数值特征描述。

(18) 猫和狗(Cat and Dog)数据。这个图像数据集由 200 张猫和狗的脸图像组成。每个图像都是黑白 64 像素×64 像素,这些图像都是通过对准眼睛进行注册的。

29.9.2.3　实验结果

每个数据集随机分为 60%的训练集和 40%的测试集。我们重复这个过程 30 次以获得平均错误率。所有的训练数据都被归一化,使得每个变量的均值和单位方差都为零。采用训练均值和方差对试验数据进行归一化处理。表 29.1 显示了在上面描述的 18 个数据集上运行超过 30 次的四种竞争方法的平均错误率。

表中的 RA-3NN 列和 RA-SR 列使用配对样本 t 检验,分别显示了 RA 和 3NN 以及

RA 和 SR 之间的性能差异。1 表示在 95%置信水平上差异显著,0 表示差异不显著。在 18 个数据集中,简单的正则化算法在 10 个数据集中的性能与正则化算法相似,在其余数据集上的表现不同。仔细观察这些数据集表明,所选择的平均 λ 值(通过交叉验证)RA 小于 0.019。另外,($\|B\|-1)/m$ 至少为 0.608。SR(Parzen Windows)是 RA 的近似,仅当 λ 的值大于($\|B\|-1)/m$ 时,SR 接近 RA 表 29.1。

表 29.1 竞争方法的错误率:3NN、SR(Parzen Windows)、RA 和支持向量机对 18 个数据集平均超过 30 次运行。RA-3NN 列和 RA-SR 列分别显示 RA、3NN 和 SR 的性能差异,配对 t 检验:1 显著,否则为 0;还显示了由 RA 选择的平均 λ 值和平均($\|B\|-1)/m$ 值

数据	3NN	SR(Parzen Windows)	RA	SVMs	RA-3NN	RA-SR	λ	$\frac{\|B\|-1}{m}$
声纳数据	0.200	0.167	0.165	0.203	1	0	0.008	0.153
玻璃识别数据	0.074	0.065	0.063	0.065	1	0	0.008	0.324
信用审批数据	0.155	0.158	0.138	0.139	1	1	0.023	0.632
心脏病诊断数据	0.178	0.171	0.171	0.168	0	0	0.218	0.634
心脏病诊断数据	0.201	0.200	0.191	0.184	1	1	0.069	0.592
鸢尾花数据	0.059	0.074	0.053	0.073	0	1	0.008	0.683
电离层数据	0.156	0.132	0.100	0.052	1	1	0.005	0.583
甲状腺数据	0.065	0.052	0.050	0.046	1	0	0.022	0.186
字母数据	0.004	0.005	0.004	0.005	0	0	0.005	0.009
皮马印第安人糖尿病数据	0.275	0.260	0.231	0.253	1	1	0.007	0.753
癌症-w 数据	0.035	0.039	0.033	0.034	0	1	0.013	0.568
癌症数据	0.315	0.280	0.274	0.296	1	0	0.710	0.433
中枢神经系统数据	0.422	0.390	0.388	0.356	0	0	0.005	0.024
结肠数据	0.457	0.389	0.381	0.353	1	0	0.005	0.019
白血病数据	0.413	0.339	0.339	0.353	1	0	0.005	0.021
Op 数据	0.470	0.464	0.432	0.432	1	1	0.022	0.450
Opl 数据	0.488	0.425	0.420	0.415	1	0	0.031	0.364
猫和狗数据	0.416	0.395	0.188	0.118	1	1	0.005	0.600
平均方差	0.244	0.223	0.201	0.197				

当一个问题需要一个复杂的决策函数时,RA 可以选择一个较小的 λ 值,以满足这一需求,相反,SR 则不能。简单的正则化算法(Parzen Windows)缺乏选择复杂函数来适应数据的能力。

对于 SR 和 RA 性能差异不显著的数据集,RA 倾向于较大的 λ 值(Cancer 数据集),或者当使用较大的 λ 值时,其性能没有显著下降,表 29.2 给出了一个恰当的例子。在整

个运行过程中，当 λ 值被设置为($\|B\|-1)/m$ 平均值，表 29.2 中的第 4 列显示了 RA 的性能，平均运行超过 30 次，如表 29.1 所示(也在表 29.2 的第 5 列中显示)。这些结果为我们的理论分析提供了支持。

表 29.2 RA 在 SR 和 RA 之间的差异不显著的数据集上的性能平均超过 30 次运行。第二列显示了错误率 λ 值是通过交叉验证选择的。在整个运行过程中，第四列显示 λ 设置为($\|B\|-1)/m$ 平均值的错误率，见表 29.1 中所示的值(在第五列中显示)RA

数据	RA	λ 平均值	RA	$\frac{\|B\|-1}{m}$平均值	误差
声纳数据	0.165	0.008	0.169	0.153	0
玻璃识别数据	0.063	0.008	0.064	0.324	0
心脏病诊断数据	0.171	0.218	0.168	0.634	0
甲状腺数据	0.050	0.022	0.053	0.186	0
字母数据	0.004	0.005	0.004	0.009	0
癌症数据	0.274	0.710	0.280	0.433	0
中枢神经系统	0.388	0.005	0.390	0.024	0
结肠数据	0.381	0.005	0.392	0.019	0
白血病数据	0.339	0.005	0.348	0.021	0
Opl 数据	0.420	0.031	0.401	0.364	0

结果还表明，3NN 分类器的性能略低于 SR。在 18 个数据集中，3NN 有 5 个表现与 RA 相似，而 SR 只有 10 个。我们注意到，最近邻分类器在使用不同数量的最近邻或自适应距离度量时可能表现得更好。

简单的正则化算法的主要优点是计算性能。随着训练数据数量的增加，就空间和时间而言，计算 $(\lambda_m I+K)-1$ 的逆代价可能是比较大的。此外，随着训练数据数量的增加，在式(29.17)和式(29.24)中 $D(\lambda)$ 相应减少。因此，错误界最多是 RA 的两倍，在资源昂贵的应用程序中，SR 算法更有利。

29.10 小　结

在本章中，我们开发了一个简单的正则化算法，并展示了它与 Parzen Windows 的关系。该开发实现了 DDDAS 设计原则，在许多实际应用中取得了成功。基于给定有限样本的 RA 的误差界，我们建立了 SR 算法的误差界。实验分析表明，在适当的条件下，SR (Parzen Windows)分类器的渐近错误率最多是 RA 的 2 倍，并深入了解了最近邻分类器的性能。并且我们提供了 SR(Parzen Windows)是 RA 的一个很好的近似值的条件。最后，实验结果与理论分析相吻合。

参 考 文 献

[1] A. J. Aved, E. P. Blasch, Multi-int query language for DDDAS designs. Proc. Comput. Sci. 51, 2518-2532(2015). International Conference On Computational Science, ICCS 2015

[2] G. A. Babich, O. I. Camps, Weighted parzen windows for pattern classification. IEEE Trans. Pattern Anal. Mach. Intell. 18(5), 567-570(1996)

[3] E. P. Blasch, A. J. Aved, Dynamic data-driven application system(DDDAS) for video surveillance user support. Proc. Comput. Sci. 51, 2503-2517(2015). International Conference On Computational Science, ICCS 2015

[4] E. Blasch, G. Seetharaman, F. Darema, Dynamic data driven applications systems(DDDAS) modeling for automatic target recognition. Autom. Target Recognit. XXⅢ 8744, 87440J(2013)

[5] E. Blasch, G. Seetharaman, K. Reinhardt, Dynamic data driven applications system concept for information fusion. Proc. Comput. Sci. 18, 1999 - 2007 (2013). 2013 International Conference on Computational Science

[6] Y. Chen, E. Garcia, M. Gupta, A. Rahimi, L. Cazzanti, Similarity-based classification: concepts and algorithms. J. Mach. Learn. Res. 10, 747-776(2009)

[7] T. M. Cover, P. E. Hart, Nearest neighbor pattern classification. IEEE Trans. Inf. Theory 13, 21-27 (1967)

[8] N. Cristianini, J. Shawe-Taylor, An Introduction to Support Vector Machines and Other Kernel Based Learning Methods(Cambridge University Press, Cambridge, 2000)

[9] F. Cucker, S. Smale, On the mathematical foundations of learning. Bull. Am. Math. Soc. 39(1), 1-49 (2001)

[10] F. Cucker, S. Smale, Best choices for regularization parameters in learning theory: on the biasvariance problem. Found. Comput. Math. 2(4), 413-428(2002)

[11] C. Domeniconi, J. Peng, D. Gunopulos, Locally adaptive metric nearest neighbor classification. IEEE Trans. Pattern Anal. Mach. Intell. 24(9), 1281-1285(2002)

[12] C. Domeniconi, D. Gunopulos, J. Peng, Large margin nearest neighbor classifiers. IEEE Trans. Neural Netw. 16(4), 899-909(2005)

[13] R. Duda, P. Hart, D. Stork, Patten Classification, 2nd edn. (John-Wiley & Son, New York, 2000)

[14] T. Evgeniou, M. Pontil, T. Poggio, Regularization networks and support vector machines. Adv. Comput. Math. 13(1), 1-50(2000)

[15] K. Fukunaga, Introduction to Statistical Pattern Recognition(Academic, Boston, 1990)

[16] T. Hastie, R. Tibshirani, Discriminant adaptive nearest neighbor classification. IEEE Trans. Pattern Anal. Mach. Intell. 18(6), 607-615(1996)

[17] J. Hertz, A. Krough, R. Palmer, Introduction to the Theory of Neural Computation(Addison Wesley, Redwood City, 1991)

[18] A. Hoerl, R. Kennard, Ridge regression: biased estimation for nonorthogonal problems. Technometrics 12(3), 55-67(1970)

[19] M. Kim, Large margin cost-sensitive learning of conditional random fields. Pattern Recogn. 43(10), 3683-3692(2010)

[20] N. Kwak, C. Choi, Input feature selection by mutual information based on Parzen Window. IEEE Trans.

Pattern Anal. Mach. Intell. 24(12), 1667-1671(2004)

[21] L. Lan, H. Shi, Z. Wang, S. Vucetic, An active learning algorithm based on Parzen Window classification. J. Mach. Learn. Res. Work. Conf. Proc. 10, 1-14(2010)

[22] J. Langford, J. Shawe-Taylor, Pac-Bayes and margins, in Advances in Neural Information Processing Systems, vol. 15(MIT Press, Cambridge, 2002), pp. 439-446

[23] W. Li, K. Lee, K. Leung, Generalized regularized least-squares learning with predefined features in a Hilbert space, in Advances in Neural Information Processing Systems, ed. By B. Schlkopf, J. Platt, T. Hoffman(MIT Press, Cambridge, 2007)

[24] S. Lin, X. Guo, D. Zhou, Distributed learning with regularized least squares. J. Mach. Learn. Res. 18, 1-31(2017)

[25] A. Maurer, Learning similarity with operator-valued large-margin classifiers. J. Mach. Learn. Res. 9, 1049-1082(2008)

[26] C. McDiarmid, Concentration, in Probabilistic Methods for Algorithmic Discrete Mathematics(Springer, Berlin/Heidelberg, 1998), pp. 195-248

[27] S. Mosci, L. Rosasco, A. Verri, Dimensionality reduction and generalization, in Proceedlings of International Conference on Machine Learning, 2007, pp. 657-664

[28] E. Parzen, On the estimation of a probability density function and the mode. Ann. Math. Stats. 33, 1049-1051(1962)

[29] J. Peng, D. Heisterkamp, H. Dai, Adaptive quasi-conformal Kernel nearest neighbor classification. IEEE Trans. Pattern Anal. Mach. Intell. 26(5), 565-661(2005)

[30] T. Poggio, S. Smale, The mathematics of learning: dealing with data. Not. AMS 50(5), 537- 544 (2003)

[31] G. Ratsch, M. Warmuth, Efficient margin maximizing with boosting. J. Mach. Learn. Res. 6, 2131-2152(2005)

[32] S. Rosset, J. Zhu, T. Hastie, Boosting as a regularized path to a maximum margin classifier. J. Mach. Learn. Res. 5, 941-973(2004)

[33] B. Scholkopf, A. Smola, Learning with Kernels(MIT Press, Cambridge, 2002)

[34] S. Smale, D. X. Zhou, Shannon samping Ⅱ: connection to learning theory. Appl. Comput. Harmon. Anal. 19(3), 285-302(2005)

[35] A. J. Smola, B. Schölkopf, K. R. Müller, The connection between regularization operators and support vector kernels. Neural Netw. 11(4), 637-649(1998). citeseer. nj. nec. com/smola 98 connection. html

[36] V. Strassen, Gaussian elimination is not optimal. Numer. Math. 13, 354-356(1969)

[37] F. Teng, Y. Chen, X. Dang, Multiclass classification with potential function rules: margin distribution and generalization. Pattern Recogn. 45(1), 540-551(2012)

[38] R. Tibshirani, T. Hastie, Margin trees for high-dimensional classification. J. Mach. Learn. Res. 8, 637-652(2007)

[39] A. N. Tikhonov, V. Y. Arsenin, Solutions of Ill-Posed Problems(Wiley, Washington, DC, 1977)

[40] V. Vapnik, Statistical Learning Theory(Wiley, New York, 1998)

[41] V. N. Vapnik, Statistical learning theory, in Adaptive and Learning Systems for Signal Processing, Communications, and Control(Wiley, New York, 1998)

[42] E. D. Vito, A. Caponnetto, L. Rosasco, Model selection for regularized least-squares algorithm in learning theory. Found. Comput. Math. 5, 59-85(2005)

[43] J. Wang, X. Shen, Large margin semi-supervised learning. J. Mach. Learn. Res. 8, 1867-1891(2007)

[44] Y. Guermeur, Vc theory of large margin multi-category classifiers. J. Mach. Learn. Res. 8, 2551–2594 (2007)

[45] Y. Zhang, J. Schneider, Projection penalties: dimension reduction without loss, in Proceedings 27th International Conference on Machine Learning (Morgan Kaufmann, San Francisco, 2010)

[46] Y. Zhao, J. Fan, L. Shix, Learning rates for regularized least squares ranking algorithm. Anal. Appl. 15(6), 815–836 (2017)

第30章 用于航天复合结构损毁预测的多尺度DDDAS框架

A. Korobenko, M. Pigazzini, X. Deng, Y. Bazilevs

摘要:近年来,无人机飞行器(UAV)的使用已大大增加,无人机具备长时间(48h或更长时间)任务执行和无故障运行的特点。此外,为了增加车辆的耐用性和减轻车辆的重量,目前与军事和民用航空航天结构有关的复合材料得到广泛运用。因此需要设计一种动态数据驱动的应用系统框架,该框架能够预测在无人机环境中运行的复杂航空复合材料结构损毁,这样可以降低与车辆的运行、维护以及损失的相关成本。在本章中,我们介绍了一种多尺度DDDAS交互式结构复合元素关系网络(DISCERN)框架。所提出的多尺度DISCERN框架被成功部署在全尺寸层压复合结构上,这样能够预测损毁的发生、演变以及结构的剩余疲劳寿命。

30.1 引言

在实际应用中,仅依赖传感器和测量数据不足以对损毁的发展情况进行预测。尽管测量数据来自实际物理系统,但只限于少量的空间点。同样,来自独立的高保真计算模型数据也不足以做出对损毁发展的预测。实际上,虽然三维和时间依赖的数据集可以被提取出来,包括与损害直接相关的数据,但基本的计算模型对几何、材料、基本模型、边界和初始条件等进行了许多假设,而这些假设通常只是物理现实的近似值。DDDAS是一个重要的模型,在给定物理系统收集的传感器和测量数据情况下,能够对该系统进行动态更新,即使用给定的测量数据,也可以更新计算模型的几何形状、边界条件、外力和材料参数,以更好地表示物理现实。同时,更新后的计算模型可以针对不易获得的测量值产生更高保真度的输出,并向测量系统提供反馈。因此,DDDAS是在共生环境中测量和仿真共存的框架。

基于DDDAS交互式结构复合元素关系网络框架的早期版本,多尺度DISCERN框架通过在所有时空尺度上应用DDDAS概念来反映层压复合材料的多尺度性质,这提高了对现实航空航天结构中因损毁所引发和演化的总体预测能力。

在本章中,我们介绍了框架的第一部分,主要介绍如何对多层复合材料中损毁生长的计算进行建模,进一步介绍计算模型与测量数据之间的动态耦合,以支持后续的实验。

首先,我们介绍了用于复合航空结构损毁预测的多尺度DISCERN框架。然后对计算框架进行概述,重点介绍了连续体场的等几何离散化以及在薄壳单元的连续损毁力学

(CDM)框架中实现的渐进损毁模型。应用该计算框架对全尺度风力涡轮机叶片的疲劳损毁进行了仿真,并对 Aurora Flight Science 设计的 Orion 无人机(UAV)在恶劣着陆条件下的损毁增长进行了预测。在最后一部分中,我们得出结论并提出未来的研究方向。

30.2 多尺度 DDDAS 框架

复合材料层压板的损毁会表现出复杂的行为,这是由在不同空间尺度上发生的异质损毁机制所致。损毁模型可以是离散模型,也可以是连续模型,具体取决于所涉及的规模。对于原子性空隙和晶格缺陷,该模型通常是离散的;对于微观、中观和宏观尺度,该模型是连续的。在微观尺度上,典型的体积单元(RVE)被引入模型中,如纤维基体界面的分离(或脱黏)或微裂纹的形成、生长和结合。RVE 必须足够小,这样可以区分微观异质性,并且必须足够大以代表异质介质的整体行为。在中观尺度上,可以在板层或层压板层合并各种损毁模式,例如纤维断裂、基体开裂和分层等。在宏观尺度上,通常将复合层压板建模为一个层的集合,其中每个层是正交各向异性介质,具有连续分布的材料特性和损毁指数。

为了反映层压复合材料的多尺度性质,我们提出了一种多尺度 DDDAS 范式,用于航空复合材料结构的损毁预测。从本质上讲,为了提高在实际航空航天结构中对损毁发生和传播的整体预测能力,我们建议将 DDDAS 概念应用于复合损毁模型中所涉及的所有时空尺度上。

(1) 在微观水平上,可以使用 RVE 计算获得材料特性,例如方向弹性模量或损毁应力。X 射线数字显微断层扫描可与 RVE 仿真同时使用,它能够进行精确的应变测量,并校准 RVE 模型参数。

(2) 在中观尺度水平(即“coupon”级别),可与简单几何样本(矩形和可能带有缺口的)的仿真同时进行较小规模的实验,以提取损毁模型的参数并评估损毁模型相对于这些参数的敏感性。例如,可以通过实验结果和计算结果之间失配函数的最小化获得最佳的损毁模型参数集。为此,我们提出使用基于代理管理框架(SMF)的无衍生优化器。

(3) DDDAS 的全部功能和丰富度可以在宏观级别(即结构组件级别)上进行使用,其中加速度计和应变仪数据可用于调整外力、边界条件和其他结构模型的输入数据,以更好地表示物理现实并预测损毁的发生和发展。转向计算模型预测的损毁区域形成的位置可以依次用于做出有关未来传感器放置的决策。这代表了实际结构与其计算模型之间的真实反馈回路。此外,结合测量数据和预测响应,可以采用控制策略使结构不受损害(如有些文献提出的基于伴随的控制策略示例,能够应用于二维模型问题)。

30.3 计算结构模型

本工作中的结构部件(即无人机的机身、机翼和尾翼)由弯曲的薄复合板、劲肋和翼梁组成。基于基尔霍夫-洛夫薄壳理论分析所采用的结构模型,由于忽略横向剪切力的存在,这种无旋转的公式不会在单元厚度趋于零的极限中受到网格锁定的影响。此外,与厚壳元件配方相比，它可以将自由度数量减少$\frac{1}{2}$。

等几何分析(IGA)概念被用于离散化结构力学方程式。IGA 是一种类似 FEM 的仿真方法，它依赖计算机辅助设计、计算机图形、计算机动画等基本的功能技术。在 IGA 中，几何和解字段均使用相同的功能描述表示，其中使用最广泛的离散化方法是使用非均匀有理 B 样条(NURBS)，但也可以使用其他替代方法，例如 T 样条、细分曲面和实体。在 IGA 的框架中，我们简化了结构设计和数值分析，并且几何和解决方案字段的单一表示允许简单集成不同建模和仿真阶段所需的不同软件组件。此外，IGA 是一种固有的高阶精确技术，NURBS 形状函数可轻松实现元素之间的高阶连续性，这一独特功能在计算力学的许多应用中都是有益的。

最近 IGA 被提出并用于解决上面列出的薄壳标准有限元技术存在的缺点，与 FEM 相比，IGA 基函数的高阶连续性(C^1 及更高)显著提高了自由度精度和薄壳离散化的鲁棒性。此外，IGA 离散化的连续性提高，能够使用无旋转壳元素，例如基尔霍夫-洛夫薄壳，从而进一步节省计算成本。在关于风力涡轮机的工作中，转子叶片的几何形状被建模为薄壳，有些学者开发了用于多结构补丁组成结构的旋转自由基尔霍夫-洛夫薄壳公式，称为“弯曲-条带法”，并将其应用于风力涡轮机转子的流体结构相互作用(FSI)。除了可节省大量计算量外，无旋转壳体离散化使得 FSI 耦合比具有旋转自由度的壳体更加简单。

利用现代多核处理器的多线程功能，可以显著提高计算性能。我们设想使用图形处理单元(GPU)，它可以提供密集且巨大的计算能力。

渐进式损毁模型：为了在 CDM 框架下模拟板内损毁，我们基于 Kirchhoff-St. Venant 线性关系对材料模型应力和应变进行分析，在亚层引入了残余刚度损毁模型。

该模型基于这样的假设：就材料的原始弹性这一特性的退化而言，可以在宏观尺度上对微观和中观等尺度的层内损毁的等效效应(如基体开裂、纤维扭结和脱黏)进行建模。因此，材料本构刚度矩阵可被参数化为三个损毁指数(即 d_1、d_2 和 d_6)的函数，这 3 个损毁指数分别与纤维、基质和面内剪切方向上的损毁量相关。对于第 k 个子层，定义修正的本构刚度矩阵如下：

$$\widetilde{\boldsymbol{C}}_k=\frac{1}{D}\begin{bmatrix}E_1(1-d_1) & E_1\,v_{21}(1-d_1)(1-d_2) & 0\\ E_1 v_{21}(1-d_1)(1-d_2) & E_2(1-d_2) & 0\\ 0 & 0 & G_{12}D(1-d_6)\end{bmatrix} \tag{30.1}$$

其中 $D=1-v_{21}\,v_{12}(1-d_1)(1-d_2)$。Hashin 损毁准则被用于检测永久损毁的发生。损毁开始后，我们使用双线性软化定律，根据当前变形状态确定损毁指数的演变。正如 Bažant 提出的，在双线性定律中引入了特征长度，以减轻分析所采用的离散化结果对最终结果的依赖性。

经典层压板理论(CLPT)通过所有子层的贡献进行求和，以计算整个层压板的拉伸、耦合和弯曲刚度矩阵。这允许将层内损毁的影响从层下水平传播到宏观水平。然后，在虚拟工作原理中使用矩阵 $\boldsymbol{K}^{\mathrm{exte}}$、$\boldsymbol{K}^{\mathrm{coup}}$ 和 $\boldsymbol{K}^{\mathrm{bend}}$ 计算来自平面应变 $\varepsilon_{\alpha\beta}$ 度量和曲率张量 $k_{\alpha\beta}$ 的变形能。在薄壳理论的框架中，曲率张量的存在至少需要使用二次 NURBS 形状函数。

30.4 基于试验数据驱动的全尺度 CX-100 风力涡轮机叶片的疲劳损毁仿真

本节使用来自全尺寸风力涡轮机叶片疲劳测试的数据,阐述了多尺度 DISCERN 框架的部署,描述了叶片的几何形状和材料成分、所采用的疲劳测试设置和传感器,以及疲劳损毁识别和预测的计算程序,其中涉及基于在测试期间收集的传感器和测量数据动态更新模型。

30.4.1 叶片结构及其 IGA 模型

我们使用 Sandia CX-100 常规碳纤风力涡轮机叶片的设计,该设计基于 ERS-100 叶片,其中翼梁盖明显减少。表 30.1 提供了叶片表面几何形状的定义。从根部开始在 1m 位置,叶片具有圆形横截面。在 1.4m 的位置,叶片以 17.5°的扭转角过渡到 NREL S821 机翼。在 4.2m 的工位中,叶片融合到 NREL S819 机翼中,几乎一直延伸到 NREL S820 机翼所在的尖端。翼型沿着叶片轴线方向凸起以产生 NURBS 叶片表面。

叶片材料组成如下。叶片表面由五个主要区域组成:前缘、后缘、根部、翼梁盖和剪切腹板。区域如图 30.1 所示,每个区域由多层复合材料铺层组成。表 30.2 总结了用于铺层的不同材料。根部区域有几层玻璃纤维层用于加强叶片安装在轮毂法兰上的区域。前缘区域和后缘区域具有相似的铺层,两者均包括总厚度为 0.51mm 的外胶衣和玻璃纤维层,以及附加的玻璃纤维材料 DBM-1708 层(每层 0.89mm)与一层 6.35mm 的轻木。轻木仅存在于叶片的核心部分,而不存在于边缘。前缘区域位于 DBM-1708 和轻木芯之间的附加玻璃纤维材料层 DBM-1208,总厚度为 0.56mm。后缘区域和前缘区域的核心区域的布局如图 30.2 所示。翼梁帽区域的厚度分布不均匀,范围为 5.79~9.65mm,这是由于碳纤维层压板层数沿叶片长度减少(从 7 层到 3 层)。翼梁盖叠层也如图 30.2 所示,并具有最厚的碳纤维层。用来承受大部分表面载荷的抗剪腹板具有 Cshape 结构,其中包含四层 DBM-1708 玻璃纤维,每层为 0.74mm,轻木层为 9.53mm。轻木层终止于尖端区域,尖端区域仅由一层凝胶涂层和几层玻璃纤维材料组成,这种布局使 32 个区域具有恒定的总厚度和独特的层压板堆叠,叶片表面上的所有 32 个区域均已标识,如图 30.1 所示。

表 30.1 CX-100 叶片的叶片截面几何数据

径向距离/m	弦长/m	扭转角/(°)	翼型
0.200	0.356	29.6	Cylinder
0.600	0.338	24.8	Cylinder
1.000	0.569	20.8	Cylinder
1.400	0.860	17.5	NREL S821
1.800	1.033	14.7	NREL S821
2.200	0.969	12.4	NREL S821
3.200	0.833	8.3	NREL S821

续表

径向距离/m	弦长/m	扭转角/(°)	翼型
4.200	0.705	5.8	NREL S819
5.200	0.582	4.0	NREL S819
6.200	0.463	2.7	NREL S819
7.200	0.346	1.4	NREL S819
8.200	0.232	0.4	NREL S819
9.000	0.120	0.0	NREL S820

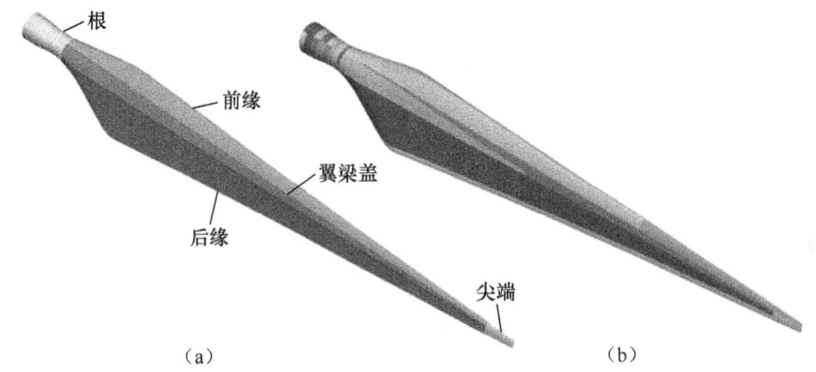

图 30.1　叶片表面上的区域标识

(a)CX-100 叶片的五个主要部分;(b)CX-100 叶片的 32 个不同材料区域。

表 30.2　CX-100 叶片中使用的材料的层流特性

材料名称	E1/GPa	E2/GPa	G12/GPa	V12	P/(kg/m^3)
胶衣	3.44	3.44	1.38	0.30	1235
填充环氧树脂	2.41	2.41	0.96	0.30	1154
玻璃纤维	7.58	7.58	4.00	0.30	1678
谷粒轻木	0.12	0.12	0.02	0.30	230
DBM1708(+/-45°玻璃纤维)	9.58	9.58	6.89	0.39	1814
DBM1208(+/- 45°玻璃纤维)	9.58	9.58	6.89	0.39	1814
C520(0°玻璃纤维)	37.30	7.60	6.89	0.31	1874
0°碳,500g/m^2	105.40	6.82	3.32	0.28	1480
碳纤维玻璃三轴布	84.10	8.76	4.38	0.21	1560

30.4.2　叶片疲劳测试设置和传感器布局

作为劳斯阿拉莫斯国家实验室风力涡轮机计划的一部分,在科罗拉多州戈尔登的国家风力技术中心(NWTC),我们使用液压位移激励技术对 CX-100 叶片进行了疲劳测试,直到失效为止。在测试过程中,我们将叶片固定在根部并转动,使高压(HP)面朝上,在 7m 长的工位上,本地弦与实验室地板平行(图 30.3)。叶片以第一种襟翼方向弯曲模式

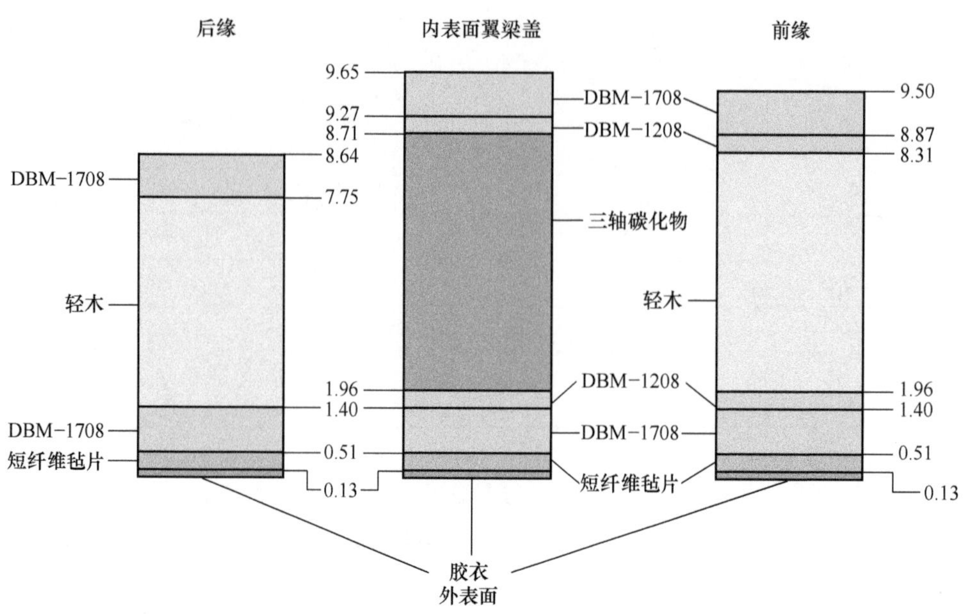

图 30.2　后缘、前缘和翼梁盖的叠放示例

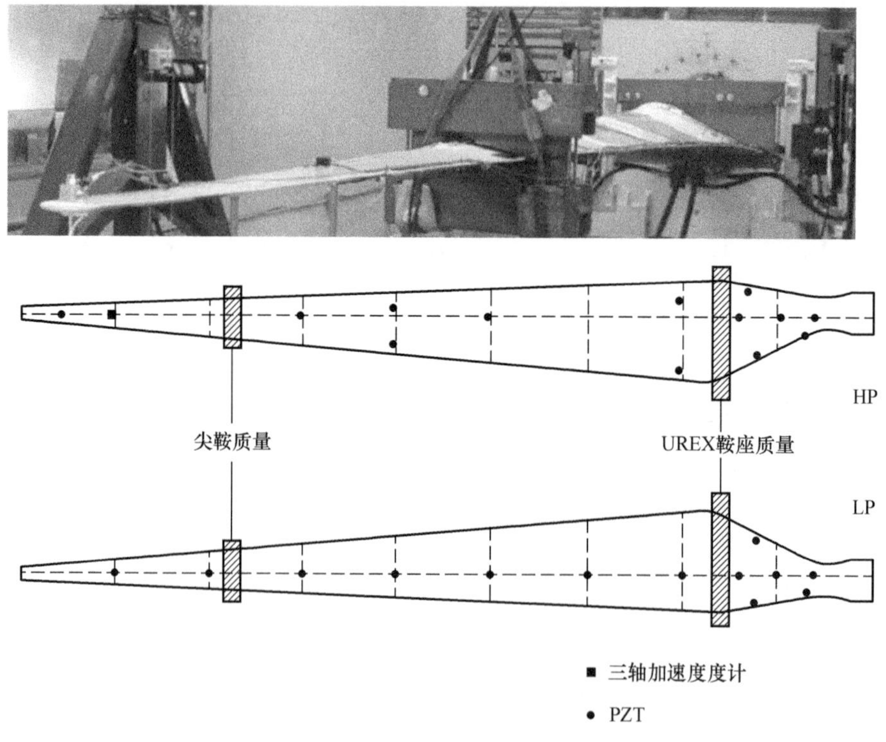

图 30.3　叶片疲劳测试设置和传感器布局(加速度计可以提供了用于位移幅度和疲劳模型参数校准的动态加速度数据)

的固有频率驱动,频率为 1.82Hz。使用 UREX 液压执行器在 1.6m 的工位上施加周期性载荷。通过改变液压执行器的行程来调节测试过程中的作用力大小。为了扩大叶片响应,试验在 6.7m 工位上增加了 164.65kg 的质量。图 30.4 显示了疲劳周期计数与时间的关系(其中一个月内进行了几次运行)。疲劳测试从 2011 年 8 月 5 日持续到 11 月 13 日,直到在大约 8.0×10^6 次的载荷循环后,在叶片根部区域出现裂纹为止。

CX-100 叶片配备了一定数量的传感器,用于主动和被动感知应用。所有传感器都位于叶片外部,大多数传感器集中在根部附近,以预测根部可能发生(甚至已经发生)的疲劳损毁。

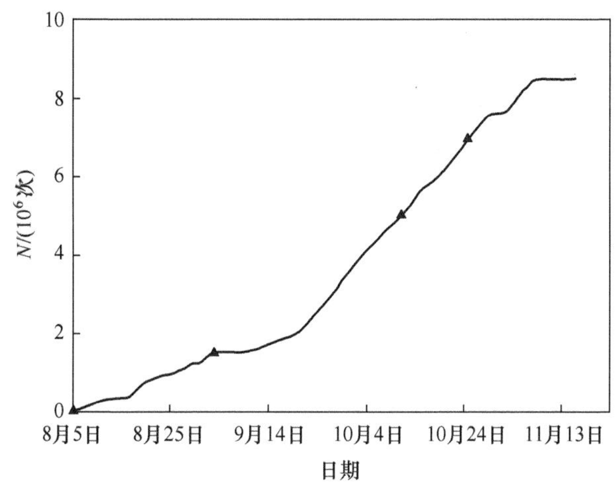

图 30.4　疲劳周期数与日期的关系(图中三角符号表示疲劳损毁模拟的校准点)

试验使用的主要传感器是压电传感器(PZT),特别是 WASP-1、Metis-1 和 LASER。此外,几个宏纤维复合(MFC)传感器也被用作备用传感器。叶片高压和低压(LP)侧上的 PZT 传感器布局如图 30.3 所示。传统的加速度计也被安装在叶片表面的多个位置,这些加速度计以 1.6kHz 的采样率记录 10s 间隔内的加速度。其他设备包括用于应变测量和力矩校准的应变计以及温度传感器。有些研究收集并分析了来自这些传感器的数据集。特别是,有些学者详细讨论了用于疲劳裂纹检测的 SHM 技术及其比较。在本章中,我们将提供加速度计数据来控制疲劳损毁的计算,如下所述。

30.4.3　由测试数据驱动的叶片疲劳仿真

在 CX-100 叶片疲劳测试过程中收集的动态数据,可以用于叶片疲劳损毁仿真。尽管在理想情况下,该计算将与疲劳测试同步执行,但此处我们将疲劳测试的测量结果用作历史数据或档案数据,用于指导疲劳损毁计算。为了进行仿真,试验将 CX-100 叶片的 IGA 模型放置在与试样相同的方向上,并且也将其固定在根部。在 1.6m 的工位上施加了频率为 1.82Hz 的时间周期垂直位移,这样可以模拟液压系统的强度。通过在该区域局部增加叶片的材料密度,可以在 6.7m 的工位中增加 164.65kg 的额外质量。动态传感器数据用于同时校准施加的位移载荷的大小,以及获得疲劳损毁模式输入参数的良好估计。为此,我们设计了两个用于识别的 DDDAS 回路——内回路负责位移强迫振幅的校准,外回路负责损毁增长的模拟和相关材料常数的校准。两个 DDDAS 循环中的循环流程图如图 30.5 所示。

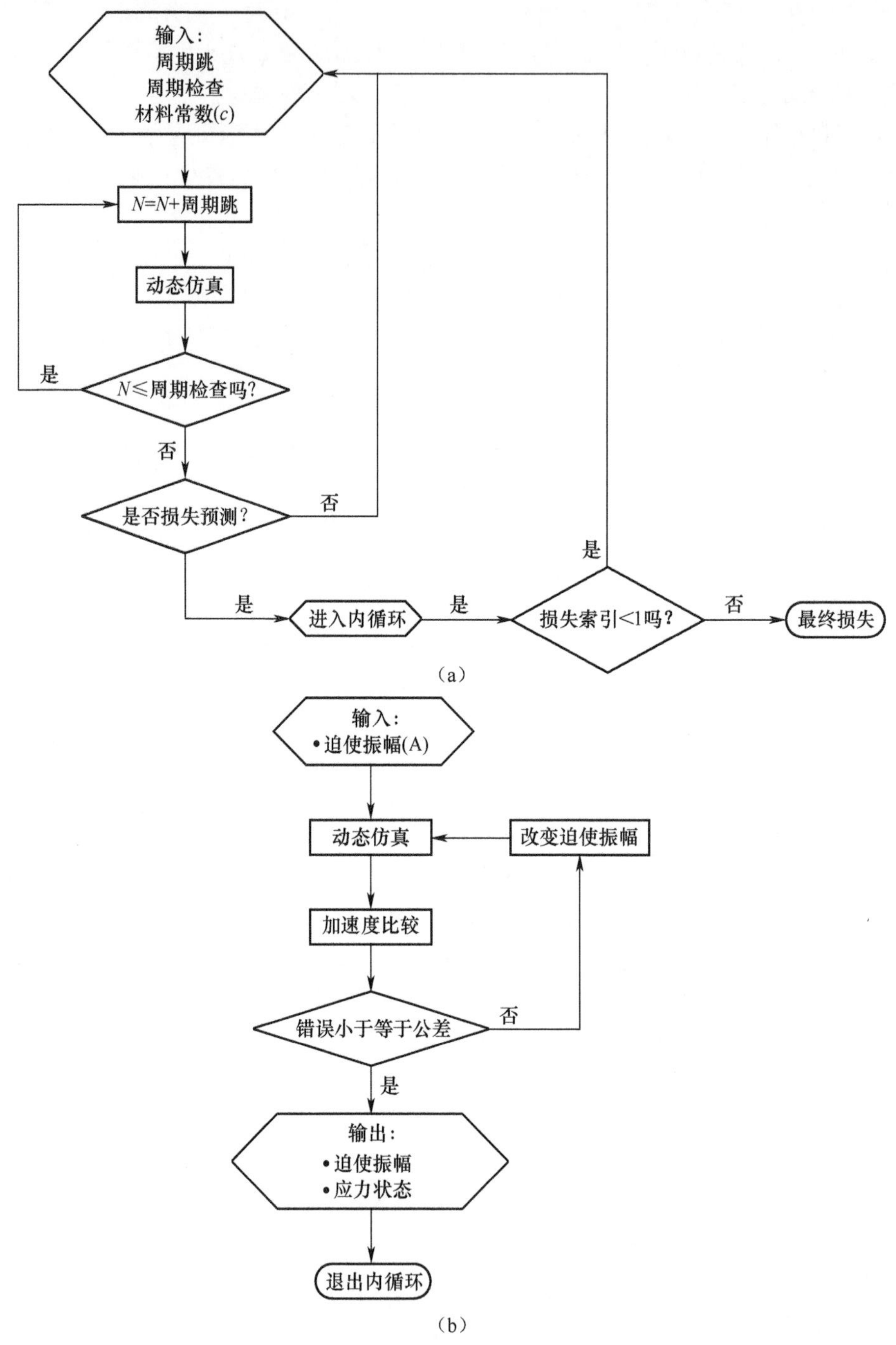

图 30.5 两个 DDDAS 循环中的循环流程图

(a) DDDAS 外回路的流程图负责疲劳损毁预测和模型参数校准;

(b) DDDAS 内回路的流程图,负责位移强迫振幅的校准。

在疲劳测试过程中，我们在四个点对用于驱动叶片的施加位移的幅度进行了校准，分别对应于循环数 0 次、1.5×10^6 次、5×10^6 次和 7×10^6 次（图 30.4）。在这些点中的每个点上，分别执行一个由几个拍打周期组成的动态仿真，该疲劳仿真由疲劳损毁模型预测。试验实时调整规定的位移幅度，直到通过仿真预测的位置在 8.05m 处的加速度时间历史与放置在该位置的加速度计测量的加速度时间历史相匹配为止（图 30.3）。图 30.6 显示了校准的位移强迫振幅随循环次数的变化情况；图 30.7 显示说明我们能够匹配预测加速度和测量加速度的程度。加速度数据的比较在时域和频域中进行。值得注意的是，位移和加速度振幅都会随循环数增加。

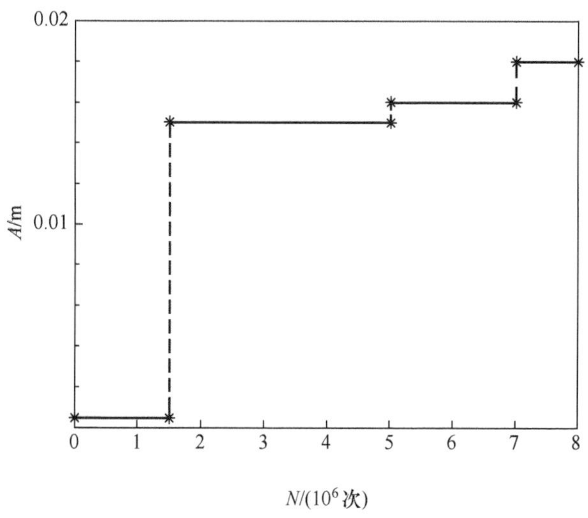

图 30.6　施加的位移强迫振幅(A)作为循环次数(N)的函数

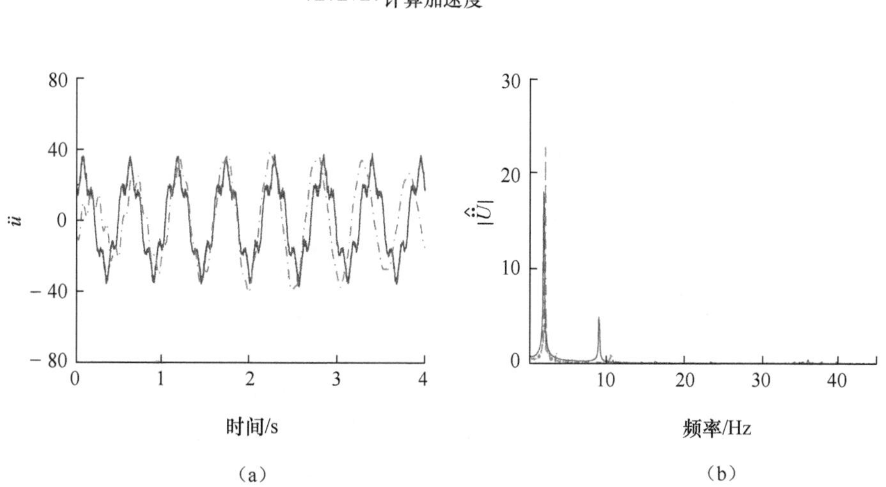

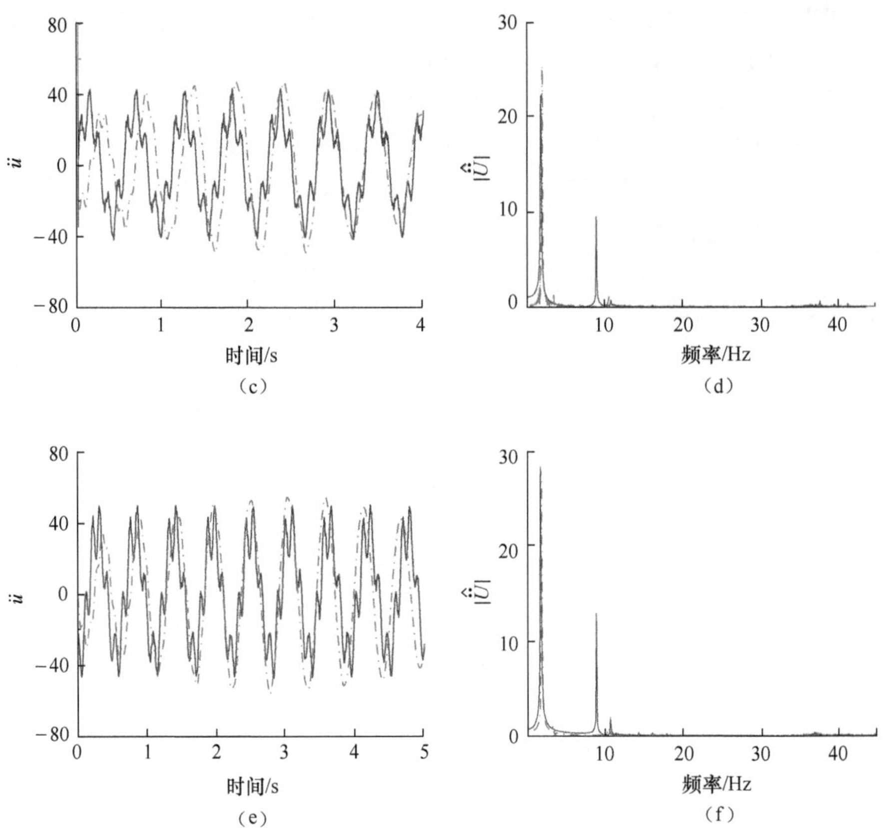

图 30.7　在三个校准点的疲劳测试和仿真之间的加速度数据比较

(a)、(c)、(e)时域比较;(b)、(d)、(f)频域比较。

表 30.3 总结了疲劳损毁模型的参数。表中的值与 30.1 节中用于试样的值相近。试验通过调整模型参数 c_1 和 c_3,使在疲劳测试期间的相同四个校准点能够正确反映结构的当前损毁状态。图 30.8 显示了 c_1 和 c_3 随循环数的变化情况,这种演变提供了大约 8×10^6 次循环的预计叶片疲劳寿命,且与测试数据非常吻合。

表 30.3　计算中使用的 CX-100 叶片疲劳损毁模型参数

循环/(10^6 次)	c_1	c_2	c_3	c_4	c_5	c_6	c_7	c_8	c_9
≤1.5	4×10^{-6}	30.0	2.0×10^{-6}	0.8	80.0	0	0	0	0
1.5~5.0/(10^6 次)	4×10^{-6}	30.0	2.0×10^{-6}	0.8	80.0	0	0	0	0
5.0~7.0/(10^6 次)	1.6×10^{-4}	30.0	4×10^{-5}	0.8	80.0	0	0	0	0
7.0~8.0/(10^6 次)	4×10^{-4}	30.0	1.0×10^{-4}	0.8	80.0	0	0	0	0

备注:选择用于校准的三个点对应于测试中加速度测量显示最大变化的点。原则上,可以自由选择尽可能多的校准点,以实现疲劳损毁预测的良好准确性。

图 30.9 和图 30.10 显示了 DBM 层中损毁指数 D1(纤维方向)的演变。在前 1.5×10^6 次循环中,叶片中点的损毁增长更快。在 1.5×10^6 次循环后,损毁开始集中并在根部

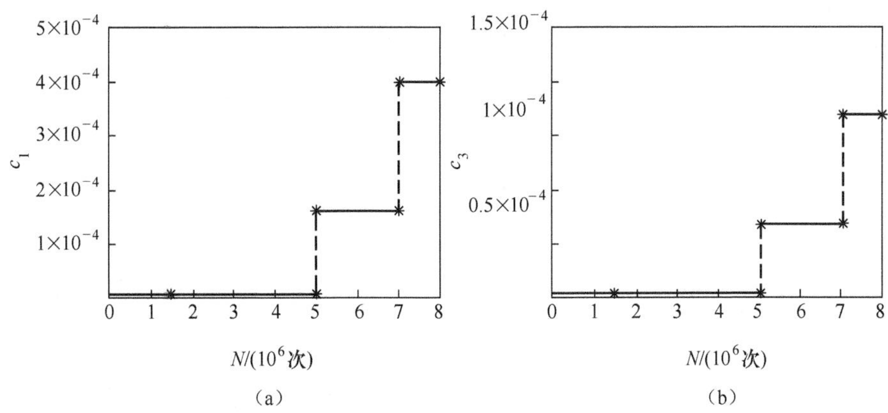

图 30.8 绘制的损毁模型材料参数 c_1 和 c_3 与循环次数的关系

(a) c_1 与 N 的关系图;(b) c_3 与 N 的关系图。

生长。这可能是由 1.5×10^6 次循环后位移强迫幅度显著增加所致(图 30.6)。在接近 8×10^6 次的循环中,根部的一部分完全损毁,并且损毁位置与疲劳测试期间在叶片表面观察到的裂纹位置一致(疲劳测试和仿真结果的视觉比较见图 30.11)。

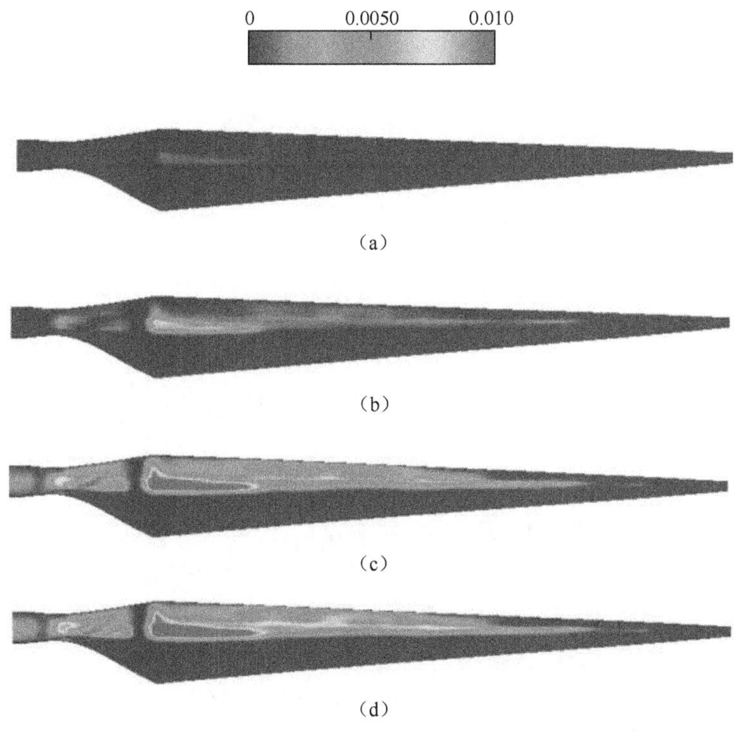

图 30.9 DBM 层中损毁指数 D_1 直至 1.5×10^6 次循环的级数

(a)循环次数 N=10000 次;(b)循环次数 N= 100000 次;(c)循环次数 N= 1000000 次;(d)循环次数 N= 1500000 次。

从图 30.11 可以看出,根部附近 DBM 层中损毁区域的位置和形状与疲劳测试中观察到的裂纹的位置和方向吻合。

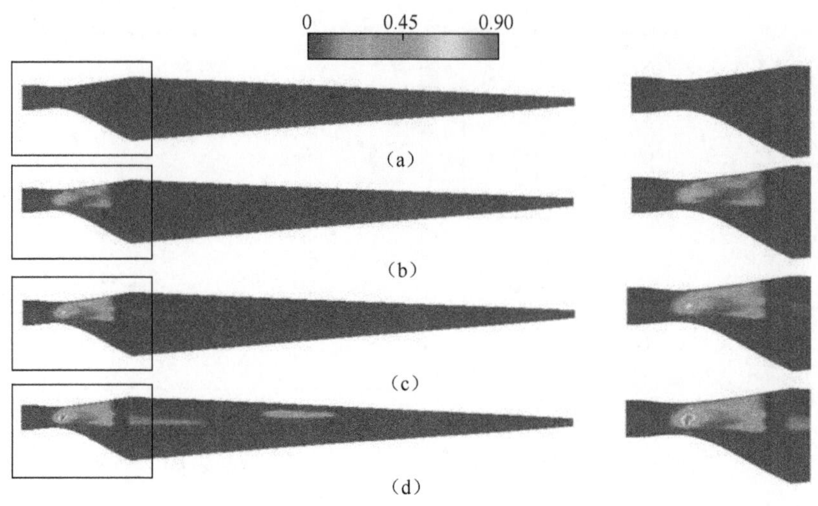

图 30.10　DBM 层中损毁指数 D_1 从 1.5×10^6 次循环到 8.0×10^6 次循环的进展

(a)循环次数 $N=1500000$ 次;(b)循环次数 $N=5000000$ 次;(c)循环次数 $N=7000000$ 次;(d)循环次数 $N=8000000$ 次。

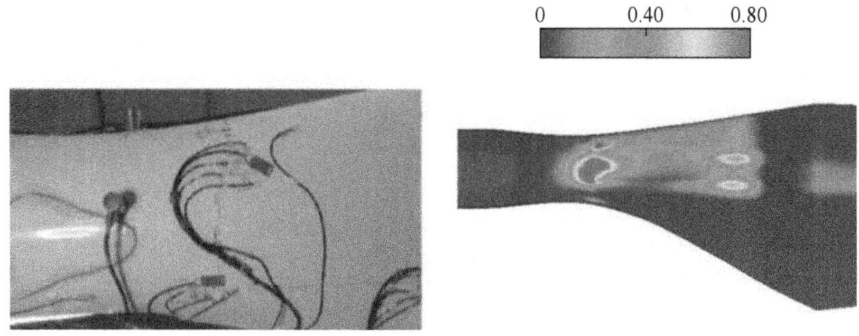

图 30.11　疲劳测试和仿真结果的视觉比较

30.5　Orion 无人机的数值模拟

本章所提出的多尺度 DDDAS 框架的另一个应用是在多保真模型中对“自我感知”无人机进行实时决策支持。多保真度建模方法的重要部分是损毁模式的库或数据库。该数据库是由使用中高保真度仿真模型执行的大量脱机计算构成的。实际上,这些高保真模型几乎没有产生实时结果。然而,该数据库可用于通知代理模型,该模型执行速度快,因此更适合实时在线/机载仿真,以支持自觉飞行器的决策。

本章中的仿真基于由 Aurora Flight Sciences 设计的 Orion 无人机简化模型,如图 30.12(a)所示。

30.5.1　参数无人机模型

第一步,我们构建 Orion 无人机全尺寸的参数 IGA 模型,把类似草图的车辆设计模型和 3D ASWING 模型作为输入。

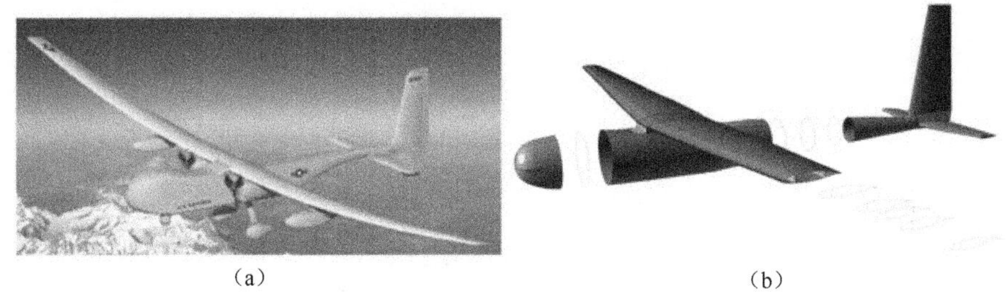

（a）　　　　　　　　　　　　　　（b）

图 30.12　无人机和仿真图

(a)由 Aurora Flight Sciences 设计的 Orion 无人机;(b)基于参数 NURBS 的用于 IGA 仿真的模型

第二步,我们采用最近设计的用于 IGA 的参数化建模平台构建适合分析的 Orion UAV 的 NURBS 和 T 样条曲面模型,最终的参数模型如图 30.12(b)所示。具有参数化 UAV 模型的主要优点之一是:车辆的几何形状由少数参数控制。由此,无须进行单一设计,就可以轻松构建具有不同设计和配置的整个 UAV 系列。此外,几何图形的参数表示还可以执行形状优化分析。

该无人机的翼展为 16m,由 Hexcel 8552 IM7 PW 复合材料制成,具有对称的[0/45/90/45/0]叠置,并且沿机身、机翼、水平和垂直尾翼具有非线性厚度分布。主翼由两个翼梁加固,翼梁沿整个机翼穿过机身。当前模型中不考虑发动机机舱和外部燃油。

30.5.2　着陆模拟

在本章中,我们介绍了在与硬着陆相对应的特定载荷条件下所获得的研究结果。我们将注意力集中在主翼所产生的损毁上,对该翼的计算网格进行了改进,而损毁模型对机身和尾翼的壳元素不起作用。

通过忽略起落架与地面的相互作用,我们进一步地对模型进行了简化,取而代之的是,从机身底部到与主翼梁的相交处,在与起落架位置相对应的区域中的节点上施加了向上的加速度。假定此区域的行为类似刚体,这种简化是基于这样的假设,即通过将载荷从机翼转移到起落架的舱壁可以大大降低机身的顺应性。

为了模拟硬着陆条件,我们对所有节点施加 3m/s 的向下速度作为初始条件。在 0.1s 的时间范围内,向上加速度从 0 线性增加到 3g。然后保持 3g 的稳定值,直到无人机的垂直速度降低到 0m/s。

数值模拟的结果如图 30.13 和图 30.14 所示。相对于机翼根部测得的翼尖最大挠度

图 30.13　IGA 结果:比较最大变形和未变形的构造(等高线图:垂直位移)

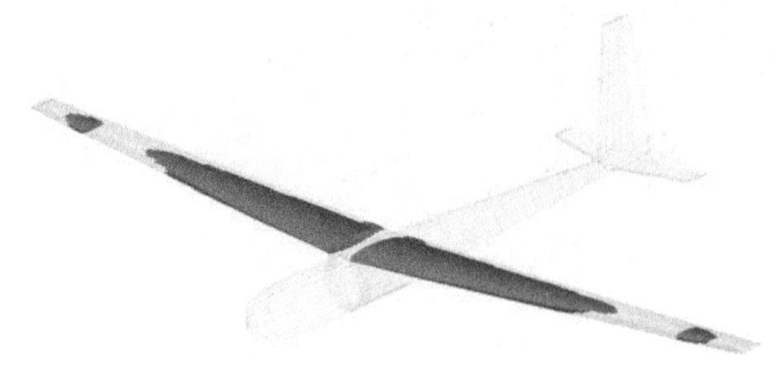

图 30.14　IGA 结果：确定基质相完全损毁的关键区域（等高线图：$d_2 \geq 0.95$ 的区域用黑色突出显示）

为 0.175m。该模型所预测的是从根部到跨度的 70% 机翼上的永久性损毁的发展变化，还可预测到机翼尖端的局部永久性损毁，其中应力集中是由翼梁盖厚度的不连续性引起的。图 30.14 中突出显示了预测矩阵完全失效的关键区域。数值分析的结果提供了功能强大的预测工具。在 DDDAS 框架中可以使用该工具支持传感器放置的决策。

30.6　小　结

本章介绍了用于航空航天复合结构损毁预测的多尺度 DDDAS 框架。多尺度 DDDAS 交互式结构复合元素关系网络（DISCERN）框架代表了在微观、中观和宏观尺度上预测复合材料损毁发展所开发的技术。有了参数化 UAV 模型，我们可以模拟关键的硬着陆场景，以提供有关应力和损毁状态的准确信息。本章的损毁分析仅限于层内损毁，该模型可以进行扩展，包括在层合物的不同层之间发生的层间损毁分析。

IGA 仿真提供的准确性将增强损毁状态库，并因此增强依赖这些信息的快速替代模型的预测能力。通过将结构模型与流体求解器结合在一起获得的操纵模拟将对无人机的空载及其响应做出更好的估计。

关于无人机飞行器的研究，重要的是不仅要了解关键机动场景下的车辆响应，而且要采取保护措施，以确保航空器免受过度机动所造成的过度结构性损毁。为此，可以扩展基于伴随的控制技术，将智能材料合并到整个框架中。我们计划研究压电致动器和 ShapeMemory 合金（SMA）在攻击性机动中控制 UAV 机翼变形的应用。SMA 的使用可能优于压电致动器，因为可以获得较大的应变（因此，每个材料表面积的力密度更大），从而导致所需的附加材料数量减少。作为智能材料（例如压电致动器和 SMA）的替代方案，变形机翼的概念也可以用于控制飞行器的响应。

本节定义了一系列机翼变形，并通过机械力将其直接应用于机翼表面。这种变形的一个例子是机翼襟翼（后缘）在各种角度范围内的连续变形。这些模拟的结果有助于建立控制方案库，该方案库还可以用于快速执行替代模型，以支持自觉飞行器的决策。

此外，多尺度 DISCERN 框架已在全面风力涡轮机叶片结构的疲劳测试中成功部署，并在区域形成和演变损毁预测中取得良好结果，最终导致叶片失效。只有利用 DDDAS 概念才能对故障位置和疲劳周期数做出较好的预测。

参考文献

[1] Z. P. Bažant, B. H. Oh, Crack band theory for fracture of concrete. Mater. Struct. 16, 155–177(1983)

[2] Y. Bazilevs, M.-C. Hsu, I. Akkerman, S. Wright, K. Takizawa, B. Henicke, T. Spielman, T. E. Tezduyar, 3D simulation of wind turbine rotors at full scale. Part I: geometry modeling and aerodynamics. Int. J. Numer. Methods Fluids 65, 207–235(2011)

[3] Y. Bazilevs, M.-C. Hsu, M. T. Bement, Adjoint-based control of fluid-structure interaction for computational steering applications. Proc. Comput. Sci. 18, 1989–1998(2013)

[4] Y. Bazilevs, M.-C. Hsu, J. Kiendl, R. Wuechner, K.-U. Bletzinger, 3D simulation of wind turbine rotors at full scale. Part Ⅱ: fluid-structure interaction. Int. J. Numer. Methods Fluids 65, 236–253 (2011)

[5] D. J. Benson, Y. Bazilevs, M.-C. Hsu, T. J. R. Hughes, A large-deformation, rotation-free isogeometric shell. Comput. Methods Appl. Mech. Eng. 200, 1367–1378(2011)

[6] D. Berry, T. Ashwill, Design of 9-meter carbon-fiberglass prototype blades: CX-100 and TX- 100. Report of the Sandia National Laboratories(2007)

[7] A. J. Booker, J. E. Dennis Jr., P. D. Frank, D. B. Serafini, V. Torczon, M. W. Trosset, A rigorous framework for optimization of expensive functions by surrogates. Struct. Optim. 17, 1–13(1999)

[8] F. Darema, Dynamic data driven applications systems: a new paradigm for application simulations and measurements, in Proceedings of ICCS 2004-4th International Conference on Computational Science, Kraków, Poland, 2004, pp. 662–669

[9] X. Deng, A. Korobenko, J. Y an, Y. Bazilevs, Isogeometric analysis of continuum damage in rotation-free composite shells. Comput. Methods Appl. Mech. Eng. 284, 349–372(2015)

[10] K. M. Farinholt, S. G. Taylor, G. Park, C. M. Ammerman, Full-scale fatigue tests of CX-100 wind turbine blades. Part Ⅰ: testing, in SPIE Smart Structures/NDE, 2012, pp. 83430P–8

[11] Z. Hashin, Failure criteria for unidirectional fiber composites. J. Appl. Mech. 47, 329–334(1980)

[12] M.-C. Hsu, C. Wang, A. J. Herrema, D. Schillinger, A. Ghoshal, Y. Bazilevs, An interactive geometry modeling and parametric design platform for isogeometric analysis. Comput. Math. Appl. 70, 1481–1500(2015)

[13] J. Kiendl, Y. Bazilevs, M.-C. Hsu, R. Wuechner, K.-U. Bletzinger, The bending strip methodfor isogeometric analysis of Kirchhoff-Love shell structures comprised of multiple patches. Comput. Methods Appl. Mech. Eng. 199, 2403–2416(2010)

[14] A. Korobenko, M.-C. Hsu, I. Akkerman, J. Tippmann, Y. Bazilevs, Structural mechanics modeling and FSI simulation of wind turbines. Math. Models Methods Appl. Sci. 23, 249–272(2013)

[15] A. Matzenmiller, J. Lubliner, R. B. Taylor, A constitutive model for anisotropic damage in fiber composites. Mech. Mater. 20, 125–152(1995)

[16] S. G. Taylor, K. M. Farinholt, H. Jeong, J. K. Jang, G. Park, M. D. Todd, C. R. Farrar, C. M. Ammerman, Wind turbine blade fatigue tests: lessons learned and application to shm system development, in European Workshop on Structural Health Monitoring, Dresden ,Germany,3–6 July 2012

[17] S. G. Taylor, H. Jeong, J. K. Jang, G. Park, K. M. Farinholt, M. D. Todd, C. M. Ammerman, Full-scale fatigue tests of CX-100 wind turbine blades. Part Ⅱ: analysis, in SPIE Smart Structures/NDE, 2012, pp. 83430Q–10

[18] S. G. Taylor, G. Park, K. M. Farinholt, M. D. Todd, Fatigue crack detection performance comparison in a composite wind turbine rotor blade. Struct. Health Monit. 12, 252–262(2013)

[19] J. Tippmann, F. Lanza di Scalea, Experiments on a wind turbine blade testing: an indication for damage using the causal and anti-causal Green's function reconstructed from a diffuse field, in Proceedings of SPIE (International Society for Optical Engineering) Smart Structures/NDE Annual International Symposium Health Monitoring of Structural and Biological Systems, ed. by T. Kundu, vol. 9064, 2014, pp. 1–7

[20] J. Tippmann, F. Lanza di Scalea, Passive-only damage detection by reciprocity of Green's functions reconstructed from diffuse acoustic fields with application to wind turbine blades. J. Intell. Mater. Syst. Struct. 26(10), 1251–1258(2014)

[21] J. Tippmann, P. Zhu, F. Lanza di Scalea, Application of damage detection methods using passive reconstruction of impulse response functions, in Philosophical Transactions of the Royal Society A-Mathematical, Physical and Engineering Sciences, vol. 373, 2015, pp. 1–16. Special Issue on New Perspectives in Offshore-Wind and Sea-Wave Energy Production

[22] J. R. Zayas, W. D. Johnson, 3X-100 blade field test. Wind Energy Technology Department, Sandia National Laboratories, page Report(2008)

第 31 章　一种用于下一代仿生飞行器的动态数据驱动的随机状态感知框架

Fotis Kopsaftopoulos, Fu-Kuo Chang

摘要:本章介绍了一种新的数据驱动状态感知(DSA)框架,被用于下一代智能“感知飞行”航空飞行器。框架基于两个实体:①仿生微型传感器网络,可以提供结构动态气动弹性响应的实时信息;②一种描述飞行状态和不确定性变化下系统动力学的随机“全局”识别方法。基于原型仿生自感知智能复合翼,本章在多种飞行状态下进行了一系列风洞实验,对所提出的 DSA 框架进行了评估。风洞实验共有 148 个微型传感器,包括压电、应变和温度传感器,这些传感器嵌入复合机翼的上层,用于提供传感能力。为了准确地解释传感数据并提取有关机翼气动弹性行为和动力学的信息,本章提出了一种基于功能池时间序列模型和统计参数估计技术的数据驱动随机全局识别方法。这种识别方法的基础在于一种新的依赖向量的功能池(VFP)模型,这种模型允许在模型参数中包含空速和攻角(AoA)参数,因此也包括了系统动力学。本章重点研究了在不同飞行状态下的风洞实验评估,每个状态均由不同的空速和 AoA 对定义。实验结果表明,所提出的状态感知框架具有很高的准确性和有效性,从而为下一代“感知飞行”航空飞行器的实现开辟了新的道路。

31.1 引　言

下一代智能航空结构和飞行器能够基于高分辨率状态传感、感知和自诊断能力实现实时的“感知”、“思考”和“反应”。它们能够以前所未有的长度和时间尺度进行感知,实现实时最优控制与决策,显著提高性能和扩展飞行包络线,进行更安全的操作,减少任务和维护成本,并完成生命周期监测和管理。当前前沿技术研究的主要挑战之一是来自生物系统传感和驱动能力灵感的自动“感知飞行”飞行器相关技术。这样的智能飞行器将能够感知外部环境(温度、气压、湿度等),感知它们的飞行状态(空速、颤振、失速、空气动力负荷等)和内部结构状态(应力、应变、损毁),以及有效解析传感数据,实现实时状态感知和健康监测,提高飞行器的性能和控制特性。因此,完成这一目标需要用新颖的动态数据驱动方法精确解释在复杂动态环境中不同飞行状态和不确定性下收集的大量数据。

建立一个完整的、适用的数据驱动状态感知框架最关键的挑战是在不断变化的动态环境、多种飞行状态和不同的结构健康状况下获得感知数据的情况下,如何有效建模和解释。显然,这些不同的操作条件都会影响飞行器的动力学和气动弹性响应。通常情况下,运行条件可由一个或多个可测量变量描述,如空速、攻角、高度、温度等。这些变量可能随时间变化,从而影响系统动力学。在这种情况下,需要根据现有的响应和/或激励信号,确定一个系统的单一"全局"模型,该模型能够在任何可容许的工作条件下表示动力学,这是一个需要妥善解决的重大挑战。

动力学建模的挑战通常是通过识别基于应变或加速度数据的一系列不同的时间序列或状态空间模型来解决,每个模型对应一个不同的飞行状态,或使用线性参数变化(LPV)模型。后者是一种动态模型,其参数表示为指定运行条件的可测量变量的函数,称为调度变量。在这种情况下,模型基于所谓的局部方法进行识别,其原理是基于两步方法,将问题分成两个不同的子问题:①使用传统的识别技术识别大量的本地(或冻结)模型——每个模型对应一个可用响应信号的单一操作条件;②对识别出的模型进行插值,以提供一个单一的全局模型。

分离方法是经典识别的一个简单扩展。然而,本质上,在响应信号是随机的框架下,它会导致次优精度。直观的解释可能很容易理解,因为信号对并不作为一个单独的实体,而是在获取每个局部模型的过程中彼此隔离。这不仅忽略了信号对之间潜在的交叉相关性,从而导致信息丢失;而且会导致不必要的大量估计参数,从而违反了统计简约的原则。此外,其也进一步导致了估计方差的增加,降低了准确性。最后,在构建 LPV(全局)模型时,对得到的局部模型进行后续插值会导致精度损失和误差增加,识别进程会带来全局但不是最优的 LPV 模型,其特点是精度降低。

为了有效地解决上述挑战,在这项工作中,我们引入了一个数据驱动的随机状态感知框架,可以使航天飞行器在不同飞行状态和不确定性下的动态环境中运行。DSA 框架包含:仿生微型传感器网络,可以提供结构动态气动弹性响应的实时信息,以及描述飞行状态和不确定性变化下系统动力学的随机"全局"识别方法。"全局"识别是基于笔者及其同事最近提出的一类新的随机功能池时间序列模型。更具体地说,在本章中,笔者首次在空气弹性状态感知的背景下,介绍了向量依赖的功能池(VFP)模型的使用,能够使飞行状态和模型参数之间的显式功能依赖成为可能。VFP 模型的类型类似 LPV 模型的形式,但有一些关键的区别:①信号被视为一个单一的实体和潜在的相互关系;②估计参数的数量是最少的;③为了达到最优的准确度,评估只需一步完成(而不是两个后续步骤)。

基于 VFP 的识别依赖三个重要的实体。

(1) 一种随机功能池(FP)模型结构,能够在多种操作条件下进行系统建模("全球")的数学表示。这种表示的特征是参数显式地依赖飞行状态,此外还包括相关项。FP 使得模型形式更加完整,也为准确地进行参数估计铺平了道路。

(2) 功能形式的数据池技术,能够将所有可用飞行状态对应的数据记录视为单个实体。这种技术允许同时处理所有响应信号,并且对于考虑相互关系和实现最佳估计精度非常重要。

(3) 正确制定用于模型估计的统计最优技术。

本研究的目的是引入数据驱动的随机状态感知框架,并通过一系列不同条件下的风洞实验进行实验评估。实验使用斯坦福大学结构与复合材料实验室(SACL)设计和制造的原型智能复合无人机机翼,这些机翼配备有 4 个受生物启发的可伸缩传感器网络,而传感器网络由嵌入复合材料层中的微型传感器组成。仿生汽车概念的示意图如图 31.1 所示。每个传感器网络包含 8 个压电式铅锆钛酸盐(PZT)传感器、6 个应变计和 23 个电阻式温度检测器(RTD)。压电传感器用于感知机翼的振动,用于识别在不同的飞行状态的动态和气动弹性行为,以及检测早期的初始动态颤振和失速。我们在不同 AoA 和自由速率下进行了 285 个风洞实验,其目的是在大范围飞行状态下进行数据采集。数据驱动识别方法的实验评估将产生一个单一的“全局”时间序列模型,它能够准确地表示所有的飞行状态;在风洞实验中,考虑那些满足要求的空速和攻角,可以形成飞行器的飞行包络线。

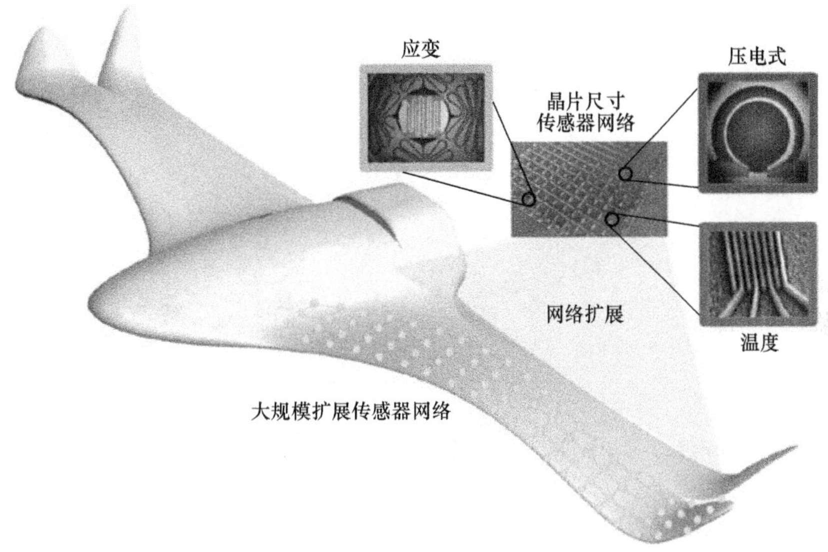

图 31.1　具有生物启发的多模态的智能无人机概念示意图(嵌入复合结构组件内部的可伸缩传感器网络)

本章的其余部分安排如下:31.2 节简要介绍仿生传感器网络和机翼集成,31.3 节描述了风洞实验过程,第 31.4 概述了多飞行状态下的随机全局识别,实验结果见 31.5 节,小结见 31.6 节。

31.2　仿生传感器网络和机翼集成

近年来,微单元可扩展传感器网络已经发展起来,并在宏观区域部署了微尺度传感器。为了克服膨胀过程中产生的巨大应变,传感器在聚合物基板上采用非标准和独特的微加工工艺制作。由此产生的部件尺寸为几十微米(图 31.2)。

这些网络是在标准直径 100mm 的基底上创建的,并被扩展到比初始制造区域大几个数量级的区域,即在米级区域部署许多微米级设备。由此产生由分布式小型组件(节点、导线、焊盘等)构成的类 Web 网络,旨在对主机结构产生最小的寄生影响。该组分的大小与典型复合材料中的单根纤维或薄膜黏合剂中的单根纤维的大小顺序相同,并且足够小,可以不经结构修改而放入复合材料中。这些网络可以在原位使用,从材料制造到其整个使用寿命,用来监测复合材料的固化过程、表征材料固化后的性能,并监测结构在其生命周期内的动态和健康状况。

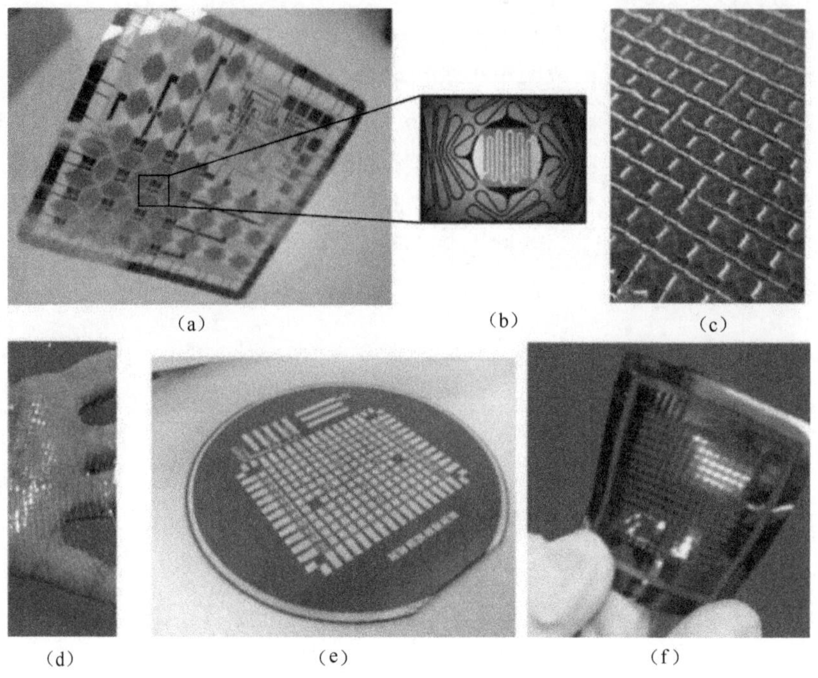

(a) (b) (c)

(d) (e) (f)

图 31.2 各类部件

(a)在晶片上的一个 16 节点的传感器网络可扩展到 1.057%中释放后的每个尺寸;(b)传感器节点的特写,展示了传感器的设计工艺;(c)扩展前具有 169 个节点的传感器网络;(d)扩展了 5041 个节点,与手对比,显示了网络,该手说明了膜的柔韧性;(e)在 4 英寸晶圆上发布之前进行网络连接;(f)在聚酰亚胺上制造的 256 节点,网络容易用手握住而不会损坏网络。它是宽 16μm、厚 50μm 的工艺。

在这项工作中,我们设计和制作了 4 个可伸缩传感器网络,它们集成了分布式 PZT、应变和 RTD 传感器,使得它们可以嵌入复合翼的内部。可扩展的导线连接网络节点,作为信号通信通道。拉伸前网络尺寸为 52.8mm×39.6mm,拉伸后网络尺寸为 140mm×105mm,总表面积增加 700%。4 个传感器网络中的每个都包含 8 个压电传感器(直径为 3.175mm 的圆形 PZT),6 个应变计和 24 个 RTD,复合翼的嵌入式传感器总数为 148 个。

复合机翼:原型机翼是由斯坦福大学设计、建造和测试的。所设计的机翼为基于弧面 SG6043 高升阻比机翼,具有 0.86m 半跨距,0.235m 弦长和 7.32 的展弦比。表 31.1 是机翼的详细尺寸。为了实现机翼原型的集成和制造,必须开发一种合适的网络-材料集成过程,将微制造的传感器网络嵌入复合材料中。

可伸缩网络组件(包括导线和传感器节点)的微尺度、纵横比和脆弱性要求必须使用适当的集成和网络传输过程。如果处理不当,网络节点和触点垫的几何形状和材料可能会导致碳纤维电短路。为了解决这些集成和制造方面的挑战,必须开发一种基于多层柔性印制电路板(PCB)技术和环氧铠装的新工艺,用于网络组件的传输、电子接口和电子绝缘。利用所研究的方法,通过采用多步骤的制造过程我们将传感器网络成功地集成到基于碳纤维的复合材料中。复合材料机翼结构是在碳、玻璃复合材料的基础上制成的。该层由碳纤维(CF)平纹织物 1K T300 和玻璃纤维(GF)平纹织物 18g/m^{2}组成,并注入了 AralditeLY / HY5052 环氧树脂。各层的堆积顺序为[0°GF,0°CF,0°CF,45°CF,0°CF,0°

GF］(图 31.3)。

表 31.1　实验机翼的详细尺寸

半翼展 b	0.86m
弦 c	0.235m
面积 S	0.2m^2
宽比	7.32
翼型	SG 6043

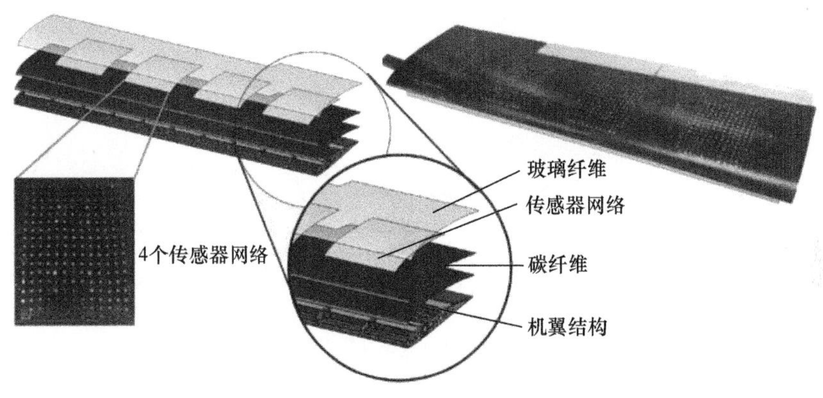

图 31.3　智能复合机翼设计,共 148 个(32 个压电传感器、24 个应变计和 92 个 RTD 传感器)微传感器嵌入复合层中

在贴合过程中,靠近机翼表面的 0°处,4 个传感器网络被嵌入两个顶层之间。由于玻璃纤维的透明性,嵌入的可伸缩传感器网络可以被明显地看到。支撑翼结构由木(椴木)肋和梁组成。

31.3　风洞实验过程

31.3.1　风洞

原型复合翼在斯坦福大学的开环风洞设施中进行了测试。风洞实验截面为 0.76×0.76m,可达到约 30m/s 的连续流速。定制基础设施能够使机翼在 AOA 中进行调整。机翼被水平安装在实验段内,同时在基座的适当位置还安装了 8 个商用应变仪来测量空气动力,旋转轴大致与翼弦的 1/4 重合。图 31.4 显示了复合翼与 PZT 和应变传感器的对应位置。

31.3.2　实验

我们选取不同攻角和自由流速度 U_∞ 所对应的值,并进行了一系列风洞实验。对于每个攻角,其角度大小为 0°~18°,并以 1°的增量步长,并顺序收集 9~22m/s 的速度数据(增量步长 1 m/s)。按照上述步骤我们进行了 285 个不同的实验,涵盖了所考虑的实验

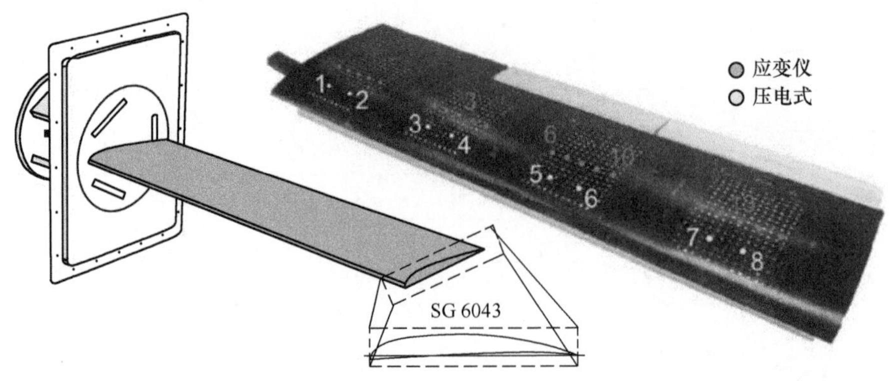

图 31.4 带有嵌入式传感器网络和位置的智能复合机翼压电和应变传感器

条件的全部范围。实验条件及雷诺数如表 31.2 所示。

表 31.2 风洞实验中考虑的条件

$Re/10^3$	124	155	171	187	202	217	233	248	264	280	295	311	326	342
U_∞/(m/s)	9	10	11	12	13	14	15	16	17	18	19	20	21	22
AoA:0°~18°;实验总数:285														

在每个实验中,我们通过嵌入式网络压电传感器记录翼上不同位置的振动、应变响应(初始采样频率f_s= 1000Hz,初始信号带宽 0.1~500Hz)和应变仪(采样频率f_s= 100Hz,信号带宽为 DC~50Hz)的值,通过定制设计和构建的信号调理装置将传感器信号传到数据采集系统中(National Instruments X6366 系列),但传感器信号的总数会受到数据采集系统的可用信道数的限制。表 31.3 给出了传感器、数据采集和信号细节。

表 31.3 信号预处理及详细信息

参数	压电传感器	应变计
传感器数量	8	15
采样频率	f_s = 1000Hz	f_s = 100Hz
带宽	0.1~500Hz	DC~50Hz
信号长度	N=90000 个样本(90s)	N=9000 个样本(90s)

31.4 多飞行状态下的随机全局识别

在本节中,我们通过使用随机泛函模型,或更确切地说,依赖向量的功能池自回归(VFP-AR)模型识别机翼动力学。这些模型能够代表整个操作(飞行)条件(空速和攻角)的系统动力学。基于在这些条件的样本下获得的数据记录,解决了在多种条件下运行的随机系统的识别问题。这个问题在许多实际应用程序中都很重要,并在引入的函数池框架中得到了解决。本节研究的重点是两个参数对飞行状态的影响,即空速和机翼的攻角。

31.4.1　单一飞行状态下的基线建模

在单个飞行状态下进行机翼建模是实验的初始步骤,这一初始步骤在所有允许飞行状态下进行全局建模。

在单个风洞实验的基础上,我们通过标准识别程序获得代表系统动力学的离散时间模型(或向量模型,或在多个响应测量位置的模型阵列)的区间估计。本研究采用了单一响应自回归(AR)模型。

AR(n)模型的格式为

$$y[t] + \sum_{i=1}^{n} a_i \cdot y[t-i] = e[t] \quad [e[t] \sim \text{iid } \mathcal{N}(0,\sigma_e^2)] \tag{31.1}$$

式中:t 为归一化离散时间($t=1,2,3,\cdots$,绝对时间为$(t-1)T_S$,其中 Ts 代表采样周期);$y[t]$为由机翼压电传感器产生的实测振动响应信号;n 为 AR 阶;$e[t]$为随机模型残差(提前一步预测误差)序列;符号 $N(\cdot,\cdot)$为具有指定的均值和方差的高斯分布;iid 为独立同分布;最后将 AR 模型参数指定为 a_i。

模型的参数向量 $\overline{\boldsymbol{\theta}} = [a_1 \cdots a_n : \sigma_e^2]^{\mathrm{T}}$ 被用于估计测量信号。模型估计可以基于普通最小二乘(OLS)或加权最小二乘(WLS)准则的最小化来实现。建模过程包括对 AR(n)模型进行逐次拟合,增加 n 阶,直到选择合适的模型。模型的序选择基于贝叶斯信息准则(BIC)以及系列平方和(RSS/SSS)归一化后的残差平方和实现。最后的模型验证是基于残差(一步预测误差)序列不相关(白度)假设的形式化验证。

31.4.2　多飞行状态下的全局建模

VFP-AR 允许在多个飞行状态下对全局机翼动力学进行完整和精确的建模,每个状态由特定的空速和 AoA 定义。图 31.5 给出了系统识别问题的示意图。VFP 模型参数和残差序列协方差在功能上既依赖空速又依赖攻角,在 VFP 模型结构中考虑了不同飞行状态之间的对应关系和统计相关性。

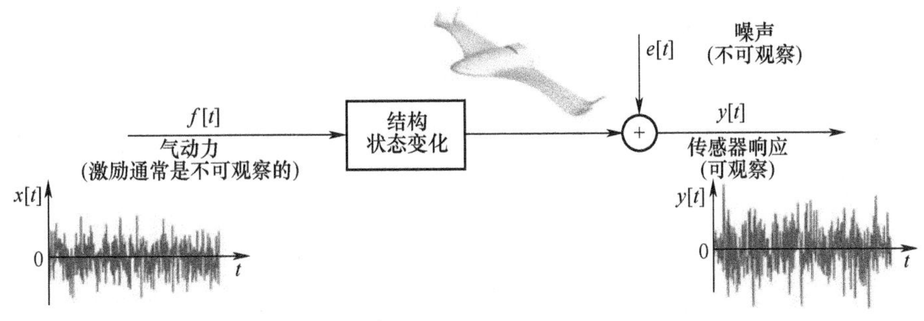

图 31.5　系统识别问题的示意图

VFP-AR 属于最近引入的更广泛的一类随机功能池模型,该模型利用功能数据池技术组合和优化处理(作为一个实体)从不同实验中获得的数据。这些数据对应于不同的结构状态,并使用统计技术进行模型估计。

在通过 VFP-AR 模型对复合翼进行全局建模时，要考虑定义翼面飞行速度的所有允许的空速和迎角。实验的总数为 $M_1 \times M_2$(通过分析模型和仿真得出的)，其中 M_1 和 M_2 分别指定了不同空速和攻角下的实验设置。每个实验都有特定的空速 k^1 和特定的攻角 k^2，完整的系列涵盖了每个变量所需的范围，例如 $[k^1_{\min}, k^1_{\max}]$ 和 $[k^2_{\min}, k^2_{\max}]$ 通过离散化 $\{k^1_1, k^1_2, \cdots, k^1_{M_1}\}$ 和 $\{k^2_1, k^2_2, \cdots, k^2_{M_2}\}$ 得到。为识别全局 VFP 模型，我们定义了包含空速和攻角分量的向量运行参数 $\boldsymbol{k}$：

$$\boldsymbol{k} = [k^1_i \ k^2_j]^{\mathrm{T}} \Leftrightarrow k_{i,j} \quad (i = 1,2,\cdots,M_1; j = 1,2,\cdots,M_2) \tag{31.2}$$

式中：$k_{i,j}$ 为与第 i 空速和第 j 个攻角相对应翼的飞行状态。该过程产生一个响应信号池(每个长度为 N)：

$$x_k[t], y_k[t], \text{其中 } t = 1,2,\cdots,N, \quad k^1 \in \{k^1_1, k^1_2, \cdots, k^1_{M_1}\}, \quad k^2 \in \{k^2_1, k^2_2, \cdots, k^2_{M_2}\} \tag{31.3}$$

识别全局模型的数据收集过程的示意图如图 31.6 所示。这样就能够以 VFP-AR 模型的形式对机翼结构进行适当的数学描述。在有多个响应测量位置的情况下，可以获得此类模型(或向量模型)的数组，每个标量模型对应每个测量位置。

VFP-AR 模型具有以下形式：

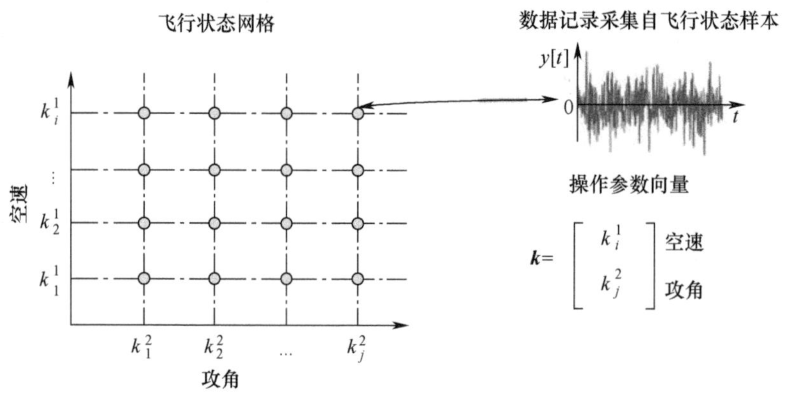

图 31.6 不同飞行状态下通过改变空速和攻角实现数据收集的示意图

$$y_k[t] + \sum_{i=1}^{n} a_i(\boldsymbol{k}) \cdot y_k[t-i] = e_k[t] \tag{31.4}$$

$$e_k[t] \sim \text{iid } \mathcal{N}(0, \sigma^2_e(\boldsymbol{k})) \quad (\boldsymbol{k} \in \mathbb{R}^2) \tag{31.5}$$

$$a_i(\boldsymbol{k}) = \sum_{j=1}^{p} a_{i,j} \cdot G_j(\boldsymbol{k}) \tag{31.6}$$

$$E\{e_{k_{i,j}}[t] \cdot e_{k_{m,n}}[t-\tau]\} = \gamma_e[k_{i,j}, k_{m,n}] \cdot \delta[\tau] \tag{31.7}$$

式中：n 为 AR 顺序；$y_k[t]$ 为压电传感器的响应信号；$e_k[t]$ 为模型的残差序列，是一种序列不相关带有方差 $\sigma^2_e(\boldsymbol{k})$ 的零均值序列，这表明与不同实验所对应的对应项存在潜在的交叉相关性(不同的 $\boldsymbol{k}$)；符号 $E\{\cdot\}$ 表示统计期望；$\delta[\tau]$ 为 Kronecker 符号($\tau = 0$ 时，其等于 1，$\tau = 0$ 时，其等于 0)；$N(\cdot,\cdot)$ 为具有指定均值和方差的高斯分布；iid 为独立同分布。

由式(31.6)可知，AR 参数 $a_i(\boldsymbol{k})$ 属于相互独立的基函数 $G_1(\boldsymbol{k}),G_2(\boldsymbol{k}),\cdots,G_p(\boldsymbol{k})$ 构成的 p 维泛函子空间，被建模为向量 $\boldsymbol{k}$ 的显式函数(包含空速和攻角分量)。两个变量(二元)的多项式的泛函基函数，由它们对应的一元多项式(切比雪夫多项式、勒让德多项式、雅可比多项式和其他族多项式)的张量乘积得到。常数 a_{ij} 表示投影的 AR 系数。

将式(31.4)~式(31.7)的 VFP-AR 模型，根据被测信号估计的参数向量进行参数化：

$$\bar{\boldsymbol{\theta}} = [a_{1,1}a_{1,2}\cdots a_{i,j} \vdots \sigma_e^2(\boldsymbol{k})^{\mathrm{T}}, \forall \boldsymbol{k} \tag{31.8}$$

可以写成线性回归形式：

$$y_k[t] = [\varphi_K^{\mathrm{T}}[t] \otimes g^{\mathrm{T}}(\boldsymbol{k})] \cdot \theta + e_k[t] = \phi_K^{\mathrm{T}}[t] \cdot \boldsymbol{\theta} + e_k[t] \tag{31.9}$$

其中

$$\varphi_k[t] := [-y_k[t-1]\cdots -y_k[t-n]]^{\mathrm{T}}_{[n\times 1]} \tag{31.10}$$

$$g(\boldsymbol{k}) := [G_1(\boldsymbol{k})\cdots G_p(\boldsymbol{k})]^{\mathrm{T}}_{[p\times 1]} \tag{31.11}$$

$$\boldsymbol{\theta} := [a_{1,1}a_{1,2}\cdots a_{n,p}]^{\mathrm{T}}_{[np\times 1]} \tag{31.12}$$

式中：^{T} 为矩阵转置；$\otimes$为克罗内克积。

将实验中考虑的所有向量运行参数 $\boldsymbol{k}(k_{1,1},k_{1,2},\cdots,k_{M_1,M_2})$ 对应的 VFP-AR 模型的式(31.9)汇集在一起得到：

$$\begin{bmatrix} y_{k_{1,1}}[t] \\ \vdots \\ y_{k_{1,u_2}}(t) \end{bmatrix} = \begin{bmatrix} \phi^{\mathrm{T}}_{k_{1,1}}[t] \\ \vdots \\ \phi^{\mathrm{T}}_{k_{\mu_1,\mu_2}}[t] \end{bmatrix} \cdot \boldsymbol{\theta} + \begin{bmatrix} e_{k_{1,1}}[t] \\ \vdots \\ e_{k_{M_1,M_2}}[t] \end{bmatrix} \Rightarrow y[t] = \boldsymbol{\Phi}[t] \cdot \boldsymbol{\theta} + e[t] \tag{31.13}$$

然后，在将数据替换为 $t=1,2,\cdots,N$ 之后，得到式(31.14)：

$$\boldsymbol{y} = \boldsymbol{\theta} + \boldsymbol{e} \tag{31.14}$$

和

$$\boldsymbol{y} := \begin{bmatrix} y[1] \\ \vdots \\ y[N] \end{bmatrix}, \quad \boldsymbol{\Phi} := \begin{bmatrix} \boldsymbol{\Phi}[1] \\ \vdots \\ \boldsymbol{\Phi}[N] \end{bmatrix}, \quad \boldsymbol{e} := \begin{bmatrix} e[1] \\ \vdots \\ e[N] \end{bmatrix} \tag{31.15}$$

使用上述线性回归框架估计投影系数向量 $\boldsymbol{\theta}$ 的最简单的方法是：基于最小化的普通最小二乘法(OLS)标准 $J^{\mathrm{OLS}} := \dfrac{1}{N}\sum_{t=1}^{N}\boldsymbol{e}^{\mathrm{T}}[t]\boldsymbol{e}[t]$。

一个更合适的标准是(根据高斯-马尔科夫定理)加权最小二乘(WLS)标准：

$$J^{\mathrm{WLS}} := \frac{1}{N}\sum_{t=1}^{N}\boldsymbol{e}^{\mathrm{T}}[t]\boldsymbol{\Gamma}^{-1}_{e[t]}\boldsymbol{e}[t] = \frac{1}{N}\boldsymbol{e}^{\mathrm{T}}\boldsymbol{\Gamma}_e^{-1}\boldsymbol{e} \tag{31.16}$$

从而得到加权最小二乘(WLS)估计量：

$$\hat{\boldsymbol{\theta}}^{\mathrm{WLS}} = [\boldsymbol{\Phi}^{\mathrm{T}}\boldsymbol{\Gamma}_e^{-1}\boldsymbol{\Phi}]^{-1}[\boldsymbol{\Phi}^{\mathrm{T}}\boldsymbol{\Gamma}_e^{-1}\boldsymbol{y}] \tag{31.17}$$

在这些表达式中 $\boldsymbol{\Gamma}_e = E\{\boldsymbol{e}\boldsymbol{e}^{\mathrm{T}}\}$ ($\boldsymbol{\Gamma}_e = \boldsymbol{\Gamma}_{e[t]} \otimes \boldsymbol{I}_N$ 表示 $N\times N$ 单位矩阵)表示残差协方差矩阵，实际上不可用。然而，它可以通过应用(在初始步骤中)普通最小二乘法进行估计。一旦 $\hat{\boldsymbol{\theta}}^{\mathrm{WLS}}$ 确定，最终残差方差和残差协方差矩阵估计如下：

$$\hat{\sigma}_e^2(\boldsymbol{k},\hat{\boldsymbol{\theta}}^{\mathrm{WLS}}) = \frac{1}{N}\sum_{t=1}^{N} e_{\boldsymbol{k}}^2[t,\hat{\boldsymbol{\theta}}^{\mathrm{WLS}}], \quad \hat{\boldsymbol{\Gamma}}_{e[t]} = \frac{1}{N}\sum_{t=1}^{N} \boldsymbol{e}[t,\hat{\boldsymbol{\theta}}^{\mathrm{WLS}}]\boldsymbol{e}^{\mathrm{T}}[t,\hat{\boldsymbol{\theta}}^{\mathrm{WLS}}] \tag{31.18}$$

在中性条件下,估计器 $\hat{\boldsymbol{\theta}}^{\mathrm{WLS}}$ 为渐近的高斯分布,其均值与真正的参数向量 $\boldsymbol{\theta}^{\circ}$ 和协方差矩阵 $\boldsymbol{P}_{\theta}$ 为

$$\sqrt{N}(\hat{\boldsymbol{\theta}}_N - \boldsymbol{\theta}^{\circ}) \sim \mathcal{N}(\boldsymbol{0},\boldsymbol{P}_{\theta}) \quad (N \to \infty) \tag{31.19}$$

在此基础上,可以构造出真实参数向量的区间估计。

给定基函数族(如契比雪夫、勒让德等)的 VFP-AR 模型,结构选择(结构估计)面临的问题是 AR 多项式的模型顺序确定及其相应的泛函数子空间的确定。通常 AR 模型的顺序最初是通过传统的模型顺序选择技术(BIC、RSS、频率稳定图)进行选择的,而功能子空间维数则是通过遗传算法(GA)进行选择的。开始要选择最大泛函子空间维数,该空间维数定义了泛函子空间估计子问题的搜索空间。关于准确子空间维数的确定,我们是通过基于候选基函数的 BIC 最小化遗传算法来实现。在本研究中,我们通过使用 BIC 准则来增加泛函子空间维数,并实现了泛函子空间维数的估计。

31.5 实验结果

31.5.1 数值仿真

为提取出用于解释和评估实验结果的组合机翼的气动特性,我们运用 XFOIL 进行了一系列的数值仿真。XFOIL 是麻省理工学院开发的一个用于设计和分析亚音速隔离翼型的交互式程序。

图 31.7(a)、(b)分别给出了不同雷诺数下 SG6043 机翼的升力系数,以及与攻角和升力与阻力系数的比 C_L/C_D 的结果(U_{∞} = 7m/s,10m/s,12m/s,15m/s)。从图中可以看出,当雷诺数 Re = 100000 时,机翼从大约 12°的攻角开始出现失速[如图 31.7(a)阴影区域所示]。此外,还可以观察到 4°~8°角[图 31.7(b)中的阴影区域]的最大 C_L/C_D 比。

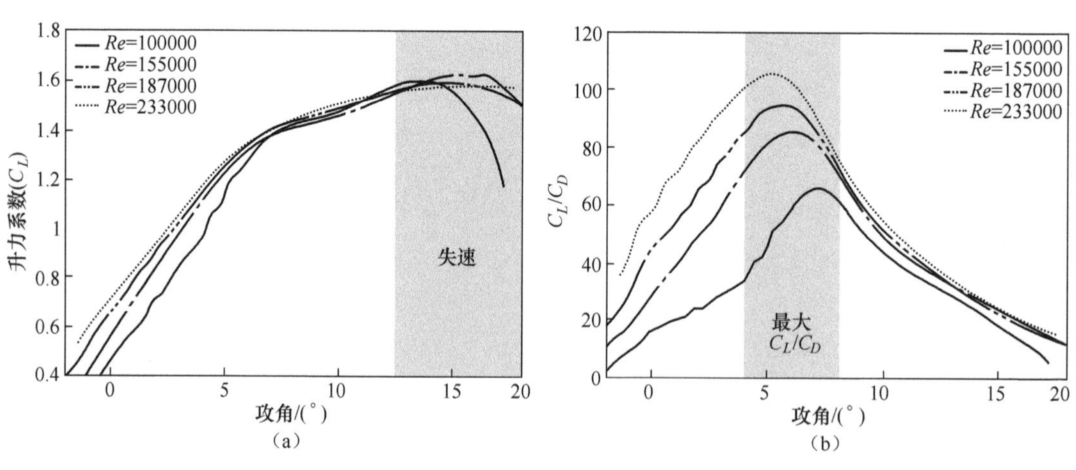

图 31.7 指示性仿真结果

(a)升力系数 C_L;(b)升力-拖动 SG6043 机翼和各种雷诺的系数比 C_L/C_D 与攻角的关系。

图 31.8 为压电传感器 2 在不同攻角和自由速度下 U_∞ = 11m/s 和 U_∞ = 15m/s (表 31.2)的指示信号(传感器位置见图 31.4)。可以观察到这些信号的随机性质,这是由风洞气流驱动和机翼的气动弹性响应导致的。此外,对于较大的攻角和当机翼接近失速时,信号振幅(电压)明显增加。当 U_∞ = 11m/s 时,对应于图 31.8(a),攻角为 13°和 15°的最大信号幅值非常相似,没有明显的增加。

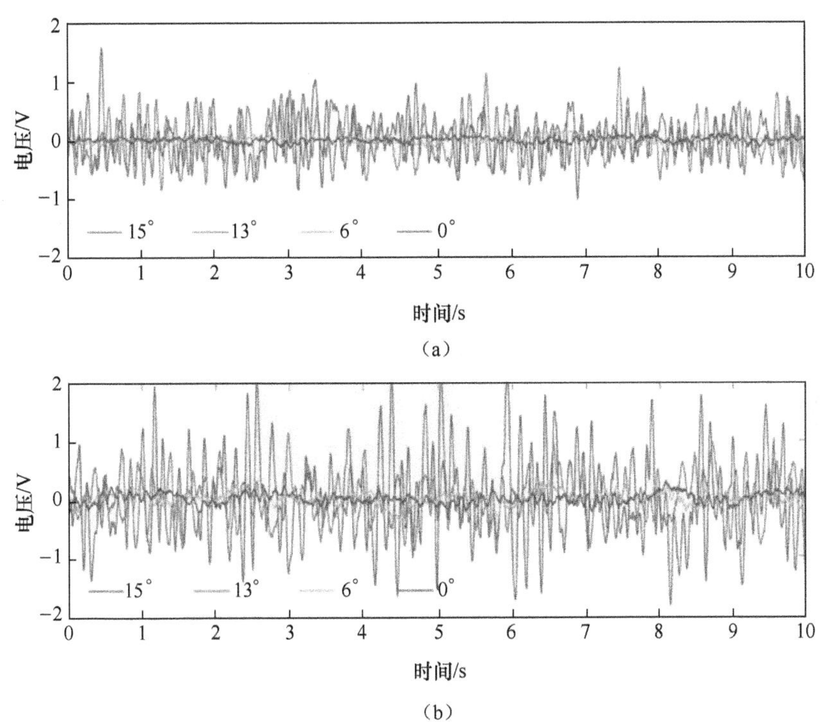

图 31.8　在不同迎角下从压电传感器 2 获得的指示信号
(a)自由流速度 U_∞ = 11m/s(顶部副区);(b)自由流速度 U_∞ = 15m/s(底部子图)。

根据图 31.7 可以看出,自由流速度失速发生在攻角大约为 13°处。由图 31.8 的底部子图可以看出,在 U_∞ = 15m/s 的情况下,失速则发生在大约 15°位置,可以很容易地观察到信号幅值从攻角为 13°到 15°有明显的增加。

为了进一步研究传感器在不同攻角下的信号幅度,我们在风洞实验的基础上对机翼进行了信号能量的统计分析。图 31.9 为压电传感器 1 在风洞实验中得到的指示信号能量($V^2 \cdot t$)结果。振动信号能量以及 99%置信度的平均值用于增加攻角。初始信号 90 (N = 90000 个样本)首先被分割到 0.5s(N = 500 个样本)的信号窗中,然后对每个信号窗口估计信号能量的平均值和标准差。

攻角在 0°~15°变化并且自由流速度恒定为 U_∞ = 11m/s,其目标是将时域信号能量与气流特性和气动弹性特性相关联,以识别和跟踪适当的信号特征,用于机翼振动监测、机翼弦上流动分离的定位,以及不同飞行状态下失速的早期检测。

当翼角超过 12°时,信号能量显著增加,接近失速时达到最大值(攻角为 13°),失速后信号能量略有下降(14°和 15°)。对各传感器风洞信号的统计分析表明,速度为 11m/s 和

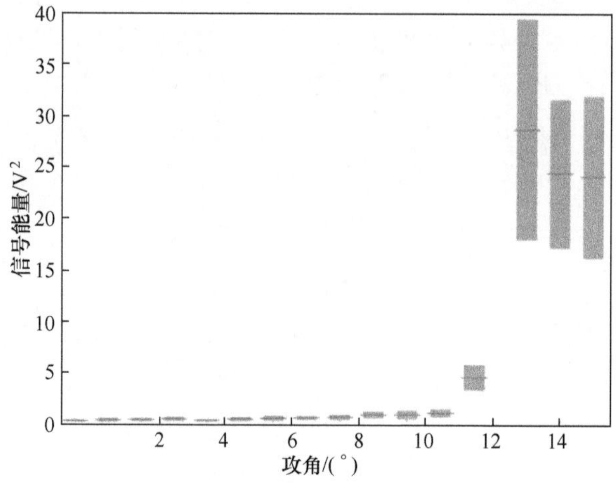

图 31.9　压电传感器 1 和压电传感器 2 的指示信号能量与 AoA 风洞结果自由流速度 U_∞ = 11m/s
（信号能量的平均值显示为水平黑线。99%置信区间显示为灰色阴影区域）

12m/s 时，失速角为 13°，而速度为 14m/s 和 15m/s 时，失速角为 14°。

图 31.10 给出了自由流速度 U_∞ = 15m/s 的类似统计能量结果。这些结果与图 31.8 中信号的趋势一致，两种情况下信号幅值/能量均在翼失速范围内达到最大值。计算结果与图 31.7 的数值仿真结果基本一致。

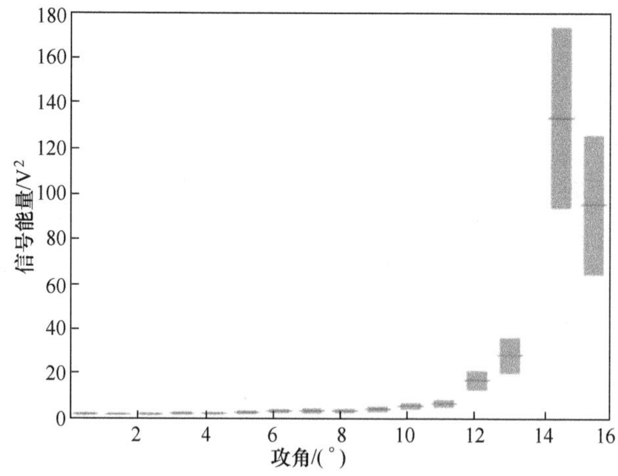

图 31.10　压电传感器 1 和 2 的指示信号能量与风洞攻角结果自由流速度 U_∞ = 15m/s
（信号能量的平均值显示为水平黑线。99%置信区间显示为灰色阴影区域）

31.5.2　非参数分析

非参数识别是基于 90000（信号持续时间为 90s）个样本——从嵌入式压电传感器获得的长响应信号（表 31.3）实现的。分析基于 Welch 的光谱估计（MATLAB 函数 pwelch. m）采用频率分辨率为 f = 0.24Hz、重叠度为 90%的 5096 采样——长汉明数据窗。

图 31.11 给出了从传感器 1 获得的压电响应信号的指示性非参数功率谱密度(PSD)估计,用于增加攻角和自由速度 U_∞ = 13m/s(*Re* = 202000)。值得注意的是,随着攻角的增加,在 112Hz 的低频范围内,PSD 振幅也显著增加。更具体地说,当机翼的角度接近 13°~14°的临界失速范围时,低频振动占主导地位,从而表明接近机翼失速。很明显,监测对增加攻角的敏感识别提供了稳定的摊位,机翼的所有嵌入式压电传感器都表现出类似的性能,但为了简洁起见,我们省略了相关结果。

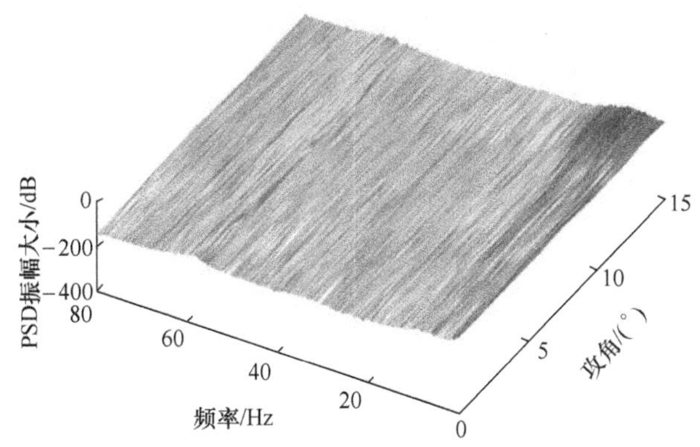

图 31.11　对于 U_∞ = 13m/s(*Re* = 202000)的自由流速度[基于相对于攻角的非参数焊接的 PSD 估计值(压电传感器 1)]

类似地,图 31.12 呈现了从压电传感器 1 获得的基于压电传感器 1 的 PSD 的估计,用于增加空速和 0°的恒定攻角。再次需要注意,随着空速的增加,低频范围内的 PSD 振幅也会增加。预计当气动弹性模态耦合作用时,随着空速的增加,振动攻角将接近它的颤振速度。仔细观察图 31.12 可以发现,频率大约在 5Hz 时随着空速的增加而增加,当接近 9Hz 时的频率时,出现了一个初始颤振的迹象。颤振观测将由下一节的全局参数化建模加以阐明。

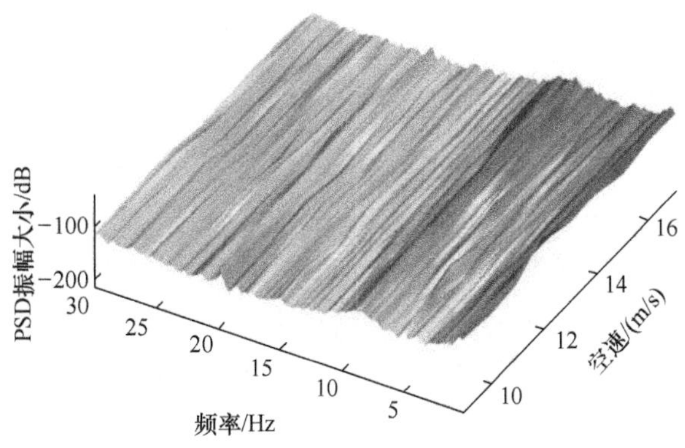

图 31.12　指示性非参数基于 Welch 的 PSD 估计值(压电传感器 1)与空速(攻角为 0°)

31.5.3 基准参数建模

基于采集到的压电响应信号(MATLAB 函数 arx. m),我们通过标准的识别程序得到传统的 AR 时间序列模型。实验响应信号带宽选择为 0 ,在将初始信号进行低通滤波(Chebyshev Type Ⅱ)后,我们将响应信号带宽选择为 0.1~100Hz,再次采样至产生的采样频率 f_s = 200Hz(初始采样频率为 1000Hz)。每个信号的长度为 N = 4000 个样本,随后进行样本均值校正(表 31.4)。对于压电传感器 1,这会导致收集到的数据集对应于 11m/s 的空速和 3°的攻角的 AR(72)模型。我们使用 AR(72)模型作为参考,并为下一节的全局 VFP-AR 模型的识别提供大致的顺序。为了简单起见,在以下几节中,我们仅介绍来自传感器 1 的指示性结果。

31.5.4 多飞行状态下的全局建模

实验基于压电传感器在不同风洞实验条件下采集的信号,对机翼动力学进行了参数化识别(表 31.4)。

复合翼的全局建模是基于 $M_1 \times M_2$ = 144 次实验获得的信号。目前,基于 VFP 的建模过程我们考虑了高达 17m/s 的空速和高达 15°的攻角。使用的空速和攻角增量为 δk^1 = 1m/s,δk^2 = 1°, 分别覆盖相应的区间[9, 17]m/s 和[0°, 15°]。

表 31.4 压电信号预处理

采样频率	f_s = 200Hz(经过过滤和二次采样)
最终带宽	0.1~100Hz
数字滤波	低通切比雪夫Ⅱ型(七阶)
信号长度	N=4000 个样本(20s)

模型阶数的选择从传统 AR 模型在恒定指示性实验条件下的机翼结构阶数开始。目前实验选择的最终模型订单是基于 BIC 准则和模型验证技术,如检查模型残差的白度(不相关)和正态性(MATLAB 函数分别为 acf. m 和 normplot. m)。功能子空间是基于 BIC 的过程来选择的。泛函子空间由 25 个切比雪夫型二元多项式基函数组成。最终确定的全局模型为 VFP-AR$(72)_{25}$。因此,AR 多项式的模型阶数为 72,而泛函子空间由第一个 p=25 移位的 Chebyshev Type Ⅱ二维多项式组成。

如图 31.13 所示,作为频率和攻角的函数,通过 VFP-AR$(72)_{25}$模型(设定航速为 11m/s)可以得到指示性基于 VFP 频响函数(FRF)的结果,其中频率分辨率为 0.01Hz,攻角分辨率为 0.1°。由于飞行状态的解析函数依赖模型参数,因此可以适当地定义期望的分辨率。通过对攻角频率演化的观察,可以判断出随着攻角的增大,低频参数功率谱密度的幅值也会增大。更具体地说,发生失速时,当攻角为 13°时,频率在 9Hz 处的谱幅急剧增加(与图 31.7 比较)。此外,将参数谱估计与图 31.11 中相应的非参数 Welch-based 分析进行比较,可以得出结论:采用明显较短的信号长度的全局建模方法获得了较高的精度(表 31.3)。

如图 31.14 所示,作为频率和空速的函数,从 VFP-AR$(72)_{25}$模型(攻角为 0°)得到的指示性参数频响结果可以看出,当空速为 9m/s 时,4.5Hz 的翼型随着空速的增加逐渐增大,直至与约 16m/s 时 8.5Hz 的翼型统一。这种气动弹性特性对应动力颤振现象的产生。还可以观察到,与图 31.12 的相应非参数分析相比,图 31.14 的结果是非常准确的。通过使用这种全局的 VFP 模型,可以通过适当的实时监测技术改善飞机的控制性能,从而抑制、最小化甚至预测动态颤振。

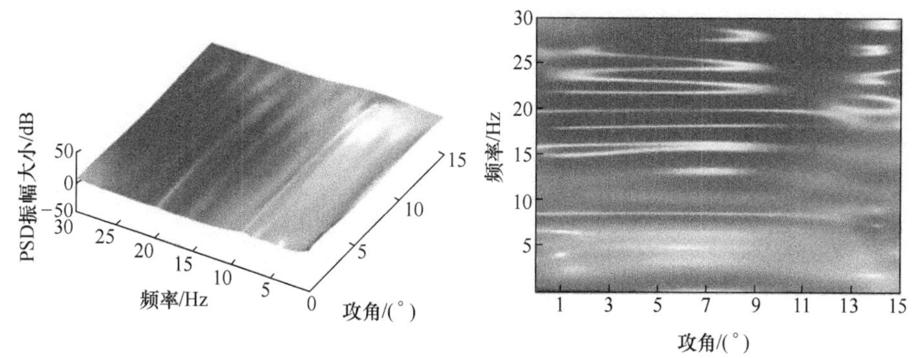

图 31.13　通过 VFP-AR$(72)_{25}$模型获得的设定指示性参数结果空速为 11m/s 的频率响应函数估计为频率和攻角的函数
(当攻角为 13°时,空气弹性模态的光谱振幅在 8.5Hz 时急剧增加,提供明显的停顿迹象。)

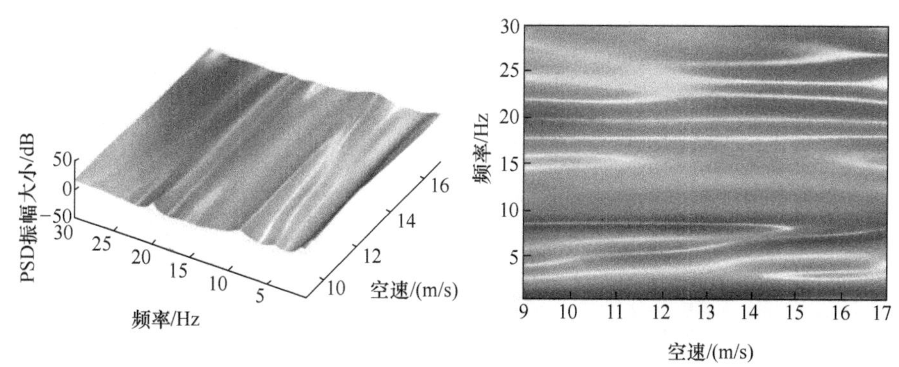

图 31.14　从 VFP-AR$(72)_{25}$模型获得的设定指示性参数光谱结果攻角为 0°的频率响应函数估计为频率和空速的函数(观察 4.5Hz 和 8.5Hz 的空气弹性模态的收敛和最终耦合清晰的机翼颤动迹象)

VFP-AR$(72)_{25}$模型的指示性模型参数如图 31.15 所示。图形表示 11°恒定攻角下的空速函数,相应地 99%置信区间也用红色表示。在大多数情况下,正如副图所示,可以观察到置信区间非常窄,这证明了参数估计方法的准确性。当记录信号的不确定性增加时,随机辨识方法通过增加参数估计的不确定性进行补偿,从而导致参数置信区间的增加。

如前所述,VFP 模型参数是基于选定的泛函子空间和投影的估计系数的空速和攻角的显函数。为此,图 31.16 给出了指示性 VFP-AR$(72)_{25}$模型参数作为空速和攻角的函数。

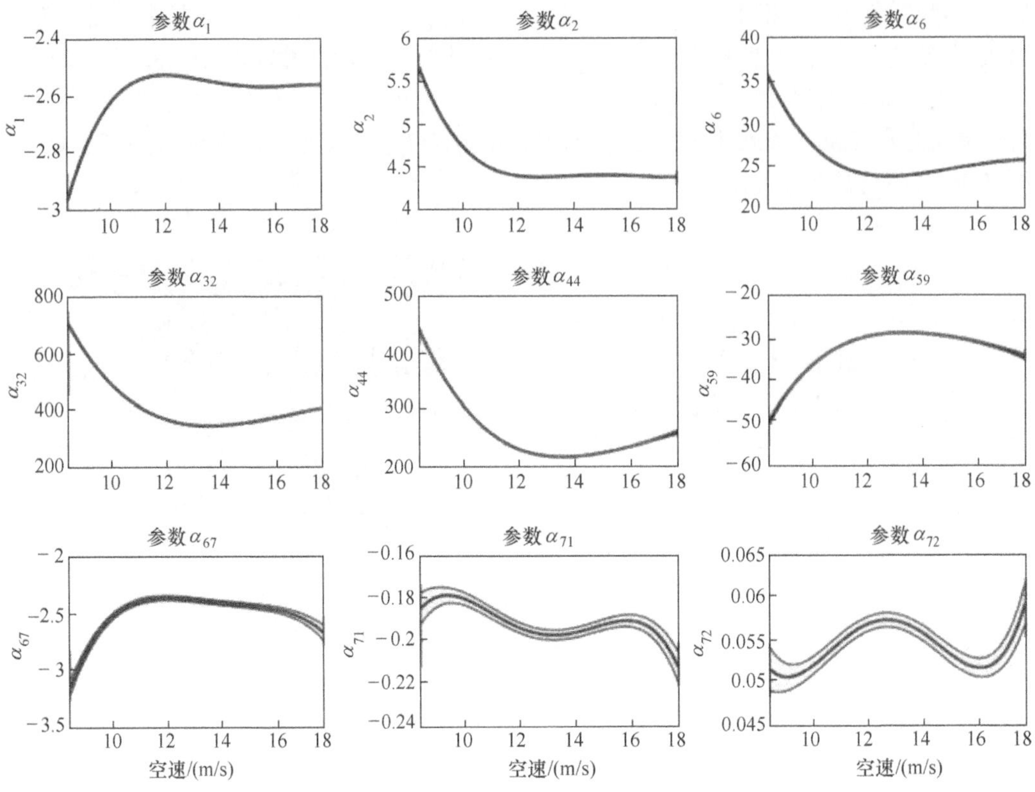

图 31.15　指示性 VFP-AR(72)$_{25}$模型参数及其 99%置信区间(设定对空速攻角 k^2 = 11°)

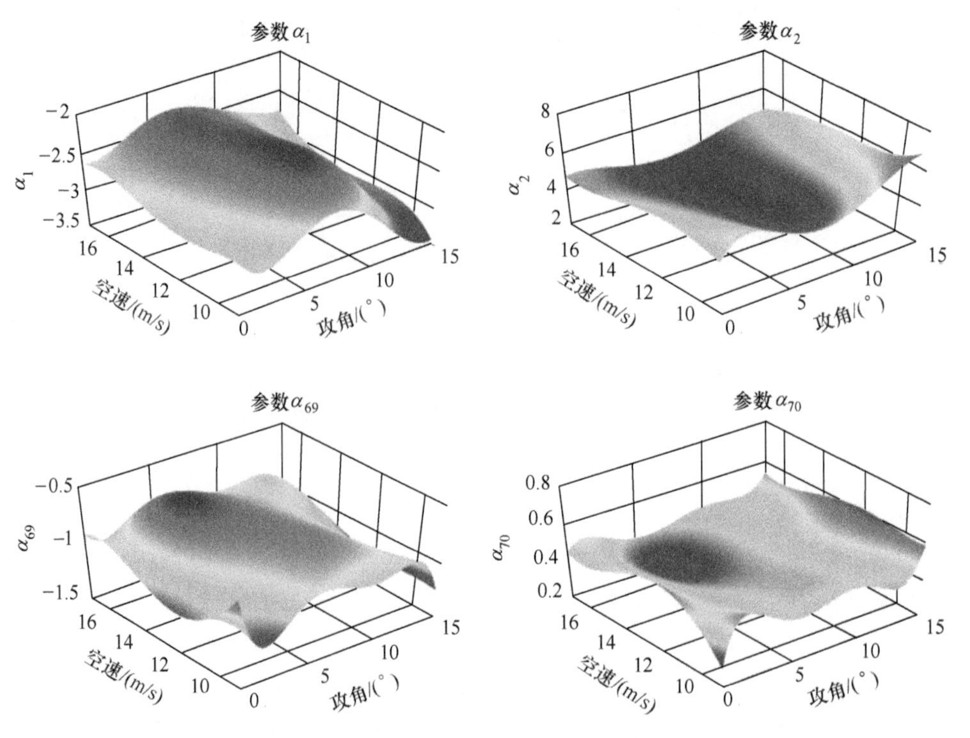

图 31.16　指示性 VFP-AR(72)$_{25}$模型参数作为空速和攻角的函数

31.6 小　结

本章的目的是介绍一种新的 DDDAS 状态感知框架,被用于下一代智能“感知飞行”的航空飞行器。该框架基于仿生微传感器网络,可以提供结构动态气动弹性响应的实时信息,描述飞行状态和不确定性变化下系统动力学的随机全局模型。

在空气弹性状态感知的背景下,我们引入了依赖向量的功能池(VFP)模型,该模型允许在飞行状态和模型参数之间显式的函数依赖。VFP 模型类似 LPV 模型的形式,但有一些关键的区别:①信号被视为一个单一的实体和潜在的相互关系;②估计参数的数量是最小的;③为了达到最优的准确度,评估只需一步完成。

为了对所提出的随机框架进行实验评估,我们在斯坦福大学设计并制作了一个智能复合无人机翼原型。复合机翼配备有生物启发的可伸缩网络,其由 148 个微型传感器组成,嵌入复合材料层内。在不同攻角和自由速度下我们进行了一系列风洞实验,用于不同飞行状态下的数据采集。我们共计进行了 285 个风洞实验,覆盖了飞行状态的整个范围。我们还基于新型 VFP 时间序列模型结构的假设数据驱动的随机识别方法,实现了对所有飞行状态下机翼动力学的精确表示,实现了对动态失速和颤振现象的检测。

实验结果证明了仿生传感器网络与复合翼能够集成,但最重要的是,随机数据驱动的“全局”识别方法的有效性和准确性,表明我们的研究向具有状态感知能力的下一代“感知飞行”航空飞行器迈出了第一步。

目前及未来工作计划如下:

(1) DSA 框架的实时实现;

(2) 与高保真结构和气动弹性计算模型集成,增加物理洞察力,用于训练的数据生成,并在材料中完成结构感知;

(3) 提出基于全局模型的颤振抑制、失速避免、阵风减缓、优化操纵和性能控制方案;

(4) 将全局 VFP 模型扩展到多变量情形,以同时考虑大量传感器;

(5) 通过考虑快速演化的非平稳动态信号扩展全局 VFP 模型。

参考文献

[1] D. Bernstein, Matrix Mathematics(Princeton University Press, Princeton, 2005)

[2] M. Drela, H. Youngren, XFOIL. http://web.mit.edu/drela/Public/web/xfoil/

[3] S. D. Fassois, Parametric identification of vibrating structures, in Encyclopedia of Vibration, ed. by S. Braun, D. Ewins, S. Rao(Academic, San Diego, 2001), pp. 673-685

[4] W. H. Greene, Econometric Analysis, 5th edn. (Prentice-Hall, Upper Saddle River, 2003)

[5] Z. Guo, Robust design and fabrication of highly stretchable sensor networks for the creation of intelligent materials. Ph. D. thesis, Department of Aeronautics and Astronautics, Stanford University(2014)

[6] Z. Guo, K. Kim, G. Lanzara, N. Salowitz, P. Peumans, F. -K. Chang, Bio-inspiredsmart skin based on expandable network, in Proceedings of the 8th International Workshop on Structural Health Monitoring 2011 - Condition Based Maintenance and Intelligent Structures, Stanford, ed. by F. K. Chang, 2011

[7] M. C. Henshaw, K. J. Badcock, G. A. Vio, C. B. Allen, J. Chamberlain, Kaynes, I. , G. Dimitriadis, J. E. Cooper, M. A. Woodgate, A. M. Rampurawala, Jones, D. , C. Fenwick, A. L. Gaitonde, N. V. Taylor, D. S. Amor, T. A. Eccles, C. J. Denley, Non-linear aeroelastic prediction for aircraft applications. Prog. Aerosp. Sci. 43, 65-137(2007)

[8] A. Hjartarson, P. J. Seiler, G. J. Balas, LPV aeroservoelastic control using the LPVTools toolbox, in Proceedings of AIAA Atmospheric Flight Mechanics(AFM) Conference, Boston, 2013

[9] R. Huang, Y. Zhao, H. Hu, Wind-tunnel tests for active flutter control and closed-loop flutter identification. AIAA J. 54(7), 2089-2099(2016)

[10] J. Ihn, F. K. Chang, Detection and monitoring of hidden fatigue crack growth using a built in piezoelectric sensor/actuator network, part i: diagnostics. Smart Mater. Struct. 13, 609-620(2004)

[11] J. Ihn, F. K. Chang, Detection and monitoring of hidden fatigue crack growth using a builtin piezoelectric sensor/actuator network, part ii: validation through riveted joints and repair patches. Smart Mater. Struct. 13, 621-630(2004)

[12] J. Ihn, F. K. Chang, Pitch-catch active sensing methods in structural health monitoring for aircraft structures. Struct. Health Monit. 7(1), 5-19(2008)

[13] V. Janapati, F. Kopsaftopoulos, F. Li, S. Lee, F. K. Chang, Damage detection sensitivity characterization of acousto-ultrasound-based structural health monitoring techniques. Struct. Health Monit. 15(2), 143-161(2016)

[14] F. P. Kopsaftopoulos, Advanced functional and sequential statistical time series methods for damage diagnosis in mechanical structures. Ph. D. thesis, Department of Mechanical Engineering & Aeronautics, University of Patras, Patras, 2012

[15] F. P. Kopsaftopoulos, S. D. Fassois, Vector-dependent functionally pooled ARX models for the identification of systems under multiple operating conditions, in Proceedings of the 16th IFAC Symposium on System Identification, (SYSID), Brussels, 2012

[16] F. P. Kopsaftopoulos, S. D. Fassois, A functional model based statistical time series method for vibration based damage detection, localization, and magnitude estimation. Mech. Syst. Signal Process. 39, 143-161(2013). http://dx. doi. org/10. 1016/j. ymssp. 2012. 08. 023

[17] F. Kopsaftopoulos, R. Nardari, Y. H. Li, F. K. Chang, Experimental identification of structural dynamics and aeroelastic properties of a self-sensing smart composite wing, in Proceedings of the 10th International Workshop on Structural Health Monitoring (IWSHM), ed. by F. K. Chang, F. Kopsaftopoulos, Stanford University, 2015

[18] F. Kopsaftopoulos, R. Nardari, Y. H. Li, P. Wang, F. K. Chang, Stochastic global identification of a bio-inspired self-sensing composite LIAV wing via wind tunnel experiments, in Proceedings of the SPIE 9805, Health Monitoring of Structural and Biological Systems 2016, 98051V , Las Vegas, 2016

[19] G. Lanzara, N. Salowitz, Z. Guo, F. K. Chang, A spider-Web-like highly expandable sensor network for multifunctional materials. Adv. Mater. 22(41), 4643-4648(2010)

[20] C. Larrosa, K. Lonkar, F. K. Chang, In situ damage classification for composite laminates using gaussian discriminant analysis. Struct. Health Monit. 13(2), 190-204(2014)

[21] L. Ljung, System Identification: Theoryfor the User, 2nd edn. (Prentice-Hall, Upper Saddle River, 1999)

[22] Z. Y. Pang, C. E. Cesnik, Strain state estimation of very flexible unmanned aerial vehicle, in Proceedings of 57th AIAA/ASCE/AHS/ASC Structures, Structural Dynamics, and Materials Conference, San Diego, 2016

[23] J. J. Ryan, J. T. Bosworth, J. J. Burken, P. M. Suh, Current and future research in active control of lightweight, flexible structures using the X-56 aircraft, in Proceedings of AIAA 52nd Aerospace Sciences Meeting, National Harbor, 2014

[24] J. S. Sakellariou, S. D. Fassois, Functionally pooled models for the global identification of stochastic systems under different pseudo-static operating conditions. Mech. Syst. Signal Process. 72-73, 785-807(2016). http://dx. doi. org/10. 1016/j. ymssp. 2015. 10. 018

[25] N. Salowitz, Z. Guo, S. J. Kim, Y. H. Li, G. Lanzara, F. K. Chang, Screen-printed piezoceramic actuators/sensors microfabricated on organic films and stretchable networks, in Proceedings of the 9th International Workshop on Structural Health Monitoring 2013, Stanford, ed. by F. K. Chang, 2013

[26] N. Salowitz, Z. Guo, Y. H. Li, K. Kim, G. Lanzara, F. K. Chang, Bio-inspired stretchable network-based intelligent composites. J. Compos. Mater. 47(1), 97-106(2013)

[27] N. Salowitz, Z. Guo, S. Roy, R. Nardari, Y. H. Li, S. Kim, F. Kopsaftopoulos, F. K. Chang, A vision on stretchable bio-inspired networks for intelligent structures, in Proceedings of the 9th International Workshop on Structural Health Monitoring 2013, Stanford, ed. by F. K. Chang, 2013

[28] N. Salowitz, Z. Guo, S. Roy, R. Nardari, Y. H. Li, S. J. Kim, F. Kopsaftopoulos, F. K. Chang, Recent advancements and vision toward stretchable bio-inspired networks for intelligent structures. Struct. Health Monit. 13(6), 609-620(2014)

[29] T. Söderström, P. Stoica, System Identification(Prentice-Hall, Upper Saddle River, 1989)

[30] J. Sodja, N. Werter, J. Dillinger, R. D. Breuker, Dynamic response of aeroelastically tailored composite wing: Analysis and experiment, in Proceedings of 57th AIAA/ASCE/AHS/ASC Structures, Structural Dynamics, and Materials Conference, San Diego, 2016

[31] P. M. Suh, A. W. Chin, D. N. Mavris, Virtual deformation control of the X-56A model with simulated fiber optic sensors, in Proceedings of AIAA Atmospheric Flight Mechanics (AFM) Conference, Boston, 2013

[32] P. M. Suh, A. W. Chin, D. N. Mavris, Robust modal filtering and control of the X-56A model with simulated fiber optic sensor failures, in Proceedings of AIAA Atmospheric Flight Mechanics (AFM) Conference, Atlanta, 2014

[33] R. Toth, Modeling and Identification of Linear Parameter-Varying Systems. Lecture Notes in Control and Information Sciences, vol. 403(Springer, Germany, 2010)

[34] J. Zeng, P. C. Chen, S. L. Kukreja, Investigation of the prediction error identification for flutter prediction, in Proceedings of AIAA Atmospheric Flight Mechanics(AFM)Conference, Minneapolis, 2012

第 32 章　DDDAS 前进的道路

Erik Blasch, Sai Ravela, Alex Aved

摘要：本书介绍了 DDDAS 在过去 20 年中的发展重点，阐述了其发展的关键领域，包括理论、建模和案例。DDDAS 寻求高维模型提供数据，实现实时的估计、分析与控制。所展示的示例突出了 DDDAS 概念的最新方法、发展和使用，这样就可以通过对数据的理解、分析和发现来推动科学发展。未来我们将进一步发展这些 DDDAS 概念，帮助大家对科学原理、工程系统设计和多领域应用进行更好的理解。未来 DDDAS 将在机器学习分析、多领域自治和上下文感知等领域带来深刻影响。

32.1　DDDAS 科学方法

本书阐述了许多应用，它们因运用 DDDAS 范式而得到深入发展。书中介绍的 DDDAS 突出了分析、自治和感知这 3 个领域。DDDAS 方法结合了早期大数据分析的动态数据，未来技术将与人工智能和基于高维建模数据的机器学习相结合。

第二个领域涉及自治中的许多应用，包括跨领域感知、机器人等。DDDAS 方法专注技术的机器处理。但是，相关发展将与用户决策支持、方案评估以及针对实际应用的部署保持一致。

总的来说，DDDDS 主题包括提高感知能力，如空间态势感知（SSA）、结构健康感知和环境感知等；在情境感知、计算感知和网络感知等领域也出现了新的主题，如表 32.1 所列。在许多情况下，感知可以被应用的周围环境取代。DDDAS 建立在状态监视的基础上，这样能够利用高维模型进行实时评估。

表 32.1　用于识别的 DDDAS 方法

感　知	模型/测量	贡　　献
结构健康	固体模型温度测量	自愈损坏恢复仿生飞机
环境	天气模型风的测量	自主式 UAV 呼吸发动机的安全性
空间状况	大气模型电子密度	居民物体跟踪卫星探测
状况	地形模型目标运动学	知识辅助雷达多传感器计划
计算	数据流模型缓冲区测量	计算机视觉监控基于容器的优化
网络	网络物理模型 IoT，SCADA 测量①	电力/微电网管理系统级安全

注：①物联网（IoT），监督控制和数据采集（SCADA）。

其他已证明的例子包括用于医学诊断、人类健康和城市流行的生物医学方法等，DDDAS 在科学领域的探索才刚刚起步，借助数据分析、机器学习和人工智能，这些领域将继续增长。DDDAS 使用高维、大规模和大数据模型提高性能。本书沿袭了自 2010 年研讨会以来的进展，该研讨会侧重科学理论。关于 DDDAS 的发展已从态势感知转向态势理解。

32.2　DDDAS 具有普遍吸引力

32.2.1　理论–数据共生范式

长期以来，人类一直试图从数据中学习，以便更好地了解周围的世界。通过基于物理的分析，DDDAS 确定了该过程，最初是针对计算科学，但随后在大数据引入前的第一个十年开始，又针对数据科学将其用于不同的领域。

当不能完全测量环境分析时，DDDAS 范式试图引入高维模型（理论）作为访问模拟数据的方法。实用的数据集合，无论是稀疏的还是大量的，都可以仔细处理，以更好地理解周围世界并支持模型细化。DDDAS 寻求利用数学基础进行建模和控制。理论–数据共生是 DDDAS 方法的标志。图 32.1 突出显示了考虑感知时的 DDDAS 循环（传感器、机器或任务）的测量采集、建模和用于理论–数据共生的方法。

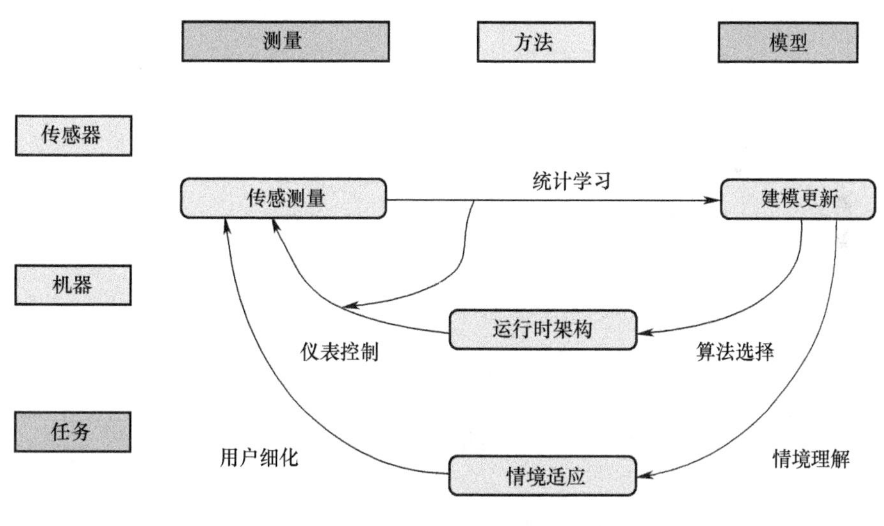

图 32.1　DDDAS 循环

从数据中学习模型和从理论中产生模型都是有局限性的。然而，共生发生在抽象的各个层面。共生有多种形式：在高层次上，学习模型与派生模型耦合，而在低层次上，理论会限制模型从数据中学习。许多解决方案的关键在于多维、多分辨率、多传感器和多角度分析等方面。信息的多样性提供了可利用非传统传感改进模型的机会。新兴概念的许多应用案例包括利用物联网数据（除电力输出外）进行信息物理动力和微电网分析，利用文本和空间数据进行城市监测，以及利用图像和应变测量进行结构健康监测等。在以上任何案例中,DDDAS 对管理、传感器收集和修复都是有益的。DDDAS 的未来应用还将包括来自环境(如天气)、传感器(如极化)和物体(如电网)的复杂公共领域信息等。

32.2.2 减轻维度诅咒

DDDAS 减轻了信息融合带来的大数据收集与分析带来的挑战。理论上讲,通过智能收集数据可以减轻维数的困扰。许多来自从物理到社会、行为、经济和文化现象的理论模型都可简化为一组重要参数。在书中,许多示例着重介绍了支持数据分析以及数据收集和模型的方法,如图 28.4 所示。从本质上看,DDDAS 将推动解释未知数的前沿问题,例如未知天气(如飓风)如何影响传感器(如自动驾驶飞机)上的未知物,以进行控制和采取相应行动。

从物联网和网络物理系统(CPS)的最新趋势到高维环境模型的发展趋势来看,DDDAS 在许多范围内都是有效的。书中提供的许多示例表明,DDDAS 可在许多维度上工作,例如时间、空间、频率和模态。DDDAS 为多分辨率情况提供了解决方案,包括从本地空间到全局空间、从微观频率到宏观频率,以及从小到大的时间尺度等,从时间序列语言处理到结构分析中的很多示例,这些在本书中都进行了介绍。“数据爆炸”问题将是 DDDAS 的研究领域,在此 DDDAS 可以学习新模型、使用模型来代理信息、提供预测多维控制以便增强系统性能。

32.2.3 预测与发现装置

DDDAS 的功能使用仿真模型来预测系统的未来行为。就像维度的诅咒一样,是对未知数的分析。能够利用模型通过仿真来预测未知数是 DDDAS 的独特功能。要使用 DDDAS 方法,需要进行假设,如图 28.4 所示,其中(A1,A2,… ,A6)表示分析假设。例如(A1)问题是特定的,(A2)可以获取数据,(A3)上下文数据(来自模型)可以融合,(A4)决策是可操作的(如在将来的集合中),(A5)决策可重现(用于模型更新),并且(A6)错误可量化。本书以不确定性量化方法(A6)开始,以领域特定示例(A1)结尾。领域特定的应用程序支持知识驱动的方法,而错误分析支持数据驱动的方法。通过来自环境、结构、能量和网络分析的各种方法进行建模,各类高维信息用于支持 DDDAS 方法以获得基于上下文的系统支持。

32.3 新 兴 机 会

正如第一章中突出显示的那样,DDDAS 包括:①物理世界应用;②装置方法;③建模与仿真;④系统软件。未来每个区域及其交叉都可使用 DDDAS 方法进行新的尝试。

32.3.1 应用系统

DDDAS 可以应用于特定问题领域,围绕该社区模型的保真度解决相应问题。大数据中的新兴社区(如 CPS、IoT)、数据控制(例如雾计算)和数据科学(例如多媒体分析)等增强了传统的工程分析方法。诸如地形信息之类的信息可用于城市跟踪,而结构、环境和航空电子设备的交叉如图 32.2 所示,可以作为未来自主无人机中的应用。大数据指标包括速度、容量、准确性和多样性(4V),而 DDDAS 则专注数据的价值——无论是在集合中还是在模型中。DDDAS 通过将正确的仿真数据集成到模型和评估中来关注其价值,以控制大数据收集问题。

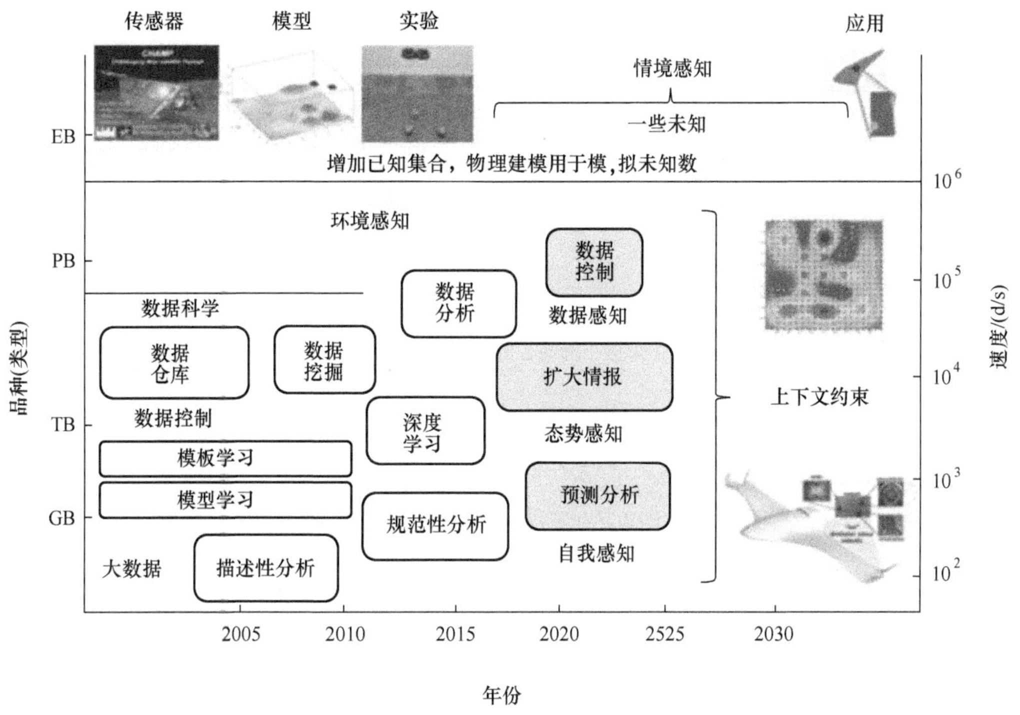

图 32.2　DDDAS 在数据科学、数据控制和数据大小方面的发展

我们很难将 DDDAS 限制在特定的应用领域。这本书也展示了许多可以启发其他范式的应用,例如药物输送、紧急灾难的援助分配,以及有效管理能源和粮食资源的社会政策等。

32.3.2　装置

不同传感器在各种尺度下被设计运用。一定的时间内有大量的数据被从物理域到社会域的各种类型的传感器收集。未来的装置系统将支持知识信息的处理、开发和传播,如图 32.3 所示。基于物理的人源信息融合(PHIF)扩展了分布式环境下的联合感知能力。装置的第二种构造是传感器的设计和收集,包括对传感器数据的处理和利用。使用传感器模型可以更好地了解正在收集和评估的数据。第三个概念是传播信息以进行索引与分析。装置方法需要考虑将数据发送到何处以进行各种规模分析。例如,本地数据收集可以支持单个 UAV 进行安全飞行,而该信息可以发送到空中交通管理部门,以对在各种天气条件下运行的无人机群进行全局分析。未来 DDDAS 将包括用于数据索引的高级计算方法、用于人类和机器分析的数据分类的本体模型,以及用于分布式网络的装置数据的控制和管理。

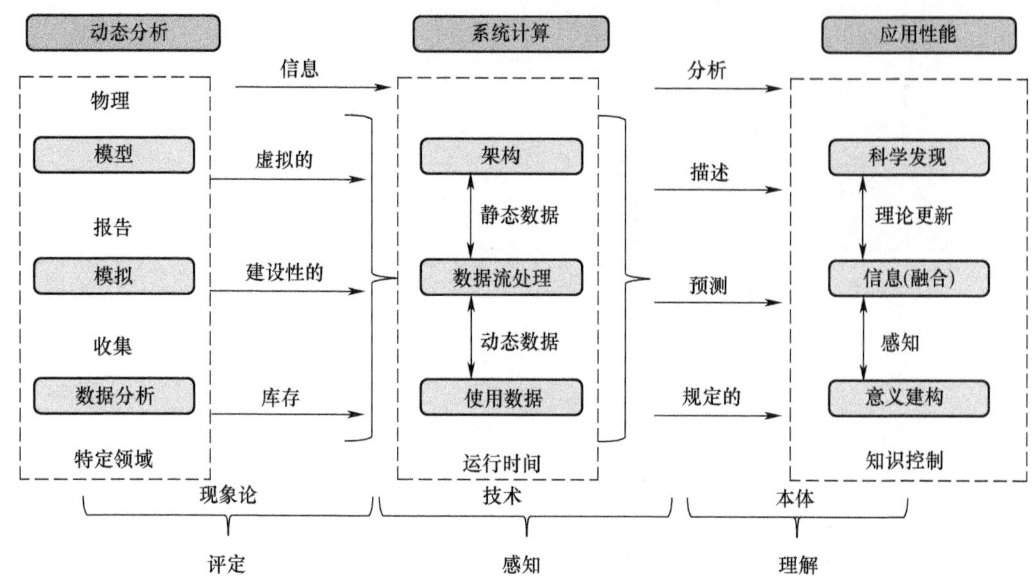

图 32.3　DDDAS 未来状况评估、感知和理解的概念

32.3.3　建模与仿真方法

数据科学的发展有助于增强领域应用的模型构建、仿真分析和预测。很多时候，模型以特定形式被特定社区开发出来。因此，未来的领域是模型匹配，这样可以使用多种类型的信息（如环境和结构模型）。第 1 章重点介绍了数据同化循环，但是引入多个（模式）数据同化循环仍然是一个挑战。对于仿真，需要有效和高效的方法来支持运行时操作，例如将满量程结果传播到在线系统以进行性能优化。深度学习是一种首先学习全局表示，然后专注学习特定变化的方法（例如，学习车辆的一般形状，然后专注运动部件，比如门的开闭变化或环境变化对亮度的影响）。对于有用的仿真，需要集成独立范式学习与所有 DDDAS 启发的方法。DDDAS 的未来目标是将模型、仿真和数据分析结合在一起。

32.3.4　系统软件计算

高性能计算领域具有许多研究方向，包括数据流体系结构（如基于容器的处理）、电子设计（例如，量子计算机和计算），以及高端到运行时分析（如边缘计算）。通过数据流架构，可以使 DDDAS 的测量收集更加高效。DDDAS 的高维建模可用于量子计算。最后，云计算中心的建模集成可以与雾计算和边缘计算集成，以进行大规模数据收集。

32.4　示例：飓风预测

如本章中突出显示的那样，数据同化循环建模可以支持传感器重构循环。本书给出了一个飓风分析实例。图 32.4 展示了 DDDAS 流程在建模方面改进的重要性。卡特里娜飓风事件是基于获取当前数据的能力，预测飓风的方向，并确定“控制”人口和救灾。从

NASA 的高维模型中可以看出,2015 年方法的更新显示出了更高的分辨率,更低的不确定性,以及对飓风向海岸线移动时的方向评估。

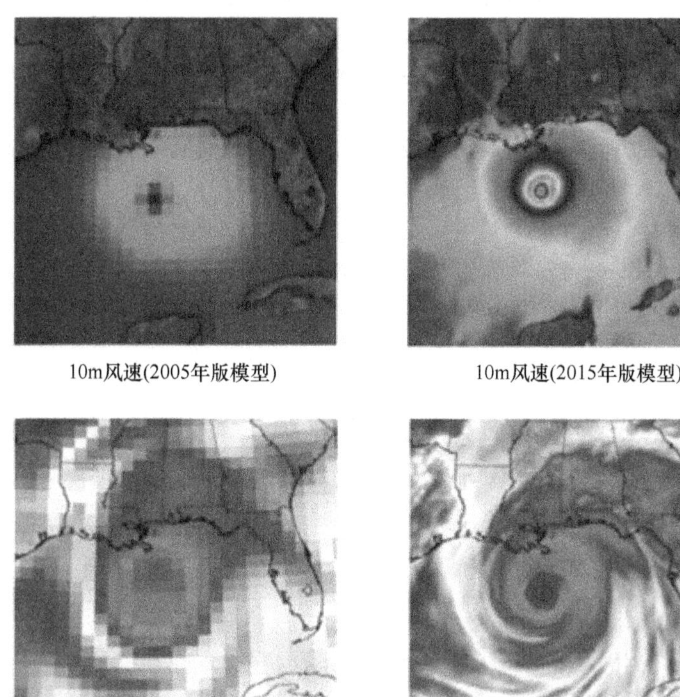

图 32.4　DDDAS 的建模贡献

每张图片都显示了 2005 年 8 月 29 日卡特里娜飓风的近地表风速和水气,但分辨率不同。左图为 50km 分辨率,这是 2005 年大多数全球型号的分辨率。右图为全球分辨率为 6.25km 的 2015 年版戈达德地球观测系统模型,第 5 版(GEOS-5)。

32.5 小　结

DDDAS 社区是严谨、独特且跨学科的。本书中提供的信息重点介绍了 DDDAS 的优势,并着重于装置、建模、分析和架构的集成。希望本书能为读者提供有用的思路,以启发他们自己的开发与应用。本书所提及的组织和方法为研究 DDDAS 提供了一种讨论,社区可以利用 DDDAS 范式进行科学发现、信息分析和现实世界感知的定制。

参 考 文 献

[1] F. Darema, Multi-Agency Workshop on Info/Symbiotics/DDDAS: The power of Dynamic Data Driven Application Systems, Report Output from AFOSR, August 2010

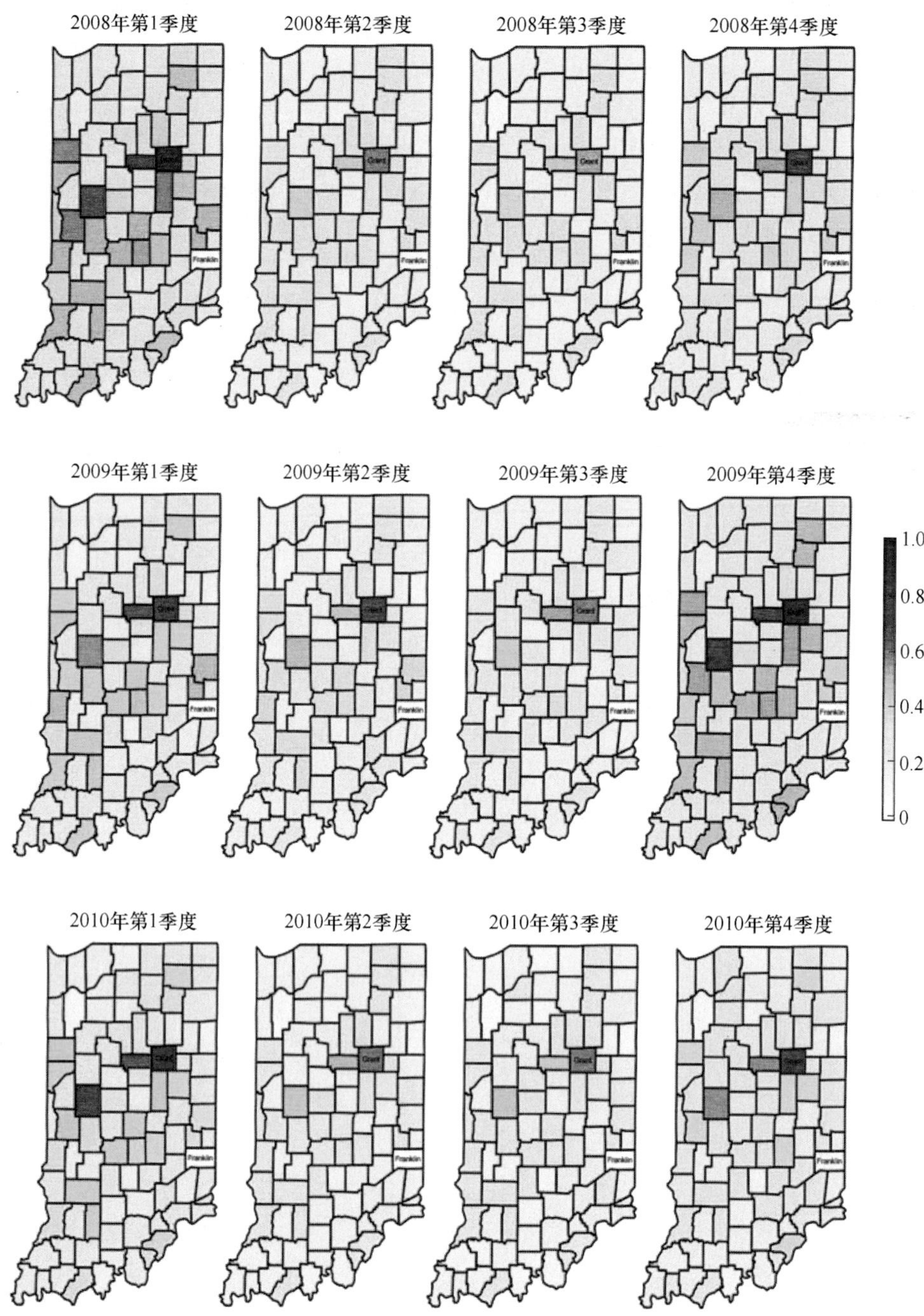

图 7.3 通过 Dirichlet 过程聚类的印第安纳州监测数据

(每个集群的发病率均为标准值,范围为 0~1。颜色较深的县发病率相对较高。可以发现,格兰特郡的发病率最高,而富兰克林的发病率最低。)

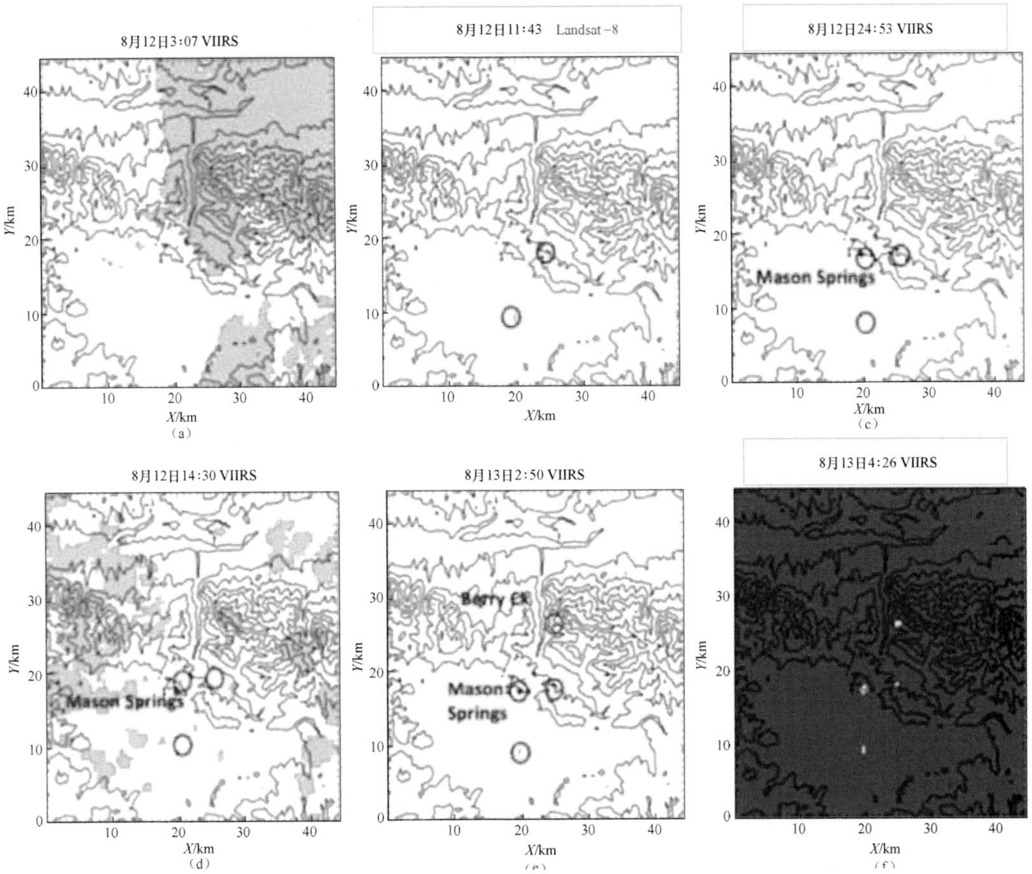

图 11.4　卫星主动火警探测数据(一)

(每行是 3h 内的观察,包括下午或夜间的 VIIRS 观察。浅灰色阴影表示云层。红色填充的多边形表示已检测到起火。黑色表示无法获得数据。暗红色表示在先前的观察中已检测到的起火区域。图片上方是观察时间;橙色框表示额外观测)

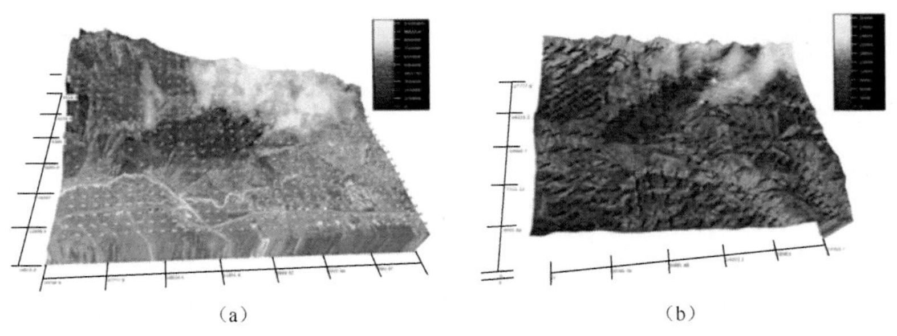

(a)　　　　　　　　　　　　(b)

图 11.3　CAWFE 模拟

(a)2006 年加利福尼亚州卡巴松附近的 Esperanza 火灾[转自文献(Coen 和 Riggan(2014)];(b)2012 年科罗拉多州柯林斯堡附近的 High Park 火灾[转自文献(Coen 和 Schroeder(2015)][图中的彩条为火灾产生的热通量,另外包括烟雾(白色雾场)以及近地表风速和风向(向量)]。

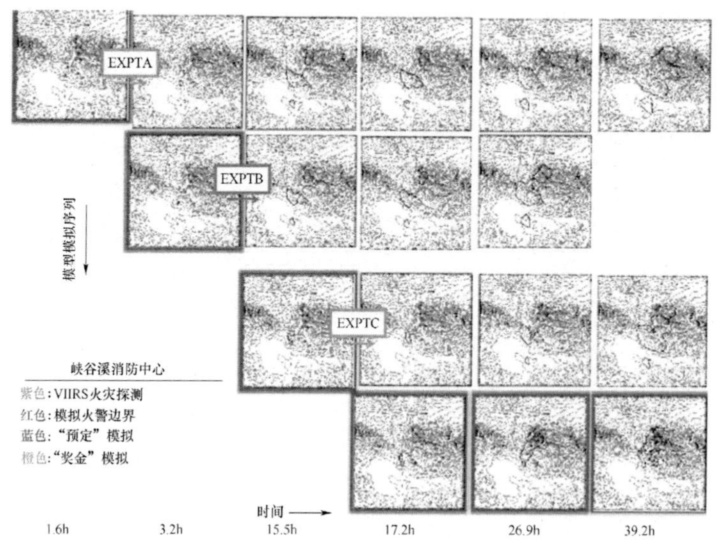

图 11.7　8 月 13 日 11：00(沿 x 轴表示)对 Canyon Creek Complex 进行了 3 次 CAWFE 模拟序列(品红色边框图像中的火势是观察到的火情)

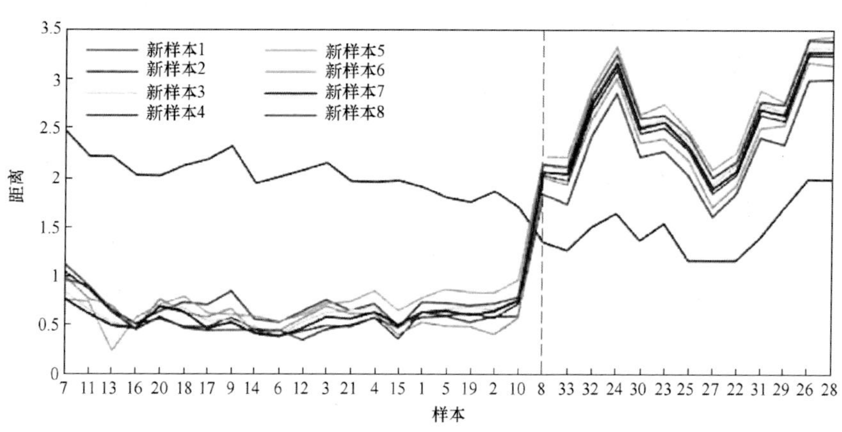

图 12.9　8 种非恶性肺部样本分类

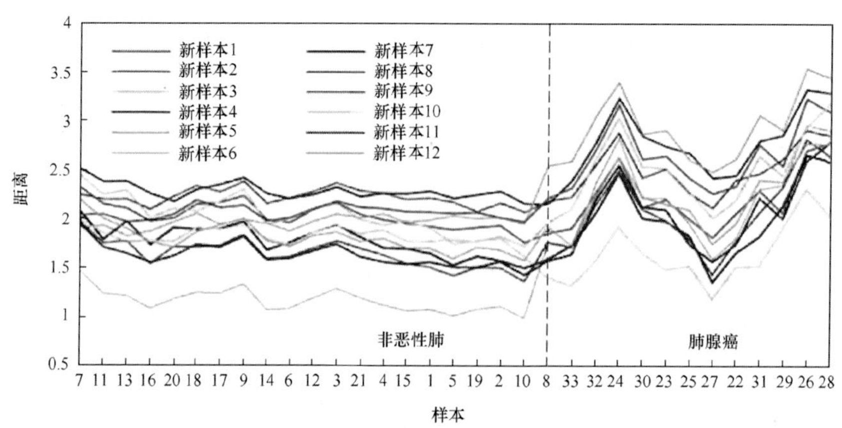

图 12.10　12 例胸膜间皮瘤样本的分类

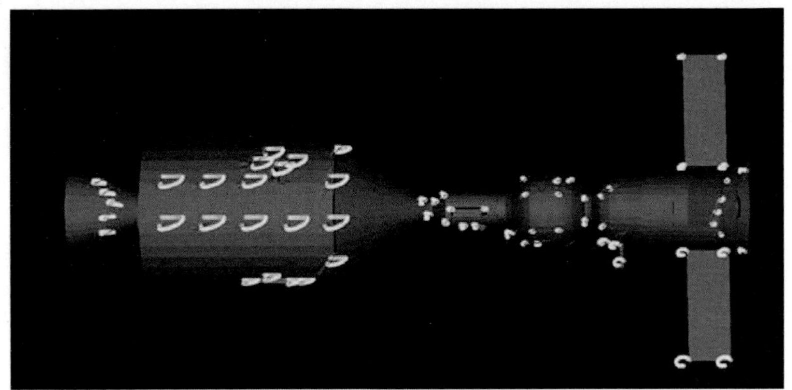

图 13.16　运动中输入结构的特征轨迹(每个轨迹末端的红色椭圆形是特征轨迹的不确定度协方差边界)

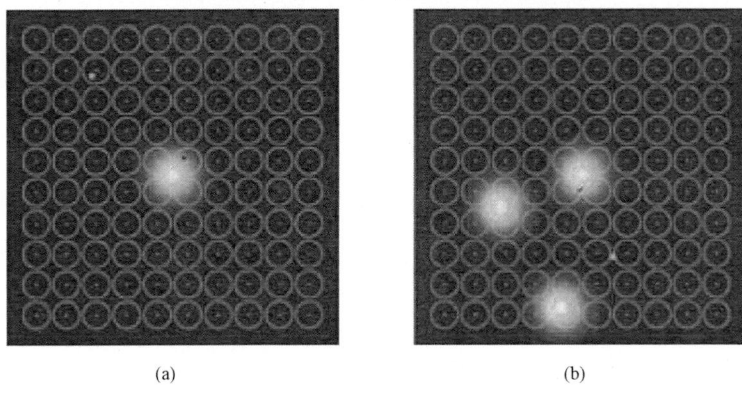

图 14.4　测试场景

目标(红色)在正方形区域 R 中移动。该区域均匀分布着地面传感器(青色点);每个传感器的感应半径为一个圆圈。搜索者(绿色)随机分布到 R 内;搜索者在目标位置上具有初始分布,显示为背景色(浅黄色表示高概率,蓝色表示低概率)。(a)单峰初始分布;(b)多峰初始分布。

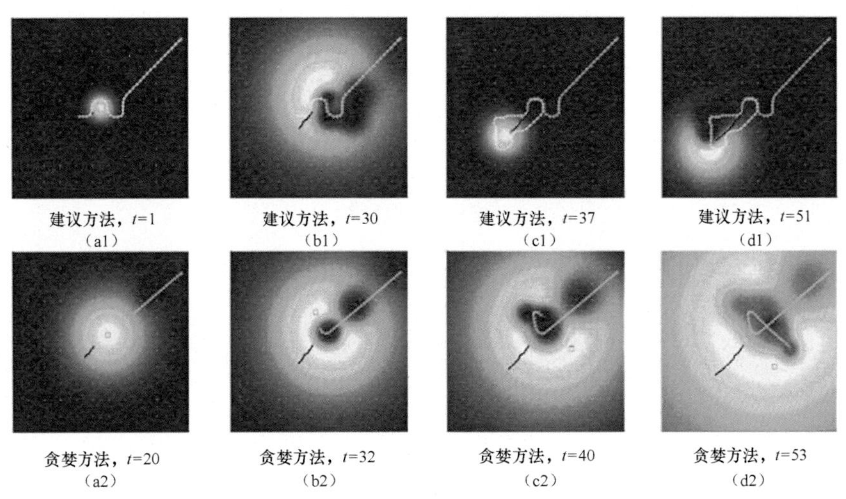

图 14.6　搜索不同阶段拍摄的图片

(a1)搜索开始时,通过建议方法(黄色线)规划的轨迹;(b1)时间 $t=30$ 时,已经运行的轨迹(绿色线)以及仍要运行的轨迹(黄色线)和后验分布;(c1)时间 $t=37$ 时的检测,并通过建议方法(黄色线)规划新的轨迹。(d1)轨迹运行到时间 $t=51$,即搜索者与目标相交。(a2)~(d2)根据贪婪方法(绿色线)和最大后验(黑色角)的运行轨迹。

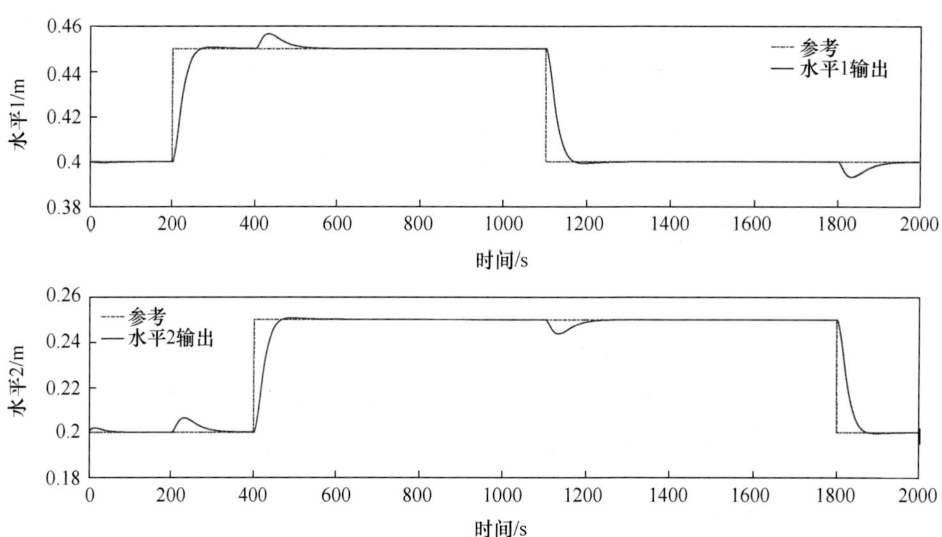

图 17.3　没有攻击的受控系统的输出(由于其他参考输入的改变而表现出超调和欠调)

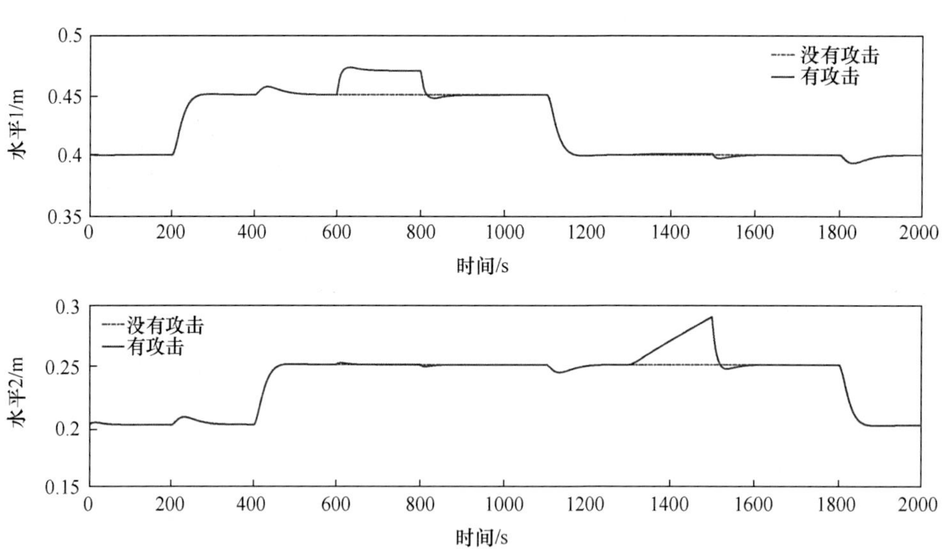

图 17.4　攻击实例及其对工厂输出的影响

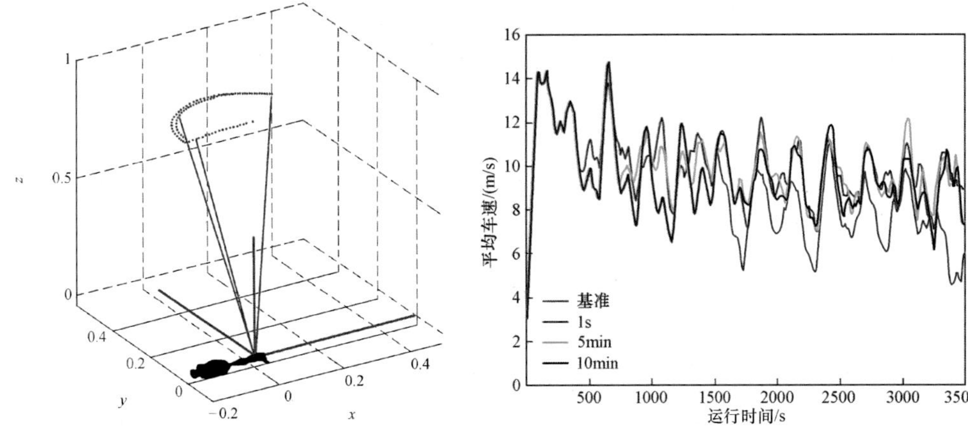

图 13.17 因式分解估算的相机方向(红点)和真实相机方向(蓝点)的比较

图 26.7 实验 2 的结果

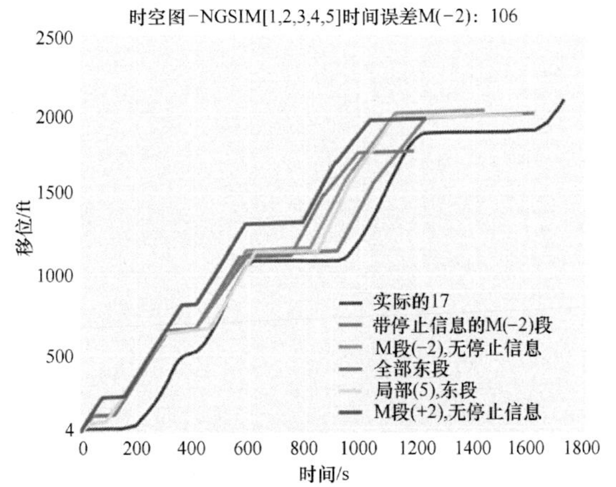

图 20.6 时空图中的实际和预测轨迹

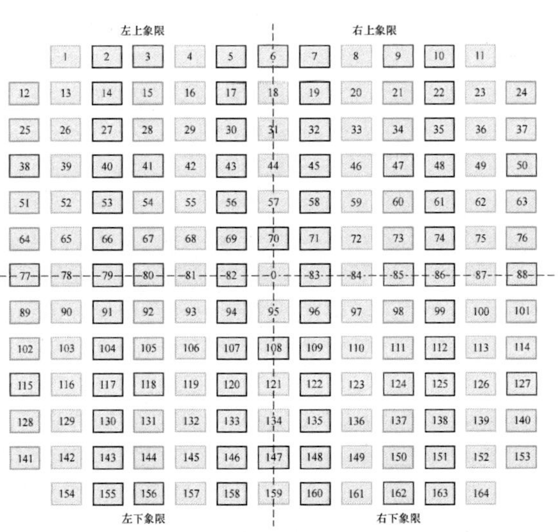

图 24.8 要压缩的 13×13 视图(不包括 4 个角视图)

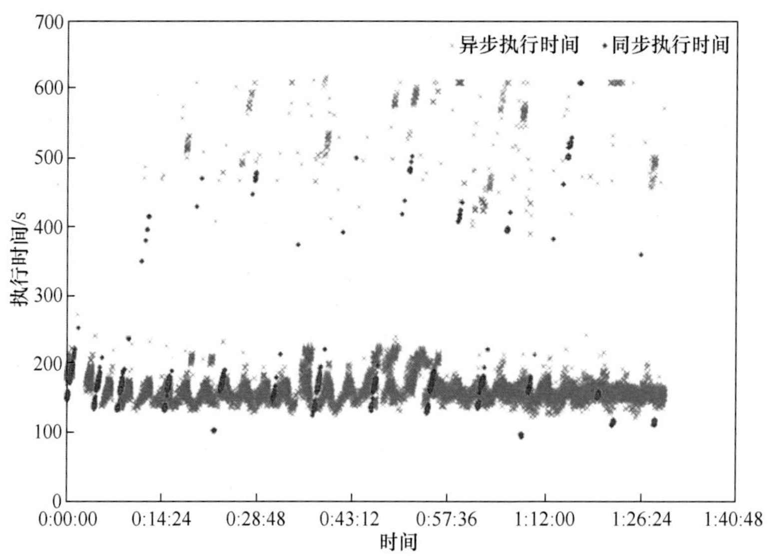

图 26.9 两种模式下仿真任务执行时间散点图

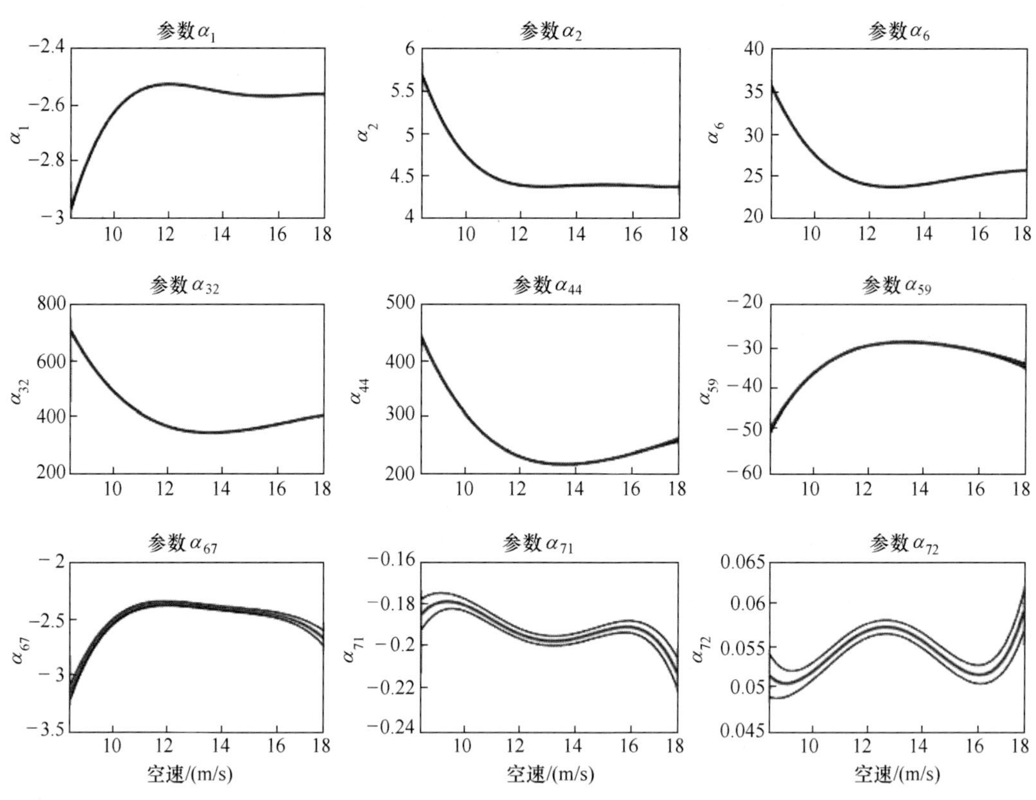

图 31.15 指示性 VFP-AR(72)$_{25}$模型参数及其 99%置信区间(k^2 = 11°(设定攻角对空速攻角)